우리 식탁 위, 수산물의 모든 것

생선 바이블

THE FISH BIBLE

우리 식탁 위, 수산물의 모든 것

생선 바이블

초판 1쇄 발행 2023년 12월 15일
초판 7쇄 발행 2025년 1월 20일

지은이   김지민

주간   이동은
책임편집 김주현
편집   성스레
미술   임현아 김숙희
마케팅   사공성 김상권 장기석
제작   박장혁 전우석

발행처   북커스
발행인   정의선
이사   전수현

출판등록 2018년 5월 16일 제406-2018-000054호
주소   서울시 종로구 평창30길 10
전화   02-394-5981~2(편집)   031-955-6980(마케팅)
팩스   031-955-6988

ISBN 979-11-90118-61-3 (13590)

- 북커스(BOOKERS)는 (주)음악세계의 임프린트입니다.
- 값은 뒤표지에 있습니다.
- 파본이나 잘못된 책은 구입하신 서점에서 교환해 드립니다.

우리 식탁 위, 수산물의 모든 것

생선 바이블

김지민 지음

THE FISH BIBLE

BOOKERS

시작하며

저는 수산업에 종사하지도, 해양 생물학을 전공한 적도 없는 평범한 직장인이었습니다. 2003년경 바다낚시를 시작한 것이 제 인생의 전환점이자 수산물을 공부하게 된 도화선이 되었지만, 어릴 적부터 품어오던 지적 호기심을 자극하기엔 이만한 취미도 없었던 것 같습니다. 넉넉지 못한 형편이지만 방학이면 부산이 고향인 부모님 손에 이끌려 자갈치 시장을 다녔던 초등학생 때의 추억, 당시 바다 향이 물씬 나는 멍게와 해삼, 소라 등을 뭣도 모르고 먹었고 겨울에는 빨간 피가 철철 흐르는 피조개를 회로 먹고선 더 먹고 싶어 입맛만 다졌던 중학생 때의 기억이 아직도 생생히 떠오릅니다. 어른이 돼 회사를 그만두면서까지 흠뻑 빠지게 된 바다낚시는 낚시인으로서 꼭 한번 낚아보고 싶은 것들의 습성과 생태를 배우는 데 크나큰 경험이 되었습니다. 결국은 어렸을 때부터 경험했던 수산시장과 먹거리의 추억, 그리고 성인이 되어 한껏 즐긴 바다낚시와 어류의 생태 공부는 지금의 제가 있게 해준 고마운 경험입니다.

'열심히 하는 사람보다 즐기면서 하는 사람이 더 무섭다'란 말이 있습니다. 성인이 되어 첫 직장을 얻고 8년간 다니다 그만두고 시작한 일이 '어류 칼럼니스트'란 이름을 단 작가였습니다. 특별히 수산학을 공부하거나 생태학을 공부하지는 않았습니다. 지식의 주입보단 그저 평소대로 시장을 다녔고, 물고기를 낚고 관찰하는 것을 좋아했습니다. 저는 어디에도 소속되지 않았기 때문에 원고 마감에 쫓긴 취재가 아닌, 자아실현을 위해 취재를 떠났고, 그 이야기들은 지난 13년간 운영했던 두 개의 블로그에 오롯이 기록되어 있습니다. 그 과정에서 저는 지역 상인들은 물론, 선장과 어업인들로부터 수산물에 관해 다양한 정보를 체득할 수 있었는데 그럴 때마다 제 마음속에 의구심은 커져만 갔습니다.

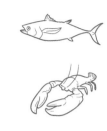

첫 번째, 이 좁은 땅덩어리에서도 한 어종을 두고 지역마다 부르는 이름과 인식이 완전히 다르다는 점. 두 번째, 한국인의 일 년 수산물 소비량이 1인 50kg이 넘을 만큼 수산 강국임에도 불구하고 국내에 번듯한 수산물 실용서를 찾아보기가 힘들다는 점. 세 번째, 인터넷으로 검색되는 수산물 정보는 매우 제한적일 뿐 아니라 그마저도 실무와 괴리감이 있거나 부정확한 정보들이 넘친다는 점. 마지막으로 우리나라도 몇몇 학자들이 일궈낸 어류 도감과 학술지가 존재합니다. 이분들의 노고로 한국의 수산학이 발전되었다고 생각합니다만, 아이러니하게도 이러한 내용이 우리의 일상생활과는 전혀 연결이 되지 않는다는 점에서 개인적으로 안타까움을 느꼈습니다. 한 예로 도감과 백과사전에서 명시되고 있는 어류의 명칭, 형태적 특징, 서식지와 생태에 관한 서술은 학술적 가치를 높이는데 필요한 묘사일 수는 있겠지만, 정작 우리 식탁에 오르는 수산물과 소비자에게 필요한 생활 정보와는 거리가 멀었습니다.

제가 이 책을 쓰게 된 가장 큰 이유는 '원물'을 다루는 수산물의 근본적인 이해를 생활 정보와 긴밀하게 연결시키는 데 있습니다. 현대판 자산어보라 할 수 있는 이 책을 통해 원물을 취급하고 다뤄야 할 업장과 식탁에 올리는 소비자들이 수산물을 종류별로 이해하는 데 도움이 되었으면 하는 바람입니다.

2023.11

어류 칼럼니스트 김지민

THE FISH BIBLE 차례

PART 02 | 여름

1 | 어류

2 | 갑각류

3 | 두족류 · 연체류 · 패류

PART 03 | 가을

1 | 어류

PART 04	겨울

1 \| 어류

수산물의 크기 계측 기준

전장은 대가리부터 꼬리 끝까지 길이를 의미하며,
체장은 몸통 길이를 비롯해 모든 방향으로의 길이를 의미하는 포괄적 개념이다.

01
어류

우리나라는 대가리 끝에서 꼬리지느러미 끝까지를 계측하며 이를 '몸길이' 또는 '전장'이라고 부른다. 예외적으로 갈치와 장어류는 항문까지 계측하는 '항문장'의 기준을 따른다.

02
새우류

일반적으로 새우는 두흉갑장을 기준으로 하지만, 여기선 쉽게 알아보기 위해 전체 몸길이(전장)로 표시하였다.

03
두족류

두족류는 몸통 길이만을 계측한 외투장을 기준으로 한다.

04
바닷게류

껍데기의 크기를 계측하는데 눈부터 등껍데기가 끝나는 세로 길이를 '갑장', 가로 길이를 '갑폭'으로 정의해 표시했다.

05
패류

껍데기의 세로 길이는 '각고', 가로 길이는 '각장'으로 정의해 표시했다.

THE FISH BIBLE 참 고 자 료 및 문 헌

이 책에 쓰인 학명과 영문명, 생태 및 습성 중 일부 내용은 아래의 정보를 참고했다.

- 국립수산과학원 수산생명자원정보센터
- 한국해양무척추동물도감
- 일본산 어류 검색 모든 종류의 식별 〈日本産魚類検索 全種の同定〉
- 일본산 어명 대사전 〈日本産魚名大辞典〉
- 일본 근해산 조개 도감 〈日本近海産貝類図鑑〉
- 세계 오징어류 도감 2005 〈世界イカ類図鑑2005〉
- 원색 일본 대형 갑각류 도감 〈原色日本大型甲殻類図鑑〉
- 그외 한국과 일본의 여러 논문

PART
01

—

봄

개복치

분류	복어목 개복치과
학명	*Mola mola*
별칭	골복짱이
영명	Ocean sunfish, Head fish
일명	만보오(マンボウ)
길이	2~3m, 최대 4m 이상, 몸무게 2,000kg 이상 추정

분포	동해, 일본 북부이남, 호주를 비롯한 세계의 온대 및 열대 해역
제철	평가 없음
이용	회, 물회, 찜, 수육, 구이, 튀김, 탕

최대 몸길이 4m, 몸무게 2t까지 나가는 초대형 물고기로 산란 시 알의 개수도 엄청나서 약 3억 개에 달한다. 그러나 생존율은 0.01%도 안 되며 대부분 유생 때 잡아먹힌다. 우리나라에서는 동해에서만 어획되며 주요 산지는 포항 일대이다. 태평양은 물론 대서양에 이르기까지 전 세계 온대부터 열대 해역에 폭넓게 분포하는데, 평소엔 중층을 유영하다 날씨가 좋고 파도가 잔잔하면 수면 위로 오르기도 한다.

개복치는 주로 플랑크톤, 오징어, 해파리를 먹는데 오징어 떼를 쫓다가 어망에 곧잘 걸린다. 이렇게 잡힌 개복치는 포항 일대 재래시장에서 횟감으로 판매된다.

⌃ 즉석에서 해체된 개복치회(포항 죽도시장)

이용

주로 횟감으로 유통되며, 살은 청포묵 같은 질감에 희고 반투명하여 말랑말랑한 젤리나 한천과 비슷하다. 특별한 향이나 풍미가 없으며, 지방이 거의 없으니 맛은 깔끔하고 담백하다. 개복치 내장은 수육과 구이에 쓰이고, 전골, 볶음, 매운탕 등 다양한 형태로 개발되고 있다. 특히 등쪽에서 나오는 흰색의 창자는 중국에서 '용창'이라는 이름으로 불리기도 하며, 지느러미를 몸통 살보다 별미로 취급한다. 지방이 많은 간과 창자도 인기가 있는데 일본에선 호르몬 구이처럼 이용된다. 껍질은 삶으면 흐물흐물해지는데, 이것을 우뭇가사리와 비슷하게 만들어 먹을 수 있다. 포항을 비롯한 경북 일부 지역에선 제사나 장례식장 음식으로 먹는다. 구체적으로 껍질은 수육, 뱃살은 회무침용, 머릿뼈와 머릿살은 찜 요리 재료로 사용한다. 근육은 갈아서 부산 어묵에 들어가는 경우도 있다. 한편 유럽연합에서는 식용으로 파는 것이 금지되어 있다.

⌃ 정치망에 걸려 들어온 개복치들(포항 죽도시장)

⌃ 청포묵을 연상케 하는 개복치 살

⌃ 포장 판매되는 개복치 수육

금눈돔 | 빛금눈돔

분류	금눈돔목 금눈돔과
학명	*Beryx decadactylus*
별칭	킨메다이(X)
영명	Alfonsino
일명	난요우킨메(ナンヨウキンメ)
길이	30~40cm, 최대 약 52cm
분포	남해, 일본 중부이남, 동중국해, 하와이 제도, 호주, 뉴질랜드, 인도양, 대서양, 지중해 등
제철	9~5월
이용	회, 초밥, 전골, 탕, 조림, 찜

수심 200~800m의 심해에 서식한다. 눈이 금색을 띤다 하여 '금눈돔'이라 불린다. 우리나라는 눈볼대가 잡히는 동해 남부 먼바다 해상과 제주도에서 동남해역 및 동중국해에 분포하는데 워낙 어획량이 적어 시장 유통량은 극히 적다. 심해성 어류가 그렇듯 잡히면 수압에 의해 죽어버려 활어 유통이 매우 어렵다. 참고로 금눈돔은 일식에서 최고급 횟감과 초밥 재료로 손꼽히는데, 여기서 말하는 금눈돔이란 빛금눈돔(=킨메다이)을 가리킨다. 다시 말해 빛금눈돔을 금눈돔으로 잘못 부르고 취급하는 경우가 대부분이며, 본종은 국내에서만 희귀할 뿐 일본에서는 빛금눈돔 만큼 비싸게 판매되는 생선이 아니다.

빛금눈돔

분류	금눈돔목 금눈돔과
학명	*Beryx splendens*
별칭	킨메다이
영명	Splendid alfonsino
일명	킨메다이(キンメダイ)
길이	40~50cm, 최대 약 75cm
분포	남해, 일본 중부이남, 동중국해, 하와이 제도, 호주, 태평양의 아열대 해역
제철	12~5월
이용	회, 초밥, 전골, 탕, 조림, 찜

'금눈돔'으로 잘못 불리고 있으며 일식 업계에선 최고급 생선으로 취급된다. 금눈돔과 달리 몸길이 70cm 이상 자라며 가격도 매우 비싸다. 금눈돔과 마찬가지로 수심 200~800m권 대륙붕에 서식하는데 국내 입하량은 매우 적으며 고급 스시야에선 일본산을 가져다 쓰기도 한다. 국내로 수입되는 빛금눈돔 또한 소량으로 주로 고급 스시야에서 초밥으로 선보이는데 대부분 횟감용 선어 또는 급랭으로 수입된 것을 사용한다. 일본은 관동 지역 먼바다를 비롯해 오가사와라 제도, 오키나와, 규슈, 팔라우 해령 등 태평양과 맞닿은 대륙붕에서 조업한 것을 유통한다. 일식과 초밥에 관한 다양한 미디어와 책에 고급 식재료로 자주 거론되는 어종이다.

이용

위도에 따라 산란기가 다르다. 오키나와 같은 남쪽은 여름이고 북쪽으로 올라올수록 산란기가 늦어 가을까지 이어진다. 제철은 겨울부터 봄 사이가 가장 기름기가 올라 맛이 좋지만, 심해성 어류가 그렇듯 산란 직전과 직후를 제한다면 연중 지방이 많은 편이다. 음식은 금눈돔과 같이 취급되나 가격은 비싸다. 살은 구워도 단단해지지 않으며, 껍질은 두께감이 있어 살짝 구운 껍질회와 초밥이 인기가 있다. 이 외에도 전골, 조림, 찜, 튀김 등 무엇을 해도 맛이 좋아 음식 활용도가 매우 높다.

⚞ 빛금눈돔 조림

까치복

분류 복어목 참복과
학명 *Takifugu xanthopterus*
별칭 보가지
영명 Striped puffer, Yellowfin puffer
일명 시마후구(シマフグ)
길이 20~30cm, 최대 60cm
분포 동해, 서해, 일본 북부이남, 동중국해, 중국, 대만, 남중국해, 북서태평양

제철 11~4월
이용 회, 탕, 수육, 튀김, 불고기, 제수용(강릉)

우리나라 전 해역에 서식한다고 알려졌지만, 실제로 볼 수 있는 곳은 서해 및 동해안 일대 포구와 수산시장이다. 특히 강원도 고성부터 속초, 묵호항, 주문진에 이르기까지 이 근방의 수산시장에서 어렵지 않게 접할 수 있다. 참복, 자주복과 마찬가지로 살과 껍질, 정소에는 독이 없으나 그 외 난소와 간, 눈알, 피에는 전신을 마비시키는 '테트로도톡신'(tetrodotoxin)이라는 맹독이 들어있으므로 먹어선 안 된다. 2023년을 기준으로 활어와 냉동이 유통되는데, 활어는 자연산이며 냉동은 중국산 양식이다. 산란기는 해역별로 차이가 있지만 일반적으로 5~7월이며 이 시기에는 독성이 한층 더 강해지나 살과 껍질은 식용이 가능하므로 산란기인 여름에도 활어 유통된다.

이용

미식가들 사이에서 참복(실제론 자주복을 참복으로 부르는 경향이 많다)을 으뜸으로 치며, 까치복은 복어류 중에선 다소 저렴한 편이다. 시장에선 활어회와 복국으로 먹는다. 그 외에 튀김, 불고기, 수육 등 여러 다양한 요리에 쓰이고 있다. 겨울철 동해안 강릉 일대에선 까치복을 제사상에 올리기도 한다. 복어 요리는 독을 제거하는 일이 매우 중요하다. 그런 이유로 복어는 종류와 양식 여부를 불문하고 복어조리기능사를 보유한 전문가만 다뤄야 한다.

⚞ 까치복 껍질회무침

⚞ 까치복 튀김

까치상어

분류 흉상어목 까치상어과
학명 *Triakis scyllium*
별칭 죽상어
영명 Banded houndshark
일명 도치자메(ドチザメ)
길이 1~1.2m, 최대 1.6m

분포 서해와 남해, 일본, 중국, 러시아 극동해역에서
대만 해역에 이르는 북서태평양
제철 11~4월
이용 회, 찜, 건어물, 관상용

태평양에서 흔히 볼 수 있는 종이며 러시아 극동에서 대만까지 넓게 분포한다. 연안 얕은 수심의 모래밭이나 해초지대를 좋아하며 기수에도 들어간다. 등쪽에 10줄 정도의 진한 회갈색 띠가 지나가고, 검은 점들이 흩어져 있는데 냉동이거나 선도가 떨어지면 흐려져 안 보이기도 한다. 이 줄무늬가 흡사 대나무 마디처럼 보인다고 해서 전라남도에선 '죽상어'라 부른다.

난태생* 방식으로 출산하며 여름에 짝짓기를 하고 9~12개월 임신 기간을 거쳐 봄이 되면 아홉 마리에서 최대 마흔 마리까지 새끼를 밴다. 식인상어는 아닌 소형종이며 수족관에 잘 적응한다.

+ 멸종위기 등급에 속한 종이다

까치상어는 별상어와 함께 2021년 국제자연보전연맹(IUCN) 적색목록 위기종(Endangered; EN)으로 분류된 심각한 멸종위기종이다. 주요 원인은 구준한 남획인데, 2023년 현재 국내 관련 기관에선 이를 인지하지 못하고 있으며, 수산자원관리법에 포획금지 지정에 관해서도 검토하지 않은 것으로 나타났다. 전라남도에선 까치상어(죽상어)와 별상어를 제사상에 올리는 등 구준한 수요와 어획이 있어 왔기 때문에 향후 멸종위기종으로 검토가 필요해 보인다.

이용

일본과 대만에서 식용으로 사용되기는 하지만 다른 종에 비해서 인기는 없다. 연골어류 특성상 뼈가 연해 뼈째 썬 회로 이용되거나 수조 관상용으로 한두 마리씩 넣어두곤 한다. 전라도에선 말려서 찜으로 먹는다. 최근에는 인공번식에 성공하여 식용보다는 관상용 자원으로 더욱 각광받고 있다.

＊난태생(卵胎生)
동물이 번식하는 방식의 하나로 알을 모체의 몸 밖으로 산란하지 않고 안에서 품어 부화시킨 뒤 새끼 형태로 출산하는 방식. 난생(oviparity)과 태생(viviparity)의 중간 형태로 포유류처럼 태반이나 양막은 없으나 생존율을 높이기 위해 모체가 산란한 알을 체내에 일정한 기간 동안 품은 뒤 부화한 새끼를 내보내는 형태를 취한다.

눈볼대 | 장문볼락

입이 검어서
'노도구로'라고도 부른다

분류 농어목 반딧불게르치과
학명 *Doederleinia berycoides*
별칭 금태, 빨간고기, 북조기, 붉은고기,
노도구로
영명 Blackthroat seaperch
일명 아카무츠(アカムツ)
길이 20~35cm, 최대 55cm
분포 동해, 남해 및 제주도, 일본, 동중국해,
대만, 필리핀, 인도양 동부, 호주 북부에
걸친 서태평양

제철 연중
이용 회, 초밥, 구이, 조림, 탕, 솥밥

수심 100~400m권에서 잡히는 준심해성 어류로, 우리나라는 동해 남부와 제주도 연안의 암반에서 잡힌다. 동중국해와 일본 열도의 대륙붕 사면에 많이 서식하며, 적도 부근에도 서식하는 등 매우 폭넓은 분포지가 특징이다. 일 년 내내 수심이 깊고 수온이 낮은 환경에서 자라다 보니 늘 농후한 지방을 품고 있다. 찬 수온을 견디며 사는 생물이 그렇듯 성장 속도는 느린 편이며 1년에 약 10cm 정도 자란다. 수명은 수컷이 4~5년, 암컷은 10년 가까이 살며 암컷의 경우 55cm 이상, 무게 2kg까지 성장한다.

산란은 가을경에 이뤄져 그 직전인 여름에 지방이 올라 맛이 좋다고 알려졌으나, 사실 눈볼대는 사철 지방을 품고 있어 맛의 편차가 적다. 어획 직후에는 수압차로 곧바로 죽는 탓에 선어로 유통된다.

경남에서는 '빨간고기'라 하여 차례나 제사상에 올리기도 한다. 흰살생선이지만 등푸른생선 못지않은 농후한 지방이 특징이며, 고급 식당에 쓰이는 매우 값비싼 어종이다. 전량 자연산으로 어획량과 계절에 따라 시세가 다르지만, 마리당 평균 1~3만원을 오간다. 맛과 품질은 참조기처럼 크기와 비례하는데 몸길이 20cm 이하는 가격 접근성이 매우 좋고, 그 이상은 비싸진다. 산지별로도 차이가 있다. 맛과 품질은 부산산 > 통영 및 삼천포산 > 제주산 > 그 외 목포를 비롯한 기타 산지순으로 평가된다.

한편, 일본에서도 눈볼대는 주산지답게 가장 많은 어획량을 차지하며 국민적인 인기를 끌고 있다. 입 안이 검다 하여 '노도구로'라 불린다.

고르는 법

횟감은 아가미가 빨갛고 점액이 나오지 않거나 많지 않아야 하며, 배쪽을 눌렀을 때 탄력이 느껴지는 것이 좋다. 선도가 떨어지면 점차 하얗게 되니 붉은색이 강렬하고 광택이 나는 것을 고른다. 비늘은 온전히 붙어 있으며 눈망울은 검고 투명할수록 좋다. 몸길이도 중요하지만, 두께가 두툼하고, 특히 체고가 높고 불룩한 느낌일수록 좋다. 작은 것은 가격이 저렴하지만, 눈볼대 특유의 농후한 풍미를 맛보기에는 한계가 있다.

≪ 횟감용 눈볼대

≪ 횟감용 선도를 보이는 아가미 상태

≪ 크기가 작고 선도가 살짝 떨어져 구이용에 알맞다

이용

≪ 금태 초밥

≪ 금태 마키

≪ 금태솥밥

≪ 구이는 끓는 기름을 부어 비늘만 익히 고 오븐에서 완성시킨다

≪ 금태 비늘 구이

회와 초밥, 구이, 탕, 조림 어느 하나에 도 빠지지 않는 생선이다. 특히 굽거나 튀겨먹는 맛이 일품이다. 주로 고급 식 당에서 초밥용으로 사용하며, 김에 밥 과 눈볼대 구이, 연어알을 얹어 내기도 한다. 또한 코스 메뉴의 마무리로 금태 솥밥이 유명하다. 구이는 비늘을 치지 않은 상태에서 끓는 기름을 부어 비늘만 익히고, 나머지는 오븐에서 굽는 비늘 통구이가 별미다. 금태 비늘은 매우 얇아서 바싹하게 구워지고 속은 육즙을 한껏 머금어 촉촉하고 부드러우면서 농후한 상태 가 된다.

장문볼락

분류	쏨뱅이목 양볼락과
학명	*Sebastes alutus*
별칭	적어, 빨간고기, 긴따루, 열기(X), 열갱이(X)
영명	Pacific ocean perch, Longjaw rockfish
일명	아라수카메누케(アラスカメヌケ)
길이	25~40cm, 최대 55cm
분포	일본 북부, 베링해, 알류산열도, 캘리포니아만, 북대서양, 북태평양 일대

제철 연중
이용 구이, 탕, 튀김

눈볼대와 함께 '빨간고기'로 불리는 생선이지만, 눈볼대와는 거리가 멀고 수입산 냉동으로 이용되기에 맛과 품질에선 현 격한 차이가 난다. 시장에선 '적어' 또는 '긴따루'로 불리며, 열기로 잘못 불리기도 한다. 국내에 유통되는 적어(빨간고 기)는 대부분 캐나다나 아이슬란드 같은 고위도 해역에서 잡 힌 것이다.

≪ 재래시장에서 판매되는 장문볼락

고르는 법
전량 냉동이므로 깡깡 언 것이 좋고 붉은색을 비롯한 제색이 뚜렷한 것을 고른다. 해동 및 재냉동은 선도와 품질을 담보하지 못하므로 고를 때 유의한다.

+
유사어종

시중에는 장문볼락, 대서양붉은볼락, 대서양큰붉은볼락이 구분되지 않고 적어, 긴따루, 빨간고기, 열기란 이름으로 판매된다. 이들 종은 국내 해역에는 서식하지 않는 외래종이자 고위도에 서식하는 양볼락과 어류로 대부분 수입 냉동으로 들어와 시장과 쇼핑몰을 중심으로 판매되고 있다. 맛과 품질면에서도 종류별, 산지별 미묘한 차이가 있으나 대부분 구이와 튀김 등으로 이용되므로 한 자리에서 비교시식하지 않은 이상 그 차이를 가늠하기가 어렵다.

≪ 대서양붉은볼락

이용

가격이 저렴해 생선구이 백반집이나 군부대, 사내 급식, 심지어 한정식이나 고급 식당에도 사용된다. 주로 소금구이나 튀김으로 내며, 일부는 튀겨서 소스를 끼얹은 생선 탕수로 이용된다. 비린내가 적고 담백한 맛이 있으나, 몇몇 수입품은 고소함과 감칠맛이 떨어져 싱거운 느낌이 든다. 또한 대가리가 커서 크기가 작은 것은 발라먹을 살이 많지 않다. 조리 시 비린내가 나지 않는다는 점은 장점이며, 매운탕감으로도 좋다. 살이 단단하고 잘 부서지지 않아서 커틀릿으로 튀겨먹기도 한다.

≪ 시장터 생선구이집의 장문볼락

≪ 수입 냉동 볼락류를 이용한 탕수

돗돔

분류 농어목 투어바리과
학명 *Stereolepis doederleini*
별칭 평가 없음
영명 Striped jewfish
일명 오오쿠치이시나기(オオクチイシナギ)
길이 80cm~1.5m, 최대 2.2m
분포 남해와 제주도, 일본, 동중국해, 팔라우 해령
제철 10~5월
이용 회, 찜, 구이, 탕, 튀김, 전골, 샤브샤브

생태분류학으론 눈볼대와 같은 반딧불게르치과에 속했으나 최근에는 투어바리과로 새롭게 분류되고 있다. '전설의 물고기'란 수식어에 걸맞게 일 년에 몇 마리 잡히지 않는 대형 어류이다. 이는 개체 수가 적어서라기보단 돗돔의 생태와 서식

≪ 어린 돗돔

지 특성상 인간이 대량으로 잡아내기 어렵고, 갈수록 출몰 시기를 예측하기 어려워서 일반적으로 유통되지 않는 희소성에 기인한 것으로 보인다. 우리나라에는 대한해협을 마주한 부산 앞바다와 그 일대 남해 동부권의 먼바다, 제주도, 가거도 등에서 심해 낚시로 잡힌 기록이 있다.

유어기 땐 특유의 줄무늬가 나타나며 이후 성체로 자라면서 점차 흐려진다. 평소에는 수심 100m 이하 대륙붕 암반에 서식하는데 산란기인 6~8월이면 얕은 바다로 올라오다 잡히곤 한다. 국내에선 양식을 시도 중이며, 아직 산란과 성장에 대해선 여전히 베일에 싸여 있다.

이용

워낙 초대형 어류라 개인이 구매하기는 쉽지 않다. 잡히는 족족 돗돔회 전문점이 사 가기 때문이다. 대표적으로 부산 충무동의 '선어마을'과 서울 여의도의 '쿠마'가 있다. 심해어 특성상 잡히는 즉시 수압차로 죽어버리니 대부분 선어회로만 이용된다. 어획 후 위판과 해체 및 손질, 판매에 이르기까지 소요되는 시간과 동선에 따라 맛과 신선도가 제각각이다. 신선한 상태라면 미식가들의 이견이 없을 정도로 최고의 횟감으로 꼽힌다. 심해에 살면서 지방을 많이 축적할 뿐더러 다른 흰살생선회에선 느낄 수 없는 깊은 감칠맛이 특징이다.

부위도 20가지 이상으로 나뉜다. 등살, 지느러미살, 중뱃살, 뱃살, 아가미살, 볼살, 두육살, 입술살, 턱밑살 등이 있다. 첫맛은 참치 같고 뒷맛은 소고기 같은 풍미도 느껴진다. 가장 맛있으면서 돗돔의 특징이 잘 나타나는 부위는 오히려 등살이고, 가장 기름진 부위는 뱃살보다 지느러미살이다.

이 외에도 껍질은 살짝 데쳐먹으며 심장과 창자, 간에 이르기까지 아가미를 제한 모든 부위를 식용할 수 있다. 간은 신선할 때 생식하며 소금장에 찍어 먹는데 1인당 2~3점을 초과해서 먹으면 비타민A에 중독된다. 과다 섭취시 두통과 구토, 발열을 일으킬 수 있으니 주의해야 한다. 이 밖에 찜이나 구이, 맑은탕으로도 이용된다.

┌ 돗돔의 풍미를 가장 잘 느낄 수 있는 등살

시중에서 '동갈돗돔'(p.22 참조)
이란 어종도 돗돔이라는 명칭으
로 판매되는 경향이 있다. 동갈
돗돔은 중국산 양식 활어로 유통
되며 돗돔과는 아무런 연관이 없
는 농어목 하스돔과 어류이다.

⌃ 돗돔회　　　　　　　　　　　⌃ 돗돔의 생간

동갈돗돔

분류　농어목 하스돔과
학명　*Hapalogenys nitens*
별칭　딱돔, 돗돔(X), 꼽새돔(X)
영명　Skewband grunt, Black grunt　　**분포**　서해 및 남해, 일본 남부, 동중국해
일명　히게소리다이(ヒゲソリダイ)　　**제철**　10~5월
길이　30~40cm, 최대 55cm　　**이용**　회, 찜, 조림, 탕, 구이

동갈돗돔은 여타 돔류와 달리 체고가 매우 높고 측편됐다. 두 줄의 굵은 줄무늬가 특징인데 50cm가 넘
는 노성어로 접어들면 희미해진다. 강물이 유입되는 연안성 어류로 우리나라에는 주로 전라남도를 비
롯한 서남해역에서 서식한다. 따뜻한 바닷물을 좋아하는 탓에 수온이 오르는 여름~가을철 고흥 앞바
다에 출현 빈도가 높고, 민어와 서식지가 일부 겹치기도 한다. 암초나 돌무더기를 터전으로 삼는 여타
돔류와 달리 동갈돗돔은 근연종인 어름돔, 꼽새돔과 함께 모래나 갯펄로 이루어진 저질을 따라 회유하
고, 수심 50m 전후의 비교적 얕은 내만권으로 들어온다. 어획량은 많지 않아 자연산 유통량 또한 극히
적다. 한편 시장에 유통되는 활동갈돗돔은 대부분 중국산 양식이며 '돗돔', '딱돔' 정도로 불리기도 한
다. 하지만 최대 2m가 넘는 전설의 물고기 돗돔과는 관련이 없는 물고기다. 주 산란기는 6~8월 정도
로 알려졌고, 여름부터 가을 사이에 많이 잡힌다.

이용

자연산은 현지에서 소진되며, 주로 중국산 양식 활어가 유통돼 시장에서 활어회
로 이용된다. 회를 뜨고 남은 서덜은 매운탕으로 쓰이며, 껍질은 돌돔처럼 살짝
데쳐 얼음물에 담갔다 건진 후 썰어 먹는다. 일부 고급 음식점에선 찜용으로 쓰기도 한다. 참돔 대용으
로 사용하나 가격은 참돔보다 약간 더 비싸며, 회 맛도 참돔보다 좀 더 낫다고 평가하기도 한다.

⌃ 중국산 양식 동갈돗돔　　　　　⌃ 동갈돗돔회　　　　　　⌃ 껍질 숙회

두툽상어

분류	흉상어목 두툽상어과	**길이**	35~40cm, 최대 50cm
학명	*Scyliorhinus torazame*	**분포**	우리나라 전 해역, 일본, 중국, 필리핀, 동중국해,
별칭	괘상어, 개상어(X), 두테비, 두테비상어, 범상어		남중국해, 대만 등의 북서태평양 연안
영명	Cloudy dogfish, Cloudy catshark	**제철**	1~5월
일명	토라자메(トラザメ)	**이용**	회, 무침, 어묵, 찜

우리나라에 서식하는 두툽상어과는 두툽상어를 비롯해 '복상어', '불범상어' 3종이 있다. 두툽상어는 복상어의 천적으로 알려졌다. 최대 50cm까지 자라는 소형 상어로 늘씬한 체형을 지녔다. 주로 남해 동부권에서 잡혀 부산, 포항 등의 수산시장에서 활어로 유통된다. 3월을 전후하여 맛이 오르는데, 특히 한겨울 부산을 중심으로 원투낚시로 두툽상어를 낚아 올리는 재미가 쏠쏠하다. 시장에선 주로 '괘상어', '개상어' 정도로 불리지만

☆ 겨울철 활어로 판매되는 두툽상어(부산 다대포 어시장)

개상어란 표준명을 가진 상어는 따로 있다. 다른 상어와 달리 알을 낳는데 이 알은 미더덕처럼 생긴 껍질에 둘러싸인 독특한 모양을 가진다.

이용 상어는 기본적으로 연골어류로 뼈가 연하다. 특히 크기가 작은 종류는 뼈째 썰어 먹거나 혹은 그것을 초무침으로 먹는다. 일부는 쪄먹기도 하며, 부산에서는 어묵 재료로도 쓰인다.

띠볼락 | 누루시볼락

분류	쏨뱅이목 양볼락과		
학명	*Sebastes zonatus*	**길이**	25~40cm, 최대 약 70cm
별칭	참우럭, 조피우럭	**분포**	우리나라 전 해역, 일본, 태평양 연안
영명	Jacopever	**제철**	11~4월
일명	타누키메바루(タヌキメバル)	**이용**	회, 구이, 탕, 찜

양볼락과 어류 중에선 최대 60~70cm까지 자라는 대형 볼락류이다. 우리나라 서해 및 남해에서도 발견되지만 동해 및 동해남부 먼바다 수심 100m 이하 암초지대에 많이 서식한다. 조업량이 많지 않으며, 심해 우럭과 대구 낚시에 걸려든다. 시장에선 조피볼락과 구분하지 않고 '우럭'이라 부르며, 낚시인들은 우럭과 구분하기 위해 '참우럭'이라 부른다. 초여름경 새끼를 출산하는 난태생이며, 이르면 늦가을부터 초봄 사이 맛이 좋은 것으로 알려졌다.

△ 조피볼락(위) 띠볼락(아래)

+
조피볼락과의
구별

빛깔
조피볼락(우럭)은 전체적으로 진회색과 검은색을 띠는 반면, 띠볼락은 조피볼락보다 색이 밝고 연갈색이다.

몸통의 굵은 띠, 꼬리지느러미의 하얀 띠

띠볼락은 몸통에 크고 굵은 가로 줄무늬가 있다. 50cm 이상 성체로 자라면 점차 희미해진다. 또한 띠볼락은 꼬리지느러미 끝이 하얀 테두리로 되어 있고, 싱싱한 활어 상태에선 신비스러운 청회색으로 빛나기에 조피볼락과 구별된다.

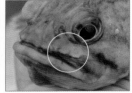
△ 조피볼락(우럭)은 눈 밑에 3개의 가시가 있다　△ 띠볼락(참우럭)은 눈 밑에 가시가 없다

가시의 유무

조피볼락은 양 눈과 윗입술 사이에 3개의 작은 가시가 나 있다. 띠볼락과 누루시볼락은 가시가 없다.

이용

수심 깊은 곳에서 올라와 수압차로 부레가 부풀어 몸이 자주 뒤집어진다. 싱싱할 땐 주로 회로 먹는다. 조피볼락보다 희소가치가 있으면서 맛도 한 단계 우위로 평가된다. 조피볼락과 달리

△ 띠볼락회

△ 띠볼락 구이

더 깊고 차가운 물에 서식하기 때문에 육질이 더 단단하다. 회 외에도 매운탕과 찜, 구이 등으로 이용된다. 국내에서 활띠볼락을 가장 높은 확률로 볼 수 있는 곳은 동해 묵호항에서 포항에 이르는 경상북도 해안가 포구 및 수산시장이다.

누루시볼락

분류 쏨뱅이목 양볼락과
학명 *Sebastes vulpes*
별칭 참우럭, 조피우럭, 우럭
영명 Fox jacopever
일명 키츠네메바루(キツネメバル)
길이 20~30cm, 최대 약 40cm
분포 동해 및 남해, 일본, 태평양 연안
제철 11~4월
이용 회, 구이, 탕, 찜

과거에는 띠볼락과 같은 종으로 여겼다가 2011년 이후 이종으로 분리됐다. 다만 두 종 모두 형태학적으로는 거의 일치하고, 중간 형태를 가진 것도 있기 때문에 상인은 물론 어부들도 정확히 가려내지 못한다. 구별 포인트라면 꼬리지느러미인데 띠볼락은 희거나 살짝 푸르스름한 띠가 있고, 누루시볼락은

없다. 하지만 이러한 특징도 수중에선 두 종 모두 푸르스름한 띠로 나타나기 때문에 종을 동정하는 정확한 기준이 되는지는 의문이 든다. 또한 띠볼락은 지느러미 색이 연갈색인 반면, 누루시볼락은 푸른빛이 돈다는 점에서 차이가 있다.

망상어 | 인상어

분류 농어목 망상어과
학명 *Ditrema temminckii*
별칭 망시, 망치, 맹치, 떡망시, 서울 감시, 바다 붕어
영명 Sea chub
일명 우미타나고(ウミタナゴ)
길이 15~25cm, 최대 33cm
분포 서해를 제외한 우리나라 전 해역, 일본 북부이남, 동중국해를 비롯한 북서태평양

제철 12~4월
이용 회, 무침, 구이, 튀김, 건어물

우리나라와 중국, 일본을 비롯한 북서태평양에만 서식하는 어류이다. 4~6월경 산란하는데 뱃속에서 부화한 후 한 번에 약 10~30마리를 낳는 태생어이다. 제철은 겨울부터 봄 사이로 이 시기에는 몸길이 25cm가 넘는 일명 '떡망상어'가 많이 잡히며, 살집이 올라 연중 가장 맛이 좋을 때다.

바다낚시로 잡히며, 주로 갯바위와 방파제 등 연안의 얕은 수심에서 많이 잡힌다. 떼 지어 서식하며 워낙 탐식성이 강해 감성돔을 노리는 낚싯바늘에 곧잘 걸려들고, 주둥이가 작아서 미끼만 따먹기도 해 전문 낚시인들 사이에선 골칫거리이자 잡어로 통한다. 반대로 생각하면 초보 낚시인들도 그리 어렵지 않게 낚을 수 있어서 바다낚시 입문용으로 적당한 어종이라 할 수 있다. 언뜻 보면 감성돔을 닮아 초보 낚시인들이 착각하기도 한다. 서울에서 온 낚시인들이 감성돔을 많이 잡았다고 해서 봤더니 전부 망상어였고 이후 현지인들은 서울에서 온 어리숙한 낚시인들이 잡았다고 하여 '서울 감시'란 이름을 붙이기도 했다.

이용

시장 유통량은 거의 없는 편이다. 대부분 생활낚시인들이 잡아서 먹는다. 흰살 생선이지만 피를 제때 빼지 못하면 비린내가 난다. 살도 수분기가 많아 생물로 굽거나 조리기보단 꾸덕하게 말려서 요리하면 좋다. 씨알은 클수록 좋고 수온이 찰 때 가장 맛있다. 살아 있을 때 피를 빼면 회나 회무침으로 먹고, 주로 굽거나 튀겨 먹는다.

⌃ 망상어 구이(맨앞)

+
인상어

인상어는 망상어의 근연종으로 동해 및 남해안 일대 연안에 폭넓게 서식한다. 지역에서는 '물망상어' 또는 '물망시'로 불린다. 수중 암초와 해초가 발달한 얕은 연안에 무리지어 서식하며, 망상어와 마찬가지로 탐식성은 높은데 주둥이는 작아 미끼만 갈취하는 등 낚시를 방해하는 잡어로 인식한다. 망상어보다 작고 잔가시가 많아 특별히 식용하지는 않는다. 이 둘의 차이는 크기와 체형, 빛깔, 대가리

☝ 망상어(위) 인상어(아래)

모양 등 다양하게 나타난다. 전반적으로 인상어는 몸집이 작고 날씬하며, 등에는 푸른빛이 돈다.

멸치

분류	청어목 멸치과		
학명	*Engraulis japonicus*	**길이**	1~10cm, 최대 18cm
별칭	며르치, 메루치, 멸, 멸치, 지리멜, 참멸치	**분포**	우리나라 전 해역, 일본, 중국, 동중국해, 필리핀, 인도네시아 등
영명	Anchovy	**제철**	3~6월, 8~12월
일명	카타쿠치이와시(カタクチイワシ)	**이용**	회, 무침, 조림, 볶음, 젓갈, 육수, 건어물

멸치는 인간뿐 아니라 전 세계 해양 먹이사슬에서 없어선 안 될 가장 중요한 수산자원이다. 적절한 수온을 찾아 이동하는 계절 회유어로 수명은 약 1년 6개월에서 최대 3년까지이다. 그 사이 멸치는 볶음용 세멸인 1cm부터 최대 18cm까지 다양한 크기로 성장한다. 크기에 따라 음식의 용도는 다

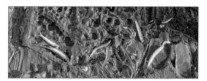

☝ 포식자에게 쫓겨 급하게 튀어 오른 멸치들

르지만, 적어도 국내에서 잡히는 멸치는 모두 '태평양산 멸치'(*Engraulis japonicus*)이다. 태평양산 멸치는 북해도 및 쿠릴열도에서 시작해 적도 부근인 인도네시아까지 다양한 지역에 분포하는데 수온도 8~30℃에 이르기까지 폭넓은 환경에 적응하며 살고 있다. 산란은 봄가을 두 차례이며 우리나라 멸치 조업량도 이때 집중된다.
대부분 연안에 서식하며 떼 지어 다니다가 해안가 근처에서 포식자로부터 쫓기면 해변이나 갯바위로 튀어 오르는 습성이 있다. 이 밖에도 전 세계 최대 어획량을 자랑하는 '페루산 멸치'(*Engraulis ringens*)와 안초비로 유명한 '유럽산 멸치'(*Engraulis encrasicolus*)까지 총 8종류가 보고되고 있다.

이용

멸치는 우리나라에서는 연간 20만톤씩 생산되는 매우 중요한 어족 자원이다. 4월이면 부산 기장에 멸치 축제가 열리며, 이곳 대변항은 횟감용 멸치의 주요 산지로 정평이 나 있다. 이 외에도 죽방멸치로 유명한 남해군과 삼천포, 완도, 그 외 서해산 멸치도 유명하다.
봄에 잡힌 일명 '햇멸치'는 신선도가 좋을 때 회나 회무침으로 먹는다.

☝ 삼천포산 횟감용 생멸치

먹기 전 막걸리에 살짝 씻어내면 잡내와 비린내를 지우는 데 도움이 된다. 비록 횟감용 선도는 아니지만 싱싱한 대멸은 자작한 국물에 조리듯 끓여내 쌈밥으로 먹는다. 가장 흔한 형태는 역시 건어물이 빠질 수 없다. 말린 멸치는 크기에 따라 볶음용과 육수용으로 쓰인다.

우리나라 식당에서 나오는 밑반찬 중 가장 흔하게 접하는 것 또한 멸치볶음이다. 지역과 집집마다 레시피가 달라 다양한 유형으로 발전됐다.

육수용 건멸치는 잔치국수를 비롯해 각종 찌개와 국, 탕, 전골 등 국물을 내는 요리에 빠지지 않고 들어간다. 일본에 가다랑어를 말린 가쓰오부시가 있듯, 우리나라에는 마른 멸치가 베이스 육수로 사용되는데 최근에는 훈연 건멸치도 인기다.

≪ 생멸치회 ≪ 멸치회무침

이 외에도 제주도에서 '멜젓'이라 부르는 멸치 젓갈과 액젓이 이용된다. 고깃집에 나오는 멜젓은 크게 두 가지 유형이 있는데 하나는 토속적인 방식인 통마리로 내는 것이고 다른 하나는 그것을 잘게 잘라 소주를 붓고 마늘, 고추와 함께 끓여낸 방식이다. 전자보단 후자가 먹기에 편하며 고기 소스로 맛이 좋아 인기가 있다.

≪ 다양한 레시피의 멸치볶음

≪ 건멸치(작은 것) ≪ 건멸치(큰 것) ≪ 제주 멜젓(통마리) ≪ 돼지고기 소스로 이용되는 멜젓

+
크기에
따른 분류

말린 멸치는 크기에 따라 조리 방법과 용도가 다르며 가격 역시 크게 차이가 난다.

명칭	길이	용도
세세멸	1cm 내외	주먹밥, 볶음용
세멸(지리멸)	1.5cm 내외	볶음용
자멸(가이리)	3cm 내외	볶음용
소멸(고바)	4.5~6cm	안주, 볶음, 조림용
중멸(고주바)	6~8cm	안주, 육수, 볶음, 조림용
대멸(주바, 다시멸치)	8cm 이상	육수용

⌃ 세세멸   ⌃ 세멸(지리멸)   ⌃ 자멸(가이리)

⌃ 소멸(고바)   ⌃ 중멸(고주바)   ⌃ 대멸(주바, 다시멸치)

멸치 조업 방식

멸치 조업은 유자망, 기선권현망, 정치망, 죽방렴 등이 있다.

유자망

어군이 형성되면 곧바로 그물을 수직으로 내려 펼친 다음, 조류와 바람에 따라 떠다니게 하면서 지나가던 물고기가 그물코에 박히거나 둘러싸이게 하여 잡는 방식이다. 대량 어획이 가능하다는 이점이 있지만, 다양한 어종과 다양한 크기가 한꺼번에 잡혀 남획의 우려가 있고, 무엇보다도 그물코에 낀 멸치는 상처가 나고 비늘이 벗겨지면서 상품성을 저해시키기도 한다.

기선권현망

1척의 어탐선, 2척의 끌배, 2~3척의 운반선과 가공선으로 총 5~6척의 선박이 선단을 이룬다. 작업 지시가 내려지면 배들은 각자 맡은 위치에서 그물을 내려 어군을 포위하고 협동으로 잡아들인다. 이렇게 잡힌 멸치는 금방 죽어버려 빠른 시간 내에 선도가 저하된다. 그래서 선단은 갓 잡힌 멸치를 가공선으로 옮겨 곧장 삶는다. 적당한 소금물에 약 3분간 삶은 멸치는 육지로 옮겨져 건조에 들어간다. 우리가 먹는 마른멸치의 대부분이 이러한 어업 방식으로 잡아들인다고 보면 된다.

정치망

정치망 조업은 물고기가 다니는 해역 또는 길목에 그물을 미리 설치하여 잡아들이는 방식이다. 그물이 고정되어야 하므로 수심이 얕고 조류가 세지 않는 곳이라야 한다. 멸치뿐 아니라 이곳을 지나는 다양한 어종이 그물에 걸려들며, 어부는 주기적으로 와서 회수해 간다.

죽방렴

죽방렴은 500년 이상 이어온 원시어업 방식이다. 주로 조수 간만의 차이가 크고, 수심은 10m 내외로 너무 깊지 않으면서 물살은 어느 정도 빠른 지역에서 행해진다. 멸치 죽방렴으로 유명한 곳은 경상남도 남해군의 삼동면과 창선면 사이 지족해협과 삼천포를 꼽는다. 이곳에는 V자로 된 죽방렴(대나무 어살)을 박고 멸치가 빠져나가지 못하도록 그물을 쳐 놓는다. 이어서 밀물에 물고기가 들어오면 물살에 밀려오다 갇히게 된다. V자로 된 구조물 끝엔 원형으로 된 함정 어구가 있는데 이곳에 들어온 물고기는 빠져나오지 못한다. 어획은 간조 때 물이 빠져 구조물이 드러나면 어부들이 직접 들어가 수확하는 식이다.

죽방렴은 달의 인력, 즉 하루 두 번 바뀌는 밀물과 썰물을 이용해 잡아들이는 방식으로 한 번에 잡는 양은 유자망에 비할 수 없지만, 상처가 없고 비늘 손상도 적어 최상급 품질의 멸치가 어획된다. 죽방렴 멸치는 비늘이 붙어 있고 손상이 적으며, 선도가 좋을 때 바로 삶아내어 다른 멸치와 달리 금빛이 돈다는 게 특징이다. 이로 인해 죽방렴으로 어획한 멸치는 물론이고 인근 해역으로 들어오는 멸치를 '참멸치'라 부르기도 한다. 잡힌 것 중 큰 멸치는 대부분 조림용으로 쓰인다.

미역치

분류 쏨뱅이목 양볼락과
학명 *Hypodytes rubripinnis*,
Paracentropogon rubripinnis
별칭 쌔치, 쐐치
영명 Redfin velvetfish
일명 하오코제(ハオコゼ)
길이 5~8cm, 최대 약 12cm
분포 남해, 동해 남부, 제주도, 일본 중부이남,
동중국해, 대만을 비롯한 북서태평양

제철 3~8월
이용 탕, 조림, 튀김

⤒ 평상시의 모습

⤒ 위협받았을 때 모습

국내에선 주로 남해안 일대에서 흔히 서식하는 소형 어류이다. 특히 조류가 완만하고 잔잔한 내만의 방파제나 석축, 갯바위 벽면에 무성하게 붙은 해조류 다발 사이에 서식해 일반적인 조업보단 낚시에서 혼획된다. 산란은 여름인 7~8월로 이 시기를 포함해 맛이 좋다. 실제 자주 포획되는 시기도 늦봄부터 가을 사이가 많은데, 이 시기 방파제나 해상펜션을 찾는 생활 낚시객들에게 자주 잡히며, 작고 화려한 체색은 눈길을 사로잡는다. 하지만 작고 앙증맞다고 함부로 만졌다간 큰코다칠 수 있다. 위협을 느낀 미역치는 등지느러미를 바짝 세우는데 언뜻 보면 둥글고 부드러워 보이지만, 여기에는 맹렬한 통증을 수반하는 독선이 숨어 있다. 순간적으로 충전된 독침은 사람의 피부를 뚫고 들어와 맹독을 주입하는데 '카라톡신'(Karatoxin)이라는 단백질 독은 끊어질 것 같은 극심한 통증을 일으키며 근육을 마비시킨다. 이 통증은 2~3시간부터 반나절까지 이어지며, 약 하루 정도 지나면 자연적으로 해독된다. 특별한 후유증은 없지만 하루 종일 일이 손에 안 잡힐 정도로 고통스러울 수 있으니 미역치를 다룰 때는 손으로 만지지 않도록 한다. 참고로 독침은 등과 배, 옆지느러미에도 있으니 주의한다. 쏘였을 때 통증을 완화하는 방법은 크게 3가지가 있다.

1. 40도 이상 따뜻한 물로 상처 부위를 찜질해주면 일시적이나마 통증이 완화된다.
2. 요소비료를 물에 용해하여 상처 부위에 발라준다. 독의 산성이 요소비료의 염기성으로 중화되면서 통증 완화에 효과가 있는 것이다.
3. 미역치의 눈알을 짓이겨 상처 부위에 바르면 통증이 완화된다는 민간요법이 전해지고 있다.

이용

작고 독까지 있어 상업적 이용 가치는 낮다. 대개 낚시인들도 미역치를 잡으면 방생하므로 흔히 식용되진 않지만, 늦봄부터 산란기인 여름 사이는 맛이 좋으므로 일부 낚시인이나 마을 사람들이 식용하고 있다. 주로 매운탕이나 조림, 튀김 등으로 이용한다. 조리 전에는 독샘이 있는 등가시와 배, 옆지느러미를 제거하는 것이 좋다. 내장은 강한 쓴맛이 나서 이 또한 제거하는 것이 좋다. 7~8월 산란기에 돌입하면서 알을 배는데 알이 맛있기로 정평 나 있다.

반지

분류	청어목 멸치과
학명	*Setipinna tenuifilis*
별칭	밴댕이, 빈댕이, 송어, 송애, 소어, 웅어(X)
영명	Common hairfin anchovy
일명	츠마리에츠(ツマリエツ)
길이	약 12~20cm, 최대 23cm

분포	서해, 남해, 중국을 비롯한 일본, 대만, 서부태평양, 인도양 연안의 기수역
제철	3~6월
이용	회, 무침, 회덮밥, 젓갈, 구이, 튀김

반지는 서해와 서남해 일대 앞바다와 강 하구 기수역에 서식하는 연안성 어류이다. 분류상 청어목 멸치과에 속하는 어류로 흔히 밴댕이와 혼동하지만, 반지와 밴댕이는 전혀 다른 종이다. 주요 산지는 강화도를 비롯한 인천권이다. 평균 크기는 20cm 전후이며, 연안의 기수역에서 군집 생활을 하다가 5~7월 사이 산란한다. 제철은 산란 직전인 봄이다.

≪ 밴댕이란 이름으로 판매되지만 표준명은 반지이다(인천 소래포구)

+
반지와 밴댕이의 형태적 차이

반지와 밴댕이는 매우 흡사하게 생겼지만, 두 생선에는 몇 가지 결정적인 차이가 있다.

1. 반지는 청어목 멸치과이고, 밴댕이는 청어목 청어과이다.
2. 반지는 지느러미가 노르스름하며 몸통은 은백색이 주를 이루고, 밴댕이는 전어를 닮아 등이 푸르스름한 빛깔을 띤다.
3. 반지는 위턱이 아래턱보다 길고, 밴댕이는 아래턱이 위턱보다 긴 부정교합이다.

≪ 반지의 턱 모양

≪ 밴댕이의 턱 모양

반지와 밴댕이에 관한 오해

표준명은 '반지'이지만 이는 군산에서 불리던 이름일 뿐. 본종의 최대 산지인 강화도를 비롯한 인천, 김포 지역에서는 오래전부터 '밴댕이'로 불렸다. 인천 구월동에는 오래전부터 '밴댕이 골목'이 자리 잡고 있는데 이곳에서 판매되는 밴댕이회는 '표준명 반지'를 사용한다.

한편 표준명 밴댕이도 있다. 주로 건어물로 이용되는데 흔히 육수용으로 쓰이는 '디포리'가 그것이다. 지금은 귀해져 수입산 의존율이 높아지고 있다. 우리나라에 어류도감이 편찬된 해는 2005년경으로, 우리나라의 어류 명칭은 1977년 정문기 박사의 《생선어도보》를 기점으로 체계적으로 정의되었다고 해도 과언이 아니다. 앞서 언급한 밴댕이 골목에는 40년 세월 동안 한 자리를 지키며 장사해 온 가게도 있는데, 생선 명칭이 체계화되기 훨씬 이전부터 줄곧 같은 생선을 취급했다. 다름 아닌 표준명 '반지'를 횟감으로 사용해온 것이다. 그렇다면 표준명 밴댕이가 귀해져서 반지로 대체된 걸까? 아니면 예전부터 지역민들이 밴댕이라 불렀는데 도감이 잘못 기재한 걸까? 《한국민족문화대백과》에는 '표준명 밴댕이'에 관한 기술이 있는데 여기서 의미심장한 구절을 발견할 수 있었다.

> 《난호어목지》(蘭湖漁牧志)에는 《본초강목》(本草綱目)에 보이는 늑어(勒魚)를 소개하는데 이를 한글로 '반당이'라고 기재하고 있고, 이 늑어가 우리나라의 소어(蘇魚)라고 하고 있다. 5월에 어부가 발[簾]을 설치하여 잡는데 강화·인천 등지가 가장 성하다고 하였다. 그 형태의 설명에 있어서는 배에 여문 가시가 많다든가, 머리 밑에는 길고 날카로운 두 개의 뼈가시가 있다든가 하고 있는데 이는 의문시되는 점이다.

배에 여문 가시가 많은 것은 반지의 전형적인 특징이다.

> 《증보산림경제》에는 소어는 탕(湯)과 구이가 모두 맛이 있고 회로 만들면 맛이 준치보다 낫다고 하였으며, 또 단오 후에 소금에 담그고 겨울에 초를 가하여 먹으면 맛이 좋다고 하였다.
> (※ 출처: 한국민족문화대백과, 한국학중앙연구원 '밴댕이')

한편 표준명 밴댕이는 5~10cm에 이르는 소형어종으로 회로 이용되지 않는다. 밴댕이회를 준치회와 비교한 구절이나 초를 가하여 먹으면 맛이 좋다는 구절로 미루어 보았을 때 이는 전형적인 '반지'의 특성이라 보아도 무방하다. 속 좁은 사람을 일컫는 속담인 '밴댕이 소갈딱지'에서 밴댕이도 실은 표준명 반지를 두고 나온 말이다.

≪ 밴댕이를 말린 디포리

참고로 서유구가 저술한 《난호어목지》와 유중림의 《증보산림경제》는 각각 1820년과 1766년(영조 42년)에 나온 책으로 근대에 와서 정립된 표준명(=국명)보다 수백 년 이상 앞선다. 오늘날 학술지에 기재된 표준명 반지가 실은 옛 선조들이 '반당이'(밴댕이의 옛말)라 불렀던 생선이지 않은가.

≪ 반지의 배를 보면 자잘한 가시를 볼 수 있다

고르는 법 3~7월 사이가 제철로 이 시기 강화도를 비롯한 김포, 인천권 포구나 수산시장에서 볼 수 있다. 고를 땐 배가 터져 내장과 진물이 나오지는 않는지 확인한다. 그물코에 끼인 채 시간이 지난 것은 급격한 선도 저하를 부른다. 따라서 대가리쪽 상처가 없고 비늘이 온전히 붙어 있으며, 각 지느러미의 색은 선명한 노란색이 좋다. 또한 몸통은 신선할 때 은백색으로 광택이 나는 데 이런 건 횟감으로 사용할 수 있다. 반지는 선도가 떨어질수록 누르스름해지므로 횟감보다는 구이로 사용하는 것이 좋다.

아예 포장된 회를 구매하는 것도 좋다. 회는 피로 물들어있지 않아야 하며, 가장자리는 약간 노란빛이 나는 유백색의 흰 살이, 가운데는 자연스럽게 물든 복숭아색이 좋다. 젓갈은 소금으로만 염장한 것(노란 국물이 나온다)과 고춧가루가 뿌려진 것이 있는데 후자는 중국산일 확률도 있으니 원산지를 꼭 확인하고 구매한다.

≪ 그날 조업된 반지는 은백색으로 광택이 난다

≪ 잡힌 지 하루 이상 지난 구이용 반지

이용

반지는 밴댕이(디포리)와 달리 지방이 많은 생선으로 횟감용 성체를 밴댕이(디포리)처럼 말리면 금방 산패돼 쓰지 못한다. 그래서 반지는 어린 것을 제하면 디포리처럼 말려 육수용으로 쓰지 않는 것이다. 시장에서 밴댕이라 부르며 횟감으로 쓰는 것은 모두 표준명 반지이며 회, 회무침, 회덮밥, 구이로 이용된다. 반지는 그물에 걸려 어획할 때 금방 죽기 때문에 활어회로 먹기는 힘들다. 따라서 우리가 먹는 '속칭 밴댕이회'는 어획 후 수 시간이 지난 상태이므로 선어회이자 숙성된 상태다. 반지는 잡힌 직후부터 약 하루 정도 숙성해서 먹으면 살이 부드럽고, 뼈째 썬 회는 잔가시가 연해지며, 씹으면 씹을수록 고소하며 감칠맛이 올라온다. 큰 것은 구이로 먹는다. 양식이 없으니 산지에서 맛보는 걸 권한다. 강화도에서는 특산물인 순무와 반지를 함께 넣어 일명 '밴댕이 순무 김치'를 담가 먹는다. 남은 것은 밴댕이젓을 만든다.

≪ 일명 밴댕이 젓갈

≪ 일명 밴댕이회

≪ 일명 밴댕이 회무침

≪ 일명 밴댕이 구이

≪ 일명 밴댕이 완자 매운탕

밴댕이

분류 청어목 청어과	
학명 *Sardinella zunasi*	
별칭 디포리, 뒤포리, 반당이	**길이** 5~12cm, 최대 약 20cm
영명 Japanese scaled sardine, Big-eyed herring	**분포** 서해 및 남해, 일본 중부이남을 비롯해 대만, 남중국해, 동남아시아 등
일명 삿파(サッパ)	**제철** 3~7월
	이용 건어물, 육수

전라도나 경상도에서는 밴댕이 말린 것을 '디포리' 또는 '뒤포리' 등으로 부르는데 '뒤가 푸르다'는 말에서 유래한 사투리로 추정된다. 멸치와 비슷하게 생겼으나 멸치보다 훨씬 납작하고 아래턱이 위턱보다 긴 것으로 구분할 수 있다. 몸길이는 5~10cm 정도로 작으며, 옆으로 납작하며 가늘다. 등쪽은 청록색, 배 부분은 은백색을 띤다. 한편 경기도 지방에서 밴댕이라 부르는 물고기는 학술적 명칭으로 '반지'이며, 본 종과는 상관이 없다.

+
디포리와
밴댕이
말린 것의
차이

멸치와 함께 건어물 코너에서 흔히 보이는 종류가 디포리이다. 그런데 지역과 판매 상인에 따라 디포리와 밴댕이를 부르는 기준이 제각각이어서 이참에 정리해보았다.
오른쪽 위의 사진은 표준명 '밴댕이'이다. 밴댕이를 말린 것을 시장에선 흔히 '디포리'라

⌃ 표준명 밴댕이(시장에선 디포리라 부른다)

⌃ 표준명 반지(시장에선 밴댕이라 부른다)

부른다. 표준명 밴댕이는 다 큰 것이 이 정도이며, 대부분 건어물 및 육수용으로만 이용된다.
표준명 반지는 주로 건어물로만 이용되는 표준명 밴댕이와 달리 횟감을 비롯해 구이와 회무침으로 이용되며, 작은 것은 건어물로도 이용된다. 두 어종은 육수를 냈을 때에도 차이가 난다. 밴댕이(디포리)는 시원한 국물맛을, 반지(밴댕이)는 지방이 많아 구수한 국물맛을 낸다.

이용
산란기는 6~7월이며, 잡히면 대부분 건어물로 쓴다. 갈수록 어획량이 줄어들어 수입산 의존도가 높아지고 있는 품목이기도 하다. 한편 일본에선 규슈 등 남부 지방에서 겨울부터 봄 사이 잡히는데 산란기를 앞둔 밴댕이는 국내 연안에서 잡히는 개체보다 커서 구이와 회로 이용되기도 한다.

뱅어

분류	바다빙어목 뱅어과
학명	*Salangichthys microdon*
별칭	백어, 뽀드락, 실치, 국수
영명	Japanese icefish
일명	시라우오(シラウオ)
길이	3~10cm, 최대 약 13cm
분포	서해와 동남해의 강 하류와 기수역, 일본, 러시아를 비롯한 북서 태평양 연안

제철 3~5월
이용 회, 초밥, 포(건어물), 젓갈, 튀김

《세종실록지리지》와 《신증동국여지승람》에는 죽으면 몸통이 하
얗게 변한다고 하여 '백어'(白魚)로 표기되었다. 한자어 백어가 우
리말로 '뱅어'가 된 것으로 보인다. 산란기는 3~5월로 이 시기 연
안에 살던 뱅어는 산란을 위해 기수역과 강 하류로 들어오다 잡힌
다. 한편 우리가 '뱅어포'로 알고 먹는 것은 흰베도라치의 치어인
'실치'로 만든 것이다.

︽ 흔히 뱅어포라 파는 것은 사실 실치포이다

+
뱅어의 종류

국내에 서식하는 뱅어류는 뱅어를 비롯해 젓
뱅어, 국수뱅어, 도화뱅어, 붕퉁뱅어 등이 있
다. 그중 도화뱅어는 '도화'(桃花), 즉 복숭아
꽃이 필 무렵 나타난다고 해서 붙은 이름이다. 생김새와 크기
는 뱅어와 유사하다. 역시 바다에서 성장하고 강에서 산란하는
회귀성 어류로 한강, 금강, 영산강 낙동강, 그리고 전라남도 일
대 강 하류에 분포한다. 우리나라에선 최근까지도 소량 잡힌
적이 있으며, 말려서 가공식품으로 판매되기도 했다.

︽ 도화뱅어(위) 실치(아래)

뱅어는 전멸되었을까?

국내에는 한강을 비롯해 금강, 낙동강 등에 뱅어 자원이 기록돼 있지만. 1960년대 이후 급격히 늘어
난 공장과 강 하구 오염, 무분별한 개발. 그로 인한 서식지 파괴로 인해 지금은 거의 자취를 감추었다.
1970년대 전후로 신문 기사에서는 뱅어가 자취를 감추고 있음을 시사하는 구절을 여럿 찾아볼 수 있다.

• 영산강 물은 이미 지난날의 맑은 흐름은 찾을 길이 없고 혼탁하여 그 특산명물로 꼽던 뱅어, 잉어, 장
  어 같은 담수어는 사멸되어가고 있지만… (1979년 4월 2일 경향신문)
• 각 지방에 공업단지가 서면서 그 폐수가 흘러 들어가 하천과 바닷물을 오염시키고 있다. 군산만과
  아산만에선 명물인 뱅어가 자취를 감추고… (1973년 5월 26일 조선일보)
• 한겨울에 먹는 뱅어는 마포 서강에서만 잡혀 희소가치가 있고 값이 비쌌다. (1993년 7월 22일 동아
  일보 '고유의 맛. 한국전 이후 사라져' 기사 발췌)

게다가 지금은 생물 뱅어의 어획과 위판, 유통의 흔적을 찾을 수 없고, 먹어보았다는 그 어떠한 후기도
남아 있지 않아 적어도 한반도에선 전멸되었거나 남아 있어도 개체수가 매우 적음을 유추할 수 있다.
1998년 해양수산통계연보에 의하면 뱅어류의 어획고는 변동이 심하여 1981년에는 1만M/T이 넘었으
나 이후 급격히 줄어 1997년에는 919M/T로 기록되었는데 이는 뱅어뿐 아니라 유사 뱅어류를 모두 포함
한 것이므로 현재는 사실상 어획량이 매우 적다고 볼 수 있다. 그럼에도 불구하고 지금도 한강 하류에는
'뱅어'가 소량이나마 채집된다고 하는데 그것은 대부분 '젓뱅어'라는 종이다.

이용

싱싱한 뱅어는 회로 먹으며, 일식에선 초밥 재료로 인기가 있다. 아주 오래전엔 뱅어포로 말려서 먹고, 일부는 고추장을 발라 구워 먹기도 했다. 회로 먹기 적당한 선도가 아니라면 뱅어국이나 뱅어젓을 담아 먹기도 했다. 지금은 수입산 뱅어에 의존할 수밖에 없으며, 적어도 국산 뱅어를 이용하는 곳은 찾아보기가 힘들다. 한편 일본에선 북해도부터 규슈 남단에 이르기까지 전 지역에 뱅어가 분포해 지금도 초밥과 구이, 파스타 재료로 이용되고 있다.

△ 뱅어 초밥

△ 뱅어 캘리포니아롤

△ 뱅어 튀김

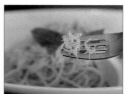
△ 뱅어 파스타(일본 나고야)

범돔

△ 관상용으로 인기가 있는 범돔

분류	농어목 황줄깜정이과
학명	*Microcanthus strigatus*
별칭	미상
영명	Stripey
일명	카고카키다이(カゴカキダイ)
길이	12~18cm, 최대 약 23cm
분포	남해와 동해, 제주도, 일본 중부 이남을 비롯한 서부태평양, 하와이, 호주

제철	11~5월
이용	회, 구이, 튀김, 조림

한국뿐 아니라 일본, 하와이, 호주 등 태평양을 끼고 있는 국가들 중 난류의 영향이 미치는 바다에 분포하며, 산호와 암초가 발달한 지형을 터전으로 삼는다. 한국에서는 쿠로시오 난류의 영향권에 닿는 남해 동부 지역(부산, 거제, 통영)을 비롯해 제주도와 울릉도에서 흔히 발견된다. 주둥이가 작아 동물성 플랑크톤을 먹고 자라며, 통상적인 크기는 15cm 내외다. 산란철은 일본 연안의 경우 4~5월경이며 국내에는 그보다 한두 달 늦은 6~7월경으로 추정된다.
노란색 몸통에 검은색 세로줄 무늬가 특징이며, 다 자라도 25cm를 넘기지 않아 관상용으로 인기가 있다. 상업적 가치는 낮아서 따로 조업하지는 않지만, 제주도에서는 혼획물로 잡힌 범돔을 따로 모아 판매하기도 한다.

이용

싱싱한 것은 회로 먹는다. 제철의 범돔 회는 제법 풍부한 맛을 내며 활어회가 맛이 있다. 제철은 산란 전인 겨울부터 봄으로 이 시기 지방이 올라 회 맛이 좋다. 선어로 판매되는 것은 소금구이나 조림으로 이용하는데, 군평선이처럼 뼈가 굵어 발라먹기에는 좋지만 살이 많이 나오는 편은 아니다.

베도라치

분류 농어목 황줄베도라치과
학명 *Pholis nebulosa*
별칭 뻐드락치, 빼도락치, 뽀드락지, 바다미꾸라지
영명 Tidepool gunnel
일명 긴뽀(ギンポ)
길이 13~18cm, 최대 약 32cm

분포 우리나라 전 해역, 일본, 사할린섬, 중국
제철 3~8월
이용 회, 탕, 튀김

그물무늬베도라치와 닮았지만, 그물무늬 대신 특유의 얼룩덜룩한 구름무늬가 나타난다. 경상남도 일대 해안가에서 잡히는데 유통량은 많지 않아서 이 일대 시장에서 한시적으로 소비되는 정도이다. 바다미꾸라지란 별명답게 피부가 매끈하며 손으로 만지면 점액질이 나와서 매우 미끄럽다. 물 밖에 내놓아도 한동안 기어 다니는 등 생명력이 강하며, 크기에 비해 힘도 세서 일부 지역 사람들에겐 정력에 좋은

≪ 힘이 세고 무척 미끄럽다

음식으로 통하곤 한다. 제철은 봄부터 여름 사이이며, 가을부터는 산란기에 접어든다.

이용

주로 마산 어시장, 삼천포 용궁어시장에서 봄~여름에 한시적으로 볼 수 있다. 활어로 유통되며 주로 횟감으로 이용되고, 일부 탕과 튀김으로도 먹는다. 회는 탄력감이 좋아 씹히는 맛이 있지만, 사람에 따라 질기다고 느낄 수도 있을 만큼 단단한 식감을 자랑한다. 살은 굽거나 튀겼을 때 풍미가 살아나며, 조직감이 단단해지지 않아서 굽거나 튀기는 조리법도 어울린다.

≪ 봄철 별미인 베도라치회

볼락

분류 쏨뱅이목 양볼락과
학명 *Sebastes inermis*
별칭 뽈라구, 뽈락, 왕사미, 젓볼락
영명 Dark-banded rockfish, Black rock fish
일명 메바루(メバル)
길이 15~25cm, 최대 40cm
분포 한국 중부이남, 일본을 비롯한 북서태평양

제철 3~6월, 10~12월
이용 회, 구이, 튀김, 탕, 찜, 건어물

주로 서남해와 남해, 제주도, 동해안 일대에 서식하는 양볼락과 어류 중 하나이다. 연안 정착성 어류로 수중 암초가 무성한 얕은 바다에 주로 서식한다. 야행성에 무리 지어 살며 밤에는 먹잇감을 사냥하기 위해 중층 이상 떠오르는데 이때 낚시에 잘 걸려든다. 호기심이 많아 한 마리가 바늘에 걸려 발버둥치면 주변에 있던 무리가 와해되지 않고 오히려 모이는 습성이 있다. 그래서 한번 집어가 되면 그 자리에서 여러 마리를 잡아들이게 된다.

≫ 밤낚시로 낚은 볼락들

낚시로 잡히는 크기는 15~20cm 전후이며, 상업용으로 조업돼 유통되는 것은 그보다 약간 더 크다. 볼락은 성장 속도가 느려 몸길이 약 20cm까지 자라는 데 5년 정도 걸린다. 12~2월경 새끼를 낳는 난태생이며, 이 시기를 전후하여 바다낚시가 많이 성행한다. 연안이 아닌 먼바다 깊은 곳을 노리는 심

≫ 양식 볼락

해 외줄낚시에선 몸길이 30cm가 넘는 굵직한 볼락이 낚이기도 한다. 예전엔 낚시로만 잡아먹었는데 지금은 양식 활어도 유통되고 있다. 맛이 빼어나 남도 지방에선 매우 인기 있는 생선이다.

※ 볼락은 금어기가 없지만 포획금지체장은 15cm이다.(2023년 수산자원관리법 기준)

+ 볼락의 근연종에 대해

그동안 볼락은 환경에 따라 체색이 바뀐다고 알려졌다. 그렇게 단일 어종으로만 알았던 볼락은 2008년을 기점으로 일본에서 유전자 분석을 통해 3종으로 나뉘었다. 이는 체색과 가슴지느러미 배열수에 따라 3가지 타입으로 분류한 것인데, 국내 어류도감에선 여전히 단일종으로만 기술하고 있어 향후 수정을 검토해야 할 것으로 보인다. 아직 국내에는 공식적인 표준명이 개정되지 않은 상황이므로 이 장에서는 타입과 가칭, 학명으로 기술한다.

타입 A

가칭 흰볼락, 갈볼락, 먹볼락
학명 *Sebastes cheni Barsukov*, 1988
일명 시로메바루(シロメバル)
길이 15~20cm, 최대 35cm
가슴지느러미 배열수 17연조
분포 거제, 통영, 삼천포, 완도 등 남해안 일대와 동해 남부권
제철 7~11월, 3~6월
체색 어릴 땐 밝은 은색에 갈색 줄무늬가 선명하다가 점차 성장하며 검게 변한다
평가 세 종류의 볼락 중 가장 흔하면서 맛있다고 평가된다

≪ 어린 개체의 모습

≪ 성체의 모습

세 가지 볼락 중에서 가장 흔한 종으로, 우리나라 남해권에서 '볼락'이라 불리는 종은 대부분 '타입 A'로 보면 된다. 서해와 동해 북부를 제외한 우리나라 전 연안에 분포한다. 주로 암초와 해조류에 무리 지어

살며, 야행성으로 밤에 먹이활동이 잦다. 볼락 중에선 가장 크게 성장하지만, 대부분 20cm를 전후해서 어획된다. 몸통은 밝게 빛나며, 점차 성장하면서 어두운 갈색과 검은색으로 변한다. 뚜렷했던 갈색 줄무늬도 희미해진다. 남해안 일대에선 체색에 따라 '갈볼락'이나 '먹볼락'이라 부른다. 산란 전후를 제하면 연중 맛이 좋은 편이다. 살이 달고 비린내가 적으며 적당히 지방감도 올라있어 회와 소금구이로 인기가 있다.

타입 B

가칭	금볼락, 적볼락, 빨간볼락
학명	*Sebastes inermis Cuvier*, 1829
일명	아카메바루(アカメバル)
길이	10~20cm, 최대 35cm
가슴지느러미 배열수	15연조
분포	동해 남부, 제주, 남해안 일대의 내만
제철	7~11월, 3~6월
체색	대체로 붉다. 어릴 땐 적갈색 무늬가 나타나다 자라면서 희미해지며, 강렬한 적황색 빛깔이 돈다
평가	세 종류의 볼락 중 가장 맛있다고 평가된다

≪ 어린 개체의 모습

≪ 성체의 모습

몸통이 금빛과 붉은빛을 띠기 때문에 한국에선 '금볼락', 일본에선 '빨간볼락'을 뜻하는 '아카메바루'라 불린다. 조류가 세지 않은 연안의 암초와 테트라포드, 해조류가 무성한 곳에 살며 종종 중층까지 떠오른다. 어릴 때는 무리 지어 살다가 성어가 되면서 단독으로 서식하는 경우가 많다. 볼락 3종 중 가장 좋은 맛으로 평가받지만, 국내에 분포한 다른 볼락류에 비해 개체수는 상대적으로 적은 편이다.

타입 C

가칭	흑볼락, 청볼락
학명	*Sebastes ventricosus Temminck and Schlegel*, 1843
일명	쿠로메바루(クロメバル)
길이	13~25cm, 최대 32cm
가슴지느러미 배열수	16개
분포	동해 남부, 남해 먼바다, 추자도, 제주도 등 조류 소통이 좋고 외해와 인접한 섬
제철	8~4월
체색	등은 푸른빛이 돌고 배는 엷은 노란빛이 나기도 한다. 무늬는 다른 볼락과 비슷하지만 가까이서 보면 구름무늬 형태로 되어 있다
평가	세 종류 중 맛의 평가가 박한 편

≪ 어린 개체의 모습

≪ 성체의 모습

갈볼락과 금볼락에 비해 한계 성장은 가장 작지만, 어획되는 평균 씨알은 가장 크다. 기본적으로 야행성이지만, 해가 뜬 오전까지도 입질이 활발해 낚시에 곧잘 걸려든다. 세 종류의 볼락 중 가장 따뜻한 수온을 좋아하는 외해성 볼락류로 우리나라 남해(추자도, 거문도)와 제주도, 일본 규슈와 관동 지방에 많이 서식한다. 볼락 중에서는 맛이 가장 떨어진다는 평이다.

이용

최근 들어 각종 미디어와 SNS의 영향으로 볼락 수요가 점차 늘어나는 추세이다. 이에 반해 어획량은 감소하면서 값이 오르는 등 고급 어종으로 취급받고 있다. 작은 볼락은 뼈째 썰어먹고, 큰 것은 통째로 포 떠서 썰어 먹는다. 비린내가 적고 담백할 뿐 아니라 적당히 기름지고 뒷맛이 깔끔해 인기가 있다.

죽은 것은 소금구이가 별미인데, 특히 내장째 직화구이가 일품이다. 매운탕도 일미다. 진하고 얼큰하게 끓인 것부터 얼갈이배추와 함께 시원하고 개운하게 끓인 볼락탕도 좋다. 남도 지방에선 일찌감치 제수용 생선으로 쓰이며, 김장철에는 볼락 젓갈, 볼락 김치, 볼락 깍두기 등 다양한 방식으로 즐겨 먹는다. 한편 볼락은 양식도 하고 있다. 시중 횟집에서는 자연산과 양식을 구분하여 판매하기도 하며, 20cm를 훌쩍 넘기는 자연산 볼락은 귀하고 값이 비싼 편이다. 시장에 가장 많이 위판되는 자연산 볼락은 타입 A형으로 주요 산지는 삼천포를 비롯해 남해안 일대 전역을 꼽는다.

⩘ 볼락회

⩘ 남도의 진미 볼락구이

⩘ 볼락 배추탕

부세

분류 농어목 민어과
학명 *Larimichthys crocea*
별칭 부서, 부세조기
영명 Large yellow croaker
일명 후우세이(フウセイ)
길이 18~30cm, 최대 75cm

분포 서해, 남해 및 제주도, 일본 남부, 동중국해, 중국, 남중국해, 베트남
제철 12~5월
이용 건어물(굴비), 구이, 찜, 조림

⩘ 시장에 판매되고 있는 중국산 부세로 먹기 적당한 크기이다

농어목 민어과 생선으로 참조기보다 크고 배가 노란 게 특징이다. 생김새도 참조기와 비슷해 적잖은 사람들이 혼동한다. 과거 참조기가 비쌀 땐 중국산 부세가 참조기로 둔갑해 판매되다가 적발된 사례가 있다. 하지만 지금은 상황이 역전됐다. 자연산은 주로 부세가 잡혀 들어오는 산지(제주도)를 제하면 쉽게 볼 수 없다. 자연산 부세가 다 자라면 몸길이 70cm를 상회한다. 2013년에는 제주 한림수협에서 30cm 정도 되는 부세 한 마리가 50만 원에 위판되었고, 2019년에는 1kg짜리 부세 한 마리가 70만 원에 거래되

기도 했다. 이렇듯 부세가 우리의 상식을 깨고 고가에 거래되는 이유는 노란색을 부의 상징으로 여기는 중국 수요의 특수성 때문이다.

우리나라에서 잡히는 부세는 주로 서남해와 제주도, 동중국해에서 월동을 나며, 이듬해 봄부터 초여름 사이 산란한다. 반면 남중국해로 회유하는 계군은 가을에 산란하는 것으로 알려졌다. 민어와 마찬가지로 부레가 발달해 산란철엔 '꾹꾹' 우는 습성이 있다. 주요 어장이 제주도와 가까워 어획과 위판도 제주도에서 이뤄지며, 중국에서 많이 수입한다.

한편 우리가 주로 사 먹는 부세는 중국산 양식으로 재래시장과 마트에서 모두 쉽게 구매할 수 있다. 중국에서는 가장 많이 양식하는 주요 어종 중 하나이며 저장성, 푸젠성, 광둥성 등 온난하고 따뜻한 중국의 남부 지방에서 대량으로 양식된다. 양식 부세는 자연산과 달리 등이 거무스름하다는 특징이 있다.

고르는 법

양식이라 크기는 비슷하다고 할 때 너무 작거나 크지도 않은 20~25cm 정도가 요리에 쓰기 알맞다. 너무 작아도 안 되지만, 너무 크면 속까지 익히기 힘들다는 단점이 있다. 고를 땐 배에 노란색이 뚜렷하고, 비늘이 붙어 있어야 하며, 지느러미 훼손이 없는지 살핀다. 재냉동한 이력이 있는지도 살핀다.

이용

예부터 참조기 대용으로 제사상, 차례상에 올려지는 생선으로, 명절 밥상에 자주 오르내린다. 적당히 꾸덕하게 말려 찌거나 구워 먹는다. 이외에 조리거나 매운탕으로도 인기가 좋다. 살맛은 참조기보다 감칠맛이 덜하나 크고 수율이 높아 먹을 양이 많이 나온다는 장점이 있다. 여기서 우리네 전통 굴비인 '보리굴비'가 적잖이 문제 되고 있다. 원래 보리굴비는 참조기를 말려 보리로 숙성한 것을 일컫는데, 최근에는 참조기 어획량이 떨어지고 크기도 작아 부세 굴비로 말려 마치 옛 전통의 보리굴비인 것처럼 상품화되고 있어 논란이다. 보리굴비를 취급하는 일반 식당은 물론, 고급 한정식 식당에서도 중국산 부세를 쓰고 있어서 이를 모르고 소비하는 경향이 문제가 된 것이다. 과연 이것이 전통 굴비로 위장한 소비자 기만이 될지, 변화하는 환경에 진화한 굴비로 봐야 할지는 한 번쯤 생각해보아야 할 문제다.

⌃ 보리로 숙성 중인 부세

⌃ 부세로 만든 보리굴비

⌃ 겉모습은 그럴싸하나 품질이 떨어져 산패한 기름내와 비린내가 나는 부세 굴비

불볼락 | 도화볼락

분류 쏨뱅이목 양볼락과
학명 *Sebastes thompsoni*
별칭 열기
영명 Goldeye rockfish
일명 우스메바루(ウスメバル)
길이 15~20cm, 최대 약 32cm
분포 서해 및 서남해, 남해, 동해, 일본, 동중국해
제철 11~5월
이용 회, 구이, 조림, 탕, 건어물

⚠ 쿨러를 채우기엔 열기만 한 낚시도 없다

'불볼락'이라는 명칭보다 '열기'라는 별칭으로 더 잘 알려진 어종으로 몸통에 불이 붙은 것처럼 붉은색이 돈다고 해서 붙여진 이름이다. 산란은 3~6월 사이로 알려졌으며, 여타 양볼락과 어류처럼 암컷의 배 속에서 알을 부화시켜 새끼를 낳는 난태생이다. 불볼락은 볼락보다 더 깊은 수심대의 암초 및 어초에 무리 지어 서식한다는 특징이 있다. 어린 열기는 수심 10m권에서도 발견이 되나 성어가 되면 40~200m권 사이에 분포하며, 활성도가 좋을 때는 바닥에서 약 5~20m 전후로 떠오르기도 한다.

⚠ 심해 외줄낚시로 열기 꽃을 태우는 장면

심해 외줄낚시로 인기 대상어이며, 바늘이 여러 개 달린 카드채비에 주렁주렁 매달려 올라오면 '열기 꽃을 태운다'(혹은 '열기 꽃이 피었다')고 표현한다. 예전에는 동해 먼바다, 여수 먼바다, 완도와 가거도 인근 해상에서 열기 낚시가 이뤄졌는데 지금은 서해 먼바다에서도 열기 자원이 다량 확인되고 있어서 낚시인들이 꾸준히 찾고 있다.

고르는 법

산지는 여수와 완도를 비롯한 남해안 일대 및 경상남북도로 이 일대 해안가 포구와 수산시장에서 접할 수 있다. 최근에는 온라인 쇼핑몰과 수산물 카페, 밴드 등에서도 구매할 수 있다. 다만 시중에 여러 수입산 볼락류도 '열기'란 이름으로 판매되는데, 엄밀히 말하자면 열기는 불볼락을 의미하니 국산 불볼락(열기)임을 확인하고 구매하는 것을 권한다.

⚠ 싱싱한 불볼락(제주 서부두 시장)

불볼락은 깊은 수심에서 잡히므로 수압 차로 인해 바로 죽는다. 따라서 부산을 비롯해 일부 해안가 도시를 제한다면 활어 유통이 쉽지 않다. 선어를 고를 때는 눈망울이 검고 투명한 것, 붉은색 무늬가 선명하면서 비늘 손상이 적고 광택이 나는 것, 아가미가 밝은 선홍색이며 끈적한 액이 나오지 않는 것을 고른다. 무엇보다도 씨알이 굵은 열기는 요리 활용도가 뛰어나며 늘 환영받는다.

⚠ 씨알 굵은 불볼락

이용

불볼락은 볼락과 달리 전량 자연산이다. 다른 볼락류와 마찬가지로 회, 구이, 찜, 탕, 조림 등으로 다양하게 이용되며 맛이 뛰어난 편이다. 다만 회는 수분이 많아 식감이 무른 편이며, 껍질을 살려 살짝 구워낸 회가 맛이 좋고, 조리 시엔 생물보단 건조나 반건조를 이용하는 편이 낫다.

≪ 볼락

≪ 불볼락(열기)

≪ 즉석에서 썰어 먹는 열기회

≪ 열기 껍질구이회

≪ 열기 초밥

≪ 열기 구이

도화볼락

분류 쏨뱅이목 양볼락과
학명 *Sebastes joyneri*
별칭 메바리, 열기(X)
영명 Joyner stingfish
일명 토곳토메바루(トゴットメバル)
길이 10~18cm, 최대 약 27cm
분포 남해 및 제주도, 동해, 일본 중부이남, 대만
제철 11~5월
이용 회, 구이, 조림, 튀김

'열기'라 불리는 불볼락과 형태가 매우 유사하며, 서식지 환경도 일부 겹치므로 불볼락과 혼획된다. 다만 개체수는 불볼락에 비해 매우 적은 편이어서 혼획 비중이 낮다. 산란은 3~6월 사이로 다른 양볼락과 어류와 마찬가지로 배속에서 부화시켜 새끼를 낳는 난태생이다. 그래서 제철은 늦가을부터 초봄까지로 예상되지만, 산란 직전과 직후를 제한한다면 연중 맛의 차이는 적은 편이다. 우리나라에는 동해 먼바다와 제주도, 남해 먼바다 깊은 수심대의 산호와 암반 지대에서 발견된다. 제주도에서 잠수함 투어를 하면 종종 볼 수 있다. 특히 울릉도에는 도화볼락을 '메바리'라 부르면서 불볼락보다 비싸고 한 차원 높은 고급 어종으로 여긴다. 문제는 불볼락도 '메바리'란 이름으로 불리고 있어서 되고 있어서 혼선이 우려되고 있다.

+
불볼락과 도화볼락의 차이

도화볼락은 불볼락보다 크기가 작은 편이며, 채색이 비슷하지만 무늬에서 차이를 보인다. 도화볼락은 등에 검은 반점이 뚜렷하고 색도 진한 검붉은색이다. 포를 뜨면 불볼락보다 훨씬 붉은 기운이 돈다.

≪ 불볼락(위)과 도화볼락(아래)

≪ 포를 뜬 상태의 불볼락(왼쪽)과 도화볼락(오른쪽)

가끔씩 혼획되면 불볼락과 여러모로 비교가 되는데, 시장에 유통량은 거의 없을 정도로 흔치 않지만 맛은 불볼락보다 뛰어나다고 평가된다. 신선할 때는 회로 이용하며, 소금구이와 튀김, 특히 간장 조림이 맛이 좋다.

사백어

분류 농어목 망둑어과
학명 *Leucopsarion petersi*
별칭 병아리, 뱅아리, 뱅어(X)
영명 Ice goby　　　　　**분포** 남해(거제), 일본 전 연안, 대만 및 중국 남부 해역
일명 시로우오(シロウオ)　**제철** 3~4월
길이 3~5cm, 최대 약 7cm　**이용** 회, 부침, 무침, 탕

색소가 거의 없어 살아서는 투명하다가 죽어서는 흰색으로 변한다고 하여 '사백어'(死白魚)로 불린다. 거제도에서는 '병아리'로 부르며 일부 낚시인들은 볼락 미끼로 쓰기도 한다. 한때 사백어를 붕장어의 치어인 '엽상자어'(렙토세팔루스)로 오인해 잡아선 안 될 대상으로 지정하려다 만 헤프닝도 있었다. 다만 붕장어의 치어도 사백어란 이름으로 동일하게 부르면서 횟감으로 이용되었기 때문에 붕장어의 치어만큼은 개체수 보호를 위해 잡지 않는 것이 맞다는 목소리가 힘을 얻고 있다.

⌃ 볼락의 입에서 나온 사백어

아무튼 사백어는 붕장어 치어와 아무런 관련이 없는 망둑어과 어류로 몸길이가 약 3~5cm 정도의 소형 어류이다. 수명은 1년이며, 어릴 때는 연안에서 동물성 플랑크톤을 먹고 생

⌃ 갓 잡힌 사백어들(3월 중순 거제 동부면)

활하다가 3~4월이면 산란을 위해 하천으로 올라온다. 이 시기 성어는 먹이를 전혀 먹지 않아 소화관이 퇴화하는 것으로 알려졌다. 암컷이 수컷보다 조금 더 크게 자라며, 암컷이 알을 낳고 죽으면 수컷이 돌보다가 죽는 것으로 알려졌다. 민물 적응력이 좋지만 잡히고 나면 며칠 내로 죽어버리므로 가급적 빠르게 소비한다. 스트레스를 받으면 아가미 쪽이 빨갛게 부어오르며, 죽기 전에는 몸통이 하얗게 변한다.

채취는 현지에서 입찰과 허가를 받은 사람만이 할 수 있다. 이르면 2월 말부터 시작해 늦으면 5월 초중순경에 마무리되며, 사백어를 맛볼 수 있는 가장 좋은 시기는 3~4월 두 달이다. 5월이 지나면 사백어의 어획량이 줄어들 뿐 아니라 지금보다 좀 더 자라서 뼈가 씹히고 내장의 쓴맛이 난다.

＋
사백어에
대한 오해

2011년경 사백어가 유전 분석을 통해 붕장어의 치어임이 밝혀졌다는 기사가 나돌면서 사백어 산지인 거제도 일대에선 한바탕 소란이 일어났다. 붕장어는 항문장을 기준으로 35cm가 넘지 않으면 포획 금지이며, 잡으면 불법으로 간주됐기 때문이다. 하지만 이는 이름이 겹쳐서 생긴 헤프닝으로 끝났다.

해마다 봄이면 경상남도 일대 해안가에선 예부터 '백어'라 불리던 어류가 곧잘 잡혀 식용됐는데 사백어와 마찬가지로 회무침으로 이용된다. 몸통은 투명한 버들잎 모양인데 칼국수 면처럼 널찍하면서 가느다랗다. 현지에선 실치, 행아리, 해오리 등으로 부른다. 경남도 수산자원연구소는 이것을 채집해 20cm까지 기른 결과 형태학적으로나 유전학적으로나 붕장어의 염기서열과 100% 일치해 더이상 의심할 여지가 없는 붕장어의 자어라 발표한 것이다.

참고로 붕장어를 비롯한 대부분의 장어류는 엽상자어 즉 '렙토세팔루스'라는 단계를 거쳐 성장한다. 문제는 거제도에서 오랫동안 잡아다 먹어온, 다 자라도 7~8cm가 고작인 사백어(병아리)를 붕장어의 자어인 렙토세팔루스(백어)와 동일시하면서 기사는 심각한 오류에 빠진 것이다. 이로 인해 '사백어 = 붕장어 치어'로 알려지면서 사백어를 잡아다 팔고 음식을 만드는 어민과 상인들을 고민에 빠트렸다. 결과적으로 사백어는 사백어일 뿐이고, 봄에 식용하는 것이 다 자란 성체이므로 붕장어의 치어가 아니다.

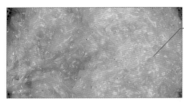

⌃ 한때 사백어로 오인했던 렙토세팔루스(붕장어의 엽상자어)

⌃ 현지에선 백어나 행아리 등으로 불렀다

⌃ 백어회무침

이용

국내에서 사백어를 맛볼 수 있는 곳은 매우 제한적이며 이마저도 3~5월 초중순으로 한정된다. 사백어를 맛보기 위해선 거제도 중에서도 동부면으로 여행하기를 추천한다. 명화식당을 비롯해 동백식당, 율포식당 등이 유명하며 그외에 취급하는 식당은 많지 않다.

주로 회나 전, 무침 등으로 먹는다. 회는 살아있는 사백어에 초장을 뿌려 먹는데, 그 맛이 청포묵이나 말랑말랑한 곤약 국수를 먹는 식감과 비슷하다. 생선 특유의 맛보다는 살아있는 상태에서

⌃ 사백어회

⌃ 초고추장에 버무려 숟가락으로 퍼 먹는다

⌃ 사백어전

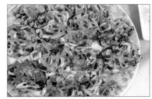

⌃ 사백어탕

씹어먹는 신선하고도 깔끔한 맛이다. 사백어를 밀가루와 달걀에 버무려 프라이팬에 부쳐낸 전도 별미다. 사백어탕은 달걀을 풀은 국물에 사백어를 넣은 다음 파를 송송 썰어 끓여낸다.

송어 | 무지개송어, 갈색송어

⬆ 강해형인 바다송어

분류 연어목 연어과
학명 *Oncorhynchus masou masou*
별칭 산천어, 바다송어, 참송어, 시마연어,
체리연어, 곤들메기(X), 열목어(X)
영명 Cherry salmon, Masou salmon
일명 사쿠라마스(サクラマス)
길이 30~60cm, 최대 약 75cm

분포 동해, 일본, 중국, 오호츠크해, 러시아
제철 3~6월
이용 회, 구이, 스테이크, 탕, 알젓, 무침, 튀김

송어는 한국을 비롯한 동북아시아권 나라와 러시아의 강과
하천에 서식하는 연어과 어류이다. 국내에는 동해를 비롯해
울진을 기준으로 동해안 북부의 강과 하천에 서식한다. 일본
에선 북부인 홋카이도부터 규슈 가고시마에 이르기까지 폭
넓게 발견되며 중국과 러시아의 하천에도 서식 중이다.

⬆ 육봉형인 산천어

송어는 크게 '강해형'과 '육봉형'으로 나눈다. 연어와 마찬가지로 강과 하천으로 거슬러 올라와 상류에
알을 낳는데 여기서 깨어난 새끼는 약 1년 6개월간 머무르다가 몸길이 10~15cm가 되면 하류로 이동
해 바다로 진출한다. 이 과정에서 송어는 몸통에 나타나는 반문(파마크)이 희미해지면서 점차 스몰트
(Smolt, 바다로 진출하는 개체에 나타나는 현상으로 몸통에 무늬가 사라지고 은색 비늘로 덮이는 현
상)된다. 즉 바다로 진출(강해)한 송어를 '강해형'이라 부른다. 강해형 송어는 바다에서 작은 어류와 갑
각류를 먹으며 성장하다가 이듬해 봄부터 초여름 사이 자신이 태어난 강으로 회귀한다. 9~10월이면
산란기를 맞아 화려하게 혼인색을 띠는데 이때 암컷과 수컷은 30~40cm 정도의 웅덩이를 파서 알을
낳고 수정한다. 여기까지 소요되는 시간은 약 3년으로 이는 곧 송어의 수명이다.

한편 '육봉형'은 바다로 나가지 않고 강에 남는 개체를 말한다. 몸통에는 은비늘이 아닌 파마크가 나타
나는데 약 70cm까지 성장하는 강해형 송어와 달리 육봉형은 30cm 전후로만 성장한다. 전부가 그런 것
은 아니지만, 대체로 따듯한 지역(일본 규슈)과 수컷 송어가 육봉형으로 남는 경향이 있는 것으로 알
려졌다. 송어는 일정 크기로 자란 뒤 바다로 나가 생활하다 연어처럼 알을 낳기 위해 하천으로 되돌아
오는데 정확히 어떤 이유에서 강에 남는 육봉형이 생길 수 있는지는 여전히 베일에 싸여있다. 송어는
기본적으로 3~5℃의 수온에 9ppm을 넘나드는 풍부한 용존 산소량과 맑은 물에서 주로 서식한다. 하
지만 갈수록 서식지 환경이 훼손되고 지구온난화에 의한 수온 상승으로 인해 우리나라의 송어 개체수
는 점점 줄고 있는 추세다.

※ 송어는 금어기가 없으며, 육봉형은 20cm 이하, 강해형은 12cm 이하를 금지체장으로 두고 있다.(2023년 수산자원관리법 기준)

+
송어에 얽힌
다양한 명칭

표준명은 송어지만, 이를 둘러싼 명칭은 매우 다양해 혼선을 야기하기도 한다. 우
선 강에 남는 육봉형은 '산천어', 또는 '참송어'라 부르며, 바다로 진출하는 강해형
은 '바다송어', '시마연어', '체리연어' 등으로 불린다. 송어는 열목어, 곤들메기(한
국에선 거의 멸종)와 다른 종이며, 외래종이었다가 국내로 유입돼 지금은 강과 호
수에 정착해서 서식 중인 '무지개송어'와 '갈색송어'와도 다른, 우리나라 고유종이다.

이용

해마다 겨울이면 열리는 강원도 화천 산천어 축제는 송어의 육봉형인 '산천어'와 일본이 원산지인 '붉은점산천어', 그리고 이 둘의 교잡종과 외래종인 '무지개송어' 등을 방류해 운영하고 있다. 현장에선 통틀어 '산천어' 또는 '송어'라 통칭하며 취급된다. 살점은 연어보다 더 진한 주황색과 붉은색으로 먹음직스럽다. 양식이라 기생충 걱정이 없이 즉석에서 활어회로 즐긴다. 맛은 연어와 비슷하면서도 좀 더 담백한 편이며, 쫄깃한 식감이 특징이다. 활어회는 간장과 와사비는 물론 초고추장과도 궁합이 좋다. 먹기 전에 콩가루를 찍어 먹기도 한다. 오이, 당근, 양파, 깻잎, 상추 등 갖은 채소와 함께 버무린 송어회무침도 별미다. 이 외에도 구이나 스테이크, 튀김, 매운탕에 이르기까지 음식의 활용은 바닷물고기와 크게 다르지 않다. 다만 강해형인 바다송어는 고래회충의 감염 우려가 있으므로 살아 있을 때 피와 내장을 제거하지 않은 이상 생식해선 안 된다. 또한 송어알은 연어알과 마찬가지로 간장, 청주에 절여 알젓으로 이용되는데 한입 크기인 카나페를 비롯해 일식풍의 마키, 초밥, 카이센동, 지라시스시 등에 곁들인다. 북미권에선 이러한 송어 알을 미끼로 낚시를 즐기는데 송어류를 낚는데 탁월한 효과가 있다.

≪ 송어회 　　　≪ 송어 회무침 　　　≪ 송어구이 　　　≪ 송어 매운탕

무지개송어

분류	연어목 연어과
학명	*Oncorhynchus mykiss*
별칭	강철머리송어, 스틸헤드, 트라우트
영명	Rainbow trout
일명	니지마스(ニジマス)
길이	30~70cm, 최대 약 95cm
분포	강원도와 충청북도, 일본을 비롯한 동아시아, 미국, 캐나다, 알래스카, 뉴질랜드, 호주, 유럽, 아프리카 등 전 세계 강과 호수에 폭넓게 서식

제철	3~10월
이용	회, 초밥, 훈제, 가공품, 구이, 스테이크, 탕, 튀김, 조림, 알젓

알래스카에서 미국 등 북미권의 강과 호수, 그리고 서부 태평양에 서식하는 외래종이다. 산란기에 접어들면 선홍빛 무지개색을 내기 때문에 '무지개송어'라고 하며, 강에 남는 육봉형이다. 반대로 바다로 나가는 강해형은 '강철머리송어' 또는 '스틸헤드'라 부르며 90cm 전후로 크게 성장한다. 우리나라에 도입된 시기는 1960년도이며 배스와 마찬가지로 국민식생활향상이란 목적으로 양식됐다. 국내 도입된 무지개 송어는 바다로 돌아가지 않고 일생 동안 강에서만 서식하는데 지금은 강

≪ 훈제한 무지개송어회와 알로 만든 카나페

원도 일대 강과 호수에 빠르게 정착해 살고 있다. 다른 어류에 비해 성장이 빠르고 번식력이 강해 일찍 감치 양식에 성공했으며, 국내에 식용으로 유통되는 무지개송어는 모두 양식이다. 추가로 해마다 열리는 화천산천어축제 또한 양식 무지개송어를 풀어놓는다. 서식지 환경에 따라 흙냄새가 나기도 하나 사료를 먹고 자란 양식은 덜하다. 이용은 송어와 같다. 서양권에선 주로 훈제해 회나 카나페로 즐기며, 구이, 스테이크로 많이 이용된다. 맛은 송어와 비슷한 편이다.

갈색송어

분류 연어목 연어과
학명 *Salmo trutta*
별칭 브라운송어
영명 Brown trout
일명 브라운트라우토(ブラウントラウト)
길이 30~70cm, 최대 약 1m
분포 강원도, 일본, 유럽, 미국, 호주, 뉴질랜드, 남아메리카 등
제철 3~8월
이용 회, 초밥, 훈제, 가공품, 구이, 스테이크, 탕, 튀김, 조림, 알젓

수명은 송어와 달리 8~20년으로 서식지 환경에 따라 상이하다. 산란기는 9~11월이며, 다른 송어류와 마찬가지로 육봉형(브라운송어)과 강해형(시트라웃)으로 나뉜다. 원래는 유럽에 서식하던 어종이었으나 미국과 북미권을 비롯한 세계 여러 나라로 도입되었다. 우리나라는 알 수 없는 경로를 통해 자연으로 유입되었는데 현재 소양강을 중심으로 빠르게 정착되고 있다. 갈색송어는 국제자연보전연맹(IUCN)이 지정한 '세계 100대 침입 외래종'으로 지정할 정도로 성질이 사납고 식탐이 강해 국내에서도 그 여파가 상당할 것으로 보고 생태 및 서식지 조사에 나서고 있다. 유럽권에선 힘이 좋고 맛도 좋아 스포츠 낚시 대상으로 인기가 있는데 최근 국내에도 브라운송어를 잡으려는 낚시인들이 점차 늘어날 것으로 보인다. 주로 구이와 튀김, 스테이크로 이용되며 맛이 좋은 것으로 알려졌다.

싱어

분류 청어목 멸칫과
학명 *Coilia mystus*
별칭 깨나리, 강다리, 세어, 까나리(X), 웅어새끼(X)
영명 Osbeck's grenadier anchovy, Grenadier anchovies
일명 마에츠(マエツ)
길이 15~25cm, 최대 약 35cm
분포 서해, 서남해, 발해만, 일본 남부, 동중국해, 남중국해
제철 3~6월
이용 구이, 조림, 건어물

강화도를 비롯해 한강에서 압록강에 이르기까지 서해 및 발해만 일대 강 하구에 서식하는 기수역성 어류다. 해외권은 중국 연안을 따라 홍콩에 이르기까지 남중국해에 많이 서식한다. 국내에선 강화도와 김포 대명항에서 볼 수 있으며 주로 건어물로 유통된다. 시장

△ 생물 싱어(김포 대명포구)

△ 건어물로 이용되는 싱어(김포 대명포구)

에선 깨나리나 까나리란 이름으로 취급하는데 까나리와는 상관 없는 별개의 종이다. 전반적인 생김새는 웅어와 닮았으며, 웅어보다 작다. 웅어와 혼획되면 웅어와 구분 없이 함께 유통되기도 한다. 산란은 5~8월로 추정, 이후는 월동을 위해 깊은 바다로 들어간다. 주로 찌개나 조림, 건어물로 이용된다.

쌍동가리

└─ 쌍동가리의 특징인 말발굽 모양의 반문

분류 농어목 양동미리과
학명 *Parapercis sexfasciata*
별칭 도토래미, 아홉동가리(X), 일곱동가리(X)
영명 Saddled weever, Grub fish
일명 쿠라카케토라기스(クラカケトラギス)

길이 13~18cm, 최대 약 23cm
분포 남해, 일본 중부이남, 대만, 동중국해
제철 3~8월
이용 회, 구이, 튀김, 어묵, 건어물

경남에서는 '도토래미'로 불리는 물고기로 낚시인들은 잡어 취급하지만 깔끔하고 담백한 흰살생선으로 마니아들 사이에서는 제법 인기가 있다. 겉모습은 망둑어와 닮았지만, 체형은 길지 않고 통통하며 살아있을 때는 특유의 반문 무늬가 선명하다. 대가리에서 몸통으로 이어지는 6개의 검은 반문은 말발굽 모양을 하고 있으며, 살아있을 때일수록 선명

☆ 성대와 함께 대표적인 잡어회로 판매되는 쌍동가리

하다. 산란은 봄과 가을 두 차례 하는 것으로 알려졌다. 봄에 산란을 마친 쌍동가리는 가을이 오기까지 내만에서 먹이 활동을 왕성히 하며 살을 찌우는데 이때 맛이 좋고 어획량도 증가한다.

고르는 법 쌍동가리는 봄부터 여름 사이 활어로 유통된다. 여수에서도 볼 수 있지만, 통영, 거제 등 주로 경상남도 일대 해안의 수산시장에 국한된다. 말발굽 모양의 반문이 선명하고, 상처가 적으면서 활력이 좋은 것을 고른다. 크기는 되도록 큰 것이 회를 썰어 먹기에 좋다.

이용 말려서 조리거나 구워 먹기도 하지만, 보통은 시장에서 활어회로 이용된다.

☆ 쌍동가리(일명 도토래미)회 한상차림(마산 어시장)

쏨뱅이 | 붉은쏨뱅이, 쏠배감펭

분류 쏨뱅이목 양볼락과
학명 *Sebastiscus marmoratus*
별칭 솜펭이, 감펭이, 돌볼락, 본지, 곤지, 우럭,
삼뱅이, 수수감펭이
영명 Marbled rockfish
일명 카사고(カサゴ)
길이 15~20cm, 최대 30cm
분포 서해를 제외한 우리나라 전 해역, 일본
훗카이도 남부, 동중국해, 대만, 홍콩, 필리핀

제철 11~12월, 3~6월
이용 회, 구이, 조림, 튀김, 탕, 건어물

겁이 많아 여차하면 돌 틈으로 숨어버리는 등 암초를 끼고 사는 어류를 통칭해서 '락피시'(Rock fish)라고 부른다. 이를 국내 사정에 맞게 범위를 줄인다면, 쏨뱅이목 양볼락과에 속한 대부분의 어류를 지칭하는 말이기도 하다. 서양에서는 쏨뱅이의 몸통 무늬가 대리석의 마블링을 닮았다 하여 'Marbled rockfish'라 한다. 국내에서는 서해 중부와 북부를 제외한 거의 모든 해역에 서식하며, 수심 50m 이하의 얕은

☆ 타이라바에 걸려든 쏨뱅이

여밭과 암초가 무성한 지형에 많이 서식한다. 제주에서는 쏨뱅이란 말 대신 '우럭'이라 부르는 경향이 있고, 일부 어민들은 '본지'라 부르기도 한다.

남해안 일대와 제주도에서 유행하고 있는 참돔 타이라바와 릴 찌낚시에서도 자주 걸려드는 잡어지만 맛이 좋아 인기가 있다. 최대 30cm 정도로 보고되며, 흔히 어획되는 크기는 15~20cm가 대부분인 소형 양볼락과 어류이다. 여느 양볼락과 어류가 그러하듯 쏨뱅이도 등지느러미에 꽤 강한 독성이 있어 찔리면 한동안 붓고 아프기 때문에 만질 때 주의해야 한다. 민간요법으로는 45도 이상 따뜻한 물에 상처난 부위를 담그고 있으면 일시적이나마 통증이 완화된다.

+
쏨뱅이의 제철은 언제일까?

일 년 중 쏨뱅이의 맛이 가장 좋은 시기에 대해서는 의견이 분분하다. 이유는 맛이 가장 떨어지는 산란철에 낚시와 어획이 집중되며, 아이러니하게도 이때가 가장 많이 소비되기 때문이다. 쏨뱅

☆ 11월경 전남 완도에서 잡힌 쏨뱅이로 아직 알이 차지 않았다

이의 산란철은 일본 남부지방의 경우 11~12월경이며, 그보다 위도가 높고 수온이 낮은 우리나라는 대략 12~2월경으로 보고 있다. 산란은 다른 양볼락과 어류와 마찬가지로 배에서 새끼를 부화해 낳는 난태생이다.

주요 산지는 남해안 일대인데 대표적으로 완도, 여수, 삼천포, 통영, 그리고 제주도를 꼽으며 11월경부터 잡히기 시작해 이듬해 봄까지 이어진다. 하지만 그 중간에 산란성기가 끼여 있어 산란 직전과 직후는 맛이 떨어진다는 주장도 설득력을 얻고 있다. 확실히 산란철을 기준으로 제철을 생각해 본다면 여름부터 가을 사이가 돼야 하

☆ 싱싱한 쏨뱅이를 볼 수 있는 제주 동문시장

지만, 사실 쏨뱅이는 배가 불룩해지는 산란성기와 새끼를 방사한 직후(약 12~2월 사이)를 제한다면 연중 맛의 차이가 크지 않다. 따라서 어획과 유통이 집중되는 철인 11~12월과 3~6월 정도를 제철로 볼 수있을 듯하다. 한여름부터 초가을에도 쏨뱅이는 맛이 떨어지지 않으나 이 시기는 주로 깊고 먼바다에서 잡힐 뿐 아니라 유통량도 많지 않으니 제철의 개념에서는 제외하였다.

이용

몸길이 20cm가 넘는 쏨뱅이는 경제적 가치가 상당히 높다. 살은 단단한 편이며 비린내가 적고 담백하다. 큰 것은 활어회로 이용되는데, 식감이 탱글탱글하며 씹을수록 단맛이 난다. 이러한 맛은 한겨울 산란성기보다 3~6월인 봄으로 갈수록 좋아진다.

쏨뱅이는 붉은쏨뱅이와 달리 비교적 소형종이라 사실 회보다는 구이나 찜, 매운탕감으로 인기가 많다. 특히 적당히 말린 반건조 쏨뱅이는 완도의 명물로 매운탕은 물론, 맑은탕과 찜으로 했을 때 살이 부서지지 않는 특유의 꾸덕한 식감이 있다. 게다가 말린 생선에서 나오는 국물 맛은 황태의 그것 이상이다. 쏨뱅이목 어류가 그러하듯 대가리가 크고 뼈가 억센 편이므로 은은하면서도 감칠맛이 좋은 육수가 잘 뽑혀 최고의 매운탕감이라 할 수 있다.

≪ 뱃전에서 먹는 갓 잡은 쏨뱅이회   ≪ 살점이 탱글탱글하고 맛이 달다

≪ 쏨뱅이 찜   ≪ 쏨뱅이 매운탕

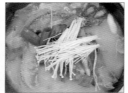

≪ 반건조 쏨뱅이(전남 완도)   ≪ 말린 쏨뱅이국   ≪ 쏨뱅이 구이   ≪ 쏨뱅이 탕수

붉은쏨뱅이

분류 쏨뱅이목 양볼락과
학명 *Sebastiscus tertius*
별칭 대물쏨뱅이, 심해쏨뱅이, 우럭
영명 Yellowbarred red rockfish,
　　　 Red marbled rockfish
일명 웃카리카사고(ウッカリカサゴ)
길이 25~40cm, 최대 약 65cm
분포 남해 및 동해 남부, 제주도, 일본, 대만 북부,
　　　 홍콩, 동중국해를 비롯한 북서태평양

제철 9~12월, 3~8월
이용 회, 초밥, 구이, 조림, 튀김, 탕, 건어물

생김새는 쏨뱅이와 매우 흡사하나, 평균 크기에서 두드러진 차이를 보인다. 시장에 유통되는 쏨뱅이는 대략 15~20cm 내외가 많은 반면, 붉은쏨뱅이는 그보다 큰 20~35cm가 많다. 두 종은 원래 단일종으로 인식되었으나, 1978년 구소련의 한 어류학자에 의해 신종으로 기재됐고, 1999년 일본의 한 수산시험소에서 DNA 감정을 통해 완전히 이종으로 분리됐다. 서식지 환경에서도 차이가 난다. 쏨뱅이는 비교적 얕은 수심

≪ 어초낚시에 잘 걸려드는 붉은쏨뱅이

의 여밭과 암초에 산다면, 붉은쏨뱅이는 클수록 먼바다로 나가 40~150m권의 비교적 깊은 수심의 암초와 어초에서 생활한다. 겨울에 산란하는 난태생이며, 제철과 이용은 쏨뱅이와 같다. 시장에서는 두 종을 구분하지 않은 채 '쏨뱅이', 제주선 '우럭' 정도로 판매하며, 몇몇 상인은 본 종을 '심해쏨뱅이'라며 구분하기도 한다. 국내에선 여수 먼바다(거문도, 백도)를 비롯해 통영, 부산, 경주 등에서 출항하는 우럭 외줄낚시로 잡히는데, 조피볼락(우럭)과 쏨뱅이보다 각별하게 여긴다.

+
쏨뱅이와
붉은쏨뱅이의
구별

1. 쏨뱅이는 최대 30cm, 붉은쏨뱅이는 최대 60cm를 넘기는 대형 양볼락과 어류이다.
2. 쏨뱅이는 대체로 갈색에 짙고 어두운 편이라면, 붉은쏨뱅이는 붉은색이 강렬하며 밝은 편이다. 그러나 체색은 서식지 환경에 따라 차이가 날 수 있다. 쏨뱅이의 경우 수심 얕은 내만에서 잡힌 것은 짙은 밤색을 띠지만, 먼바다 깊은 수심에서 잡힌 것은 붉은쏨뱅이처럼 화사한 붉은색이어서 두 종을 가리는 데 있어 혼란을 야기한다. 따라서 정확한 동정은 아래의 내용을 참고하여 가려내야 한다.
3. 몸통에 박혀있는 반점의 모양이 다르다. 쏨뱅이는 반점에 테두리가 없는 반면, 붉은쏨뱅이는 반점에 갈색 테두리가 있다.
4. 등지느러미 개수도 다르다. 쏨뱅이는 17~18개, 붉은쏨뱅이는 19개다.

︽ 쏨뱅이(왼쪽)와 붉은쏨뱅이(오른쪽)의 점무늬 차이

︽ 쏨뱅이

︽ 붉은쏨뱅이

︽ 내만의 여밭에서 잡힌 쏨뱅이는 짙은 밤색이다

︽ 먼바다 깊은 수심에 잡히는 쏨뱅이는 붉은색이라 붉은쏨뱅이와 자주 혼동된다

쏨뱅이 퀴즈!

Q. 이들 중 **붉은쏨뱅이**는 2마리뿐이다. 어느 것이 붉은쏨뱅이일까?

(위 퀴즈 정답: 맨 우측의 붉은색과 맨 하단의 붉은색 생선)

51

이용

쏨뱅이와 비슷하게 취급되나 크기가 커서 횟감으로 선호된다. 깊은 수심대에서 잡히기 때문에 올라오면 수압차를 이기지 못해 얼마 못 가서 죽어버리는 경우가 많다. 갓 잡은 활어회는 살에서 단맛이 나고, 숙성하면 감칠맛이 좋아져 초밥용으로도 손색없다. 또한 껍질이 맛있는 어종으로 토치로 살짝 구운 껍질구이 회도 별미다. 일본의 일부 지역 어민들은 쏨뱅이보다 맛이 떨어진다고 평가하기도 하지만, 크기 면에선 압도적으로 크고 맛도 빼어난 편이어서 요리 활용도가 쏨뱅이보다 낫다.

다만 굽거나 끓이면 맛의 차이는 사실상 없다고 봐도 무방하다. 주요 산지는 제주도, 통영, 여수, 완도 등을 꼽으며 이 일대 수산시장에서 선어와 건어물로 볼 수 있다. 쏨뱅이와 마찬가지로 등지느러미 가시에 독이 있어 다룰 땐 찔리지 않도록 조심해야 한다.

︽ 붉은쏨뱅이회   ︽ 쏨뱅이구이(좌) 붉은쏨뱅이구이(우)

쏠배감펭

분류	쏨뱅이목 양볼락과	**제철**	평가 없음
학명	*Pterois lunulata*	**이용**	관상용, 구이
별칭	라이언피시, 사자고기		
영명	Luna lion fish, Pink firefish		
일명	미노카사고(ミノカサゴ)		
길이	20~25cm, 최대 약 35cm		
분포	남해와 동해, 제주도, 일본, 동중국해, 서부태평양과 인도양, 홍해 등 온대 및 열대 해역		

마치 수사자가 갈기를 펼치고 있는 모습으로 지느러미를 벌려 바닷속을 유유히 유영하는 쏠배감펭은 쏨뱅이목 양볼락과에 속한 어류이다. '가시로 쏜다'는 의미의 '쏨뱅이'와 '사납고 거칠다'는 의미의 '감풍이'가 합쳐져 쏠배감펭이라는 이름이 되었다. 물속을 유영하는 모습은 화려하나 위협을 느끼면 길고 날카로운 등지느러미를 세운다. 이 가시에는 맹독의 독샘이 있으니 주의해야 한다. 찔리면 어지럼증과 호흡곤란, 두통, 경련 등을 유발하며 심하면 심정지로 사망을 일으킬 수도 있다. 산란기는 7~8월로 암컷은 알을 우무질의 젤라틴 덩어리에 감싸 물에 띄운다.

이용

쏠배감펭의 식용 여부는 여전히 논란거리다. 대개 등지느러미의 독성은 단백질성 독으로 조리 시 사라지며, 가시에만 있어서 우리가 주로 먹는 근육과는 무관하다. 그런데 미식품의약국(FDA)에선 쏠배감펭을 식용할 때 주의해야 할 어류로 분류하고 있다. 그 이유는 쏠배감펭에 들어 있는 '시구아톡신'(ciguatoxin) 성분 때문이다. 시구아톡신은 식물성 플랑크톤의 일종이자 유독성 플랑크톤인 '와편모조류'에 의해 생성된다. 생식은 물론 조리 시에도 사라지지 않기 때문에 먹으면 안 된다는 것이다. 물론 반론도 있다. 하와이대학교 연구팀은 쏠배감펭의 독이 식용하는데 문제가 없다며 《사이언스 데일리》(*Science Daily*)를 통해 보도하였다. 실제로 현재까지는 쏠배감펭을 먹고 중독 현상을 일으킨 사례가 없다. 쏠배감펭의 독성분이 열에 가열했을 때 사라진다. 혹은 사라지지 않는다. 의견이 분분한 가운데 해외에선 주로 구워 먹으며, 대부분 아쿠아리움의 관상용으로 이용된다.

용치놀래기 | 놀래기

분류 농어목 놀래기과
학명 *Parajulis poecilepterus,*
Halichoeres poecilopterus
별칭 술뱅이, 술배이, 각시놀래미
영명 Multicolorfin rainbowfish
일명 큐우센(キュウセン)
길이 12~17cm, 최대 약 34cm
분포 제주도를 포함한 남해 전역, 동해 남부, 일본,
대만, 동중국해를 비롯한 북서태평양
제철 3~6월, 10~12월
이용 회, 초밥, 물회, 구이, 튀김, 탕

낚시인들은 잡어 취급하며 특별히 »
챙기거나 식용하지 않는다

서해 및 동해 북부를 제외한 우리나라 대부분 연안에 서식하는 바닷물고기다. 비교적 따뜻한 바다를 좋아하며 겨울이면 월동을 위해 조금 깊은 바다로 들어가 동면하다 이듬해 봄이면 얕은 내만으로 들어와 가을까지 서식한다. 산란기는 늦봄에서 여름 사이로 이 기간을 제하면 대체로 맛이 좋다. 특이한 것은 알에서 태어나 일정 크기로 자랄 때까지는 모두 암컷이었다가 성어가 되면서 일부가 수컷으로 성전환한다는 점이다. 이때 수컷 한 마리가 암컷 여러 마리를 거느리는 일부다처제를 이루는데, 무리에서 수컷이 죽거나 사라지면 암컷 중 가장 큰 개체가 수컷으로 성전환한다. 연구에 의하면 암컷이 수컷으로 바뀌기까지 약 2~3일이 소요된다고 한다.

용치놀래기는 무리 지어 생활하는 주간성 어류로 낮에 먹이 활동을 왕성히 하는데, 워낙 먹성이 좋아 주변에 물고기가 사냥하며 흘린 것에 달려들기도 하고, 불가사리가 먹던 먹잇감을 빼앗아 먹고, 쥐치가 사냥하던 해파리나 그밖에 바다생물의 알을 쪼아 먹기도 한다. 앞뒤 가리지 않는 먹성 탓에 감성돔을 노리는 낚시인들에겐 꽤 골칫거리로 여겨지기도 한다.

고르는 법

용치놀래기는 대부분 활어로 유통되며 날이 따뜻한 봄부터 초겨울까지 경상남도 일대 포구나 수산시장에서 한시적으로 볼 수 있다. 물속에 두면 몸을 옆으로 뉘여 마치 누워 있는 모습이 꼭 술에 취한 것 같다고 하여 부산에선 '술뱅이'라 부른다. 그러니 몸을 똑바로 가누지 못해도 활력은 이상이 없다. 고를 땐 씨알이 굵은 수컷이 낫다. 색이 화려한 수컷을 전라남도 고흥에선 각시놀래미라 부르기도 한다.

+
**용치놀래기의
암수 구별**

수컷이 암컷보다 크며 살이 많이 나온다. 수컷은 몸통 빛깔이 청록색에서 황록색을 띠지만, 암컷은 전체적으로 붉은빛이 돌고 검은 세로줄이 선명하다.

⩓용치놀래기 수컷

⩓용치놀래기 암컷

이용

시장통 혹은 낚시인들 사이에서 활어회로 이용된다. 막회부터 자리강회같이 포를 떠서 초된장에 찍어 먹거나 쌈 싸먹는다. 벵에돔처럼 껍질구이회도 맛이 있다. 살이 부드럽고 수분이 많아 물회가 잘 어울리며, 튀김물에 푹 담갔다 튀겨 먹어도 좋다. 매운탕도 좋지만, 미역국에 넣고 푹 고으면 제법 뽀얗고 진하게 우러나오는 국물이 별미다. 제주도에서는 비록, 용치놀래기는

☞ 용치놀래기 구이

아니지만 비슷한 종류인 황놀래기(방언 어랭이)를 썰어 물회로 먹기도 한다. 사실 국내에서는 잡어 취급을 받기 일쑤지만, 일본 관서지방에서는 고급 어종으로 인기가 높다.

놀래기

☞ 놀래미 수컷

분류 농어목 놀래기과
학명 *Halichoeres tenuispinnis*
별칭 어랭이, 놀래미(X)
영명 Motleystripe rainbow fish
일명 혼베라(ホンベラ)
길이 8~15cm, 최대 20cm

분포 남해, 제주도, 동해 남부, 일본, 동중국해, 남중국해
제철 평가 없음
이용 회, 물회, 튀김

몸길이는 용치놀래기보다 다소 작은 8~15cm가 주류이며 체색이 화려하다. 수컷은 붉은색 기운이 강렬하며, 등지느러미 맨 앞쪽 가시에 검은색 반문이 있다. 반면, 암컷은 파스텔 톤의 연녹색, 녹갈색 등을 띤다. 용치놀래기와 마찬가지로 무리를 이끄는 수컷이 죽거나 사라지면 암컷이 수컷으로 성전환하며 산란까지 이어진다. 우리나라에는 제주도를 비롯한 남해 동부권에 무리 지어 서식한다. 식탐이 강해 한번 군집을 이루어 모이기 시작하면 그 일대가 시커멓게 될 만큼 극성을 부리는데 날씨가 좋은 날엔 표층까지 떠오른다.

이 때문에 벵에돔을 노리는 낚시인들에게는 꽤 큰 골칫거리이기도 하다. 크기가 작아 상업적 이용 가치는 떨어진다. 그러다 보니 시장에서 유통량은 미미하며, 대부분 생활 낚시인들이 잡아다 막회나 물회, 튀김 등으로 이용되는 것이 전부이다.

+ 놀래기와 노래미는 다르다

이름 때문에 '놀래기'와 '노래미'(놀래미)를 혼동하는 경우가 많다. 그러나 이 둘은 각각 농어목 놀래기과와 쏨뱅이목 쥐노래미과로 생물학적 분류상 거리가 있는 생선이다.

☞ 놀래기

☞ 두 마리 모두 놀래미

웅어

분류 청어목 멸치과
학명 *Coilia nasus*
별칭 우어, 우여, 웅에, 위어, 제어, 도어
영명 Estuary tailfin anchovy
일명 에츠(エツ)
길이 20~30cm, 최대 약 45cm
분포 서해 및 남해, 일본, 중국, 동중국해
제철 3~6월
이용 회, 무침, 구이, 완자, 탕, 부침개, 젓갈,
회국수

소위 밴댕이라 불리는 》
반지(왼쪽)와 웅어(오른쪽)

웅어는 낙동강 하류에도 서식하지만 가장 많이 생산됐던 산지라고 한다면, 경기도와 충청남도권 일대 강 하류를 꼽는다. 지금도 한강과 임진강 하구에는 웅어가 잡히며, 많은 수는 아니지만 금강의 웅어도 유명하다. 봄이면 가까운 앞바다로 들어와 본격적인 산란을 준비하는데 산란 성기는 6~8월로 알려졌다. 바다와 민물이 만나는 기수역에 갈대가 우거진 곳에서 알을 낳는데 1990년 이후 갈대를 비롯한 서식지 환경이 훼손되고 수중보 건설과 수질오염 등이 더해지면서 웅어 자원이 많이 줄었다. 지역민들에게는 '우어'(충청도나 전라도), '우여'(강경)란 이름으로 익숙하다. 일부 사람들은 드렁허리나 반지(주로 밴댕이라 불리는 생선)를 웅어라 부르기도 하는데 이는 사실이 아니며 웅어와는 관련이 없다.

고르는 법

웅어는 서해를 비롯해 충청남도 강경과 전라남도권 등 서남해역의 포구와 시장에서 만나볼 수 있다. 특히, 3~6월인 봄과 산란을 마치고 난 가을이면 경기도권 포구와 수산시장에서 그날 잡힌 웅어를 구매할 수 있는데 어획량이 들쑥날쑥해 늘 판매되지는 않는다. 그러니 웅어를 구입하고자 한다면 물때를 확인하여 이왕이면 조금 물때를 피하고 사리와 그믐 때 시장을 방문하는 것이 확률이 높다. 대표적인 웅어 산지는 충청남도 강경 일대 시장과 웅어 전문 식당을 비롯해 김포 대명항, 인천종합 어시장, 소래포구, 북성포구 등이다.

∧ 어획한 지 하루 지난 웅어로 조리용에 적합하다

∧ 어획한 지 이틀 지난 웅어로 가급적 구매를 삼가한다

횟감은 당일 잡힌 것인지 꼭 확인해야 한다. 비늘이 일부 벗겨졌거나 상처가 난 것은 피하며, 전반적인 체색이 누렇고 광택을 잃었다면 조리용으로 쓰는 것이 바람직하다. 가끔 이틀이 지난 웅어를 판매하기도 하는데 일부가 찢기거나 내장이 흘러나오기도 하니 이런 웅어는 조리용이라도 구매를 삼가는 게 좋다. 웅어는 잡히자마자 얼마 못 가 죽기 때문에 선도 유지가 어렵다. 회는 가급적 당일 잡힌 것이 좋은데 눈동자가 까맣고 투명할수록 좋으며, 등은 감청색이 짙고 배는 은비늘로 반짝반짝 광택이 나는 것이 신선한 것이다.

이용

행주 웅어회는 맛이 뛰어나 조선 시대부터 임금님 수라상에 올랐다. 뱃사람들은 웅어를 김치와 함께 통째로 썰어 먹기도 하나, 기본적으로 잔가시가 많아서 얇고 길게 썰어야 먹기 편하고 맛도 있다. 뼈째 썬 회는 회무침으로도 이용되는데 막걸리로 헹구면 비린내가 잡히고 산뜻하다. 이렇게 준비한 웅어회는 그냥 먹기도 하지만, 비빔밥과 비빔국수 형태로 먹기도 한다. 잔가시가 많은 생선인지라 구이와 탕감으로 적절하진 않지만, 이를 다져서 완자처럼 빚은 뒤 완자회로 초고추장에 찍어 먹거나 이 완자를 이용해 매운탕처럼 완자국을 해 먹으면 가시가 씹히지 않으며 맛도 있다. 웅어살을 다져 갖은 채소와 함께 부친 웅어 빈대떡도 별미다.

꩜ 웅어 회무침　　　꩜ 웅어구이　　　꩜ 웅어 완자　　　꩜ 웅어 빈대떡

임연수어 | 단기임연수어

분류 쏨뱅이목 쥐노래미과
학명 *Pleurogrammus azonus*
별칭 새치, 임연수, 이면수
영명 Arabesque greenling
일명 홋케(ホッケ)
길이 25~35cm, 최대 65cm
분포 동해, 오호츠크해, 일본 중부이북을 비롯한 북서태평양

제철 2~7월
이용 회, 구이, 튀김, 조림, 건어물

동해를 대표하는 생선이자 한때는 고등어구이보다 더 흔히 먹던 생선으로 서민들의 단백질 보충을 책임지던 값싸고 맛있는 바닷물고기이다. 그러나 최근에는 어획량이 줄면서 가격이 올랐고, 서울 및 수도권을 비롯해 타 지역에서도 예전만큼 쉽게 찾아보기 힘들어졌다. 임연수어는 수심 20~100m의 암초 지역에 무리 지어 서식하는 냉수성 어류이다. 수온이 오르

꩜ 3월경 임연수어 위판장 풍경(동해 묵호항)

는 여름에는 북태평양의 한류를 따라 북상해 있다가 가을부터 이듬해 겨울 사이 산란을 위해 얕은 바다로 들어온다. 대략 12~1월경에 강원도 고성에 먼저 닿고, 2~5월경에는 속초 및 양양으로 내려온다. 산란철은 일본 홋카이도를 기준으로 9~12월로 알려졌는데, 이는 지역과 위도에 따라 차이가 있다. 적어도 강원도 앞바다로 들어오는 임연수어는 12~2월경에 산란하는 것으로 추정되며, 이때는 몇 해리 떨어진 먼바다에서 어선과 선상 낚시로 잡아들인다.

3월부터는 본격적으로 내만에 입성하는데 이때부터 5월 중순까지는 산란을 마친 임연수어가 강원도 일대 해안선의 갯바위와 방파제까지 들어와 먹이활동을 왕성히 한다. 따라서 낚시가 이뤄지는 시기도 이때이지만, 임연수어의 입성 시기는 해마다 차이가 있고, 어군의

∧ 탈탈거리는 손맛이 훌륭한 임연수어 낚시

∧ 2016년 4월 초 호조황이었던 임연수어 낚시

형성과 규모도 들쑥날쑥하다. 2010년대에 들어서는 2016년과 2019년에 대풍을 맞아 3년 주기로 풍어를 거두나 싶지만, 갈수록 불규칙적이어서 예측이 어렵다.

고르는 법

∧ 위판을 기다리는 싱싱한 임연수어

∧ 당일 잡힌 임연수어

∧ 잡힌 지 하루 지난 임연수어이지만 싱싱한 상태다

생물 임연수어를 구매하려면 강원도 일대 포구와 수산시장을 찾는 것이 가장 확실하다. 고등어 자반처럼 배를 가르고 활짝 편 다음 소금 뿌려 말린 것은 일 년 내내 볼 수 있지만, 생물은 본격적으로 임연수어 조업이 시작되는 1월경부터 5월 사이에만 볼 수 있다. 이 시기에는 오래돼 보이거나 냄새가 나는 것이 아니면 대부분 싱싱한데 그중에서도 씨알이 굵으면서 몸통의 구름무늬가 남아 있는 것이 좋다. 참고로 임연수어는 수입산 단기임연수어와 달리 무늬가 흐린 편이어서 그나마 등무늬가 진하고 배는 밝게 빛나는 것을 고른다.

손질이 안 된 원물은 크기에 따라 마리당 500원에서 2,000원 꼴이며, 배를 갈라 활짝 펼친 것은 이보다 비싸다. 저렴하게 구매한 대신 직접 손질해야 하는 수고로움이 번거롭게 느껴진다면 자반처럼 손질된 것이 여러모로 깔끔하고 편리하다.

∧ 반건조 손질 임연수어

이용

생물이든 반건조든 소금 뿌려 구워 먹는다. 통으로 굽기보다는 배를 갈라 내장을 빼고, 고등어 자반처럼 몸통을 활짝 펼친 다음 껍질부터 구워야 임연수어 특유의 바삭한 껍질 식감이 살아난다. 밀가루를 묻혀 굽는 무니엘 스타일이 있고, 기름을 자작하게 넣어 튀기듯 구워내는 원조 스타일이 있는데 어느 쪽이든 다 맛이 있다. 중요한 것은 껍질 면이 기름에 고루 닿게 해야 바삭해진다는 점이다.

봄철 임연수어는 지방이 가득 올라 구웠을 때 살과 껍질이 쉬이 분리된다. 두꺼운 껍질이 별미여서 강원도에서는 껍질쌈밥으로 먹기도 한다. 껍질을 구워 밥에 싸 먹으면 특유의 고소한 맛이 좋다. 남은 살

코기는 모아 접시에 담고 마늘 기름과 생선 탕수 소스를 끼얹은 뒤 파채를 얹어낸 임연수어 파채 찜도 별미다.

산지인 강원도 고성과 속초, 양양에는 횟집 수조에 살아있는 임연수어를 볼 수 있는데 이는 회로 이용하기 위함이다. 회는 수분기가 있고 부드러운 편이다. 냉수성 어종이라 개체에 따라선 '물개회충' (*Pseudoterranova*)에 감염된 것도 있다. 주로 내장에서 발견되지만 종종 활어의 근육에도 분포하기 때문에 회를 뜰 때 주의해야 한다. 이 밖에 찜, 조림, 양념구이 등으로 먹는다.

≪ 임연수어구이

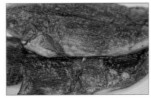

≪ 황금빛으로 바싹하게 구운 임연수어

≪ 바싹하게 구워 분리해낸 임연수어 껍질

≪ 껍질이 쉽게 분리되는 임연수어는 한창 맛이 올랐다는 증거다

≪ 임연수어 껍질쌈밥

≪ 임연수어에서 종종 발견되는 물개회충

≪ 임연수어 파채 찜

≪ 임연수어 양념구이

단기임연수어

분류 쏨뱅이목 쥐노래미과
학명 *Pleurogrammus monopterygius*
별칭 임연수, 이면수
영명 Atka mackerel
일명 키탄노홋케(キタノホッケ)
길이 25~40cm, 최대 약 56cm
분포 일본 북부, 오호츠크해, 베링해를 비롯한 북태평양, 캘리포니아 북부
제철 1~6월, 냉동(연중)
이용 구이, 튀김, 조림

시장에선 '임연수어'란 이름으로 판매되지만 이 어종의 정확한 이름은 '단기임연수어'이다. 과거에는 임연수어와 동종으로 여겼었지만 분자계통학의 연구에 의해 이종으로 밝혀졌다. 단기임연수어는 임연수어보다 더 차가운 해역에 서식하는 냉수성 어류로 국내에선 확인되지 않았으며, 일본은 홋카이도 인근에서 잡힌 생물이 일본 내 시장으로 유통되는 정도다. 최대 전장은 56cm 정도로 임연수어보다 작지만 시장에 판매되는 평균 크기는 임연수어를 상회한다. 산란기는 알류샨 열도를 기준으로 7~9월 사이이므로 제철은 1~6월 정도로 추정하지만, 어차피 국내에서 판매되는 것은 전량 수입산 냉동이므로 제철의 의미가 분명하다고 보긴 어렵다.

고르는 법

수입산 냉동으로 유통되지만, 선도와 품질의 차이는 엄연히 존재한다. 고를 때에는 특유의 얼룩무늬가 선명한 것이 좋다. 어떤 물고기든 어획 후 시간이 지날수록 특유의 반문이나 무늬가 엷어지기 마련이며, 더불어 비늘이 내는 광택 또한 탁해지기 때문이다.

+ 국산 임연수어와 수입산 임연수어 차이

국산 임연수어와 수입산 임연수어(단기임연수어)는 종도 다르고 맛에서도 많은 차이가 있다. 군부대 납품이나 급식용으로 사용됐던 임연수어는 수입산 단기임연수어라는 종으로서 국산보다 품질과 맛이 떨어지는 편이다. 따라서 이 장에서 소개하는 임연수어를 제대로 맛보려면 제철에 국산 임연수어를 고르는 것을 추천한다.

≪ 얼룩무늬가 선명한 단기임연수어

국산 임연수어는 생물을 기준으로 1~5월 사이 유통된다. 조업량이 많으면 도시권 대형마트와 재래시장에도 판매되지만, 그렇지 못한 경우가 더 많다. 반면 수입산 단기임연수어는 전국 어디서든 연중 판매된다. 주요 원산지는 캐나다, 미국, 러시아산으로 매우 찬 수온에 사는 냉수성 어류이다. 국산 임연수어보다 껍질이 두껍고 지방이 많으며 여기서 나오는 특유의 풍미가 있다.

≪ 무늬가 흐릿한 국산 임연수어

냉동 수입 특성상 원물의 상태와 보관 여하에 따라 품질이 제각각일 수밖에 없는데 이를 소비자가 육안으로 구별하기는 매우 어렵다. 그렇다면 둘은 어떻게 구분할까? 우선 국산 임연수어와 단기임연수어는 생김새부터 다르다. 국산 임연수어는 평균 몸길이가 25~35cm인 반면, 수입산 단기임연수어는 평균 40cm 정도로 더 크다. 줄무늬도 수입산 단기임연수어가 더 선명해 눈으로 쉽게 구별할 수 있으며, 대부분 깡깡 언 냉동이거나 그것을 해동한 상태로 판매한다.

점줄우럭 | 구실우럭, 홍바리, 갈색둥근바리

분류 농어목 바리과
학명 *Epinephelus epistictus*
별칭 미상
영명 Dotted grouper
일명 코몬하타(コモンハタ)
길이 30~50cm, 최대 약 80cm
분포 남해 및 제주도, 일본 남부, 동중국해,
　　　 대만, 남중국해, 인도양, 호주 북부
제철 11~5월
이용 회, 탕, 구이, 튀김, 조림

표준명은 점줄우럭이지만 자바리, 붉바
리와 함께 바리과에 속한 어류이다. 몸
길이는 최대 80cm이나 주로 잡히는 크
기는 30~50cm이며, 어릴 땐 대가리부

⚠ 유어기에는 점무늬가 선명하다

⚠ 다 자란 성체는 점이 희미하다

터 꼬리에 이르기까지 측선을 따라 여러 반점이 일렬로 산재하는데 이러한 점줄은 크면서 흐릿해지다
가 사라진다.

시장 유통량은 극히 적다. 우리나라 주요 산지라면 제주도를 비롯해 남해안 일대로 부산, 통영, 삼천포
에서 일 년에 몇 마리씩 위판될 만큼 매우 귀하다. 서식지도 수심 50~300m 사이 저층에 모래와 암반
이 발달한 곳이어서 흔히 어획되지 않는다.

제철은 늦가을부터 봄 사이로 보고되며, 우리나라는 아열대성 어류인 점줄우럭이 서식할 수 있는 북방
한계선으로, 주로 자바리가 제법 잡혀 들어와 위판되는 시기인 11~1월이 지나면 점줄우럭이 낱마리로
잡혀 극소량이 유통되며 그 시기가 겨울의 끝자락이라 볼 수 있다.

이용

싱싱한 것은 회로 먹는다. 비늘이 작고 촘촘해 일명 '스키비키'(칼로 도려내듯 비
늘을 제거하는 작업)로 작업하거나 아예 비늘치기를 생략하고 포를 뜨기도 한다.
껍질은 두껍고 콜라겐층이 발달하여 돌돔과 견줄 만큼 별미다. 껍질을 살리고자 한다면 비늘을 꼼꼼
히 벗겨내야 하며, 살짝 데친후 얼음물에 담갔다 빼서 썰어 먹는다. 회는 크기에 따라 작은 것은 활어
회, 큰 것은 숙성회가 어울리는데 적당한 지방질과 함께 감칠맛의 여운이 매우 진한 횟감이라 할 수
있다. 뼈는 곰국처럼 충분히 우려 맑은
탕으로 이용되며, 대가리는 반으로 쪼
개 탕이나 구이, 조림 등으로 이용된
다. 내장도 다른 바리과와 마찬가지로
신선할 땐 간은 생식, 그 외 창자와 위
장은 깨끗이 씻어 데친 후 소금장에 찍
어 먹는다.

⚠ 점줄우럭회. 숙성하면 지방과 감칠맛
　 이 진하게 오른다

⚠ 껍질 데침

구실우럭

분류	농어목 바리과
학명	*Epinephelus chlorostigma*
별칭	미상
영명	Brown-spotted grouper
일명	호오세키하타(ホウセキハタ)
길이	30~50cm, 최대 약 75cm
분포	제주도, 일본 남부, 동중국해, 대만, 남중국해, 인도양, 서태평양의 아열대 및 열대 해역
제철	11~5월
이용	회, 탕, 구이, 튀김, 조림

점줄우럭과 마찬가지로 먼바다 깊은 곳 암초 지대에 서식하는 바리과 어류이다. 국내에선 제주도 인근 해역에 볼 수 있으며, 일본은 규슈, 시코쿠 등의 남부 지방을 비롯해 오가사와라제도 등 태평양을 끼고 있는 섬에 많이 분포한다. 산란은 봄부터 여름에 걸쳐 있으며, 봄에는 얕은 앞바다와 기수역 근처로 들어오는데 대마도에선 지역민들이 원투낚시로 잡기도 한다. 제철은 늦가을부터 산란 전인 5월까지로 생각되지만, 산란 직전과 직후를 제한다면 연중 맛의 편차는 적은 편이다. 바리과 어류 중에선 비교적 소형종이며, 싱싱할 땐 회로 이용된다. 회는 자바리와 비슷할 만큼 얇은 혈합육을 가지며 흰색의 지방층이 끼었다면 맛이 가장 좋을 때다. 이 외에는 탕과 조림, 구이 등으로 이용되는데 국내 유통량은 거의 미미해 낚시로 직접 낚아 먹지 않은 이상 맛에 대한 신뢰도 높은 평가는 많지 않다.

홍바리

분류	농어목 바리과
학명	*Epinephelus fasciatus*
별칭	미상
영명	Blacktipped grouper, Red-barred Yockcod, Banded reefcod
일명	아까하타(アカハタ)
길이	25~35cm, 최대 약 45cm
분포	제주도, 일본 남부, 동중국해, 대만, 남중국해, 인도양, 오세아니아, 서태평양의 아열대 및 열대 해역
제철	11~5월
이용	회, 구이, 조림, 찜

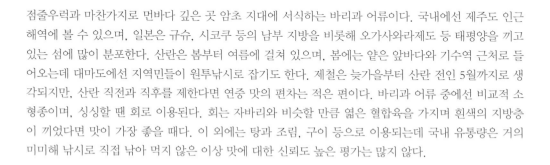

서식지 환경에 따라 다양한 개체변이가 존재한다. 화려한 체색이 시선을 끌지만 바리과 어류 중에선 비교적 소형종이며 자원도 풍부하지 않아 식용가치는 떨어진다. 처음에는 전부 암컷으로 태어나며 성장하면서 수컷으로 성전환한다. 여름이 산란성기로 산란 직전과 직후를 제하면 대체로 맛의 편차가 크지 않는 어종이다. 다만 홍바리는 '필로메트라 선충'(*Philometra*)의 숙주로, 전부는 아니지만 난소에 길고 빨간 선충류에 감염되기도 한다. 인간에 해를 끼치진 않으나 그 모양이 혐오스러워 조리 전 제거된다. 싱싱할 땐 회로 먹고 그 외 찜, 구이, 조림 등으로 이용된다.

갈색둥근바리

분류 농어목 바리과
학명 *Epinephelus coioides*
별칭 점바리, 라푸라푸, 다금바리(X)
영명 Estuary cod
일명 차이로 마루하타(チャイロマルハタ)
길이 50~70cm, 최대 약 1.2m
분포 남해 및 동해를 비롯한 제주도, 일본 남부, 대만, 필리핀, 인도양, 남중국해, 오세아니아를 비롯한 아열대 및 열대 해역

제철 12~4월
이용 회, 탕, 찜, 구이, 튀김, 조림

베트남을 비롯해 동남아시아 국가에서 흔히 양식하는 고급 어종이다. 필리핀에서는 '라푸라푸'라 부르며, 베트남과 태국 등의 관광지에선 한인 관광객을 상대로 '다금바리'란 이름으로 현지 가격보다 다소 고가에 판매되기도 했다. 하지만 이 어종은 자바리, 다금바리와 같은 바리과 어류에 속할 뿐 다금바리와는 관련이 없다.

△ 갈색둥근바리가 길러지는 태국의 한 양식장

몸 전체에 갈색 반점이 퍼져 있다. 최대 1.2m까지 자라는 비교적 대형 어류로 맛이 좋고 식용가치가 높은 어종이다. 주요 서식지는 일본 남부에서 필리핀, 안다만, 인도양 등 폭넓게 서식하지만, 최근에는 국내에도 출현하고 있어서 어떻게 유입된 것인지 그 진위가 정확히 밝혀지지 않았다.

양식 방류인가? 난류 타고 온 자연산인가?

최근 국내에서 잡힌 갈색둥근바리는 두 마리로, 하나는 2022년 12월경 동해 거진항에서 무게 8kg 이상으로 추정되는 갈색둥근바리였고, 다른 하나는 2023년 3월 통영에서 정치망에 걸린 무게 11kg가 넘는 갈색둥근바리였다. 평소엔 중국산 양식으로 수입돼 경기권에 소재한 유료낚시터로 방류되는데, 앞서 잡힌 두 마리는 바다에서 그물로 잡혔고 꼬리지느러미의 형태 또한 전형적인 자연산의 특징을 가지고 있었다는 점에서 의구심이 들지 않을 수 없었다. 원래 갈색둥근바리가 서식할 수 있는 북방한계선은 일본 남부해역으로 국내에선 포획된 사례가 없었다. 그러다가 최근 들어 강원도 최북단인 고성과 경남 통영에서 그것도 한겨울에 잡혔다는 것은 무엇을 시사하는 걸까? 지구 온난화와 고수온 및 난류의 여파로 인해 저 아래 남부해역에서 올라온 걸까? 아니면 방류된 양식이 야생에서 적응 및 번식에 성공한 걸까? 더욱이 바리과 어류의 습성은 대체로 붙박이로 암초가 무성한 서식지 반경을 크게 벗어나지 않는 것으로 알려졌다. 때문에 난류를 타고 동해 북부로 유입되었을 가능성도 의문이 가고, 그렇다고 유료낚시터(주로 경기권에 소재)로 가야 할 양식이 방류되어 바다에서 길을 잃었을 확률에도 의문이 가는 상황이다.

△ 국내에서 잡힌 11kg급 갈색둥근바리

이용

동남아시아 국가에선 음식 활용도가 뛰어나며 맛도 좋아 상업적 가치가 큰 생선이다. 한국인 관광객들에겐 회로 판매되기도 하지만, 현지에선 주로 찜, 구이 등으로 이용된다. 국내에서는 유료낚시터로 풀린 중국산 양식만이 이용되었을 뿐 자연산에 대한 평가는 앞서 거론된 두 마리가 유일하다. 특히 11kg가 넘는 갈색등근바리 회는 굉장히 차지면서 기름기가 충분히 들어 자바리 못지 않는 맛으로 알려졌다.

≪ 태국식 그루퍼찜인 쁠라능시이우

무늬바리

푸른점이 몸 전체에 퍼져 있다.

분류 농어목 바리과
학명 *Plectropomus leopardus*
별칭 미상
영명 Coral trout, Leopard coralgrouper, Spotted coralgrouper
일명 스지아라(スジアラ)
길이 40~60cm, 최대 약 80cm
분포 제주도 및 대마도를 비롯한 일본 남부, 대만, 홍콩, 남중국해, 호주, 서태평양의 아열대 및 열대 해역
제철 11~5월
이용 회, 탕, 찜, 구이, 튀김, 조림

국내에는 매우 드문 열대성 바리과이다. 제주도는 서식할 수 있는 북방한계선이며, 주로 일본 남부를 비롯해 대만, 필리핀, 인도네시아를 비롯한 적도 부근에 많이 분포한다. 때문에 적도에서 가까운 동남아 국가에선 상업적으로 매우 중요한 가치를 지닌 생선이다. 일본에선 오키나와에서 완전 양식에 성공해 지역 브랜드를 대표하는 생선으로 추진 중이다.

산란기는 위도마다 차이가 있지만 대체로 여름 전후이며, 이 시기를 제하면 연중 맛의 차이가 크진 않다. 몸 전체엔 파란색 반점이 퍼져있다. 화려한 체색과 달리 독이 없으며, 맛이 뛰어난 물고기로 사랑받는다. 싱싱할 땐 회로 먹는데 살이 단단하고 맛이 풍부하다. 그 외엔 그릴에서 굽거나 찜 요리로 이용된다.

≪ 다양한 열대성 바리과(그루퍼)를 판매 중인 인도네시아의 한 식당

≪ 무늬바리 숯불구이

준치

분류 청어목 준치과
학명 *Ilisha elongata*
별칭 진어, 준어
영명 Gizzard shad, Slender shad, Chinese herring
일명 히라(ヒラ)

길이 30~50cm, 최대 약 72cm
분포 서해 및 남해, 제주도, 일본 남부, 동중국해, 중국 및 남중국해, 인도양 등
제철 3~6월
이용 회, 무침, 구이, 완자, 국, 어만두, 회덮밥

'썩어도 준치'라는 속담이 있을 정도로 맛이 좋아 '진짜 물고기'라는 뜻의 '진어'(眞魚)라고도 불린다. 수온 25℃ 전후에 서식하는 난류성 어류로 겨울엔 제주도 서남 해역 깊은 수심대에 머물면서 월동하다가 이듬해 봄이면 산란을 위해 얕은 바다로 올라온다. 산란은 강 하구나 기수역에서 하는데 금강이 대표적인 산란장이라 할 수 있다. 주로 서해 및 서남해, 제주도 인근 해상에서 어획되나 그 양은 예전만 못하다. 산란철은 4~8월 사이로 일본 남부지방은 빨리 시작되고, 서해로 들어오는 개체는 늦다. 그래서 4~6월 사이 알을 찌우는 준치가 맛이 있고 산란을 마치면 맛이 떨어진다.

고르는 법

해마다 11~6월 사이에는 수산시장에서 준치 파는 광경을 종종 목격하는데 그 양이 매우 적을 뿐 아니라 자주 입하되지도 않는다. 전라도와 경기도권 일대 포구와 수산시장에서 종종 볼 수 있으며, 가끔 경상도권 수산시장에도 입하된다. 횟감용 준치 중에는 국산도 있지만 일본산도 제법 들어온다. 생물처럼 보이지만 급랭한 것을 적당히 해동해서 팔기도 하는데 횟감으로 이용하기엔 문제없다. 어획 시 바로 죽어버려 선어로 유통되는데 이때 봐야 할 것은 빛깔이다. 전반적으로 은비늘이 반짝거릴 만큼 광택이 나야 하며, 아가미는 선홍색이고, 배쪽 살을 눌렀을 때 탄력이 있어야 신선한 것이다. 눈동자는 검고 선명한 것이 좋고, 눈알은 투명할수록 신선한 것이다.

︽ 일본산 해동 준치로 횟감용이다

︽ 신선한 준치는 반짝반짝 광택이 난다

이용

준치는 일반 생선과 마찬가지로 척추뼈와 거기서 파생된 잔가시(치아이) 외에도 근육을 지탱해주는 굵고 기다란 가시가 여러 가닥으로 이뤄졌다. 등살과 뱃살을 갈라 척추 잔가시를 제거해도 근육 내에 성가신 가시들이 길게 박혔다. 이러한 준치를 횟감으로 장만하려면 격자무늬로 촘촘하게 칼집을 낸 다음 잘게 썰어내는 것이 가장 좋다. 준치는 산란을 준비하는 봄에 기름이 많이 껴서 느끼할 수도 있다. 이럴 때는 포를 뜨고 소금을 뿌려 10~15분 정도 절인 뒤 수돗물에 헹군다. 헹굴 땐 반드시 찬물이어야 하며, 해동지로 돌돌 말아 물기를 제거 후 잘게 썰어 갖은 채소와 양념에 버무리면 그 유명한 준치 회무침이 된다. 회무침을 먹다가 남은 것은 밥에 비벼 회덮밥으로 먹기도 한다. 그 외에는 잘게 칼집 내어 구워 먹기도 하며, 잔가시가 많은 살은 다져 완자를 빚은 뒤 준칫국을 끓여 먹는다.

⚠ 준치회

⚠ 준치회무침

⚠ 준치구이

줄도화돔

분류 농어목 동갈돔과
학명 *Apogon semilineatus*
별칭 복죽이, 죽이, 복제기
영명 Halflined cardinalfish, Barface cardinalfish
일명 넨부츠다이(ネソブツダイ)
길이 6~10cm, 최대 약 12cm
분포 남해 및 제주도, 일본, 필리핀을 비롯한
북서태평양, 인도양, 인도네시아, 호주 등

제철 3~7월
이용 조림, 구이, 튀김, 볶음, 육수

복숭아꽃처럼 붉은빛을 띠고 있어 '도화'(桃花)라는 명칭과 체측에 진한 검은 띠가 그어졌다 해서 '줄'이 이름에 붙었다. 우리나라는 부산을 비롯해 남해안 일대, 특히 먼 섬과 제주도에서 잡히는데 대표적인 야행성으로 무리를 이루어 서식하다 보니 밤낚시에 곧잘 걸려들면서 낚시를 방해하는 골칫거리이기도 하다. 산란기는 7~9월 사이인데 특이한 부화 방법으로 번식한다. 줄도화돔의 수컷은 부성애로 유명한데, 암컷이 알을 낳으면 수컷이 수정시킨 뒤 알을 입에 담아 부화시킨다. 부화한 후에도 치어들을 입에서 안전하게 보육하기도 한다. 이 과정에서 일체 먹이를 먹지 않기 때문에 대부분 수컷은 죽는다.

+
점동갈돔과는 아종이다

사진은 대마도에서 낚시로 잡은 점동갈돔이다. 야행성인 줄도화돔과 달리 주간에도 먹이활동이 활발하다. '줄도화돔'은 '점동갈돔'(*Apogon notatus*)과 여러모로 비슷하게 생겼으나 눈 뒤로 두 가닥의 검은 선이 있으면 줄도화돔이다. 참고로 이들 종의 학명 앞에는 '*Apogon*'을 쓰지만 대신 '*Ostorhinchus*'를 쓰기도 한다.

⚠ 점동갈돔. 줄도화돔과는 달리 눈 뒤로 검은선이 없다

이용

감성돔이나 돌돔, 볼락, 뱅에돔 등과 함께 서식하면서 낚시로 올라온 줄도화돔은 예로부터 잡어 취급을 받아왔다. 우리나라에서는 흔히 즐겨 먹지도 않고 시장 유통량도 미미하지만, 일본에서는 지역에 따라 훈제품으로 가공하며 말려서 육수용으로 쓰거나 튀기고 볶는 등의 음식이 발달했다.

참돔 | 황돔, 붉돔, 청돔, 녹줄돔

분류 농어목 도미과
학명 *Pagrus major*
별칭 돔, 도미, 상사리, 깻잎, 아까다이, 베들레기, 황돔(X)
영명 Red seabream
일명 마다이(マダイ)
길이 35~60cm, 최대 약 1.2m
분포 우리나라 전 해역, 일본 북부이남, 대만,
      동중국해, 남중국해
제철 11~4월
이용 회, 초밥, 무침, 덮밥, 구이, 튀김, 탕, 조림,
      솥밥, 찜, 건어물 등

흔히 '돔'이나 '도미'라면 참돔을 가리킬 때가 많다. 35cm 이하인 참돔을 상사리라 부르고, 부산에선 아까다이라 부르기도 하며, 제주에선 베들레기나 황돔으로 부른다. 하지만 '황돔'은 (앞으로 소개될) 별도의 어종이며 참돔과는 다른 종이므로 단순히 제주 사투리로만 받아들여야 한다. 수명은 20~30년 이

⌃ 60cm급 자연산 참돔을 낚다

⌃ 수산시장에 입하된 양식 참돔

상 보고된 대표적인 장수 물고기이다. 이 때문에 참돔은 장수의 상징이면서도 고급스러운 한식 요리와 일식에서 매우 중요한 식재료로 여겼다. 지금은 한중일 3개국에서 대량 양식이 유통되면서 동네 횟집은 물론 대형마트, 백화점, 수산시장, 일식집과 초밥집 할 것 없이 흔히 접할 수 있는 횟감이다.

적서수온 18~24℃에 먹이활동을 왕성히 하는데 주·야간을 가리지 않는다. 수온이 높은 제주도 이남과 규슈, 동중국해에 서식하는 참돔은 성장 속도가 빨라 비교적 대형 개체가 많고, 서해를 비롯한 고위도에서는 상대적으로 성장속도가 느린 편이다. 겨울에는 월동을 위해 남해 먼바다(거문도, 역만도 등)와 제주도로 남하했다가 봄이면 산란을 위해 북상하는 계절 회유어이다. 최대 1m까지 성장한다고 보고됐지만, 1.2m까지 자라며 낚시로 기록된 최대어는 2019년 타이라바로 잡은 111cm가 공인 기록이다.

참돔은 성장이 빨라 진작에 대량 양식에 성공해 지금은 저렴한 가격으로도 어렵지 않게 맛볼 수 있게 되었다. 시장에 유통되는 평균 무게는 1.5~2kg이고, 가끔 4kg이 넘는 대형급도 유통된다. 반면, 자연산 참돔은 10~15년 정도 자랐을 때 몸길이가 약 80cm 이상으로 이후로는 성장 속도가 급격히 둔화해 사실상 나이를 가늠하기가 어렵다.

※ 참돔은 금어기가 없지만 포획금지체장은 24cm이다.(2023년 수산자원관리법 기준)

+
자연산과
양식의 차이

참돔은 우리나라 전 해역에 고루 서식한다. 서식지 환경에 따라 미묘한 차이는 있지만, 자연산 참돔은 화사한 선홍색이 특징이고, 양식은 어둡다. 다만 체색은 원산지마다 차이가 있으니 자연산과 양식을 구별하는 가장 확실한 방법은 꼬리지느러미의 모양을 보는 것이라 할 수 있다. 이는 참돔뿐 아니라 대부분 활어에서 자연산과 양식을 구별하는 기준이기도 하다.

≫ 양식 참돔의 꼬리지느러미

꼬리지느러미의 끝이 예리하고 매끄럽다면 자연산, 꼬리지느러미의 끝이 뭉툭하거나 둥글고 지느러미 모양도 닳아있거나 해지면 양식일 확률이 높다. 다만 정치망으로 잡힌 것은 자연산이라도 유통 과정에서 그물이나 뜰채에 쓸려 양식과 같은 특징을 가지기도 하며, 벵에돔이나 돌돔처럼 횟집 수조에 합사했을 때 서로 물어뜯는 공격으로 꼬리지느러미가 닳아있을 수 있다는 점을 염두에 둔다.

≫ 탈참의 꼬리지느러미는 자연산 참돔과 비슷하다

또 다른 변수가 있다면 소위 '탈참'이라 불리는 양식장 탈출 참돔이다. 꼬리지느러미는 자연산 참돔과 비슷한 모양이지만, 여전히 국산 양식 참돔과 비슷한 체색임을 알 수 있다. 또한 양식 참돔은 몇 퍼센트의 확률로 기형이 나오기도 하는데 가끔은 수산시장으로 유통돼 이른바 '비품'(B급 이하의 품질을 가진 활어)으로 판매되기도 한다. 아래 사진은 낚시로 잡힌 탈참 기형어이다. 대부분은 대가리 골격의 성장과 발육에 문제가 생긴 것인데 좌우대칭이 아니다. 참고로 먹는 데는 문제가 없다.

≫ 자연산 참돔의 꼬리지느러미

≫ 기형 탈참

≫ 양식 참돔

• 양식 참돔의 특징

1. 양식 참돔은 몸길이 60cm 이하, 최대 4.5kg까지 키워 출하되지만, 가장 많이 유통되는 것은 몸길이 40~50cm, 무게는 1.5~2.5kg 정도이다.
2. 꼬리지느러미 끝부분이 뭉툭하며 지느러미가 닳아있다.
3. 체색은 일본산이 자연산과 흡사한 선홍색이고, 국산은 양식지에 따라 선홍색에 가까운 것부터 검붉은색까지 다양하게 나타난다. 중국산은 전반적으로 더 어둡고 검은빛이 돈다.

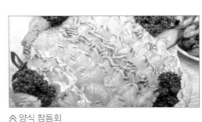
≫ 양식 참돔회

4. 아이섀도와 등의 푸른색 반점은 양식 활어에도 나타나지만 자연산만큼 선명하진 않다.
5. 회를 떴을 때 근육은 자연산보다 좀 더 누런 빛깔일 때가 많다.
6. 활어로 유통된다.

• 자연산 참돔의 특징

⚐ 자연산 참돔

1. 자연산 참돔은 몸길이 70cm 이상도 흔하다. 최대 120cm까지 자라는 것으로 알려졌다.
2. 꼬리지느러미 끝부분이 뾰족하고 지느러미가 닳지 않아 깨끗한 것은 자연산 참돔만이 가진 특징이다.
3. 체색은 전반적으로 밝은 선홍색이다.
4. 등에 박힌 푸른색 반점은 싱싱한 것일수록 두드러진다.
5. 꼬리 끝부분에 검은색 테가 선명히 나타나는 것은 자연산과 양식 참돔 모두 나타나는 특징이다. 노성어로 접어드는 개체(몸길이 약 80cm이상)는 예외적으로 꼬리 끝 검은 테가 나타나지 않기도 한다.
6. 수산시장에는 활어보다 생물(선어)이 더 많이 유통된다.

⚐ 신선한 참돔일수록 파란 아이섀도와 등에 사파이어 보석 느낌이 두드러진다

+ 원산지별 양식 참돔의 특징

현재 시중에 유통되는 양식 참돔은 국산, 중국산, 일본산이 있다. 가격은 일본산 > 국산 > 중국산이었으나 지금은 공급량과 국제 정세에 따라 엎치락뒤치락 한다. 물론 평소에는 일본산이 국산과 중국산보다 조금 더 비싸게 거래되며 품질과 크기 또한 여전히 일본산이 앞서고 있지만, 국산도 이에 못지않게 뒤따르는 상황이다.

⚐ 국산 양식 참돔

⚐ 일본산 양식 참돔

• 일본산 양식 참돔의 특징

⚐ 일본산 양식 참돔의 모습

1. 평균 몸길이 약 50~55cm, 무게 1.5~2.5kg 이상으로 크게 키워 출하해 시장에서는 '일산 대도미'로 불린다.
2. 몸길이 60cm, 무게 3~4kg까지 찌워 출하하기도 한다.
3. 앞서 살펴본 국산이나 중국산과 달리 체색이 자연산에 가까운 선홍색을 띤다.
4. 싱싱한 활어라면, 등에 푸른색 반점이 또렷하게 나타나는 편이다(b).
5. 전반적으로 자연산 참돔과 닮았으나 꼬리지느러미만큼은 다른 양식 참돔과 같이 훼손되고 닳아서 끝이 뾰족하지 않다(c).
6. 꼬리 끝 검은색 테는 꼬리지느러미 훼손도에 따라 나타나기도 하고 나타나지 않기도 한다.

⚐ 무게 3.5kg 일본산 양식 참돔

7. 두 개의 비공(콧구멍)이 또렷이 구분된다(a). 따라서 콧구멍 개수로 자연산과 양식을 구별하기는 어렵다.

• 국산 양식 참돔의 특징

1. 평균 몸길이 약 40~50cm, 무게 1~2.5kg 전후로 출하한다.

2. 꼬리지느러미의 끝은 뭉툭하게 닳아있으며, 끝부분이 날카롭지 않은 것은 양식 참돔의 특징이다(c).

3. 체색은 전반적으로 자연산보다 어둡고 검붉다.

≪ 국산 양식 참돔

4. 등에 푸른색 반점이 있지만 자연산만큼 또렷하게 보이지는 않는다(b).

5. 꼬리 끝 검은색 테는 지느러미가 훼손되거나 어두워서 잘 보이지 않는다.

6. 일부 개체에서 두 개의 비공(콧구멍)이 하나로 연결된 비공격피결손증을 보이기도 한다(a).

7. 주로 활어(횟감)로 유통된다.

8. 마트에서는 주로 '국내산 도미'란 이름으로 팔리며, 일부 생물(선어)로도 유통된다.

※같은 원산지라도 도매상 또는 횟집 수조에서 2~3일 이상 적응 기간을 거친 참돔은 그렇지 못한 참돔보다 체색이 밝은 편이다. 즉 자기 색을 찾아가는 과정이라 할 수 있다. 반대로 적응을 거치지 못한 것은 빛깔이 어둡다. 이렇듯 수조에 입사해 적응시키는 과정을 '순치'라 부르며, 중매업자들의 은어로는 '이끼를 낸다'고 말한다.

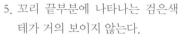
≪ 순치 중인 양식 참돔들

• 중국산 양식 참돔의 특징

1. 국산 양식 참돔과 비슷하게 평균 몸길이 약 40~50cm, 무게 1.5~3kg으로 출하된다.

2. 국산 양식 참돔과 마찬가지로 꼬리지느러미가 많이 뭉툭하며 훼손되었거나 닳아있다.

3. 체색은 검붉은 국산 참돔보다도 더 검으며, 개체에 따라 등에 얼룩덜룩한 패턴이 나타나기도 한다.

≪ 국산 양식 참돔(위), 중국산 양식 참돔
(아래)

4. 등에 난 푸른색 반점은 빛이 바랬고, 어두운 체색에 가려져 잘 보이지 않는다.

5. 꼬리 끝부분에 나타나는 검은색 테가 거의 보이지 않는다.

6. 중국산 양식 참돔 중 일부는 두 개의 비공(콧구멍)이 하나로 연결된 비공격피결손증을 보이는 경향이 있다. 물론 모든 중국산 양식 참돔이 비공격피결손증이 있지는 않다.

≪ 비공격피결손을 보이는 중국산 양식 ≪ 비공격피결손증을 보이지 않는 양식
참돔   참돔

• **수입산 및 원양산 참돔**

1. 수입 및 원양산은 자연산이다.
2. 개중에는 참돔이 아닌 유사 어종
   도 섞여 있다(붉돔, 청돔을 비롯
   해 국내에 서식하지 않는 도미과
   어류도 포함).
3. 냉동 기간이 오래될수록 화사한

⌃ 원양산 참돔

⌃ 냉동 기간이 오래되면 꼬리지느러미
   가 하얗게 말라 있다

   선홍색은 거의 남아 있지 않고 일부 누렇게 변색된다. 특히 꼬리지느러미는 희고 말라 있다.
4. 일본산을 비롯한 원양산 참돔은 일부 개체가 담홍색이 나타나기도 한다.

+
**돔과 도미는
무엇을
뜻할까?**

'돔'은 '도미'의 준말인 동시에 날카로운 '가시 지느러미'를 뜻하기도 한다. 이와 동시에 '도미'란 농어목 도미과에 속한 어종을 총칭하는 말이면서도, 실제 일식업계나 시장, 식당에서는 '도미'(=참돔)으로 통용된다. 따라서 농어목 도미과에 속하지 않는 돌돔과 벵에돔, 자리돔 같은 어류를 단순히 도미라 칭하기에는 무리가 있다.

국내 해역에 서식하는 농어목 도미과 어류는 약 8종으로 보고된다. 이 중 가장 많이 유통되는 것은 참돔, 감성돔, 황돔 순이고, 부수 어획으로는 청돔, 붉돔, 녹줄돔, 새눈치 등이 있다.

+
**참돔의
숨은 비밀**

참돔은 농어목 도미과 어류 중 가장 크게 자라는 어종 중 하나이다. 자연산은 화사한 선홍빛이 특징인데 이는 참돔의 먹이 중 하나인 새우, 게 등의 갑각류 등에 포함된 아스타잔틴(astaxanthin)으로부터 얻어낸 결과이다.

⌃ 참돔의 선홍색은 먹잇감에 따라 미묘
   한 차이를 보인다

⌃ 목살에서 나온 물고기 모양의 뼈

참돔의 암수는 구별이 힘들지만, 70cm 이상 성장하면서 외형적 차이를 보인다. 수컷은 이마가 튀어나오면서 등으로 이어지는 라인이 급경사를 이루는 등 다소 우악스러운 느

⌃ 우악스러운 인상과 이마가 튀어나온
   참돔 수컷

⌃ 부드러운 인상이 특징인 참돔 암컷

낌을 주며 몸 체색도 검은 편이다. 이를 두고 일각에서는 '개체 변이'이거나 참돔에서 분화된 '아종'으로 여기기도 했지만, 지금은 암수의 차이라는 게 정설이다.

또한 참돔을 비롯한 도미과 어류의 목살에는 복(福)을 부른다는 뼈가 양쪽에 각각 한 개씩 나온다. 일본에서는 원형이 손상되지 않도록 발라내는 것이 곧 복을 부른다는 의미로 전해지기도 해 재미 삼아 발골하기도 한다.

+
참돔의 제철

참돔의 산란은 위도에 따라 차이가 난다. 일본 남부 지방을 비롯한 규슈와 동중국해는 수온이 따뜻하기 때문에 2월경부터 시작되고, 우리나라는 평균적으로 5~7월이다. 이 시기 참돔은 산란기를 앞두고 남해안 일대와 서해(전북, 충남)로 붙는데 이때 많이 잡힌다. 5월에 충남 서천에서 자연산 도미 축제가 열리는 것도 조업량이 가장 많이 집중되기 때문이다. 다만 이와는 별개로 참돔이 가장 맛이 좋은 계절은 겨울부터 초봄까지라 할 수 있다. 산란을 마친 7~8월에는 살이 금방 무르고 맛이 떨어지는 경향을 보이지만, 예외적으로 산란에 참여하지 않는 어린 참돔(30~35cm 전후)은 여름에도 맛이 좋다.

고르는 법

활어는 상처가 적고 눈동자가 투명하며 활력이 좋은 것을 고른다. 활력이 좋은 참돔은 수조의 중층에서 얌전히 유영하며, 물 밖으로 꺼냈을 때는 심하게 발버둥치지 않는다. 생물(선어)을 고를 때는 눈과 등에 각각 푸른색 무늬와 점이 선명하고, 꼬리지느러미 끝은 검은 테두리가 선명할수록 신선한 것이다.

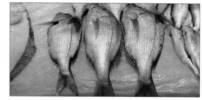
⌃ 싱싱한 자연산 참돔

이용

돔은 복(福)을 부르는 대표적인 생선으로 인식된다. 예부터 귀한 손님에게 대접하는 고급 식재료로 한식과 일식에서는 빠질 수 없는데, 특히 제사와 차례상 등 각종 경조사와 기념행사에 언제나 등장하는 이유는 장수를 기원하는 데서 비롯된 것으로 풀이된다. 제사나 차례상에 올리는 참돔은 언제나 배가 아래쪽을 보게 하며, 대가리는 왼쪽으로 향해야 하므로 왼쪽 눈이 선명하고 예뻐야 가치가 빛난다.

활어는 기본적으로 횟감으로 이용된다. 활어회부터 숙성회까지 두루두루 이용되는데, 제철의 자연산 참돔은 클수록 2~3일 이상 충분히 숙성해야 제맛이 나고, 어린 참돔은 금방 물러지기 때문에 활어회로 이용하는 것이 좋다. 흔히 말하는 '대두'라 수율이 30%대에 머물지만, 그래도 2.5kg 이상인 참돔은 광어와 함께 양식, 자연산 할 것 없이 초밥용 네타로 가장 많이 사용된다. 비록 대가리는 크지만 그만큼 맛있는 살코기도 가득 있어서 목살 부위를 구워낸 '대가리 구이'와 소금복사열을 이용해 오븐에서 구워내는 '가마구이' 등도 인기다.

참돔은 껍질이 맛있는 생선으로 일본에서 건너온 조리법인 '마츠카와 타이'가 유명하다. 끓는 물을 부어 껍질만 살짝 익힌 뒤 곧바로 얼음물에 담갔다 빼면 특유의 꼬들꼬들함이 살아난다. 이후 해동지에 말아 물기를 뺀 다음 보기 좋게 칼집 내고 썰어낸 회는 오늘날 고급 생선회와 참돔회를 연상케 하기에 충분하다. 껍질을 익히는 이유는 껍질과 살 사이에 자리한 지방층을 열로 녹여 활성화하기 위함이다. 이는 껍질의 식감과 지방의 고소함을 동시에 살릴 수 있는 방법이다.

⌃ 마츠카와 타이를 만드는 과정

한정식을 비롯한 고급 음식점에서는 도미솥밥, 도미면(승기악탕), 그리고 갖은 고명을 얹은 도미찜으로 이용한다. 가장 흔히 사용되는 음식은 제수용에 올리는 소금구이이며 무를 넣은 한국식 매콤한 조림, 일본식 간장 조림, 매운탕과 맑은탕에 이르기까지 요리 활용도가 높다. 다양한 형태의 튀김 요리와 살짝 절여 밥에 얹고 오챠를 부어 먹는 오챠즈케 등도 별미다.

⌃ 껍질을 살짝 익힌 마츠카와 타이

⌃ 수산시장의 양식 참돔 활어회

⌃ 양식 참돔 숙성회

⌃ 자연산 참돔 숙성회

⌃ 아귀간(안키모)이 올려진 참돔 초밥

⌃ 도미 대가리 구이

⌃ 소금 복사열을 이용한 도미 가마구이

⌃ 도미솥밥

⌃ 기생보다 낫다 하여 승기악탕 이라 불리는 궁중음식 도미면

⌃ 중화식 도미찜

⌃ 오색 도미찜

⌃ 참돔 무조림

⌃ 일본식 간장조림

⌃ 참돔 맑은탕

⌃ 도미칩

⌃ 도미 오차즈케

황돔

분류	농어목 도미과
학명	*Dentex tumifrons*
별칭	벵꼬돔, 잉꼬돔, 가스코, 새끼도미, 꽃돔(X)
영명	Yellow porgy, Golden tail, Yellowback seabream
일명	키다이(キダイ)
길이	25~30cm, 최대 약 37cm
분포	남해와 제주도, 일본 남부, 동중국해, 대만, 호주 북부, 인도양과 서부태평양의 온대 및 열대 해역
제철	3~11월
이용	초밥, 구이, 조림, 찜, 탕, 솥밥, 건어물

외형은 참돔과 비슷하게 생겼으나 전체적으로 노란빛을 띠기 때문에 '황돔'이라 불린다. 크기는 참돔보다 작아 시장에 유통되는 25~30cm 전후가 많다. 국내 산지로는 제주도가 유명하다. 제주 남쪽과 동중국해에 많이 서식하는데 기본적으로 수심 10~50m권의 암초 지대에 서식하는 참돔과 달리 80~250m권 대륙붕 가장자리에 형성된 바다의 모래 진흙에 서식하는 준심해성 어류다. 이 때문에 그물에 올라오면 수압차로 죽어버려 선어로만 유통된다. 봄과 가을 연 2회 산란하는 것으로 알려졌다. 맛이 오르는 제철은 산란과 상관없이 봄부터 가을 사이로 알려졌지만, 심해성 어류가 그렇듯 연중 맛의 편차는 크지 않은 편이다.

※ 황돔은 금어기가 없으나 최소금지체장은 15cm이다. (2023년 수산자원관리법 기준)

고르는 법

대형마트, 백화점, 수산시장 등에서 흔히 판매하는데 주로 '벵꼬돔', '잉꼬돔', '꽃돔'이란 이름으로 표시된다. 크기는 어른 손바닥만 한 것부터 30cm 정도이며, 특유의 선홍색과 황금색이 선명하고 광택이 나는 것이 좋다. 비늘과 지느러미는 손상 없이 반듯한 것이 좋고, 눈알은 투명한 것이 신선한 황돔이다. 이 중에서 배를 눌렀을 때 단단한 탄력감이 드는 것은 회나 초밥용으로도 사용할 수 있는데 이런 신선도는 산지(제주, 삼천포 등)에서나 접할 수 있다.

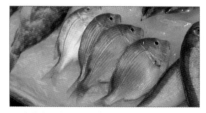
❯ 체색이 화려하고 선명한 것이 좋은 황돔이다

이용

선어라 살이 부드럽다. 싱싱한 것은 새끼도미(일명 가스코)라 하여 초밥을 쥐기도 한다. 주로 명절 때는 제수용으로 이용되며, 소금구이는 적당한 지방의 기품과 고소한 맛이 있어 참돔보다 낫다는 평가다. 그 외 황돔 맑은탕과 간장조림이 맛이 있고, 작은 것은 튀김가루 입혀 통째로 튀긴 뒤 매콤한 간장 소스를 부은 탕수가 별미다. 반건조는 찜으로 인기가 있다.

❯ 황돔 소금구이

붉돔

분류	농어목 도미과
학명	*Evynnis tumifrons*
별칭	붉은도미, 가스가코, 가스코
영명	Crimson seabream, Red porgy
일명	치다이(チダイ)
길이	15~30cm, 최대 약 45cm
분포	동해와 남해, 제주도, 일본 북부이남, 동중국해, 대만, 필리핀 등 서부태평양의 온대 해역
제철	4~8월
이용	회, 구이, 탕, 찌개, 조림, 튀김

참돔과 매우 흡사하게 생겼지만, 평균 몸길이는 15~30cm 전후로 작고 첫 번째와 두 번째 등지느러미 가시가 길게 솟았다. 아가미 테는 피로 물든 것처럼 붉고, 꼬리지느러미는 참돔과 달리 검은 테가 없다. 가까운 앞바다보다는 조금 먼바다 깊은 수심의 암반에 군집을 이뤄 서식하는데 많이 잡히는 어종이 아니며, 시장 유통량도 많지 않아서 상업적 가치는 낮다고 볼 수 있다. 일식에선 '새끼도미'(가스가코 또는 가스코)라 해서 작은 도미를 초밥으로 쥐는데, 가스코라 한다면 대부분 황돔을 말하지만 가끔 붉돔도 섞인다. 산란은 가을에 하므로 제철은 봄부터 여름이며 실제로 이 시기에는 산란을 마친 참돔이 맛이 떨어지는데 붉돔은 기름기가 올라 맛이 좋을 때다.

⌃ 참돔과 붉돔 아가미 부분 비교   ⌃ 참돔과 붉돔 꼬리지느러미 비교 사진

이용

싱싱하고 씨알 굵은 붉돔은 회와 초밥으로 이용되지만, 보통은 소금구이나 조림, 탕으로 이용된다.

붉돔 조림 ≫

청돔

분류	농어목 도미과
학명	*Rhadosargus sarba*
별칭	평가 없음
영명	Silver bream, Goldlined seabream
일명	헤다이(ヘダイ)
길이	30~60cm, 최대 약 65cm
분포	남해 및 제주도, 일본 남부, 동중국해, 인도양, 홍해, 남아프리카공화국, 호주, 캘리포니아 등
제철	12~4월
이용	회, 구이, 튀김, 탕, 조림

청돔은 대표적인 야행성 어류로 국내에선 주로 먼바다를 향하고 있는 경상남도 일대 섬과 제주도에서 한시적으로 잡는다. 산란기는 참돔과 비슷한 늦봄에서 초여름 사이이며, 제철은 겨울부터 초봄으로 여겨진다. 생김새가 참돔과 감성돔의 중간 형태지만, 자세히 보면 여러모로 다름을 알 수 있다. 위턱이 아래턱보다 돌출되어 전반적으로 어벙한 인상을 주며, 이마에서 몸통으로 이어지는 라인도 둥글다. 체고도 참

⌃ 약 55cm급 청돔

돔보다 높을 뿐 아니라 전반적인 체형이 커다란 반원을 그리면서 제법 탄탄한 인상을 준다.

몸통 가운데는 측선을 따라 여러 줄의 노란선이 꼬리까지 이어지는데 이 때문에 영어권에선 'Goldlined seabream'이라 부른다. 하지만 비늘 반사광을 비롯해 전반적인 체색에서 푸른빛이 나서 '청돔'이라 명명 됐다.

≫ 청돔의 얼굴과 턱 모양

이용

앞서 말했듯 청돔의 제철은 겨울부터 초봄까지 다. 국내에선 수온이 오르는 여름~가을에 주로 잡히는데, 이 시기는 산란 후 맛이 떨어졌을 확률이 높아서 참돔이나 감성돔보다 회 맛이 평가 절하되는 경향이 있다. 하지만 겨울에 잡힌 청돔회는 참돔회보다 탄탄하면서 쫄깃쫄깃한 식감이 돋보이고, 지방 의 맛도 적당히 품고 있다. 그 외에는 소금구이, 조림, 튀김 등으로 이 용된다.

≫ 청돔회. 이른 봄에 맛본 청돔회는 돌돔만큼 쫄깃쫄깃하다

녹줄돔

분류	농어목 도미과
학명	*Evynnis cardinalis*
별칭	평가 없음
영명	Crimson sea bream, Threadfin porgy
일명	히무코다이(ヒルコダイ)
길이	20~30cm, 최대 약 40cm
분포	남해 및 동해 남부, 제주도, 일본 남부, 동중국해, 남중국해, 필리핀을 비롯한 아열대 및 열대 해역
제철	5~10월
이용	회, 구이, 튀김, 탕, 조림

녹줄돔의 기다란 등지느러미

참돔보다 비교적 먼바다에 사는 아열대성 난바다 서식종이며, 최대 전장 약 40cm를 넘기지 않는 소형 어류이다. 유어기 때는 이름처럼 청색과 녹색줄이 측선 따라 여러 줄로 이어지며, 갓 잡아 올린 것은 광택이 더해져 아름다운 체색을 자랑한다. 성체로 자란 녹줄돔은 붉돔과 닮은꼴이다.

아가미테가 붉고 등지느러미의 기조가 길게 뻗었는데 특히 3~4번째는 실처럼 가느다랗다. 겨울에 산 란하는 것으로 알려졌고 늦봄부터 초가을까지 맛이 좋다. 국내에선 부수 어획으로 잡혀 이따금 횟집 수조에 들어가는데 워낙 어획량이 적어 상업적 가치는 낮다고 볼 수 있다. 싱싱한 녹줄돔은 회와 초밥 으로 이용되며, 그 외에는 소금구이, 조림, 탕으로 먹는다.

참조기 | 긴가이석태, 영상가이석태, 대서양꼬마민어, 꼬마민어

분류	농어목 민어과
학명	*Larimichthys polyactis*
별칭	조기, 황조기, 오가재비, 등태기, 뱃태기, 깡치, 바라조기
영명	Small yellow croaker
일명	킨구치(キングチ)
길이	15~25cm, 최대 약 40cm
분포	서해 및 서남해, 제주도, 일본 남부, 동중국해, 중국, 대만

제철	11~5월
이용	건어물(굴비), 구이, 찌개, 조림, 무침, 찜, 탕

⌃ 백화점에서 판매되는 영광굴비

흔히 '조기'는 참조기를 비롯해 부세, 수조기, 보구치(백조기), 흑조기를 모두 아우르는 말인데, 보통은 참조기를 편의상 조기라 부르는 경우가 많다. 참조기는 전남 영광군 법성포가 가장 유명한 산지로 이 지역에서 해풍에 말린 '굴비'가 전통으로 이어져 오랜 세월 우리 국민의 밥상에 오르며 사랑받았다. 불리는 이름도 다양한데 먼저 '오가재비'는 다섯 사리에 잡힌 알이 찬 참조기로 굴비로는 일품 취급을 받았다. '등태기'는 등을 따서 절인 조기이고, '뱃태기'는 배를 갈라서 절인 조기이다. 크기가 작아 보잘 것 없는 것은 '깡치', 그물코에 찢겨 상처나고 상품성이 떨어진 것을 '파조기'라 부른다. 참조기의 산란은 봄으로 이때는 서해안 일대 배들이 분주히 움직인다.

큰 것은 30cm가 넘는데 이런 참조기를 제대로 말려 굴비로 만들면 몇 마리가 든 한 상자가 100만 원을 훌쩍 넘고, 24cm 이상만 돼도 60만 원은 족히 된다. 지금은 개체수와 크기가 줄고 있어 이런 상등품은 백화점이 아닌 이상 구경하기가 힘들어졌다.

+
참조기의 산란과 파시

겨울에는 제주도 서남해역과 동중국해에 머무르다 이듬해 봄이면 산란을 위해 서해로 북상하는 계절 회유어이다. 주 산란기는 3~6월이지만, 이는 위도마다 차이가 있다. 원래 법성포의 조기 파시는 4~5월, 그보다 훨씬 북쪽인 연평도 조기 파시는 5~6월로 이 시기에는 살이 통통히 오른 알배기 참조기가 대량으로 잡혔다.

특히 1960년대 연평도 앞바다는 '연평 바다 돈 실러 간다'는 말이 있을 정도로 황금 어장이었다. 이때 잡힌 참조기는 평균 몸길이 25~30cm 전후로 이는 최소 3~4년생에 해당하는데 성장 속도가 매우 느린 참조기임을 감안한다면 당시 참조기 자원이 얼마나 풍부했는지 예상할 수 있다.

하지만 1980년대 이후부터 오늘날까지의 참조기 어획 현황을 보면 참담하기 그지없다. 연평도는 고사하고 참조기의 고장인 법성포조차 추자도나 제주도산 참조기를 가져와 말려야 하는 실정이다. 지금은 국산 참조기의 약 70%가 제주도 서남 해역에서 어획되는데 이는 겨울철 월동 중인 참조기이다. 제주에서 참조기 조업은 이듬해 3월까지 이어지고, 이후 추자도와 전라남도 일대로 확대된다. 하지만 과거 알배기 참조기를 황금어장으로 여겨 마구잡이로 잡았던 남획의 여파는 돌이킬 수 없게 되었다. 산란을 위해 서해 북부로 들어오던 군집은 거의 사라졌고, 크기는 점점 작아져 과거의 영광을 누렸던 상품성은 이제 기대하기가 어려워졌다.

※ 참조기의 금어기는 7.1~7.31이다. 단, 유자망은 4.22~8.100이며, 최소 포획금지체장은 15cm이다. (2023년 수산자원관리법 기준)

+
보리굴비와
냉동굴비

한국인이 가장 선호하는 생선 중 하나가 바로 참조기인데 이 중에서도 가장 맛보고 싶고 또 선물용으로도 추천하는 것이 굴비가 아닌가 싶다. 굴비의 시초는 갓 조업한 참조기를 해풍에 말린 것으로, 마치 황태 말리듯 겨우내 얼었다 녹기를 반복한다. 이 과정에서 수분은 날아가고 크기가 줄어들며 표면은 쭈글쭈글해진다.

굴비를 먹었을 때 느껴지는 진한 감칠맛, 즉 이노신산(IMP)과 각종 아미노산이 증가하는 동시에 수분이 빠지면서 육질은 꾸덕꾸덕해진다. 약 3개월간 말린 굴비는 보리가 든 항아리에 묻어 다시 4~5개월간 숙성하는데 이 과정에서 보리는 굴비의 비린내를 흡수하고 산패를 막아주는 방부제 역할을 하면서 보존력을 높인다. 그렇게 해서 탄생한 것이 그 유명한 '보리굴비'이다.

바짝 말린 보리굴비는 쌀뜨물에 불려 육질을 연하게 한 뒤 증기에 찐다. 한소끔 찐 굴비살을 북북 찢어 일부는 양념에 무치고, 일부는 밥에 녹차를 말아 같이 곁들이는데 그것이 바로 '녹차 굴비 정식'이다.

아이러니하게도 2000년 초반까지는 맛과 전통 방식을 다 잡았음에도 선호 받지 못했다. 이유는 2~4개월간 말려야 하는 긴 건조 기간이 생산성에 발목을 잡혔기 때문이다. 게다가 굴비는 크기(길이)가 클수록 제값을 받는데 3개월간 말리면 그 길이가 상당히 줄어들 뿐 아니라 표면이 쭈글쭈글해지면서 볼품없어진다는 것이다. 한때 법성포에서의 보리굴비 생산량은 일반 굴비와 비교했을 때 1:9일 만큼 낮았고, 가격도 더 저렴했다.

그런데 이런 상황은 불과 10년도 되지 않아 완전히 역전돼 버린다. 각종 매스컴에서 보리굴비의 맛과 효능이 전파를 타면서 수요가 늘게 된 것이다. 지금은 없어서 못 먹는 지경이 되었고 가격도 천정부지로 치솟았다. 이에 대신해서 보리굴비로 행세하는 것이 '부세'로 만든 자칭 보리굴비이다. 중국산 양식 부세가 물밀 듯 들어오면서 지금은 참조기로 말려야 진정한 보리굴비라는 전통성에 금이 가기 시작한 것이다.

한편 우리가 시장과 마트 등에서 저렴하게 맛볼 수 있는 것은 자칭 굴비라곤 하나 엄밀히 말하면 '냉동 참조기'이다. 이는 장기간 건조와 보리 숙성을 요구하지 않아 생산성과 편리성이 좋다. 다만 소금에 절여 물기만 뺄 정도로 건조한 뒤 곧바로 냉동고에 보관한 것을 굴비라 부르는 게 맞는지는 의견이 엇갈릴 듯하다.

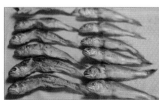
⌃ 보리굴비(왼쪽)와 냉동굴비(오른쪽)

⌃ 냉동굴비(위) 보리굴비(아래)

⌃ 오랜 기간 말려 쭈글쭈글해진 보리굴비

⌃ 쌀뜨물에 불리는 굴비

⌃ 증기로 찌는 굴비

⌃ 손으로 북북 찢어 준비한다

☝지금은 상당히 귀하고 비싸진 참조기 보리
　굴비

☝중국산 양식 부세

☝냉동 조기

+
유자망과
안강망의
참조기
품질 차이

유자망(흘림걸그물)

그물을 펼쳐 조류에 흘려보내며 잡는 방식이다. 참조기 어획의 경우 2~3일 정도가 소요되며, 항으로 가져온 즉시 인력들이 동원돼 그물코에 낀 참조기를 안전하게 빼서 상자에 담는다. 크기 선별이 가능하며, 상자째로 경매하는데 몇 줄로 들어가는지에 따라 5석이니 6석이니 하는 이름이 붙는다. 크기에 관한 분류는 아래와 같다.

30cm 이상: 4석　　　　　　　　19~21cm: 8석(한 상자에 약 260마리 내외)

25cm 이상: 5석　　　　　　　　17~19cm: 9석(한 상자에 약 350마리 내외)

23~24cm: 6석(한 상자에 약 100마리)　16cm 이하: 깡깡치

20~22cm: 7석(한 상자에 약 135마리)

유자망 참조기의 장점은 크기 선별이 가능해 일정한 품질로 상품을 구성한다는 점이며, 단점은 조업 시간이 안강망보다 길어 참조기의 선도가 떨어질 수 있다는 점이다.

안강망(강제함정어구)

조류가 빠른 해역에 자루모양의 그물을 펼치고선 고정시킨다. 이후 조류에 떠밀린 물고기들이 자연스레 그물 속으로 들어가면서 잡아들이는 방식이다. 장점은 하루 조업으로 당일 배에서 내릴 수 있으므로 선도가 뛰어나다. 단점은 여러 가지 크기가 뒤섞여 잡히기 때문에 씨알 선별이 고르지 않다. 이렇게 크기 선별을 하지 않고 상자에 담아낸 것을 '바라조기'라 부른다.

+
멸치 조기
vs
새우 조기

참조기는 무엇을 먹었느냐에 따라 경매 단가가 달라기도 한다. 예를 들어 배를 땄을 때 멸치가 나오면 그 조기들은 가격이 하락하게 된다. 이유는 멸치 먹은 조기는 내장이 쓰고 특유의 향을 내기

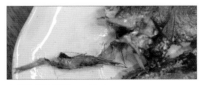

☝새우 먹은 조기

때문이다. 조리할 때는 내장을 안 빼고 할 때가 많고 더욱이 차례상에 올리는 조기라면 원형을 해치지 않고 굽기 때문에 이 내장의 쓴맛이 맛을 떨어트리는 원인이 된다. 반면에 새우를 먹은 조기는 멸치 먹은 조기보다 상자당 가격 단가가 몇 만 원 높게 형성된다. 바닷물고기는 새우, 크릴과 같은 갑각류를 먹고 성장한 것이 맛도 좋다.

☝수산시장에 판매되는 생물 참조기

고르는 법

당연한 말이지만 참조기는 크고 통통한 것일수록 상등품이다. 비늘은 다 붙어 있고, 몸통은 노란색이 진할수록 신선한 것이다. 항문과 아가미에서 진물과 진액이 많이 나오지 않아야 하며, 내장이 흐르거나 손으로 눌렀을 때 뱃살이 흐물거리는 것은 피하는 것이 좋다. 참고로 참조기는 현재 양식을 시도 중이며 중국산도 있다. 중국산 참조기는 국산 참조기와 유전적으로 같은 종이며 군집도 같아서 육안으로 구별하기는 어렵다. 그러니 참조기를 구매할 때는 국산인지 확인하기를 권한다.

+

부세와 참조기 구별법

두 생선은 농어목 민어과에 속하는 어류지만 종은 엄연히 다르고, 이에 따른 품질과 맛, 가격 또한 다르므로 구매 시 혼동해선 안 된다. 눈여겨보아야 할 포인트는 크게 세 가지이다.

크기

부세가 참조기보다 평균 크기가 크다.

≪ 참조기(위) 부세(아래)

유상돌기의 유무

참조기는 정수리 부근에 마름모꼴의 유상돌기가 특징이지만, 부세는 없다. 또 참조기의 대가리는 옆모습에서 여러 굴곡이 있는 반면, 부세는 둥그스름하다.

≪ 참조기는 마름모꼴 유 ≪ 부세는 유상돌기가 없다
상돌기가 두드러진다

측선

멀리서 단번에 알아볼 수 있는 체크 포인트. 참조기와 부세 모두 측선(옆줄)이 하나지만, 참조기의 측선은 부세보다 주변부가 밝아서 더 두껍게 보이거나 이중으로 보이는 착시현상을 일으킨다. 반면에 부세의 측선은 한 줄로 여느 생선과 다르지 않게 보인다.

≪ 참조기의 측선 ≪ 부세의 측선

이용

참조기는 활어유통이 어려우며 대부분 생물, 냉동, 굴비(건어물) 유통으로 나뉜다. 생물 참조기는 명절 제수용으로 올려지는데 주로 소금구이나 튀김으로 이용되며, 평상시에는 조기찌개, 조기매운탕, 조기찜, 조기 조림 등으로 먹는다. 냉동 참조기와 보리굴비는 구이와 찜으로 먹는데 살을 북북 찢어 고추장 무침이 별미이고, 나머지는 녹차물에 만 밥에 올려 먹는다.

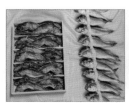   

≪ 법성포 영광 굴비　≪ 보리굴비 무침　≪ 밥도둑으로 유명한 보리굴비　≪ 녹차에 밥 말아 보리굴비 한 점

긴가이석태

분류 농어목 민어과
학명 *Pseudotolithus elongatus*
별칭 침조기, 황민어(X), 참조기(X)
영명 Bobo croaker
일명 미상
길이 25~30cm, 최대 약 47cm
분포 서아프리카를 포함한 동부대서양 열대해역
제철 연중(냉동)
이용 구이, 찜, 찌개, 조림

한반도를 비롯해 태평양에는 서식하지 않는 외래종이다. 주요 분포지는 서아프리카 일대이며, 국내에 는 대부분 기니아산과 세네갈산, 시에라리온산 이 유통된다. 연안성 어류로 50m 전후의 개펄이나 진 흙이 발달한 곳에 서식한다. 우기에는 산란을 위해 수심 깊은 외해로 이동한다. 산란철은 12~2월 사 이임을 미루어 보았을 때 제철은 가을부터 초겨울 사이가 예상되지만, 국내로 수입되는 긴가이석태는 어획 시기를 알 수 없을 뿐 아니라 전량 냉동으로 판매되므로 제철을 따지는 것은 의미가 없다고 볼 수 있겠다. 국내로 수입되는 외래산 조기류 중 가장 친숙한 형태인데다 맛도 참조기와 비교했을 때 크게 뒤처지지 않고 크기도 커서 인기가 있다. 참조기를 비롯해 농어목 민어과에 속한 어류는 대가리에 돌 이 있다. 그래서 참조기는 돌이 있는 생선이라 하여 '석수어'(石首魚)라 불렸는데, 긴가이석태란 이름은 학명에서 '가짜돌'이란 의미의 'Pseudotolithus'의 영향을 받은 것으로 추정된다.

+
참조기와
긴가이석태의
차이

크기
전체적인 형태는 닮았으나 평균 크기로 는 긴가이석태가 훨씬 앞선다.

빛깔
참조기는 노란색이 두드러지지만, 긴가이석태는 희고 잿 빛이 돈다.

△참조기(위) 긴가이석태(아래)

대가리
참조기의 대가리는 자잘한 굴곡이 있으면서도 전체적인 형태는 둥근 편이다. 반면 긴가이석태는 코 부분이 뾰족 이 나온 삼각형에 가깝다.

△참조기의 대가리   △긴가이석태의 대가리

유상돌기
참조기와 긴가이석태는 모두 정수리에 마름모꼴의 유상 돌기를 가지고 있지만, 긴가이석태는 작고 흐릿하다.

△참조기의 배부분   △긴가이석태의 배부분

뒷지느러미 형태

긴가이석태는 '침조기'란 이름으로 더 많이 알려졌다. 이름처럼 뒷지느러미는 굵고 단단한 '침' 형태의 기조가 발달한 반면, 참조기는 크게 두드러지지 않는다.

⌃ 참조기의 유상돌기   ⌃ 긴가이석태의 유상돌기   ⌃ 뒷지느러미에 날카로운 가시가 발달한 긴가이석태

이용

최근에는 국산 신토불이가 제일이라는 관념을 깨고 긴가이석태가 명절 차례상에 제수용 생선으로 자주 쓰이는 추세이다. 가장 흔히 이용되는 음식은 구이이고, 찌개나 조림으로도 이용된다. 참조기만큼 꾸덕하면서 부드러운 식감은 아니지만, 그나마 조기류 중 참조기와 맛이 비슷하면서 감칠맛도 진한 편이다.

⌃ 대형마트에 판매중인 긴가이석태

영상가이석태

분류	농어목 민어과
학명	*Pseudotolithus typus*
별칭	민어조기, 뾰족조기, 뾰족민어, 몽실조기, 몽실민어
영명	Longneck croaker
일명	미상
길이	25~40cm, 최대 1.4m

분포	서아프리카를 포함한 동부대서양의 열대해역
제철	연중(냉동)
이용	구이, 찜, 찌개, 조림

긴가이석태와 마찬가지로 서아프리카 일대 연안에 서식하나 긴가이석태와 달리 좀 더 깊은 수심대에 서식하며 최대 1.4m, 무게 16kg까지 성장하는 대형 민어과 어류이다. 전체적으로 은백색 바탕에 짙은 회색의 물결무늬가 나타나는데 무늬 자체는 국내 서식하는 수조기와 닮았으나 몸통 크기에 비해 대가리가 작고 등은 굽었으며, 체형이 길쭉하다는 점에서 우리가 통상적으로 인식하고 있는 조기와는 차이가 있다.

⌃ 주로 구이로 이용된다

서아프리카를 포함하는 동부대서양의 아열대 및 열대해역에 분포하며, 국내에 유통되는 물량은 모두 냉동 수입된 것이다. 음식의 이용은 긴가이석태와 같다.

대서양꼬마민어

분류	농어목 민어과
학명	*Micropogon undulatus*
별칭	브라질침조기, 대서양조기속, 민어조기
영명	Atlantic croaker, Hardhead
일명	미상
길이	25~40cm, 최대 55cm
분포	매사추세츠에서 멕시코만, 카리브해, 아르헨티나와 브라질 남부를 비롯한 대서양
제철	연중(냉동)
이용	구이, 찜, 찌개, 조림

☵ 국내에서 건조해 판매되고 있는
대서양꼬마민어

대서양조기(속)에 속하는 외래종이자 수입산 조기류이다. 시장과 온라인에선 수입산 민어조기, 브라질 침조기, 대서양조기 등으로 불린다. 냉동으로 수입되며 해동 후 동해안 일대에서 해풍에 말려 굴비처럼 유통되기도 한다. 겉모습은 흡사 부세와 닮았지만, 더 크며 방추형인 생선이다. 속초 중앙시장을 비롯해 여러 전통시장에서 판매되며, 이용은 다른 수입산 조기류와 같다.

꼬마민어

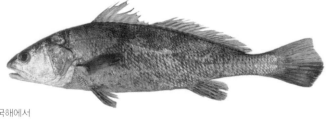

분류	농어목 민어과
학명	*Protonibea diacanthus*
별칭	민어(X)
영명	Blackspotted croaker
일명	고마니베(ゴマニベ)
길이	40~60cm, 최대 약 1.1m
분포	제주도 남부, 일본과 중국 남부, 동중국해에서 인도네시아와 인도양, 호주 북부 등 적도 부근
제철	연중(냉동)
이용	탕, 찜, 조림

적도를 비롯해 서부 태평양의 아열대
및 열대해역에 서식하는 어류이다. 일
본명인 '고마'에서 비롯된 것인지는 불
분명하지만, 국명인 '꼬마민어'란 이름
에는 어울리지 않을 만큼 크게 성장하

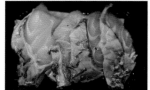

☵ 매운탕감으로 포장된 꼬마민어

☵ 꼬마민어로 끓인 매운탕

는 대형어류이다. 국내 해역에 서식하는 '민어'보다 비늘이 굵고 각 지느러미가 검다는 특징이 있다. 또
한 어릴 땐 몸통과 지느러미에 검은 반점이 광범위하게 분포하지만 크면서 사라진다. 국내에선 냉동으
로 수입되며, 한때 대형마트에서 인도네시아산 꼬마민어를 소싱해 고사리 민어탕으로 판매한 적이 있
었다.

참홍어

분류	홍어목 홍어과	**분포**	서해와 서남해, 동해, 일본, 동중국해, 오호츠크해를 비롯한 북서태평양
학명	*Raja pulchra*		
별칭	홍어		
영명	Mottled skate	**제철**	1~4월
일명	메가네카스베(メガネカスベ)	**이용**	회, 찜, 탕, 건어물
길이	60~90cm, 최대 1.2m		

가오리와 홍어과에 속한 어류들이 완전히 정립되지 않았던 과거에는 서식지 환경에 따라 형태와 빛깔이 달라 서로 다른 종으로 동정되는 경우가 많았다. 한 예로, 눈가오리와 살홍어, 홍어가 있었지만, 지금은 이 3종이 같은 종으로 밝혀지면서 표준명 '참홍어'로 통합되었다. 예전에는 단순히 '홍어'라 불렸지만, 지금은 표준명 홍어(간재미)와 구분하고자 '참홍어'로 개명되었다. 즉 참홍어는 삭혀 먹는 최고급 홍어의 대명사이고, 홍어(간재미)는 삭히지 않으며 싱싱할 때 소비된다. 산란기는 일 년에 두 차례로 4~6월에 걸쳐 진행되고, 11~12월에도 진행된다. 조업은 11~4월 사이가 가장 활발하며 이때가 제철이다.

참홍어의 주요 산지는 흑산도를 비롯해 목포와 신안을 꼽고, 경기도에선 대청도가 유명하지만, 최근에는 기후 변화로 인해 군산 앞바다가 떠오르는 산지로 주목받고 있다. 2022년 기준으로 국내 참홍어 생산량의 약 50%를 군산이 차지하면서 참홍어의 위판과 유통의 판도에 변화의 기류가 흐르고 있다. 사실 전 세계에서 참홍어를 가장 많이 어획하고 소비하는 나라는 한국이다. 한창 호황기인 1991~1993년 사이 어획량은 평균 2,700톤. 그러나 10년 후인 2001~2003년은 220톤으로 무려 90%나 줄었다. 이 같은 현상에 국제자연보호연합(IUCN)은 참홍어의 보전상태에 대해 '위급'(VN)으로 평가했고, 향후 '멸종위기'(EN) 종으로 관리해야 한다고 봤다. 그런데 최근에는 다시 개체수와 어획량이 늘고 있어서 참홍어 자원에 관한 추가적인 관심이 필요하다고 본다.

△ 대청도의 참홍어 잡이

△ 주문진 풍물어시장에서 판매 중인 동해산 참홍어

참홍어는 동해와 울릉도에서도 잡히고 있지만, 서해산과 달리 보호색으로 보이는 암반 무늬와 반문이 도드라진다. 가격은 여전히 흑산도산을 가장 높게 쳐준다. 2023년 기준으로 몸길이 70~80cm 정도 나가는 한 마리가 50~70만 원가량이고, 대청도산은 그보다 저렴하며, 군산산은 흑산도산에 비해 1/3가량 저렴한 편이다.

※ 참홍어의 금어기는 6.1~7.15이며 금지포획체장은 42cm이다. (2023년 수산자원관리법 기준)

고르는 법

직접 경매가 아니라면 소비자가 원물을 구매할 일은 흔치 않다. 대부분 다듬어진 회를 구매하는데 이럴 때 몇 가지를 참고하면 도움이 될 것이다.

1. 가장 비싼 흑산도산 참홍어의 경우 인식표가 붙고 품질관리가 되고 있다.

2. 암컷은 육질이 부드러워 수컷보다 맛이 있으며 가격도 더 비싸다. 구매 시 암수를 확인한다.

3. 국산인지 수입산인지 여부를 확인한다. 국산이면 세부 산지도 확인하는 것이 좋다.

4. 현지 중매인에게 직접 구매하고, 손질과 해체 또한 직접 하는 전문점을 이용한다.

5. 여러 숙성 단계를 거쳐 다양한 형태로 판매하는 전문점을 이용한다.

6. 참홍어는 애(간), 코를 비롯한 특수부위와 부산물을 모두 취급해야 한다.

＋
참홍어와
등택어의
차이

참홍어와 비슷하게 생겼지만, 그보다 작고 빛깔도 검거나 회색인 홍어류가 판매되고 있다. 시장에선 등택어, 등태기, 동태기, 동택어, 홍어가오리 등으로

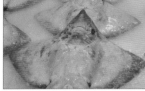

⌃ 배 한가운데가 하얀 참홍어

⌃ 등택어

불린다. 생김새는 홍어(간재미)와 닮았으나 그보다 크고 최대 3kg까지 자란다. 등은 검고 배쪽은 전체가 진회색을 띠기 때문에 가장자리는 빨갛고 배는 흰색을 띠는 참홍어와는 구별된다. 가격 또한 참홍어보다 1/3 이하로 저렴해 참홍어가 부담스러운 이들에겐 가성비가 좋은 대안이 되고 있다. 다만 등택어가 참홍어로 둔갑될 여지가 있으니 구매 시 유의한다.

등택어는 참홍어와 달리 뼈가 억센 편인데, 회로도 이용되지만 찜으로도 인기가 많다. 주요 산지는 목포, 신안이며 대부분 산지에서 소진되고, 남는 것은 서울, 수도권으로 유통된다. 온라인 판매는 물론 노량진 수산시장을 비롯해 인천종합어시장에서 참홍어와 함께 만나볼 수 있다.

참홍어가 썩지 않는 이유

일반적으로 어류는 뼈가 딱딱한 경골어류에 속한다. 경골어류는 요소를 오줌으로 배설해 삼투압을 조절하지만, 홍어와 가오리, 간재미, 상어 같은 연골어류는 체내 삼투압이 해수와 거의 같을 정도로 요소가 많이 들어 있다. 즉 요소가 충분히 많으니 체외로 배출하면서 삼투압을 조절할 필요가 없었던 것이다. 참홍어가 죽으면서 그 많던 요소는 암모니아와 트리메틸아민으로 분해되어 발효 및 숙성을 거친다. 이 과정에서 부패균을 죽이며 부패를 막아주는 것이다. 이 때문에 참홍어는 긴 시간이 지나도 썩지 않고 발효가 되며, 우리는 상하지 않은 '발효된 홍어' 즉 삭힌 홍어회의 독특한 맛을 즐기게 되었다.

⌃ 생물 홍어(간재미)

한편, 참홍어와 생김새는 비슷하지만 삭히지 않고 생물로 이용되는 홍어(간재미)도 요소가 나온다. 그러니 간재미도 시간이 지나면서 암모니아 향을 풍기는 것은 참홍어와 같다. 차이라면 간재미는 참홍어보다 크기가 작을뿐더러 요소 양에도 차이가 나므로 삭히기보다는 활어나 생물로 먹는 것이 일반적이다.

+
국산 참홍어와 수입산 홍어의 차이

값비싼 참홍어를 대신해 가장 많이 판매되고 있는 것은 수입산 홍어이다. 수입량이 많은 순서로는 아르헨티나산이 절반이 넘고 나머지는 칠레, 우루과이, 브라질산 등이다. 미국, 러시아, 스페인, 노르웨이산도 수입된다. 남미에서 온 홍어는 '노란코홍어'(*Zearaja chilensis*)

≪ 수입산 홍어

로 참홍어와는 원산지와 종이 다르지만, 형태가 매우 유사해 전문가가 아니면 구별하기 쉽지 않다.

국산 참홍어는 뒤집었을 때 배에 검은 점이 'W'자로 나 있고, 다른 수입산 홍어류는 불규칙적이라는 점으로도 구별할 수 있다. 또한 생물로 유통되는 참홍어와 달리 수입산은 냉동으로 들어와 국내에서 삭힌다. 가격은 참홍어보다 훨씬 저렴하기 때문에 값비싼 국산 참홍어로 둔갑되는 것을 주의해야 한다.

≪ 국산 참홍어

포장회를 고를 때도 원산지가 상세하게 표기되지 않는다면 수입산을 의심해 볼 필요가 있다. 홍어회는 숙성(삭힘) 정도에 따라 빛깔이 다르므로 빛깔로 원산지를 구별하는 것은 적절하지 않다.

≪ 원산지 표기가 없으면 대부분 수입산이라고 볼 수 있다

≪ 국산으로 표기된 참홍어 포장회

≪ 국산 참홍어의 배 한가운데에는 W자로 검은 점이 늘어져 있다

이용

참홍어는 항아리에 볏짚과 함께 담아 숙성하는 전통적인 방식을 고수한다. 삭히지 않은 회부터 1~2주 혹은 한두 달을 삭히는 등 다양한데, 수입산 홍어에선 잘 나지 않는 맵고 알싸하면서 톡 쏘는 맛이 독특하다. 이렇게 삭혀 먹는 홍어는 전 세계에서 거의 한국이 유일하다. 한 예로 일본 북해도에도 같은 참홍어가 잡히지만, 삭혀 먹는 식문화가 없어 조림이나 찜, 탕으로만 이용된다. 홍어의 숙성(삭힘)은 크게 3~4단계로 나뉘며 취향에 맞게 골라 먹으면 된다.

홍어회는 숙성(삭힌) 기간이 길어질수록 붉은색에서 회색빛으로 연해지는 특성이 있다. 이렇게 숙성한 참홍어회는 단순히 초고추장과 곁들여 먹기도 하지만, 잘 삶은 돼지고기 수육과 김치(묵은지), 마늘, 고추 등과 함께 '삼합' 형태로 즐긴다. 회를 뜨고 남은 뼈와 부산물은 삭힌 홍어탕으로 이용되고, 애(간)는 싱싱할 때 소금장에 찍어 생식하며, 보리순과 함께 애탕을 끓여먹는다. 이 외에도 홍어찜, 홍어조림, 홍어 껍질묵, 건어물로도 이용된다.

단계	숙성(삭힘)	특성
생물	숙성 하지 않음	싱싱한 생물 상태로 거의 삭히지 않은 상태다.
1단계	약 숙성	10일 이내 약하게 숙성한 것으로 초심자들에게 알맞다.
2단계	중간 숙성	11~20일 이내 숙성한 것으로 삭힌 홍어맛에 어느 정도 익숙한 이들에게 권할만하다.
3단계	강한 숙성	20일 혹은 한달 이상 숙성한 것으로 주로 마니아들이 찾는다. 코가 찡하며 맵고 강렬하게 톡 쏘는 맛이 특징이다.

⌃ 왼쪽은 2주, 오른쪽은 한 달 이상 숙성한 참홍어회

⌃ 흑산도산 참홍어 삼합 한상

⌃ 돼지고기 수육과 함께 곁들여 먹는다

⌃ 묵은지에 돼지고기와 참홍어회를 올려 먹는 홍어삼합

⌃ 싱싱한 홍어애와 삭히지 않은 참홍어회

⌃ 참홍어 부산물로 끓인 홍어탕

푸렁통구멍

분류	농어목 통구멍과	**일명**	아오미시마(アオミシマ)
학명	*Xenocephalus elongatus,*	**길이**	20~30cm, 최대 약 52cm
	Gnathagnus elongatus	**분포**	서해 및 남해, 제주도, 일본 남부, 동중국해, 대만 등
별칭	통굼뱅이, 통굼베이, 통구미	**제철**	3~7월
영명	Bluespotted stargazer	**이용**	탕, 어묵, 조림

∨ 민통구멍

⌃ 시장에 판매되는 푸렁통구멍 (왼쪽 3마리)과 민통구멍

농어목 통구멍과에 속하는 어종으로, 남해안 일대에서는 통굼뱅이라고 불린다. 통구멍과에는 푸렁통구멍 외에 얼룩통구멍, 민통구멍, 비늘통구멍, 큰무늬통구멍, 통구멩이 등이 있다. 통구멍과 어류는 대부분 저질의 모래나 진흙에 몸을 숨기면서 작은 물고기나 새우류를 사냥하며 자라는데 자원은 한정적이고 수율은 좋지 못해 상업적 가치는 떨

⟨ 양태(왼쪽) 푸렁통구멍(오른쪽)

어진다. 이 때문에 통구멍과 어류만 잡는 조업은 없고 대부분 부수 어획되어 잡어로 취급된다. 산란기는 동중국해를 기준으로 8~10월이며 이 기간을 제하면 맛의 차이는 크지 않을 것으로 추정된다. 언뜻 보면 양태와 흡사하나 특이하게도 제1등지느러미가 없는 몇 안 되는 어류이다.

이용 우리나라에서는 보통 잡어로 취급되어 대부분 매운탕이나 조림으로 쓰인다. 값이 저렴해 어묵 재료로 쓰기도 한다.

학공치

분류	동갈치목 학공치과
학명	*Hyporhampus sajori*
별칭	학꽁치, 공치, 공미리, 학선생
영명	Halfbeak fish
일명	사요리(サヨリ)
길이	18~35cm, 최대 약 50cm
분포	우리나라 전 해역, 일본 전 해역, 중국 및 동중국해, 남중국해
제철	11~5월
이용	회, 물회, 회무침, 초밥, 구이, 튀김, 강정, 건어물

⟨ 갓잡은 학공치의 모습

⟨ 수면에 뜬 학공치 무리

학공치는 학꽁치와 함께 복수 표준어이다. 동갈치목 꽁치과의 꽁치는 우리가 익히 알던 구이용 생선으로 고등어와 마찬가지로 원양을 회유하는 등푸른생선이다. 반면 동갈치목 학공치과에 속한 학공치는 외양이 아닌 내만으로 계절회유를 하는 흰살생선이다.

날씨가 좋고 파도가 잔잔한 날에는 표층까지 올라와 먹이 활동을 한다. 산란철은 4~8월로 광범위한데 위도가 낮고 따뜻한 해역일수록 산란이 빠르고, 봄에 충청남도로 입성하는 학공치의 산란철은 6월 이후로 다소 늦다. 우리나라 전 연안에 서식하지만 가까운 내만으로 붙는 시기는 지역마다 차이가 있다. 포항, 부산, 거제도, 통영을 비롯해 제주도는 한겨울에 육지 가까이 붙어서 해안가 일대는 이를 낚으려는 사람들로 장사진을 이룬다. 여수를 기점으로 서남해 및 서해는 봄부터 들어와 늦가을까지 머무르다 찬바람이 불면 먼바다로 빠진다. 따라서 전라북도와 충청남도 등 서해 중부 지역은 늦봄에 산란을 앞둔 성체가 대거 들어왔다가 여름에 잠시 소강상태를 보이고, 8월에는 잔씨알이 붙다가 11월로 갈수록 씨알이 굵어진다. 인천을 비롯한 경기권은 9~10월로 머무르는 시간이 비교적 짧다. 알은 해조류에 붙이며 여기서 태어난 치어는 강 하구를 비롯해 내만의 표층에 머무르다 크면서 점차 먼바다로 들어간다. 먹이는 주로 동물성 플랑크톤이나 작은 갑각류(유생)를 먹는 것으로 알려졌다.

기생 확률 90% 이상인 학공치 아감벌레

학공치에는 말 못할 사연이 하나 있다. 다름 아닌 '아감벌레'(*Irona Melanosticta*)들에게 사랑방을 제공하며 자신의 몸을 희생한다는 사실이다. 학명이 *Irona Melanosticta*이기 때문에 이렇게 기생충을 보유한 학공치를 '이로나증'에 걸렸다고 한다. 감염률은 90% 이상이다.

아감벌레 유생은 어미 뱃속에서 부화해 6~7월경 바다로 방출된다. 이 유생은 2~3mm에 불과해 조류에 휩쓸리지 않아야 하며, 빠른 정착 생활을 하기 위해 파도가 잔잔한 내해(內海)를 주로 떠다닌다. 그러면서 느릿느릿 유영하는 물고기를 표적으로 삼는다. 바로 학공치 같은 생선이 그러하다. 바다를 부유하던 유생은 학공치 표면에 부착하여 기생 생활을 시작하는데 처음에는 생식기와 정소가 발달하면서 수컷의 특징을 보인다. 그러다가 일부 개체가 학공치 아가미로 들어가는데 여기서 중요한 사실은 먼저 들어간 것이 암컷이 된다는 것. 이때부터는 수컷의 생식기와 정소가 퇴화하고 대신 난소가 급속히 발달하게 된다. 먼저 사랑방을 차지한 암컷과 달리 학공치 표면에 붙어 있는 놈은 여전히 수컷으로 남으며 암컷과 짝짓기에 돌입한다. 이 둘이 결실을 맺으면 이듬해 봄 배가 불룩해진 암컷이 알을 품고 6~7월이면 새끼를 바다로 방사한다. 아가미에 붙어 살기에 숙주의 호흡을 방해하고, 체액과 혈액을 빨아먹으면서 영양 장애와 발달 장애를 일으키게 된다.

아감벌레의 끈질긴 동거는 숙주가 죽어야 비로소 멈춘다. 다시 건강한 숙주로 옮겨타서 생명을 유지하려는 본능에 아가미를 빠져나오는 것이다.

이 때문에 갓 잡은 학공치를 집으로 가져와 가족에게 보여주면, 다시는 학공치를 안 먹게 될지도 모른다. 다행히도 사람에겐 감염을 일으키지 않는다. 아감벌레는 갑각류의 특징을 가진 해저 등각류로 그 맛이 새우와 비슷할 것으로 추측했다. 그러나 결과는 허무했다. 언젠가 아감벌레를 튀겨 먹었는데 아스타잔틴이 없으니 새우처럼 빨갛게 익지도 않았으며, 암컷은 알이 터져 팝콘처럼 돼버렸고, 덩치가 작은 수컷은 기름에 금방 타버려 쓴맛이 나기도 했다. 맛은 풀잠자리에서 나는 악취가 느껴졌으며, 기름에 튀겼어도 먹을 것이 못 됐다.

⟰ 학공치 아가미에 기생하는 아감벌레(*Irona Melanosticta*)

⟰ 학공치 아감벌레의 모습

⟰ 산란이 임박한 아감벌레

⟰ 숙주(학공치)가 죽자 그제야 뛰쳐나온 기생충

고르는 법

예전에는 커다란 학공치를 잡으면 일본으로 수출했지만, 지금은 내수용으로도 수요가 증가하는 추세다. 특히 고급 일식집과 초밥집에선 초밥 재료로 선호하며, 선술집에서도 맛볼 수 있다. 반면에 동네 횟집과 마트에선 좀처럼 보기가 어렵다.

싱싱한 학공치를 구매하려면 산지 수산시장이 가장 확실하다. 11월부터 이듬해 3월까지 제주도와 부산, 포항, 거제, 통영의 수산시장에서 볼 수 있다. 보통은 생물(선어)로 파는데 횟감용으로 쓰려면 당일 잡힌 것인지 확인해야 한다. 학공치를 잘게 썰어 아예 횟감으로 파는 경우도 있다. 만약 썰어진 회로 신선도를 판단하겠다면 투명도를 살피는 것이 좋다. 학공치의 근육은 죽은 이후부터 시간과 비례해 투명도가 흐려진다. 아래 사진을 참고하면 대략적인 신선도를 가늠할 수 있을 것이다.

학공치는 비록 흰살생선이라도 잡히면 얼마 지나지 않아 죽는다. 그만큼 선도 유지가 관건인데 산지 수산시장에서 당일 잡힌 것이라면 믿고 살 만하다. 서울 수도권에선 노량진 새벽 도매시장과 가락동 농수산물 시장에서 볼 수 있다. 횟감용은 클수록 좋다. 은비늘은 반짝반짝 빛나야 하고, 눈은 투명하며, 학부리의 붉은색이 선명할수록 좋다.

⌃ 시장에서 판매되는 싱싱한 학공치(포항 죽도시장)

⌃ 아예 썰어서 판매되기도 하는 학공치(포항 죽도시장)

⌃ 갓 잡은 학공치를 뜬 모습

⌃ 시간은 좀 지났지만 여전히 신선한 상태

⌃ 신선도가 떨어진 학공치회 (서울의 한 선술집)

이용

크기에 따른 애칭이 있는데 가장 큰 것은 형광등급이라 하여 몸길이 30cm를 훌쩍 넘기는 대형 개체다. 중간치는 매직급이라 하여 몸길이 20~25cm를 말한다. 그 이하는 볼펜급이라 부르는데 주로 튀겨먹는다. 볼펜급 학공치는 뼈와 함께 통째로 튀겨도 충분히 맛이 있지만, 매직급이라면 포를 떠서 튀기는 것을 권하며, 척추뼈는 따로 모아두었다가 장어 뼈처럼 튀겨내면 과자처럼 바스라지면서 고소한 맛이 난다.

잡은 즉시 회로 치면 투명한 살점이 먹음직스럽다. 다만 시간이 흐르면서 색이 탁해지고 신선도가 떨어지기 때문에 활어회보다는 물회나 회무침, 초밥 등으로 많이 사용된다. 회는 활학공치회가 제일이지만 직접 낚시로 잡지 않은 이상 맛보기가 쉽지 않다. 적당히 숙성된 학공치회는 적당한 탄력감에 씹을수록 단맛과 감칠맛이 좋은데 이쯤이면 회도 좋지만 초밥이 잘 어울린다. 참고로 회를 칠 때를 비롯해 요리할 때는 뱃속의 검은 막을 잘 벗겨내야 쓴맛이 없어진다.

굵은 소금 뿌려 석쇠에 구워 먹거나 기름에 튀겨 소스에 버무린 강정도 별미다. 포항과 속초, 거문도에선 학공치를 포로 말려 먹는데 술안주로 제격이다. 다른 어종과 달리 탕감으론 잘 쓰지 않는다.

⌃ 학공치 튀김

⌃ 학공치 뼈튀김

⌃ 잡은 즉시 썰어먹는 달달한 활 학공치회

⌃ 횟집에서 맛본 생물 학공치회(포항 죽도시장)

⌃ 적당히 숙성된 숙성 학공치회

⌃ 학공치 초밥

⌃ 학공치 소금구이

⌃ 학공치 강정

⌃ 말린 학공치포

호박돔

분류 농어목 놀래기과
학명 *Choerodon azurio*
별칭 미상
영명 Scarbreast tuskfish
일명 이라(イラ)
길이 35~50cm, 최대 65cm
분포 남해, 제주도, 울릉도, 일본 남부, 대만,
동중국해, 남중국해를 비롯한 아열대 해역
제철 11~5월
이용 회, 조림, 국, 탕, 구이, 튀김

'돔'이라는 이름이 붙었지만, 돔에 속하지 않는 놀래기과 어류이다. 우리나라에선 제주도 서귀포 일대 부속섬에서 나타나며 가끔 낚시로 잡는다. 그 외에는 아열대 해역의 섬 또는 파도가 없는 잔잔한 내만에 서식한다. 평상시엔 암초를 끼고 살며 호기심이 많아 수면 가까이 떠오르는데 사람이 접근해도 좀처럼 도망가려 하지 않는다.

⌃ 갯바위 라인을 따라 상층으로 떠오르는 호박돔

⌃ 갯바위 근처로 곧잘 접근하다 낚시로 잡힌 호박돔(대마도 미네만)

놀래기과 어류가 그렇듯 처음엔 암컷으로 태어나 자라다가 그 무리에서 유독 덩치가 크면 수컷으로 성

전환한다. 이는 수컷이었다가 암컷으로
성전환하는 감성돔과는 반대의 특징을
보인다. 생김새가 화려하며, 송곳니를
비롯한 이빨이 발달해 입 바깥으로 튀
어나오기도 한다. 늘 암수 한 쌍으로 다
니다 보니 한 자리에서 두 마리가 연달
아 잡히기도 한다.

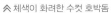
⩘ 체색이 화려한 수컷 호박돔

⩘ 상대적으로 수수한 느낌의 암컷 호박돔

용치놀래기와 흑돔도 그렇듯 호박돔 역시 수컷이 암컷보다 크게 자라며, 기골이 장대하여 50cm 이상
으로 성장하면 이마가 튀어나오고 골격이 약간 우악스러워지며 체색이 화려하고 진하다는 특징이 있다.
반면 암컷의 이미지는 전반적으로 순하며 골격이 둥글다. 주 산란기는 6~9월 사이이므로 늦가을부터
봄까지 제철이라 할 수 있겠다.

이용　　시장 유통량은 극히 미미하다. 제주도 내 시장에서 볼 수 있으며, 역시 제주도 내
극소수의 횟집에서 호박돔을 횟감으로 취급한다. 놀래기류가 그러하듯 살은 희고
담백하나 수분기가 많고 부드러워 활어회로 먹기보다 적당히 숙성해 수분기를 날리고 썰어 먹는 것을
추천한다. 식감이 말랑말랑하고 부드러운 편이어서 일각에서는 뱅에돔처럼 토치로 껍질을 구워낸 껍
질구이회를 선호하기도 한다. 흑돔과 마찬가지로 미역국이나 맑은탕으로 이용하면 뽀얀 국물이 마치
곰국처럼 우러난다.

홍감펭

분류	쏨뱅이목 양볼락과		
학명	*Helicolenus hilgendorfi*		
별칭	홍우럭		
영명	Rosefish, Hilgendorf saucord		
일명	유메카사고(ユメカサゴ)		
길이	15~20cm, 최대 약 40cm		
분포	동해 남부, 제주도, 일본 남부, 대만,	**제철**	1~6월
	동중국해를 비롯한 북서태평양	**이용**	회, 탕, 구이, 튀김, 조림

⩘ 심해 낚시로 잡힌 홍감펭

경남권에선 '홍우럭'으로 불리며 볼락과는 사촌격인 물고기이다. 우리나라에선 주로 울산과 부산에서
출항하는 심해 낚싯배에서 잡는데 주로 6광구나 부산 먼바다, 그리고 제주도 남동쪽 해상에서 잡히는
고급 어종이다. 시장 유통량은 적고 한시적이어서 산지의 심해 어종 전문 횟집이나 낚시인들 사이에서
그 맛이 간간이 전해진다.
잡히는 평균 크기는 20cm 전후로 불볼락(열기)나 볼락과 비슷하거나 그보다 약간 더 크다. 체색은 붉

은 빛이 강하며, 등에는 다소 복잡한 구름무늬와 함께 아가미 부근에는 검푸른 반점이 특징이다. 수심 100~300m권에서 잡히는 준심해성 어류는 올라오는 즉시 수압차로 인해 눈알이나 위장이 튀어나오고 부레가 고장나 죽기도 하는데, 홍감펭은 예외적으로 부레가 없어서 활어 유통이 가능한 심해 어종이기도 하다. 제철과 성어기는 겨울부터 봄 사이이며, 6월이 지나면 깊은 바다로 들어간다.

고르는 법

활어에 크고 붉은색이 진한 것을 최고로 친다. 눈동자가 투명한 것은 기본, 배 부분을 눌렀을 때 탄력이 느껴지고, 아가미가 밝은 선홍색에 진액이 많이 나오지 않는다면 선어라도 횟감으로 쓸 수 있다. 국내에서 홍감펭을 접할 수 있는 곳은 부산 다대 어시장을 비롯해 포항과 울산 방어진 일대 수산시장과 일부 횟집이며, 노량진 새벽도매시장에도 가끔 입하된다.

≪ 매우 싱싱한 상태의 홍감펭

≪ 어획 후 약 이틀 이상 지난 홍감펭

≪ 활어로 유통되는 홍감펭(부산 다대 어시장)

이용

바다낚시와 저인망 트롤로 어획한다. '심해 귀족'이라는 별명답게 활어회로 먹으면 살이 달고 맛이 좋다. 큰 대가리와 굵은 뼈에서는 진한 육수가 우러나며 자글자글한 기름이 나오기 때문에 매운탕감으로도 일미다. 구이나 튀김, 조림 등 뭐 하나 빠지지 않는 고급 어종이다. 다른 쏨뱅이목 양볼락과 어류와 마찬가지로 등지느러미 가시에는 약한 독이 있으므로 찔리지 않도록 주의한다.

≪ 홍감펭의 날카로운 등지느러미 가시

≪ 홍감펭 매운탕

≪ 홍감펭 튀김

≪ 홍감펭 양념조림

홍어 | 노랑가오리

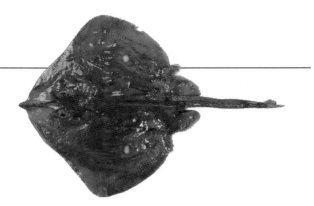

분류 홍어목 홍어과
학명 *Okamejei kenojei*
별칭 간재미, 강개미, 간자미, 새끼홍어,
　　　상어가오리, 묵가오리, 흰가오리
영명 Skate ray, Ocellate spot skate
일명 코몬카스베(コモンカスベ)
길이 30~50cm, 최대 약 60cm
분포 서해 및 서남해, 남해, 일본, 동중국해,
　　　대만, 홍콩, 중국
제철 1~5월
이용 회, 무침, 탕, 찜, 구이, 건어물(포)

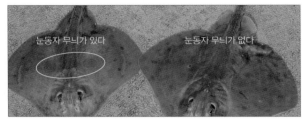

눈동자 무늬가 있다 　　　눈동자 무늬가 없다

≫ 눈동자 무늬가 있는 것과 없는 것이 있다

표준명은 '홍어'이지만 지역 어민과 상인들은 '간재미'(전국), '강개미'(충남), '간자미'(경기), '새끼홍어' 등으로 부르고 취급한다. 흑산도와 대청도산으로 유명한 삭혀 먹는 홍어는 표준명 '참홍어'로 본종과는 구분된다. 국내의 홍어 어장은 서해와 서남해에 집중되지만, 경상남도 통영과 고성 앞바다에도 제법 많은 개체가 서식하고 있다. 주로 갯벌, 개흙, 모래 등이 있는 저질에 살며 그곳의 개흙을 흡입하여 유기물과 작은 갑각류 등을 걸러 먹는다.

홍어(간재미)의 산란은 이르면 늦가을부터 시작해 봄까지 이뤄진다. 봄과 늦가을 등 일 년에 두 차례나 산란기를 가지는 참홍어와는 많은 차이가 있다. 홍어의 산란은 지역마다 다른데 통영을 비롯해 남해안의 것은 산란이 일찌감치 시작되는 탓에 제철은 12~3월 사이이고, 서남해를 비롯한 서해의 것은 산란이 늦봄까지 진행되는 탓에 제철은 주로 3~5월이라 할 수 있다.

지역에 따른 개체 변이도 존재한다. 경상남도 일대의 저질에는 암반과 자갈이 많아 이 지역에 서식하는 홍어는 날개 부분에 검은 눈동자 무늬가 있다. 반면 서해 및 서남해 산은 갯벌과 진흙이 많아 몸통은 흙색을 띠며 눈동자 문양이 잘 나타나지 않는다.

**+
참홍어와
홍어,
가오리의
형태적 차이**

홍어류와 가오리류의 차이를 구분할 때는 코 모양을 보는 것이 쉽다. 홍어류의 부위 중 가장 인기가 있는 '코'이다. 가오리는 코가 없는 매끈한 곡선을 가졌고, 홍어(간재미)는 코가 돌출돼 있다. 삭혀 먹는 홍어회로 유명한 참홍어는 홍어보다 더 뾰족하게 솟은 것이 특징이다.

≫ 가오리

≫ 홍어(간재미)

≫ 참홍어

+
**홍어와
참홍어와의
관계**

사실 홍어목(일각에선 가오리목이라고도 부른다) 홍어과에 속한 어류는 유전학적으로나 분류학적으로 체계화되지 못했고, 지금도 이종과 아종의 구분과 정리가 명확하지 못한 실정이다. 한 예로 최고급 홍어라 일컫는 흑산도산 참홍어와 그보다 품질이 떨어진다고 평가되는 일명 '등택어'(동택어, 등태기)는 그 크기부터 가격, 맛, 품질 등이 완전히 다른 어종으로 구분되어 취급하지만, 정작 등택어에 대한 학술적 명칭이나 학명의 기술은 그 어디에서도 찾아보기가 어렵다. 등택어가 흔히 나고 판매되는 홍어류임에도 불구하고 아직 학술적으로 정의되지 못했다는 것은 여전히 홍어류의 분류와 체계적인 데이터의 구축이 불완전함을 방증하는 것이 아닌가 싶다.

홍어(간재미)와 참홍어에 대한 기술도 마찬가지다. 이 둘은 서로 간에 명칭이 혼재되어 있을 뿐 아니라, 각 어종의 특징과 생태에 대해서도 뒤범벅인 채로 기술되어 오늘날 포털 사이트의 검색 결과 및 백과사전에 여전히 노출되고 있다.

어쨌든 지금까지 분류된 내용에 따르면 과거에 '홍어'(*Okamejei kenojei*)와 '상어가오리'(*Raja porosa*), '간재미'(*Raja kenojei*), '묵가오리'(*Raja fusca*)로 분류된 이들 어종은 모두 동일 종으로 확인되었고, 지금은 '국제동식물 명명규약'에 따라 '홍어'란 이름으로 통합되었다. 마찬가지로 기존에 홍어라 불렸던 종은 '참홍어'로 표기되고 있으니 이 두 종을 혼동하지 말아야 할 것이다.

 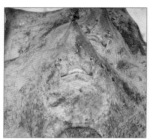 

︽ 참홍어   ︽ 등택어   ︽ 주로 상어가오리나 간재미라 불리는 홍어

+
**홍어류의
암수 구분**

비단, 홍어(간재미)뿐 아니라 홍어류에 속한 종은 대부분 비슷한 특징을 보인다. 그것은 다름 아닌 생식기의 여부다. 수컷은 꼬리 양쪽에 생식기가 붙어 있어서 마치 꼬리가 3개로 보인다. 반면에 암컷은 생식기가 없다. 이렇듯 홍어류의 암수 구별이 중요한 이유는 맛과 가격에서 차이가 나기 때문이다. 뼈째 썰어 먹는 횟감의 특성상 암컷이 수컷보다 뼈가 연하고 육질이 부드럽다. 때문에 경매 시장에선 암컷이 수컷보다 비싸다.

홍어(간재미)의 경우 마리당 가격이 저렴해 큰 의미가 없을지 몰라도 이것이 최고급 횟감으로 치는 참홍어라면 이야기는 달라진다. 흑산도산 참홍어의 경우 마리당 적게는 30만 원에서 비쌀 때는 70만 원 이상을 호가하기도 하는데 여기에 암수에 따른 가격 차이도 제법 벌어지기 때문에 홍어회를 다루거나 관심이 많다면 암수 구분은 필수이다.

그런데 이러한 암수 구별은 때때로 의미가 없어질 때도 있다. '일부'이긴 하나 어떤 상인은 수컷의 생식기를 잘라 암컷처럼 둔갑해서 팔기 때문이다. 적어도 홍어(간재미)를 구별할 때는 꼬리의 가시 배열수를 보는 것도 도움이 된다.

수컷의 꼬리는 가시가 2열로 배열돼 있다. 즉 두 줄이다. 암컷의 꼬리는 가시 배열이 최소 3줄 이상(꼬리 끝 부분)으로 시작해 4~5열로 배열되어 있다. 이 가시는 단단하고 날카로워서 살아있는 홍어류를 맨손으로 잡으면 다칠 수 있으니 주의해야 한다.

⋀ 수컷에 달린 생식기

⋀ 암컷은 생식기가 없다

⋀ 암컷 홍어

⋀ 수컷의 꼬리

⋀ 암컷의 꼬리

이용

홍어도 참홍어와 같은 연골어류이다 보니 몸에 '요소'를 가지고 있기는 마찬가지다. 다만 그 양이 적어서 참홍어만큼 오래 두고 삭혀 먹지는 않는다. 대부분은 싱싱할 때 생물로 위판돼 소진되는데 이때 암모니아 향에 민감한 이들은 약하게나마 느끼기도 한다. 손질 시 막걸리 식초로 닦아내면 진액을 효과적으로 제거할 수 있다.

주요 산지는 충청남도 당진을 비롯해 목포와 신안, 진도라 할 수 있다. 이용은 주로 회와 회무침인데 산란을 준비하는 겨울부터 봄 사이, 날개살을 부드러운 뼈와 함께 잘게 썰어 먹는다. 바닷물고기는 어종과 습성에 따라 우리가 취할 맛의 포인트가 조금씩 다르다. 보통은 산란 전 한껏 오른 지방의 맛을 음미하는 것이 일반적이다. 그런데 홍어는 좀 다르다. 맛을 음미하는 포인트가 지방의 고소한 맛보다는 연골어류의 특징인 연골, 즉 물렁뼈를 씹는 식감이다. 연골의 주성분 중 하나인 '콘드로이틴'과 '뼈의 씹히는 맛'을 다른 무엇보다 중요시하므로 뼈가 연한 철이 곧 제철이라 할 수 있다. 살맛이 밋밋하다면 새콤달콤하게 버무린 회무침이 좀 더 입에 맞을 수도 있다. 이외에 싱싱한 홍어의 간(애)는 날것 그대로 소금장에 찍어 먹고, 미나리를 곁들인 일명 간재미찜과 간재미탕도 별미이다.

⋀ 일명 간재미 회무침

⋀ 갓 조업된 간재미 회

⋀ 간재미의 간(애)

⋀ 간재미찜

⋀ 간재미탕

노랑가오리

분류 홍어목 색가오리과
학명 *Dasyatis akajei*
별칭 황가오리, 노랑간재미
영명 Red stingray, Red skate
일명 아카에이(アカエイ)
길이 50~80cm , 최대 약 1.5m
분포 서해 및 남해, 제주도, 일본 북부이남,
　　　 동중국해, 대만, 남중국해
제철 4~8월
이용 회, 무침, 찜, 탕

꼬리쪽에 2개의
긴 침이 솟아 있다

국내에선 서해 및 서남해역에 서식하는 몸길이 1m 정도의 가오리과 어류이다. 등쪽은 서식지 환경에 따라 진하거나 연한 황갈색부터 짙은 밤색에 이르기까지 다양하며, 배 부분은 희고 양쪽은 노랗거나 주황색을 띠는 것이 특징이다. 산란은 6~9월 사이 5~10마리 정도의 새끼를 출산한다.

흑산도 참홍어와 같은 조업 방식으로 주로 걸낙을 이용해서 잡는다. 걸낙은 기다란 줄에 바늘 간격을 촘촘히 매단 것인데 한 가지 특이한 것은 미끼를 달지 않은 빈바늘로 내린다는 것이다. 이는 바닥층으로만 다니는 홍어, 가오리류의 습성을 이용한 것으로 바늘이 입에 걸려 나오기도 하지만, 이동하려다 등짝에 걸려 올라오는 경우가 많다.

+
꼬리에
독침은
조심해야

꼬리에는 약 10~15cm 정도의 긴 가시가 1~3개 정도 있는데 찔리면 몹시 아플 뿐만 아니라 몇 주간 통증이 이어지며, 알레르기 체질로 인해 증상이 심화된다면 아나팔락시스 쇼크로 사망할 수도 있다. 이 가시 독은 죽어서도 사라지지 않기 때문에 어획 후 잘라버리는 경우가 많다.

이용

싱싱한 것은 회로 먹는데 주로 물렁뼈가 있는 날갯살을 얇게 썰어 내면 마치 붉은 꽃이 핀 것처럼 화려한 자태를 뽐낸다. 여름철 산란기에 돌입한 노랑가자미는 뼈가 약해 씹는 맛이 좋고, 살은 차지면서 감칠맛이 난다. 일부는 약

⩘ 회

⩘ 간(애)

간 두껍게 썰어 갖은 채소와 양념에 버무린 노랑가오리 육회 무침으로 이용된다. 뼈가 있는 몸통은 적당히 토막 내어 탕으로 이용되며, 회를 뜨고 남은 날갯살은 찜으로 이용된다. 신선한 노랑가오리는 간(애)이 별미로 홍어보다 맛있다는 평가다. 가볍게 씻어 핏기를 없앤 뒤 적당한 크기로 썰어 참기름장이나 굵은 소금에 고춧가루를 섞어 날것으로 찍어 먹는다. 맛있다고 너무 많이 먹으면 비타민A 과다 섭취로 배탈, 설사를 일으킬 수 있으니 주의한다.

황강달이

분류 농어목 민어과
학명 *Collichthys lucidus*
별칭 황석어, 황새기, 황세기, 깡달이, 깡다리
영명 Croaker
일명 칸다리(カソダリ)
길이 7~12cm, 최대 18cm

분포 서해 및 서남해, 제주도, 남중국해, 중국 연안, 대만
제철 3~6월
이용 젓갈, 구이, 튀김, 탕, 조림, 어묵

대가리가 둥글고 배에 노란 반점이 특징이다

농어목 민어과 어류 중에는 크기가 가장 작은 축에 속한다. 비슷한 종으로 '민강달이', '눈강달이'가 있으나 어군이 집중되어 잡히지 않는 부수 어획물로 상업적 가치는 낮다. 국내의 대표적인 분포지는 서해 및 서남해인데 황강달이 어군에는 새끼 참조기가 섞여 있어 두 종이 혼동되기도 한다. 산란기는 5~6월로 알려졌고, 이 시기 기선저인망과 안강망에 잡혀 시장에 유통된다.

+ 황강달이와 참조기의 구분

시장에 유통되는 황강달이의 평균 몸길이는 10cm 내외이며, 참조기는 약 17cm 내외로 참조기가 크게 면에선 우세하다. 다만 비슷한 크기라면 둘의 생김새가 유사해 혼동하기도 한다. 두 어종 모두 노란 빛깔이 나지만 황강달이는 배에 노란 반점이 산재해 있다. 가장 큰 차이는 턱에서 등으로 이어지는 모양이다. 참조기는 삼각형에 가깝고, 황강달이는 둥그스름해 급격한 경사각을 이루며 눈이 작다는 특징이 있다.

＾황강달이(위) 참조기(아래)

고르는 법

김포 대명항, 인천종합어시장 등 주로 경기권과 전라남도권 수산시장에서 구매할 수 있다. 제철인 봄에는 생물이, 그 외에는 급랭이 유통된다. 생물을 구매할 때는 당일 잡힌 것인지 확인하고, 전반적인 빛깔이 황금색을 띠고 광택이 나는 것이 좋다.

이용

비늘이 없는 생선은 아니지만 어획 및 유통 과정에서 상당수의 비늘이 털리기 때문에 손질 시엔 흐르는 물에 가볍게 씻어주기만 하면 된다. 10cm 이하는 주로 황석어(황강달이) 젓갈로 이용되며, 이보다 큰 것은 구이나 튀김, 매운탕, 조림 등으로 이용된다. 튀길 때는 배를 갈라 내장을 제거해 깨끗이 씻고, 튀김가루와 튀김반죽을 발라 튀긴다. 두 번 튀기면 뼈도 씹어 먹을 수 있다. 단 대가리에는 '이석'이 들어있어 씹으면 이가 아플 수 있으니 주의한다. 구이는 내장에서 고소한 기름이 나오므로 통째로 굽는 것을 권한다. 부침가루를 묻혀 팬에 기름을 자작히 두르고 튀기듯 구워내면 봄철에

＾황강달이 구이

＾황강달이 튀김

＾황석어 젓갈

97

깨가 쏟아지듯 고소함을 느낄 수 있다. 반건조한 황강달이는 살이 쉬이 부서지지 않아 조림과 구이로 알맞다. 조림은 냄비 바닥에 무와 감자를 깔아준 뒤 황강달이를 가득 넣어 멸치육수와 함께 조리한다.

황복

분류	복어목 참복과
학명	*Takifugu obscurus*
별칭	강복
영명	River puffer, Yellow puffer
일명	메후구(メフグ)
길이	20~30cm, 최대 약 60cm
분포	서해(한강, 임진강, 금강, 만경강), 중국 연안, 발해만, 동중국해 및 남중국해와 인접한 기수역
제철	3~6월
이용	회, 냉채, 탕, 튀김

⤒ 위에서 바라본 황복　　⤒ 앞에서 바라본 황복

복어류 중 참복, 자주복과 함께 3대 복어라 할 만큼 고급 복어이다. 국내 서식지는 서해안 일대와 인접한 강 하류로 주로 한강, 임진강, 금강, 만경강 등이 있다. 강에서 태어난 치어는 일정 크기로 자랄 때까지 머무르다가 먼바다로 나간다. 따뜻한 바다에서 월동한 황복은 이듬해 3~5월경 산란을 위해 강 하구로 들어오는데 이러한 습성은 모천회귀를 하는 연어와 닮았다. 또한 황복은 맑은 물을 좋아한다. 산란 시기와 모내기 시즌이 겹치면서 일부 강 하구는 육지에서 유입된 흙탕물로 인해 조업량이 저조하기도 하다.

황복의 어획은 바다가 아닌 강에서 이뤄진다. 봄철 산란을 앞둔 황복을 대상으로 하기 때문에 남획이 염려되는 종이다. 게다가 무분별한 개발과 서식지 파괴로 인해 황복의 개체수가 줄어들면서 1996년 환경부로부터 멸종위기종으로 지정되기도 했다. 이후 황복은 꾸준한 치어 방류 행사로 위기를 모면하고 있지만 지금도 허가 없이는 잡지 못한다.

가격은 자연산 황복이 양식 황복에 비해 2배 가까이 비싼 편이다. kg당 소비자가로 15~20만 원 정도이다. 최대 3kg까지 자란다고 봤을 때 이 정도 크기가 고급 음식점에서 코스 요리로 나오면 3~4명에서 60~100만 원은 족히 나올 수 있는 가격이기도 하다.

※ 황복은 금어기가 없으나 최소금지체장은 20cm이다. (2023년 수산자원관리법 기준)

+ 자연산 황복의 독성	어떤 종류의 복어든 산란기 때 독성이 강해지는 경향이 있다. 황복도 마찬가지이지만, 이 시기에만 잡히기 때문에 반드시 '복어전문기능사' 자격을 갖춘

⤒ 복어류 내장 중 유일하게 독성이 없는 정소

사람만이 손질하고 판매해야 한다. 다른 복어류도 그렇지만 황복도 살코기와 정소(이리), 껍질을 제외하면 모두 독이 있다고 볼 수 있다. 특히 난소(알집), 간장, 피, 눈알, 그 외 내장에는 '테트로도톡신'이라는 신경 독소이자 청산가리의 약 10배에 달하는 맹독이 들어 있다. 한 마리에서 추출한 양이면 성인 30여 명을 사망에 이를 만큼 강력한 수준이기도 하다.

+
양식 황복과
독성

최근 10여 년 동안 황복은 양식이 꾸준히 추진되었던 종이다. 주로 경기도 파주와 김포 일대에 양식장이 있으며, 약 2~3년 정도 길러 무게는 마리당 400~600g일 때 출하한다. 2023년 기준으로 아직은 완전 양식이 아니다. 산란철 암수 친어를 잡아다 알을 수정시키고 치어를 배양해 기른다. 치어는 '로티퍼'(Rotifers)와

≪ 양식 황복

'알테미아'(Artemia)를 먹이고, 성어가 되면 생식(생사료)을 금하는 대신 '찐 어분'을 먹여 기른다. 복어의 독은 태어날 때부터 자체적으로 갖는 게 아니라 불가사리나 고둥 같은 독성이 있는 먹잇감을 먹고 자라면서 몸속에 축적된다. 따라서 정해진 어분만을 먹여 기른 양식 복어는 기본적으로 '무독'이며, 독성이 있어도 '약독'에 해당된다. 다만 모든 양식 복어가 '무독'일 것이라는 추측은 성분을 추출하여 검사하기 전에는 확신할 수 없다. 비록 독성이 없는 양식 복어라 할지라도 자격을 갖춘 전문가가 손질하는 것이 원칙이다.

이용

아직은 자연산 황복도, 양식 황복도 시장에 흔히 유통될 만큼의 양은 아니어서 황복을 다루는 전문 음식점이나 일부 온라인 쇼핑몰에서만 판매되고 있다. 중국 송나라 대표 시인 '소동파'는 '어찌나 맛이 좋은지 죽음과 맞바꿀 맛'이라며 황복을 치켜세웠다는 일화가 전해진다. 그만큼 황복은 맛을 아는 미식가들만 찾는 어종이다.

≪ 황복국

회는 적어도 반나절에서 하루가량 숙성한 것이 맛있다. 4~5시간 숙성한 황복은 쫄깃한 식감이, 하루가량 숙성한 황복은 부드러운 식감과 감칠맛이 도드라진다. 회는 접시 바닥이 보일 만큼 얇게 뜨는 것이 포인트다. 남은 뼈와 부산물은 복국으로 이용되는데 여기서도 주의해야 할 것은 눈알과 뇌를 제거해야 한다는 것이다. 껍질은 살짝 데쳐 썰어 먹는데 새콤한 폰즈 소스와 잘 어울리고, 회와 탕에는 미나리가 궁합이 좋다.

부위마다 식감이 다른 황복 껍질 데침 ┐

≪ 황복회

열에 단단해지는 여타 복어류와 달리 황복은 끓여도 고깃살이 부드러운 편이다. 그 외에 복 튀김, 복 불고기, 복 냉채로 즐기며, 수컷의 정소(이리)는 깨끗이 씻어 핏기를 없앤 뒤 굽거나 튀겨 먹기도 하고 보통은 복국에 넣는다. 정소는 조직이 약해 금방 풀어지기 때문에 불 끄기 30초 전에 넣어 살짝 익혀 먹는 것이 좋다.

황어

분류 잉어목 잉어과
학명 *Tribolodon hakonensis*
별칭 황선생, 황숭어(X), 황농어(X)
영명 Sea rundace, Sea runcace, Dace
일명 우구이(ウグイ)
길이 30~40cm, 최대 약 55cm
분포 남해 및 동해와 인접한 하천, 일본,
사할린, 시베리아, 중국
제철 1~4월
이용 회, 무침, 구이, 매운탕, 젓갈, 식해

⌃ 슬슬 혼인색을 가지기 시작한 2월의 황어

잉어목 잉어과 어류 중 유일한 2차 담수어로 바다에서 살다가 강으로 돌아와 산란하는 회귀성 어류다. 국내에서는 동해안 전 지역을 비롯해 경상도 및 섬진강까지 분포하며, 특히 유명한 곳이 양양 남대천과 울진 왕피천, 울산 태화강과 섬진강 등지이다. 세종 때에는 건조된 형태로 임금 수라상에 진상되었는데 먹을 것이 넘치는 오늘날에는 그 소비량이 꾸준히 감소하면서 다른 횟감과 섞여 판매되는 신세로 전락했다. 강원도 일대 수산시장에서는 가끔 숭어나 농어로 둔갑하기도 한다. 황숭어, 황농어 따위의 이름으로 불리는 것은 숭어나 농어가 아닌 황어를 돋보이게 하기 위함이다. 또한 여러 활어를 한 바구니에 담아 구성해 놓고선 5만 원, 7만 원, 10만 원 식으로 상품을 구성해 판매할 경우 저렴한 황어가 섞여 들어가기도 한다.

산란기는 3~4월로 이 시기가 다가오면 혼인색을 띠는데 수컷은 검은색과 주황색이 두드러지면서 화려하게 변한다. 동해안 일대에선 낚시로 잡히는데 크고 손맛도 좋아 기대치를 높이지만, 이내 황어임이 드러나면서 낚시인들의 아쉬운 탄식을 자아낸다.

이용

잉어과에 속한 황어는 잔가시가 많고 특유의 향이 있어 일반적으로는 선호되지 않지만, 지역민들 사이에선 산란을 준비하는 1~4월 사이 회로 이용되기도 한다. 이 시기 황어는 기름기가 올라 회와 매운탕, 구이로도 인기가 있을 뿐 아니라 황어 요리 전문점도 있다. 초고추장과 다진마늘로 황어와 채소를 버무려 무침을 만들어 먹기도 한다. 강원도 일부 지역민들은 황어를

⌃ 황어회무침

푹 삭혀서 젓갈이나 식해를 만들어 먹는다. 일부 개체는 식중독을 유발하는 '보툴리스균'을 내장에 가지고 있을 수도 있다. 이는 끓이거나 구워도 남아 있는 독소가 문제를 일으킬 수 있으므로 내장과 내장을 감싼 검은 막은 제거하는 것이 좋다.

흰베도라치(실치)

분류 농어목 황줄베도라치과
학명 *Pholis fangi*
별칭 실치, 백어, 뱅어(X)
영명 White grunnel
일명 미상
길이 3~7cm, 최대 약 20cm

분포 서해, 남해, 동중국해 북부와 발해만, 북서태평양
제철 3~5월
이용 회, 무침, 포(건어물), 부침, 볶음

흰베도라치는 겨울에 산란하는 대표적인 서해 토착 어류다. 11~12월경 산란하며, 이때 태어난 치어는 이듬해 봄에 서해 중부지방(충청남도)의 얕은 연안으로 무리 지어 들어오다 잡히는데 어민들은 이것을 '실치'라 부른다. 실치를 틀에 넣고 말리면 '실치포'이고, 이것을 양념에 볶아내어 반찬용으로 쓰는데 보

△ 5월경에 새우와 함께 잡힌 실치로 좀 더 자란 상태다

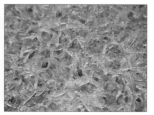
△ 갓 잡아올려 싱싱한 실치

통 '뱅어포'로 잘못 불리고 있다. 다시 말하자면, 우리가 뱅어포로 알고 먹는 것은 사실 뱅어가 아닌 실치포이며, 이 실치는 자라서 흰베도라치로 성장하게 된다. 정작 성어인 흰베도라치는 5월 이후 먼바다로 빠져 나가버려 잘 잡히지도 않으며, 뼈가 억세고 식용 가치가 떨어져 먹지 않는다. 그래서 우리가 주로 먹는 것은 3~4월에 잡힌 흰베도라치의 치어라 할 수 있다. 이때의 실치는 몸길이가 평균 2~4cm 내외이며 이름 그대로 가느다란 실가락처럼 생겼다.

고르는 법

횟감용 실치를 고를 때는 투명하면서 윤기가 나며, 겉은 끈적이지 않는 게 좋다.

이용

3~4월에 잡히는 실치는 연하여 회 또는 회무침으로 먹는다. 잡히는 즉시 죽기 때문에 신선할 때 회로 이용하며, 양배추와 미나리 등 각종 채소를 매콤하게 버무린 무침과 곁들이다 마지막엔 공깃밥에 쓱쓱 비벼 먹기도 한다. 주요 산지는 충남 장고항이며, 해마다 3~4월이면 실치 축제가 열린다. 회가 아니면 실치국과 실치전, 실치포로 이용된다.

△ 실치회

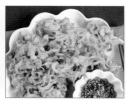
△ 실치 튀김

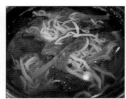
△ 실치된장국

△ 흔히 뱅어포로 잘못 알려진 실치포

갯가재 | 쏙

분류 구각목 갯가재과
학명 *Oratosquilla oratoria*
별칭 탁새, 딱새, 털치, 틀치, 들치, 설게,
가재, 쏙새우
영명 Mantis shrimp
일명 샤코(シャコ)
길이 10~15cm, 최대 약 22cm
분포 서해와 남해, 일본, 중국, 필리핀,
베트남, 하와이
제철 3~6월, 9~11월
이용 찜, 탕, 초밥, 갯가재장, 볶음, 조림, 튀김

≪ 사마귀처럼 생긴
갯가재의 집게발

여수를 비롯한 서남해권, 그리고 경기도 일대 앞바다에서 잡히는 야행성 갑각류이다. 마치 사마귀를 연상케 하는 커다란 집게발로 먹잇감을 사냥하는데 주로 갑각류, 갯지렁이 등을 먹지만 자기보다 몸집이 큰 물고기도 사냥하는 갯벌의 최상위포식자이다. 산란기는 6~8월이며, 산란기 직전에는 살이 통통히 오르고 암컷은 비대한 난소를 품고 있어서 봄철 별미로 꼽힌다. 산란기 이후인 9~11월에도 살이 차니 제철은 봄과 가을 두 차례라 할 수 있다.

**+
갯가재
암수 구별**

암컷은 뒤집었을 때 가슴이 하얗고 꼬리 한가운데가 알집으로 노랗다. 반면, 수컷은 가슴이 투명하고 꼬리에 색이 없다. 암수를 따로 구분해서 구매하기는 어렵지만, 껍데기를 까기 전 암수 구별을 할 수 있다.

⩓ 수컷은 가슴이 투명하고
암컷은 흰색이다

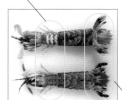

⩓ 암컷(위), 수컷(아래)

⩔ 수컷(왼쪽), 암컷(오른쪽)

고르는 법

경기도권은 주로 김포 대명항, 인천종합어시장, 소래포구에서 구매할 수 있고, 전라남도 여수를 비롯해 목포, 장흥을 비롯한 서남해 포구 및 수산시장으로도 유통된다. 충청도에선 갯가재를 가리켜 '쏙'이라고도 부르는데, 표준명 '쏙'은 따로 있다. 제철인 3~6월과 9~12월엔 주로 활갯가재가 유통되므로 최대한 크고 활기찬 것을 고른다. 그 외에는 급랭을 판매하는데 품질에 따라 특유의 냄새가 날 수 있다.

⩓ 싱싱한 갯가재의 모습

이용

갯가재는 선도가 빨리 떨어지는 갑각류이다. 생물 상태로 냉장 보관하면 살이 빠지고 냄새가 나기 때문에 한 차례 쪄서 냉동 보관하는 것이 낫다. 끓는 물에 삶으면 맛이 빠지므로 찜기에 넣고 증기로 쪄 먹는 것을 추천한다. 해물탕이나 된장국에 넣어 국물의 풍미를 더하기도 한다. 조금 번거롭기는 해도 껍질을 까서 살만 발라 튀겨 먹어도 새우튀김처럼 맛이 일품이다.

≪ 갯가재 찜

≪ 봄철 별미인 갯가재의 알집

한차례 증기로 찐 갯가재는 껍데기를 벗겨 초밥으로 이용하기도 한다. 간장이나 고춧가루 양념에 조려 먹기도 하며, 봄에 잡힌 갯가재는 각종 향신료를 넣고 끓인 간장을 부어서 갯가재장을 담가 먹기도 한다.

≪ 갯가재 초밥

≪ 갯가재장

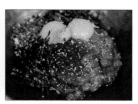
≪ 갯가재장 덮밥

---

tip. 갯가재찜과 까먹는 방법

발가락 마디에 6개의 가시가 촘촘히 나열되어 있어 다칠 수 있으니 장갑을 끼고 만지며, 가위를 쓰는 것이 편리하다.

1. 찜기에 소금을 살짝 넣은 물을 끓인다.
2. 물이 끓으면 갯가재를 배가 위로 가게 놓고 찜통에 약 10분간 찐 후 5분간 뜸들인다.
3. 대가리는 잘라서 버린다(큰 것은 대가리에도 먹을 살이 있으니 따로 발라 먹거나 육수용으로 챙긴다).
4. 꼬리 가운데에도 살이 있으므로 가운데를 제외한 나머지 꼬리를 V자 모양으로 제거한다.
5. 양 날개(옆구리) 부위를 가위로 오려낸다.
6. 껍데기를 손으로 쑥 잡아당겨 살을 발라낸다.

쏙

분류 십각목 쏙과
학명 *Upogebia major*
별칭 뻥설게
영명 Ghost shrimp, Mud shrimp
일명 아나쟈코(アナジャコ)
길이 8~12cm, 최대 약 20cm

분포 서해 및 남해, 일본, 중국, 러시아 극동, 대만
제철 3~6월
이용 찜, 탕, 튀김, 볶음, 젓갈

갯가재와 닮아서 많이 혼동되는 쏙은 서해안을 비롯해 남해안 갯벌에 서식하는 갑각류이다. 살벌한 포식자인 갯가재와 달리, 쏙은 모래나 갯벌에 U자 형태의 굴을 깊이 30cm 정도로 파고 들어가 생활한다. 부속지의 털을 이용해 진흙 속 플랑크톤이나 생물의 사체 등을 파먹기 때문에 '바다의 청소부'로 불린다. 잡아당기면 진흙 속에서 '쏙' 빠진다고 해서 '쏙'이라 불렸다는 설이 있다. 구멍 속에서 몸통이 빠질 때 '뻥' 소리를 내서 '뻥설게'라고도 불린다. 몸집은 10cm 내외로 갯가재보다 약간 작다. 먹이를 취하는 방법도 특이하다. 굴에서 배다리를 이용해 물결을 일으키면 해수의 미생물과 유기물을 입 주변에 있는 수염으로 모이게 한 뒤 걸러 먹는다.

| + 갯가재와 쏙의 차이 | 충청도에서는 갯가재를 '쏙'이라고 부르는 경향이 있지만, 이 둘은 생물학적 분류와 모양에서 꽤 많은 차이가 난다. 갯가재는 주로 서해안 일대에서 많이 나지만, 쏙은 남해안 일대를 중심으로 소량 생산되므로 시중에 흔히 판매되지 않는다. |

이용

쏙은 갯가재와 달리 껍데기가 억세지 않아서 통째로 튀겨 먹기도 한다. 한차례 튀긴 쏙을 마라롱샤처럼 매운 소스에 버무려 볶아 먹어도 맛있다. 지역에 따라 소금에 절여 젓갈을 담가 먹기도 한다. 갯가재처럼 탕 육수로 쓰고, 쪄 먹기도 하며, 쏙장을 담가 먹는 등 갯가재와 비슷하게 이용된다.

큰돗대기새우

분류	십각목 돗대기새우과
학명	*Pasiphaea japonica*
별칭	흰돗대기새우, 백하, 쌀새우, 흰새우(X), 시로에비(X)
영명	Japanese glass shrimp
일명	시라에비(シラエビ)
길이	5~7cm, 최대 약 10cm
분포	도야마만을 비롯한 일본
제철	4~11월
이용	초밥, 무침, 탕, 튀김, 건어물

일본에선 초밥용으로 인기 있는 새우로 국내에선 '쌀새우', '흰돗대기새우'로 불린다. 몸통은 투명하고 죽으면 하얗게 변해서 '흰새우'라 부르지만, 흰새우란 이름을 가진 종은 따로 있다. 일본 도야마현의 특산품으로 스루가만, 사가미만, 가고시마만 등에서도 어획된다. 국내 해역에서의 조업은 많은 양을 확인하기가 어렵다. 낮에는 수심

☜ 포란 중인 새우

150~300m, 밤에는 100m 근처로 떠오르는 심해 새우이다. 산란은 7~11월 사이로 이 시기에는 독도새우류와 마찬가지로 알을 배에 붙여 포란한다.

이용

살에 수분감이 있지만 그만큼 부드럽고 깨끗하며 약간의 단맛이 나는 것이 특징이다. 다 자라도 6~7cm 내외로 크기가 작아 여러 마리를 군함말이 형식으로 쥔 초밥이 인기가 있고, 김을 두르지 않고 밥에 얹어내기도 한다. 국산

⌃ 가키아게

⌃ 레스토랑에서 사용 중인 큰돗대기새우회 (맨 아래)

은 구하기가 매우 힘들지만, 일본산은 껍데기를 까서 '흰돗대기새우'란 제품으로 온라인 쇼핑몰에 판매되며, 초밥집과 레스토랑에서도 이러한 제품을 주로 쓴다. 이 밖에도 튀김으로 이용되는데, 특히 채소와 함께 버무려 튀겨낸 '가키아게'와 이를 이용한 '텐동'도 인기가 있다.

깨다시꽃게

분류 십각목 꽃게과
학명 *Ovalipes punctatus*
별칭 황게, 방게, 빵게, 똥게, 불게, 모래게, 월게, 금게(X)
영명 Sand crab
일명 히라쯔메가니(ヒラツメガニ)
길이 갑장 약 7cm, 최대 약 12cm, 갑폭 약 9cm, 최대 약 14cm
분포 한국의 전 해역, 일본, 중국, 타이완
제철 6~11월
이용 게장, 탕, 찜, 무침

⌃ 깨다시꽃게 배딱지(수컷)

서해를 비롯해 동해와 남해, 제주도까지 전 연안에서 나지만 물이 따뜻한 동해와 남해, 서남해를 중심으로 많은 개체 수가 살고 있다. 찬바람이 부는 11월경부터 살을 찌우며 성장하고, 겨울을 나는 동안에는 산란 준비로 난소를 찌우며 이듬해 5월경 포란한다. 등껍데기에는 H형태의 무늬가 있고 헤엄을 치기 위해 발달한 지느러미 다리는 보라색이 특징이다.

⌃ 2월경 활게로 판매중인 깨다시꽃게(부산 다대어시장)

이르면 여름부터 겨울에 걸쳐 동해 해변가에서 원투낚시로 잡기도 한다. 봄에는 암컷에 난소가 차서 별미로 여기며, 어획량이 많을 때는 서울, 수도권 마트에서도 한시적으로 판매되나 평소에는 좀처럼 보기 힘들다. 주요 산지는 부산을 비롯한 남해안 일대 포구 및 시장이며, 동해에서도 제법 유통된다.

※ 비어업인은 깨다시꽃게를 비롯해 모든 바닷게 종류를 잡을 때 그물을 사용할 수 없다. 즉, 낚시바늘이 아닌 게그물과 통발을 이용한 포획은 불법이다. (2023년 수산자원관리법 기준)

이용

가성비가 좋은 꽃게 종류로 제철은 암꽃게 시즌보다 일찍 종료되는 겨울에서 초봄까지다. 온라인에선 제철 상관없이 급랭으로 판매되는데 크기는 작고 상품성도 덜해 꽃게보다 저렴한 편이다. 그래서인지 주로 해안가와 인접한 식당에서 즐겨 사용한다. 꽃게만큼 크고 살이 많지는 않지만, 간단히 쪄먹는 찜을 비롯해 간장게장, 게장무침, 탕감으로 사용된다. 작은 건 껍데기가 연해 튀겨먹기도 한다.

☆ 깨다시꽃게장

☆ 깨다시꽃게 튀김

대게 | 큰대게

분류	십각목 물맞이게과
학명	*Chionoecetes opilio*
별칭	영덕대게, 울진대게, 포항대게
영명	Snow crab
일명	즈와이가니(ズワイガニ)
길이	갑장 및 갑폭 약 11~12cm(수컷 기준), 최대 약 17~18cm(수컷 기준)
분포	동해, 일본 북부, 러시아 캄차카반도, 오호츠크해, 알래스카 등 북태평양, 그린란드
제철	12~5월, 수입산(연중)
이용	찜, 회, 구이, 튀김, 탕, 샤브샤브, 죽

몸집이 커서가 아닌 생김새가 대나무를 닮았다고 해서 '대게'라 불린다. 영어권에서는 속살이 눈처럼 하얗다고 해서 '스노우크랩'이라고 한다. 국내산과 수입산(주로 러시아)이 유통되며, 국산 대게의 경우 산지 이름을 붙여 '영덕대게', '울진대게' 등으로 불린다. 국산 대개는 동해 먼바다 수심 100~600m의 모래나 진흙바닥에 살며, 수명은 약 13년 이상이다. 대게는 탈피 후 새옷을 갈아입으면서 성장한다. 여름~가을 사이에 탈피하며, 교미 후 산란을 준비하는데 약 1년간 포란을 거쳐 이듬해 2~3월경에 산란한다. 서식지과 군집에 따라 1년에 1회 산란하거나 2년에 1회 산란하기도 한다. 수입산 활대게와 냉동 스노우크랩은 연중 유통되고, 국산 대게는 이르면 11월부터 시작해 이듬해 봄까지 이어지는데 특히 2~5월에 많이 유통된다.

※ 대게 금어기는 6.1~11.30, 최소금지포획체장은 갑장 기준 9cm이다. 암컷은 연중 포획 금지이다. (2023년 수산자원관리법 기준)

'대게'하면 영덕을 떠올릴 정도로 많은 양이 유통된다. 그렇다면 그 많은 대게들은 영덕 앞바다에서 잡은 걸까? 꼭 그런 것은 아니다. 영덕이 유명해진 까닭은 교통 수단이 발달하지 못한 1930년 당시 그나마 교통이 편리했던 영덕에서 대게를 비롯한 동해산 수산물이 모였다가 거기서 각 지역으로 팔려간 덕분이다. 실제로 대게 생산량의 과반을 차지하는 지역은 울진과 후포이다.

+
대게
암수 구별

대게 뿐 아니라 모든 바닷게 종류는 배 딱지 모양으로 쉽게 구별할 수 있다. 일반적으로 유통되는 대게는 수컷으로 아래의 사진과 같이 뾰족한 모양이다. 암컷은 배 딱지 전체가 둥그스름하다. 대게의 경우 수컷이 암컷보다 월등히 크게 자란다.

≫ 수컷 대게

≫ 암컷 대게

+
대게와
얽힌 수많은
명칭들

너도대게

정식으로 인정된 종은 아니지만, 현지에선 홍게와 대게의 잡종으로 여겨진다. 비슷한 의미로 '나도대게', '천게', '청게' 등으로 불린다. 서식지 수심도 대게와 홍게의 중간에서 많이 잡히며, 빛깔 또한 홍게의 붉은색과 대게의 갈색이 섞인 '적갈색'을 띠고 있다.

≫ 울진대게(왼쪽), 너도대게(오른쪽)

빵게

암컷이 알을 배면 배가 빵빵하게 부푼다고 해서 빵게라 부른다. 즉, 암컷 대게를 의미하는데 우리나라는 일본과 달리 연중 포획 및 유통을 금지하고 있다.

홑게

대게와 홍게는 일 년에 한두 번씩 탈피하면서 성장하는데 홑게는 탈피 직전의 게를 의미한다. 탈피에 임박하면 허물 벗듯이 껍데기를 벗는데 이때 온 힘을 쏟으면서 새옷으로 갈아입는다. 다시 말해, 탈피를 마친 게는 껍데기가 물렁물렁할 뿐 아니라 살과 장도 차지 않아 품질이 떨어진 상태다.

반대로 홑게는 탈피한 지 가장 오랜 시간을 보낸 상태로 살과 장이 꽉 차 있을 뿐 아니라 껍데기가 부드러워 새로 돋아난 껍데기를 통째로 먹을 수 있다. 홑게는 약 1/10,000 확률로 잡힌다는 말이 있을 정도로 귀하다. 연중 잡히지만, 정해진 시기가 없으며 잡히는 족족 어부들이나 가족, 지인들에 의해 소비되는 정도이다. 하지만 최근에는 상품성이 좋은 홑게를 온라인 쇼핑몰을 통해 판매하기도 하는데 가격은 일반 대게의 약 3~4배에 이른다. 홑게는 껍데기 관절만 꺾어 잡아당기면 수율 99%에 이르는 다릿살이 그대로 나오며 별다른 조리 없이 회로 먹는다. 몸통은 일반 대게와 마찬가지로 쪄먹는데 장이 많이 들었고 맛도 농후하다.

⌃ 홑게

⌃ 껍데기를 열자 새 껍데기가 돋아나 있다

⌃ 껍질채 먹는 홑게 회

⌃ 속이 꽉 찬 홑게 장

박달대게

박달나무처럼 꽉 차서 불리게 된 이름이다. 탈피한 지 오래되어 크기가 평균치 이상이고 수명 또한 길어서 살과 장이 꽉 차 있기 때문에 각 지역 수협이 완장을 채워 품질을 보증할 수 있는 대게이다. 박달대게가 되기 위한 조건은 크게 3가지로 첫 번째는 갑장(눈부터 등딱지 아래까지)의 길이가 10cm를 넘어야 한다. 두 번째는 수율 90% 이상이 보장되어야 한다. 세 번째는 10개의 다리 중 9개 이상은 붙어 있어야 한다. 셋 중 하나라도 만족하지 못하면 박달대게 인증탭을 달 수 없다.

인증탭은 강구수협을 비롯해 각 지역의 수협 감별사가 판별해서 부착하며 매년 색깔이 바뀐다. 박달대게는 마리당 크기가 700~1500g 정도인데 작은 것은 마리당 10만 원대 초반을 전후하며, 큰 것은 마리당 20만 원을 호가하기도 한다.

⌃ 박달대게

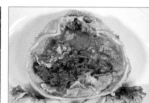
⌃ 박달대게의 장

⌃ 박달대게 인증탭

치수대게

치수대게는 박달대게에서 한두 가지 조건을 만족하지 못해 아쉽게 탈락한 대게이다. 비록 박달대게 인증탭은 달 수 없지만, 맛과 품질은 충분히 좋은 대게이다.

물게

소위 '물 먹은 게'라고 해서 물게이다. 대게 중 크기가 작고 살이 덜 차서 상품성이 떨어지지만 그만큼 가격도 저렴한

⌃ 치수대게(위)와 박달대게(아래)

대게이다. 대게는 물속에 가라앉는 것이 정상인데 간혹 물에 뜨는 대게가 있다. 이 경우 '물게'라 할 수 있다.

△ 물게(위)와 치수대게(아래)

그 외 지역 명칭이 붙은 대게들

대게는 해당 지역에서 잡히거나 유통되면 지역명이 곧 브랜드명이 되어 대게 앞에 붙은 경우가 많다. 이를 테면 주문진 대게, 영덕 대게, 울진 대게, 후포 대게, 정자(울산) 대게, 구룡포 대게 등이 있다.

＋
수입산 대게

같은 대게지만 북태평양에 서식하는 러시아산 대게가 연중 유통되고 있다. 전반적으로 러시아산이 국산보다 크면서 가격은 저렴한 편이다. 러시아산은 세부 산지와 조업 구역에 따라 품질과 맛, 심지어 세부종으로도 나뉜다.

품질이 가장 좋다고 평가받는 지역은 프리모리(연해주)와 마가단이다. 프리모리는 서프리와 북프리로 나뉘며 주로 겨울(11~3월) 사이 들어오고, 마가단과 동사할린은 4~10월 사이 조업해서 들어오는 경향이 있다. 이외에도 서사할린, 베르디 등이 있는데 품질은 그때마다 제각각이므로 상황에 맞게 구매하는 것이 좋다. 이들 러시아산 대게들 중 베르디가 장맛에서 다른 산지보다 열세로 평가되는데, 베르디는 베링해에서 잡힌 대게로 반드시 그런 것은 아니지만 계절에 따라 품질의 편차가 있는 편이며, 아래에 소개할 '일명 큰대게'(*Chionoecetes bairdi*)라 불리는 대게와는 다른 아종이 이 해역에서 잡힌 것이 많다.

△ 러시아 대게 조업 구역

△ 러시아산 대게(사진은 프리모리산으로 무게 1kg짜리)

△ 주로 베링해(베르디)에서 잡히는 '큰대게'라는 종이다

△ 대게 킹크랩 보세창고

이렇게 조업된 대게는 대형 선박에 실려 동해상으로 들어온다. 동해시 근처에 있는 대게 공장(보세창고)에서 분류와 순치를 거치고 나면 다시 활어차에 실려 전국 각지의 수산시장으로 실려간다.

고르는 법

대게는 크기가 클수록 상품 가치가 크고 가격도 높아진다. 하지만 크다고 해서 반드시 살이 꽉 차 있는 것은 아니므로 수율을 잘 따지고 구매해야 한다.

☆ 크고 좋은 대게 상품의 예

1. 대게 수율은 상인만이 알 수 있다. 구매 전 수율이 몇 퍼센트인지를 확인받는다.

2. 다리 개수가 다 붙어 있는지 확인한다. 가장 작고 살이 적은 새끼 다리가 떨어진 것은 괜찮으나, 큰 다리가 떨어져 있다면 그만큼 가치도 하락함을 명심해야 한다.

3. 들었을 때 묵직한 것이 좋고, 거꾸로 들었을 땐 집게발을 치켜올리는 것이 활력이 좋은 대게이다.

4. 배 딱지는 손으로 눌렀을 때 단단하고 탄력이 느껴져야 한다.

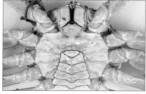
☆ 입이 검고 각 다리 관절이 붉으면 수율이 높을 확률이 높다

☆ 90% 이상의 꽉 찬 수율

☆ 죽어서 노랗게 됐지만 여전히 신선하며 군데군데 3)의 특징을 가지고 있는 좋은 대게다

☆ 전반적으로 희거나 투명하면 물게일 확률이 높다

하지만 눈으로 보고 직접 구매해야 한다면 다음의 조건에 따라 고른다. 중요도 순으로 나열하면 다음과 같다.

1. 입이 검은 것이 수율이 높을 확률이 높다.

2. 관절이 희거나 투명한 것을 피한다. 마찬가지로 쭈글쭈글 주름이 있는 것도 피한다. 다리의 각 관절은 붉거나 선홍색인 것이 좋다.

3. 박달대게가 아닌 이상 1)~2)번의 조건을 만족하지 못하면서 배 딱지가 희거나 투명하면 피하는 것이 좋고, 최대한 붉은색이나 주황색, 누런 황색이 나는 것이 좋다.

4. 등딱지에 각종 부착생물이 덕지덕지 붙어 지저분해 보이는 것일수록 탈피한 지 오래된 대게이다. 특히 난낭(검은색 알)이 많이 붙은 것일수록 실패할 확률이 적다.

☆ 비록 박달대게는 아니지만 품질이 좋은 대게는 전반적으로 붉다

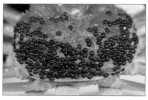
☆ 난낭이 덕지덕지 붙은 것이 좋다

☆ 난낭과 게거머리

대게 껍질에 붙어있는 검은색 알은 무엇일까?

'바다 거머리'의 일종으로 게 껍데기에 붙는다고 해서 '게 거머리'라고 불린다. 게 거머리는 번식을 위해 암초 같은 딱딱한 곳에 알을 붙이는 습성이 있는데, 대게 껍데기도 예외는 아니다. 대게 껍데기에서 부화한 새끼 거머리는 대게를 떠나 바닷속을 부유하다 다른 생선에 붙어 피와 체액을 빨아먹으며 산다. 그러나 대게 등껍질은 딱딱해서 거머리가 체액을 빨아먹지 못하며 껍질을 뚫고 들어가 기생하는 일은 더더욱 불가능하니, 게 거머리 알이 붙어있다고 해서 걱정할 필요는 없다.

참고로 난낭은 많이 붙을수록 수율이 좋을 확률이 높지만, 없다고 해서 반드시 수율이 떨어지는 것은 아니다. 대게는 서식지와 환경에 따라 게 거머리가 있을수도 있고, 아예 없을 수도 있기 때문이다. 난낭이 붙은 채로 쪄도 우리는 속살만을 취하기 때문에 먹는 데는 지장이 없다.

⌃ 게 거머리 알이 부착된 국산 대게

⌃ 게 거머리 알이 없는 국산 대게

이용

주로 찜으로 먹으며 일부는 회로 먹기도 한다. 작은 물게는 라면이나 탕감으로 쓴다. 찔 때는 입을 찔러 죽이거나 민물에 한동안 담가 기절시켜야 한다. 찜통 안에서 바둥거리면 자칫 장을 흘릴 우려가 있기 때문이다. 배 딱지를 위로 보게 한 뒤 크기에 따라 약 15~25분간 찌고 5~10분간 뜸 들인다.

게장은 소스로 활용해도 되고 밥에 비벼 먹거나 죽에 이용된다. 장은 여러 가지 색깔로 나뉘는데 한마디로 상해서 검게 보이는 게 아니라면 대부분 서식지 환경과 먹잇감에 의해 비롯된다고 볼 수 있다. 이러한 색은 맛으로도 나타나는데 사람들의 선호도를 순서로 나열하자면 황장 > 연황장 > 연녹장 > 녹장 > 흑장 순으로 이어진다.

⌃ 입을 찌르고 돌려 체액을 빼낸다

⌃ 대게찜

⌃ 게장 소스 덮밥

⌃ 게장 비빔밥

⌃ 대게 그라탕

보관하는 방법

대게를 그날 먹지 못한다면, 가장 신선할 때 쪄서 냉동해 두는 것이 좋다. 생물 상태로 보관하면 살이 빠질 뿐 아니라 맛도 그르친다. 냉동 보관한 대게는 냉장고에서 1~2일간 자연 해동 혹은 반나절 실온 해동 후 증기에 5분 정도 살짝 데워 먹는다.

큰대게 (가칭)

분류 십각목 물맞이게과
학명 *Chionoecetes bairdi*
별칭 대게
영명 Snow crab
일명 오오즈와이가니(オオズワイガニ)
길이 갑장 약 15cm, 최대 약 18cm(수컷 기준)
　　　갑폭 약 14cm, 최대 약 17cm(수컷 기준)
분포 러시아를 비롯해 베링해, 캄차카반도,
　　　알래스카 등 북태평양, 캐나다 서부 해안
제철 수입산(연중)
이용 찜, 회, 구이, 튀김, 탕, 샤브샤브, 죽

⌃ 다리가 굵고 짧은게 특징 　　⌃ 큰대게 뒤집은 모습

본종은 대게에서 분화된 아종인지 이종인지는 정확히 알려진 바가 없지만, 생김새가 비슷해 시장에선 따로 구분하지 않고 '대게'로 취급된다. 국내에선 정식으로 인정받거나 따로 분류되지 않은 종이지만, 다른 나라에선 엄연히 학명으로 구분되는 대게의 한 종류이다. 주로 러시아와 미국(알래스카)이 베링해에서 잡아들이는 주요 대게 자원으로 상업적 가치가 높다. 주로 베링해에서 조업한 대게가 이 종인 경우가 많으며, 업자 말로 '베르디 대게'(*Chionoecetes bairdi*라는 학명에서 유래되었다)라고도 불린다. 대게에 비해 상품성이 떨어진다고 평가되나 꼭 그런 것은 아니다. 그때그때마다 수입되는 물량과 개체별로 상품성은 제각각인데 평균적인 크기가 대게보다 크면서 수율이 좋은 것은 상품성도 매우 좋다. 이용은 대게와 같다.

+
대게와
큰대게의
차이

전반적인 체형은 큰대게가 대게보다 양옆으로 넓고, 다리는 두껍고 짧은 편이다. 결정적으로 입 모양에서 차이가 나는데 대게는 일자형으로 되어 있지만, 큰대게는 굴곡이 있어 마치 M자형으로 보인다. 대게와 큰대게의 맛 차이는 종으로 구분할 방법이 없으며, 늘 그렇듯 수율과 선도, 세부산지에 의해 좌지우지된다.

⌃ 입모양이 일자인 대게

⌃ 입이 M자인 큰대게

민꽃게

분류 십각목 꽃게과
학명 *Charybdis japonica*
별칭 돌게, 박하지
영명 paddle crab, Swimming crab
일명 이시가니(イシガニ)
길이 갑장 약 6cm, 최대 약 9cm
　　　 갑폭 약 9cm, 최대 약 12cm
분포 서해, 남해, 일본, 중국, 대만, 말레이시아, 뉴질랜드
제철 3~6월, 10~12월
이용 찜, 게장, 탕

껍데기가 돌처럼 단단해 '돌게' 혹은 '박하지'라 불린다. 집게발도 엄청나게 단단하다. 꽃게보다 몸통이 작고 등딱지 좌우측 끝에 긴 가시가 없다. 주요 산지는 서해안 일대로 특히 군산과 여수가

︽ 인천 앞바다에서 잡힌 민꽃게(수컷)

︽ 거제도산 민꽃게

유명하다. 야행성으로 얕은 바다의 진흙이나 모래 또는 돌이 깔린 바닥에서 서식하는데 돌 틈이나 석축 사이 사이에도 있어서 해루질 또는 돼지비계를 미끼로 한 통발에 잘 걸려든다. 산란기는 6~9월 사이이며, 살과 난소가 차기 시작하는 봄~초여름이 제철이다. 간장게장 용으로 생식소가 든 암게를 구매하려면 4월 후순경부터 5~6월 정도가 적당하다.
크기는 남해안산 보다 서해권 특히, 경기권에서 잡히는 민꽃게가 씨알이 굵은 편이다.

✛ 암수 구별

꽃게와 마찬가지로 배딱지 모양으로 구별할 수 있다. 수게는 배딱지 모양이 뾰족한 반면, 암게는 둥그렇다. 평균적인 크기는 수게가 더 크며 먹을 살과 장이 많이 들었다. 다만, 산란을 준비하는 4~6월 사이는 작아도 생식소(흔히 알이라고 부르지만)로 꽉 찬 암게가 간장게장 용으로는 더 인기가 있다.

︽ 수컷(위) 암컷(아래)

고르는 법

서해안 북쪽은 김포 대명항을 시작으로 서해 및 서남해 일대 시장과 포구에서 산 채로 판매된다. 되도록 활력과 움직임이 좋은 것을 고른다. 색깔은 서식지 환경과 개체마다 제각각이지만, 등껍데기에 나타나는 특유의 무늬와 털은 어린 개체에만 있는 것으로 성체가 되면서 사라지고 단색에 가까워지니 큰 것을 위주로 고른다.

︽ 성체(왼쪽)과 무늬가 있는 어린 개체(오른쪽)

이용

살은 달고 맛이 있지만, 크기가 작고 껍데기가 단단해 먹을 것이 많지 않다. 포차나 선술집에선 찜으로 이용되는데 꽃게찜처럼 간단히 쪄서 먹기도 하지만, 한 번 찐 게를 아구찜처럼 매콤한 양념에 버무려 내기도 한다. 군산, 여수에선 돌게장으로 유명한데, 꽃게장처럼 오래 숙성시키지 않고 하루 이틀 간장에 재워서 바로 먹는다. 고소한 내장과 알(생식소)이 든 것은 꽃게 못지 않은 밥도둑이다.

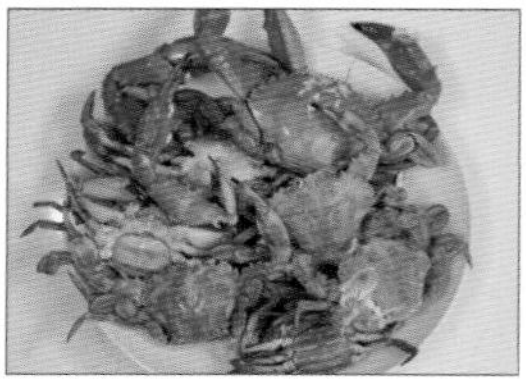
≪ 일명 박하지 찜

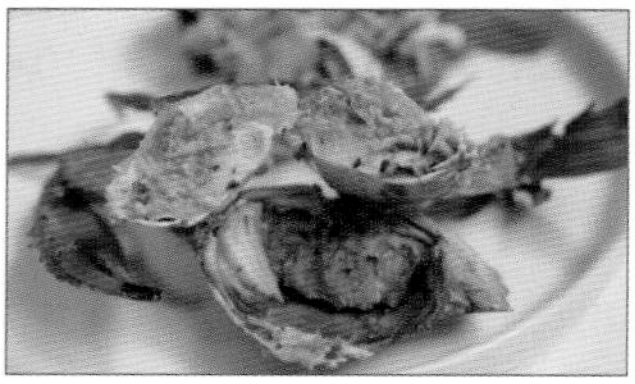
≪ 4월 중후순 장과 생식소로 가득 찬 민꽃게

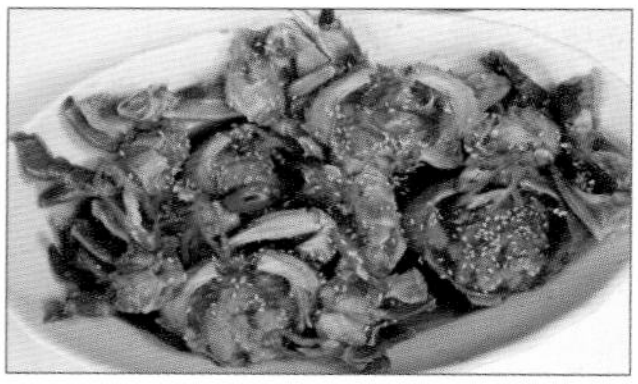
≪ 일명 돌게장

범게

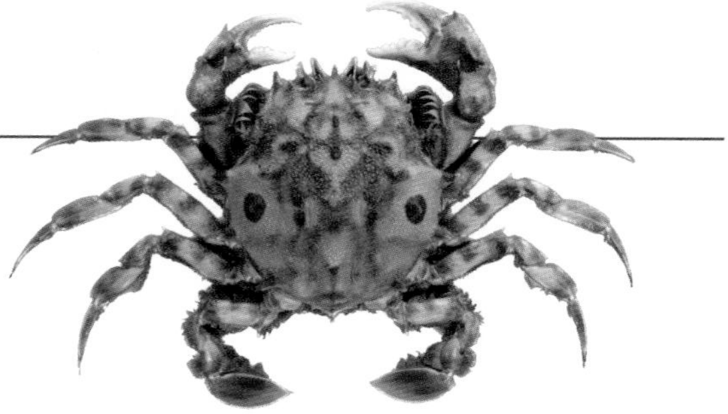

분류 십각목 범게과
학명 *Orithyia sinica*
별칭 호랑이게, 호랑게
영명 Tiger crab, Tiger face crab
일명 미상
길이 갑장과 갑폭 약 7~9cm, 최대 약 13cm
분포 서해, 중국, 남중국해
제철 3~4월, 10~11월
이용 찜, 게장, 무침, 탕

범게는 전 세계에서도 1속 1종만 존재하는 매우 희귀한 종이다. 국내 분포지로는 서해가 유일하며, 그중에서도 아산만을 비롯해 만도리어장 등 극히 제한된 해역에서만 통발로 잡는다. 그 외 중국 연안을 따라 분포하며 남중국해까지 이어진다. 산란기는 5~6월 사이로 이 시기 암게는 꽃게와 마찬가지로 난소가 차서 게장이나 무침으로 인기가 있다. 따라서 제철도 5월을 전후로 한두 달이며, 산란을 마치고 새살이 돋아날 시기인 가을에는 수게가 제철이다. 중국의 불법 조업으로 남획이 우려되는 종이다. 개체수가 풍부하지 않아서 자원 관리가 필요한 종이다.

이용

국내에서 범게를 볼 수 있는 곳은 강화 건평항을 비롯해 김포 대명항, 소래포구 등이 있다. 한철에 반짝 잡혀 소량 판매되는데 인지도가 낮고 찾는 사람도 많지 않아서 아직은 꽃게 가격의 절반 이하로 판매되고 있다. 진흙 바닥에 살기 때문에 씻을 때는 진흙을 깨끗이 씻어주어야 한다. 주로 찜과 간장게장, 양념무침, 탕으로 이용된다. 껍질이 단단해 먹기 불편하지만 살은 꽃게보다 부드러우면서 달고, 게장과 난소를 같이 넣어 끓인 범게탕은 국물의 감칠맛이 꽃게탕 이상으로 맛이 있다.

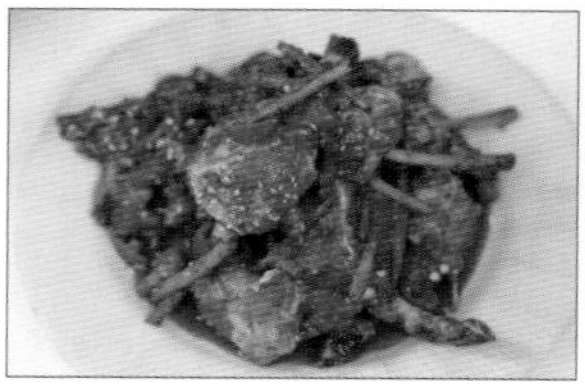
≪ 범게무침

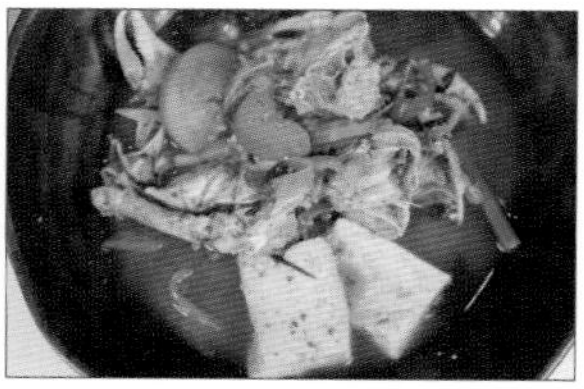
≪ 범게탕

왕밤송이게

분류 십각목 털게과
학명 *Cheiragonus acutidens Stimpson,*
　　　Telmesus acutidens
별칭 썸벙게, 털게(X)
영명 Helmet crab
일명 토게쿠리가니(トゲクリガニ)
길이 갑폭 9~11cm, 최대 약 13cm
　　　갑장 6~8cm , 최대 약 10cm
분포 남해, 동해 남부, 일본
제철 12~1월, 3~5월
이용 찜, 탕, 솥밥, 달걀찜

털게과에 속한 바닷게로 남해 동부, 특히 경남 일대에 주로 분포한다. 경남에서는 '썸벙게'와 '털게' 등으로 불리는데 학술적 명칭의 '털게'는 따로 있다. 이르면 12월부터 해루질을 통해 채집되며 경남 일대 시장에서 맛볼 수 있지만, 본격적인 제철은 1월말에서 2월초에 탈피를 하고 나서 약 20일 전후로부터 5월까지라 할 수 있다. 이 시기엔 본격적으로 먹이활동을 하면서 살집을 불리는데 암컷의 경우 난소가 비대해지면서 꽃게 이상으로 인기가 좋다. 국내에선 암수 구분 없이 섞어서 판매되는 경향이 있지만, 일본에선 따로 구분해 암컷이 수컷보다 좀 더 비싸다. 산란은 포란기인 4~5월 사이이며, 이후 해저바닥의 모래를 파묻고 여름잠을 자다가 수온이 내려가는 겨울에 다시 활동하다 그물과 통발 잡혀 판매된다.

＋ 왕밤송이게와 털게의 차이

둘 다 십각목 털게과에 속하지만, 사진에서 보다시피 체형과 체색에서 많은 차이가 난다. 털게는 북방종으로 국내에서는 강원도 북부 지방을 비롯해 일본 홋카이도에 주로 서식하며 더 크게 자라는 종이고, 왕밤송이게는 남부 지방을 중심으로 서식한다.

≪ 털게

＋ 수게와 암게의 구별

다른 바닷게들도 배딱지 모양을 보고 구별하듯 왕밤송이게도 예외는 아니다. 다만, 모양을 미리 익혀두지 않으면 현장에서 헷갈릴 수 있다. 수컷은 뾰족하고, 암컷은 둥근 편인데 왕밤송이의 경우 완전히 둥글지 않고 수컷보다 조금 넓은 정도이다.

≪ 수컷 왕밤송이게　　　　≪ 암컷 왕밤송이게

고르는 법

겨울부터 봄 사이 온라인 쇼핑몰을 통해 판매되며, 주요 산지는 마산, 창원, 부산 일대 수산시장이다. 온라인 택배는 오는 동안 약 10~15% 정도의 수분 감량이 있을 수 있다. 활게로 유통되므로 가급적이면 다리가 다 붙어 있고, 껍데기는 깨지지 않아 외형상 문제가 없는 것을 고른다. 클수록 비싸고 상품성이 좋은데 이 경우 마리당 약 250g 정도로 1kg에 4~5마리가 들어가며, 작은 것은 7~8마리가 들어간다.

≪ 큰 것은 마리당 260g 정도 된다

이용

왕밤송이게는 별다른 조리 없이 간단히 찌기만 해도 맛이 좋다. 여기서 한국과 일본의 조리 방법이 다른데 한국은 찜기에 증기로 쪄내는 반면, 일본은 3%의 소금물에 게를 푹 담가 삶아 먹는다.

3~5월 사이 암게는 난소가 있어 인기가 좋다. 흔히 '알'이라고 하지만 알을 만드는 생식소로, 익으면 흡사 군밤 맛이 나는 듯 고소하다. 살은 꽃게보다 탄력이 있으면서 달고 감칠맛이 난다.

찜 외에 솥밥 같은 고급 음식으로도 이용된다. 내장은 꽃게보다 더 맛있다는 평가다. 밥에 비벼 먹거나 소스로 활용되며, 달걀찜에 넣기도 한다. 작은 것은 탕감이나 국물용으로 쓰는데 경남에서는 된장국에 넣어 먹기도 한다.

⌃ 왕밤송이게 찜

⌃ 3월에 맛본 찜은 장과 난소까지 있어 맛이 풍부하다

⌃ 수컷은 살이 가득 찼다

⌃ 암컷 왕밤송이게의 난소

⌃ 왕밤송이게 솥밥

⌃ 왕밤송이게 된장국

⌃ 살과 장, 난소를 이용한 플래터

칠게

분류	십각목 달랑게과
학명	*Macrophthalmus japonicus*
별칭	능쟁이, 서렁게, 설은게, 화랑게, 방게(X)
영명	Japanese ghost crab
일명	야마토오사가니(ヤマトオサガニ)
길이	갑폭 기준 약 3cm, 최대 약 4cm(수컷 기준)
분포	서해 및 남해, 동해 남부, 일본, 중국, 대만
제철	5~9월
이용	게장, 무침, 볶음, 탕, 튀김, 강정, 양념 조림

국내에선 충청남도와 전라도 해안가 및 기수역과 갯벌에 많이 서식한다. 칠게는 갯벌 생태계를 정화해주는 매우 중요한 역할을 한다. 물이 들 때는 갯벌에 구멍을 파고 숨어 있다가 물이 빠지면 올라와 규조류를 집어먹는다. 청각이 예민해 사람이 다가오면 멀리서도 알아차리고 곧장 갯벌 구멍으로 숨는다.

수게가 암게보다 크며, 번식기인 4~6월 사이에는 집게발을 치켜세우며 위로 들었다가 내리기를 반복하는 '웨이빙'(Waving) 동작을 취하는데 이는 암게로 하여금 자신의 존재와 강함을 알리기 위함이다. 산란은 지역에 따라 5~8월로 광범위하며 제철도 이 기간에 해당된다.

+ 암수 구분

암컷이 수컷보다 좀 더 작다. 꽃게와 마찬가지로 배딱지 모양으로 구별한다. 수컷은 뾰족한 모양이고, 암컷은 크게 반원을 그리며 둥근 모양을 하고 있어 쉽게

≪ 암컷(위), 수컷(아래)

구별된다. 또한 암컷의 집게발은 작고 다른 게와 비슷하게 생겼지만, 수컷의 집게발은 훨씬 크고 도드라지며 아래로 크게 휘어져 낫 모양을 한다.

+ 칠게와 비슷한 식용 바닷게

칠게와 많이 혼동되는 바닷게로 '무늬발게'(*Hemigrapsus sanguineus*)가 있다. 서식지도 칠게와 일부 겹치는 서해(충남)와 남해안(가덕도) 일대로 지역민들은 이 게를 '쫄장게', '빤재이'라 부른다. 칠게와 무늬발게의 가장 큰 차이는 눈의

≪ 무늬발게

위치와 무늬 여부로 알 수 있다. 칠게는 양 눈이 가깝게 모아졌고, 무늬발게는 멀리 떨어졌다. 또한 단색에 가까운 칠게와 달리 무늬발게는 등껍데기에 작고 어두운 반점이 촘촘하게 있으며, 이러한 점은 다리에 테비 무늬를 형성하고 있어 유심히 살피면 충분히 구별해 낼 수 있다. 두 종 모두 작은 바닷게로 조리법이 비슷하다.

이용

국내에서 가장 유명한 산지는 충청남도 일대와 전남 순천만 등이 있다. 근방의 시장은 물론, 온라인 쇼핑몰에서도 활게와 생물, 급랭으로 구분해서 구매할 수 있는데 활게는 주 시즌인 3월 중후순경부터 시작해 가을까지 판매될 확률이 높다. 크기가 작아 통째로 튀겨 먹거나 해물탕, 라면 등에 이용되기도 하며, 봄철 난소가 든 암게는 간장게장을 담가 먹는다. 이 시기에는 껍데기가 연해 튀겨먹기 좋은데, 한 차례 튀긴 것을 그냥 먹기도 하지만, 양념에 볶아내거나 강정처럼 만들어 반찬으로 먹는다.

≪ 칠게장   ≪ 칠게볶음   ≪ 칠게튀김

홍게

분류 십각목 물맞이게과
학명 *Chionoecetes japonicus*
별칭 붉은대게, 연안홍게, 근해홍게, 전방대게
영명 Red snow crab
일명 베니즈와이가니(ベニズワイガニ)
길이 갑장 및 갑폭 약 10~12cm,
　　　 최대 약 16~18cm (수컷 기준)
분포 동해, 일본 북부, 러시아,
제철 11~6월
이용 찜, 회, 탕, 튀김, 육수, 가공 및 통조림, 어묵

흔히 '붉은대게'라고도 부르며 국내에선 대게와 함께 동해에 널리 분포하는 바닷게이다. 대게보다는 좀 더 깊은 수심 400~2,700m의 진흙 또는 모랫바닥에 서식하며 좀 더 깊은 수심에 서식할수록 붉은색이 진하다. 이곳에서의 수온은 0.5~1도로 매우 차갑고 연중 비슷한 수온을 유지하고 있어서 성장 속도도 느리며 특별히 맛이 드는 제철의 개념도 희박하다. 또한, 홍게는 성장해서 알을 낳기까지 6~7년이 걸린다. 산란도 격년에 한 번이므로 번식력이 좋은 편은 아니다. 따라서 금어기를 비롯해 홍게 자원을 관리하는 법안들이 생겨나고 있다. 주요 산지는 속초를 비롯해 주문진, 울진, 포항 등으로 동해안 일대 수산시장과 횟집에서 볼 수 있다.

※ 홍게의 금어기는 7.10~8.25일까지로 암컷은 연중 포획 금지이다. 단, 강원연안자망은 6.1~7.10까지(2023년 수산자원관리법 기준)

+
홍게의 다양한 이름

연지홍게
'연지홍게'라는 별개의 종이 있는 것은 아니다. 홍게와 같은 종이다. 일반적인 서식지 수심은 1000m 전후지만 연지홍게는 말 그대로 연안에서 잡히는 홍게로 주로 수심 400~700m 사이에 분포한다. 때문에 색깔도 연하고 크기도 작다. 일각에선 '새끼 홍게'를 판다고 하지만, 반은 맞고 반은 틀리다. 연지홍게가 다 자라면 깊은 수심으로 들어가 우리가 아는 일반 홍게가 되는 것으로 생각하기 쉽지만, 실제론

⚠ 근해산 홍게

⚠ 연안산 홍게(일명 연지홍게)

⚠ 무게 약 220g인 연지홍게

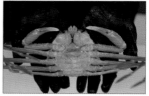
⚠ 연지홍게 뒷면

연안에서만 번식하는 독자적인 군집으로 봐야 한다는 시각이 우세하다. 그러니 연지홍게가 다 자라도 홍게만큼 크지 않으며, 이 안에서도 성체와 새끼가 섞여 있다. 다시 말해, 대체적인 평균 크기는 홍게보다 작지만, 연지홍게 중에서도 수율은 50%에서 90%대까지 다양하게 존재한다는 것이다. 크기도 100g 미만에서 300~400g까지 다양하다. 평균 200~300g 정도면 좋은 크기라 볼 수 있고 품질도 나쁘지 않다. 다만, 마리당 100g도 안 되는 연지홍게는 상품성이 떨어지는 만큼 헐값에 판매

되면서 남획이 우려되는 것도 사실이다. 보통은 저렴하게 구매해 찜으로 먹다가 실망하거나 육수나 국물용으로 쓰이는 것이 현실이다. 따라서 연지홍게를 구매하더라도 최소 200g이 넘는 성체를 구매하는 편이 맛과 품질면에서 안정적이며, 판매자와 소비자 모두 만족할 수 있다.

참고로 홍게는 2023년 기준으로 최소포획금지체장이 여전히 마련되지 않은 상황이다. 연지홍게의 과도한 남획은 결국 연안에 서식하는 홍게 자원의 씨를 말리게 될 것이다. 지금이라도 홍게 자원을 보호하기 위한 수산자원관리법 강화가 필요해 보인다.

박달연지홍게
연지홍게 중에서도 수율 90% 이상을 가리키는 신조어다.

박달홍게
박달대게와 박달홍게의 공통점은 탈피 횟수를 많이 거친 나이 많은 게라는 점이다. 보통 대게와 홍게는 일 년에 한 두 차례 허물을 벗고 새 옷을 갈아입는다. 그때마다 몸집은 점점 커지는데, 홍게는 암수마다 차이는 있지만 최소 10~11회 이상 탈피하는 것으로 알려졌으며, 수명도 10년 이상으로 추정하고 있다. 탈피를 많이 거치면서 껍데기는 더욱 단단해지고 몸집이 크며 살도 꽉 찬 최상급 품질에 '박달'이란 말이 붙는다. 대게의 경우 지역에서 인증하는 탭을 붙여 판매하기도 하지만 박달홍게는 박달대게를 따라 만든 단어로 박달을 판정할 만한 공식 기준이 없다.

⌃ 러시아산 박달홍게

⌃ 러시아산 홍게의 특징인 녹장

또한, 러시아산 홍게가 산발적으로 수입돼 유통되고 있다. 국산 홍게와 같은 종이지만, 크기 면에서 국산 홍게를 압도하여 '타이탄 홍게'라 부르기도 한다. 개체별 차이는 있지만, 대체로 수율이 좋고 짠 맛이 덜하며, 살이 달고 크림같이 부드러운 녹장 맛이 일품이다.

전방대게
홍게는 붉은대게란 말로 불려지기도 한다. 일각에선 홍게를 대게처럼 보이기 위한 상술이 아니냐고 하지만, 사실 홍게는 대게에서 분화된 종이므로 붉은대게라고 불러도 틀린 말은 아니다. 여기서 전방대게란 말이 나오는데 강원도 최북단 고성 앞바다에서만 잡히는 크고 살 수율이 높은 홍게를 의미한다. 가격도 대게 이상으로 비싸기 때문에 일각에선 이름을 만들어가면서 상술을 부린다는 곱지 않은 시선이 있다. 이는 홍게가 대게보다 저렴하고 맛도 덜하다는 인식에서 비롯되기에 '전방대게'와 '붉은대게' 같은 명칭 논란은 앞으로도 계속 이어질 전망이다.

조업 방식에 따른 이름
통발로 잡는 홍게를 '통발홍게', 그물로 잡는 홍게를 '그물홍게'로 부른다. 새우나 게와 같은 갑각류는 상처를 내지 않고 싱싱하게 살려올 수 있는 통발 조업을 제일로 치며, 가격도 비싸다.

지역에 따른 이름

속초 홍게, 주문진 홍게, 울진 홍게, 구룡포 홍게 등이 있는데 모두 해당 지역명을 따서 붙인 이름일 뿐 특정 종을 지칭하는 것은 아니다.

고르는 법

온라인에선 선단을 직접 운영하는 산지 직송 쇼핑몰을 이용하되 후기와 평판이 좋은 곳을 골라 이용한다. 이런 곳은 고객과의 신뢰도가 중요하므로 저품질 홍게를 함부로 판매하지 않는다. 두 번째는 산지 수산시장에서 구매하거나 횟집에서 먹는 방법이 있다. 구매 전에는 수율과 장 상태를 물어보는 등 업체의 양심과 단골집 재량에 맡기는 것이 좋지만, 직접 고르겠다면 아래의 내용을 숙지하는 것을 권한다.

⋀ 기포기 거품(상단)으로 산소 공급 받는 홍게들

1. 수조속 홍게는 반드시 살아있는 것을 고르고, 대야에 담긴 것은 기포기로 산소 공급이 되고 있는지를 확인한다.
2. 거꾸로 들었을 때 다리가 처지는 것은 피하고, 집게발을 치켜 세우거나 다리를 활발하게 움직이는 것이 좋다.
3. 가장 가느다란 새끼 다리를 제하고 전부 붙어있는지 확인하고, 껍데기나 관절 부분이 깨지거나 구멍 난 것이 없는지 확인한다.
4. 배딱지는 초콜릿에 가까울 만큼 검고 진한 붉은색이 좋다. 반대로 밝거나 허여멀그레 하면 피하는게 좋다. 마찬가지로 다리 또한 붉고 진한 색깔이 좋다.

⋀ 너무 저렴한 것은 상품성이 떨어지기 때문에 특별히 라면이나 육수용이 아니라면 구매에 신중할 필요가 있다

⋀ 위보다 아래가 더 좋은 품질

+
홍게
맛있게 찌고
먹는 방법

1. 기절 및 해감하기

홍게를 찌기 전에는 칼이나 젓가락으로 입을 찔러 짠물을 어느 정도 빼주는 것이 좋다. 이 작업이 어렵다면, 수돗물에 10~15분간 담가둔다. 물에 담가 둘 때는 입을 아래쪽으로 향하게 한다.

⋀ 입에 칼을 찌른다

2. 찜통에 찌기

증기로만 쪄야 하므로 물이 찜기 위로 넘치지 않게 물의 양을 조절한다. 중요한 것은 처음부터 넣고 찌는 것이 아니라 물이 끓을 때 넣고 찌는 것이다. 물이 끓으면 홍게를 넣고 약 15~20분간 찌고, 불을 끈 후 5분 정도 뜸을 들인다.

⋀ 옆으로 젖힌다

찜기에 놓을 때는 대게와 반대로 등딱지를 위로 가게 해
야 한다. 그래야 짠물은 아래로 빠지면서 장이 몽글몽글
하게 살 속으로 잘 배어든다. 반대로 배를 위로 가게 해서
찌면 어떻게 될까? 홍게는 체내에 바닷물을 많이 품고 있
어서 그 물이 그대로 장과 함께 고이게 된다.

다리는 양손으로 잡고 비튼다. 관절이 아닌 관절에서 약
1cm 떨어진 지점을 살짝 꺾어 겉에만 균열을 내어 당기
면 살과 껍질이 쉽게 분리된다. 단, 이 방법은 홍게 수율
이 80% 이하일 때 적합하다. 80% 이상이면 껍질 양쪽을
가위로 오려내듯 제거하는 것이 좋다.

≫ 물기 없이 장이 몽글몽글 뭉쳐있으면 성공이다

다리를 반만 부러트려 당긴다는 느낌으로 한다 ≫

이용

주로 쪄 먹거나 삶아 먹는다. 게장은 긁
어모았다가 게장비빔밥이나 볶음밥으
로 먹으면 맛있다. 작은 홍게는 홍게 라면과 어묵용 육수 내
기에 쓰이고, 나머지는 다양한 가공식품과 통조림, 어묵 등
에 쓰인다.

≫ 홍게찜

≫ 홍게 라면

≫ 홍게 내장 볶음밥

≫ 손질한 모습

tip. 살아있는 홍게를 택배로 받으면 박스 바닥에 검은 액체가 흥건한 경우가 있는데, 이는 게가 썩
은 것이 아니라 체내의 불순물과 장을 토해낸 것이다. 홍게는 2~5℃ 정도의 찬 바닷물에 서식
해 이보다 높은 온도에서는 검은 장을 토해내는 습성이 있다.

각시수랑 | 수랑

△ 시장에서 판매되는 각시수랑(안면도 백사장항)

분류	신복족목 물레고둥과
학명	*Volutharpa ampullacea perryi*
별칭	코고동, 장화고동, 타래고동, 서해 골뱅이
영명	Ample fragile buccinum
일명	모스소가이(モスソガイ)
각장	각장 약 4~6cm
분포	충청남도를 비롯한 우리나라 전 해역, 일본, 베링해
제철	3~8월
이용	숙회, 찜, 탕, 무침, 구이, 조림, 통조림

복족류에 속한 식용 패류로 우리나라 서해(충남) 일대에서 많이 어획되며, 남해와 동해 남부권에서도 잡힌다. 위험을 느끼면 몸에서 엄청나게 많은 점액질을 분비하는데 마치 콧물 같다고 해서 코고동이라 불려졌다. 이른 봄부터 여름까지 제철이나 사실 연중 어획되며, 맛의 차이도 크지 않다.

이용

주요 산지는 안면도를 비롯한 충청남도권이다. 이 일대 수산시장에서는 산채로 판매되며, 인터넷은 급랭과 자숙 형태로 판매된다. 가격이 저렴해 인기가 있고, 서해 골뱅이라 불리며 여타 골뱅이류와 비슷하게 이용된다. 주로 삶거나 쪄먹고, 파채와 양념에 버무려 골뱅이 무침을 해 먹는다. 그 외에 된장찌개, 해물탕, 구이로도 이용된다.

△ 서해 골뱅이 무침

수랑

알록달록 범무늬가 특징이다

분류	신복족목 물레고둥과
학명	*Babylonia japonica*
별칭	범고동, 범고둥
영명	Japanese babylon
일명	바이(バイ)
길이	각장 6~8cm
분포	포항을 비롯한 우리나라 전 해역, 일본, 동남아시아 등
제철	3~8월
이용	숙회, 찜, 탕, 무침, 구이, 조림

호피처럼 보이는 얼룩얼룩한 껍데기 무늬 때문에 '범고동'(범고둥)으로 많이 불린다. 무늬가 예뻐 공예품으로 사용되기도 한다. 동해의 다른 고둥류와 달리 조간대 수심인 10~20m의 진흙 바닥에 파묻고 살

며, 수관만 내놓고 있다가 해양 생물의 사체나 썩은 고기 등에서 나는 냄새를 맡으면 뜯어 먹으려고 모인다. 이러한 습성을 이용해 통발에 고기 조각이나 물고기를 놓아 잡기도 한다. 산란기는 6~8월로 알려졌고, 제철은 봄부터 여름이지만 가을까지도 이용된다. 주요 산지는 포항을 비롯해 동해 남부이며, 남해와 서해안 일대에도 서식한다.

이용
여타 골뱅이류에 비해 가격이 저렴하다. 시장에는 주로 살아있는 상태로 판매되며, 온라인 쇼핑몰에선 급랭이 흔하다. 이용은 골뱅이류와 같다. 산 것은 회로 먹거나 간단히 삶거나 쪄먹는다. 한번 삶아 골뱅이 무침 하듯 양념에 무치기도 하며, 화로에 구워 먹기도 한다. 내장은 독이 없어 물레고둥(백골뱅이)와 마찬가지로 통째로 먹는데 날로 먹기보단 익혀 먹는 것이 안전하다.

≪ 수랑회

갈색띠매물고둥

분류	신복족목 물레고둥과
학명	*Neptunea cumingii*
별칭	삐뚤이소라, 삐뚜리, 참소라
영명	Ezoneptune shell
일명	초센보라(チョウセンボラ)
길이	각고 약 9~12㎝
분포	우리나라 전 해역, 발해만, 일본, 중국 등 북태평양 해역
제철	연중
이용	숙회, 구이, 볶음, 무침, 탕

≪ 싱싱하게 판매되는 일명 삐뚤이소라
(노량진 수산시장)

국내에선 주로 동해와 서해 및 남해안 일대 시장에서 흔히 볼 수 있는 복족류이다. 흔히 '삐뚤이소라'라 부르며, 동해에선 '참소라'로 부르는 경향이 있다. 육식성 고둥류로 산란은 3~4월 사이이며, 사계절 내내 잡혀 유통되므로 제철이 불분명하긴 하지만 특히 봄과 가을 두 차례에 많이 이용된다.

+
독성
내장은 익혀 먹는 것이 안전하다. 갈색띠매물고둥은 육을 갈랐을 때 나오는 흰색 덩어리에 '테트라민'이라는 신경독이 약하게 분포하고 있다. 이 덩어리를 '타액선'(동해안에서는 골이나 귀청으로 부른다)이라 부르는데 본종을 기준으로 성인 1인당 10개 이상 먹게 될 경우 어지러움과 매스꺼움, 멀미 증상이 나타날 수 있다.
내장은 크게 먹을 수 있는 부위와 먹을 수 없는 부위로 나뉜다.

먹을 수 없는 부위

녹색이라 쓸개라 불리지만 실제로는 효소 분비로 소화를 돕는 기관 중 하나인 중장선(간췌장)과 간 정체이다. 이들 기관은 광감작을 일으키는 독성 및 소화효소로 인해 다량 섭취시 여러 부작용을 유발할 수 있다.

먹을 수 있는 부위

흔히 '똥'이라 부르지만, 실제로는 생식소로 익힌 것은 식용 가능하다.

❰ 육을 반으로 가르면

❰ 타액선(흰 덩어리)이 나온다

❰ 흰색의 반투명한 젤리는 간정체이고 녹색은 간췌장이다

❰ 맨 끝에 돌돌 말린 것은 생식소이다

고르는 법

산지 시장은 물론, 대형 수산시장과 온라인 쇼핑몰에서 흔히 구매할 수 있다. 대부분 산채로 판매되며, 진액이 나오지 않고 살을 건드렸을 때 움직이는 것을 고르면 된다.

이용

주로 찌거나 삶아서 초고추장에 찍어 먹는다. 식감과 감칠맛이 좋아 골뱅이처럼 양념에 무쳐 먹기도 하며, 석쇠에 구워 먹거나 탕으로도 이용된다. 살아있는 것은 회로도 이용되는데 손질 시 미끌미끌한 점액질을 분비하므로 패각을 제거하면 굵은 소금으로 문질러 헹궈내는 것이 좋다.

❰ 주로 삶아 먹는다

❰ 삐뚤이소라 숙회

강굴

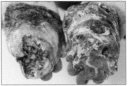

분류 익각목 굴과
학명 *Crassostrea ariakensis*
별칭 벚굴, 갯굴, 벗굴, 퍽굴
영명 Densely lamellated oyster
일명 스미노에가키(ス ミ ノ エ ガ キ)
길이 각장 약 13~25cm
분포 남해, 일본 중부이남, 중국 연안, 홍콩 및
대만을 비롯한 남중국해, 말레이시아

제철 2~4월
이용 회, 구이, 튀김, 전, 찜, 죽, 탕

⟰ 강굴의 앞뒤면

벚꽃이 필 무렵에 나는 굴이라 해서 '벚굴', 강에서 나는 굴이라 하여 '강굴'이라 부른다. 국내에선 전라
남도 광양의 망덕포구와 경상도 하동의 신월포구, 그리고 섬진강 하구 유역이 주산지이다. 제철은 2~4
월로 이 시기에는 강굴 채취가 활발해 산지 재래시장은 물론, 온라인 쇼핑몰에서도 판매된다. 바닷물
과 민물이 오가는 기수역의 바위에 붙어 사는 대형 굴로 수십 개의 방사상 주름과 소나무 껍질 모양의
각피가 발달했다. 산란기는 5~8월인데 참굴과 달리 안에서 부화시켜 새끼(유생)를 낳는 난태생이다.

＋ **일본에선** **멸종위기종**	강굴은 한국과 일본 모두 매우 제한적인 서식지를 가지면서 환경 변화에 민감하고, 수요 증가로 인한 남획이 우려되면서 보호 관찰종으로 지정할 필요가 있다. 한 예로 일본에선 본종이 활발히 거래됐던 지역인 구마모토, 사가현, 나가사키현이 둘러싼 '아리아케해'에서 해마다 개체수가 감소해 이제 더는 찾아볼 수 없게 되었다.
＋ **기생충과** **식중독의** **위험성**	강굴은 담수와 해수가 섞이는 강 하구에서 자라기 때문에 일각에선 담수 기반 기생충인 간디스토마와 해수 박테리아의 일종인 비브리오균에 취약할 것 같지만 이는 사실이 아니다. 디스토마는 염도에 약해 해수가 섞이는 기수역에는 활발하게 활동하기 어렵다. 장염 비브리오를 비롯해 패혈증을 일으키는 불니피쿠스 균은 수온 18~20도 이상일 때 활성화되는데 강굴의 채취 시기는 3~4월로 아직은 수온이

찰 때다. 따라서 강굴을 생식하다가 간디스토마나 비브리오균에 감염될 확률은 매우 낮다. 다만, 산
발적으로 노로바이러스에 감염되기도 하니 위생이 검증된 판매처를 이용하고, 되도록 익혀 먹는다.

이용

참굴에 비해 크기가 월등히 커서 다양한 요리에 쓰인다. 일반적으로 생식(회)하
는데 바다에서 나는 굴과 달리 특유의 향과 비린 맛이 적고, 짠맛도 덜한 편이다.
식감은 촉촉하고 부드러우면서 단맛과 감칠맛이 좋다. 생식은 주로 초고추장과 살균 효과가 있는 와사
비, 레몬즙 등을 곁들이는데 기호에 따라 마늘과 고추, 묵은지, 쪽파와 통깨, 핫소스 등을 곁들여 먹기
도 한다. 통째로 석쇠에 굽거나 찜으로도 이용하며, 튀김, 굴전, 굴국 등 다양하게 활용한다.

⟰ 강굴회

⟰ 강굴찜

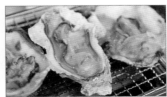

⟰ 강굴 구이

개량조개

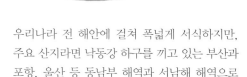
촘촘한 빗살무늬가
특징인 개량조개

분류 백합목 개량조개과
학명 *Mactra chinensis*
별칭 갈미조개, 노랑조개, 명주조개, 명지조개, 해방조개, 밀조개
영명 Hen clam / Sunray surf clam
일명 바카가이(バカガイ)
길이 각장 약 5~10cm
분포 낙동강 하구를 비롯한 동해 남부, 서해 및 서남해,
발해만, 일본, 사할린, 오호츠크해, 동중국해, 대만
제철 1~4월
이용 찜, 탕, 구이, 볶음, 샤브샤브

우리나라 전 해안에 걸쳐 폭넓게 서식하지만, 주요 산지라면 낙동강 하구를 끼고 있는 부산과 포항, 울산 등 동남부 해역과 서남해 해역으로 나뉜다. 민물과 바닷물이 만나는 기수역의 고운 모래에 파고 들어가 살며, 서해안 일대 해변가에서도 흔히 발견된다. 수온과 환경 변화에 민감한 조개로 최근 낙동강 하구에 서식하는 군집은 환경오염과 무분별한 남획으로 채취량이 줄고 있어 자원 유지 및 보호가 시급하다.

일본의 것은 북해도에서 규슈에 이르기까지 남북으로 폭넓게 분포하기 때문에 같은 개량조개라도 '북방산'과 '남방산'으로 구분한다. 북방산은 각장의 길이가 10cm에 이를 만큼 대형이며 살은 연노랑색을 띤다. 반면, 남방산으로 갈수록 작으며 조갯살이 붉다. 국내에 자생하는 개량조개는 그 중간 크기인 5~6cm 내외이며 살은 노랗다. 주 산란기는 5~6월이며 제철은 그 직전인 봄에 소진된다.

고르는 법

주요 산지는 강원도 최북단인 고성을 비롯해 포항, 부산(명지), 그리고 전라남도와 충청남도 일대이다. 활조개로 유통되지만, 조갯살만 까서 판매하기도 한다. 직접 고를 때는 기본적으로 큰 것이 좋다. 껍데기는 깨지지 않고 닫혀있는 것이 좋다. 살짝 벌어진 것은 괜찮지만, 많이 벌어진 것은 냄새가 나는지 확인 후 조리 전에 선별한다. 특히, 악취가 나는 것이 섞이지 않도록 주의해야 음식을 망치지 않는다. 또한, 개량조개는 단시간에 해감이 어렵다. 판매처에서 3~4일간 충분히 해감 된 것인지 확인하고 구매하는 것도 중요하다.

☆ 살아있는 개량조개는 입을 다물거나 살짝 벌리고 있다

이용

가볍게 쪄 먹으면 즙을 머금고 있어서 조개 본연의 맛을 느끼기에 좋다. 시원한 맛이 뛰어나 탕으로도 이용되며, 샤브샤브용으로도 훌륭하다. 부산 명지에서는 솥뚜껑 위에 삼겹살과 콩나물 무침, 조갯살을 얹어 굽거나 볶아 먹는 갈삼구이가 유명하다.

☆ 개량조개 찜

☆ 갈삼구이

☆ 갈삼구이는 쌈채에 조개와 콩나물, 삼겹살 등을 싸먹는다

거북손

분류 완흉목 거북손과
학명 *Pollicipes mitella*
별칭 거북다리, 부채손, 검정발, 보찰
영명 Barnacle, Common stalked barnacle
일명 카메노테(カメノテ)
길이 약 3~6cm, 최대 8cm
분포 우리나라 전 해역, 일본, 동중국해,
　　　 말레이반도를 비롯한 서태평양
제철 5~9월
이용 찜, 무침, 찌개, 탕, 죽, 부침

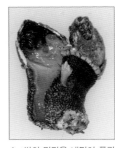

≪ 6쌍의 만각을 내밀어 플랑
크톤을 걸러 먹는다

국내에선 어느 해역이든 발견되지만, 담수 영향이 적은 먼바다 도서 지역일수록 거북손의 군집이 많이 확인된다. 주로 햇볕이 잘 드는 섬의 동남쪽 갯바위에서 많이 확인되며, 간조 때 드러나는 갯바위보다 조금 더 낮은 조하대와 바위틈에서 볼 수 있다. 거북손은 따개비와 흡사한 만각류로 90년대만 해도 생소한 식재료였으나 TV 예능프로그램을 통해 알려지면서 지금은 인터넷 쇼핑몰과 선술집에서도 판매할 만큼 그 맛이 입소문을 통해 빠르게 확산되고 있다.

유생 때는 바다를 떠돌다가 어느 순간 바위에 붙어 평생을 한 자리에서 정착하는데 이때 6쌍의 만각을 이용해 지나가는 플랑크톤을 잡아 먹는다. 암수 생식기가 모두 달린 자웅동체지만, 혼자서는 산란하기 어려워 바로 옆 개체에다 기다란 산란관을 주입해 수정시킨다. 산란은 5~8월 사이이고, 산란을 준비하는 이때가 가장 맛이 좋아 제철로 여기지만, 실제론 한겨울에 먹어도 맛이 크게 떨어지지 않는다. 다만, 채취량은 봄~여름 사이에 많아지니 이때가 거북손을 먹기에 적합한 시기이고, 그 외엔 냉동으로 판매되는 편이다.

이용

거북손에서 먹을 수 있는 부분은 기다란 자루 모양의 속살이다. 정작 거북손에 해당하는 딱딱한 껍데기와 그 속에 있는 다리(만각) 및 내장은 먹지 않는다.

품질은 클수록 좋고, 얼리지 않은 생물일수록 맛도 뛰어나지만 수산시장에서 어쩌다 판매되는 물량이 아니면 구하기 어렵다. 보통은 직접 캐서 먹거나, 인터넷 쇼핑몰을 통해 구매한 것을 이용한다.

세척은 흐르는 물에 솔로 문질러 씻은 다음 솥에 넣고 8~10분 정도 삶으면 된다. 기다란 자루는 마치 뱀 껍질처럼 되어 있는데 손으로 쉽게 까진다. 연보라빛 속살은 적당히 짭조름하면서도 감칠맛이 풍부하다. 그 맛은 흡사 조개나

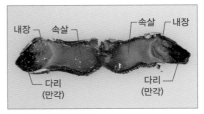

≪ 자루 속 속살만 먹는다

≪ 쇼핑몰에서 구매한 냉동 거북손

≪ 거북손 찜

대개살, 오징어 향까지 더한 느낌이다. 간단한 찜 외에도 된장찌개나 해물탕 등 국물 요리에 쓰이며, 바지락과 함께 부침개나 해물파전을 만들어도 맛이 있다. 스페인에서는 '페르세베'로 불리며 매우 값비싼 고급 식재료이다. 속살은 '숙신산'이라는 성분이 함유돼 피로회복

⊼ 흡사 조개와 대게살, 오징어 맛이 난다　⊼ 거북손 부침개

에 좋으며 간 기능 회복에도 효과적이다. 하지만 너무 많이 먹는 것은 금물이다. 여름~가을 사이에는 일부 지역, 일부 개체에 한해 설사성 패류 독소를 함유할 가능성이 있다. 먹어도 해는 없지만, 많이 먹게 되면 하룻밤 설사로 고생할 수 있다.

군소

분류	무순목 군소과
학명	*Aplysia kurodai*
별칭	군수, 굴맹이, 물토새기, 바다 달팽이, 바다 토끼
영명	Sea hare
일명	아메후라시(アメフラシ)
길이	15~40cm
분포	우리나라 전 해역, 일본, 중국을 비롯한 서부태평양
제철	3~6월
이용	회, 숙회, 건어물

배를 이용해 기어 다니기 때문에 연체동물 복족류에 속하나 껍데기가 없는 민달팽이와 비슷하게 생겨 '바다 달팽이'라 부른다. 또한, 머리 쪽 한 쌍의 더듬이가 마치 토끼의 귀 처럼 생겼다고 해서 '바다 토끼'라 부르기도 하며, 제주도에선 비슷한 의미로 '물토새기'라 부른다. 이 외에도 경남에선 '군수', 전라도에선 '굴맹이' 등으로 불리는 등 다양한 이름이 있다. 주요 산지는 전라남도 일대 섬부터 경상도 및 포항에 이르기까지 중남부에 몰려 있어 군소가 따뜻한 바닷물에 분포하고 있음을 알 수 있다.

군소는 초식성으로 조간대 얕은 바다에서 미역, 다시마, 파래를 비롯한 각종 해조류를 갉아먹으며 성장한다. 특히, 수온이 따뜻해지는 여름부터는 자기 몸집을 짧은 기간 동안 크게 불리므로 이 시기가 곧 제철이 된다. 주요 산란은 봄부터 초여름에 집중되나 수온이 뒤늦게 오르는 동해 중부는 6~7월로 늦어지는 경향이 있고, 겨울에도 산란하는 개체가 발견되어 사실상 연중 이뤄진다고 봐도 무방하다. 알은 개체 당 약 1억 개를 낳기 때문에 여기서 태어난 군소가 다시 산란한다면 군소만으로 지구 전체를 2m의 두께로 채워진다는 우스갯 소리가 있다. 하지만 군소가 낳은 알은 여러 해양 생물의 먹잇감으로 대부분 사라진다.

**군소의
먹물과 독성**

군소는 산란기인 5~7월경 알과 내장을 비롯해 위협을 받으면 뿜어내는 보라색 먹물까지도 독성을 품고 있다. 이 독은 '디아실헥사디실글리세롤'과 '아플리시아닌'이란 물질로 되어 있다. 군소의 알과 내장을 먹고 발생한 환자의 증상은 급성 두드러기 및 혈관부종, 간염을 유발하며 증상으로는 구토와 복통, 현기증, 황달 현상으로 나타난다. 이 독성은 군소를 익혀도 사라지지 않으므로 알과 내장, 먹물을 반드시 제거해 흐르는 물에 여러 차례 씻은 뒤 식용해야 한다.

︽ 군소가 뿜어낸 먹물

참고로 국내에는 군소 외에도 말군소(*Aplysia juliana*), 검은테군소(*Aplysia japonica*), 안경무늬군소(*Aplysia oculifera*), 큰안경무늬군소(*Aplysia argus*), 가시군소(*Brusatella leachii*), 원뿔군소(*Dolabella auricularia*) 등이 분포하는데 이중 가장 크게 자라는 것이 군소이자 유일한 식용 종이다.

이용

군소가 많이 잡히는 전라남도 소안도에선 갓 잡은 군소를 회로 먹는 문화가 있다. 맛보다는 씹는 식감과 바다향에 약간의 쌉싸레한 해초향이 특징으로 이곳 주민들에겐 별미로 통한다. 하지

︽ 건어물로 판매되는 군소

︽ 군소 숙회

만 가장 일반적인 조리법은 삶아서 숙회로 먹는 것이다. 삶으면 원래 크기의 1/5로 줄어들며, 참기름장과 초고추장에 찍어 먹는다. 맛은 스펀지를 씹는 독특한 식감과 쓴맛에 특유의 풍미가 있어 호불호가 갈리기도 한다.

긴고둥 | 큰긴뿔고둥, 꼬리긴뿔고둥

분류 신복족목 긴고둥과
학명 *Fusinus perplexus*
별칭 촛대고둥, 비녀고둥, 빨간고둥, 빨간고동, 고추고둥 고추고동
영명 Perplexed spindle shel
일명 나가니시(ナガニシ)
길이 각고 10~17cm
분포 서해를 제외한 우리나라 전 해역, 일본 북부 이남, 인도, 호주 북부
제철 12~4월
이용 회, 숙회, 무침, 구이

우리나라 전 해역에 서식한다고 나와 있지만, 서해안 일대에서 채집되는 경우는 흔치 않다. 주요산지는 거제도, 통영을 비롯해 동해 남부이다. 제철은 늦가을부터 시작해 봄까지 이어지며 산지 시장은 물론, 인터넷 쇼핑몰에서도 간간이 판매되고 있다. 시장에선 촛대고둥을 비롯해 다양한 이름으로 불린다.

큰긴뿔고둥

분류 신복족목 긴고둥과
학명 *Fusinus forceps*
별칭 촛대고둥, 비녀고둥, 빨간고둥, 빨간고동, 고추고둥 고추고동
영명 Forceps spindle
일명 이토마키나가니시(イトマキナガニシ)
길이 각고 14~21cm
분포 동해와 남해, 일본 중부 이남, 남중국해, 베트남, 필리핀,
인도네시아, 파푸아뉴기니, 호주 북부
제철 12~4월
이용 회, 숙회, 무침, 구이

⋀ 큰긴뿔고둥의 빨간 속살

동해를 비롯해 남해안 일대에서 볼 수 있는 대형 육식성 고
둥류이다. 주요 산지는 거제도를 비롯해 통영, 삼천포로 이
일대 수산시장과 횟집에서 맛볼 수 있다. 제철에는 온라인
쇼핑몰에서도 한시적으로 판매되기도 한다.

긴고둥과 함께 살이 붉다는 공통점이 있지만, 평균 길이는
긴고둥보다 약간 더 긴 편이며, 패각의 입구가 타원형인 긴
고둥, 꼬리긴뿔고둥과 달리 원형에 가깝다. 또한, 패각에 울
퉁불퉁한 요철이 두드러지는 긴고둥과 달리 밋밋한 편이며,

⋀ 긴고둥과 큰긴뿔고둥이 섞여서 판매된다.

전반적으로 굵고 촘촘한 나륵이 특징이다. 살아있을 때는 녹갈색의 각피로 덮여서 체색도 녹갈색으로
보일 때가 많다.

시장에서는 형태가 유사한 긴고둥, 꼬리긴뿔고둥과 함께 구분없이 판매되며 '촛대고둥', '비녀고둥', '빨
간고동', '고추고둥' 정도로 불린다.

꼬리긴뿔고둥

분류 신복족목 긴고둥과
학명 *Fusinus longicaudus*
별칭 촛대고둥, 비녀고둥, 빨간고둥, 빨간고동,
고추고둥 고추고동
영명 Long-tailed spindle
일명 하시나가니시(ハシナガニシ)
길이 각고 16~22cm
분포 동해와 남해, 일본 북부 이남, 필리핀,
인도네시아를 비롯한 열대 및 아열대 해역
제철 12~4월
이용 회, 숙회, 무침, 구이

긴고둥과 큰긴뿔고둥보다 드물게 어획되며, 이중에선 가장 긴 수관을 가진 난류성 고둥류이다. 다른
긴고둥과와 구분 없이 판매된다.

<table>
<tr><td>**+**
긴고둥과의
독성</td><td>긴고둥, 큰긴뿔고둥, 꼬리긴뿔고둥은 모두 테트
라민 신경독이 있는 타액선이 들어있다. 때문에
회로 이용하기 위해선 패각을 깨부수고 살덩어리
를 반으로 갈라 타액선 덩어리를 제거해야 한다.</td></tr>
</table>

타액선 덩어리는 다른 고둥류와 달리 짙은 갈색의 지방종처럼 생겼
다. 테트라민 신경독은 수용성으로 물에 잘 녹아든다. 통째로 삶게
되면 물에 녹아든 테트라민이 다시 살로 스며들 수 있으므로 증기
로 쪄먹는 것이 낫지만, 해당 종들은 찜이나 데쳐서 숙회로 먹기보
단 생식하는 것이 맛있다. 내장은 맵고 쓴 맛이 나므로 익혀서도 먹
지 않는다.

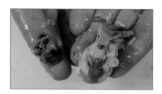
≪ 긴고둥과의 타액선 덩어리(왼쪽)

≪ 내장(왼쪽)과 살(오른쪽)

이용

긴고둥과에 속한
고둥류는 내장을
먹지 않으며 오로지 살만 식용한다. 주
로 삶거나 쪄먹기보단 회로 먹었을 때가
가장 맛있다. 살은 단맛이 나고, 오독오
독 씹히는 느낌도 유별나게 좋지만, 열
에 익히면 이러한 장점이 사라진다. 단

≪ 큰긴뿔고둥 회

≪ 아삭아삭 꼬득꼬득 씹히는 식감이 독
특하다

순히 초고추장이나 간장, 와사비를 곁들여 먹기도 하지만, 을지로의 골뱅이 무침처럼 파채와 함께 무
쳐내면 술안주로 좋다.

동죽

분류	백합목 개량조개과
학명	*Mactra veneriformis*
별칭	물총, 물총조개, 동조개, 고막
영명	Veneriformis
일명	시오후키가이(シオフキガイ)
길이	각장 약 3~5cm
분포	서해와 남해, 일본 중부이남, 중국
제철	2~5월
이용	찜, 탕, 칼국수, 무침, 젓갈, 구이, 전

≪ 해변가에서 캔 싱싱한 동죽과 맛조개

동해를 제외한 우리나라 전 해역의 모래 및 진흙에 많이 서식하는 대표적인 패류다. 서식지 환경에 따
라 개체 변이가 있다. 어두운 색깔의 진흙에 서식하는 동죽은 검고 진한 황갈색의 외피가 발달한 반면,

해변가나 모래에 서식하는 동죽은 주로 회백색을 띤다. 동심원 모양으로 검은 띠나 황갈색 띠가 둘러진 것은 나이테로 동죽의 나이를 나타낸다. 바지락과 함께 치패를 뿌려 관리되는 형식으로 양식이 되는 주요 패류이자 식용 가치가 높은 조개이다.

고르는 법

시중에 판매되는 동죽은 대부분 국산이다. 재래시장과 대형마트는 물론, 온라인 쇼핑몰에서도 흔히 판매한다. 동죽을 고를 때에는 건드렸을 때 입을 다무는 것을 일 순위로 고른다. 껍질에 구멍이 뚫린 것은 고둥이 속살을 파먹은 것이므로 피하는 게 좋다.

+ 동죽의 해감

백합과 바지락과 달리 해감하는 데 시간이 다소 걸리는 조개다. 시중에 판매되는 것은 일정 시간 해감이 끝난 상품을 팔지만, 해변가에서 직접 캔 동죽은 최소 1~2일간 해감해줄 필요가 있다. 해감은 서식지 환경과 가장 가까울수록 좋다. 동죽을 캔 지역의 바닷물도 같이 가져와 담가놓는다. 검은 천이나 비닐을 덮어 어둡게 해준 다음, 직사광선이 비치지 않는 서늘한 곳에 두면 된다. 이때 중요한 것은 철망 등을 이용해 동죽을 바닥에서 띄우는 것이다.

≪ 조개를 바닥에 닿지 않게 해서 해감한다

유기물과 모래를 뱉어낸 동죽이 다시 그것을 빨아들이지 않게 하기 위함이다. 구리나 철로 된 동전이나 숟가락, 포크 등을 넣어주면 화학작용으로 좀 더 빨리 해감된다.

이용

먹는 방법은 바지락과 크게 다르지 않다. 가장 간단하면서도 조개 자체의 맛을 품고 있는 찜을 비롯해 조개탕, 동죽 칼국수 등 국물 요리에 잘 어울린다. 조갯살만 빼내 젓갈을 담그거나 전이나 부침개를 만들기도 하며, 채소와 함께 초무침을 무치기도 한다. 또한, 바비큐를 하다 남은 잔열에 구워 먹거나 봉골레 파스타에 이용하기도 한다. 맛은 바지락보다 좀 더 통통하면서 씹는 맛이 좋지만, 해감이 제대로 안 된 것은 모래가 씹히기도 한다. 산란기인 6~8을 제하면 연중 이용되지만, 산란 직전인 봄이 가장 맛있다.

≪ 바지락(왼쪽)과 동죽(오른쪽)

≪ 즉석에서 구워먹는 동죽

≪ 동죽 파스타

두드럭고둥

분류 신복족목 뿔소라과
학명 *Reishia bronni*
별칭 매운고둥, 매콤이고둥, 맵고동
영명 Bronn's dogwhelk
일명 레이시가이(レイシガイ)
길이 각고 3~5cm(최대 약 7cm)
분포 우리나라 전 해역, 일본, 중국, 대만을 비롯한 서부태평양의 온대 및 아열대 해역
제철 3~7월
이용 숙회, 무침, 죽, 탕, 튀김

봄부터 초봄 사이 짝짓기 및 산란을 하는 소형 고둥류이다. 바닷물이 드나드는 조간대에서 물에 잠기는 조하대 바위에 붙어 살며, 근처에 있는 따개비 같은 부착생물이나 움직임이 느린 고둥류에 구멍을 뚫고 육질을 섭식한다. 이러한 이유로 굴 양식장에 피해를 입히기도 하며, '오이스터드릴'이라 불리기도 한다.

이용

내장이 특이하게도 알싸하면서 매콤한 맛을 내서 '매운고둥', '매콤이고둥' 등으로도 불린다. 여타 고둥류와는 달리 독이 없어 통째로 삶아 먹으며, 무쳐 먹거나 탕에 넣고 끓이거나 혹은 죽을 쑤어 먹기도 한다. 일본에선 튀겨 먹기도 하지만, 우리나라는 단순히 삶은 그대로의 맛을 즐기는 형태가 인기가 있다.

≪ 데친 두드럭고둥 숙회

떡조개

분류 진판새목 백합과
학명 *Phacosoma japonica*
별칭 흰조개, 마당조개, 나박조개, 삐쭉이조개
영명 Japanese dosinia
일명 카가미가이(カガミガイ)
길이 6~8cm
분포 우리나라 전 해역, 일본,
제철 3~5월, 9~11월
이용 찜, 탕, 구이, 찌개

≪ 직접 캔 떡조개는 해감이 매우 어렵다

서해와 남해안 일대에서 흔히 볼 수 있는 중형 패류로 해안가에 흔히 자생한다. 서식지 환경에 따라 흰색에서 연노랑, 연파랑 등이 섞인 색으로 다양하게 나타난다. 산란기는 6~8월로 알려졌고, 그 이전인 봄과 산란을 마치고 난 가을이 제철이다. 제주도에서 '떡조개'라 불리는 것은 해당 종이 아닌 '오분자기'를 가리키는 것이므로 혼동하지 않아야 한다.

동해안 일대에서 채취되고 있는 '비늘백합'(*Mercenaria stimpsoni*)과 모양이 유사한데 지역민들은 비늘백합을 '돌조개'라 부르고, 일부 상인들은 '떡조개'라 부르기도 한다. 하지만 떡조개와 비늘백합(돌조개)은 다른 종이므로 헷갈리지 말아야 한다.

떡조개는 꽃삽 하나면 서해안 일대 해수욕장에서 어렵지 않게 잡을 수 있지만, 기본적으로 개흙을 많이 품고 있어서 해감이 어렵다. 이 때문에 해루질러들 사이에선 천대받는 조개이기도 하다.

+
떡조개의
해감과 보관

국내에서는 강원도를 비롯해 남해안과 서해안 일대 시장에서 흔히 판매되며, 수조에서 며칠에 걸쳐 충분히 해감한 것을 구매하면 된다. 직접 캔 것은 산소 공급이 되는 수조에서 며칠에 걸쳐 해감해야 하므로 개인이 하기에는 쉽지 않다. 이 경우 차라리 한 차례 삶고 나서 모래주머니를 제거하는 것이 좋다.

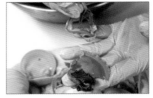
⌃ 날갯살을 분리하고 내장과 모래주머니를 제거한다

1. 냄비에 물이 끓으면 떡조개를 넣고 2~3분간 삶는다.
2. 껍데기에서 살을 분리한다.
3. 촉수 다리를 잡아 당겨 날갯살을 분리한 뒤 내장과 까만 모래주머니를 제거한다.
4. 살만 모아 흐르는 물에 살살 씻고 채반에 건진다.
5. 조갯살은 비닐에 담고 좀 전에 끓여서 만든 조개 육수를 부어 묶는다. 육수를 부을 때는 바닥에 깔린 모래가 들어가지 않도록 윗물만 떠서 붓는다.

⌃ 한차례 씻은 조갯살은 육수와 함께 담아 밀봉 후 보관한다

6. 이렇게 하면 수돗물에 헹궜어도 육수에 담가진 채로 보관되기 때문에 맛이 빠지지 않는다. 소분해서 냉동실에 보관하고 필요할 때마다 꺼내 먹는다.

이용

해감이 된 떡조개는 찜과 구이, 탕에 쓰인다. 조금만 끓여도 국물이 진하게 우러나 맛이 있지만, 너무 오래 끓이면 조갯살이 질겨지니 주의한다. 조갯살만 모아다 초무침이나 전, 부침개를 해도 좋고, 순두부찌개나 된장찌개에 이용해도 좋다.

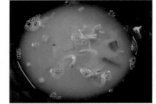
⌃ 떡조개탕

⌃ 떡조개 초무침

맛조개 | 대맛조개, 가리맛조개, 돼지가리맛

분류 백합목 죽합과
학명 *Solen strictus*
별칭 죽합, 참맛, 개맛
영명 Jackknife clam
일명 마테가이(マテガイ)
길이 각장 약 10~15cm
분포 서해 및 서남해, 일본, 대만, 중국
제철 10~5월
이용 구이, 탕, 무침, 찜, 파스타, 볶음

국내에서 맛조개 최대 산지는 순천만을 비롯해 서해 및 서남해 일대 갯벌과 모래이다. 바닷물이 드나드는 조간대 진흙 바닥에 구멍을 뚫고 약 30~40cm 정도 들어간 다음 세로로 세운 형태로 숨어 있다가 물이 들어오면 구멍 밖으로 수관을 내밀어 여과 섭식을 한다. 국내에선 6~7월 사이 산란하는데 산란철을 제하면 연중 맛이 있지만, 산란 전인 봄에 살이 통통히 올라 맛이 좋다.

+ 맛조개잡이

본종은 생산량이 적어 흔히 유통되지 않는다. 때문에 맛조개는 직접 캐서 먹는 경우가 많다. 특히, 아이들을 위한 갯벌 체험으로 맛조개잡이를 많이 한다. 진입은 사리 물

≪ 해변에서 갓 캔 맛조개

때에 하고, 주간에 물이 최대로 빠진 간조에서 약 2시간 전부터 시작하는데, 포인트는 서해와 서남해 일대 해수욕장이며 좌우측 갯바위와 인접한 모래에 많이 발견된다.
맛조개잡이는 구멍을 찾아내는 것이 관건이다. 꽃삽을 이용해 표면으로부터 약 1~3cm 정도만 파내면 타원형의 구멍이 발견되는데 이때 맛소금이나 소금물을 뿌리면 갑자기 높아진 염도에 화들짝 놀란 맛조개가 구멍 위로 올라온다. 조개껍데기가 모습을 보여도 바로 잡으면 놓치기 때문에 약 1/3 가량 올라올 때까지 인내심을 가지고 기다리다가 손으로 힘껏 잡아당긴다.

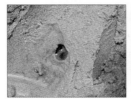

≪ 맛조개 숨구멍

≪ 이때 잡으면 십중팔구 놓칠 확률이 높다

≪ 좀 더 위로 솟으면

≪ 힘주어 잡아 뽑는다

+ 맛소금에 대한 오해

일각에선 맛소금에 화학물질이 들어 있어서 갯벌 생태계를 망가트린다고 하는데 이는 사실이 아니다. 맛소금은 사탕수수를 발효해서 만든 인공조미료이다. 90%가 소금(염화나트륨)으로 바닷물과 같은 성분이다. 나머지 제조사마다 차이는 있으나 약 9.6~9.9%는 L-글루탐산 나트륨으로 이 역시 표고버섯이나 다시마에 들어 있는 감칠맛 성분과 동일하다. 나머지 0.1%는 5'-리보뉴클레오티드 나트륨 또는 5'-이노신산이나트륨, 5'구아닐산이나트륨 등으로 구성된다. 따라서 자연계에 존재하는 성분으로 구성된 맛소금이 화학성분으로 인해 바다 생태계를 망친다는 것은 어불성설이다.

대맛조개

분류	백합목 죽합과
학명	*Solen grandis*
별칭	대맛
영명	Grand jecknife clam
일명	오오마테가이(オオマテガイ)
길이	각장 약 12~17cm
분포	우리나라 전 해역, 발해만, 일본, 중국, 대만을 비롯한 동남아시아 해역 일대
제철	10~5월
이용	구이, 탕, 무침, 찜

⋀ 시장에 판매되는 대맛조개(3월 주문 진 풍물시장)

국내에 서식하는 죽합과 중 대형이며 상업적 가치가 높은 종이다. 서해 태안반도를 비롯해 우리나라 전 연안에 서식한다. 산란은 맛조개와 마찬가지로 6~7월이며, 이 시기를 제하면 맛이 있지만, 시장과 인터넷 쇼핑몰에선 산란 직전 살이 가장 오른 봄에 주로 판매된다. 맛조개와 차이점은 껍데기가 크고 두꺼울 뿐 아니라 살 수율 또한 좋아 바비큐 구이용으로 선호된다. 패각의 입구로 삐져나온 살은 맛조개와 달리 적갈색의 빗살무늬가 촘촘히 그어져 있다는 점이 특징이다.

가리맛조개

분류	백합목 작두콩가리맛조개과
학명	*Sinonovacula constricta*
별칭	맛조개, 맛살, 맛살조개
영명	Chinese razor clam, Constricted tagelus
일명	아게마키가이(アゲマキガイ)
길이	각장 약 8~10cm
분포	서해와 남해, 일본, 중국
제철	5~9월
이용	구이, 탕, 무침, 찜

국내에는 서해 및 서남해 조간대 갯벌에 서식하는 종으로 맛조개 종류 중에선 가장 생산량이 많으며 시장에서도 쉽게 구매할 수 있어 접근성이 좋다. 흔히 '맛살', '맛조개'라 불리는 것은 대게 이 종을 가리킬 때가 많다. 맛조개, 대맛조개와 달리 널찍한 타원형의 형태를 가지고 있으며 가장자리는 황갈색, 가운데는 흰색을 띤다. 또한, 다른 맛조개 종류와 달리 산란기는 늦가을인 10~11월 경으로 제철은 늦봄부터 시작해 여름 내내 이어진다는 점도 특징이다. 중국에선 대량 양식하며 상업적 가치가 높다.

돼지가리맛

분류	백합목 발가리맛조개과
학명	*Solecurtus divaricatus*
별칭	홍맛조개, 홍맛, 갈맛, 갈맛조개, 참맛
영명	Divaricata solecurtus
일명	키누타아게마키(キヌタアゲマキ)
길이	각장 약 7~8cm
분포	서해와 남해, 제주도, 일본, 대만
제철	5~9월
이용	구이, 탕, 무침, 찜, 찌개

돼지가리맛은 앞뒤로 크게 삐져나온 살이 통통해서 '돼지'란 이름을 붙인 것으로 추정된다. 그만큼 살 수율도 다른 맛조개에 비해 매우 높은 편이라 할 수 있다. 전반적인 형태와 색은 가리맛조개와 비슷하나 각장 길이는 더 짧고 널찍한 형태다. 중심부에서 방사형으로 진 주름도 특징이다. 살은 붉은빛이 돌아 '홍맛', '홍맛조개'라 부른다. 국내 최대 산지는 충청남도 태안과 비인만, 새만금 일대 연안이고, 남해 미조와 거제도, 제주도에도 서식한다. 썰물 때 드러나는 모래에서부터 수심 15m 이내로 서식하는데 간조를 전후로 약 1~2시간에만 잡을 수 있으며, 생산량도 많지 않아 현지에서 대부분 소진된다. 이르면 12월부터 시작해 봄까지 잡는다. 다른 맛조개와 달리 살이 부드럽고 단맛이 도드라진다. 이 때문에 해루질러들에겐 인기 있는 대상종이기도 하나 난이도는 무척 어렵다. 구멍을 찾아내어 소금을 뿌려 잡는 맛조개와 달리 맛쏘시개나 쇠스랑이로 깊숙이 넣어 단번에 퍼올려야 잡을 수 있다. 생산량이 적어 대부분 해루질러들이 직접 잡아 소진하며, 충남 서천과 태안 일대 시장에서 한시적으로 판매되기도 한다.

이용

맛조개류는 전량 자연산에 의존하기 때문에 대량으로 유통되지 않는다. 이용은 간단히 찌거나 데쳐먹고, 술찜으로도 맛이 있다. 숯불이나 그릴에 구워먹기도 하며, 해물탕, 라면, 된장찌개 등 각종 찌개와 탕에 넣어 먹기도 한다. 유럽에선 파스타 재료로 선호되며, 달군 팬에 올리브오일을 두르고 소금, 후추로만 간해서 센불에 볶아 먹기도 한다.

⌃ 주로 구워먹거나 볶아 먹는다

⌃ 맛조개 파스타

⌃ 맛조개 탕

멍게 | 붉은멍게, 끈멍게

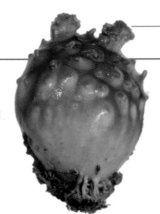

분류 측성해초목 멍게과
학명 *Halocynthia roretzi*
별칭 우렁쉥이, 꽃멍게, 참멍게, 뿔멍게, 민둥멍게
영명 Sea squirt
일명 마보야(マボヤ), 호야(ホヤ)
길이 각장 12~18㎝
분포 우리나라 전 해역, 일본 중부 이북, 중국
제철 3~7월
이용 회, 물회, 덮밥, 젓갈, 무침, 탕, 구이, 전

⬆ 입수공(위)과 출수공(아래)

⬆ 왼쪽부터 멍게 끈멍게 붉은멍게

멍게류는 크게 단체와 군체로 나뉜다. 단체는 우리가 흔히 식용하는 '멍게'처럼 단독으로 살아가는 형태이고, 군체는 무성생식으로 개체 수를 늘리면서 여러 마리가 서로 연결된 형태로 살아간다. 이러한 멍게류는 유령멍게를 비롯해 우리나라에만 약 70여종이 분포하는 것으로 알려졌으나 흔히 식용하는 것은 멍게와 붉은멍게(비단멍게), 끈멍게(돌멍게) 등이 있다. 이 중에서도 멍게는 과거 표준명이 '우렁쉥이'였지만 방언인 '멍게'로 더 많이 불려져 현재는 둘 다 복수 표준명이 되었다. 자웅동체로 비교적 얕은 바다의 암초에 붙어 살고, 입수공으로 바닷물을 빨아들여 산소 호흡을 하고, 각종 유기물과 플랑크톤을 걸러 먹는다. 장을 거치고 나온 찌꺼기는 출수공을 통해 배출된다. 두 돌기 중 (+) 모양이 입수공이고 (−) 모양이 출수공이다.

멍게와 미더덕에서 나는 휘발성의 독특한 맛은 '신티올'(cynthiol)이란 성분 때문인데, 특히 수온이 오르는 4~6월 사이에는 글리코겐 함량이 많아져 봄부터 여름 사이가 맛이 가장 강해 제철이라 할 수 있다. 멍게는 전 세계적으로 한국을 비롯해 일본, 프랑스, 칠레 등에서 식용하고 있다. 특히, 우리나라가 본격적으로 식용하기 시작한 때는 한국전쟁 이후였지만, 대량 양식이 되기 전인 80년대까지는 무척 귀했다. 자연산 멍게의 어획량은 1977년 이후 어획량이 줄고 있다.

+
양식과
자연산
멍게의 차이

멍게의 보편화는 대량 양식이 되고 나서부터지만, 지금도 동해와 남해안 일대 시장에선 해녀나 머구리가 채취한 자연산 멍게를 맛볼 수 있다. 이 둘의 외형적

⬆ 자연산 멍게(주문진)

⬆ 뿌리에 석회 조각들이 덕지덕지 붙어 있다

차이는 첫 번째 크기에 있다. 자연산이 양식 멍게보다 크기가 들쭉날쭉하며, 평균 크기는 좀 더 큰 편이다. 두 번째는 뿔이다. 자연산 멍게는 소위 '뿔멍게'라 불리는 통영의 양식 멍게보다도 뿔이 크고 굵다. 세 번째는 색깔이다. 자연산이 양식보다 좀 더 진하고 검붉은 색에 가깝다.

네 번째는 뿌리에 있다. 양식 멍게는 뿌리가 깔끔하지만, 자연산 멍게는 암초에 뿌리를 박고 살아서 석회 조각들이 덕지덕지 붙어 있다. 마지막으로 맛은 기본적으로 차이가 많지 않다. 맛은 먹잇감과 서식지 환경에 따라 차이가 나기 마련인데 적어도 양식이 이뤄지는 근방의 수심이라면 모두 조수에

떠밀려 내려오는 유기물과 플랑크톤을 섭취하는 것이므로 특별히 자연산이 맛있다고 보기 어렵다. 다만, 자연산 멍게 중에는 먼바다 깊은 수심대에 서식하는 개체도 있으므로 이들이 먹는 먹잇감에 따라 양식 멍게와는 다른 미묘한 맛의 차이는 있을 수 있다.

+ 양식 멍게

지금은 남해안과 동해안 일대에서 대량으로 양식 되며 또 일본 미야기현을 비롯해 북해도에서도 수 입되고 있다. 우선 통영산 멍게는 이르면 1월 말부 터 출하해 여름까지 이어지고, 동해산 멍게는 그보다 늦은 11월까지 이어지기도 한다. 매해 상황은 다르지만, 국내 양식 멍게가 출하되 지 않는 한겨울엔 주로 일본산 멍게가 유통된다. 맛은 통영산이 낫 고 일본산은 국산 멍게보다 덜한 편이며, 때에 따라선 특유의 쓴맛 이 나기도 한다.

≪ 통영산 양식 멍게

+ 국산 멍게와 일본산 멍게의 구별

국산 통영산 멍게는 흔히 '뿔멍게'라고 해서 뿔이 두드러지고 형태도 원형에 가깝다. 반면에 일본 산 멍게는 고구마 형태이며, 뿔도 위쪽에만 있다. 하지만 이러한 구별법이 늘 맞는 것은 아니다. 동 해산 양식 멍게 또한 일본산과 비슷한 특징을 가 지고 있어 혼동하기 쉽다. 다만, 동해산 양식 멍게는 서울 및 수도 권과 서해안 일대 시장을 장악할 만큼의 유통량은 아니다. 그러므 로 이 일대 시장에서 양식 멍게의 출하가 잘 이뤄지지 않는 늦가을 ~겨울에 고구마 형태의 멍게가 보인다면 일본산일 확률이 높다.

≪ 일본산(왼쪽)과 동해산(오른쪽) 양식 멍게

고르는 법

멍게는 붉은색이 진하고 (자연산은 검붉다) 눌렀 을 때 단단하며, 크고 원형에 가까운 것이 좋다. 또한 뿔멍게라 할 만큼 뿔이 크고 도드지게 솟은 것이 좋다. 수조 밖에 꺼내져 있거나 오래된 것은 붉은색이 진해지기보다는 빛깔이 죽고 어 두워지므로 이런 것은 피한다. 시장에선 kg단위로 판매되는데 멍게를 이루는 성분은 대부분 수분이므로 물 무게가 상당수 차지하고 있음을 염두에 둔다.

≪ 고구마형보단 원형에 뿔 많은 것이 좋다

+ 뿔멍게와 민둥멍게

멍게는 생산지에 따라 뿔멍게와 민 둥멍게가 있다. 이는 종의 구분이 아닌 생김새에 따른 구분이다. 다 그런 것은 아니지만, 통영산 양식 멍게가 원형에 뿔이 많고, 동해산은

≪ 뿔멍게와 민둥멍게

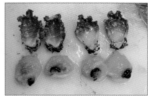
≪ 왼쪽 두개는 뿔멍게, 오른쪽 두개는 민둥멍게

뿔이 적은 편이다. 또한 같은 통영산에서도 뿔이 많은 뿔멍게와 뿔이 적은 민둥멍게가 존재한다. 이 둘은 형태적 차이 외에도 미묘하게나마 수율의 차이가 있다. 껍데기를 까보면 뿔멍게가 좀 더 안으로 깊숙이 패인 형태인 만큼 살 수율이 좋고, 민둥멍게는 그보다 덜하다. 하지만 유의미할 만큼의 차이는 아니다.

＋
**멍게의
검은 속살은
무엇일까?**

우리가 먹는 멍게의 노란 속살은 대부분 아가미와 아가미주머니로 형성돼 있다. 두 번째로 큰 면적을 차지하는 것이 멍게의 검은 살인데 이는 소화를 돕는 기관인 '중장선'(간췌장)이다. 멍게의 중장선은 먹어도 상관없다. 그 외 심장과 난소, 작은 소화 기관들이 출수공으로 연결돼 있는데 우리는 이런 것을 따로 구분하거나 제거하지 않고 통째로 식용했거나, 혹은 소화된 찌꺼기와 뻘만 제거해 먹기도 했다.

≪ 멍게의 중장선

＋
**멍게에도
기생충이
있을까?**

기본적으로 멍게에는 기생충이 보고되거나 이로 인한 감염 사례를 찾아보기 어렵다. 다만, 멍게의 입수공과 출수공에는 양식, 자연산 할 것 없이 옆새우가 종종 발견된다. 옆새우는 작은 새우류로 우리에게 해를 끼치지 않는다. 횟집 중에서는 멍게의 돌기(입, 출수공)를 빨아먹으라며 껍질째 살려내기도 하는데 이 경우 자주 발견된다.

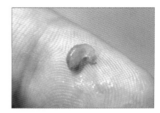
≪ 멍게에 기생하는 옆새우

붉은멍게

분류	강세목 멍게과
학명	*Halocynthia aurantium*
별칭	비단멍게
영명	Sea Peach
일명	아까보야(アカボヤ)
길이	각장 14~20㎝
분포	동해, 일본 북부, 오호츠크해, 알래스카, 북아메리카 근해
제철	4~9월
이용	회, 무침, 젓갈, 탕, 화장품

≪ 가끔씩 판매되는 붉은멍게(서울 노량진 수산시장)

멍게보다 진한 붉은색이고 표면은 뿔이 없어 매끈해 흔히 '비단멍게'라 부른다. 맛과 향은 비슷하나 멍게보단 부드러우면서 잘근잘근 씹는 섬유질의 식감이 조금 더 도드라진다. 날이 따뜻해지는 봄부터 가을 사이, 동해안 일대 해안가 포구와 수산시장에서 볼 수 있는데 전량 자연산으로 멍게보다 비싸다. 항균 성분이 강해 아토피에 효과가 있다는 말이 있다. 최근에는 붉은멍게에서 추출한 '슈덴'(Pseudane)이 피부 미용과 항주름 개선이 효과가 있다고 알려지면서 화장품의 주요 성분으로 개발되고 있다.

끈멍게

분류	측성해초목 멍게과
학명	*Pyura vittata*
별칭	돌멍게
영명	false sea squirt
일명	카라스보야(カラスボヤ)
길이	각장 8~12㎝
분포	한국의 전 해역, 일본, 북서아프리카, 북아메리카, 서인도, 북서태평양
제철	연중
이용	회

⚠ 시장에 판매되는 끈멍게(서울 노량진 수산시장)

⚠ 끈멍게의 속살

주로 '돌멍게'라고 불린다. 전량 자연산이며, 주황색과 붉은색을 띠는 여타 멍게류와 달리 속살이 희거나 밝은 노란색이다. 잠수부에 의해 채취되는데 생산량과 시즌이 일정치 않고 산발적으로 유통된다. 제철은 가을~겨울로 알려졌지만 사실상 연중이라 보아도 무방하다.

멍게류 중 수분이 많고 특유의 쌉싸래한 맛과 향이 으뜸이며 가격도 비싼 편이다. 그와 동시에 껍질이 두꺼워 실수율은 떨어지는 편이다. 반으로 가른 끈멍게는 속살만 빼서 먹은 뒤 남은 껍질은 술잔으로 쓰인다.

이용

신선한 멍게는 곧바로 손질해 회로 이용되며 주로 초고추장에 찍어먹는다. 멍게의 특유한 맛은 신티올 성분 때문으로, 숙취 해소에 좋고 인슐린 분비를 촉진한다. 거제도와 통영에선 멍게회를 이용해 물회와 비빔밥으로 이용하는데 멍게비빔밥은 이 지역의 명물이기도 하다. 이 외에도 젓갈과 양념무침이 유명하며, 굽거나 찌거나 전을 부쳐 먹는 등 요리의 쓰임새에는 제한이 없지만 대부분은 회로 이용된다.

⚠ 자연산 멍게회

⚠ 양식 멍게회

⚠ 물회 재료로도 인기가 있다

⚠ 멍게젓

141

물레고둥 | 고운띠물레고둥, 깊은골둥근물레고둥, 깊은골물레고둥

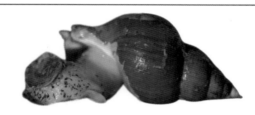

분류 신복족목 물레고둥과
학명 *Buccinum striatissimum*
별칭 골뱅이, 백골뱅이, 백고둥, 참골뱅이, 참고둥
영명 Finely-striate buccinum
일명 엣츄우바이(エッチュウバイ)
길이 각고 5~15cm(최대 약 22cm)
분포 동해, 일본을 비롯한 북태평양
제철 연중
이용 회, 숙회, 물회, 찜, 무침, 구이, 탕, 튀김, 죽

동해안 일대에서 '백골뱅이', '참골뱅이'라 부른다면 대개 이 종을 뜻한다. 동해 앞바다 수심 200~600m 사이 저질에 서식한다. 산란은 6~7월로 추정되며, 이 시기를 포함해 4~10월 사이 통발로 어획된다. 맛은 시기를 크게 타지 않지만, 봄~여름에 어획량이 많아 가격이 저렴하고, 홍게와 오징어 조업으로 전환되는 10~11월부터 초봄까지는 어획량이 떨어져 가격이 오르는 편이다. 회는 늦가을~초봄의 것이 맛있다. 다른 대형 고둥류와 달리 테트라민 신경독이 거의 없다. 따라서 본종은 내장까지 통째로 이용되는 편이다.

이용

동해안 일대에서 나는 모든 고둥류 중 명주매물고둥과 더불어 가장 맛이 좋고, 가격도 비싸다. 최근 몇 년간 남획으로 인해 해마다 어획량이 줄고 있다. 살아있는 것은 패각을 깨트려 살만 발라내고 소금에 문질러 점액질을 제거한 뒤 회로 먹는다. 이 외에 한차례 삶아 골뱅이 무침과 골뱅이탕, 구이 등으로 이용된다. 그랬을 때 적당히 씹히는 식감과 감칠맛, 여기에 회는 단맛이 강하며, 탕은 육수 맛도 좋아 남녀노소 누구에게나 호불호가 적고 사랑받는다.

가장 인기가 있는 음식은 역시 매콤달콤하게 무친 골뱅이무침이다. 각종 채소에 버무려 소면과 함께 내면 이만한 술안주가 없다. 세계적으로 물레고둥을 식용하는 국가는 우리나라와 일본, 동남아 일부 국가뿐이다. 본 종을 떠나서 고둥류 전체로 확대해서 보면 우리나라가 전 세계 생산량의 90% 이상을 소비하고 있다. 최근에는 영국이나 터키로부터 적잖은 고둥류를 수입해 먹고 있다.

고운띠물레고둥

분류 신복족목 물레고둥과
학명 *Buccinum bayani*
별칭 나이롱골뱅이, 황골뱅이, 황고둥, 참골뱅이(X), 백골뱅이(X)
영명 Bayani whelk, Kaga whelk

일명 카가바이(カガバイ)
길이 각고 7~15cm(최대 약 22cm)
분포 동해, 일본, 사할린을 비롯한 북태평양
제철 연중
이용 회, 숙회, 물회, 찜, 무침, 구이, 탕, 튀김, 죽

패각은 전체적으로 얇고 옅은 황갈색의 각피로 덮여 있다. 동해안 일대 수심 200~1,000m 사이 저질에 서식하며, 주변 환경과 수심에 따라 밝은 황색에서 짙은 황색에 이르기까지 색이 다양하다. 연중 통발로 조업되며 특히, 겨울~봄 사이에 많이 유통된다. 물레고둥과 마찬가지로 이용되며, 독성이 거의 없어 내장째 먹어도 된다.

깊은골등근물레고둥

분류 신복족목 물레고둥과
학명 *Buccinum kushiroensis*
별칭 황골뱅이, 황고둥, 나이롱골뱅이, 참골뱅이(X), 백골뱅이(X)
영명 True whelk
일명 쿠시로에조바이(クシロエゾバイ)
길이 각고 7~15cm(최대 약 20cm)
분포 동해, 일본을 비롯한 북태평양
제철 연중
이용 회, 숙회, 물회, 찜, 무침, 구이, 탕, 죽

패각은 황색이며 미세한 잔털이 전체를 덮고 있다. 하단부는 깊은골물레고둥처럼 검게 나타난다. 우리나라에선 동해 깊은 수심대에 통발로 조업되는데 고운띠물레고둥과 마찬가지로 '황고둥', ' 황골뱅이'라 불리지만, 일부 상인은 물레고둥(백골뱅이)과 구분하지 않고 백골뱅이라는 이름으로 판매하기도 한다. 이용은 물레고둥과 같지만, 패각이 매우 약해 잘 깨지므로 취급과 배송에 주의해야 한다. 테트라민 독이 거의 없어 내장째 통째로 먹는다.

깊은골물레고둥

분류 신복족목 물레고둥과
학명 *Buccinum tsubai*
별칭 흑골뱅이, 흑고둥, 논골뱅이, 똥골뱅이, 유동골뱅이
영명 True whelk
일명 츠바이(ツバイ)
길이 각고 5~10cm(최대 약 15cm)
분포 서해, 동해, 일본을 비롯한 북태평양
제철 연중
이용 회, 숙회, 물회, 찜, 무침, 구이, 탕, 통조림

물레고둥과에 속한 다른 고둥류와 달리 패각은 검은색에 가깝다. 주로 100~700m 사이 저질에 서식하는데 동해뿐 아니라 서해에서도 조업되고 있다. 앞서 소개한 종들 중 생산량이 가장 많고 흔하다. 흔히 '골뱅이', '유동골뱅이'라 한다면 이 종을 의미할 정도로 대중적으로 이용되고 그만큼 가격도 합리적이다. 지금이야 수입산 골뱅이가 우리 식탁을 점령한

⟪ 일명 흑골뱅이 숙회

지 오래지만, 본종의 경우 1960년대 서울 을지로 골목을 중심으로 골뱅이무침이 전파되기 시작하면서 대중화되었다. 다른 고둥류와는 비교가 안 될 만큼 압도적인 생산량을 바탕으로 통조림에 사용된 것이 본 종이다.
연중 생산되지만, 가을부터 봄 사이 가장 많이 유통된다. 테트라민 신경독이 없으므로 내장째 통째로 먹기 좋다.

고르는 법

물레고둥류에 속한 종류는 껍질이 약하고 깨지기 쉽다. 특히, 황골뱅이, 나이롱골뱅이라 불리는 종들은 구멍이 잘 나고, 쉽게 파손되는데 이때 깨진 파편이 살 속에 박힐 수도 있으니 세척을 꼼꼼히 해야 한다. 고를 땐 손을 댔을 때 살이 움직이는 것이 좋고, 진액이 적게 나오며, 껍데기는 윤기가 나는 것이 좋다. 가격은 클수록 비싸며 수율도 좋다. 이들 종 중 가격이 가장 비싼 물레고둥(백골뱅이)을 고를 땐 유사종이 둔갑한 것은 아닌지 아래 내용을 참고해 살핀다.

⚞ 깨지거나 진액이 많이 흐르는 것은 피한다
(사진은 물레고둥)

+ 물레고둥, 고운띠물레고둥, 깊은골둥근물레고둥, 깊은골물레고둥의 형태적 차이

본 종들을 쉽게 구분하기 위해 각각 백골뱅이, 나이롱골뱅이, 황골뱅이, 흑골뱅이 정도로 표기하였다. 이들 종은 생김새가 유사해 상인들조차도 헷갈리고 있다. 문제는 이들 종을 가장 고급 종인 백골뱅이란 이름으로 판매하거나 심지어 악의적으로 둔갑하기도 한다는 것이다. 이에 아래 도표를 통해 세 종에 대한 차이를 상세히 알아본다.

⚞ 시장에서 판매되는 다양한 고둥류(주문진 어민시장)

⚞ 흑골뱅이를 백골뱅이로 파는 상황은 쉽게 볼 수 있다

명칭	백골뱅이	나이롱골뱅이	황골뱅이	흑골뱅이
체색	소형은 살구색, 대형은 회황색에 맨 하단은 각피가 벗겨져 흰색	백골뱅이와 거의 유사하나 빛깔이 조금 더 어둡다.	황색이며 맨 하단부는 검다	어두운 황갈색에 하단은 검고, 맨 아랫단은 각피가 벗겨져 흰색
무늬	엷고 촘촘한 세로줄무늬	엷고 촘촘한 세로줄무늬에 조밀하고 미세한 가로주름(나륵)이 두드러짐	패각 전체에 황색의 잔털이 조밀하게 나있다.	엷고 촘촘한 가로세로 주름이 매우 조밀하다
크기	중형 (약 10cm 내외)	대형 (약 12cm 내외)	대형 (약 12cm 내외)	소형 (약 8cm 내외)
패각의 강도	중간	매우 약함	매우 약함	약함
가격	비싼 가격 (kg당 3만 원 내외)	중간 가격 (kg당 2만 원 내외)	중간 가격 (kg당 2만 원 내외)	저렴한 가격 (kg당 1만 원 내외)

∧ 어두운 체색을 가진 물레고둥(백골뱅이)　　∧ 밝은 체색을 가진 물레고둥(백골뱅이)

∧ 고운띠물레고둥(나이롱골뱅이)　　∧ 깊은골동근물레고둥(황골뱅이), 맨오른　　∧ 깊은골물레고둥(흑골뱅이)
　　　　　　　　　　　　　　　　　　　쪽은 물레고둥

+
복족류의
독성 분포

대형 고둥류에는 대부분 타액선(침샘)이라는 기관을 가지고 있는데 여기에는 '테트라메틸암모늄'(Tetramethylammonium, 이하 테트라민)이라는 신경 독소 물질을 가지고 있다. 고둥류는 이러한 기관을 이용해 포식자나 먹잇감을 마비시킨다. 일반적으로 성인 한 사람이 테트라민에 중독되는 양은 대략 50~350mg/g으로 이는 개인 체질에 따라 차이가 있다. 한 예로 '관절매물고둥(전복소라)'에는 약 10mg 이하의 테트라민이 들어 있어서 체질에 따라 5개만 먹어도 중독되는가 하면, 사람에 따라 10개 이상을 먹어야 중독되기도 한다. 반면, 테트라민 함량이 매우 높은 '조각매물고둥(대나팔소라)'의 경우 단 한두 개만 먹어도 중독되기도 하니 반드시 타액선을 제거해야 한다. 반대로 타액선을 가지고 있지만 테트라민 함량이 매우 낮거나 아예 없어서 통째로 식용 가능한 고둥류도 있다.

1. 타액선을 제거해야 하는 고둥류

명칭	테트라민 함량	명칭	테트라민 함량
피뿔고둥(참소라)	낮음	굵은띠매물고둥(심해대왕소라)	매우 높음
갈색띠매물고둥(삐뚤이)	중간	콩깍지고둥(털뱅이)	매우 높음
관절매물고둥(전복소라)	높음	호리호리털골뱅이(털골뱅이)	매우 높음
명주매물고둥(나발고동)	매우 높음	긴고둥, 큰긴뿔고둥, 꼬리긴뿔고둥	높음
조각매물고둥(대나팔소라)	매우 높음	털탑고둥(털고둥)	높음

2. 타액선 제거 없이 먹어도 되는 고둥류

명칭	테트라민 함량	명칭	테트라민 함량
세고리물레고둥(밀고둥)	없음	물레고둥(백골뱅이)	매우 낮음
각시수랑(코고동)	없음	고운띠물레고둥(황골뱅이)	매우 낮음
수랑(범고동)	없음	깊은골둥근물레고둥(황골뱅이)	매우 낮음
소라(뿔소라)	없음	깊은골물레고둥(흑골뱅이)	매우 낮음
납작소라(해방소라)	없음	두드럭고둥(맵싸리), 대수리, 보말고둥을 비롯한 소형 고둥류	없음
큰구슬우렁	없음		

미더덕

분류 측성해초목 미더덕과
학명 *Styela clava Herdman*
별칭 참미더덕
영명 Warty sea squirt, Stalked sea squirt
일명 에보야(エボヤ)
길이 약 6~12cm
분포 우리나라 전 해역, 일본, 시베리아 연안
제철 2~5월
이용 찜, 탕, 회, 국, 비빔밥

딱딱한 돌기에 입수공과
출수공이 나란히 붙어 있다

︽ 시장에서 판매되는 싱싱한 미더덕
(서울 노량진 수산시장)

미더덕은 바다에서 나는 더덕과 같다고 하여 물을 의미하는 옛 말인 '미(水)'에 '더덕'을 붙여 '미더덕'이라 부른 것이다. 멍게와 마찬가지로 암수 한몸이며, 입(입수공)과 항문(출수공)이 나란히 붙어 있는 구조다. 바다의 암초에 단단히 고정된 채 일생을 보내며 먹이는 조류에 흘러들어온 작은 플랑크톤이나 원생동물, 무기물 등을 먹이로 흡입한 뒤 걸러진 찌꺼기를 출수공으로 배출한다. 모양과 크기만 다를 뿐 기본적인 생태는 멍게(우렁쉥이)와 크게 다르지 않은 셈이다. 원물은 가죽으로 된 질긴 껍질로 둘러싸여서 이를 칼로 찢고 벗겨내야 하기 때문에 인력과 시간이 많이 든다. 시중에 파는 미더덕은 대부분 가죽을 벗겨내 속살이 드러난 것이다.

고르는 법

주요 산지는 진동만으로 창원시의 주요 특산품이자 명물이다. 경남권은 물론 서울, 수도권에 소재한 대형마트와 수산시장, 온라인 쇼핑몰을 통해 구매할 수 있는데, 다만 그 시기는 2~5월 정도로 한정된 편이다. 몸통은 크고 주황색으로 터질 듯 통통하며 조명에 비친 것은 광택이 나는 것이 좋다. 돌기는 거칠게 보이는 것이 좋다.

+
미더덕 속 국물, 먹어도 될까?

미더덕이 품은 국물은 90% 이상 바닷물이다. 멍게와 마찬가지로 바닷물을 빨아들이고 뱉기를 쉼 없이 반복하기 때문에 이 과정에서 작은 유기물과 플랑크톤, 미네랄 등을 흡수하며 영양분을 얻는다. 국물에는 미더덕의 소화액과 체액이 바닷물과 함께 섞인 상태로 존재하는데 성인병을 비롯해 염분 농도를 조절해야 하는 중장년층들은 이 국물을 많이 먹지 않도록 유의한다. 탕과 함께 끓인 미더덕은 내부 온도가 굉장히 높은데 자칫 입안에서 터트렸다간 입천장이 화상을 입기도 한다. 이 때문에 몇몇 식당에서는 미더덕을 미리 터트려 넣는데 이 경우 국물의 염도가 올라가고 국물 맛이 탁해지므로 될 수 있으면 물을 뺀 알맹이만 넣는 것이 좋다.

≪ 액체를 가득 품고 있다

이용

향이 독특하고 씹히는 식감이 좋아 된장국이나 해물탕 등 다양한 국물 요리에 사용된다. 제철에 미더덕은 신티올을 비롯해 글리코겐 등의 맛 성분이 포함되어 있으므로 신선할 때 바로 속살(아가미주머니)만 빼내어 뻘 찌꺼기만 제거한 다음 초고추장에 찍어 회로 이용된다. 산지인 창원에는 회는 물론 미더덕찜이 유명하다. 일년 중 봄에만 주로 소비되는 해산물이므로 미리 사두었다가 소분해 냉동실에 보관하면 필요할 때마다 꺼내어 여러 음식에 활용하기 좋다. 참고로 미더덕에 대한 인식은 옛날과 지금이 사뭇 다르다. 과거에는 양식장 내 그물에 덕지덕지 붙어 조류의 흐름을 막고, 굴이나 피조개 같은 양식 패류에 부착해 성장을 방해하기에 해적생물로 취급되었다. 지금은 진동만에서 양식이 되며 해마다 봄이면 출하된다. 한편, 미더덕을 잘 식용하지 않는 일본에선 지금도 여전히 유해생물로 취급하는 경향이 있다.

≪ 미더덕회

≪ 미더덕을 넣은 개운한 새우탕

≪ 미더덕 해물찜

바지락

분류	진판새목 백합과
학명	*Tapes philippinarum,* *Ruditapes philippinarum*
별칭	참바지락, 물바지락, 문어바지락
영명	Manila clam
일명	아사리(アサリ)
길이	각장 약 3~6cm, 최대 약 7.6cm
분포	우리나라 전 해역, 일본, 중국, 시베리아

제철 2~5월
이용 육수, 탕, 찌개, 국, 무침, 볶음, 구이, 칼국수, 파스타, 젓갈, 죽, 부침

≪ 개체마다 다양한 무늬로 나타난다

한국에서 가장 많이 유통되고 소비되는 대표적인 조개이다. 전 해역에 걸쳐 폭넓게 서식하지만 서해와 서남해(전남), 남해 및 동해산이 주를 이루며 1920년대부터 종패를 뿌려 양식해왔다. 바지락은 이동을 하지 않고 한곳에서 자라는 특성이 있어 양식이 용이하지만, 양식이라고 해서 다른 어류처럼 가둬놓고 사료를 먹여 키우는 것은 아니다. 자연 그대로의 환경에서 잘 자라도록 서식지 모래와 갯벌의 비율을 맞추는 등 좋은 환경을 경작해주는 정도이다. 번식과 성장이 빨라 어민의 주 소득원이며 각종 음식의 활용도와 상업적 가치가 뛰어난 패류이다.

주 산란기는 6월 중후순경부터 8월까지로 이 기간에는 독이 생겨 먹지 않는다. 초봄(3~5월)에는 남해 안 일대 지역에서 산발적으로 패류 독소 주의보가 발령되기도 하는데, 이 경우 바지락을 비롯한 해당 지역의 패류는 유통이 금지되기도 한다. 개체 변이가 많아서 같은 바지락이라도 서식지 환경에 따라 크기와 모양, 방사형의 무늬와 색에서 많은 차이가 난다.

+
바지락의
종류

바지락속에는 바지락(*Tapes philippinarum*)과 애기바지락(*Ruditapes bruguieri*), 가는줄 바지락(*Tapes variegata*) 등이 보고되고 있다. 가는줄바지락은 바지락보다 크기가 작으며 좀 더 깊은 바다에서 서식하는데 애기바지락과 함께 상업적 가치는 낮고 유통량도 바지락이 월등히 많다. 또 같은 바지락이라 해도 서식지 환경과 크기에 따라 어민들은 참바지락과 물바지락, 문어바지락 등으로 구분하고 있으며 시중에 판매될 때도 이러한 이름이 종종 사용된다.

참바지락(갯벌바지락)

갯벌과 모래에 서식하는 바지락이다. 조간대 수심인 약 5m 이하에 서식하는 가장 흔한 바지락으로 크기는 물바지락보다 작지만 알이 굵고 국물을 낼 때 맛도 진하다. 서해안 일대에서 자생 및 관리되어 생산되며, 갯벌 체험으로 캐낸 바지락도 여기에 해당한다. 주로 찌개나 탕 같은 국물용, 칼국수, 죽, 젓갈, 전이나 부침개로 사용하기 좋다.

물바지락(문어바지락)

물바지락은 주로 남해안 일대에서 채취되는 바지락이다. 해안선 및 갯벌 등 조간대에 서식하는 참바지락과 달리 조수간만의 영향을 받지 않는 다소 깊은 수심(조하대)에 살기 때문에 조업선이 와서 직접 채취한다. 참바지락보다 씨알이 굵고 좀 더 타원형으로 생겼는데 큰 것은 각장 길이가 7cm에 이르기도 한다. 문어나 낙지 등이 잘 먹는다고 해서 '문어바지락'이라고도 부른다. 알이 굵고 먹을 것이 많아 참바지락보다 조금 더 비싸게 판매된다. 알이 굵은만큼 요리 활용도가 좋다. 주로 초무침, 볶음, 구이, 파스타 등에 이용된다.

⩔ 참바지락과 물바지락이 섞인 모습   ⩔ 참바지락   ⩘ 대형마트에서 판매되는 물바지락

고르는 법

산란기를 준비하는 3~5월이 살이 가장 많이 오르며 이때가 가장 맛있다. 고를 땐 입을 벌리고 있거나 껍데기에 구멍 및 균열이 있는지 살핀다. 입을 살짝 벌리거나 그 사이로 노란 속살이나 수관이 삐쳐나온 것은 괜찮다. 싱싱한 바지락은 방사형의 무늬가 진하고 선명하며 윤기가 난다. 반면에 물에서 건진 지 오래된 것은 껍데기 색이 밝고 무늬가 흐릿하다. 또한 중국산 바지락도 유통되고 있으니 판매자도 소비자도 국산과 중국산을 명확히 구분해야 한다. 중국산 바지락은 국산보다 색이 흐리멍텅하며 밝은 다갈색인 경우가 많지만, 워낙 개체 변이가 심하므로 판매자로부터 원산지를 직접 확인하는 것이 가장 확실하다.

+ 바지락을 해감하는 방법

바지락은 기본적으로 수관을 통해 유기물을 걸러 먹다 보니 그 속에 포함된 갯벌과 모래가 늘 자리하고 있다. 이를 빼내는 작업이 '해감'이다. 해감의 원리는 바지락이 원래 살던 환경과 최대한 비슷하게 맞춰주어 자연스럽게 호흡하도록 하는 것이다. 바닷물을 빨아들이고 내뱉는 과정에서 각종 토사물이 배출되며 소요시간은 적게는 3~4시간에서 많게는 1~2일이 걸린다. 소비자는 1차적으로 해감이 된 바지락을 사 먹기 때문에 길게 해감할 필요는 없지만, 경우에 따라선 몇 시간 가량 추가 해감이 필요하기도 하다. 이를 정확히 알기 위해선 구매처에 문의하는 것이 좋다. 만약 추가로 해감해야 한다면 아래의 내용을 참고하자.

1. 해감하기 전 흐르는 물에 한차례 씻어준다(해감은 조개가 반드시 살아있어야 가능하다).
2. 조개가 살던 바닷물이 있다면 이보다 더 나은 조건은 없다.
3. 바닷물에 바지락을 넣고 기포기로 산소까지 공급해준다면 해감 시간을 대폭 단축시킬 수 있다.
4. 이때 조개가 바닥에 닿지 않도록 구멍 뚫린 소쿠리 등에 담은 뒤 바닥에서 띄우는 것이 중요하다. 이는 조개가 내뱉은 흙이나 찌꺼기가 도로 들어가지 않게 하기 위함이다.
5. 바닷물이 없다면 최대한 바닷물과 비슷한 농도로 소금물을 만드는데 가정에는 비중계가 없으므로 감으로 할 수밖에 없다. 이때 염두에 두어야 할 것이 바닷물의 염도이다. 염도는 천분률로 대략 30~35‰ 정도다. 물(수돗물 또는 정수물) 1L를 기준으로 30~35g 정도의 천일염이 들어가면 된다. 이는 밥숟가락으로 수북이 퍼서 2숟가락 정도 되는 양이다.
6. 추가로 식초 1숟가락과 구리나 철로 된 숟가락, 포크 등을 몇 개 넣어두면 해감이 촉진된다.
7. 마지막으로 검은 비닐이나 천으로 덮어 어둡게 해준다. 보관은 직사광선이 들어오지 않는 서늘한 곳에 반나절 가량 두면 된다.
8. 여름에는 수온이 부쩍 오르면서 바지락이 폐사하기 때문에 아이스팩을 넣어두는 것이 좋다.
9. 해감을 마쳤으면 흐르는 물에 가볍게 씻은 뒤 음식에 사용하고 남는 것은 소분해서 냉동 보관한다.

⩘ 수관이 나와 있으면 해감이 되고 있다는 증거이다

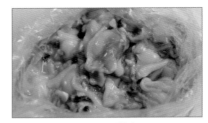

＋ 남은 바지락 보관법

속살만 모았다면 사진과 같이 크린랩에 소분해서 냉동 보관하면 된다. 이때 수돗물이나 정수물로 씻기보단 그대로 보관하는 것이 좋다. 이물질이 묻었다면 소금물로 간단히 헹구기만 한다. 살아 있는 바지락은 흐르는 물에 씻어 물기를 털어낸 뒤 마찬가지로 소분해서 냉동 보관한다.

❯ 크린랩에 소분해 냉동 보관한다

이용

풍부한 감칠맛과 영양소로 사랑받는 바지락은 대부분의 한국 음식에 두루두루 활용된다. 주로 바지락 칼국수를 비롯해 바지락탕과 각종 국, 찌개, 해물탕 등에 사용되며, 단순히 굽거나 쪄먹기도 하고, 홍콩이나 대만식으로 볶음 요리를 해 먹기도 한다. 또한 바지락 술찜을 비롯해 화이트 와인을 이용한 지중해식 조개찜도 인기가 있다. 이 외에도 바지락 젓갈, 바지락 죽, 바지락 초무침, 바지락전과 부침개, 해물파전에도 빠지지 않고 들어간다.

❯ 바지락 술찜   ❯ 바지락 초무침   ❯ 바지락을 이용한 봉골레파스타

백합

분류	백합목 백합과
학명	*Meretrix lusoria*
별칭	생합, 상합, 참조개
영명	Common orient clam
일명	하마구리(ハマグリ)
길이	각장 약 5~10cm
분포	서해 및 남해, 일본, 중국, 대만을 비롯한 동남아시아

제철 3~7월
이용 회, 탕, 죽, 육수용, 구이, 찜, 무침 외 지중해식 해산물 요리

국내에선 요리 활용도와 상업적 가치가 매우 높은 고급 조개이다. 예부터 조개 중 최고라 하여 '상합', 날로 먹어도 좋은 조개라 하여 '생합', 진짜 조개라 하여 '참조개' 등 다양하게 불렸다. 서해안 일대가 주산지로 민물의 영향을 받는 해안선 일대를 비롯해 모래나 진흙이 섞인 해변 등 조간대 아래 수심인 15m까지 서식한다. 산란기는 여름~가을 사이이며, 봄부터 초여름까지 맛이 좋다. 최근에는 남획과 서식지 파괴로 국산 백합의 생산량이 많이 줄었다.

※ 백합의 금어기는 7.1~8.20이다. (2023년 수산자원관리법 기준)

+
말백합과
민무늬백합

백합 종류로는 '말백합'(*Meretrix petechialis*)과 '민무늬백합'(*Meretrix lamarckii*)이 있다. 이 중 흔히 식용하는 것은 말백합으로 백합과 따로 구분하지 않고 한데 섞여 판매되고 있다. 맛과 모양도 백합과 크게 다르지 않다. 다만, 말백합은 백합에선 나타나지 않는 빗살무늬가 특징이다.

≫ 말백합

+
중국산과
국산의 차이

백합은 현재 국산과 중국산이 있고, 유통량은 중국산이 월등히 많다. 둘의 차이는 크기와 빛깔을 보고 어느 정도 가늠할 수 있다. 중국산 백합은 국산 백합보다 전반적으로 밝고 크기는 작은 편이다. 반면에 국산 백합은 각장 길이가 최대 9cm에 이를 만큼 클 뿐 아니라 빛깔도 어두운 편이다. 맛에서도 차이가 있다. 같은 조건으로 국물을 내면 국산 백합이 진하고 감칠맛이 좋고, 중국산은 국

≫ 국산 백합

≫ 중국산 백합

≫ 색이 어두운 중국산 백합

≫ 색이 밝은 국산 백합

물맛이 상대적으로 엷다. 하지만 알맹이의 식감과 맛은 그 차이가 미묘해 구별하기가 쉽지 않다. 그러나 여기에는 한 가지 맹점이 있다. 중국산 백합도 밝거나 어두운 것이 있고, 국산도 밝거나 어두운 개체가 있다. 따라서 개별적으로 개체로는 구별하기가 어렵다. 반드시 여러 개체가 모인 집단으로 비교했을 때 차이가 실감 난다. 다시 말해, 국산 백합이 중국산 백합보다 전반적으로 큰 편이며, 빛깔은 대체로 검고 어둡다.

+
백합이라
불리는
유사종들

백합 외에도 유사종이 있으니 알아두는 것이 좋다. 현재 국내에서 가장 많이 수입되는 중국산 패류 중 하나가 '백생합'과 '돌비늘백합'이다. 이들 조개는 백합이 아님에도 '백합' 또는 '생합', '돌백합'이란 이름으로 판매되고 있어 상거래 혼란을 야기하고 있다.
외형적인 차이도 적지 않은 편이다. 백합은 다갈색에서 진한 고동색에

≫ 백생합

≫ 돌비늘백합

≫ 중국산 백생합

≫ 중국산 돌비늘백합

151

이르기까지 다양한 색과 무늬로 나타나지만, 백생합은 그보다 밝고 황갈색에 나이테 같은 줄무늬로 되어 있다. 돌비늘백합은 백생합보다 약간 더 크며 빛깔은 희거나 연노랑에 가깝고 역시 나이테 줄무늬가 특징이다.

백생합과 돌비늘백합은 껍데기 안쪽이 백합에선 보이지 않는 보라빛이 난다는 점도 구별점이다. 맛도 백합보다 덜하나 가격 경쟁력은 우위에 있다. 백합과 조개류 중 맛과 품질에서 가장 뛰어난 것은 뭐니뭐니해도 백합이라 할 수 있다.

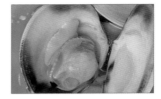

∧ 껍데기 안쪽이 보라색이다

고르는 법

국내 주요 산지는 충청남도 보령을 비롯해 그 일대 섬이지만, 자원이 고갈돼 중국산이 많이 유통되고 있다. 지금은 강화도를 비롯해 서해 북부권의 도서 지역에서 채취되고 있다. 따라서 살아있는 국산 백합은 봄~여름 시즌, 강화도 일대 시장(풍물시장, 외포항 등)에서 어렵지 않게 볼 수 있다.

백합은 기본적으로 살아있는 것이 유통된다. 수조나 대야에서 산소공급을 받는지 확인하는 것이 중요하다. 껍데기는 윤기가 나야 하며, 깨진 곳 없이 크고 무늬가 선명하면서 또렷한 것이 좋다. 대부분 살아있지만 그중 폐사한 조개를 골라내기 위해 백합끼리 맞부딪혀서 소리를 듣는다. 주로 일정하면서 높은 고음이 발생하면 싱싱한 것이고, 둔탁하고 낮은 소리가 나면 둘 중 하나는 죽은 백합일 확률이 높다. 여기서 백생합과 돌비늘백합은 백합과 다른 종일뿐더러 대부분 중국산으로 유통된다. 그러니 백합을 구매한다면 백합이 맞는지 여부와 원산지 확인은 필수다.

이용

백합목에 속한 패류는 대부분 비슷하게 이용된다. 이 중에서도 백합은 봄부터 여름까지 회로 먹기도 하나, 대부분 찜과 탕, 국으로 이용되며 조갯살 본연의 맛에 초점을 두고 있다. 특히 백합은 어느 조개와 달리 알이 통통히 씹히면서도 야들야들한 식감이 좋고, 국물은 시원하고 개운해서 인기가 있다. 신선하고 좋은 백합은 5분만 끓여도 특유의 시퍼런 국물이 잘 우러난다. 반면에 중국산 백생합과 돌비늘백합은 수율에서 국산 백합보다 못 미치며 약간 노란 빛깔이 도는 국물이 우러나며 감칠맛도 백합탕보다 엷은 편이다.

이 외에도 즉석에서 구워먹기도 하며, 죽과 찜 등 다양하게 이용된다.

∧ 봄철 진미인 백합탕

∧ 백생합탕

∧ 백합을 이용한 술찜

북방대합

분류 백합목 개량조개과
학명 *Spisula sachalinensis*
별칭 웅피, 웅피조개, 운피조개, 북방조개, 대합
영명 Surf clam, Sakhalin surf clam
일명 우바가이(ウバガイ)
길이 각장 7~15cm
분포 서해 및 동해 북부, 일본 북부, 연해주와 사
할린을 비롯한 러시아, 오호츠크해, 캐나다

 밝은 개체   어두운 개체

제철 12~5월, 수입 냉동은 연중
이용 회, 초밥, 찜, 숙회, 구이, 볶음,
샤브샤브, 튀김, 통조림

△ 강원도산 북방대합

북방대합은 말 그대로 '북쪽에 사는 대합'라는 뜻으로 국내에선 주로 동해안 북부지역에서 어획된다. 어린 것일수록 색이 연하며, 성장하면서 개체마다 밝은 것과 어두운 것이 공존한다. 껍데기 표면이 거칠어 마치 곰가죽 같다 하여 '웅피조개'라고 불리지만, 동해안 일부 지역에선 '대합'으로 불리는 경향이 있다. 하지만 '대합'은 '개조개'(*Saxidomus purpurata*)를 일컫는 또 다른 말이기도 하므로 북방대합과 혼동하지 말아야 한다. 일본명은 '우바가이'지만, 일식 업계에선 '호키'나 '호키가이'로 통한다.

북방대합은 냉수성 패류로 성장이 매우 느리다. 먹을만한 크기인 7~8cm로 자라는데 걸리는 기간은 약 4~6년이며, 수명이 길어 30년 이상 사는 개체도 있다고 추정되고 있다. 번식이 순환되는 주기가 느리기 때문에 과도한 남획을 자제하고 자원도 꾸준히 관리되어야 한다. 일본에서는 후쿠시마를 비롯해 아오모리현과 미야기현, 홋카이도가 대표적인 산지였으나 2011년 후쿠시마 원자력 발전소에서 사고가 난 이후 현재까지 적어도 후쿠시마현을 비롯한 주변 지역에서의 상업적 채취는 멈춘 상태이다.

국내로 유통되는 북방대합은 강원도산이 소량 유통되며, 대부분 러시아 및 캐나다산으로 산 것과 자숙 및 가공 형태로 판매된다. 산란기는 6~8월로, 활조개는 겨울부터 봄 사이가 제철이고 자숙을 비롯해 가공 및 냉동은 연중 유통되며 쇼핑몰에서도 어렵지 않게 구매할 수 있다. 보통은 kg 단위로 판매되는데 크기가 들쭉날쭉한 편이므로 전복과 같이 1kg에 몇 마리가 들어가는지에 따라 5미, 8미 같은 단위를 쓴다.

※ 북방대합의 금어기는 6~7월 두 달간 실시한다.(2023년 수산자원관리법 기준)

+ **북방대합과 닮은꼴인 조개들**	동해안 일대에서 '대합'은 주로 북방대합(웅피조개)을 말한다. 반면에 서해와 남해에서

△ 북방조개(왼쪽)와 개조개(오른쪽)

△ 왕우럭조개

'대합'이라 함은 주로 개조개를 가리킬 때가 많다. 또 일식 업계에서 '미루가이'라 부르는 '왕우럭조개'도 크기 면에선 북방대합과 비슷해 혼동하기도 한다. 하지만 이들 조개류를 잘 보면 체색과 무늬(나이테) 패턴에서 차이를 보인다. 게다가 왕우럭조개는 두꺼운 수관을 껍데기 밖으로 내밀고 있다는 점에서 북방조개와 구분된다. 가격은 북방대합과 왕우럭조개가 엇비슷한 수준이며, 개조개는 이들 조개류보다 좀 더 저렴한 편이다.

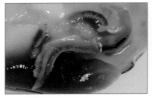

+
북방대합에 발견되는 기생충

북방대합을 손질하다 보면 길이 2~3cm, 너비 0.5cm 가량의 기생충이 발견되는

△ 북방대합에서 주로 발견되는 거머리끈벌레(가운데 두 마리)

△ 조개 한 마리에 여러 마리가 나오기도 한다

경우가 많다. 감염률도 높아서 한 마리당 평균 0.7~1마리 정도 나오는 편이다. 이 기생충의 이름은 '거머리끈벌레'(*Malacobdella japonica*)로 유형동물에 속한다. 거머리끈벌레속은 4종이 기록되어 있는데 그 중 1종은 담수산 달팽이에, 다른 3종은 해양 조개류에 기생(또는 공생)하는 것으로 알려졌다. 북방대합에서 발견되는 거머리끈벌레는 조개는 물론, 사람에게 해를 주지 않으며 별다른 감염을 일으키지 않기 때문에 기생충이라기 보단 공생 벌레류로 보는 것이 맞을 것이다. 발견되는 부위는 주로 외투강과 껍데기 사이이다.

이용

크고 맛이 좋은 고급 조개이다. 살아있는 것은 회로 먹는데, 특히 회와 초밥용으로 인기가 있다. 다리에 해당되는 새부리는 서식지 환경에 따라 노란색이거나 보라색, 심지어 검은색도 있지만 익으면 빨개진다. 생식보단 끓는 물에 살짝 데쳐 얼음물에 담갔다 꺼내어 썰어 먹는 편이 보기에도 예쁘고 단맛과 감칠맛에서도 앞선다. 따라서 북방조개를 회나 초밥으로 낼 때는 살짝 데치는 것이 포인트다.

△ 관자와 날감지 부위는 씹는 맛이 좋다

살은 반으로 갈라 활짝 펼쳐 이용하는데 두껍고 큰 살덩어리에 비해 내장이 작아 수율이 좋은 조개라 할 수 있다. 내장은 칼로 긁어 제거하고 그 부분을 해동지로 잘 훔치듯 닦아낸 다음 칼집을 내어 썰어 먹으면 부드럽고 달달한 맛이 난다.

갈색에 주름이 있는 것은 아가미로 비린내를 유발하기 때문에 내장과 함께 버려진다. 그 외 날감지에 해당하는 치마살과 수관, 그리고 양쪽에 한 덩어리씩 붙어 있는 관자는 육수를 내거나 구이로 먹으면 맛있다.

간단히 찜으로 먹거나 담백하게 구워 먹기도 하며, 버터와 다진 마늘, 간장을 부어 파와 함께 구워먹기도 한다. 또 개조개와 마찬가지로 매콤한 양념장을 더해 굽거나 볶아먹는 것도 맛있다. 하지만 북방대합 특유의 달고 진한 맛을 오롯이 느끼려면 별다른 양념 없이 살짝 굽는 것이 좋고, 회는 간장이나 소금에 살짝 찍어 먹는다. 또한 살만 발라 가볍게 튀겨내기도 하며, 샤브샤브, 탕으로도 이용된다.

△ 북방대합 초밥(가운데)

△ 북방대합 회

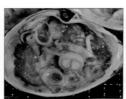

△ 북방대합 버터구이

△ 북방대합탕

비단가리비

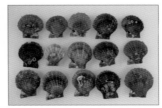

분류 익각목 큰집가리비과
학명 *Chlamys farreri*
별칭 파래가리비, 비단홍가리비(X)
영명 Farreri scallop
일명 아즈마니시키(アズマニシキ)
길이 각장 6~10cm
분포 우리나라 전 해역, 일본, 남중국해, 필리핀, 인도네시아
제철 4~8월
이용 회, 찜, 구이, 탕, 건어물 및 가공식품, 파스타를 비롯한 지중해식 요리

⌃ 비단가리비(자연산)

⌃ 개체변이로 인해 다양한 체색을 가진다

비단가리비는 홍가리비, 해만가리비와 함께 대표적인 양식 가리비종이다. 자연산은 전 연안에 걸쳐 분포하지만, 서해 백령도와 안면도, 외연열도를 비롯해 서남해권인 진도 등에 많이 분포한다. 환경에 따른 개체 변이가 많아 다양한 체색으로 나타난다. 양식은 경기도 화성시에서 성공한 사례가 있으며 이후 서해와 서남해(노화도), 통영 일대에서 대량으로 양식되고 있다. 입식 후 출하하기까지는 홍가리비보다 더 많은 시간이 들지만, 수율은 홍가리비보다 뛰어나며 맛도 진한 편이다. 제철은 봄소식이 오는 3월경부터 6월 사이이고, 늦게는 8월까지 유통된다.

+ 홍가리비와 비단가리비의 차이

외형
둘 다 붉은색 계열로 화려한 체색을 자랑하지만, 홍가리비는 껍데기 표면이 매끈하고 비단가리비는 거칠다. 또한 비단가리비는 홍가리비에는 없는 '족사'가 있어 이를 이용해 가리비 껍데기나 바위 등에 붙이고 산다.

⌃ 비단가리비(왼쪽), 홍가리비(오른쪽)

⌃ 비단가리비의 족사

⌃ 5분간 쪄낸 비단가리비의 알맹이

제철
홍가리비는 이르면 10월경부터 출하해 3월까지 이어지며, 비단가리비는 홍가리비의 출하가 끝나가는 2월경부터 8월까지 소비된다. 양식의 출하가 마무리되는 마지막 한 달은 가격이 대폭 저렴해지므로 이때를 놓치지 않는 것도 팁이다.

맛
홍가리비는 알맹이가 작아 수율이 떨어지는 편이지만, 식감이 부드럽고 단맛이 좋다는 점이 특징이다. 무엇보다도 접근성이 좋으며 가격이 저렴하다. 반면에 비단가리비는 알맹이가 크고 씹는 맛이 있으며 감칠맛이 좋다.

+
가리비 세척과 찌는 방법

가리비는 해감이 필요 없지만 '쩍'이라 부르는 불순물을 뱉게 하는 것이 중요하다. 이미 1차 생산지에서 세척과 해감을 거쳐 판매되지만, 가정에서도 추가로 민물에 담가 약 30~40분간 둔다.

≪ 가리비를 세워 넣고 찐다

1. 세척은 빳빳한 솔을 이용해 방사륵(껍데기의 주름) 사이사이에 낀 진흙을 씻어준다. 특히 껍데기째 넣는 탕감이라면 더욱 꼼꼼하게 씻어주어야 한다. 해감에 사용했던 수돗물에 담가 솔로 문질러도 된다.
2. 마무리는 흐르는 물에 한 차례 씻어주거나 새 물로 갈아주어 고무장갑을 낀 손으로 껍데기끼리 마찰을 일으켜 박박 문질러 준다.
3. 찜기에 물이 끓으면 가리비를 넣는데 입구가 위로 가게 똑바로 세우고, 쓰러지지 않도록 꽉 채워 넣는다.
4. 뚜껑을 닫고 5분간 찌고, 5분간 뜸 들이면 완성된다.

보관하는 법

1. 생물 가리비는 구매일로부터 하루까지는 냉장 보관이 가능하다.
2. 원물 상태로 보관하려면 신선할 때 바로 냉동한다(약 1달 정도 보관 가능).
3. 한번 찌거나 자숙해서 알맹이만 모아 냉동한다(약 6개월 정도 보관 가능).

이용

육질이 연하고 담백하여 회는 물론 찜, 구이, 탕 등으로 쓰일 뿐 아니라 냉동식품, 통조림, 건조식품으로 가공되어 유통된다. 가리비를 비롯해 키조개 관자를 말린 것을 '게아지살'이라 부르는데 인터넷 쇼핑몰에서 쉽게 구매할 수 있다. 껍데기는 굴 양식의 채묘기로 쓰인다.

≪ 비단가리비 회

≪ 비단가리비 찜

≪ 비단가리비 치즈 구이

살조개

분류	백합목 백합과
학명	*Protothaca jedoensis*
별칭	쌀바지락, 돌바지락, 기흉조개
영명	Jedo venus
일명	오니아사리(オニアサリ)
길이	각장 3~7cm
분포	동해 및 서해, 일본 북부 이남, 중국
제철	1~6월
이용	탕, 구이, 칼국수, 찜, 무침

방사륵이 뚜렷해 꼬막과 비슷하게 생겼고, 바지락보다 조금 더 커서 바지락보다 조갯살이 통통한 편이다. 동해 남부(울진)를 비롯해 충청남도 일대 해안가에서 채취된다. 조간대로부터 약 20m까지 비교적 깊은 수심에 서식하는데 바지락과 비교하면 생산량이 많지 않다. 해루질러들은 바닷물이 최대로 빠지는 사리나 그믐 때 해수욕장에서 잡는데 동죽이나 맛조개와 달리 간조선과 갯바위에 인접한 해변의 돌틈 사이에 주로 발견된다. 크기는 평균 3~4cm에 이르나 큰 것은 새조개만한 것도 있다.

이용 가장 일반적인 음식은 조개탕이다. 그 외에 해물탕, 술찜, 칼국수 등에 쓰이고 조개구이에 몇 마리씩 포함되어 나오기도 한다. 맛은 은은하고 달달하며, 바지락보다 살이 탱글탱글해 씹는 맛이 좋다.

≪ 살조개 구이

세고리물레고둥

분류	신복족목 물레고둥과
학명	*Buccinum opisoplectum*
별칭	밀고둥, 밀고동, 타래고동, 쇄소라, 고추골뱅이, 고추고동, 살고둥, 살고동
영명	Constricted whelk
일명	쿠비레바이(クビレバイ)
길이	각고 7~12cm
분포	동해, 일본 중부이북, 오호츠크해, 사할린을 비롯한 러시아
제철	미상
이용	찜, 숙회, 탕, 무침

≪ 살아있는 세고리물레고둥(주문진 풍물어시장)

국내에선 '밀고둥'이란 이름으로 유통되지만, 밀고둥이란 이름으로 유통되는 고둥류는 이것말고도 한 두 종이 더 있다. 인터넷 쇼핑몰에선 '고추골뱅이' 또는 '살고동'으로 불린다. 세고리물레고둥은 동해안 일대에서 잡히는 여타 고둥류와 마찬가지로 나선형으로 말린 황갈색의 패각으로 되어 있으며, 나선형의 돌기가 2~3개씩 형성되어 있고 주변부보다 밝고 굵은 선으로 되어 있어 다른 고둥류와 구별된다. 국내에서는 동해안 일대 수심 100m 이하 저질에서 골뱅이 통발로 조업되며, 속초, 주문진, 울진, 포항 등의 산지 수산시장에서 판매된다.

이용

↖ 일명 고추골뱅이(세고리물레고둥) 숙회

이 종은 물레고둥(백골뱅이)과 함께 테트라민 독성이 들어있는 타액선(귀청)이 없어 통째로 삶아도 되며 내장까지 모두 식용할 수 있다. 삶기 전에는 패각에 붙은 이물질과 점액질을 말끔히 씻고, 끓는 소금물에 넣어 5~7분간 삶아 먹는다. 살에는 검은 얼룩무늬가 특징인데 그대로 먹어도 무해하다. 이 외에도 회를 비롯해 숙회, 탕으로 이용되는데 식감이 좋아 골뱅이 무침이 인기가 있다.

소라

분류	원시복족목 소라과
학명	*Turbo cornutus, Turbo sazae*
별칭	뿔소라, 구쟁이, 구젱기, 꾸죽, 참소라
영명	Horned turban, Turbo cornutus
일명	사자에(サザエ)
길이	각고 8~12cm
분포	제주도 및 남해, 일본 북부 이남
제철	12~5월
이용	회, 구이, 찜, 무침, 공예품

시장에서는 여러 종류의 고둥(골뱅이)을 '소라'로 부르는 경향이 있지만, 학술적 명칭으로써 소라는 이 한 종류뿐이다. 국내에선 기후가 온난한 남해안 일대와 제주도에 다량 서식한다. 밤에 활동하며 조간대 수심의 암초가 무성한 곳에서 갈조류를 먹고 산다. 산란은 6~9월 사이로 이 시기는 금어기이다. 외형으론 암수 구분이 어려우나 전복과 마찬가지로 내장의 생식선이 진한 녹색이면 암컷, 밝은 크림색이나 황색이면 수컷이다. 여타 고둥류와 달리 타액선이 없어 독성도 없다. 내장은 일명 '똥'(생식소)만 식용하며, 녹색 내장과 주변에 붙은 치마자락살은 알래르기를 일으키므로 먹지 않는 것이 좋다.

※ 소라의 금어기는 6.1~8.31(전남, 제주), 7.1~9.30(제주 추자면), 6.1~9.30(울릉)이다. 포획금지체장은 각고 기준 5cm(제주는 7cm)이다. (2023년 수산자원관리법 기준)

고르는 법

크고 살아있는 것이 좋다. 활력이 좋은 소라는 위협을 느낄 때 패각의 입구를 굳게 닫는데 이를 손으로 벌리기란 쉽지 않다. 반대로 입구가 느슨하거나 살이 많이 나와 있다면 싱싱하지 않은 것이라 볼 수 있다.

☝ 산채로 진열해 판매되는 소라(노량진 수산시장)

☝ 뿔소라회

☝ 뿔소라 구이

이용

소라는 삶거나 쪄먹는 것도 좋지만, 회로 먹는 것이 가장 맛있다. 식감은 꼬들꼬들한 것이 흡사 전복회와 비슷하다. 맛도 은은한 해초향이 술을 부르는데 맥주, 소주, 화이트 와인 할 것 없이 잘 어울린다. 남은 소라회는 인스턴트 비빔면과 함께 먹기도 한다. 그 외 통째로 석쇠에 올려 간장과 미림, 맛술 등을 살짝 부어가며 익힌 소라 구이와 초무침으로 이용된다.

아담스백합 | 북방밤색무늬조개, 행달조개

분류	백합목 백합과
학명	*Callithaca adamsi*
별칭	참조개
영명	Admas venus clam
일명	에조누노메아사리(エゾヌノメアサリ)
길이	각장 약 5~7cm
분포	서해와 남해, 일본 중부 이북, 사할린섬
제철	3~6월
이용	찜, 탕, 구이

☝ 개조개(왼쪽), 아담스백합(오른쪽)

☝ 수조속 아담스백합(일명 참조개)

서해권(안면도, 보령)을 중심으로 이른 봄부터 초여름 사이 채취돼 식용되는 조개이다. 시장에선 '참조개'라 부르는데 개체수가 많지 않아 소량씩 유통되며, 산지를 중심으로 소진된다.

생김새는 개조개와 닮았지만, 그보단 크기가 작고, 껍데기가 얇아 잘 깨진다. 표면에는 다른 조개에선 보기 드문 성장맥과 방사륵이 서로 교차해 특이한 패턴으로 보여진다.

이용

주로 탕과 구이, 조개찜으로 이용된다.

북방밤색무늬조개

분류	돌조개목 밤색무늬조개과	길이	각장 3~5cm
학명	*Glycymeris yessoensis*	분포	서해, 동해, 발해만, 일본, 연해주,
별칭	홍조개		사할린, 캄차카 반도
영명	미상	제철	12~5월
일명	에조타마키가이(エゾタマキガイ)	이용	탕, 구이, 찜

서해권을 중심으로 이른 봄부터 초여름 사이 채취돼 식용되는 조개이다. 시장에선 '홍조개'라 부르며 산지를 중심으로 소진 된다.

이용

육수가 진하게 우러나오는 조개로 주로 탕과 구이, 조개찜으로 이용된다.

행달조개

분류	진판새목 백합과		
학명	*Paphia euglypta*		
별칭	미상		
영명	미상		
일명	수다레가이(スダレガイ)		
길이	7~11cm		
분포	남해, 일본, 대만, 베트남, 필리핀		
제철	2~5월		
이용	탕, 구이, 찜		

남해안 일대에서 소량 채취되는 조개이다. 비슷한 종으로 '매끈이행달조개'(*Paphia schnelliana*)가 있다. 속살이 붉은 것이 특징이다. 두 종은 크기와 생김새가 흡사하여 구분하기 어렵지만, 껍데기의 방사륵 개수와 선의 두께에서 미묘한 차이가 있다. 방사륵의 선 두께가 두꺼우면 행달조개, 얇고 세밀하면 매끈이행달조개일 확률이 높다. 또한 행달조개는 전 세계 대양에 널리 서식하는 매끈이행달조개와 달리 아시아권에서만 서식하는 것으로 알려졌다.

이용

맛이 달고 진해 인기가 있지만, 워낙 소량 채취돼 시장 유통량은 미미하다. 주로 탕과 찜으로 이용된다.

행달조개 내부 ≫

오분자기

△ 전복의 출수공은 5~6개로
더 적다

분류 원시복족목 전복과
학명 *Sulculus diversicolor supertexta*
별칭 떡조개, 오분재기, 조고지, 오분작,
전복새끼(X), 꼬마전복(X)
영명 Small abalone
일명 토고부시(トコブシ)
길이 각장 5~9cm
분포 남해 및 제주도, 일본 북부이남, 대만
제철 4~7월
이용 회, 찜, 탕, 찌개, 구이, 솥밥, 죽, 조림,
오분자기장, 공예품

생김새는 전복과 비슷하면서도 크기는 작아서 '전복새끼'나 '꼬마전복'이라 부르는데 이는 잘못된 말이다. 오분자기와 전복은 엄연히 다른 종이며, 전복과 달리 양식을 하지 않아 전량 자연산에 의존한다. 따뜻한 바다를 좋아하는 습성 탓에 국내에는 제주도에서만 국한적으로 생산되었으나 최근 지구 온난화와 고수온의 여파로 인해 남해안 일대로 서식지 영역을 확장할 가능성을 보인다. 다만 제주도 일대에 자생하던 오분자기는 과도한 남획으로 개체수가 감소한 상황이다. 예부터 먹었던 오분자기 뚝배기와 솥밥 등 관련 음식이 대부분 양식 전복으로 대체되고 있다는 점에서 안타까움을 지울 수 없다.

한편, 오분자기는 일본 홋카이도 이남부터 남일본과 대만에 이르기까지 폭넓게 서식하며, 적어도 일본에서는 여전히 충분한 양이 채취돼 이용되고 있다. 주로 해조류를 먹고 살며, 자웅이체로 산란기는 9~10월이다.

+
전복과
오분자기의
구별

크기와 외형
전복에 비해 오분자기의 크기가 작다. 패각은 주로 황갈색에서 황적색으로 나타난다.

구멍의 모양과 개수
전복은 구멍이 화산처럼 위로 돌출돼 있지만, 오분자기는 평평하다. 구멍의 개수도 차이가 있다. 속이 뚫린 구멍을 기준으로 전복은 5~6개, 오분자기는 7~8개 정도로 더 많다.

서식지
전복은 우리나라 전 연안에 서식하며, 완도와 진도를 비롯한 서남해가 가장 큰 양식 산지이다. 반면에 오분자기는 제주도에서 자연산으로만 잡히고 있다.

이용

살아있는 것은 회로 먹는다. 전복과 비교했을 때 조금 더 부드럽고 달며, 열에 익혀도 단단해지지 않아 야들야들 씹히는 맛이 좋다. 이 외에는 전복과 이용이 같다. 술찜, 간장조림, 그 외 해물 뚝배기나 솥밥, 구이 등으로 이용된다. 참고로 인터넷에 판매되는 오분자기는 필리핀을 비롯한 수입산이 대부분이다. 기존의 전복 판매상들도 키워드 공략을 위해 판매 페이지에 오분자기를 제목으로 넣고 있으나 실제로 오분자기를 판매하는 경우는 극히 드물다. 대부분 꼬마전복(매우 작은 양식 전복)을 오분자기란 말로 현혹하고 있다는 점에서 구매시 유의해야 한다. 진짜 오분자기를 판매하는 인터넷 쇼핑몰은 극소수로 검색되며, 제주도

△ 오분자기 술찜

△ 오분자기 구이

연안에서 연중 채취된 오분자기를 냉동했다가 1차 세척 후 포장 발송하는데 가격은 매우 비싸 선물용으로 이용된다.

우럭

분류	우럭목 족사부착쇄조개과
학명	*Mya arenaria*
별칭	우럭조개
영명	Softshell clam
일명	오오메가이(オオノガイ)
길이	각장 8~12cm

분포	서해와 남해, 일본, 발해만, 중국 외 알래스카와 북태평양 연안, 미국, 캐나다 동북부 해역
제철	1~5월
이용	회, 찜, 탕, 무침, 수프

시장과 횟집에서 말하는 '우럭'은 생선인 조피볼락을 가리키지만, 학술적 명칭으로 우럭은 조개의 일종이다. 참고로 왕우럭조개와는 또 다른 종이다. 국내에는 서해를 비롯해 남해 및 동해 일부에 서식하지만 자원이 풍부하진 않다. 주로 북태평양과 북대서양에 많이 분포하는데 뉴잉글랜드를 비롯한 미국과 캐나다 동북부 해안에 많이 서식한다. 산란철은 여름이므로 봄이 제철이다. 패각은 긴 타원형으로 평균 길이는

△ 수입산 우럭조개(인천종합어시장)

9~10cm 정도로 중대형이다. 서식지에 따른 체색도 차이가 많이 난다. 보통은 갓 캐낸 것일수록 빛깔이 어두우며 검푸른 성장선이 뚜렷하다. 반면에, 수입산은 엷은 노란색과 흰색일 때가 많다.

이용

싱싱한 우럭은 회로 먹는데 다른 조개와 달리 수관이 부드럽다. 열에 익혀도 살이 부드러워 서양권에선 '소프트쉘 클램'이라 부르는데 주로 '클램차우더'라는 조개 수프에 많이 사용된다. 단맛이 좋은 조개로 국물에 쓰이는 것은 물론, 가볍게 쪄 먹거나 새콤달콤하게 초무침을 해서 먹기도 한다.

△ 서양에서는 주로 클램차우더에 활용한다

주름미더덕

⌃ 미더덕

⌃ 주름미더덕

분류 측성해초목 미더덕과
학명 *styela plicata*
별칭 오만둥이, 오만디, 오만득이, 만득이,
　　　만디이, 미더덕(X)
영명 Wrinkled sea squirt, Styela plicata
일명 시로보야(シロボヤ)
길이 6~12cm
분포 한국, 일본을 비롯한 전 세계 대양
제철 10~5월
이용 회, 찜, 탕, 볶음

시즌 및 출하 기간은 미더덕이 짧고, 주름미더덕은 길다. 생산량에서도 미더덕보다 많아 일 년 열두 달 흔히 판매된다. 이 때문에 주름미더덕을 미더덕으로 부르지만, 미더덕과는 엄연히 다른 종이다. 흔히 '오만둥이'라 부르는데 여기서 오만둥이란 이름은 오만가지에 붙어살고, 매우 흔하며 하찮다는 데서 비롯된 이름이다. 원산지는 미국을 비롯해 멕시코와 카리브해이지만, 선박이 세계 각국을 오가면서 평형수를 쏟고 그로 인해 지금은 전 세계 대양에 광범위하게 걸쳐 서식한다.

지금은 경남 일대에서 양식하며, 출하 및 유통 시즌도 미더덕만큼 한정적이지 않아서 온라인 쇼핑몰은 물론 마트와 재래시장에서 사계절 내내 볼 수 있다. 산란은 7~9월 경이며, 제철은 늦가을부터 봄 사이다.

고르는 법

주요 산지는 경남 창원과 통영 일대이지만 전국적으로 유통된다. 기본적으로 수분을 머금고 있기 때문에 산지에서 택배로 받으면 20% 전후로 중량 감소가 있다. 눈으로 보고 직접 고를 때는 알이 굵고 단단하며, 매끈한 것보다 표면이 거칠고 요철이 많은 것을 고른다.

이용

미더덕과 달리 외피(껍질)째 먹는다. 미더덕처럼 국물을 머금지 않아서 통째로 씹어먹는다. 향은 미더덕보다 떨어지나 오독오독한 식감은 월등히 좋아서 씹을 거리가 필요한 해물찜을 비롯해 각종 탕과 찌개에 넣는다. 국물 요리에

⌃ 오만둥이 요리

⌃ 오만둥이 회

넣으면 시원한 맛이 난다. 마찬가지로 곱창과 낙지볶음, 콩나물찜에도 식감 보충 및 시원한 풍미를 위해 넣는 경우가 늘고 있다. 신선한 상태라면 간단히 소금에 문질러 씻은 뒤 회로 생식할 수도 있다.

참꼴뚜기

분류	살오징어목 꼴뚜기과	**분포**	우리나라 전 해역, 일본,
학명	*Loliolus beka*		동중국해, 중국, 동남아시아
별칭	호래기, 참호래기, 꼬록	**제철**	2~6월
영명	beka squid	**이용**	회, 숙회, 찜, 라면, 탕, 튀김,
일명	베이까(ベイカ)		구이, 조림, 볶음, 젓갈, 건어물
길이	외투막 4~10cm		

국내에 서식하는 꼴뚜기 중 반원니꼴뚜기와 함께 가장 흔한 종류
로 서해 인천권을 비롯해 남해안 일대까지 폭넓게 서식한다. 산
란기인 여름을 앞두고 봄철에 많이 잡히며 이때가 제철이다. 주
요 산지는 경기 인천권, 충남 서천, 전북 군산을 비롯해 서해 전역이며, 서남해와 동해 남부 해역에서도
많이 잡힌다. 경상남도에서 '호래기'라 부르며 낚시 대상어로 각별히 여기는 것은 '반원니꼴뚜기'로 본
종과는 다르다. 서해에선 주로 참꼴뚜기를 호래기, 충남권에선 꼬록이라 부른다.

+
참꼴뚜기
vs.
반원니꼴뚜기

생김새가 비슷하
지만 참꼴뚜기가
반원니꼴뚜기보다
크기가 조금 더
작고, 귀(지느러
미) 모양이 둥글다. 반원니꼴뚜기가
주로 겨울에 잡힌다면, 참꼴뚜기는
봄부터 초여름에 걸쳐 어획된다. 가격은 반원니꼴뚜기가 비싸다.

⌃ 참꼴뚜기(생물)

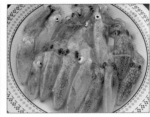
⌃ 반원니꼴뚜기(생물)

고르는 법

전국의 수산시장
에서 어렵지 않게
구매할 수 있다. '호래기'나 '꼴뚜기'로
검색하면 생물부터 냉동, 건어물까지
다양한 형태로 판매되는 쇼핑몰이 나온
다. 다만 생물은 어획기(봄)에만 판매되
고, 평상시엔 급랭과 말린 꼴뚜기가 판

⌃ 당일 잡힌 생물

⌃ 급랭

매된다. 횟감은 생물도 좋지만, 생물이 없을 경우 급랭도 괜찮다. 생물 또는 활꼴뚜기를 구매할 땐 몸
통에 투명감이 좋아야 하며, 광택이 나야 한다. 횟감용 급랭을 고를 때는 색소포(깨알처럼 작은 점 무
늬)가 많이 남아 있는 것일수록 신선하고 눈동자는 검고 맑아야 하며, 전반적인 몸 빛깔이 밝고 윤기가
나야 한다.

이용 회로 먹기에 가장
좋은 1순위는 활
꼴뚜기 > 당일 잡힌 생물 > 급랭순으
로 급랭은 어획 시기와 선도에 따라 회
로 먹을 수도 있지만, 자칫 냄새가 나
서 조리용으로 써야 할 수도 있으므로
고를 땐 직접 확인하고 믿을만한 곳에
서 구매하기를 권한다. 가볍게 데치거

⌃ 참꼴뚜기 회

⌃ 참꼴뚜기 구이

나 쪄먹기도 하며, 라면, 해물탕 등 국물 요리에 두루두루 이용된다. 화로에 올려 간장 양념을 발라 구
워 먹기도 하며, 튀기거나 꼴뚜기젓으로도 이용된다. 건어물은 꽈리고추와 볶아 밥반찬으로 먹거나 간
장 조림으로도 이용한다.

큰구슬우렁이

분류	이족목 구슬우렁이과	**길이**	각장 6~9cm
학명	*Glossaulax didyma*	**분포**	서해와 남해, 일본 북부이남,
별칭	골뱅이, 서해골뱅이, 우렁이		중국, 인도, 서태평양
영명	Bladder moon snail	**제철**	2~5월
일명	츠메타가이(ツメタガイ)	**이용**	무침, 숙회, 탕

서울을 비롯한 수도권이나 서해 일대의 재래시장에서 흔히 '골뱅이'라 부르지만, 생물학적 분류로는 고
둥류와 다른 우렁이다. 조간대 수심인 10~20m 전후의 진흙모래에 파묻고 있다가 밤이면 활동하는 육
식성 우렁이다. 서해안 일대 해변가에 많이 서식하는데 특히 태안반도 및 안면도 인근의 해변가에 많
이 서식한다. 해루질러들은 물이 최대로 빠지는 사리나 그믐 때 해변으로 진입해 간조선에 가까운 진
흙모래를 훑는데 이때 어른 손바닥이 묻힐 정도의 완만한 흙무덤이 발견된다면 십중팔구는 큰구슬우
렁이가 있다. 손으로도 손쉽게 잡을 수 있는데 위협을 느끼면 바깥으로 늘어놨던 살을 안으로 당겨 쪼
그라든다. 과거에는 개체수가 많았지만 과도한 남획으로 예전만큼 많이 잡히지 않는다. 주산란기는
6~7월 사이로 이 시기 해안가에선 원형으로 말린 알 껍질이 발견되기도 한다.

고르는 법 큰구슬우렁이는 서울, 수도권 일대와
서해안 일대 수산시장에서 한시적으로
판매된다. 고를 땐 껍데기가 윤기가 나야 하며 무엇보다도
살아있는지 확인한다. 손대면 살이 들어가거나 꼼지락거리
는 등 어떤 식으로든 반응을 보인다.

⌃ 시장에서 판매되는 모습(노량진 수산시장)

이용

큰구슬우렁이는 80~90년대 포장마차에 단골로 등장하던 식재료였다. 솥에 한가득 쌓아두고 팔았는데 가격도 저렴하면서 맛이 있다. 국물 맛도 좋지만, 동해산 고동류와 달리 너무 많이 익으면 살이 단단해져 질겨지는 특성이 있다. 찌거나 혹은 삶아도 끓는 물에 5~6분이면 충분하다. 다 삶았으면 그대로 썰어 숙회로 즐기거나 파채와 함께 골뱅이무침으로 먹는다. 타액선이 없으며, 익힌 내장도 식용 가능하다.

⌃ 큰구슬우렁이로 만든 골뱅이무침

키조개

분류	홍합목 키조개과	길이	각고 25~37cm
학명	*Atrina pectinata*	분포	서해와 남해, 동해 남부, 일본, 남중국해, 대만, 필리핀, 동인도
별칭	챙이조개, 게지, 치조개		
영명	Comb pen shell	제철	10~6월
일명	타이라기(タイラギ)	이용	회, 구이, 볶음, 샤브샤브, 탕, 죽, 초밥, 무침, 젓갈

곡식을 까부르는 키를 닮았다 하여 '키조개'라는 이름이 붙었다. 국내에 서식하는 패류 중 가장 크다. 양식을 시도하고 있지만 아직은 잠수기어업을 통해 자연산을 채취하여 생산하고 있다. 국내 최대 산지로는 전라남도 여수와 득량만, 충청남도 천수만(오천항)과 안면도, 삽시도 인근 해상을 꼽을 수 있다. 조간대 수심을 비롯해 50m까지 바다의 갯벌이나 진흙에 껍데기를 파묻은 채로 이동 없이 살다가 7~8월에 산란한다. 한국뿐 아니라 일본, 중국에서도 인기가 매우 높은 식재료이며, 생산량의 절반 이상을 일본으로 수출하기도 한다.

※ 키조개의 금어기는 7.1~8.31이다. 최소포획금지체장은 부산, 울산, 강원, 경북, 경남에 한하여 18cm이하이다. (2023년 수산자원관리법 기준)

+ 키조개의 세부 부위	키조개는 크게 먹을 수 있는 부위와 먹을 수 없는 부위로 나뉜다.

⌃ 패주(관자)

⌃ 외투막(날감지)

먹을 수 있는 부위
패주(관자), 관자를 감싼 외투막(날감지), 발(꼭지살)

⌃ 발(꼭지살)

⌃ 내장을 비롯해 생식소와 아가미

먹을 수 없는 부위
생식소(수컷은 황색, 암컷은 붉은색)를 포함한 내장과 내장에 붙어 있는 아가미(갈색 살), 족사(수염) 등이다.

고르는 법

주요 산지는 장흥 득량만과 충남 천수
만이지만, 전국의 수산시장에서 어렵지
않게 구매할 수 있고, 인터넷 쇼핑몰에서도 산지 택배로 받
아볼 수 있다. 포장된 키조개는 운송 과정에서 머금었던 바
닷물을 뱉어냄으로 인해 5~10% 정도의 중량 감소가 있을
수 있다. 시장과 마트에서 고를 땐 큰 것이 좋다. 보통 마리
당 2,000~6,000원 꼴로 판매되는데 가격은 크기마다 차이
가 있다. 상품성은 클수록 좋다. 최소 25cm는 넘어가는 것
이 좋고, 30cm가 넘어가는 것은 최상품이다. 껍데기는 표면
이 반질반질하고 매끄러우며 무지갯빛이 나는 것이 신선한
것이며, 입을 굳게 다물고 있는 것을 고른다. 껍데기에는 작
은 구멍이 있을 수 있다. 이는 잠수부가 꼬챙이로 잡은 흔적
으로 신선도에는 문제가 없지만, 깨지거나 균열이 난 것은
피한다.

손질 키조개는 주로 관자와 관자에 붙어 있는 외투막(날감
지, 치마살)을 줄에 엮어 파는데 이때 관자는 크고 탄력이 있
으면서 색이 밝고 윤기가 나는 것이 좋다. 대형마트에서 판
매되는 냉동 키조개살이나 관자도 이용하기엔 편리하다. 다
만, 맛과 식감에서는 신선 생물에 비할 수 없고, 가격도 저렴
하지 않다. 신선한 키조개를 가장 저렴하게 이용하는 방법은
지역 수산시장이나 재래시장에서 손질된 관자만 모아다 파
는 것을 구매하는 것이다.

≪ 크고 싱싱한 새조개

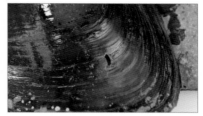
≪ 작은 구멍은 조업시 발생되는 자연스러운 현상이다

≪ 살만 묶어서 판매하기도 한다(마포 농수산시장)

이용

싱싱한 키조개는 기본적으로 회로 이용
된다. 주로 패주(관자)를 얇게 썰어 초
고추장 또는 간장, 와사비와 곁들여 먹는데 참기름장에 찍어
먹어도 별미다. 구이는 크게 관자 스테이크와 장흥 삼합으로
나뉜다. 어느 쪽이든 많이 익으면 살이 질겨지고 뻣뻣해진
다. 그러므로 스테이크는 앞뒤로 강한 불에 시어링하여 진한
갈색의 크러스트를 형성해주고 속살은 살짝만 익혀 먹는 조
리법이 인기가 있다.

마찬가지로 장흥삼합은 소고기와 표고버섯과 함께 구워 먹
는 음식인데 앞서 두 재료보다 익는 속도가 빠르므로 맨 마
지막에 투입해 앞뒤로 살짝 익혀 먹는 것이 포인트다.

이 외에도 초밥, 초무침, 전, 죽, 해물탕에 이용되며, 매콤한
양념에 볶아 먹기도 한다.

≪ 키조개 회

≪ 팬에 노릇노릇하게 구운 관자

⌃ 매콤한 키조개 볶음

⌃ 고기와 표고버섯과 함께 구워먹는다

⌃ 장흥삼합

표범무늬갑오징어

분류	갑오징어목 갑오징어과	**길이**	외투막 약 15~55cm
학명	*Sepia pardex*	**분포**	남해와 제주도, 일본 남부,
별칭	표범갑오징어, 호피무늬갑오징어		동중국해, 대만
영명	Spear squid	**제철**	11~4월
일명	효오몽코우이까(ヒョウモンコウイカ)	**이용**	회, 찜, 숙회, 볶음, 튀김, 조림

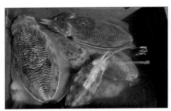
⌃ 참갑오징어와 함께 잡힌 표범무늬갑오징어

⌃ 위쪽은 참갑오징어, 아래쪽은 표범무늬갑오
징어의 갑

우리나라 서해 및 남해안 일대에 서식하는 '참갑오징어'(갑오징어)보다 남방종이다. 다만 겨울부터 초봄 사이에는 제주도 연안에 참갑오징어의 어장이 형성돼 에깅 낚시가 이뤄지는데 이때 표범무늬갑오징어 가 혼획된다. 크기는 외투막 기준 20~25cm 전후로 참갑오징어와 비슷하지만, 수온이 따뜻해 생육 조 건을 두루두루 만족시키는 일본 남부와 동중국해에는 5kg에 이르는 대형 개체가 포획되기도 한다. 참 갑오징어와 마찬가지로 몸 속에 단단한 '갑'이 들었는데 모양은 뾰족하고 긴 타원형으로 참갑오징어와 는 형태적으로 다르다.

이용 국내에는 제주도에서만 한시적으로 잡히고 그 수도 많지 않아 시장에 유통되는 경 우는 드물다. 아직은 낚시인들 사이에서만 맛이 전해지고 있다. 몸통 살은 두께가 나가지만 기본적으로 수분이 많고 식감도 참갑오징어보다 부드러워 회의 씹는 맛에선 참갑오징어보다

다소 떨어진다는 평가다. 다만 열에 익혀도 단단
해지지 않고 부드럽기 때문에 숙회를 비롯해 튀김
과 구이, 조림용으로 알맞다.

⚐ 표범무늬갑오징어 회

⚐ 표범무늬갑오징어 통찜

피뿔고둥

분류	신복족목 뿔소라과	분포	서해 및 남해, 일본 북부이남,
학명	*Rapana venosa*		중국, 대만, 흑해, 홍해,
별칭	참소라		미국을 비롯한 대서양 연안
영명	Thomas's rapa whelk, Rapa whelk	제철	10~6월
일명	아카니시(アカニシ)	이용	회, 숙회, 무침, 찜, 탕, 소라장,
길이	각고 8~14cm		구이, 조림, 죽

서해 및 남해안 일대에 흔히 나는 대형 패류다. 바위와 자갈이 섞인 해변가를 비롯해 조간대 수심인
10~20m 저질의 모래나 갯벌, 진흙에 많이 분포한다. 패각은 황갈색부터 진한 고동색, 검은색에 이르기
까지 다양하며, 껍데기 안쪽은 붉고 입구에는 빗살 무늬가 촘촘해 다른 고둥류와 구별된다. 육식성이며
주로 부패한 사체를 먹고 자란다. 산란은 이르면 5월부터 시작해 여름 내내 이어지지만, 산란기와 상관
없이 연중 유통되며, 주요 제철은 가을과 봄이다.

+
학술적
명칭과
시장 명칭의
괴리감

피뿔고둥의 '피뿔'은 '피가 붉다'는 뜻이고, 패각 안쪽이 붉어서 일본에선 '아카'란
말이 붙은 것과 일맥상통한다. 피뿔고둥이 많이 나는 서해와 남해안 일대에선 주
로 '참소라'로 불린다. 다만 피뿔고둥이 잘 나지 않는 동해안 일대에선 '갈색띠매
물고둥'(삐뚤이소라)과 '조각매물고둥'(나팔골뱅이)을 참소라로 부르는 경향이 있
고, 제주도에선 '소라'(뿔소라)를 참소라로 부르는 경향이 있으니 혼동하지 않도록
유의한다.

⚐ 안쪽이 빨갛고 빗살무늬가 특징인 피뿔고둥

⚐ 갈색띠매물고둥(삐뚤이소라)

⚐ 조각매물고둥(나팔골뱅이)

고르는 법

산채로 유통되는 피뿔고둥은 대부분 국산이지만, 냉동 자숙한 것은 튀르키예산을 비롯해 수입품이 대부분이다. 시장에서 고를 때는 패각의 입구가 굳게 닫힌 것이 좋고, 안으로 움푹 들어간 것보단 꽉 찬 듯 막힌 것이 좋다. 클수록 상품이며, 입구에는 점액질이 없는 것을 고른다. 참고로 인터넷 쇼핑몰에 '피뿔고둥'으로 검색하면 대부분 수입산 냉동 자숙이 판매되는 사이트가 나오고, '참소라'로 검색하면 살아있는 국산 피뿔고둥이 나온다.

⌃ 시장에서 판매되는 피뿔고둥(노량진 수산시장)

+
피뿔고둥의 독성에 관하여

여타 대형 육식성 고둥류와 마찬가지로 테트라민 신경독이 든 타액선(귀청)이 살 속에 분포한다. 다만, 육에 비해 타액선이 매우 작고, 테트라민 함량도 적은 편이라 몇 마리를 통째로 먹는다고 쉽게 중독되지는 않는다. 또한, 테트라민은 수용성으로 끓는 물에 잘 용해되지만, 피뿔고둥의 경우는 함량이 적기 때문에 여러 마리를 통째로 삶아도 크게 문제 되지는 않는다. 다만, 개인의 체질에 따라 예민하게 반응할

⌃ 살을 가르면 가운데 타액선이 자리한다

⌃ 타액선(노란 지방덩어리)을 제거하는 장면

⌃ 왼쪽부터 살, 중장선과 간정체, 생식소

⌃ 왼쪽 초록색은 먹으면 안 되는 부위, 오른쪽은 먹어도 되는 부위이다

수도 있으니 다량 섭취 시에는 타액선을 제거하는 것을 권한다.
또한, 피뿔고둥의 내장은 먹으면 안 되는 부위와 먹어도 되는 부위로 나뉜다.

먹으면 안 되는 부위

녹색이라 '쓸개'라 불리는 중장선(간췌장), 그 옆에 붙어 있는 반투명 젤리 같은 기관은 소화효소를 분비하는 간정체로 식용하지 않는

⌃ 흔히 똥이라 불리는 생식소는 고소한 맛이 좋아 인기가 있다

것이 좋다. 한두 개 섭취로 당장 배탈이나 부작용이 나타나는 것은 아니지만, 생식이든 조리 형태이든 이들 기관에는 해조류를 통해 '피로페오포바이드(Pyropheophobide-a)'란 독성 물질이 축적되어 있을 수 있다. 이 물질이 우리 몸에 들어오면 '광감작'을 일으키는데 햇볕에 노출된 피부는 타들어가 듯 아프거나 가려움증을 수반할 수 있다.

먹어도 되는 부위

흔히 '똥'이라 불리는 것은 생식소이다. 이는 내장 중 가장 끄트머리에 돌돌 말린 형태로 나타나며, 색깔은 암녹색에서 다갈색으로 다양하게 나타난다. 생식보다는 익혀 먹는 것을 권장한다.

이용

회로도 먹을 수 있고 살짝 데쳐서 숙회나 무침으로 먹어도 좋다. 삐뚤이소라보다 감칠맛이 좀 더 좋고, 익혀도 살이 단단해지지 않아 씹는 맛이 부드럽다는 점이 특징이다. 이 외에도 해물탕 같은 탕 종류를 비롯해 소라장, 소라죽, 간장조림, 구이로도 이용된다.

참소라 숙회≫

화살꼴뚜기

분류	살오징어목 꼴뚜기과	**외투막 길이**	약 20~40cm
학명	*Heterololigo bleekeri*	**분포**	동해 및 남해 동부, 제주도, 일본, 동중국해 등 서태평양
별칭	화살오징어, 한치, 동해한치	**제철**	10~5월
영명	Spear squid	**이용**	회, 초밥, 숙회, 찜, 물회, 볶음, 국, 무침, 구이, 튀김, 건어물
일명	야리이까(ヤリイカ)		

국내에선 부산 앞바다인 대한해협을 비롯해 동해 후포와 울진, 주문진, 울릉도에 이르기까지 해안선을 끼고 회유하는 연안성 오징어이다. 제주도에서는 '한치'라 불리는 '창꼴뚜기'와 함께 혼획되기도 하나 그 비율은 적다. 본 종은 제주도에도 서식하지만, 겨울부터 초봄 사이 동해안 일대 앞바다로 회유하다 낚시 및 그물에 많이 걸려들며 그 빈도는 해마다 잦아지는 추세다. 다만 아직은 살오징어만큼 어장 규모를 파악한다거나 조업 체계가 이뤄지지 못한 탓에 대량으로 조업되진 않는다. 이러한 이유로 해당 종은 매우 제한적인 지역에서 한시적으로 잡혀 시장에 유통되고 있는 정도이다. 산란기는 봄부터 여름 사이이고 제철은 가을부터 겨울을 거쳐 봄까지 이어진다.

+

화살꼴뚜기와 창꼴뚜기

화살꼴뚜기의 또 다른 이름으로 '화살오징어'란 이름이 명명되었지만, 시장에서는 단순히 '한치' 정도로 취급된다. 여기서 한치란 '다리가 한치(약 3cm) 밖에 안 된다'고 해서 불

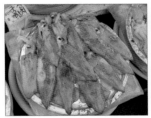

≪제주도에서 한치라 불리는 '창꼴뚜기'

≪동해에서 한치라 불리는 '화살꼴뚜기'

은 이름인데 사실 한치라 불리는 종은 화살꼴뚜기 외에 '창꼴뚜기'란 종도 있다. 창꼴뚜기는 제주도에서 많이 잡히는 종으로 흔히 횟집에서 먹는 한치 물회의 재료이기도 하다.

어쨌든 화살꼴뚜기와 창꼴뚜기는 아직 시장에서 구분 없이 '한치'라는 이름으로 판매되며, 두 어종 모두 살오징어보다 값이 비싸면서 맛이 좋은 두족류이다. 구별하는 방법은 '귀'라 불리는 지느러미 형태를 보면 된다.

≪ 왼쪽이 화살꼴뚜기, 오른쪽이 창꼴뚜기

≪ 6월경 부산 앞바다에서 낚시로 잡힌 화살꼴뚜기

제주도에서 '한치'라 불리는 '창꼴뚜기'는 몸통 끝이 뭉툭하다. 반면에 화살꼴뚜기는 이름처럼 몸통 끝부분이 화살처럼 뾰족하면서 귀가 몸통 끝보다 훨씬 아래에서부터 시작되는 것이 특징이다. 몸통 길이는 화살꼴뚜기가 좀 더 길며 대형으로 자란다. 위 사진에서는 창꼴뚜기가 붉은색을 띠는데 이는 위협을 받거나 흥분했을 때 색소포가 발동하여 체색을 변화시킨 것일 뿐, 종의 고유한 특징은 아니다.

두 종은 먹이활동을 활발히 하는 적서 수온에서도 미묘한 차이가 있다. 창꼴뚜기는 비교적 고수온인 20~22도에서 활발한 먹이활동을 하지만, 화살꼴뚜기는 이보다 낮은 18~20도에서 활성도를 보인다. 출현 시기와 지역에서도 적잖은 차이가 있다. 창꼴뚜기는 6월경부터 8월까지 제주도 연안을 중심으로 커다란 어군을 형성하지만, 화살꼴뚜기는 2월경부터 5월까지 대마도를 비롯해 부산 앞바다와 울진, 후포, 강릉으로 북상하면서 어군을 형성한다. 그리고 이 두 종이 함께 섞일 때가 5~7월 사이인데, 이때는 거제도에서 대마도를 마주 보는 방향으로 남동쪽 먼 해상에 어군이 형성되면서 전국의 앵글러들을 불러 모으고 있다.

이용

일반적으로 소비되는 살오징어보다 살이 연하고 부드러울 뿐 아니라 단맛과 감칠맛이 좋아 횟감으로 인기가 좋다. 일본 규슈 지방에서는 '명물 오징어회'로 유명한데 이는 일반적인 오징어가 아닌 화살꼴뚜기를 지칭한 것이다. 이 외에도 버터구이, 튀김, 국, 탕, 물회에 이르기까지 오징어와 동일하게 이용되며, 특히 삼겹살과 함께 볶아먹는 두루치기가 일품이다.

≪ 화살꼴뚜기(동해 한치) 회

≪ 한치 초밥

≪ 한치 숙회

≪ 화살꼴뚜기 삼겹살 두루치기

PART

02

—

여름

갈돔 | 구갈돔, 줄갈돔

분류	농어목 갈돔과
학명	*Lethrinus nebulosus*
별칭	미상
영명	blue emperor scavenger
일명	하마후에후키(ハマフエフキ)
길이	50~80cm, 최대 약 1m
분포	제주 및 추자, 일본 남부, 대만을 비롯한
	인도양과 서태평양의 열대 및 아열대 해역

제철	4~8월
이용	회, 구이, 조림, 튀김, 찜

국내에선 좀처럼 보기 힘든 아열대 어류로 제주도 및 추자군도가 갈돔이 서식할 수 있는 북방한계선이다. 주요 산지와 분포지는 일본 규슈, 시코쿠를 비롯해 이즈 반도, 오가사와라 제도, 오키나와 등 태평양과 맞닿은 남부 해역이다. 여기에 대만과 필리핀, 인도네시아를 끼고 있는 인도양의 열대 및 아열대 해역도 포함된다. 광범위한 분포지 만큼 서식지 해역에 따라 산란철도 2~11월로 폭넓다. 수명은 20년이 넘는 것으로 보고되며, 다 자란 성어는 1m에 이르기도 한다. 국내에선 제주도와 추자도에서 낚시로 잡힌 사례가 있고, 일본 남부 지역에선 제법 인기 있는 바다낚시 대상어이다.

이용

싱싱할 땐 횟감으로 많이 쓰인다. 일부 해역에서 잡힌 개체는 갯내가 나지만 완연한 봄에 접어들면서 맛이 좋아진다. 수율이 좋아 스테이크로도 제격이며, 구이와 튀김, 조림으로 열을 가했을 때도 살이 단단해지지 않아 적당한 식감을 낸다. 열대성 해수어치곤 지방이 있는 흰살생선으로 맛이 담백하다. 찜으로 먹으면 껍질이 젤라틴처럼 되며 살의 풍미가 오른다. 참고로 마샬 제도 등 일부 해역에서 잡힌 대형 개체는 식중독을 일으키는 '시가테라'가 보고되고 있다.

구갈돔

분류	농어목 갈돔과
학명	*Lethrinus haematopterus*
별칭	미상
영명	Chinese emperor
일명	후에후키다이(フエフキダヘ)
길이	30~50cm, 최대 80cm
분포	동해 남부, 제주도, 일본 남부, 대만, 필리핀,
	동인도 제도를 비롯한 열대 및 아열대 해역

제철	10~3월
이용	회, 구이, 탕, 조림, 튀김

평균 크기는 갈돔보다 조금 작고, 서식지도 조금 더 북쪽에 치우쳤다. 다만 국내에서는 제주도를 비롯해 남해 먼바다(주로 남해 동부권)에 낚시로 간간이 잡히는 정도에서 그치기 때문에 특별히 식용하거나 시장으로 유통되지는 않는다. 일본에서는 규슈와 시코쿠를 비롯해 관서 지방으로 유통되며, 시기와 개체에 따라 갯내가 나기 때문에 고급 어종으로 취급받는 갈돔보다는 평가 절하되는 느낌이다. 대마도를 비롯한 규슈, 시코쿠 지방에선 바다낚시로 자주 낚이는데 갈돔에 비할 정도는 아니지만 당기는 손맛이 좋은 어종이다.

산란은 봄이며 늦가을부터 겨울 사이 맛이 좋고, 여름에는 갯내가 나는 경우가 있다. 이 갯내는 회보다 굽거나 튀기는 등 조리했을 때 두드러지기 때문에 일본에서는 버터나 다른 양념을 더해 갯내를 가리는 조리법이 행해진다. 껍질은 적당한 탄력이 있으면서 감칠맛이 좋다. 살은 투명감이 좋은 흰살생선으로 씹는 맛도 적당하며, 뼈에선 맛있는 국물이 우러난다. 겨울이 제철로 이 시기에 지방이 낀다.

⌃구갈돔 구이

줄갈돔

분류	농어목 갈돔과
학명	*Lethrinus genivittatus*
별칭	미상
영명	Longspine emperor
일명	이토후에후키(イトフエフキ)
길이	20~25cm, 최대 33cm
분포	제주도, 일본 남부, 대만, 필리핀, 동인도제도, 호주 북부, 동인도양, 인도네시아, 파푸아뉴기니
제철	평가 없음
이용	구이, 튀김, 조림

농어목 갈돔과에 속한 어종 중에선 35cm를 넘기지 않는 소형종이다. 외형은 구갈돔과 비슷하지만, 체형이 날씬하며 등지느러미 가시 중 두 번째 기조가 길게 솟았고, 등에는 검은 반점과 줄무늬가 산재해 있다. 국내에서 제주도 인근에서 가끔 잡히며 특별히 어획 및 유통하거나 식용하지 않는다. 일본 남부 지역에서는 흔한 물고기지만 크기가 작고 잡어로 취급되며 주로 구이나 튀김으로 이용된다.

개서대 | 참서대

⌃유안부

분류	가자미목 참서대과
학명	*Cynoglossus robustus*
별칭	서대, 밀박대, 참서대(X)
영명	Robust tonguefish
일명	이누노시타(イヌノシタ)
길이	30~40cm, 최대 약 55cm
분포	서해 및 남해, 일본 남부, 남중국해, 동중국해
제철	3~6월, 냉동과 건어물은 연중
이용	구이, 튀김, 조림, 건어물

⌃무안부

가자미목에 속하는 개서대는 비대칭이면서 납작한 참서대류 중 하나로 최대 전장 50cm가 넘는 비교적 큰 서대류이다. 그러나 생김새는 참서대와 매우 흡사해 적잖은 상인이 '참서대'로 잘못 취급하기도 한다. 고흥과 여수 일대에서는 참서대와 개서대가 함께 유통되며 단순히 '서대'나 '참서대'로만 취급되는 경향이 있다.

국내에선 목포, 신안, 고흥을 비롯한 서남해 일대와 여수, 거문도, 통영 등 남해안 일대 먼바다에서 잡히며 상업적으로 매우 중요한 식재료로 취급된다. 특히 '여수 10미(味)' 중 최고 별미로 여겨지는 것이 바로 '서대회무침'인데 여기에는 참서대도 사용되지만 개서대도 쓰인다. 두 어종의 주 어획기는 봄~여름으로 겨울에는 냉동한 것을 해동해 썰어 회무침용으로 이용한다. 맛은 두 어종 모두 대동소이하다.

※ 개서대의 금어기는 7.1~8.31이고, 금지포획체장은 26cm이다. (2023 수산자원관리법 기준) 현장에선 어민은 물론 경매인들도 참서대와의 구분을 매우 어려워하기 때문에 개서대의 금어기가 얼마나 효용성이 있는지 논란이 되고 있다.

+
개서대와
참서대의
형태적 차이

⌃ 개서대는 눈 뒤쪽에서 등으로 연결되는 측선이 있다 　⌃ 개서대는 측선이 2개이다

⌃ 참서대는 눈 뒤쪽에서 등으로 연결되는 측선이 없다 　⌃ 참서대는 측선이 3개이다

개서대가 참서대보다 더 크게 자라지만 고흥, 여수권에는 30cm에 이르는 참서대도 많이 유통되기에 비슷한 크기에선 두 어종을 구별하기가 쉽지 않을 정도로 빼닮았다. 구별 포인트는 크게 세 가지가 있다.

측선의 개수 개서대는 측선(옆줄)이 2개이고, 참서대는 3개로 배지느러미 근방에 개서대에는 나타나지 않는 제 3의 측선이 존재한다.

비늘의 크기와 개수 개서대는 몸통 중앙 측선에서 등쪽 측선으로 이어지는 비늘 배열수가 10~11개지만, 참서대는 11~13개이다. 이는 참서대의 비늘이 개서대 비늘보다 작고 촘촘하다는 뜻이다.

눈 뒤쪽 측선 유무 개서대는 눈 뒤쪽으로 몸통 중앙을 가로지르는 측선에서 등으로 연결되는 또 하나의 측선이 존재하지만, 참서대는 없거나 흐릿하다.

현재 수산자원관리법을 살피면 참서대는 금어기가 없고, 개서대는 금어기가 있다. 개서대를 주로 취급하는 여수 교동시장을 비롯한 인근 수산시장 상인들과 어부들은 '서대의 금어기'를 7~8월로 인식하는데 이는 개서대이기 때문이다. 두 어종 모두 여름부터 초가을 사이 산란기에 접어들기에 봄부터 초여름에 잡은 것을 최고로 친다.

<table>
<tr><td>+
명칭의 오해</td><td>앞서 알아보았듯 두 어종은 어지간한 전문가가 아닌 이상 현장에서 쉽게 구별하기 힘들 정도로 닮았다. 더욱이 잡히자마자 곧바로 내장을 제거해 말린다는 특성을 감안한다면 더더욱 구별이 어렵다. 이러한 이유로 서대류를 취급하는 대다수 지역에선 개서대를 참서대로 잘못 부르고 취급하기도 한다.</td></tr>
</table>

이용

제철은 산란기를 전후한 7~9월을 제하곤 연중 맛의 차이가 크지 않다. 다른 서대류와 마찬가지로 잔가시가 적어 발라 먹기 좋고 살집도 많이 나와 구이와 조림으로 인기가 있다. 뿐만 아니라 여수가 자부하는 '서대회무침'의 재료로 사용할 만큼 횟감으로도 맛이 있으며 살이 부드럽고 감칠맛이 좋은 편이다. 생물보단 건어물로 취급되는데 주로 굽거나 튀겨 먹는다. 버터를 두른 팬에 부침가루를 묻혀 굽는 뫼니에르 스타일도 제법 잘 어울린다.

△ 4월경 도다리 자망배에 잡힌 개서대

△ 개서대 구이

참서대

─ 유안부 측선(옆줄)이 3개인 참서대

분류	가자미목 참서대과
학명	*Cynoglossus joyneri*
별칭	서대, 꼬마박대, 항만박대, 군산박대, 박대(X), 참박대(X)
영명	Red tongue sole
일명	아카시타비라메(アカシタビラメ)
길이	25~35cm, 최대 약 42cm
분포	서해 및 남해, 일본 남부, 동중국해, 대만, 남중국해 등 북서태평양
제철	5~8월, 냉동과 건어물은 연중
이용	회, 무침, 조림, 구이, 찜, 건어물

참서대는 바다 환경의 변화와 남획으로 어획량이 예전만 못하다고 전해지지만, 지금도 여수나 고흥을 비롯해 전라남도 일대 수산시장에선 빠지지 않고 등장해 일 년 내내 건어물로 판매된다. 껍질을 벗겨 말리는 박대와 달리 참서대는 껍질째

△ 위판을 기다리는 참서대(전남 외나로도)

말리는 경우가 많은데 이는 구웠을 때 적당히 짭조름한 맛과 껍질 식감을 주기에 충분하다.
형태적 특징으론 다른 서대류와 다를 게 없으나 유안부는 측선(옆줄)이 3개이고, 눈 뒤쪽에서 등지느러미로 연결되는 제 3의 측선이 없다. 뒤집어서 무안부를 보면 양쪽 지느러미가 노란색을 띠는 박대와 달리 붉은색을 띤다. 배는 희면서도 가장자리는 역시 붉은색이 도드라지며, 체형은 납작하면서 길쭉해 서대류 중에선 제법 날씬한 편이다.

+ **참서대의 제철**

산란기는 7~9월로 알려졌다. 이 시기를 전후하여 어획량이 늘어날 뿐 아니라 알도 배고 있어 현지에선 이 시기를 제철로 생각하는 경향이 있다. 알배기는 구이와 조림으로 맛이 있지만, 실제로 살이 통통히 올라 횟감용(여수에선 회무침으로 먹는다)으로 적당한 것은 봄부터 초여름에 잡힌 것이 낫다. 다만 참서대는 주로 건어물과 냉동 횟감으로 소비되는 탓에 제철은 사실상 연중이라 보아도 무리는 없겠다.

ㅅ 겨울에는 주로 냉동 위주로 판매 및 소비된다 (여수 교동시장)

+ **국산과 수입산 서대류의 차이**

주산지인 여수를 비롯해 군산, 목포 등지의 시장에서도 참서대를 비롯해 수입산 서대류를 많이 판매하고 있다. 대부분 말려서 건어물로 팔기 때문에 언뜻 봐선 구별하기가 어렵고, 더욱이 말린 수입산 서대류는 원산지 표기 의무가 없어서 원산지 표기를 누락하고 판매하는 경향이 여전하다. 이에 국산 참서대와 수입산 서대를 비교해 특징 차이를 알아본다. 우선은 소비자가 접하는 형태가 대부분 건어물이므로 이 기준으로 설명한다.

ㅅ 국산 서대류

국산과 수입산 모두 형태가 비슷하나 국산 서대류는 지느러미 가장자리 부분이 주변부보다 밝고 약간 노란 색을 띤다. 반면 수입산 서대류는 이러한 특징이 없다. 또한 여수에서 취급되는 참서대와 개서대는 대부분의 상인들이

ㅅ 수입산 서대류

'국산'으로 표기하고 팔지만, 수입산 서대류는 원산지 표기를 곧잘 누락한다는 점도 참고할 만하다.

이용

참서대는 잡히자마자 쉽게 죽어버려 활어로 유통되는 일은 드문 편이다. 주로 건어물과 냉동 횟감으로 유통되는데 맛은 일 년 내내 비슷하면서도 형태적으로는 수율이 매우 좋아 작아도 살점이 많이 나온다는 장점이 있다. 그러면서도 내장은 매우 작고 잔가시도 적어 평소 생선 가시를 발라 먹기 귀찮아하는 이들에게도 남녀노소 부담 없이 이용하기 좋은 생선이라 할 수 있다. 특히 참서대는 비린내가 적으면서 적절하게 소금 간이 되면 담백하면서 고소한 맛이 극대화되는 생선으로 서대류 중에선 가장 맛이 좋기로 정평 났다. 오죽하면 '서대가 엎드려있는 자리는 뻘도 맛있다'는 말이 있을까. 그만큼 여수 사람들의 서대 사랑은 각별하다.

겨울에는 조업량이 저조하나 여름에 잡은 참서대를 냉동고에 넣어두었다가 횟감으로 쓰는데 주로 회무침과 회덮밥용으로 이용된다. 그 외 구이는 물론 찜과 조림, 찌개로 이용되며, 전라남도에선 차례상과 제사상에 서대류를 올린다.

∧ 건조 중인 참서대

∧ 건조 중인 개서대

∧ 참서대 회무침

갯장어

분류	뱀장어목 갯장어과
학명	*Muraenesox cinereus*
별칭	참장어, 개장어, 갯붕장어, 놋장어, 하모, 이빨장어
영명	Purple pike conger
일명	하모(ハモ)
길이	60~90cm, 최대 약 2.2m
분포	서해 및 남해, 제주도, 일본 남부, 인도양, 대서양
제철	5~9월
이용	회, 숙회, 샤브샤브, 구이, 탕

붕장어와 함께 낮에는 갯벌이나 모래밭에 숨어 있다가 밤이 되면 작은 어류, 갑각류, 두족류 등을 사냥하며 성장하는 야행성 어류다. 몸은 비늘이 없는 매끈한 피부를 가졌고, 크고 날카로운 이빨이 발달함과 동시에 성질이 몹시 사납다. 우리나라 전 연안에 서식하는 붕장어와 달리 서해 및 서남해, 최

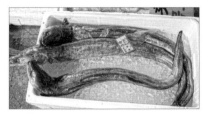
∧ 대형 갯장어

근에는 남해 동부권에서도 잡히지만, 가장 유명한 산지는 여수와 고흥을 비롯한 서남해산을 꼽는다. 주 어획기는 5~11월로 이후 월동을 나기 위해 제주도 및 거문도로 남하했다가 이듬해 봄이면 북상하는 계절 회유성을 보인다. 알에서 깨어난 치어는 '렙토세팔루스'라는 유생기를 보내는데 암컷이 수컷보다 성장 속도가 빠르다. 다 자란 성체는 2m에 이른다.

※ 갯장어는 금어기가 없지만 포획금지체장은 항문장을 기준으로 40cm이다. (2023년 수산자원관리법 기준)

+
붕장어와
갯장어의
영양 성분
비교

붕장어와 갯장어의 영양성분을 비교해보면 탄수화물은 100g당 각각 0.3g과 0.4g으로 근소하게 갯장어가 앞서고, 단백질은 17.4g과 19.5g으로 갯장어가 앞선다. 기름기 자체는 붕장어가 많은 편인데 7월 이후에는 6.4g과 9.9g으로 갯장어가 압도적이다. 이 때문에 기름기를 선호하

∧ 붕장어 살

는 우리나라는 7월 이후의 갯장어를 선호하고, 장어류의 기름기를 선호하지 않는 일본에서는 7월 이전의 갯장어를 선호해 양국의 취향 차이를 알 수 있다. 칼로리는 각각 126kcal과 160kcal로 갯장어가 많은 편이다. 이러한 차이는 회로 먹었을 때 확연히 느껴지는데 갯장어는 글루탐산이 많아 씹으면 씹을수록 감칠맛이 돋보이며, EPA, DHA 함량도 높아 혈관 질환 예방에도 좋다.

∧ 갯장어 살

+
붕장어와 갯장어의 손질 방식과 맛 차이

붕장어는 뼈가 연하고 가시가 씹히지 않아서 뼈째 썰기가 가능하지만, 갯장어는 가시가 씹혀 뼈째 썰기가 어렵다. 그래서 갯장어 회는 일반적인 생선회처럼 포를 뜨고 뼈를 발라내어 썰어내는 방식이다. 순수한 회 맛으로는 갯장어가 조금 더 담백하면서 감칠맛이 좋지만, 붕장어는 뼈 씹는 맛이 포함되기 때문에 고소한 맛은 붕장어 쪽이 앞서는 편이다.

이러한 차이는 살짝 데쳐 먹는 샤브샤브에서도 나타난다. 가격은 갯장어가 붕장어보다 2~3배 비싸지만, 체감되는 맛은 그렇지 못할 때가 많다. 담백하면서 절제된 기름기와 차진 식감은 갯장어가 한수 위로 평가되지만, 단순히 기름지고 고소한 맛을 선호한다면 저렴한 붕장어 샤브샤브도 충분히 좋은 대안이 된다.

∧ 붕장어(왼쪽)와 갯장어(오른쪽) 샤브샤브　　∧ 샤브샤브용으로 손질된 갯장어 살　　∧ 뼈째 썰어 먹는 붕장어회

고르는 법

횟감용 갯장어는 마리당 250g은 넘어야 제맛이 난다. 너무 큰 것보다는 1kg에 3마리 정도가 가장 맛있다. 구이용은 적당히 큰 것이 좋은데 간혹 몸길이 1m를 훨씬 웃도는 대형급은 즙을 내어 약재로 쓰거나 푹 고아 먹기에 알맞다. 선어를 고를 때는 상처가 적고 껍질이 메마르지 않아야 하며, 턱에 꽂힌 낚싯바늘은 녹슬어 있지 않아야 한다.

∧ 적당한 크기의 손질 갯장어(전남 외나로도)

이용

갯장어도 뱀장어와 마찬가지로 일제강점기 이전에는 잘 식용하지 않았다가 일본인들의 식습관 영향을 받고 나서 먹기 시작했다. 예전에는 전량 일본으로 수출했던 효자 품목이었지만 지금은 갈수록 어획량이 주는 대신 국내 수요는 증가하면서 가격은 높아지고 있

다. 때문에 갯장어는 연중 잡히는 붕장어와 달리 여름 한철에만 맛볼 수 있다는 희소성이 더해져 더욱 각별한 취급을 받는 것인지도 모른다. 주로 회와 샤브샤브로 이용되며, 갯장어 탕과 소금구이도 일품이다.

⚞ 깻잎에 양파쌈으로 먹으면 별미다

⚞ 갯장어 샤브샤브

군평선이

분류 농어목 하스돔과
학명 *Hapalogenys mucronatus*
별칭 딱돔, 금풍생이, 샛서방고기, 꽃돔(X)
영명 Belted beard grunt
일명 세토다이(セトダイ)
길이 20~25cm, 최대 45cm
분포 서해, 남해, 일본 남부, 동중국해, 대만
제철 5~8월
이용 찜, 구이, 건어물

⚞ 갓 잡힌 군평선이의 아름다운 자태

거울에는 제주도 남쪽 해역으로 월동을 나다가 봄이 되면 산란을 위해 남해 및 서해안 일대 얕은 바다로 무리 지어 들어온다. 암초보다는 모래나 자갈, 개흙이 발달한 저질을 따라 회유하며, 등각류와 작은 새우 등을 먹고 자란다. 다 자라면 최대 45cm에 이르지만, 주로 어획되는 크기는 20~25cm 전후가 많다. 주 산란 시기는 5~8월이다. 위도가 낮고 물이 따뜻한 동중국해에서는 5~6월이, 위도가 높고 수온이 상대적으로 덜 따뜻한 한반도 연안에는 7~8월이 산란 성기다. 회보다는 구이와 찜으로 이용되는 어류 특성상 산란철이 곧 제철로 인식되며 6~8월 사이 집중적으로 어획된다. 주산지는 여수를 비롯해 목포, 고흥 등 전라남도 일대이다.

이름의 유래

군평선이는 충무공 이순신 장군이 평소 즐겨 먹던 생선으로 유명하다. 맛이 좋아 물고기의 이름을 물었는데 아는 이가 없어 적당히 둘러댄 것이 지척에 둔 사람 이름을 따서 '평선이'라 하였고, 주로 구워 먹는 생선임을 감안하여 '군평선이'라 부르게 된 것이 유래다. 여수에서는 딱돔, 금풍생이, 샛서방고기 등으로 불리는데 여기서 샛서방은 '남편이 있는 여자가 남편 몰래 관계하는 남자'를 의미하는 것으로 너무 맛이 좋아서 본 남편에게는 아까워서 주지 않고 샛서방에게만 몰래 주었다고 하여 붙은 이름이다.

고르는 법

군평선이는 산지인 여수, 고흥, 목포 일대 수산시장과 온라인 쇼핑몰에서 구매할 수 있다. 생물을 고를 때는 눈동자가 투명하고 지느러미에 나타나는 노란색과 검은 테가 선명한 것이 좋다. 반건조를 고를 때는 꼬리지느러미의 색이 여전히 선명하면서 그 끝이 심하게 갈라지지 않는 것이 좋고, 냉동은 어획 시기를 따져보는 것이 좋다.

이용

군평선이는 잔가시가 없어 발라 먹기 쉬운 생선이나 뼈가 굵어 살 수율이 그리 좋은 편은 아니다. 싱싱한 것은 회로 먹을 수도 있지만 보통은 소금구이로 이용하거나 양념을 발라 굽거나 찌는 조리법이 어울린다.

군평선이 구이 ≫

날치

분류	동갈치목 날치과
학명	*Cypselurus agoo*
별칭	미상
영명	Flying fish
일명	토비우오(トビウオ)
길이	25~35cm, 최대 약 40cm
분포	남해 및 제주도, 일본, 대만 등 서태평양의 온대 및 아열대 해역
제철	6~9월
이용	회, 초밥, 탕, 구이, 조림, 튀김, 알밥, 알초밥(마끼), 캘리포니아롤

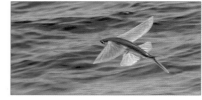

≪ 비행 중인 날치

옆지느러미(가슴지느러미)와 뒷지느러미가 날개처럼 크게 발달해 실제로 물 위를 날아다니는 매우 독특한 물고기이다.

어렸을 때부터 본능적으로 비행 행동을 하며, 포식자로부터 위협을 느꼈을 때도 물 위로 튀어올라 날아다닌다. 물 위로 날아오르는 순간 속력은 50~60㎞ 정도에 달하며, 나는 동안 꼬리지느러미를 조작해 방향을 바꿀 수도 있다. 수면에서 약 1~2m 위로 떠올라 지느러미를 활짝 펼친 채 활공하는데 그 거리가 수십 미터는 족히 된다. 지금까지 알려진 최대 비행 거리는 약 200~300m이다.

날치과 어류는 세계적으로 수십 종이 존재하는데 국내를 비롯해 일본, 대만 등 동북아시아 해역에 존재하는 종류만도 5속 11종이 서식하는 것으로 알려져 있다. 날치는 이들 종류를 통칭하는 것으로 세부 종으로는 *Cypselurus doederleini*, *Cypselurus hiraii*, *Cypselurus pinnatibarbatus*, *Cypselurus unicolor*, *Cheilopogon atrisignis*, *Cheilopogon spilonotopterus*, *Cheilopogon spilopterus* 등이 있지만, 형태학적으로 매우 유사하여 동정이 쉽지 않아 이를 세분화하여 구분하거나 취급하진 않는다.

주 산란기는 9~10월로 알려졌고, 제철은 여름부터 초가을이다. 이 시기 날치는 지방이 올라 열을 가했을 때 풍미가 있을 뿐 아니라 말려서 육수를 내면 국물맛이 매우 뛰어나다. 다만 국내에선 날치의 활용이 알(가공식품)에만 한정되어 있다. 날치 자원이 풍부한 일본에선 매우 중요한 식용어로 취급된다.

이용

국내에서 날치과 어류는 일본, 대만에 비해 개체수가 적고 자주 어획되지도 않을 뿐더러 날치를 생물로 유통해 식용하는 경우는 흔치 않다. 신선한 것은 회와 초밥으로 이용되며, 굽거나 튀겨 먹기도 한다. 사실 국내에선 날치보다 가공된 알이 유명하다.

초밥집에서 사용되는 날치알은 날치알 자체를 이용해 알밥을 짓거나 캘리포니아롤을 만드는 데 활용하며, 횟집에서 코스를 마무리하는 마키에도 단골로 쓰인다. 또한 초밥용 네타로 가공되는 '스시노바'도 날치알과 청어알로 만들어진다. 이렇듯 특별히 알이 맛있어서 알을 위주로 소비되는 어류는 종족보존의 취약점을 드러내곤 한다. 실제로 최근 몇 년 동안은 날치알이 가공되어 판매되었던 양 만큼 날치 개체수 또한 급감했고, 남획으로 이어지면서 날치알 수급이 원활하지 못했다. 그 결과 현재 우리가 먹는 날치알 제품은 대부분 열빙어 알과 반반씩 섞인 제품이 대부분이다.

⌃ 날치알

⌃ 날치알 초밥

⌃ 캘리포니아롤

⌃ 날치알을 이용한 마키

⌃ 알밥

⌃ 청어알과 날치알을 주원료로 하는 스시노바

농어 | 점농어, 넙치농어, 유럽농어

분류	농어목 농어과
학명	*Lateolabrax japonicus*
별칭	민농어, 깔따구, 까지매기, 따오기
영명	Sea perch, Sea bass
일명	스즈키(スズキ)
길이	50~80cm, 최대 1.2m
분포	우리나라 전 해역, 일본, 중국, 대만

제철 9~12월

이용 회, 초밥, 소금구이, 튀김, 탕, 찜

농어는 대표적인 양식어로 넙치, 조피볼락, 참돔에 이어 우리 국민이 선호하는 흰살생선회 중 하나다. 단단하면서 차진 조직감이 특징인데 숙성하면 감칠맛과 함께 은은한 단맛이 일품인 횟감이다. 농어는 바다는 물론 강 하구로도 오가는 어류로 담수 적응력이 뛰어나다. 어릴 때는 기수역에서 자라다가 성체가 되면 먼바다로 나가며 산란도 이때 이뤄진다. 겨울이면 따뜻한 바다를 찾아 남하하고, 이듬해 봄이면 북상하는 계절 회유를 한다. 4월경이면 남해안 일대로 들어온 농어가 먹이 활동을 활발히 하다가 주낚에 걸려들고, 5~6월부터는 서해안 일대로 진출하면서 십이동파를 비롯한 군산 앞바다에 농어 낚시 시즌이 열린다. 농어는 여름을 중심으로 어획량이 증가하기에 제철도 여름으로 인식하지만, 이는 지역과 위도, 그리고 세부종에 따라 9월부터 2월까지 폭넓다. 동해 남부(포항)를 비롯해 남해안 전역에 서식하는 농어는 주로 12~1월을 전후로 산란한다. 11~12월에 잡힌 농어는 알집이 어느 정도 자란 상태에 살집이 두텁고 지방도 충분히 있어 가장 맛이 좋다. 이는 산란을 앞두고 몸집을 불리면서 맛이 좋아지는 제철의 법칙을 그대로 따른다고 볼 수 있다.

※ 농어는 금어기가 없지만 포획금지체장은 30cm로 정해두고 있다. 다만 농어인지 점농어인지 혹은 두 어종 모두 해당되는지에 관한 구체적인 명시가 없다는 것은 향후 좀 더 세밀하게 개정안을 다듬어야 할 여지를 남긴다.(2023년 수산자원관리법 기준)

점농어

분류 농어목 농어과
학명 *Lateolabrax japonicus*
별칭 참농어, 깔따구, 따오기
영명 Spotted sea bass
일명 타이리쿠스즈키(タイリクスズキ)
길이 40~70cm, 최대 1.1m
분포 서해 및 남해, 중국, 남중국해
제철 5~10월
이용 회, 초밥, 소금구이, 튀김, 탕, 찜

농어는 대표적인 출세어

출세어(出世魚)란 성장 크기에 따라 각기 다른 명칭이 부여되는 어류를 의미한다. 서해에서는 어린 농어를 '깔따구'라 부르고, 동해 및 남해안 일대에서는 '까지매기'(또는 까지맥이)라 부른다. 적어도 제 이름인 '농어'라 불리려면 몸길이가 50cm는 넘어야 진정한 농어로 취급한다. 이러한 명칭들은 농어와 점농어 구분 없이 크기에 따른 명칭일 뿐이다. 한편 낚시인들 사이에서는 몸길이가 80cm 이상인 대형급을 '따오기'라 부른다. 따오기 한 마리 잡는 것이 농어 여러 마리 잡는 것보다 백배 낫다 할 만큼 낚시꾼들 사이에서는 따오기에 대한 애착과 의미가 남다르다.

⌃ 작은 농어들(일명 깔따구, 까지매기)　⌃ 몸길이 50cm는 넘어야 농어로 취급된다　⌃ 농어 낚시인들의 꿈인 따오기

한반도에 서식하는 농어는 농어, 점농어, 넙치농어 등 3종류로 분류된다. 이 중에서 농어는 우리나라 삼면에 고루 분포하지만, 점농어는 여수를 기점으로 서남해와 서해에 주로 출현한다는 점이 특징이다. 점농어는 서식지가 중국 남부를 비롯한 남중국해, 베트남 인근 해역에 집중되어 있다. 그 말인즉슨 우리나라 경기 북부에서 잡히는 점농어가 이들 종의 서식 환경에서 북방한계선인 셈이다. 그러면서도 쿠로시오 난류의 영향권에 드는 동해와 일본에서는 점농어의 출현이 극히 드물다. 한편, 중국에서 대량으로 양식해 국내로 유통되는 것 또한 점농어가 많다. 따라서 우리가 시장과 횟집에서 접하는 (활)농어 중 상당량이 중국산 양식이자 점농어이다.

<table>
<tr><td>

+

농어와 점농어의 차이

</td><td>

1990년대 까지만 해도 농어는 단일종으로 분류됐다가 현재는 농어와 점농어, 넙치농어로 나뉘게 됐다. 모두 1m 이상 자라는 어류인데 최대 성장은 농어가 점농어보다 조금 더 큰 편이다. 두 어

</td><td>

≪ 농어도 점이 있지만 두드러지지는 않는다

</td></tr>
</table>

종 모두 기수역성이 강해 유어기에는 강 하구에 살다가 성장하면서 깊은 바다로 나가는데, 서해와 서남해 일대에서는 서식지가 겹치는 까닭에 두 어종이 함께 잡히기도 한다. 외형적인 차이로는 점농어가 농어보다 체고가 높은 편이고 등을 비롯한 등지느러미 기조에 검은 점들이 산재해 있다. 다만 이 점들은 50cm 이하의 개체에서는 농어와 점농어 모두 나타나므로 농어를 가끔 점농어로 오인하기도 한다. 같은 점이라도 점 하나하나의 크기는 점농어가

≪ 점농어는 검은 반점이 매우 두드러진다

크고 진하게 나타나며, 등지느러미를 비롯해 몸통의 등 쪽에도 흩뿌려지듯 산재하므로 자세히 관찰하면 충분히 알 수 있다. 이후 두 어종이 일정 크기로 성장하게 되면 농어에 있던 점은 점차 사라지게 되며, 점농어의 점은 등지느러미, 몸통 할 것 없이 더욱 두드러지게 남는다.

<table>
<tr><td>

+

자연산 농어와 양식 농어의 차이

</td><td>

농어류는 자연산과 양식의 차이가 외형적 특징으로 나타나기 때문에 조금만 눈썰미가 있으면 어렵지 않게 구별할 수 있다. 다만 두 어종 모두 활어 상태라야 하며, 수조에 오랫동안 방치되지 않아 싱싱한 활력을 가진 것을 전제로 한다.
자연산 농어는 꼬리지느러미가 흠집 없이 말끔하다. 양식 농어의 꼬리지느러미는 해지거나 흠집이 있어서 선이 말끔하지 않다. 또한 자연산 점농어는 대가리와 등 쪽으로 옅은 금빛이 나고, 배는 은백색 광택이 난다. 자연산 농어도 등쪽은 약간

</td></tr>
</table>

어둡지만 배쪽으로 갈수록 밝아지며 옅은 금빛으로 광택이 난다.
반면 양식 농어는 종류를 불문하고 전반적으로 어둡고 짙은 회색빛이 난다. 양식으로 키워 출하되는 최대 크기는 몸길이가 약 70cm에 무게 4kg 정도인데 이 크기를 넘어선다면 대부분 자연산으로 봐도 무리는 없다. 농어는 회를 떴을 때도 자연산과 양식의 차이가 있다. 어린 농어는 맛에서 큰 차이를 보이지 않지만, 50cm가 넘어가는 개체일수록 제철의 자연산 농어는 양식 농어가 낼 수 없는 고소함과 차진 식감을 낸다.
어린 농어일수록 자연산, 양식 구분할 것 없이 텁텁한 회색빛 근육에 검은 실핏줄이 나타난다. 그러

다가 50cm 이상인 성체는 양식의 경우 여전히 검은 실핏줄이 나타나지만, 자연산은 거의 사라지고 없어진다는 점도 주목할 만한 특징이다.

50cm가 넘어가는 자연산 농어는 희고 밝은 근육이 특징으로, 이는 양식 농어의 회색빛과 대비된다. 자연산 농어의 혈합육은 마치 참돔과 비슷한 선홍색이라 그런지 우리 눈에 익숙하다. 반면 양식 농어는 그보다 어두운 회색빛 근육에 여전히 검은 실핏줄이 산재돼 있다. 검은 실핏줄은 햇볕이 들지 않은 한정된 공간에 가두어 사육하는 양식장 환경과도 관련이 있지만, 오랜 기간 갇혔을 때 나타나는 스트레스성 징후이기도 하다. 따라서 아무리 커다란 자연산 농어라도 수조에 며칠 이상 가두거나 다양한 요인으로 스트레스를 받으면 양식 농어처럼 살빛이 급격히 어두워지며 검은 실핏줄이 거미줄처럼 나타날 수 있다.

⩘ 자연산 점농어   ⩘ 자연산 농어   ⩘ 양식 농어

⩘ 자연산 어린 농어에서 나타나는 검은 실   ⩘ 양식 농어회에서 나타나는 검은 실핏줄   ⩘ 자연산 농어회의 희고 잡티 없는 살점
   핏줄

고르는 법

양식 농어는 전량 활어 횟감으로 유통된다. 그랬을 때 수조 중간층에서 유유히 헤엄치는 것이 활력이 좋고 싱싱한 상태라 할 수 있다. 자연산 농어를 고르겠다면 체고(빵)가 높은지 확인하고, 몸길이보다는 몸통 두께가 두꺼울수록 상품이다. 위에도 언급했지만 갓 잡힌 농어일수록 몸 전체가 광택이 나는데 이때 등은 금빛으로 광택이 난다. 선어를 구매할 때는 몸 전체에 광택이 남아 있는지 확인하고 손으로 눌렀을 때 탄력이 느껴지는 것을 고른다.

⩘ 경매를 위해 어창에서 꺼내어지는 자연산 점농어

이용

《본초경소》(本草經疏)에 기술된 농어는 '맛이 달고 연하며, 기(氣)가 평하여 비위에 좋다'고 하였다. 농어는 오래전부터 약재로 사용될 만큼 한방으로서 가치가 높은 어종인데, 특히 말려서 가루를 빻아 복용하면 속을 편하게 하고 소화 흡수를 돕는 것으로 알려졌다. 오늘날 농어는 대부분 횟감으로 이용된다. 서해와 서남해 어부들은 점농어를 참농어라 하여 농어보다 각별히 여기는 경향이 있다. 미식가들의 맛 평가에서도 농어보다는 점농어 우위에 있는 편인데, 이 둘

의 맛 차이를 입증할 만한 객관적인 증거나 관능적 평가는 전무하다.

두 어종 모두 수산시장과 횟집을 통해 활어회로 맛볼 수 있는데, 특히 숙성회가 맛이 좋아서 일식 업계가 선호하는 횟감이다. 농어는 숙성할수록 빛깔이 어두워지는 경향이 있는데 이는 자연스러운 현상이며 맛은 더욱 깊어진다. 횟감용 농어는 클수록 좋다. 몸길이 70~80cm 이상인 대형급 농어는 대부분 자연산으로 극진히 여기며, 특히 뱃살 회가 일미다.

회와 초밥이 아니라면 주로 매운탕과 맑은탕, 찜, 조림, 소금구이를 추천하는데, 특히 소금 복사열을 이용한 오븐 구이가 잘 어울린다. 서양에서는 주로 스테이크로 이용된다.

⚞ 자연산 활농어회

⚞ 따오기급 농어 뱃살회

⚞ 농어 조림

⚞ 농어 회덮밥

⚞ 숙성한 양식 농어회(가운데)

넙치농어

분류 농어목 농어과
학명 *Lateolabrax latus*
영명 Blackfin seabass
일명 히라스즈키(ヒラスズキ)
길이 50~80cm, 최대 1m
분포 제주도, 일본 남부, 동중국해, 대만
제철 9~4월
이용 회, 초밥, 소금구이, 튀김, 탕, 찜, 스테이크

턱 아래 잔비늘이 있다

과거에는 농어와 같은 종으로 여겼던 넙치농어가 지금은 이종(異種)으로 분류되고 있다. 서식지는 점농어와 반대로 쿠로시오 해류의 영향권에 드는 지역에 서식한다. 주로 암초가 발달한 규슈와 대마도를 비롯해 일본 남부 해역에 서식하는 탓에 국내에 출몰하는 유일한 지역은 제주 서귀포 일대 및 가파도와 지귀도, 부산, 포항 앞바다로 국한된다.

+
넙치농어와
농어의 차이

1. 농어나 점농어보다 대가리가 작다. 등에서 대가리로 이어지는 라인이 급경사를 이루며, 이로 인해 체고가 높고 몸통이 두껍고 널찍하다.
2. 꼬리지느러미는 그 끝을 양쪽으로 폈을 때 일직선에 가까워서 V자 형태를 그리는 농어와 구분된다.

3. 결정적인 차이는 턱 아래 양쪽으로 분포한 비늘의 유무다. 넙치농어는 비늘이 있지만, 농어와 점 농어는 없다.

△ 농어의 앞모습

△ 넙치농어의 앞모습

△ 농어의 꼬리

△ 넙치농어의 꼬리

이용

넙치농어는 제주 일부 지역에서 성행하는 루어낚시 대상어로 극소수 마니아들 사이에서만 그 맛이 전해질 뿐 시장 유통량은 극히 드물다. 농어와 똑같이 이용되지만, 성체의 경우 쿠로시오 해류권인 고염도 바다에서 잡히기 때문

△ 미려한 단맛과 지방의 고소함이 뛰어난 넙치농어회

△ 넙치농어 스테이크

에 연안에서 잡히는 농어와 달리 흙맛이나 잡내가 나지 않는다는 특징이 있다. 여기에 강한 물살과 거친 파도를 좋아하는 습성 때문인지 농어류 중에선 육질이 가장 탄탄하고 회 맛이 좋기로 평가받는다. 회 외에도 구이와 스테이크, 매운탕으로도 이용된다.

유럽농어

분류 농어목 농어과
학명 *Dicentrarchus labrax*
별칭 브란지노농어, 지중해농어, 유럽바다농어
영명 European seabass
일명 유로파스즈키(ヨーロッパスズキ)
길이 40~60cm, 최대 1m
분포 대서양, 서아프리카, 지중해, 흑해
제철 10~3월, 양식(연중)
이용 회, 초밥, 카르파치오, 스테이크, 찜, 구이

2010년 이후 맛과 품질이 뛰어난 수입산 농어가 들어오기 시작했다. 몇몇 하이엔드 스시집을 필두로 파인다이닝 레스토랑에서 요리 식재료로 활용 중인데

△ 소금 복사열을 이용한 브란지노농어 구이

△ 유럽농어 스테이크

그 인기가 점점 높아지고 있다. 유럽농어를 흔히 '브란지노농어'라 부르기도 하는데, 현재 지중해와 흑해의 대표적인 양식 농어이다. 횟감용 선도로 들어오므로 숙성회와 초밥, 카르파치오로 제공되며, 지방이 많아서 스테이크용으로도 매우 뛰어난 것으로 평가된다.

능성어

능성어의 상징인 7개의 줄무늬

분류 농어목 바리과
학명 *Epinephelus septemfasciatus*
별칭 구문쟁이, 능시, 다금바리(X), 자바리(X)
영명 Sevenband grouper
일명 마하타(マハタ)
길이 45~60cm, 최대 약 1.5m
분포 남해와 제주도, 일본 홋카이도 이남,
동중국해를 비롯한 북서태평양
제철 12~8월
이용 회, 탕, 구이, 튀김, 찜

능성어는 시장에서 참돔, 감성돔보다 가격이 비싼 고급 횟감으로 통한다. 자연산이 귀해서 국내에 유통되는 것은 통영 및 거문도에서 양식한 것이 있고 일본산 양식도 많이 수입된다. 자바리(제주방언 다금바리)와 마찬가지로 수온이 따뜻한 남해안 일대와 제주도 앞바다에 서식하는데, 수심이 그리 깊지 않은 50~100m 전후 암초가 무성한 곳에 은신하다 지나가는 먹잇감을 사냥한다. 육식성 어류로 어릴 때부터 식욕이 왕성해 어류, 갑각류, 두족류를 가리지 않고 잡아먹으며, 다 자라면 평균 1m 내외로 자란다. 국내외 기록으로 최대 전장은 155cm, 무게 62kg까지 보고 된 적이 있다. 시장에서는 능성어를 '다금바리'로 잘못 부르거나 심지어 둔갑시켜 판매해 배 이상의 차익을 남기려다 적발되기도 했다. 이 때문에 능성어는 한때 '가짜 다금바리'란 오명을 쓰기도 했지만, 일본에선 '마하타' 즉 우리말로 직역하면 '참바리'라 불릴 만큼 고급 횟감이다. 이와 별개로 거문도에선 예부터 일부 어민과 상인들이 능성어를 다금바리로 잘못 불러왔다. 이로 인해 인근 시장과 횟집에선 능성어가 다금바리란 이름으로 판매되고 있어 잘못된 명칭의 지역 고착화가 우려된다.

고르는 법

시장에서는 주로 활어로 유통되는데 대부분 양식이다. 활어는 능성어 특유의 줄무늬가 선명하면서 상처가 적고 지느러미가 말끔한 것을 고른다. 또한 바닥에 얌전히 앉아있는 것보다는 수조를 천천히 활보하는 것이 활력이 좋은 능성어다. 능성어의 회 맛은 시기적인 차이보다 개체별 차이에 의해 나는 경우가 있으니 고를 때 체고가 높고 살이 쪄서 같은 길이라면 무게가 많이 나오고 통통한 것을 고른다.
제주도나 남해안 일대 수산시장에는 자연산 능성어가 선어로 판매되기도 한다. 이 경우 줄무늬가 선명하고 눈동자가 투명하고 맑으며, 몸통을 눌렀을 때 탄력이 있어야 신선한 것이다. 아가미덮개를 열어볼 수 있다면 아가미가 밝은 선홍색에 가까운지 보고, 될 수 있으면 진액이 적게 나오는 것이 좋다.

≪ 시장에서 판매되는 양식 능성어

≪ 선어로 판매되는 자연산 능성어(제주 동문시장)

이용

선어는 주로 탕이나 찜으로, 활어는 회와 초밥으로 이용된다. 참돔과 비슷한 맛이지만 좀 더 쫄깃한 식감이며, 호텔이나 고급 식당에서 자주 취급된다. 회를 뜬 모습은 참돔과 비슷하지만, 제철에 지방을 품은 능성어는 선홍색 혈합육에 허옇게 낀 지방을 볼 수 있다. 산란기는 6~9월 사이로 광범위하나 산란 직후가 아닌 이상 연중 맛의 차이는 크지 않다. 산란기를 감안해도 양식, 자연산 할 것 없이 연중 맛이 좋고, 겨울이라도 맛은 크게 떨어지지 않는다.

수산시장에선 활어회로 이용되지만, 2kg 이상인 능성어는 반나절에서 하루가량 적당히 숙성했을 때 더 맛있어진다. 남은 뼈와 부산물은 매운탕감으로 쓰이며 자바리처럼 맑은탕도 좋다. 작은 능성어는 찜과 구이로 이용된다.

☆ 능성어 회

☆ 선홍색 혈합육에 지방이 낀 모습

☆ 능성어 구이

도다리

양 눈 사이에 발달한
뾰족한 돌기

분류	가자미목 가자미과
학명	*Pleuronichthys cornutus*
별칭	담배도다리, 담배쟁이, 호박가자미, 토종도다리
영명	Finespotted flounder
일명	메이타가레이(メイタカレイ)
길이	18~25cm, 최대 35cm
분포	서해와 남해, 일본 중부이남, 동중국해, 대만, 중국 남부, 남중국해
제철	5~10월
이용	회, 국, 탕, 구이, 조림, 찜

체형은 다른 가자미과 어류와 달리 마름모꼴에 가까우며 두 눈은 오른쪽에 몰렸고 크게 돌출되어 있다. 양쪽 눈 사이에는 다른 가자미에서 볼 수 없는 뾰족한 돌기가 나 있다. 몸통에는 뚜렷한 호피 무늬가 있는데, 크

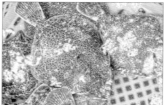
☆ 호피무늬가 뚜렷한 개체

☆ 호피무늬가 작고 조밀한 개체

기와 개체에 따라 무늬의 조밀도와 패턴이 다르게 나타난다. 수조에선 뚜렷하게 보이다가도 물밖으로

꺼내어 긴장 상태에 돌입하면 체색이 어두워지면서 특유의 호피무늬가 흐릿하게 변하기도 한다. 문치가자미와 달리 크게 이동하지 않으며, 먼바다 깊은 수심대에 자갈과 사니질이 발달한 곳에서 주로 서식한다. 주산지는 남해안 일대로 삼천포를 비롯해 여수, 통영, 거제, 부산이 있다. 개체수가 적어 하루 위판량은 문치가자미와 비교했을 때 1/100보다도 귀할 만큼 매우 적은 편이다. 산란은 겨울을 중심으로 이뤄지며 문치가자미보다 새살이 돋아나는 속도가 좀 더 빠른 편이어서 3월 중후순경부터 본격적으로 잡히기 시작해 봄에 산지에서 대부분 소비된다.

+ 도다리와 문치가자미의 차이

어류도감에는 '도다리'와 '문치가자미'를 비롯해 많은 가자미과 어류가 기술돼 있다. 이 중에서 도다리 조업을 오랜 기간 했던 어부를 비롯해 낚시인과 상인들이 '도다리'라고 부르는 것은 모두 표준명 '문치가자미'이다. 문치가자미란 명칭은 우리나라에서 물고기 이름을 표준명으로 정립시킬 때 정해진 것인데, 2006년 《한국어류대도감》을 비롯해 1974년 정문기 선생의 《어류박물지》가 등장하기 훨씬 이전에는 도다리라 불렸다. 그리고 이 도다리의 옛 이름이 조선의 학자 김려의 《우헤이어보》에 최초로 등장한 '도달어'이다. 하지만 어떤 이유에서인지 우리가 전통적으로 부르던 도다리는 문치가자미로 기술되었고, 지금 소개하는 물고기에 도다리란 말이 붙게 된다.

⌃ 도다리(왼쪽) 문치가자미(오른쪽) 비교

오래전부터 도다리를 잡다 팔아온 어부와 상인은 이 종을 '담배쟁이'나 '담배도다리' 정도로 부르며, 예부터 불렸던 도다리(표준명 문치가자미)와는 다르다며 선을 긋는다. 전라남도에선 이 종을 '호박가자미'라 부르는 경향이 있다. 정리하자면 우리가 도다리, 봄도다리, 참도다리라 부르던 것은 표준명으로 문치가자미이고, 본종은, 비록 도다리란 표준명을 가지고 있지만 시장에선 담배나 호박 등의 이름을 붙여 취급되고 있다.

+ 도다리와 문치가자미의 제철

두 어종 모두 겨울 (12~1월)에 산란하나 위도마다 다소 차이는 있다. 서해산 문치가자미는 남해산보다 한달에서 한달 반가량 늦다. 3월에 잡힌 문치가자미는 새살이 돋아나는 시기인데다 지

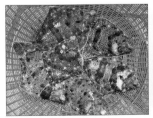

⌃ 3월 후순경에 구매한 활 도다리 (삼천포 용궁어시장)

⌃ 작지만 살밥이 좋은 도다리

방이 적고 개체에 따라 살이 덜 붙기도 한다. 문치가자미가 살이 오르는 시기는 5월 이후이며 6~9

월 경에 살이 통통히 오르고 맛이 있다. 표준명 도다리는 문치가자미보다 한발 앞서 살집이 오르지만, 그래도 5월 이후 살이 제대로 오르는 것은 문치가자미와 동일하다. 다만 산란에 참여하지 않은 어린 개체는 한창 산란이 진행 중인 겨울~초봄 사이에도 살집이 좋아 뼈째(세꼬시) 썰어 먹는다.

고르는 법

☆ 크기도 중요하지만 몸통이 두꺼운 것이 우선이다

도다리와 문치가자미는 몸길이나 전반적인 크기보다는 흔히 말하는 살밥(몸통 두께)이 매우 중요하다. 두 어종이 많이 유통되는 시기는 3~4월로, 이 시기는 비록 작고 어리지만 산란에 참여하지 않아서 겨우내 살이 통통히 오른 개체와 반대로 산란에 참여해 홀쭉해진 성어가 뒤섞여 활어 시장에 유통된다. 따라서 뼈째 썰어 먹겠다면 작은 것이 좋은데 반드시 살집이 두껍고 통통히 오른 것을 골라야 한다. 몸통 면적은 넓고 큰데 살밥이 홀쭉하다면 적당히 합리적인 가격으로 구매해 미역국이나 쑥국용으로 쓰는 것이 알맞다.

이용

☆ 도다리 구이

시장에서는 대부분 활어회로 이용된다. 작은 것은 뼈째 썰어내는데 이 역시 5월 이후면 봄 사이 성장한 개체가 살이 오르면서 뼈도 억세지기 때문에 3~4월에 집중적으로 소비된다. 5월 이후는 먼바다로 들어가면서 정작 살과 지방 함량이 오를 여름부터는 어획량이 줄어들며, 가을에 반짝 잡혀 소비되기도 한다. 이때 큰 것을 잡아다 일반 생선회처럼 포를 떠서 썰어 먹으면 맛이 매우 좋다. 살은 문치가자미보다 탄력감이 좋으며, 껍질은 특유의 냄새가 없어 굽거나 미역국, 쑥국 등을 끓여 먹어도 맛이 좋다. 이 외에도 말려서 찜을 해 먹거나 조림, 구이 등으로 이용된다.

☆ 도다리 회

☆ 포를 떠서 썰어낸 도다리회

☆ 뼈째 썰어낸 일명 도다리 세꼬시

독가시치

독가시치의
날카로운 독가시

분류	농어목 독가시치과
학명	*Siganus fuscescens*
별칭	따치, 따돔
영명	Mottled spinefoot
일명	아이고(アイゴ)
길이	30~40cm, 최대 50cm
분포	남해와 동해, 제주도, 일본 남부, 대만
제철	7~1월
이용	회, 탕, 구이

└ 미세한 비늘로 덮힌 껍질로 되어 있다.

과거에는 잡어로 취급되던 독가시치가 최근 10여 년은 제주도를 대표하는 자연산 생선회로 주목 받았다. 그 이유로 개체수가 늘어난 탓도 있지만 어쩌면 지난 십여 년 동안 폭발적으로 성장한 제주도 관광 산업과 수요 증가가 한몫했을 것으로 추정된다. 육지에서는 쉽사리 맛볼 수 없는 독가시치회가 제주도에서는 살짝 시원하면서 해초 향이 나는 독특한 생선회로 관심받게 된 것이다.

⌃ 여름부터 가을 사이 낚시로 잡힌다

독가시치는 제주도 해안에 널리 분포하는 온난성이자 아열대성 어류다. 일본 남부 지방에 더 많은 개체가 서식하는데 최근 지구 온난화에 따른 해수온 상승으로 인해 남해와 동해는 물론, 서해 중부 해역까지 진출한 보고가 있다. 어릴 때는 연안의 얕은 바다와 암초 주변에서 동물성 플랑크톤을 먹으며 집단 서식을 이어나가고, 다 자라면 전장 40cm, 간혹 50cm에 이르는 대형 개체도 발견된다.

겉보기에는 매끄러운 가죽처럼 보이지만 미세한 비늘로 덮여 있다. 주요 서식지는 남해 동부권(경상남도)과 동해, 제주도 연안이다. 해조류가 무성한 암초밭에서 해조류 위주의 식성을 가지며 작은 갑각류도 먹는 잡식성이다. 산란은 무더위가 한창인 7~8월 사이로 이때부터 초겨울까지 낚시로 많이 잡힌다.

+

독가시치의 '독가시'에 유의

살아있는 독가시치를 취급할 땐 각별한 주의가 필요하다. 독가시치는 복어와 달리 먹어서 해가 되는 독이 아닌, 가시에 찔렸을 때 신경 통증을 유발하는 신경독을 가지고 있다. 대부분은 독가시치를 만지려다 팔딱거릴 때 찔리는 경우가 많다. 요령이 붙으면 잘록한 꼬리 자루를 쥐어 든다. 꼬리 자루를 잡힌 독가시치는 힘을 못 쓰며 발버둥도 거의 멈춘다.

⌃ 꼬리를 잡으면 안전하게 옮길 수 있다

독이 있는 부위는 등지느러미와 배지느러미, 뒷지느러미의 가시이며 이 중에서도 배지느러미의 가시에 좀 더 강한 독을 품고 있다. 찔리면 강렬한 통증이 수반되며 가까운 병원에서 응급처치를 받아야 한다. 민간 요법으로는 40~50°C도 정도의 따뜻한 물에 상처 부위를 담가 일시적으로 통증을 완화하는 건데 어디까지나 임시 방편이다. 이러한 통증은 사람과 체질에 따라 반나절에서 하루, 혹은 그 이상 유지되다가 점차 사라진다.

독가시치는 죽어서도 복수한다는 말이 있다. 살아있을 때는 물론, 죽은 후에도 여전히 독이 남아있기 때문에 손질할 때도 찔리지 않도록 유의해야 한다. 독가시치를 손질 및 조리할 때는 가위로 지느러미 가시를 잘라내는 것이 안전하다.

고르는 법

독가시치는 어지간하면 선어 유통이 안 된다. 민어를 비롯한 여타 어류와는 정반대이다. 이유는 특유의 해조류 식성 때문이다. 독가시치의 위장에는 소화되다 만 해조류로 인해 악취가 나며, 죽고 나서 조금만 시간이 지나도 특유의 향이 살에 밴다. 이 향이 은은히 나면 먹는 데 불편함이 없지만, 과하면 갯내가 나기 때문에 횟감은 물론 조리용도 반드시 살아있는 것을 골라야 한다.

⌃ 누런 색이 진하고 무늬가 선명해야 싱싱한 독가시치다

활어를 고를 땐 껍질과 지느러미가 헤지지 않고 말끔한 것, 또한 수조에 너무 오래 두어 체색이 하얗게 변하지 않고 무늬가 선명하고 진한 것을 고른다. 크기는 30~45cm 사이가 먹기에 좋다.

이용

앞서 말했듯 독가시치는 제주도 및 남해 일대 횟집에서 활어로만 취급된다. 일반적으로는 회로 먹고 남은 대가리와 뼈는 매운탕으로 이용된다. 회는 도미보다 탄력이 있고 단단하며 탱글탱글한 식감이 특징이지만, 특유의 해조류 향이 날 때도 있다. 이러한 해조류 향은 호불호가 갈린다. 어떤 식당에선 이런 향을 가리기 위해 잘게 썬 깻잎과 함께 버무려 내기도 한다. 독가시치는 소금구이도 담백한 맛을 내기로 정평 나 있다. 다만 앞서 말했듯, 독가시치는 해조류 위주의 식성이므로 살아있을 때 피와 내장을 제거해야 하며, 이 과정에서 쓸개가 터지지 않도록 유의해야 한다. 수조에서 1~2일가량 순치하면 몸에서 갯내가 빠지면서 회로 먹기 좋아지며, 1~3시간 정도 짧게 숙성 후 썰어 먹으면 더 맛있다. 가장 맛있는 철은 늦가을에서 겨울 사이이며, 이 시기에는 회를 뜨고 남은 대가리에서 갯내가 나기도 하므로 버려지는 편이다. 반면 독가시치가 산란기에 드는 7~8월에는 대가리에 갯내가 나지 않아 매운탕 재료로 좋은데 제주도식으로 된장을 가미한 된장 매운탕에 수제비를 넣어 끓인 것이 일미다.

⌃ 독가시치회

⌃ 깻잎과 버무린 독가시치회

⌃ 독가시치 매운탕

동갈치 | 물동갈치

분류	동갈치목 동갈치과
학명	*Strongylura anastomella*
별칭	청갈치
영명	Pacific needlefish
일명	다츠(ダツ)
길이	55~70cm, 최대 1m

분포	우리나라 전 해역, 일본, 동중국해, 오호츠크해, 발해만, 남중국해를 비롯한 태평양의 온대 및 아열대 해역
제철	3~7월
이용	회, 구이, 조림

동갈치의 턱과 이빨

동갈치는 온대성 어류로 산란기인 5~7월이면 기수역으로 들어와 약 2,000~3,000개의 알을 낳는 것으로 알려졌다. 여기서 태어난 치어는 점차 성장하면서 깊은 바다로 들어가며, 주로 갑각류와 작은 물고기를 먹고 계절 회유를 한다. 다 자라면 몸길이 1m에 육박하고 암컷이 수컷보다 큰 편이다. 국내에는 수온이 오르기 시작하는 초봄부터 여름과 가을 사이 표층을 회유하다 낚시나 어구에 포획되는데 그 양은 많지 않다.

∧ 동갈치의 푸른 뼈

겉보기엔 학공치와 닮았지만 더 크고 길다. 아래 턱만 길게 뻗은 학공치와 달리 위아래가 새 주둥이처럼 길게 뻗었으며, 날카로운 이빨이 발달했다. 특이하게도 동갈치는 뼈(가시)가 푸른색인데 이는 익혀도 푸른색이 유지된다.

고르는 법

시장 유통량은 많지 않다. 초봄부터 가을 사이 서해 북부(경기권)와 제주도 재래시장에 반짝 유통되는 정도이며 때때로 동해에도 출현한다. 대부분 선어로 유통되므로 몸통은 은색으로 광택이 나야 하며, 눈알이 투명한 것을 고르면 되겠다.

∧ 싱싱한 선어 동갈치

이용

선어라도 그날 잡힌 것은 횟감으로 이용할 수 있다. 흰살생선이지만 오랜 숙성보단 최대한 빨리 포를 떠서 회로 먹는 것이 좋다. 제철은 초봄부터 여름 사이인데 회는 산란 전인 3~5월경에 잡힌 것이 맛있다. 이 외에 소금구이와 조림, 튀김에 양념 소스를 바른 강정이 맛이 있다.

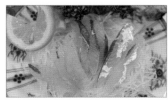

∧ 동갈치 회

∧ 동갈치 소금구이

∧ 동갈치 강정

물동갈치

동갈치와 달리 뒤쪽에 짙은색의 타원형 무늬가 산재해있다

분류	동갈치목 동갈치과		
학명	*Ablennes hians*		
별칭	미상		
영명	Flat niddlefish	**분포**	우리나라 남해 및 제주, 동중국해, 전 세계 아열대 해역
일명	하마다츠(ハマダツ)	**제철**	3~7월
길이	60~80cm, 최대 약 1.4m	**이용**	구이, 조림

형태나 특징은 동갈치와 비슷하나 몸통 뒤쪽에 짙은 색의 타원형 무늬가 여러 개 산재해 동갈치와 구분된다. 동갈치보다 크게 자라는데 최대 1.4m를 상회한다. 온대 바다에 분포하는 동갈치와 달리 태평양, 대서양, 인도양 등 전 세계 아열대 해역에 두루두루 분포하며 성질이 포악한 육식성 어류다. 국내에는 한여름부터 가을 사이 제주 앞바다에서 낚시로 잡힌다. 부수 어획물로 상업적 활용도가 떨어지기 때문에 시장 유통량도 적고, 맛 또한 동갈치보다 떨어진다고 평가된다.

☆ 한여름 제주도에서 낚시로 잡힌 물동갈치

먹장어

턱이 없는 입구조

분류	먹장어목 꾀장어과
학명	*Eptatretus burgeri*
별칭	곰장어, 꼼장어
영명	Inshore hagfish
일명	누타우나기(ヌタウナギ)
길이	50~60cm, 최대 약 70cm
분포	남해, 제주도, 일본 남부 및 북서태평양
제철	6~10월
이용	구이, 볶음, 묵, 탕

일찍감치 눈이 퇴화한 먹장어는 눈이 멀어서 붙은 이름으로 보통은 '곰장어'(꼼장어)로 불린다. 물고기나 두족류에 달라붙어 살과 내장을 파먹는 기생 어류로 다 자라면 몸길이 70cm에 이른다. 과거에는 뱀을 닮은 모양에 미끈한 점액질을 내뿜는다 하여 식용하지 않았고, 부산의 가죽 공장에서는 먹장어 껍질로 여러 가죽 제품을 만들면서 속살은 버려졌다. 그러다가 한국 전쟁 이후 먹거리가 변변치 못했던 시절에 가죽 공장에서 버려지는 속살을 먹기 시작했고 그것이 지금까지 이어지고 있다.

먹장어는 다른 장어류와 달리 턱이 없다. 몸은 뱀처럼 길고 가늘며 입 주변에는 네 쌍의 수염이 있고, 턱이 없는 대신 원형으로 된 입구조에 빗살 무늬의 돌기가 발달해 '원구류'로 분류된다. 같은 원구류로는 유연관계에 있는 칠성장어가 있다. 먹장어는 다른 장어류와 달리 척추가 발달하지 않아서 경골어류

가 아닌 척삭동물로 분류된다. 몸은 연골과 같은 척삭으로 지탱하는데 이 때문에 뼈를 발라내지 않으며, 가시가 없어 통째로 씹어 먹을 수 있다.

+ 먹장어의 점액질

먹장어는 적으로부터 위협을 받으면 몸에서 끈끈한 점액질을 내뿜

︽ 바닷물에서 건진 점액질 ︽ 물 밖에서 분비된 점액질

는다. 점액질은 바닷물과 비슷한 농도로, 물속에서는 자기 몸을 감싸는 끈끈이가 되어 포식자로부터 몸을 보호한다. 반대로 점액질을 물 밖에서 내뿜으면 풀처럼 강력한 접착성을 가진다. 곰장어가 위협을 느끼거나 환경적 변화를 감지하면 '혈중 코르티솔'(cortisol)이 증가하면서 더 많은 점액질을 내뿜는데 과다 분비시 활력이 급격히 저하되고 급기야 호흡 곤란으로 폐사하게 된다.

+ 국산과 수입산의 차이

꾀장어과에 속한 어류는 전세계 80여 종이 보고되고 그중 먹장어는 제주도와 일본을 포함한 한반도 주변 해역에 분포한다. 국내로 수입되는 먹장어류는 미국산인 태평양먹장어(*Eptatretus stoutii*), 미국과 캐나다 동부에서 수입되는 대서양먹장어(*Myxine limosa*), 뉴질랜드산인 뉴질랜드먹장어(*Eptatretus cirrhatus*) 등이 있다. 이중에서 국산 먹장어와 함께 활어로 많이 수입되는 것은 미국산인 태평양먹장어이며, 체색과 형태적 차이가 뚜렷해 육안 구별이 가능하다.

국산(또는 일본산) 먹장어는 체색이 밝은 다갈색에 등에서 꼬리까지 이어지는 밝은 줄무늬가 있다. 일본산 곰장어도 국산과 같은 종으로 형태적인 차이가 없다. 따라서 이 둘을 육안으로 구별하기 어렵다. 반면 미국산인 태평양먹장어는 체색이 어둡고 등에 줄무늬가 없으며 몸통에는 밝은 점액공이 줄지어 나열돼 먹장어와 쉽게 구별된다.

︽ 국산 먹장어 ︽ 일본산 먹장어 ︽ 줄무늬가 없는 미국산 먹장어. 여러 개의 점액공은 미국산 먹장어의 특징이다

고르는 법

국산과 일본산(먹장어), 미국산(태평양먹장어), 베트남산 등은 모두 활어로 유통되는데 수조에 오래 두어 밝게 변색되지 않는 것이 좋다. 체색은 또렷하면서 너무 크지 않은 것을 고른다. 구웠을 때 맛은 국산 먹장어가 단단하면서 질긴 식감이 있는 대신 감칠맛이 좋고, 미국산은 상대적으로 육질이 부드러운 편이나 감칠맛은 국산보다 뒤떨어진다. 그래서 소금구이나 짚불구이는 국산이 낫고, 양념구이는 미국산이 경제적이다. 뉴질랜드 및 캐나다산은 냉동(필렛)으로

수입되므로 온라인 마켓과 쇼핑몰에서 구매할 수 있는데 판매처의 평판이나 상품 후기를 꼼꼼히 살피고 구매하기를 권한다. 게다가 일부 상인들은 국산 먹장어와 묵꾀장어를 통틀어 '꼼장어'란 이름으로 판매하는 경향이 있다. 이 둘은 엄연히 다른 종이지만, 구분없이 섞어 팔기도 하니 유의해야 한다.
위에도 언급했지만 먹장어는 등에 밝고 흰 선이 뚜렷하지만, 묵꾀장어를 비롯해 미국산 먹장어류에는 흰 선이 없다.

☆ 먹장어와 묵꾀장어를 섞어 판매한 정황이 의심되는 사진

이용

먹장어로 유명한 산지는 부산으로 사계절 내내 먹장어를 먹으려는 관광객들이 부산 서면, 부전역, 해운대, 자갈치, 기장으로 몰린다. 다른 바닷장어류와 달리 먹장어는 회로 먹지는 않으나, 여름철 기력보충으로 곰장어탕과 껍질을 굳혀 만든 곰장어껍질묵이 별미로 손꼽힌다. 산 곰장어를 손질할 때는 가죽처럼 질긴 껍질만 벗기며, 내장은 쓸개를 제하고 대부분 먹는데, 특히 간이 별미다. 희거나 약간 노란 쌀알처럼 생긴 알갱이는 먹장어의 알인데 이 또한 식용한다. 먹장어를 이용한 대표적인 음식은 짚불에 구운 산곰장어구이와 석쇠에 구운 연탄불구이가 가장 선호되나 그래도 가장 대중적으로 이용되는 조리법은 은박지에 볶아낸 소금구이와 양념구이가 아닐까 싶다.

☆ 부산의 명물 곰장어 양념구이　　☆ 곰장어 짚불구이　　　　☆ 곰장어껍질묵　　　　☆ 곰장어 연탄구이

문치가자미

분류 가자미목 가자미과
학명 *Pleuronectes yokohamae,*
　　　Pseudopleuronectes yokohamae
별칭 참도다리, 도다리, 봄도다리
영명 Marbled flounder
일명 마코가레이(マコガレイ)
길이 20~35cm, 최대 약 55cm
분포 우리나라 전 해역, 일본, 발해만, 동중국해
제철 3~5월(소형), 6~10월(중대형)
이용 회, 초밥, 국, 구이, 조림

도감에 기술된 표준명 도다리와는 다른 어종으로 남부지방에서는 예부터 '도다리' 또는 '참도다리'라 부르는 어종이 있는데 그것이 바로 문치가자미다. 겨울에 금어기가 풀리는 2월경부터 본격적으로 어획량이 오르며, 문치가자미가 연중 가장 많이 잡히는 시기는 3~5월이다. 이 시기 남도에서는 산란을 마친 문치가자미와 해풍을 맞고 자란 어린 쑥을 함께 넣어 끓인 '도다리쑥국'이 지역 별미로 자리 잡았다. 그러므로 마트를 비롯해 전국의 수산시장에서 통상 '도다리'로 취급되는 것도 표준명 도다리가 아닌 문치가자미이다.

이제 막 산란을 마친 2~3월은 문치가자미가 내만에서 먹이활동을 왕성히 하며 새살을 찌우는 시기이다. 때문에 산란에 참여한 성어는 산란에 참여하지 못한 어린 개체보다 상대적으로 살집이 적어 몸 두께가 얇고 배가 홀쭉해 횟감으로는 적절하지 못한 상태일 때가 많다. 그래서 3~4월은 산란을 마친 중대형급 문치가자미로 쑥국을 끓이고, 산란에 참여하지 않은 작은 개체는 오히려 살집이 나쁘지 않으니 '세꼬시'라 불리는 뼈째썰기회로 즐긴다. 비록 어린 개체이고 살도 충분히 찌진 않았지만 뼈의 고소함을 빌린 뼈째회가 인기 있었던 것이다. 그러다가 문치가자미는 5월 이후 먼 바다 깊은 수심으로 들어가는데 이때부터 뼈가 단단해지며 어획량도 줄어든다. 이 상태로 여름과 가을을 나게 되며, 늦가을부터 생식소가 성숙되면서 산란기에 접어든다.

※ 문치가자미의 금어기는 12.1~1.31까지며, 포획금지체장은 17cm이하지만 2024년부터는 20cm 적용이 예정되어 있다.(2023년 수산자원관리법 기준) 문제는 문치가자미의 금어기가 지역 상관없이 일괄 적용되고 있다는 점이다. 서해산(경기권)의 경우 금어기가 끝난 2~3월에도 여전히 알배기가 많이 잡혀 유통되고 있다는 점에서 12~1월 두 달 간 시행되는 금어기의 실효성에 의문이 가는 것도 사실이다.

+ **광어와 도다리의 차이**

광어와 도다리를 구분하는 쉬운 방법이 있다. 바로 '좌광우도'의 법칙이다. 아래 사진을 보면 광어와 도다리를 정면에서 바라보았을 때 양 눈이 어느 쪽에 몰렸는지 알 수 있다. 양 눈이 왼쪽에 몰려 있으면 광어이고, 오른쪽에 몰려 있으면 문치가자미(도다리) 또는 가자미과 어류로 분류된다. 몰린 눈 방향이 왼쪽이면 왼쪽은 두 글자니까 광어이고, 오른쪽에 몰려 있으면 오른쪽은 세 글자니 도다리라는 쉬운 암기법도 있다.

☝ **사진1** 광어(왼쪽), 도다리(오른쪽)

☝ 입이 크고 이빨이 날카로운 광어

☝ 입이 작고 이빨이 없는 도다리류

그러나 예외도 있다. 가자미과 어류 중에는 강도다리처럼 양 눈이 광어와 같이 왼쪽에 몰린 종도 있다. 또한 넙치(광어)라 하더라도 돌연변이로 인해 몇천 분의 일의 확률로 눈이 오른쪽에 돌아간 것도 있다.

앞서 언급한 눈의 위치 말고도 넙치(광어) 및 가자미과 어류의 구분은 주둥이의 형태로도 충분히 구별할 수 있다. 광어는 상위 포식자답게 위아래 턱이 크게 발달했고, 이빨 또한 크고 날카롭다. 반면 도다리를 비롯한 가자미과 어류는 입이 작고 이빨이 없거나 있어도 날카롭지 않은 잔 이빨이 전부이다.

+ 문치가자미의 서로 다른 상품성

문치가자미는 지역에 따라 산란 시기가 조금씩 다르다. 동해 남부권(포항)은 12~2월 사이, 경상남도를 비롯해 남해안 일대는 11~1월 사이, 서해는 그보다 한두 달 늦은 2~3월경에 산란이 이뤄진다. 산란이 임박한 문치가자미는 먼바다에서 연안으로 들어오는데 이때 모든 개체가 일제히 산란하는 것은 아니다. 문치가자미의 최대 산지인 진해만 일대와 거제, 통영 앞바다를 예로 들면 같은 시기라도 1차로 들어온 선발대가 먼저 산란하고 이어서 후발주자들이 산란을 위해 들어온다.

▲ 4월경에 잡힌 근해산 문치가자미로 살밥이 상당히 올라 있다

▲ 먼바다산 문치가자미로 살이 덜 찼다 (가운데는 표준명 도다리)

같은 시기에 어획된 문치가자미라도 늦겨울(2~3월경) 앞바다에서 잡힌 것은 산란을 마쳐 배가 홀쭉하고, 먼바다(욕지도 등)에서 잡힌 것은 여전히 산란 전이라 알집이 비대할 때가 많다. 어느 쪽이든 시즌 초반인 2~3월경에는 통째로 포를 떠서 회로 썰어 먹기에는 부족한 살집이다. 이 시기에는 지방이 부족해 껍질을 벗기던 도중 찢기기도 한다(반대로 기름기가 오르면 껍질이 잘 벗겨진다).

또 한 가지 흥미로운 사실은 같은 문치가자미라도 먼저 산란한 개체와 나중에 산란한 개체에서 상품성이 갈린다는 점이다. 예를 들어 1차로 들어와 먼저 산란한 문치가자미는 3월 중후순만 되어도 살집이 올라 있기도 하다. 반면 2차로 들어와 늦게 산란한 문치가자미는 4월이 되어도 여전히 두께가 얇다. 이 때문에 같은 시기에 조업한 문치가자미라도 조업한 해역과 개체마다 살집이 오른 정도에서 차이가 나기 때문에 상품성도 다르고, 위판 가격도 다르게 매겨질 때가 있다.

이러한 차이를 구별하는 방법은 크게 두 가지다. 첫 번째는 체색을 보는 것으로, 근해(얕은 모래밭)에서 잡힌 것은 채색이 밝은 황갈색인 경우가 많고, 먼바다 깊은 수심에서 잡힌 것은 짙은 흑갈색을 띤다. 두 번째는 살밥을 보는 것인데 살이 통통한 문치가자미는 등쪽 두께가 두툼하다. 이와 달리 산란을 마친 개체는 몸통이 홀쭉하고 두께가 얇다. 이런 문치가자미는 회보다 쑥국용으로 이용하는 것이 좋다.

+ 양식이 어려운 문치가자미

문치가자미의 양식은 끊임없이 시도되고 있지만, 성장속도가 느리다는 점이 발목을 잡는다. 뱃가죽이 얇고 등은 꺼칠꺼칠하다는 점도 대

▲ 문치가자미의 연한 뱃가죽

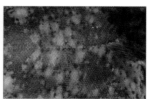
▲ 거칠거칠한 등 부분

량 양식에 걸림돌이 된다. 문치가자미는 모랫바닥에 배를 깔고 사는 저서성 어류로 밀집 사육 시 서로간 몸을 겹치며 사는데, 문제는 이동 시 떠서 헤엄치기보다는 바닥을 그대로 긁고 다니는 습성이 있어서 연약한 뱃가죽이 다른 문치가자미의 거친 등에 쓸려 상처가 난다는 점이다. 상처가 잦으면 2차 감염이 발생하고, 이로 인해 여러 가지 합병증을 일으킨다는 점도 양식을 어렵게 만든다.

고르는 법

현재 유통되는 문치가자미는 모두 자연산이다. 통째로 포를 떠서 회를 장만하겠다면 길이보다 몸 두께가 두꺼운 것을 고르고, 뼈째로 썰겠다면 비교적 작고 살이 통통히 오른 것을 고른다. 당연한 이야기지만 쑥국이나 탕감용은 굳이 활어를 고집하지 않아도 된다. 선어를 고를 때는 진액이 많지 않고 몸에 상처가 적으면서 아가미 색이 검지 않은 것을 택한다.

︽ 뼈째 회로 먹기에 알맞은 크기

이용

문치가자미는 전국적으로 '도다리'로 취급되면서 광어보다는 값비싼 고급 생선회로 여기는 경향이 있다. 특히 뼈째 썬 회(일명 봄도다리 세꼬시)가 경상남도 지방을 중심으로 인기가 있다. 도다리쑥국은 봄철에 빠질 수 없는 제철 별미이기도 하다. 생물은 조림과 소금구이가 맛있다.

문치가자미를 통째로 포 떠서 회로 즐기려면 한창 어획되는 3~4월보다 5월 이후의 것이 살과 지방면에서 뛰어나며 회

︽ 문치가자미를 이용한 도다리 쑥국

맛도 좋다. 그러니 문치가자미의 맛이 드는 진정한 제철은 어획량이 많아지는 3~4월보다 여름~가을로 보는 시각이 우세하다. 그러나 10월이 지나면 본격적으로 산란 준비에 돌입하면서 일부 지역의 것은 기름기가 빠져 맛이 맹하며, 식감은 질기고 물컹물컹하다.

︽ 3월초 진해만에서 잡힌 문치가자미 회는 깔끔하기만 했고 별다른 맛은 없었다

︽ 4월말 살이 통통히 오른 후포산 문치가자미회는 감칠맛이 좋았다

︽ 11월경 삼천포 앞바다에서 잡힌 문치가자미 회는 식감은 물컹물컹 기름기가 빠진 최악의 상태였다

민어 | 홍민어, 큰민어

분류 농어목 민어과
학명 *Miichthys miiuy*
별칭 참민어, 통치, 통치
영명 Brown croaker
일명 니베(ニベ)
길이 50~80cm, 최대 1.3m
분포 서해와 남해, 제주도, 동중국해, 남중국해
제철 5~9월
이용 회, 초밥, 전, 탕, 구이, 찜, 건어물

민어는 따뜻한 수온을 찾아 이동하는 계절성 회유어다. 해마다 여름이면 목포와 신안을 비롯한 서남해로 들어오는데, 특히 임자도 민어가 유명하다. '민어 울음소리에 밤잠 설친다'는 말이 있을 만큼 과거에는 인천 앞바다에서 신안 앞바다까지 민어잡이가 흥했다. 지금도 임자도 앞바다에서는 기다란 대나무를 수면 아래로 꽂아 넣어 귀를 기울인다. 이는 민어 어군을 찾기 위함으로 민어가 부레를 이용해서 내는 공명음이 들리면 자망을 투망해 민어잡이를 하는 식이다. 가을이 지나면 월동을 나는데 어군에 따라 거문도나 제주도로 내려갔다가 이듬해 봄이면 다시 북상해 여수, 고흥, 진도 앞바다로 올라온다. 여름부터 초가을이면 목포와 신안, 격포, 군산을 거쳐 인천까지 오르는 어군도 발달하게 된다.

갯벌이 발달한 해역에 작은 어류나 갑각류, 두족류를 먹고 자라며 최대 1m 이상 성장한다. 현재 낚시로 잡은 국내 공식 기록은 125cm로 기록되었다. 다만 계속되는 남획과 해양 환경의 변화로 인해 서해 북부까지 진출하던 민어는 개체수가 줄고 있고 평균 크기도 작아지는 추세다. 전라도에서는 50~60cm 이하를 '통치'라 부르고, 고흥과 외나로도에서는 '통치'라 부른다. 어린 민어는 제사상에 빠짐없이 오르는 생선인데, 특히 전라도에서는 민어를 극진히 여겼고, 전국적으로는 매스컴과 SNS 영향에 힘입어 여름에 먹어야 할 제철 보양식재료로 주목받고 있다.

※ 민어는 금어기가 없지만 금지포획체장은 35cm이다. (2023년 수산자원관리법 기준)

+ 암컷과 수컷, 계절에 따른 맛 차이

민어는 계절에 따른 맛보다 암수에 따른 맛 차이가 큰 편이다. 회는 본격적으로 산란을 준비하는 8월 이전의 것이 낫다. 이왕이면 1~5월경에 잡혀 판매되는 민어가 경제적이다. 이 시기 민어는 월동 중에 잡혔거나 이제 막 남해안 일대로 북상하다 잡힌 것인데 여름 복날 대비 수요가 적어 가격이 저렴하다는 장점이 있다. 이후 민어는 5월 중후순을 기점으로 가격이 조금씩 오르다가 복날이 있는 7월로 접어들면서 값이 많이 오른다. 이때의 민어는 가격이 비싸도 산란을 준비하는 시기라서 맛이 최고조에 이른다. 이때만 해도 암수의 맛이 비슷하며 가격 차이 또한 크지 않다. 그러다가 말복을 지나 8월 이후로 접어들면 암컷은 산란에 임박하면서 배가 불룩해진다. 배가 불룩해진 민어는 대부분의 영양소가 알에 집중되면서 맛과 수율에서 일정 부분 손해를 보게 된다.

반면 같은 시기 수컷은 상대적으로 가격이 오르는데 그 차이가 심할 때는 암컷의 2배에 이르기도 한다. 비육 상태가 암컷보다 좋을 뿐 아니라 수컷에서만 맛볼 수 있는 특수부위인 일명 '갯무래기'가 형성

되기 때문이다. 수컷의 갯무래기는 뱃살 안쪽으로 발달한 적색육으로 부드러우면서도 각별한 맛을 선사한다. 민어 가격은 8월부터 진정되며, 9월 이후에는 저렴해진다. 한 겨울에는 제주도 인근에서 월동 중인 민어가 잡히는데 이 시기는 수요가 적어 저렴하지만 맛은 크게 떨어지지 않는다는 장점이 있다.

⌃ 수컷 민어에서만 맛볼 수 있는 갯무래기살

고르는 법

시중에 유통되는 민어는 전량 국산으로 아직은 수입산이 없다(2023년 기준) 일본산 민어는 '동갈민어'(학명 *Nibea mitsukurii*)란 종으로 민어와는 구분된다. 국산 민어는 크게 자연산과 양식으로 나뉜다. 자연산은 다시 활어와 선어로 나뉘는데 유통량의 절반 이상이 산지에서 빙장으로 운송되는 선어 횟감이다. 선어를 고를 때는 당일 조업인지 확인하고, 각 지느러미가 말라 있는지 혹은 잡힌 지 하루 이상 지난 것인지 확인해야 한다. 동공은 투명하고 아가미는 밝으면서 진한 선홍색이어야 하며 몸통을 눌렀을 때 단단해야 한다.

최근 활민어 수요가 많아짐에 따라 수산시장에는 살아있는 민어가 제법 들어오고 있는데, 활민어를 고를 땐 수조 속을 활발하게 헤엄치는 것을 오히려 경계해야 한다. 활민어는 말 그대로 살아서 헤엄치는 민어를 떠올리기 쉽지만, 깊은 수심에서 잡힌 민어는 수압차에 의해 부레가 부풀게 된다. 이대로 두면 폐사하므로 부레에 공기를 빼 생존율을 높이지만 부레는 이미 기능을 상실했기 때문에 중심을 잡지 못하고 뒤집힌 모습을 하고 있다. 따라서 활민어를 고를 때는 몸이 뒤집혀 허우적대거나 숨만 가쁘게 몰아쉬는 것이 제대로 된 자연산 민어라 할 수 있다. 반면에 수조 속을 활발히 헤엄치는 것은 유사 어종인 중국산 양식 홍민어나 큰민어일 확률이 높다.

⌃ 몸이 뒤집힌 채 겨우 숨만 붙은 자연산 민어

한편 우리나라는 몇 년 전 민어 양식에 성공함에 따라 해마다 여름이면 양식 민어회와 매운탕으로 포장된 제품이 대형 마트를 중심으로 판매된 적이 있었다. 다만 활어 유통은 하지 않고 있으며, 가공 및 포장 판매만 한시적으로 했었음을 참고하자.

민어는 정말 백성의 물고기였을까?

이시진의 『본초강목』(本草綱目)에서는 민어를 '석수어'(石首魚)와 '면어'(鮸魚)로 기록하고 있다. 석수어는 민어 대가리에 이석이 있기 때문이고, 조기 같은 생선을 의미하는 면어는 단지 부르기 쉽게 하고자 '민'(民)으로 바꾸어 불렀던 것이 오늘날 민어의 유래가 되었다. 한자어로는 백성 '민'(民)에 고기 '어'(魚)를 쓰기 때문에 서민에게 친숙한 물고기인 것처럼 보이지만 실상은 그렇지 않다. 과거에는 지금처럼 운송 수단과 냉장 기술이 마땅치 못한 탓에 내륙인들이 싱싱한 민어를 맛보기란 하늘의 별 따기만큼 어려웠을 것이다. 민어 조업은 백성이 하지만 먹는 사람은 임금을 비롯한 왕실 고위 관료였다. 오늘날에도 민어는 값이 제법 나가는 생선으로 전라도에선 관혼상제에 올려지는 고급 생선으로 인식된다.

+
자연산과
양식 민어의
맛 차이

언젠가 비교 시식
할 기회가 있었는
데 회 자체로는 맛
차이를 크게 느끼
지 못했다. 다만

≪ 국내산 양식 민어회

≪ 국내산 자연산 민어회

부레와 데친 껍질은 자연산 민어가
좀 더 맛있었다. 사람들의 평가는 양
식 민어에 호의적이지 못한 경향이 있다. 회가 부드럽다 못해 살이 무르다는 느낌이며 맛 또한 인상
적이지 못하다는 평가가 지배적이다. 그런데 이는 사실 민어회의 전형적인 특징이기도 하다. 산지에
서 즉살해 1~2일 동안 운송 및 판매대에 냉장 보관된다면 충분히 숙성한 부드러운 회가 될 수밖에
없다. 대형마트에서 판매되는 양식 민어회는 쇼핑 중 우연히 발견될 확률이 높아서 기존에 자연산
민어회를 맛보지 못한 이들의 구매율이 높은 편이다. 굳이 수산시장이나 민어 전문 식당을 찾아가지
않아도 맛볼 수 있다는 점과 여름 보양식이란 점을 기대하고 맛보았는데 평소 먹던 회(광어, 우럭)보
다 쫄깃한 식감이 덜하니 실망감이 들었을 것으로 보인다.

이용

민어는 부레가 크게 발달하는 몇 안 되
는 어류다. 이 때문에 여름이면 비대해
진 부레를 별미로 치는데 부레를 먹어야 민어 한 마리를 제
대로 먹었다고 할 만큼 각별히 여긴다. 민어 부레는 데치지
않고 한차례 씻은 뒤 겉을 감싼 막을 벗기고 적당한 크기로
썰어 통깨를 뿌려 낸다. 소스는 참기름장이 어울린다. 겉은
지방질이 감싸 치즈같이 고소하고, 심지는 쫀득하게 씹힌다.
껍질은 살짝 데쳐서 얼음물에 담갔다 뺀다. 물기를 닦고 한
입 크기로 썰면 야들야들한 식감과 함께 콜라겐의 쫀득하면
서도 고소한 맛을 느낄 수 있다. 싱싱한 살은 회와 회무침에
이용되는데 크기가 클수록 맛이 깊고 다양한 부위로 나눌 수
있다.

≪ 위에서 시계방향으로 데친 껍질, 부레, 뼈다짐회

남은 살은 전을 부치는데 대구와 함께 생선전이 맛있기로 유
명하다. 남은 서덜은 된장을 넣은 매운탕이 일미다. 전라도
에서는 명절마다 민어 새끼인 통치를 상에 올리는데 이 시기
에는 통치도 가격이 오른다. 민어를 반으로 갈라 말리기도
하며, 주로 찜과 맑은탕으로 이용된다.

≪ 민어전

≪ 민어 매운탕

홍민어

꼬리에 검은 반점

분류 농어목 민어과
학명 *Sciaenops ocellatus*
별칭 점성어, 점민어, 점탱이, 민어(x)
영명 Red drum
일명 렛도도라무(レッドドラム)
길이 70~80cm, 최대 1.6m
분포 멕시코만, 카리브해, 대서양의 온대 및 아열대 해역

제철 5~9월
이용 회, 초밥, 구이, 스테이크

한반도 및 동아시아 해역에는 서식하지 않은 외래종이다. 멕시코만을 비롯해 대서양의 온대와 아열대 해역에 서식하는 종으로 미국에선 인기 있는 스포츠 피싱 대상어이다. 성장속도가 빠르고 크게 자라기 때문에 당기는 힘이 좋다. 국내에서는 1990년대 후반 종묘를 들여와 양식을 시도했으나 바이러스성 신경괴사증(VNN)에 의한 집단 폐사를 비롯, 다양한 이유로 양식이 무산된 적이 있다. 한편 중국은 이 어종의 종묘를 들여와 대량양식에 성공했는데 2005년에 국내로 수입된 홍민어에서 일급 발암물질인 '말라카이트 그린'이 검출돼 한동안 수입이 금지된 적이 있었다. 불검출된 이후로는 현재까지 꾸준히 홍민어가 수입되면서 전국의 수산시장과 식당, 뷔페 등으로 유통되고 있다. 야생에서는 몸길이 1m를 훌쩍 넘기는데 양식으로 길러진 것은 70~80cm가 많은 편이다. 꼬리에 점이 있어서 '점성어'(占星魚)라 부르는데 이는 중국식 표기다. 점의 개수는 개체마다 다르다. 많게는 5개까지 나타나기도 하지만 간혹 점이 없는 개체도 있다.

홍민어의 토착화

앞서 언급했듯이 홍민어는 대서양에서 온 외래종이다. 1990년대만 해도 한반도 해역에서는 서식이 확인되지 않았다. 그런데 중국으로부터 수입을 시작한 이후 부산과 경주, 통영 앞바다에서 심심찮게 출몰해 그 배경에 관심이 쏠리고 있다. 2015년 경에는 부산 광안리 해수욕장에서 몸길이 82cm, 무게 8kg의 홍민어가 낚시로 잡혔고, 거제도에서는 거대 황순어가 잡혀 화제가 됐는데 알고보니 홍민어로 밝혀졌다. 2017년부터는 경주 일대 해수욕장에서 심심찮게 출몰해 지금은 아예 홍민어를 노리고 출조하는 낚시객이 늘고 있다. 홍민어 낚시는 초봄인 3월 초부터 이어지며 많게는 한 포인트에서 10마리씩 배출하기도 한다.

이렇듯 외래종인 홍민어가 야생에서 출현이 잦은 것이 한국과 중국이 종묘를 들여와 양식을 시도한 시기와 일치한다는 점에서 연관성을 의심할 수밖에 없는 상황이다. 다양한 의혹이 제기되고 있지만, 가장 유력한 설은 중국산 양식 활어를 하역하는 과정에서 일부 개체가 탈출해 근해에서 번식한다는 점을 꼽는다. 게다가 그 지역이 중국산 양식 활어를 하역하는 통영이란 점을 감안한다면, 홍민어 출몰이 잦은 지역(통영, 거제, 부산, 경주)이 대부분 동남부 해역에 쏠리는 것도 어느 정도 설명이 된다. 게다가 남해 동부권은 수온과 서식 환경이 홍민어 서식지와 비슷하다고 볼 수 있다. 이러한 점을 미루어 보았을 때 이제는 한반도에서 홍민어의 토착화가 꽤 진행되었음을 짐작할 수 있다.

+
계절에 따른
맛 차이

홍민어는 민어와 마찬가지로 늦여름부터 초가을에 산란하는 것으로 알려졌다. 비록 양식이고 배합사료를 먹고 자라지만, 사료의 상당 부

⟰ 겨울 홍민어회　　　　　⟰ 여름 홍민어회

분이 냉동 고등어나 정어리 분쇄육임을 감안한다면 야생에서 취하는 영양소와 크게 다르지 않음을 알 수 있다. 이 때문에 여름에는 산란을 앞두고 지방을 체내에 가둔다. 포를 뜨면 붉은색 혈합육에 허연 지방이 낀 것을 어렵지 않게 볼 수 있는데 느끼할 만큼 지방감이 올라온다. 반면 겨울 홍민어는 이러한 특징을 찾기가 어렵고, 여름에 비해 살이 푸석하고 맛과 지방감도 떨어진다.

이용

홍민어는 연중 수입 및 유통되지만 민어 수요와 맞물리는 6~9월에 집중적으로 출하 및 판매된다. 예전에는 회를 떴을 때 참돔과 색이 비슷하다는 이유로 참돔회로 둔갑되거나 참돔이 포함

⟰ 홍민어 초밥(왼쪽)　　　　⟰ 홍민어에서 나타나는 하얀 힘줄

된 모듬회로 끼워팔다 적발된 사례가 있었다. 한창 홍민어가 가격이 나갈 때는 참돔과 비슷한 가격에 낙찰되기도 했지만, 평상시에는 참돔의 절반 수준에 머무르기에 가격 대비 수율이 우수한 횟감이라 할 수 있다. 이 때문에 횟집을 비롯해 여러 식당에서는 홍민어의 사용을 선호하는 편이다. 이용은 주로 회와 초밥이며 겨울보다는 여름에 맛이 좋은 횟감이라 할 수 있다.
다만 홍민어의 근육에는 부위에 따라 희고 질긴 힘줄이 발달하기도 한다. 이 힘줄은 민어에서 나타나는 힘줄과 달리 질기고 씹히지 않아 입에 남는다는 단점이 있다. 홍민어가 싸구려 횟감으로 인식된 것도 이러한 식감과 어느 정도 관련이 있다.

큰민어

분류	농어목 민어과
학명	*Argyrosomus japonicus*
별칭	남방먹조기, 양식민어(X)
영명	Japanese croaker, Jewfish
일명	오오니베(オオニベ)
길이	60~80cm, 최대 2m
분포	일본 남부, 동중국해, 남중국해, 대만, 호주 중부 이남, 인도양

제철 11~3월
이용 회, 초밥, 튀김, 구이, 조림

몸집이 커서 큰민어라 불리는 것이 아니라 일본명인 '오오니베'에서 따온 명칭으로 국내 해역에는 서식하지 않은 외래종이다. 주 서식지는 규슈와 관동지방을 끼고 있는 따뜻한 바다로 대표 산지는 미야자키현 일대 해안가이다. 이 지역에선 모래사장에서 원투낚시 대상어로 인기가 있다. 현재까지 낚시로

잡힌 큰민어의 기록은 몸길이 1.5m이고 최대 2m까지 성장하는 것으로 알려졌다. 현지에서는 생선가스를 비롯해 구이와 조림, 맑은탕 등 다양한 음식으로 활용되지만, 자연산은 어획량이 많지 않아 대부분 내수용 양식에 의존하고 있다.

※ 해양수산부는 2023년부터 시중에 유통 중인 큰민어와 민어의 유통 혼란을 방지하기 위해 '남방먹조기'라는 명칭을 병기한다고 밝혔다. 이로써 큰민어를 민어나 양식 민어로 판매하면 법적인 처벌을 받을 수도 있게 된다.

+ 큰민어와 민어의 차이

큰민어와 민어는 모두 농어목 민어과 어류지만 이 둘은 엄연히 다른 종이다. 학술적으로나 유전적으로 서로 다른 종으로 구분되므로 '민어'란 이름으로 판매해선 안 된다. 그런데 처음 이 어종을 수입 통관하고 유통할 때부터 '양식 민어'란 이름을 사용했기 때문에 고의든 아니든 '양식 민어'란 이름을 달고 판매되는 실정이다.

게다가 해마다 여름이면 여름 보양식으로 민어를 찾는 사람이 많아지는데 이때 큰민어를 자연산 민어로 팔다 적발되기도 했다. 겉모습이 비슷하고 특히 썰어 놓으면 어지간한 전문가가 아닌 이상 구별하지 못한다는 점을 악용한 것이다.

그렇다면 민어와 큰민어는 어떤 차이가 있을까? 언뜻 보면 비슷하게 생겼지만 조목조목 짚어보면 많은 부분에서 차이가 남을 알 수 있다. 국내에 유통되는 큰민어는 전량 중국산 양식 활어이므로 수조 속을 활발하게 헤엄친다. 자연산 민어는 활어로 유통되더라도 부레가 망가져 몸이 뒤집힌 상태이기 때문에 홍민어와 큰민어처럼 몸을 똑바로 세워 활발하게 헤엄치지 못한다.

대가리부터 몸통, 꼬리지느러미에도 차이가 있다. 큰민어는 이마에서 코로 떨어지는 선이 곡선이다. 비늘이 크고 눈은 대가리 크기에 비해 작다. 민어는 이마에서 코로 떨어지는 선이 직선에 가깝다. 비늘이 작고 눈은 큰 편이다.

꼬리는 더 많은 차이가 난다. 큰민어의 꼬리지느러미는 매우 굵으며 검은색에 가깝다. 민어의 꼬리지느러미는 밝은 회색이며 가늘고 촘촘한 극조로 되어 있다.

결정적인 차이는 몸통에 있다. 큰민어는 몸통 측선을 따라 15개 전후의 반점이 나타난다. 이 반점은 주변부보다 어두운 색을 띠지만 물속에서는 금빛으로 밝게 도드라지는 특성이 있다. 한편 민어는 몸통에 점이 없고 작고 촘촘한 회색 비늘로 덮여 있다.

≫ 민어(위) 큰민어(아래)

 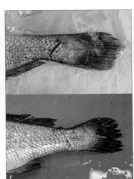 

대가리 차이   꼬리지느러미 차이   몸통 차이

여름

어류

+
**회를
떴을 때의
차이**

민어회는 밝고 화사한 선홍색 혈합육이 특징이지만, 껍질을 탈피하는 과정에서 혈합육 일부가 곧잘 깎인다. 더욱이 목포에서는 껍질을 따로 벗기지 않고 살을

︽ 민어회   ︽ 큰민어 회

포 뜨듯 도려내기에 빨간 혈합육이 더 많이 깎이기도 한다. 또한 민어의 혈합육은 가장자리에서 특유의 빗살무늬처럼 나타나며, 살은 숙성 정도에 따라 빛깔이 달라지므로 색을 특정하기는 어렵지만, 홍민어나 큰민어만큼 힘줄이 두드러지지 않아서 부드럽게 씹히고 넘어간다는 특징이 있다.

반면에 큰민어는 홍민어와 마찬가지로 계절과 비육 상태에 따라 생선회 빛깔이 다르게 나타난다. 비육 상태가 좋지 못하면 검붉은 색이 돌면서 하얀 힘줄이 도드라지는데 이것이 식감을 질기게 한다. 비육 상태가 좋은 큰민어는 마치 겨울에 파는 양식 가숭어(밀치)처럼 붉은 혈합육에 허연 지방층이 끼면서 식감은 한결 부드럽고 고소한 맛도 도드라진다. 큰민어의 경우 한국인이 좋아할 만한 탱글탱글한 식감을 가졌는데 횟감 자체가 크고 살이 많이 나오기 때문에 활어회보다는 일정 시간 숙성한 것이 낫다. 부레는 홍민어와 마찬가지로 크게 발달하지 못했다. 생 부레는 식용이 어려우므로 보통은 데쳐서 먹는데 맛은 민어 부레보다 못하다.

이용

국내로 유통중인 큰민어는 중국에서 수입한 양식 활어로서 일부는 유료낚시터로, 일부는 횟집과 수산시장으로 들어간다. 활어 유통이므로 대부분 횟감으로 이용되나 가끔 수조에서 폐사한 큰민어를 자연산 민어와 섞어 선어 횟감으로 판매하기도 하니 유의해야 한다.

뱀장어

분류 뱀장어목 뱀장어과
학명 *Anguilla japonica*
별칭 민물장어, 풍천장어, 참장어, 토종장어
영명 Japanese eel
일명 우나기(ウナギ)
길이 60~70cm, 최대 약 1.5m

분포 서해 및 남해, 제주도, 일본 북부이남, 중국, 대만, 필리핀
제철 연중(양식), 9~2월(자연산)
이용 구이, 탕, 덮밥, 초밥

우리나라에 서식하는 뱀장어과 어류는 2종으로 뱀장어와 무태장어가 있다. 보통은 뱀장어를 '장어' 또는 '민물장어'라고 부르며, 여름철 한국과 일본에서 가장 인기 있는 스태미나 음식으로 손꼽는다. 시중

에 판매되는 것은 대부분 양식이다. 자연산은 늘어나는 수중
보와 오염, 무분별한 남획으로 인해 개체수가 줄고 있다.
뱀장어는 최소 3~4년이 자라야 번식을 할 수 있는데 9~11
월이면 산란을 위해 강에서의 삶을 마치고 바다로 향한다.
정확한 산란장 위치는 여전히 베일에 싸여 있지만, 현재까지
알려진 바로는 마리아나 해구가 있는 필리핀 동쪽과 사이판
과 괌 사이 깊은 바다에서 1,000만 개 전후의 알을 낳고 죽

⌃ 제주 다금바리 통발 조업에 잡힌 뱀장어

는 것으로 알려졌다. 알에서 깨어난 자어(렙토세팔루스)는 해류를 타고 북상해 중국과 일본, 제주를 비
롯한 한반도 연안의 강 하구에 닿는다. 매년 봄에는 금강 등 하구에서 양식을 위한 뱀장어 치어(실뱀장
어)를 채집한다. 따라서 우리가 주로 먹는 뱀장어는 자연에서 채집한 실뱀장어를 양식한 것이며, 아직
은 종묘를 생산하는 완전 양식은 이루어지지 않고 있다. 한편 뱀장어는 개체에 따라 한평생 강이나 바
다에서만 보내는 경우도 있는 것으로 알려져 있다.

+
국산과
수입산
뱀장어의
차이

시중에 판매되는 뱀장어는 대부분 '국산 민물장어'란 이름으로 통용되는데 실제
로는 학명이 다른 종류일 수도 있다. 가장 비싸고 품질이 좋은 장어는 국내 강 하
구에서 실뱀장어로 채집돼 양식으로 키운 극동산 뱀장어 즉 자포니카(Anguilla
Japonica)란 종이다. 한국과 중국, 일본은 주로 자포니카를 이용한다. 그러니 같은
자포니카종이라도 국산과 중국산이 있고, 또 사육 방식과 크기에 따라 맛과 품질
이 다르다. 한 예로 인위적으로 물살을 일으켜 운동량을 늘리면 육질이 단단해 씹

는 맛이 강화되고, 갯벌을 이용한 축양 방식은 고염분의 갯벌장어로 부드러운 풍미가 특징이다.
뱀장어는 3~4마리가 1kg인 크기를 선호한다. 이유는 구웠을 때 부드러운 식감을 선호하는 한국인

풍천장어의 유래

뱀장어하면 흔히 풍천장어를 떠올린다. 실제로 전북 고창 풍천에는 뱀장어 양식을 많이 하며 인근에는
장어전문점도 많이 있다. 언뜻 보면 풍천에서 잡히거나 길러진 뱀장어 같지만, 사실 풍천장어의 '풍천'
은 '바람 풍'(風)에 '내 천'(川)자를 쓴 것으로, 이는 바람에 의해 바닷물이 밀려드는 기수역을 의미한다.
이 기수역은 실뱀장어가 성장을 위해 강으로 들어오는 입구이자 다 자란 성체가 알을 낳기 위해 바다
로 나가는 출구이기도 하다. 따라서 풍천장어를 취급한다는 것은 풍천이란 지역에서 길러진 양식 뱀장
어를 의미하기도 하지만, 엄밀히 말하면 기수역(풍천)에서 잡힌 자연산 뱀장어를 뜻하기도 해 이를 어
떻게 해석하느냐에 따라 의미는 정반대가 될 수 있다.
뱀장어는 산란기가 다가오는 9~11월이면 먹이활동을 중단하고 바다로 나가 머나먼 여정을 떠난다. 반
면 산란에 참여하지 않는 미성숙 개체는 따뜻한 바닷물이 밀려드는 강 하구에서 월동을 나는데, 이때
잡힌 뱀장어가 가장 맛있다. 사람들은 삼복더위를 잘 나기 위해 뱀장어를 찾아 먹는 탓에 주로 6~9월
에 양식 뱀장어가 집중적으로 출하되긴 하지만, 월동을 위해 지방을 가두는 제철은 가을에서 겨울 사
이라고 볼 수 있다.

의 입맛과 일정 부분 관련이 있다. 너무 큰 것은 뻣뻣하거나 쫄깃거려 뱀장어 특유의 맛과 풍미를 저해하기 때문이다.

한편 원산지가 국산이라도 세부종은 다를 수 있다. 우리 해역에는 서식하지 않은 외래종을 치어 때부터 양식하면 국내산으로 표기해 판매해도 문제가 되지 않는 법령으로 인해 논란이 야기되기도 했다. 대표적으로 동남아산 '비콜라'(*Anguilla Bicolor*)나 북아메리카산인 '앙귈라 로스트라타'(*Anguilla Rostrata*)종이 그러하다. 이들 종은 저렴한 식자재 확보가 우선시되거나 가격 경쟁력을 앞세운 식당 및 뷔페에서 주로 사용하며, 페루산 냉동 장어처럼 아예 수입산을 사용하기도 한다.

반면에 아프리카산인 '모잠비카'(*Mossambica*)종은 국내의 기후 조건과 맞지 않아 양식이 무산됐고, 유럽산인 앙귈라 '앙귈라'(*Anguilla Anguilla*)종은 현재 자연산만 수입 가능하다. 실뱀장어의 수입은 야생동식물 멸종 위기종 거래에 관한 조약(CITES)에 따라 2013년경에 금지됐다.

+
자포니카,
말모라타,
비콜라를
구별하는
방법

시중에는 세 종을 구분하지 않고 팔다 적발되거나, 종을 속여 부당 이득을 취하다 적발된 사례가 제법 있다. 그래서 이 책에서는 국내에서 가장 많이 유통되는 세 종류를 비교해 보고자 한다.

대가리의 차이

셋 중 대가리가 가장 작은 것은 자포니카이다. 코는 비교적 뾰족해 삼각형을 그린다. 말모라타(무태장어)는 대가리가 크며 입술이 두껍고 위턱에 돌기가 돌출되어 있다. 비콜라도 말모라타와 흡사하나 말모라타에서 나타나는 구름무늬가 없고 코는 셋 중 가장 뭉툭하다.

몸통의 차이

셋 중 가장 밝은 체색을 가진 종은 자포니카이다. 등은 검고 배는 은백색이며 그 중간은 엷은 갈색이나 진한 금빛이 돈다. 말모라타는 특유의 구름무늬가 나타나기 때문에 쉽게 눈치챌 수 있다. 비콜라는 자포니카와 흡사하지만 좀 더 검고 어둡다.

세 종류의 맛 차이는 자포니카 > 비콜라 > 말모라타 순으로 평가되고, 여기서 비콜라는 좀 더 쫄깃거리고 탱글탱글한 식감이, 말모라타는 육질이 무르고 부드럽다는 특징이 있지만, 이는 어디까지나 전반적인 특징일 뿐 양식 산지와 취급 여하에 따라 달라질 수 있다.

꼬리의 차이

사실 꼬리는 유통 과정에서 손상되거나 갈라지기도 하므로 이를 보고 정확하게 동정하기는 어렵다. 사진을 보고 대략적인 느낌만 참고하기 바란다.

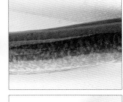

⌃ 위에서부터 자포니카, 비콜라, 말
모라타

⌃ 자포니카   ⌃ 말모라타   ⌃ 비콜라

이용

뱀장어는 여름철 대표적인 스태미나 음식이자 강장식품으로 인기가 있다. 비타민A와 E를 비롯해 불포화지방산이 풍부하다. 주로 배를 갈라 넓게 펼친 뒤 숯불에 구워 먹는 소금구이와 양념구이로 먹고, 장어탕과 장어 덮밥, 장어초밥이 별미이다. 일본에선 장어 덮밥을 먹고 오챠를 부어 말아먹기도 한다. 음식 궁합은 참나물 겉절이와 깻잎지, 생강채와 좋다. 뱀장어는 버릴 것이 없는 식재료다. 뼈는 바삭하게 튀긴 뼈 튀김으로, 쓸개는 쓸개주로, 내장은 내장볶음으로, 일부는 장어즙으로 이용된다.

⌃ 일본에서는 오챠를 부어 장어와 함께 말아먹는다

자포니카 종의 경우 kg당 4~5만원을 호가하는데(2022년 기준) 크기마다 차이는 있지만 수율은 대략 75% 내외이며, 이는 개체마다 약간씩 차이는 있다. 여기에 손질의 능력 차이를 고려한다면 적어도 70% 이상은 나오는 게 일반적이다. 만약 1kg(손질 후 500g)이라고 판매하는 곳이 있다면 장어가 정량으로 제공된 것인지 확인해 볼 필요가 있다.

⌃ 풍천장어 구이   ⌃ 앞뒤로 숯불에 굽고 세워서도   ⌃ 장어 덮밥   ⌃ 민물장어 초밥
                      굽는 것이 포인트

벤자리

분류 농어목 하스돔과
학명 *Parapristipoma trilineatum*
별칭 아롱이, 돗벤자리
영명 Chicken grunt, Threeline grunt
일명 이사키(イサキ)
길이 25~40cm, 최대 60cm
분포 남해 및 제주도, 일본 남부, 대만, 동중국해, 남중국해
제철 5~8월
이용 회, 구이, 조림, 탕

밤에 먹이 활동이 활발한 야행성 어류다. 난류성 어류로 일본 규슈와 시코쿠, 동중국해에 더 크고 많은 개체가 군집을 이루며 분포한다. 해마다 여름이면 쿠로시오 난류를 타고 북상하는 탓에 그해 엘니뇨와 난류 세력에 따라 어군의 규모가 달라진다. 봄부터 북상하기 시작한 벤자리 군집은 제주도를 비롯해 남해 먼바다에 당도하는데 이때부터 여름에 걸쳐 회유하다 가을이면 다시 남하한다. 국내에서 벤자리가 자주 확인되는 곳은 제주도를 비롯해 경남 홍도, 추차군도, 사수도, 여서도, 관탈도 등으로 매우 국한적이다. 크기에 따라 이름이 다른 출세어로 30cm 이하를 '아롱이'라 부르고, 40cm 이상을 '돗벤자리'라 부른다. 벤자리 맛은 클수록 좋아 돗벤자리를 각별히 여기는 경향이 있다. 제철은 여름이지만, 먼바다에서 잡힌 것은 한겨울에도 지방기가 뒤처지지 않는다.

≪ 몸길이 30cm 이하의 아롱이

≪ 몸길이 40cm이 넘는 돗벤자리

+
벤자리의
제철과
들쑥날쑥한
회 맛

≪ 산란 전 지방감이 좋은 벤자리회

≪ 산란 후 지방이 빠진 벤자리회

벤자리는 여름철 대표 횟감으로 주산지는 제주도이다. 6~8월 사이 산란하는데 이 시기 적당한 지방이 끼면서 맛도 좋아진다. 지방이 한껏 오른 벤자리는 선홍색 혈합육에 허연 기름기가 낀 것을 확인할 수 있다. 반대로 산란을 마친 개체는 기름기도 빠져있는데 회를 뜨면 붉은 혈합육만 남아 있을 뿐 허연 기름기는 보이지 않는다. 때문에 최상의 회 맛을 보려면 산란 직전이라야 한다. 문제는 벤

자리의 산란이 6~9월로 다소 유동적이라는데 있다. 이는 철저하게 절기를 따르는 해양 생물의 특성에 기인한다. 어떤 해는 엘니뇨 현상으로 평년 대비 수온이 올라 산란 시기가 앞당겨지는가 하면, 또 어떤 해는 윤달이 끼거나 라니냐의 영향으로 산란 시기가 늦어지기도 한다. 게다가 벤자리는 위도에 따른 수온 변화와 환경적 요인에 의해서도 산란 시기가 앞당겨지거나 뒤로 미뤄지기도 해 더더욱 예측이 어렵다. 제주도를 비롯한 남부 지방을 기준으로 한다면, 5~7월 중순까지가 가장 맛이 좋고, 8월은 그해 벤자리의 산란 여부에 따라 맛이 달라질 수 있다.

고르는 법

벤자리 회를 맛볼 수 있는 가장 확실한 곳은 제주도이다. 제주도 내에 있는 자연산 전문 횟집과 서귀포 올레시장을 중심으로 활벤자리가 유통되는데 점포에 따라 '벤자리돔'이란 이름을 내세우기도 한다. 활벤자리를 고를 때는 몸길이 40cm 이상, 무게 1kg 이상인 것이 맛과 수율에서 유리하며 지방의 맛도 깊다.

정치망(제주 방언 '덤장')에 잡힌 벤자리는 그물망에 이리저리 쓸리면서 상처가 생길 수 있는데 무엇보다도 지느러미가 해져 너덜너덜거리거나 빨갛게 달아오르기도 한다. 최근에는 일본산 양식 벤자리가 수입되는데 이 또한 정치망으로 잡힌 자연산 벤자리와 외형이 비슷해 구별이 힘들다. 따라서 벤자리를 구매할 땐 자연산인지 양식인지 목표를 정하고, 자연산을 구매하겠다면 반드시 자연산 여부를 확인해야 한다. 더불어 상처가 많고 지느러미가 해진 것은 피하는 것이 좋다. 제주 동문시장에는 선어로 입하되는데 각 부위 지느러미에서 나타나는 벤자리 특유의 금빛이 선명할수록 신선한 것이다. 비늘은 대부분 붙어 있어야 하며 동공은 맑고 눌렀을 때 단단한 탄력감이 느껴지는 것을 고른다.

이용

벤자리는 흰살생선에 속하면서도 제법 많은 회유 반경을 가진다. 때문에 체내 미오글로빈 함량도 다른 흰살생선보다 많은 편이다. 활발한 운동량으로 살아온 만큼 수조 적응력이 약하며 스트레스에 취약해 오랫동안 살아있지 못한다. 활어를 즉살해 횟감을 장만해도 금세 살이 물러진다. 이러한 특성에 벤자리는 활어회로 즐기거나 숙성해도 짧은 숙성만 거치는 것이 좋다. 신선한 벤자리는 회와 초밥으로 즐기며, 열을 가하면 살이 조여지면서 단단해지므로 쫀득쫀득한 식감을 살린 소금구이가 별미다. 탕으로도 이용되며, 특히 일본식 간장조림이 맛있는 생선이다.

︽ 제철에 지방이 한껏 오른 벤자리회

︽ 벤자리 숯불구이

︽ 벤자리 간장조림

병어 | 덕대, 무점매가리, 골든폼파노

분류　농어목 병어과
학명　*Pampus punctatissimus*
별칭　덕자, 덕자병어, 자랭이, 병치, 돗병어
영명　Silver pomfret
일명　마나가츠오(マナガツオ)
길이　20~40cm, 최대 65cm
분포　서해와 남해, 제주도, 일본 남부, 동중국해,
　　　　남중국해, 인도양, 인도네시아
제철　5~11월
이용　조림, 찜, 구이, 회

병어는 우리나라를 비롯해 인도네시아와 인도양에도 서식하는 아열대성 어류다. 살이 부드럽고 고소해 '버터피시(butter fish)'로 불리며 쿠웨이트, 인도, 베트남 등지에서 인기가 많다. 특히 중국에서 인기가 높아 자체적으로 양식이 이뤄지고 있으며, 일부는 한국으로부터 수입하고 있다. 따뜻한 수온을 찾아 계절 회유를 하며 먼바다 따뜻한 남쪽에서 월동하다가 봄이면 남해와 서해로 북상하여 6~8월 사이 산란기를 맞는다. 주요 어장은 서남해에 집중되는데 5~6월이면 고흥 앞바다를 비롯해 목포와 신안에서 병어 파시를 맞는다. 암초보단 갯벌이 발달한 지형을 따라 회유하면서 요각류나 작은 갑각류를 먹으며 성장한다. 다 자라면 전장 60cm에 이르지만, 가장 많이 유통되는 크기는 몸길이 20~35cm 내외다.

덕대

분류　농어목 병어과
학명　*Pampus argenteus*
별칭　입병어, 참병어, 덕재, 병어(x)
영명　Korean pomfret
일명　코우라이마나가츠오(コウライマナガツオ)
길이　15~25cm, 최대 45cm
분포　서해와 남해, 제주도, 일본 남부, 동중국해
제철　4~7월
이용　회, 구이, 조림, 찜

서식지가 적도 부근과 인도양까지 광범위한 병어와 달리 덕대는 전 세계에서 동아시아 해역에만 분포하면서도 일본에선 드문 종이라 할 수 있다. 4~5월은 월동한 덕대가 산란을 위해 남해와 서해로 북상하며 산란을 준비한다. 주 산란기인 5~7월은 병어의 어장과 일정 부분 겹치기도 해 두 어종이 혼획되며 잡히는 시기와 제철도 5~7월로 비슷하다. 산지 또한 고흥, 목포, 신안으로 같다고 볼 수 있으며 봄이면 인천 앞바다까지 진출한다.

맛은 병어와 비슷하나 덕대가 병어보다 근소하게 좋은 평가를 받는다. 다만 이 둘은 예부터 음식의 쓰임새가 달랐다. 횟감은 껍질이 얇은 덕대(시장에선 병어라 부름)를 쓰고, 찜과 조림은 병어(시장에선 덕자라 부름)를 쓴다. 덕대는 병어와 매우 흡사하게 생겨서 예부터 병어와 같이 취급했는데 지금도 시장에서는 '병어'나 '참병어'란 이름으로 유통되고 있다.

병어와 덕대는 비슷한 생김새 만큼이나 이름도 서로 바꾸어 부를 뿐 아니라 학명도 뒤바뀐 채 잘못 기술되어 있어 향후 수정이 필요할 것으로 보인다. 한 예로 국내 포털 사이트의 지식백과사전을 비롯해 각종 도감에선 병어의 학명을 덕대의 학명인 *Pampus argenteus*로 잘못 기재하고 있으며, 덕대의 학명은 주로 이명 학명인 *Pampus echinogaster*로 기재하고 있다. 다시 말해, *Pampus argenteus*는 덕대를 의미하며, *Pampus echinogaster* 또한 덕대를 의미한다.

+
**병어와
덕자의 차이**

시장에서는 병어와 덕자를 다른 종으로 구분한다. 학술적으로는 병어와 덕대만이 존재하는데 문제는 학술적 명칭과 실생활에서 쓰이는 명칭 사이에 괴리감이 크다는 점이다. 어부와 상인은 학술적 명칭인 병어와 덕대를 각각 '덕자'와 '참병어'란 말로 부르는 경향이 있다.

ⓐ 고흥의 위판장에 경매 중인 대형 병어(일명 돗병어)

• 표준명 병어 → 덕자로 부름
• 표준명 덕대 → 병어로 부름
• 작은 병어 또는 덕대 → 자랭이 병어 혹은 병치란 이름으로 부름
• 커다란 병어 또는 덕대 → 지역에 따라 덕자 또는 돗병어란 이름으로 부름

지역에 따른 차이도 있다. 병어와 덕대 구분 없이 몸길이 30cm가 넘어가는 대형급을 '덕자'나 '돗병어'란 이름으로 부른다. 사실 병어는 60cm, 덕대는 45cm까지 성장하는 중대형 어류다. 성장 속도는 덕대가 병어보다 약간 빠르다고 알려졌지만, 막상 시장에 입하되는 대형급은 병어가 대부분이다. 그리고 이를 전문으로 하는 음식점도 손바닥만 한 덕대보다는 대형급 병어(주로 덕자나 돗병어라 부름)를 취급한다. 따라서 우리가 덕자, 덕자병어로 알고 있는 생선을 학술적 명칭으로 정의하면 표준명 병어이다.

이용

기본적인 이용은 다음과 같다.

• 병어(주로 덕자라 부름) → 찜, 조림, 구이
• 덕대(주로 병어라 부름) → 회, 구이

병어와 덕대는 기본적으로 회, 구이, 찜, 조림 등으로 이용된다. 살이 부드럽고 고소하며 군이 제철이 아니라도 맛의 차이는 크지 않다. 특히 겨울철 먼바다에서 잡힌 병어와 덕대는 지방이 많아 구이나 찜, 조림용으로 이용하기 좋은데 봄~여름에 비해 조업량이 적어 가격이 비싼 편이다. 또한 겨울은 산란철이 아니어서 뼈가 억세다는 단점이 있다. 회보단 조리용이 알맞은 이유다.

병어와 덕대는 스트레스에 약해 수조에서 오랫동안 살려두기 힘들다. 때문에 시중에 판매되는 병어와 덕대는 대부분 항에서 빙장으로 유통한 선어이다. 두 어종은 횟감에서도 차이가 난다. 덕대는 작을수록 횟감으로 쓰기 좋은데 껍질이 얇아서 껍질을 포함해 뼈째 써는 것이 맛을 살리는 방법이다. 병어는 커다란 씨알이 유리한데 껍질이 질기므로 포를 뜨고 껍질 벗겨서 부위별로 회맛을 즐기는 것이 좋다. 두 어종 모두 살이 부드럽고 약해 너무 두껍지 않게 썰어야 맛이 나므로 일정 시간 냉동해서 냉기가 올라오게 한 다음 썰어내면 더욱 맛있다. 가끔 활병어가 시장에 들어오지만 위와 같은 이유로 활어회는 권하지 않는다.

≪ 부위별로 썰어낸 병어회

≪ 덕대회. 시장에서 파는 병어회는 대부분 이것이다

≪ 병어 구이

≪ 덕자 병어 조림

+
병어와 덕대의 형태적 차이

병어와 덕대는 언뜻 비슷해 보이지만, 구분되는 포인트가 있다.

이마의 파상 주름

병어과 어류는 이마 부근에 파상 주름이라는 독특한 패턴이 나타난다. 병어의 파상 주름은 측선(옆줄) 아래로 침범하는 등 광범위하게 걸쳐 나타난다. 반면 덕대는 측선 아래로 깊이 침범하지 않으며 그 주름이 좁은 형태로 나타난다.

옆지느러미 각도

병어는 옆지느러미의 각도가 옆으로 누웠고 덕대는 위로 섰다.

배지느러미 홈

병어의 배지느러미는 어릴 때 작고 성장하면서 점차 커진다. 배지느러미가 커지고 길어지면서 안쪽으로 깊숙한 홈이 패인다. 반면 덕대는 배지느러미가 짧고 그 홈도 깊지 않다.

≪ 병어의 넓은 파상 주름

≪ 덕대의 좁은 파상 주름

≪ 병어의 옆지느러미

≪ 덕대의 옆지느러미

≪ 병어의 배지느러미 홈

≪ 덕대의 배지느러미 홈

꼬리지느러미 길이

병어의 꼬리지느러미는 위아래가 거의 같은 길이다. 반면 덕대는 아래쪽 꼬리지느러미가 길어서 쉽게 판별할 수 있다. 다만 아래쪽 꼬리를 자르게 되면 병어와 구별하기가 어렵다. 어린 덕대의 경우 아래쪽 꼬리지느러미 끝이 검은색을 띠는데 이는 성장함에 따라 사라지므로 병어와의 차이라고 보기는 어렵다.

⚐ 병어의 꼬리지느러미　　　　⚐ 덕대의 꼬리지느러미

고르는 법

병어과 어류는 비늘이 잘 떨어지므로 최대한 비늘이 붙어 있는 것을 고른다. 병어와 덕대는 은빛으로 광택이 나며, 특히 횟감용 선어를 골라야 한다면 손으로 눌러보았을 때 살이 단단하고 동공은 투명하며 아가미에 진액이 적으면서 밝은 선홍색인 것을 고른다.

 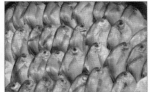

⚐ 횟감용 병어
(시장에선 덕자, 자랭이라 부름)

⚐ 횟감용 덕대
(시장에선 참병어라 부름)

무점매가리

분류 농어목 전갱이과
학명 *Trachinotus blochii*
별칭 병어돔, 병어(X)
영명 Snubnose pompano, Round pompano
일명 마루코반(マルコバン)
길이 40~60cm, 최대 1.1m
분포 남중국해, 홍콩, 대만, 서태평양, 인도양,
　　　아프리카 동부 연안, 호주
제철 11~5월 추정, 양식(5~8월)
이용 회, 구이, 튀김, 찜

대부분 중국산 양식으로 수입되고 있는 외래종이자 한반도 해역에는 거의 서식하지 않는 남방계 어종이다. 동해안 일대를 비롯해 남해 및 통영 등의 수산시장에서는 '병어돔'이란 이름으로 취급되다보니 일부 관광객들이 '병어'로 잘못 알고 먹기도 한다. 그러나 본 종은 농어목 전갱이과 어류로 농어목 병어과인 병어와는 거리가 멀다. 당기는 손맛이 좋아 일본 남부지방을 비롯해 홍콩 만자우와 담간열도에서 갯바위

⚐ 무점매가리 회

낚시 대상어로 인기가 있다. 이곳에선 '황라창'(중국명)으로 불린다. 우리나라에선 유료낚시터로 방류돼 낚시로 즐기며 일부는 수산시장에 활어로 유통된다.

골든폼파노 (국명 미상)

분류 농어목 전갱이과
학명 *Trachinotus carolinus*
별칭 병어돔, 병어(X)
영명 Florida pompano
일명 미상
길이 25~30cm, 최대 64cm
분포 북대서양, 남서대서양, 멕시코만, 카리브해
제철 평가 없음
이용 구이, 튀김, 조림, 찜

주로 냉동 수입으로 유통되며, 병어와 닮아 병어돔 또는 수입산 병어로 취급된다. 그러나 본 종은 농어목 전갱이과 어류로 병어와 구분된다. 앞서 무점매가리와 달리 냉동으로만 유통된다는 점이 다르다. 캐나다, 미국 등 북미권 나라에서는 구이, 튀김 등으로 이용되는데 비린내가 적으면서 맛이 있는 고급 어종으로 평가된다.

보구치

분류 농어목 민어과
학명 *Pennahia argentata*
별칭 백조기, 흰조기
영명 Silver croaker
일명 시로구치(シログチ)
길이 25~35cm, 최대 약 55cm
분포 서해, 남해, 제주도, 일본 남부, 동중국해, 남중국해, 중국 연안
제철 5~8월(근해), 12~3월(먼바다)
이용 회, 구이, 탕, 조림, 튀김, 건어물

제주도 및 남해 먼바다에서 월동을 나다가 수온이 오르는 봄부터 민어와 함께 북상하는 대표적인 여름 어종이다. 참조기보다 크고 부세보다는 약간 작은데 은색 비늘로 뒤덮여 시장에선 백조기나 흰조기로 불린다. 다 자라면 50cm를 넘기기도 하지만, 30cm 전후가 많이 잡히며 신선한 생물은 크기에 따라 마리 당 5천 원에서 1만 원에 이를 만큼 값이 나간다. 산란철은 7~8월 경으로 중국과 서해 연안에 알을 낳고 수명은 10년 정도로 알려졌다. 그물로도 조업하지만, 여름 한철 낚시 어종으로 인기가 있다. 갓 잡아 올린 보구치는 민어와 마찬가지로 부레를 이용한 공명음을 낸다.

고르는 법

생물 보구치를 고를 때는 눈동자가 투명하면서 아가미가 밝은 선홍색에 가깝고 진액이 적은 것을 고른다. 또한 아가미뚜껑에 검은 점이 있는데 선명할수록 신선한 것이다. 찜과 구이는 건조한 것이 좋은데 오래된 것은 꼬리지느러미가 무수히 갈라지면서 그 끝이 말라비틀어진 경우가 많다는 점도 참고한다. 오래된 것은 체색도 누렇게 변하니 이런 것은 피한다.

△ 마트에서 판매 중인 생물 보구치

이용
보구치는 대표적인 여름 생선으로 5~9월 사이 가장 많이 잡힌다. 그러나 지방이 한껏 오른 것은 한겨울 먼바다에서 월동하다 잡힌 것으로 시작해 산란 직전인 7월, 절기상 늦을 땐 8월까지가 가장 지방이 올라 맛이 있다. 대부

⋀ 보구치 소금구이

⋀ 보구치 찌개

분 생물(선어)로 유통되며, 일부 건어물로 유통되기도 한다. 여름철 낚시로 갓 잡은 것은 회로 먹는데, 수분기가 많은 편이면서도 식감은 제법 탱글탱글하고 산란 전 지방기가 올라 우유 같은 풍미가 난다. 생물 보구치는 오븐이나 직화로 소금구이가 좋고, 일부 튀겨 먹기도 하며, 찜도 일품이다. 수분이 많은 조기류임을 감안할 때 매콤한 양념을 곁들인 조림이 좋은데 지역에 따라 고사리를 넣어 자작하게 끓인 보구치 찌개가 인기다.

보리멸

분류 농어목 보리멸과
학명 *Sillago sihama*
별칭 모살치, 모래문저리, 바다모래무지, 청보리멸(X)
영명 Silver whiting
일명 시로기스(シロギス)
길이 15~20cm, 최대 30cm
분포 제주도를 포함한 우리나라 중부 이남, 일본, 인도양 및 북서태평양의 아열대 해역
제철 4~8월
이용 회, 초밥, 물회, 구이, 튀김, 조림

⋀ 낚시로 곧잘 잡히는 보리멸(제주)

모래가 발달한 곳에서 작은 새우나 요각류를 잡아먹으며 성장한다. 지금까지 알려진 최대 크기는 약 30cm에 이르지만, 잡히는 것은 주로 15~20cm 내외이다. 산란기는 6~8월이고, 제철은 산란을 준비하는 기간인 봄부터 초여름까지로 알려졌으나 이는 잡히는 지역과 위도마다 다르다. 포항을 비롯한 남부지방은 알을 가득 배지 않는 봄~초여름에 먹기 좋지만, 그보다 윗지방인 서해 중부는 8~9월까지 제철로 보고 있다. 따뜻한 바닷물을 좋아하는 아열대성 어류로 우리나라는 수온이 부쩍 오르는 늦봄부터 가을 사이 해안가나 방파제 내항에서 낚시로 잡히는데 서해와 동해 북부를 제외하면 사실상 전 지역에 서식한다고 보아도 무리는 없다.

+ 보리멸과 청보리멸
국내에는 '보리멸'(*Sillago sihama*)과 '청보리멸'(*Sillago parvisquamis*) 두 종이 서식한다. 이름은 한 글자 차이지만 최대 성장 크기와 서식지 분포, 학명까지 엄연히 다른 종이다. 보리멸은 최대 30cm까지 자라지만, 청보리멸은 최대 50cm까지도 보고된다. 보리멸이 청보리멸보다 남방종이며 더 광범위하게 분포한다. 한 예로 국내에선

제주도를 비롯해 서해 중부(보령)까지 분포하지만, 청보리멸의 분포지는 보리멸보다 한정된다.

외형적인 특징을 살피면, 청보리멸은 몸통 측선을 따라 푸른빛이 돌며 등지느러미에 매우 작은 반점이 박혀 있다는 점에서 보리멸과 구분된다. 그런데 국내의 공신력 있는 몇몇 기관 자료와 어류도감, 백과사전 등에서는 보리멸과 청보리멸의 기록이 혼재되어 있어서 이로 인해 두

△ 청보리멸

종간의 오류를 심심찮게 볼 수 있다. 일례로 청보리멸을 보리멸의 일본 학명인 *Sillago japonica*로 표기한다는 점, 또 하나는 청보리멸을 보리멸의 일본명인 '시로기스'(シロギス)로 표기한다는 점으로 미루어 보았을 때 아직은 두 종의 구분이 정확하게 기록되지 않음을 보이고 있어 향후 수정이 예상된다.

이용 보리멸은 양식을 하지 않기 때문에 4~9월 사이 포항, 통영, 거제 일대 횟집과 수산시장에서 한시적으로 볼 수 있다. 비린내가 적을 뿐 아니라 깔끔하면서 담백한 흰살생선으로 상업적 가치가 뛰어남에도 유통량은 많지 않다. 싱

△ 여름철 수조를 가득 매운 보리멸(진해) △ 보리멸회

싱할 때는 회와 초밥으로 즐기며, 내장을 제거하고 살을 펼쳐 튀겨낸 보리멸가스가 일미다. 대형마트 초밥 코너에서는 대만산 보리멸 초밥을 볼 수 있는데, 정확히 말하면 '보리멸속'에 속한 외래종으로 국내에서 잡히는 보리멸과 같은 종이 아니며 맛도 다르다.

부시리

분류 농어목 전갱이과
학명 *Seriola lalandi*
별칭 평방어, 납작방어, 히라스
영명 Giant yellowtail, Yellowtail amberjack
일명 히라마사(ヒラマサ)
길이 50~90cm, 최대 약 1.9m
분포 우리나라 전 해역, 일본, 대만을 비롯한 전 세계 온대와 아열대 해역
제철 5~2월
이용 회, 초밥, 물회, 구이, 튀김, 조림, 탕

△ 갯바위 낚시로 잡은 94cm급 부시리

부시리는 동아시아 및 남태평양을 비롯한 전 세계 온대 및 아열대 해역에 고루 분포하는 대형 어류이다. 해외에서는 '옐로우 테일'이나 '엠버잭'으로 통하며 당기는 힘이 좋아 스포츠 피싱으로 인기가 많다. 전 세계에는 'California yellowtail', 'Asian yellowtail', 'Southern yellowtail' 등 총 3가지 계군으로 나뉜다. 국내에서는 갯바위 및 선상에서 방어와 함께 찌 흘림으로 낚으며, 최근에는 지깅 낚시 대상어로 주목받고 있다. 시장에선 '히라스'로 통하는데 이는 일본 관서지방의 방언이다. 한때는 방어와 구분 없이 취급하기도 했지만, 최근 몇 년 사이 방어 인기가 급증하면서 '겨울 방어, 여름 부시리'란 말이 생겼다. 산란기는 5~8월 사이이며 부유성 알을 낳는다. 어릴 땐 갑각류 등을 먹고 자라다가 성체가 되면 수면에 무리 지어 다니면서 작은 물고기나 두족류 등을 사냥한다.

지금까지 알려진 국내 부시리 기록은 161.8cm이며, 최대 2m 가까이 성장하지만 통상적으로 어획되는 크기는 50~90cm가 많고, 선상낚시에선 미터급을 노린다. 국내에선 방어 인기에 밀려 인지도가 낮은 편이지만 거제, 통영과 서남해 도서 지역(만재도 등)을 비롯해 제주도에선 오래전부터 부시리를 식용하며 방어보다 한수 위로 쳐주기도 했다. 제철은 여름으로 알려졌지만, 산란기인 봄을 제하면 맛이 크게 떨어지지 않으며, 오히려 늦여름부터 초겨울 사이 지방이 많은 편이다. 육질은 방어보다 희고 단단해 횟감으로 인기가 있다.

+ 부시리와 방어의 차이

부시리와 방어는 모두 농어목 전갱이과에 속한 어류로 각각 1.9m와 1.3m까지 성장하는 것으로 보고된다. 두 어종은 따뜻한 해류를 타고 다니는 회유성 어류지만 부시리가 방어보다 좀 더 따뜻한 바다를 좋아하는 난류성 어류다. 난류가 발달하기 시작한 4~5월경부터 제주 먼바다로 들어오며 일부는 흑산도와 가거도 등 서남해를 거쳐 서해 어청도로, 일부는 남해 동부권 먼바다로 회유한다. 7~9월 사이 많이 잡히며 제주도는 10~12월에 많이 잡힌다.

고르는 법

횟감용 부시리는 반드시 활어를 고르는데, 여러 다양한 부위로 나눌 수 있는 몸길이로는 최소 60cm, 무게 3kg 이상인 것이 좋고 일정 시간 숙성한 것이 맛있다. 한여름에는 산란에 참여하지 않은 어린 개체도 좋은 선택이다. 어린 부시리는 몸길이 약 40~50cm, 무게 1~2kg 가량으로 흔히 '알부시리'라 부르는데 숙성회보단 활어회로 이용하는 것이 맛있다.

≪ 몸길이 약 80cm 정도인 활부시리

몸통의 노란선은 선명할수록 좋고, 몸통과 지느러미는 상처 없이 매끈한 것이 좋다. 그 밖에 다양한 요리로 활용할 때는 신선한 선어를 고르는데, 동공이 투명하고 몸통을 가르는 노란선이 선명할수록 좋으며, 등은 짙은 푸른색에 배는 은백색으로 광택이 나는 것이 좋다.

+
부시리와
방어 구별법

체색과 무늬의 차이

두 어종 모두 등이 푸르지만, 부시리는 방어에 없는 노란 줄이 몸통을 가로질러 꼬리까지 이어진다.

⚞ 부시리는 몸통을 가로지르는 노란줄 무늬가 있다

⚞ 방어는 몸통을 가로지르는 노란선이 매우 흐릿하다

주상악골의 차이

부시리의 주상악골은 둥글지만, 방어는 직각으로 꺾여 있다.

⚞ 부시리의 둥근 주상악골

⚞ 방어의 각진 주상악골

지느러미의 위치와 각도

부시리는 옆지느러미와 배지느러미가 같은 선상에 놓여있지 않아서 이 둘의 끝선이 어긋나 있다. 반면 방어는 옆지느러미와 배지느러미가 같은 선상에 놓여서 이 둘의 끝선이 거의 일치한다.

⚞ 끝선이 일치하지 않는 부시리의 지느러미

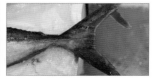
⚞ 끝선이 일치하는 방어의 지느러미

꼬리지느러미의 차이

부시리와 방어는 꼬리지느러미 모양이 몸길이 40~60cm까지는 별다른 차이가 없으나, 대형 개체로 성장하면서 명확한 차이를 보인다. 부시리의 꼬리지느러미는 안쪽이 오목하게 패인 아치형이고, 방어의 꼬리지느러미는 'ㄷ'자처럼 직선으로 꺾였다.

⚞ 부시리의 둥그스름한 꼬리 라인

⚞ 방어의 각진 꼬리 라인

이용

방어와 마찬가지로 회와 초밥으로 즐기는 것이 가장 좋다. 작은 부시리는 막회로 썰어 뭉텅이로 쌈에 싸 먹거나 물회로 이용하는 것이 좋고, 70~80cm로 비교적 큰 부시리는 포를 떠서 일정 시간 숙성해 두었다가 부위별로 맛을 음미하면 좋다. 방어보다 육질이 단단하고 쫄깃쫄깃해 너무 두껍게 썰지 않는 것이 좋다. 남은 뼈와 대가리는 매운탕이나 조림용으로 쓰고, 살점의 일부는 전을 부치거나 튀김으로도 이용된다. 커다란 부시리는 목살을 따로 빼두었다가 숯불이나 오븐에 구워내거나 묵은지와 함께 매콤한 찜으로 내면 좋다.

⚞ 부시리회

⚞ 김과 쌈장에 싸먹는 두툼한 부시리회

⚞ 남도식 부시리 물회

⚞ 부시리 목살 구이

붉퉁돔

분류 농어목 퉁돔과
학명 *Lutjanus erythropterus*
별칭 홍돔, 레드 스내퍼, 붉은퉁돔(X), 빨간퉁돔(X)
영명 Crimson snapper
일명 아카네후에다이(アカネフエダイ)
길이 30~45cm, 최대 약 85cm
분포 대만, 남중국해, 인도네시아, 호주 북부를
비롯한 서부태평양의 아열대 및 열대 해역
제철 평가 없음
이용 회, 구이, 튀김, 찜, 탕

국내 해역에서는 잡히지 않는 열대성 어류로 시장에선 흔히 유통되지 않는다. 그러나 최근 몇 년 사이 유료 바다낚시터에서 중국산 양식 붉퉁돔을 방류해 손맛용으로 인기가 있으며, 회를 비롯해 구이, 매운탕으로 이용된다. 그중 일부는 노량진 새벽도매시장으로도 유통돼 반짝 판매된 사례가 있었는데 아직은 시장 반응을 살피는 데 그치고 있다. 낚시인과 상인들은 이 종을 '홍돔'으로 부르며, 일부 지역에선 '적돔'이란 이름으로 판매 중이다. 적돔은 원양산과 수입산 퉁돔과 어류를 통칭한 것으로 현재 호주산이 수입돼 국내에서는 반건조 제수용 생선으로 판매되고 있다.

+
퉁돔과 어류와 붉퉁돔의 유사종에 관해

퉁돔과 어류는 전 세계 200여종이 넘게 서식할만큼 다양하다. 국내에서도 '점퉁돔'을 비롯해 20여종이 제주도를 비롯한 남부 해역에 서식한다. 다음은 붉퉁돔과 유사한 빛깔과 형태를 가진 퉁돔과 어류로 현재 일부 지식백과에서도 잘못 기록된 부분을 정리하였다.

1. 황적퉁돔(*Lutjanus sebae*, 일명 세넨다이)
2. 진홍퉁돔(*Lutjanus malabaricus*, 일명 요코후에다이)
3. 붉은퉁돔(*Lutjanus argentimaculatus*, 일명 고마후에다이)
4. 궁상퉁돔(*Lutjanus gibbus*, 일명 히메후에다이)
5. 투스팟 레드 스내퍼(국명 없음, *Lutjanus bohar*, 일명 바라후에다이)

이들 종은 대부분 인도양을 비롯해 적도 부근에 서식하며, 몰디브와 인도네시아에선 고급 어종으로 소비되고 있다. 다만 1m에 달하는 거대 성체는 시가테라* 중독을 일으키는 성분이 발견됨에 따라 식용을 금한다.

≪ 제주도에서 가끔 잡히는 점퉁돔

≪ 황적퉁돔

≪ 진홍퉁돔

≪ 붉은퉁돔

≪ 홍돔과 가장 유사하게 생긴 궁상퉁돔

≪ 투스팟 레드스내퍼

이용

자연산이 잡히는 동남아시아에서는 바비큐나 그릴 구이로 이용된다. 비린내가 적고 잡내가 나지 않으면서 적당한 기름기와 씹히는 질감이 고급스럽다. 특히, 두툼히 씹히는 살점과 바삭한 껍질, 그 안에 가둔 육즙이 매력적으로 다양한 소스와 궁합이 기대되는 식재료이다. 국내에서는 유료 낚시터를 제하면 인지도가 낮은 편으로 일부 낚시인들이 회로 즐기는 편이다. 양식이라 사료로 관리된 지방감이 뛰어나고 식감도 쫄깃하다. 다만 퉁돔과 어류는 구웠을 때 닭고기처럼 단단해지는 특성이 있어 한국인의 입맛에는 호불호가 있을 것으로 예상된다. 붉퉁돔의 경우 맑은탕을 끓이면 국물이 뽀얗게 우러나며, 진홍퉁돔은 그보다 맑고 심심한 편이다. 산지 국가에서 이용하듯 숯불 바비큐로 적합해 보이며, 중국에서는 주로 튀김이나 찜으로 먹는다.

⚠ 숯불구이로 이용되는 다양한 퉁돔과 어류

⚠ 숯불구이 형태로 밥과 소스와 곁들여 먹는다

⚠ 붉퉁돔 스테이크

⚠ 진홍퉁돔 스테이크

⚠ 곰국처럼 진하게 우러나오는 붉퉁돔 맑은탕

⚠ 다소 말간하면서 맑은 국물인 진홍퉁돔 맑은탕

＊시가테라

산호가 발달한 해역에서 발생하는데 주로 와편모조류 같은 단세포 생물과 유독성 해조류와 관련된 먹이사슬이 관여한다. 이러한 먹이사슬에서 최종 포식자(퉁돔과 어류를 비롯한 대형 어류)는 유년기에는 축적되지 않다가 노년기로 갈수록 축적률이 높아지는데, 이는 계절이나 암수 상관없이 특정 해역에 서식함으로써 근육에 축적하게 된다. 이를 사람이 먹으면(회와 가열조리 모두) 시가테라에 중독이 되며, 심할 경우 의식불명, 호흡곤란, 보행곤란, 언어 장애 등이 나타나지만 치사율은 비교적 낮은 편이다. 따라서 열대 바다 산호해에 서식하는 대형 퉁돔과 어류는 시가테라를 주의하고, 시장에 유통되는 중간 크기만 안전하게 식용하는 것이 좋다.

붕장어

분류	뱀장어목 붕장어과
학명	*Conger myriaster*
별칭	바다장어, 아나고, 돌장어, 검은돌장어
영명	Whitespotted conger
일명	마아나고(マアナゴ)
길이	50~80cm, 최대 약 1m
분포	우리나라 전 해역, 일본, 동중국해, 대서양, 인도양
제철	6~12월
이용	회, 초밥, 구이, 튀김, 탕, 샤브샤브

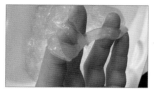

⚠ 붕장어의 치어인 렙토세팔루스

⚠ 농어목 망둑어과의 사백어

생김새는 뱀장어와 비슷하지만, 몸통에는 여러 개의 흰 반점이 줄지어 나타나서 쉽게 구별할 수 있다. 강에 머무르다 바다로 나가는 뱀장어와 달리 평생 바다에서만 생활한다.

부화된 붕장어 치어는 버들잎처럼 생긴 '렙토세팔루스'라는 유생기를 거치는데 해마다 봄이면 남해안 일대 연안으로 들어온다. 참고로 '렙토세팔루스'는 붕장어의 자어만을 지칭한 것이 아닌, 장어류의 자어를 통칭한 말이다. 즉 뱀장어와 갯장어도 저마다 렙토세팔루스를 거쳐 성체로 자란다. 문제는 붕장어의 유생인 렙토세팔루스를 '사백어', '백어'라 부르며 채집 및 식용한다는 데 있다. 망둑어과에 속한 사백어 역시 같은 이름을 사용하고 있어 동명의 붕장어 치어와는 구분할 필요가 있다.

원래 붕장어는 뱀과 닮은 모습에 잘 먹지 않았다가 일제강점기에 일본인들의 영향을 받아 식용하기 시작했다. 이 때문에 지금은 붕장어란 우리말 대신 일본어인 '아나고'를 더 많이 쓴다. 여름부터 초겨울 사이 맛이 오른다고 알려졌지만, 연중 맛 차이는 크지 않은 편이다.

※ 붕장어는 금어기가 없지만 금지포획체장은 항문장을 기준으로 35cm이다. (2023년 수산자원관리법 기준)

+
**붕장어와
갯장어의
형태적 차이**

붕장어와 갯장어는 각각 1m와 2m 이상으로 한계 성장 크기에 차이가 난다. 붕장어와 갯장어의 구별은 대가리 모양으로 판별하는 것이 가장 쉽다. 붕장어는 코끝이 둥그스름해 순한 인상이지만, 갯장어는 사나운 개처럼 날카로운 송곳니를 감추고 있으며 코끝이 뾰족한 역삼각형 모양이다.

≪ 붕장어의 앞모습

≪ 갯장어의 앞모습

+
**돌장어와
붕장어의
관계**

마산에선 붕장어를 '돌장어'라 부르기도 한다. 포항에선 '검은돌장어'라 부르며 지역 축제까지 연다. 지역에서 말하는 돌장어는 붕장어의 일종으로 구우면 식감이 탱글탱글하고 지방이 많아 고소하다. 하지만 돌장어는 생물학적 분류로 붕장어와 같은 종이다. 서식지 환경에 따라 검은 빛깔이 두드러지고 육질이 탄탄하다고 해서 부르게 된 말이며, 그곳의 먹잇감을 먹고 자란 붕장어가 타 지역의 붕장어보다 맛과 품질이 뛰어나다는 것을 '돌장어'란 말을 붙여 지역 특산품화 한 것이다.

≪ 돌장어

실제로 돌장어는 육질이 탄탄하고 고소해 구웠을 때 진가를 발휘하는데 이는 해당 산지의 바닷속 환경에 따라 달라지는 것이므로 같은 붕장어라도 지역에 따라 맛의 특색이 조금씩 다름을 어느 정도는 인정받고 있다. 붕장어가 맛있기로 유명한 대표 산지로는 안흥(신진도), 홍도와 가거도, 포항 등이 있으며 맛이 오르는 시기는 장마가 시작되는 6월경부터 초겨울까지로 볼 수 있다.

+
붕장어와
검붕장어

일각에선 검은돌장어가 붕장어가 아닌 다른 종이라 주장하기도 하지만, 실제론 그렇지 않다. 위에도 언급했듯 포항의 검은돌장어는 붕장어와 같은 종이고, 다만 서식지 환경에 따라 빛깔이 좀 더 검을 뿐이다. 그런데 생물학적 분류에서도 붕장어와 구분되는 종이 있으니 그것이 '검붕장어'(*Conger japonicus*)이다. 검붕장어는

≪ 검붕장어

붕장어보다 크게 성장하며 길이는 70cm에서 1.5m를 넘나들기도 한다. 주요 서식지는 부산 앞바다를 비롯해 깊고 암반이 발달한 대한해협과 일본 근해이다. 생김새는 붕장어와 흡사하지만 몸통에는 붕장어에서 나타나는 흰 반점이 없으며, 자세히 관찰하면 측선을 따라 아주 작은 구멍이 나 있음을 확인할 수 있다. 제철은 여름이나 국내 시장에는 흔히 유통되지 않는다. 붕장어와 비슷하게 이용되는데 그 맛도 붕장어에 뒤처지지 않는다.

고르는 법

횟감용은 활어로 유통되는데 체색이 짙고 상처가 적으며 지느러미가 매끈한 것을 고른다. 일부 지역에서는 붕장어를 포 떠서 큼지막하게 썰어 먹기도 하지만 대부분은 기계를 이용해 뼈째 썰고 탈수기를 돌린다. 이렇듯 붕장어회를 뼈째 썰어 먹는다면 작거나 중간 크기가 알맞고, 구이용은 큰 것이 낫다. 구이용도 활붕장어를 쓰는 경향이 있는데 선어를 써도 무방하다.

선어는 빙장 상태여야 하고 표면이 매끄러우며 상처가 적어야 한다. 눈동자는 투명할수록 좋고 완전히 하얗지 않은 것. 그리고 지느러미가 갈라지거나 말라 있지 않아야 하며, 배쪽이 누렇게 변색되고 항문에서 진액이나 내장 일부가 새어 나오지 않는 것이 좋다.

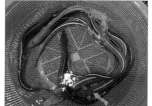
≪ 횟감으로 좋은 크기인 활 붕장어

≪ 구이 및 튀김에 알맞은 선어 붕장어

이용

일제강점기 이후 붕장어 소비량이 급격히 늘었고, 1970~1980년대에는 포장마차의 대표 메뉴이기도 했다. 지금도 뼈째 썬 붕장어회는 전국 어디서든 맛볼 수 있는데, 특히 부산 기장의 칠암 붕장어가 유명하다. 붕장어 피에는 단백질 독소인 '이크티오헤모톡신'(ichthyohemotoxin)이 있는데 이것이 우리 몸에 들어오면 식중독을 일으킨다. 이를 방지하려면 붕장어 회는 기계로 얇게 썰면서 중간중간 물로 여러 차례 씻어줘야 한다. 모름지기 붕장어회는 눈꽃처럼 소복이 쌓인 담음새에 수분기가 없는 포슬포슬한 상태라야 맛이 있다. 여기에 양념을 곁들인 양배추에 콩가루를 얹어 비벼 먹거나 깻잎이나 방아 잎에

≪ 붕장어 회 한상

≪ 붕장어 초밥

싸 먹기도 한다. 식당에선 값비싼 민물장어를 대신해서 바다장어를 많이 쓰는데 대부분 붕장어이다. 숯불에 구워내기도 하며, 초밥 코스를 마무리하는 장어 초밥으로 내기도 한다. 텐동(일본식 튀김 덮밥)에선 붕장어 튀김이 빠지지 않는데, 붕장어는 바삭한 튀김옷을 살리면서도 속살은 부드럽고 적당한 지방감도 만족시키는 몇 안 되는 어종이기도 하다. 게다가 여름에만 집중되는 갯장어와 달리 붕장어는 사시사철 나고 있어 언제든 샤브샤브로 즐길 수 있는데 갯장어와 다른 부드러운 식감과 고소한 지방 맛이 특징이다. 이 외에도 여수와 삼천포에선 붕장어탕이 유명하며, 소금구이와 양념구이는 남녀노소 누구나 좋아할 만한 맛이다.

⌃ 텐동

⌃ 붕장어 샤브샤브

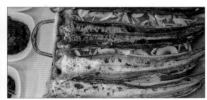
⌃ 다양한 소스를 곁들인 붕장어 구이

샛줄멸 | 물꽃치

분류	청어목 청어과
학명	*Spratelloides gracilis*
별칭	앵멸, 꽃멸
영명	Silver-stripe round herring
일명	키비나고(キビナゴ)
길이	4~7cm, 최대 약 8cm

분포 남해 및 제주도, 일본 남부, 인도양 등의 아열대 및 열대 해역
제철 4~7월
이용 회, 구이, 조림, 젓갈, 건어물

⌃ 말린 샛줄멸

⌃ 느억맘이 발효되는 모습(베트남)

⌃ 싱싱한 샛줄멸은 세로띠가 선명하고 광택이 난다

국내에는 제주도에 주로 분포하며 인도양 및 아프리카의 열대 해역에 무리 지어 서식한다. 그해 태어난 치어는 동물성 플랑크톤이나 갑각류의 치어 등을 먹고 자라며, 이듬해 봄부터 가을 사이 산란을 하고 죽는 단년생이다. 아열대에서 적도에 이르기까지 폭넓게 분포하는데, 특히 동남아시아의 여러 나라에서 식용으로 애용된다. 일례로 인도네시아에서는 건어물로 말리거나 튀겨먹고, 베트남에서는 그 유명한 느억맘(피시소스)의 주원료이자 반찬감으로 사용한다. 참치 같은 대형 포식자를 낚을 때 미끼(또는 밑밥)로도 이용된다.

국내에는 4~5월경 제주 비양도 앞바다에 어장이 형성되며, 이 시기에는 싱싱한 샛줄멸을 볼 수 있다. 그 외에는 건어물과 젓갈로 유통된다. 일반 멸치보다 맛이 좋고 가격이 비싼 고급 어종으로 여겨 '꽃멸'로 부르지만 멸치와는 다른 종이다.

고르는 법

싱싱한 샛줄멸은 몸통을 가로지르는 세로띠가 선명하며 광택이 난다. 구이와 횟감은 큰 것이 좋고, 젓갈용은 작은 것이 낫다.

이용

우리나라보다 더 풍부한 자원을 가진 일본은 엄청나게 다양한 조리법이 발달했지만, 국내에는 한정적인 서식지 및 자원으로 인지도가 낮고 유통량도 많지 않다. 주산지는 제주도인데 살아있을 때는 회로 먹으면 맛이 좋다. 그외에는 구이와 튀김, 조림, 젓갈, 건어물 등으로 활용한다.

△ 샛줄멸 튀김

△ 샛줄멸 조림

물꽃치

분류	샛줄멸목 물꽃치과	길이	3~5cm, 최대 8cm
학명	*Iso flosmaris*	분포	남해 및 제주도, 동중국해, 일본 남부, 북서태평양의 온대 해역
별칭	앵멸		
영명	Flower of the surf	이용	젓갈
일명	나미노하나(ナミノハナ)		

△ 제주도 연안에 떼지어 다니는 물꽃치

해수온이 상승하는 여름에서 가을 사이, 남해 먼바다 또는 제주도 연안에서 뱅에돔 낚시 중에 종종 잡히는 소형 어류다. 평균 크기는 3~5cm이며, 최대 8cm 정도까지 자란다. 독이 없으면 어떤 어종이든 식용하는 일본조차도 해당종에 대한 식용 정보는 찾아볼 수 없을 만큼 일반적으로 유통되거나 음식에 활용된 사례를 찾아보긴 힘들다.

이용

국내에서는 멸치와 더불어 젓갈에 사용된다. 샛줄멸과 더불어 상위 포식자의 주요 먹잇감이자 베이트 피시란 인식이 강해 낚시업계에선 물꽃치의 모양을 딴 루어가 제법 출시되고 있다.

수조기

분류 농어목 민어과
학명 *Nibea albiflora*
별칭 반애, 반어, 민어조기(X) 부세(X),
부서(X), 부서조기(X)
영명 Yellow drum fish
일명 코이치(コイチ)
길이 40~60cm, 최대 약 65cm

분포 서해와 남해, 제주도, 일본 남부, 중국 연안, 동중국해, 남중국해, 북서태평양
제철 4~8월
이용 회, 구이, 조림, 탕, 찜, 건어물

우리나라에서 잡히는 조기류 중 민어 다음으로 크게 성장하는 어종이다. 어획 및 유통량은 민어, 보구치, 참조기보다 적은 편이다. 수조기는 보구치, 민어와 함께 가을경 월동을 위해 제주도 인근 해역으로 남하하다가 이듬해 봄 산란을 위해 북상하는데, 갯벌이나 개흙 지형을 따라 회유하는 다른 민어과 어류와 달리 암반과 자갈이 섞인 서남해(고흥, 녹동)는 물론 여수, 부산으로도 회유한다. 부산에서는 오래전부터 원투낚시 대상어로 인기가 있었다. 6월 이후에는 군산, 격포, 서천으로 진출하여 9월까지 머무르다가 다시 남하한다. 산란 시기는 5~8월 정도인데 위도에 따라 차이가 있다. 어릴 때는 주로 젓새우와 게 등의 갑각류를 먹고, 성어가 되면 새우와 작은 어류를 먹으며 자란다. 지금까지 알려진 최대 전장은 65cm 정도인데, 주로 잡히는 크기는 2~4년생에 해당하는 몸길이 30~40cm 전후가 가장 많다.

| + 수조기를 부르는 잘못된 이름 | 부산에서는 수조기를 '부세'라 부르는 경향이 있고, 충남과 경기권에서는 '부세' 또는 '부서조기'로 부르는 편이다. 그러나 부세는 별도로 존재하는 다른 어종이며, 부서조기란 말도 부세를 가 |

리키는 별칭이다. 따라서 수조기를 부세로 취급하면 실제 부세와의 상거래에서 혼란을 야기할 수 있으니 지양해야 할 명칭이다.

⌃ 주로 부세나 부서란 이름으로 판매되는 수조기

'민어조기'란 이름을 가진 물고기도 도감상에는 존재하지 않지만 '민어'나 '조기'등의 이름은 우리에게 늘 익숙하면서도 상업적으로 매력이 있어서 수조기는 물론 수입산 조기류에도 자주 붙이는 이름이다. 따라서 이러한 이름은 민어와 구분을 흐리는 등 혼란을 줄 여지가 있으므로 지양하는 것이 좋다.

이용

수조기는 민어보다는 작고 부세보다는 큰 편이다. 몸통에 검은 반점이 깨알처럼 박혔다는 점도 다른 조기류와의 차이점이다. 맛과 상업적인 가치는 민어나 참조기보다는 못하다는 평가이지만, 평균적인 크기가 크고 수율도 좋은 편인데 가격은 그리 비싸지 않다는 장점이 있다.

충청남도와 경기권은 4월부터 잡히기 시작하는데 5~6월에는 충남 안면도를 비롯해 서해안 일대 포구나 시장에서 한시적으로 살아있는 수조기를 만날 수 있다. 활수조기는 활어회로 먹는데 다른 조기류와 마찬가지로 수분감이 있고, 지방기는 적으며 씹을수록 단맛이 나는 편이다. 이렇듯 특별한 경우가 아

니라면 대부분 찜, 조림, 탕감으로 이
용되며, 염장 건조를 거치면 좀 더 꾸덕
꾸덕해지면서 먹기 좋은 상태가 된다.
초여름부터 여름 사이는 산란기로 알집
이 나오는데 어떤 식으로 조리해도 맛
이 있다.

⌃ 매콤한 수조기 조림

⌃ 수조기찜

쏠종개

분류	메기목 쏠종개과	길이	8~15cm, 최대 약 30cm
학명	*Plotosus japonicus*	분포	남해 및 제주도, 일본, 서부태평양과
별칭	바다메기		인도양의 아열대 및 열대 해역
영명	Striped catfish	제철	4~8월
일명	곤즈이(ゴンズイ)	이용	탕, 튀김

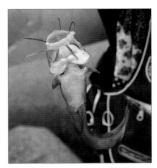

⌃ 괴팍한 생김새에 메기를 닮은 쏠종개

생김새가 메기와 흡사해 바다메기라 불린다. 네 쌍의 기다란 수염이 먹잇감을 찾는 역할을 하며, 몸통
에는 여러 가닥의 세로줄무늬가 특징이다. 야행성으로 어린 개체는 수백 마리씩 군집을 이루어 생활하
다가 성체가 되면 단독으로 생활한다. 국내에서는 수온이 따뜻한 남해 먼바다와 제주도의 얕은 바다에
서 자주 발견되는데, 특히 여름~가을 사이 출현 빈도가 높다. 참고로 쏠종개는 단일종으로 여겨졌지만,
일본 남부지방(규슈)을 비롯해 오키나와, 류큐 제도에서 발견되는 종을 구분하면서 일본에서는 미나미
곤즈이, 우리말로 직역하자면 '남방 쏠종개'(*Plotosus lineatus*)로 분류한다.

+
**쏠종개의
독침**

쏠종개는 이름에서 느껴지듯 강력한 독
침을 가지고 있다. 등지느러미와 양쪽
가슴지느러미에 가시를 숨기고 있으며,
이 가시에 찔리면 강력한 독이 주입되
어 하루 혹은 그 이상 심각한 통증이 동반된다. 단백질성
독이므로 40~50℃의 따뜻한 물에 상처 부위를 담그면

⌃ 밤낚시로 잡힌 쏠종개

일시적으로 통증이 완화된다. 이러한 독성은 쏠종개가 클수록 강한데 죽은 이후에도 독성이 남아
있으므로 손질 시 가시에 찔리지 않도록 유의해야 한다. 요리는 가시를 제거 후 조리한다.

이용

쏠종개의 평균 크기는 약 10~15cm, 간혹 30cm에 이르는 대형 개체도 있지만, 괴 팍한 생김새와 독침으로 인해 흔히 식용하지는 않고 시장 유통량도 거의 없다. 쏠 종개는 군락을 이뤄 집단 생활하므로 밤에 한 마리가 잡히면 그 자리에서 여러 마리를 낚아낼 수 있다. 독침만 잘 제거하면 튀김이나 매운탕으로 이용하고, 큰 것은 회로도 먹을 수 있다. 살은 적당한 지방이 있어 맛이 있고, 간도 맛이 좋아 탕에 넣어 먹는다. 비늘이 없는 생선으로 매끈한 피부를 가졌는데 그 질감이 흡사 장어와 비슷하다. 제철은 산란철과 겹치는 4~8월 사이이다.

쑤기미

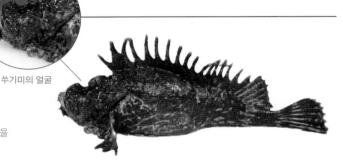

쑤기미의 얼굴

분류	쏨뱅이목 양볼락과
학명	*Inimicus japonocu*
별칭	범치, 쏠치, 쐐미
영명	Devil Stinger
일명	오니오코제(オニオコゼ)
길이	18~25cm, 최대 30cm
분포	우리나라 전 해역, 동중국해, 일본을 비롯한 북서태평양
제철	10~6월
이용	회, 탕, 튀김, 찜

우리나라에선 수온이 오르는 늦봄부터 가을 사이 남해안 일 대와 제주도 근해에 서식한다. 작은 갑각류와 요각류를 먹고 자라는데 최대 전장은 30cm로 보고되지만, 시장에 입하되는 크기는 18~25cm가 가장 많다. 지방이 한 껏 올라 횟감으로 이용되는 생선이 아니므로 주요 어획기인 6~10월을 제철로 보고 있다. 다만 쑤기미 는 겨울에도 맛이 크게 떨어지지 않고, 산란기인 6~7월경 비대해진 알집을 먹는 것이 아니라면 제철 의 개념이 분명한 어종은 아니다.

쑤기미는 얼굴이 가장 못생긴 물고기 목록에 빠지지 않고 등장할 만큼 괴팍한 외형을 가졌다. 언뜻 보 면 삼세기(삼식이)와 비슷하게 생겼지만, 삼세기와 달리 지느러미에 강력한 독을 품고 있어서 활어 손 질은 물론, 죽은 후에도 가시에 찔리지 않도록 각별히 유의해야 한다.

+ 쑤기미와 삼세기 (삼식이)의 차이	쑤기미와 삼세기 는 같은 양볼락과 에 속한 사촌으로 외형상 닮은 부분 이 많지만 적잖은 부분에서 차이가

난다. 쑤기미의 제철은 여름으로 인

⌃ 쑤기미

⌃ 삼세기(산호 군락에서 잡혀 색이 빨 갛다)

식되고 삼세기의 제철은 겨울로 인식된다. 쑤기미는 지느러미 가시가 매우 날카로울 뿐 아니라 찔리면 극심한 통증을 수반하는 독이 있지만, 삼세기는 독이 없고 지느러미도 날카롭지 않다. 얼굴 모양에서도

차이가 난다. 쑤기미는 마치 독사처럼 주둥이가 좁고 코가
돌출됐는데 삼세기는 둥글넓적한 모양이다.

두 어종 모두 산호와 암초가 발달한 곳에 잡히므로 개체에
따라 몸 빛깔이 붉거나 밝은 황갈색을 띤다. 그러므로 체색
으로 종을 구별하는 것은 쉽지 않다. 그러니 쑤기미를 삼세
기로 착각하고 손을 댔다가 화를 당하는 일은 없어야겠다.

⚠ 개체 변이가 있을 만큼 다양한 체색이 특징이다

+

**쑤기미의
독 분포**

쑤기미의 독은 등지느러미뿐 아니라 가슴지느러미와 눈 위쪽 돌기에도 분포하며,
죽은 후에도 사라지지 않는다. 때문에 쑤기미를 조리할 때는 안전사고를 방지하
기 위해 미리 가시를 제거해야 한다.

다른 활어와 함께 보관할 때도 가장 뾰족한 등지느러미 가시는 가위로 자르는 것이
좋다. 독 가시에 찔리면 상처가 붓고 빨갛게 부어오르며 불에 타는 듯한 통증이 수반되며 수 시간이
지나야 진정이 된다. 만약 찔리면 재빨리 응급처치(붕대)를 하는데 되도록 병원을 찾는 것이 좋고, 40
도 이상의 따뜻한 물에 상처 부위를 담그는 것도 일시적이나마 통증을 진정시키는 데 도움이 된다.

⚠ 쑤기미의 독 분포

⚠ 쑤기미의 날카로운 등 지느러미 가시

고르는 법

쑤기미는 제주도와 남해안 일대 수산시장에서 흔히 볼 수 있다. 제주도는 북부보
다 모슬포 위판장과 서귀포 올레시장에서 볼 수 있으며, 남해안은 여수, 삼천포,
통영, 고흥 등지의 수산시장에서 심심치 않게 볼 수 있다. 대부분 활어로 유통되는데 활력이 좋은 쑤기
미는 바닥에 배를 깔고 별다른 움직임 없이 숨만 쉬고 있다.

이용

영어권에선 'Devil Stinger'로 '쏘는 악마'란 뜻을 가졌다. 비늘이 없는 가죽 피부와
날카로운 가시 지느러미, 괴팍하게 생긴 얼굴 때문에 먹기를 꺼리지만, 실제로는
굉장히 맛이 좋은 어류다. 특히 활어회는 식감이 매우 좋고 2~3시간 가량 짧게 숙성하면 단맛과 차진
식감도 느낄 수 있다. 하지만 대부분은 탕과 튀김(또는 탕수)으로 이용된다. 탕은 얼큰하게 끓인 매운
탕과 곰국처럼 진하게 우린 맑은탕 스타일이 있는데, 쑤기미는 뼈와 껍질에서 맛있는 국물이 우러나기
때문에 신선할 때 개운하면서 구수한 국물맛이 특징인 맑은탕이 인기가 있다.

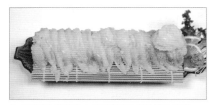
⚠ 쑤기미회. 적당히 숙성하면 달고 차진 맛이 좋다

⚠ 쑤기미 튀김

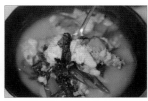
⚠ 쑤기미탕

양태

분류 쏨뱅이목 양태과

학명 *Platycephalus sp.*2

별칭 참양태, 장태, 낭태, 장대

영명 Bartail flathead

일명 마고치(マゴチ)

길이 40~60cm, 최대 1m

분포 서해, 남해 및 제주도, 일본 중부 이남,
동중국해, 대만, 남중국해

제철 5~8월

이용 회, 탕, 구이, 조림, 어묵

양태의 가시들

⌃ 갯바위에서 낚은 60cm급 양태

표준명은 '양태'지만 서해안 일대에서는 '장대'로 통한다. 모래나 진흙, 갯벌 바닥에 사는 저서성 어류로 낚시에서는 갯지렁이를 꿰어 던지는 원투 던질낚시에 종종 낚이며, 우럭 선상낚시에서도 간간이 모습을 드러낸다. 부산, 통영 등 남해안 일대에 서식하는 양태, 즉 수온이 높은 곳에 서식하는 양태일수록 한계 성장 크기가 커지는 경향이 있다.

최근에는 양태를 노린 보팅 낚시가 유행인데 아주 큰 것은 90cm가 넘는 개체도 있다. 최대 몸길이는 1m에 이르며 시장에 입하되는 크기는 50cm 내외다. 양태는 약 40cm까지는 수컷으로 살다 이후로는 암컷으로 성전환되는 물고기로 50cm가 넘어가는 대물은 암컷이라 봐도 무방하다. 겨울에는 월동을 위해 먼바다로 나갔다가 봄이 되면 산란을 준비하기 위해 연안으로 들어오며 어획량이 많아지는 시기도 봄부터 여름 사이다.

양태는 다른 어류와 달리 몸은 위아래로 납작하고 긴 체형을 가졌다. 가운데 척추는 매우 굵고 단단한 편이다. 특히 대가리를 비롯한 눈 주변과 아가미 부근에는 작은 가시가 여러 개 돋았는데 독은 없지만 매우 날카롭고 단단해 취급 시 주의해야 한다. 이 외에도 등지느러미 가장 앞쪽에 있는 두 개의 극조(지느러미 가시)도 매우 날카롭다. 가시 크기는 작고 평상시에는 접혀있어서 잘 드러나지 않지만 살아 있는 양태를 만지려다 발버둥칠 때 부상을 입는 경우가 있으니 주의해야 한다.

+
양태의 종류

국내에 서식하는 양태는 몇 종류가 보고된다. 시장에 흔히 유통되는 종은 '참양태' 혹은 '장대'라 불리는 종(*Platycephalus sp.*2)과 '까지양태'(*Cociella crocodile*)가 있다. 까지양태는 남방종으로 제주도를 비롯해 남해 동부권(경남)에서 어획되지만 유통량은 많지 않다. 양태보다 작고 왜소하며 대가리에 깨알 같은 검은 반점이 흩뿌려져 있어 쉽게 알아볼 수 있다. 맛과 크기 면에선 양태가 월등히 낮지만, 까지양태도 탕과 조림으론 빠지지 않는 맛이다.

문제는 양태와 매우 흡사한 *Platycephalus sp.*1(임시 학명, 국명은 미상)의 발견이다. 한국과 일본에 서식하는 '양태'(*Platycephalus sp.*2)'는 애초에 인도양에 서식하는 열대성 대형 '양태'(*Platycephalus* indicus)와 같은 종으로 여겼다가 최근에 다른 종임이 밝혀졌다. *Platycephalus sp.*1의 등장은 기존의 분류 체계에 변화를 가져왔지만, 국내에서는 '양태'(*Platycephalus sp.*2)와 따로 구분해서 기술하고 있지는 않은 듯하다.

비록 국내 도감이나 기타 백과사전에서는 양태 분류에 대한 정립이 체계화되어 있지 않지만, 시장에서는 양태와 함께 유통되고 있다. 더욱이 서해 및 서남해 일대 시장에서는 '장대'란 이름으로 흔히 유통되고, 낚시에도 자주 잡힐 만큼 흔하다는 점에서 양태의 분류 체계를 재점검할 필요가 있다.

정리하자면 기존에 양태로 알려진 *Platycephalus sp.2*는 몸길이 50cm 전후에 최대 전장 1m까지 자라는 대형종으로 남해안 일대에 많이 서식한다. 시장에선 주로 '참양태'라 불리며 큰 것은 가격이 비싸고 횟감으로 맛이 뛰어나며 여름이 제철이다. 전라도에선 참양태를 제사상이나 차례상에 올리기도 한다. 따라서 추석 명절 시즌에 가격이 오르기도 하며, 이때 가장 활발하게 잡혀 판매된다.

반면에 *Platycephalus sp.1*는 서해에 많이 서식하는데 서해안 일대에선 '장대', 남해안 일대에선 '개양태' 정도로 불린다. 또한 두 어종을 함께 위판하는 남해안 일대 시장에서는 따로 분류하여 경매가를 매기는데 '양태'(*Platycephalus sp.2*)가 서해에 주로 분포하는 '*Platycephalus sp.1*'보다 비싸게 거래된다. 맛 또한 '양태'(*Platycephalus sp.2*)가 더 낫다는 평가다.

다음은 이 둘의 형태적 차이이다. *Platycephalus sp.1*은 *Platycephalus sp.2*와 거의 흡사하게 생겼으나 눈이 양태보다 크며, 전반적인 체색이 양태보다 밝으면서 몸 전체에 둥그스름한 갈색 반점이 촘촘히 퍼져 있다. 주로 잡히는 크기는 40~50cm 내외이며 양태와 달리 이 이상 성장하지 않는 것으로 알려졌다. 이렇듯 두 종은 오래전부터 어부들과 수산업 종사자들로부터 분리되어 취급됐지만, 어찌 된 일인지 학술적인 정의와 기제는 미흡한 것으로 나타났기에 이 부분의 보완이 시급해 보인다.

⟰ 까지양태(*Cociella crocodile*)

⟰ 인천 앞바다에서 잡힌 또 다른 타입의 양태로 *Platycephalus sp.1*가 의심된다

⟰ 서해에서 주로 잡히는 양태는 *Platycephalus sp.1*로 의심된다

⟰ 양태(*Platycephalus sp.2*)의 모습

⟰ 국명 미상(*Platycephalus sp.1*)의 모습

고르는 법

양태는 수온이 부쩍 오르는 봄부터 가을 사이에 볼 수 있는데, 주로 수산시장에서 선어(생물)로 유통된다. 대형마트에서도 가끔 보인다. 아직은 국내에서 고급 어종으로 인식되지 못한 탓에 가격은 저렴한 편이다. 양태를 고를 때는 진액이 적고 아가미가 선홍색인 것이 좋은데 시장에선 아가미를 일일이 확인할 수 없으므로 배 부분이 너무 물렁하지 않으면서 항문에 진액과 내장이 세어나오지 않는 것을 고르면 된다.

⟰ 위판 중인 양태(고흥 나로도)

이용　　　양태의 산란은 위도에 따라 다르지만 보통 4~5월이면 준비에 들어가고 7~8월이면 산란한다. 제철은 초여름인 5월부터 8월까지로 산란철과 겹친다. 쏨뱅이목에 속한 어류가 그렇듯 육수를 내면 맛있는 국물이 우러난다. 때문에 남해안 일대에서는 맑은탕으로 이용되며 매운탕도 별미다. 큰 것은 회로도 이용되는데 여름에 맛이 뛰어나다. 다만 체형이 장어처럼 길면서 뼈는 크고 억세기 때문에 수율이 좋은 편은 아니다. 일부 굽거나 조려 먹기도 하지만, 이 역시 수율이 좋지 못해 탕감으로 이용되는 편이다.

︽ 양태 맑은탕

어렝놀래기

분류　농어목 놀래기과
학명　*Pteragogus flagellifer*
별칭　어랭이
영명　Cocktail wrasse
일명　오하구로베라(オハグロベラ)
길이　8~12cm, 최대 20cm
분포　남해와 제주도, 일본, 동중국해, 대만, 필리핀
제철　3~8월
이용　회, 물회, 구이, 조림

놀래기과 어류 중 생김새가 가장 독특하다. 수온이 따뜻한 곳에 더 많이 서식하며 국내에서는 남해안 일대와 제주도 연안에서 서식한다. 주행성 어류이며 수심이 얕고 바위나 해조류가 많은 곳에서 무리를 짓지 않고 생활한다.

+
어렝놀래기의
암수

어렝이는 암수에 따른 체색 차이가 비교적 큰 어류다. 수컷은 서식 환경에 따라 청자색에서 흑자색에 이르기까지 무척 다양하게 나타나는데 암컷보다 체색이 어둡다. 첫 번째와 두 번째 등지느러미 기조가 길며, 각 비늘 끝은 연녹색 빛이 나기도 한다. 암컷은 적갈색 및 황갈색으로 붉은빛이 많고, 등지느러미 기조는 수컷보다 짧으며, 아가미뚜껑에서 배쪽으로 군청색 반점이 산재해 있다.

︽ 어렝놀래기 암컷

︽ 어렝놀래기 수컷

이용 제주도가 산지라지만 시장에서는 잡어로 취급하며 특별히 어렝놀래기를 상업용으로 조업하거나 유통하지는 않는다. 낚시에선 황놀래기와 혼획되며, 회나 구이, 조림 등으로 이용되는데 살에는 수분이 많아 식감이 무른 편이다. 따라서 회보다는 물회나 구이, 간장 조림 정도가 적당할 것이다.

용서대 | 박대, 노랑각시서대

분류	가자미목 참서대과	**길이**	25~30cm, 최대 약 55cm
학명	*Cynoglossus abbreviatus*	**분포**	제주도를 포함한 서해 및 남해, 일본 남부, 동중국해,
별칭	박대, 참박대, 항만박대, 군산박대, 황금박대, 서대(X)		남중국해, 대만
영명	Threelined tongue sole	**제철**	3~9월, 건어물(연중)
일명	코우라이아카시타비라메(コウライアカシタビラメ)	**이용**	구이, 탕, 조림, 튀김, 묵, 건어물, 찜

⚞ 유안부

⚞ 무안부

군산의 유명한 특산품이다. 껍질을 벗겨 말린 후 판매하는데 시장에선 예부터 '박대', '참박대'로 취급해 왔다. 하지만 표준명이 도입된 이후 국내 어류도감과 각종 논문 및 지식백과에선 해당종을 '용서대'로 표기하고 있어 혼란이 야기된다. 해당종은 얼마 전까지만 해도 참서대와 함께 서해안에서 많이 잡혔으나 불법어업과 남획, 서식지 파괴 등으로 개체수가 급감했다. 주요 어장은 군산 연도를 비롯해 군산 앞바다이며, 중국과 인접한 서해 먼바다 깊은 곳일수록 대형 개체가 서식한다.

주로 개흙이나 갯벌 바닥에 사는 저서성 어류로 산란기(봄)가 다가오면 연안의 기수역으로 돌아와 알을 낳고, 거기서 태어난 박대(표준명 용서대)는 성장함에 따라 다시 깊은 바다로 들어가는데 일부 개체는 민물이 흘러나오는 강 하구나 기수역에 서식하기도 한다. 난소는 3월부터 자라기 시작해 4월에 비대해지는 것으로 조사됐지만, 지역에 따라 6~7월에도 알을 가진 개체들이 나오고 있으며, 주 어획기는 여름과 겨울 두 차례인데 특히 보리싹이 난 이후부터 여름까지 살이 통통하고 맛이 좋다.

+ 서로 뒤바뀐 이름 과거로부터 구전으로 전해진 '생활 명칭'과 학자들이 지은 '학술적 명칭'과의 괴리는 상거래 혼란을 초래할 뿐 아니라 지식백과와 칼럼, 기사로 그 내용이 재생산되면서 많은 혼란을 야기하고 있다. 학술적 명칭(표준명)은 어디까지나 근래(1970~2000년도)에 어류를 재정립하는 과정에서 지어진 이름으로 실제 지역민들이 사용해 오던 명칭과 그 명칭의 유구한 역사와는 배치되는 경우가 많다. 대표적

으로 '다금바리'와 '자바리'가 그렇고 '밴댕이'와 '반지'가 그러하다. 옛 문헌를 비롯해 과거 지역민들로부터 실제로 사용됐던 명칭인 '다금바리'와 '밴댕이'가 오늘날 책에는 각각 '자바리'와 '반지'로 표기되어 혼란을 부추겼던 것이다. 이는 '용서대'와 '박대'가 뒤바뀌어 표기된 것과 크게 다르지 않다.

정약전의 《자산어보》에는 "박대는 서대를 닮았으나 그 얇기가 종이 같다. 줄줄이 엮어서 말린다"라고 기록됐다. 여기서 말하는 박대는 시장에서 오랫동안 취급해오던 박대와 일치한다. 두께가 얇고 줄줄이 엮어서 말리는 것 또한 같다. 한편 책과 도감에 기록된 박대는 시장에서 용서대라 불리는 대형 서대류로 몸 두께가 상당히 두꺼울 뿐 아니라 건어물보단 생물로 취급된다.

즉 봄에 산란하는 *Cynoglossus abbreviatus*는 군산에서 오래전부터 '박대'로 불렸고 지금도 박대나 참박대란 이름으로 경매되고 판매하는 생선인데, 어찌된 일인지 책과 도감에선 '용서대'로 표기되고 있는 것이다.

마찬가지로 *Cynoglossus semilaevis*는 최대 80cm 혹은 그 이상 성장하는 대형 서대류로 서해권 일대에선 오래전부터 '용서대'로 불렸고 지금도 '서대'나 '용서대'란 이름으로 취급되지만, 도감을 비롯해 각종 학술지와 서대류를 홍보하는 포스터에선 '박대'로 표기되고 있다. 이렇듯 학자들이 붙인 명칭은 『자산어보』를 비롯해 시장에서 오랜 기간 부르던 명칭과 서로 뒤바꾼 대표적인 사례이다.

∧ 도감에는 용서대로 표기됐지만 실제론 박대라 불린다.

※지금까지는 학술적 정의를 위해 표준명을 사용했지만, 아래의 내용부터는 혼란을 방지하고자 표준명 용서대를 '박대'로 표기하였다.

+
군산박대,
항만박대,
수입산
박대의 등장

군산과 서천은 예부터 박대가 많이 나기로 유명해 박대의 고장으로 불렸다. 지금이야 박대 조업량이 예전만 못하지만, 적당히 짭쪼름한 간을 맞추고 건조해야 맛이 좋아지는 박대 특성상 가공 시설의 발달과 유통 산지의 이점을 살려 지역명으로 브랜드화 할 필요가 있었던 것이다. 여기에 군산과 장항(항만)이라는 두 산지가 금강을 마주보고 박대 마케팅에 열을 올렸다. 문제는 이들 산지에서 가공돼 판매되는 박대가 너무 작다는 데 있다. 그나마 몸길이 15cm는 준수한 편이다. 심한 경우 10cm 내외에 무게가 20g밖에 안 되는 치어를 부드럽고 한입에 먹기 좋다는 이유로 판매하는데, 그것도 엄청난 양을 잡아다 지역 특산물로 포장한 것이 과연 올바른 일인지 생각해 볼 일이다. 이때 등장하는 말이 '군산박대', '항만박대', '꼬마박대'이다. 이들 명칭은 이 지역 명물인 박대를 브랜드화하려는 것인데, 박대를 판매하는 몇몇 상점과 쇼핑몰에서는 몇 가지 모순된 부분이 있어서 박대와 서대류에 대한 정확한 구분과 인식이 필요해 보인다. 다음은 박대를 취급하는 일부 상인과 어민의 주장을 다룬 것으로, 이 책은 그러한 내용을 반박하고 있다.

군산박대, 항만박대는 소형 어종으로 약 10~20cm 밖에 되지 않는다?
박대는 최대 전장 55cm까지 자라는 대형종이다. 단, 연안의 기수역과 강 하구에서 잡히는 박대나 참서대는 이제 막 알에서 태어나 치어에서 성어로 자라는 과정에 있다. 그러니 연안에서 조업되는 군산박대, 항만박대, 꼬마박대는 당연히 10~20cm 밖에 되지 않는 것이다.

군산박대, 항만박대, 꼬마박대는 사실 박대 새끼가 아닌 참서대 새끼였다?

참서대는 다 자라면 42cm까지 자라지만, 서해안산은 25cm를 넘지 못할 때가 많다. 그러므로 연안에서 조업된 군산박대, 항만박대, 꼬마박대라 판매되는 것 중 상당수가 참서대 새끼일 가능성이 높다. 그중에는 박대 새끼도 섞여 있을 것으로 보고 있다. 그렇다면 애초에 군산과 장항 특산물로 박대를 부각시키면서 밀고 나가려 했던 것이 고작 박대 새끼나 참서대 새끼였을까 하는 의구심이 든다.

박대는 군산 지역을 중심으로 전북에서 많이 잡혀 말려서 굽고, 찌고, 조려서 먹었던 이 지역의 고유 생선이다?

그런데 문제는 위와 같은 문구를 표기하고선 판매되는 생선이 수입이나 원양산 서대류라면 어떨까? 실제로 이런 식으로 판매하는 업체가 상당히 많다. 최상급 박대란 뜻으로 '황금박대'라는 이름을 만들어 팔거나 혹은 국산 박대를 의미하는 '참박대'로 표기해 팔면서 정작 내용물은 '원양산 개서대'나 '아프리카 기니산 홍서대'를 파는데 이는 심각한 소비자 기만이 아닐 수 없다.

안동에 고등어가 잡히지는 않지만 2차 가공된 간고등어가 유명하듯, 군산에는 군산박대가 유명하다?

해당 지역에 생선이 잡히건 잡히지 않건 그것은 중요하지 않다. 안동처럼 가공 기술이 발달하거나 품질 유지력이 뛰어나 타지역과 차별화가 된다면 군산 박대도 분명 그렇게 될 것이다. 이렇듯 지역명을 붙여 브랜드화에 성공한 사례가 '영덕 대게'와 '법성포 영광 굴비'이다.

그러나 위에도 언급했듯 '군산박대'란 이름으로 판매되는 생선이 일부 어민과 상인이 주장하는 것처럼 박대가 아닌 참서대 새끼이거나 혹은 제3의 소형 서대류라면 애초에 군산의 명물이었던 박대를 지역 브랜드화한다는 것 자체가 모순이 아닐까? 계속 언급하지만, '군산박대', '항만박대', '꼬마박대'란 이름으로 판매되고 있는 '어린 서대류'의 정체가 박대 새끼여도 문제고 참서대 새끼여도 문제인 것이다. 만약 박대 새끼도, 참서대 새끼도 아닌 '다 자라야 10~20cm 밖에 안 되는 제 3의 지역 특산종'이라면, 해당 종을 정의할 수 있는 학술적 명칭이나 학명을 제시할 수 있어야 한다.

하지만 일부 상인과 어민들은 '군산박대, 항만박대, 꼬마박대가 기존에 알던 박대나 서대의 새끼가 아닌 원래 작은 종일 뿐이다'라는 말만 되풀이하는 실정이다. 여기에 더하여 수입이나 원양산 서대류를 가져다 가공하고선 마치 군산의 명물인 참박대인 것처럼 포장해서 판매하는 행위, 여기에 원산지는 깨알처럼 작게 표기해 소비자로 하여금 혼란을 주는 판매 행위까지, 이러한 기만과 지역 이기주의는 지역 특산품의 성공에 발목을 잡는 악재가 될 수도 있다.

≪ 군산박대, 항만박대, 꼬마박대란 이름으로 판매되고 있다

≪ 원양산 개서대도 박대란 이름으로 판매되고 있다

≪ 아프리카 기니산 홍서대

박대 어획량의 급감과 경고

현재 박대는 금어기나 금지포획체장이 신설되지 않은 상황이다. 새만금 방조제의 건설과 그로 인한 해양 환경 변화, 서식지 파괴, 남획 등으로 해마다 어획량이 줄고 있다. 실제로 박대와 참서대를 합친 어획량 추이를 살펴보면 2006년까지는 1,887t이 잡혔으나 2016년에는 1,253t으로 급감했고 현재는 국산 박대가 부족해 수입과 원양산으로 충당하는 실정이다. 더욱이 박대는 산란 기능을 갖추기까지 제법 오랜 시간이 걸리며, 번식을 위한 최소성숙체장이 약 34cm에 이르러야 한다는 조사 결과가 있으므로 이보다 작은 박대의 어획을 금지하거나 혹은 산란 성기인 3~4월에 금어기를 지정하는 것이 좋을 것으로 사료된다.

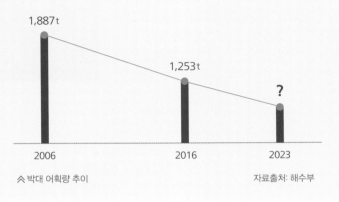

∧ 박대 어획량 추이   자료출처: 해수부

∧ 박대는 껍질을 벗겨 말린다

∧ 참서대는 껍질째 말리는 경우가 많다

+
박대와 서대의 차이

박대는 군산을 비롯한 서해와 서남해에서 잡힌 것이 유명하다. 평균 크기는 25~30cm 정도이며 간혹 50cm를 넘기기도 한다. 몸은 종잇장처럼 얇고 코는 둥그스름한 모양이다. 체색은 황갈색이며 개체마다 약간 어둡게 나타나기도 한다. 박대를 알아보는 주요 포인트는 배와 꼬리지느러미에 있다. 뒤집었을 때 배는 흰색이며 이렇다 할 무늬가 없다. 꼬리지느러미는 밝은 황색을 띠다가 검은색으로 끝난다(사진 참고).

한편 참서대는 여수와 고흥이 유명하며, 비교적 소형종이다. 다 자라면 25~30cm 정도지만 시장에는 개서대와 비슷한 크기인 35cm를 넘어서는 것도 종종 보인다. 코 모양은 박대보단 뾰족한 편이다. 체색은 붉은기가 많이 돌며 체형은 길고 날씬하다. 배쪽은 흰색 바탕에 붉은기가 돌며, 양쪽 지느러미 또한 붉은빛이다. 박대 및 개서대와 달리 비늘이 작고 촘촘하다. 참서대는 껍질째 말리는 경우가 많지만, 박대는 껍질을 벗겨 말린다. 살은 참서대가 좀 더 탄력이 좋아 회무침으로 쓰며, 박대를 횟감으로 쓰는 경우는 드물다. 둘 다 건어물로 말리고 나면 굽거나 튀기거나 조려 먹는다.

고르는 법

군산과 서천, 경기도 소래포구와 김포 대명항에는 가끔 살아있거나 생물 박대 (표준명 용서대)가 들어오기도 하는데 회무침이나 찜으로 이용하면 좋다. 살아있는 박대는 움직임이 적으며 바닥에 배를 깔고 누워 얌전히 있는 것이 좋다. 말린 박대를 구입하겠다면 되도록 큰 것이 상품성이 좋은데, 상품 설명에는 군산 앞바다에서 나는 박대의 특징을 열거하고 있지만 정작 수입이나 원양산 서대류를 참박대, 황금박대란 이름으로 판매하는 경우가 많기 때문에 무엇보다도 원산지 확인이 필수다. 다시 말해 원산지 표기가 없으면 수입산이라고 보아도 무방하다는 것이다. 국산 박대를 알아보는 단서는 꼬리에 있다. 몸통에서 꼬리로 이어지는 가장자리는 노란색이고, 그 끝은 검은색으로 길고 뾰족한 나뭇잎 모양이다. 이러한 특징이 없다면 국산 박대가 아니다.

≪ 생물 박대(경기도 소래포구)

≪ 꼬리 끝은 검고 양쪽은 황금색을 띤 것이 국산 박대의 특징이다

이용

박대는 비린내와 잔가시가 적어 남녀노소로 인기가 많았으나 인지도는 낮아 그 맛을 아는 지역민들이 알음알음 찾아 먹는 생선이었다. 살은 부드러우면서 담백하고, 발라먹기 쉽다는 점에서도 평소 생선에 인색해 하는 이들에게 좋은 밥반찬이 되어준다. 박대는 대부분 껍질을 벗겨 건어물로 판매되는데 구이나 찜, 조림 등으로 이용된다. 구이는 단순히 기름을 자작하게 둘러 튀기듯 굽기도 하지만, 양념을 올린 양념구이도 인기가 있다. 박대는 껍질 묵으로도 유명하다. 한데 모은 껍질을 푹 끓여 굳히면 지역에서나 맛볼 수 있는 '박대껍질묵'이 탄생하는데 도토리묵처럼 가볍게 양념장을 올려 먹는다.

박대

양 눈 옆으로 측선이 가로지른다

분류	가자미목 참서대과
학명	*Cynoglossus semilaevis*
별칭	용서대, 서대
영명	Tongue sole
일명	카라아카시타비라메(カラアカシタビラメ)
길이	35~50cm, 최대 약 80cm
분포	서해 및 서남해, 발해만, 동중국해, 중국과 홍콩 연안
제철	3~9월
이용	구이, 탕, 조림, 튀김, 찜, 건어물

≪ 유안부

≪ 무안부

참서대과 어류 중에선 가장 크게 자라는 종으로 몸이 매우 납작하고 길다. 무안부는 희고 검은 반점이 산재해 있어 다른 서대류와 쉽게 구분된다. 군산을 비롯해 서해안 일대 어민과 상인들은 이 종을 오래전부터 '용서대' 또는 '서대'로 취급해 왔으나 어찌 된 일인지 국내 어류도감과 논문, 지식백과에선 '박대'로 표기하고 있다. 이는 실제 상거래 이름(시장에서 경매, 위판, 도소매점에서 취급되는 이름)과 다르기 때

︽ 60cm가 넘어가는 대형 용서대(표준명 박대)

문에 혼란만 가중시키고 있다는 점에서 향후 참서대과의 분류체계를 재정립할 필요가 있어 보인다(지금까지는 학술적 정의를 위해 표준명을 사용했지만, 아래의 내용부터는 혼란을 방지하고자 표준명 박대를 '용서대'로 표기하였다). 국내 산지로는 서해와 서남해 일대로, 특히 인천, 군산, 목포, 고흥, 여수 등을 꼽지만 최근에는 자원량이 줄어 시장으로 유통량이 일정하지 않다. 어쨌든 시장에선 '용서대'로 취급받는 표준명 '박대'는 8월 말부터 찌우기 시작한 알집이 9월에는 크게 발달하며 산란이 임박한다. 평균 크기는 40~60cm로 참서대과 어류 중 가장 크다. 서해안 일대 포구에선 날이 따뜻해지는 3월경부터 잡히며, 대부분 생물로 유통된다.

+ 형태적 특징

위에 언급했듯 표준명 용서대와 박대는 시장에서 각각 박대와 용서대로 서로 바뀌어 불리고 있다. 해당종은 군산에서 '박대'로 취급되는 종과 달리 대형이며, 검은색에 가까운 체색을 보인다. 뒤집으면 검은 반점이 산재하고, 특이하게도 양 눈 옆으로는 하나의 측선이 가로지르고 있다.

고르는 법

크고 살집이 두툼한 것이 좋다. 비늘에 점액질이 많고, 뒤집었을 뱃가죽이 터졌거나 내장이 흐르는 것은 피한다.

︽ 생물로 위판 중인 용서대
(표준명 박대, 전남 외나로도)

이용

작은 것은 말려서 굽거나 쪄먹고, 생물은 조림이 가장 유명하다. 해당종은 살집이 두툼하면서 잔가시가 없어 살을 발라먹기에 매우 훌륭한 생선이다. 토막 내서 구우면 생선의 육즙이 잘 가두어져 속살이 촉촉하고 부드럽다. 이렇듯 생선에 수분이 많으면 생선가스나 피시앤칩스 같은 튀김 요리가 어울리고, 소스도 잘 빨아들이므로 스테이크 재료로도 알맞다. 같은 종은 아니지만 유럽에선 비슷한 서대류를 이용한 '솔 뫼니에르'란 요리가 매우 유명하다.

︽ 용서대(표준명 박대) 스테이크

노랑각시서대

분류 가자미목 납서대과
학명 *Zebrias fasciatus*
별칭 줄박대, 꽃박대, 박대(X)
영명 Many-banded sole, Zebra sole
일명 오비우시노시타(オビウシノシタ)
길이 15~25cm, 최대 약 32cm
분포 서해 및 남해, 일본 중부이남, 동중국해, 대만
제철 3~6월
이용 회, 구이, 조림, 튀김, 찌개

≪ 유안부

≪ 무안부

가자미목 납서대과에 속하는 어종으로 참서대, 개서대와는 분류학적으로 다른 생선이다. '각시'란 이름답게 외모가 아주 화려하다. 근연종인 '궁제기서대'와 '각시서대'와 함께 검은색과 노란색이 교차하는 얼룩무늬가 특징이다. 주요 산지는 인천을 비롯한 경기도 앞바다와 군산, 목포, 고흥 외나로도 근방에서 부수 어획으로 들어온다.

고르는 법

부수 어획물로 산지 시장이 아닌 이상 흔히 유통되지 않는다. 경기권에선 김포 대명항과 인천종합어시장, 소래포구, 오이도포구에서 한시적으로 들어온다. 이따금 활어로도 판매되지만 대부분 생물(선어)로 유통된다. 그랬을 때 무늬가 선명하고 점액질이 적으면서 내장이 터지지 않는 것을 고른다. 특히 살집(살밥)이 두툼한 것을 고르는데 5~6월은 산란을 준비하는 시기로 배가 불룩하다면 알집이 찼을 확률이 높으니 조림이나 찌개로 이용하면 된다.

≪ 당일 조업된 노랑각시서대와 궁제기서대(하단 색이 옅은 것)

이용

신선한 것은 얇게 썰어 회로 이용하기 좋다. 식감도 탄력감이 있으면서 씹을수록 고소하다. 보기와 달리 잡내가 없고 담백해 밥반찬의 기본인 구이, 튀김, 조림 또한 훌륭하다. 시장에선 혼획물로 들어온 것을 분류해서 판매하는 편이고, 아직은 외형이 낯설고 인지도도 낮아서인지 맛에 비해 가격이 저렴한 생선이라 할 수 있다.

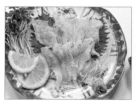
≪ 노랑각시서대 회

≪ 노랑각시서대 구이

≪ 노랑각시서대 조림

자리돔 | 노랑자리돔, 해포리고기

분류	농어목 자리돔과
학명	*Chromis notata*
별칭	자리, 자돔, 생이
영명	Whitesaddled reeffish, Pearl-spot chromis
일명	스즈메다이(スズメダイ)
길이	7~10cm, 최대 20cm
분포	남해와 동해, 울릉도, 제주도, 일본 중부 이남과 동중국해, 대만
제철	4~7월
이용	회, 물회, 구이, 조림, 젓갈

수온 20℃ 전후로 산란기를 맞는 아열대성 어류다. 같은 과에 속한 노랑자리돔, 연무자리돔, 해포리고 기에 비하면 찬 수온에도 잘 적응하는 탓에 10℃까지 떨어지는 제주도 앞바다에서도 계절 이동을 하지 않고 한자리에 정착한다. 이러한 이유로 '자리돔'이라는 명칭이 붙은 것으로 추정된다. 주요 서식지는 쿠로시오 해류 영향권에 드는 제주도를 비롯해 남해 동부권과 동해, 울릉도에 다량으로 서식한다. 암 초와 암초 사이 화려한 군무를 이루어 살며 다 자라면 최대 전장 20cm에 일반적으로 어획되는 크기는 10cm 내외이다.

+ 자리돔의 딜레마

모름지기 횟감은 클수록 맛있다는 것 이 정설이지만, 자리돔 만큼은 반대이 다. 몸집이 작아 뼈째 썰어 먹어야 특유 의 고소한 맛이 나기 때문에 '연한 뼈'가 관건이다. 자리돔은 4월부터 산란을 준비하고 6~7월이 면 산란기에 접어든다. 이 시기 자리돔은 알을 밴 동시에 뼈가 연할 시기이다. 사람도 만삭이면 뼈가 약해지고 심한

≪ 6~7월에 판매되는 자리돔의 알

경우 골다공증에 걸리듯, 뼈가 있는 동물이라면 산란철에 뼈가 약해지는 것을 피하기 어렵다. 역설적 으로 이러한 알과 물렁한 뼈는 인간에 의해 미식의 조건으로 그 가치를 평가받는다. 결국 자리돔 회가 맛있는 시기는 곧 자리돔의 산란철과 일치한다. 한창 종족을 번식해야 할 때 대량으로 잡아다 유통하 기에 남획이 염려되는 상황이다.

+ 자리돔도 '돔'일까?

일반적으로 '돔'이라고 하면 고급 어종 의 대명사인 것처럼 여기지만, 돔은 '도 미'의 준말이다. 더 나아가 농어목 도미 과에 속한 몇몇 어류(참돔, 감성돔, 황돔 등)에서 파생된 말이면서도 동시에 날카로운 가시를 의미 한다. 자리돔은 이러한 분류에 속하지 않을뿐더러 날카로 운 가시도 없기 때문에 '돔'과는 거리가 있다.

≪ 등지느러미 가시가 부드러운 자리돔

고르는 법

자리돔의 주산지는 제주도이다. 제주도 내 수산시장 및 재래시장, 횟집 등에서 흔히 볼 수 있다. 수조를 갖춘 횟집에선 활어로 유통되며, 활력이 좋은 자리돔은 수조 상층에서 하층까지 고루 떠서 얌전히 헤엄친다. 재래시장에는 횟감용 선어를 파는데 그랬을 때 비늘은 모두 붙어 있는지 확인하고, 무엇보다도 동공이 투명해야 하며, 등지느러미 뒤쪽에서 잘록한 꼬리로 이어지는 부분에 흰 반점이 있다면 죽은 지 몇 시간 지나지 않은 매우 싱싱한 자리돔이라 할 수 있다.

자리돔은 주로 뼈째 썰어 강회나 물회로 먹는데, 최대한 작은 크기를 고르는 것이 좋다. 산지 직송이 발달한 최근에는 온라인 쇼핑몰에서도 구매할 수 있고, 제주도 내 재래시장에서는 내장을 말끔히 제거한 횟감용 자리돔이 곧잘 판매된다.

⌃ 표시한 부분이 선명할수록 신선한 자리돔이다

⌃ 횟감용으로 손질된 자리돔(제주 동문시장)

이용

'제주 노인 중 허리 굽은 사람이 없다'는 말이 있다. 그만큼 뼈째 썬 자리돔 회는 칼슘이 풍부하다. 뼈째 썰어 먹는 맛이 전부라 해도 과언이 아닌 자리돔은 뼈가 억세지 않는 것이 관건이다. 이를 만족하지 못하면 그저 씹기 불편하고 까슬까슬한 생선회에 지나지 않을 것이다. 때문에 좋은 자리돔을 구하려는 식당에선 뼈가 연할 시기인 5~7월 자리돔을 제일로 치며, 씨알 또한 작은 것을 선호한다. 씨알 작은 자리돔은 조류의 흐름을 적게 받는 고요한 내만에서 많이 잡히는데 제주도에서는 보목리 자리돔이 유명하다. 자리돔은 껍질이 연해 내장만 제거하면 통째로 썰어 먹을 수 있다. 이렇게 썬 자리돔 회는 된장에 찍어 먹는 자리강회와 물회, 회무침 등에 쓰인다. 제주도식 자리물회는 육수에 고추장을 푼 포항식과 달리 된장으로 간을 맞춘다. 여기에 초피(제피) 잎을 잘게 다져 넣으면 특유의 향이 나면서 자리돔과 잘 어우러지게 된다. 자리돔을 이용한 제주 토속 음식으로는 자리 된장과 구이, 조림이 있다. 의외로 비늘을 벗기지 않고 통째로 조리하는데 먹기에 크게 부담스럽지 않다.

⌃ 자리강회

⌃ 전통 방식으로 만든 자리 물회

⌃ 제주 관광지 유명 맛집의 자리 물회

⌃ 자리 된장

⌃ 비늘째 조린 자리돔 조림

노랑자리돔

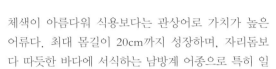

분류 농어목 자리돔과
학명 *Chromis analis*
별칭 꽃자리
영명 Yellow chromis
일명 코가네스즈메다이(コガネスズメダイ)
길이 10~15cm, 최대 20cm
분포 제주도, 일본 남부, 동중국해, 인도양, 오세아니아,
중부 태평양의 아열대 및 열대 해역
제철 평가 없음
이용 회, 구이, 관상어

체색이 아름다워 식용보다는 관상어로 가치가 높은 어류다. 최대 몸길이 20cm까지 성장하며, 자리돔보다 따뜻한 바다에 서식하는 남방계 어종으로 특히 일본 남부를 비롯해 전 세계 열대 바다에 많이 서식한다. 국내에는 서귀포에서 관찰된다. 쿠로시오 난류의 세력이 확장되는 여름부터 가을 사이 출현하는데 최근에는 다 자란 성체도 곧잘 출현하고 있다. 비슷한 종으로 흰꼬리노랑자리돔(학명 *Chromis albicauda*)이 있는데 남방계 어류임에도 최근에는 치어 관찰이 되고 있는 상황이다.

이용

노랑자리돔은 아열대화가 진행되는 한반도의 바다에서 한시적으로 출현하기에 식용어로서 가치는 평가되지 않았고 시장에도 잘 유통되지 않는다. 다만 자리돔과 함께 비교 시식한 결과에 의하면, 자리돔보다 뼈가 억세 뼈째 썬 회는 어렵고, 구이 맛은 자리돔과 별다른 차이를 느끼지 못했다.

자리돔 구이(위) 노랑자리돔 구이(아래) »

해포리고기

분류 농어목 자리돔과
학명 *Abudefduf vaigiensis*
별칭 미상
영명 Five-banded damselfish
일명 오야빗챠(オヤビッチャ)
길이 8~13cm, 최대 20cm
분포 제주도, 일본 남부, 인도양, 태평양을
비롯한 전 세계 아열대 및 열대 해역
제철 평가 없음
이용 관상어

제주 남부를 비롯해 아열대 및 열대 해역의 산호초에서 흔히 발견되는 열대어이다. 5줄의 흑갈색 가로 줄무늬로 인해 돌돔 새끼로 오인하기도 하지만, 수족관에서는 흔히 볼 수 있는 만큼 관상어로 인기가 있다. 특히 '니모'의 모델로 알려진 '흰동가리'와 함께 작고 앙증맞은 몸집과 화려한 줄무늬로 산호초를 누비는 모습은 아이들로부터 주목받기에 충분한 자태를 뽐낸다.

전갱이 | 가라지

전갱이의 모비늘

분류 농어목 전갱이과
학명 *Trachurus japonicus*
별칭 메가리(매가리), 아지, 각재기
영명 Horse mackerel
일명 마아지(マアジ)
길이 20~40cm, 최대 60cm
분포 남해와 동해, 제주도, 일본을 비롯한
　　　전 세계 온대 해역
제철 4~7월, 10~1월
이용 회, 초밥, 구이, 튀김, 국, 건어물

고등어와 비슷하게 생겼지만 아가미에 검은 반점과 꼬리자루에 딱딱한 모비늘(수술자국처럼 꿰맨 듯한 딱딱한 비늘)이 있다. 살은 고등어보다 희고 담백해 일본에서는 오래전부터 대접받는 인기 식재료였고, 한국은 기름기가 많은 고등어를 좀 더 선호해서 전갱이에 대한 인지도는 상대적으로 낮은 편이다. 이 때문에 국내에 어획된 품질 좋은 전갱이는 대부분 일본으로 수출하는 편이다.

산란기는 4~7월 사이로 위도에 따라 차이가 있다. 전갱이가 좋아하는 적서수온은 20℃ 전후로 수온 등락폭이 적은 남해안 일대와 제주도 연안에 무리 지어 분포한다. 연안에서 성장을 마친 치어는 점차 성장하면서 먼바다로 나간다. 수온 따라 이동하는 계절 회유를 하며, 봄부터 연안으로 들어와 여름부터 가을 사이 가장 많이 잡힌다. 주 어획기는 여름부터 초겨울 사이인데, 특히 산란을 준비하는 봄~초여름과 산란 후 외양으로 월동을 준비하는 늦가을~초겨울 사이가 씨알이 굵고 기름기가 많아서 맛이 좋다.

+
전갱이와 고등어의 영양성분 차이

전갱이와 고등어는 한일 양국의 식문화와 취향을 나타낼 만큼 맛과 영양적 측면에서도 뚜렷한 차이가 난다. 지방의 농후한 풍미와 고소한 맛은 고등어가, 적당한 지방질과 단단한 육질을 바탕으로 하는 담백한 맛은 전갱이가 우위에 있다. 단백질 함유량은 두 어종이 비슷하다. 고등어는 EPA 및 DHA 같은 불포화지방산이 풍부하고, 비타민

고등어(위)와 전갱이(아래)

A, B, C, D를 비롯해 우리 몸에 좋은 지방질이 많아 성장기 어린이와 청소년들이 섭취해야 할 이로운 영양소를 많이 함유하고 있다.

반면 전갱이는 고등어보다 열량과 콜레스테롤이 낮고, 칼슘과 철분, 비타민E가 많아서 다이어트, 시력보호, 피부 건강, 고혈압과 동맥경화 예방에 효과적이다. 결과적으로 고등어는 성장기 발육을 필요로 하는 어린이와 청소년들에게 효과적인 영양소를 공급하고, 전갱이는 성인병을 예방해야 할 성인과 여성에게 이롭다.

고르는 법

국내에서는 포항, 부산을 비롯한 남동 해역이 주산지로 경상남북도 일대 시장에서 볼 수 있다. 활전갱이를 구할 수 있다면 최상이지만, 어획 직후 금방 죽어버리는 탓에 전갱이 회와 초밥을 다루는 전문 식당에서는 주로 싱싱한 자연산 선어를 구매해 왔다. 이때의 전갱이는 눈동자가 투명하며 아가미는 밝은 선홍색을 띠는 것이 좋다. 또한 몸통을 눌렀을 때 단단해야 한다. 몸통은 은백색으로 광택이 나면서도 회절에 의한 무지갯빛이 나

≪ 선어로 판매되는 생물 전갱이

는 것이 좋은 선도라 할 수 있다. 튀김용은 20cm 이하를 고르고, 구이와 횟감은 큰 것일수록 좋다. 최근에는 양식 활전갱이가 유통됨에 따라 이를 이용하려는 식당이 늘고 있다.

이용

국내에서 전갱이를 활용한 음식은 대표적으로 회, 초밥이 있다. 특히 간 생강 및 쪽파와 궁합이 좋다. 작은 전갱이는 통째로 튀겨먹는 일명 '아지후라이'가 유명하고, 여기에 채소와 소스를 버무려 한차례 볶아낸 난반즈케는 뼈까지 바스러질 정도로 바짝 튀겨내기에 아이들 밥반찬에 좋다. 몸길이 35~40cm가 넘어가는 것은 이른바 '슈퍼 전갱이'라 불리며 돔보다 각별히 여긴다. 클수록 지방이 많아 깊은 맛이 나기 때문에 적당히 숙성하거나 가볍게 초절임한 회와 초밥이 맛있고, 고등어 자반처럼 소금구이로 먹어도 별미다. 제주에

≪ 횟감으로 손질된 전갱이
(포항 죽도시장)

≪ 전갱이회

≪ 전갱이 튀김

≪ 전갱이 튀김을 이용한 난반즈케

서는 오래 전부터 배춧잎과 된장을 넣고 끓인 '각재기국'이 토속음식으로 자리 잡았다.

가라지

분류	농어목 전갱이과	**분포**	남해, 일본, 동중국해, 대만 등 태평양 서부의 온대 해역
학명	*Decapterus maruadsi*	**제철**	10~4월
별칭	청색전갱이	**이용**	회, 구이, 튀김, 건어물
영명	Japanese scad, White-tipped mackerel scad		
일명	마루아지(マルアジ)		
길이	20~30cm, 최대 45cm		

전갱이와 모양이 흡사해 지역에서는 따로 구분하지 않고 동일한 생선으로 취급하기도 한다. 전갱이가 난류를 타고 먼바다로 회유하는 습성이 있다면, 가라지는 그보다 낮은 수온에 서식하는 온난성이자 연안성 어류다. 중국과 동중국해, 일본 남부 지방의 연안에서 5~8월 사이에 산란한다. 국내에서는 전갱이와 혼획되는데, 그 시기도 가라지의 산란철과 어느 정도 일치한다. 산란을 마쳐도 맛이 크게 떨어지지 않는 전갱이와 달리 가라지는 산란 직후 맛이 떨어지는 편이다.

+ 가라지=청색 전갱이?

우리나라는 가라지와 전갱이를 명확히 구분하지 않는다. 전갱이와 같은 종으로 여기거나 색으로 품질을 가리기도 한다. 일례로 전갱이보다 푸른색을 띠는 가라지를 '청색 전갱이'라 부르면서 전갱이보다 맛이

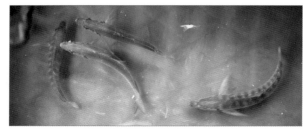
∧ 위에서 바라본 전갱이(노란색)와 가라지(청색)

떨어지는 것으로 인식하는 상인도 있다. 실제로 가라지가 잘 잡히는 여름에는 맛이 떨어지다가도 가을이면 맛이 오르는데, 정작 맛이 오르는 겨울에는 어획량이 적어 '겨울 가라지'의 맛에 대해선 인식이 부족한 편이다. 전갱이 만큼 크게 자라지는 않지만 큰 것은 30cm가 넘으며 겨울에 잡힌 가라지는 전갱이보다 맛이 좋다는 평이 있다.

+ 전갱이와 가라지의 형태적 차이

가라지는 전갱이와 비슷하게 생겼지만 등이 좀 더 푸르고 체고가 낮아 전갱이보다 홀쭉한 체형이다. 두 종의 결정적인 차이는 모비늘이 시작되는 지점이다. 전갱이는 모비늘이 몸통 중앙부터 시작하고, 가라지는 그보다 뒤쪽

∧ 전갱이(위)와 가라지(아래)

에서 시작하기 때문에 옆 지느러미와의 간격이 전갱이보다 더 벌어진다. 또한 가라지는 전갱이에 없는 작은 지느러미가 꼬리자루에 붙어있다.

쥐노래미 | 노래미

분류 쏨뱅이목 쥐노래미과
학명 *Hexagrammos otakii*
별칭 놀래미, 돌삼치, 돌참치, 게르치,
석반어, 노래미(X)
영명 Greenling
일명 아이나메(アイナメ)
길이 25~40cm, 최대 65cm
분포 우리나라 전 해역, 일본, 동중국해, 남중국해
제철 7~10월
이용 회, 탕, 조림, 찜, 구이, 건어물

︽ 몸 길이 54cm 대형 쥐노래미(전남 가거도)

우리나라 연안에 서식하는 쥐노래미과 어류는 쥐노래미를 비롯해 노래미와 임연수어가 있다. 이 중에서도 쥐노래미와 노래미는 생김새가 비슷해 자주 혼동되지만, 상업적으로나 식재료 활용 측면으로나 상당한 차이를 보인다.

쥐노래미는 최대 65cm까지 자라는 중대형 어류로 대가리는 작고 살점이 푸짐히 나와 오래전부터 식용 생선으로 인기가 있었다. 반면 노래미는 다 커도 30cm를 넘기기 어렵고 주로 잡히는 크기가 10~15cm 내외인 소형종류여서 상업적 가치는 다소 떨어지는 잡어로 취급되곤 한다. 이러한 차이는 수율 탓도 있으나 맛에서도 쥐노래미가 낫다는 데서 비롯된다. 따라서 횟집과 시장에 흔히 유통되는 일명 '놀래미회'는 노래미가 아닌 쥐노래미를 뜻할때가 많다.

+ 쥐노래미의 독특한 특징

쥐노래미는 우리나라 전 해역에 서식하는 흔한 어류지만, 다른 종에선 찾아보기 힘든 독특한 특징을 가지고 있다. 첫 번째는 몸의 중심을 잡아주는 '부레'가 없다는 점이다. 부레가 없으니 평소에는 바닥에 배를 깔고 산다. 꼬리지느러미와 몸통을 움직여 이동하는데 부레가 없으니 움직임을 멈추는 즉시 바닥으로 가라앉는다. 이동이 많지 않고 바닥에 배를 붙이고 사는 저서성 어류이다 보니 부레의 기능이 자연스레 퇴화한 것이다.

︽ 쥐노래미의 멀티 측선

또 다른 특징은 측선(옆줄)으로 보이는 기관이 무려 다섯 개나 있다는 점이다. 측선은 수온과 촉각, 진동, 압력 등을 느끼게 해주는 감각기관으로 일반적으로 몸통 한가운데를 지나는 단 한 개의 측선만이 존재한다. 쥐노래미 또한 감각을 느끼는 진짜 측선은 하나뿐이지만, 다른 어류와 달리 서로 연결되지 않은 개별 측선, 다시 말해 장식뿐인 측선이 4개나 더 존재하는데 왜 이렇게 발달했는지는 여전히 풀리지 않은 수수께끼이다.

고르는 법

쥐노래미는 선어보다 활어 유통이 많은 생선이다. 수조에선 움직임이 적어야 하며, 바닥에 배를 깔고 안정된 자세로 숨만 쉬는 것이 좋다. 수조에 너무 오랫동안 가둔 것은 체색이 하얗거나 밝은데, 이런 것은 가급적 피한다.

+
**쥐노래미와
노래미의
구별**

쥐노래미와 노래미는 최대 전장이 각각 65cm와 30cm 정도로 차이가 난다. 단 비슷한 크기라면 구별하기가 어려운데 이때는 꼬리지느러미 모양으로 알 수 있다. 쥐노래미의 꼬리지느러미는 가운데가 살짝 팬 일자 모양에 가깝고, 노래미는 부채꼴 모양으로 둥그렇다.

체형도 차이가 나는데, 특히 대가리 모양이 미묘하게 다르다. 노래미의 경우 좀 더 뾰족한 삼각형에 눈이 작고, 눈코입이 오밀조밀하게 모여 있다. 반면에 쥐노래미는 노래미보다 입술이 두껍고 눈이 크며 그 위치도 입에서 다소 떨어져 있다. 쥐노래미는 대표적인 양식 활어로 유통되지만, 노래미는 양식을 하지 않기 때문에 자연산 혼획물로 유통된다.

⌃ 노래미(위)와 쥐노래미(아래)

⌃ 쥐노래미의 꼬리지느러미

⌃ 노래미의 꼬리지느러미

+
**자연산과
양식의 차이**

시장과 횟집에서 접하는 쥐노래미는 대부분 양식이며 중국산 비중이 높다. 몸길이 약 25cm 내외로 길러 출하되기에 크기가 일정한 편이다. 몸통은 밝은 황색에 갈색 구름무늬가 일정한 패턴으로 나타나는데 이는 모두가 같은 환경에서 자랐다는 뜻이므로 이 또한 양식의 특징이라 할 수 있다.

무엇보다도 양식 쥐노래미는 눈 위 가장자리에 자리한 깃털 모양의 피판이 크고 두드러지지만, 자연산 쥐노래미는 대부분 접혀 있고 두드러지지 않아서 잘 보이지 않는다. 또한 잡힌 지 얼마 안 된 자연산 쥐노래미는 크기가 들쭉날쭉하며 체색이 어두운 편이다. 서식지 환경에 따라 흑갈색, 황갈색, 붉은색 등 다양하게 나타난다. 양식 쥐노래미는 연중 비슷한 맛을 내고, 자연산 쥐노래미는 철에 따라 맛의 기복이 있는 편이다.

⌃ 눈썹처럼 보이는 피판이 발달한 양식 쥐노래미

⌃ 피판이 두드러지지 않은 자연산 쥐노래미

+
**고래회충과
물개회충의
중간 숙주인
쥐노래미**

자연산 쥐노래미는 고래회충의 대표적인 중간 숙주이다. 큰 개체일수록 고래회충 감염률이 높다. 숙주(쥐노래미)가 죽으면 내장에 기생하던 고래회충은 수 시간 내로 복막을 뚫고 살 속으로 파고드는데, 이를 고래회충의 '근육 이행률'이라고 한다. 보통은 1~5% 내외의 근육 이행률을 보이지만, 쥐노래미는 그보다 높은 이행률을 보이므로 생물(선어)을 횟감으로는 이용하지 않는 것이 좋고, 이용하더라도 살아있을 때 피와 내장을 제거한 것만 써야 한다.

또한 자연산 쥐노래미는 물개회충의 중간 숙주이기도 하
다. 수온이 높은 서해 중부 이남과 남부지방에서 잡힌 것
은 대부분 고래회충에 감염되어 있지만, 수온이 찬 강
원 북부 및 서해 5도에서 잡힌 것은 시기에 따라 '물개회
충'(Pseudoterranova)을 보유하기도 한다. 물개회충은 고래
회충과(Anisakidae)에 속한 선충류로 일반적인 고래회충
과 달리 내장에만 있지 않고, 숙주가 살아있을 때부터 근

△ 자연산 쥐노래미에서 발견된 물개회충. 고래회충과
달리 근육 내 또아리를 틀고 기생한다

육 속을 파고들어 기생하므로 회를 뜰 때는 놓치지 않도록 유의해야 한다.

서해 5도에서 잡힌 쥐노래미는 봄부터 여름 사이 물개회충 감염률이 오르는데, 대체로 감염되지 않
지만 개체에 따라 1~3마리 내외가 근육 속에 기생하므로 사전에 이를 감지하고 포를 뜨면서 유심
히 살펴야 한다. 물개회충에 감염된 쥐노래미는 다른 개체와 달리 유난히 말라 있으므로 손질을 하
지 않아도 어느 정도는 식별할 수 있다.

이용

쥐노래미의 산란철은 늦가을인 11~12월 사
이로 이 기간은 금어기다. 산란이 임박한 쥐
노래미는 혼인색을 띠는데 대략 10월경이다. 따라서 산란을 준비
하기 위해 살을 찌우는 여름부터 초가을까지가 회 맛이 좋은 제철
이라 할 수 있다. 활어회로 이용되며, 생물(선어)은 살에 수분이 많
아 잘 부서지므로 바로 굽기보다는 조림과 매운탕이 알맞다. 꾸덕
히 말린 것은 구이와 양념찜이 어울린다.

△ 혼인색을 띠는 산란철 쥐노래미

△ 제철(여름) 쥐노래미 회

△ 쥐노래미 양념찜

△ 쥐노래미 조림

노래미

분류	쏨뱅이목 쥐노래미과
학명	*Hexagrammos agrammus*
별칭	놀래미
영명	Spotty belly greenling
일명	쿠지메(クジメ)
길이	15~20cm, 최대 약 30cm
분포	우리나라 전 해역, 일본, 동중국해, 남중국해

제철 3~10월

이용 회, 매운탕, 조림, 찜, 구이, 건어물

쥐노래미와 함께 놀래미로 불리는 어종으로 작은 쥐노래미와는 구분하지 않고 같이 취급되기도 한다. 우리나라 전 해역에 서식하며 암초와 해조류가 발달한 곳에서 쉽게 발견된다. 갯지렁이 같은 작은 요각류와 갑각류를 먹고 자란다. 어릴 때부터 탐식성이 강해 낚싯바늘에 곧잘 걸려드는데, 특히 바닥층을 노린 감성돔 낚시에 자주 걸려들면서 낚시인들에게는 귀찮은 존재로 인식되기도 한다. 쥐노래미와 달리 몸통의 측선은 1개뿐이다. 서식지 환경에 따라 흑갈색부터 빨간색에 이르기까지 다양한 체색으로 위장하기도 한다.

⌃ 서식지에 따라 금색을 띠는 노래미

⌃ 서식지에 따라 다양한 붉은색을 띠는 노래미

이용

양식을 하는 쥐노래미와 달리 노래미는 전량 자연산이다. 동해, 서해, 남해 어디든 해안가와 인접한 횟집과 포구에서 어렵지 않게 볼 수 있으며, 쥐노래미와 비슷하게 이용된다. 봄부터 살이 통통해 횟감으로 이용되며, 매운탕과 조림으로도 이용된다.

짱뚱어

분류	농어목 망둑어과
학명	*Boleophthalmus pectinirostris*
별칭	짱뚱이, 장뚱어, 잠뚱어, 별짱뚱어
영명	Bluespotted bud hopper
일명	무츠고로오(ムツゴロウ)
길이	10~15cm, 최대 약 20cm
분포	서남해 및 남해, 일본, 중국, 대만, 말레이반도를 비롯한 서부 태평양의 열대 해역
제철	5~10월
이용	회, 탕, 전골, 구이, 튀김

'망둥어가 뛰니 꼴뚜기도 뛴다'라는 옛 속담이 있다. 사실 시장에서 판매되는 망둥어란 표준명 '풀망둑'을 가리키지만, 옛 속담에서 망둥어는 짱뚱어를 의미한다. 풀망둑은 썰물에 드러나는 갯벌에 몸을 드러내고 살 수 없지만, 짱뚱어는 조간대 갯벌에 몸을 드러낸 채 팔짝팔짝 뛰어다닌다. 몸길이가 고작 15~18cm 정도인 짱뚱어는 특이하게도 피부로 숨을 쉴 수 있을 뿐 아니라 지느러미를 발처럼 이용해 갯벌을 기어 다니고 심지어 갯바위로 오르내리기도 한다. 서식지는 남해안 일대 갯벌이었으나 간척지 매립과 공업화에 의한 서식지 파괴로 그 수가 점점 줄고 있다. 때문에 짱뚱어가 서식하는 갯벌은 오염이 안 된 청정 갯벌이라 보아도 무방하다. 지금은 순천만 일대를 비롯해 벌교, 장흥, 강진, 신안 증도 갯벌에서만 볼 수 있다.

짱뚱어는 썰물 때 갯벌을 기어 다니며 서식지 영역 활동 및 먹이활동을 한다. 주로 유기물과 미생물들이 포함된 갯벌 표면의 펄을 긁어먹는다. 그러다가 물이 차면 굴을 파고 들어가 숨는데 어떻게 보면 조개와 반대되는 습성이다. 서리가 드는 11월이면 동면에 들고 이때부터 산란을 준비한다. 4월에 잠에서 깨어나 활동하며 갯벌에 약 2~3만 개의 알을 낳는다. 조업은 뻘스키(갯배)를 타고 들어가 훌치기로 잡는데 다른 곳에선 볼 수 없는 독특한 광경을 자아낸다. 전남 일대에서는 봄부터 초가을까지 여름 보양 식재료로 이용된다.

+
갯벌에
서식하는
망둑어 종류

국내에 갯벌을 기어 다니는 또 다른 망둑어과 어류는 짱뚱어를 비롯해 '남방짱뚱어'(*Scartelaos gigas*)와 '말뚝망둥어'(*Periophthalmus modestus*)가 있다. 여기서 소개하는 짱뚱어는 무늬가 화려해 별짱뚱어라 불리고, 남방짱뚱어는 개짱뚱어 또는 비단짱뚱어라 불린다. 짱뚱어와 달리 가슴지느러미 기저부와 등지느러미에 황색과 검은 띠가 섞인 화려한 무늬가 특징이다. 짱뚱어와 같은 서식지를 공유하지만, 순수한 갯벌을 좋아하는 짱뚱어와 달리 모래가 섞인 갯벌을 좋아하며, 개체수는 짱뚱어보다 적어 드물게 발견된다. 짱뚱어보다 맛은 떨어지는 편이어서 잘 식용하지 않는다.

︽ 남방짱뚱어

︽ 말뚝망둥어

이용

짱뚱어는 영양가가 뛰어나 여름 한철 보양식으로 이용되는 특별한 식재료다. 최근 들어 서울 및 수도권에도 짱뚱어 전문점이 들어섰지만, 활짱뚱어 회는 여전히 산지에서 한창 날 때만 겨우 맛볼 수 있는 특별한 음식이다. 순천에서는 삼계탕집은 명함도 못 내민다고 할 정도로 짱뚱어 요리가 토속음식으로 자리 잡았다. 산 짱뚱어는 회로 먹는데 뼈가 연해서 칼등으로 두드려 썰면 대가리까지 뼈째 씹어먹을 수 있다. 살점은 보랏빛으로 꽤 독특한데 이를 들깻가루에 충분히 묻힌 후 와사비를 푼 간장에 찍어 먹기도 하며, 보통은 갖은 쌈채와 된장, 고추장을 곁들여 깻잎에 쌈 싸 먹는다. 씹으면 씹을수록 감칠맛이 나지만, 지방은 적어 담백하며, 탱글탱글한 식감이 좋아 소주 안주로 제격이다. 짱뚱어탕은 통째로 넣고 끓인 전골 스타일과 갈아 넣고 끓인 추어탕 스타일이 있다. 이 외에도 튀김과 소금구이로도 이용된다.

︽ 손질 짱뚱어

︽ 짱뚱어 회

︽ 짱뚱어 탕

︽ 짱뚱어 구이

황놀래기 | 무점황놀래기

분류 농어목 놀래기과
학명 *Pseudolabrus sieboldi*
별칭 어랭이, 술뱅이
영명 Bambooleaf wrasse
일명 호시사사노하베라(ホシササノハベラ)
길이 12~15cm, 최대 25cm
분포 제주도를 비롯한 우리나라 남해와
　　　 동해, 울릉도, 일본, 북서태평양
제철 3~8월
이용 회, 물회, 구이, 조림

낮에 먹이활동이 활발한 주간성 어류이다. 작은 갑각류와 요각류를 먹고 자라며 제주도에서는 '어랭이'라 부르고, 남해안 일대에서는 용치놀래기와 구분 없이 '술뱅이'라 부르기도 한다. 국내에서는 수온이 따뜻한 남해안 일대, 특히 제주도 연안의 암초가 발달한 얕은 수심에 많이 서식한다. 탐식성이 많아 낚시에 곧잘 걸려드는데 주둥이가 작아 낚싯바늘을 곧잘 삼키고 올라오기 때문에 뱅에돔을 노리는 낚시인들 사이에서는 귀찮은 존재다. 황놀래기는 용치놀래기와 마찬가지로 힘이 센 수컷 한 마리가 암컷 여러 마리를 거느리며 생활한다. 수컷이 죽거나 사라지면 무리 중 덩치가 크고 힘이 센 암컷이 수컷으로 성전환하는 것으로 유명하다.

+
황놀래기의 암수

황놀래기는 대부분이 암컷이었다가 덩치가 큰 개체가 수컷으로 성전환을 한다. 암컷과 수컷의 구분이 명확하다가도 일부 암컷은 이제 곧 수컷으로 성전환을 앞두고 있어서 그 경계가 모호할 때가 많다. 암컷의 체색은 황갈색이며 수컷보다 덩치가 작고 날렵하면서 매끈한 체형을 가졌다. 그러다가 덩치를 키워 수컷이 되면 배쪽에 자리한 2~3줄의 흰 반점은 사라지고, 등쪽에 있던 반점들이 더욱 커지면서 명료해진다. 전반적인 인상은 거칠며, 황색이던 지느러미는 붉게 변한다. 성전환이 끝나면 등지느러미와 등쪽에 하얀 반점이 선명하게 도드라지고, 눈 아래 뺨 쪽에는 자글자글한 벌레무늬가 발달한다.

˄ 황놀래기 암컷

˄ 황놀래기 수컷

이용

국내에 서식하는 놀래기과 어류 중 가장 맛이 좋은 것으로 알려졌다. 제주도에서는 일 년 내내 잡히기 때문에 제철을 따로 염두에 두지는 않는다. 다만 여름부터 가을 사이가 산란기임을 감안한다면 초봄부터 여름까지가 맛이 오를 시기로 유추할 수 있다. 황놀래기는 작고 살점이 많이 나오지 않아서 특별히 상업 용도로 유통되지는 않지만, 비린내가 적고 담백한 흰살생선으로 제주도에서는 오래전부터 황놀래기를 이용한 '어랭이회'와 '어랭이물회'를 별미로 여겼다.

⌃ 황놀래기 물회

무점황놀래기

분류 농어목 놀래기과
학명 *Pseudolabrus eoethinus*
별칭 어랭이
영명 Red naped wrasse
일명 아카사사노하베라(アカササノハベラ)
길이 12~15cm, 최대 25cm
분포 제주도를 비롯한 우리나라 남해와 동해, 울릉도, 일본, 대만

제철 3~8월
이용 회, 물회, 구이, 조림

예전에는 황놀래기와 따로 분류되지 않았다가 1997년경부터 이종으로 분류해 기록했다. 쿠로시오 및 대마 난류의 영향이 직간접적으로 미치는 연안에 분포하고, 황놀래기보다는 조금 더 남방계이자 외양성 어류로 알려졌으나 적어도 제주도와 대마도에서는 황놀래기와 함께 혼획되고 있다. 식재료로서 무점황놀래기는 황놀래기와 따로 구분하지 않고 같이 취급된다.

+ 황놀래기와 무점 황놀래기의 차이	두 어종을 구분하는 포인트는 눈 아래를 지나는 줄무늬의 곡률에 있다. 황놀래기는 눈 아래를 지나는 검은 줄무늬가 일직선이고, 무점황놀래기는 눈 아래를 지나는 검은 줄무늬가 옆지느러미 기조로 이어지는데 완만한 곡선을 그리며 떨어진다.

⌃ 황놀래기　　　　　⌃ 무점황놀래기

+ 무점놀래기의 암수	암컷의 경우 옆지느러미가 시작되는 접지 부위에 푸른색 반점이 있지만, 수컷은 이러한 특징이 나타나지 않는다.

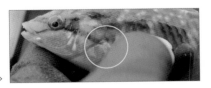

푸른 반점이 선명한 무점황놀래기 암컷 ≫

황조어

분류 농어목 황줄감정이과
학명 *Labracoglossa argentiventris*
별칭 미상
영명 Yellowstriped butterfish
일명 타카베(タカベ)
길이 20~27cm, 최대 약 35cm
분포 제주도, 동중국해, 일본 중부이남 및 북서태평양
제철 6~9월
이용 구이, 조림, 튀김

황조어는 이따금 제주 바다의 수중 카메라에 포착되는 아열대성 어류로 산호가 발달한 암초 지대에 서식한다. 동물성 플랑크톤을 먹고 자라며 최대 몸길이는 35cm 혹은 그 이상까지도 보고되지만, 일반적으로 어획되는 크기는 25cm 전후이다. 일본에서는 혼슈를 끼고 있는 태평양 연안과 이즈반도가 최대 산지로 해마다 여름이면 도쿄를 비롯한 관동지역에서 흔히 볼 수 있는 생선이다. 한편 국내에서는 수온이 부쩍 오르는 초여름부터 가을 사이 제주 서귀포 앞바다에서 군무를 이루어 다니는 황조어 떼가 포착되곤 한다. 다만 출현 시기도 한정적인 데다 아직은 이러한 아열대성 어류에 대한 조리법이 개발되지 않았고 상업적 가치 또한 매겨지지 않아서 시장에 흔히 입하되지는 않는다.

고르는 법

신선한 황조어는 다른 물고기에서는 볼 수 없는 아름다운 체색을 지녔다. 등은 마치 보석처럼 빛나는 사파이어 블루, 그 가운데는 황금색으로 빛나는 줄무늬가 등에서 꼬리까지 이어진다. 푸르스름한 빛깔은 배쪽으로 갈수록 옅어지다가 은색으로 광택이 난다. 만약 시장과 마트에서 황조어를 보게 된다면 이러한 특징이

△ 갓 잡힌 황조어의 아름다운 체색

최대한 살아있는 것을 고른다. 다른 선어를 고를 때와 마찬가지로 동공은 투명할수록 좋고, 몸통을 손가락으로 눌러보았을 때 탄력감이 느껴지는 것이 신선한 것이다. 국내에서 황조어를 만나볼 수 있는 유일한 지역은 제주와 부산 정도로 여름부터 가을 사이 다른 잡어들과 섞여 선어로 판매된다.

이용

흰살생선이지만, 벤자리와 마찬가지로 수온과 해류를 따라 오르내리는 제법 넓은 회유 반경을 가진다. 따라서 산소 요구량이 많은 편이며, 활어 운송이 까다롭기 때문에 횟감보다는 주로 구이나 튀김, 간장 조림으로 선호되고 있다. 비늘이 얇기 때문에 비늘에 끓는 기름을 끼얹어 구워 먹는 비늘구이 맛이 일품이다.

흑점줄전갱이 | 갈전갱이, 무명갈전갱이, 줄전갱이, 민전갱이, 노랑점무늬유전갱이

분류 농어목 전갱이과
학명 *Pseudocaranx dentex*
별칭 줄무늬전갱이, 줄전갱이(x)
영명 White trevally
일명 시마아지(シマアジ)
길이 45~60cm, 최대 약 1.2m
분포 제주 남부, 일본, 호주를 비롯한 전 세계 아열대 해역
제철 5~11월
이용 회, 초밥, 구이, 튀김, 카르파치오

다 자라면 1m가 넘는 대형 전갱이과 어류다. 난류성 어류로 남해 먼바다와 제주도 근해에도 서식하지만, 일본 남부 지방인 규슈, 이즈반도, 오가사와라 제도, 오키나와 등에 대형 개체가 무리 지어 서식한다. 이 외에도 호주, 하와이, 지중해, 남아프리카, 대서양 연안 등 전 세계 거의 모든 대양에 분포한다. 국내에서는 2009년경 양식을 추진한 적 있지만 현재 유통되는 것은 대부분 일본산 양식이며, 시장에서는 '줄무늬전갱이'라는 이름으로 취급되고 있다. 표준명인 흑점줄전갱이는 이름처럼 아가미에 흑점이 있고 몸통에는 흐릿한 줄무늬가 있어서 지어진 명칭이며, 이를 '줄무늬전갱이'란 이름으로 바꾸어 불리는 경향이 있으나 일부 상인이 '줄전갱이'라 부르는 것은 지양해야 한다. 왜냐하면 (아래 소개될) 표준명 줄전갱이는 따로 있기 때문이다.

흑점줄전갱이가 살아있을 때는 몸통 가운데에 노란 띠가 선명하다. 유통은 일 년 내내 이뤄지지만 봄부터 가을 사이 많이 이용되며 특히 여름에 맛이 좋은 물고기다. 등이 푸른 전갱이과 어류지만 살이 단단하면서 기름기가 많아 고급횟감으로 통한다.

고르는 법

전국의 수산시장에 활어로 유통된다. 활어는 주둥이가 까지거나 상처 나지 않은 것, 각 부위 지느러미가 깨끗한 것을 고른다. 가끔 선어가 유통되기도 하는데, 이는 자연산 혼획물이거나 양식 활어로 판매하던 중 수조에서 죽은 것일 수도 있다. 선어를 고를 땐 아가미 테의 흑점이 선명한 것이 좋다.

︽ 횟감으로 상품성이 좋은 흑점줄전갱이

이용

수산시장에서는 주로 활어회로, 일식집에선 숙성회나 초밥으로 이용된다. 살이 단단한 편이어서 수 시간 가량 숙성하면 더욱 맛있어진다. 초밥이 일품이며, 여름에는 기름기가 많아 방어 대용으로 먹는 느낌도 든다. 많이 먹으면 자칫 느끼할 수 있어서 다른 횟감과 함께 모듬회로 구성하기도 하며, 레몬즙을 곁들인 세비체나 카르파치오와도 잘 어울린다.

⌃ 흑점줄전갱이 등살

⌃ 흑점줄전갱이 뱃살

⌃ 흑점줄전갱이 초밥

갈전갱이

분류 농어목 전갱이과
학명 *Kaiwarinus equula*
별칭 깍깍이, 꽉꽉이, 편전광어, 갈고등어
영명 Whitefin trevally
일명 카이와리(カイワリ)
길이 20~25cm, 최대 약 40cm
분포 제주도, 대만을 비롯한 전 세계 온대 및 아열대 해역
제철 6~10월
이용 회, 구이, 튀김

난류성 어류로 국내에서는 10월에서 이듬해 2월 사이 제주 서귀포 해안 및 방파제에서 루어낚시 대상
어로 인기가 있다. 현지에서는 '깍깍이'라 부른다. 제주도 현지 시장을 제외하면 유통량이 많지 않다.
제철은 여름부터 초가을인데 일반적으로 어획되는 크기는 20~25cm 전후이며, 어린 개체는 제철을 크
게 타지 않는다. 큰 것은 회로 이용되나 보통은 소금구이나 튀김으로 먹는다. 기름기가 적당해 맛이 좋
은 물고기다.

무명갈전갱이

분류 농어목 전갱이과
학명 *Caranx ignobilis*
별칭 GT, 깍깍이
영명 Giant trevally
일명 로우닌아지(ロウニンアジ)
길이 1~1.2m, 최대 약 1.7m
분포 제주 남부를 비롯한 태평양,
　　　　인도양의 아열대 및 열대 해역
제철 10~2월
이용 회, 구이, 튀김, 조림

일명 GT라 부르며 해외에서는 인기 있는 스포츠 피싱 대상어이다. 지금까지 알려진 최대어는 몸길이
1.7m, 무게 80kg에 이른다. 국내 어획량은 거의 없고 시장 유통량도 미미하지만, 겨울 한철 서귀포 일
대를 중심으로 15~30cm급 GT 치어들이 방파제로 들어오다가 루어낚시에 걸려들기도 한다. GT는 열
대성 어류로 기본적으로 한반도 해역에선 서식하기가 어렵다. 그러니 국내(제주도)에서 잡히는 GT 치

어들은 열대 바다에서 부화된 후 난류에 휩쓸려 북상하다가 우연히 표류한 것으로 추정된다. 그러다가 겨울철 제주 서귀포 인근 해역에서 방황하다 잡히고, 여기서 살아남은 일부 개체는 다시 내려가지 못한 채 기후, 수온, 먹잇감 등이 맞지 않아 야생의 환경에 적응하지 못해 도태된다. 이처럼 스스로 회유할 능력이 없어 죽어버리는 것을 '사멸회유어'라고 한다. 해외에서는 3~5kg 내외의 크기를 식용하는 것으로 알려졌다. 주로 굽거나 조려 먹는다. 너무 큰 것은 식중독을 유발하는 시가테라 독성이 분포할 확률이 높으므로 생식은 물론 가열 조리로도 먹지 않는다.

줄전갱이

분류 농어목 전갱이과
학명 *Caranx sexfasciatus*
별칭 깍깍이
영명 Six-banded trevally, Big-eye trevally
일명 긴가메아지(ギンガメアジ)
길이 60~90cm, 최대 약 1.2m
분포 한국 제주 남부를 비롯 일본 남부 및
　　　 태평양, 인도양의 아열대 및 열대 해역
제철 10~2월
이용 회, 구이, 튀김, 조림

가을부터 겨울 사이 제주 서귀포를 중심으로 유행하는 '깍깍이' 루어낚시 대상어는 갈전갱이를 비롯해 몸길이 30cm에 못 미치는 무명갈전갱이(GT), 줄전갱이가 모두 포함된다. 이들 어종을 뭉뚱그려서 '갈전갱이'나 '깍깍이'라 부르지만 성체가 아니어서 구별하기가 쉽지 않다. 줄전갱이는 1m가 넘는 대형 전갱이과 어류로 무명갈전갱이와 함께 사멸회유어에 속한다. 국내에선 어획량과 유통량이 거의 없다. 전갱이에 비해 압도적인 크기와 무리 지어 다니는 습성 탓에 아쿠아리움에선 관상용으로 선호된다. 동남아시아에서는 스포츠 피싱 대상어로 인기가 있고 겨울부터 봄 사이에 잡힌 것은 싱싱할 때 회로 먹을 수 있으며 버터구이가 맛이 좋다. 무명갈전갱이와 마찬가지로 대형 개체는 시가테라 독성이 분포하니 식용에 주의한다.

민전갱이

분류 농어목 전갱이과
학명 *Caranx equula*
별칭 쟁갱이
영명 White-tongued cravalle
일명 오키아지(オキアジ)
길이 35~40cm, 최대 50cm
분포 제주도와 남해, 일본 남부를 비롯한 서태평양과 인도양,
　　　 남대서양의 아열대 및 열대 해역
제철 10~2월
이용 회, 구이, 조림, 튀김

제주도 남부에 분포하는 아열대성 어류다. 일반적인 전갱이과 어류와 달리 체고가 높고 몸 빛깔은 검어서 외관상으로 보기 좋지는 않다. 어릴 때는 특유의 검은 줄무늬가 여러 개 나타나다가 성어가 되면서 점차 사라진다. 국내에는 혼획물로 유통되는 정도이며 어획량은 많지 않다. 독특한 외형과 달리 생선회는 감칠맛과 단맛이 좋고, 열을 가하면 살이 부드러울 뿐 아니라 지방기도 적당해 맛이 좋은 생선이다. 신선할 땐 회로 먹지만 선어로 유통된 것은 소금구이나 간장 조림, 생선가스 정도로 이용된다.

노랑점무늬유전갱이

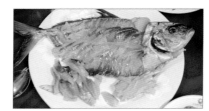

분류	농어목 전갱이과
학명	*Carangoides orthogrammus*
별칭	남양갈전갱이
영명	Yellow-spotted crevalle, Island trevally
일명	난요우카이와리(ナンヨウカイワリ)
길이	35~50cm, 최대 약 80cm
분포	남해, 제주도, 일본남부, 대만, 홍해, 아라비아해, 태평양과 인도양의 아열대 및 열대해역
제철	9~2월
이용	회, 구이, 튀김, 조림, 카르파치오

아열대 해역에 서식하는 난류성 어류다. 우리나라는 난류가 강하게 발달하는 여름부터 초가을 사이 경남 홍도 및 제주도 근해에서 가끔 낚시로 잡히는데 최근 한반도 연안의 수온이 높아지면서 출현 횟수가 점점 많아지고 있다. 국내에 출현이 잦은 시기는 여름부터 가을인데, 지방감이 좋은 시기는 겨울

︽ 노랑점무늬유전갱이 회

이다. 전갱이과 어류 중에선 80cm까지 성장하는 제법 큰 어류로 싱싱할 땐 회로 먹을 수 있다. 살이 단단해 식감은 매우 좋고, 특히 뱃살은 고소한 맛이 일품이다. 등살은 지방감이 적어 비교적 담백한 맛을 내는데, 일정 시간 숙성하면 더욱 맛있어진다. 이밖에도 구이와 조림, 카르파치오 등으로 이용된다.

가시투성왕게

분류	십각목 왕게과
학명	*Paralithodes brevipes*
별칭	하나사키 킹크랩
영명	Hanasaki-Crab
일명	하나사키가니(ハナサキガニ)
길이	갑폭 최대 약 30cm
분포	일본 북부, 러시아를 비롯한 북태평양
제철	5~7월, 10~12월
이용	찜, 탕, 샐러드

국내에서 판매되는 가시투성왕게는 전량 수입산이다. 일본 북해도(홋카이도)와 쿠릴열도에 분포하고 북해도에서 최대 생산되고 소비되지만, 국내로 들어오는 물량은 대부분 러시아산이다.

시장에선 흔히 '하나사키'라고 부른다. 여기서 '하나사키'란 익었을 때 빨갛게 변한 모습이 마치 '꽃이 핀 것 같다'고 하여 '하나'(꽃)와 '사키'(피다)를 붙여 쓴 것인데, 실제로는 본

⋀ 익으면 유난히 빨개지는 가시투성왕게

종의 최대 산지인 북해도 하나사키 항구의 이름에서 유래되었다고도 볼 수 있다. 일반적인 킹크랩보다 몸집이 작고 수율도 덜해 품질이 들쭉날쭉하다는 단점이 있지만, 잘만 고른다면 탄탄한 살집과 고소한 풍미를 자랑하는 내장 맛을 느낄 수 있다. 제철은 킹크랩이 비수기를 맞는 봄~여름 사이에 한 번, 가을에서 초겨울에 한 번이지만, 수입량은 그때그때 어획량에 따라 좌지우지되므로 변동성이 큰 편이다. 따라서 시장에 늘 가시투성왕게가 있는 것은 아니다.

고르는 법

6~8월 사이는 가시투성왕게가 탈피기를 겪는다. 이 시기 유통되는 가시투성왕게는 탈피 직전이거나 이미 탈피를 마친 것이 섞여서 유통될 때가 많다. 어느 쪽이든 껍질을 눌러보면 단단하지 않고 부드럽게 들어가며, 직접 쪄서 해체하지 않은 이상 소비자의 눈으로는 이것이 탈피 전인지 직후인지를 판단하기가 어렵다. 정확한 것은 아니지만, 탈피 전과 후는 색으로도 어느 정도는 구별이 가능하다. 탈피를 마친 가시투성왕게는 등껍데기가 붉게 물든다. 따라서 황갈색에서 적갈색까지는 탈피 전이고, 그보다 붉거나 선홍색이 도드라지면 탈피 직후라 보면 되겠다. 구매할 때는 탈피 전인 것을 고르는 게 좋다. 쪄서 해체하면 껍질이 두 겹이라 업계에선 '더블'이라 부르는데 대게로 치면 '홑게'인 상태와 같다. 초겨울에는 껍질이 단단하고 수율이 높은 A급이 많이 유통되고, 여름에는 탈피기에 놓인 것이 많이 유통되므로 반드시 탈피 직후인 것은 피하는 것이 좋다.

여름철 가시투성왕게를 맛본 소비자들의 컴플레인이 많은 이유도 탈피 직전과 직후가 뒤섞여 판매되는 탓에 품질이 들쭉날쭉하고 수율도 제각각이어서다. 그래서 가시투성왕게를 고를 때 단골집을 확보하든 믿을만한 구매처의 상인으로부터 추천을 받든 최대한 좋은 물건을 살 수 있도록 신경을 써야 한다.

⋀ 탈피 직전에 나타나는 적갈색 등껍데기

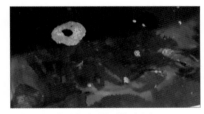

⋀ 왼쪽에 붉은 것은 탈피를 마친 것이다

⋀ 배쪽이 거뭇거뭇하고 마디 사이사이가 살구색을 띠는지 확인한다

가격은 그때그때 다른데, 예를 들어 이날 킹크랩 시세가 kg당 7~8만 원이라면, 가시투성왕게는 그것의 절반인 4~5만 원선인 것이 행여나 품질이 최상이 아니라도 심리적으로 손해 보지 않는 적정선일 것이다.

겨울에 가시투성왕게는 껍질이 단단하고 배쪽이 거뭇거뭇하며 허벅다리를 눌렀을 때 탄탄한 것이 좋다. 몸통에서 다리가 연결되는 마디마다 희지 않고 살구색을 띠는 것이 살이 찬 것이다. 먹기 좋은 무게는 킹크랩이 마리당 평균 2~3.5kg이라면, 가시투성왕게는 1~2kg 사이이다.

이용

일반 킹크랩처럼 쪄서 먹는다. 일부는 그릴에 굽기도 하는데 버터 소스를 바르면 맛이 좋다. 찐 게살은 아보카도를 곁들인 샐러드에 활용해도 좋다. 남은 게딱지는 장과 함께 게장비빔밥 혹은 볶음밥으로도 이용된다. 특히 가시투성왕게의 장은 흡사 성게 생식소와 비견될 만큼 진하고 고소하며 풍부한 맛을 내므로 파스타 소스로 사용해도 되고, 게살을 찍어 먹는 소스로도 손색이 없다.

☒ 가시투성왕게 찜. 레드 킹크랩보다 게장 맛이 고소하다는 장점이 있다

☒ 아보카도 게살 샐러드

☒ 가시투성왕게 게장 볶음밥

군부

분류 신군부목 군부과
학명 *Acanthopleura japonica*
별칭 딱지조개, 군벗
영명 Japanese common chiton
일명 히자라가이(ヒ ザラガイ)
길이 4~6cm
분포 우리나라 전 해역, 일본, 대만, 동중국해, 남중국해, 동남아시아를 비롯한 전 세계 온대 및 아열대 해역
제철 4~8월
이용 숙회, 물회, 무침, 탕, 찌개, 조림, 젓갈

☒ 바위에 단단히 붙어 사는 군부 군집들

다판류에 속하는 무척추동물 패류로 '딱지조개'나 '군벗'으로 불린다. 등 쪽에 손톱 모양의 각판이 8장 포개져 있어 마치 쥐며느리처럼 생겼다.
조간대 갯바위나 암초에 붙어 사는데 워낙 흡착력이 좋아 군부를 따기 위한 장비와 기술이 필요하다. 우리나라 전 해역에 서식하지만, 제주 및 일부 섬 지역에서만 먹는다. 아종인 털군부, 줄군부, 비단군부, 말군부 등도 식용으로 활용된다.

이용

삶아서 숙회로 먹거나 된장찌개에 넣어 먹는다. 이 외에 각종 채소와 함께 새콤달콤하게 무친 무침과 조림, 젓갈 등으로도 먹는다. 전복 이상으로 오독오독한 식감이 일품이지만, 이따금 내장에서 갯내나 비린내가 나기도 한다. 제주에선 군부를 이용한 군벗물회가 유명하다. 일본에서도 극히 일부 사람들은 군부를 식용하는데, 가끔 알레르기를 유발한 사례가 나오기도 했다.

민들조개

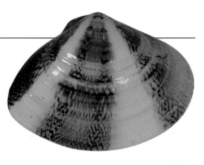

분류	백합목 백합과	**분포**	동해, 대만, 일본, 중국 등
학명	*Macridiscus melanaegis*		동북아시아 해역
별칭	비단조개, 째복	**제철**	3~7월
영명	미상	**이용**	찜, 탕, 볶음, 칼국수, 파스타,
일명	오키아사리(オキアサリ)		젓갈, 각종 찌개
길이	각장 4~7cm		

여름에 먹는 조개류는 위험하다는 속설과 달리 여름에도 맛
이 좋은 조개이다. 주산지인 강원도 일대에서는 '비단조개',
'째복' 등으로 부른다. 주요 산지는 속초, 강릉, 삼척을 비롯
해 울진, 후포에 이르기까지 동해안 전역의 모래에서 채취되
며, 이 지역의 수산시장에서 흔히 볼 수 있다. 서해안을 대표
하는 조개가 바지락이라면, 동해안을 대표하는 조개는 바로
이 민들조개라고 할 수 있다. 뻘 지형에 주로 서식하는 바지
락과 달리, 민들조개는 모래 지형에 서식하며 개체별 빛깔과
무늬 차이가 많이 난다.

︽ 개체별 색과 무늬 차이가 크고 예쁘다

이용

산지뿐 아니라 온라인 쇼핑몰에서도 활발히 판매된다. 작은 것은 4cm부터 매우
큰 것은 6cm가 넘어가기도 한다. 같은 1kg이라도 크기에 따라 가격이 다른데 클
수록 비싸고 맛도 있다. 민들조개 맛을 제대로 느끼고 싶다면 단순히 찌는 것을 추천한다. 맛있는 국물
이 우러나기 때문에 조개탕이나 칼국수, 된장찌개, 순두부찌개 등에 넣으면 맛이 좋다. 다만 너무 오래
넣고 끓이면 육즙과 감칠맛이 사라지고 식감은 뻣뻣해지므로 5분 이상 끓이지 않는 것이 좋다. 강원도
에선 토속음식인 옹심이에도 이 민들조개가 들어간다. 재료는 국산이지만 대만이나 홍콩식으로 매콤한
조개볶음으로도 먹는다.

바위굴

분류	익각목 굴과		
학명	*Crassostrea nippona*		
별칭	일본굴	**분포**	남해 및 제주도, 동해, 울릉도,
영명	Crassostrea Belcheri, Tropical oyster		일본을 비롯한 북서태평양
일명	이와가키(イワガキ)	**제철**	5~12월
길이	각장 8~15cm(최대 약 30cm)	**이용**	회, 찜, 구이, 튀김, 국, 탕

남해안 일대에 자생하며, 쿠로시오 난류의 영향권에 드는 제주도와 울릉도에서도 발견된다. 조간대에서 약 20m 아래 수심대에 이르는 바위에 붙어 살며 플랑크톤을 섭식한다. 흔히 먹는 '참굴'과 달리 아직은 자연산만 유통되는데 평균 크기가 어른 손바닥만 하며, 큰 것은 한 마리에 1kg가 넘는 것도 있다. 이렇게 되기까지는 최소 3~4년 혹은 그 이상이 걸린다. 여름에만 산란 하는 참굴과 달리 수개월에 걸쳐 매우 천천히 이뤄지는데, 이 때문에 바위굴은 한여름에도 살이 통통해 맛이 있다. 특히, 여름에는 생식소가 비대해지는데 산란철이 아니기 때문에 독성이 없으며 매우 농후하면서 크림 질감의 풍미가 특징으로 참굴보다 더 맛있다고 여기기도 한다. 제철은 5~9월 사이이며, 이때가 가장 많이 채집되고 유통되며, 한겨울에도 먹을 수 있다.

이용

주요 산지는 거제, 통영으로 잠수부나 해녀가 직접 바다로 들어가서 캐내야 한다. 여름이면 현지 수산시장에서도 볼 수 있지만, 인터넷 쇼핑몰에도 판매된다. 다만, 늘 어획되는 것이 아니어서 기상이 좋고 채취가 가능한 한도내에서만 한시적으로 판매된다. 껍데기를 깐 바위굴의 속살은 약간 누런 빛깔을 띠는 것이 있고, 우윳빛깔이 띠는 것이 있는데 어느 쪽이든 맛의 차이는 없다. 진한 크림처럼 즙이 터지는 것은 생식소로 여름에만 맛볼 수 있는 별미다.

살아있을 때는 주로 초고추장과 와사비, 레몬즙 등을 얹어 날것으로 먹는 것이 바위굴의 풍미를 느끼기에 가장 좋다. 참굴보다 굴의 풍미가 진하며, 비린내가 적은 것이 특징이다. 주로 연안의 해안가에 서식하는 참굴과 달리 바위굴은 염분 농도가 높은 해역에 서식하고, 특히 조류 소통이 좋고 파도가 많이 치는 외해권에 자생하다 보니 내륙에서 흘러드는 오염원과 정체된 조류가 만나 발생되는 '노로바이러스'에서도 비교적 자유로운 편이다.

껍데기를 깠을 때부터 고여있는 물은 바닷물로 매우 짜지만, 이후 굴 알맹이로부터 새어나와 고이는 것은 굴즙으로 짜지 않고 향긋하다. 이 외에도 바위굴은 찜과 탕, 굴국, 굴튀김으로도 즐기지만, 뭐니 뭐니해도 즉석에서 연탄불이나 석쇠에 올린 구이가 가장 맛이있다. 여기에 다진 청양고추와 매콤한 양념을 더하기도 하지만, 모짜렐라치즈를 듬뿍 올려 구워먹는 그라탕도 일품이다.

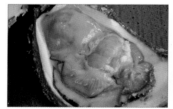
∧ 여름에 날것으로 먹는 싱싱한 바위굴

∧ 바위굴 회

∧ 바위굴 치즈 구이

보라성계 | 둥근성게

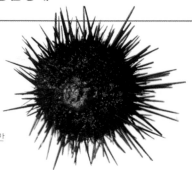

분류 성게목 만두성게과
학명 *Anthocidaris crassispina*
별칭 율구합, 밤송이조개
영명 Purple sea urchin
일명 무라사키우니(ムラサキウニ)
길이 최대 직경 약 10cm
분포 우리나라 전 해역, 일본, 중국, 대만
제철 5~8월
이용 생식, 미역국, 비빔밥, 젓갈

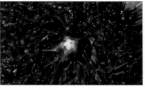
≫ 성게의 이빨

≫ 산 성게를 쪼갠 모습

전 세계 800여 종이 분포하며 우리나라에선 약 30종이 서식한다. 소위 '성게알'이라고 불리는 식재료 중 대부분은 우리 연안에서 흔히 잡히는 보라성게이다. 크기는 직경 약 3~7cm이며, 몸통 둘레는 두껍고 팽창하듯 부풀었고 위아래는 편평하다.

성게를 뒤집으면 이빨이 있고 이것으로 해조류를 닥치는 데로 갉아먹는다. 결과적으로 성게의 왕성한 번식력은 우리 연안의 해조류를 고갈시키는 주범이 되었으며, 바다의 사막화(백화현상)를 부추긴다는 점에서 생태계에 심각한 영향을 끼치는 원인으로 지목되었다. 이렇게 된 이유 중 하나로 일본의 수출길이 막힌 것을 꼽을 수 있다. 국내에 생산된 성게 중 대부분은 일본으로 수출했는데 값싼 중국산 성게의 등장으로 수출길이 막히자 어획을 포기했고, 이후 수년간 우리 바다에는 성게 개체수가 급격히 늘어나게 되었다. 현재는 다시 성게를 잡아들이며 소비가 활성화되고 있다. 대표적인 산지로는 제주도와 남해안 일대(거제, 통영)가 있고, 동해(속초, 강릉, 울진)가 있다.

식용으로 사용되는 성게는 보라성게, 둥근성게, 말똥성게, 북쪽말똥성게, 분홍성게 등이 있다. 이 중에서 보라성게와 둥근성게는 산란 직전인 5~8월 사이 생식소가 비대해지므로 이 시기가 곧 성게의 제철이다. 산란을 마친 9월 이후로는 속이 텅 비게 되므로 성게 시즌이 종료되며 이때부터는 수입산(미국, 캐나다, 페루 등) 성게의 소비가 활발해진다.

**+
성게알은
어느
부위인가?**

우리가 식용하는 성게알은 엄밀히 말해 알이 아닌 생식소를 의미한다. 성게는 자웅이체로 엄연히 암수가 나뉘는데, 수컷의 생식소(정소)는 황백색으로 빛깔이 다소 밝은 편이고, 암컷의 생식소(난소)는 황갈색 또는 종에 따라 주황색으로 나타나기도 한다. 어느 쪽이든 우리는 성게알로 알고 먹으며 맛에서는 뚜렷한 차이가 없다.

≫ 성게의 생식소

+
성게의 독

다행스럽게도 우리 연안에 서식하는 보
라성게, 분홍성게, 말똥성게 등에는 가
시에 독이 없다. 그러나 강원도 일대에
주로 서식하는 둥근성게는 예외적으로 가시에 강한 독성
이 있는 것으로 알려졌다. 일본 남부지방을 비롯해 아열
대 해역에 서식하는 성게 중에는 길고 날카로운 가시를
가진 독성게가 분포한다. 독성게의 가시에 찔리면 심하게

☝ 아열대 해역에 서식하는 독성게

붓고 극심한 통증이 수반되며, 심한 경우 호흡곤란 및 사망으로도 이어지는 만큼 주의가 필요하고
제때 치료를 받는 것이 중요하다. 이러한 독성게는 아열대의 수심 1~5m의 매우 얕은 바다에도 서
식하므로 스노클링이나 스쿠버다이빙 시 각별히 유의한다.

고르는 법

싱싱한 생식소일
수록 흐트러지지
않고 모양이 잡혀 있다. 실온에 노출되
면 금세 녹아내리므로 형태를 잘 유지
하는지를 살피고, 입자가 거칠게 일어
났거나 빛깔이 어두워진 것은 피한다.
성게의 유통은 냉장이 기본인데 제품에

☝ 명반 처리를 하지 않은 국산 보라성게

☝ 명반 처리를 한 국산 보라성게

따라 해수에 물봉 또는 플라스틱 용기나 나무곽에 넣어 판매된다.
수입산 성게의 경우 모양이 흐트러지지 않기 위해 명반 처리를 한다. 명반은 일종의 고착제를 소량 푼
물에 생식소를 담갔다 빼는 것으로 이는 보존력을 높일 뿐 아니라 모양도 흐트러지지 않으니 보기에도
좋고 음식의 활용도가 높아진다는 장점이 있다. 하지만 과도한 명반 처리는 쓴맛을 유발한다. 뒷맛이
쓰거나 쿰쿰한 맛이 나는 것, 그리고 빛깔이 어두운 것은 좋은 성게소가 아니다.

+
각 산지에
따른 특성

가장 비싼 생식소
는 100g당 20~30
만 원을 호가하는
북해도산 말똥성
게이다. 러시아산 프리미엄 말똥성
게 또한 100g당 10~20만 원선으로
높게 형성된다. 명칭은 말똥성게(바

☝ 맛이 깔끔하고 밀도가 높은 캐나다산
성게소

☝ 말똥성게 만큼 맛이 진하고 알이 굵
은 캘리포니아산 성게소

훈우니)란 이름으로 유통되지만, 실제로는 말똥성게일수도 있고 그
보다 크고 단맛이 도드라지는 북쪽말똥성게일수도 있다. 실제로 북
해도산 성게 중 약 50% 이상은 북쪽말똥성게가 차지하고 있다. 그
다음으로 캐나다를 비롯해 캘리포니아 산타바바라 국립해상공원에
서 채취된 보라성게가 알이 크고 풍미가 진해 상등급으로 분류되
며, 멕시코와 페루, 중국산이 뒤를 따른다.

☝ 저렴한 대신 맛이 덜한 중국산 성게생
식소

한편 국산 성게는 작업 숙련도와 가공 및 포장, 유통에 따라 품질이 들쑥날쑥하다. 어떤 말똥성게는 북해도산과 견줄 만큼 좋은가 하면, 또 어떤 것은 흐물흐물하고 냄새가 나기도 한다. 때문에 국산 성게가 캘리포니아나 캐나다산보다 무조건 나쁘다고 말하기 어렵다. 국산 보라성게도 나오는 철 따라 다르고, 산지마다 다르며, 작업자의 숙련도와 포장 및 유통 여하에 따라 그 품질은 천차만별이다. 참고로 성게 생식소는 원물과 산지 모두 중요하지만, 가공업체의 기량과 브랜드에 따라 품질이 좌지우지되기도 한다. 사실상 성게 맛과 품질은 이들 가공업체 브랜드에 따라 결정된다고 해도 과언이 아니다.

이용

성게 생식소의 맛을 오롯이 즐기기 위해선 소금과 생와사비만 살짝 곁들여 생식하는 것이 가장 좋다. 이외에 흰살생선회에 얹어 먹거나 초밥, 지라시스시 등에 활용된다. 국내에선 성게 비빔밥이 유명하다. 많은 재료가 들어갈 필요 없이 단순히 생식소와 김가루, 깨, 참기름, 간장, 여기에 생와사비를 곁들이는 것만으로도 훌륭한 성게 비빔밥이 완성된다. 조리된 음식으로는 주로 제주도에서 유명한 성게 미역국, 성게 국수 등이 있으며 성게 파스타도 일미다.

≪ 성게 초밥

≪ 성게비빔밥

≪ 성게국수

≪ 성게미역국

≪ 성게파스타

둥근성게

분류	성게목 만두성게과
학명	*Strongylocentrotus nudus*
별칭	보라성게(X)
영명	Globular sea urchin
일명	키타무라사키우니(キタムラサキウニ)
길이	최대 직경 약 10cm
분포	동해, 일본 중부이북, 사할린
제철	5~8월
이용	생식, 미역국, 비빔밥, 젓갈

찬물을 좋아하며 주로 강원도 일대에 분포하는 북방종이다. 이 일대 어민들은 둥근성게를 보라성게로 잘못 부르거나 혼용 취급하는 경향이 있다. 그만큼 보라성게와 생김새가 비슷해서 생긴 현상이지만, 실제로는 다른 종이다. 둥근성게가 좀 더 동글동글한 체형이고, 가시의 길이도 보라성게보다 짧고 균일하다. 가시 끝에는 독성이 있어 찔리면 통증을 유발한다. 보라성게와 마찬가지로 5~8월 사이가 제

철이며 흔히 식용한다. 보라성게의 생식소와 비교하면, 진한 맛은 보라성게가 낫고 단맛은 둥근성게가 낫다는 말이 있다. 즉 둥근성게가 보라성게보다 맛이 덜 진하면서 담백하다는 평가가 주를 이룬다. 그러나 한 자리에서 시식하지 않은 이상 맛의 차이를 가늠하기란 쉽지 않을 정도의 차이다.

보말고둥 | 바다방석고둥

분류 원시복족목 밤고둥과
학명 *Omphalius rusticus*
별칭 참보말, 보말, 수두리보말, 배말(X)
영명 Top shell
일명 코시타카간가라(コシタカガンガラ)
길이 각장 2~3cm
분포 우리나라 전 해역, 일본, 중국, 대만, 홍콩, 사할린, 시베리아
제철 10~7월
이용 숙회, 국, 탕, 죽, 칼국수

⚠ 시장에 판매되는 다양한 보말고둥류(삼천포 용궁어시장)

⚠ 수두리보말

⚠ 먹보말

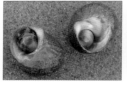

⚠ 약보말

⚠ 참고메기

제주에서는 '참보말', '수두리보말'로 부르며 다른 비슷한 종류와 구분한다. 특히 제주도에서는 '먹보말', '눈알고둥'(약보말), '울타리고둥'(참고메기) 등 비슷하게 생긴 종이 많은데 그중에서도 으뜸은 '보말고둥'(참보말)을 쳐준다. 산란은 8~9월 사이로 이 기간만 아니라면 대부분 제철이라 할 수 있으나 특히 봄부터 여름 사이, 그리고 늦가을부터 겨울 사이에 채취돼 지역 수산시장에 판매된다. 대표적인 산지로는 제주도를 비롯해 남해안 일대(삼천포, 통영, 부산)이다. 우리나라 전국 조간대의 바위나 자갈이 많은 곳에서 흔히 볼 수 있으며 거의 모든 해안에서 별다른 도구 없이 쉽게 채취할 수 있다.

이용

맛이 좋아 그냥 물에 삶아 먹거나 죽이나 국에 넣어 끓여 먹기도 한다. 제주도 향토음식인 보말칼국수나 보말죽에 들어가는 재료가 바로 이것이다.

⚠ 보말죽

⚠ 보말칼국수

바다방석고둥

분류	원시복족목 밤고둥과
학명	*Omphalius pfeifferi*
별칭	수두리보말, 팽이고둥, 보말
영명	Black truban shell
일명	오오코시다칸가가라(オオコシダカガンガラ)
길이	1~3cm
분포	우리나라 전 해역, 일본
제철	3~6월
이용	숙회, 국, 조림

나선형으로 돌돌 만 형태의 소형 복족류이다. 체색은 서식지 환경에 따라 갈색과 적갈색, 녹색과 분홍색이 섞여서 나타나며, 하단에는 세로줄 무늬와 함께 사선 방향의 요철이 있다. 우리나라 전 연안에 분포하며 조간대 갯바위나 바위 표면에 서식하는 초식성 고둥이다. 주로 수두리보말로 불리며, 팽이고둥과 학명이 같지만 왠일인지 도감에는 이 둘을 따로 기재하고 있다. 보말고둥과 섞여서 같이 이용되기도 하는데 간단히 삶아 이쑤시개로 살을 쏙 뽑아 먹기도 하며, 일부는 조림이나 된장찌개에 넣기도 한다. 소형 고둥류 중에선 맛이 좋은 편이다.

살오징어

분류	십완목 빨강오징어과
학명	*Todarodes pacificus*
별칭	오징어, 물오징어, 울릉도오징어, 주문진오징어, 화살촉오징어, 총알오징어
영명	Flying squid, Pacific flying squid
일명	스루메이카(スルメイカ)
길이	외투장 16~25cm
분포	우리나라 전 해역, 일본, 대만, 동중국해, 쿠릴열도
제철	7~12월
이용	회, 물회, 숙회, 찜, 부침개, 국, 튀김, 볶음, 무침, 순대, 식해, 김치, 건어물

⌃ 반건조 오징어(피데기) 맥반석 구이

⌃ 오징어 말리는 풍경(10년 전만 해도 흔했다.)

이명은 '피둥어꼴뚜기'이고 옛 이름은 '오적어'(烏賊魚)이다. 설화에 따르면 살오징어는 마치 죽은 시체처럼 수면에 이리저리 떠다니다가 까마귀가 쪼아 먹으러 오면 바닷속으로 끌고 들어가 잡아먹었다고 해서 붙여진 이름이지만, 이는 어디까지나 설화일 뿐이다.

우리나라에선 가장 대중적으로 이용되는 오징어로 시장에선 흔히 '오징어'나 지역명을 붙인 오징어 정도로 불린다. 마른오징어가 인기가 있으며, 반건조 오징어(일명 피데기)는 그냥 먹어도 맛있지만 맥반석이나 버터구이로 인기가 있다.

최대 산지는 울릉도를 비롯한 동해안 일대로 주문진, 속초가 유명했다. 그러나 지구온난화로 인한 해수온 상승으로 오징어 어장은 해마다 급속도로 바뀌었고, 최근 십여 년 동안 특정 해에는 서해에서 더 많이 잡히기도 했다. 여기에 더하여 국내 대형 선망의 무분별한 남획과 불법 조업, 북한 해역에서 조업권을 따낸 중국 어선의 오징어 남획이 맞물려 어획량이 급감했다. 오징어는 우리 국민이 가장 선호하는 수산물 중 하나지만, 수요와 공급의 불균형으로 인해 중간중간 어획량이 반짝 회복되었을 때도 좀처럼 가격을 내리지 못했다. 때문에 최근 십여 년 동안 가격이 가장 많이 오른 수산물 중 하나로 '금징어'란 말이 붙기도 했다.

산란기는 남쪽에서는 여름~겨울, 북쪽에서는 초겨울로 바다에 알을 낳는데, 생후 5~6개월이면 성숙한다. 이후 생식 능력을 갖추고 짝짓기와 산란을 마치면 죽는 단년생이다. 철저한 야행성이며, 불빛에 모이는 습성이 있어서 이를 이용해 낚시와 조업이 이뤄진다.

※ 살오징어의 금어기는 4.1~5.3이다.(단, 근해채낚기, 연안복합, 정치망은 4.1~4.30) 금지포획체장은 외투장 기준 15cm이다. (2023년 수산자원관리법 기준)

+ 오징어 내장의 사용

현행법상 살오징어는 '중금속 함량이 많다'는 이유로 내장과 먹물의 유통을 금하고 있다. 내장과 먹물만 모아 따로 판매할 수 없으며, 이를 납품받아 음식에 사용한 식당도 처벌받을 수 있다. 하지만 울릉도의 경우 오징어 내장을 사용하는 식문화가 예부터 이어지고 있어서 형평성 논란이 있다. 오징어 내장은 위장과 창자 등 음식물을 소화하고 배출하는 소화기관을 제한다면 대부분 식용이 가능하며, 작은 오징어의 경우 내장 전체를 식용할 수 있다. 일례로 총알오징어라 불리는 어린 살오징어는 외투장 기준 16cm 이상이면 합법적으로 유통이 가능하며, 금지포획체장인 15cm 이하라도 전체 조업량의 20%가 되지 않으면 유통과 판매가 허용된다. 이 경우 어린 오징어는 통찜으로 소비되는데, 이를 식당에서 팔면 불법이고 개인이 집에서 만들어 먹으면 불법이 아니다. 이를 두고 당초 '중금속 함량을 이유로 한 법령 시행'과 '국민의 보건 위생을 지키기 위함'이라는 대의적 목적에 근거한다면 어째서 개인은 되고 식당은 안 되는지에 대한 논리적인 설명이 불가하다(추가로 일본에선 활오징어 회와 함께 생간을 함께 먹는 문화가 있다).

우리가 식용할 수 있는 살오징어 내장은 크게 간과 정소, 알집이다. 여기서 간은 울릉도에서 누런창이라 부르며 주로 된장 양념을 만들 때 사용하고, 수컷의 정소는 흰창이라 부르며 오징어 내장탕에 쓰고 있다.

⌃ 오징어 통찜

⌃ 오징어 내장

현행법상 오징어의 먹물도 중금속 함량이 높다는 이유로 유통하거나 음식에 사용하면 불법이다. 시중에 판매되는 먹물 제품은 대부분 갑오징어의 먹물이다. 파스타 면발과 같은 색소 흡착 용도로 쓰는 것도 갑오징어의 먹물이다.

+
총알오징어와
화살촉오징어

모두 살오징어의 새끼를 지칭하는 말이다. 총알오징어란 용어의 탄생 배경은 한 수산업체의 단순 마케팅 목적에서 비롯되었다. 2014~2015년경에 만들어진 총알오징어는 몸길이 12cm 전후의 미성숙 개체로 그 모습이 마치 총알처럼 생겼다고 하여 붙여진 이름이다. 이토록 작은 개체는 내장이 크게 발달하기 전이라 살이 야들야들하고 부드러워 통찜으로 인기가 있었다. 이후 인터넷 쇼핑몰을 중심으로 전국적으로 소비가 확산되자 너도나도 총알오징어를 사 먹는 등 수요가 급증했다.

수요가 급증하면 관련 산업이 발달하기 마련인데 이 경우는 무리한 남획으로 오징어의 개체수 감소에 상당 부분 일조한 것으로 평가됐다. 문제는 총알오징어란 마케팅 용어이다. 이는 소비자들로 하여금 새끼 오징어임을 인지하지 못한 채 별개의 종으로 알고 소비하게 만든 원인으로 지목되었고, 결국 해수부가 금지체장(외투장 기준 15cm)을 신설함으로써 일단락되었다. 하지만 이후에도 '총알오징어'라는 마케팅 용어는 소비자의 뇌리에 깊은 인상을 주었기에 16cm를 넘긴 오징어에도 여전히 쓰이고 있다. 한편 화살촉오징어란 말은 그 모양이 화살촉 같다고 하여 지어진 이름으로 총알오징어보다 먼저 발생했으며, 주로 낚시인들로부터 불리는 애칭이다.

※2000년부터 트롤 조업이 채낚기 조업 비율을 추월하기 시작

※2016년 해수부가 살오징어 금지
체장을 12cm로 신설

※**2016년부터 어획량 급감**
(총알오징어 유행시기와 일치)

25만톤
19만톤
17만톤
15만톤
12만톤
8만톤
4만톤
5만톤

1999 2005 2012 2015 2016 2017 2018 2019

︽ 오징어 어획량 통계(자료 참고: 통계청 및 KFAS 논문 '살오징어의 어획량 변동') ︽ 일명 총알오징어라 불리는 어린 오징어

+
오징어의
음흉한 습성

살오징어는 뼈 대신 얇고 투명한 연갑, 즉 몸통을 받치는 얇은 플라스틱 같은 지지대가 있으며 다리는 10개다. 10개의 다리 중 양쪽에 유난히 기다란 다리는 '촉완'으로 먹이를 사냥하거나 짝짓기 할 때 사용된다. 짝짓기 철에는 수컷 다리 중 하나가 생식기(교접완)로 변한다. 이때 수컷은 생식 능력도 갖추지 못한 어린 암컷을 찾아 교미를 시도한다. 수컷은 생식기(교접완) 다리를 암컷의 몸속으로 밀어 넣어 정포(정자 덩어리)를 주입하는데 당장은 알을 낳을 수 없으므로 암컷은 좀 더 성장할 때까지 정포를 입 주변에 저장해둔다.

+
**기생충으로
오인되는
정포**

가끔 오징어회를 먹다가 혓바닥과 목구멍, 입천장에 이물질이 박히는 경우가 가끔 있다. 흔히 기생충으로 오인하지만 이는 무수히 많은 정자가 모여 낭을 형성한 '정포'이다. 정포는 수컷의 정소에서 나오지만, 짝짓기를 통해 암컷이 받아내고 착상하기 전까지는 이를 입 주변에 저장해둔다. 그래서 여름철 오징어회를 먹고 난 후 입안이 따끔거린다면 정포가 박혔을 가능성을 열어두고 병원을 찾아야 하는데 사실 이렇게 되기까지는 매우 낮은 확률이라 할 수 있다. 입 주변 살은 특유의 꼬득거리는 식감이 있어서 사람들이 선호하는 부위다. 회를 뜰 때는 입 주변에 정포가 있는지 확인하고 제공해야 한다. 당연한 말이지만 시중에 판매되고 있는 '말린 오징어 입'은 먹어도 안전하다.

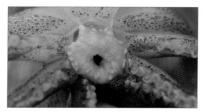
≪ 기생충으로 오인되는 정포

+
**수입산
오징어**

오징어는 우리 식탁은 물론, 외식 산업에서도 매우 중요한 식재료이다. 그러나 갈수록 몸값이 치솟으니 예전처럼 국산 오징어를 고수하기에는 한계가 있다. 이에 적잖은 식당은 적당히 대체할 만한 수입산 오징어를 활용 중이다.

훔볼트오징어

일명 '대왕오징어'란 이름으로 통하는 훔볼트오징어는 외투장 길이만 1m가 훌쩍 넘고, 무게도 40kg가 넘는 대형 오징어이다. 주요 산지는 칠레, 페루 등 남미 해역을 비롯해 남서대서양(포클랜드)으로, 주요 수출국은 물론 중국과 같은 제3국을 통해 가공되어 국내로 수입된다. 훔볼트오징어를 비롯한 대왕오징어류(대왕오징어, 남극하트지느러미오징어 등)에는 '염화암모늄'이라는 불쾌한 맛을 유발하는 성분이 들어 있다. 따라서 훔볼트오징어를 가공할 때 염화암모늄을 제거하기 위해 약품 처리를 하기도 하며, 업장에서 사용할 때도 밀가루로 여러 차례 문질러 헹군 것을 쓰기도 한다. 주요 사용처는 짬뽕, 파스타, 해물탕, 오징어 무침, 오징어 볶음, 오징어 튀김, 진미채, 맥반석 오징어 구이, 조미 오징어 다리 등 오징어가 쓰이는 거의 모든 음식에 사용된다.

≪ 훔볼트오징어의 몸통

≪ 흔히 가문어라 불리는 훔볼트오징어의 다리

가문어

가문어는 문어가 아닌 훔볼트오징어의 또 다른 말이다. 이는 대왕오징어란 말 대신 문어란 인상을 주기 위해 고안된 마케팅 용어로 소비자로 하여금 문어로 착각하게 하여 소비를 촉진하는 용어이므로 이를 명백한 기만 행위로 보는 시각도 있다. 전부는 아니지만 국내에서 판매되는 타코야키(문어빵) 중 상당수가 가문어, 즉 훔볼트오징어 다리를 사용한다. 이 외에도 동전 가문어, 대왕발, 대왕문어발, 장족, 통족, 망족이란 이름으로 절찬리 판매되고 있다.

냉동 솔방울 오징어

솔방울 오징어는 격자 무늬로 칼집을 낸 가공 오징어살이다. 모양이 예쁘고 한입 크기로 인기가 좋아 오징어 식감이 필요한 음식(짬뽕, 파스타, 볶음요리 등)에 사용되고 있다. 국내로 유통되는 솔방울 오징어는 전량 수입산이자 냉동 식품이며, 상당수가 중국산이다. 원재료는 이 역시 훔볼트오징어의 몸통살이 되겠다.

︽ 훔볼트오징어를 주원료로 한 냉동 솔방울 오징어

냉동 베이비 갑오징어류

베트남 등 동남아시아에서 어획돼 현지 가공 공장에서 냉동 포장된 것이다. 원재료는 파라오갑오징어, 쇠갑오징어, 입술무늬갑오징어 등의 어린 개체를 가공한 것이다. 국내에선 짬뽕을 비롯한 중식, 해물 라면, 해물탕 등 다양한 음식에 활용되고 있다.

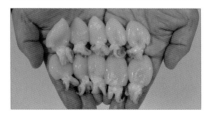
︽ 냉동 베이비 갑오징어류

냉동 살오징어

본문에 소개한 살오징어와 같지만 원양산, 중국산, 아르헨티나산 등 다양한 원산지로부터 수입돼 냉동으로 판매되고 있다. 주로 원물과 손질 두 가지 형태로 판매되며 가격은 국산 오징어보다 저렴해 기존에 우리가 먹어온 오징어와 가장 비슷한 식재료로 주목받고 있다.

︽ 왼쪽부터 아르헨티나산, 원양산, 국산(연근해)

고르는 법

살오징어는 크다고 질기지 않으므로 용도에 맞게 크기를 선택해야 한다. 통찜은 외투장 기준 16~19cm 정도의 비교적 작은 것이 좋고, 회를 비롯해 각종 조리용은 클수록 활용도가 좋다.

활오징어

수조 속 활오징어는 환경과 기분에 따라 다양한 체색을 가지지만, 대개 활력이 좋은 오징어는 매우 검붉은 색일 때가 많다. 상처가 없고 매끈하며 다리 10개가 모두 붙은 것이 좋고, 적당한 속도로 수조속을 헤엄치는 오징어가 좋다.

︽ 활오징어를 파는 난전(울릉도 도동항)

생물 오징어

오징어가 죽으면 일정 시간 동안은 적갈색(일명 초콜릿 색)을 띠다가 점차 흰색이 된다. 오징어는 체색을 수시로 변화시키는 색소포로 자신의 감정과 상태를 표현하는데, 특히 위협을 받았거나 흥분했을 때는 검붉은 색으로 뒤덮이며, 죽고 나서 시간이 흐름에 따라 점차 옅어지는 원리로 신선도를 가늠하는 것이다. 하지만 여기에는 한 가지 맹점이 있다. 오징어는 신선도 유지를 위해 얼음 위에 보관되는데 이

때 얼음이 닿는 면은 색소포가 빨리 사라져버려 흰색에 가깝게 된다. 배에서 잡은 즉시 급랭한 선동 오징어의 경우도 같은 이유로 몸 전체가 하얗게 된다. 그러므로 이것이 빙장이나 냉동에 의해 하얗게 된 것인지, 신선도가 저하돼서 하얗게 된 것인지(이 경우 약간 누렇게 변한다)는 구분해야 한다.

︽ 초콜릿 빛깔로 가장 싱싱한 상태이다   ︽ 점차 흰색으로 변하는 중인 오징어

마른오징어

일반적으로 마른오징어를 고를 때는 크게 두 가지 유형을 볼 수 있다. 하나는 몸통에 분이 피지 않은 것이고 다른 하나는 하얗게 분이 일어난 것이다. 이 '분'의 정체는 타우린이다. 원래 타우린은 오징어 껍질 등을 조리한 음식으로 섭취하는 건데, 건조한 지 오래되면 오징어 껍질에 있던 타우린 성분이 바깥으로 배출돼 하얗게 피는 것이다. 그만큼 외부 공기와 오랫동안 접촉한 것이므로 하얗게 분이 핀 것은 건조한 지 오래된 오징어임을 말해준다. 하지만 분이 피었다고 오징어가 상했거나 나쁘다는 의미는 아니다. 단지 더 좋고 싱싱한 마른오징어가 있는데 굳이 분이 핀 오징어를 고를 이유는 없다는 뜻이다.

︽ 해동 중인 선동 오징어는 재냉동을 하지 않는 것이 좋다   ︽ 둘 다 생물이라면 초콜릿 빛깔이 좀 더 낫다

︽ 분이 없는 것과 분이 핀 것   ︽ 가운데 검은 선이 뚜렷할 수록 신선한 마른오징어다

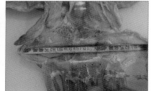

︽ 빨판 가시가 살아있는 것이 좋다   ︽ 울릉도 오징어 인증마크를 확인한다

두 번째는 몸통 한 가운데에 검은 선이 있는 것을 고르는 것이다. 최상급 마른오징어는 조업 후 최대한 빨리 손질해서 해풍에 말린 것이다. 그랬을 때 반건조 피데기가 아닌 이상 바짝 말린 것일수록 몸통 가운데는 검은 빛이 나며, 가장자리는 밝고 선명한 갈색을 띤다.

세 번째는 빨판 가시가 살아있는 것을 고르는 것이다. 조업부터 건조에 이르기까지 그 시간이 지체되면 될수록 빨판은 훼손된다. 특히 빨판이 대부분 붙어 있고 잔가시가 눈에 보인다면 그 오징어는 싱싱할 때 건조한 것이다.

네 번째는 진짜 울릉도산 마른오징어를 구매해야 한다면 울릉도에서 인증하는 특허청 표시를 확인해야 한다. 이 표시가 없는 울릉도 오징어는 가짜일 확률이 높다.

이용　　　　예부터 오징어는 다양한 음식으로 활용됐다. 산 것은 회로 먹고, 신선한 생물은 오징어국을 비롯해 튀김, 볶음, 해물탕 등 이루 헤아릴 수 없을 정도로 다양한 음식에 활용된다. 오징어 산지인 강원도에선 예부터 식해나 김치를 담갔고, 특히 오징어 순대가 유명하다. 통영의 명물 충무김밥에 빠지면 안 되는 오징어 무침, 그 외에 반건조 오징어 버터구이를 비롯해 다양한 형태로 가공된 마른오징어 제품이 인기가 있다.

⌃ 오징어회　　　　⌃ 오징어 물회　　　　⌃ 충무김밥과 곁들이는 오징어 무침　　　　⌃ 오징어 짬뽕

⌃ 오징어 무국　　　　⌃ 오징어 내장탕　　　　⌃ 오징어 튀김　　　　⌃ 오징어 순대

⌃ 오징어 통찜　　　　⌃ 마른오징어　　　　⌃ 반건조(피데기) 오징어

왕우럭조개

분류	백합목 개량조개과
학명	*Tresus keenae*
별칭	껄구지, 미루가이, 코끼리조개(x)
영명	Horse clam
일명	미루쿠이(ミルクイ)
길이	각장 10~20cm
분포	남해, 동해, 일본
제철	4~8월, 11~1월
이용	회, 숙회, 구이, 무침, 탕, 튀김, 찜

⌃ 왕우럭조개(위)와 코끼리조개(아래)

우리나라에선 거제, 여수를 비롯해 남해 동부권의 연안에 서식하는 대형 조개류이다. 시장에서는 종종 '코끼리조개'와 혼용되어 판매되는 것을 볼 수 있는데 이 둘은 엄연히 다른 종류다. 왕우럭조개는 개량조개과이고 코끼리조개는 족사부착쇄조개과로 같은 족사부착쇄조개과인 우럭조개와 가까우며, 왕우럭조개와는 거리가 있다.

패각의 크기가 1cm 이상으로 자라면 이동 없이 퇴적물에 박혀 살며, 수심 20~30m권에 진흙과 개펄이 발달한 곳에서 해녀나 잠수부에 의해 채취된다. 산란기는 봄부터 가을 사이로 지역에 따라 폭넓게 나타나며,

︽ 빛깔은 너무 밝지 않는 것을 고른다

채취는 여름에 집중되어 소비되기에 제철은 여름과 겨울 두 차례로 나뉜다고 보여진다. 최근 갈수록 어획량이 줄고 있어 왕우럭조개와 코끼리조개의 자원 감소를 우려해 방류 사업을 하고 있다.

고르는 법

국내에선 거제 고현시장, 외포항에서 만나볼 확률이 높다. 클수록 상품성이 높고 kg당 가격도 비싸다. 가격은 어획량마다 다르지만 평균 1kg(2~3미)당 25,000원 중반 전후이다.

이용

주로 회, 구이, 탕으로 먹는다. 여름에 날로 먹을 수 있는 몇 안 되는 조개이기도 하다. 회는 감칠맛과 단맛이 있고, 사각사각 씹히는 식감이 좋아 고급 식재료로 인기가 높다. 수관은 검고 질긴 껍질을 숟가락으로 긁어내어 벗긴 뒤 길쭉하게 썰어 결을 끊어내면 씹는 맛이 좋다. 내장을 감싼 몸통살은 적당한 식감에 단맛이 좋고, 이 둘을 이어주는 날갯살은 아삭하게 씹히는 맛이, 날갯살에 붙은 관자는 폭신하면서 부드러운 식감을 준다. 직화로 굽거나 끓는 물에 살짝 데쳐 먹는 숙회는 따로 손질이 필요 없다. 열에 익는 과정에서 수관에 붙어 있던 질긴 가죽 껍질이 쉽게 떨어지기 때문이다. 곁들이는 소스는 초고추장과 참기름장이 잘 어울린다. 한입 크기로 잘라 구운 뒤 얇게 썰어 구운 소고기와 버섯 등을 곁들여 삼합으로 즐기면 보다 다채로운 맛을 느낄 수 있다.

︽ 왕우럭조개 회

︽ 껍데기에서 분리한 조갯살로 검은 부분이 수관이다

︽ 껍질을 벗겨낸 수관

︽ 몸통살

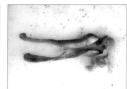

︽ 날갯살과 관자

︽ 살짝 데친 왕우럭조개 숙회

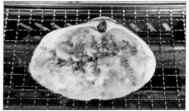

︽ 왕우럭조개 버터 마늘 구이

왜문어

분류 문어목 문어과
학명 *Octopus vulgaris*
별칭 돌문어, 참문어, 문어
영명 Common octopus
일명 마다고(マダコ)
무게 200g~2kg, 최대 약 5kg
분포 우리나라 전 해역, 일본, 대만을 비롯한 전 세계
태평양, 지중해, 대서양의 온대 · 열대 해역
제철 7~12월
이용 찜, 숙회, 초밥, 카르파치오, 샐러드, 구이, 튀김,
조림, 탕, 찜, 삼합, 건어물

낮에는 바위틈에 숨어 살다가 밤이면 사냥 활동을 하는 야행성 두족류이다. 몸길이는 약 40~80cm, 최대 무게는 5kg까지 보고되었는데, 동해 문어(대문어)보다 작은 소형종이다. 바닷물이 따듯해야 잘 자라는 난류성 문어로 국내 산지로는 제주도를 비롯해 여수 등 남해안 일대이며, 일본 남부 지방과 대만, 심지어 적도 부근인 인도네시아에서도 서식하고 있다. 문어는 색소포를 이용해 주변 환경과 감정에 따라 자유자재로 몸 빛깔을 변화시킨다. 주로 흑갈색, 황갈색, 적갈색을 보이며 불규칙한 그물 무늬가 나타나고 눈동자는 노란색일 때가 많다.

번식기가 오면 수컷은 오른쪽 두 번째 다리를 생식기(교접완)으로 사용하는데 짝짓기를 할 때는 암컷의 외투강 안으로 밀어 넣어 정액을 주입한다. 산란은 여름에 걸쳐 이뤄지며 약 10~15만 개의 알을 낳는다. 수명은 2~3년 정도로 보고되며, 1년이면 식탁에 오를 만큼 자란다. 수온이 올랐을 때 어획량이 늘어나므로 주요 어획기는 금어기가 끝나는 7월부터 초겨울까지 통발 조업이 주를 이루며, 최근에는 낚시와 야간 해루질을 통해 잡아내기도 해 비어업인과 어민들과의 갈등이 깊어지기도 했다.

※ 금어기는 5.16~6.30(시 · 도지사는 5.1~9.15 중 46일 이상 설정 가능)이며, 금지체장은 없다.

+ 맹독성 파란고리문어 주의	지구온난화로 인해 아열대 바다에 서식하던 맹독성 파란고리문어가 해마다 여름~가을이면 관광객으로 붐비는 제주 및 남해안 일대 해수욕장까지 들어오고 있어 주의해야 한다. 파란고리문어는

︽ 파란고리문어

이름 그대로 파란고리가 선명할 정도로 화려한 체색을 뽐내지만, 해루질이 이뤄지는 야간에는 종아리까지 차오르는 매우 얕은 바다로 들어와 화려한 색을 숨기고 있어서 이를 작은 왜문어(돌문어)로 착각하고 만지다 사고를 일으키기도 한다. 게다가 크기도 어른 주먹 정도로 작아서 무심코 밟다 물리는 사고도 일어난다. 이때 침샘을 통해 혈관으로 주입되는 독은 복어독과 같은 '테트로도톡신'으로 한번 물리면 몸이 붓는 것은 물론 호흡곤란과 마비가 오며, 심한 경우 사망에 이를 수도 있다. 더욱이 현재로서는 해독제가 없기 때문에 문어에 물리지 않도록 각별히 주의해야 한다. 파란고리문어의 독성은 대가리를 비롯해 내장에만 있다. 이 때문에 일본의 몇몇 유튜버들은 독이 없는 다리 부위를 식용하는 모습을 보여주기도 한다.

**+
왜문어
vs
문어
vs
발문어의
차이**

우리나라에서 식용하는 문어는 왜문어, 문어, 발문어의 3종류가 있다. 이들 문어류는 지역마다 불리는 명칭이 제각각이어서 혼란스러운데 형태적 특징과 함께 알아본다.

왜문어(*Octopus vulgaris*)

남해 및 제주도가 주산지인 왜문어는 흔히 '돌문어', '참문어'로 불린다. 회색에서 황갈색으로 이어지는 체색에 대가리에는 다각형이 자글자글한 그물 무늬가 산재한 것이 특징이다.

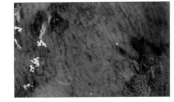
≪ 왜문어의 색과 무늬

문어(*Paroctopus dofleini*)

동해가 주산지이자 최대 50kg 이상 자라는 문어 역시 현지에선 '참문어', '피문어', '대문어', '물문어'라 불린다. 여기서 문제는 '참문어'란 말이다. 각 지역에선 왜문어와 문어를 '참문어'로 부르고 있어 상거래 혼선이 우려된다. 또한, 각 지역에서 많이 잡히는 문어를 저마다 '참문어'로 부르면서 이제는 호칭 문제를 넘어 어떤 종이 더 맛있는지에 대한 찬반논쟁이 벌어지기도 했다. 아무래도 왜문어 주산지인 남해안 일대와 제주에서는 왜문어를, 문어(대문어) 산지인 동해안 일대에서는 문어를 으뜸으로 친다. 전반적으로 붉은 빛이 돌며, 대가리에는 검붉은선이 세로 방향으로 복잡하게 얽혀 있다.

≪ 문어의 색과 무늬

발문어(*Octopus longispadiceus*)

동해에서 주로 잡히는 소형 문어로 생김새가 낙지와 문어의 중간이라고 해서 '낙지문어', '돌낙지' 정도로 불린다. 전반적으로 갈색에서 약간 검붉은 색으로 이어지는 것이 피문어와 비슷하지만 소형이며, 대가리에 흰 반점이 산재해 있다.

≪ 발문어의 색과 무늬

고르는 법

수조에 오랫동안 남아 있으면 주변 환경에 의해 색이 지나치게 밝아지는데 이런 것은 피한다. 주로 회갈색부터 황갈색에 이르기까지 주변 환경에 맞는 보호색을 띠며 웅크리고 있는 것이 좋다. 활문어든 죽은 문어든 다리가 대부분 붙어있고 대가리나 몸통에 상처가 있는지 확인한다. 또한 대가리에 다갈색 그물 무늬가 선명한 것이 좋고, 손으로 툭 건드렸을 때 움찔하며 무늬가 움직이는 것이 좋다. 요리 활용도 측면에서는 1kg 전후가 좋고, 보통 1~2kg 내외가 맛있다.

≪ 시장에 판매되는 신선한 왜문어(선어)

이용

주로 끓는 물에 살짝 삶아서 숙회나 카르파치오를 만들어 먹는다. 해안가 지방에선 갓 잡은 왜문어를 내장째 삶아 통째로 먹기도 한다. 왜문어는 돌바닥에 살아 돌문어라고도 부르는데, 조금만 오래 삶아도 금방 질겨지기 때문에 돌문어라 부른다는 설도 있다. 그러니 왜문어를 삶을 때는 1kg 기준으로 펄펄 끓는 물에 넣고 5~6분 내외로 삶고, 8분 이상 넘기지 않는 것이 좋다. 반면에 지중해권 나라에서는 2시간 가까이 푹 삶아 조직감을 완전히 무너트리는 등 식감을 부드럽게 만드는 데 초점을 둔다.

짧게 삶으면 왜문어 특유의 쫄깃한 식감과 감칠맛이 도드라지고, 2시간 가까이 삶으면 문어 특유의 감칠맛이 국물로 빠져나와 맛이 덜하지만 그 대신 조직감이 젤라틴으로 변화해 쫀득해지면서도 굉장히 부드러워진다. 지중해권 나라에선 문어 자체의 감칠맛보다는 문어를 그릴에 구워도 부드러운 식감을 유지하면서 부족한 맛을 소스로 보충하는 형태로 발전했다.

한편, 문어를 삶는 대신 증기로 찌는 조리법도 있다. 이 경우 문어의 맛과 육즙을 온전히 보존할 수 있다는 장점이 있다. 이 외에도 문어빵(타코야키)에 활용하거나 반건조로 꼬들꼬들해진 문어를 간장에 조려 먹기도 하며, 샐러드, 해물탕, 해물 라면, 그리고 다양한 해산물과 삼겹살을 구워먹는 '여수삼합'으로도 이용된다.

︽ 일명 돌문어 숙회　　︽ 내장과 먹물째 먹는 통숙회　　︽ 지중해식 그릴드 옥토퍼스　　︽ 문어 비빔국수

+ 왜문어 손질

왜문어는 돌밭과 자갈, 갯벌이 섞인 곳에 살기 때문에 빨판에 진흙이 묻어있을 때가 많다. 문어를 요리할 때는 밀가루와 소금으로 박박 문질러 이물질을 말끔히 제거하고 조리한다. 문어는 가장 싱싱할 때 삶거나 쪄야 그 신선도가 오래간다. 삶거나 찐 문어는 한소끔 식혀 1~2일 냉장 숙성했을 때 감칠맛이 올라 맛이 있고, 산소가 들어가지

︽ 밀가루에 씻은 뒤 굵은 소금으로 한번 더 씻는다

도록 잘 포장해서 냉동 보관하면 수개월은 거뜬히 버틸 수 있다. 이처럼 뛰어난 보존력은 문어를 비롯한 거의 모든 두족류의 특징이다.

---

tip. 무는 문어의 연육작용을 돕는다

문어를 부드럽게 삶기 위해 시간을 조절하는 것도 중요하지만, 연육 작용을 일으키는 여러 재료를 활용하는 것도 방법이다. 예를 들어, 무는 문어의 연육 작용을 도우므로, 삶기 전에 무로 문어를 마사지하듯 문질러주면 좋다. 또는 문어를 삶을 때 무와 약간의 설탕을 넣으면 문어가 부드러워진다.

전복

분류 원시복족목 전복과
학명 *Haliotis discus*
별칭 참전복, 북방전복
영명 Abalone
일명 에조아와비(エゾアワビ)
길이 각장 약 12~16cm
분포 한국 전 해역, 일본, 중국, 대만
제철 12~9월
이용 죽, 회, 찜, 구이, 조림, 탕, 젓갈(내장)

전 세계에 백여 종이 분포하며 그중 우리가 즐겨 먹는 전복은 동북아시아권에 주로 서식하는 둥근전복의 변종이다. 전복류 중에선 비교적 얕은 수심대에 서식하며 미역, 다시마 같은 해조류를 먹고 산다. 국내에서 대량 양식을 하는 종이며, 일년 내내 소비된다. 주 산란기는 7~11월 사이로 일본 남부 지방을 비롯한 저위도에선 7~9월 사이로 일찍 시작되는가 하면, 한반도 북부 등의 고위도에선 9~11월로 다소 늦다. 전복은 전남 완도와 진도 일대에서 대량으로 양식되는데, 이 일대 해역의 수심이 그리 깊지 않고, 전복의 주 먹잇감인 미역과 다시마의 양식도 함께 이루어지기 때문이다. 또 전복의 생식에 방해가 되는 굴이나 따개비 등의 부착생물이 적다는 점, 근방에 굴이나 홍합 양식지가 없다는 점도 전복 성장에 유리한 조건을 가진다.

+
전복의 종류

국내 해역에는 다양한 전복이 서식하지만, 몇몇 종을 동종으로 간주하다가 따로 분류했거나 혹은 반대로 이종으로 분류하다가 동종으로 묶는 등 분류체계에 혼란이 있었던 것이 사실이다. 지금은 어느 정도 정리가 되어 아래와 같은 체계가 완성되었다.

⌃둥근전복

⌃참전복

둥근전복(*Haliotis (Nordotis) discus*)
까막전복과 같은 종으로 판명되었다. 둥근전복으로 분류된다.

참전복(*Haliotis discus*)
북방전복이라고도 부르며 둥근전복(까막전복)의 변종으로 분류되는데 현재 이 종이 한국과 일본, 대만에서 가장 많이 양식되고 소비되는 전복이라 할 수 있다.

기타
그 외에 깊은 수심대에 서식하는 왕전복, 말전복 등이 있고, 제주도 근해에 서식하는 오분자기가 있다.

<table>
<tr><td>

+

**전복은
언제가 가장
맛있을까?**

</td><td>

양식 전복은 시기별 맛의 차이를 가늠하기가 어렵다. 자연산은 다시마보다 미역을 먹고 자라 수분함량이 낮고 회분과 글리코겐 함량이 높아서 단맛과 감칠맛이 뛰어난 12~4월 경의 것이 낫다고 알려졌고, 산란기(9~11월) 직전인 6~9월의 것도 맛이 있다고 하니 사실상 산란기를 제한다면 연중 맛이 좋다고 보아도 무방하다.

</td></tr>
<tr><td>

+

**전복도
독이 있을까?**

</td><td>

양식은 거의 해당되지 않지만, 자연산 중 일부 개체는 초봄과 가을 산란기(9~11월)에 내장 중 중장선이란 기관에 독성을 축적할 확률이 있으므로 '내장 생식'은 금하는 것이 좋다. 이 독성은 과다 섭취 시 '피로페오포르바이드A'(pyropheophorbide a)라는 물질로 인해 피부가 햇볕에 노출되면서 가려움증을 유발하는 광감작을 일으킨다.

</td></tr>
<tr><td>

+

**자연산 전복
과 양식 전복
구별법**

</td><td>

시중에 유통되는 전복은 70~80% 이상이 양식 전복이다. 자연산은 양식에 비해 오랜 기간 생존하기 때문에 크고 가격도 비싸다. 크기가 비슷하다면 색으로 구별하면 된다. 양식 전복은 전반적으로 녹색이며, 자연산은 붉은빛이 감돌고 따개비와 해조류등 다양한 부착생물이 붙어있어 양식 전복의 매끈한 껍데기와는 구별된다.

</td></tr>
</table>

⌃ 겨울 자연산 전복　　　　　　⌃ 짙은 갈색이 중장선이다　　　　⌃ 양식 전복(왼쪽), 자연산 전복(오른쪽)

+

**전복 구매 시
알아야 할
단위**

⌃ 크기별로 분류되는 전복

전복은 크기에 따라 10미, 20미, 30미, 40미 등으로 나뉜다. 이때 '미'는 1kg을 기준으로 몇 마리가 들어가느냐를 가리킨다. 다시 말해 40미는 40마리가 모여 1kg이 되는 작은 전복이라는 의미다. 주로 식당에서 라면이나 해물탕용으로 사용한다. 우리가 마트나 시장에서 구매하는 평균 크기는 대략 13~20미 사이이다. 횟감이나 선물용으로는 5~8미 정도의 큰 전복이 좋다.

+ 전복 암수 구별법

전복 암수는 겉모습으로 알아 내기가 대단히 어렵다. 살을 벌려 언뜻 비치는 내장 색으로 알아낼 수 있으며, 껍데기와 살, 내장을 분리하면 비로소 정확한 구별이 가능하다. 전복 내장이 황색이면 수치, 암녹색이면 암치이다. 이 둘의 내장 맛은 미묘하게 다른데 암치의 것이 좀 더 쌉싸래한 맛을 내는 편이다.

회로 먹었을 때는 암치가 수치보다 좀 더 꼬득거리는 식감이다. 그래서 전복을 다루는 전문 식당에선 회는 암치, 찜은 부드러운 수치를 쓰는 편이다. 하지만 이 같은 차이는 전복이 7~8미 정도로 매우 크고, 한 자리에서 비교 시식해야만 알아차릴 수 있는 차이여서 용도에 따라 암수를 구별하는 것이 얼마나 의미가 있을까 하는 의문이 든다.

︽ 전복의 내장으로 수치(왼쪽)와 암치(오른쪽)

︽ 왼쪽은 암치, 오른쪽은 수치로 색과 식감에서 미묘한 차이가 난다

고르는 법

양식 주산지는 전라남도 완도와 진도 일대이고, 자연산은 전 해역에서 채취되나 주로 제주도를 비롯해 남해안과 동해안 일대의 것이 유통된다. 산 전복의 경우 활력이 좋은 것을 고른다. 전복끼리 단단히 붙어 떨어지지 않는 것이 좋다. 흡착력이 있다는 것은 그만큼 활력이 있다는 증거다. 유리 수조에 넣어둔 전복을 고를 때는 바닥에 붙은 것보다 유리벽에 붙은 것을 우선

︽ 살을 비트는 전복이 신선하다

적으로 고른다. 스스로 살을 비틀거나 오므리고 있는 것이 좋다. 살이 활짝 핀 것은 죽기 직전이거나 죽어서 사후경직으로 딱딱하게 된 것이므로 피한다.

대형 마트에서 파는 전복을 고를 때도 비슷하다. 다만 이 경우 비닐 패킹으로 인해 살아있는 전복도 살이 활짝 펴져 있다. 살짝 건드렸을 때 움찔하거나 오므라드는 전복을 고르면 된다. 전표에는 포장된 시간이 표시되므로 최대한 늦게 포장된 것을 고른다.

︽ 죽은 전복은 살이 퍼져있다

︽ 싱싱한 전복만 골라 담은 모습

︽ 마트 전복은 보기엔 이래도 살아있는 전복이 많다

이용

대표적인 스태미나 음식으로 인식된 탓에 복날이 있는 초여름(7월)에 소비가 집중되는 편이다. 참전복은 비린내가 적고 담백하며 씹히는 맛이 탄탄하다가도 가열했을 때는 부드러워지는 등 조리 전후 식감에 차이가 커서 다양한 조리법으로 이용된다. 살아있는 것은 회로 이용되며, 전복죽을 비롯해 찜, 조림, 삼계탕, 해물뚝배기, 솥밥, 구이 등 음식 활용도가 매우 다양하다. '게웃'이라 불리는 전복 내장은 젓갈을 담그기도 하며, 갈아서 전복죽이나 술찜에 함께 내는 소스로 활용된다.

≪ 전복회

≪ 전복죽

≪ 전복 조림

≪ 전복뚝배기

≪ 전복 솥밥

≪ 전복찜과 게웃소스

+

전복을 생식할 때 주의할 점

싱싱한 전복은 회로도 즐겨 먹는데 횟집에서 먹는다면 대부분 위생적인 손질을 거치므로 걱정할 필요가 없지만, 직접 손질해서 먹는다면 몇 가지 주의해야 할 점이 있다.

1. 산란기 때 자연산 전복의 내장은 되도록 생식을 피한다(익힌 것은 괜찮다).
2. 전복의 이빨과 치설(전복의 혀로, 흔히 식도로 오해한다)은 제거한다. 이 부위는 세균이 많으므로 생식을 금한다.
3. 자연산과 양식 모두 살 표면에 검은 때가 잔뜩 끼어 있다. 이 역시 세균이 많으므로 겉면이 하얗게 될 때까지 박박 닦고 헹궈서 사용한다.

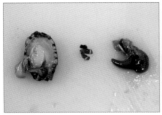
≪ 왼쪽부터 전복살, 이빨, 내장

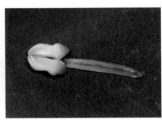
≪ 전복의 이빨과 치설

≪ 전복의 검은 때는 벗긴다

창꼴뚜기

분류	십완목 화살오징어과	**길이**	외투장 15~30cm
학명	*Uroteuthis edulis*	**분포**	남해 및 제주도, 일본 중부 이남, 남중국해,
별칭	창오징어, 한치		동중국해, 호주 북부, 베트남을 비롯한 동남아시아
영명	Sword tip squid	**제철**	5~9월
일명	켄사키이카(ケンサキイカ)	**이용**	회, 물회, 숙회, 건어물, 볶음, 국, 찜, 튀김, 구이, 무침, 절임

이명으로 '창오징어', 시장에선 '한치'라 불리는 오징어류이다. 여기서 한치란 다리가 한 치(一寸)밖에 안 된다고 해서 붙여진 이름인데, 평상시엔 약 3cm에 이를 만큼 짧지만, 죽고 나면 축 늘어져 길게 늘어뜨린다. 이 때문에 해안가에서 건조되는 한치는 다리가 길어 보인다. 시장을 비롯해 여러 횟집과 요리점에선 살오징어보다 부드럽고 단맛이 좋아 고급 오징어로 취급된다. 살오징어와 달리 5~9월 사이 집중적으로 어획되며, 최근 유행하고 있는 한치 선상낚시인 일명 '이카메탈게임' 또한 5월 중순부터 7월까지가 최대 성수기다. 다른 오징어류와 마찬가지로 단년생이며, 여름에 걸쳐 산란하므로 7~8월 사이 잡힌 창오징어는 알이나 정소가 가득 들었을 확률이 높고 신선할 때 내장과 함께 통찜으로 이용된다.

+
제주도 한치와 동해 한치의 차이

제주도를 비롯해 남해안 일대에서 주로 잡히는 한치는 여름이 제철인 창꼴뚜기(이명 창오징어)를 말한다. 하지만 동해로 무대를 옮기면 상황은 달라진다. 주문진에서 포항에 이르는 이 일대 해안가에서는 주로 봄철에 한치 낚시가 성행하지만, 이들이 낚는 것은 대부분 화살꼴뚜기(이명 화살오징어)라는 비교적 온난성 두족류이다. 일본에선 '야리이카'로 불리며 고급 오징어로 취급되고 있다.

살오징어를 비롯해 창꼴뚜기와 화살꼴뚜기는 생김새가 비슷해 상인들도 자주 헷갈린다. 구별 포인트는 지느러미 모양과 그 지느러미가 시작되는 구간이다. 사진에서 보다시피 살오징어는 체색이 좀 더 붉고 지느러미가 삼각형으로 한치라 불리는 두 종류와는 확연히 구분된다. 창꼴뚜기(제주도 한치)는 몸통 끝부분이 둥그스름하며 그 근처에서 지느러미가 시작된다. 그런데 화살꼴뚜기(동해 한치)는 평균 크기가 창꼴뚜기보다 길며 끝부분도 화살처럼 뾰족하다는 것이 특징이다. 더욱이 지느러미가 시작되는 구간도 끝에서 2~3cm는 떨어진 곳으로 좀 더 몸통에 가깝게 붙었다. 두 종은 5~7월 사이 혼획이 되는데다 외형이 매우 흡사해 현지에선 따로 구분하지 않고 '한치'란 이름으로 취급해왔다.

⋀ 창꼴뚜기(일명 제주한치)

⋀ 화살꼴뚜기(일명 동해한치)

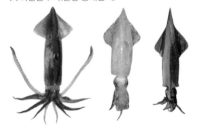
⋀ 왼쪽부터 살오징어, 창꼴뚜기, 화살꼴뚜기

+
한치라
불리는
유사종들

한치는 우리 식탁과 외식 산업에 있어 적잖은 비중을 차지하는 식재료지만, 의외로 파

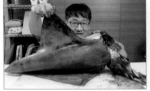
≪ 날개오징어(일명 대포한치)

≪ 동남아시아의 주요 소비종인 한치꼴뚜기

인다이닝 레스토랑을 비롯해 수많은 전문 식당과 초밥집에서 수입과 국산 종을 구분하지 않고 뭉뚱그려 '한치'란 말로 취급되는 것으로 나타났다. 사실 한치는 주 어획기를 제하면 활어나 생물로 맛보기가 매우 어렵다. 한치는 그날그날 잡힐 때마다 현지에서 소진하고 남는 것은 건조하거나 급랭하여 일 년 내내 횟감이나 물회용으로 이용된다. 하지만 이러한 양도 매우 제한적이어서 사실상 소비자가 외식으로 접하는 한치 초밥이나 요리는 대형 종인 국산 날개오징어(일명 대포한치)이거나 수입산 냉동 한치다. 그중에는 호프집에서 판매되는 수입산 마른 한치(표준명 한치꼴뚜기)도 포함이다. 이 외에도 베트남에서 수입되는 창꼴뚜기를 비롯해 그것의 아종이나 근연종이 초밥용으로 수입되고 있다.

고르는 법

주요 산지는 제주도를 비롯해 부산, 통영, 거제 정도로 꼽을 수 있다. 횟감은 수조에서 활발하게 움직이는 것을 고르면 된다. 이때 몸통은 내장이 비칠 만큼 투명한 것이 좋다.

생물을 고를 때는 몸통이 투명감이 좋고 광택이 나는 것이 좋다. 특히 몸통과 다리 쪽을 유심히 보면 1mm가 채 안 되는 미세한 붉은 점들이 점멸하는 것을 볼 수 있는데, 이는 기분과 상태에 따라 몸 색깔을 바꾸는 '색소포'이다. 이 색소포가 멈추지 않고 깜빡인다면 최상급 선어라 할 수 있다(이를 S급 선도로 가정).

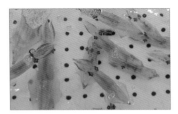
≪ 살아있는 한치들

이 과정이 지나면 색소포의 기능이 멈추고 몸 전체가 붉어지는데 적어도 조리용으로는 매우 신선한 선도라 할 수 있다(이를 A급 선도로 가정).

여기서 시간이 더 지나면 색소포가 걷히면서 일부 하얗게 변한다(이를 B급 선도라 가정). 여기서 최상급인 S급 선도는 횟감으로 좋

≪ 두족류의 체색을 변화시키는 색소포

은 상태이고, A급도 가능하나 만족도는 덜하다. B급은 조리용으로 좋다. 오징어, 한치류는 냉동 기간이 오래되어도 보관한 지 6개월까지는 무리없이 회로 먹을 수 있다. 다만 냉동 시점이 중요하다. 죽고 나서 얼마 안 돼 냉동했다면 금상첨화다. 횟감이 아니라도 6개월 이상 냉동한 창꼴뚜기를 조리용으로 쓰는 데는 무리가 없으며 맛과 식감 손실도 적은 편이다.

≪ 죽은 직후 반투명한 상태가 되는 창꼴뚜기
(S급 선도)

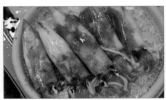
≪ 조리용으로 매우 신선한 한치(A급 선도)

≪ 횟감은 어렵지만 조리용으론 훌륭한 선도
(B급 선도)

이용

'창꼴뚜기(한치)가 인절미라면 오징어는 개떡이다'라는 말이 있을 정도로 식감이 부드럽고 살이 연하다. 값도 오징어보다 두 배 이상 비싸고 특히 단백질 함량이 높고 지방과 탄수화물 함량이 낮아 여성들 사이에서 다이어트 식품으로 각광 받는다. 무엇보다도 싱싱한 한치는 회가 별미다. 숙성회보다는 활어회가 맛있고, 초고추장도 어울리지만 간장과 와사비 조합으로 시작하면 특유의 달짝지근한 맛을 느낄 수 있다.

제주도에선 국수 가락처럼 잘게 썰어 올린 한치 물회가 인기다. 된장 육수에 초피(제피나뭇잎)를 다져 넣은 토속적인 한치 물회와 회무침은 한여름에 꼭 한번 맛봐야 할 별미다. 이 외에도 싱싱한 한치를 내장째로 쪄 먹는 한치 통찜과 한치 김말이 회, 한치 튀김도 일미다. 사실 한치는 어떤 요리, 어떤 식재료와 조합해도 잘 어울리며, 대체로 요리 활용도가 광범위해 늘 환영 받는 해산물이기도 하다.

⌃ 한치회. 간장과 와사비가 잘 어울린다

⌃ 한치 통찜

⌃ 한치물회

⌃ 한치 회무침

⌃ 한치 김말이 토치구이 회

⌃ 한치 튀김

아르헨티나짧은지느러미오징어

분류 십완목 빨강오징어과
학명 *Illex argentinus*
별칭 일렉스오징어, 준치, 중치오징어, 포크오징어
영명 Argentine shortfin squid
일명 미상
길이 외투장 30~60cm
분포 아르헨티나 남부 포클랜드 해역 및 남극해
제철 연중
이용 건어물, 볶음, 찜

⌃ 제주도 해안도로에서 건조되는 준치 오징어

한반도 연안에는 서식하지 않는 외래종이다. 주로 남서대서양 포클랜드 해역에 서식, 원양어선이 잡아 선동 후 가져온다. 국내에선 냉동 오징어와 건어물로 유통되는데, 특히 제주 동북해안도로에서 건조되고 있는 오징어는 한치가 아닌 이 아르헨티나짧은지느러미오징어로 영어권에선 일렉스오징어, 국내에선 '준치'란 말로 알려져 있다. 준치는 그 모양과 맛이 오징어와 한치의 중간쯤이라고 하여 중치라 부르다가 준치로 굳어졌단 설이 있다. 주로 냉동 오징어를 해동 후 손질해서 말리는데, 식감은 반건조오징어(피데기)처럼 연하면서 씹히는 맛이 있고 감칠맛도 괜찮다. 주로 말린 것을 구워 먹지만 그냥 먹기도 한다.

코끼리조개

분류 백합목 족사부착쇄조개과
학명 *Panopea japonica*
별칭 말조개, 왕우럭조개(X)
영명 Geoduck
일명 나미가이(ナミガイ)
길이 각장 8~20cm, 최대 약 25cm
분포 남해, 동해, 일본, 오호츠크해, 사할린과 연해주,
　　　알래스카, 멕시코, 미국 등 태평양 해안
제철 4~8월, 11~1월
이용 회, 숙회, 구이, 무침, 탕, 튀김, 찜

△ 코끼리의 콧구멍을 닮은 수관부

△ 코끼리조개의 다리 구멍

본래 '말조개'로 불렸으나, 수관을 항상 외부로 노출시키는 모양이 코끼리 코를 닮아 '코끼리조개'라는 이름이 붙었다.

실제로 코끼리조개의 수관부를 살피면 구멍이 두 개로 코끼리의 콧구멍과 빼닮았다. 왕우럭조개와 함께 한반도에 서식하는 대형 패류이며, 외국의 것은 수관까지 합친 길이만 60~70cm에 이른다. 다른 조개의 경우 수관이 작아서 포식자로부터 위협을 받으면 패각에 숨기고 입구를 닫아 몸을 보호하는데 코끼리조개는 몸통이 워낙 커서 껍데기를 닫을 수 없다. 유생을 지내면 한곳에 정착해 흙을 깊이 파고 들어가 몸을 숨긴다. 이 때문에 잠수부는 일일이 손으로 캐내듯 잡아야 하며, 생산량이 많지 않아 가격이 비싼 편이다. 그나마 주 어획기인 봄부터 여름 사이 가격이 내려가는데 kg당 3만 원을 전후로 하는 매우 비싼 고급 식재료이다.

수관은 신축성이 매우 뛰어나 길이가 늘었다 줄었다 하며, 이곳을 통해 식물성 플랑크톤을 걸러 먹고 배출한다. 특이하게도 바닷물을 분출하는 구멍이 수관 외에 한 군데가 더 있다. 다름 아닌 엉덩이 부위인데 사실 이곳은 새 부리 모양의 작은 다리를 감추고 있으며, 흙을 파고 물을 뱉는데 사용한다. 산란기인 3~6월 사이 주 어획기와 겹치므로 생식소를 비롯한 내장은 식용하지 않는다.

※ 코끼리조개의 금어기는 4.1~7.3으로 강원, 경북에 한해서만 시행된다.

이용

주산지는 동해 남부 지방을 비롯해 거제도 일대이다. 껍데기가 약해 잘 깨지니 손질 시 주의한다. 주로 회와 살짝 데친 숙회를 먹는데 기다란 수관과 내장으로 이어지는 몸통살을 먹는다. 이 부위들은 열을 고루 받기 위해 반으로 갈라 활짝 펼친 뒤 데치는데 약 90℃ 정도의 물에서 10~20초 정도만 살짝 담갔다 뺀 뒤 얼음물에 식힌 다음 숙회로 이용한다. 이 외에도 찜과 탕, 구이와

△ 코끼리조개 숙회

△ 코끼리 조개 튀김

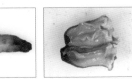
△ 수관부와 몸통살, 내장으로 이뤄졌다

△ 수관부

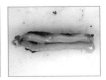
△ 몸통살

튀김 등으로 이용되는데 고급 식재료인 만큼 재료 본연의 맛을 느끼기 위해선 회와 숙회가 인기다. 맛은 왕우럭조개보다 씹히는 맛은 덜하지만 조금 더 해초향이 강하며, 씹을 때 특유의 단맛과 감칠맛이 뛰어나다. 소스는 주로 초고추장과 와사비, 참기름장을 곁들인다.

흰꼴두기

분류	살오징어목 꼴뚜기과	**분포**	제주도를 비롯해 남해, 동해, 일본 중부이남,	
학명	*Sepioteuthis lessoniana*		동중국해, 남중국해, 대만, 베트남을 비롯한	
별칭	무늬오징어, 흰오징어, 미쓰이카		서태평양의 아열대 해역	
영명	Bigfin reef squid	**제철**	5~1월	
일명	아오리이카(アオリイカ)	**이용**	회, 숙회, 찜, 냉채, 튀김, 볶음, 국	
길이	외투장 15~55cm			

오징어 중에서 가장 맛있다고 하여 낚시인들 사이에서 '오징어의 제왕', '오징어의 황제'라고 불린다. 쫄깃한 식감과 씹을수록 올라오는 단맛이 일미다. 다른 두족류와 마찬가지로 한해살이이며, 몸통 길이는 15~30m 내외가 많지만 생육 환경과 개체에 따라 외투장 길이만 50cm 이상, 무게 5kg이 넘는 대형 개체도 있다. 체형은 갑오징어와 비슷해 보이지만 갑오징어와 달리 딱딱한 '갑'이 없으며, 특유의 현란한 무늬와 눈 주변으로 녹색 빛깔을 띠는 것이 특징이다.

표준명은 흰꼴뚜기이고, 이명은 흰오징어이다. 평소엔 흰색에 다갈색 무늬가 섞여 있다가 흥분하면 검게 변하고, 죽으면 하얗게

︿ 죽으면 하얗게 된다

된다. 창꼴뚜기(한치)도 그렇듯 생물학적으로는 꼴뚜기에 속하지만, 사회적 통념상 꼴뚜기는 매우 작은 두족류로 인식되는 경향이 있다. 그러다 보니 흰오징어란 말 대신 특유의 현란한 무늬가 있어서 '무늬오징어'라고 부르게 되었고, 이 책에서도 보다 익숙한 말인 무늬오징어를 적극적으로 썼다. 한편 제주도에선 물오징어를 뜻하는 일본명인 미즈이카가 변형돼 '미쓰이카'로 통용된다.

+

무늬오징어의 수명은 1년?

무늬오징어는 1년 정도 살다가 산란 후 죽는 한해살이로 알려져 있다. 5~8월 사이 잘피밭에서 산란하며 이듬해 봄~여름경 알을 낳고 죽지만, 짝짓기와 산란을 하지 못했거나 특정 개체는 간혹 2년까지 살기도 한다. 알은 여름부터 가을 사이 부화되며 가을~겨울 사이 몸집을 불리는데 개체별 유전적 요인과 생육 환경에 따라

︿ 낚시로 잡은 '무' 사이즈

성장 크기는 제각각이다. 적게는 500g에서 많게는 5kg 이상으로 성장한다. 무늬오징어를 낚는 꾼들은 크기에 따라 작은 것은 '감자', 중간치는 '고구마', kg급이 넘어가면 '무' 등의 별칭을 붙인다.

+ 무늬오징어의 암수 구별

갑오징어도 그렇 듯 무늬오징어도 무늬로 암수 구분 이 가능하다. 무 늬가 선으로 되어있다면 수컷이고, 물방울무늬로 되어있으면 암컷이다. 체형으로도 식별이 가능하다. 수컷 은 삼각형에 가깝고, 암컷은 타원형 에 가깝다. 암컷은 살이 연해 숙회 와 탕, 튀김에 어울리고 수컷은 살 이 단단해 횟감으로 어울리지만, 1kg 미만인 크기라면 그 차이가 크 게 도드라지지 않을 것이다.

≪ 수컷 무늬오징어의 체형

≪ 암컷 무늬오징어의 체형

≪ 가로줄무늬가 선명한 수컷 무늬오징어

≪ 물방울 모양으로 되어 있는 암컷 무 늬오징어

+ 무늬오징어의 타입

국내에선 공식적으로 정의되지 않았지 만, 아종과 근연종을 세분화하는 일본 에선 지역에 따라 서식하는 무늬오징어 를 타입별로 나누고 있다. 아래 소개하 는 무늬오징어가 이종인지 아종인지에 대해서는 국내에 서 연구되지 않았지만, 일본에선 유전자 수준에서 차이를 보이는 것으로 알려졌다.

≪ 흰오징어

≪ 빨간오징어

흰오징어(시로이카) 3종 중 가장 널리 분포한다. 이름은 흰오징어지만 살아있을 땐 흰색 또는 황색을 띠는 경우가 많다. 국내에선 동 해를 비롯해 남해, 제주도에 이르기까지 가장 광범위한 영역에서 잡히는 종으 로 4kg 이상 자란다.

빨간오징어(아카이카) 3종 중 가장 크게 자라며, 5kg 이상 성장한다. 체형이 타원형에 가깝고 둥그스름하며, 체색은 매우 진한 빨간색이다. 남방종으로 일 본 남부 지방 등 난류가 받치는 해역에 서식한다.

≪ 쿠아오징어

쿠아오징어(쿠아이카) 3종 중 가장 소형으로 200g 전후로만 성장한다. 분포는 빨간오징어와 비슷하나 오키나와, 류큐제도, 오가사와라 제도 등 태평양을 끼고 있는 아열대 해역 에 서식하므로 국내에선 보기 어렵다.

+ 이카시메 (오징어 신경 절단)

무늬오징어뿐 아니라 살아있는 오징어라면 전용 도구를 이용해 양 눈 사이(뇌)와 신경 조직을 몸통 방향과 다리 방향으로 찔러 신경을 차단할 수 있다. 신경이 차 단된 오징어는 그 즉시 색소포 기능이 마비돼 온통 하얗게 된다. 이 방법은 운반에 수 시간이 소요될 경우 효과적인데 사후경직 지연 효과를 통해 신선도를 유지하게 된다. 물론 빙장으로 차갑게 보관해야 하며, 일정 시간 동안은 쫄깃쫄깃한 식감을 유지하는 동시에 오징어 특유의 끈적이는 식감을 최소화할 수 있다. 또한 먹물의 생성을 최소화해 살이 검게 물들지 않으므로 생물 유통 시에도 상품성을 유지하게 된다.

☆ 무늬오징어 신경 절단

고르는 법

활어는 활발히 움직이는 게 좋고, 횟감용은 너무 크지 않은 500g~1kg 정도가 적당하다. 최근에는 겨울에도 고수온의 여파로 11~1월 사이 주문진을 비롯한 동해안 일대에서 제법 많은 양이 잡히고 있다. 그중 일부는 활어로 유통되지만, 적잖은 양이 선어로 위판돼 서울 노량진 수산시장으로 들어온다. 싱싱한 생물(선어)는 횟감으로도 사용할 수 있다. 당일 잡힌 것은 물론, 어획 후 만 36시간 정도까지는 횟감으로 쓰는 데 무리는 없겠다.

☆ 주로 동해로 올라오는 흰오징어는 황색을 띠는 개체가 많다

이때 동해산 생물은 제주나 남해산과 달리 약간 누런 빛을 띠며, 이러한 색이 진하고 선명할수록 선도가 좋은 것이다. 몸통은 여전히 무늬가 남아 있고 투명감이 있어야 하며, 눈알은 투명하고 전반적으로 광택이 나는 것을 고른다. 주산지는 제주도를 비롯해 여수와 통영, 거제도, 부산이며, 동해안은 울산, 포항, 경주, 후포, 울진, 주문진 등이다.

이용

10여 년 전부터 일본에서 도입된 낚시 기법으로 국내 무늬오징어 낚시가 크게 활성화되었다. 제주도는 물론 여수권, 통영권, 거제권, 포항, 울진권 등에서 에기(새우 모양을 닮은 인조미끼)를 이용한 현란한 액션으로 무늬오징어를 꼬드기는 낚시가 인기를 얻었는데 당시에는 낚시인들 사이에서만 간간히 전해진 맛이라면, 지금은 각종 미디어와 예능프로그램, SNS의 전파로 입소문이 퍼지면서 미식가들이 찾아먹는 제철 별미가 되었다.

☆ 당기는 손맛이 일품인 무늬오징어 낚시

제철은 성체가 5~8월 사이, 중치급은 9~1월 사이이며, 싱싱할 때 회로 먹는다. 살점 앞뒤로 붙어있는 얇고 투명한 막을 벗겨내야 질기지 않고 맛있다. 일반 오징어처럼 길쭉하게 썰기도 하지만 사각형 모양으로 얇게 저밀 듯 썰면 또 다른 식감을 느낄 수 있다. 여기에 벌집 모양으로 칼집을 내어 토치로 그을린 회도 맛있다. 초장도 좋지만, 처음 몇 점은 간장과 와사비, 또는 새콤한 폰즈 소스 등이 더 잘 어울린다. 회 맛은 특별히 시기를 타지 않지만, 여름부터 초겨울 사이가 가장 맛있다.

☆ 무늬오징어회

횟감용 선도가 아니라면 살짝 데쳐 숙회로 먹는 것이 맛있다. 횟감용이면서 상대적으로 크기가 작은 것은 내장째 통찜으로 이용하는데 먹물에 버무린 맛이 각별하다. 이 외에도 튀김과 볶음, 국으로도 이용되며, 특히 삼겹살과 함께 볶아낸 두루치기가 일품이다.

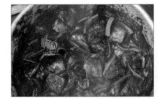
☆ 무늬오징어 먹물통찜

PART

03

—

가을

갈치 | 남방갈치

분류 농어목 갈치과
학명 *Trichiurus lepturus*
별칭 도어, 칼치
영명 Hairtail, Cutlassfish
일명 타치우오(タチウオ)
길이 1~1.5m, 최대 약 2m

분포 우리나라 서해와 남해, 제주도, 일본,
중국을 비롯한 세계의 온대 또는 아열대 해역
제철 8~12월
이용 회, 조림, 찌개, 국, 구이

고등어, 꽁치와 함께 우리나라 국민 밥상에 자주 오르는 대중적인 생선으로, 우리나라 근해 어획량으로 보면 늘 5위 안에 드는 중요한 수산 자원이다. 수온 20℃ 이상에서 먹이활동이 활발한 아열대성 어류로, 겨울에는 제주도를 비롯해 동중국해에서 월동을 나다가 수온이 오르는 봄에 북상해 여름에는 한반도의 남해와 서해까지 진출한다.

다 자란 성체는 몸길이 2m, 두께는 손가락 '지'(指)자를 써서 10지, 일본에서는 속칭 '드래곤 사이즈'라 부르는데, 국내 연안에서 이런 초대형 개체가 잡히는 횟수는 일 년에 10마리 전후로 추산되며, 우리나라보다 수온이 높은 일본 남부지방에 더 많은 개체가 서식한다. 눈에 보이는 먹잇감은 닥치는 대로 잡아먹는 잡식, 육식성 어류로 날카로운 송곳니가 발달했다. 전 세계적으로 20여종이 서식하는데, 우리나라에는 갈치, 붕동갈치, 동동갈치, 분장어 등 4종이 서식한다. 이 중 식용 가치와 경제성이 있는 종은 '갈치' 한 종뿐이다.

제철은 늦여름부터 초겨울 사이다. 6~7월 산란을 마친 갈치가 먹이활동을 왕성히 하며 새살을 찌우는 시기이기도 하며, 이 시기 갈치는 지방 함량이 높아 봄 갈치보다 구수한 맛이 난다. 전라도에서는 어린 갈치 새끼를 '풀치'로 부르는데, 원래 풀치는 조업이 금지됐지만 전체 조업량의 20% 미만, 즉 부수 어획물에 한해선 판매가 가능하다.

※ 금어기는 7.1~7.31이다(단, 근해채낚기 및 연안복합은 제외). 금지체장은 항문장을 기준으로 18cm이다.(2023년 수산자원관리법 기준)

고르는 법

갈치는 일정 크기 이상으로 자란 성체라야 제맛이 난다. 어른 손바닥을 펼친 너비와 같거나 이에 근접한 갈치가 살이 두껍고 맛이 좋다. 같은 길이, 비

⚐ 품질 좋은 갈치의 단면   ⚐ 품질이 좋지 못한 갈치의 단면

슷한 너비라면 살이 두껍고 무게가 나가는 것을 고른다. 토막 난 갈치를 고를 때는 단면의 색이 밝고 흰 것이 싱싱하며 비린 맛이 적고 고소하다. 반대로 피가 먹어 들어갔거나 누런색을 띠는 것은 피한다.

갈치의 은비늘에는 수은이 들어있을까?

수은의 느낌이 은비늘과 비슷해 생긴 오해다. 어류의 수은은 먹이사슬에 의해 축적되므로 최종 포식자에게서 주로 나타나는데, 수은이 많은 대표적인 어류가 바로 상어와 참치다. 갈치도 포식자 계층이라 수은이 미량 함유될 수 있지만, 우리 몸에 해를 끼칠 정도는 아니다.

이용

기본적으로 갈치는 구이와 튀김, 조림으로 이용된다. 풀치는 건어물이 좋은데 간장 조림이나 강정으로 활용한다. 큰 갈치는 주로 토막 내어 굽거나 조림으로 이용하며, 전남에서는 갈치찌개가 손꼽히는 별미다. 제주도에서는 그날 잡힌 신선한 은갈치를 통째로 썰어 호박과 함께 갈치국을 끓여 먹는데, 말간 국물에 고추를 넣어 칼칼함을 살린 맑은탕이 별미로 꼽힌다. 회로도 먹는데, 갓 잡힌 갈치를 현장에서 바로 썰어 먹거나 빙장으로 운송된 갈치를 수 시간 숙성해 썰어낸다. 갈치 내장은 갈치속젓으로 만들어 먹는다.

⌃ 갈치구이

⌃ 갈치조림

⌃ 제주도 토속 음식인 갈치국

⌃ 갈치회

+ 은갈치와 먹갈치

제주산으로 유명한 은갈치와 서해 및 서남해에서 주로 잡히는 먹갈치는 빛깔이 달라 서로 다른 종류라고 생각하기 쉽다. 그러나 둘은 조업방식과 서식지 환경에 따른 차이일 뿐 같은 '갈치'(*Trichiurus lepturus*)이다. 먼저, 은갈치는 제주와 통영, 남해 등지의 얕은 수심에서 주낙과 채낚기로 잡은 갈치다. 낚싯바늘로 한 마리씩 올리기 때문에 몸에 상처가 없고 반짝거려 은갈치라는 이름이 붙었다. 부드러운 식감이 특징이며, 선도가 오래 가니 상품성이 좋아 먹갈치보다 가격이 비싸다.

먹갈치는 목포, 여수 등 서해 및 서남해의 수심 깊은 바다에서 자망으로 조업한 갈치다. 그물에 치이고 쓸리다 보니 비늘이 벗겨질 수 있고, 이후 냉장 숙성되면서 몸 빛깔이 좀 더 검게 변해 먹갈치라 불린다. 식감은 은갈치보다 단단하면서 좀 더 고소하고 감칠맛이 나는 편이다. 따라서 어떤 갈치를 먹을 것인지는 전적으로 개인의 취향 문제다.

⌃ 제주 은갈치

⌃ 목포 먹갈치

남방갈치

≪ 수입산 갈치(남방갈치)의 눈동자

분류	농어목 갈치과
학명	*Trichiurus sp2*
별칭	남방갈치, 이빨갈치, 태평양갈치
영명	Pacific cutlassfish
일명	텐지쿠타치(テンジクタチ)
길이	최대 1.5m
분포	일본 남부 지방, 필리핀, 인도양, 대서양, 세네갈, 파키스탄 등 아열대 및 열대 해안
제철	연중(냉동)
이용	구이, 조림

우리나라에선 잘 어획되지 않으며 세네갈, 파키스탄, 필리핀, 아랍에미리트산 등 인도양 및 아프리카 해역에 걸쳐 널리 서식하는 종이다(국내로 수입되는 것은 주로 세네갈과 파키스탄산이다). 수입이 많이 이뤄지고 있음에도 이렇다할 국명이 누락되어 여기서는 편의상 '남방갈치'라 칭했다. 해당 국가에서 조업된 싱싱한 원물은 국산 갈치 못지 않은 맛을 자랑한다. 다만 수입산 수산물이 그러하듯, 남방갈치도 그물 조업인지 채낚기 조업인지 또는 선동인지 육동인지 여부에 따라 상품성에 차이가 난다. 이후 국내에서의 보관 기간, 원물 상태에 따라서도 그 맛과 품질은 천차만별이다.

+ 국내산 갈치와 수입산 갈치 구별법

우리 식탁에 오르는 갈치는 크게 2종류다. 하나는 국산 갈치고, 다른 하나는 수입산인 남방갈치다. 남방갈치 중 일부는 국내 원양선단에 의해 어획되어 '원양산'으로 표기돼야 함에도 불구하고 국산으로 둔갑해 유통되기도 하며, 수입

△ 잔주름이 나타나는 남방갈치의 등껍질

산 갈치도 원산지 표기를 누락한 채 '먹갈치'라고만 표기하고 판매되는 경향이 여러 재래시장에서 확인되고 있다.

그렇다면 국산 갈치와 수입산 갈치를 구별하는 방법은 무엇일까? 가장 큰 차이는 눈알과 이빨에 있다. 국산 갈치는 검은색 동공에 투명한 흰자위가 특징이다. 물론 선도가 차츰 떨어질수록 연노랑색을 띄지만 수입산인 남방갈치는 진한 노란색을 띄며, '이빨 갈치'라는 별칭에 걸맞게 송곳니가 국산 갈치보다 월등히 크다.

또한 신선한 상태에서 혓바닥을 비교하면, 국산 갈치는 선도의 정도에 따라 검은색에서 은회색으로 이어지지만, 수입산인 남방갈치는 그보다 밝은 유백색이다. 다만 이러한 구별법은 대가리째 진열해

△ 갈치의 혓바닥

△ 남방갈치의 혓바닥

놓은 재래시장에서는 유효하지만, 토막 낸 갈치로는 구별이 어렵다는 단점이 있다. 토막이 난 상태에서는 등지느러미로 이어지는 등껍질에서 차이가 난다. 남방갈치는 실로 꿰맨 듯한 패턴이 나타나지만, 국산 갈치는 이러한 특징이 없다.

+ 갈치는 사람도 잡아먹는다?

갈치를 먹다 보면 종종 사람 어금니와 송곳니를 닮은 뼈를 발견하는데, 옛 어부들은 이를 보고 이빨 갈치라고 부르며 사람을 잡아먹어서라고 믿었다. 물론 오해다. 갈치 몸에서 나오는 딱딱한 뼈는 '이석' 또는 '극조'(혈관가시)로 생태환경의 필요성에 의해 진화된 결과다. 이러한 뼈는 주로 수입산 갈치(남방갈치)에서만 확인되고 있다.

△ 남방갈치의 극조

갈치 비늘을 먹으면 배탈이 날까?

갈치 비늘은 인조 진주의 광택 원료나 립스틱 원료로 사용되는 구아닌 성분으로 이루어졌는데, 이 구아닌을 실온에 방치하면 금세 부패하여 소화 흡수가 잘되지 않고 배탈과 두드러기 증상이 나타날 수 있다. 갈치를 먹고 배탈이 나는 것은 신선하지 않을 때 날로 먹었기 때문이다. 따라서 신선하지 못한 갈치를 회로 먹으면 배탈이 날 수 있으나, 대부분은 신선회와 구이, 조림으로 먹기 때문에 크게 문제되지 않는다.

강담돔

분류 농어목 돔돔과
학명 *Oplegnathus punctatus*
별칭 교련복, 깨돔, 얼룩갯돔, 범돔(X)
영명 Spotted parrot fish, Spotted knifejaw
일명 이시가키다이(イシガキダイ)
길이 40~50cm, 최대 90cm
분포 남해 및 제주도, 일본의 중남부,
　　　 동중국해, 남중국해
제철 9~2월
이용 회, 구이, 탕

△ 일본산 양식 강담돔

돌돔과 사촌지간인 바닷물고기로 무늬를 제외하고 크기와 생김새는 거의 같다. 몸 전체를 두르고 있는 특유의 무늬 때문에 '교련복'(경남), '깨돔'(거제), '얼룩갯돔'(제주)라는 재미있는 별칭이 붙기도 한다. 수도권 지역에서는 '범돔'이라고 잘못 불리고 있다(범돔은 관상어로 따로 있다). 강담돔은 돌돔보다 조금 더 남방계 어류로 우리나라보다는 일본 규슈와 그 이남의 아열대 해역에 개체수가 풍부하며 평균 크기도 크다. 우리나라에서는 남해안 일대와 제주도 등지에서 간간히 어획된다. 성게, 전복, 소라 등을 깨 먹는 습성은 돌돔과 비슷해 이들 미끼를 꿰어 던진 원투낚시 대상어로 인기가 있다.

양식도 가능하나 전국의 수산시장에서 유통되는 강담돔은 대부분 일본산 양식이다. 가격은 양식 돌돔과 비슷한 kg당 8~10만원선이다(자연산은 시가). 다 자란 수컷 성체는 주둥이가 흰색으로 변한다. 지금까지 알려진 최대 길이는 90cm로 대형종이지만, 국내에서 잡히는 것은 대부분 30~40cm 전후이다.

이용

육질이 단단하고 맛이 좋아 돌돔과 비슷한 고급 횟감으로 취급된다. 돔 종류 중에선 대가리가 작아 수율이 좋은편이며, 싱싱한 내장은 데쳐서 먹고 쓸개는 소주에 탄 쓸개주로 이용된다. 맛에서는 늘 돌돔과 비교되는데 양식은 비교적 고른 맛을 선보이고, 자연산은 잡힌 해역에 따라 쫄깃한 식감이 돌돔보다 조금 떨어질 수 있고 특유의 갯내가 날 수도 있다는 평가다. 그런즉

△ 자연산 강담돔회

돌돔은 특유의 향이 나지 않아서 이를 선호하는 이들은 도리어 돌돔보다 강담돔을 더 찾기도 한다. 활어로 유통되며 싱싱할 땐 생선회로 이용되고 남은 뼈와 부산물은 탕거리로 이용된다. 작은 강담돔은 소금구이가 별미다.

돌돔과 강담돔의 교잡종

1969년 전 세계 최초로 참다랑어 완전양식에 성공한 '긴키대학 수산연구소'에선 돌돔과 강담돔까지 인공적으로 교배시키는 데 성공한다. 이는 돌돔의 번식력과 강담돔의 성장 속도를 결합해 양식의 효율과 타산성을 극대화하자는 데서 비롯되었다. 이렇게 탄생한 교잡종을 일본에선 '킨다이'(キンダイ)라 부른다. 문제는 이러한 교잡종이 야생에서도 잡히고 있다는 사실이다. 지금도 강담돔과 돌돔은 일본

△ 일명 돌강돔(킨다이)

남부지방을 중심으로 자연 번식을 이어가며 혼획된다는 설이 있다. 실제로 제주도의 한 횟집 수조에선 쿠로시오 난류를 타고 유입된 것으로 추정된 돌돔, 강담돔의 교잡종이 일 년에 몇 마리씩 잡히고 있다.

개소겡

퇴화된 눈

분류 농어목 망둑엇과
학명 *Odontamblyopus rubicundus*
별칭 대갱이
영명 Green eel goby
일명 와라스보(ワラスボ)
길이 18~25cm, 최대 약 37cm
분포 서해 및 서남해, 일본 남부, 중국 남부, 홍콩, 베트남
제철 4~5월, 9~11월
이용 건어물, 조림, 볶음, 구이, 탕

이 물고기의 배경을 모르면 단지 흉악하게 생긴 괴어 정도로
만 여기겠지만, 전라남도 순천만 일대와 보성군에선 매우 귀
중한 어족 자원이기도 하다. 개소겡은 갯벌에 굴을 파서 그
속에서 살아가는 특이한 어류이다. 5~8개 정도로 깊게 판
땅굴은 마치 개미집과 비슷해 포식자를 피해 은신하며 살아
가기 좋은 구조다. 때문에 다른 물고기처럼 그물을 쳐서 잡
는 건 어렵다. 끌썰매를 끌고 나가 낚시로 잡는 방법이 거의
유일하다 볼 수 있다. 대부분의 시간을 갯벌의 굴속에서 보
내기 때문에 눈은 일찍감치 퇴화됐다.

≪ 꽃개소겡

산란기는 5~7월로 이 시기에는 갯벌 깊숙이 들어가는 습성
탓에 어획이 어렵다. 봄가을에 한시적으로 잡히며, 마을에선
살아있는 개소겡을 즉시 손질해 나무 꼬챙이에 꿰어 말린다.
이렇게 말린 개소겡은 전국적으로 유통하기에는 터무니없이
부족한 양이므로 순천과 벌교 등 지역 수산시장에서 소진된다.

≪ 개소겡의 최대 산지인 순천만 일대 갯벌

참고로 국내에는 개소겡과 꽃개소겡 두 종이 보고되고 있다. 꽃개소겡은 여러모로 연구가 부족해 여전
히 밝혀내지 못한 부분이 많다. 더욱이 청정 갯벌과 한정된 분포지에만 산다는 특성상 과도한 개발과
매립지 건설, 서식지 파괴 등으로 갯벌이 사라지고 있어서 자원 관리가 시급하다 할 수 있다.

이용

주로 나무 꼬챙이
에 꿰어 말린 상태
로 판매된다. 워낙 딱딱하기 때문에 방
망이로 두들겨 연하게 한 뒤 적당한 크
기로 북북 찢는다. 이렇게 손질된 포는
석쇠에 굽거나 볶음, 무침으로 먹는다.
일부 지역에서는 생물을 추어탕처럼 끓
여 먹기도 한다.

≪ 말린 개소겡

≪ 말린 개소겡 볶음

고등어 | 망치고등어, 대서양고등어

분류	농어목 고등어과	**영명**	Chub mackerel
학명	*Scomber japonicus*	**일명**	마사바(マサバ)
별칭	참고등어, 고도리		
길이	35~45cm, 최대 60cm		
분포	한국을 비롯해 태평양의 온대 및 아열대 해역		
제철	10~2월		
이용	구이, 회, 초밥, 조림, 찌개, 튀김		

대표적인 등푸른생선 중 하나로 '어머니와 고등어'라는 대중가요에도 등장할 만큼 서민들의 고단함과 삶의 애환이 담긴 이른바 '국민생선'이다. 국내 고등어 소비는 연간 144,212t으로 1인당 2.8kg을 소비할 정도(2018년 기준)로 남녀노소 누구나 사랑하는 생선이다. 우리나라에 유통되는 고등어는 크게 국산과 노르웨이산으로 양분된다. 종류로 구분하면 태평양 고등어, 망치고등어, 대서양 고등어 등 3종이 있다. 표준명 고등어는 태평양 고등어로 시장에서는 참고등어로 불린다. 우리가 마트, 시장에서 흔히 볼 수 있는 고등어이다. 겨울에 월동을 위해 제주도 이남으로 남하했다가 이듬해 봄이면 북상해 남해를 비롯해 일부 무리는 동해로, 또 다른 무리는 서해로 올라간다. 그러다가 다시 찬바람이 불기 시작하면 월동을 위해 남하하는 계절 회유를 반복한다. 북상하는 고등어보다 남하하는 고등어가 기름기가 많아 맛이 좋다. 즉 10월부터 이듬해 2월까지가 지방이 많고 기름져 맛이 있다. 주요 원산지는 국산이며 냉동은 중국산과 일본산이 소량 유통된다.

※ 4.1~6.30 중 1개월은 매해마다 금어기로 지정되며, 포획금지체장은 21cm로 제한한다.(2023년 수산자원관리법 기준)

+
쿠로시오
계군과
태평양 계군

우리가 주로 소비하는 국산 고등어는 대부분 제주도 근해에서 형성된 어장에서 잡아온 것이다. 3~4척으로 이룬 선단이 고등어 잡이를 나갔다가 다시 부산 공동어시장으로 돌아오면 분류 및 경매가 이뤄지며, 전국으로 유통된다. 따라서 국산 고등어라 한다면 규슈를 비롯해 동중국해로 발달된 쿠로시오 난류의 영향권에 있는 쿠로시오 계군이라 할 수 있다. 반면 태평양 계군은 일본 열도를 따라 북상과 남하를 반복하는 거대한 고등어 집단이며 주로 일본에서 소비된다.

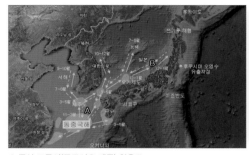

⌃ 국산 고등어(쿠로시오 계군) 회유도

⌃ 일본산 고등어(태평양 계군) 회유도

망치고등어

분류 농어목 고등어과
학명 *Scomber australasicus*
별칭 점고등어, 점박이 고등어
영명 Blue mackerel, Slimy mackerel
일명 고마사바(ゴマサバ)
길이 35~40cm, 최대 약 55cm

분포 한국을 비롯해 태평양의 아열대 해역
제철 6~10월
이용 구이, 조림, 통조림

시장에서는 점고등어 혹은 점박이 고등어라 불리는 망치고등어는 고등어와 비슷하게 생겼지만, 몸통 중앙에는 타원형의 점이 측선 따라 이어지고 배쪽은 검은색 반점들이 퍼져있다. 따뜻한 난류를 선호하여 서식지 역시 제주도보다 더 남쪽인 동중국해와 일본 남부 지방에 자리한다. 다만 수온이 높은 6~10월 사이에 우리나라로 망치고등어가 북상하면서 고등어 어군과 섞이는데, 이 기간에는 혼획 비율이 높아 여름부터 가을 사이에는 마트와 재래시장에서 어렵지 않게 볼 수 있다. 망치고등어는 고등어와 다른 종이지만 국내 시장에서는 고등어와 구분 없이 판매되고 있다. 원산지는 대부분 국산이나 중국산 냉동이 소량 유통된다.

대서양고등어

분류 농어목 고등어과
학명 *Scomber scombrus*
별칭 노르웨이 고등어, 보스턴 고등어
영명 Atlantic mackerel
일명 타이세이요우사바(タイセイヨウサバ)
길이 40~50cm, 최대 60cm
분포 영국, 노르웨이, 유럽, 북동부 대서양 일대
제철 9~12월
이용 회, 초밥, 구이, 통조림

우리나라에 유통되는 수입산 고등어의 상당량을 차지하는 고등어. 이름처럼 북대서양 연안에 서식하는 원양 어종으로 우리나라에서 잡히는 고등어와는 종 자체가 다르다. 영어권

∧ 노르웨이 현지 가공 공장

국가에서 'mackerel'이라고 하면 대개 이 종류를 말한다. 고등어와 달리 부레가 없으며 몸체는 매우 날렵하고 길쭉하다. 캐나다 동부 해안에서 유어기를 보내고 대서양으로 나갔다가 다시 북미 대륙으로 돌아오는 계군이 있고, 스코틀랜드와 북해를 거쳐 노르웨이와 아이슬란드로 횡단하는 계군이 있는데 이중 우리나라로 수입되는 것은 후자에 속한다. 노르웨이에서는 해마다 가을이면 고등어잡이에 나서며, 제철인 9~12월에 잡힌 것이 지방이 많고 맛이 좋은 반면, 1~3월에 잡힌 것은 상대적으로 기름기가 적어 맛이 덜한 편이다. 국내에서 최종적으로 소비자에게 판매될 때는 이러한 구분이 없다.
갓 어획된 고등어는 대형 선박 안의 거대한 물탱크에 실려 온다. 물 탱크 온도는 0℃에 가까운 얼음물이며, 물과 고등어가 일정 비율로 섞이므로 뭉개지지 않은 채 원형 그대로 신선하게 유지된 채 공장으로 옮겨진다. 이렇게 옮겨진 고등어는 원물 그대로 급속 냉동 후 포장되어 수출되고, 일부는 공장에서 필렛 형태로 가공한 뒤 −18℃ 급속 냉동 및 진공 포장이 되어 수출된다.

한편 원물로 수입된 고등어는 국내 가공 공장에서 해동 및 손질을 거쳐 재래시장으로 유통되는데, 일부는 필렛과 자반 처리 과정을 거쳐 다시 냉동 및 진공 포장해 마트와 식당으로 나가고 일부는 인터넷 쇼핑몰을 통해 판매된다.

+
여름부터 초가을에는 망치고등어 맛이 좋다

망치고등어는 고등어와 달리 여름~초가을에 지방 함량이 높아진다. 이 지방은 8~10월에 절정을 이루고, 겨울이면 먼바다로 빠지면서 동시에 맛도 떨어지게 된다. 따라서 고등어를 맛있게 먹으려면 여름~초가을까지는 망치고등어

△ 시장에서 판매되는 망치고등어

를 위주로 고르고, 늦가을부터 겨울까지는 고등어를, 봄부터 여름까지는 노르웨이산 고등어를 사는 것이 좋다. 물론 급송 냉동된 노르웨이산 고등어는 일년 내내 맛의 편차가 적다는 장점이 있다.

+
국산 고등어와 수입산 고등어의 차이

△ 국산 고등어

△ 일본산 고등어

△ 시장에서 판매되는 노르웨이산 해동 고등어

지난 10년 간 고등어 어획량이 급감하면서 우리나라 시장에 수입산 고등어의 유통량이 크기 증가했다. 어획량이 주춤하고 평균 크기도 작아지면서 이보다 크고 일 년 내내 안정적인 맛을 유지할 수 있는 노르웨이산 고등어가 대량 수입되어 풀린 것이다. 그렇다면 국산과 수입산 고등어는 어떻게 구별할 수 있을까? 우선 국산 고등어는 수입산에 비해 체색이 흐리고 고등어 특유의 등무늬도 희미한 편이다. 어획 후 경매를 통해 소매상에 전달되는 유통 과정이 복잡하고 시간이 걸리는데, 이로 인해 체색과 무늬가 흐려지는 것이다.

일본산 고등어는 태평양 계군에 속한 거대한 집단으로 우리가 주로 먹는 쿠로시오 계군과 달리 일본 열도를 비롯해 이즈반도, 홋카이도에서 집중 어획되며, 고등어 특유의 무늬가 굵고 체색이 푸르며 선명한 편이다. 국내로 수입되는 일본산 고등어는 잡힌 즉시 냉동되므로 무늬가 선명하게 유지될 수 있었던 것이다.

노르웨이산 고등어는 전량 냉동으로 수입되지만, 재래시장에서는 이를 해동하여 생물처럼 보이게끔 만들어놓고 판매하기도 한다. 대서양고등어 또한 신선할 때 급랭하므로 국산 고등어보다 무늬가 선명하다. 국산 고등어와 달리 점이 없고 선으로만 형성되어 있다는 점도 특징이다. 대서양고등어는 국산 고등어보다 체형이 날씬하게 빠졌으며 적당히 큰 것은 국산 고등어보다 지방 함량이 높다.

고르는 법

고등어는 클수록 맛이 좋다. 최소 35cm 이상인 것도 중요하지만, 몸통 둘레가 크고 뚱뚱한 체형일수록 지방이 많은 고등어다. 하지만 이같은 말만 믿고 제철에 구입했다가 낭패보는 일도 있다. 대형 마트에서 판매되는 정부비축 고등어는 최대 2년 동안 냉동고에서 보관된 것으로 정확히 어느 계절에 잡혔는지 소비자로선 알기 어렵다. 따라서 구이용 고등어를 구매할 때는 이것이 제철에 잡힌 생물인지 정부비축 냉동 고등어를 해동해서 파는 것인지 확인할 필요가 있고, 용도에 맞게 쓰는 것이 바람직하다.

자연산 고등어는 잡자마자 바로 죽는다. 비록 죽었지만 하루를 넘기지 않은 횟감용(혹은 시메사바용) 고등어는 몸통에 청록색의 광택이 나야 하며, 배 부분을 손으로 눌렀을 때 단단하고, 아가미가 빨갛고 진액이 나지 않는 대형 고등어가 좋다.

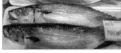
︿ 정부비축 국산 고등어

︿ 횟감용 선어 고등어(자연산)

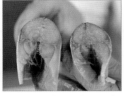
︿ 몸통 둘레가 큰 것이 살이 찌고 좋은 고등어다

︿ 횟감용 고등어의 아가미 상태

이용

고등어는 담백하고 기름진 맛으로 인기가 높다. 석쇠에 올려 소금을 친 뒤 연탄불로 굽거나 혹은 팬에 식용유를 적당량 둘러 구운 것이 대표적이다. 익었을 때 검게 변한 살점은 혈합육으로 특유의 철분맛이 나기도 하지만, 싱싱한 것은 고소한 맛이 강하다. 자반은 구이로 이용하고, 생물은 살이 부드러우니 조림이나 찌개, 김치찜에 이용하는 것이 좋다.

횟감용 고등어는 주로 욕지도 해상 가두리에서 기른 양식 고등어가 사용된다. 초절임(시메사바)의 경우 활고등어는 물론 신선한 자연산 선어를 이용하는데 고급 식당에서는 주로 초밥과 봉초밥으로 이용된다. 다만 고등어는 죽고 나서 선도 관리가 소홀하면 부패가 빠르며, 식중독을 유발하는 히스타민이 생기므로 반드시 신선한 고등어를 이용해야 한다. 시장에서 고등어와 구분 없이 판매되는 망치고등어는 구이나 조림 등 다양한 요리로 먹는다. 그러나 고등어가 맛있어지는 겨울에는 전반적인 맛과 식감이 떨어지므로 소금에 절이거나 훈제, 통조림 등으로 가공하기도 한다.

︿ 고등어 구이

︿ 고등어 김치찜

︿ 활고등어회(양식)

︿ 고등어 초절임회(자연산)

괴도라치 | 얼룩괴도라치

분류 농어목 장갱이과
학명 *Chirolophis japonicus*
별칭 전복치, 용뼈드락지
영명 Fringed blenny
일명 후사긴뽀(フサギンポ)
길이 25~40cm, 최대 55cm
분포 우리나라 전 해역, 일본 중부이북, 중국 해역
제철 6~12월
이용 회, 탕

≪ 서해산

≪ 동해산

보통 '전복치'라고 불리는 생선이다. 전복을 먹고 살아서가 아니라, 전복 서식지에 자주 나타난다고 해서 붙은 이름이다. 남해에서는 '용·뼈드락지'라고도 불린다. 언뜻 보면 쥐노래미를 닮았고 미꾸라지처럼 길고 괴팍하게 생겼지만 성격은 온순하다. 잡어로 취급되며, 최근 들어 돔 못지않게 비싼 가격으로 판매된다.

≪ 괴도라치 옆모습

≪ 괴도라치 앞모습

동해 및 서해 북부의 찬 수온대부터 남해안 일대에 이르기까지 우리나라 전 해역에 고루 분포하나 서식지 환경에 따라 체색이 다양하게 나타난다. 보통은 서해산이 밝고, 동해산은 어두운 편이다. 맛과 가격도 산지별로 차이가 있다. 서해산보다는 남해산이, 남해산보다는 동해산이 더 비싸고 맛이 좋다고 알려졌다. 제철은 여름부터 초겨울 사이이며, 아직은 양식을 하지 않아서 전량 자연산이다.

고르는 법

괴도라치는 활어로 유통된다. 비늘이 없어 매끈한 피부를 가졌는데 상처가 없는지 확인하고, 수조 밑바닥에 배를 깔고 가만히 숨만 쉬고 있다면 좋은 활력이라 볼 수 있다. 물 밖으로 꺼냈을 때 끊임 없이 움직이는 것이 좋다. 산지에 따라 연한 황색부터 진한 고동색, 붉은색 등 다양하게 나타나지만, 수조에 오래

≪ 대부분 활어로 유통되는 괴도라치

있어 하얗게 변한 것은 피하는 것이 좋다. 해마다 관광 성수기면 동해안 일대 시장에서 괴도라치(전복치)가 비싼 값에 판매되기도 하는데, 동해산이 부족할 땐 비교적 저렴한 서해산을 가져다 쓰기도 한다. 서해산을 가져다 쓰는 만큼 가격은 내려가야 하지만 실상은 그렇지 않을 때가 많다.

이용

여름부터 가을에 만날 수 있는 생선회 중 으뜸으로 여긴다. 깔끔하고 비린내가 적은 흰살생선회이며, 특유의 씹는 맛과 단맛이 씹을수록 중독되는 매력이 있다. 다만 재래식으로 물에 과도하게 씻어내어 썰면 특유의 맛이 달아

︿회는 흰색에서 누런색으로 다양하게 나타난다

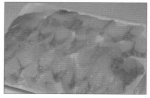
︿누런색을 띠면 단맛이 좋은 경우가 많다

나며, 수분감으로 인해 제맛을 못 느낄 수도 있다. 살은 희고 윤기가 나는 것부터 누렇고 탁하기까지 다양하게 나타난다. 보통은 누런색을 띨수록 단맛이 들며 탱글탱글한 식감이 일품이다. 주로 회를 뜨고 남은 대가리와 뼈는 매운탕으로 쓰인다. 이빨은 날카롭지 않지만 등지느러미에는 날카로운 가시를 숨기고 있으니 손질 시 주의해야 한다.

얼룩괴도라치

분류	농어목 장갱이과
학명	*Askoldia variegate*
별칭	미역치
영명	Mud prickleback
일명	도로긴뽀(ドロギンポ)
길이	25~35cm, 최대 45cm
분포	동해 북부
제철	6~12월
이용	회, 탕

시장에서 흔히 '전복치'라 불리는 괴도라치와는 사촌지간이다. 냉수성 어류로 우리나라에서는 강원도 속초, 주문진, 고성 일대 수산시장에서 종종 볼 수 있다. 괴도라치와 닮았지만 좀 더 붉거나 주황색을 띤다. 간혹 괴도라치도 노랗거나 주황색에 가까운 개체가 있지만, 얼룩괴도라치는 대가리에 돌기가 없고 매끈하다는 차이가 있다. 전복치와 달리 '미역치'로 구분해서 팔기도 한다. 개체수가 많지 않아 상업적 가치는 낮다. 부수 어획물로 취급되며 최근 몸값이 상승 중인 괴도라치와 달리 저렴한 편이다.

이용

괴도라치와 마찬가지로 회로 먹지만, 맛은 괴도라치에 비할 수 없다. 지방이 적고 수분감이 있어서 이를 적절히 통제하고 필요 시 다시마 숙성까지 하면 더 좋은 맛을 낼 수 있다고 생각되지만, 즉석에서 활어회로 썰어주는 시장 형편상 쉽지 않을 것이다. 시장에는 종종 죽은 것도 판매되는데, 이 같은 경우 매운탕이나 조림으로 먹는다.

︿탕이나 조림용으로 좋은 죽은 얼룩괴도라치

그물베도라치

≪ 물을 찾아 기어가는 끈질긴 생명력이 특징이다

분류 농어목 장갱이과
학명 *Dictyosoma burgeri*
별칭 쫄장어, 풍당어, 돌장어, 질배미,
　　　 보들레기, 보들막, 베도라치(X)
영명 Ribbed gunnel
일명 다이난긴뽀(ダイナンギンポ)
길이 18~25cm, 최대 32cm
분포 우리나라 전 해역, 발해만, 일본, 중국
제철 8~2월
이용 회, 탕, 구이, 튀김

우리나라 전 연안에 서식하나 남해와
제주도에선 일부 식용한다. 육식성 물
고기로 바위나 돌 틈새에 살고 있어 '쫑
당어'나 '돌장어'라 불린다. 울릉도와 독
도에서는 검은색을 '좃배미', 밝은색을
'질배미'라 부른다. 서식지에 따라 황

≪ 보들레기 낚시가 한창이다(제주 표선)

≪ 낚시로 잡힌 그물베도라치

색, 청동색 등 다양하며, 이름처럼 몸통 전반에 걸친 그물무늬가 특징이다.
물 밖에서도 일정 시간 생존하며, 끈질긴 생명력으로 기어가 기어이 물속을 찾아 들어간다. 위협을 느
끼면 미끈미끈한 점액질을 분비하며, 마치 미꾸라지처럼 강하게 꿈틀대 맨손으로 만지기 어렵다.
탐식성이 강하면서도 간조 시 드러나는 바위나 돌 틈에 살고 있어 낚시로 쉽게 낚이는데 제주도에선
대나무 낚싯대를 이용한 보들레기 낚시가 성행한다. 산란기는 위도마다 다른데 남쪽은 겨울~봄사이에
걸치며 암컷이 알을 낳아 놓으면 부화할 때까지 수컷이 알을 보호한다.

이용　　　흔히 유통되거나 식용하진 않지만, 일부 지역민과 낚시인들은 다양하게 식용한다.
　　　　　　과거엔 잘 먹지 않았던 물고기지만, 지금은 마산만에서 잡히는 '베도라치'와 함께
쫄깃쫄깃한 회 맛으로 인기가 있다. 그 외엔 탕거리로 쓰이며 굽거나 튀겨 먹기도 한다.

꽁치

분류 동갈치목 꽁치과
학명 *Cololabis saira*
별칭 공치, 추도어
영명 Pacific saury
일명 산마(サンマ)
길이 25~30cm, 최대 40cm
분포 동해를 비롯한 북서태평양
제철 10~1월
이용 회, 물회, 구이, 튀김, 조림,
　　　 찌개, 과메기, 통조림

등푸른생선이자 붉은살생선의 대표주자로 영양이 풍부할 뿐 아니라 맛있고 저렴해서 서민들이 애용하는 생선이다. 찬 바닷물을 좋아하는 한류성 어류로 동해 및 북서태평양을 기준으로 여름에는 북쪽으로 이동했다가 겨울에 적당한 수온을 찾아 남하하는 계절 회유를 한다. 과거에는 뛰어난 번식력으로 어획량이 많아 국산 꽁치가 많이 유통되었으나 지금은 개체수가 급감해 수입산 꽁치에 의존하고 있다. 우리가 시중에서 구매하는 꽁치는 주로 대만이나 원양에서 잡아 냉동한 꽁치를 해동한 것이다.

예로부터 '치'자 돌림의 생선은 취급이 까다로워 때때로 천대를 받기까지 했다. 꽁치는 이 '치'자 돌림의 대표적인 생선이다. 이유는 두 가지인데, 첫 번째는 어획 직후 바로 죽어버리기 때문이다. 꽁치는 붉은살생선으로 미오글로빈 함량이 많아 적색육을 갖는데 이러한 생선은 흰살생선보다 더 많은 운동량과 산소량을 필요로 한다. 즉 빠르게 헤엄치며 바닷물을 빨아들여야 비로소 호흡이 가능해진 것이다. 그 결과 꽁치는 어획된 직후 호흡곤란으로 죽게 되는데, 이 말인즉슨 활어 유통이 어렵고 선도 저하도 빠르므로 횟감으로 유통이 어렵다는 의미다(동해안 일대와 울릉도에선 그날 잡힌 꽁치로 회와 물회를 먹기도 한다).

두 번째로 제사상에 올라가지 않는 생선이기 때문이다. 비린내가 나고 격이 떨어진다는 인식도 있었지만 비늘이 없다는 것이 가장 큰 이유였다. 그러나 꽁치에 비늘이 없다는 것은 틀린 말이다. 꽁치를 비롯해 멸치와 참치 등의 '치'자 돌림 생선은 사실 매우 작은 비늘로 촘촘히 덮어있다. 꽁치의 경우 그물로 어획할 때 마찰로 인해 대부분의 비늘이 떨어지면서 우리 눈에는 없는 것처럼 보였던 것이다.

고르는 법

시중에 유통되는 꽁치는 90% 이상이 냉동 혹은 냉동을 해동해서 판매한다. 그랬을 때 검은 반점(상처자국)이 적고 외관이 깨끗하며, 은백색의 광택이 살아있는 것을 고른다. 검은 반점은 다음에 설명하게 될 기생충이 붙었다가 떨어져 나간 흔적인데 어차피 조리용이므로 해가 없다. 이왕이면 깔끔한 것이 좋다는 의미다.

생물 꽁치는 동해안 일대 시장에서 한시적으로 잡힌 것을 구매할 수 있다. 그랬을 때 눈이 투명하고 뒷지느러미가 노란색인 것이 좋다. 꽁치는 선도가 떨어질수록 지느러미 곳곳에 비치던 노란빛이 약해지다 사라진다.

︽ 해동 꽁치(수입산)

︽ 곳곳에 검은 상처자국이 있는 꽁치들

︽ 생물 꽁치로 곳곳에 노란 빛깔이 나면 선도가 좋다는 증거다

+
꽁치 통조림은 그냥 먹어도 좋을까?

참치 통조림처럼 꽁치 통조림도 그냥 먹어도 될까? 고등어 통조림은 특유의 비린내 때문에 강한 양념을 써서 조리해야 하지만, 꽁치 통조림은 그 자체로 먹어도 될 만큼 담백한 맛을 자랑한다. 참치 통조림처럼 꽁치 통조림 역시 제조하면서 한 번 익혀서 포장되기 때문에 가열하거나 별다른 조리 과정 없이 바로 먹을 수 있다. 토막 사이에 끼어 있는 뼈도 충분히 연해서 먹는 데 거리낌이 없다.

고래회충

가끔 꽁치 내장에서 고래회충이 발견되곤 하나, 우리가 내장을 생식하지 않은 이상은 꽁치를 먹고 고래회충에 감염될 확률은 극히 낮다.

구두충

구두충은 꽁치의 내장과 살에서 발견되는 주황색 선충류다. 한때 꽁치 통조림에서 종종 발견됐지만, 지금은 기생충 저감화를 위한 노력으로 발견될 확률이 많이 낮아졌다. 이 역시 우리가 생식하지 않으므로 감염률이 낮고, 인체에 별다른 해를 끼치지 않는 것으로 알려졌다.

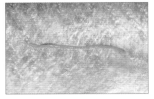
≪ 주로 꽁치에 기생하는 구두충

펜넬라

사진에서 보듯 검은 구멍 자국은 펜넬라가 붙었다 떨어진 자국이다. 꽁치뿐 아니라 청새치, 황새치 등 외양을 누비고 다니는 어류의 표면에 붙어 체액을 빨아먹는다. 사람에겐 해를 주지 않으며, 분류 작업시 대부분 제거된다.

≪ 꽁치 표면에 붙은 펜넬라

칼리구스

시라이스(sealice)와 비슷하게 생긴 절지동물로 생선 껍질에 붙어 기생한다. 칼리구스가 붙었다 떨어진 자국도 펜넬라와 비슷하나 그보다는 작다. 펜넬라와 칼리구스는 어획된 꽁치의 약 30%를 감염시킬 만큼 대양에는 흔한 존재다. 둘 다 인간에겐 별다른 해를 주지 않는다.

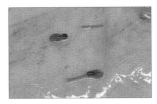
≪ 시라이스류

이용

꽁치는 보통 10마리 묶음이 7천 원 내외이며, 마트에서도 한 마리당 1천원 정도로 아주 저렴하다. 이 때문에 우리 식탁에 자주 오르며, 특히 식당에서 생선구이로 애용된다. 가장 많이 이용되는 것은 소금구이이며 조림과 찌개도 인기가 있다. 꽁치조림에 시래기를 넣어주면 맛이 배가 된다. 국내에서는 참치와 함께 통조림으로 가장 많이 유통되는 생선인데, 김치찌개로 끓이면 별미다. 포항 구룡포에서는 11월 중순부터 날씨가 풀리는 설 전후까지 꽁치를 그늘에서 얼렸다 녹이길 반복하며 말린 과메기가 유명하다. 과거에는 청어의 어획량이 줄면서 대부분 꽁치로 과메기를 만들었으나, 최근에는 청어로 만든 과메기도 제법 생산되고 있다. 꾸덕꾸덕하게 말린 과메기는 서민들의 술안주로 인기 만점이다. 또한 동해 일부 지역과 울릉도에서는 당일 잡은 싱싱한 생물 꽁치 혹은 그것을 급랭한 꽁치로 물회를 만들어 먹는데 별미다.

≪ 식당 반찬으로 자주 등장하는 꽁치구이

≪ 해풍에 말려지고 있는 꽁치 과메기

≪ 꽁치 물회

날새기

분류	농어목 날새기과	**제철**	10~5월
학명	*Rachycentron canadum*	**이용**	회, 구이, 튀김
별칭	날쌔기		
영명	Cobia, black bontio		
일명	스기(スギ)		
길이	1.5m, 최대 2m		
분포	한국의 남해 및 제주도, 동해, 일본, 대만, 호주, 말레이제도 등 열대 및 아열대 해역		

농어목 날새기과에 속한 유일한 어종으로 우리나라에선 흔히 볼 수 없는 생선이다. 아열대성 어류로 쿠로시오 난류가 발달하는 여름부터 가을 사이 동해 왕돌초나 울릉도, 또는 제주와 남해 먼바다에 출현한다. 최근에는 지구 온난화 영향인지 전라남도 일대 해역에도 발견된다. 한 예로 9월 초 고흥 탕건여 갯바위에서 날새기를 루어 낚시로 히트한 적이 있다. 기수역부터 먼바다 심해에 이르기까지 가리지 않고 활동하는데 회유 반경이 넓은 편이다. 습성도 빨판상어와 유사해 대형 가오리나 상어를 따라다니며 흘리는 먹잇감을 주워먹는다. 몸통은 방추형으로 가늘고 길며, 옆면에는 두 개의 세로띠가 있다. 몸길이 약 1.5m, 최대 2m, 몸무게 80kg까지 나가는 대형 어류다. 성장 속도가 빨라 해외에선 일찌감치 양식을 시작했다. 대표적으로 일본 오키나와와 대만을 비롯한 동남아시아, 파나마 등이 있다. 국내로 유통되는 날새기는 대부분 수입 냉동이다.

이용

태국이나 베트남 등 동남아시아 국가에서 즐겨 먹는 생선으로, 다양한 요리의 재료로 사용한다. 싱싱한 건 횟감으로 쓰지만, 보통은 구이와 튀김으로 이용된다. 지방이 많은 흰살생선으로 비린내가 적고 고소한 풍미가 뛰어나다.

⌃ 날새기 숯불구이

⌃ 고흥 탕건여에서 날새기를 걸고 파이팅 중인 필자

다금바리

분류 농어목 바리과
학명 *Niphon spinosus*
별칭 뻘농어
영명 Sawedged perch
일명 아라(アラ)
길이 60~80cm, 최대 1.1m
분포 남해 및 제주도, 동해, 일본, 동중국해,
대만, 필리핀에 이르는 서태평양의 대륙붕
제철 10~4월
이용 회, 소금구이, 탕, 전골, 튀김

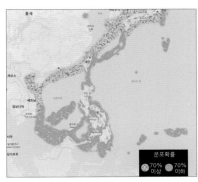

△ 가끔 그물에 혼획되는 표준명 다금바리 치어들

△ 다금바리의 주요 분포 현황

농어목 바리과에 속한 어종으로 고급 횟감 중에서도 으뜸으로 꼽는다. 저층 트롤어업이나 배낚시를 통해 가끔씩 어획되나 그 수는 일 년에 손 꼽는다. 잘 잡히지 않으며 공급량도 적고 인지도도 낮아서 경매장에서는 다금바리를 못 알아보고 잡어로 취급되는 경우도 부지기수다. 일반인은 맛보는 것은 고사하고 구경조차 하기 힘든 생선으로 일식집 요리사조차 평생에 한 번 요리해보는 게 소원이라고 할 정도다.

이처럼 다금바리가 희소성을 띠는 까닭은 최소 70~150m 이하의 암반층에 서식하는 심해성 어류이기 때문이다. 안타깝게도 한반도의 주변 해역은 상당수가 모래나 개펄로 되어 있어 수심 100m 이하에서 수중 굴이나 암반층이 복잡하게 발달하는 등 다금바리의 서식지 환경을 만족하는 곳은 많지 않다. 주로 제주도 남쪽 대륙붕과 동중국해, 가거도 주변 해역, 대한해협, 6광구 등으로 제한된다.

또한 다금바리는 연안에서 잡히는 자바리와 달리 수심 100m 이하 대륙붕에서 발견되는데 우리나라는 다금바리가 서식할 수 있는 북방한계선에 해당, 일본 남부 지방을 비롯해 대만과 필리핀 제도에 더 많은 개체가 서식한다.

유어기 시절엔 무리지어 수면 위로 떠서 다니고, 성체가 되면 단독으로 생활하며, 밤에 활동하는 야행성 육식 어류다. 다 자라면 1m가 넘지만, 제한된 서식 환경에 매우 깊은 수심의 저층 암반에만 국한되다 보니 온전한 성체가 잡히는 경우는 매우 드물다.

이용

살은 단단하고 탄력이 뛰어나며, 겨울엔 지방이 올라 맛이 좋다. 일정 크기로 자란 성체는 하루 이상 숙성해야 맛이 나며, 남은 부산물은 다양한 부위로 나누어 데쳐 먹거나 맑은탕으로 이용된다. 작은 것은 소금구이, 간장조림, 튀김 등 다양한 요리로 이용된다.

∧ 비교적 어린 개체의 다금바리회

∧ 6kg급 성체 다금바리회

∧ 다금바리 맑은탕

+

다금바리
vs.
자바리

회를 즐기지 않는 이들도 한 번쯤 들어보았을 '다금바리'는 제주도가 주산지이자 우리나라에서 가장 값비싼 횟감 중 하나이다. 어쩌다 잡힌 자연산 다금바리를 kg 당 약 20만 원 전후로 맛본 경험은 미식가들 사이에서 무용담으로 통할 정도이다. 하지만 이들 대부분은 제주에서 오랫동안 다금바리라고 불린 표준명 자바리를 먹은 것이다.

우리가 일반적으로 알고 있는 '다금바리'(*Niphon spinosus*)는 공교롭게도 '자바리'(*Epinephelus bruneus*)라는 생선의 제주 방언과 겹친다. 우리나라는 일제강점기와 6.25 전쟁을 겪으면서 어류학에 대한 연구와 표준명 정립이 일본보다 늦었다. 우리가 어려운 시절을 겪을 때 일본은 진작에 연구를 시작했고 어류학을 체계화하면서 국내에 적잖은 영향을 미친 것이다. 지금도 도감에 기술된 적잖은 표준명이 일본의 표준명을 그대로 옮겨 한글화한 것이 많다. 1977년 정문기 박사가 편찬한 『한국어도보』를 시작으로 2005년에 출판된 《한국어류대도감》을 통해 오늘날 우리가 불리는 대다수의 물고기 이름이 정립되었다고 해도 과언은 아니다.

하지만 '다금바리'란 말은 그보다 훨씬 오래전부터 제주인들이 부른 순우리말이다. 지금도 일 년에 몇 마리 잡히지 않는 '다금바리'(*Niphon spinosus*)를 그 시대의 선박과 조업 기술로 잡아냈었다고 보기는 무리가 있다. 대부분 연안에서 잡히는 '자바리'(*Epinephelus bruneus*)였고, 이를 다금바리라 부른 것이다. 1977년 《한국어도보》가 출판되기 이전인 1975년의 기록(다금바리 어탁도 알고 보면 표준명 자바리이다)도 이러한 사실을 뒷받침한다.

∧ 우리가 다금바리로 알고 먹는 것은 표준명 자바리다

따라서 오늘날 도감에 기술된 표준명 다금바리는 뒤늦게 정립된 말이며, 이는 학술적 의미로 이해하면 되겠다. 반면 도감에 기술된 자바리는 오래전부터 제주인이 다금바리라 불렀지만, 중간에 어류의 표준명이 정해지는 과정에서 전엔 없었던 말인 '자바리'로 명명되었던 것. 결국 우리는 학술적으로 기술된 다금바리(부산 방언 뻘농어)와 자바리(제주 방언 다금바리)가 언어적으로 충돌하며 불필요한 논쟁과 혼선을 야기하고 있음을 알게 된 것이다.

∧ 1975년 조선일보에 소개된 다금바리
(표준명은 자바리)

유어기 시절의 다금바리는 꼬리를 비롯해 특유의 줄무늬가 나타나며, 성체로 성장하면서 사라진다. 자바리보다 체색이 밝고 은색으로 빛나며 주둥이는 뾰족하게 튀어나왔고 아가미에는 삼지창을 연상케 하는 3개의 단단하고 날카로운 가시가 있다. 체형은 방추형으로 흡사 농어를 닮았다.

반면에 자바리는 전반적으로 둥글둥글한 얼굴과 통통한 체형을 가졌다. 무늬도 유어기 시절부터 일정 크기까지는 특유의 호피 무늬가 나타난다. 이 호피 무늬는 능성어의 고른 줄무늬와 달리 군데군데 구멍이 난 복잡한 그물 무늬로 수중에선 바다의 호랑이와 견줄만 하다. 그리고 이러한 줄무늬는 대가리까지 깊숙이 침범한다는 점에서 다금바리 및 능성어와 구분된다. 이빨의 경우 다금바리는 손으로 만져야 느껴지는 잔이빨이고, 자바리는 어지간한 패류는 깨부술 만큼 단단하고 날카로운 송곳니가 발달했다. 아래턱은 위턱보다 약간 더 나온 부정교합이다.

문제는 이러한 신체적 특징들이 다 자랐을 때 사라지고 비슷해져서 둘을 구분하기 힘들어진다는 것이다. 우리나라에서 다금바리와 자바리란 말이 혼용되며 어떤 생선이 진짜 다금바리인지 논쟁하는데, 이러한 현상은 일본도 마찬가지다. 특히 규슈 지역에 선 다금바리(아라)와 자바리(쿠에)를 서로 맞바꾸어 부르는 경향이 있다. 따라서 어민들이나 판매상이 자바리를 다금바리로 속여 팔려는 의도가 없더라도 둘을 혼동하는 사태가 종종 벌어질 수밖에 없다. 참고로 이 둘이 모두 어획되는 일본 서남부 및 관동, 가고시마현, 나가사키현 등에선 두 어종 모두 최고급 어종이자 값비싼 요리 재료로 통한다. 가격도 둘 다 엇비슷하게 거래되고 있다.

≪ 어린 다금바리

≪ 톱날처럼 날카로운 등지느러미와 아가미 가시가 특징이다

국내에선 다금바리가 잘 잡히지 않아 위판량도 한해 몇 마리 되지 않으며, 다 자란 성체의 경우 일 년에 한두 마리 잡힐까 말까다. 자바리는 활어 기준 kg당 위판가가 10만 원 전후에 거래되지만, 다금바리는 이렇다할 가격이 형성되어 있지 않다.

≪ 제주에서 오랫동안 다금바리로 불렸던 표준명 자바리

≪ 왼쪽이 다금바리 오른쪽이 자바리

≪ 6kg급 다금바리 성체

≪ 표준명 다금바리(방언 뻘농어)
입은 뾰족하고 좁은 삼각형 모양을 띤다
꼬리가 검고 가운데가 움푹 들어갔다
일정한 무늬가 없는 회갈색

≪ 표준명 자바리(방언 다금바리)
입이 둥글다
꼬리 모양이 부채꼴이다
호랑이 무늬(일명 호피 무늬)

대구횟대 | 근가시횟대, 빨간횟대, 동갈횟대

횟대는 쏨뱅이목 둑중개과에 속하는 어종으로 동해에서만 잡히는 특산종이다. 양식이 되지 않아 전량 자연산인데, 어획량이 적은 탓에 대부분 산지에서 소진되어 도시권 사람들에게는 꽤나 생소한 어종이다. 동해를 비롯해 홋카이도, 사할린 섬 등 북서태평양에 서식하는 횟대는 그 종류가 굉장히 다양하다. 국내 연안에 서식하는 횟대는 약 10여종이며 그중 대구횟대를 비롯한 5~6종이 동해안 일대 수산시장과 횟집에서 판매된다. 대구횟대는 회도 맛있지만, 탕으로 끓었을 때 뼈와 살에서 맛있는 국물이 우러난다. 가자미와 함께 동해의 발효 음식인 '식해'의 주재료이기도 하다.

대구횟대

분류	쏨뱅이목 둑중개과
학명	*Gymnocanthus herzensteini*
별칭	횟대기, 홋떼기
영명	Black edged sculpin
일명	츠마구로카지카(ツマグロカジカ)
길이	15~25cm, 최대 50cm
분포	동해를 비롯해 일본 홋카이도,
	사할린, 오호츠크해 등의 북서태평양
제철	10~5월
이용	회, 탕, 식해

대구처럼 입이 크고 배가 노랗다고 해서 '대구횟대'라는 이름을 얻었다. 지역 방언으로 '횟대기', '홋떼기'라고도 한다. 횟대류 중에서 가장 크고 맛도 좋은 고급어종이다. 최대 50cm까지 자라며 보통 시장에는 15~25cm 크기가 유통된다. 속초 동명항을 비롯해 동해 묵호항을 거쳐 포항 죽도시장에 이르기까지 동해안 일대 포구 및 시장에서 볼 수 있는데, 전량 자연산이고 어획량도 들쑥날쑥해 늘 들어오지는 않는다. 대구횟대를 가장 많이 볼 수 있는 곳은 포항 죽도시장이다. 동해안에서 어획되는 대구횟대의 산란철은 주로 12~2월 사이다. 이 시기에는 알배기가 들어 탕감용으로 알맞고, 회는 알이 든 겨울을 제하면 연중 이용된다. 특히, 산란을 준비하는 가을 무렵이 가장 맛이 좋다.

고르는 법

횟감은 되도록 살아있는 것을 고르되, 큰 것이 좋다. 또한 몸통과 지느러미에 상처가 없고 말끔한 것을 고른다. 탕감 혹은 식해용 선어는 대구횟대 특유의 노란색과 무늬가 선명한 게 좋고, 아가미는 빨갛고 진액이 나오지 않아야 하며, 눈동자가 투명하고 몸통에 광택이 남아 있는 것이 좋다.

⌃ 싱싱한 대구횟대

이용

횟대류 중에서도 살이 단단해 식감이 쫄깃하고 씹을수록 단맛과 감칠맛이 우러나
온다. 활어는 회로 이용하며, 탕과 식해 재료로 인기가 있다. 대가리가 커서 수율이
좋은 편은 아니다. 대신 회를 뜨고 남은 대가리와 뼈, 싱싱한 내장으로 맑은탕을 끓이면 복어국 못지 않
게 뽀얗게 우러나며 진국을 선사한다. 선어로도 유통되는데 몸통을 성둥성둥 썬 대구횟대에 찹쌀과 좁
쌀, 고춧가루, 마늘, 엿질금, 물엿, 액젓 등을 넣고 숙성시킨 '홀떼기(횟대기)식해'도 포항의 별미로 친다.

△ 대구횟대회

△ 대구횟대 맑은탕

△ 대구횟대로 만든 식해

근가시횟대

분류	쏨뱅이목 둑중개과
학명	*Gymnocanthus galeatus* Bean
별칭	오줌싸개, 홋떼기, 좃쟁이(X)
영명	Armorhead sculpin
일명	치카메카지카(チカメカジカ)
길이	15~25cm, 최대 약 30cm
분포	동해를 비롯해 일본 중부이북, 오호츠크해 등 북서태평양
제철	평가 없음
이용	탕, 튀김

△ 갓 잡은 근가시횟대회

국내에는 가시횟대와 근가시횟대가 서식하지만, 시장에서 판매되는 것은 근가시횟대인 경우가 많다.
두 어종은 매우 유사한 형태를 지녔는데, 눈 위에 깃털처럼 생긴 피판이 달렸으면 가시횟대, 없으면 근
가시횟대로 구분한다. 동해에서도 수심 50m 이하 연안의 사니질에 주로 서식하며, 대구횟대, 참가자
미와 함께 혼획되기도 한다. 동해쪽 상인들은 '오줌싸개'나 '좃쟁이'로 불리는데, 좃쟁이는 수컷의 생식
기가 돌출된 돌팍망둑을 의미하는 동해 일대의 고유한 방언으로 따로 구분해야 한다. 생김새가 대구횟
대와 매우 닮아 둘을 구분하지 않고 유통하는 경우가 많다. 보통은 잡어로 취급되며, 대구횟대보다 맛
이 현저히 떨어지므로 주의가 필요하다.

이용

주로 탕으로 먹는다. 살에 수분함량이 많아 회로 썰면 살이 질척이고 맛도 맹한
편이라 횟감으로는 적합하지 않다. 잡어회 한 귀퉁이에 서비스로 썰려 나오는 경
우도 있다.

+
대구횟대와
근가시횟대의
구별

생김새도 비슷하고 멀리서 보면 둘 다 노란빛을 띠며, 유통되는 크기도 15~25cm
로 크게 다르지 않아 같은 생선으로 보인다. 하지만 자세히 살펴보면 몇 가지 차
이가 있다.

전반적인 체형

위에서 본 대가리 모양이 상당한 차이를 보인다. 대구횟대가 독 없는 뱀 머리 모양이라면, 근가시횟대는 마치 독사처럼 생겼다. 양 옆으로 부푼 모양이며, 그 끝(아가미 뚜껑)에는 양쪽으로 뾰족한 가시가 도드라진다.

≪ 위에서 본 대구횟대

≪ 위에서 본 근가시횟대

옆지느러미와 입술, 꼬리지느러미

대구횟대의 옆지느러미는 2~3줄의 검은 줄무늬가 있는데 근가시횟대보

≪ 지느러미의 선이 굵은 대구횟대

≪ 지느러미의 선이 얇은 근가시횟대

다 선이 굵다. 입술은 진한 노란색 또는 주황빛이 돌고, 꼬리지느러미는 일자에 가까운 모양을 하고 있으며 3개의 검고 굵은 줄무늬가 있다. 반면, 근가시횟대는 역시 3개의 검은 줄이 있지만 매우 얇으며, 입술은 몸 채색과 비슷한 황갈색이다. 꼬리지느러미 끝 부분은 부채꼴 모양이며 3개의 얇고 검은 줄무늬가 있다.

빨간횟대

분류 쏨뱅이목 둑중개과
학명 *Alcichthys alcicornis*
별칭 홍치
영명 Elkhorn sculpin
일명 니지카지카(ニジカジカ)
길이 약 20~25cm, 최대 35cm
분포 동해를 비롯해 일본 북부, 오호츠크해에 이르는 북서태평양의 온대 해역
제철 10~3월
이용 회, 탕, 물회

쏨뱅이목 둑중개과에 속한 어종이지만, 붉은색 무늬가 선명해 언뜻 보면 쏨뱅이처럼 보인다. 이름과 달리 물속에서는 황갈색으로 보이는데, 물 밖으로 나오면 특유의 붉은빛이 도드라진다. 지느러미는 붉은색으로 알록달록하다. '홍치'라고도 불리며 주로 동해 남부지방의 수산시장에서 볼 수 있다. 활어는 자연산 잡어회나 물회 재료로 쓰고, 일부 탕감과 밥식해로도 사용된다. 근가시횟대 만큼은 아니지만, 대구횟대보다는 살에 수분감이 있는 편이며, 저렴하게 막회로 즐기기 좋다.

≪ 수조에 담긴 빨간횟대의 모습

동갈횟대

분류	쏨뱅이목 둑중개과	**제철**	평가 없음
학명	*Hemilepidotus gilberti*	**이용**	탕, 튀김, 잡어회
별칭	싹슬기, 쌕쌕이		
영명	Gilbert's irish lord		
일명	요코스지카지카(ヨコスジカジカ)		
길이	10~20cm, 최대 36cm		
분포	동해를 비롯해 일본 북부, 베링해 등 북태평양		

동해안 일대 시장에선 '싹슬기', '쌕쌕이' 등으로 불린다. '좃쟁이', '오줌싸개'라는 별칭도 있으나 각각 돌팍망둑과 가시횟대류와 구분하지 않고 혼용해서 쓰이는 것이다. 다른 횟대류와 차이점이라면 양눈 사이 코 부분에 돌출된 가시가 한쌍 있다. 다른 횟대류보다도 냉수성이 강해 강원 북부 앞바다에 서식하며, 부수 어획돼 다른 잡어들과 섞여 시장으로 유통된다. 동명항 등 강원도 일대 수산시장에선 서비스로 껴주는 용도에 불과하며, 정확한 이름을 알고 있는 상인은 드물다. 다른 횟대류 생선과 마찬가지로 대가리가 크고 뼈가 굵어 탕감이나 육수를 내는 용도로 알맞다. 잡어회로도 이용되지만, 가시횟대류나 빨간횟대와 비슷한 수준의 회 맛을 보인다. 일본에선 굽거나 튀겨 먹기도 한다.

돌가자미

분류	가자미목 가자미과
학명	*Kareius bicoloratus*
별칭	돌도다리, 뼈도다리, 재도다리, 돌광어, 적가자미, 이시가리(X)
영명	Stone flounder
일명	이시가레이(イシガレイ)
길이	40~50cm, 최대 70cm
분포	우리나라 전 해역, 일본, 사할린, 동중국해, 대만 북부, 쿠릴열도
제철	10~3월
이용	회, 초밥, 소금구이, 튀김, 조림, 찜

└─ 등에 딱딱한 돌기가 특징인 돌가자미

가자미류 생선 중 하나로 등에 뼈처럼 단단한 돌기가 나서 뼈도 다리라고도 불린다. 여타 가자미류와 마찬가지로 두 눈이 오른쪽에 몰려 있다. 눈이 있는 유안부 체색은 서식지에 따라 다르다. 서해안산은 갯뻘의 색을 닮아 무늬 없이 회갈색을 띠며, 동해산은 암반이 발달해 진하고 복잡한 대리석 무늬가, 남해산은 그 중간 형태인 황갈색을 띤다.

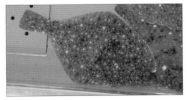

⤊ 흰 반점이 산재한 것이 특징이다

공통적으로 흰색 반점이 몸통 전반에 산재해 있다. 눈이 없는 무안부는 흰색을 띤다. 피부는 매끈하며 비늘이 없다. 제철은 남해산인 경우 가을부터 초겨울까지이며, 서해와 동해 특히, 강원권과 충남권 앞바다에서 잡히는 것은 겨울부터 초봄까지도 제철이라 할 수 있다.

︽줄가자미

+
'이시가리'는
어디선 온
말일까?

돌가자미의 일어명은 '이시가레이'이다. '이시'는 돌을 의미하고, '가레이'는 가자미를 의미한다. 다시 말해, 돌가자미는 일어명을 그대로 반영한 말이다. 그것이 국내에선 '이시가리'란 말로 변형돼 오늘날엔 돌가자미는 물론, 줄가자미에도 쓰이고 있다. 서해권 일대 시장에선 돌가자미를 이시가리라 부르고, 동해와 남해안 일대에서 줄가자미를 이시가리로 부르는 경우가 많다. 특히, 줄가자미를 전문으로 하는 횟집 메뉴판에 '이시가리'라 쓰여 있다면 이는 대부분 줄가자미를 뜻한다. 비율로 따지면 돌가자미보다 줄가자미에 더 많이 쓰이는 셈이다. 이 때문에 이시가리가 줄가자미를 가리키는지 돌가자미를 가리키는지 갑론을박이 많다. 가급적이면 이시가리란 말 보다는 표준명이나 그 지역 방언으로 부르는 것이 혼동을 피하는 길이다.

고르는 법

횟감용은 살아있는 것을 고르는데 배가 불룩한 알배기는 피하는 것이 좋다. 활어와 선어 모두 길이보단 살밥의 두께가 있는 것을 고른다.

︽산란에 임박한 알배기 돌가자미(2월 포항)

이용

서해 및 동해 해변가에서 원투낚시 대상어로 인기가 있다. 자연산은 전장 50cm 이상 자라 횟감으로써 가치가 높은 고급어종이다. 살이 희고 단단해 씹는 맛이 좋으나 몇 시간 더 숙성하면 차지면서 맛이 더 좋아진다. 이 외에도 구이나 튀김, 회, 찜, 탕, 조림 등 다양한 방식으로 먹을 수 있다. 한방에서는 몸이 허한 것을 보호하고 기력을 증진 시킨다고 하여 약재로 사용되기도 했다. 중국에서 들어오는 양식 돌가자미는 손바닥만 한 크기가 대부분으로, 주로 뼈째썰기용으로 2년만 키우고 출하해 '봄도다리 세꼬시' 혹은 '도다리 쑥국' 재료로 활용된다. 소금구이가 맛있다고 정평이 난 생선이다.

︽돌가자미회

돌돔

분류 농어목 돌돔과
학명 *Oplegnathus fasciatus*
별칭 갓돔, 갯돔, 뺀찌, 줄돔, 시마다이
영명 Striped beakperch, Rock bream
일명 이시다이(イシダイ)
길이 25~50cm, 최대 85cm
분포 우리나라 전 해역, 동중국해, 일본,
　　　　남중국해, 하와이
제철 9~2월
이용 회, 초밥, 소금구이, 튀김, 탕

≪ 암컷 돌돔

≪ 수컷 돌돔

'횟감의 황제'라는 수식어가 따를 만큼 가격도 맛도 으뜸인 고급 어종이다. 육질이 단단할 뿐 아니라 돌 틈에 서식한다 하여 '돌돔'이라 불린다. 일본에서 기록은 84.5cm까지 기록됐고, 국내에는 약 75cm까지 기록돼 있다. 이렇듯 다 자라면 크게 자라는 대형 육식 물고기로, 강력한 턱과 이빨로 전복, 오분자기, 성게 등을 게걸스럽게 부서 먹는다. 돌돔은 바다낚시에서도 최후로 손 대야 할 환상의 대상어다. 장비에 들어간 비용도 비용이지만, 매 출조 때마다 성게를 비롯해 소라, 전복 등을 미끼로 챙겨야 하기 때문에 바다낚시에서 가장 많은 경비가 드는 것으로 유명하다.

돌돔은 육안으로 암수를 구별할 수 있다. 어릴 때는 암수 구분 없이 7개의 가로줄무늬가 나타나지만 40cm 이상으로 성장하면서 수컷은 줄무늬가 사라지고 입 주변이 검게 변한다. 반면 암컷은 다 자라도 사라지지 않는다. 암수에 따른 맛 차이는 정확히 판가름되지 않는다.

돌돔은 서해 중부이남을 기점으로 남쪽으로는 대부분 서식하며, 특히 남해안 먼 섬과 해상국립공원, 제주도 연안에 많은 개체가 서식 중이다. 양식도 활발히 이루어지며, 국산과 일본산, 중국산까지 골고루 유통되지만 1.5kg 이상인 큰 개체는 대부분 일본산 양식이라고 보면 된다.

한편, 손바닥만한 어린 돌돔을 '줄돔', '뺀찌'라 부르는데 손바닥만 한 줄돔은 국산과 중국산 양식으로 유통된다.

≪ 줄돔

※ 돌돔은 금어기가 없으나 포획금지체장은 24cm이다.
　(2023년 수산자원관리법 기준)

+
돌돔의 제철
주 어획시기와 맛있는 시기가 다른 대표적인 생선이다. 돌돔이 잘 낚이는 시기는 산란기인 5월부터 8월까지이지만, 본격적으로 맛이 드는 시기는 월동을 준비하기 시작하는 추석 즈음부터 2~3월까지라 할 수 있다.

고르는 법
돌돔은 대부분 활어로 유통된다. 클수록 맛있는데 마리당 1kg 이상이면 더 좋다. 상처와 지느러미의 훼손도가 적고 암컷은 줄무늬가 선명한 것을 고른다.

**+
양식 돌돔과
자연산 돌돔의
차이**

돌돔은 양식과 자연산의 가격이 차이가 난다. 자연산이 좀 더 비싸다. 이를 구별하는 방법은 지느러미 상태를 보는 것이다. 자연산 돌돔은 꼬리지느러미가 흠집 하나 없이 매끈하며 모서리가 날카로운 반면, 양식 돌돔은 지느러미 라인이 고르지 않고 일부 찢기거나 상처가 있으며 끝이 뭉툭하다.

이빨 상태를 보고도 알 수 있는데, 자연산 돌돔은 치아가 고르지 않고 거칠다. 반면, 양식 돌돔은 치아가 고르다.

예외적으로 자연산 돌돔도 지느러미가 심하게 훼손되거나 매끄럽지 못한 경우도 있다. 주로 정치망에 잡혔거나, 수조에서 다른 개체와 싸우면서 상처가 난 경우다. 상처가 많고 훼손도가 심하면 심할수록 양식과 자연산을 구별하기가 어렵다.

≫ 자연산 돌돔

≫ 양식 돌돔의 모습

≫ 자연산 돌돔의 꼬리지느러미

≫ 양식 돌돔의 꼬리지느러미 모양

≫ 자연산 돌돔의 우악스러운 이빨

≫ 꼬리지느러미가 매끈하지 못하고 뭉툭하지만 자연산 돌돔이다

이용

탄탄하고 고급스런 살점의 맛은 형언할 수 없는 탐미적인 맛으로 미식가들 사이에서 최고라 불린다. 회는 쫄깃함을 넘어 사각사각 씹히는 식감과 고소한 맛이 으뜸이다. 남은 뼈와 껍질은 푹 고아서 곰국처럼 뽀얗게 우려내고, 그 위에 밥을 말아 자작하게 죽을 쑤어 먹어도 좋다. 돌돔은 버릴 게 하나도 없다. 창자와 간, 위장과 껍질은 살짝 데쳐 기름장에 찍어 먹는데 고소한 풍미가 일품이며, 콜라겐이 씹히는 껍질의 꼬들꼬들함은 다른 생선 껍질에선 느낄 수 없는 색다름을 선사한다. 쓸개는 소주에 타서 마시는데 과학적으로 증명된 것은 아니나 쓸개주를 마시면 한동안 잔병치레가 없다는 내용이 민담으로 전해진다. 작은 돌돔은 소금구이와 매운탕이 좋다. 추석을 전후하여 잡히는 가을 '빼찌 구이'는 깨가 쏟아지듯 고소한 풍미가 다른 생선들을 압도할 만큼 맛있다.

≫ 부위별로 즐기는 자연산 돌돔회

≫ 한겨울 자연산 돌돔회

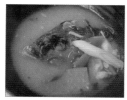
≫ 돌돔 맑은탕

≫ 돌돔 껍질 숙회

≫ 돌돔 쓸개주

≫ 빼찌구이

등가시치

분류 농어목 등가시치과
학명 *Zoarces gilli*
별칭 고랑치, 꼬랑치, 황망둥어
영명 Blotched eelpout
일명 코오라이가지(コウライガジ)
길이 30~40cm, 최대 50cm
분포 우리나라 전 해역, 일본 남부, 중국,
　　　　북서태평양의 온대 해역
제철 6~11월
이용 회, 조림, 탕

부산 가덕도에서부터 진해, 거제, 통영에 이르는 남해안 일대에서 나는 생선이다. 이 지역에서는 등가시치 대신 '고랑치' 또는 '꼬랑치'라고 부르는데, 가만있을 때 꼬리를 한쪽으로 따리를 틀고 있어 붙여진 이름이다. 보리가 익는 시기에 많이 잡힌다고 해서 '보리누름에 고랑치'라는 말이 있을 정도이다. 동해, 서해, 남해 할 것 없이 우리나라 전 해역에 서식하지만, 동해산이 품질이 좋고 가격도 비싸다. 인지도가 낮아 지역 사람들만 먹는 횟감이었는데 지금은 미디어를 통해 제법 알려졌고, 성수기에는 마리당 (중치급) 5~7만원을 호가할 정도로 가격이 올랐다. 반면, 서해산은 커다란 망둥어로 착각하기도 하며, 상대적으로 가격이 저렴하다.

고르는 법

등가시치는 주로 활어로 유통된다. 클수록 살이 많이 나오고 맛도 좋다. 수조에선 바닥에 배를 붙이고 얌전히 있는 것이 좋고, 꺼냈을 때 지속적으로 심하게 요동치기보단 얌전히 가쁜 숨을 쉬고 한번씩 몸을 흔드는 정도가 활력이 좋은 등가시치다. 몸은 상처가 적고 매끄러워야 하며, 무엇보다도 대가리가 커서 수율이 적게 나오는 만큼 몸통 살이 통통하게 오른 것을 고른다.

⌃ 바닥에 배를 붙이고 가만히 있는 등가시치들

이용

등가시치는 가을에 가장 맛이 좋은 제철 자연산 횟감이다. 숙성회보다는 시장에서 활어회로 이용된다. 살점은 비린내가 적고 꼬들꼬들한 식감에 단맛도 있어서 미식가들이 선호하는 횟감의 요건을 만족한다.

⌃ 등가시치회(아래쪽에 살짝 붉은것)

⌃ 간장도 좋지만 초고추장이 잘 어울린다

등가시치를 넣어 끓인 미역국은 국물이 뽀얗게 우러나고 영양가가 높아 산모에게 소고기미역국 대신 먹이기도 한다.

매퉁이

분류 홍메치목 매퉁이과
학명 *Saurida undosquamis*
별칭 매퉁
영명 Brushtooth lizardfish
일명 마에소(マエソ)
길이 30~40cm, 최대 약 55cm
분포 서해, 남해, 일본 중부 이남, 중국, 대만, 베트남,
　　　동중국해, 남중국해, 인도양 등 서태평양
제철 8~12월, 4~6월
이용 어묵, 어포, 매운탕, 튀김, 구이, 조림

⚠ 이빨이 발달해 활어를 취급시엔 주의　⚠ 시장에서 판매 중인 매퉁이(베트남
　해야 한다　　　　　　　　　　　　　　붕따우)

매퉁이와 황매퉁이는 서해 및 서남해에 서식하는 바닷물고기로 상업적 가치가 낮고 어획량도 적어 일반적으로 흔히 유통되지 않는 물고기이다. 낚시로 잡으면 방생하는 잡어로 인식. 생김새도 마치 뱀 같아 모양에서도 선호되지 않는다. 육식성 어류라 이빨이 날카롭고 잔가시가 많아 음식 활용도가 낮다.

다만, 매퉁이는 따뜻한 바다를 좋아하는 난류성 어류로 일본과 베트남, 남중국해에 풍부한 자원이 있다. 이들 나라에선 어묵과 조림, 튀김 재료로 인기가 있다.

이용

대부분 어묵이나 어포, 피시 스낵의 원료로 쓰인다. 살에 잔가시가 많을 뿐 아니라 수분이 많아 회는 인기가 없지만, 단순히 튀겨 먹거나 매운탕으로 먹기에는 나쁘지 않은 생선이다.

문절망둑

분류 농어목 망둑어과
학명 *Acanthogobius flavimanus*
별칭 꼬시래기, 문저리, 운저리, 망둥이
영명 Yellowfin goby
일명 마하제(マハゼ)
길이 10~20cm, 최대 25cm

분포 남해, 일본 중부이남, 중국
제철 10~2월
이용 회, 탕

망둑어과에 속하는 물고기들은 비슷하게 생겼다는 이유로 모두 '망둑어'나 '망둥이'로 불린다. 전 세계적으로 서식하는 망둑어과 어류는 600여 종, 국내에선 약 40여종으로 흔한 어류다. 이중에서도 흔히

식용되는 것은 서해에 주로 서식하는 풀망둑과 남해안 일대에 서식하는 문절망둑이다. 연안에서 방파제 생활 낚시로 인기가 있는데 주로 갯지렁이를 꿰어 낚는다. 횟감으로는 풀망둑보다 더 낫다는 평이지만 취급하는 곳은 많지 않다. 주로 부산과 마산, 거제도 일대 수산시장에서 가을~겨울 시즌에 한하여 볼 수 있다. 지역에서는 주로 '문저리'나 '꼬시래기'로 불리는데, 뼈째 썰면 맛이 고소해 붙은 이름이기도 하며, 눈앞의 이익을 좇다가 더 큰 손해를 본다는 의미로 '꼬시래기 제 살 뜯기'란 속담도 있다.

+
망둑어과의
구별

망둑어과 물고기 가운데 문절망둑은 풀망둑과 매우 비슷하여 일반인들이 구분하기가 쉽지 않다. 몸길이 50cm까지 자라는 풀망둑과 달리 문절망둑은 다소 작고 외소한 편이며, 풀망둑보다 체색이 밝고 몸통 전체에 자글자글한 점 패턴이 나타난다.
반면, 풀망둑은 매끈한 피부에 일정한 무늬가 나타나지 않으며, 다갈색에 암청색이 섞인 진한 빛깔이 특징이다.

⚞ 문절망둑의 앞모습

⚞ 문절망둑의 옆모습

⚞ 풀망둑

⚞ 가시망둑

이와 별개로 가시망둑이란 어종도 연안의 돌틈에 서식하며 낚시로 잡히는데 크기는 앞서 언급한 두 망둑어 어류보다는 작고 외소하여 특별히 식용하지 않는다.

이용

지방 함량이 낮고 단백질과 비타민이 풍부하며, 회는 물론 구이나 조림, 매운탕으로 일미다. 흰살생선으로 비린내가 거의 없을 뿐 아니라 뼈째 썰면 특유의 꼬슬꼬슬한 식감이 좋다. 문절망둑회를 통고추에 넣고 마늘과 집장을 얹어 먹는 통고추문절망둑박이는 배 위에서 허기를 채우던 어부들에게 추억의 음식이다.

범가자미

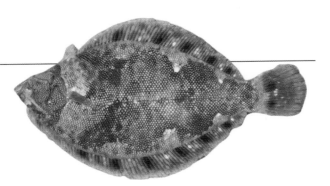

분류	가자미목 가자미과
학명	*Verasper variegatus*
별칭	멍가레, 몽가리, 범도다리, 별가자미, 별납생이, 점가자미(X)
영명	Spotted halibute*
일명	호시가레이(ホシガレイ)
길이	30~50cm, 최대 65cm
분포	우리나라 서해 및 남해, 발해만, 일본 혼슈 및 홋카이도
제철	5~11월
이용	회, 초밥, 소금구이, 조림, 찜, 탕

*영어권에서는 가자미를 뜻하는 'Flounder'
대신 넙치를 의미하는 'Halibut'을 쓴다.

가자미목 가자미과에 속하는 어종으로 줄가자미, 노랑가자미와 함께 미식가들 사이에서 최고급 가자미로 꼽힌다. '범가자미'라는 이름은 몸통을 두르는 호랑이무늬에서 유래했다. 소나무 껍질을 닮은 비늘이 매우 인상적이며 양쪽 지느러미에 뚜렷한 범 무늬가 있다. 자연산은 개체수가 많지 않아 언제나 극소량만 유통되는데 가자미 2~3천 마리 중 한 마리 꼴로 잡힌다. 이러한 희소성에 잡히는 즉시 고급 일식집이나 미식가들의 예약 주문으로 팔려 나간다. 주로 서해 태안반도부터 전라남북도 일대 해안에서 잡히는데, 수온이 고점을 찍고 떨어지기 시작하는 10~11월경부터 남하하기 시작해 3월까지 남쪽에서 겨울을 난다. 산란기는 1~2월이나, 경기도와 발해만 등 위도가 높고 찬 수온일수록 산란기가 늦다. 최근에는 양식에 성공해 소량 유통 중이다.

+
자연산과
양식의 차이

양식은 자연산에 없는 독특한 무늬가 나타난다. 가슴지느러미를 관통하는 희고 굵은 줄무늬가 있으며, 전반적으로 체색이 어두워 검은색에 가깝다보니 범가자미의 상징이라 할 수 있는 지느러미 범 무늬도 뚜렷하지 않다.

배쪽도 차이가 난다. 자연산은 흰색에 검은 점무늬가 있지만, 양식은 일부만 희거나 등쪽과 비슷한 체색을 보인다. 가격은 자연산이 비싸며, 양식도 kg당 5~7만 원 전후로 판매된다.

≪ 양식 범가자미

양식 범가자미에 ≫
나타나는 하얀 테비 무늬

≪ 자연산 범가자미의 무안부

≪ 양식 범가자미의 무안부

이용

자연산 범가자미는 일 년 위판량이 얼마 되지 않는다. 가끔 50cm가 넘는 대물은 매우 값비싸게 판매되며, 작은 것은 잡어와 섞여 위판되기도 한다. 클수록 씹는 맛이 좋고 숙성하면 특유의 투명감과 탄력, 감칠맛이 이루 말할 수 없는 최고급 횟감이다. 선어는 튀김, 구이, 조림, 탕 등 다양하게 활용된다.

≪ 범가자미회

≪ 희고 투명하며 탄력이 좋다는 특징이 있다

≪ 범가자미 탕수

붉바리

분류 농어목 바리과

학명 *Epinephelus akaara*

별칭 꽃능성어, 붉발, 능성어(X), 능시(X), 다금바리(X), 구문쟁이(X)

영명 Red spotted grouper, Hong kong grouper

일명 키지하타(キジハタ)

길이 30~50cm, 최대 70cm

분포 남해와 제주도, 동중국해, 일본, 대만, 중국 해역

제철 10~5월

이용 회, 초밥, 탕, 찜, 어죽

바리과 어류 중에서 비교적 소형으로 몸길이 약 60~70cm에 5~6kg 전후가 한계 성장으로 알려졌다. 자바리와 함께 최고 급 횟감 중 하나이다. 과거에는 양식이 되지 않았고 개체수 도 많지 않아서 매우 귀했는데 지금은 꾸준한 치어 방류로 개체수 회복에 기지개를 펴고 있다. 자연산은 여전히 값비싼 횟감으로 산지(고흥 나로도를 비롯한 남해안 일대)에서 소진 되고 일부는 고급 식당으로 유통된다. 자바리와 마찬가지로

✥ 여름의 문턱에서 낚시로 잡은 붉바리

수심 100m 이하의 산호나 암초가 무성한 곳에 은신하다 먹잇감을 찾아 활발히 활보하는데 밤에 활동 력이 높다. 수온이 오르기 시작하는 5월경부터 잡히기 시작해 7~9월 사이 조업량이 늘고, 타이라바와 외수질 낚시로도 성행하다가 10월경이면 작은 개체는 빠지고 큰 개체 위주로 잡는다. 11월 이후부턴 거문도, 평도, 추자도, 제주도 등 먼 섬에서 월동하는 것으로 알려졌다.

| + **붉바리의 제철은 언제일까?** | 붉바리의 산란은 여름이다. 공교롭게 도 이 시기에 산란을 위해 연안으로 들 어온 붉바리가 많이 잡힌다. 특히 7~8 월은 관광 성수기로 제주는 물론 여수, 고흥, 거문도에서 부쩍 기대감이 높아 |

✥ 11월경 월동을 앞두고 살이 부쩍 찐 붉바리

진 채로 자연산 붉바리 회를 맛보지만 가격 대비 기대에 미치지 못할 때가 많다. 그 이유는 산란 직전이거나 직후 이기 때문이다. 생선회의 맛은 숙성에 의한 감칠맛도 중요하지만, 이렇게 활어회로 소비되는 관광 지에선 처음부터 지방이 가득 껴야 직관적으로 맛있다고 느끼는데 여름 붉바리는 그렇지 못할 때가 많다. 산란을 마친 붉바리는 월동을 위해 근해에서 살을 찌우다 10월부턴 체고가 높고 몸집이 두꺼 워지면서 지방도 한껏 오르게 된다. 따라서 붉바리 회가 가장 맛있는 제철은 10월경부터 월동 중인 겨울을 비롯해 이듬해 산란을 준비하는 시기인 5월까지라 할 수 있다.

+
붉바리에
얽힌
명칭상 오해

붉바리는 지역에 따라 능성어라 부르기도 해 상거래 혼란이 우려된다. 거문도를 비롯해 전라남도 고흥 일대에선 '능성어', '능시'라 부르는 경향이 있고, 여수에선 '꽃능성어'라 부른다. 한편 표준명 능성어를 거문도에선 '다금바리'라고 부르기도 해 명칭 통일화가 시급하다.

⌃ 붉바리

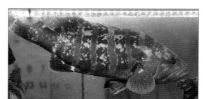
⌃ 표준명 능성어(제주 방언 구문쟁이)

고르는 법

시장에는 자연산과 양식 활어로 나뉘어 판매된다. 이 둘을 구별하는 명확한 포인트가 없으니 자연산을 구매할 때는 자연산인지 확인해볼 필요가 있다. 가끔 선어가 판매되기도 하나 붉바리 유통의 기본은 횟감을 위한 활어 유통이므로 이 과정에서 죽었거나 조업 과정에서 죽었을 확률이 높다. 선어는 신선도에 따라 가격이 천차만별이나 활어의 반값에도 미치지 못한다. 활어를 고를 때는 몸통에 나타나는 적갈색의 얼룩무늬와 붉은 반점이 뚜렷해야 좋고, 등지느러미 한가운데에는 직경 2~3cm의 검붉은 반점이 뚜렷해야 활력이 좋은 것이다.

⌃ 나로도 위판장에 들어온 자연산 붉바리들

이용

주로 회로 이용된다. 살은 투명하고 탄력이 높아 적당히 숙성하면 차지면서 은은하게 올라오는 감칠맛과 단맛을 맛볼 수 있다. 섬세한 섬유질을 바탕으로 한 흰살생선으로 다른 어종보다 식감에서 만족도가 높다. 자바리와 함께 곰국처럼 고운 맑은탕은 산모에 좋고, 붉바리로 어죽을 쑤면 여름 보양식으로도 손색이 없다.

⌃ 붉바리회

⌃ 붉바리 어죽 전골

⌃ 붉바리 죽

살살치

분류	쏨뱅이목 양볼락과
학명	*Scorpaena neglecta*
별칭	솔치우럭, 뿔티, 우럭
영명	Izu scorpionfish
일명	이즈카사고(イズカサゴ)
길이	20~35cm, 최대 약 60cm
분포	남해, 일본 중부이남, 대만, 중국 외 서부태평양, 인도양 등 아열대 해역
제철	10~1월
이용	탕, 구이, 튀김, 조림, 건어물

☝ 솔치우럭이라 판매되는 살살치(제주 하나로마트)

난태생인 다른 양볼락과 어류와 달리 알을 낳는다. 산란기는 1~3월로 알려져 있어 산란을 준비하는 기간인 가을~겨울을 제철로 보지만, 사실 살살치는 수심 100~200m에 서식하는 준심해성 어류로 이들 어류의 특징은 연중 맛 차이가 크지 않다는 것이다. 또한 조피볼락과 쏨뱅이를 비롯한 양볼락과 어류에는 등지느러미 가시에 독이 있어 찔리면 한동안 붓고 쓰라린데, 이 중에서도 가장 강력하다 볼 수 있는 어류가 솔베감펭과 쑤기미, 그리고 살살치라 할 수 있다. 이 독은 죽어서도 남아 있으므로 손질 시 유의한다.

국내에서는 남해와 제주 먼바다 깊은 수심대에 살며 주로 저인망 어선에 부수어획된다. 주요 산지는 제주도로 동문시장, 서부두를 비롯해 농협 하나로 마트에서도 간간히 볼 수 있으며, 남해안에서는 부산과 통영 일대 수산시장에서 한시적으로 볼 수 있는 귀한 어종이다. 참고로 솔치우럭이라 불리며 제주에선 조피볼락, 쏨뱅이, 살살치를 모두 뭉뚱그려서 '우럭'으로 불리는 경향이 있다.

이용

대부분 매운탕거리로 쓰인다. 대가리가 크고 뼈가 굵어서 국물이 맛있기로 정평나 있다. 물론 싱싱한 것은 회로 먹을 수 있으나 금방 물러지는 편이며, 대개 심해성 어류가 그렇듯 활어 유통이 어려워 사실상 쫄깃쫄깃한 회로 먹기는 쉽지 않다. 껍질이 맛있는 어종으로 구이나 튀김, 간장 조림 또한 어울리는 고급 어종이다.

+ 살살치외 유사어종 4종

시중 유통량은 미미하지만 이따금 낚시나 그물 혼획으로 부수 어획되는 유사어종이 있다. 대표적으로 점감펭, 쑥감펭, 쭈글감펭, 주홍감펭 등이다. 살살치와 매우 흡사하게 생겼고, 점감펭의 경우 등지느러미는 개체에 따라 짙거나 흐린 검은 반점이 나타난다. 이들 감펭이류는 대형으로 자라는 살살치와 달리 소형종이며 주로 탕감으로 이용된다.

☝ 점감펭(제주 동문시장)

☝ 쭈글감펭(좌사리도)

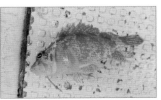

☝ 주홍감펭(대마도)

삼치 | 꼬치삼치, 동갈삼치, 재방어

분류 농어목 고등어과
학명 *Scomberomorus niphonius*
별칭 사라, 고시, 망어, 망에
영명 Japanese spanish mackerel
일명 사와라(サワラ)
길이 50~70cm, 최대 1.2m

분포 우리나라 전 해역, 일본, 북서태평양의 온대 및 아열대 해역
제철 11~4월
이용 회, 구이, 조림, 튀김

농어목 고등어과에 속하며 대표적인 등푸른생선이자 붉은살생선이다. 찬 바람이 불고 수온이 내려가면서 삼치는 월동을 위해 지방을 찌우고 해마다 봄이면 산란이 시작되니, 이때를 위해 겨우내 영양분을 축적해 두어 맛이 절정에 이른다. 4~6월이면 산란이 시작되는데 무려 9만개 전후의 알을 낳고, 찬바람이 불 때까지는 동, 서, 남해 할 것 없이 돌아다니다가 다시 추워지면 남하하는 계절 회유를 한다. 따라서 늦봄부터 여름 사이에 잡힌 삼치는 기름기가 빠져 맛이 덜하다.

가을에는 삼치의 먹이 활동이 활발해지는데, 특히 멸치떼를 쫓아 들어오는 삼치를 대상으로 루어 낚시가 인기가 있다. 은빛이 반짝거리는 스푼 모양의 루어는 물속에서 베이트 피시로 착각하게 만드는데, 이때 삼치가 쏜살처럼 달려와 낚아채며 걸려든다. 동해안 일대에선 대삼치를 낚기 위한 선상 지깅 낚시가 유행이다. 한편, 삼치 조업은 이른 새벽부터 출항하는데 신기하게도 미끼를 꿰지 않은 맨바늘 외줄 낚시로 낚아챈다. 바늘엔 종잇짝처럼 얇고 반짝거리는 인조미끼가 달리는데 그걸 먹잇감으로 착각해 달려드는 것이다.

삼치는 동, 서, 남해 전부 나지만 산지로 가장 유명한 곳은 거문도 일대 해상이다. 몸통에는 크고 작은 검은 반점이 흩뿌려진 게 특징이며, 근연종인 '평삼치'(*Scomberomorus koreanus*)와 혼획되지만, 외관으로는 구별하기 힘드므로 따로 구분 없이 삼치란 이름으로 유통된다. 참고로 평삼치는 삼치보다 크게 자라 최대 1.5m에 이른다. 따라서 몸길이 1.2m를 넘기는 대형 삼치라면 평삼치일 확률이 높다.

✛ 삼치의 제철

삼치가 가장 맛있는 제철은 지방이 오르는 늦가을부터 겨울 사이지만, 봄을 대표하는 물고기로 인식하기도 한다. 삼치는 5~6월 산란 성기에 이르면 먼바다에서 얕은 내만으로 들어온다. 일본의 관서 지방처럼 봄에 조업량이 집중되기라도 한다면, 봄이 제철인 생선으로 판매되는 것도 무리는 아니다. 반면에 한국은 봄에 삼치가 귀한 편이다. 삼치를 '춘어'(春魚)라 부르는 것은 5~6월 산란을 앞둔 삼치가 통통하게 살이 올라 고소한 맛을 내어주기 때문일 것이다. 하지만 하루 안팎으로 잡힌 신선한 삼치를 회로 먹겠다면, 겨울이 좋고 어획량도 가을~겨울에 집중된다.

고르는 법

횟감용 삼치는 크면 클수록 좋은데 최소 3kg 이상은 돼야 제맛이 난다. 갓 잡힌 삼치야 금상첨화지만, 산지에서 떨어진 서울 및 수도권이라면 그래도 하루 안팎으로 잡힌 삼치를 써야 한다. 그랬을 때 눈동자는 투명할수록 좋으며, 눈알이 희게 변한 것은 피한다. 아가미는 밝은 선홍색에 진액이 적게 나오는 것이 좋다. 생선의 아가미는 죽은 직후부터 반나절까지 매우 밝은 선홍색을 띠다가 하루가 지나면서 차츰 색이 어두워지면서 진액이 조금씩 나오기 시작한다.

횟감의 마지노선은 여기까지다. 이후 적갈색에서 갈색이면 조리용으로 써야 한다. 등은 푸르스름한 광택으로 반질반질 윤기가 나야 하며, 사후경직에 들어 배 부분을 눌렀을 때 적당히 단단하고 탄력감이 느껴지는 것이 좋다.

구이용을 고를 때는 주로 토막 난 삼치를 사게 되는데 크고 두툼한 것이 좋다. 단면의 살은 유백색으로 밝은 것, 양쪽으로 분포한 혈합육은 선홍색일수록 좋고 갈색으로 변해 있으면 피한다.

이용

큰 것은 선어회로 이용한다. 원체 살이 부드럽고 충격에 약하므로 최대한 신속하게 포를 떠야 한다. 회를 뜨는 과정에서 손을 많이 타거나, 상온에 노출되는 시간이 늘면 살이 갈라지는 까다로운 횟감이다. 생물 삼치를 바로 회 떠서 먹기도 하지만, 냉동실에 한 차례 얼려 적당히 냉을 받친 살이 회를 썰어 먹기엔 더 좋다. 여수를 비롯한 전라남도에선 삼치회를 먹을 때 밥과 마른김, 양념간장, 고추, 마늘, 양파, 된장, 갓김치를 곁들여 먹는다.

싱싱한 삼치회는 참치회와는 다른 고소함과 방어회보다 부드럽고 녹는 식감에 미식가들 사이에서 인기가 높다. 살이 연하고 지방질이 많아서 맛이 있지만, 다른 생선에 비해 부패 속도가 빠르므로 식중독에 주의해야 한다. 이 외에는 소금구이, 된장구이, 튀김 등으로 이용한다. 지방 함량이 높은 편이나 불포화지방산이기 때문에 동맥경화, 뇌졸중, 심장병 예방에 도움이 된다. 보통은 구이로 이용되지만, 냄비를 이용해서 조림이나 찜을 해 먹는 방법도 있다. 살이 희고 부드러울 뿐 아니라 잔가시가 적어 노인과 아이들도 발라 먹기 좋은 생선이다.

⌃ 삼치회 백반(고흥 나로도)

⌃농후한 지방감이 느껴지는 겨울 삼치회

⌃ 삼치 소금구이

꼬치삼치

분류	농어목, 고등어과
학명	*Acanthocybium solandri*
별칭	꾀저립, 와후피시
영명	Wahoo
일명	카마스사와라(カマスサワラ)
길이	1~1.8m, 최대 2.4m

분포	동해 왕돌초, 일본 남부, 동중국해를 비롯한 전 대양의 열대 및 온대 해역
제철	11~2월
이용	회, 구이, 튀김, 훈제, 가공식품

삼치보다 남방계 어종이자 대형 삼치류로 주로 아열대 해역에 서식한다. 국내에는 난류의 영향을 받는 동해 왕돌초 인근이 주요 회유지이며, 북반구와 남반구 가릴 것 없이 전 세계 대양에 널리 분포한다. 국내에선 일부 지깅 낚시 마니아들이 동해 먼바다에서 포획하곤 하지만, 조업량과 합쳐도 그리 많은 양이 잡히진 않는다.

꼬치삼치는 살을 덩어리로 잘라 껍질을 제거한 신선 상태로 또는 염장, 건조, 급속냉동, 훈제로 판매된다. 신선한 꼬치삼치는 횟감으로 좋다. 껍질을 벗기지 않고 껍질째 포를 뜬 후 토치로 겉만 구워내어 썰면 회 맛이 좋다. 해외에선 통조림이나 피시볼로 가공되기도 한다. 구이나 튀김으로 먹는 것이 가장 일반적이지만, 그 외에 일반적인 삼치 조리법을 모두 적용할 수 있다.

⌃ 해체되는 꼬치삼치

동갈삼치

분류	농어목 고등어과		
학명	*Scomberomorus commerson*		
별칭	미상		
영명	Narrow-barred spanish mackerel	**분포**	한국의 동해, 남중국해, 안다만, 서부태평양, 전 세계 대양의 열대 및 아열대 해역
일명	요코시마사와라(ヨコシマサワラ)	**제철**	11~4월
길이	1~1.5m, 최대 2.5m	**이용**	구이, 어묵, 조림

⌃ 동갈삼치 어묵(베트남 붕따우)

꼬치삼치와 비슷하거나 약간 더 크게 자라는 대형 삼치류이다. 원래는 베트남과 태국을 끼고 있는 남중국해에 서식하는 종으로 국내에서는 발견된 사례가 없었으나, 지구온난화로 인한 수온 상승의 여파로 동해 왕돌초 인근에서 간간이 포획되기도 한다. 살이 희고 부드러우며 맛이 담백하다. 살에 수분이 많아 삼치보다 맛은 떨어진다는 평가다. 베트남에서는 고급 어종으로 취급되며, 구이와 어묵, 조림용으로 쓰인다.

재방어

분류	농어목 고등어과		
학명	*Scomberomorus sinensis*		
별칭	저립, 제립		
영명	Chinese mackerel	**분포**	추자도와 제주도, 일본 남부, 동중국해를 비롯한 서부 태평양의 아열대 해역
일명	우시사와라(ウシサワラ)	**제철**	11~4월
길이	1~1.8m, 최대 2.48m	**이용**	회, 구이, 탕, 조림

이름은 재방어지만 방어와 상관없는 초대형 삼치류이다. 삼치류 중에선 가장 크게 자라는데 국내에선 1979년 이동식씨가 추자도에서 227cm를 낚은데 이어 1982년에는 배용수씨가 240cm를 낚았고, 같은해 관탈도에서 오부일씨가 낚시로 잡은 248cm가 세계 기록으로 등재돼 있다. 당시 1970~1980년대만 해도 재방어를 노리는 트롤링 낚시가 꽤 성행했다고 한다. 이후 재방어는 모습을 완전히 감췄고 낚시인들 사이에선 전설로만 남게 됐다. 최근에는 제주 지귀도를 비롯한 남부 해안에서 쇼어 지깅 낚시로 약 1m급의 재방어가 연달아 낚이기도 했다. 재방어는 주로 한반도보단 동중국해와 일본 남부 지방에 분포하는 아열대성 대형 삼치류이다. 바다와 기수역을 오가기도 하며, 강으로 거슬러 오르기도 한다. 1m 초반까지는 몸통에 특유의 표범 무늬가

⌃ 1982년 국내에서 잡힌 초대형 재방어

나타나지만, 2m 이상 성장하면서 사라진다. 잡히면 주로 회와 매운탕으로 이용되는데 맛에 대해선 상세히 알려진 바가 없다.

어름돔

분류	농어목 하스돔과	**일명**	고쇼다이(コショウダイ)
학명	*Plectorhynchus cinctus*	**길이**	25~40cm, 최대 약 7cm
별칭	깨돔, 후추돔, 설돔, 돼지돔, 밍돔,	**분포**	서해, 남해 및 제주도, 중국, 일본 중부이남, 인도양, 인도네시아 등
	얼음돔, 청황돔(X), 천왕돔(X)	**제철**	10~3월
영명	Threeband sweetlip	**이용**	회, 구이, 찜, 탕, 튀김, 조림

농어목 하스돔과에 속한 바닷물고기로 가까운 사촌을 꼽으라면 군평선이(딱돔)와 동갈돗돔 등이 있다. 제주도 근해에서 겨울을 나다가 여름~가을에는 서남해로 진출해 서해까지 북상하기도 한다. 여타 돔 종류와 달리 암반으로 되어 있는 지형보다는 갯펄과 사니질, 자갈밭으로 되어 있는 저질을 선호하기에 주로 서남해(여수, 고흥, 진도, 완도, 목포)를 중심으로 회유한다. 최대 60cm까지 자라며 등에는 마치 후추를 뿌려 놓은 것처럼 검은 반점들이 새겨져 있다. 산란기는 5~6월이다.

고르는 법

주요 산지는 제주도 일대 수산시장과 고흥 나로도와 목포 시장 등인데 가끔이지만 노량진 수산시장에서도 보인다. 선어로 들어온 것 중 사진처럼 지느러미가 말끔하다면 자연산, 수조에서 활

△ 자연산 선어로 판매되는 어름돔 (노량진 수산시장)

△ 활 어름돔(제주 올레시장)

발히 움직이지만 꼬리지느러미가 닳아 있다면 중국산 양식 혹은 정치망에 잡힌 자연산일 확률도 있다. 선어를 고를 땐 눈이 투명하고 외형이 말끔하며 점무늬가 선명한 것을 고른다. 제주도에선 천황돔이라 부르지만 천황돔이란 어종은 따로 있다.

+ 어름돔에 기생하는 기생충

어름돔에는 '디디모조이드'(Didymozoidae)라 불리는 기생충이 근육 내 기생하기도 한다. 자연산 어름돔을 회 떴을 때 노란 끈이나 점액질이 붙어 있다면 이 기생충을 의심해야 한다. 크기는 1cm 가량의 부정형 덩어리지만, 수십 마리가 뭉쳐 있기도 하다. 주요 숙주로는 어름돔을 비롯해 가다랑어, 새치류, 고등어, 부시리 등이며, 이것을 섭취해도 사람에 기생하지 않고 익혀 먹으면 특별한 증상을 일으키지 않는다. 다만 생식할 때는 혐오감을 부를 수 있고 가벼운 배탈을 동반할 수 있으므로 주의한다.

이용

상업적 가치가 높은 어종이다. 살은 맛이 좋아 회나 매운탕, 구이, 찜 등으로 쓰인다. 전라도 일대 수산시장에선 수온이 높은 여름~가을에 볼 수 있고, 제주도는 겨울에 수산시장에서 한시적으로 볼 수 있다. 시장에선 주로 활어회로 이용되지만, 큰 것은 어느 정도 숙성해야 맛이 난다. 육질은 도미(참돔)보다 낫다는 평이다. 씹는 맛도 좋고, 흰살생선의 엷은 지방맛도 출중하다.

△ 어름돔 회

참돔과 마찬가지로 큼직한 대가리는 살이 많아 굽거나 조림으로도 인기가 있다. 반건조한 어름돔은 찜이나 구워 먹기에 좋다.

연어 | 대서양연어, 왕연어, 홍연어, 은연어, 곱사연어

분류 연어목 연어과
학명 *Oncorhynchus keta*
별칭 첨연어, 케타, 백연어, 백련어(x)
영명 Chum Salmon, Dog salmon
일명 사케(サケ)
길이 50~80cm, 최대 약 1m
분포 남해, 동해, 일본, 러시아, 오호츠크해,
　　　　알래스카, 캐나다를 포함한 북태평양
제철 3~9월
이용 통조림, 찜, 구이, 훈제, 알젓

우리나라에 서식하는 대표적인 연어 종이다. 한때 '백연어'로 부르기도 했으나 중국이 원산지인 민물 생선이자 잉어목인 백련어와 발음상 겹쳐 현재는 '연어'로 부르고 표기된다. 다시 말해, 종명은 연어목 연어과에 속한 '연어'이다. 태평양 연어의 한 종류로 대서양 연어와 달리 일생에 딱 한 번 산란하면 죽는다. 알에서 태어난 연어는 3~4개월간 바다로 진출해 약 4~7년간 북태평양에 서식하다가 장정 20,000km를 회유하며 생애 처음이자 마지막이 될 산란을 위해 강으로 돌아온다.

※ 연어의 금어기는 10.11~11.30이다. 단, 바다는 10.1~11.30이다. (2023년 수산자원관리법 기준)

︿ 산란철 하천으로 소상하며 혼인색을 띠는 연어

︿ 모천에서 산란 후 죽은 암컷 연어

︿ 일생의 마지막을 향해 소상하는 상처 투성인 연어

+
**모천 회귀와
남획,
치어방류에
이르기까지**

︿ 우리나라의 대표적인 연어 산란장인 양양 남대천

︿ 금어기 불법 낚시 현장(한 낚시꾼이 훌치기로 연어를 포획하고 있다)

연어는 자신이 태어났던 강을 정확히 기억하고 돌아오는 '모천 회귀' 본능을 가진다. 이것이 어떻게 가능한지에 대해서는 여러 가지 설이 있지만, 자신이 태어나고 자란 강의 수중 환경과 냄새 등을 기억하고 돌아온다는 후각설이 설득력을 얻고 있다. 이러한 습성을 이용해 우리나라는 오래전부터 연어의 회귀율을 높이고자 섬진강과 남대천 등지에서 치어 방류 사업을 해왔다. 원래 연어는 하천으로 입성 후에도 산란장에 도달하기 위해 수십 킬로미터를 더 올라 상류까지 진출해야 한다. 그런데

중간에는 알배기 연어의 무분별한 낚시와 농수로 확보를 위해 건설된 수중보를 연어가 뛰어넘지 못하면서 산란에 차질을 빚게 되었다. 여기에 지구 온난화에 의한 수온 상승까지 겹치면서 국내 하천으로의 모천 회귀율은 갈수록 떨어지고 있었다.

그나마 다행인 것은 관련 부처가 소상하는 연어를 채집해 인공으로 부화시키고 종묘를 생산해 방류함으로써 개체 유지에 힘쓰고 있다는 점이다. 산란은 10~11월 경에 이뤄지며 우리나라의 대표적인 산란장은 강원도 양양의 남대천이 있고, 이 외에도 동해안 일대 하천과 낙동강, 섬진강 등이 있다. 양양 남대천의 경우 동해생명자원센터가 설치한 철제펜스로 인해 상류로의 유입률을 낮추고 있고, 동시에 유도로를 따라 센터로 들어간 연어를 확보해 인공부화 및 치어 육성에 힘쓰고 있다. 이렇게 하는 목적은 남대천으로 회귀하는 연어의 개체수를 늘리기 위함이다.

⌃ 동해생명자원센터가 설치한 철제펜스

⌃ 철제펜스를 통과한 연어는 상류로 향한다

⌃ 펜스를 통과하지 못한 연어는 유도로를 따라 센터로 들어간다

⌃ 센터로 들어가는 입구에서 연어가 힘차게 뛰어오른다

⌃ 동해생명자원센터로 들어온 연어들

⌃ 이렇게 확보한 연어로 인공 수정을 한다

이용

'연어'는 다른 연어류와 달리 붉은색 기운과 지방이 적어 풍미는 약하지만 살이 부드러운 장점이 있다. 주로 구이, 조림, 가공 식품과 그라브락스 훈제 연어로 이용된다. 그러기 위해선 동해안 일부 해역에서 포획되고 있는 연어를 사용하는데, 잡히자마자 내장을 제거해 신선 상태로 유통한다. 그 이유는 연어 내장에 고래회충이 많이 기생하기 때문이다. 죽고 나면 복막과 살이 부드러운 연어 특성상 고래회충이 살 속으로 파고드는 이행률이 상당히 높아지며, 이 경우

⌃ 9월경 바다에서 잡힌 연어는 알을 가득 찌우고 있다

⌃ 국산 자연산 연어로 만든 그라브락스 연어

⌃ 이미 상당수의 고래회충이 파고든 연어 (화면 정중앙에 고래회충)

횟감으로는 사용이 어렵다. 이렇듯 현장에서 전처리를 완료해 유통하는 자연산 연어는 늦여름부터 가을 사이 행해지며, 그 양은 국내에 유통되는 수입산 연어와 비교했을 때 매우 적은 양이다. 이 시기 연어는 살보다 알을 식용하는 것이 목적이므로 국산 연어알젓을 만드는 데 사용된다.

+
연어알

미식가들이 찾는 최고의 식재료인 연어알은 산란기의 연어에서 채취한다. 흔히 어란(魚卵), 알갱이를 뜻하는 일본어 '이쿠라'는 러시아어 '이쿠라'를 그대로 차용한 용어다. 수입산 연어에서는 식용 목적으로 연어알을 채취하지 않는다. 한 예로 노르웨이 양식 연어의 알은 식용이 아니라 부화를 목적으로 하기 때문이다. 결국 산란기에 강으로 유입된 자연산 연어를 통해 연어알을 수급하기 때문에 국내로 유통되는 연어알은 대부분 자연산으로 봐도 무방하다.

이 중에는 가을경 동해에서 잡히는 '연어'(첨새면)의 알을 빼내어 알젓으로 가공되며, 나머지는 수입품에 의존한다. 일본에서 난막에 들어있는 상태로 유통되는 연어알을 흔히 '스지코'라 하고, 난막이 제거된 연어알을 '이쿠라'라 한다. 스지코는 연어와 송어의 미숙한 난소를 소금에 절인 음식을 가리키기도 한다.

싱싱한 연어알은 발색이 좋고 탱글탱글하며 탄력이 좋아 쉽게 터지지 않는다. 주로 고급 일식당에서 사용되며 마끼에 한 움큼 올려 먹거나 달걀찜, 초회, 초밥, 지라시스시, 카이센동으로 이용된다.

≫ 연어 한 마리에서 채취한 알

≫ 초가을에 짜낸 연어알

≫ 싱싱한 상태의 연어알

≫ 국산 자연산 연어로 만든 연어알젓

≫ 연어알은 성게 및 단새우와 궁합이 좋다

+
**가짜
훈제연어의
유통,
사실일까?**

시판되는 훈제연어 중 일부는 조미료와 첨가물이 다량 함유된 목초액에 담가두거나 또는 훈제향이 가미된 액체를 인젝션(바늘)을 통해 주입한 것이다. 이는 국내의 식품 표기법의 허점을 이용한 것으로 이후 고발 프로그램에 노출되면서 철퇴를 맞았다. 최근에는 전통 건염 방식 또는 참나무, 참나무칩 등을 이용한 전통 훈연 방식으로 가공된 상품이 제법 나오고 있다. 여기서는 '훈제연어회'라는 표현을 쓰지 않는다. 훈제연어란 말 그대로 훈제한 연어를 의미하므로 그것이 날것인지 익힌 것인지는 별개 문제다. 그래서 훈제연어는 크게 두 가지로 나누게 된다.

a. 고온 훈제, b. 저온 훈제

고온 훈제는 연어살을 훈연향과 열기로 서서히 익혀 살 속 깊이 배게 하는 것이므로 최종적인 형태는 가열 음식이다. 주로 샌드위치, 샐러드, 카나페 같은 음식에 활용된다. 반면, 저온 훈제는 50도 이하에서 콜드 스모크로 향을 입히는 것이므로 살은 익지 않은 '훈제연어회'가 된다. 훈제 연어를 구매할 때는 어떤 방식으로 훈연되었는지 상품 표기 및 성분 표시를 꼼꼼히 살피길 권한다.

⌃ 목초액과 인젝션 주입을 이용한 저가 훈제연어

⌃ 참나무 훈연 방식으로 만든 훈제연어

⌃ 고온 훈연 상태

⌃ 저온 훈연 상태

왕연어

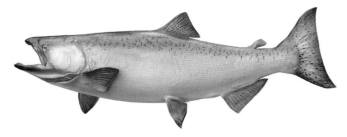

분류	연어목 연어과
학명	*Oncorhynchus tshawytscha*
별칭	킹새먼, 치누크
영명	Chinook salmon, King salmon
일명	마스노스케(マスノスケ)
길이	80cm~1.1m, 최대 약 1.6m
분포	일본 북부, 오호츠크해, 베링해, 알래스카, 캘리포니아
제철	12~6월, 양식은 연중
이용	훈제, 구이, 초밥

치누크 또는 킹연어라고 불린다. 최대 몸길이가 1.5m, 몸무게 60kg까지 성장하는 대형 연어로, 전 세계에 서식하는 연어 어종 중 가장 크게 자란다. 주로 캄차카 반도를 비롯한 북태평양, 알래스카, 남가주 일대에 서식하며, 일본에선 이와테현과 홋카이도로 소량 회유해 온다. 우리나라에는 회귀하거나 어획되지 않는 종이다. 산란기는 여름경으로 겨울부터 봄까지 어획량이 증가하며 이때가 맛이 좋다. 1990년대 이후 양식 산업도 많이 발달했는데, 지금은 캐나다를 비롯해 미국과 호주, 뉴질랜드에서 양식하고 있으며, 그중 뉴질랜드산 왕연어가 국내로 소량 수입되고 있다.

이용

맛과 품질은 다른 연어 종을 모두 통틀어 왕이라 할 만큼 가장 뛰어나다 볼 수 있다. 고급 레스토랑에서 가장 선호하는 연어 스테이크 재료이기도 하며, 훈제와 샐러드, 초밥, 캘리포니아롤 등으로 활용된다.

⌃ 왕연어 스테이크

홍연어

분류 연어목 연어과
학명 *Oncorhynchus nerka*
별칭 삭아이, 사카이
영명 Sockeye salmon, Red salmon
일명 베니자케(ベニザケ)
길이 60~80cm, 최대 약 95cm

분포 캘리포니아, 일본 홋카이도, 캐나다와 북극해를 비롯한 북태평양
제철 6~10월, 냉동은 연중
이용 구이, 훈제, 초밥, 가공식품

삭아이, 레드새먼으로 불리는 홍연어는 왕연어 다음으로 맛과 품질이 뛰어난 연어라 할 수 있다. 아직은 양식이 어려워 대부분이 자연산이다. 송어와 마찬가지로 바다로 나가는 강해형과 하천 및 호수에 남는 육봉형으로 나뉜다. 일본의 경우 북해도 호수에도 서식하지만 대부분 담수에 적응한 육봉형으로 식용 목적의 홍연어는 수입산에 의존하고 있다. 우리나라 해역에도 회유하지 않으며 어획량도 없다. 국내에는 자연산 홍연어를 냉동으로 수입 및 유통하고 있지만, 수요가 적고 자연산을 내세우는 만큼 가격은 비싼 편이다.

이용

홍연어는 왕연어와 함께 가장 고품질의 연어로 인식되고 있다. 색은 다른 연어 종류를 통틀어 가장 붉으며, 지방이 적으면서 탄력이 좋은 식감이 특징이다. 훈제, 스테이크, 초밥 등 다양하게 활용된다.

+
연어마다 살코기 색깔이 다른 이유는?

일반적으로 우리가 알고 먹는 연어는 대부분 양식이며 대서양 연어란 종류이다. 그랬을 때 연어의 살코기는 대개 주황색이고, 이것이 곧 연어의 특징으로 인식되어왔다. 하지만 홍연어의 살은 매우 붉다. 한 방송에서는 이를 양식과 자연산의 차이로 설명했지만, 이는 사실이 아니다. 연어의 살코기 빛깔을 결정짓는 요인은 전적으로 '카로테노이드'(carotenoid)에 의한 것이다. 카로테노이드계 색소로는 '아스타잔틴'(astaxanthin)이 대표적인데 연어의 주 먹잇감인 새우 등 갑각류에 많이 들었다. 야생에서 연어는 어릴 때부터 새우 같은 갑각류를 먹으며 성장한다. 이때 아스타잔틴을 많이 축적해 둘수록 붉은색이 강한데 자연산 홍연어가 그러하다. 반면, 사료를 먹고 자란 양식 연어는 광어, 우럭과 유사한 흰색육이나 회색육을 가진다. 거기에 분쇄 사료에도 아스타잔틴을 포함하기 때문에 엷은 주황색이 살짝 비칠 뿐이다. 그래서 칠레나 노르웨이에서는 연어를 더욱 먹음직스럽게 보이기 위해 합성 착색제를 사료에 섞어 먹인다. 살코기에 주황빛을 인위적으로 주입하는 것이다.

오른쪽 사진은 우리가 흔히 먹는 노르웨이산 생연어다. 언뜻 보면 붉은살생선 만큼 먹음직스러운 빛깔이 돌지만, 이 역시 합성 아스타잔틴에 의해 기획된 육색인 것이다. 합성 아스타잔틴이 인체에 해로운지 아닌지는 의견이 분분하며, 여전히 풀리지 않은 논쟁 중 하나로 남아있다.

⌃ 양식 대서양연어의 살 색깔

⌃ 자연산 홍연어의 살 색깔

⌃ 노르웨이산 양식 연어

+
**합성
아스타잔틴은
몸에
해로운가?**

⌃ 자연산 훈제연어의 살코기 색(a) ⌃ 양식 훈제연어의 살코기 색(b)

아스타잔틴은 항산화제로 우리 몸에 이롭다. 자연산 연어는 평생 갑각류를 먹으며 아스타잔틴을 살코기에 축적한다. 그 결과가 사진 (a)이다. 아스타잔틴의 붉은 색소가 살에 축적되지만, 우리가 알고 있는 먹음직스러운 진한 주황색과는 거리가 있다.

반면, 양식 연어는 아스타잔틴을 천연 먹잇감으로 얻는데 한계가 있기 때문에 인공적으로 합성한 아스타잔틴이 포함된 사료로부터 얻는다. 그 결과 사진 (b)와 같은 먹음직스럽고 고운 빛깔의 살코기를 얻을 수 있었다. '보기 좋은 떡이 먹기에도 좋다'는 옛 속담이 있듯이 소비자의 선택은 당연히 밝은 선홍색을 가진 양식 연어로 이어질 수밖에 없다(국내 연어 소비량 중 90% 이상 양식 연어임을 감안한다면 선택의 여지가 없다).

그렇다면 양식 연어에 사용된 합성 아스타잔틴은 우리 몸에 해로울까? 이를 검증하는 일은 매우 험난하며, 앞으로 우리가 풀어야 할 난제이다.

합성 아스타잔틴은 인체에 해로울 수 있다는 주장

헤럴드경제의 '사과와 연어의 배신'이란 기사에는 이러한 합성 아스타잔틴이 석유화학제품에서 인공적으로 합성해 생산할 수 있다는 점을 시사했다. 그러면서 합성 아스타잔틴과 천연 아스타잔틴의 화학성분, 분자 모양, 잔여 반응과 용제의 여부가 다르다며 선을 그었다. 또한 저명한 식품 영양 학술지인 '뉴트라 푸드'(Nutrafood)를 근거로 합성 아스타잔틴이 '사람에게 직접 사용했을 때 안전하다는 증거를 찾지 못했다'고 했으며, 천연 아스타잔틴보다 항산화 능력이 떨어진다고 보고 있다.

천연과 합성 아스타잔틴은 같다는 주장

신라대학교 바이오산업학부 식품공학전공의 이한승 교수의 글에 의하면, 천연과 합성 아스타잔틴은 같은 물질이라고 반박했다. 합성 아스타잔틴을 이용해 연어의 살코기 색을 좋게 하는 것이 정말 부도덕한 일인지, 혹은 자연의 이치를 적절하게 활용한 것인지는 깊게 고민해 봐야 한다. 해양수산부는 7년 내로 수입 연어를 국산 연어로 대체한다면서 국내의 연어 양식장 육성에 적잖은 예산을 편성하기로 했다. 이와 동시에 국회와 몇몇 언론에선 합성 아스타잔틴을 사용하는 수입산 연어가 몸에 해롭다며 다짜고짜 비난했다. 그렇다면 국산 양식 연어는 이 문제에서 자유로울까? 천연 아스타잔틴으로 살색을 먹음직스럽게 내려면 야생에서 잡힌 수많은 갑각류가 희생되어야 한다. 비용과 효율성도 문제지만 이로 인한 환경 파괴와 남획도 심히 우려되는 것이다. 결국 국산 양식 연어가 수입산 연어를 제치고 소비자에게 선택받으려면 먹음직스러운 주황색 살코기를 얻어야 하는 문제를 해결해야 하는데 과연 우리나라가 천연 자원을 희생시키면서까지 살색을 해결한다는 것인지, 혹은 노르웨이 등 연어 생산 대국이 해내지 못한 방법으로 이 문제를 타파해나갈 수 있을지는 미지수다.

은연어

분류	연어목 연어과
학명	*Oncorhynchus kisutch*
별칭	코호
영명	Silver salmon, Coho salmon
일명	긴자케(ギンザケ)
길이	50~70cm, 최대 약 85cm
분포	일본 홋카이도, 연해주, 오호츠크해, 베링해, 알래스카를 비롯한 북태평양 전역

제철	6~10월, 양식은 연중
이용	회, 훈제, 구이, 튀김, 조림, 알젓

코호새먼으로도 불리는 은연어는 왕연어와 홍연어에 이어 가장 선호되는 연어지만, 국내에는 주로 칠레산 훈제 연어가 유통되었다. 우리나라에서 어획되지 않는 종이며, 일본 북해도에는 강으로 소량 회귀해 한국과 마찬가지로 수입산에 의존하고 있다. 주요 수입국은 칠레이다. 대서양 연어 종이 양식되기 이전에는 은연어가 주요 양식어였다. 우리나라는 50만여 개의 알을 들여와 양식에 성공, 2016년경 출하로 이어지면서 시장 반응을 살폈고, 이후로는 대서양 연어의 양식을 추진하면서 현재 은연어 출하는 적극적으로 이뤄지지 않는 상황이다.

이용

여느 연어와 마찬가지로 소금구이나 스테이크로 먹는다. 훈제와 조림, 튀김으로도 이용된다. 살은 전형적인 선홍색으로, 지방이 균일하고 익혀도 살이 단단하지 않고 부드럽다는 특징이 있다. 연어 중에서는 저렴한 편이며 수입 냉동으로 슈퍼나 마트 등에서 진열 판매되었으나 최근에는 칠레산도 은연어 대신 대서양연어 종으로 수입되는 추세이다.

대서양연어

분류	연어목 연어과
학명	*Salmo salar*
별칭	노르웨이 연어
영명	Atlantic Salmon
일명	타이세이요오사케(タイセイヨウサケ)
길이	60~80cm, 최대 약 1.5m
분포	스코틀랜드, 북해, 스칸디나비아 반도, 그린란드, 아이슬란드, 러시아 북서부를 비롯한 북대서양
제철	6~10월
이용	회, 초밥, 훈제 및 가공, 통조림, 구이, 조림, 튀김

자연산은 노르웨이를 비롯한 북대서양과 인접한 강에 서식한다. 다른 연어와

︽ 노르웨이 현지에서 맛본 자연산 대서양연어 요리

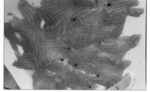

︽ 지방이 적고 쫄깃한 식감이 일품인 스코티쉬 연어 카르파치오

마찬가지로 가을에 산란하며, 산란기에는 어획 및 낚시가 금지된다. 노르웨이의 경우 산란기가 아니더라도 대서양연어를 잡으려면 라이센스를 획득하고 비용을 내야 하는데 낚시 1회당 한화로 약 50만 원

에 달하므로 노르웨이에서 연어 낚시는 사실상 가장 비싼 취미 활동에 속하기도 한다.

대서양연어의 고장인 노르웨이에선 양식과 자연산의 소비가 적당한 균형을 이룬다. 하지만 연어를 수입하는 주요 수입국은 양식의 소비가 대부분이라 할 수 있다.

지금은 노르웨이를 비롯해 칠레, 스코틀랜드, 미국, 호주 등 많은 국가에서 대서양연어를 양식하고 있다. 여기서 '스코티쉬 연어'는 스코틀랜드에서 양식한 대서양연어를 말하며 '오로라 연어'는 북극해와 맞닿은 노르웨이 최북단에서 양식된 대서양연어로 별도의 종류를 지칭하는 것은 아니다. 다만, 질 좋은 연어를 써야 하는 업장에서는 노르웨이산 슈페리어 등급의 양식 연어와 스코티쉬 연어, 오로라 연어가 품질이 좋아 선호하기도 한다. 한편, 한국도 강원도 양양 앞바다에서 대서양연어 양식산업단지를 조성해 오는 2025년에 출하를 예정으로 연간 2만톤 생산을 목표로 하고 있다.

+
어떻게 양식이
이루어지는가?

대서양연어의 최대 생산국인 노르웨이에서는 1960년대부터 일찌감치 국가의 주요 양식 산업으로 낙점해 꾸준히 연구해 오다 1970년대부터 본격적인 양식에 돌입했다. 현재 양식 연어 생산량은 노르웨이가 압도적인 수치로 1위를 지키고, 칠레가 뒤를 잇고 있다. 노르웨이는 복잡하고 거대한 해안선으로 이루어진 '피오르드'라는 독특한 지형에서 거의 대부분의 연어 양식이 이루어지고 있다. 연어 양식장만 해상가두리 형태로 1,000여곳 이상 넘어가다 보니 정부는 28,953km의 해안선 당 750개 미만으로 제한했다. 이는 연어 양식장의 과도한 밀집으로 인한 피오르드의 오염을 막기 위한 조치다. 이 때문에 추가로 연어 양식을 추진하려면 육상 양식장을 건설해 생산량을 늘려야 했다.

연어의 양식이 이뤄지는 피오르드는 평균 수심 200m, 내륙으로 들어갈수록 골짜기가 깊어지면서 최대 수심 1,500m까지 형성된다. 양식장은 여러 동의 독립된 구조로 되어 있다. 알을 배양하고 치어를 육성하는 동, 치어가 일정 크기로 자랄 때까지 보살피는 동, 마지막으로 성체를 기르고 출하하는 메인 해상 가두리와 연구실 등으로 되어 있다.

양식장마다 차이는 있지만, 취재를 위해 방문했던 한 가두리 양식장은 둘레 160m, 깊이 40m로 이 안에서 자라는 연어는 약 18만마리였는데 가두리 6동이면 약 100만 마리가 자라는 셈이다. 그렇다 하더라도 깨끗하고 안전하게 자라기 위해선

☄ 연어의 대량 양식이 이뤄지는 피오르드 환경

☄ 육상에 건설 중인 연어 양식장

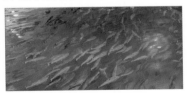
☄ 육상에서 길러지고 있는 대서양연어들

☄ 해상가두리와 여러 갈래로 이뤄진 사료 투입관들

연어가 자랄 수 있는 충분한 공간이 확보되어야 하는데 여기서 바닷물은 최소 97.5%, 연어는 2.5%의 비율을 유지하게 되어 있다. 양식장 관리와 운영은 상시 근무직원 2명이 전부이며 사료의 투하를 비롯한 대부분의 과정은 자동화가 되어 있다.

+

**생연어가
가공되어
우리 식탁에
오기까지**

우리나라가 노르웨이로부터 연어를 수입하기 시작한 시점은 2000년대 중반으로 그리 오래되지 않았다. 일본은 이보다 20년 앞서 노르웨이산 양식 연어를 수입했지만, 시장 반응은 싸늘했다. 이유는 기생충 감염이 우려되었기 때문이다. 일본은 세계에서 초

☄ 출하를 앞둔 양식 대서양연어

밥 형태로 해산물을 가장 많이 소비하는 국가이지만, 유독 연어만큼은 회, 초밥으로 이용되지 않았다. 지금은 전처리 기술이 발달하였고, 자연산 연어를 횟감으로 쓰기 위해선 어획 즉시 내장을 제거해 고래회충이 살로 파고들 확률을 0%에 가깝게 하여 먹게 되었지만, 당시에는 북해도로 회귀하는 자연산 연어를 회로 먹었다가 고래회충증에 감염된 사례가 많았기

☄ 원물로 수입된 노르웨이산 생연어

때문에 연어를 날로 먹는 식문화에는 인색했던 것이다. 이러한 선입견은 비록 양식이라 해도 고스란히 전가되어 '노르웨이수산물위원회'의 일본 시장 공략이 무위로 그치는 데 결정적으로 작용했다. 하지만 일본인들의 연어회 기피 현상은 그리 오래가지 못했다. 백화점과 대형마트에서도 실패로 돌아간 노르웨이산 연어 마케팅은 몇몇 기업 총수의 부인들을 비롯 여성의 입맛을 사로 잡으면서 전환기를 맞았다. 양식이라 기생충으로부터 안전하고 지방도 풍부해 맛이 좋다는 인식이 들기 시작하면서 난공불락이던 일본의 연어 시장은 이제 한국과 더불어 세계 최대 수입국이 되었던 것이다. 통계청 자료에 의하면, 전 세계에서 노르웨이산 연어를 가장 많이 수출하는 국가는 한국과 일본으로 2021년 기준 양국이 모두 37,000여톤을 기록했다. 그러다 보니 주력 수출품은 크고 지방 함량이 높은 연어를 위주로 수출되고 있다.

☄ 수산시장에 판매중인 횟감용 생연어 토막

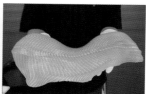

☄ 창고형 대형마트에서 판매 중인 횟감용 생연어 필렛

☄ 한 식당에서 횟감으로 준비 중인 노르웨이산 연어

☄ 살코기는 소금과 식초물에 살짝 절여 연어동(사케동)으로 이용된다

우리가 '생연어'로 알고 먹는 횟감용 연어는 대부분 '노르웨이산 양식 대서양연어'로 출하 직후 가공 공장에서 전처리(즉살후 피와 내장 제거)를 마쳐 포장한 뒤 냉장 상태로 약 36시간을 전후해서 한국에 도착, 출하 후 72시간 만에 수산시장과 대형마트에서 판매되는 셈이다. 지금은 다양한 형태의 식당과 요식업, 레스토랑, 뷔페 등에서 주력으로 이용되고 있다. 이에 우리 국민은 광어, 우럭 등 흰살생선 일변도에서 연어, 방어로 소비 패턴이 옮겨지는 등 입맛이 서구화되고 있다는 지적도 잇따른다.

고르는 법

요즘 마트에서 판매되는 연어는 크게 회(초밥 포함)와 구이용이 있다. 구이와 스테이크는 껍질이 붙은 것을 추천하고, 횟감용은 생식이 가능한 '생연어'인지 확인하고 구매해야 한다. 마트에서 초밥과 생연어를 구매할 때는 포장일과 유통기한, 포장된 시간을 꼼꼼

히 확인하는 것이 좋다.

초밥의 경우 대개 당일 판매, 당일 소진을 목표로 하므로 포장일과 유통기한이 같은데, 생연어 필렛의 경우 포장일은 당일이지만, 유통기한은 2~3일 정도 연장이 가능하다. 그 이유는 썰어진 횟조각이 아닌 덩어리로 된 필렛이므로 냉장고에서 2~3일가량 추가 숙성이 가능하기 때문이다. 하지만 여기서 권장하는 숙성 기한은 구매일을 포함해 최대 2일까지이다. 그 이상 넘어가면 지방이 많은 연어는 산패와 변색, 맛이 떨어지므로 그때부턴 조리용으로 사용하는 것이 바람직하다.

포장일 아래에 찍힌 시간을 확인하는 것도 중요하다. 대형마트의 경우 보통 영업개시 직후인 오전 10시경에 1차로 회와 초밥을 포장하지만, 주말이 아닌 이상 오전에는 손님이 적어 많은 양을 진열해 놓지는 못한다. 본격적으로 포장되는 시각은 손님이 몰리기 1~2시간 전인 오후 4~5시경이다. 저녁 장을 보러 올 땐 포장된 시간을 확인해 최대한 최근에 포장된 상품을 고른다. 회와 초밥은 당일 소진이므로 저녁 8시가 넘어

⌃ 할인코드가 붙은 연어초밥

⌃ 포장일과 유통기한을 확인한다

⌃ 포장일 주변에 찍힌 '포장 시간'을 꼭 확인하고 구매한다

⌃ 대형마트에서 판매되는 다양한 형태의 초밥들

⌃ 마블링이 발달한 품질 좋은 연어회

⌃ 지방선이 흐리며 마블링이 보이지 않는 연어는 담백함이 강점이다

⌃ 뱃살 부위

⌃ 등살 부위

가면 15~20% 할인이 붙기도 한다. 당일 먹을 것이라면 할인가에 구매하는 것도 팁이다.

양식 연어는 부위별 맛과 식감이 미묘하게 다르다. 특히 노르웨이산 연어는 크기와 품질에 따라 희고 굵은 지방선이 발달했는데, 다른 생선에선 볼 수 없는 독특한 물결무늬 패턴으로 나타난다. 초밥과 회를 고를 땐 이러한 지방선이 굵고 뚜렷한 것과 살코기에 자글자글한 마블링이 많이 나타날수록 원물이 크고 품질이 좋은 것이며, 고소함과 지방의 맛도 강한 편이다. 반대로 지방선이 얇고 흐릿한 것, 살코기에 마블링이 없는 것일수록 원물의 크기는 작으며 고소한 맛보단 담백한 맛이 좋은 편이다. 물론 썰어진 단면의 면적으로도 연어의 크기와 품질을 어느 정도 유추해 낼 수 있다.

부위는 크기 등살과 뱃살, 꼬릿살 등이 있는데 지방이 적고 심줄이 있어 질긴 꼬릿살은 주로 국물용이나 조림 등에 사용하기 좋고, 잘게 썰어 고명이나 덮밥용으로 쓰기에 좋다. 등살과 뱃살은 모양이 비슷해 구별하기가 쉽지 않지만, 껍질이 벗겨진 자리에 흰껍질막이 붙어 있다면 뱃살이고, 회색의 지방질로 되어 있다면 등살이다. 이 둘의 맛 차이는 비슷하나 등살이 좀 더 부드럽고 담백한 편이며, 뱃살은 조금 단단한 식감에 기름기가 많이 느껴지니 이는 취향에 따라 고르면 된다.

회는 공기에 닿는 면적이 클수록 금방 망가진다. 모양을 예쁘게 하기 위해 각각의 횟조각들이 펼쳐진 채 포장된 것보단 최대한 겹쳐진 것을 고른다.

이용

대서양연어는 특유의 기름기와 지방질로 풍부한 맛을 낸다는 것이 장점이지만, 그만큼 금방 물린다는 단점도 있다. 그래서 느끼함을 달래주는 사워크림이 들어간 연어 소스, 케이퍼, 슬라이스한 양파 등과 궁합이 잘 맞는다. 시중에 유통되는 양식 연어는 4~6kg이 많으며, 많은 양은 아니지만 마리 당 최대 7~8kg짜리도 유통된다.

한번도 얼리지 않은 생연어는 회, 초밥, 롤, 연어장 형태로 이용되며, 일부 대형마트에서는 필렛 형태로 포장돼 판매되고 있다. 일부는 가공과 훈연으로 소비되며, 껍질이 있는 구이용은 주로 스테이크, 조림 등으로 요리해서 먹는다. 회를 뜨고 남은 뼈와 대가리는 소금구이로 인기가 있다.

⩕ 연어장

⩕ 연어회

⩕ 연어 소스와 케이퍼와 궁합이 좋다

⩕ 연어 초밥

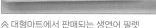

⩕ 대형마트에서 판매되는 생연어 필렛

⩕ 연어 스테이크

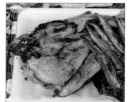

⩕ 연어 대가리 구이

곱사연어

분류	연어목 연어과
학명	*Oncorhynchus gorbuscha*
별칭	곱추송어, 핑크연어, 청송어, 곱사송어, 개송어
영명	Pink salmon, Humpback salmon
일명	카라후토마스(カラフトマス)
길이	40~55cm, 최대 약 80cm
분포	동해, 일본 북부, 연해주, 사할린섬, 쿠릴열도, 캄차카반도, 알래스카, 북미 서부해안 등

제철 1~4월, 6~8월

이용 구이, 튀김, 염장, 통조림, 가공식품

산란기의 수컷 등이 곱사등 모양으로 부풀어 오른다고 해서 '곱사연어'로 불린다. '핑크연어', '험피'로 알려진 곱사연어는 전 세계에서 가장 많은 개체를 자랑할 만큼 흔한 연어이기도 하다. 가을에 산란기에 접어든 곱사연어가 북미 캐나다의 강 하구로 몰려드는 장면은 장관이다. 우리나라에서는 겨울부터 봄 사이 한시적으로 동해 앞바다를 회유하는데 주로 임연수어나 연어병치 낚시에서 혼획되기도 한다. 산란을 위해 국내 하천으로 소상하는 경우는 극히 드물다. 기본적으로 자신이 태어난 강으로 돌아와 산란하지만, 다른 연어와 달리 모천회귀 본능이 강하지는 않다. 이 때문에 다른 강으로 들어가 산란하기도 하며, 바다에서 산란하기도 한다. 주요 산란장은 오호츠크해와 네무로해협의 하천으로 거슬러 올라간다. 7월부터 소상하기 시작해 8~10월 경 산란하고, 산란 후 수명을 마친다. 산란 시기로 미루어 보았을 때 산란을 준비하는 시기인 6~8월에 지방이 많아 맛이 좋은 것으로 알려졌지만, 이때가 주요 어획기인 일본과 달리 우리나라는 1~4월 사이 한시적으로 동해를 회유해 혼획된 것이 이용된다.

이용

맛은 연어 종류 중 가장 떨어진다는 평가다. 주로 구이, 훈제, 통조림, 절임 음식으로 이용된다. 일본에서는 곱사연어의 알을 캐비어 대용으로 쓰기도 한다.

연어병치

분류	농어목 샛돔과
학명	*Hyperoglyphe japonica*
별칭	독도돔, 코풀래기, 흑돔
영명	Japanese butterfish
일명	메다이(メダイ)
길이	60~80cm, 최대 최대 1m

분포	남해를 비롯한 제주도, 동해 및 울릉도, 일본 남부, 동중국해, 하와이 제도
제철	9~2월
이용	회, 구이, 조림, 탕

최대 1m까지 자라는 대형 어종이다. 회유성 어류로 제주도 및 동중국해의 깊은 수심대에 집단으로 서식하다가 가을이면 남해에서 동해를 거쳐 강원도 북부까지 진출한다. 산란기는 겨울로, 가을부터 겨울까지 제철이며 산란을 마쳐도 맛이 크게 떨어지지 않는 것으로 알려졌다. 국내에선 연어병치에 대한 인지도와 상업적 가치가 낮다. 산란을 준비하는 늦가을에서 겨울 사이에 주로 어획되는데 한 번 잡힐 때 떼를 지어 잡힌다. 하지만 매해 비슷한 패턴을 보이는 다른 계절 회유어와 달리 3~5년을 주기로 어떤 해에는 가을에 수백 마리 이상이 집단으로 잡히다가도 또 어떤 해에는 어획량이 저조하는 등 불규칙한 패턴을 보인다. 연어병치는 다른 조업에서 부수 어획되는 정도이며, 한시적으로 유통되는 정도에 그친다.

+
연어병치의 다양한 이름과 독특한 생김새

병어의 머리와 연어의 몸통을 합쳐 놓은 듯해서 '연어병치'라는 이름을 얻었다. 독도해역에서 잘 잡힌다 하여 '독도돔'으로 많이 불리고, 동해안에서는 '흑돔'으로 불린다. 또 잡히면 콧구멍을 비롯해 대가리에서 많은 진액이 콧물처럼 흘러나와 '코풀래기'라고도 한다.

△ 육중한 덩치를 자랑하는 연어병치

외형 또한 특이한데, 대가리에 비해 눈이 너무 커서 언뜻 보면 외계인을 닮았다. 두 개의 콧구멍도 두드러지며, 이빨과 지느러미는 여타 물고기와 달리 곱고 부드러워 손으로 만져도 다치지 않는다. 턱에 잔 이빨이 발달했지만 위협적이지 않아 입에 손가락을 넣어 잡아도 되며, 각 지느러미에도 가시가 없어 찔릴 위험이 없다.

⌃ 독특한 외관을 자랑하는 연어병치

⌃ 연어병치의 등 지느러미

⌃ 회유성 어류 답게 날렵한 꼬리지느러미를 가졌다

고르는 법

흔히 유통되는 생선이 아니므로 수산시장에 갔다가 우연히 발견하면 구입하는 정도이다. 서울은 노량진 수산시장에 자정 무렵부터 이른 아침까지만 열리는 새벽 도매시장에서 가을~겨울 사이 한시적으로 볼 수 있다. 그 외에는 주로 제주도 동문시장, 서부두시장, 강원도 일대 수산시장에서 생물(선어)로 유통된다. 가격은 여느 생선보다는 저렴해 kg당 만원 이하로 판매된다.(2023

⌃ 노량진 수산시장에 판매 중인 연어병치

년 기준) 어린 것은 검고, 클수록 연해져 등은 적갈색을 띠고 배쪽은 은회색을 띤다. 비늘이 모두 붙어 있고 상처가 적으며, 대가리와 항문에 점액질이 적고, 몸통에는 광택이 나서 빛나는 것을 고른다.

이용

비늘이 얇아 쉽게 벗겨지며, 대가리는 비늘이 없어 비늘을 치지 않고 그대로 탕감에 쓰인다. 흰살생선이면서도 몸에 상당한 지방을 품고 있으며, 여름부터 초가을에 잡힌 개체는 특유의 향이 나기도 한다. 대부분 선어 유통이므로 회를 뜨면 살이 금세 물러지며, 때로는 맛이 밍밍하기도, 때로는 과한 지방기로 느끼하기도 해 시기별, 지역별로 평가가 엇갈린다.
낚시로 갓잡은 활어회도 살에 수분감이 있어 무른 편이며, 뱃살은 어느 정도 숙

⌃ 연어병치회

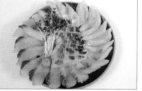
⌃ 껍질구이회

⌃ 연어병치 스테이크

⌃ 연어병치 맑은탕

성해도 단단한 편이다. 껍질이 얇고 질기지 않아 토치로 살짝 구운 껍질구이 회가 맛있고, 뼈에서는 맑고 투명한 육수가 우러나와 개운하고 시원하다. 맑은탕도 좋지만 칼칼한 매운탕이 인상적이다. 제주에선 물회로 이용되기도 한다. 껍질은 바삭하고 속살은 부드럽게 익힌 스테이크나 구이가 담백하면서도 고소한 맛을 낸다.

자바리 | 대왕자바리, 대왕범바리, 대왕바리

분류 농어목 바리과
학명 *Epinephelus moara, Epinephelus bruneus*
별칭 다금바리
영명 Kelp grouper
일명 쿠에(クエ)
길이 50~80cm, 최대 약 1.2m
분포 남해와 동해, 제주도, 일본 남부, 동중국해,
대만, 필리핀
제철 9~2월
이용 회, 초밥, 탕, 조림, 찜, 구이

'바다의 호랑이'라 불리는 자바리는 수심 150m 이하의 대륙
붕에 서식하는데, 특히 암반이 발달한 곳을 선호한다. 암초
무더기가 쌓인 곳, 수중 굴, 테트라포드 등 은폐하기 좋은 지
형에 몸을 웅크리고 있다가 지나가는 먹잇감을 한입에 삼켜
사냥한다. 평소에 잡히는 크기는 1~5kg 정도이고, 최대 몸
길이는 약 1.2m, 무게 30kg 정도이나 대형개체는 일 년에 몇
마리 잡히지 않을 만큼 귀하다.

︽9월경 제주 차귀도 앞바다에서 잡힌 자바리

연중 잡히지만 수온이 부쩍 오르는 여름부터 잘 잡히며, 가
을과 초겨울에는 큰 개체가 잡히기 시작하는데 이때가 살이
찌고 지방이 많아 제철이라 할 수 있다. 또한 자바리는 날씨
에 매우 예민하다. 태풍이 불거나 기상이 안 좋은 날엔 바위
에 웅크리고 있어 좀처럼 잡히지 않는다.

︽표준명 다금바리

자바리는 오래전부터 제주도 방언으로 '다금바리'라 불린 고
급 어종이다. 일제강점기 이후 어류의 분류체계가 확립되고 한국전쟁 이후 최초의 어류도감이 편찬되
면서 표준명 자바리로 이름 지어졌을 뿐, 사실 '다금바리'란 이름은 이보다 훨씬 오래전부터 제주인들
이 불렀던 고유 명칭이다.

이와 별개로 표준명 다금바리(방언 뻘농어, p.307 참고)가 따로 있으니 자바리와 혼동하지 말아야 한
다. 자바리는 수온이 따뜻한 남해안 일대와 제주도 근해에 서식한다. 한때는 무분별한 남획으로 개체
수가 줄었고 한 해 어획량이 수 톤에 불과했다. 그나마 다행인 점은 꾸준한 치어 방류로 인해 예전보
다는 자바리를 맛볼 기회가 늘어나고 있다는 사실이 고무적이다. 참고로 자바리는 일본과 중국에서 양
식하는데 일본은 내수용 시장을 겨냥했고, 중국은 '대왕자바리'라는 교잡종을 육성하기 위해 자바리
를 이용하고 있다. 한편, 국내에서도 자바리 양식이 꾸준히 시도되었고, 제주 표선에서 양식에 성공해
1~2kg 정도 기른 자바리를 수산시장과 횟집으로 유통하고 있다.

+
자바리
학명에 대한
논란

현재 자바리의 학명은 *Epinephelus bruneus*
로 기재되어 있고, 이명은 *Epinephelus
moara*로 여겼다. 즉, 두 학명은 같은
종을 의미했다. 그러나 2014년 중국
의 '밍랑 구오'(Minglan Guo)와 '왕 시
펑'(Shifeng Wang) 등 몇몇 해양생물학 박사 및 석사들이
발표한 분자세포유전학적 분석에서는 오랫동안 같은 종으
로 여겼던 *Epinephelus bruneus*와 *Epinephelus moara*가 별개
종임을 밝혀낸 연구 결과를 발표했다. 다만, 한국과 일본
의 어류 도감에서는 자바리의 학명을 여전히 *Epinephelus
bruneus*로 기재한 상태이다. 개인적으로 두 종을 형태학적
인 동정으로 살펴봤을 때는 한국과 일본 해역에서 잡히는
자바리가 *Epinephelus moara*에 가깝다고 판단했다. 이러한

︽ 자바리로 취급되는 *Epinephelus bruneus*

︽ 이 역시 자바리로 취급되는 *Epinephelus moara*

내용은 아직 국내 학계에서 공식적으로 언급된 것이 아니며, 학자들 사이에서도 의견이 분분할 것
으로 사료된다.

+
자바리와
능성어의
차이

날씬한 체형
불규칙한
호피무늬
뺨으로 이어지는 줄무늬
︽ 자바리

통통한 체형
6~7개의
아디다스 줄무늬
뺨에 없는 줄무늬
︽ 능성어

자바리는 우리나라에서는 가장 비싼 최고급 횟감 중 하나이다. 때문에 자바리(제주 방언 다금바리)
로 둔갑되는 유사어종이 기승을 부리기도 했다. 대표적인 어종이 능성어다. 같은 농어목 바리과인
능성어는 최대 몸길이가 1.35m, 무게는 약50kg까지 기록되었기 때문에 자바리보다 약간 더 크게
자란다고 볼 수 있다. 이 둘을 구별하는 포인트는 무늬에 있다.
어릴 때는 자바리와 능성어 모두 줄무늬가 선명해 구별이 쉬운 편이다. 적어도 중형급인 60cm 이하
까지는 이러한 줄무늬가 남아 있는데 자바리는 불규칙한 호피무늬, 능성어는 곧게 뻗은 일곱 개
의 가로줄무늬가 특징이다. 결정적으로 자바리는 등에서 양 눈으로 침범한 두세 가닥의 줄무늬를
확인할 수 있지만, 능성어의 줄무늬는 대가리로 침범하지 않는다.
그러나 이러한 차이도 성체가 되면서 흐릿해지기 때문에 결국에는 체형과 턱 구조, 그리고 아주 희
미하게 남아 있는 줄무늬 여부로 동정해야 할 것이다. 그랬을 때 자바리는 체고가 낮아 비교적 날씬
한 체형이라면, 능성어는 체고가 높고 통통하다. 또한 자바리는 아래턱이 위턱보다 살짝 튀어나온
부정교합이지만, 능성어의 턱 구조는 위아래가 거의 비슷하다.
포를 떴을 때도 차이가 난다. 자바리는 희고 투명한 살에 연한 선홍색 혈합육이 특징이라면, 능성어

는 참돔처럼 빨간색이 두드러지며, 한창 지방이 낄 때는 빨간색 혈합육에 흰 지방층이 낀다. 따라서 자바리회를 주문했는데 회 표면이 빨갛다면 자바리가 아닐 확률이 높다.

︿ 자바리회

︿ 능성어회

︿ 어린 능성어

︿ 어린 자바리

︿ 대형 자바리

︿ 부정교합이며 등에서 대가리로 줄무늬가 침범하는 자바리

︿ 부정교합이 아니며 대가리로 줄무늬가 침범하지 않는 능성어

︿ 대형 능성어

이용

자바리는 제주도뿐 아니라 전국적으로 '다금바리'란 이름으로 취급되고 있다. 자연산 자바리는 제주도의 자연산 전문 횟집을 비롯해 제주도 내 수산시장과 전국의 고급 식당, 스시야에서 맛볼 수 있다. 한창 자바리 조업량이 오를 때는 삼천포를 비롯한 경상남도 일대 수산시장과 노량진 수산시장에서도 한시적으로 들어온다.

︿ 구문쟁이란 이름으로 판매되는 자바리
(제주 동문시장)

주로 활어로 유통되는데 가격이 매우 비싸며, 횟감으로 이용된다. 제주도 내 수산시장에선 그물에 잡힌 자연산 자바리를 선어(생물)로 판매하는데 시장에선 정확하게 구분하지 않아 능성어나 구문쟁이란 이름으로 판매되기도 한다. 이 경우 가격은 활어 대비 약 20~30%에도 못 미친다.

활어회는 탄력이 좋아 얇게 썰어야 맛이 나지만, 2~3kg가 넘어가면 사실상 숙성회가 낫다. 아주 큰 것은 1~2일 이상 숙성해서 먹기도 하며, 숙성 과정에서 지방기가 좀 더 올라서 맛이 더욱 좋아진다. 특히 7~8kg 이상 넘어가는 대형 개체는 지방의 풍미가 좋고, 살결이 차지면서 치밀하게 씹히는 조직감이 일품이다. 또한 자바리는 볼과 입술살, 아가미살 등을 비롯해 십여 가지로 부위를 나누어 즐기며, 내장과 껍질은 데치고, 쓸개는 술에 타 먹는다. 회를 뜨고 남은 뼈와 대가리는 푹 고아 맑은탕으로 이용하는데, 이때의 국물은 흡사 곰국처럼 뽀얗게 우러난다. 제주도에서는 예부터 산모에 좋다고 알려져 특별한 경사나 잔칫날에 자바리를 고아 먹어왔다. 선어(생물)는 탕과 구이, 조림 등 다양하게 이용되지만, 찜으로 하면 자바리 고유의 맛을 느낄 수 있다.

∧ 약 2kg급 자바리회

∧ 22kg 대형 자바리회

∧ 살짝 데친 자바리 껍질도 일품이다

∧ 자바리에서 나온 각종 부산물 (껍질, 위장, 간 등)

∧ 자바리 맑은탕

대왕자바리

분류 농어목 바리과
학명 암컷 *E. moara*, 수컷 *E. lanceolatus*
별칭 양식 자바리(X), 자바리(X), 양식 다금바리(X), 다금바리(X), 대왕바리(X)
영명 Longtooth-giant hybrid grouper
일명 타마쿠에(タマクエ)
길이 40~60cm, 최대 미상
분포 양식 교배종
제철 연중
이용 회, 초밥, 탕, 조림

몸 전체에 흰 반점

체색과 무늬가 다양

불규칙한 호피무늬

대왕자바리는 기존에 존재하지 않았던 하이브리드 종이다. 다시 말해, 암컷 자바리와 수컷 대왕바리를 이용해 체외 인공 수정으로 탄생시킨 교잡종이다. 이러한 교잡종은 현재 다양한 그루퍼종을 혼합해 탄생시키고 있으며, 대왕자바리도 그중 하나이다. 현재 중국과 대만, 한국에서 양식이 되며, 입어식 유료 낚시터와 수산시장으로 유통되고 있다.

+
자바리와
다른 외형적
특징

대왕자바리는 현재 중국산 양식을 비롯해 제주도 양식까지 다양하게 유통되고 있다. 양식 산지와 개체에 따라 체색과 무늬가 다양하게 나타나기 때문에 자바리와 구별되는 포인트를 알아둔다면 두 어종을 분류하는 데 도움이 될 것이다.

우선 자바리는 2023년 기준으로 자연산과 일부 양식이 유통되고 있지만, 교잡종인 대왕자바리는 전량 양식이다. 산지별, 개체별 차이는 있지만 주로 나타나는 특징은 자바리와 비슷한 호피무늬를 바탕으로 흰 반점이 몸 전체에 나타난다. 사진에서 보았듯 불규칙한 호피무늬와 흰 반점은 개체마다 색과 조밀도에서 다양한 패턴으로 나타난다.

⚘ 전반적으로 체색이 밝으면서 흰반점이 두드러지는 개체　　　⚘ 체색이 어둡고 호피무늬가 굵고 넓게 퍼진 개체

＋
자바리와
능성어의
차이

자바리 유전자가 일부 섞였지만, 그렇다고 자바리 또는 다금바리와 동일한 가격에 취급되진 않는다. 2023년 기준으로 소비자 가격은 kg당 약 5~6만 원 전후로 형성되고 있지만, 관광지 등 장소에 따라서 kg당 약 8~10만 원에 판매되기도 한다.

⚘ 수조속의 대왕자바리의 모습

한때 하이브리드종에 대한 정확한 명칭이 정립되지 않았기에 시장마다 부르는 이름도 제각각이다. 대표적으로 '다금바리', '자바리', '능성어', '대왕바리', '혼바리' 등으로 표기하면서 소비자의 혼란을 부추기고 있다는 데 심각성이 있고, 또 이를 악용한 상술도 기승을 부렸다. 이는 명칭에 대한 뚜렷한 기준과 규제가 없었기 때문인데 하루 빨리 '대왕자바리'란 이름이 정착되어 시장에서도 널리 사용되었으면 하는 바람이다.

이용

값비싼 자바리를 대신하여 이용하기 좋은 횟감이다. 양식 활어 횟감으로 유통되므로 대부분 회와 탕으로 이용되지만, 실제론 찜용으로 매우 적절한 생선이라 할 수 있다. 실제로 중국을 비롯해 동남아시아 국가에서는 이러한 그루퍼종을 고급 생선찜 요리로 사용하고 있는데 일부 국가에선 보양식으로 여기며 인기가 많다. 회를 뜬 모습은 전적으로 자바리와 흡사해 이 둘을 한 자리에 놓고 비교해도 선뜻 구별하기가 쉽지 않다. 기본적으로 투명감이 좋은 흰살생선으로 탄력이 강하고 질긴 편이다. 시장에선 활어회로 썰어 내기 때문에 식감이 투박하다. 따라서 대왕자바리를 활어회로 낼 때는 얇게 써는 것이 좋지만, 가

⚘ 대왕자바리회

회를 뜨면 자바리와 구별하기가 쉽지 않을 만큼 닮았다

장 좋은 방법은 역시 하루 전후로 충분히 숙성해서 내는 것이다. 해당 종은 탄력이 뛰어난 만큼 숙성만 잘 해서 썰어 낸다면 바리과 특유의 차진 식감과 감칠맛이 기대되는 횟감이다.

대왕범바리

분류 농어목 바리과
학명 암컷 *E. Fuscoguttatus*, 수컷 *E. Lanceolatus*
별칭 범바리, 다금바리(X), 자바리(X)
영명 Sabah grouper
일명 미상
길이 30~50cm, 최대 미상
분포 양식 교배종
제철 연중
이용 회, 초밥, 탕, 조림

대왕범바리 역시 기존에 존재하지 않았던 하이브리드 종이다. 암컷 갈색점바리와 수컷 대왕바리를 이용해 체외 인공 수정으로 탄생시킨 교잡종이다. 최초로 탄생시킨 곳은 말레이시아의 사바 대학교 연구소이며, 그 이름을 따서 사바그루퍼라 불린다. 현재 대왕자바리와 마찬가지로 유료낚싯터와 수산시장으로 유통 중인데 최근 몇 년 사이 국내에서도 양식에 성공해 한시적으로 출하하고 있다. 국내에선 대왕자바리와 함께 횟감으로 이용되며, 베트남에선 한국인 관광객을 상대로 대왕범바리를 '다금바리'란 이름으로 판매하기도 한다.

대왕바리

분류 농어목 바리과
학명 *Epinephelus lanceolatus*
별칭 혼바리(x), 자바리(x), 다금바리(x)
영명 Giant grouper
일명 타마카이(タマカイ)
길이 1~2m, 최대 약 3m
분포 일본 남부, 호주, 하와이를 비롯한
태평양, 인도양의 열대 및 아열대 해역
제철 서식지마다 상이
이용 구이, 튀김

바리과 어류 중에서는 골리앗 그루퍼와 함께 가장 크게 성장하는 대형 그루퍼다. 몸길이는 2.5~3m이며 작은 물고기, 갑각류, 연체류 할 것 없이 가리지 않고 사냥하는 포악성에 '바다의 진공청소기'로 불리기도 한다. 국내 해역에는 서식하지 않으나 아쿠아리움 대형 수조에 한두 마리씩 전시되고 있어 그 모습이 제법 익숙한 편이다. 분포지는 태평양의 산호초가 발달한 아열대 및 열대 해역에 고루 분포한다. 치어일 때는 밝은 노란색에 검은 줄무늬가 화려한 자태를 뽐내며 마치 관상용 열대어처럼 보이지만, 이것이 크게 성장하면 전혀 다른 모습이 된다. 열대의 나라에선 주로 구이와 찜 등으로 이용되지만, 대형 개체는 '시가테라'(ciguatera)라는 독이 보고 되고 있어 식용에 주의해야 한다.

자주복

분류 복어목 참복과
학명 *Takifugu rubripes*
별칭 참복, 자지복, 점복, 졸복(X)
영명 Tiger puffer, Ocellate puffer
일명 토라후구(トラフグ)
길이 25~40cm, 최대 75cm
분포 우리나라 전 해역, 일본, 중국, 동중국해, 서태평양 해역
제철 10~2월
이용 회, 탕, 튀김, 구이, 숙회, 샤브샤브, 냉채, 묵

자연산은 평균 크기가 약 50cm 혹은 그 이상으로 식용 복어 중에선 가장 크고 비싼 어종으로 취급된다. 우리나라 전 해역에 고루 분포하나 동해안과 남해안 일대에서 잡힌 것이 유명하다. 다른 복어류와 마찬가지로 내장을 비롯해 난소(알집)와 간, 피, 눈알, 뇌에 맹독이 있다. 산란기인 3~6월에는 복어의 맹독 성분인 테트로도톡신(Tetrodotoxin)이 더욱 강해진다. 반면, 정소(이리)와 근육, 껍질에는 독이 없다. 하지만 산란기에 접어들면 독성이 강해지는 특성이 있다. 이 독성은 계절별, 개체별, 지역별로 차이가 나는데 무독이었던 껍질과 지느러미에도 약독으로 나타날 수 있다. 한편, 일본을 비롯해 국내에선 고급 복어종인 자주복을 양식하고 있다. 양식은 약독이거나 무독이지만, 기본적으로 복어조리기능사 자격을 가진 사람만이 손질 및 판매할 수 있다.

+ **자주복과 참복의 관계**	자주복과 참복은 생김새가 매우 흡사해 1940년대 까지는 동일 종으로 간주해 왔다. 이후 지속적인 연구로 두 종은 분리되었고 학명도 구분하기에 이르렀	

︽자주복

다. 성장 크기에서도 차이가 나는데 자주복은 최대 70cm가 넘는 대형 복어류지만, 참복은 고작 40cm 정도에 그친다. 성장 속도, 타산성 등으로 미루어 보았을 때 자주복이 수산업적 가치가 높고 맛도 더 좋아 일본에선 일찌감치 양식어로 길러졌지만, 참복은 그러질 못했다. 이렇듯 자주복과 참복은 그동안 명백히 다른 종이었음을 학술적인 근거로 설명해왔지만, 복어 전문점과 시장에선 똑같이 취급하거나 자주복을 참복이라 불러 왔다.

︽참복

그러던 어느 날 자주복과 참복, 흰점참복이 동일종이라는 연구 결과가 나와 학계에서 주목을 받고 있다. 2019년경 부경대학교 연구진은 '한국산 자주복의 분류학적 재검토'란 연구에서 자주복의 근연종으로 알려진 참복과 흰점참복이 사실은 자주복에서 파생된 형태변이라는 결론을 지었다. 이들 종 사이에서 나타나는 체색과 무늬는 지역변이나 종간변이가 아닌 '종내변이', 즉 개체단위의 변이라는 사실이 분자분석기법의 발달로 밝혀진 것이다. 한 가지 의아한 것은 이러한 소식에도 가장 발 빠르게 대처해야 할 일본이 여전히 두 종을 구분 짓고 있어서 향후 관계를 매듭짓는 보다 확실한 학술적 근거가 필요한 상황이다.

사진에서 확인할 수 있듯 자주복과 참복은 엇비슷하게 생겼지만, 무늬에서 미묘한 차이가 난다. 자주복은 등에 커다란 검은 반점 외에도 크고 작은 반점들이 광범위하게 흩뿌려져 있다. 반면에 참복은 커다란 반점과 작은 반점 한두 개만이 있을 뿐, 자주복처럼 광범위하게 흩뿌려져 있진 않다.

이용

복어류 중에서 가장 맛이 좋으며 고급요리 재료에 속한다. 제철은 산란을 마친 후 가을부터 겨울 사이지만, 요즘 어지간한 복어 전문점에선 양식을 취급하므로 사실상 계절을 크게 타지 않는다. 자주복은 유난히 살이 단단해 최소 반나절 이상 숙성하지 않으면 안 된다. 보통은 하루 전에 숙성해 얇게 회를 뜨거나 탕으로 먹는다. 접시의 화려한 무늬가 비칠 정도로 얇게 떠낸 자주복회는 일품인데 특히, 커다란 자연산 자주복회는 접대에 쓰일 만큼 값비쌀 뿐 아니라 고급회란 인식이 있다.

복국, 매운탕, 샤브샤브, 튀김 등 다양한 요리로 맛볼 수 있다. 복어와 콩나물, 무, 미나리 등을 넣어 맑게 끓인 복국은 기름진 맛과 담백한 맛이 어우러져 최고의 맛을 낸다. 경남과 제주에선 복국을 먹기 전에 식초를 살짝 넣는다. 이 밖에 복어탕수, 복어불고기 등 다채로운 요리가 개발되었다.

단, 복어류인 만큼 조리 전에 난소와 간을 중심으로 독을 제거해야 한다. 정소(이리)와 껍질에는 독이 없어 소금에 살짝 구워낸 이리 구이, 껍질무침과 껍질로 굳혀 만든 묵이 미식가들 사이에서 인기다.

︽ 양식 자주복회. 흔히 참복회란 말로 판매되고 있다

︽ 복 튀김

︽ 복 불고기

︽ 자주복탕

︽ 무독인 수컷의 정소

︽ 자주복으로 만든 껍질묵

잿방어 | 낫잿방어

분류 농어목 전갱이과
학명 *Seriola dumerili*
별칭 배기, 납작방어
영명 Amberjack, Pudder fish
일명 간파치(カンパチ)
길이 50~90cm, 최대 1.9m
분포 남해와 제주도, 일본, 대만, 동중국해, 파푸아뉴기니,
　　　 인도네시아, 남태평양 온대 및 열대 해역
제철 8~1월
이용 회, 초밥, 탕, 구이, 조림, 튀김

︽ 갯바위에서 잿방어를 낚은 필자

농어목 전쟁이과에 속하는 어종으로 이름에서 알 수 있듯이 그 생김새나 습성이 방어와 유사한 생선이다. 난류성 어류로 우리나라는 수온이 가파르게 오르는 여름~가을 사이 제주도와 남해 먼바다에서 잡히며, 낚시로도 간간히 잡힌다. 다만 국내에서 잡히는 크기는 40cm에서 1m 전후로 최대 크기를 생각하면 작은 편이다.

잿방어가 성장하기 좋은 적서 수온이 22~25℃이다 보니 연중 수온이 따뜻한 일본 남부 지방을 비롯해 아열대 해역에 더 큰 개체가 서식하며, 해외에선 대형 앰버잭을 노리는 낚시가 인기 있다. 산란기는 6~8월로 알려졌지만 이는 일본 남부 지방 기준으로 위도에 따라 차이가 있다. 여름 부시리와 겨울 방어 사이에 제철이 형성돼 있으나 산란기를 전후한 시기를 제하면 사철 맛의 편차가 적다. 시장에는 양식이 주로 유통된다.

이용

우리나라에는 방어에 가려 인지도가 낮지만, 일본에서는 방어나 부시리보다 고급 어종으로 취급되어 초밥을 비롯해 가장 인기 있는 요리 재료이기도 하다. 흰살생선에 비할 만큼 쫀득하고 탄력 있는 식감을 자랑하며, 작은 것은 활어회나 막회로 썰어 먹고, 큰 것은 충분히 숙성해서 먹는다. 양식은 주

≪ 자연산 잿방어 숙성회

≪ 양식 잿방어 숙성회

로 일본산이 유통되며, 연중 지방 함량에 차이가 적지만 자연산 중에서도 중치급(약 60~70cm급 이하)은 시기와 개체별로 지방 함량이 들쭉날쭉하다.

+
크기에 따라
요리를 달리

몸길이 40cm 이하의 어린 잿방어
잿방어 특유의 감칠맛을 느끼기 어려우니 막회 스타일로 썰어서 물회나 회덮밥에 이용하면 맛있게 먹을 수 있다.

≪ 잿방어 가스

몸길이 40cm 이상
몸길이가 40cm를 넘는 제법 두툼한 잿방어라면 포를 뜨고 잔가시를 제거해 필렛이나 생선가스로 이용하는 것도 좋다. 제주에서는 특이하게 '아까방어'라는 이름으로 판매된다.

≪ 잿방어 대가리 구이

몸길이 60cm 이상
숙성회로 감칠맛을 올리는 게 좋다. 숙성 잿방어회를 취급하는 곳을 발견했다면, 좋은 식재료 공수와 맛을 내는 데 노력하는 가게라 보아도 무방하다. 잿방어회 맛을 제대로 느끼고 싶다면, 잿방어를 전문적으로 취급하는 고급 일식집을 권한다. 어종 특성상 숙성을 해도 방어보다 살이 덜 물러진다는 점도 잿방어가 최고의 식재료로 꼽히는 이유가 된다. 선어의 경우 소금구이나 조림을 만들어 먹으면 고등어, 삼치와 다른, 두툼한 살점에서 고소한 맛을 느낄 수 있다.

≪ 잿방어 대가리 조림

+
**잿방어와
방어를
구별하는 법**

위턱과 아래턱이 만나는 주상악골의 모양이 부시리보다 훨씬 더 둥글다. 또한 잿방어는 어릴 때 양 눈을 가로지르는 검은 줄무늬가 선명한데, 다만 이 줄무

△ 잿방어의 주상악골

△ 어린 잿방어에서 나타나는 특유의 줄무늬

늬는 성체가 되면서 점차 사라진다. 몸통의 체색에서도 방어나 부시리보다 붉은 잿빛이 도는 등 쉽게 구별이 가능하다.

낫잿방어

분류 농어목 전갱이과
학명 *Seriola rivoliana*
별칭 평가 없음
영명 Almaco jack, Long fin amberjack
일명 히레나가간파치(ヒレナガカンパチ)
길이 50~90cm, 최대 1.5m
분포 제주도와 일본 남부, 대만을 비롯한 태평양의 아열대 및 열대 해역
제철 8~1월
이용 회, 탕, 구이

이름에서 알 수 있듯이 낫잿방어는 잿방어와 유사하지만 마치 낫처럼 크게 휘어 있는 독특한 형태의 등과 배지느러미가 특징이다. 잿방어보다 더 따뜻한 해역에 사는 열대성 어류로 우리나라에는 수온이 부쩍 오르는 8~9월 사이 제주도에서 한시적으로 잡힌다. 주요 분포지는 일본 남부, 오가사와라제도 등을 비롯해 열대 및 아열대 태평양에 광범위하게 서식한다. 시장 유통량은 미미하며 가끔 혼획물로 들어와도 잿방어와 구분 없이 취급된다. 산란 성기는 일본 남부지방을 기준으로 6~8월로 이 시기를 제외하면 연중 맛에 편차가 크지 않다. 국내에선 주로 가을에 잡히며, 이때의 낫잿방어는 살이 단단하고 기름져 제철이라 할 수 있다. 주로 회와 탕으로 즐기며, 하와이에선 날새기와 함께 대표적인 양식어로 국내에는 횟감으로 소량 수입된다.

+
**잿방어와
낫잿방어를
구별하는 법**

잿방어와 낫잿방어의 가장 큰 차이는 등과 배지느러미의 모양이다. 유난히 위아래로 솟은 등과 배지느러미는 마치 낫 모양으로 움푹 패여 있다는 점이 잿방어와 차이점이다. 그에 비해 잿방어의 등과 배지느러미는 밋밋한 형태다. 또 낫잿방어는 잿방어와 달리 날카로운 이빨이 발달했다. 활어를 다룰 때는 조심해야 한다. 맛은 잿방어보다 덜하다고 알려졌으나 분포지가 워낙 광범위하여 해역과 개체별로 상이할 것으로 추측된다.

전어

아가미 뚜껑에
뚜렷한 반점이 특징이다

분류 청어목 청어과
학명 *Konosirus punctatus*
별칭 전에, 엿사리, 떡전어(마산), 전어사리(새끼)
영명 Dotted gizzard shad
일명 코노시로(コノシロ)
길이 15~20cm, 최대 25cm
분포 우리나라 전 해역, 일본, 동중국해, 남중국해
제철 8~10월, 3~4월
이용 회, 무침, 초밥, 구이, 튀김, 젓갈

평균 수명이 3년 정도인 전어는 청어과 어류에 속하는 등푸른생선이다. 3~6월 사이 바다와 강이 만나는 기수역(삼각주)에 알을 낳으며 그 해에 태어난 전어 새끼는 1년이면 성체가 되고 최대 길이는 25cm이며 시장에 유통되는 크기는 15~20cm가 많다. 기수역에서 태어나고 자란 까닭에 바닷물과 민물이 혼합된 저염도 해역을 특히 좋아하고, 개펄이 발달한 지역에서 유기물과 플랑크톤, 작은 요각류를 주로 먹으며 서식한다. 이렇듯 전어는 고래회충의 생활사와는 동떨어져 있어 고래회충을 비롯한 기생충이 나올 확률이 매우 낮은 물고기이다.

등지느러미 맨 뒤에 붙은 기조는 실처럼 기다란 특징이 있으며, 아가미 뚜껑에 검고 선명한 반점이 있다. 이 반점은 선도가 떨어질수록 흐릿해진다. 또한 전어는 적색 단백질 색소인 '미오글로빈' 함량이 높아서 회를 뜨면 산소에 노출되면서 붉게 보인다. 흰살생선에 비해 산소 요구량이 많은 탓에 쉴 새 없이 움직이며 호흡해야 하는데, 이러한 이유로 사각형보단 원형 수조에 가두어 두는 편이 스트레스를 줄이는 길이다. 예전에는 마산만에서 잡히는 큰 전어를 떡전어라 부르기도 했으나, 지금은 지역에 관계없이 큰 전어를 '떡전어'라 부르기도 한다.

※ 금어기는 5.1~7.15이다(단, 강원, 경북 제외). 포획금지체장은 따로 없다.(2023년 수산자원관리법 기준)

고르는 법

횟감용으로 구매할 목적이라면 활전어를 사는 것이 안전하다. 죽은 지 얼마 안 된 싱싱한 선어를 사는 것도 방법이다. 이 경우 활전어보다 약 30~40% 가량 저렴하나 죽은 지 하루가 지난 것도 팔기 때문에 유의해야 한다.

횟감용 선어는 죽은지 반나절이 채 지나지 않은 것이 좋다. 파르르 떨거나(경련) 움직임이 있는 것이면 가장 좋고, 움직임이 멈춘 경우라면 여러 가지를 살펴야 한다. 그랬을 때 아가미는 밝은 선홍색이고, 배는 은백색의 광택이 나며, 비늘이 벗겨지지 않고 상처가 없는 것이 좋다. 눈동자는 투명한 것이 좋다. 눈이 핏기로 붉게 물들었거나 불투명하고 하얗게 되어 있다면 구이로 쓰는 것이 좋다. 전어 코가 빨갛게 부어오른 것은 유통과정에서 염도가 맞지 않아 생기는 자연스러운 현상으로 크게 신경쓰지 않아도 된다.

구이용 전어를 고르는 방법도 있다. 대가리부터 내장까지 모두 먹기를 원한다면 작은 전어를, 반대로 대가리와 내장을 선호하지 않는다면 큰 전어를 고르는 것을 추천한다. 양식 전어는 지난 15년간 꾸준히 줄어드는 추세지만, 지금도 8~9월경 어획량이 저조해 시장 유통량이 줄거나 혹은 수요가 급증하는 추석을 전후해 한시적으로 출하하기도한다.

기본적으로 전어는 양식보다 자연산이 맛이 좋은 것으로 알려졌다. 자연산 전어는 야생에서 취한 먹잇감에 따라 지방 함량 및 고소한 맛과 풍미가 달라지므로, 산지마다 전어 맛이 다르게 평가된다. 일반적으로 남해에서 잡히는 자연산 전어 맛을 높이 평가하는데 그중 삼천포와 진해만의 전어를 최고로 친다. 그 다음은 서해산과 동해산 순이다.

∧ 횟감용 선어(코가 빨갛게 부은건 신선도와 상관 없다)

∧ 구이용 선어

∧ 활전어

∧ 활전어회의 속살과 빛깔

∧ 죽은 전어로 뜬 회의 속살과 빛깔

+
**동바다
전어란
무엇인가?**

동해에서 잡혔거나 혹은 동해로 회유하는 군집을 통틀어 부르는 상인들만의 용어이다. 또한 잡힌 지역과는 상관없이 지방이 적고 껍질은 질기며, 뼈가 억센 개체들까지 일컬어 '동바다 전어'라 부르기도 한다. 동바다 전어는 일반 전어보다 맛이 떨어져 횟집에선 선호하지 않는다. 다만, 일반 전어와 같이 들어오면 섞어서 팔아야 하기 때문에 맛과 품질 논란이 생기기도 한다. 동바다 전어는 가을에 한창 기름진 일반 전어보다 등이 푸르며, 체형은 날씬한 편이다.

∧ 위는 동바다 전어, 아래는 일반 전어

+
**미리 포장된
전어회는
괜찮을까?**

일부 수산시장에선 미리 포장해서 진열대에 올린 전어회를 볼 수 있다. 이유는 수조에서 오래 살지 못하는 전어의 특성 때문이다. 시간이 지나면 바닥에 엎드려 숨만 꿈뻑꿈뻑 쉬다 죽는 전어가 늘게 된다. 이 때문에 상인은 죽기 직전에 건져 횟감으로 포장한다. 하지만 소비자는 이것이 언제 뜬 것인지 알 길이 없어 저렴한 가격임에도 선뜻 구입하기를 주저한다. 이럴 땐 전어회의 단면을 본다. 살이 희고 투명하며 반질반질할수록 싱싱할 확률이 높다. 조금이라도 탁하면 안전하게 활전어를 구매하는 것이 좋다.

∧ 2~3일이 지나면 죽어버리는 활 전어

∧ 빛깔로 보아 선도는 보통이며 횟감으로 마지노선이다

이용

전어는 다른 생선에 비해서 전해져 오는 속담이나 속설이 많다. '가을 전어 대가리는 깨가 서말', '전어 굽는 냄새를 맡고 집 나간 며느리도 돌아온다' 등의 속담이 유명하다. 그만큼 전어는 우리 조상들이 즐겨 먹었던 생선이고, 특히 가을 전어는 다른 계절에 잡히는 전어보다 지방 함량이 최고 3배나 높아서 더욱 맛이 좋다. 전어는 일반적으로 회와 초무침, 구이로 이용된다. 가을에 싱싱한 활전어는 뼈째 썰어서 먹는 이른바 '세꼬시'가 인기가 좋다. 뼈째 썰기용은 작은 전어일수록 유리하며, 특별히 숙성해서 먹기보단 활회로 이용된다. 초밥 재료로도 인기가 많은데 이경우 가을 전어보단 상대적으로 담백한 맛의 어린 봄 전어를 선호한다. 소금과 식초에 살짝 절여 수분을 빼면 비린내가 사라지며, 깔끔한 산미와 간이 배어 한층 풍미가 돋아난다.

구이와 회무침도 인기가 높다. 식용유를 둘러 팬에 튀기듯 굽는 것도 좋지만, 가볍게 소금만 뿌려 직화나 오븐에 구워내면 보다 담백하게 즐길 수 있다. 구이는 내장째 통째로 구워야 내장에 포함된 불포화지방산이 풍미를 높이고, 쓸개즙은 지방 분해의 활성을 높여 인체 흡수율을 돕는다. 전어 잔가시가 부담스럽다면 튀김도 좋은 방법이다. 허브를 곁들이거나 레몬 간장 소스를 곁들인 전어 튀김은 술안주로 그만이다.

부산을 비롯한 경상남도에선 전어로 젓갈을 담가 먹기도 한다. 다만 전어 대신 밴댕이(*Sardinella zunasi*)나 다른 유사어종으로 담근 젓갈이 전어 젓갈로 둔갑되기도 하니 유의하는 것이 좋다. 전어 젓갈은 사진에서 보다시피 전어 특유의 검은 반문이 흩뿌려져 있어 조금만 관심을 갖고 보면 그리 어렵지 않게 구별할 수 있을 것이다.

︽각종 쌈채와 곁들여 먹는 전어회

︽전어 구이

︽카레마요소스 곁들인 전어 튀김

︽전어 젓갈

정어리

측선에 일렬로 점이 있는 정어리

점이 없는 정어리

분류 청어목 청어과
학명 *Sardinops melanostictus*
별칭 눈치, 순봉이, 징어리
영명 Sardine, Pilchard
일명 마이와시(マイワシ)
길이 20~25cm, 최대 35cm
분포 동해와 남해, 일본, 동중국해,
　　　오호츠크해 등 태평양 해역
제철 9~12월
이용 회, 초밥, 구이, 조림, 튀김, 절임

청어목 청어과에 속한 어종으로 수십만 또는 수백만 마리가 떼를 지어 다니며 대형 물고기의 먹이가 되는 생선이다. 먹이사슬의 하층부를 이루는 중요한 단백질 공급원이며 '바다의 목초'로 불리는 대표적인 어족자원이다. 우리나라에서는 과거 가난했던 시절 저렴한 가격에 단백질을 보충하기 위해 즐겨 먹던 생선이다. 지금은 개체수가 급감해 최근 10년 동안 국내 어획량은 매우 적으며 그마저도 가공될 뿐 생물로 유통되는 경우는 흔치 않다. 2022년 가을경에는 마산만과 진해만 일대에 원인 미상의 정어리떼 죽음이 발견되어 학계의 비상한 관심을 불렀다. 후일 정어리 떼죽음의 원인은 질식사, 즉 산소 부족의 물덩어리(수괴)로 나타났는데 왜 이런 현상이 발생했는지는 밝혀지지 않았다.

정어리는 제주도 동남방 해역에서 겨울을 나다가 봄이 되면 북쪽으로 이동해 여름에는 동해 전역에 걸쳐 서식한다. 가을에는 남쪽으로 이동한다. 산란은 12~6월까지 광범위하게 나타난다. 동중국해를 비롯해 일본 규슈, 시코쿠 해역에선 12월에 산란이 시작되고, 우리나라 동해와 혼슈 북부로 갈수록 늦어진다. 따라서 서식지 해역과 시기에 따라 지방 함량이 제각각이다.

개체마다 검은 반점이 측선에 일렬로 놓인 것과 흐릿한 것, 혹은 아예 없는 것도 있다.

+
정어리와
멸치의 구분

정어리와 멸치가 혼획되는 남해안 일대에선 둘의 구분이 모호해 멸치를 정어리로 파는 경우가 비일비재하다. 특히 대멸치가 들어오는 봄이면 혼획된 정어리와 혼동이 되는 것이다. 어민은 물론 위판장에서도 동정이 정확히 이뤄지지 않아 대멸치가 정어리로 둔갑(?)이 되어 판매되기도 하며, 또 이를 알리 없는 소비자들도 대멸치를 정어리로 알고 구매하기도 한다. 따라서 정어리와 멸치의 구분 포인트를 설명하고자 한다.

정어리와 멸치는 모양과 빛깔이 거의 비슷하여 오동정하기 쉽지만, 눈의 위치와 아가미 모양만 기억하면 다시는 이 둘을 헷갈릴 염려가 없다. 정어리의 눈은 아래턱까지 꽤 많은 공간이 있고, 아가미덮개는 널찍하고 커다란 타원형을 그린다. 또 아가미덮개에는 멸치에는 없는 잔주름이 나타난다. 정어리의 몸통에는 측선을 따라 7~8개의 검은 반점이 나타나는 개체도 있고, 그것이 신선도에 따라 흐릿하기도 하며, 애초에 없는 개체도 있으므로 반점의 유무로는 구별하지 않는다.

한편, 멸치는 대가리 크기보다 눈이 커서 아래턱과의 공간이 좁고, 아가미덮개는 반원을 그리다 만 형상이며, 정어리처럼 촘촘한 주름은 보이지 않는다.

⌃ 정어리(위 두 마리), 멸치(아래)

⌃ 정어리의 눈과 아가미

⌃ 멸치의 눈과 아가미

이용

국내에선 산란을 준비하는 기간인 9~12월에 가장 맛이 좋다. 대표적인 등푸른생선인 고등어나 꽁치에 비해 영양이 뒤떨어지지 않으며 포화지방산을 제거하는 오메가3지방산은 물론 비타민과 무기질이 풍부하여 구이나 조림 등으로 이용된다. 신선할 땐 초밥으로, 그 외엔 튀김이 맛있다. 우리나라에서는 꽁치와 유사한 조리법으로 요리한다. 머리와 내장을 바르고

토막을 낸 뒤 뼈째 간장으로 졸인다. 이
것을 갓 지은 쌀밥에 얹어 먹는 정어리
쌈밥은 별미 중 별미다. 서양에선 대서
양을 낀 나라들, 즉 북아프리카의 모로
코를 비롯해 유럽권에서 폭넓게 이용되
는데 우리가 먹는 태평양 정어리와는
다른 대서양 종이다. 포르투갈에서는

 정어리쌈밥 　　　　　 사르디냐 아사다

정어리를 석쇠에 구워 만든 사르디냐 아사다(sardinha assada)가 유명하다.

주걱치

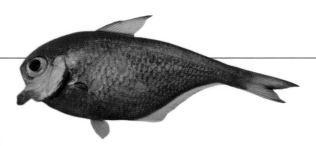

분류 농어목 주걱치과
학명 *Pempheris japonica*
별칭 날개주걱치
영명 Blackfin sweeper
일명 츠마구로하탄포(ツマグロハタンポ)
길이 10~15cm, 최대 20cm
분포 남해와 제주도, 일본, 필리핀 등 서부태평양 열대 해역

제철 평가 없음
이용 회, 구이, 튀김

몸길이 18~20cm까지 자라는 소형어종이다. 밥주걱 모양을 닮았다고 해서 '주걱치'라는 이름이 붙었
다. 아열대성 어종으로 여름에서 가을 사이 남해 먼 섬과 제주도 연안에서 볼 수 있다. 야행성으로 낮
에는 동굴이나 후미진 곳에 모여 있다가 갑각류나 작은 물고기를 잡아먹는다. 이 때문에 밤낚시에서
종종 걸려든다. 크기가 작아 상업적 가치는 없고 따로 유통되지 않는 생선이다. 크고 신선한 건 회로
이용할 수 있으며, 맛이 담백해 소금구이로는 제법 별미다.

쥐치 | 말쥐치, 객주리, 무늬쥐치, 날개쥐치

국내에서 식용하는 쥐치과 어류는 '쥐치'와 '말쥐치'이다. 쥐치와 말쥐치는 시장에서 각각 '참쥐치'와 '객
주리'로 불리는데 사실 표준명 '객주리'라는 종은 따로 있다. 봄부터 여름에 걸쳐 산란하며, 이후 왕성
한 먹이 활동을 통해 살을 찌운다. 제철은 초가을 무렵부터 이듬해 2월 사이로 그 시기에 가장 맛이 좋
다. 산란 직전인 3~4월에도 맛은 있지만, 연중 수온이 최저치를 기록하는 어한기여서 따뜻한 바다를
좋아하는 쥐치가 남쪽으로 이동함에 따라 어획량이 적어 맛보기가 쉽지 않다. 이 시기엔 양식 쥐치, 말
쥐치가 유통되기도 한다.

삼천포를 비롯한 남해안 항구 도시에선 쥐치포로 가공하면서 대한민국의 대표 간식으로 자리 잡았다. 지금은 국내산으로 수요를 감당하기 어려워 베트남 등 동남아에서 수입하여 국내에서 가공하는 실정이다. 쥐치는 열량이 낮은 고단백 식품이며, 쥐치의 지질을 구성하는 불포화 지방산에는 고혈압, 동맥경화 등을 예방할 수 있는 성분이 다량 함유되어 있다.

쥐치

분류 복어목 쥐치과
학명 *Stephanolepis cirrhifer*
별칭 참쥐치, 쥐고기
영명 Thread-sail filefish, Fool fish, Porky
일명 카와하기(カワハギ)
길이 15~25cm, 최대 35cm
분포 동해와 남해, 제주도, 일본, 동중국해,
　　　대만을 비롯한 북서태평양
제철 6~2월
이용 회, 포(건어물), 조림, 찜, 탕

시장에서 '참쥐치'로 불리는 것으로, 보통 쥐치라 하면 이 종을 가리킨다. 1985년 32만여 톤이라는 기록적인 어획고를 거둔 이후 점점 감소해 지금은 양식으로 대체되는 추세이다. 해파리의 천적으로 알려졌으며, 최근 쥐치 자원량이 줄어들면서 해파리가 늘었다는 설이 있다.

**＋
쥐치 암수
구별법**

등지느러미의 모양으로 암수 구별을 한다. 수컷은 맨 앞의 기조가 실처럼 기다랗게 늘어트린 모양이 특징이다.

⌃ 등지느러미에 기다란 기조가 있는 수컷 쥐치　⌃ 기다란 기조가 없는 암컷 쥐치

이용

활어로 유통되며 숙성 없이 활어회로 이용된다. 제철은 가을부터 겨울 사이지만 봄 산란기를 제하면 연중 맛의 차이가 크지 않다. 단, 별미라 할 수 있는 간은 가을부터 겨울 사이 비대해지는데 신선한 간은 소금장에 찍어 생식하거나 매운탕에 넣는다. 작은 쥐치는 뼈가 연해 뼈째 썰어 회로 먹는다. 간이 맛있는 생선으로 갈아서 간장에 섞어 소스로 이용되기도 한다. 비늘이 없고 가죽으로 되어서 반드시 벗기고 이용하며, 주로 회와 조림, 매운탕으로 먹는다.

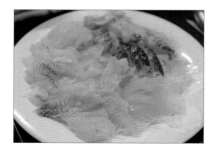

⌃ 빛깔이 노란 쥐치회(가운데)

말쥐치

분류 복어목 쥐치과
학명 *Thamnaconus modestus*
별칭 쥐고기, 쥐치, 객주리(X)
영명 File fish, Black scraper
일명 우마즈라하기(ウマヅラハギ)
길이 20~30cm, 최대 전장: 50cm
분포 우리나라 전 해역, 일본, 동중국해, 남중국해,
서부태평양과 인도양 열대 및 온대 해역
제철 6~2월
이용 회, 초밥, 포(건어물), 조림, 탕

쥐치보다 외양성이며 30cm가 넘어가는 큰 개체는 쿠로시오
난류가 직간접적으로 영향을 주는 남해안 먼바다와 섬 주변에
서식한다. 낚시 주요 대상어는 아니지만, 돔 종류를 노리다 말

△ 말쥐치(자연산)

쥐치가 잡히면 환영받는다. 산란기는 봄으로 이 기간을 제하면 연중 맛의 편차가 크지 않다. 쥐치와 마찬가지로 가을부터 겨울 사이 간이 비대해져 미식가들로부터 사랑을 받는다. 경남을 비롯해 제주도에선 예부터 말쥐치를 '객주리'라 불렀다. 쥐치와 함께 양식으로 길러지며 전국의 수산시장으로 유통되나 아직은 그 양이 많은 편은 아니다. 이빨을 비롯해 이마에 난 뿔이 날카로우므로 활어를 취급할 땐 주의해야 한다.

※ 말쥐치의 금어기는 5.1~7.31, 금지체장은 18cm이다.(2023년 수산자원관리법 기준)

+
말쥐치
암수 구별법

암수는 체형으로 구별한다. 위아래 체고가 홀쭉하고 날씬하면 수컷이고, 체고가 넓으면 암컷이다. 암수에 따른 맛차이는 미미하다.

수컷 말쥐치(위) 암컷 말쥐치(아래) 맨아래는 쥐치 ≫

+
국산 쥐포
vs.
수입산 쥐포

국산은 주로 말쥐치로 만들고, 수입산은 중국과 베트남 일대에 서식하는 쥐치과 어류 혹은 다른 어육과 혼합해 가공된다. 국산 쥐포와 달리 수입산은 두께감이 얇아 손으로 쉽게 찢어지고 조미액의 단맛과 짠맛이 두드러진다. 국산 쥐포는 말쥐치의 어육을 그대로 말린 것으로 두께감과 씹는 맛이 좋다.

△ 왼쪽은 국산 쥐포, 오른쪽은 수입산 쥐포

**+
바다에서
나는
푸아그라,
쥐치 간**

쥐치와 말쥐치는 생간을 먹을 수 있는 몇 안 되는 생선이다. 아귀, 홍어와 더불어 바다에서 나는 3대 푸아그라로 꼽힌다. 신선할 때 날것으로 먹는데, 기름장과 궁합이 아주 좋다. 일부는 갈아서 간장과 간 생강, 와사비 등을 섞어 생선회 소스로 활용한다.

≫ 쥐치간

≫ 말쥐치 간

고르는 법

횟감은 상처가 없는 말끔한 활어를 고르고 지느러미를 살랑살랑 움직이며 적당히 헤엄치는 것이 좋은 활력이다. 조림과 튀김용은 선어도 괜찮다. 내장이 새거나 항문에 진액이 없는지 확인하고 배쪽에 탄력이 느껴지고 살밥이 적당히 오른 것을 고른다.

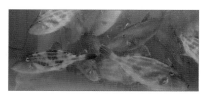

≫ 횟집 수조속 말쥐치(제주)

이용

쥐치보다 몸집이 커서 요리 활용도가 뛰어나다. 쥐포의 주원료이며, 삼천포에서 가공된 말쥐치포가 유명하며 이를 '알포'라 부른다. 말쥐치 한 마리로 두 쪽을 떠서 쥐포 두 장을 만든다. 말린 쥐포를 연탄불에 구워서 먹거나 청양고추, 후추, 간장을 섞은 마요네즈에 찍어 먹으면 좋은 술안주가 된다. 주로 활어로 유통되며, 시장에선 활어회로 이용되지만 살이 단단하고 탄력이 높아 몇 시간 정도 숙성해서 먹으면 단맛이 돌아 더 맛있다. 활어회는 탄력이 강하므로 얇게 썰고 초고추장이나 양념 된장을 곁들이면 좋다.

간은 신선할 때 생식한다. 쥐치와 마찬가지로 소금장에 찍어 먹거나 갈아서 소스로 이용되는데 그 양이 많이 나올 뿐 아니라 일부 미식가들 사이에선 쥐치 간보다 더 맛있다고 평가되기도 한다. 이 외에는 조림과 매운탕으로 이용된다.

≫ 말쥐치(일명 객주리) 조림

≫ 말쥐치회

≫ 활어회는 양념 된장과 잘 어울린다

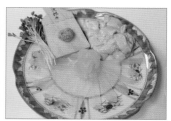

≫ 말쥐치회와 생간

객주리

분류	복어목 쥐치과
학명	*Aluterus monoceros*
별칭	월남객주리
영명	Unicorn filefish, Triggerfish
일명	우스바하기(ウスバハギ)
길이	40~60cm, 최대 80cm

분포	동해와 남해, 제주도, 일본, 동중국해, 태평양,	**제철**	10~2월
	대서양, 인도양의 온대 및 열대 해역	**이용**	회, 조림, 탕

쥐치과 중에서 가장 몸집이 크다. 말쥐치가 최대 50cm까지 자란다면 객주리는 75cm를 상회하기도 한다. 말쥐치(방언 객주리)와 구분하기 위해 '월남객주리'라고 부르기도 한다. 주로 난류의 영향을 받는 여름부터 초겨울 사이 동해와 제주도 남부 지방에서 낚시나 그물망에 종종 잡힌다. 최근 온난화의 여파로 동해안 일대 수산시장을 비롯해 경남, 포항, 제주도에서도 곧잘 발견된다. 전량 자연산이고 활어와 선어 모두 유통되며 그 양은 미미했지만 최근 조금씩 늘고 있는 추세다.

이용

일반적으로 자주 이용되는 재료는 아니다. 늦가을부터 겨울 사이 동해안 일대 수산시장에 종종 입하되며, 회나 조림으로 이용된다. 기본 크기는 말쥐치보다 커서 수율이 좋고 양이 많이 나온다는 장점이 있으나 아직은 객주리를

︿ 서울의 모 대형마트에 진열된 자연산 객주리

︿ 횟감용 활객주리(동해 묵호항)

이용한 조리법이 크게 발달하지 못했고, 회맛도 쥐치나 말쥐치보다 덜하다는 평가다. 다만, 간도 커다란 덩치에 걸맞게 크고 맛도 있어서 회맛을 보충하는 소스나 탕감으로 이용하기에 좋다.

무늬쥐치

분류	복어목 쥐치복과
학명	*Canthidermis maculatus*
별칭	평가 없음
영명	Spotted oceanic triggerfish
일명	아미몽가라(アミモンガラ)
길이	34~40cm, 최대 50cm

분포	남해 및 제주도를 비롯한 동중국해, 일본,	**제철**	평가 없음
	태평양, 대서양, 인도양 열대 및 온대 해역	**이용**	회, 튀김, 탕, 조림

복어목 쥐치복과에 속하는 어종으로 검은색 몸통에 길쭉한 타입의 흰점들이 흩어져 있어 '무늬쥐치'라 부른다. 이 무늬는 자라면서 점차 사라진다. 외양성 물고기로 우리나라에선 난류가 받치는 여름~가을 사이 제주도 앞바다에서 간혹 잡힌다. 시장에 유통량은 미미하다. 대부분 낚시나 그물에 혼획되는데 열대성 쥐치류지만 신선할 때 회가 맛이 있고, 생선가스, 튀김, 구이, 조림 등으로 이용된다.

날개쥐치

분류 복어목 쥐치과
학명 *Aluterus scriptus*
별칭 평가 없음
영명 Scribbled leatherjacket,
Figured leatherjacket
일명 소우시하기(ソウシハギ)
길이 25~35cm, 최대 70cm

분포 남해와 제주도, 일본, 동중국해를 비롯해 전 세계의 온대 및 열대 해역
제철 평가 없음
이용 회, 튀김

원래는 일본 남부 해역과 대만, 필리핀 등에 서식하던 열대성 쥐치로, 예전에는 국내에서 보기 힘든 어종이었으나 지구온난화 영향으로 수온이 상승하면서 제주도와 부산 일대의 남해에서도 간간이 잡히기 시작했다. 뉴스와 기사에서는 복어독의 50배로 심하면 사망에 이른다며 '절대로 먹지 말 것'을 권고하지만, 이는 날개쥐치에 대한 이해가 부족해서 생긴 다소 극단적이고 과장된 이야기다. 주산지인 오키나와 및 대만에서는 시장에서 무늬쥐치를 팔고 흔히 식용한다. 우리가 염려하는 맹독은 날개쥐치의 먹잇감에서 축적된 '펠리톡신(Palytoxin)'으로 내장에 분포한다. 날개쥐치를 식용하는 나라에선 내장을 건드리지 않고 손질하며, 살만 먹는데 회와 튀김 맛이 상당히 좋다고 알려졌다. 참고로 펠리톡신에 중독되면 극심한 근육통이나 신경마비를 일으키다가 급기야 사망에 이를 수 있으니 내장은 절대로 식용해선 안 된다.

찰가자미

≪ 유안부

≪ 무안부

분류 가자미목 가자미과
학명 *Microstomus achne*
별칭 기름도다리, 로시아, 울릉도가자미, 미역초광어
영명 Slime flounder
일명 바바가레이(ババガレイ)
길이 40~50cm, 최대 약 65cm
분포 우리나라 전 해역, 일본, 동중국해, 사할린,
쿠릴열도를 비롯한 북서태평양 온대 해역
제철 7~2월
이용 회, 미역국, 구이, 튀김, 조림, 찜

비교적 큰 가자미과 어류로 타원형 몸통에 복잡한 대리석 무늬와 두 개의 커다란 반문이 있다. 이 반문은 물속에선 제법 선명하게 보이다가도 물 밖으로 꺼내지거나 긴장 상태에 들면 흐릿해진다. 강원 북부와 울릉도에서 잡힌 것은 붉은색을 띠기도 한다. 무안부는 흰색이고 양쪽 지느러미는 검다.
우리나라 전 해역에 서식하지만 흔히 볼 수 있는 곳은 강원도 일대 수산시장과 울릉도이다. 서해산은 경기도를 비롯해 충남(대천항) 일대 수산시장에서 볼 수 있지만 유통량은 적다.

기본적으로 차가운 물을 좋아하며 수심 50~450m 아래 모래나 진흙으로 된 바닥에 산다. 산란기는 3~4월로 알려졌는데 이 시기 알배기는 미역국이나 맑은탕 재료로 인기가 있다. 이후 봄부터 초여름 사이에는 지방이 빠져 있다가 여름부터 지방이 차기 시작하며, 초겨울까지 회로 이용하기도 한다.

고르는 법　　활어로 유통되나 간혹 생물(선어)로 팔기도 한다. 생물은 저렴해 미역국 재료로 좋지만, 죽고 나서 진액이 많이 나오므로 이를 잘 걷어내고 사용하는 것이 좋다. 활어 횟감을 고를 땐 몸통의 두께가 두껍고, 특히 배쪽에 알집으로 불룩하거나 반대로 홀쭉한 것은 피하는 대신 등쪽이 두툼한 것을 고른다. 크기는 몸길이 35cm 이상인 것이 횟감용으로 적절하다. 우리나라 전 해역

≪ 죽으면 진액이 많이 나오는 찰가자미

에 서식하지만, 삼천포를 비롯한 남해안 일대에서 잡힌 것이 기름기가 많으며, 강원도 북부로 갈수록 기름기보다 살이 단단해지는 경향이 있다. 시장에선 '로시아도다리'나 '기름도다리'란 이름으로 불리는데 가끔 봄도다리(표준명 문치가자미)로 파는 경우도 있으니 유의한다.

이용　　살은 전반적으로 수분감이 있어 회보다는 탕 요리나 국, 튀김에 더 잘 어울린다. 남해(삼천포)산 찰가자미는 여름부터 기름기가 올라 겨울까지 이어지지만, 강원도산은 산란기가 빨라 겨울부터 이미 기름기가 빠져 있을 수 있음을 염두에 둔다.

≪ 찰가자미회

≪ 찰가자미 미역국

참가자미

분류　가자미목 가자미과
학명　*Pseudopleuronectes herzensteini*
별칭　노랭이, 노래이 속초가자미, 참가재미,
　　　　노랑가자미(X), 봄도다리(X), 도다리(X)
영명　Brawn Sole, Yellow striped flounder
일명　마가레이(マガレイ)
길이　17~30cm, 최대 약 50cm

분포　동해, 일본 중부이북, 사할린, 발해만, 쿠릴열도
제철　8~1월
이용　회, 물회, 구이, 튀김, 조림, 찌개, 찜, 식해, 건어물

비교적 소형 가자미류로 최대 50cm까지 자란다고 보고되지만, 주로 유통되는 것은 20cm 전후가 가장 많다. 여타 가자미류와 마찬가지로 두 눈은 오른쪽으로 치우치고 유안부는 잔 비늘로 덮이면서 특유의

반달무늬가 산발적으로 흩어져 있다. 무안부는 어릴 땐 투명한 흰색이지만 자라면서 불투명한 흰색이
되고, 가장자리는 노란띠가 나타나기 시작한다.

우리나라에선 속초에서 부산에 이르기까지 동해안 일대 수산시장에서 어렵지 않게 볼 수 있다. 산란기
는 5~6월로 이 시기부터 어획량이 느는데 대체로 남쪽으로 갈수록 산란이 빠르다. 여름부터 낚시가
활발하며 초겨울까지 제철이다.

전량 자연산으로 유통되는데 성장 속도가 느리고, 작은 것을 위주로 뼈째 썰어 먹는 문화가 동해안 전
역에 자리잡고 있어서 어린 참가자미를 보호해야 한다는 목소리가 커지는 상황이다.

※ 금어기는 없으며 금지체장은 17cm였으나 2024년부터는 20cm로 확대될 예정이다.(2023년 수산자원관리법)

고르는 법

수조에서 고를 땐 움질임이 활발하지
않으면서 바닥에 배를 깔고 얌전히 있
는 것이 좋다. 몸통 길이는 작더라도 두께감이 통통히 오른
것이 좋은 참가자미이다. 생물(선어)을 고를 땐 뒤집었을 때
배가 하얗고 노란띠가 선명한 것이 좋다.

배에 노란띠가 선명할수록 싱싱한 참가자미이다 ≫

이용

용가자미와 더불
어 횟감으로 이용
되나 평균 크기는 용가자미에 못 미치
기 때문에 주로 뼈째 썰어 먹거나 물회
로 이용된다. 주요 산지는 속초, 주문
진, 영덕, 울산, 포항 등이며 강원도에

⚠ 참가자미회   ⚠ 참가자미 물회

선 참가자미라 부르고, 경상도로 내려가면 도다리나 노랑가자미로 잘못 불리곤 한다(경상도에선 용가
자미를 참가자미로 취급해 명칭상 혼란이 가중되고 있다).

살은 희고 깔끔하며, 기름기보단 감칠맛과 단맛이 좋다. 손바닥만 한 것은 뼈째 썰어먹고 큰 것은 포
떠서 썰어 먹는다. 이 외에도 생물은 찜이나 찌개가 맛이 있고, 건어물은 구이가 맛있다. 동해안 일부
지역에선 조밥과 소금, 고춧가루, 엿기름 등을 넣고 삭히는 가자미식해가 유명하다.

청어

분류	청어목 청어과	
학명	*Clupea pallasii*	
별칭	솔치	
영명	Pacific herring	
일명	니싱(ニシン)	
길이	25~35cm, 최대 약 45cm	
분포	우리나라 전 해역, 일본 북부, 오호츠크해,	
	베링해 등의 북태평양	

제철 6~12월
이용 회, 물회, 초밥, 구이, 조림, 알젓, 튀김, 과메기, 가공식품

인류가 오래전부터 즐겨 먹던 등푸른생선이자 붉은살생선이다. 한류성 어종으로 몸통이 푸른색을 띤다 하여 '청어(靑魚)'라 한다. 남반구를 제외한 거의 모든 인류가 청어를 먹어왔는데 특히, 노르웨이, 핀란드, 덴마크, 러시아 등 북유럽 사람들이 즐겨 먹었다. 지구상에 청어는 여러 종으로 나뉘지만 크게 우리나라와 일본에서 잡히는 '태평양 청어(퍼시픽 헤링)'가 있고, 아이슬랜드와 북유럽 국가에서 어획되는 '대서양 청어(애틀랜틱 헤링)'가 있다. 같은 청어라도 해역별 계군이 다양한데 기본적으로 계절 회유를 하며 정해진 산란장에서 알을 낳고 번식한다. 하지만 지구 온난화와 수온 상승만으로는 설명이 되지 않는 원인 미상의 이유로 청어의 회유 경로는 예상을 크게 벗어나기도 한다.

조선 시대 각종 문헌에도 청어의 자원 변동에 관한 이야기가 언급되었다고 한다. 일반적으로 동, 남해에서만 나는 줄 알았던 청어가 놀랍게도 서해 '위도(전북 부안군)'에서 많이 났다는 보고가 있었고, 그러다가 1506년 이후부터는 아예 자취를 감췄다고 한다. 이수광의 〈지봉유설〉에는 봄철 서남해에서 많이 났던 청어가 1570년 이후 전혀 나오지 않았다고 기록되었고, 당시 동해에서 나던 생선이 서해에서 나고 한강까지 이르렀으며, 해주에서 나던 청어가 근 10여 년 동안은 아예 잡히지 않았으니 그야말로 신출귀몰한 도깨비 같은 생선이 아닐 수 없다. 이후 청어는 국내 각 지역에서 잡혔지만, 어떨 때는 수년 간 아예 잡히지도 않았고, 그러다가 100~200년 뒤에는 다시 흔해졌다는 기록이 있다.

+ 청어의 제철

청어는 계군에 따라 산란기가 제각각이고, 철마다 지방 함유량에서도 차이가 난다. 이 때문에 청어의 제철이 겨울~봄이라는 주장과 여름~가을이라는 엇갈린 주장이 반복되

ᐱ 별미 중의 별미인 청어알

ᐱ 잘게 썰어 횟감용으로 팔기도 한다 (포항 죽도시장)

었다. 우리나라에서 잡히는 청어는 단일 계군으로 동해 북부에서 진해 앞바다를 오간다. 알에서 깨어난 청어는 한동안 진해만 일대에서 머물다 동해 북부로 올라가는데, 이 또한 규칙적이지 않다. 알을 배는 시기는 1~4월 경이므로 이 시기에는 알배기 청어를 굽거나 조려먹기에 좋고, 특히, 청어알젓이 인기였다.

어쩌면 이러한 이유로 인해 알배기 청어를 소비해야 했던 70~90년대에는 제철을 겨울로 인식하게 된 것도 무리는 아닐 것이다. 하지만 지금은 알젓을 찾아보기 힘들고, 알배기 구이와 조림은 트렌디한 음식에서 한창 벗어나 있다. 지금은 해안가를 중심으로 회무침이나 물회, 그리고 과메기를 만들어 먹지만 그래도 청어 하면 빠질 수 없는 것이 고급 일식집이나 선술집에서 내는 회와 초밥일 것이다. 그랬을 때 청어회는 지방을 알에 빼앗기지 않아 기름진 맛이 나야 하는데 그 시기는 여름~초겨울 사이라 할 수 있겠다.

+ 잔가시가 많은 생선

청어는 청어목에 속한 밴댕이와 정어리, 멸치와 사촌 격이다. 가을 별미로 손꼽히는 전어 또한 마찬가지. 이들의 공통점을 꼽자면 일일이 발라먹기 힘들 정도로 성가신 '잔가시'가 아닌가 싶다. 그래서 청어는 어른들 사이에서도 호불호가 갈리고 특히, 아이들에겐 썩 권하지 않는 생선이기도 하다. 그럼에도 불구하고 청어를 먹는 까닭은 서민 생선답게 매우 저렴하고 맛이 좋기 때문이다.

+
**과메기는
청어가 원조**

과메기는 '관목어(貫目魚)'에서 비롯된 말로, 원 명칭은 '관메기'였다가 'ㄴ'이 빠지면서 오늘날 과메기로 굳어졌다. 지금이야 꽁치 과메기가 익숙하지만, 원조 과메기는 청어였다. 조선 시대 후기부터 일제강점기까지는 청어가 많이 잡혔기 때문에 과메기로 말려 먹었다고 전해진다. 당시 해안가 집들은 아궁이에 '솔가지(소나무 잎)'로 불을 때고 밥을 지었다. 이때 과메기를 살창에 걸어두면 솔가지 타는 연기를 흡수하는데, 이때 살창의 기온이 낮아 일종의 냉훈연이 되었다는 것이다. 임금 수라상에 진상한 과메기도 이런 식으로 만들어졌는데, 아쉽게도 지금은 훈연한 청어 과메기를 맛보기가 어려워졌다.

≪ 청어 과메기

고르는 법

비늘이 붙어 있으면서 광택이 나는 것이 좋다. 눈은 피가 맺히지 않아야 하며, 배쪽을 만졌을 때 단단한 느낌이 드는 것이 싱싱한 청어이다.

갓 어획된 청어(동해 묵호항) ≫

이용

북유럽권에서는 소금에 절인 청어를 그대로 입안에 털어 넣거나 빵 위에 올려 먹는다. 스웨덴에서는 청어를 소금에 시큼하게 절여 먹는 '수르스트뢰밍(Surströmming)' 통조림이 인기가 있다. 일본에서는 간장에 졸이거나 구운 청어를 고명으로 얹어 청어소바를 즐겨 먹는다.

한편, 우리나라는 일본의 영향을 받아 싱싱한 생물 청어를 그대로 이용한 음식이 인기를 끌고 있다. 해안가에선 막썰이 회를 이용한 회무침이나 물회로 먹지만, 도심지에선 섬세하게 칼집을 내 잔가시를 끊어낸 청어회와 초밥을 즐기는데 그냥 먹기도 하지만, 소금과 식초를 이용한 초절임 형태를 많이 사용하며, 이를 김에 말아낸 '청어 이소베마끼'가 인기가 끈다.

또한, 청어알로 만든 '스시노바'는 주로 회전초밥집에 즐겨 사용되는 냉동 식품이다.

전통적인 요리법은 역시 통째로 구운 소금구이와 매콤한 조림이다. 경상북도

≪ 유럽식 청어 요리

≪ 청어회

≪ 청어 초밥

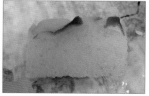
≪ 청어알과 날치알을 주원료로 하는 스시노바

에서는 청어를 찌개로 먹기도 한다. 청
어의 비린 맛을 없애기 위해 된장을 듬
뿍 풀어 보글보글 끓여 먹는다. 청어는
대체로 수컷보다 알배기 암컷이 선호도
가 높다.

≪ 서민 생선구이의 대표 주자 청어 　　≪ 청어 조림

투라치

분류	이악어목 투라치과	**길이**	1~2m, 최대 2.7m
학명	*Trachipterus ishikawae*	**분포**	한국, 일본을 비롯해 북서 태평양, 뉴질랜드,
별칭	산갈치(X)		남아프리카, 지중해 등 광범위한 심해에 서식
영명	Slender ribbonfish	**제철**	평가 없음
일명	사케가시라(サケガシラ)	**이용**	구이, 반건조

≪ 우연히 낚시로 잡힌 투라치

이악어목 투라치과라는 독특한 분류에 속하는 어종이다. 몸통이 길고 옆으로 납작해 갈치와 비슷하
게 생겼다. 지역에 따라 '산갈치'라 부르는 곳도 있는데 사실 둘은 다른 종이다. 대개 이악어목과 어류
는 산갈치나 붉평치처럼 심해어가 많다. 투라치 역시 최대 2.7m까지 자라며 수심 200~500m에 서식하
는 희귀 심해어로 한국과 일본 근해에서 일 년에 몇 차례 발견되는 것이 전부이다. 작은 오징어나 꼴뚜
기, 갑각류, 동물성 플랑크톤을 먹는 것으로 알려졌다. 유영력이 떨어져 상어나 고래의 먹잇감이 되곤
한다. 이따금 산갈치와 투라치가 동해 및 남해안 일대 해변가에 발견되기도 하는데, 이를 두고 일각에
선 지진의 전조 현상이라 여기기도 하지만 과학적으로는 근거가 없다. 심해성 어류인 투라치가 해변가
에서 발견되는 이유에 대해서도 여러 설이 나돌았지만, 지금은 부족한 먹이를 찾다 파도에 휩쓸려 나온
것이란 주장이 가장 설득력이 있다. 한편, 투라치가 잡히면 근처에 연어(사케) 떼가 대거 접근해온다고
한다. 일본어로 투라치를 '사케가시라'라고 하는 까닭이다.

이용

맛이 없어 잡아도 방생한다. 심해의 수압을 견디기 위해 몸이 부드럽고 살에 수분
이 많으며 지방이 적어 식재료로써의 가치는 떨어진다. 다만 꾸덕하게 말려 굽거
나 국물을 내면 맛이 난다고 알려졌다.

틸라피아

분류 농어목 시클리드과
학명 *Oreochromis niloticus*,
Oreochromis mossambicus,
Tilapia mossambica(구학명)
별칭 태래어, 역돔, 민물돔, 도미살(X)
영명 Nile tilapia, Mosambique tilapia, Tilapia
일명 가와스즈메(カワスズメ), 티라피아(ティラピア)
길이 20~40cm, 최대 50cm

분포 아프리카 동남부(원산), 남태평양의 환초, 한국, 일본,
중국, 대만, 태국, 베트남을 비롯한 동남아시아
제철 연중
이용 회, 초밥, 구이, 탕

틸라피아는 아프리카 동남부가 원산인 민물고기였으나 지금은 태국과 베트남, 대만에서 이를 개량해
식용어로 대량 양식하며, 일부는 국내로 수입되고 있다. 국내에는 1955년에 태국을 통해 들어왔다. 이
때문에 '태래어'라 불렸고, 이후 수산시장에선 '역돔'으로 불렸다.

아종을 포함해 전 세계 100여종이 서식한다. 이중 국내로 도입된 종은 '나일틸라피아'(*Oreochromis
niloticus*)와 '모잠비크틸라피아'(*Oreochromis mossambicus*)이며 이를 통틀어 '틸라피아'라 부른다. 지금도 내
륙 지방에선 황톳물을 이용한 친환경 틸라피아 양식이 이루어지고, 인근에는 역돔회 전문점이 성행
한다. 그러나 한때는 활어로 유통되면서 감성돔으로 둔갑하기도 했고, 포를 뜨면 도미와 비슷해 도미
회로 둔갑되다 대거 적발되기도 했다. 지금도 온라인 쇼핑몰에선 '도미살'로 표기되어 판매되는데 '도
미'(=참돔)이라는 보편적 인식으로 미루어 봤을 때 틸라피아를 도미살로 판매하는 것은 소비 판단을 흐
릴 우려가 있으므로 주의가 필요하다. 대표적인 양식 어류이지만 우리나라 낙동강을 비롯해 하천, 심
지어 생활 하수가 흘러나오는 열악한 환경에서도 자연 서식한다. 환경 변화에 강하고 성장 속도가 빨
라 국내에서도 양식어로 인기가 높지만, 시중에 유통되는 것은 대부분 대만산 양식이다.

화이트 나일틸라피아

국내에선 접하기 어렵지만, 베트남에선
주요 양식어이자 개량종이다. 식당에선
수조에 활어 상태로 전시하며 주로 튀기
거나 찜으로 이용된다.

이용

주로 뷔페나 예식장 등에서 값싼
회로 제공된다. 대부분이 대만산
으로 현지 공장에서 손질을 거쳐 필렛 상태로 진공 포
장되어 수입된 것을 해동해 썰어 낸다. 그러다보니 회
표면에는 수분기가 맺히고 식감은 퍼석거린다. 냉동
필렛은 구이 등 가열 조리용으로 이용된다. 한편, 국
내에서 길러지는 양식 틸라피아는 회로 먹어도 되는
위생과 품질을 갖추었다. 회는 물론, 구이와 탕으로도
먹는다.

⌃ 예식장에서 제공된 냉동 틸라피아회

⌃ 틸라피아 튀김(베트남)

⌃ 틸라피아 수프(베트남)

틸라피아는 껍질을 벗기면 모양과 색에서 참돔과 매우 유사해 작정하고 속여 회로 내면 구분하기가 쉽지 않다. 비교적 최근인 2022년까지도 이러한 사례가 끊이질 않고 있다. 특히 참돔의 선홍색 혈합육과 유사한 것으로는 나일틸라피아로 주로 대만산 양식이니 주의할 필요가 있다.

사진은 각각 참돔과 틸라피아 회다. 참돔회는 선홍색을 띠는 반면, 틸라

⌃ 조직이 쉽게 찢어지는 틸라피아회

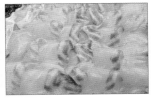
⌃ 참돔회(도미회)

⌃ 나일틸라피아로 추정되는 해동회
(양쪽 붉은색)

⌃ 해동중인 틸라피아회

피아회는 보다 붉고(선도에 따라 흐려지거나 갈색으로 보이기도 한다), 혈합육을 구성하는 빗살무늬가 참돔보다 더 조밀하다. 또 틸라피아에는 억센 힘줄이 있어 식감이 질기고 잡아당기면 힘줄을 제외한 근육이 쉬이 찢긴다.

팡가시우스메기

분류 메기목 메콩메기과
학명 *Pangasianodon hypophthalmus*
별칭 바사피시, 베트남메기, 참메기살(X)
영명 Basa fish
일명 바사(バサ)
길이 60~80cm, 최대 1.2m
분포 동남아시아, 남아시아의 아열대 및 열대의 강과 호수
제철 연중
이용 회, 구이, 튀김

베트남을 비롯한 동남아시아에서 광범위하게 서식하는 대형 민물 메기류이다. 베트남에선 메콩강과 짜오프라야 유역에서 대량으로 양식하며, 한국을 비롯한 전 세계로 수출한다. 현지에서는 '바사피시'라 부르지만, 동일과에선 일명 가이양이라 불리는 *Pangasianodon gigas*과 *Pangasius bocourti*, *Pangasianodon hypophthalmus* 3종이 대표적이다. 국내로 수입되는 것은 주로 *Pangasianodon hypophthalmus*이다.

한편, 팡가시우스메기는 과거 몇 가지 문제로 인해 수입국으로부터 반송 및 수입금지 처분을 받은 적이 있었다. 1)중금속(수은) 중독이 기준치 초과, 2)발암물질(루코 말라카이트 그린) 검출, 3)콜레라 및 리스테리아 균 검출

팡가시우스메기는 값이 저렴하다는 장점이 높이 부각돼 세계 여러 나라에서 수입하고 있다. 한 예로 이탈리아에서 거래된 팡가시우스메기와 대구 필렛의 수은 평가 보고서에 의하면 우리가 일주일 동안

먹어도 되는 수은 함량의 기준치를 초과하고 있었다. 이 두 물고기를 소비자 안전을 위한 위험 평가로 분석으로 내린 결과 대구의 수은 함량은 (0.11±0.004mg/kg)인데 비해, 팡가시우스메기는 이보다 훨씬 높은 수준을 보였다고 한다. 일부 품목은 메틸 수은의 잔류 함량이 기준치를 초과함으로써 임산부와 아이는 물론, 일반 성인에게도 식용어로 부적합했다. 팡가시우스메기를 익혀 먹는 나라에서 이런 결과를 냄에 따라 일부 품목은 반입 금지가 되었다. 앞서 유럽위원회는 식용 물고기의 수은 기준치를 0.50mg/kg으로 설정한 바 있다. 2007년 유럽 위해식품 RASFF 발표에 의하면, 베트남산 팡가시우스메기에서 사용이 허가되지 않은 물질인 '루코 말라카이트 그린'이 검출돼 문제가 되었다. 말라카이트 그린은 식용어에는 사용할 수 없는 합성 염료이다(국내에선 모기향의 녹색 염료로 쓰이며, 양식장 내 곰팡이와 균을 제거하는 데 효과가 있다).

≫ 베트남 메콩강 유역에서 판매되고 있는 팡가시우스메기

≫ 비가열 처리 승인받은 제품과 알 수 없는 액체

불가리아의 경우 팡가시우스 메기에서 콜레라와 리스테리아 같은 식중독을 일으키는 균에 양성반응이 나와 폐기 처분한 적이 있었으며, 러시아 역시 비슷한 문제로 반품한 사례가 있다. 브라질도 '이 물고기가 안전하지 않은 환경에서 양식되었다'는 주장을 꾸준히 제기했으며 이에 베트남 검역 당국은 자국 내에서 길러지는 팡가시우스메기 양식장과 수산

≫ 국내로 유통되는 횟감용 팡가시우스메기

물 가공공장의 위생을 적극 검사해 수입국이 납득할 만한 결과를 통보하는 데 주력하고 있다.
참고로 한해 국내에서 수입되는 팡가시우스메기는 800만t에 달한다. 그중 일부는 비가열(횟감)용으로 승인받고 유통되고 있다.

이용

자연산은 1m 이상 나가는 대형어이며, 양식은 70~80cm까지 키워 출하한다. 미국을 비롯한 서구권에선 필렛을 이용한 구이나 튀김 요리로 활용하지만, 국내에선 유독 저렴한 해산물 뷔페나 예식장 뷔페에서 횟감으로 사용된다. 가격이 저렴해 다른 횟감으로 둔갑할 여지가 있으며, 실제로 광어와 도다리회로 둔갑시켜 판매하다 적발되기도 했다. 대부분 냉동 필렛으로만 유통되므로 저렴한 횟감이 활용되는 물회, 회덮밥에 사용되기도 한다. 한편, 온라인 쇼핑몰에서는 '참메기살'이란 이름으로 판매되고 있다. 하지만 '참메기'란 이름을 가진 어종은 없으며 마케팅을 위해 만들어진 이름이다.

≫ 예식장 뷔페에서 제공되는 틸라피아와 팡가시우스메기회

≫ 출장뷔페에서 제공하는 이름 없는 회는 팡가시우스기메기였다

≫ 팡가시우스메기회

황점볼락

분류	쏨뱅이목 양볼락과
학명	*Sebastes oblongus*
별칭	껑더구, 깍다구, 개볼락(X)
영명	Oblong rockfish
일명	타케노코메바루(タケノコメバル)
길이	20~35cm, 최대 51cm
분포	동해와 남해, 일본 혼슈 북부에서 규슈에 이르기까지
제철	5~11월
이용	회, 구이, 탕, 조림

몸통에 작은 반점이 많아 '황점볼락'이라고 부른다. 삼척에서 경남 전 해안에 이르는 동해안 지역에서 주로 잡힌다. 이름이 비슷한 '황점개볼락'과 혼동하기 쉬운데 둘은 다른 어종이다. 11월에서 1월 사이에 새끼를 출산하며, 출산 직전인 가을이 제철이라고 생각할 수 있으나 출산 전후를 제하면 맛의 차이가 뚜렷하지 않다. 내만에서 거의 이동하지 않고 사는 암초성 어류로 갯바위 및 방파제에서 루어낚시 대상어로 인기가 있다. 시장에 흔히 유통되지 않으며, 낚시인들 사이에서만 평가되고 있다. 지방이 많은 생선은 아니며, 살은 단단하고 비린내가 적어 깔끔한 맛이 특징이다. 주로 회로 이용되고 매운탕, 구이, 조림 등으로 이용된다. 쏘가리를 닮은 외형 만큼 낚시 마니아들 사이에선 제법 귀하고 고급어종으로 취급된다.

가시배새우

분류	십각목 꼬마새우과	**길이**	7~12cm, 최대 15cm
학명	*Lebbeus groenlandicus*	**분포**	동해, 오호츠크해, 일본 중부 이북, 홋카이도, 베링해 및 북태평양
별칭	독도새우, 닭새우(X)	**제철**	4~6월, 10~2월
영명	Spiny lebbeid shrimp	**이용**	회, 구이, 탕, 튀김
일명	이바라모에비(イバラモエビ)		

적색 또는 적갈색 가로 무늬가 있다

서너 개의 붉은색 띠가 선명하다

독도새우나 닭새우란 이름으로 익숙한 새우이다. 대가리가 닭 벼슬을 닮았다고 해서 속칭 '닭새우'라고 부르지만, 표준명 닭새우는 따로 있다. 우리나라에서는 경상북도 포항 이북의 동해안에서 발견되며, 수심 300~400m에 서식하는 냉수성 새우이다. 양식이 없고 조업량도 일정치 않아 위판량과 가격 변동이 심하다. 강원도 일대 수산시장에선 2마리에 만원 꼴로 판매된다. 제철은 특별히 맛이 오르는 시기가 따로 없으며, 어획량이 집중되는 시기가 곧 제철로 통용된다. 주로 봄과 늦가을~겨울이며, 산란은 겨울에 이뤄진다.

고르는 법

횟감은 반드시 활새우를 고르고, 선어는 몸통에 붉은색 띠가 선명한 것이 좋다. 속초, 동해(묵호), 삼척, 포항 일대 수산시장에선 자주는 아니지만 이따금 파지 상품이 저렴하게 판매되기도 한다. 오전장일수록 신선하고 오후장은 덜 신선할 확률이 높다. 이럴 땐 가급적 색이 선명한 것이 좋고, 꼬리지느러미와 가슴(내장) 부위가 검게 변색된 것은 피한다.

≪ 신선한 상태

≪ 선도가 떨어진 상태

이용

횟감용으로 취급되는 만큼 활어 유통이 기본이다. 몸통은 껍질을 벗겨 회로 먹고, 대가리는 버터구이나 국물용으로 쓴다. 가시배새우는 이름에 걸맞게 껍질이 무척 억세고 날카로워서 벗겨 내기가 까다롭지만 맛은 뛰어나다. 육질은 매우 야들야들하면서 쫄깃한 느낌이며, 구우면 단맛과 감칠맛이 뛰어나다. 죽거나 선도가 떨어진 것은 구이와 튀김, 국물요리에 쓴다.

≪ 활 가시배새우

≪ 주로 활새우로 유통되는 가시배새우

| + '독도새우 3종' 구별하기

크기와 형태로 구분할 수 있다. 물렁가시붉은새우는 10~15cm 정도의 크기에 몸통이 전체적으로 붉은 빛을 띠며 흰색의 세로줄무늬가 있다. 가시배새우는 그보다 작은 10cm 전후이며 머리에 닭벼슬 모양의 뿔과 복부에 날카로운 가시가 돋아나 있다. 도화새우는 이들 종 중 가장 큰 17~20cm 정도의 몸집과 대가리에 흰색 반점이 흩어져 있다.

≪ 물렁가시붉은새우   ≪ 도화새우

꽃게 | 점박이꽃게

분류 십각목 꽃겟과
학명 *Portunus trituberculatus*
별칭 꽃그이(충남), 꽃기(전남), 꽃끼(경남), 날킹이(제주), 사시랭이(어린 암꽃게), 삼각게(어린 암꽃게)
영명 Swimming crab
일명 우타리가니(ワタリガニ)
길이 갑장 약 8.5cm, 최대 약 15cm
갑폭 약 17.5cm, 최대 약 30cm

분포 우리나라 전 해안, 일본, 중국
제철 4~6월(암꽃게), 9~10월(수꽃게)
이용 찜, 탕, 게장, 구이, 무침, 죽

한반도에서 가장 많이 서식하는 바닷게로 우리에게는 아주 친숙한 식재료이다. 꽃게는 다리를 비롯해 온몸에 가시가 나고 특히 옆구리 가시가 크게 발달했다. '꽃게'라는 이름은 이러한 생김새 때문에 붙은 것으로, '꽃'은 뾰족한 가시를 의미하는 '곳'에서 유래됐다. 야행성이며 다리는 물속을 유영하기 좋은 형태로 진화했기에 꽤 넓은 해역을 계절 회유한다. 겨울엔 서남해와 제주도 사이에서 월동하고 이듬해 봄이면 북상해 연안에서 산란을 준비한다. 동해와 서해, 남해 모두 잡히지만, 서해산 꽃게가 가장 유명하다. 생산량의 약 80% 이상을 차지하며, 맛과 품질도 우수하다. 주요 산지는 서산과 군산이며, 가을이 되면 연평도 일대로 올라온다. 거제와 여수 등 남해안 일대에서 나는 꽃게도 품질이 좋은데 서해산보다 1~2달 가량 제철이 늦다.

※ 꽃게의 금어기는 6.21~8.20(단, 연평 등 서해5도서는 7.18~31일), 금지체장은 두흉갑장 기준 6.4cm이다.(2023년 수산자원관리법 기준)

+ 꽃게의 암수 구별

꽃게는 암컷과 수컷의 제철이 서로 다르다. 봄에는 난소를 가득 찌운 암꽃게가, 가을에는 살 오른 수꽃게가 제철을 맞는다. 산란기는 5~9월 사이 두 차례 정도 이어지며, 처음

⊼ 외포란 꽃게

⊼ 왼쪽은 수컷, 오른쪽은 암컷

에는 외포란 꽃게(검은색에 가까운 알을 배에 붙이고 다닌다)로 지내다 산란하며, 여름에는 탈피를 겪으며 성장한다. 수명은 2~3년 정도이다.

꽃게의 암수는 집게발로도 구별할 수 있지만, 배딱지 모양을 보는 것이 가장 쉽다. 암꽃게는 배딱지가 널찍하고 둥그렇다. 반면, 수꽃게의 배딱지는 뾰족하다.

+ 사시랭이와 묵은게

가끔 암꽃게와 수꽃게의 중간 형태를 띠는 것이 있는데 이는 미성숙 꽃게로 지역민들은 '사시랭이' 또는 배딱지 모양이 삼각형이라서 '삼각

게'라 부른다. 꽃게는 5~9월 사이 두 차례 산란하는데 5월경 한창 난소를 찌워야 할 시기에 남보다 먼저 산란하는 꽃게가 있다. 여기서 태어난 꽃게는 9월까지 수차례 탈피하며 청소년 게로 성장한다. 10월이면 암

⊼ 어린 암꽃게(일명 사시랭이)

수가 짝짓기하는데 5월경에 태어난 꽃게가 마지막 탈피를 할 때면 삼각형 모양의 배딱지가 암컷의 둥그런 배딱지로 바뀌면서 일명 처녀게가 된다. 처녀게를 본 수컷은 짝짓기를 위해 서로 앞다투어 올라타는데 이때의 처녀게를 '업은게'라 불리기도 한다. 짝짓기를 마친 꽃게는 이듬해 봄까지 먹이활동을 활발히 하며 장을 키운다. 동시에 체내수정을 하며 산란 준비에 들어간다. 아직 한 번도 산란에 참여하지 못한 처녀게이므로 초가을부터 이듬해 산란직전까지 살과 장이 꽉 차 있게 된다. 일부 어민과 상인들이 상품성이 좋은 삼각게를 잡아다 파는데, 두흉갑장 기준 6.4cm 이하를 유통하는 것은 불법이다.

묵은게는 2년 이상 3년생인 커다란 꽃게를 의미한다. 우리 식탁에 오르는 꽃게는 대개 1~2년생이다. 묵은게는 그물을 피해 수명이 다할 때까지 살아남은 꽃게로 크기도 클 뿐 아니라 살과 장이 꽉 찼을 확률도 높다. 묵은게는 배딱지를 비롯한 껍데기가 누런 빛깔을 띤다는 특징이 있다.

⌃ 꽃게 옆구리가 붉으면 알이 가득 찼다는 증거이다

고르는 법　　암꽃게

암꽃게는 알이 가득 차야 상품성이 높다. 그 시기는 3~6월 중순으로, 시즌 후반일수록 알이 가득 찬다. 알이라고 하나 엄밀히 말하면 알을 만드는 생식소(난소)이다. 이 난소는 꽃게 중심부에서 시작돼 옆구리 가시인 '곶'까지 차게 된다. 따라서 옆구리 가시가 불그스름하면 좋다. 난소를 가진 꽃게는 배딱지가 보라색을 띠며, 난소가 부족하면 푸른색을 띤다.

⌃ 알이 들지 않은 암꽃게

⌃ 알이 반밖에 들지 않은 암꽃게

⌃ 알이 든 암꽃게

⌃ 난소가 가득찬 암게

수꽃게

달고 부드러운 살이 장점인 수꽃게는 배 껍질 부분이 희고 윤기가 나며, 손으로 눌렀을 때 단단하고 무거운 것을 고른다. 다리 껍데기도 불그스름하거나 투명한 것보다는 희고 광택이 나는 것이 살이 찬 것이다. 배딱지가 거뭇거뭇하거나 멍자국이 있는 것은 피한다.

⌃ 상태가 좋지 못한 수꽃게

⌃ 희고 단단하며 윤기가 나는 것이 좋은 수꽃게

⌃ 이렇게 장이 몽글몽글 뭉치고 냄새가 나지 않아야 싱싱하다

⌃ 살이 덜 찬 수꽃게

⌃ 비교적 살이 찬 수꽃게

냉동꽃게

냉동꽃게는 일년 내내 판매되지만, 금어기가 있는 6~8월 사이 간장게장용 암꽃게가 많이 판매된다. 게장용은 반드시 '급랭꽃게'인지 확인하고, 언제 어획한 것인도 꼼꼼히 체크한다.

이용

찜, 탕, 게장 등으로 조리한다. 간장게장은 3~6월 난소가 꽉 찬 암게로 담근 것을 최고로 치며 활꽃게보단 급랭꽃게로 만드는 것이 좋다. 활꽃게는 쪄먹거나 양념무침에 쓰기도 한다. 급랭이 아닌 일반 냉동 꽃게와 생물 꽃게(선어)는 배딱지에 냄새가 나지 않아야 하며, 저렴한 가격에 구매해 고추장, 된장을 풀고 얼큰한 꽃게탕이나 된장탕을 끓여먹는다. 일부 지역에선 숯불에 구워먹기도 한다.

가을철 수꽃게 시즌은 전반부와 후반부로 나뉜다. 전반부는 금어기가 해제되는 8월 20일부터 추석까지로 이 기간에는 이제 막 탈피를 마친 햇꽃게가 출시된다. 장점은 톱밥에 살려 싱싱하게 유통된다는 점 그리고 저렴한 가격이다. 단점은 크기와 수율이 들쭉날쭉해 고른 품질을 가지지 못할 시기다. 후반부는 추석을 기점으로 10월까지다. 이 시기엔 크기와 수율이 일정하게 안정돼 맛과 품질이 만족스럽다. 단점은 가격이 비싸진다는 것이다. 10월 중반이 넘어가면 그때부턴 암꽃게도 살이 올라 제법 먹을 만해진다.

☆ 간장게장   ☆ 얼큰한 꽃게탕   ☆ 꽃게 된장탕   ☆ 꽃게찜

tip. 찜통에 찔 때는 배를 위로 보게 하고 놓는다. 또한 꽃게 특유의 잡내를 잡기 위해 청주(또는 소주) 1큰술과 된장 1큰술을 물에 타서 찌면 좋다.

점박이꽃게

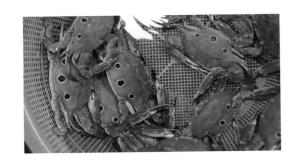

분류 십각목 꽃겟과
학명 *Portunus sanguinolentus*
별칭 삼점게, 세점꽃게
영명 Three-spot swimming crab
일명 자노메가자미(ジャノメガザミ)
길이 갑장 약 5cm
갑폭 약 11cm, 최대 약 15cm
분포 동해 남부 및 남해, 제주도, 일본 남부, 대만, 호주, 하와이, 남아프리카
제철 3~5월(암꽃게), 10~12월(수꽃게)
이용 찜, 탕, 게장

꽃게보다 따뜻한 해역에 서식하는 남방계로 전 세계 연안에 폭넓게 서식하고 있다. 꽃게와 비슷하게 생겼지만, 뱀눈을 닮은 원형의 점 무늬 3개가 특징이다. 전반적인 품질과 맛은 꽃게보다 덜한 것으로 평가된다. 온라인에선 수입산도 제법 판매되며, 이용은 꽃게와 같다. 다른 바닷게 종류도 그렇지만 선도가 떨어지면 특유의 암모니아 향이 나고, 품질이 고르지 못할 땐 검정 빛깔의 간체장(흑장)이 섞이기도 한다. 식당에선 저렴한 간장게장용으로 쓰인다.

대롱수염새우

대롱 모양의 더듬이가 특징이다

분류 십각목 대롱수염새우과

학명 *Solenocera melantho*

별칭 달마새우, 다루마새우, 남방단새우

영명 Razor mud shrimp, red shrimp

일명 나미쿠다히게에비(ナミクダヒゲエビ)

길이 10~15cm, 최대 약 20cm

분포 우리나라 남해와 제주도, 일본 서남부의 태평양, 인도네시아, 인도, 호주

제철 8~11월

이용 회, 초밥, 새우장, 구이, 튀김, 탕

다른 새우와 달리 껍질이 얇고 뿔이 매우 짧으며, 특이하게도 대롱처럼 생긴 더듬이가 발달했다. 작은 더듬이의 바깥채찍과 안채찍을 이용해 대롱 모양의 호흡관을 만들어 진흙에 파고 들어가 산다. 주요 서식지는 거문도와 백도를 비롯해 남해 먼바다와 제주도 인근 해상에 어장이 형성되어 있고, 100~400m의 비교적 깊은 수심의 진흙으로 된 저질에 서식한다. 산란기는 8~10월경으로 이 시기 저인망 그물에 잡혀 유통되지만, 해당 새우는 낮은 인지도 만큼 구체적인 자원량이 보고되어 있진 않다.

고르는 법

주요 산지 및 집하장은 거문도와 여수이다. 따라서 이 일대 수산시장에서 볼 수 있으며, 어획량이 증가하는 가을에는 온라인을 통해서도 구매할 수 있다. 북쪽분홍새우와 마찬가지로 생물과 급랭으로 유통되는데 횟감으로 고를 때는 당일 조업된 생물이 가장 좋고, 그 다음으로 추천하는 것은 급랭이다. 생물 새우를 고를 때는 붉은 색이 선명할수록 좋고, 전반적으로 반질반질 윤기가 나는 것을 고른다. 조업 후 1~2일이 경과되면 선도가 떨어지면서 대롱수

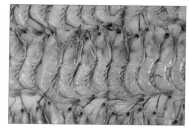

△ 조업 후 하루 반나절이 지난 횟감용 선도

염과 꼬리지느러미가 먼저 까매진다. 이어서 내장이 든 가슴 부위가 검게 변색되므로 횟감은 꼭 신선한 것을 사용해야 한다.

이용

북쪽분홍새우(일명 단새우)와 비슷하게 이용된다. 신선한 것은 회나 새우장으로 이용되며, 그 외엔 구이, 튀김, 간장조림, 탕거리로 이용된다. 회는 북쪽분홍새우보다 살이 두꺼워 통통하게 씹히며, 단맛이 출중하다.

△ 대롱수염새우 회

△ 대롱수염새우를 가장 맛있게 먹을 수 있는 방법. 김, 성게 생식소, 연어알은 새우회와 궁합이 좋다

김과 초밥, 성게 생식소, 연어알 등과 곁들이면 궁합이 좋다. 어획 후 1~2일 지난 것도 여전히 신선 횟감으로 취급되지만, 특유의 녹진함과 감칠맛이 올라오는 데 비해 탱글탱글한 식감은 떨어지게 된다. 북쪽분홍새우와 달리 익혀도 심하게 쪼그라들지 않아서 조리용으로도 활용도가 매우 높은 새우라 할 수 있다.

대하 | 묵길명 대하

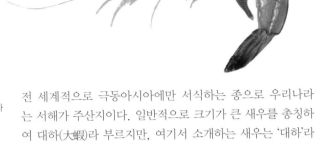

분류 십각목 보리새우과
학명 *Fenneropenaeus chinensis*
별칭 대하새우, 왕새우, 고려새우
영명 Fleshy prawn, Chinese white shrimp, Oriental shrimp
일명 타이쇼에비(タイショウエビ)
길이 15~20cm, 최대 약 28cm
분포 서해 및 남해, 발해만을 비롯한 동중국해와 극동아시아의 온대 해역
제철 8~11월, 3~4월
이용 회, 구이, 탕, 찜, 튀김, 새우장

전 세계적으로 극동아시아에만 서식하는 종으로 우리나라는 서해가 주산지이다. 일반적으로 크기가 큰 새우를 총칭하여 대하(大蝦)라 부르지만, 여기서 소개하는 새우는 '대하'라는 고유종이자 표준명을 지녔다. 산란기인 4~6월경이면 따듯하고 깊은 먼바다에서 월동한 대하가 서남해와 서해 일대로 올라온다. 늦가을부터 탈피기에 접어들며 수컷은 빛깔이 노랗게 변한다. 수명은 1년생으로 추정되고 있으며, 산란을 마친 대하는 죽는다. 과거에는 양식이 성행했지만, 흰점 바이러스에 의한 폐사율이 증가하면서 흰다리새우가 그 자리를 대체하였다. ※ 대하의 금어기는 5.1~6.30이다.(2023년 수산자원관리법 기준)

고르는 법

시중에 '대하'란 이름으로 판매되는 새우 중 대부분은 '흰다리새우'이다. 대하는 2023년 기준, 전량 자연산으로 유통되며 어획이 집중되는 가을에만 한시적으로 판매된다. 그물로 잡으면 수 분 이내로 죽기 때문에 활어 유통이 어렵고 대부분 생물로 판매된다. 이때 물과 함께 담겨 중량을 차지하지 않는지 확인할 필요가 있다. 가을을 제하면 급랭한 냉동 대하가 소량 유통되며, 산란기를 앞둔 봄철엔 몸길이 20cm를 넘기는 암대하가 소량 어획돼 유통되는 정도이다.

고를 땐 빛깔이 밝고 어둡지 않은 것이 좋다. 특히 새우 선도의 척도가 되는 꼬리지느러미는 대하 고유의 초록색, 주황색, 노란색이 밝고 선명할수록 신선한 대하다. 그러다가 신선도가 떨어지면서 각 마디에 검은줄이 생기기 시작한다. 이후 어획한 지 2일 이상 지나면 가슴, 꼬리지느러미가 검게 변색되는데, 조리용으로 저렴하게 구매하지 않을 것이라면 피하는 게 좋다.

≫ 수조에 살아있다면 흰다리새우일 확률이 높다

≫ 잡히자마자 금방 죽어버려 생물로 유통되는 자연산 대하

≫ 대하를 재빨리 담으면 물 무게가 포함되니 주의할 것

≫ 몸통이 밝고 꼬리의 고유한 색이 살아있는 것이 좋다

≫ 하루 반나절 이상 지나면 검은줄이 등에 생기기 시작한다

+

**대하의
암수 구별**

대하는 암컷이 수컷보다 크게 자란다. 생김새는 비슷하지만, 암컷의 몸통은 자연산 대하 축제장에서 흔히 볼 수 있는 청회색에 가깝다면, 수컷은 10월 이후 노란색이 된다. 맛의 차이는 두드러지지 않으나 크기 면에서 월등한 암대하를 선호하는 편이다.

≪ 몸집이 큰 암대하(위)와 노란 숫대하

+

**대하와
흰다리새우를
구별하는 법**

자연산 대하가 대거 유통되는 시기는 가을이다. 이 시기에 대하는 생물, 흰다리새우는 활어 유통이 대부분이다. 따라서 '자연산 (활)대하'가 유통되는 극히 드문 경우가 아니라면, 수조 속 새우는 흰다리새우이다.

이 둘의 가장 큰 차이는 뿔과 수염의 길이이다. 대하는 이마의 뿔의 코끝을 넘지만, 흰다리새우는 코끝을 넘지 못한다. 대하는 자기 몸집의 2배 이상인 긴 수염을 자랑하지만, 흰다리새우는 짧은 편이다.

꼬리지느러미의 빛깔에서도 차이가 많이 난다. 대하는 초록색, 주황색, 노란색 등 다양한 빛깔이 나지만, 흰다리새우는 붉은빛만 주로 돈다.

굽거나 익혀 놓으면 대하는 군데군데 하얗게 색이 뜨지만, 흰다리새우는 몸통 전체가 균일한 붉은색을 띤다.

≪ 위는 자연산 대하 구이 아래는 양식 흰다리새우 구이

≪ 흰다리새우(위)
대하(아래)

≪ 위는 자연산 대하 아래는 양식 흰다리새우. 대하는 뿔이 길고 흰다리새우는 매우 짧다

≪ 왼쪽은 자연산 대하 오른쪽은 양식 흰다리새우

+

**대하와
흰다리새우의
맛 차이**

회로 먹었을 때 대하는 육질이 치밀하고 쫀득하게 씹히는 맛이 좋으며 단맛의 풍미가 흰다리새우보다 뛰어나다. 하지만 활어로 유통된 흰다리새우 역시 탱글탱글한 식감에선 뒤처지지 않는다. 굽거나 쪘을 때는 이 둘의 맛 차이를 느끼기 힘들 정도로 비등하다. 쫀득하거나 탱글탱글하거나 혹은 부드럽거나 하는 식감의 차이는 종류의 차이보다 상태(선도)에 의한 차이가 크다. 어느 종류이든 대가리와 함께 먹으면 내장의 고소한 맛과 풍미가 더해진다.

이용

해마다 9월이면 충청남도 홍성 남당항과 안면도 백사장항, 무창포항 일대에서 대하축제가 열린다. 시즌 초반인 8월부터 9월초까진 비교적 크기가 작은 대하가 합리적인 가격에 판매되지만, 추석을 전후하여 값이 오르고 어획량에 의한 시세 변동이 크다. 조수간만의 차가 큰 서해 특성상 사리물때(보름달과 그믐달)에는 어획량이 증가하는가 하면, 조금물때(상현달과 하현달)에는 어획량이 준다. 신선한 건 회로 먹지만 보통은 소금 복사열로 구워 먹는다. 대하는 다른 새우보다도 특별한 대접을 받기에 부족함이 없는 식재료다. 궁중요리나 한정식에선 고명을 얹은 대하찜과 대하탕을 내기도 하며 단순히 튀겨먹어도 맛이 있다.

⩘ 양식 흰다리새우 구이(오른쪽) 자연산 대하구이(왼쪽) ⩘ 자연산 대하 튀김 ⩘ 자연산 대하탕

+ 홍대하

전라남도 고흥을 비롯한 서남해권에선 대하와 비슷하지만 생김새와 빛깔이 미묘하게 다른 '홍대하'란 새우가 소량 잡혀 유통되어왔다. 그곳 어민들은 '홍대', '홍대새우' 정도로 불리며 대하와 구분해 왔는데 사실 이같은 명칭은 정식으로 등록된 표준명이 아닐뿐더러 학계에서 인정하고 있는 학명조차 기록되어 있지 않다. 일각에선 대하와 자연 방류된 흰다리새우와의 교잡종이 아닌가 하는 의혹이 있었지만, 홍대하는 수십 년 전부터 전남 일대 어민들에 의해 잡혀왔기 때문에 이러한 의혹을 불식시켰다. 그러면 홍대하는 대하와 어떤 차이가 있을까?

⩘ 홍대하

⩘ 같은 홍대하라도 뿔 길이에 차이가 있다

생김새부터 크기까지 대하와 쏙 빼닮았다. 이마에 난 뿔은 대하처럼 코끝을 넘어서기도 하지만, 개체에 따라 코끝과 같거나 오히려 짧은 것도 있어 일정치 못하다. 대략 둘은 꼬리지느러미의 빛깔 차이로 구분할 수 있다. 대하나 홍대하는 선도만 일정하다면 암수 상관없이 고른 빛깔을 내고 있어 차이를 가늠할 수 있는데, 홍대하는 대하보다 감청색 기운이 많이 돈다. 홍대하의 어획 시기는 대하 산란기가 지난 7월경부터 가을 내내 이뤄진다. 어획량이 대하보다 적어 귀하게 취급받고 있으며, 주로 어부의 가족과 지인들에 의해 소진되거나 소량 위판을 통해 판매되는 정도이다. 비록 적은 양이지만 수십 년간 지역 어민들로부터 홍대하의 어획과 위판이 이뤄졌다는 점, 여러 면에서 대하와 공통점이 많다는 점, 그럼에도 불구하고 아직까지 홍대하에 대한 학술적 정의가 이뤄지지 않고 있다는 점을 미루어 보았을 때 대하에서 파생된 '아종'이거나 해역별 계군에 따른 '군집'일 확률에 가능성을 두고 있다. 맛과 이용은 대하와 비슷하나 잡힌 해역의 특성 때문인지

육질이 더 단단하고 탱글탱글해 횟감으로 가치가 높다. 반면, 굽거나 익히면 조직감이 물러지고 퍼석거려 이 또한 대하와 적잖은 차이를 보인다.

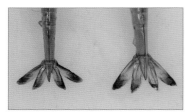
︽ 수컷 대하(왼쪽) 암컷 홍대하(오른쪽)

︽ 암컷 대하의 꼬리지느러미

︽ 암컷 홍대하의 꼬리지느러미

묵길명대하

분류 십각목 보리새우과
학명 *Fenneropenaeus merguiensis*
별칭 바나나새우, 대하(X)
영명 Banana shrimp
일명 바나나에비(バナナエビ)
길이 15~20cm, 최대 약 25cm
분포 동남아시아, 인도양, 페르시아만
제철 연중(수입)
이용 구이, 탕, 튀김

국내에서는 어획되지 않는 수입산 새우이다. 꼬리와 등 쪽이 바나나 색깔을 띤다고 해서 흔히 '바나나새우'라는 이름으로 알려져 있지만, 국내 시장에서 판매되는 것은 수입산 냉동을 해동한 것이다. 시장에서는 '자연산 대하'로 판매되며, 현재 원산지 표기의무 대상 품목이 아니어서 원산지 표기를 누락하고 파는 경향이 있다. 자연산 대하만을 앞세움으로써 소비자로 하여금 '국산 자연산 대하로 착각할 수 있다는 점에서 기만의 의도가 보여진다. 개중엔 이미 선도가 떨어져 빛깔이 어둡고 거뭇거뭇한데 국산 못지 않은 가격으로 판매되고 있어 주의할 필요가 있다. 생김새와 빛깔은 국산 대하와 흡사하나 이마에 난 뿔이 흰다리새우처럼 짧다는 게 특징이다. 주로 구이, 튀김, 탕으로 이용된다.

︽ 자연산 대하로 판매되면 수입산을 의심해야 한다

︽ 구매 전에는 가격에 합당한 산지와 품질인지 확인해야 한다

도화새우

분류 십각목 도화새우과
학명 *Pandalus hypsinotus*
별칭 독도새우, 참새우(울릉), 보탄에비
영명 Humpback shrimp, Coonstriped shrimp
일명 토야마에비(トヤマエビ)
길이 13~18cm, 최대 27cm
분포 동해, 쿠릴열도, 베링해, 오호츠크해,
　　　 캄차카반도, 일본 중부이북, 캘리포니아
제철 10~4월
이용 회, 초밥, 구이, 탕, 튀김

도화새우는 물렁가시붉은새우(일명 꽃새우), 가시배새우(일
명 닭새우)와 함께 독도 인근 해역에 서식한다고 해서 '독도
새우'로 불린다. 독도새우 3종 중 가장 크게 자라고 맛도 좋

⟰ 수조에 통발로 잡힌 도화새우가 가득하다(주문진)

으며 가격도 비싸다. 국내에서 유통되는 모든 새우 중 가히 최고라고 인식되는 고급 식재료인 만큼 주
로 귀빈을 대접하는 자리나 고급 일식집에서 맛볼 수 있는 새우다. 2017년 도널드 트럼프 미 대통령이
방한했을 때 환영 만찬 음식으로 올려 화제가 된 적이 있다.
도화새우는 동해 먼바다 해저의 약 100~300m의 깊고 찬 수심대에서 기선저인망과 통발로 잡는데 통발
로 잡힌 것을 최상급으로 친다. 몸길이 20cm 이상으로 자라는 비교적 대형 새우로, 태어나서 3~4년까지
는 수컷이었다가 점차 암컷으로 성전환한다. 최대 수명은 8년 정도로 알려졌다. 산란기는 서식지 해역마
다 상이하다. 이르면 2월부터 시작해 9월까지 이어지기도 하는데 심해 새우 특성상 어획량이 일정하지
않고, 주로 어획되는 시기도 불분명하다. 맛은 산란 직전인 가을~겨울로 추정되나 사실 연중 맛의 편차
가 크지 않다. 가끔 어른 손바닥을 넘기는 큰 개체도 잡히는데 이는 매우 귀해서 부르는 게 값이다.

고르는 법

주로 횟감으로 이용되므로 활어 유통이 기본이지만,
강원도 일대 수산시장에선 그물로 혼획된 생물로 판
매되기도 한다. 생물을 고를 땐 상처가 적고 다리나 더듬이가 대체로 붙어
있는 것이 좋으며, 도화새우의 특징 중 하나인 아가미덮개의 흰 반점과 붉
은 가로 줄무늬가 선명한 것이 좋다.

삼척 번개시장에서 도화새우와 물렁가시붉은새우가 섞여 판매되고 있다 ≫

이용

도화새우를 맛보려면 산지 시장을 찾는 것이 가장 확실하다. 속초 동명항, 대포항
을 비롯해 주문진항 일대 시장과 삼척 번개시장, 묵호항 시장 등 강원도 일대 시
장이다. 포항 죽도시장을 비롯해 경상북도 일대 항과 시장에서도 만나볼 수 있다. 그 외엔 도화새우를
다루는 고급 음식점과 스시야에서 맛볼 수 있다. 살아있거나 혹은 죽어도 신선한 상태라면 회로 이

용된다. 큰 것은 한 마리로 여러 가지 요리가 가능한데, 대가리는 딱딱한 껍데기와 뿔을 제거 후 구이나 튀김으로 별미다. 살은 적당히 탄력이 있으면서 달고 맛있다. 신선할 땐 내장까지 빨아먹기도 한다.

⌃ 횟감용 도화새우

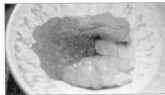
⌃ 연어알과 성게를 곁들인 도화새우

⌃ 도화새우 대가리 튀김

물렁가시붉은새우

분류 십각목 도화새우과
학명 *Pandalopsis japonica*
별칭 독도새우, 홍새우(X), 꽃새우(X)
영명 Morotoge shrimp
일명 모로토게아카에비(モロトゲアカエビ),
    시마에비(シマエビ)
길이 10~15cm, 최대 약 20cm
분포 동해, 일본 홋카이도, 오호츠크해
제철 10~12월, 3~8월
이용 회, 초밥, 구이, 탕, 튀김

도화새우와 마찬가지로 처음에는 수컷으로 태어나 일정 크기로 자라면 암컷으로 성전환한다. 주요 분포지는 울릉도를 비롯해 독도 근처 100~400m권의 깊은 바다에 서식하나, 비교적 얕은 연안에 서식하는 군집도 있다. 깊은 수심대에서 잡힌 물렁가시붉은새우는 평균 크기가 크고 붉은색이 강렬하며 단맛도 강해 고급식재료로 이용된다. 반면, 비교적 얕은 연안에서 잡힌 물렁가시붉은새우는 크기와 맛에서 열세를 보이고 붉은색이 흐리다. 이를 시장에선 '독도 꽃새우'와 '연안 꽃새우'로 구분하기에 이르렀다. 상품성은 독도 꽃새우가 으뜸이지만 가격 메리트는 연안 꽃새우가 나은 편이다.

제철은 연중이라고 해도 무리는 없다. 산란은 11월부터 4월에 걸쳐 행해지기에 산란을 앞둔 가을부터 초겨울 사이로 예상하지만, 실제로 많이 잡혀 시장에 유통되는 시기는 불규칙적이다. 오히려 봄부터 여름 사이 많이 잡히기도 해 제철과

⌃ 색이 진한 독도 꽃새우

⌃ 비교적 색이 흐린 연안 꽃새우

⌃ 한때 새우깡의 주 원료였던 표준명 꽃새우

어획량이 맞지 않은 대표적인 경우이다.

물렁가시붉은새우는 '꽃새우'란 이름으로 더 많이 알려졌다. 하지만 서해가 주산지인 '표준명 꽃새우'가 따로 있어 혼란을 주기도 한다.

고르는 법

같은 값이면 붉은색이 진하고 큰 것을 위주로 고른다. 횟감은 살아있는 것을 고르는 것이 가장 좋지만, 죽은 지 하루가 안 된 신선 생물도 괜찮다. 수염과 다리가 온전할수록 좋고, 특유의 붉은색 줄무늬가 뚜렷하며, 반질반질 광택이 나고 투명감이 느껴지는 것이 좋다.

≪ 색이 진하고 큰 것을 위주로 고른다

이용

산 채로 유통하기 용이하고 맛이 좋아 횟감용으로 선호된다. 회로 먹는 것이 가장 맛있지만 굽거나 튀겨서 먹어도 별미다. 유사한 새우류 중 회로 먹으면 알맞게 단맛이 나는 최상의 새우이다. 껍질을 벗겨 수분을 잘 닦아내고 밀

≪ 독도새우회와 모둠 해산물

≪ 물렁가시붉은새우 대가리 튀김

가루를 묻혀 튀김옷을 입혀 고온에서 단시간에 튀기면 매력적인 새우튀김으로 변모하며, 선도가 떨어진 것은 라면과 함께 끓여도 좋다.

보리새우

분류 십각목 보리새우과
학명 *Marsupenaeus japonicus*
별칭 차새우, 오도리
영명 Kuruma Prawn
일명 쿠루마에비(クルマエビ)
길이 15~20cm, 최대 30cm
분포 남해 및 서해, 일본, 대만, 오세아니아를 비롯한 전 세계 열대 및 아열대 해역
제철 8~12월
이용 회, 초밥, 구이, 튀김, 찜

1990년대 이전에는 '차새우'라 불렸고, 펄떡펄떡 뛰는 형상이 춤을 추는 것 같다 하여 일본어로 '오도리'란 명칭을 자주 쓴다. 서식지는 한반도가 북방한계선으로, 국내에는 수온이 오르는 여름부터 잡히기 시작해 초겨울까지 이어진다. 따라서 우리 연안보다는 일본 남부와 대만, 필리핀 등 적도와 가까운 동

남아시아의 열대 및 아열대 해역에 더 많은 개체가 서식한다. 국내 산란 성기는 7~8월로 이 시기가 지나면 본격적으로 잡히기 시작하는데 어획 및 유통량의 정점은 가을이다. 그러나 현재로선 전량 자연산에 의존하므로(일본은 앞서 양식에 성공) 산지 수산시장과 식당에서 소진되며, 서울과 수도권에는 고급 일식당에서만 맛볼 수 있을 뿐 대형 수산시장이 아닌 이상은 유통량이 한정적일 수밖에 없다. 보리새우의 주요 산지는 거제와 사천, 여수 앞바다를 손꼽으며, 최근 서해에서도 잡히기 시작해 영광과 군산, 칠산 앞바다에서도 제법 잡히고 있다. 여타 새우도 그렇지만 보리새우도 수컷보다 암컷이 크게 성장하며, 다 자라면 25cm에 이른다. 수명은 최대 2년까지 보고되고 있다.

고르는 법

보리새우는 대부분 횟감(활어)으로 유통된다. 크기가 클수록 상품성이 높고 그에 비례해 가격도 올라간다. 색과 무늬는 흐리멍덩하지 않아야 하며, 차색의 줄무늬가 선명하고, 꼬리지느러미에 나타나는 주황색, 노란색, 파란색이 진할수록 싱싱하다.

⌃ 상품성이 좋은 보리새우

⌃ 무늬가 선명하고 활발하게 움직이는 것이 좋다

⌃ 신선할 때 보리새우의 꼬리지느러미

이용

지금은 운송업이 발달하면서 서울 및 수도권내 대형 수산시장에서도 활보리새우를 볼 수 있지만, 거제도를 비롯해 통영, 여수 일대 수산시장에서 흔히 접할 수 있다. 특히 여름보단 가을, 가을보다는 늦가을에서 초겨울로 이어질수록 단맛을 느끼는 아미노산과 글리신이 많아진다. 보통 마리당 판매되며 크기에 따라 3천 원에서 7~8천 원까지 다양하다.

시장에선 펄떡펄떡 뛰는 보리새우를 그 자리에서 잡아다 횟감으로 쓴다. 육질이 단단하고 치밀감이 좋으며 탱글탱글하기 때문에 초고추장이 잘 어울리나, 여러 번 씹을수록 단맛이 나오는 등 섬세한 맛을 느끼려면 간장과 와사비부터 먹는 것을 추천한다. 고급 식당에선 살짝 데쳐 얼음물에 담근 후 반으로 갈라 펼쳐 초밥용으로 쓴다. 회나 초밥에 이용되고 난 대가리는 바싹하게 굽거나 튀김으로 먹는다. 이 외에도 중식과 양식의 고급 재료로 쓰인다.

⌃ 보리새우 초밥

⌃ 보리새우 대가리 튀김

⌃ 보리새우회

⌃ 보리새우를 이용한 멘보샤

⌃ 보리새우 구이

부채새우 | 아홉니부채새우

부채새우의 독특한 생김새

분류 십각목 매미새우과
학명 *Ibacus ciliatus*
별칭 슬리퍼 랍스터
영명 Japanese fan lobster
일명 우치와에비(ウチワエビ)
길이 10~15cm, 최대 23cm
분포 남해와 제주도, 일본, 중국, 대만, 필리핀, 호주
제철 10~2월
이용 회, 찜, 구이, 샤브샤브, 탕

부채를 닮아서 '부채새우'라고 부른다. 고대 생물을 연상케 하는 납작한 껍데기 모양으로 평균 몸길이는 약 10~15cm이며, 수심 50~250m 정도 깊은 바닥의 진흙 또는 부드러운 점토로 된 저질에 서식한다. 따뜻한 바다를 좋아하는 남방새우 종으로 국내에서는 남해안 일대를 비롯해 제주도 연안에 많이 서식하나 이 종에 관한 자세한 생태는 알려진 바가 없다. 일본을 비롯한 세계 각국에서는 고급 식재료로 취급하며, 국내에선 저인망 끌그물에 혼획물로 잡히는데 어획량이 일정하지 않고 그 양도 많지 않아서 한시적으로만 유통된다. 일본에선 양식을 시도 중이지만, 국산 부채새우는 전량 자연산이라고 봐도 된다. 알을 낳는 시기는 10월로 알려졌지만, 위도와 수온에 따라 차이를 보인다. 국내에는 11~2월 사이 알을 낳는 것으로 추측한다. 이 시기에 잡힌 부채새우는 생식소가 발달했을 가능성이 높다.

고르는 법

주요 산지는 삼천포를 비롯한 경남권 일대 수산시장과 제주도이다. 알을 배는 시기인 10월경부터 1월 사이가 가장 맛있다. 산란기가 지난 봄~여름에는 비록 알은 들어있지 않지만 살 맛이 크게 떨어지지 않는다. 활어로 유통되므로 물 밖으로 건지거나 뒤집었을 때 꼬리를 힘차게 차야 좋고, 씨알이 굵으면 금상첨화다. 뒤집었을 때 다리가 활발하게 움직여야 하며, 손으로 들었을 때 묵직한 것이 좋다. 만약 생물(선어)을 구매해야 한

☆ 뒤집었을 때 활발히 움직이는 것이 좋다

다면 가슴팍에 코를 댔을 때 역한 냄새가 나지 않는지 확인한다. 껍데기는 자줏빛이 선명하고 윤기가 나야하며, 뒤집으면 개흙이 묻은 것처럼 보이지만 자세히 보면 잔털이 뭉쳐있음을 알 수 있다. 꼬리지느러미 양쪽엔 물주머니가 있는데 선도에 직접적인 영향을 주는 것은 아니지만, 터지지 않은 것이 오래되지 않았을 확률이 높다. 비슷한 종으로 '아홉니부채새우'가 있는데 시장에서는 구분 없이 판매되며 맛에도 큰 차이는 없다.

이용

보통은 증기에 쪄 먹는다. 랍스터보다 덜 질기면서 탱글 탱글한 식감을 가지며, 담백하면서 단맛이 있는 식재료로 찜, 버터구이가 인기다. 알과 장맛도 보통 이상은 된다. 껍데기가 크고 굵어서 수율이 많이 나오는 새우는 아니지만, 손질이 쉽고 살을 분리하기가 간편해 편의성은 좋은 새우다. 큰 것은 회로 먹는데 초고추장보다는 유자폰즈와 와사비와의 궁합이 좋다. 이외에 살짝 데쳐 먹는 샤브샤브, 된장찌개나 해물탕에 껍질째 넣으면 맛있는 국물이 우러난다.

부채새우의 생식소
(가운데 주황색)

☒ 부채새우 회

☒ 부채새우 찜

아홉니부채새우

분류	십각목 매미새우과
학명	*Ibacus novemdentatus*
영명	Smooth fan lobster
일명	오오바우치와에비(オオバウチワエビ)
길이	12~17cm, 최대 25cm
분포	남해와 동해 남부, 제주도, 일본, 홍콩, 대만, 동아프리카
제철	10~2월
이용	회, 찜, 구이, 샤브샤브, 탕

부채새우보다 조금 더 남방계 새우로 볼 수 있지만 저인망 그물에 혼획되어 같이 유통될 때가 많다. 시장에서는 부채새우와 따로 구분하지 않고 똑같이 취급한다. 맛과 가격, 산란 시기 및 제철에도 큰 차이가 없다.

+

부채새우와 아홉니 부채새우의 차이

생김새는 거의 흡사하지만 둘을 같이 놓고 보면 색에서 차이가 난다. 부채새우는 무늬가 없는 자주색이고 더듬이 뿔이 아홉니부채새우보다 많다. 딱딱한 가슴에는 '내 천(川)'자가 새겨졌고 선이 단순하며 돌기가 없다. 반면, 아홉

☒ 부채새우(왼쪽) 아홉니부채새우(오른쪽)

니부채새우는 적갈색에 알록달록한 반점 패턴이 온몸을 뒤덮고 있으며, 더듬이 뿔이 부채새우보다 적다. 가슴에 '내 천(川)'자가 새겨진 것은 부채새우와 같으나, 한가운데 4~5개의 거친 돌기가 솟아있는 것이 특징이다. 둘 모두 10~12월 사이에 가장 맛이 좋고, 알을 밴 여부는 어획 시기와 지역에 따라 상이할 수 있다.

젓새우 | 중국젓새우, 돗대기새우

분류	십각목 젓새우과	**길이**	1.5~2cm, 최대 약 3cm
학명	*Acetes japonicus*	**분포**	서해 및 남해, 일본, 중국,
별칭	젓새비, 잔새비, 백하		베트남, 인도네시아 해역
영명	Akiami paste shrimp	**제철**	4~7월, 9~10월
일명	아키아미(アキアミ)	**이용**	젓갈, 무침, 찌개, 조미료

다른 해양생물의 주요 먹이가 되기 때문에 먹이사슬에서 중요한 위치를 차지하는 작은 새우류이다. 바닥이 진흙으로 이루어진 얕은 바다에 살며, 계절 회유를 한다. 가을이 깊으면 월동을 위해 깊은 바다로 나가고, 이듬해 봄이면 서해의 얕은 바다로 올라온다. 평균 크기는 2cm 내외이며, 암컷이 수컷에 비해 조금 큰 편이다. 주로 서해안 일대에 광범위하게 서식하며 한겨울을 제외하곤 연중 잡힌다. 산란기는 7~10월 사이로 산란을 앞둔 음력 6월에 살이 가장 오르기 때문에 이 시기에 잡힌 젓새우를 '육젓'이라 부르며 새우젓 중에선 최고의 품질로 친다.

고르는 법

요새는 온라인을 통해 구매할 수 있지만, 그날 새벽에 잡힌 신선한 젓새우를 구매할 수 있는 최적의 장소는 경기도와 충남, 전북, 전남 목포, 신안에 이르기까지 서해와 인접한 포구 및 시장이다. 당일 잡힌 새우는 여전히 펄떡이며 움직인다. 그러다가 하루만 지나면 투명했던 몸통이 하얗게 변하면서 선도 저하가 일어난다. 하루 사이 변하는 선도는 젓갈용이라도 대수롭게 넘겨선 안 된다. 이 선도 차이가 곧 새우젓의 품질과 유통 기간과 직결되기 때문이다.

⚠ 당일 잡힌 새우는 몸통이 투명하다

1) 몸통이 투명한지 확인한다. 일부 하얗게 변한 새우가 섞였는지 확인한다.
2) 눈과 꼬리가 온전히 붙었는지 확인한다.
3) 북새우가 섞였는지 확인한다.

⚠ 북새우가 많이 섞인 것

북새우는 젓새우와 함께 혼획되는 대표적인 새우다. 평소엔 주로 말려서 볶아 먹지만, 젓새우와 함께 잡힌 것은 크기도 서로 비슷하며, 맛이 달고 품질이 좋아 선호되기에 이왕 같은 값이면 섞인 것을 고르는 것도 좋다. 북새우가 섞인 것은 전반적으로 붉은빛이 난다.

⚠ 북새우가 덜 섞인 것

+ 어획 시기마다 다른 젓새우의 품질

젓새우는 잡힌 시기마다 품질 차이가 확연히 드러나서 이를 구분하고자 서로 다른 이름으로 불린다. 음력 5월에 잡힌 것은 오젓(오사리젓), 음력 6월에 잡힌 산란 전 살이 통통히 오른 것은 육젓, 가을에 잡힌 것은 추젓으로 김장용으로 많이 사용한다. 품질은 육젓 > 추젓 > 오젓 순으로 평가된다. 이 외에도 7월 한여름에 잡힌 차젓, 겨울에 잡힌 동젓이 있다.

동백하젓(1~2월) 새우의 크기는 작은 편이나 색이 뽀얗고 깨끗한 백색을 띠며, 맛도 깔끔하다.

춘젓(3~4월) 새우의 크기가 고르지 못하며 대체로 작고 약간 붉은빛을 띤다. 단맛은 더 난다.

오젓(5월) 이때부터 새우 크기가 커지나 크기는 아직 고르지 않고 약간 붉은빛을 띤다. 육젓 다음 상품.

육젓(6월) 젓새우와 중국젓새우가 이맘 때 산란을 앞두고 살과 알이 차기 때문에 새우젓 중에 최고로 친다.

세하젓(7~8월) 태어난 지 얼마 안 된 어리고 작은 새우를 쓴다. 사르르 녹는 부드러운 맛이 있다.

추젓(9~10월) 새우가 작고 색깔이 하얗다. 나오는 시기가 김장철이라 김장용으로 가장 많이 쓰인다.

동젓(11~12월) 새우의 색이 붉은빛을 띠며, 더러 잡어가 섞인다. 날이 서늘해서 새우가 쉽게 부패하지 않기 때문에 소금 사용량이 적어 염도가 낮다.

︽ 오사리젓(일명 오젓) ︽ 다양한 종류의 새우젓(맨 앞은 육젓) ︽ 추젓

이용

잡히는 젓새우 대부분은 젓갈의 재료로 이용되며, 각종 김치를 만들 때 조미료로 사용된다. 새우젓은 또 다양한 반찬을 만드는 데 사용된다. 돼지부속이나 순대, 보쌈 등을 찍어 먹을 때, 달걀찜이나 순대국에 간맞춤할 때도 새우

︽ 새우젓 무침 ︽ 보쌈을 곁들인 새우젓 무침

젓만한 게 없다. 젓갈 외에도 생물 젓새우를 넣고 찌개를 끓여도 별미이고, 매콤하게 무쳐 밥에 비벼먹거나 보쌈과 곁들여도 좋다.

중국젓새우

분류 십각목 젓새우과
학명 *Acetes chinensis*
별칭 젓새우(x)
영명 Northern mauxia shrimp
일명 야호시아키아미(ヤホシアキアミ)
길이 1.8~2.3cm, 최대 약 3cm
분포 서해, 일본, 중국과 대만
제철 6~7월, 9~10월
이용 젓갈

젓새우와는 사촌 격으로 젓새우처럼 젓갈로 쓰거나 각종 국물요리에 들어간다. 중국젓새우는 중국산 젓새우라는 뜻이 아니고, 주로 서해로 회유하는 젓새우 종류 중 하나이며 중국과 대만 해안에도 서식한다. 주로 영종도, 덕적도, 석모도(강화) 등 우리나라 서해에서도 발견된다. 젓새우보다는 몸집이 약간 더 크다. 시장에서는 근연종인 두 젓새우를 따로 구분해서 판매하지는 않는다.

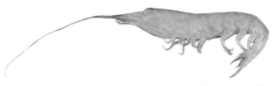

돗대기새우

분류	십각목 돗대기새우과
학명	*Leptochela gracilis Stimpson*
별칭	돗대기새우, 데떼기
영명	Lesser glass shrimp
일명	소코시라에비(ソコシラエビ)
길이	1~1.3cm, 최대 약 1.5cm
분포	서해, 일본 중부이남, 중국, 남중국해, 베트남
제철	5~7월, 9~10월
이용	젓갈

서해 및 서남해역에 걸쳐 분포하는 작은 젓새우류이다. 전체적인 특징은 젓새우와 비슷하나 다섯 번째 마디에는 후방으로 짧고 날카로운 가시가 있다. 여름 개체군과 겨울 개체군으로 나뉘며 이들의 수명은 여름 개체군이 4~5개월, 겨울 개체군이 8~9개월 또는 1년이 넘는 장기 개체군도 있는 것으로 추정된다. 여름 개체군은 10~11월에 산란기를, 겨울 개체군은 7~8월에 산란기를 맞이한다. 젓새우와는 사촌격으로 젓새우처럼 젓갈로 쓰거나 각종 국물요리에 들어간다.

중하

∧ 대하(위)와 중하(아래)

분류	십각목 보리새우과		
학명	*Metapenaeus joyneri*		
별칭	시바새우, 중하새우, 봉댕이, 봉뱅이		
영명	Shiba shrimp		
일명	시바에비(シバエビ)		
길이	약 8~13cm, 최대 17cm	제철	3~6월, 9~11월
분포	서해 및 서남해, 일본, 중국을 비롯한 동북아시아 해역	이용	구이, 튀김, 무침, 탕

우리나라 근해에서 잡히는 대표적인 새우 종이다. 우리나라의 경우 서해와 서남해에서 발견되며 겨울이면 월동을 위해 남쪽으로 이동하고, 이듬해 봄이면 다시 북상한다. 어획량이 많은 시기는 3~6월 산란을 위해 연안으로 올라오는 봄철이다. 가을에도 한시적으로 잡혀 유통되는데 겨울이 다가올수록 씨알이 굵어진다.

과거에는 종을 불문하고 큰 새우는 대하, 중간 크기는 중하라 불렀다. 생물학적분류가 체계화된 지금은 크기와 상관 없이 '대하'와 '중하'라는 고유종으로 구분된다. 따라서 중하가 자란다고 대하가 되는 것은 아니다. 경기도권 어민과 상인들은 중하를 봉댕이나 봉뱅이라 부른다.

이용

온라인 쇼핑몰에선 생물도 판매되나 주로 냉동을 많이 취급한다. 신선한 생물은 경기도 앞바다와 인접한 포구나 수산시장에서 한시적으로 볼 수 있다. 한번 잡히면 며칠씩 잡히기도 하지만, 한번 안 잡히기 시작하면 그걸로

∧ 당일 잡힌 싱싱한 중하

∧ 중하 튀김

시즌이 종료되기도 한다. 전량 자연산으로 유통되지만, 크기면에선 대하나 흰다리새우보다 열세이다보니 가격은 저렴한 편이다. 신선한 것은 생새우 무침을 이용하며, 이 외엔 튀김이나 탕거리로 쓰인다.

진흙새우 | 가시진흙새우

분류	십각목 자주새우과
학명	*Crangon lar*
별칭	보리새우(X), 러시아 독도새우(X), 곰새우(X)
영명	Kuro shrimp
일명	쿠로모사에비(クロザコエビ)
길이	8~12cm, 최대 17cm
분포	동해, 일본 북부, 오호츠크해, 베링해, 북미 태평양
제철	10~1월, 3~5월
이용	회, 무침, 새우장, 찜, 구이, 튀김, 탕, 조림

진흙을 훑고 다녀서 '진흙새우'라는 이름을 얻었다. 우리나라는 경북과 강원도 동해의 수심 200~400m 에 분포하며, 주로 진흙 바닥에 서식한다. 산란 주기는 2년이며, 11~1월 사이 교미, 8개월의 포란기를 거쳐 7~9월경에 산란한다. 국산(동해) 생물은 어획 시기와 유통량이 일정하지 않아 가격이 들쑥날쑥 하며, 일반적으로 유통되는 흰다리새우보다 크기가 작고 인지도가 낮아 가격은 저렴한 편이다.

고르는 법

국산 진흙새우는 강원도 일대 수산시장 에서 생물로 판매되며, 급랭은 주로 인 터넷 쇼핑몰에서 판매된다. 고를 땐 마디에 있는 붉은 가로 줄무늬가 선명한 것을 고른다. 특히 제3, 4, 6절에 있는 진한 암갈색 띠가 선명해야 좋은 선도다. 진흙새우는 다른 새우보 다 신선도가 빨리 떨어지는 특성이 있다. 하루만 지나도 빛깔 이 거뭇거뭇해지는데 먹는 데 지장은 없다. 일반적으로 새우 는 어획 후 저온 보관했을 때 하루까지는 생식이 가능하다.

⌃ 신선한 상태지만, 빨리 변색되는 진흙새우

한편, 러시아 수입품도 온라인을 중심으로 판매되고 있다. 주로 '러시아 진흙새우'로 판매되나 일부에 선 '러시아 독도새우'란 마케팅 용어를 앞세워 판매하기도 한다(독도새우와는 관계 없다).

이용

신선한 것은 회로 먹거나 간장 새우 장 또는 양념 새우장으로 먹는데 살 맛 이 달고 고소하다. 신선 생물은 굽거나 튀기거나 혹은 된장을 풀어 두부와 청 양고추, 진흙새우를 넣고 끓이면 새우

⌃ 진흙새우 튀김

⌃ 진흙새우 찜

의 단맛이 가득한 된장국이 된다. 간장조림으로 먹어도 맛있다. 이때 살이 딱딱해지지 않도록 너무 익 히지 않는다. 진흙새우를 넣고 계란국을 끓여도 새우의 진한 향기를 느낄 수 있다. 러시아산 냉동 자숙 은 가볍게 찌거나 굽고, 튀겨 먹는다.

가시진흙새우

분류	십각목 자주새우과
학명	*Argis toyamaensis*
별칭	백새우, 맛새우, 보리새우(X)
영명	Mosa shrimp
일명	토게자코에비(トゲザコエビ)
길이	10~13cm, 최대 20cm
분포	동해, 일본 북부, 오호츠크해, 베링해, 북미 태평양
제철	8~12월, 4~6월
이용	회, 무침, 새우장, 찜, 구이, 튀김, 샤브샤브

≪ 포란기엔 연두색 알을 배 바깥으로 품고 있다

근연종인 진흙새우와 흡사해 시장에선 따로 구분 없이 취급되기도 한다. 강원도 앞바다와 독도 인근에서 어획되는데 진흙새우보다 더 깊은 수심대인 1,000m에도 분포한다. 이 때문에 살려서 유통이 어렵고 대부분 생물로 소량 어획돼 산지에서 소진되며, 일부는 온라인 카페나 밴드 등의 소규모 업체를 통해 판매가 이뤄지는 정도이다. 전반적인 산란주기는 진흙새우와 비슷하며 크기는 좀 더 크다. 맛이 오르는 철은 여름 산란을 마친 이후 살이 오르는 가을부터 겨울 사이지만, 주로 어획되는 시기는 사계절 대중없다.

5~7월이 포란기로 이때 잡힌 것은 연두색 알이 붙어 있을 때가 많으며 알도 같이 식용한다.

고르는 법

가시진흙새우는 동해안 일대에서 '백새우' 또는 '보리새우' 등으로 불린다. 강원도 일대 수산시장과 온라인 카페, 밴드 등에서 생물로 판매된다. 아직은 인지도가 낮고 어획량이 많지 않아 매년 챙겨 먹는 사람들만 찾는 정도이다. 생물과 급랭 모두 마디마다 둥그런 흰 테두리가 선명해야 좋고, 몸 빛깔은 붉을수록 신선한 것이다. 꼬리지느러미가 붙어 있는 마디에는 흰 테두리가 W 자로 선명한지 확인한다.

≪ 체색이 붉고 둥그스런 흰 테가 선명한 것이 신선하다

이용

진흙새우와 비슷하게 이용되는데, 특히 회 맛이 달고 일품이다. 횟감은 어획 후 최대 2일까지는 사용할 수 있다. 알은 특별한 맛과 식감을 선사하진 않지만, 색이 예뻐서 고명으로 사용하기 좋다. 신선할 땐 샤브샤브로 이용되는

≪ 가시진흙새우 알과 성게를 곁들인 회

≪ 가시진흙새우 샤브샤브

데 국물에 닿으면 살이 작아지는 경향이 있으며, 살짝 익혀먹는 것이 좋다. 이외에 구이와 튀김, 새우장으로도 이용된다.

톱날꽃게

분류 십각목 꽃게과

학명 *Scylla paramamosain*

별칭 청게, 부산 청게, 머드크랩, 알리망오,
맹그로브크랩(동남아시아), 벽돌게(베트남)

영명 Green mud crab

일명 토게노코기리가자미(トゲノコギリガザミ)

길이 갑장 약 10cm , 최대 약 16cm
갑폭 약 16cm 전후, 최대 약 22cm

분포 낙동강을 비롯한 남해 및 서남해의
하구 조간대, 일본, 대만, 필리핀,
베트남, 호주, 하와이

제철 9~11월

이용 찜, 탕, 칠리크랩, 페퍼크랩

톱날꽃게 ≫
(뒷면 수컷)

동남아시아로 여행을 가본 사람은 다 아는 그 유명한 '머드크랩'(mud crab)이 바로 톱날꽃게다. 베트남, 캄보디아, 싱가포르, 인도네시아 등지에 서식하며, 과거에는 '남방톱날꽃게'(*Scylla serrata*)로 알려지기도 했다. 국내에 자생하는 종은 '톱날꽃게'(*Scylla paramamosain*)이며, 해외에는 유사종인 *Scylla serrata*와 *Scylla olivacea* 2종이 맹그로브 숲에 서식하며, 현지에선 머드크랩을 이용한 요리 재료로 취급된다.

△ 약 500g 내외인 톱날꽃게

우리나라에서는 낙동강을 비롯해 남해안 일대로 연결되는 강 하류에서 잡히는 기수성 꽃게로 개체수가 많지는 않다. 간조 때 모래진흙 바닥에 흩어져 있는 돌 밑이나 하구 역의 갈대 뿌리 근처에 구멍을 파고 그곳에 숨어 있다가 만조나 야간에 밖으로 나와 활발하게 활동한다. 제철은 9~11월로 그물 및 통발 조업되는데 향후 온난화가 진행됨에 따라 이전보다는 개체수가 늘어날 전망이다. 국내에선 마리당 평균 무게가 500g 전후이다. 큰 것은 마리당 1kg 내외로 매우 고가이다. 해외에는 마리당 최대 2kg가 넘는 개체도 발견된다.

이용

△ 톱날꽃게찜과 고소한 장

△ 톱날꽃게를 이용한 싱가포르식칠리크랩

가을에 살이 꽉차 풍성한 맛을 준다

외국에서는 맛이 좋고 개체수가 많아 중요한 식재료이다. 대만과 중국, 베트남 등지에선 양식이 활발하다. 동남아시아에서는 머드크랩으로 여러 요리에 활용된다. 칠리크랩이나 페퍼크랩 같은 요리에 톱날꽃게가 이용된다. 조금씩 잡히는 국산 톱날꽃게는 상당히 비싼 가격에 호텔이나 고급 음식점에 팔려 나간다. 부산에서 '부산청게'라는 이름으로 상품화했으나 수요량에 비해 어획량이 적어 쉽게 만날 수는 없다. 최근에는 통발 어획이 늘어 온라인으로 살아있는 청게가 판매되기도 했다.

︽ 청색꽃게(타이완꽃게)

+
청색꽃게
(일명
타이완꽃게)

최근 온난화의 영향인지 수온이 부쩍 오르는 여름~가을 사이 제주도와 동남부 해안에선 아열대성 꽃게류인 청색꽃게가 종종 잡히곤 한다. 대만을 비롯한 동남아시아에선 제법 저렴하면서도 맛이 좋아 인기 있는 식재료다. 또한 인도양과 페르시아만에도 서식하는데 최근 몇 년 사이 수에즈 운하를 통해 지중해로 유입, 튀니지와 모로코 앞바다에 대량 번식하면서 한바탕 홍역을 치른 적이 있었다. 지금은 꽃게류에 익숙지 않은 지중해 국가들이 자체적으로 요리를 개발해 소비하고 있으며, 일부는 한국 등으로 수출한다. 주로 칠리크랩, 페퍼크랩으로 이용되며 태국에선 푸팟풍커리에 사용된다. 맛은 꽃게보다 떨어지는 편으로 단순히 쪄먹기 보단 강한 양념을 더해 볶아 먹는 것이 좋다.

︽ 지중해꽃게(푸른꽃게)

+
지중해꽃게
(일명
푸른꽃게)

청색꽃게와 마찬가지로 지중해로 대거 유입돼 이탈리아, 그리스 앞바다를 점령하다시피 한 외래 침입종이다. 원산지는 미국과 캐나다 동부 해안으로 이곳에선 '블루크랩'이란 이름으로 즐겨먹는 꽃게류였다. 이후 2010년대에 들어서면서 대서양을 통해 이탈리아와 그리스 앞바다로 유입, 감당하기 어려울 만큼 번식해 곤란을 겪고 있다. 특히 이탈리아는 EU에서 조개류를 가장 많이 양식하는데 최근 개체수를 엄청나게 불린 지중해꽃게들이 닥치는 대로 잡아먹어서 양식 어가들이 큰 곤경에 빠졌다. 이에 이탈리아 정부는 42억 원의 예산을 편성에 퇴치에 나섰고, 이 소식을 접한 국내 네티즌들은 '폐기할 것이면 한국으로 헐값에 수출하라'는 반응이 줄을 이었다. 애초에 이탈리아는 꽃게류를 먹는 식문화와 요리가 없었기 때문에 이 생소한 침략자를 어떻게 처리할지 고심 중이었다. 지금은 현지에서 파스타나 찜 요리로 소비되기 시작했고, 2023년 가을에는 한국에서 수입하기 시작했다. 맛은 우리네 꽃게와 매우 흡사하다. 살은 달고 부드러운 편이지만, 급랭한 상태로 판매되므로 찜용보다는 꽃게탕과 게장무침, 간장게장용으로 적합하다.

홍다리얼룩새우 | 얼룩새우, 아르헨티나붉은새우

분류	십각목 보리새우과
학명	*Penaeus semisulcatus*
별칭	홍다리새우, 타이거새우, 그린타이거
영명	Green tiger prawn
일명	쿠마에비(クマエビ)
길이	10~20cm, 최대 약 30cm
분포	남해, 일본 남부, 대만, 동남아시아, 호주 북부를 비롯한 서태평양의 아열대 및 열대 해역
제철	자연산은 8~11월, 수입산은 연중
이용	구이, 볶음, 튀김, 찜, 새우장

보리새우과 중에서 중대형에 속하며 일본 남부를 비롯해 동남아시아 해역에 서식하는 고급 새우이다. 해외에선 '그린타이거새우'로 불리며, 국내로 유통되는 홍다리얼룩새우는 대부분 수입산이다. 본종은 각국에서 대량 양식되는 얼룩새우와 달리 이제 막 일본과 대만, 태국 등지에서 양식을 시도 중으로 아직은 자연산 의존도가 높다. 산란기는 일본을 기준으로 6~8월경이며, '쉬림프'(shrimp)가 아닌 '프라운'(prawn)에 속하기 때문에 알을 바깥에 붙이지 않고 체내에 가두어 두었다 산란한다. 겉모습은 흡사 보리새우와 비슷하나 전반적인 체색이 붉고, 특히 다리가 붉어서 홍다리얼룩새우란 말이 붙었을 것으로 추정된다.

고르는 법

주로 온라인 쇼핑몰과 수산시장에서 구매할 수 있지만, 그 양은 얼룩새우보다 적다. 시중에 '홍다리얼룩새우'라 파는 것은 대부분 '얼룩새우'를 잘못 표기해서 파는 것으로 보인다. 가을에 한시적으로 거제 앞바다에서 잡히는 것을 제하면 대부분 수입 냉동이다. 고를 때는 몸통과 다리 색이 붉고 진한 것이 좋다.

이용

일식과 중식에선 고급 식재료로 사용되는 새우이다. 껍질은 부드럽고 벗겨지기 쉬우며, 익히면 매우 붉어져 보기에 먹음직스럽다. 날것은 살이 치밀하며, 익혔을 때에도 크게 단단해지지 않는다. 산 것은 회로도 먹지만, 대부분 냉동으로 유통되므로 일반적으로 굽거나 볶고, 튀기는 요리에 활용된다. 신선한 것은 새우장을 담그기도 한다.

얼룩새우

분류	십각목 보리새우과	**분포**	남해, 일본 혼슈 이남의 태평양,
학명	*Penaeus monodon*		동남아시아를 비롯한 인도양,
별칭	블랙타이거, 타이거새우,		호주 북부 및 파푸아뉴기니,
	킹타이거, 홍다리얼룩새우(X)		아프리카 동부 해안, 대서양 등의
영명	Giant tiger prawn		아열대 및 열대 해역
일명	우시에비(ウシエビ)	**제철**	자연산 8~11월, 수입산은 연중
길이	20~35cm, 최대 약 45cm	**이용**	구이, 튀김, 찜

동남아시아를 비롯해 전 세계 각국에서 '킹타이거' 또는 '블랙타이거 새우'라 불린다. 전 세계에서 흰다리새우 다음으로 많이 생산되는 대량 양식 종이며, 시장에는 양식과 자연산이 모두 유통되고 있다. 얼룩새우는 야행성으로 낮에는 기질에 파묻혀 있다가 밤에 다양한 생

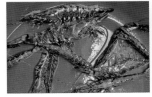
︽ 거제도 앞바다에서 채집된 어린 얼룩 새우

︽ 비교적 어린 개체의 얼룩새우

물을 섭취한다. 몸길이는 최대 45cm, 무게는 600~700g까지 자라는 대형 새우다. 국내에 유통되는 것은 대부분 수입산 양식이지만, 최근에는 우리나라에서도 양식에 성공해 2022년 가을에 처음으로 출하했고, 이때를 기점으로 대량 양식을 시도 중이다. 다만 본종의 생육 조건은 수온 28~30도를 넘나드는 고수온으로 몇몇 국가에선 바다와 인접한 맹그로브 숲에 풀어 자연 환경에 가깝도록 키우고 있다. 특히 태국, 베트남, 인도네시아 같은 동남아시아 국가에서는 매우 중요한 수산업적 가치를 가지며, 해외로 수출하는 주요 품목이기도 하다.

국내에도 가을이면 거제도 연안에서 드물게 나타난다. 어릴 때는 호랑이 줄무늬가 뚜렷하지 않고, 이마에 난 뿔부터 등쪽에 이르기까지 주황색으로 물들다가 자라면서 사라진다. 다리는 홍다리얼룩새우와 달리 빨갛지 않고 노란색과 군청색으로 알록달록한 빛깔을 보인다.

시장에는 수입산 홍다리얼룩새우와 얼룩새우가 냉동 및 해동으로 판매되는데 두 종을 구분 없이 '타이거새우'로 통칭해서 판매하기도 한다. 또한 대형으로 성장하는 얼룩새우는 양식과 자연산 모두 등에 얼룩무늬가 나타나지만, 빛깔에는 적잖은 차이가 난다. 양식은 몸 빛깔이 청회색으로 창백하고 다리는 노란색과 청회색으로 알록달록하게 나타나는 반면, 자연산은 등이 붉고 다리 또한 붉어져서 홍다리얼룩새우로 착각하기도 한다. 이 때문에 적잖은 수입 업체에선 대형 얼룩새우를 홍다리얼룩새우로 잘못 표기해 판매하고 있는 실정이다.

︽ 시장에서 판매되는 홍다리얼룩새우

︽ 시장에서 판매되는 얼룩새우 (일명 블랙타이거)

︽ 양식 얼룩새우(왼쪽), 자연산 얼룩새우(오른쪽)

+ 자연산과 양식의 차이

얼룩새우는 최대 45cm까지 자라는 대형 종이다. 시중에 판매되는 '킹타이거'나 '블랙타이거'는 생물학적 분류로 같은 종으로 단지 크기에 따라 나눈 것으로 볼 수 있다. 다시 말해, 몸 빛깔이 붉고 커다란 개체를 '킹타이거'라 부르는 경향이 있는데 대부분 자연산이라고 보면 된다. 반면에 몸 빛깔이 청회색에 비교적 작은 개체를 '블랙타이거'라 불리며 양식이다.

같은 종인데 양식과 자연산에서 빛깔 차이가 나는 이유는 무엇일까? 양식은 수심이 얕은 맹그로브 숲이나 해안가에서 길러지기 때문에 몸통색은 밝고 청회색을 띤다. 다리도 어릴 때 특징인 노란색과 청회색 얼룩 무늬가 남아 있다. 반면, 자연산은 수심 깊은 곳에 서식하기 때문에 기본적으로 햇빛을 덜

받고 산다. 그 결과 몸통과 다리는 붉은색을 띠게 되고, 대형으로 성장할수록 몸통은 어두워진다. 다만 이때도 다리를 보면 어릴 때 특징인 노란 테비 무늬가 남아 있음을 확인할 수 있다.

시중에 유통되는 냉동 새우 중엔 분명 '홍다리얼룩새우'도 있지만, 크기가 크든 작든, 얼룩무늬가 선명하든 흐릿하든, 체색이 밝거나 어둡든지간에 과반 이상은 '얼룩새우'이며, 자연산과 양식으로 구분될 뿐이다. 하지만 적잖은 수입 업체에선 크기가 작고 양식인 것을 '블랙타이거', 크고 자연산인 것을 '킹타이거' 또는 '홍다리얼룩새우'란 이름으로 유통하는데 여기서 '홍다리얼룩새우'란 명칭은 잘못된 것이다.

⌃ 양식 얼룩새우(일명 블랙타이거)

⌃ 자연산 얼룩새우(일명 킹타이거)

고르는 법

온라인 쇼핑몰을 비롯해 대형마트, 백화점, 수산시장, 냉동 식자재를 취급하는 점포에서 어렵지 않게 구매할 수 있다. 큰 것은 마리로, 작은 것은 kg이나 500g 단위인 팩 단위로 판매된다. 다른 새우도 그렇지만 클수록 상품성이 좋다. 하지만 그만큼 대가리가 크고 껍질이 두껍기 때문에 용도에 따라 적절하게 선택하는 것을 권한다.

⌃ 오른쪽 3마리는 해동이 덜 돼서 무늬가 흐릿하다

이따금 체색이 연하고 줄무늬가 흐릿한 것도 있는데 해동 중이어서 그런 것이면 문제없지만, 완전 해동된 것이라면 선도 체크를 해야 한다. 특히 대가리와 가슴 쪽, 마디 부분이 검게 변색된 것은 신선도가 떨어졌을 확률이 높으니 피하는 것이 좋다.

이용

아주 큰 것은 비주얼이 좋아 유튜버나 스트리머들의 먹방 소재로도 인기가 있다. 횟감으로 이용되는 경우는 극히 드물다. 열을 가했을 때 맛이 좋은 새우로 중식, 양식, 일식, 한식 할 것 없이 고급 식당에 수요가 집중된다. 가격도 다른 새우보다 비싼 편이다. 온라인 쇼핑몰에선 특특대, 특대, 대, 중, 소로 나뉘는데 특특대는 몸길이 35cm 이상, 무게 400g이 넘는다. 마리당 판매되며 가장 큰 것은 마리당 약 3만원 내외이고, 300g 내외인 것은 2만원 내외로 판매된다.

⌃ 킹타이거 새우 그릴 바비큐

식당뿐 아니라 홈 파티용으로도 사용되는데 주로 감바스, 버터구이, 튀김, 바비큐용으로 인기가 많다. 손질하고 난 껍질은 육수나 소스 재료로 활용되며, 몸통에서 꼬리로 이어지는 창자는 제거하는 대신, 가슴팍에 든 내장(간췌장)은 맛이 좋아 인기가 있다.

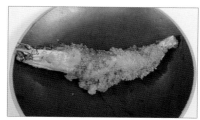
⌃ 킹타이거 새우까스

아르헨티나붉은새우

분류 십각목 보리새우과
학명 *Pleoticus muelleri*
별칭 홍새우, 파타고니아새우, 루비새우
영명 Argentina red shrimp, Argentine red shrimp
일명 아르젠친아카에비(アルゼンチンアカエビ)
길이 14~22cm, 최대 27cm
분포 남서대서양
제철 연중(수입산)
이용 구이, 탕

시장에서는 '자연산 홍새우'로 판매되지만, 국내에는 서식하지 않는 외래종으로 이름처럼 남서대서양 아르헨티나 연안에서 어획된다. 열을 가한 뒤에 붉은색을 띠는 여타 다른 새우들과 달리 애초에 붉은 색을 띤다. 이는 '아스타잔틴'이라는 천연 색소 성분에 의한 것으로 블랙타이거의 약 2배, 흰다리새우의 약 3배나 많은 양을 가진 것으로 알려졌다. 국내에 유통되는 수입산 홍새우는 대개가 이 종으로, 현지에서 잡아 냉동시켜 들여온다. 중남미에서는 흰다리새우보다 한 단계 높은 고급새우로 취급되며, 양식이 어려워 전량 자연산에 의존하고 있다. 국내에서는 아르헨티나붉은새우를 '홍새우'라 표기하고 파는 경향이 있는데, 동명의 새우가 많아 혼동을 피하기 위해서라도 사용을 지양하는 것이 좋다. 주로 구이로 먹지만 탕으로 이용해도 맛있다. 탱글탱글한 식감과 감칠맛이 진하기로 유명해 흡사 랍스터와 비슷한 맛이 난다 하여 '랍스터 새우'라 부르기도 한다. 최근에는 횟감용 급랭이 들어오면서 초밥 재료로 인기가 높다. 대형마트는 물론 수산시장과 온라인 쇼핑몰에서 쉽게 구매할 수 있다.

흰다리새우

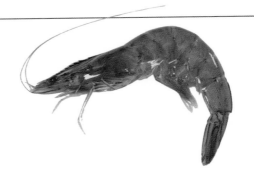

분류 십각목 보리새우과
학명 *Litopenaeus vannamei*
별칭 왕새우, 대하(X)
영명 Whiteleg shrimp
일명 바나메에에비(バナメイエビ)
길이 15~20cm, 최대 약 25cm
분포 동태평양, 남미 및 멕시코만, 대서양
제철 연중
이용 회, 구이, 탕, 찜, 튀김, 새우장

멕시코만을 비롯해 페루 북쪽이 원산지로, 국내 해역에는 서식하지 않는 외래종이다. 대하가 우리나라 서해안과 남해안에서 어획되는 토종 새우라면, 흰다리새우는 중남미가 원산지인 셈이다. 국내에는 십여 년 전 흰다리새우 양식을 도입했고, 흰점 바이러스로 대하 양식이 어려워지면서 대부분의 어가에선 연중 안정적인 맛을 내고 질병에 강한 흰다리새우로 대대적인 양식종의 전환을 모색했다. 살아있는 흰다리새우는 육질이 단단하고 맛이 좋아 요리 활용도가 뛰어나다. 공급량이 일정치 못한 대하와 달리 연중 생산이 가능하며, 가격 경쟁력이 뛰어나다는 것도 강점이다.

고르는 법

산지는 크게 국산과 수입산으로 나뉜다. 국산은 전량 양식이며 이는 다시 활새우와 생물, 냉동으로 유통되는데 여기서 활새우의 유통은 가을에 집중된다. 흰다리새우는 같은 1kg이라도 크기 마다 가격이 다르다. 물론 클수록 요리 활용도가 뛰어나며 맛도 좋다. 크기에 따라 kg당 22~50미까지 다양한데 일반적으로 유통되는 활새우는 컸을 때 약 22~26미이고, 30~42미가 가장 흔하게 유통된다. 작은 것은 마리당 24g 전후이고, 큰 것은 40g을 넘기기도 한다. 몸통은 살아있을 땐 검은 빛깔이 나면

≪ 활 흰다리새우

≪ 싱싱한 국산 생물 흰다리새우

≪ 양식 활 흰다리새우(왼쪽)와 자연산 생물 대하(오른쪽)

≪ 수입산 흰다리새우

서 투명감이 돌고, 죽고 나면 희고 탁해진다. 생물을 구매할 땐 꼬리지느러미가 선명한 붉은색을 띠는지 확인한다. 빛깔이 바래거나 검을수록 선도가 떨어진 것이다. 냉동을 구매할 땐 얼음 코팅이 중량을 차지하는지 확인하고, 몸 빛깔이 탁하거나 검게 변색된 것은 피한다.

수입산은 다양한 원산지로 구분된다. 주원산지인 페루와 에콰도르산이 있고 여기서도 양식과 자연산으로 나뉜다. 그 외에는 태국, 베트남, 말레이시아 등 동남아시아 국가에서 양식한 것이 대부분이다. 고르는 기준은 국산과 같고, 가격은 국산보다 저렴한 편이다.

이용

우리나라에서 가장 많은 양이 유통될 뿐 아니라 가격도 저렴한 편이어서 가장 대중적으로 쓰인다. 9월엔 충청남도 일대에 '대하축제'가 열리는데 자연산 대하보다 월등히 많은 비중을 차지한다. 기본 조리법은 소금 복사열로 구워먹는 것이고, 활새우나 급랭은 회로 먹거나 새우장을 담가 먹는다. 그 외 신선 생물은 튀김, 탕, 찜, 그리고 파스타나 감바스 등 서양 음식에도 두루두루 활용된다.

≪ 소금구이용 세팅

≪ 흰다리새우 소금구이

≪ 감바스 알 하이요

양식 새우의 항생제

일각에선 항생제 남용으로 회를 먹어선 안 된다고 하지만, 그것은 사실이 아니다. 양식장에서 사용되는 항생제는 식약처가 허가한 물질로 기준치를 초과하지 않도록 조절되고 있다. 게다가 항생제의 투여는 출하 전 약 20~30일을 전후하여 중단해 잔여 항생제를 줄이는 것이 의무이다. 때문에 항생제의 사용은 이러한 의무사항이 지켜지고 있는지가 관건이다. 참고로 항생제가 분해되는 온도는 매우 높을 뿐 아니라 일정 시간 가열해야만 사라진다. 만약, 새우에 잔여 항생제 물질이 남아 있다고 가정하더라도 조리용은 안전하고, 회는 위험하다는 등식은 성립되기 어렵다. 왜냐하면, 적당히 익혀 먹는 새우 요리 특성상 항생제가 분해되지 않는 것은 회나 조리 음식이나 똑같기 때문이다.

최근에는 미생물을 이용한 '바이오플락'과 '무항생제' 양식이 시장에서 좋은 평가를 받고 있다. 과거엔 한번 입식하여 수개월을 키워 출하해야 했지만, 지금은 양식장 상황에 따라 일 년에 2~3회 입식과 출하를 반복함으로써 생산성을 높이고 있다.

☝바이오플락 무항생제 흰다리새우

가무락

분류	진판새목 백합과
학명	Cyclina sinensis
별칭	모시조개, 흑모시, 까무락, 까막조개, 대동, 백대롱, 흑대롱, 깜바구
영명	Corb shell, Oriental cyclina
일명	오키시지미(オキシジミ)
크기	각장 약 5cm, 각폭 약 3cm
분포	서해와 남해의 개펄, 일본, 대만, 필리핀, 남동중국해
제철	10~5월
이용	국, 볶음, 찜, 탕, 파스타

한국인이 가장 즐겨 먹는 조개 중 하나이다. 물의 흐름이 완만한 내만이나 연안 근처의 좁은 해역, 개펄 속에 살면서 바닷물 속의 플랑크톤이나 유기물을 걸러 먹고 산다. 서해안과 남해안에 분포하며 서해안에 특히 많다. 산란기는 6~7월이고, 제철은 가을부터 봄으로 밀물 때 바지락 등과 함께 잡힌다. 대부분 개펄에서 직접 채취하였으나 수요가 늘어나면서 수입 외의 종묘 생산도 이루어지고 있다. 백합과 조개로 껍데기가 검다고 해서 '가무락'이라 불린다. 물속에 넣어두면 검은색이 빠지고 흰색이 남는데 모시 색깔 같다하여 '모시조개'라는 별칭을 얻었다. 이탈리아의 유명한 봉골레파스타는 '봉골레'라는 조개로 만드는데 한국에선 이 모시조개가 봉골레랑 가깝다.

고르는 법

가무락은 어획후 시간이 지나면서 점점 흰색으로 변한다. 싱싱한 가무락은 빛깔이 진하고 색이 어두우며 껍데기의 가장자리는 흰색에 가까워 대조를 이룬다. 껍데기는 반질반질 윤기가 나며 씨알이 굵은 것을 고른다.

싱싱한 가무락의 모습 ≫

+ 국산과 중국산의 차이

시중에는 중국산 모시조개도 많이 유통되고 있다. 주로 'Live Venus Clam'이라 부른다. 체색은 서식지 환경에 따라 다양하게 나타난다. 검은 흙에서 자란 것은 검은빛이 돌고, 황토색 모래가 섞인 곳에서 자라면 상대적으로 빛깔도 연하고 황색 빛이 난다. 따라서 국산 모시조개는 검정 빛깔이 돌고, 중국산은 회갈색부터 다갈색에 이르기까지 다양한 빛깔이지만, 같은 국산이라도 서식지 환경에 따라 노란색을 띠기도 하니 색으로 원산지를 맹신해선 안 된다. 일부 개체는 보랏빛이 돌기도 하며, 전반적으로 빛깔이 밝아 성장선(나이테)이 두드러져 보이기도 하다.

≪ 국산 모시조개

≪ 중국산 모시조개

≪ 다양한 체색을 가진 국산 모시조개

이용

조개 특유의 비린 냄새가 적고 맛이 부드러워 요리의 응용 범위가 넓은 편이다. 주로 껍데기째 넣어 국이나 찜으로 요리한다. 홍콩을 비롯한 동남아시아에선 볶음 요리에 쓰인다. 국이나 탕을 끓였을 때, 다른 조개류보다 시원한

≪ 모시조개로 육수를 낸 해산물 수프

≪ 봉골레 파스타

맛이 나는 호박산을 많이 함유하고 있다. 소금과 청양고추를 넣고 끓인 맑은 모시 조개탕은 숙취 해소에 좋다.

+ 조개 해감 잘하는 법

조개류는 몸 안의 모래나 진흙을 제거하는 게 관건이다. 이를 해감이라고 하는데, 보통 조개를 흐르는 물에 여러 번 씻어 표면의 이물질을 세척한 뒤, 염수(약 2~3%)의 소금물에 담가놓는다. 물에 담가 놓을 때에는 검은 천을 덮어 어둡게 해주는 것이 좋고, 구리로 만든 동전이나 숟가락, 포크 등을 담가 놓으면 금속이 물과 닿으며 산화되는 특유의 냄새 때문에 조개가 진흙을 더 빨리 토해낸다. 이때 조개가 내뱉은 불순물이 다시 조개의 호흡으로 들어가지 않도록 망에 올려 불순물만 가라앉히는 것이 좋다.

굵은이랑새조개

분류 백합목 새조개과
학명 *Clinocardium californiense*
별칭 노랑새조개
영명 Bering sea cockle
일명 에조이시카게가이(エゾイシカゲガイ)
길이 각장 약 6~9cm
분포 남해, 제주, 동중국해, 대만, 남중국해, 일본

제철 5~11월
이용 회, 초밥, 샤브샤브, 탕, 숙회, 무침, 구이, 볶음

새조개와 비교하면 생산량과 인지도면에서 다소 밀리지만, 가격은 새조개보다 저렴해 아는 사람들만 알음알음 찾아 먹는 귀하고 맛이 뛰어난 새조개의 한 종류이다. 과거에는 '국제자연보전연맹(IUCN)'으로부터 '관심대상(LC)' 등급을 받았으나 최근 욕지도 인근 해상에 대규모 군락지가 발견되면서 점진적으로 생산량을 늘리고 있다. 다만, 이러한 생산량의 이면에는 불법 어로 행위로 채취된 것을 상당수 포함하고 있다는 점에서 문제가 되고 있다. 조개 속살은 황금색을 띠기 때문에 중국에서도 많은 관심과 오퍼를 받는 상황이고, 또 최근에는 SNS를 통해 본종의 맛과 가치가 입소문을 타고 알려지면서 어민들로부터 새로운 수익 사업으로 주목받고 있다. 따라서 본종을 정당하게 채취할 수 있으면서 지속적인 어업을 위한 법안 마련이 시급한 상황이다.

주 산란기는 12~3월 사이로 여타 조개류와 상반된 생체 주기를 가졌다는 점이 특징이다. 이른 봄부터 채취되나 수온이 오르는 여름부터 생산량이 늘며 특히, 산란을 앞둔 가을에 살이 통통하게 찌고 맛있다.

+ **굵은이랑새조개와 새조개의 차이**	흔히 '노랑새조개'라 불리는 본종은 약 43개 전후의 방사륵이 뚜렷하게 나타난다는 점에서 새조개와 구

⩓ 굵은이랑새조개(일명 노랑새조개)

⩓ 새조개

분된다. 둘다 노란색 패각을 가지고 있지만, 굵은이랑새조개는 군데군데 어둡고 속살은 밝은 노란색을 띠는 반면, 새조개의 속살은 끝 부분이 진한 적갈색일수록 싱싱하다.

주요 산지에서도 차이가 많이 난다. 굵은이랑새조개는 거제, 통영을 중심으로한 동해 남부권에 집중되어 있고, 새조개는 충청남도를 비롯한 서해에서 여수, 진해에 이르기까지 골고루 분포되어 있다.

고르는 법

인터넷 쇼핑몰에선 '노랑새조개'란 이름으로 취급되며, 통영과 거제, 마산의 수산시장에서도 구매할 수 있다. 패각은 색이 선명하고 진할수록 좋고, 구멍이나 균열이 없는 것을 고른다. 특히, 다리를 내밀며 활발하게 움직이는 것이면 최상의 신선도라 볼 수 있다. 속살만 까서 바닷물에 담가 밀봉한 것을 판매하기도 하는데 이때 속살은 노란색이 진할수록 싱싱하다.

⩓ 진하고 노란 속살이 활발하게 움직이는 것이 좋다

이용

여름에 잡힌 것이라도 살아있는 것이면 회와 초밥으로 이용된다. 살은 적당히 씹는 힘이 있으면서 단맛이 좋다. 이 외에 가볍게 쪄서 숙회로 먹거나 샤브샤브로 먹는 방법이 가장 무난하다. 초무침, 구이로도 즐기는데 구이는 통째로 구워 먹기도 하지만, 차돌박이, 버섯 등과 함께 구워 삼합으로 즐기면 노랑새조개의 특출난 감칠맛을 즐길 수 있다. 이때 주의할 점이 있는데 샤브샤브로 먹을 땐 팔팔 끓는 육수를 기준으로 10초 이상 넘기지 않는 것이 좋고, 달군 불판에선 각 면을 5초 이상 굽지 않아야 맛이 있다.

⚠ 노랑새조개 회

⚠ 노랑새조개찜

⚠ 차돌박이 노랑새조개 구이

낙지

분류	문어목 문어과	**제철**	10~5월
학명	*Octopus minor*	**이용**	연포탕, 탕탕이, 구이, 전골, 볶음
별칭	꽃낙지, 세발낙지, 조방낙지,		
	기절낙지, 묵은낙지		
영명	Long arm octopus		
일명	테나가다코(テナガダコ)		
길이	외투장 10cm, 전체길이 약 30cm 전후		
	최대 전체길이 약 70cm		
분포	서해 및 남해, 일본, 중국, 사할린을		
	비롯한 동아시아 연해		

오징어만큼 우리에게 친숙한 해산물이자 스태미나 식품인 낙지는 문어목 문어과에 속하는 두족류이다. 다리가 10개인 오징어와 달리, 낙지와 문어, 주꾸미는 8개로 팔완목에 속한다.

수컷 낙지의 왼쪽에서 두 번째 다리는 교접완이라는 생식기인데 이 기관을 통해 정자를 암컷의 몸에 주입한다. 언뜻 보면 다리처럼 보이지만, 그 끝을 유심히 보면 빨판이 없고 가운데가 갈라져

⚠ 수컷의 교접완(위)과 암컷의 다리(아래)

있다. 반면, 암컷은 교접완이 없고 빨판을 가진 일반적인 다리로만 되어 있다. 다시 말해, 왼쪽에서 두 번째 다리만으로 암수 구별이 가능하다. 그러나 암수에 따른 맛 차이는 거의 없다. 우리나라는 서해산이 유명한데, 특히 무안을 비롯한 전라남북도 해안에서 많이 잡힌다. 제철은 월동을 대비하여 영양분을 비축하는 시기인 가을과 산란을 준비하는 봄으로 두 차례가 있다.

※ 6.1~6.30은 금어기이다(단, 지자체 별도 고시 가능, 2023년 수산자원관리법 기준).

우리가 사 먹는 낙지는 갯벌에서 태어난 표준명 '낙지'로, 크게 국산과 중국산이 있는데 둘은 자라온 환경이 달라서 체색과 크기가 미묘하게 다를 뿐 유전적으로는 같은 종이다. 체색으로 구별하는 것도 정확하지 않다. 낙지는 주변 환경이나 조도에 민감하고, 감정에 따라 색을 변화시키기 때문이다. 다만, 같은 환경이라면 국산이 좀 더 어둡고 붉은색을 띠며, 중국산은 그보다 밝고 회색을 띤다. 다리 두께로도 차이를 가늠하긴 어렵다. 낙지는 어릴 때 갯벌에서 자라다가 일정 크기가 되면 일부는 갯벌에 남고, 일부는 바다로 들어가는데 이때부터는 몸통도 커지고 다리가 굵어진다.

≪ 국산 낙지

≪ 중국산 낙지

중국산 낙지와 강화도 및 경기 지역에 서식하는 낙지는 바다로 진출하는 경우가 많은 반면, 충남에서 전남에 이르는 갯벌 낙지는 갯벌에서 일생을 보내는 경우가 많다. 갯벌 낙지의 다리가 중국산보다 가는 편이다.

또한 사시사철 수입돼서 들어오는 중국산 낙지와 달리 국산 낙지는 봄과 가을, 초겨울에만 주로 볼 수 있다. 겨울은 동면에 들어가니 사실상 어획량이 없고, 여름 한 달은 낙지를 보호하기 위한 금어기로 채취가 불가하다. 낙지는 원산지 표기 의무 대상이므로 구매 시 원산지 표기를 꼼꼼히 확인한다면, 굳이 육안으로 확인할 필요 없이 국산과 중국산을 가려서 구매할 수 있다.

고르는 법

활낙지가 가장 좋지만, 꼬챙이에 꿴 기절낙지도 싱싱한 것은 요리 활용도가 뛰어나다. 활낙지를 고를 땐 상처가 적고 활발하게 움직이며 다리가 다 붙어 있는 것을 고른다. 기절낙지 및 생물은 매끈한 피부에 윤기가 나고, 다리를 만질 때 빨판이 오므라드는 것이 좋다.

+

낙지의
다양한 이름

≪ 갓 조업된 돌낙지

≪ 싱싱한 기절낙지

무안낙지, 조방낙지, 세발낙지 등 이름이 달라 다른 종류로 오인하지만 실은 모두 같은 종이다. 심지어 국산 낙지와 중국산 낙지도 단일종이다. 이에 오해를 불러일으키는 낙지의 명칭을 정리해본다.

세발낙지 그해 봄에 태어난 어린 낙지. 다리가 세 개가 아닌 가늘 세(細) 자를 썼다. 아직은 다 자라지 못한 미성숙 개체여서 다리가 가늘며, 그만큼 질기지 않아 생식하기 좋은 크기이다.

뻘낙지 주로 뻘에 사는 낙지. 서해안 일대에 서식하는 낙지는 대부분 뻘에서 태어나 성장하면서 바다로 나간다. 뻘에 사는 다양한 생물을 먹고 자란 뻘낙지는 맛과 영양분이 매우 좋고 크기도 적당해 많은 이로부터 선호된다.

돌낙지 암초 등 바위 무더기에 서식하는 낙지. 상당수가 바다로 진출해 뻘낙지보다 좀 더 크다. 뻘낙지는 맨손으로 채취해서 '손낙지'라 부르지만, 돌낙지는 배타고 나가 칠게를 미끼로 한 통발 조업이나 주낙으로 잡아 들인다. 일부 지역에선 간조 때 드러나는 돌밭에서 손으로 직접 채취하기도 한다.

꽃낙지 월동을 위해 먹이활동을 왕성히 하는 가을낙지를 일컫는 말이다. 가을낙지는 맛도 좋을 뿐 아니라 어민들에게 소득을 안겨다 준다고 하여 꽃낙지라 불린다.

묵은낙지 일 년 묵은 낙지라 하여 겨울을 보내고 봄철 산란기에 접어든 낙지를 말한다.

기절낙지 말 그대로 기절한 낙지. 산낙지를 수돗물에 박박 문지르면 낙지는 한동안 온 몸에 힘이 풀리면서 여덟 개 다리가 일자로 뻗는다. 육질이 부드러워 씹기 좋은 상태가 되는데 간장, 소금 등 나트륨에 닿으면 전기적 신호로 신경을 자극해 다시 꿈틀거린다. 마치 산낙지를 입에 넣는 기분까지 더한다.

무안낙지 낙지의 주산지인 무안에서 잡힌 낙지이다.

조방낙지 일제강점기에 부산 자유시장에 있던 조선방직 근로자를 상대로 낙지볶음집이 줄줄이 생겨난 데서 유래한 이름이다. 처음에는 숙회 형태로 제공됐지만, 이후 매콤한 낙지볶음과 전골 형태로 발전했다.

이용

예로부터 낙지는 보양 음식의 대명사로 알려져 있다. 대표적인 것이 낙지연포탕이다. 낙지의 영양분을 효과적으로 섭취하는 가장 좋은 방법은 연포탕과 볶음, 또는 전골 스타일로 먹는 조방낙지가 있다. 낙지에는 지방이 거의 없고 타우린과 무기질과 아미노산이 듬뿍 들어 있는데, 낙지를 넣고 끓인 육수에는 타우린이 고스란히 녹아 있어 타우린 섭취에 용이하다. 호롱구이나 탕탕이는 지역 명물이기도 하다. 낙지를 통째로 대나무 젓가락이나 짚 묶음에 끼워 돌돌 감은 다음 고추장 양념을 골고루 바르고 구워낸 호롱구이는 전라도 지역의 향토 음식이다. 갈비와 어우러진 갈낙이나 곱창과 어우러진 낙곱 등 다양한 식재료와도 궁합이 잘 맞는다.

⌃ 낙지 탕탕이

⌃ 낙지볶음

⌃ 낙지전골(조방낙지)

주꾸미

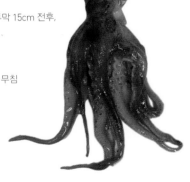

분류	문어목 문어과
학명	*Octopus ocellatus Gray*, *Amphioctopus fangsiao*
별칭	쭈꾸미, 쭈께미, 쭈게미
영명	Webfoot octopus, Ocellated octopus
일명	이이다코(イイダコ)

길이	외투막 4~8cm, 최대 외투막 15cm 전후, 전체 길이 약 30cm
분포	서해 및 남해, 일본, 중국,
제철	9~1월, 3~5월
이용	샤브샤브, 볶음, 구이, 탕, 무침

문어목 문어과에 속한 두족류 연체동물이다. 흔히 '쭈꾸미'로 불리지만 '주꾸미'가 정확한 명칭이다. 낙지와 비슷하게 생겼으나 대가리는 둥글고 크기는 더 작다. 낙지처럼 8개의 다리가 있으나 한 팔이 긴 낙지와 달리 8개의 다리 길이가 거의 비슷하다.

월동한 주꾸미는 연초에 산란 준비에 들어가며 늦은 봄부터 알을 낳는다. 어미 한 마리당 약 300~400개의 알을 낳는데, 소라 껍데기를 안식처 삼는 습성을 이용한 어법(소라방)으로 잡아들인다. 주꾸미는 서해를 비롯해 남해 전 지역에도 서식하는데 충청남도 일대 항구로 위판되는 양이 가장 많고, 전라남도 고흥과 여수에서도 제법 많은 양이 유통된다.

※ 최소 포획금지체장은 없지만, 5.11~8.31까지 금어기이다(2023년 수산자원관리법 기준).

+ 주꾸미의 제철	이른 봄부터 주꾸미가 많이 잡혀 유통된다. 3~5월에는 산란기를 앞둔 알배기 주꾸미가 선호도가 높고 그만큼 많이 유통되지만, 자원량을 유지하기 위해 뒤늦게나마 금어기를 실시하고 있다. 알을 제외한다면 사실상 가을부터 초겨울 사이가 가장 야들야들하고 맛이 좋다. 서해안 일대에서 잡히는 주꾸미는 9~11월이 주 시

즌이며, 이후 서남해로 넘어가 고흥과 여수권은 한겨울에도 주꾸미가 제법 잡혀 유통된다.

고르는 법

3~4월은 알배기 주꾸미가 시즌을 맞는 만큼 둥그스런 대가리가 빵빵하게 부풀어 알이 꽉 찬 것을 고른다. 샤브샤브도 활주꾸미가 기본이다. 물 속에선 얌전히, 그러나 물 밖으로 꺼내면 활발히 움직이는 것이 좋고, 대가리에 상처나 까진 자국이 덜한 것을 위주로 고른다. 생물(선어)을 고를 때도 역시 대가리에 상처가 없고 외형이 깔끔한 것이 좋으며, 국산과 중국산 주꾸미의 경우 대가리 아래쪽으로 선명한 금테가 있는지 확인한다. 주꾸미의 금테는 신선도를 가늠하는 기준이 되지만, 국산과 중국산을 구분하는 기준은 될 수 없다. 또한 주꾸미가 신선할수록 몸통의 점무늬가 뚜렷하다.

⌃ 상인이 알배기 주꾸미를 들어보인다

⌃ 싱싱할수록 금테가 선명하다(사진은 중국산)

⌃ 싱싱할수록 몸통의 점무늬가 선명하다

+

**주꾸미는
왜 낙지처럼
회로
안 먹을까?**

낙지만큼은 아니지만, 주꾸미도 낚시인과 바닷가 사람들은 탕탕이로 즐긴다. 다만 낙지처럼 활발한 움직임이 없고 입에 달라붙는 맛은 없다. 이는 단순히 선호도의 문제이기도 하며, 국산 (활)주꾸미가 낙지만큼 귀하지는 않아서 많은 이들이 충분히 즐길 수 없었던 탓도 있겠다. 맛 또한 개인의 취향에 따라 선택하면 된다. 크기가 작은 주꾸미는 낙지만큼 야들야들하지만 조금만 커도 질긴 느낌이 있다.

+

**국산과 수입산
주꾸미 구별법**

시중에 판매되는 주꾸미는 크게 국산, 베트남산(또는 태국), 중국산이 있다. 베트남산 주꾸미는 냉동으로 들어와 해동해서 판매되며, 봄철 '알배기'란 마케팅 문구에 속지 않는 것이 좋

☞ 베트남산 주꾸미

다. 동남아산 주꾸미는 전반적인 체색이 희거나 살짝 청회색 빛깔이 돈다. 국산 주꾸미보다 평균 크기가 큰 편이며 가격은 국산보다 저렴하다. 금테 무늬는 있을 수도 있지만, 대개 흐릿하거나 없는 경우도 많다. 이 경우 신선도에 문제가 있는 것은 아니다.

중국산은 같은 서해에서 잡힌 것으로 국산과 동일하다고 볼 수 있다. 다른 점이라면, 중국 국적배가 잡았고 중국 선원들이 작업(소라방에서 주꾸미를 꺼내는 일)했기 때문에 작업 숙련도와 도구 문제로 대가리에 상처가 많은 편이다. 또한 중국산 주꾸미는 일단 중국을 거쳐 국내로 들어오므로 국산보다 유통 거리와

☞ 국산 주꾸미통(왼쪽)과 중국산 주꾸미통
(오른쪽)

과정이 훨씬 복잡하고 길다. 이 때문에 시장에 판매되는 국산과 중국산 주꾸미를 비교해 보면 함께 든 바닷물 색깔이 다름을 알 수 있다. 중국산 주꾸미는 오는 동안 활력이 둔화하고 먹물을 소진하면서 물이 맑아진 상태이고, 국산은 여전히 높은 활력과 충분한 먹물로 인해 물 색깔이 어둡다. 그 외에도 다양한 부분에서 차이가 나는데 그것은 다음과 같다.

국산 주꾸미	중국산 주꾸미
대체로 중국산보다 크기가 작고 체색이 어둡다.(대가리 색이 어두운 쥐색).	대체로 국산보다 크고 체색이 밝다(대가리부터 다리까지 누르스름하다).
대가리 표면이 매끄럽고 상처가 적다.	대가리 표면이 울퉁불퉁하고 상처가 있으며 곳곳에 껍질이 벗겨지기도 한다.
빨판 다리의 색이 희고 윤기가 나며 중심부는 살짝 누르스름하다.	빨판 다리의 색이 누르스름하며, 가끔 불그스름한 것도 있다.
활 주꾸미는 충분한 먹물을 가지고 있어서 주변을 어둡게 만들고 바닥으로 숨어 들어가려는 경향이 있다.	먹물을 많이 가지고 있지 않다.
국산은 국산 또는 세부 산지를 표기하고 판매한다.	중국산을 비롯한 수입산은 원산지 표기를 누락하고 파는 경우가 많다.

☞ 중국산(왼쪽)과 국산(오른쪽)

☞ 국산 주꾸미

☞ 중국산 주꾸미

<table>
<tr><td>+
주꾸미에도
기생충이
있을까?</td><td>가끔 인터넷을 보면 희고 가느다란 실뭉치가 발견돼 기생충 소란이 일어나기도 하는데 이는 주꾸미의 정소이다. 특히 겨울부터 초봄 사이는 주꾸미가 산란을 준비하는 기간으로 이때의 암컷은 밥풀 모양의 알을 키우고, 수컷은 실뭉치처럼 생긴 정소를 키운다.</td><td>
⌃ 주꾸미의 알(왼쪽)과 정소(오른쪽)</td></tr>
</table>

이용　　살짝 데쳐서 초고추장 양념과 함께 숙회로 먹거나 매콤하게 볶아서 먹는다. 신선할 때 주꾸미 본연의 맛을 느낄 수 있는 샤브샤브나 주꾸미 연포탕도 별미다. 타우린이 풍부하여 피로회복에도 좋다. 불포화지방산과 DHA도 풍부해서 두뇌 발달에도 좋다. 서천과 보령에서는 해마다 봄이면 '주꾸미 축제'가 열린다.

⌃ 주꾸미 먹물 양념볶음

⌃ 주꾸미 불맛 양념볶음

⌃ 주꾸미 초무침

⌃ 주꾸미 파스타

Recipe

불맛 나는 주꾸미 볶음 만들기

재료
주꾸미 300~400g
양파 1/2개
양배추 한 주먹
매운 고추 2개
대파줄기 2개

양념
고춧가루 3T
고추장 1T
다진마늘 1T
진간장 1T
설탕 1T
매실액 1sp
맛술 2T
위스키 혹은 브랜디 1t
(생략 가능)
다진 생강 1tsp
(생략 가능)
후추 약간

기타 재료
참기름 1sp
통깨 1T

1. 손질된 주꾸미를 삶는다.

2. 볼에 분량의 양념을 모두 넣고 고루 섞는다.

3. 살짝 데친 주꾸미를 2의 양념에 넣고 무친다.

4. 랩을 씌워 2~3시간 이상 냉장고에서 숙성 시킨다.

5. 준비된 채소를 썬다. 양파와 양배추는 사각 썰기, 고추와 대파 한 줄기는 어슷 썰기하고, 나머지 하나는 파 기름용으로 잘게 썬다.

6. 팬에 식용유를 넉넉히 두르고 다진 파를 넣는다. 중약불로 파가 노랗게 익을 때까지 계속 저어준다.

7. 파가 노릇노릇 볶아지면 양파와 양배추를 넣고 살짝 볶다가 곧바로 4번의 주꾸미를 넣는다.

8. 잡내 제거를 위해 팬 가장자리부터 시작해 중앙까지 골고루 부어준다. 불꽃이 클 수 있으니 양을 잘 조절한다.

9. 5번의 어슷썰기한 대파와 매운 고추, 참기름을 1T 넣고 빠르게 섞어준 뒤 불을 끈다.

10. 토치를 이용해 1분 정도 불맛을 더하면 끝!

참갑오징어 | 입술무늬갑오징어

분류 갑오징어목 갑오징어과
학명 *Sepia esculenta*
별칭 갑오징어, 참오징어, 뼈오징어, 스미이까
영명 Golden cuttlefish, Edible Cuttle Fish
일명 코우이카(コウイカ)
길이 외투막 15~20cm, 최대 약 28cm
분포 서해, 남해, 제주도, 일본, 동중국해,
　　　　남중국해, 호주 북부
제철 9~2월, 4~6월
이용 회, 초밥, 숙회, 볶음, 찜, 구이, 튀김, 국

≫ 석회질로 된 갑오징어의 갑

≫ 묵직한 손맛을 선사하는 갑오징어 낚시

흔히 '갑오징어'라 부르는 것으로 표준명은 '참갑오징어'다. 뼈가 없는 여타 오징어와 달리 '갑'이라는 일종의 커다란 뼈를 가지고 있어 생물학적 분류상 오징어와 꼴뚜기 그 어디에도 속하지 않는 갑오징어라는 독특한 분류를 형성했다. 몸통은 방패처럼 견고하고 눈알이 크며 다리는 짧고 굵다. 한해살이로 봄에 산란 후 죽는다.

시장에는 산란기인 4~6월 경에 산채로 유통되며, 서해권에선 9~11월 사이 낚시로 인기가 높다. 늦가을부터 겨울 사이는 기후가 따뜻한 고흥, 여수, 거제 등 남해안 일대에서 잡히며, 1~2월은 제주도에서 월동 중인 참갑오징어가 많이 낚인다. 일반 오징어(표준명 살오징어)보다 살이 탄탄하고 맛이 좋으며 가격도 더 비싸다. 참갑오징어는 민간요법으로 쓰이기도 한다. 뼈대인 '갑'에는 탄산칼륨이 들어 있어서 예부터 갑오징어를 잡는 어가에는 한 차례 말린 후 빻아서 지혈제로 쓰기도 했다.

**+
참갑오징어의
암수 구별**

무늬로 판별할 수 있다. 얼룩말처럼 줄무늬가 도드라지면 수컷이고, 점박이 또는 구름무늬라면 암컷이다. 이러한 무늬는 물속에서는 뚜렷이 보이지만 물 밖에서는 흐려지기 때문에 구별이 쉽지는 않다. 다행인 건 암수에 따른 맛 차이가 크지 않다는 점이다.

≫ 갑오징어 수컷

≫ 갑오징어 암컷

고르는 법

횟감은 활어를 고르는 것이 기본이다. 고를 때는 색과 무늬가 선명하고 상처가 적은 것이 좋으며, 하얗게 변한 것은 피한다. 조리용은 생물(선어)로도 충분한데 무늬가 선명히 남아 있는 게 신선하지만, 철사줄에 꿰어 파는 손질 갑오징어도 경제적이다.

+ 수입산 갑오징어도 있다

시장에는 갑오징어와 닮았으면서도 덩치는 커다란 냉동 수입산이 곧잘 판매된다. 인도네시아산 또는 말레이시아산이 많다. 표준명은 '왕갑오징어'로 '호주참갑오징어' 다음으로 세계에서 두 번째로

⟰ 수입산인 왕갑오징어

큰 열대성 갑오징어류이다. 국산보다 평균 크기면에서 압도하며, 외투막 길이는 최대 50cm, 무게 10kg에 이른다. 주로 냉동을 해동해서 판매하는데 수컷의 경우 특유의 얼룩말 무늬가 굵고 진하다. 비록 수입산 냉동이지만 조리용으로는 맛에서 크게 뒤처지지 않으나 원산지 표기를 누락하고 파는 경우가 많으니 국산 갑오징어를 구매하고자 할 때 확인해야 한다.

⟰ 왼쪽 두 마리는 수컷이다

이용

참갑오징어는 지방이 적고 단백질은 많은 건강식품으로 쫄깃하고 담백한 맛이 일품이다. 회 맛은 오징어류 중 단맛이 두드러지며, 질기지 않아 고급 식재료로 쓰인다. 갓 잡아 회로 먹거나 뜨거운 물에 살짝 데쳐서 먹는다.

⟰ 갑오징어회

⟰ 사각형으로 썰어 간장에 찍어 먹는다

회는 전통적인 방법으로 길게 썰어 먹지만, 사각형으로 썰어 먹으면 또 다른 식감과 매력을 느낄 수 있다. 초고추장도 좋지만 간장과 와사비랑 궁합이 좋다. 이 외에도 오징어무침이나 오징어 튀김으로도 좋다. 매콤하게 볶아낸 갑오징어 볶음은 술안주나 밥반찬으로 좋다.

+ 참갑오징어의 제철

참갑오징어의 유통량이 증가하는 시기는 산란기인 4~6월이다. 이 시기엔 서해권 일대 시장에서 활어 상태로 볼 수 있다. 다만, 이 시기는 산란을 준비하고 있어서 큰 것은 회 맛이 다소 질기고 맛도 덜한 편이다. 회는 비록 봄만큼 씨알이 좋지는 못하지만, 가을부터 겨울 사이 적당히 씹히면서 단맛도 좋다. 한편, 조리용은 일년 내내 맛의 차이를 가늠하기 어렵다.

+ 오징어 먹물은 불법, 갑오징어 먹물은 합법?

참고로 일반 오징어(표준명 살오징어)의 먹물은 중금속 문제로 판매가 금지됐지만, 갑오징어의 먹물은 식용으로 적합해 소스용으로도 유통 중이다. 해외에선 오징어 먹물을 이용한 다양한 요리를 선보이는데 대부분 갑오징어류의 먹물이다.

⌃ 갑오징어 먹물 리조또

+ 참갑오징어 즉살 및 신경마비

갑오징어를 살려서 운반할 수 없다면, 도중에 먹물을 내뿜고 발버둥치다 죽는다. 이는 결국 ATP의 소모를 부추기며 횟감의 선도 저하를 불러 결과적으론 무르고 끈적끈적한 맛이 될 확률이 높다. 이를 방지하고자 낚시인들은 횟감의 선도를 오래 보존하기 위해 현장에서 즉살 및 신경마비를 하기도 한다. 요령은 양눈의 미간을 '이까시메'용 도구로 찌르거나 사진과 같이

⌃ 갑오징어 즉살 처리법. 쪽집게로 양눈의 미간을 찔러 신경을 절단한다

집게로 찔러 신경을 차단한다. 그러면 오징어는 즉시 하얗게 되고 무늬는 사라지면서 횟감의 선도 보존력이 늘게 된다.

입술무늬갑오징어

분류 갑오징어목 갑오징어과
학명 *Sepia lycidas*
별칭 평가 없음
영명 Kisslip Cuttlefish
일명 카미나리이카(カミナリイカ)
길이 외투막 20~30cm, 최대 약 40cm
분포 동해 남부, 남해, 제주도, 일본 남부, 동중국해, 남중국해, 남서태평양
제철 12~7월
이용 회, 숙회, 볶음, 찜, 튀김, 탕

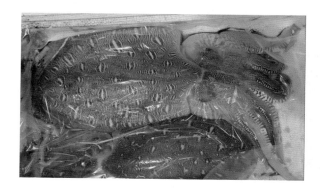

참갑오징어보다 좀 더 따뜻한 바다에 서식하는 난류성 두족류이다. 쿠로시오 난류의 직간접 영향을 받는 일본 남부 지방에는 5kg이 넘는 대형개체도 곧잘 출몰한다. 우리나라에는 포항을 비롯한 동해 남부와 거제, 제주도에서 계절 상관없이 낚시로 잡힌다. 입술무늬가 독특하며, 평균 크기에서도 참갑오징어보다 커서 살이 두껍고 단맛이 나는 고급 식재료이다. 주로 회와 숙회, 볶음, 탕 등 다양하게 이용된다.

PART
04

—

겨울

가다랑어 | 점다랑어, 줄삼치, 물치다래

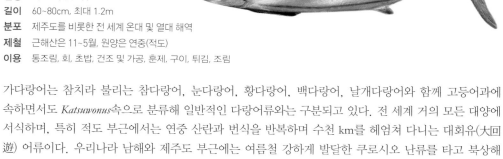

분류 농어목 고등어과
학명 *Katsuwonus pelamis*
별칭 가다랭이
영명 Bonito, Skipjack tuna
일명 가쓰오(カツオ)
길이 60~80cm, 최대 1.2m
분포 제주도를 비롯한 전 세계 온대 및 열대 해역
제철 근해산은 11~5월, 원양은 연중(적도)
이용 통조림, 회, 초밥, 건조 및 가공, 훈제, 구이, 튀김, 조림

가다랑어는 참치라 불리는 참다랑어, 눈다랑어, 황다랑어, 백다랑어, 날개다랑어와 함께 고등어과에 속하면서도 *Katsuwonus*속으로 분류해 일반적인 다랑어류와는 구분되고 있다. 전 세계 거의 모든 대양에 서식하며, 특히 적도 부근에서는 연중 산란과 번식을 반복하며 수천 km를 헤엄쳐 다니는 대회유(大回遊) 어류이다. 우리나라 남해와 제주도 부근에는 여름철 강하게 발달한 쿠로시오 난류를 타고 북상해 혼획되지만, 개체수가 많지 않고 크기도 작아 식용 가치는 떨어진다. 일본을 비롯한 온대 및 아열대 해역에서는 여름부터 가을에 걸쳐 산란하며, 기름기는 늦가을부터 올라 겨우내 제철을 맞는다. 어릴 땐 동물성 플랑크톤을 먹고 자라다 성어가 되면 작은 물고기 무리를 쫓아 표층을 빠른 속도로 회유한다. 다 자라면 전장 1m에 달하며, 원양어업으로 잡히는 평균 길이는 70~80cm에 이른다. 적도 부근의 원양산보다는 겨울에 잡힌 연안산의 품질이 좋고, 죽은 지 얼마 안 된 신선한 가다랑어는 횟감으로 이용할 수 있다. 다만 가다랑어를 포함한 다랑어류는 체내 혈류량이 다른 어류보다 월등히 많을 뿐 아니라 미오글로빈의 함량도 높다. 이로 인한 산소 요구량도 타 어종보다 월등히 많아서 빠른 속도로 헤엄치지 않으면 심해로 가라앉으며, 호흡을 할 수 없으니 그 즉시 폐사에 이른다. 이렇듯 다랑어 종류를 비롯한 고등어과 어류는 그물에 잡히자마자 파르르 떨며 죽어버리는 탓에 활어회로 취급하기가 거의 불가능에 가깝다고 할 수 있다.

고르는 법

시장과 대형 마트에는 가끔 싱싱한 가다랑어가 입하되는데 같은 *Katsuwonus*속인 점다랑어 및 줄삼치와 생김새가 비슷하니 혼동하지 말아야 한다. 이들 어류는 고등어에 버금갈 정도로 선도 저하가 빠르며, 가다랑어에서 나타나는 특유의 세로 줄무늬가 선명할수록 신선한 것이다. 특히 배쪽은 은백색으로 광택이 나야 하며, 눈에는 잘 보이지 않는 잔비늘이 떨어져 나갔거나 껍질과 표면이 손상된 것은 가급적 피한다.

⌃ 껍질이 벗겨지지 않고 은색으로 광택이 나며 줄무늬가 선명해야 한다

이용

가다랑어는 부패가 빠른 생선이므로 반드시 신선한 것을 이용해야 한다. 가다랑어를 주식처럼 이용하는 나라는 대표적으로 몰디브와 인도네시아가 있다. 이들 나라는 가다랑어를 포획 후 저장성을 높이기 위해 코코넛 열매 껍질로 훈제하거나 우리의 맑은 탕에

해당하는 '가르디야'(참치 수프)를 즐기는 편이다. 가다랑어가 많이 나는 일본에선 회, 초밥을 비롯해 말려서 아주 얇게 썰어낸 가다랑어포(가쓰오부시), 벗집 훈제, 조림 등 다양한 조리 방법을 활용한다. 국내 연안에서는 혼획물 외에 가다랑어만을 위한 조업이 없고, 대부분 원양산으로 잡아들이는데 주로 참치캔 통조림 같은 가공식품으로 유통된다. 가끔 마트와 시장에 생물 가다랑어가 헐값에 판매된다지만 식용 가치가 뛰어나지 않으며 구이나 조림으로 먹는 편이다.

≪ 훈연에 사용되는 코코넛 열매 껍질

≪ 코코넛 껍질을 태워 훈연 중인 가다랑어 (인도네시아)

≪ 통째로 훈연되고 있는 저가형 가다랑어

≪ 반으로 갈라 오랜 시간 훈연한 고급형 훈제 가다랑어

≪ 몰디브의 훈제 가다랑어

≪ 가다랑어로 맑은 수프를 만드는 중

≪ 가다랑어가 빠지지 않는 몰디브 어촌의 밥상

≪ 가쓰오부시

점다랑어

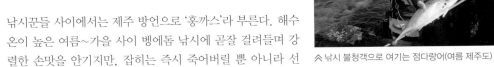

분류	농어목 고등어과
학명	*Euthynnus affinis*
별칭	홍까스
영명	Black skipjack
일명	쓰마(スマ)
길이	40~70cm, 최대 1m
분포	제주도를 비롯한 전 세계 온대 및 열대 해역
제철	근해산은 11~5월, 해역에 따라 산란 및 제철에 차이가 있다
이용	가공 및 훈제, 구이, 튀김, 조림

낚시꾼들 사이에서는 제주 방언으로 '홍까스'라 부른다. 해수 온이 높은 여름~가을 사이 뱅에돔 낚시에 곧잘 걸려들며 강렬한 손맛을 안기지만, 잡히는 즉시 죽어버릴 뿐 아니라 선

≪ 낚시 불청객으로 여기는 점다랑어(여름 제주도)

도 저하가 빠르고 비린내가 심해 잡어로 천대한다. 일부 어민은 이 종을 '가다랑어'로 착각하는데 배에 줄무늬가 있는 가다랑어와 달리 점다랑어는 등쪽에 물결무늬가 나타나며, 점다랑어란 이름에서 알 수

있듯이 옆지느러미와 배지느러미 사이에 1~5개 정도의 검은 반점이 나타난다. 이러한 반점은 어획 당시 흥분 상태에 이르면서 더욱 또렷하게 나타나는데, 점이 없는 개체도 더러 있다. 국내에서는 여름부터 가을 사이 제주도 연안에 무리 지어 출몰하며, 전 세계 온대와 열대 바다에 더 많은 개체가 서식한다. 다 자라면 전장 1m에 달하지만, 주로 잡히는 크기는 40~70cm가 많다. 산란은 여름에 걸쳐 이뤄지며, 산란 직후가 아니라면 맛이 크게 떨어지지 않는다. 갓 잡힌 점다랑어를 즉살해 피를 빼면 횟감으로 이용할 수 있으며, 조림과 국물 요리에 좋은 맛을 낸다.

줄삼치

분류 농어목 고등어과
학명 *Sarda orientalis*
별칭 이빨다랑어, 가다랑어(X)
영명 Striped bonito, Tunny albacore
일명 하가쓰오(ハガツオ)
길이 60~80cm, 최대 1.1m
분포 남해 및 제주도를 비롯한 전 세계 온대 및 열대 해역
제철 10~4월
이용 가공 및 훈제, 구이, 튀김, 조림

등쪽에 난 줄무늬 때문에 가다랑어로 오인하는 경우가 많다. 날카로운 이빨이 발달해 이빨다랑어라 불리기도 하지만, 열대 해역에 스포츠 피싱으로 잡히는 '개이빨다랑어'(Dogtooth tuna)와는 구분된다. 줄삼치는 가다랑어와 함께 *Katsuwonus*속으로 분류, 가을에서 봄 사이 지방이 오르지만 사실 일 년 내내 맛이 고른 편이다. 산란철인 여름에 잡힌 개체는 한껏 비대해진 난소(알)를 별미로 친다. 국내에서는 갈치 낚시를 하는 중에 일부 낚시꾼들이 잡아먹으며, 시중에는 흔히 유통되지 않는다. 맛은 가다랑어와 삼치의 중간 정도로 평가되며, 주로 튀김이나 소금구이, 조림 등으로 이용된다.

☆ 갈치 낚시에 걸려든 삼치(위)와 줄삼치(아래)

☆ 줄삼치가스

물치다래

분류 농어목 고등어과
학명 *Auxis thazard*
별칭 물치, 다랭이
영명 False albacora
일명 히라소우다(ヒラソウダ)
길이 25~40cm, 최대 80cm
분포 남해 및 제주도를 비롯한 전 세계 온대 및 열대 해역
제철 10~4월
이용 가공 및 훈제, 구이, 튀김, 조림

물치다래는 점다랑어와 함께 선도 저하가 빠른 생선으로 오죽하면 '죽자마자 부패가 시작된다'는 말이 있을 정도다. 선도가 좋을 때는 가다랑어와 비슷하게 이용되나 맛은 가다랑어보다 못하다. 국내에서는 해수온이 부쩍 오를 여름~가을 사이 남해와 제주도 일대에 가끔 혼획되며, 이보다 더 아열대 해역인 일본 남부 지방과 동남아시아에서는 가까운 종인 '몽치다래'(*Auxis rochei rochei*)와 혼획되는 편이다. 산지에서는 주로 훈제와 가공품으로 이용, 신선한 것은 토치로 껍질만 그슬린 회를 즐기기도 한다. 생김새는 점다랑어와 닮았지만, 점다랑어와 달리 검은 점이 없고 몸통 중앙에 독특한 패턴의 측선 무늬가 나타난다.

갈가자미

❯ 유안부

분류	가자미목 가자미과
학명	*Tanakius kitaharae*
별칭	납세미, 사리가자미, 조릿대가자미, 사시가리
영명	Willowy flounder
일명	야나기무시가레이(ヤナギムシガレイ)
길이	20~30cm, 최대 35cm
분포	제주도, 남해, 서해, 발해만, 일본, 동중국해, 대만
제철	11~4월
이용	구이, 튀김, 조림, 건어물

❯ 무안부

생김새는 폭이 좁고 길쭉해 서대로 착각하기 쉽지만, 우리에게는 '납세미'로 알려진 고급 가자미이다. 50~200m에 이르는 모래와 개펄에 사는 저서성 어류로 주로 남해 동부권(통영) 앞바다에서 다른 가자미나 도다리와 혼획된다. 산란은 1~6월 사이인데 위도가 높을수록 그 시기는 봄으로 늦어진다. 최대 크기는 수컷은 약 25cm, 암컷은 30~35cm 정도인데 그마저도 성장 속도가 매우 느려 금어기 또는 포획금지체장을 설정하는 등 갈수록 줄고 있는 갈가자미 자원에 관심을 기울일 때다.

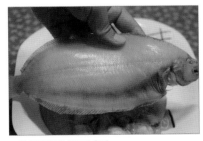

❯ 알이 든 것을 최고로 친다

갈가자미는 가자미과 어종 중에서 꽤 고급어에 속한다. 줄가자미나 범가자미, 노랑가자미에 비할 바는 아니지만, 참가자미나 용가자미보다 맛이 좋아 수요는 많으나 어획량은 늘 부족한 상황이다. 특히 일본에서는 '환상의 물고기'라고도 불리며 kg당 4,000엔(한화 약 36,000원)을 상회하는 등 경제적 가치도 높다. 산란을 앞두고 알집을 품은 것을 최고로 친다. 알이 별미여서 일본에서는 알만 따로 팔기도 한다.

이용

반건조한 갈가자미에 칼집을 내어 튀기거나 구우면 그 맛이 일품이다. 제철 갈가자미는 흰색의 속살에 지방의 풍미를 가득 품고 있어 맛이 담백하면서도 매우 고소하다. 살점이 뼈와 쉽게 분리되어 먹기에도 편하다. 다만 크기가 작고 두께가 얇다는 점이 흠이다. 한끼 식사에 성인 한 사람당 두 마리씩 먹으면 적당하다.

❯ 일명 납세미 구이로 불리는 갈가자미 구이

감성돔 | 새눈치

분류 농어목 도미과
학명 *Acanthopagrus schlegelii*
별칭 감시, 감생이, 남정바리, 비드미,
　　　 살감시, 베데미
영명 Black sea bream, Black porgy
일명 쿠로다이(クロダイ)
길이 30~50cm, 최대 약 72cm
분포 우리나라 전 해역, 발해만, 일본, 동중국해,
　　　 대만, 중국, 남중국해, 베트남
제철 10~4월
이용 회, 초밥, 구이, 조림, 탕

바다 낚시인들의 로망으로 꼽히는 생선이다. 1990년대 초 선 풍적인 인기를 몰고 온 갯바위 릴 찌낚시의 주요 대상어종으 로 관련 산업을 부흥시켰고 바다낚시 전반으로 저변을 넓혔 다. 지역에 따라 어린 감성돔을 남정바리, 비드미, 살감시, 베데미 정도로 부르는데 최근 금지포획체장이 25cm로 지정 되면서 강원도 일대 해안에서 주로 성행하던 어린 감성돔 낚시는 할 수 없게 되었다.

기수역성이 강해 하천에서도 적응력이 강하다. 어렸을 때는 수컷으로만 태어나 3~4년생일 때 암컷으 로 성전환하는 물고기다. 이때 모든 감성돔이 암컷으로 변하지 않으며, 일부는 수컷으로 남아 암컷과 짝짓기를 통해 산란을 준비한다. 크기는 암컷이 수컷보다 좀 더 크게 자라며, 최대 20년까지 산다고 확 인되고 있다. 최대 성장 크기가 70cm 정도이지만, 수컷의 경우 10년이 넘은 노성어라도 40~50cm에만 머물기도 한다. 제철은 겨울이며, 지역에 따라 4월까지 이어지기도 한다.

4~5월 경 산란 성기에 접어들면 항문 주변이 붉게 부풀며 알집이 비대해지는데 이때부터는 맛이 떨어 지며, 산란을 마친 후에도 식용 가치는 떨어지는 편이다. 예전에는 산란기 때 소위 뻥치기라 불리는 불 법 조업으로 알배기 감성돔을 마구잡이로 잡아다 헐값에 팔았는데 지금은 금어기가 새로 신설되었다.

※ 감성돔의 금어기는 5.1~5.31, 금지포획체장은 25cm이다.(2023년 수산자원관리법 기준)

+
지역별
감성돔의
회 맛

감성돔의 주요 서 식지는 고위도인 발해만과 경기 북 부 및 강원도를 비롯해 일본 규 슈와 대만, 홍콩 담간도, 베트남 하 롱베이에 이르기까지 폭넓지만, 맛

△ 2월 가거도산 감성돔으로 상당히 기 름진 맛이었다

△ 3월 동해산 감성돔으로 사각사각 씹 히는 식감이 매우 좋았다

은 비교적 고위도라 할 수 있는 한반도 연안의 것이 좋다. 반면 일본 대마도를 비롯한 규슈 지역에 서 잡히는 감성돔은 맛이 덜해 비교적 저렴하게 판매된다. 이렇듯 감성돔은 위도와 서식지 환경에 따라 맛과 풍미, 식감이 달라 지역별 맛 편차가 큰 어종이라 할 수 있겠다. 국내로 한정해서 살피면, 주 어획기인 10~4월을 기준으로 했을 때 수온 18도를 웃돌지 않는 해역과 조류의 흐름이 원활한 중·장거리권 섬에서 어획된 것이 맛이 있다.

경험적으로 국내에서 비교적 맛이 떨어진다는 제주산과 서해산을 제외한 서남해(가거도, 태도, 완 도 일대), 남해(고흥, 여수, 남해도, 통영, 거제도), 그리고 먼바다 섬(거문도, 여서도, 추자도, 국도

등)에서 12~2월경에 어획된 것이 가장 맛이 좋았다. 이어서 동해 남부(울진, 후포, 포항)에서 잡힌 감성돔은 벚꽃이 필 무렵인 3월 중후순부터 4월 중순까지 일명 '벚꽃 감성돔'(사쿠라다이)이라고 해서 산란을 앞두고 막바지 훌륭한 회 맛을 선사하는 편이다.

고르는 법

크게 자연산과 양식(국산, 중국산) 등이 있으며, 기본적으로 활어로 유통된다. 감성돔은 서식지 환경에 따라 체색에 차이가 난다. 특히 등쪽 체색에 누런 빛이 도는 것은 서해산 또는 중국산 양식일 확률이 높고, 과도하게 검고 어두운 것은 제주

⌃ 중국산 양식 감성돔

⌃ 대마도에서 잡은 감성돔

산 또는 대마도 및 규슈산의 특징이다. 동해안 일대에서 잡히는 개체는 사니질(백사장)과 회유성의 영향으로 밝은 은빛을 띠는데 너무 하얘서 '백돔'이라 불리기도 한다. 회유성이 많으면 체색이 밝고, 반경 수 km이내 안에서 정착 생활을 하면 체색이 검고 어두운 빛을 낸다.

여기서 가장 맛있다고 여겨지는 서남해 및 남해안 일대에서 잡힌 것은 바다의 왕자란 별명답게 적당한 은빛으로 철갑을 두른 모습이다. 활어를 고를 땐 이 점을 염두에 두며, 수조의 중층에서 얌전히 유영하는 것이 좋다. 다른 돔류를 고를 때도 마찬가지지만, 비늘이 일부 벗겨지거나 상처가 나는 것은 피한다. 양식은 각 지느러미가 헤져있는데 너무 과한 것만 피하면 된다. 자연산에선 드물지만, 양식은 '백탁화 현상'이라고 해서 한쪽 눈이 하얗게 되기도 한다. 시력을 잃은 개체로 이는 양식장에서부터 비롯되었을 수도 있고, 횟집 수조의 수질 오염이 원인이거나 용존산소가 안 맞아서일 수도 있다.

생물(선어) 또한 은빛이 번쩍번쩍거려 광택이 나는 것이 좋고, 동공은 투명하며, 아가미가 밝은 선홍색인 것이 신선하다. 일부 업소에선 이를 횟감용(초밥용)으로 쓰기도 하는데 배쪽을 눌렀을 때 단단해야 한다.

⌃ 동해 후포산 감성돔

⌃ 남해 두미도산 감성돔

⌃ 백탁화된 감성돔

⌃ 최상급 감성돔의 모습

이용

대부분 활어유통이라 회로 먹으며 참돔과 비슷하게 이용된다. 중치급(35cm 이하)은 활어회로 먹는데 적당한 탄력에 사각사각 씹히는 맛이 일품이다. 반면에 몸 길이 40cm가 넘는 개체는 적당히 숙성해서 회와 초밥으로 이용하는 것이 좋다. 회를 뜨고 남은 서덜(뼈)은 매운탕이나 푹 고아서 맑은탕으로 이용되는데 제철의 감성돔은 입자가 크고 구수한 맛을 내는 기름이 많으므로 좀 더 맵고 칼칼하게 만들어도 좋다. 이밖에도 작은 것은 찜과 탕수, 구이 등으로 이용되며 도미 솥밥으로도 먹는다. 튀김은 손가락 굵기로 썰어 가벼운 프라이 형태로 이용하지만, 생선가스처럼 두께감이 있는 튀김은 속살이 자칫 뻑뻑해질 염려가 있는데, 이는 도미과 어류의 특성이기도 하다. 껍질은 참돔보다 질기므로 뜨거운 물을 부어 껍질만 익힌 '마츠카와 타이'는 작은 크기를 제하면 잘 어울리지 않는다. 껍질은 끓는 물에 살짝 데쳐(유비키) 먹는다.

⊼ 감성돔회

⊼ 감성돔 매운탕

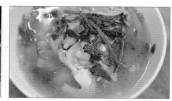
⊼ 감성돔 맑은탕

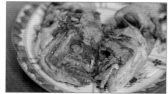
⊼ 감성돔 대가리 구이

⊼ 감성돔 가스

⊼ 감성돔 솥밥

새눈치

분류 농어목 도미과
학명 *Acanthopagrus latus*
별칭 기감성돔
영명 Yellowfin seabream
일명 키치누(キチヌ)
길이 25~35cm, 최대 약 47cm
분포 동해 남부 및 남해, 제주도, 일본 중부 이남, 동중국해,
　　　 남중국해를 비롯한 서태평양의 아열대 해역
제철 5~9월
이용 회, 탕, 구이, 찜, 튀김

농어목 도미과에 속하는 어종으로 감성돔과는 근연종이다. 감성돔보다 고수온을 좋아하는 남방계 어종으로, 민물과 바닷물이 섞이는 기수역을 좋아해 우리나라 남동부 지방의 하천과 바다가 만나는 곳에서 종종 출몰하며, 고수온의 여파로 예전보다 자주 보이는 추세다. 산란은 9~11월로 알려졌고, 제철은 봄부터 초가을로 이 시기 새눈치는 감성돔 못지 않은 맛을 낸다.

이용

감성돔과 비슷하게 이용된다. 회 맛은 제철의 감성돔보다 식감에서 떨어진다는 평가이지만, 여름에 잡힌 새눈치는 감성돔에 버금갈 만큼 맛이 있다고 알려졌다. 이 밖에도 매운탕이나, 구이, 찜으로도 이용되며, 반죽을 입혀 바싹 튀겨낸 새눈치 깐풍기를 만들어 먹어도 좋다.

**+
감성돔과
새눈치의
차이**

둘은 생김새가 비슷하지만, 외관상으로도 구분되는 몇 가지 포인트가 있다.
1. 감성돔은 5번째 등지느러미에서 측선까지 배열된 비늘 횡렬수가 5.5열, 새눈치는 3.5열이다. 이는 새눈치가 감성돔보다 비늘이 크다는 증거이다.
2. 새눈치는 감성돔과 달리 배와 뒷지느러미, 꼬리지느러미의 일부가 노란색이다.

≪ 새눈치의 지느러미

≪ 감성돔의 지느러미

≪ 감성돔(위), 새눈치(아래)

≪ 감성돔의 비늘 배열수는 5.5열이다

≪ 새눈치의 비늘 배열수는 3.5열이다

+

그 외
감성돔 종류

국내에는 감성돔과 새눈치 두 종류만이 서식했다. 그런데 최근에 지구 온난화에 따른 해수온 상승과 해류의 변화로 인해 기존에는 보이지 않았던 남방계 어종이 눈에 띄게 늘었다.

남방감성돔(*Acanthopagrus sivicolus*)

'미나미쿠로다이'(ミナミクロダイ)로 국내에선 표준명이 없어 남방감성돔이라 불린다. 이 종은 5번째 등지느러미에서 측선까지 배열된 비늘 횡렬수가 4.5열이다. 오키나와 주변 해역과 하천을 넘나들며, 최대 50cm까지 성장한다. 다만 이 종은 최근 몇 년 사이 남해안 일대 감성돔 낚시에서 종종 포획되고 있어 비상한 관심을 모으고 있다.

≪ 남해 물건 방파제서 잡힌 남방감성돔

오키나와키치누(*Acanthopagrus chinshira*)

'오키나와키치누'(オキナワキチヌ)는 한때 '오스트레일리아키치누'로 잘못 알려진 종으로 오키나와를 비롯해 대만, 홍콩 담간도, 베트남과 필리핀 북부 해안에 서식하는 종이다. 큰 것은 55cm가 넘으며 홍콩에서는 빛깔에 따라 바이라, 백돔 등으로 불린다. 5번째 등지느러미에서 측선까지는 4.5열이며, 꼬리지느러미는 약간 노란색을 띠고 끝부분이 V자 형태를 따라 검은색이며, 뒷지느러미에는 마치 침조기처럼 희고 단단한 가시가 특징이다. 국내에 잡힌 감성돔 중에서도 해당종이 의심되는 사례가 있으니 지속적인 관심이 필요해 보인다.

≪ 홍콩 담간도에서 잡힌 오키나와키치누

강도다리

분류 가자미목 가자미과
학명 *Platichthys stellatus*
별칭 광도다리(X), 도다리(X), 범도다리(X)
영명 Starry flounder
일명 누마가레이(ヌマガレイ)
길이 25~50cm, 최대 90cm
분포 동해, 일본 북부, 오호츠크해, 베링해,
　　　 알래스카만, 캘리포니아 해역
제철 6~2월
이용 회, 탕, 조림, 구이, 튀김, 카르파치오

대량 양식에 성공하면서 전국적으로 흔히 맛볼 수 있는 가자미다. 일각에선 광어+도다리의 교잡종이라 하여 '광도다리'로 부르기도 하지만 이는 사실이 아니다. 가자미과 어류 중에선 담수 적응력이 좋아 국내에선 동해안 일대 강 하구와 바닷물이 만나는 삼각주에 서식하며, 다 자란 대형급은 바다 깊은 곳에서도 발견된다. 다른 가자미과 어류와는 달리 눈 방향이 광어와 같다. 즉 정면에서 보면 양 눈이 왼쪽에 쏠려 있다. 이는 한국, 일본에 서식하는 강도다리의 특징이며, 알래스카 연안에 서식하는 강도다리는 약 30% 정도가, 캘리포니아 연안에 서식하는 강도다리는 50% 정도가 가자미와 같은 눈 방향이다.

국내에 유통되는 강도다리는 대부분 국산이고 중국산 양식도 일부 들어온다. 동해안 일대 시장에선 자연산 강도다리도 볼 수 있는데, 특히 동해 삼척을 기점으로 동남부 해안의 하천과 기수역에선 강도다리 원투낚시가 성행하고 있다. 작은 것은 어른 손바닥만 한 크기부터 40~50cm까지 다양한데 가끔 70cm를 웃도는 대형급 강도다리도 있다.

고르는 법

대부분 활어 횟감으로 유통된다. 국내에서의 산란기는 2~5월 사이이며, 이 시기를 제외하면 연중 맛의 편차가 크지 않다. 다만 2~5월 사이에는 봄도다리 마케팅으로 강도다리의 출하량과 소비량이 많아진

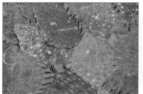

∧ 노란색이 강한 양식 강도다리

∧ 청자색의 양식 강도다리

다. 그러니 봄도다리의 원조 격인 문치가자미로 알고 구매하는 일은 없어야 한다. 산란에 참여하지 않는 어린 개체는 뼈째썰어(일명 세꼬시) 먹는데 살밥은 개체마다 차이가 크니 되도록 두꺼운 것을 고른다.

몸통의 체색은 청자색부터 노란 빛깔에 이르기까지 다양하나 색에 따른 맛의 차이는 미미하다. 외관상 깨끗하면서 상처가 적고, 지느러미가 매끄럽고 바닥에 배를 붙이고 얌전히 숨쉬는 것을 고른다. 등쪽에 살밥이

∧ 항생제 과다 남용 자국

올라 전반적으로 통통한 것이면 더욱 좋다. 포를 떴을 때 사진과 같이 특정 부위에 노란색 고름이 찼다면 항생제를 과다 남용한 자국일 수 있으니 상거래 시 이러한 부분도 꼼꼼히 챙기는 것이 좋다.

이용

시장과 횟집에서는 활어회로 이용되며, 작은 것은 뼈째썰어 먹는다. 기본적으로 살이 탄탄하고 씹는 맛이 좋으니 너무 두껍게 썰면 질길 수 있다. 그러므로 일정 크기가 넘어가는 것은 적당히 숙성해서 먹는 것을 추천한다. 회를 뜨고 남은 서덜(뼈)는 매운탕으로 이용한다. 이 외에도 구이와 조림, 튀김 등 다른 가자미와 비슷하게 이용된다.

≪ 강도다리회

개볼락 | 흰꼬리볼락, 우럭볼락, 황해볼락

분류	쏨뱅이목 양볼락과
학명	*Sebastes pachycephalus*
별칭	꺽저구, 꺽더구, 돌볼락, 돌우럭
영명	Spotbelly rockfish
일명	무라소이(ムラソイ)
길이	15~25cm, 최대 40cm
분포	우리나라 전 해역, 일본, 중국, 동중국해
제철	10~3월
이용	회, 구이, 튀김, 탕, 카르파치오, 세비체

주로 낚시 등 부수어획으로만 접할 수 있는 자연산 물고기로 아직은 양식이 없다. 우리나라 경기 북부와 강원 북부부터 제주에 이르기까지 폭넓게 서식한다. 지역에 따라 산란철이 다른데 부산을 비롯한 남해안 일대를 기준으로 2~3월경이며, 제철은 크게 타지 않는 편이다. 낚시 인기 대상어인데 특히 감성돔 릴 찌낚시와 루어낚시에 곧잘 걸려든다. 암초 등 돌무더기가 발달한 저층, 방파제 테트라포드에 서식하며, 평균 몸길이는 15~20cm 내외이다.

+ 개볼락의 재분류

국내에서는 개볼락을 단일종으로 기술하나, 일본에서는 오래전부터 개볼락에 관한 논쟁이 끊이지 않았다. 서식지 환경에 따른 차이인지, 유전자가 달라서인지를 놓고 수년간 갑론을박이 있었던 것이다. 2013년경 학자들은 수년간 이어진 논쟁을 매듭짓고자 개볼락 4가지 타입에 대해 유전자분석에 들어갔다. 그리고 DNA 분석으로 '서식지 환경 차이다 VS 종이 다르다'의 첨예한 대립은 종지부를 찍었다. 결과는 우리가 예상한 것과 사뭇 달랐다. 양측의 대립이 모두 맞았기 때문이다.

개볼락(*Sebastes pachycephalus*)

가장 일반적인 형태이다. 남해안 일대에선 꺽더구, 돌볼락 정도로 불리며 맛이 좋은 어종이다. 개볼락은 서식지 환경에 따라 두 가지 타입으

≪ 개볼락 표준 타입

≪ 별무늬개볼락(가칭)

로 나뉜다. 하나는 개볼락이고, 다른 하나는 별무늬개볼락(가칭)으로 몸통에 굵은 줄무늬가 나타나며 별무늬란 이름처럼 각 지느러미에 촘촘한 반점이 산재해 있다. 이 둘은 후일 동일종으로 판명돼 표준명 개볼락으로 통합되었다.

황점개볼락(*Sebastes nudus*)

이름처럼 등지느러미 부근에 노란점이 있어 쉽게 구별된다. 개볼락 타입 중 가장 화려한 체색을 뽐내는데 이름과 생김새가 비슷한 '황점볼락'과 자주 오인되기도 한다. 황점개볼락에는 두 가지 타입이 있는데 하나

︽ 황점개볼락

︽ 빨간얼룩개볼락(가칭)

는 황점개볼락이고 다른 하나는 빨란얼룩개볼락(가칭)이다. 황점개볼락과 비슷한 무늬가 나타나지만 노란점이 아닌 붉은점으로 나타난다는 차이가 있다. 이 둘은 후일 동일종으로 판명돼 표준명 황점개볼락으로 통합되었다.

고르는 법

우럭, 볼락과 마찬가지로 대가리가 커서 수율면에선 타 어종대비 낮은 편이다. 활어로 유통되며 시장에는 일부 선어(생물) 판매되기도 한다. 횟감을 클수록 맛이 좋다. 고를 때는 빛깔보다 상처 유무와 활력(정상적으로 유영하는지 여부), 몸통의 두께를 보는 것이 좋다.

당일 잡은 활력 좋은 개볼락(제주 동문시장) ︽

이용

개볼락 산지는 특정 지역을 거론할 수 없을 만큼 다양하며, 그리 많은 양이 잡히지 않는다. 그나마 쉽게 볼 수 있는 곳이라면 제주 동문시장, 삼천포 용궁어시장을 비롯해 남해안 일대 시장과 횟집이다. 철갑을 두른 듯한 비늘,

︽ 개볼락회

︽ 조직감이 치밀하고 탄력이 좋다

탱글탱글한 살, 은은히 우러나오는 단맛에 탄력이 좋아 활어회로 얇게 썰어 먹는 것이 좋다. 특히 회를 썰 때 껍질을 벗기지 않고 비늘만 제거한 다음 토치로 살짝 태우거나 뜨거운 물을 부어 껍질만 익혀 먹는 방법도 있다. 그 외에도 카르파치오나 세비체로도 잘 어울린다. 개볼락구이는 볼락 못지않게 고소한 맛을 내며 탄탄한 살집이 특징이다. 잔가시가 적고 가운데 척추뼈는 크고 굵어 발라내기 좋다. 이 밖에 튀김이나 회무침, 탕수 등으로 만들어도 색다른 요리로 변신한다.

흰꼬리볼락

분류 쏨뱅이목 양볼락과
학명 *Sebastes longispinis*
별칭 우레기, 똥새기, 돌우럭
영명 White-tail rockfish
일명 코우라이요로이메바루(コウライヨロイメバル)
길이 10~18cm, 최대 약 20cm
분포 동해, 남해, 제주도, 일본을 비롯한
북서태평양의 온대 해역

제철 미상
이용 회, 구이, 탕, 튀김, 조림

꼬리 부분에 너비가 넓은 흰색 띠가 그어져 있어 '흰꼬리볼락'이라는 이름을 얻었다. 길이가 대략 15~18cm로 양볼락과 어류 중에는 소형종이다. 주로 바닥층을 노린 감성돔 릴 찌낚시에서 혼획되며 잡어 취급을 받는다. 살은 많지 않지만 볼락에 버금갈 만큼 맛이 있다.

우럭볼락

분류 쏨뱅이목 양볼락과
학명 *Sebastes hubbsi*
별칭 우레기, 똥새기, 돌우럭
영명 Armorclad rockfish, Stingfish
일명 요로이메바루(ヨロイメバル)
길이 15~18cm, 최대 약 23cm
분포 동해, 남해, 제주도, 일본, 동중국해를
비롯한 북서태평양의 온대 및 아열대 해역

제철 미상
이용 회, 탕, 튀김, 조림

흰꼬리볼락과 함께 연안의 암초지역에 서식하는 소형 볼락류이다. 단독으로 조업되거나 유통되지 않으며, 개체수도 많지 않아 이따금씩 부수어획물로 잡혀 잡어로 취급되곤 한다. 생김새는 흰꼬리볼락과 유사하지만 흰 꼬리 대신 붉고 난잡한 무늬로 되어 있다. 두 어종 모두 인지도가 낮고 어민들과 상인들도 정확한 명칭을 몰라 '우레기', '똥새기', '돌우럭' 정도로만 불린다. 수율이 좋지 못한 편이며, 껍질이 약간 두껍고 뼈는 부드러운 편이다. 주로 매운탕으로 이용된다. 회는 토치로 껍질만 익혀 썰어낸 스타일이 맛있다.

황해볼락

분류 쏨뱅이목 양볼락과
학명 *Sebastes koreanus*
별칭 서해볼락, 뽈락
영명 미상
일명 미상
길이 10~20cm, 최대 약 30cm

분포 서해 및 남해, 중국
제철 3~6월, 9~11월
이용 회, 구이, 탕, 튀김, 조림

이름처럼 우리나라 서해에서만 발견되는 한국 고유종이다. 하지만 실제로 서식이 확인된 지역은 서해뿐 아니라 완도, 여수, 통영까지라 할 수 있다. 조피볼락과 서식지를 공유하므로 이 둘이 한 자리에서 곧잘 잡히곤 한다. 최대 30cm까지 보고되었으나 주로 잡히는 것은 10~20cm가 가장 많다. 봄이면 김포 대명포구를 비롯해 경기도와 충청남도권의 시장 및 포구에 한시적으로 잡혀 들어오는데 활어보단 선어(생물) 비중이 높다. 회보단 구이나 조림, 탕감으로 쓰인다.

갯농어

분류	압치목 갯농어과
학명	*Chanos chanos*
별칭	밀크피시, 방구스, 방우스
영명	Milkfish
일명	사바히(サバヒー)
길이	30~90cm, 최대 약 1.8m
분포	제주도, 일본 남부, 대만, 필리핀, 말레이반도, 인도네시아, 호주, 하와이를 비롯한 서태평양 아열대 및 열대 해역

제철 9~11월
이용 회, 구이, 튀김, 죽, 덮밥, 탕(시니강), 조림, 세비체

대만 남부(가오슝)와 필리핀에선 한국의 고등어만큼 절대적인 인기를 얻고 있는 국민 생선이다. 동남아시아를 비롯해 태평양 제도의 몇몇 섬 국가에는 매우 중요한 수산자원이기도 하다. 필리핀에선 800년 전부터 양식을 시도해왔고, 1970대부터 본격적으로 대량 양식에 성공했다. 현재 대만과 필리핀 어시장에서 판매되는 갯농어는 대부분 양식이다. 자연산은 개체수가 풍부하지만 성체는 보기가 드물다. 그 이유는 갯농어의 특이한 생활 방식에 있다. 맹그로브숲이나 하천에서 태어난 갯농어는 오히려 기수역으로 거슬러 올라가 생활하고 크면 역으로 바다로 회유하는데, 1m 이상 성체가 될 만큼 자라면 무리를 이탈해 매우 깊은 수심대로 들어가 단독 생활을 한다. 이 때문에 그물에 걸려도 부수어획 되는 정도이며, 시장에 흔히 유통될 수 없는 이유이다.

이용

열대 지방에 서식하는 생선이지만 기본적으로 지방이 많은 흰살생선이다. 국내엔 냉동으로 수입되며 가격은 저렴한 편이다. 잔가시가 많아 먹기 불편하지만, 대만과 필리핀에선 일찌감치 갯농어를 먹어온 만큼 잔가시까지 제거하

⌃ 갯농어 껍질 구이회

⌃ 갯농어 구이

는 손질법이 발달했고, 아예 가시를 제거한 필렛만 판매하기도 한다. 이들 국가는 회로 먹는 문화가 없지만, 세비체처럼 소스를 끼얹어 샐러드와 함께 먹기도 하는데 가장 많이 먹는 조리법은 역시 구이와 튀김이다. 대만 가오슝에선 튀기거나 구운 갯농어를 죽이나 덮밥에 올려 먹기도 하며, 필리핀에선 '시니강'이라는 일종의 맑은탕을 해 먹는다.

거북복 | 청복

분류   복어목 거북복과
학명   *Ostracion immaculatus*
별칭   미상
영명   Polkadot boxfish
일명   하코후구(ハコフグ)
길이   10~20cm, 최대 약 27cm
분포   남해 및 제주도, 동해, 일본 중부이남, 대만, 필리핀
제철   평가 없음
이용   회, 구이, 그라탱

복어목 거북복과에 속하며 몸통은 네모로 각져 있고 매우 딱딱하다. 국내에선 따뜻한 난류의 영향을 받는 여름~가을 사이 남해 먼바다와 제주도에서 발견된다. 어릴 땐 황금빛을 띠며 특유의 귀여운 외모로 인해 관상어로 인기가 있고, 성장함에 따라 얼굴 생김새와 체색에 큰 변화가 있다.

⌃ 가을에 낚시로 종종 잡힌다(제주 관탈도)

+ 거북복의 독성

거북복은 다른 복어류와 달리 맹독성인 테트로도톡신이 없다. 대신 '팔리 독소'(Paly Toxin)와 유사한 독성 물질이 체내에 축적된 것으로 알려졌다. 이러한 독성은 테트로도톡신과 마찬가지로 선천적 보유가 아닌 먹이 사슬에 의해 축적되는데 이를 섭취할 경우 심각한 중독을 일으키며 심한 경우 사망에 이르기도 한다. 일본에선 2002~2007년 사이 총 9명이 중독되었고 그중 1명이 사망했다고 보고했다. 피부(껍질)에도 독성이 있으니 식용에 주의해야 한다.

이용

국내에선 제주도를 제외한 지역에서 유통 및 조리해서 판매한 흔적을 찾아볼 수 없다. 일본 나가사키현에선 특미로 인식, 전국에서 미식가들이 찾을 만큼 특별한 음식으로 손꼽는다. 몸이 딱딱하여 손질이 까다롭지만, 속살은 회로 먹었을 때 단맛이 진해 아주 맛있다. 속을 파낸 거북복의 몸통에 살을 다져 갖은 채소와 함께 넣고 오븐에 구우면 근사한 거북복 그라탱이 되기도 한다. 이 밖에도 찜과 조림, 탕, 튀김 등으로 먹을 수 있으나 수율이 낮아 먹을 살이 많지 않다.

tip. 복어의 독성표   맹독 ▮▮▮▮▮ 무독

	난소	정소	간	껍질	장	근육
자주복(참복)	●		●		●	
까치복	●		●		●	
검복(밀복)	●		●	●	●	
졸복	●	●	●	●	●	
복섬	●	●	●	●	●	

청복

분류	복어목 참복과
학명	*Canthigaster rivulatus*
별칭	미상
영명	Scribbled toby
일명	키타마쿠라(キタマクラ)
길이	10~15cm, 최대 약 20cm
분포	남해, 제주도, 일본 남부, 하와이, 호주 북부, 인도양 및 아프리카 동부
제철	평가 없음
이용	평가 없음

복어목 참복과에 속하며 평균 몸집이 10~15cm인 소형 복어다. 따뜻한 바다에 사는 아열대성 어류로 제주도와 대마도 연안, 규슈 지방에서 낚시 중에 곧잘 낚인다. 일부 지역에서 까칠복을 청복이라고 불러 헷갈릴 수 있는데, 둘은 엄연히 다른 종류다. 근육과 난소는 무독, 장과 간은 약독, 피부는 강독으로 알려졌지만, 일반적으로 식용하지 않으며 경제적 가치도 낮아서 유통되지 않는다.

검복

분류	복어목 참복과
학명	*Takifugu porphyreus*
별칭	밀복(X), 복쟁이
영명	Genuine puffer fish
일명	마후구(マフグ)
길이	25~40cm, 최대 약 58cm
분포	우리나라 전 해역, 발해만, 일본, 동중국해, 중국, 대만 북부
제철	11~3월
이용	회, 탕, 죽, 찜, 초밥, 무침, 냉채, 튀김, 샤브샤브

≪ 몸길이 50cm에 이르는 대형 검복

서민들이 쉬이 접할 수 있는 대중적인 복어류이다. 주요 산지는 주문진을 중심으로 동해안 일대인데 이곳 상인들은 '밀복'으로 부르고 있어서 살과 껍질에도 독성이 있어 식용 불가인 '표준명 밀복'과 혼란이 염려된다. 이름 그대로 등이 검으나 배쪽은 개체에 따라 희미한 노란색에서 강렬한 황금색을 띠기도 해 일부 사람들이 '황복'으로 오인하기도 한다. 군집은 서해와 동해로 나뉘며 계절회유를 하다 봄에 산란하는데 제철은 그 이전인 늦가을부터 초봄까지라 할 수 있다. 아직은 양식을 하지 않아 자연산으로만 유통되는데 작은 것은 몸길이 25cm부터 큰 것은 50cm가 넘는다. 따라서 국내에서 잡히는 복어류 중에선 자주복 다음으로 큰 종이라 할 수 있다.

+

검복의 독성과 유의 사항

다른 복어류와 마찬가지로 간장을 비롯한 내장과 난소(알집)에는 맹독인 테트로도톡신이 들어있다. 껍질은 약독이거나 무독이므로 식용이 가능하다. 살과 정소는 무독으로 식용할 수 있다.

암컷의 난소는 맹독이고 수컷의 정소는 무독이지만, 피를 잘못 빼거나 물리적인 충격을 입으면 하얀 정소에도 핏물이 배여 먹지 못하게 되거나 흐르는 물에 여러 번 씻어내야 하는 번거로움이 생긴다. 이때 맹독인 난소와 간장을 핏기를 머금은 정소로 오인해서 식용해선 절대 안 된다.

≪ 독성을 품고 있는 복어 부산물. 11시부터 시계방향으로 아가미, 지느러미, 소화기관, 눈알, 쓸개, 간, 꼬리지느러미로 지느러미를 제하면 모두 독이 있다

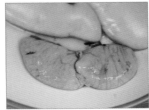 

왼쪽부터 맹독인 난소(알집)와 ≫ 무독인 정소

고르는 법

동해안 일대 시장에선 활어와 선어(생물) 두 가지로 판매되고 있다. 선어는 복국용으로 손질된 것을 판매하며 누구나 구매하여 쉽게 이용할 수 있다. 활어는 클수록 kg당 가격이 높은데, 외관상 상처가 적고 몸을 똑바로 세워 적극적으로 유영하는 개체를 고른다. 복어 손질은 반드시 복어조리자격증을 소지한 사람이 해야 한다.

이용

콜라겐 함유량이 높은 껍질은 쫄깃쫄깃하고 씹는 맛이 있는데 참기름장과 궁합이 좋다. 그대로 얇게 썰어내기도 하며, 냉채로 내기도 한다. 살 또한 탄력이 높으니 얇게 써는데 활어 시장에서는 어쩔 수 없이 활어회로 먹지만, 반나절에서 하루 정도 숙성하는 것이 더 맛있다. 정소는 시라코라 해서 찌거나 튀기거나 구워먹으면 일품이고, 탕에 넣을 땐 조직감이 쉽게 풀어지므로 불을 끄기 2~3분 전에 넣는 것이 좋다. 함께 어울리는 채소류는 역시 미나리이고, 새콤한 폰즈소스를 곁들인다.

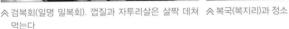

≪ 검복회(일명 밀복회). 껍질과 자투리살은 살짝 데쳐 먹는다

≪ 복국(복지리)과 정소

≪ 검복탕(일명 밀복탕)

게르치

분류	농어목 게르치과
학명	*Scombrops boops*
별칭	상피리
영명	Japanese bluefish
일명	무츠(ムツ)
길이	25~50cm, 최대 약 65cm
분포	남해, 제주도, 일본 중부이남, 대만, 동중국해, 인도양
제철	11~3월
이용	회, 솥밥, 탕, 구이, 튀김, 조림

부산에선 쥐노래미를 '게르치'라 부르는 경향이 있어 이 지역에서 '게르치회를 먹는다.'라면 대게 쥐노래미를 뜻한다. 하지만 표준명으로 등재된 게르치는 본종으로 수심 200~600m에 서식하는 준심해성 어류이다. 고급 어종인 눈볼대(금태)와 색만 다를 뿐 형태학적으로 매우 닮았지만, 가격은 금태의 약 2/3 정도로 저렴하며 음식도 비슷하게 이용된다. 국내에서는 제주도 동쪽 먼바다 해상을 비롯해 대한 해협 등 남해 동부권 먼바다 깊은 수심대에서 잡는다. 산란은 3~6월 사이로 난소가 발달하는 초봄부터는 지방이 빠지기 시작한다. 지방이 가득 오르는 제철은 겨울로 알려졌는데 난소(알집)가 맛있기로 유명해 횟감이 아닌 조리용으로만 쓰겠다면 봄에 잡힌 것도 괜찮다.

+ 게르치와 검은게르치

국내 자료에 의하면 게르치는 최대 50cm로 나와 있는데 이는 사실이 아니다. 사진은 부산 연안에서 잡힌 대형 게르치로 60cm를 넘으며, 무게는 2.7kg이었다. 일본에선 게르치를 3가지 타입으로 나누고 있는데 그중 2가지는 환경에 의한 차이로 벌어지는 아종으로 보고 있지만, 나머지 하나는 DNA 분석 결과 이종으로 나타났다. 즉, 게르치(ムツ)와 검은게르치(クロムツ, 가칭)는 오래전부터 종의 구분을 놓고 학계에서 논쟁을 벌여왔다. 다시 말해 이 둘은 같은 종인데 환경적 차이에 의한 집단이 안정되면서 분화되는 또 다른 군집(아종)이란 기존 연구 결과를 뒤집고 2008년경 DNA 염기 서열 분석 결과 생식적으로 격리된 별종으로 밝혀졌다. 한국에서 '검은게르치'는 아직 국명이 정해지지 않아 임시로 표기했지만, 일본에서는 '무츠'(*Scombrops boops*)와 '쿠로무츠'(*Scombrops gilberti*) 두 종으로 구분하고 있다. 검은게르치는 게르치와 달리 몸길이 1.5m에 무게는 10kg에 이르는 초대형 개체가 발견되기도 했다.

≪ 몸길이 60cm가 넘는 대형 게르치

두 개체의 분포 영역 및 검은게르치 산란장과 성육장

성육장

산란장

게르치 분포 영역
검은게르치 분포 영역

≪ 두 게르치의 분포도

외형적으로는 게르치가 황갈색과 회색에 가깝고, 검은게르치(가칭)는 검은색에 가깝다고 알려졌다. 하지만 이러한 체색은 서식지 수심에 따라 달라지며, 게르치도 검은색에 가까운 개체가 잡히기 때문에 정확한 구별법은 아니다. 정확한 것은 아가미궁의 개수를 세어야 하는데 이 또한 쉽지 않으므로 일본 현지에서도 구분 없이 판매되는 경향이 있다.

다만 두 종이 개체군에 따른 서식지가 분리되어 있다는 점은 주목할 만하다. 조사에 의하면 게르치는 한국의 남해와 제주도 근해를 비롯해 일본 연안에 고루 분포하지만, 검은게르치(가칭)는 관동에 해당하는 도호쿠 지역에서 태평양과 맞닿은 산리쿠 해역에만 서식하는 것으로 알려졌다.

고르는 법

올라오는 즉시 수압차로 죽어버리기 때문에 전량 선어(생물)로 유통된다. 국내에선 부산, 삼천포가 주산지이며, 전국으로 유통되는데 잡히는 양은 많지 않아 그 양이 한정적이다. 서울에선 주로 노량진수산시장 새벽도매시장에서 한시적으로 볼 수 있다. 횟감은 가능한 당일 잡혀 경매된 것이 최상급이며, 하루까지는 괜찮다. 색은 검으면서도 비늘에선 반짝이는 누런 광택이 나야 한다. 배부분을 눌렀을 땐 탄력이 느껴져야 하고, 아가미는 진액이 많이 나오지 않으면서 밝고 선명한 선홍색에 가까운 것이 좋은 게르다. 가격은 마리당으로 책정되는데 크기에 따라 5천 원에서 3만 원 정도이며, 가끔 들어오는 대형급(50cm 이상)은 kg당 판매되기도 한다. 참고로 눈알이 투명해도 배 부분이 물컹물컹하며, 비늘이 일부 벗겨진 것은 신선하지 않을 확률이 높다.

이용

신선한 것은 선어회와 초밥으로 사용된다. 겨울에는 지방이 많은 편이므로 초고추장보다는 간장, 와사비가 잘 어울린다. 껍질이 별미인데 토치로 살짝 구워 껍질회로 먹고, 껍질만 따로 벗겨 살짝 구워 먹기도 한다. 그 외에 구이와 튀김, 솥밥, 간장조림, 탕감으로 이용된다. 봄철에 비대해진 난소(알집)가 별미로, 굽거나 조려 먹기도 하며 달걀찜에 넣어 먹기도 한다. 고급 음식점이나 초밥집에서 선호하는 재료로 눈볼대(금태)와 함께 고급 어종으로 인식되고 있다.

⩘ 게르치회

⩘ 씹는 맛이 좋은 게르치 껍질 구이

⩘ 게르치 초밥

⩘ 게르치 구이

⩘ 게르치 간장조림

⩘ 게르치 매운탕

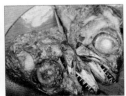
⩘ 대가리 소금구이

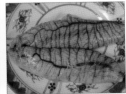
⩘ 고급 식재료로 인기가 있는 게르치의 난소

고무꺽정이 | 개구리꺽정이

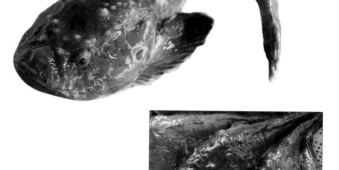

분류 쏨뱅이목 물수배기과
학명 *Dasycottus setiger*
별칭 돌망챙, 삼숙이, 망챙이, 망치
영명 Spinyhead sculpin
일명 간코(ガンコ)
길이 20~25cm, 최대 약 37cm
분포 동해, 일본 중부이북, 오호츠크해,
　　　 알래스카만, 베링해 등의 북태평양 연안
제철 11~3월
이용 회, 탕, 숙회, 전골

국내에선 동해에서만 잡히는 귀한 생선이다. 속초에서는 '망챙이'나 '돌망챙'이라 부르고, 주문진에서는 '삼숙이'라 부른다. 원래 삼숙이란 말은 '삼세기(삼식이)'라는 물고기를 의미했다. 그러다가 수년 전부터 삼세기 어획량이 급격히 떨어지면서 고무꺽정이가 이 지역의 별미인 '삼숙이탕' 재료로 대체된 것으로 원조는 삼세기가 삼숙이 탕의 재료였다.

생태에 대해선 그리 많이 알려지지 않았다. 동해의 깊은 수심대 저질에 살며, 골격이 억세고 날카로운 뿔이 많이 나서 활어를 만질 땐 주의해야 한다.

△ 위판을 기다리는 고무꺽정이(주문진항)

△ 고무꺽정이(일명 삼숙이)탕

이용

대가리가 커서 횟감으로서 수율이 떨어지지만, 그만큼 커다란 대가리와 거칠고 굵직한 골격은 맛있는 육수를 내기에 최적의 조건을 가진다. 특히 맑은탕으로 끓였을 때 진하면서 비린내 없는 생선 국물이 특징이며, 살은 적당히 차지고 쫀득거리면서 담백한 풍미가 있다. 껍질과 살 사이에는 콜라겐이 두텁게 자리하는데 흡사 아귀의 맛과 닮았다. 싱싱할 땐 간을 넣어 끓이는데 그 맛이 특출나다. 동명항, 주문진 풍물 시장 등에서 활어로 볼 수 있다.

개구리꺽정이

분류 쏨뱅이목 둑중개과
학명 *Myoxocephalus stelleri*
별칭 돌시깨비
영명 Frog sculpin
일명 기스카지카(ギスカジカ)
길이 30~40cm, 최대 약 50cm
분포 동해, 일본 중부이북, 사할린, 오호츠크해,
　　　 베링해, 알래스카만 등의 북태평양 해역
제철 11~3월
이용 회, 탕

△ 개구리꺽정이 매운탕

△ 개구리꺽정이 회

고무꺽정이와 마찬가지로 강원도 일대 시장에서 볼 수 있다. 고무꺽정이와 달리 어획량이 적어 매우 한정적으로 입하되며, 평균 크기는 월등히 크면서도 독특한 생김새가 시선을 사로 잡는다. 대가리가 워낙 커서 국물맛이 시원하고 개운해 탕감으로 인기가 있다. 그 외에 몸통살은 석장 뜨기 해서 활어회로 썰어 먹는데 회 빛깔이 푸르스름한 것이 독특하다. 겉은 보들보들하면서 특유의 쫄깃거림이 있으나 전반적으로 살에 수분감이 많은 편이다.

기름가자미

분류 가자미목 가자미과
학명 *Glyptocephalus stelleri*
별칭 미주구리, 물가자미(x)
영명 Blackfin flounder
일명 히레구로(ヒレグロ)
길이 20~30cm, 최대 약 45cm
분포 동해, 남해, 사할린, 일본, 동중국해, 오호츠크해, 베링해
제철 11~4월
이용 회, 물회, 구이, 튀김, 조림, 건어물

동해의 깊은 저층에 서식하는 가자미과 어류이다. 산란철은 1~4월 사이이며 이 시기 지방이 가득 오르고, 봄으로 갈수록 알이 비대해지므로 이때가 제철이다. 다시 말해 건어물로 많이 소비되기에 알이 가득 든 시기를 제철로 인식했던 것이다. 국내에 서식하는 20여종의 가자미류 중 가장 흔한 편이며 가격도 저렴해 예부터 서민 반찬으로 인기가 높다.

※ 금어기는 없으나 금지체장은 17cm 이하이며, 2023년부터는 20cm로 상향 조정될 예정이다. (2023년 수산자원관리법)

| + 기름가자미와 물가자미의 구별 | 이 둘은 비교적 저렴하면서 흔히 이용되는 가자미류로, 지역 상인들이 표준명과 다른 이름으로 부르고 있어 혼동이 되고 있다. |

기름가자미
주로 물가자미나 미주구리로 불린다. '좌광우도'의 법칙을 그대로 따르므로 정면에서 보면 양눈이 오른쪽으로 몰렸고 납작한 편이다. 무안부(배부분)는 희면서도 탁한 회색을 띠며, 지느러미는 검다. 동해안 일대가 주산지이며, 활어 횟감, 건어물로 판매된다.

≪ 기름가자미(포항 죽도시장)

물가자미

상인들은 참가자미, 호시가자미 등으로 부르는 경향이 있다. '좌광우도'의 법칙을 따르며, 무안부(배부분)는 희고 유안부(등쪽)에 있는 6개의 반점이 특징이다. 서남해 및 제주도가 주산지이며, 대부분 선어(생물)로 유통돼 조림과 구이 등으로 이용된다.

⌃ 물가자미(제주 서부두)

고르는 법

클수록 맛이 있다. 건어물은 배쪽에 알(검은색)이 있는지 확인한다. 생물을 고를 땐 배쪽이 투명해 속이 비치고 살 두께가 얇은 것보단 통통한 것을 고른다. 지느러미도 특유의 검은색으로 진한 것이 좋다.

⌃ 건조 중인 기름가자미(속초)

⌃ 위판 중인 기름가자미(포항 죽도시장)

이용

강원도 고성부터 포항에 이르기까지 동해안 전 지역의 수산시장에서 어렵지 않게 볼 수 있다. 활어는 뼈째 썰어 회로 먹는데 기름가자미만 따로 판매하기보단 다른 횟감과 함께 서비스 형태로 끼워 파는 경우가 많다. 산란철인 1~4월 사이에는 뼈가 약해 까슬까슬하지 않으면서도 특유의 감칠맛과 고소한 맛이 좋다. 속초 중앙시장과 포항 죽도시장에는 물회용으로 썰어 판매하기도 하는데 가성비가 좋다.

동해 일부 지역에선 회무침과 물회로 이용하는데 기호에 따라 오이, 파, 배, 미나리 등을 올리고 마지막엔 밥을 비벼 물회밥으로 먹기도 한다. 생물은 조려 먹고, 적당히 반건조한 것은 굽거나 튀겨 먹는데 저렴하면서도 맛이 일품이다.

기름가자미를 비롯해 다양한 물횟거리를 파는 죽도시장 ⌃
5만 원짜리 활어 바구니에 끼워 파는 기름가자미(설악항 회센타) ≫

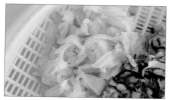

⌃ 기름가자미 뼈째회

⌃ 기름가자미 회무침

⌃ 기름가자미 물회밥

까나리

분류 농어목 까나리과
학명 *Ammodytes personatus*
별칭 양미리, 곡멸
영명 Northern sandlance, Pacific sandlance
일명 이카나고(イカナゴ)

길이 5~20cm, 최대 약 30cm
분포 서해 및 남해, 동해, 발해만, 일본 중부
이북, 알래스카를 비롯한 북태평양
제철 4~6월(소형), 11~2월(대형)
이용 액젓, 볶음, 국, 건어물, 구이, 조림, 찌개, 튀김

까나리 액젓의 원료로 작은 것은 멸치 만한 크기에서 큰 것
은 약 30cm 정도에 이른다. 서해에선 해마다 4~6월 사이 어
린 까나리를 조업해 액젓을 만들며 백령도와 충청남도 태안
산이 유명하다. 국내에서 까나리는 크게 두 무리(군집)로 나
뉘어 있다. 서해산은 연안류를 따라 서남해를 거쳐 남해 중
부에서 산란하는데 이것이 동해로 넘어가 동해 군집과 섞일
확률은 낮은 것으로 알려졌다. 반면 동해산은 현재 알려지지

⌃ 까나리 삶는 풍경(백령도)

않은 몇 가지 이유로 인해 서해산보다 훨씬 크게 자라는데 평균 크기가 20~30cm 사이이며, 이를 동해
에선 '양미리'라 불렀다. 냉수성 어류로 여름에는 모래 속을 비집고 들어가 여름잠을 자고, 겨울에는 산
란을 준비하기 위해 먹이활동을 왕성히 하며 영양분을 축적해 둔다. 산란철은 1~4월로 기록되어 있지
만, 최근에는 2월을 전후해서 산란하는 등 그 시기가 다소 앞당겨지기도 했다.
어획은 주로 그물로 잡는다. 밤에는 모래 속에 숨어 있다가 날이 밝아오면 먹이활동을 위해 일제히 튀
어 오르는데 이때 미리 깔아둔 그물코에 대가리가 박히면서 잡힌다. 방식이 이러하다 보니 대가리나
아가미가 찢기거나 성하지 않은 경우가 많은데 상품성 떨어지는 파조기와 달리 싱싱하긴 매한가지다.

+
까나리와
양미리의
관계

까나리는 농어목 까나리과에 속하며 학
명은 *Ammodytes personatus*이다. 서해산
은 소형이라 액젓용으로, 동해산은 대형
이라 말려서 굽거나 조려먹는다. 그리
고 이것을 동해에선 오래전부터 '양미
리'라 불렀다. 서해산과 동해산이 같은 종이라는 근거는
유전자가 일치했기 때문이다. 하지만 이렇게까지 크기가
차이나는 것에 대해선 여전히 미스터리로 남아 있다.
한편 어류도감에는 표준명 양미리란 종이 따로 등재되어
있다. 표준명 양미리는 큰가시고기목 양미리과에 속하며
학명은 *Hypoptychus dybowskii*로 앞서 말한 까나리와는 전
혀 다른 종류다. 동해 북부에 서식하는데 어획량이 적고,
다 자라도 10cm 정도여서 상업적 가치는 떨어진다. 그런
데 최근들어 학계에선 이 두 종의 유연관계가 있을 것으

⌃ 동해에선 주로 양미리라 불리는 대형 까나리

⌃ 표준명 양미리

로 보고 있어 비상한 관심이 쏠리고 있다. 기존에는 두 종을 완전히 분리해서 기록했지만, 최근에는

동해산 대형 까나리 중 일부가 표준명 양미리와 자연 교배를 통해 나온 교잡종(혼종)이란 연구 결과가 있었던 것이다. 생물학적 분류가 완전히 다른 이종이 자연 교배가 가능하다는 부분에 대해서도 여전히 의구심 있지만, 중요한 것은 명칭이 중복됨으로 인해 발생되는 혼선이다. 표준명 까나리와 양미리란 명칭을 어떻게 정의해 상거래 혼선을 줄일지에 대해선 여전히 숙제로 남아있다.

고르는 법

액젓용 생물을 구매할 일은 흔치 않지만, 그것을 말린 건어물은 백령도를 비롯해 경기권(인천, 김포), 충청남도 태안반도 일대 포구나 시장에서 구매할 수 있다.

동해산 대형 까나리(흔히 양미리라 부르는 것)는 알배기 때 잡힌 것을 노란 끈에 엮어 일 년 열두 달 판매하므로 건어물은 알이 들었는지, 배가 불룩한지만 확인한다면 언제 구매해도 크게 문제는 없다. 다만 생물은 구웠을 때 알과 정소 여부가 상품성에 지대한 영향을 주므로 구매 시기가 매우 중요하다. 그것은 그해 절기마다 차이가 있어서 현지 판매처에 문의하는 것이 가장 정확하지만 평균적으로 12월에 구매하면 실패가 적고, 늦으면 2월 초까지 이어진다.

⌃ 끈에 엮어 파는 건조 까나리(일명 양미리)

⌃ 알밸 때만 한시적으로 나오는 생물 까나리(일명 양미리)

이용

태안반도와 백령도에선 까나리 액젓으로 담가 먹는다. 지금은 액젓 공장에 자동화 설비가 들어서면서 해마다 봄이면 햇까나리를 잡아다 액젓을 만들고 수개월에서 1~2년 이상 숙성한다. 이렇게 만든 액젓은 병에 담아 판매되는데 각종 찌개나 나물 무침, 김치 등은 물론, 백령도의 황해도식 냉면에도 뿌려 먹는다.

말린 것은 멸치와 비슷하게 이용되는데 주로 달걀을 푼 까나리국과 까나리 볶음으로 이용된다. 동해산 대형 까나리는 생물과 끈에 엮은 건어물로 나뉘는데 모두 굽거나 튀기거나 조려 먹으며, 국물을 자작하게 해서 끓인 찌개도 별미다. 특히 한겨울 산란 직전인 대형 까나리는 생물로 사다 굽거나 튀겨 먹는데 고소함이 특출난 암컷의 난소(알)와 크림 치즈 같은 부드러움이 특징이 수컷의 정소가 별미로 손꼽힌다.

⌃ 숙성 중인 까나리 액젓

⌃ 까나리 액젓 완제품

⌃ 백령도의 황해도식 냉면

⌃ 까나리 볶음

⌃ 까나리(일명 양미리) 튀김

⌃ 까나리(일명 양미리) 찌개

⌃ 생물 구이에서만 맛볼 수 있는 부드럽고 고소한 정소

까칠복

분류 복어목 참복과
학명 *Takifugu stictonotus*
별칭 깨복, 청복(X)
영명 Spottyback puffer
일명 고마후구(ゴマフグ)
길이 30~40cm, 최대 약 48cm
분포 동해, 울릉도, 중국, 동중국해, 일본을 비롯한 북서태평양
제철 10~3월
이용 회, 수육, 탕, 튀김

△울릉도에서 종종 낚시로 잡히는 까칠복

동해와 울릉도 등지에 주로 서식하는 복어이다. 암청색 및 암녹색에 작은 반점이 몸통 전반에 산재한 것이 특징이다. 제철은 늦가을부터 초봄까지이며, 다른 복어류와 마찬가지로 산란기인 봄부터는 독성이 강해진다. 기본적으로 간장과 난소(알)는 맹독으로 식용이 불가하며, 껍질은 강독, 근육과 정소는 약독으로 이 부분만 식용이 가능하다(복어의 부위별 독성을 나타낼 때는 맹독과 강독, 약독, 무독으로 표현하며 이 중 약독과 무독 부위는 통상적으로 식용되고 있다. 따라서 어떤 복어류든 복어 조리사 자격증을 소지한 자만이 신중하게 손질해야 한다). 동해 일부 지역과 울릉도에선 청복이라 부르지만, 표준명 청복은 따로 있고 독성에 대한 분포도 다르므로 서로 혼동하지 않도록 주의한다.

이용

다른 복어류와 달리 살에 지방감이 떨어져 회보다는 탕과 튀김, 구이(복불고기) 정도로만 이용된다. 어획량도 많지 않을 뿐 아니라, 맛에 대한 평가와 상업적 가치 또한 낮아 가격이 저렴하다. 일본에서는 까칠복을 이용하여 난소 절임으로 먹는다. 맹독의 난소에 소금을 친 뒤 최소 2~3개월 이상 시간을 두고 절이면 테트로도톡신이 해독된다. 물론 일본의 일부 지역 사람들만 만들어 먹는 절임으로, 정확한 원리와 과정을 이해하지 못한 채 따라하면 위험할 수 있다.

△까칠복탕

꼬치고기

분류 농어목 꼬치고기과
학명 *Sphyraena pinguis*
별칭 고즐맹이, 꼬치, 꼬지, 창고기
영명 Red barracuda
일명 아카카마스(アカカマス)
길이 30~45cm, 최대 약 55cm

분포 제주도, 남해, 일본 중부이남, 남중국해, 동중국해, 대만, 인도양
제철 10~4월
이용 회, 소금구이, 튀김, 건어물, 찜

꼬치고기의 이빨

해외에선 '자이언트 바라쿠타'를 비롯해 여러 바라쿠타 어종을 스포츠 피싱 대상어로 삼고 있다. 이유는 거친 공격성을 가질 뿐 아니라 저항하는 힘이 세기 때문이다. 국내에선 제주도를 비롯해 남해 먼바다에 출현하는데 주로 해수온이 상승하는 여름~가을 사이에 잦고, 최근에는 그 시기도 확장됨에 따라 한겨울에도 어시장에 들어오곤 한다. 국내에 서식하는 꼬치고기는 바라쿠다류 중 비교적 소형에 속하며, 한국과 일본, 대만 등지에서 루어 낚시 및 식용어로 인기가 높다. 평균 크기는 35cm 내외이며, 최대 50cm를 넘어선다. 제주도에선 '꼬지'나 '고즐맹이'란 이름으로 취급되며 일부는 생물로, 일부는 말려서 판매되는데 그 양은 많지 않으며 항상 입하되지는 않는다. 성격이 꽤 난폭한 육식성 어종으로 한번 먹이를 물면 빠져나갈 수 없는 이빨과 턱 구조를 가졌다. 살아있는 꼬치고기를 취급할 땐 물리지 않도록 각별히 주의해야 한다.

이용   산란기에 접어드는 5~8월 사이를 제하면 연중 맛의 편차가 크지 않지만, 그래도 한겨울에 가장 맛이 오른다. 주요 산지는 제주도이며 서부두 어시장을 비롯해 동문시장 등에서 볼 수 있다. 흰살생선으로 굵은 소금을 척 뿌려 구워 먹으면 상당히 담백하면서도 고소한 맛이 있다. 열에 익혀도 살이 단단해지지 않으며, 잡내가 없고 잘 구워진 껍질과 함께 먹으면 맛이 있다. 간 무와 레몬, 라임등과 궁합이 좋다. 여름~가을에는 신선도가 빨리 저하되므로 일부 말려서 이용되며, 이때는 찜도 맛있다.

꼬치고기 소금구이 ≫

꼼치 | 미거지

분류	쏨뱅이목 꼼치과
학명	*Liparis tanakai*
별칭	물메기, 물텀벙이, 곰치(X)
영명	Tanaka's snaifish
일명	쿠사우오(クサウオ)
길이	40~55cm, 최대 약 65cm
분포	서해, 남해, 제주도, 일본, 동중국해, 중국, 쿠릴 열도, 동중국해, 오호츠크해
제철	11~2월
이용	회, 탕, 찜, 건어물

표준명은 '꼼치'이지만 어부, 상인, 식당에서 '물메기'로 부르기 때문에 '물메기탕'이라는 이름이 붙었다. 시장에서 판매되는 크기는 보통 50~60cm 정도인데 대부분 탕으로 먹기 때문에 알을 가지기 시작하는 한겨울이 제철이자 산란철이다. 부산, 거제 등 일부 지역에선 싱싱한 꼼치를 회로 먹기도 한다. 비늘이 없는 매끈한 피부를 가졌으며 살은 수분감이 많고 흐물흐물해 호불호가 갈리지만, 다량의 콜라겐을 가지고 있어 다이어트 및 건강식으로 손꼽힌다. 과거에는 생김새로 인해 아귀와 함께 버려지는 천덕꾸러

기 생선으로 취급되기도 했다. 잡히면 바로 물에 던져버렸는데 이때 첨벙 소리가 나서 아귀와 함께 '물텀벙이'라 불리기도 했다. 주로 탕으로 먹는 이 생선의 가장 유명한 요리는 물메기탕이다. 물메기탕은 어부식(食)에서 유래되었는데, 바쁜 조업 중에 상대적으로 상업적 가치가 떨어지는 물메기(표준명 꼼치)를 넣어 얼큰하게 끓인 뒤 밥을 훌훌 말아먹었던 음식이 퍼졌고, 이후 관광객들 사이에 입소문이 나서 지역을 대표하는 별미가 되었다.

+ **꼼치와 곰치,** **물메기의** **차이**	꼼치와 곰치는 이름이 비슷하지만 전혀 다른 생선이다. 꼼치는 흔히 '물메기'로 불리며 겨울이 제철인 탕감용 생선을 말하지만, 곰치는 오키나와 같은 아열대 해역에서나 서식하는 장어류의 일종이다. 일본 남부 지역에선 식용하지만, 국내에선 유통도 식용도 하지 않는다.

한편 어류도감에 표준명 '물메기'로 기술된 어종이 따로 있다. 동해 찬 바다에 서식하는 비교적 소형종으로 유통량은 매우 적다. 따라서 시장과 음식점에서 '물메기'라 부르는 꼼치와 학술적으로 기술된 '물메기'는 다른 종이니 혼동해선 안 된다.

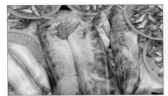
≪ 선어로 판매되는 꼼치

≪ 열대성 장어류인 곰치

≪ 표준명 물메기

미거지

분류	쏨뱅이목 꼼치과
학명	*Liparis ochotensis*
별칭	물곰, 곰치, 흑곰
영명	Snailfish
일명	이사코비쿠닌(イサゴビクニン)
길이	60~80cm, 최대 약 95cm
분포	동해, 일본 중부이북, 오호츠크해, 캄차카 반도, 베링해, 알래스카 연안
제철	12~3월
이용	회, 탕, 튀김

≪ 미거지의 흡반

서해와 남해에서 주로 나는 꼼치와 달리 동해에서만 맛볼 수 있는 특산물이다. 표준명은 '미거지'이지만, 동해안 일대에서는 이를 이용한 탕을 '물곰탕', '곰칫국' 등으로 부른다. 서해와 남해에서 잡히는 꼼치(일명 물메기)와 매우 흡사하게 생겼지만, 더 크게 자라는 대형어이며 한창 제철일 때는 가격도 비싸서 한때 꼼치가 미거지로 둔갑되는 경우도 있었다. 평균 크기는 약 60~80cm이며, 꼼치와 마찬가지로 배에 흡반을 이용해 암반에 붙어 산다. 제철은 암컷이 알을 배는 산란철이자 겨울이다.

+
미거지의
암수 차이

동해안 일대에선 미거지를 '물곰'이라 부르는데 그중에서도 체색이 까만 수컷을 '흑곰'이라 부른다. 암컷은 황갈색에서 핑크빛이 돌고, 수컷은 적자색 또는 흑자색을 띠며 피부는 사포처럼 매우 거칠다. 제철인

ⵣ 흑곰이라 불리는 수컷 미거지

ⵣ 암컷 미거지

12~3월 사이는 미거지가 산란기에 놓이는데 한창 알을 배고 있을 때 가격이 오른다. 이때 암컷보다 수컷의 가격이 조금 더 비싼 이유는 암컷은 커다란 알집을 가짐으로써 살이 적을 뿐 아니라 무른 편이고, 알을 배지 않는 수컷은 상대적으로 살이 단단해 탕으로 끓여도 쉽게 퍼지지 않기 때문이다.

+
꼼치와
미거지
구별법

앞서 살펴봤듯, 꼼치(일명 물메기)는 물메기탕의 재료로 사용된다. 정작 표준명 물메기는 크기가 작고 개체수가 적어 상업적 가치를 상실했지만, 꼼치는 조업량이 늘면서 과거 천대받던 생선에서 벗어나 제법 몸값이 올라갔다. 미

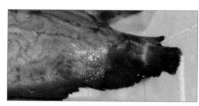
ⵣ 꼼치의 꼬리엔 밝은 띠가 있다

거지는 동해에서만 볼 수 있는 어종으로 꼼치와 비슷하게 생겼지만, 더 크고 밝은 체색을 가진다. 하지만 비슷한 크기에 암수가 뒤섞여 있으면 모양과 색깔만으론 구별하기가 꽤 어렵다. 이때는 꼬리 자루를 보는데 꼼치는 미거지에서 나타나지 않는 흰색 줄무늬가 있다.

ⵣ 미거지의 꼬리엔 밝은 띠가 없다

고르는 법

꼼치와 미거지는 각각 산지의 수산시장에서 어렵지 않게 구매할 수 있다. 꼼치의 주산지는 태안반도와 보령, 부안, 거제도 등이다. 한편 미거지는 동해안 일대에서만 볼 수 있는데 가장 유명한 산지는 삼척과 주문진, 묵호항이다. 가급적이면 당일 잡힌 것이 좋은데 생물(선어)로 구매해야 한다면 피부에 점액질이 없어야 하고, 눈동자는 맑고 투명해야 하며, 체색이 선명한 것이 좋다.

ⵣ 위판을 기다리는 미거지(동해 묵호항)

이용

꼼치와 미거지는 식당에서 껍질을 벗기고 살을 토막 내어 각각 물메기탕과 물곰탕(곰칫국)으로 끓인다. 지역과 집집마다 레시피가 미묘하게 다르며, 고춧가루나 깍두기 국물을 부어 얼큰하게 즐기기도 한다. 둘 다 겨울에 맛보기 좋은 생선탕이면서 미용과 해장에 좋은 성분을 갖추고 있다. 기본적으로 저지방 고단백질 식품이며, 비타민이 풍부해 감기 예방에 좋다. 꼼치와 미거지는 수분이 매우 많을 뿐 아니라 조직감이 부드럽고 조금만 오래 끓여도 살이 쉽게 풀어

지는 특성이 있다. 그러면서도 지방과 감칠맛은 다른 생선보다 떨어지는 편이어서 생선 자체만으로 풍미가 진한 육수를 뽑아내기에는 한계가 있다. 이 때문에 적잖은 업소에선 채소, 멸치, 다시마, 무 등으로 육수를 내어 끓이다가 불 끄기 몇 분 전에 토막낸 생선을 얹고 완성시킨다.

특유의 흐물거리듯 녹아내리는 것은 껍질과 살 사이에 있는 점막 즉 콜라겐 성분인데 이는 신선도를 가늠하는 데 중요한 척도가 된다. 콜라겐은 아무리 냉장 보관해도 일정 시간이 지나면 녹아 없어지기 마련이다. 때문에 흐물거리는 콜라겐이 풍부하다는 것은 잡힌 지 얼마 되지 않은 신선한 것이라는 의미다. 콧물처럼 흐물대는 콜라겐을 기피하는 이들도 있지만, 미용과 피부에 좋다고 알려져 남녀노소 할 것 없이 찾아 먹게 되는 해안가 대표 음식으로 자리매김하고 있다.

이 외에도 싱싱할 때만 맛볼 수 있는 회, 튀김 등으로도 이용된다. 수분감이 많고 물러서 인기가 많지는 않지만 신선할 때 초고추장에 푹 찍어 먹는다. 튀김 역시 조직감이 매우 연해 입에 넣으면 녹아 없어지는 독특한 식감이다. 서해안 일대와 거제도를 가게 되면 꼼치를 넣고 끓인 물메기탕을, 동해에 가게 되면 미거지를 넣고 끓인 물곰탕을 먹어보길 추천한다.

⌃ 미거지회

⌃ 물메기탕(부산 명지)

⌃ 반쯤 먹다 깍뚜기 국물을 부어 먹는 현지식 물곰탕

⌃ 호불호 갈리는 콜라겐 덩어리지만 몸에는 매우 좋다

넙치 | 별넙치, 점넙치

분류	가자미목 넙치과
학명	*Paralichthys olivaceus*
별칭	광어
영명	Bastard halibut
일명	히라메(ヒラメ)
길이	35~60cm, 최대 약 1.1m
분포	우리나라 전 해역, 일본, 중국, 쿠릴열도, 동중국해, 남중국해
제철	11~3월
이용	회, 초밥, 탕, 조림, 찜, 구이, 튀김

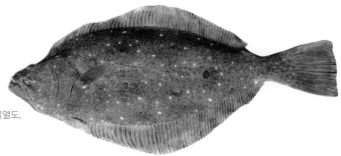

우리에겐 '광어'(廣魚)란 이름으로 더 친숙한데 양식이 되지 않았던 1960~1970년대에는 제법 귀하면서 값비싼 물고기였다. 1980년대 중반 이후 대량 양식의 길이 열리면서 활어 생산량에서 부동의 1위이자 우리 국민이 가장 즐겨먹는 국민 생선이 되었다. 가자미, 서대류와 함께 비대칭 구조를 이루는 대표적인 '비목어'(比目魚)로 갓 태어났을 땐 양눈의 위치가 보통의 물고기와 같다가 생후 약 20일이 지나면서 왼쪽으로 몰린다(가자미는 반대로 오른쪽으로 몰린다). 이 때문에 넙치과 어류와 가자미과 어류를 구분하기 위해 '좌광우도'란 말이 생겼다. 하지만 넙치라 하더라도 양눈이 가자미와 같은 방향인 오른쪽에 몰리는 등 언제나 예외적인 개체가 발견되기도 한다.

국내 양식 산지로는 제주도와 전남 완도가 대표적이며, 이 외에도 서해안 일대(태안)와 남해안 일대(충무), 부산, 동해안(울진)에서 양식되고 있다. 한 가지 특이한 사항은 전량 국산에만 의존하여 소비되고 있다는 점이다. 최근 소량 입하되는 중국산 넙치를 제하면 수입산이 없으며, 오히려 일본과 미국에서 수입해갈 정도로 넙치 양식의 기술은 우리나라가 가장 앞선다고 볼 수 있다. 국내에선 오래전부터 바다낚시 대상어인데, 특히 인조 미끼(섀드웜)를 이용한 '광어 다운샷'이 인기가 있다.

※ 넙치는 금어기가 없으나 금치제장은 35cm이다.(2023년 수산자원관리법 기준)

+ 넙치의 제철과 산란

늦가을부터 산란 직전인 초봄까지가 지방이 많고 살이 통통해 맛이 있다. 국내의 경우 넙치 산란기가 4~6월 정도이며, 대마도를 비롯해 규슈 등 일본 남부 지방으로 내려갈수록 빨라져 1~3월경이면 산란이 임박한 개체를 발견할 수 있다.

일단 알을 가지는 정도에 따라 맛이 달라지는데, 난소가 약 70% 이상 차게 되면 살에 지방과 각종 영양소가 알에 집중되면서 살은 기름기가 빠지고 흐물흐물거려 횟감으로써 가치가 떨어진다. 특히 5~6월에는 산란 성기에 접어든 광어들이 얕은 바다로 대거 들어와 그물에 잡히는데 이때는 어획량이 증가하기 때문에 가격도 저렴해진다. 주요 산지인 경기도권, 충청남도권을 비롯한 서해안 일대 포구 및 시장에서 자연산 넙치를 어렵지 않게 볼 수 있다. 이 시기만큼은 양식 넙치보다 가격이 저렴해지며, 크기가 클수록 가격이 내려가는 역전 현상을 보인다. 그날그날 어획량과 크기에 따라 차이는 있겠지만, 활광어를 기준으로 kg당 평균 소비자가격이 2만 원 전후이며, 생물(선어)은 1만 원선이다.

이 시기에는 배가 불룩해 산란이 임박한 암컷과 이미 알을 방사해 배가 홀쭉한 암컷이 뒤섞여서 유통된다. 어느 쪽이든 미식의 관점과 횟감의 가치에서는 질이 떨어지지만, 대신 가격이 저렴하다는 장점이 있으며, 조리용으로는 손색이 없다. 같은 시기에 횟감용 광어를 골라야 한다면 등쪽의 살 두께가 나가는 수컷이 유리하다.

⌃ 산란철 알배기 넙치

⌃ 산란철 알배기 넙치로 뜬 회로 살이 물컹하고 맛이 떨어진다

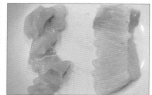

⌃ 산란철에 지방이 빠진 자연산 광어 지느러미살(왼쪽), 온전한 형태를 유지하는 양식 광어 지느러미살(오른쪽)

양식으로 가장 많이 출하되는 크기는 1kg 내외이다. 상인들의 은어로는 '800 다마'니 '키로 다마'니 부르는데 여기서 다마는 곧 그램수(g)를 의미한다. 제대로 된 맛을 보려면 2~3kg급 넙치를 추천한다. 최근에는 양식 기술이 발달해 3~4kg는 물론 8kg가 넘는 초대형급 넙치도 일부 양식장에서 길러지고 있다. 일 년 내내 사료를 받아먹으면서 안정적으로 키우기에 산란철 알배기만 아니라면 연중 맛의 편차도 크지 않는다는 장점이 있다.

그러나 제아무리 잘 기른 양식이라도 제철(11~3월) 사이 비육 상태가 매우 좋은 자연산 대광어의 각별한 회 맛을 넘보기에는 한계가 있다. 사료에 의해 기름진 맛은 있어도 자연산 특유의 탱글탱글한 식감과 적당한 기름기, 은

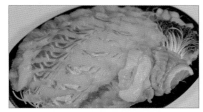
≪ 자연산 광어로 클수록 혈합육이 붉어진다

≪ 비슷한 크기의 양식 광어로 우리에게 익숙한 색이다

은한 해초와 바다향, 단맛까지 어우러지면서도 양식 특유의 물 냄새, 흙냄새가 나지 않는 깔끔함까지 겸비하기는 어렵다는 이야기다. 다만 이 모든 것을 만족하는 자연산 대광어 또한 흔히 접하기는 어렵다. 제철이라도 양육강식에 의해 먹이경쟁을 하므로 개체별, 산지별 품질 차이가 꽤 많이 나기 때문이다. 역으로 생각해보면, 양식이 자연산보다 좀 더 안정적인 맛과 품질을 가졌다고 보아도 무방하다.

넙치는 한평생 배를 땅에 맞대고 산다. 다시 말해 생육 환경에 따라 배가 잡티 없는 흰색일 수도 있고, 검녹색 이끼 같은 무늬가 생길 수도 있다는 것이다. 이를 전문 용어로 '흑화 현상'이라 부른다. 자연산 넙치는 대체로 배가 흰색이다. 양식 넙치의 배는 흑화 현상이 나타난다. 물론 예외적인 경우도 많다. 낚시로 잡았는데 흑화 현상이 있다면, 양식장 탈출 개체이거나 치어방류 개체일 확률이 높다. 또한 조류의 소통이 적은 '만'에 오랫동안 이동하지 않고 살아온 붙박이인 경우에도 흑화 현상이 나타난다. 다만 이 경우는 양식 넙치와 달리 매우 제한적인 부위에서만 나타나므로 양식 넙치와는 구별된다.

≪ 양식(왼쪽), 자연산(오른쪽)

≪ 낚시로 잡은 양식장 탈출 넙치(일명 빠삐용)

≪ 자연산 붙박이 개체도 흑화 현상이 일부 나타난다

+
**황금넙치의
등장**

자연산 넙치 중 알비노 돌연변이로 태어날 확률은 수만 분의 일. 황금넙치는 이렇게 태어난 알비노 개체를 어렵게 채집해 양식한 것으로, 세

︽ 황금넙치 유안부

︽ 황금넙치 무안부

대와 세대를 거듭해 지금은 발색이 좋고 성장과 발육이 뛰어난 황금넙치를 개발할 수 있게 되었다. 주요 양식지는 제주도이며, 제주도 일대 횟집과 수산시장에서 어렵지 않게 볼 수 있다. 지금은 전국적으로 유통이 되는데, 초기 시장이라 일반 넙치와 비교하면 턱없이 부족한 유통량이지만 고급 레스토랑을 필두로 조금씩 시장 공략에 나서고 있다. 많은 양은 아니지만, 일반 넙치와 함께 미국으로

︽ 황금넙치회

수출하면서 활어회 수요층 공략에 나서고 있다. 향후 중국과 대만, 베트남 쪽으로도 진출할 것으로 보인다. 장점은 일반 넙치와 달리 살의 탄성이 높아 장시간 숙성에 용이하다는 점이다. 비육 상태만 좋다면 일반 넙치보다 좀 더 쫄깃쫄깃하고 탱글탱글한 식감에 황금색이라는 심미적인 요소도 요리의 장점을 끌어올리는 데 한몫한다. 단점은 가격이 다소 비싸다는 점이다.

고르는 법

활어와 선어(생물) 모두 우선적으로 고려해야 할 것은 비육 상태이다. 길이보다는 몸통 두께를 본다. 특히 배쪽이 불룩한 것은 알이 들었을 확률이 높으니 횟감으로는 피한다. 등쪽이 두툼하게 잡힌 것이 좋은 넙치이다. 반대로 알을 방사해 홀쭉한 것은 피한다. 넙치의 회 맛은 활력이 좌지우지한다. 양식장에서 중간 집결지와 시장, 횟집 등으로 옮겨질 때는 적잖은 운송 과정을 거친다. 이때 넙치는 스트레스를 받아 체색이 매우 어둡다. 이러한 넙치를 받아 수조에서 적응 기간을 두는데 이를 '순치'라 부르며, 상인들의 은어로는 '이끼를 낸다'라고 한다. 수도권에선 인천 연안부두와 하남 수산물시장(미사리 전신)과 같은 활어 집하장에서 이러한 과정을 거치며, 다시 각 동네 수산시장과 횟집 등으로 유통이 된다. 순치를 거친 넙치는 자기 색깔을 찾는다. 이때 제주산 양식 광어는 상대적으로 밝은 황토색을, 완도나 진도산 양식 광어는 다소 어두운 황녹색을 띤다.

활어는 바닥에 배를 맞대고 얌전히 숨만 쉬는 것이 좋다. 물밖에 꺼냈을 때도 움직임 없이 얌전한 것이 좋다. 반대로 수조를 오르락내리락 하거나, 물 밖으로 꺼냈을 때 가만히 있지 못하고 발버둥치는 것은 스트레스가 많거나 활력에 문제가 있을 확률이 높다. 다만 넙치는 항상 배가 바닥에 맞닿아야 한다. 뒤집어 놓으면 어떤 넙치라도 중심을 잡기 위해 발버둥칠 수 있음을 염두에 둔다. 이 외에도 등과 지느러미에 상처 없이 말끔해야 하며, 배 부분이 빨갛게 충혈된 것은 피한다.

︽ 산란철 암컷 양식 광어로 알배기이다

︽ 산란철 수컷 양식 광어로 비육 상태가 여전히 좋아 횟감으로 선호된다

︽ 알을 방사해 홀쭉한 개체

︽ 순치를 위한 중간 보세창고 (인천연안부두)

이용

넙치회는 다른 생선과 달리 내장을 감싼 뱃살에 큰 의미를 두지 않는다. 면적도 작을뿐더러 미식의 가치 측면에선 지느러미살이 더욱 좋기 때문이다. 특별히 선호되는 부위라면 광어 지느러미살이 있다. 일본에선 엔가와(관서지방에선 엔피라)라 불리는 부위로 기름지고 식감도 좋아 가장 먼저 젓가락이 가는 부위다. 넙치회는 크게 유안부(등)와 무안부(배)로 나뉘는데 맛에선 큰 차이가 없지만, 수율은 유안부 쪽이 더 많이 나온다. 전체 수율은 크기마다 차이는 있지만 대략 50~60% 사이이다.

넙치는 모든 형식의 요리가 가능해 이용가치가 높은 식재료이다. 회, 초밥뿐 아니라 튀김이나 미역국으로 먹어도 맛있고, 회를 뜨고 남은 서덜(뼈)은 매운탕 감으로 제격이다. 그래도 역시 한국인이 가장 사랑하는 횟감인 만큼 회로 먹는 경우가 가장 많다. 넙치회는 크게 활어회와 숙성회로 나뉘는데 일반 횟집과 수산시장에선 활어회로 소비되고, 일식집과 초밥집에선 숙성회로 소비된다.

양식이든 자연산이든 2kg이 넘어가면서 숙성이 용이한데 즉살 이후 적게는 한나절에서 하루 이상 숙성한 것이 맛이 있다. 여기에 다시마를 감싸 감칠맛을 높인 '코부지메'(곤부지메)도 인기가 있다.

앞서 언급했듯이 산란철인 봄에는 상태에 따라 횟감보다는 조리용이 알맞은 경우가 많다. 넙치는 살에 수분이 많지는 않지만, 돔류보다는 많은 편으로 튀김 요리가 알맞다. 겉은 바삭하고 속은 촉촉한 이른바 '겉바속촉'을 구현하기 좋은 재료인데 레스토랑에서는 갑오징어 먹물을 이용한 튀김부터 광어가스와 피시앤칩스가 맛이 있다. 그 외에도 스테이크, 찜 등도 어울린다.

∧ 대광어 지느러미살

∧ 활광어회

∧ 숙성 광어회

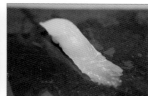
∧ 광어 초밥

∧ 광어 미역국

∧ 광어 매운탕

∧ 다시마 숙성 광어회

∧ 광어 오징어먹물 튀김

∧ 광어가스

∧ 피시앤칩스

∧ 광어 스테이크

∧ 광동식 광어찜

별넙치

분류 가자미목 넙치과
학명 *Pseudorhombus cinnamoneus*
별칭 미상
영명 Cinnamon flounder
일명 간조오비라메(ガンゾウビラメ)
길이 25~35cm, 최대 약 45cm
분포 우리나라 전 해역, 일본, 동중국해, 남중국해
제철 11~4월
이용 회, 구이, 튀김, 조림, 찜, 찌개, 건어물

우리나라에 서식하는 넙치류는 넙치(광어)를 비롯해 별넙치, 점넙치, 풀넙치 등 4종이 분포한다. 별넙치 몸통에는 흐릿한 반문이 퍼져있으며, 가운데는 이름과 같이 동그란 별을 연상시키는 반점이 있다. 개체수가 많지 않으며 크기도 작아 상업적 가치는 낮다. 주로 그물 조업에 부수 어획되어 잡어로 판매된다.

점넙치

≪ 유안부

≪ 무안부

분류 가자미목 넙치과
학명 *Pseudorhombus pentophthalmus*
별칭 외가자미, 외광어
영명 Fivespot flounder
일명 타마간조우비라메(タマガンゾウビラメ)
길이 15~18cm, 최대 약 25cm
분포 우리나라 전 해역, 일본, 대만,
중국, 동중국해, 남중국해
제철 11~5월
이용 구이, 튀김, 조림, 찌개, 건어물

넙치, 별넙치와 함께 우리나라에 서식하는 몇 안 되는 넙치과 어류이다. 몸통에는 눈 모양의 반점이 여러개 박혀 있어 '점넙치'라 부른다. 평균 몸길이가 15~18cm 정도로 넙치류 중에선 가장 소형종이다. 크기가 작고 살 양도 많지 않아 상업적 가치는 낮은 편이다. 주로 안강망에 가자미와 함께 혼획되는 정도이며, 통영에서는 이를 '외가자미'라고 부른다. 잡어로 취급되며 주로 탕이나 조림으로 이용한다.

노랑가자미

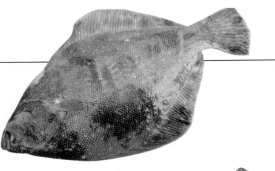

분류 가자미목 가자미과
학명 *Verasper moseri*
별칭 마츠카와
영명 Barfin flounder
일명 마츠카와가레이(マツカワガレイ)
길이 30~45cm, 최대 약 80cm
분포 동해, 남해, 일본 북부, 사할린, 오호츠크해, 쿠릴열도, 타타르해협
제철 10~2월
이용 회, 초밥, 구이, 튀김, 조림

≫무안부가 흰색이면 암컷

≫무안부가 노란색이면 수컷

국내에 서식하는 30여 종의 가자미 중 줄가자미, 범가자미와 함께 가장 맛이 좋고 값비싼 최고급 어종이다. 일본의 어류도감에 의하면 우리나라 서해에도 분포한다고 나와 있지만, 직간접적으로 확인된 적은 없다. 국내에선 동해와 남해(부산)가 주요 분포지로 알려졌는데 이 역시 위판량이 거의 없는 상황으로 일 년에 거래되는 노랑가자미는 몇 마리도 채 되지 않는다. 그마저도 정확한 이름과 가치를 몰라 일반 가자미와 함께 취급되기도 한다. 동해안 일대에서 '노랑가자미'란 이름으로 취급되는 것은 표준명 참가자미(배에 노란 띠가 있다)로 본종과는 거리가 있다. 반면 일본에서는 사정이 다르다. 주로 일본 북부 해역을 중심으로 자연산이 잡히지만 매우 귀하며 고가에 거래된다. 때문에 꽤 오래전부터 일본은 노랑가자미의 종묘를 생산해 치어를 방류하고 있으며, 일부 지역에선 양식이 활발해 제법 고가에 거래된다. 주요 산지는 북해도를 비롯해 아오모리현, 이와테현 등이 있다.

산란기는 3~5월 사이로 이 시기는 살과 지방이 불안정하며, 산란을 준비하는 시기인 늦가을부터 겨울 사이 가장 맛이 좋다. 특히 산란을 앞둔 12~2월의 노랑가자미 중 1kg 이상 넘어가는 크기는 제법 고가에 판매될 만큼 귀하며, 가자미과 어류 중에선 최고의 회맛을 선사하기로 정평 났다. 외형은 몸 전체를 두르는 비늘이 마치 소나무 껍질을 닮았다 해서 '마츠카와'라고 부르는데, 같은 특징을 가진 범가자미도 같은 속에 속한다.

+ 노랑가자미의 암수

노랑가자미는 개체에 따라 무안부가 노란색이나 흰색을 띠기도 한다. 과거에는 자연산과 양식의 차이로 인식하기도 했지만, 지금은 이에 관한 구분이 확실해졌다. 무안부가 흰색이면 암컷, 노란색이면 수컷이다. 그러니 알을 만들어 맛이 빠지는 산란철이라면 배가 노란 수컷이 맛과 상품성에서 유리하다 볼 수 있다.

이용

노랑가자미는 명실상부 최고급 어종 중 하나지만, 국내에선 일 년에 몇 마리 안 나오며 사실상 유통이 제대로 되지 않으므로 이를 맛본 사람도 거의 없다. 회는 적당한 단맛이 풍부한데, 큰 것은 살이 제법 단단해 숙성회로 먹는 것이 좋고 중치급은 활어회가 어울린다. 두툼한 지느러미살만 따로 빼서 썰어내면 은은한 단맛과 지방의 고소함도 일품이다. 그 외에 간장조림이나 소금구이 등으로 이용된다.

노랑볼락

분류 쏨뱅이목 양볼락과
학명 *Sebastes steindachneri*
별칭 황열기, 황우럭, 황볼락
영명 Yellow body rockfish
일명 야나기노마이(ヤナギノマイ)
길이 15~25cm, 최대 약 40cm
분포 동해, 일본 중부 이북, 오호츠크해, 사할린
제철 11~4월
이용 회, 탕, 조림, 구이, 튀김, 건어물

국내에선 동해 깊은 수심대에서 잡힌다. 주요 산지는 강원도 고성과 속초, 주문진을 비롯해 삼척과 울진에서도 볼 수 있다. 몸통이 노란빛을 띠기 때문에 '노랑볼락'이라 불린다. 강원도에서는 주로 '황열기'나 '황우럭', '황볼락' 따위로 불리며 표준명으로 불리는 경우는 흔치 않다. 다른 볼락류와 비슷하게 생겼지만, 갓 잡아 올린 것은 황금색에 가깝고 몸통은 측선 따라 밝은 줄무늬가 있다. 동해안 일대에선 선상낚시로 인기 있는 대상어이다. 동해가 아닌 타 지역에선 볼 수 없는 종으로 그 희소성과 담백한 맛 때문에 일부 낚시 마니아들 사이에서 제법 인기가 있지만, 실제로는 선도가 비교적 빨리 떨어져 생물 또는 건어물 위주로 비싸지 않은 가격에 판매되고 있다. 산란기는 6~7월 경에 알을 뱃속에서 부화해 새끼를 낳는 난태생이다.

이용

회나 매운탕으로 즐겨 먹는데, 신선할 때 바로 회를 뜨면 은은한 단맛과 감칠맛이 좋은 생선이다. 지방은 구웠을 때 올라오지만, 전반적으로 지방이 많은 생선은 아니다. 볼락류가 그러하듯 소금구이나 튀김이 일미다.

⌃ 갓 잡힌 것은 자태가 아름답다

눈다랑어

분류 농어목 고등어과
학명 *Thunnus obesus*
별칭 빅아이
영명 Bigeye tuna
일명 메바치(メバチ)
길이 80cm~1.2m, 최대 약 2.3m
분포 제주도, 일본 남부, 대만을 비롯한
전 세계 온대 및 열대 해역
제철 11~3월
이용 회, 초밥, 구이, 스테이크, 조림, 가공식품

참다랑어를 비롯해 눈다랑어, 황다랑어, 가다랑어 등 여러 다랑어 종류를 통틀어 '참치'라 부르는 경향이 있다. 본종은 눈이 유난히 커서 눈다랑어, 영어권에서 '빅아이'(Bigeye)로 불리며 맛과 가격적인 측면에선 참다랑어와 남방참다랑어 다음으로 평가된다. 이는 어디까지나 수입산 냉동으로만 유통되는 국내 현실을 고려한 것인데 가격 대비 맛이 좋아 값비싼 참다랑어가 부담스러울 때 적당한 대체제가 되고 있다.

⋀ 대형마트에 통째로 전시된 냉동 눈다랑어

일반적인 일식당은 물론 초밥집, 참치 전문점, 대형마트, 수산시장 냉동 식자재 점포에서 흔히 취급되므로 접근성이 좋은 횟감이라 볼 수 있다. 국내에선 생물로 잡혀 유통되는 경우가 드물다. 대부분 수입산 혹은 원양어선에 의해 자연산으로만 포획된다. 오키나와를 비롯한 일본 남부 아열대 해역과 대만, 필리핀, 호주 등 북반구와 남반구를 가리지 않고 온대에서 열대 해역에 이르기까지 고루 분포한다. 산란철은 북반구를 기준으로 4~6월을 전후하기에 지방이 끼는 제철은 늦가을부터 겨울까지이다. 몸길이는 최대 2.3m로 알려졌지만, 평균 1~1.8m가 많으며 수명은 약 13~15년으로 알려졌다.

+ 눈다랑어의 부위

참다랑어만큼 세밀하게 나뉘진 않지만 제법 다양한 부위로 회를 즐길 수 있다. 속살을 비롯해 중뱃살, 대뱃살, 그리고 내장을 감싼 가장 꼬들꼬들하면서 단단한 부위인 배꼽살 등이 있으며, 옆지느러미의 운동량에 영향을 받아 적당히 사각사각거리면서 지방이 많은 목살(가마) 등도 일미다.

눈다랑어의 대가리는 보는 재미를 선사하면서도 다양한 부위를 제공하는데, 이 중에서 가장 살이 많이 나오는 정수리살(두육살)을 비롯해 안구살(눈밑살), 볼살, 콧살, 입천정살 등이 있으며, 안구는 술에 타서 눈물주로 마신다.

⋀ 눈다랑어 속살

⋀ 눈다랑어 중뱃살

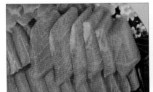
⋀ 눈다랑어 대뱃살

⋀ 눈다랑어 배꼽살

⋀ 눈다랑어 목살

⋀ 눈다랑어 눈물주

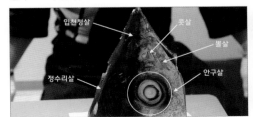
⋀ 눈다랑어 대가리 부위

⋀ 대가리에서 나온 다양한 부위

+
**눈다랑어의
품질 구분**

다른 참치 종류도 그렇듯 눈다랑어도 크고 비육상태가 좋아야 하며, 지방이 얼마나 들었는지에 따라 품질에 적잖은 차이가 난다. 사진은 그리 크지 않은 눈다랑어인데 한눈에 봐도 지방이 많은 것과 적은 것이 쉽게 구별된다. 아래쪽이 지방이 많고 가격도 비싸며 맛과 품질이 좋다고 볼 수 있다. 혈점이 보이는 것은 되도록 피한다. 살에 혈점이 맺히는 이유는 이동 중 물리적인 충격을 받았거나 방혈이 완벽하지 않았을 때 근육 내 모세혈관에 핏기가 맺힌 것으로 그 정도가 지나치면 비릿한 철분 맛이 나기도 하며, 혈점의 범위가 일정 부분을 넘기면 저품질로 인식된다.

≪ 저품질(위), 고품질(아래)

≪ 눈다랑어의 혈점

이용

냉동 블록을 해동해서 회 또는 초밥으로 즐긴다. 취향에 따라 기름기가 적고 담백한 부위를 선호하는 사람도 있지만, 참치회는 대체로 크고 기름기가 많아야 맛도 있고 품질이 높다. 그랬을 때 대형마트에서 고르는 포인트는 소고기처럼 마블링이 섬세하게 그물처럼 퍼진 것이 좋고, 붉고 진한 육보다는 높은 지방감으로 밝고 허옇게 낀 기름층을 중점적으로 고른다. 부위도 지방이 적고 담백한 등살보다는 뱃살 위주로 고르는데 사실 눈다랑어의 지방은 아무리 넘친다 해도 참다랑어의 지방을 이기기 어렵다. 다시 말해, 기름기 많은 뱃살 위주로 먹는다고 해도 참다랑어만큼 금세 물리거나 느끼하지 않다는 뜻이다. 이 외에 목살(가마)을 뜨고 남은 뼈나 갈비살, 꼬릿살 등은 간장 조림으로 이용되며, 소금구이와 튀김, 찌개 등으로도 이용된다.

≪ 대형마트에서 판매되는 눈다랑어 모둠회

≪ 뱃살 부위만 담은 품질 좋은 눈다랑어 모둠 뱃살회

≪ 눈다랑어 초밥

≪ 눈다랑어 조림

달고기 | 민달고기

분류 달고기목 달고기과
학명 *Zeus faber*
별칭 허너구
영명 John dory
일명 마토오다이(マトウダイ)
길이 30~40cm, 최대 약 85cm
분포 남해, 동해, 제주도, 일본, 대만, 호주, 지중해, 남아프리카,
　　　인도양을 비롯한 서부 태평양 온대 및 아열대 해역
제철 11~3월
이용 회, 카르파치오, 구이, 튀김, 스테이크, 조림, 스튜, 전

몸통에 단단하고
날카로운 가시들

비교적 온화하고 따뜻한 바다에 사는 어종으로 남해와 제주도에서 종종 볼 수 있다. 몸에 보름달처럼 크고 둥근 흑점이 있어 '달고기'라 불린다. 이 흑점은 달고기가 위협을 느꼈을 때 눈동자로 위장하는 역할을 한다. 국내에선 부산을 비롯해 경남 삼천포와 전남 여수 등으로 들어와 위판되며 전국의 시장과 일부 대형마트로 유통되는데 그 양은 많지 않아 달고기의 맛을 아는 이들만 알음알음 찾아먹는 정도이다. 하지만 지중해를 낀 유럽권에서는 달고기의 인지도와 활용도 측면에서 그 위상이 국내보다 높은 편이다. 그리스어로는 '성 베드로 생선'으로 불리고, 프랑스 또한 같은 의미를 가진 '생 피에르'(seint-pierre)로 불리며 각별히 여기는 고급 식재료이다. 국내를 기준으로 제철은 늦가을부터 겨울 사이이며, 봄부터 산란철에 접어든다.

고르는 법

냉동을 제외한 생물을 고를 때는 몸통에 난 달무늬가 선명한지 확인해야 한다. 달고기가 갓 잡힐 당시에는 달무늬가 매우 또렷하지만, 죽고 나서 2~3일이 지나면 그때부터 차츰차츰 흐려지므로 달무늬의 선명도는 선도를 가늠하

⌃ 비교적 신선한 상태의 달고기

⌃ 신선도가 떨어졌지만 조리용으론 문제 없는 달고기

는 척도가 된다. 또한 눈동자가 흐리멍텅하거나 불투명한 것은 피하고, 배쪽을 눌렀을 때 흐물거리거나 내장이 녹아 항문쪽으로 진액이 나오는 것은 보관 상태가 좋지 못한 것이니 피한다.

이용

살이 희고 비린내가 적으면서 담백한 맛이 좋은 생선이다. 국내에선 선어(생물)로 유통되는 탓에 회보다는 구이나 튀김용으로 이용된다. 애초에 지방이 많은 생선은 아니지만 열을 가해 지방을 활성화하면 고소한 맛이 나며, 생

⌃ 달고기 부야베스

⌃ 달고기 튀김

선살의 부드러운 결과 촉촉함이 뛰어나 유럽권에선 예부터 소스를 곁들인 스테이크 또는 세계 3대 수프 중 하나인 부야베스로 이용된다. 신선한 상태에서는 얇게 썰어 낸 카르파치오나 세비체가 어울리며, 수분이 있는 편이므로 구이나 생선전, 튀김 요리에도 적합하다. 달고기는 등과 배에서 꼬리쪽으로 가는 몸통 뒤쪽에 강한 가시열이 발달했다. 이 가시는 매우 억세고 날카로우므로 맨손으로 만질 땐 찔리지 않도록 주의해야 한다.

한편 남북 정상회담에선 '문재인 대통령의 고향, 부산을 대표하는 생선'이라며 달고기구이가 만찬 메뉴로 올라오기도 했다. 달고기의 단점이라면 독특한 외형과 구조로 인해 수율이 낮다는 점. 온라인 쇼핑몰에선 주로 냉동이 판매되는데 가격이 저렴한 편은 아니다.

민달고기

분류	달고기목 달고기과	**분포**	남해, 동해, 제주도, 일본, 남중국해를 비롯한 중서부 태평양의 온대 해역
학명	*Zenopsis nebulosa*		
별칭	양철이	**제철**	10~2월
영명	Mirror dory	**이용**	구이, 전
일명	카가미다이(カガミダイ)		
길이	25~35cm, 최대 약 55cm		

달고기와 함께 우리나라에 서식하는 달고기과 생선이다. 주로 제주도 동쪽에서 남쪽으로 대륙붕 가장자리를 따라 분포하며, 국내에선 제주도를 비롯해 경상남도 일대와 동해(묵호)와 포항에 이르는 동남부 해안권 수산시장에 혼획물로 잡혀 판매되는 편이다.

어린 민달고기는 몸통에 여러 개의 검은 반점이 있지만, 크면서 사라진다. 제철과 산란철은 달고기와 비슷하거나 한두 달가량 이른 편이다. 생김새에서 알 수 있듯 독특한 몸 구조로 인해 살 수율은 떨어지는 편이다. 달고기와 마찬가지로

≪ 비교적 어린 개체의 민달고기

꼬리로 이어지는 몸통 뒤쪽은 강하고 날카로운 가시열이 발달했기 때문에 맨손으로 만질 때는 주의해야 한다. 이용은 달고기와 같다.

+
**달고기와
민달고기의
차이**

달고기와 민달고기는 사촌지간으로 생태 및 습성이 매우 유사하다. 이 둘은 매우 닮았

≪ 달고기   ≪ 민달고기

지만 자세히 보면 체형에서 적잖은 차이가 난다. 민달고기는 주둥이가 위로 들렸고, 등에서 주둥이로 이어지는 라인도 구부정하다. 무엇보다도 달고기에서만 나타나는 특이한 달무늬가 민달고기에는 없다. 맛은 달고기가 좀 더 낫다는 평가다.

대구

분류 대구목 대구과
학명 *Gadus macrocephalus*
별칭 대구어, 왜대구
영명 Pacific cod
일명 마다라(マダラ)
길이 50~70cm, 최대 약 1.2m
분포 서해, 남해, 동해, 일본 중부이북, 오호츠크해,
베링해, 알래스카 등 북태평양 연안
제철 11~2월, 5~6월
이용 회, 탕, 전골, 찜, 전, 튀김, 건어물, 젓갈

⌃ 대구의 회유 경로

대구목 대구과에 속한 어종으로 머리와 입이 커서 '대구'(大口)란 이름이 유래했다. 국내에서는 제주도를 제외한 거의 모든 해역에 서식한다. 대구는 태어난 곳을 기억하고 다시 찾아오는 회귀성 어류이다. 대구가 흔했던 과거에는 베링해와 알래스카 일대 해역에 서식하던 대구가 산란을 위해 동해를 찾는 것으로 알려졌으나, 국내 대구 어획량이 감소한 이후 자원 회복을 위해 치어 방류한 대구에 한해서는 그 회유 경로가 어떤지 명확하게 설명하지 못했다. 그러다가 2011년부터 수년 동안 진해 및 가덕만에서 산란한 어미 대구에 인공위성 전자표지를 부착하고 회유 반경을 조사한 결과 겨울에 진해 및 가덕만에서 산란을 마친 대구는 울릉도, 독도 등 동해로 이동했다가 다시 회귀하는 것으로 밝혀졌다. 그 과정에서 대마도 남단으로도 회유한다. 찬 물을 좋아하는 한류성 어종으로 평균 140~220m, 최대 수심은 320m에 수온은 1~10℃ 범위다.

따라서 국내에는 남해(진해만, 가덕만)에서 남해 서부와 동해를 거쳤다 돌아오는 계군이 있는가 하면, 그보다 크기는 작지만 서해 중부 먼바다에서 회유하는 계군이 있을 것으로 보고 있다. 일반적으로 대구는 수명이 11년 이상이며, 다 자라면 몸길이 110cm 이상, 무게는 20kg이 넘지만, 서해 먼바다에서 잡히는 대구는 이보다 크기가 작고 왜소해 '왜대구'라 불린다. 서해 계군과 남해 계군은 유전적으로 같은 대구이지만, 환경 및 지리적 요인으로 인해 서로 섞이지 않는 독립된 계군일 것으로 추정된다. 다만 서해산 대구가 서남해역을 오가며 독자적인 군집으로 발달한 것인지, 혹은 남해 계군이 서남해로 갔다가 서해로 유입되면서 일부 개체가 섞이는지는 명확하게 알려지지 않았다. 산란기는 1~3월이며 금어기를 제외한 겨울에는 제법 비싼 몸값에 판매되고 맛도 이때가 가장 좋다.

※ 대구 금어기는 1.16~2.15이며 금지체장은 35cm이다.(2023년 수산자원관리법 기준)

+ 곤이와 이리의 관계

12~2월 사이는 산란을 위해 남하하는 대구가 제철을 맞는 시기이다. 이때 암컷은 난소(알집)가, 수컷은 정소(이리)가 차기 시작한다. 동태탕이나 대구탕에 들어가는 꼬불꼬불한 기관을 흔히 '곤이'나 '고니' 정도로 부르는데 이는 틀린 말이다. 바른말은 정소나 이리로 표현해야 한다. '곤'(鯤)은 고기 '어'(魚)자에 자손이라는 뜻

의 '곤'(昆)자가 합쳐진 말로 알집을 뜻한다. 명태의 알은 명란젓과 알탕에 사용되며, 정소는 동태탕에도 쓰이지만 크기가 작고 모양도 흐물흐물해 그리 선호하진 않는 편이다. 따라서 구불구불한 모양이 동태탕에 쓰였다면 그것은 동태가 아닌 수컷 대구의 정소(이리)로 보면 된다. 대구의 정소는 미식가들로부터 사랑받는 식재료로 대구탕과 동태탕은 물론 '시라코'라 해서 굽거나 튀기거나 쪄 먹는 등 일식 재료로 인기가 높다.

❯ 흔히 대구탕에서 볼 수 있는 구불구불한 이것의 이름은 이리다　❯ 대구 이리　❯ 대구알

+
한 마리
30만 원에
육박했던
대구 자원의
감소

가덕만과 진해만에서 태어난 대구는 어느 정도 성장 후 동해 및 북태평양으로 진출한다. 이후 3~5년을 보낸 대구는 산란을 위해 12월경 남하해 남해로 되돌아온다. 이 과정에서 대구를 과도하게 어획하는 바람에 한때 개체수가 심각하게 줄었다. 1980년대 중반에 접어들면서 개체수가 크게 줄었고, 1990년대에는 60~70cm 크기의 대구 한 마리가 20~30만 원에 육박했다. 이후 사태의 심각성을 알게 된 관계당국은 어린 종묘를 생산하고 방류하는 데 적잖은 예산을 투입했고, 그 결과 487톤에 불과하던 대구 어획량이 2000년대에 들어 1,766톤이라는 쾌거를 거두었

다. 이후 2014년도에는 무려 9,940톤이나 되는 어획량을 거두었다. 이는 지속적인 치어 방류로 회귀율을 높임과 동시에 1월 한 달 금어기를 지정하면서 산란 대구를 보호해 자원량을 늘린 결과이다. 한편 국내에는 지금도 몸길이 35cm 미만의 개체를 잡아다 말려서 파는 사례가 적잖이 발견되는데 혼획물이 아니라면 지양돼야 한다. 문제는 수입산 어린 대구이다. 주로 러시아 해역으로 진출해 어른 손가락만한 어린 대구를 잡는 중국 어선도 있다. 이렇게 잡은 어린 대구는 노가리처럼 말려 국내로 들어오는데 이를 업자들은 '앵치노가리'란 이름으로 판매하고 있다. 국내에서 잡은 게 아니어서 불법은 아니지만, 대구 치어를 적극적으로 수입하고 소비하는 것이 과연 바람직한 것인지는 한번쯤 생각해 볼만한 문제다.

❯ 대구 치어를 말려 유통되는 중국산 앵치노가리

연도	총계	동·남해	서해
1990년	487	372	115
1995년	273	230	43
2000년	1766	1491	275
2005년	4272	1883	2389
2010년	7289	6189	1100

연도	총계	동·남해	서해
2011년	8585	5164	3421
2012년	8683	4715	3968
2013년	9133	4011	5122
2014년	9940	3043	6897

자료출처: 국립수산과학원

❯ 대구 어획량 (단위 t)

고르는 법

주산지는 거제 외포항을 비롯해 진해, 마산 등이며, 주문진을 비롯해 울진, 포항 등 동해안 일대도 해당된다. 유통은 생물 대구와 활대구로 나뉘는데 금어기를 비롯해 비수기에는 국산 냉동 대구와 중국산 생물 대구, 그리고 미국이나 러시아산 냉동 대구도 많이 유통되고 있어 전국의 식당에서 흔히 사용 중이다. 특히 수입산 대구 중 대가리와 목살은 한국인이 선호하는 부위로 대구탕과 대구뽈찜을 취급하는 식당에서 두루두루 사용된다. 대구는 클수록 여러 부위로 나뉘고 맛도 있다. 특히 부산의 별미인 '대구뽈찜'은 대가리와 목살을 사용하기 때문에 큰 대구가 필수이며 그만큼 가격도 올라간다. 제철은 11~2월 사이로 이 시기 정소가 비대한 수컷이 암컷보다 비싸다. 한편 내장과 생식소를 제거해 해풍에 말린 건조 대구는 암수 상관없이 크기에 따라 가격이 다르다.

고를 때는 국산인지 확인하고(최근 중국산 생대구도 유통되고 있다) 몸통에 나타나는 대구 특유의 무늬가 선명한지, 배쪽을 눌렀을 때 단단한지, 항문에 진물이 나진 않는지, 양눈은 투명하고 맑은지를 꼼꼼히 살핀다.

⌃ 활대구(거제 외포항)

⌃ 크고 신선한 생물 대구(포항 죽도시장)

⌃ 해풍에 말린 건조 대구(거제 외포항)

이용

대구는 비린내가 적고 맛이 담백해 오래전부터 많은 사람이 즐겨온 생선으로 명태, 조기, 갈치, 고등어와 함께 예부터 서민의 식탁에 자주 올랐다. 살은 수분이 많아 무르지만, 튀기거나 굽거나 탕으로 끓이는 가열 조리 시 수분감으로 인해 매우 촉촉하고 부드러운 질감이 난다. 여기에 다른 생선보다 선도 유지가 용이하면서도 비린내는 적어 호불호가 적다는 것도 강점이다.

산지가 아닌 지역 식당에서는 수입산 대구를 많이 쓴다. 우리가 먹는 대구와 같은 종일 뿐 아니라 냉동 건조된 것이므로 오히려 살이 잘 부서지는 생대구탕보다는 적당히 씹히는 응집력과 감칠

⌃ 맛있고 영양 만점인 생대구탕

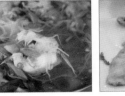
⌃ 대구전

⌃ 수입산 냉동 대구로 끓인 대구뽈탕

⌃ 수입산 대구 목살 수육

맛을 보여주고 가격도 저렴해 수입산 대구를 선호하는 식당이 늘고 있다.

그래도 제철인 11~2월 사이에는 산지에서 막 잡힌 생대구탕이 부드럽고 포슬포슬한 식감으로는 으뜸이며, 대가리와 목살을 이용한 대구뽈찜, 대구뽈탕도 별미이다. 대구는 민어와 함께 생선전이 맛있기로 유명한데, 여력만 된다면 두툼한 살점으로 생선가스를 만들어도 맛있다.

산지로 유통되는 활대구는 거제 외포항이 유명하다. 싱싱할 때 회를 치거나 냉채로 즐긴다. 산 대구를 즉석에서 손질해 해풍에 말린 건조 대구는 찜과 탕으로 즐기는데 생대구와는 또다른 꾸덕한 식감과 진

한 감칠맛이 특징이다. 대구의 부산물은 젓갈로 쓰인다. 아가미젓, 대구알젓, 창난젓 등이 있다.

참고로 우리가 먹는 대구는 '퍼시픽대구'(Pacific cod)란 종으로 북태평양에 서식하다가 한반도 또는 캐나다 서부 해안으로 회유하는 어류인데 비슷한 이름인 '은대구'와는 전혀 다른 생선이다. 비슷한 어류로 '대서양대구'(Atlantic Cod)와 '해덕'이 있는데 이 또한 퍼시픽대구와는 다른 종이며, 서식지도 분리되어 있다. 대서양대구는 유럽권, 특히 북유럽국가에서 '염장건조대구'(바칼라우)를 이용한 요리로 인기가 있다.

∧ 산지에서만 맛볼 수 있는
  활대구회

∧ 대구알과 폰즈소스

∧ 대구알젓

∧ 대구 창난젓

∧ 우리가 먹는 대구는 퍼시픽대
  구(태평양대구)란 종이다

∧ 유럽에서 주로 먹는 대서양대구

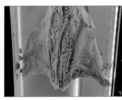

∧ 염장 건조한 바칼라우

∧ 노르웨이안들이 즐겨 먹는
  바칼라우 요리

도루묵

분류 농어목 도루묵과
학명 *Arctoscopus japonicus*
별칭 도루매기, 도루맥이, 도루묵이
영명 Sailfin sandfish
일명 하타하타(ハタハタ)
길이 15~23cm, 최대 약 32cm
분포 동해, 일본 중부이북, 사할린, 캄차카
　　　 반도를 비롯한 북태평양 해역
제철 10~1월, 4~5월
이용 조림, 구이, 찌개

겨울철 동해안을 대표하는 저렴하고 맛좋은 생선으로 '말짱 도루묵'이라는 말로도 우리에게 익숙하다. 도루묵은 차가운 바다에 사는 냉수성 어종으로 쿠릴열도를 비롯한 북태평양에 머물다가 한겨울이면 강원도로 내려온다. 다 자라면 30cm에 이르지만 시장에 유통되는 크기는 평균 20cm 내외이다. 제철은 지방이 차서 횟감으로 이용되는 생선과 달리 알과 함께 식용하므로 알을 가득배는 시기인 11~12월이 제철이자 산란성기이다. 이러한 시기는 매해 절기에 따라 미묘하게 달라지는데 2022~2023년을 기준으로 12월 중하순경까지 암컷의 난소(알집)가 최대치에 이르렀으며, 1월 초순 및 중순이 지나면서 알을 방사해 홀쭉해진 개체들이 주로 잡혔다. 도루묵은 알과 함께 조리되는 특성상 알을 가득 밸수록 상품

가치가 높다. 그러다 보니 최근 산란을 위해 해안선 가까이 들어오는 알배기 도루묵을 잡으려고 무리하게 통발을 설치하다 해안가를 오염시키고, 남획이 되고 있어 문제다.

※ 도루묵은 금어기가 없으나 금지체장은 11cm이다. 비어업인은 1인당 한 개의 통발만 설치할 수 있다.(2023년 수산자원관리법 기준)

고르는 법

도루묵이 가장 많이 잡히는 주요 산지는 강원도 고성을 비롯해 속초, 강릉 주문진 일대이다. 대부분 선어(생물)로 판매되는데 도루묵이 많이 날 때면 현지 시장뿐 아니라 서울, 수도권을 비롯해 온라인과 전국 각지에서도 판매된다. 고를 때는 표면에 광택이 있어야 하는데 등은 금색으로 빛나고 배는 은백색으로 반질반질해야 한다. 또한 알이 가득해 배가 불룩한 것이 상품성이 좋다. 알은 개체마다 갈색부터 황록색, 녹색 등 다양한데 맛에 차이는 없다. 앞서 말했듯 제철은 알을 배고 있을 시기인데, 산란이 임박할수록 알은 딱딱해지며 고무처럼 질겨진다. 따라서 맛있는 도루묵과 부드럽게 씹히는 알을 맛보고 싶다면, 산란을 준비하는 시기인 11~12월 중순 사이가 좋다. 도루묵은 알을 낳고 난 이후에도 꾸준히 잡혀 판매되는데 봄부터 초여름이 오기 전에 잡힌 개체 중 일부는 지난 겨울 산란에 참여하지 않아 지방이 많은 개체들이 더러 있다. 비록 알은 없지만 살이 부드럽고 고소하니 저렴하게 구매하는 것도 나쁘지 않다.

이용

도루묵과 함께 고춧가루와 마늘, 양파 등의 채소를 넣어 끓인 도루묵찌개가 유명하다. 알 밴 도루묵을 직화로 굽거나 찌개로 끓이면 탱글탱글한 알이 입에서 톡톡 터지며 뛰어난 식감을 자랑한다. 이 밖에 소금구이나 찜 등으로 조리된다.

⊼ 도루묵 조림

⊼ 도루묵 구이

뚝지

분류	쏨뱅이목 도치과
학명	*Aptocyclus ventricosus*
별칭	도치, 심통이
영명	Smooth lumpsucker, Smooth lumpfish
일명	호테이우오(ホテイウオ)
길이	18~27cm, 최대 약 42cm
분포	동해, 일본 북부, 오호츠크해, 베링해, 캐나다를 비롯한 북태평양 해역

제철	12~2월
이용	숙회, 탕, 알찜

심통이 난 표정 같다고 하여 심통이라 부른다

동해에서만 볼 수 있는 겨울철 대표 생선이다. 표준명인 '뚝지'보다 '심통이', '도치'란 이름으로 더 많이 알려졌다. '심통이'란 이름은 두꺼운 입술과 표정이 꼭 심통이 난 것 같

⊼ 흡착판을 이용해 암초에 달라붙는다

다 하여 붙여진 별명으로 실제로 보면 측은한 표정을 하고 있을 때가 많다. 생김새가 못생겨서 흔히 아귀, 꼼치(물메기)와 함께 '못난이 삼형제'라 불린다. 주산지는 강원도 고성에서 속초, 강릉에 이르는 동해안 일대이며, 11월부터 이듬해 3월까지 강원도 일대 수산시장과 횟집에서 흔히 볼 수 있다.

주로 동해 연안을 비롯해 수백 미터에 이르는 심해의 차디찬 바닷물에 서식하다가 산란기인 12~2월이면 얕은 바다로 들어오는데 이때 배에 달린 흡착판을 이용해 암초에 몸을 붙이며 산다. 알 빼면 별볼일 없을 정도로 알이 중요한 생선이다. 따라서 암컷이 수컷보다 비싸며, 알을 가득 밸 시기인 12~2월이 곧 제철이다.

이용

암컷은 알탕으로 먹는데 묵은지와 함께 끓이면 구수하면서 시원한 맛이 난다. 수컷은 뜨거운 물에 살짝 데쳐 숙회로 먹는다. 숙회는 아귀 숙회를 떠올릴 만큼 탱글탱글한 살과 두꺼운 껍질, 그 사이에 형성된 콜라겐의 쫄깃한 식감이

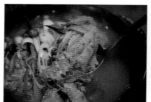
△ 도치알탕

△ 도치숙회

겨울 미식가들의 입맛을 사로잡는다. 도치 알찜과 도치 회무침은 동해안 겨울철 별미로 취급된다. 강원도 일부 지역에서는 일명 도치찜을 제사상에 올리기도 한다.

만새기

분류	농어목 만새기과
학명	*Coryphaena hippurus*
별칭	마히마히, 도라도
영명	Common dolphinfish
일명	시이라(シイラ)
길이	60~90cm, 최대 약 2.1m
분포	우리나라 남해 및 제주도를 비롯한 전 세계 온대와 열대 해역
제철	11~3월
이용	세비체, 카르파치오, 스테이크, 튀김

국내보단 해외에서 인지도가 높은 어종인데, 특히 스테이크로 인기 있는 식재료다. 오키나와를 비롯해 대만, 남중국해 등에 분포하며, 멀리 인도양과 인도네시아 등 적도 부근에도 분포한다. 또한 멕시코 해안을 비롯해 캘리포니아, 하와이 제도에 이르기까지 전 세계 온대와 열대 해역에 고루 분포한다.

△ 갈치 낚시 중에 잡힌 만새기

국내에는 해수온이 상승하는 여름부터 초가을 밤바다 수면에 무리 지어 다니며 베이트 피시를 사냥한다. 야행성으로 날치류를 비롯해 작은 어류, 오징어류를 사냥하는데, 이 때문에 한치나 갈치를 노리는

낚싯바늘에 곧잘 걸려들기도 한다. 경량급 채비에 대형 어류인 만새기가 걸려들면 그때마다 주변 사람들의 낚싯줄을 휘감거나 채비를 손상시키므로 낚시에선 불청객으로 여긴다. 자라면 전장 2m를 상회하지만, 국내로 회유하는 만새기는 보통 40cm 남짓한 어린 만새기부터 크면 1m에 달하는 정도이다.

산란은 6~8월경인데 만새기가 출현하는 남해와 제주도는 해당종이 서식할 수 있는 북방 한계선이다. 다시 말해 여름부터 크게 발달한 쿠로시오 난류를 타고 올라오는데 공교롭게도 만새기가 잘 잡히는 시기와 산란 성기가 겹친다. 그러다 보니 여름~초가을 사이 잡힌 만새기는 회를 비롯해 여러 음식에서도 특유의 향과 부족한 지방으로 인해 썩 좋지 못한 평가를 받기도 한다.

만새기는 크게 자라면서 암컷과 수컷의 생김새가 달라진다. 암컷의 대가리는 동글동글 유선형이며 몸통은 암청색이다. 수컷의 대가리는 크고 이마가 위로 솟은 급경사로 독특한 형태를 가진다. 빛깔도 청록색으로 화려하며 배쪽은 황금색으로 광택이 나는 등 화려하다. 암수 모두 몸통에는 작은 청색 반점이 흩뿌려져 있다.

⚞ 산란이 임박할 때 우리나라를 찾는 만새기

⚞ 만새기 암컷

⚞ 만새기 수컷

이용

만새기는 국내 지명도가 낮고 시장 유통량도 미미하다. 한여름부터 초가을 사이 제주나 남해 먼바다에 출현하는 아열대성 어류란 점과 생김새도 낯익어서 식용어로 썩 선호되진 않는다. 나라별 혹은 계절별 맛 차이가 있거나 혹은 산란이 임박했을 때만 잡혀서 그런지 적어도 국내에서 잡힌 만새기는 특유의 풍미가 나는데 미각이 예민한 이들에겐 호불호가 갈린다.

한국에선 구이나 튀김, 특히 생선가스로 이용되는 정도이다. 겉은 적당히 씹히는 식감에 속살은 제법 부드럽고 포슬포슬하다. 만새기를 낚은 낚시인 중에는 간혹 회로 썰어먹기도 하지만, 여름철 지방이 빠지고 특유의 냄새로 평이 좋지 못할 때가 많다. 갈치 낚시에선 가장 기피하는 불청객으로 일단 잡히면 방생하거나 혹은 그 자리에서 해체돼 다시 낚시 미끼로 쓰인다. 베트남, 하와이를 비롯한 해외에선 스테이크 재료로 선호되며, 산란을 마치고 일정 시간이 지나 살이 오를 땐 제법 맛이 좋아지므로 고급 식재료로 통한다.

⚞ 만새기 가스

⚞ 만새기 스테이크

매듭가자미

分類 가자미목 가자미과

학명 *Pleuronectes quadrituberculatus*

별칭 뿔가자미

영명 Alaska plaice

일명 츠노가레이(ツノガレイ)

길이 23~60cm, 최대 약 1m

분포 동해, 일본 북부, 오호츠크해, 베링해,
알래스카만, 캐나다 북부 등 북태평양 해역

제철 11~4월

이용 회, 구이, 조림, 튀김

≪ 유안부

≪ 무안부

눈 뒤쪽으로 5개의 뿔이 있어
뿔가자미라 부른다

표준명은 '매듭가자미'이지만 대부분 '뿔가자미'란 이름으로 알려졌다. 냉수성 어류로 국내에선 강원도 북부에서 부수 어획되며, 러시아를 비롯해 알래스카, 캐나다 북부 등 북태평양 일대에 광범위하게 분포한다. 수컷은 최대 60cm, 암컷은 1m가 넘어가는 대형 가자미류이며, 눈 뒤쪽으로 뿔처럼 생긴 5개의 돌기가 특징이다. 산란기는 3~7월 사이다. 무안부는 배 전체가 연노랑에서 노란색인데 진할수록 상품성이 좋다. 알래스카 및 러시아에선 낚시와 식용어로 인기가 있지만, 국내에선 어획량이 매우 적어 일반적으로 유통되지 않는다.

이용 싱싱한 것은 회로도 먹을 수 있지만, 대부분 구이나 조림, 튀김 등으로 이용된다. 가자미류 중 지방이 많은 편이며 익으면 부드럽고 고소한 맛이 난다.

명태

分類 대구목 대구과

학명 *Theragra chalcogramma*

별칭 동태, 생태, 지방태, 원양태

영명 Walleye pollock, Alaska pollack

일명 스케토오다라(スケトウダラ)

길이 30~50cm, 최대 약 65cm

분포 동해 북부, 일본 북부, 오호츠크해, 베링해,
알래스카를 비롯한 북태평양 해역

제철 11~3월

이용 찜, 탕, 찌개, 국, 구이, 무침, 젓갈, 식해, 튀김, 전, 건어물 및 어포 가공

대구목 대구과에 속한 어종으로 예로부터 제사와 혼례 등 관혼상제에 없어선 안 될 귀한 생선으로 여겨졌다. 한때 고등어, 갈치와 함께 국민 생선 반열에 올랐던 만큼 우리에게도 매우 친숙한 생선이다. 국내에서는 강원 북부를 비롯해 북한과 러시아 및 알래스카, 캘리포니아 북단에 이르기까지 북태평양 연안에 서식하는 냉수성 어류이다. 산란기는 1~5월 사이지만 고위도로 갈수록 그 시기가 늦어지며, 우리나라와 일본을 기준으로 하면 1~2월경이 산란성기다.

명태의 경우 산란성기 때 꽉 차는 알은 명란젓으로, 이리는(흔히 곤이라고 부르지만 바른말은 아니다) 동태나 생태탕과 함께 끓여 먹기 때문에 횟감이 아닌 생식소 여부로 가치가 매겨지는 명태와 대구는 산란성기가 곧 제철이 된다. 따라서 이러한 어류가 제값을 받고 사람들로부터 미식의 식재료로 선호되는 제철은 알배기 시즌과 겹치는 12~2월이라 할 수 있다.

한편 국내의 명태 자원은 1970~1990년대부터 줄곧 이어진 치어(노가리) 남획과 지구온난화에 의한 해수온 상승으로 인해 생산량이 급감, 2010년경에 들어선 거의 멸종에 이르렀다. 이후 정부는 살아있는 명태 한 마리를 포획하면 50만 원이라는 현상금까지 내걸며 친어 확보에 주력했고, 이후 종묘 생산에 성공해 방류 사업을 추진하게 되었다. 그 결과 일 년에 한 마리도 잡히지 않았던 명태가 2015년 이후 성어가 되어 돌아와 소량 잡히기 시작했다. 과연 대구와 마찬가지로 회귀 본능을 이용한 명태 살리기 프로젝트가 성공을 거두고 우리의 명태 자원이 회복될지 귀추가 주목된다.

※ 명태는 연중 금어기이다.(2023년 수산자원관리법 기준)

+
명태와 대구의 차이

명태와 대구는 모두 대구목 대구과에 속한 어종으로 모양이 흡사해 종종 혼동을 일으킨다. 크기는 대체로 대구가 크지만, 비슷한 크기를 놓고

∧명태   ∧대구

보면 명태는 대구보다 몸통이 가늘고 홀쭉한 편이다. 체색은 명태가 흑갈색이나 고동색에 가깝다면, 대구는 그보다 밝은 황갈색 무늬가 특징이다. 또한 대구는 아래턱에 한 가닥의 수염이 있지만, 명태는 없다.

명태	대구
• 대구보다 머리가 작고 아랫턱이 위턱보다 길다	• 머리가 크고 윗턱이 아래턱보다 길다
• 동해에 주로 서식	• 서식지는 주로 동해와 남해 (서해에는 작은 개체들 존재)
• 크기는 60cm까지 자라며 대구보다 작다	• 크기는 보통 1m정도로 명태보다 크다
• 명천에 사는 태씨의 성을 가진 낚시꾼이 잡은 물고기라서 붙여진 이름	• 머리와 입이 크다고 붙여진 이름
• 지방함량이 대구보다 적고 담백한 맛	• 담백하고 시원한 맛
• 궁합 음식: 무	• 궁합 음식: 채소류(쑥갓, 배추잎, 파)

+
명태의
다양한 이름

명태는 상태나 처리방식에 따라 다양한 이름을 갖는다. 명태가 여러 가지 이름을 갖는 것은 우리 조상들이 예로부터 즐겨 먹었던 생선이기도 하지만, 무엇보다도 계절과 보관 방법에 따라 맛과 상태가 제각각이어서 크기나 형태, 빛깔에 따라 여러 가지 이름이 붙었을 것으로 추측된다.

- **생태** 싱싱한 생물 상태의 명태. 그중에서도 선도가 좋은 명태를 '선태'라 한다.
- **동태** 얼린 명태. 다시 말해 어획 후 배에서 급랭한 것이다.
- **북어** 바닷가에서 해풍으로 말린 명태.
- **황태** 산간지방이나 고원에서 육풍으로 말린 명태로 색이 노랗다.
- **먹태** 황태를 만들다 실패해 빛깔이 검어진 것.
- **낙태** 건조 중 땅에 떨어진 것.
- **깡태** 바짝 말려서 딱딱해진 것.
- **백태** 눈바람을 많이 맞아 희게 변한 것.
- **무두태** 머리를 떼고 말린 것.
- **짝태** 명태를 활짝 펼쳐 염장 건조한 것
- **코다리** 반 건조한 명태로 중간 크기가 많다.
- **노가리** 어린 명태를 단단하게 말린 것이다. 과거에는 노가리가 어린 명태인 줄 모르고 마구 잡아들였기 때문에 남획의 원인이 되기도 했다.
- **지방태** 가까운 앞바다에서 잡은 명태로 국산 명태를 일컫는다.
- **원양태** 먼 바다 조업을 비롯해 러시아, 베링해 등 북태평양에서 잡은 명태를 말한다.
- **춘태** 봄에 잡은 명태.
- **추태** 가을에 잡은 명태.
- **동지태** 동짓달에 잡은 명태.
- **망태** 그물로 잡은 명태.
- **조태** 낚시로 잡은 명태.

☆ 생태

☆ 동태

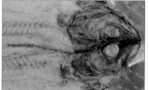
☆ 북어

☆ 황태

☆ 노가리

+
명란의
원산지

우리가 먹는 명란젓은 대부분 수입산에 의존하고 있다. 명란의 원료인 명태알을 얻기 위해선 한중일은 물론, 러시아와 미국 등이 매년 11~4월 사이 산란기 명태를 어획해 명란을 확보하고 있다. 연간 생산되는 규모는 약 5만톤 정도로 추정된다. 자원 감소를 우려해 정해진 할당량만 잡지만, 그럼에도 명란의 생산은 해마다 감소 추세이고, 반대로 수요는 증가하고 있어 향후에도 원재료 가격 상승은 피할 수 없을 것으로 보고 있다. 현재 명란은 약 90% 이상이 일본이 소비하고 있으며, 나머지는 한국 등이다. 주로 러시아산과 미국산 명란으로 양분되어 있으며 일본이 소량 생산한다. 어획은 대부분 북태평양 일대에서 이뤄지는데 원산지는 어획지와 상관 없이 전적으로 조업배 국적에 의해 결정된다.

▲ 명란의 재료인 명태알

+
황태와 북어의 차이와 고르는 법

황태와 북어의 원재료는 모두 명태(러시아산 등 원양태)이다. 한겨울에 약 3~4개월간 눈을 맞아가며 밤에 살짝 얼고 낮에는 녹기를 반복하면서 건조된다는 점은 똑같다. 그러니 북어가 황태보다 품질이 낮다는 것은 잘못된 상식

▲ 북어(위) 황태(아래)

이다. 건조 환경이 고산지대라면 황태이고, 바닷가라면 북어이다. 대표적인 황태 산지는 인제군 용대리 마을과 대관령이고, 북어는 토성면 일대 해안가이다.

품질이 좋은 황태와 북어는 단시간만 끓여도 국물이 뽀얗고 구수하며 감칠맛이 좋다. 품질 좋은 황태와 북어는 어떻게 고를 수 있을까? 황태와 북어는 원재료(명태)도 중요하지만, 건조 지역과 기후가 품질을 좌우한다.

좋은 황태와 북어는 제품 앞면 또는 후면에 어떤 식으로든 국내 덕장명이나 건조 지역이 명시된다. 원재료는 러시아산 동태지만 황태는 민물로 씻고, 북어는 해양심층수로 씻어 해동 및 손질 후 활짝 펼쳐서 강원도의 겨울 바람으로 건조된다는 점이 가장 중요하다. 하지만 이러한 덕장명이 제대로 기입되지 않고, 수입사 소재지만 적혀 있다면 해당 제품은 중국에서 말린 제품일 확률이 높다. 이 경우 가격이 저렴하다면 다행이지만, 개중에는 국내 건조품과 별반 차이가 없으니 구매 전에는 덕장 여부를 꼼꼼히 살피는 것이 중요하다.

건조 지역과 별개로 품질이 좋은 황태는 전반적으로 색이 노랗고 진한 편이며, 대가리쪽 건조 상태를 보면 오랜 건조에서 나는 특유의 묵은 냄새와 쩐내가 나기도 한다. 또한 품질이 좋은 황태는 보풀이 뻣뻣하지 않고 부드러워야 한다.

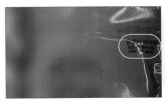
▲ 앞면에 덕장명 표기 사례

▲ 후면에 덕장명 표기 사례

▲ 덕장명이 표시되지 않은 사례

︿ 둘다 좋지만, 그중에서도 오른쪽이 좀 더 낫다

︿ 색이 밝고 보풀이 뻣뻣한 황태　　　　︿ 색이 진하고 보풀이 부드러운 황태　　　　︿ 중국에서 건조한 황태포

고르는 법　　　2023년 기준으로 현재 시중에 유통되는 명태는 러시아산(동태)과 일본산(생태)으로 양분된다. 여기에 캐나다산(생태)이 소량 수입되고 있다. 동태는 각목처럼 딱딱하게 언 것을 고르고, 해동한 것을 생태인 것처럼 파는 것에 주의한다. 생태는 대부분이 일본산이며 캐나다산이 소량 들어오는데 산지에서 국내 시장으로 유통되기까지는 빨라도 2~3일이 걸린다. 생태는 부드러운 맛이 특징이지만, 선도가 떨어진 생태보단 차라리 동태가 낫다. 생태를 고를 땐 등에 난 무늬가 선명해야 하며, 체색이 짙고 반질반질하게 윤기가 나는 것을 고른다. 내장이 녹아내려 항문 쪽으로 새는 것은 피하고, 두 눈은 투명하고 반짝이며, 아가미는 밝고 선홍색에 가까운 게 좋고, 진액은 적을수록 신선한 명태다.

이용　　　명태의 활용은 그 범위와 가짓수가 상당히 넓다. 살점만 먹는 게 아니라 머리통부터 꼬리, 내장에 이르기까지 버릴 게 하나도 없으며, 각종 젓갈로 담가 먹기도 한다. 지방 함량이 낮고 비린내가 없으며, 담백한 맛을 자랑해 예부터 서민들의 사랑을 듬뿍 받은 생선이다. 살코기와 이리는 명태탕과 찌개 등으로 이용하며, 비록 동태를 사용해도 싱싱한 것은 간과 창자도 잘 씻어서 탕거리로 쓴다. 알은 알탕과 명란젓에, 창자는 창난젓으로 이용한다. 신선한 간은 어유(魚油)를 만들기도 했다.

이 외에 명태(또는 동태)살로 전을 부치거나 생선까스로 활용한다. 강원도를 비롯해 함경도에선 명태회냉면이 유명한데, 지금은 러시아산 동태를 해동해 소금, 설탕에 절여 명태회무침을 만들어 먹기도 하고 이를 비빔냉면에 올려 먹는다.

잘 말린 황태와 북어는 각각 황태국, 북어국을 끓여 먹고, 황태구이와 황태찜, 볶음과 무침으로도 이용되며, 코다리는 찜이 인기가 있다.

⤒ 따끈하고 얼큰한 동태탕

⤒ 흔히 '곤이'라 부르는 이리와 간

⤒ 동태전

⤒ 명란 파스타

⤒ 명태회무침

⤒ 명태회막국수

⤒ 노가리구이

⤒ 코다리찜

⤒ 황태국

물가자미

⤒ 유안부

분류	가자미목 가자미과
학명	*Eopsetta grigorjewi*
별칭	감중어, 살가자미, 호시가자미, 참가자미(X)
영명	Shotted halibut, Roundnose flounder
일명	무시가레이(ムシガレイ)
길이	25~32cm, 최대 약 45cm
분포	우리나라 전 해역, 일본, 대만, 동중국해, 피터 대제만, 중국 남부를 비롯한 북서태평양의 온대 및 아열대 해역
제철	11~4월
이용	회, 탕, 물회, 구이, 찜, 조림, 찌개, 미역국, 건어물

⤒ 무안부

우리나라에서 강원도와 경상남북도 등 동해안 일대를 제외한 지역에서는 '참가자미'란 잘못된 이름으로 판매되는 가자미과 어류 중 하나이다. 또한 동해안 일대에서 판매되는 '물가자미'는 표준명 기름가자미로 본종과 다르다는 점에서도 혼동이 있다. 주요 산지는 제주도를 비롯해 여수 등 서남해 일대이며, 울릉도 근해도 분포한다.

유안부(등)에는 3쌍의 흑갈색 반문이 특징이며, 무안부는 흰색이면서 투명감이 있어 내장의 일부가 비치기도 한다. 양 눈은 납작하며 가자미과 어류의 특징인 좌광우도의 법칙을 그대로 따른다. 산란기는 1~6월 사이인데 북쪽으로 갈수록 빠르고, 남해안 일대와 제주도를 기준으로는 3~5월 정도이다. 제철은 본격적으로 난소가 발달하기 전인 늦가을부터 이듬해 봄까지라 할 수 있지만, 건어물로도 흔히 이용되기에 알배기도 선호된다.

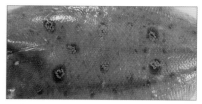
︽ 물가자미의 특징인 반문

고르는 법

서울과 수도권내 대형마트와 재래시장에선 '참가자미'란 말로 통용된다. 제주도를 비롯해 여수 등 전라남도 일대 시장에서는 '참가자미', '호시가자미', '살가자미' 정도로 불리며 일부는 횟감용 활어도 볼 수 있지만, 대부분 생물 아니면 건어물로 유통된다.

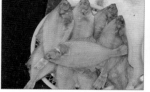
︽ 건어물로 판매되는 물가자미
　(제주도 서부두 어시장)

︽ 생물은 반문이 뚜렷한 것을 고른다

생물을 고를 때는 등에 6개의 반문이 뚜렷할수록 신선도가 좋다고 볼 수 있으며, 클수록 맛이 좋다.

이용

물가자미는 어떤 조리법에도 잘 어울리는 가자미과 어류이다. 갓 잡아 올린 신선한 물가자미는 활어회나 물회, 회무침으로 먹어도 좋다. 다만 물가자미는 이름에서 알 수 있듯이 살에 수분감이 느껴지므로 소금을 뿌려 일정 시간 숙성해서 잡아낸다면 좀 더 꼬들꼬들하고 맛있다. 같은 방법으로 삼투압을 이끌어내 수분을 잡은 뒤 구워 먹으면 좋다. 구이는 가정에서 팬프라이드

︽ 물가자미로 끓인 쑥국

방식이 좋고, 그릴에서는 반건조나 건어물을 굽는 것이 살도 으스러지지 않아서 추천한다. 반건조나 건어물은 찜과 조림에도 어울린다. 생물은 부드러운 살점을 살리기 위해 조리거나 찌개, 미역국 등이 어울리고, 봄에는 쑥국으로도 이용할 수 있다.

방어

분류	농어목 전갱이과
학명	*Seriola quinqueradiata*
별칭	마래미, 마르미, 간팟치, 야도
영명	Japanese amberjack
일명	부리(ブリ)
길이	50cm~1m, 최대 약 1.5m
분포	동해, 남해, 제주도, 일본 북부이남, 캄차카반도 남부에서 동중국해에 이르는 북서태평양의 온대 해역

제철	11~3월
이용	회, 초밥, 구이, 조림, 찌개, 탕, 튀김, 스테이크

겨울철 지방 함량이 높아 회와 초밥으로 인기가 있는 대표적인 겨울 생선이다. 적서 수온(14~17℃)을 따라 북상과 남하를 반복하는 회유어로 국내선 강원 북부에서부터 동해안 일대를 따라 남해안과 제주도를 오간다. 해마다 12월이면 제주도 남쪽 해상인 마라도와 모슬포 앞바다에 큰 무리를 지어 나타나며, 최근에는 지구온난화의 영향으로 한겨울에도 강원도 앞바다의 수온이 내려가지 않아 방어떼들이 남쪽으로 내려가지 못한 채 머물다 잡히기도 한다. 국내에서 산란기는 4~6월이며, 최대 1.5m, 무게 40kg까지 성장하지만, 일반적으로 어획되는 크기는 몸길이 70~80cm 내외, 5~10kg 정도가 많다.

+
**방어를
일컫는
이름들**

방어는 크기에 따라 다르게 불리는 출세어이다. 50cm 이하인 어린 방어는 지역에 따라 알방어, 마래미, 마르미, 간팟치란 이름으로 취급되고, 야도는 어린 방어를 뜻하는 상인들만의 은어이다. 하마치는 잿방어를 말하고, 히라스와 히라마사는 부시리를 의미하기에 방어와 직접적인 연관은 없다.

+
**방어의
크기 분류와
제철**

⌃ 몸길이 50cm 정도인 소방어

9kg 대방어 ≫

방어는 클수록 맛이 좋은 횟감이다. 그러다 보니 시중의 횟집과 시장에선 소방어, 중방어, 대방어, 특대방어로 구분하는데, 사실 이에 대한 명확한 기준이 없고 가게마다 기준이 다르다 보니 어중간한 크기도 대방어로 판매되곤 했다. 다시 말해 '대방어'나 '특대방어' 같은 명칭이 마케팅 용어로 쓰이면서 소비 혼란을 부추긴 것이다. 여기서는 일반적으로 통용되는 크기 분류이다.

- 소방어: 50cm 미만(무게 1~2kg 전후)
- 중방어: 50~70cm(무게 3~7kg)
- 대방어: 80cm~1m(무게 8~11kg)
- 특대방어: 1.1m 이상(12kg 이상)

제철은 11~2월이고, 늦게는 4월까지도 이용되지만 이 시기부터는 산란을 준비하면서 기름이 빠지기 시작한다. 가장 맛이 좋은 시기는 12~2월 정도라 할 수 있다. 한편 산란에 참여하지 않는 소방어와 중방어 일부는 한여름에도 기름기가 크게 빠지지 않아 활어회로 선호된다.

**+
축양과 양식**

국내 최대 산지는 제주도 모슬포와 강원도 거진항이다. 이곳에서 잡힌 방어는 경매를 통해 전국 각지로 유통된다. 다만 시기에 따라 소방어와 중방어의 어획 비율이 늘기도 해 상품성을 높이기 위해 축양한다. 다시 말해 자연산 어린 방어를 잡아다 삼척과 포항, 통영 앞바다의 해상 가두리에서 약 3~6개월간 사료를 먹여 기른 후 충분히 살을 찌워 출하하는 것이다. 출신은 자연산이지만 통영산이나 삼척산이라고 유통되는 방어는 반 양식이 되었다고 볼 수 있다.

≪ 자연산 방어

한편 일본에서는 참치와 더불어 가장 인기 있는 횟감이 방어로 매년 수천 톤 이상 양식되고 있다. 겨울철 자연산 방어 수급이 부족하면 일본산 양식 방어로 이를 충당하는데 이는 참돔과 함께 최근 10여 년 동안 일본산 활어 수

≪ 일본산 양식 방어

입 물량의 1~2위를 차지할 만큼 많은 양이다. 주요 양식지는 가고시마현을 비롯한 규슈 남부이다. 일본산 양식 방어의 특징은 5~10kg 정도로 자연산과 크게 다르지 않으나 국산 자연산 방어보다 체고가 넓고 등이 어두운 편이다. 지방도 자연산보다 많은 편이며, 자연산 방어의 고질적인 문제인 방어사상충의 감염 확률이 현저히 낮아 횟집과 일식 업계에서 선호하는 편이다.

**+
방어와
부시리의
차이**

방어와 부시리는 모양이 닮은꼴인 만큼 비교 대상이었다. 아래 도표를 참고하자.

명칭	방어	부시리
서식지 분포	동해, 남해, 제주도	우리나라 전 해역
최대 크기	약 1.5m	약 1.8m
제철	11~3월(겨울)	5~2월(산란기를 제외한 연중)
평균 소비자가격	겨울엔 방어 가격이 비싸지만, 그 외에는 부시리가 방어와 같거나 소폭 비싼 편이다.	
생선회 관능 평가	살이 붉은 편이다. 식감은 부드럽고 기름기가 많다.	살이 덜 붉고 흰 편이며, 식감은 탄력이 있고 기름기는 방어보다 적다.

≪ 부시리

≪ 방어회

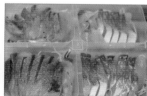
≪ 부시리회

방어를 부위별로 즐기기 위해서는 최소 중방어에서 대방어 이상은 돼야 한다. 대방어급 이상이 인기가 많은 것도 부위별 회맛을 오롯이 느끼기 위함인데 크게 나누면 다음과 같다.

등살

방어회 중 가장 붉은 부위다. 지방이 많아 참치회와 비슷하면서도 부드럽게 씹히는 것이 특징이다.

≫ 등살

사잇살

척추를 둘러싼 혈합육이다. 철분 함량이 많아 조금만 공기에 노출되어도 갈색으로 산화되며, 피비린내가 나는 부위이다. 이 부위는 호불호가 있어 버려지는 경우도 많지만, 신선할 때 참기름장에 찍어 먹으면 소고기 육회와 비슷한 맛이 난다.

≫ 사잇살

중뱃살

적당한 기름기와 씹는 맛이 좋은 부위이다. 한겨울 대방어라면 오밀조밀한 마블링으로 인한 지방맛이 두드러지는 핵심 부위 중 하나이다.

≫ 중뱃살

뱃살과 배꼽살

대형 방어가 아니라면 대개 뱃살과 배꼽살을 따로 나누기보단 같이 썰어 낸다. 배꼽살은 뱃살 중 가장 하단에 위치하며, 내장을 감싼 단단한 지방막에 꽃이 핀 듯한 방사형 무늬와 그 사이사이 마블링이 섬세하게 낀 것이 특징이다. 배받이살이라고도 부르는 배꼽살은 꼬득꼬득 씹히는 단단함과 사각사각 씹히는 뱃살의 식감이 더해지면서 방어회에선 가장 고급스럽고 아끼는 부위라 할 수 있다. 같은 뱃살이라도 꼬리쪽보단 대가리쪽에 가까울수록 넓은 면적을 자랑하며, 품질도 좋아진다.

≫ 뱃살

≫ 뱃살과 배꼽살

목살

참치로 치면 '가마도로'라 불리는 부위로 옆지느러미에 붙어 있어 운동량이 많아 사각사각 씹히는 탄력과 섬세한 마블링, 고소한 지방맛이 어우러지는 최고급 부위이다. 대방어라도 목살은 양쪽에 한 덩어리밖에 나오지 않은 귀한 부위라 할 수 있다.

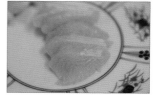

≪ 목살

꼬릿살

대개 꼬릿살은 힘줄이 있어 질긴 부위지만 방어의 경우 마치 흰살 생선의 돔 종류처럼 쫄깃쫄깃 씹히는 것이 특징이다. 지방이 적어 묵은지찜이나 탕거리, 구이용으로 쓰인다.

볼살

방어 대가리에만 붙은 특수부위이다. 두육(정수리)살은 지방이 적고 부드러우며, 볼살 역시 지방이 적으나 소고기와 비슷한 식감이 특징이다.

≪ 볼살

+ 방어 기생충

자연산 방어에는 방어사상충과 고래회충이 존재하며, 감염률은 방어사상충이 훨씬 높다. 고래회충의 경우 주로 위장과 창자, 항문 근처에 그리 높지 않은 확률로 소량 감염되는 경우가 많지만, 방어사상충은 봄~가을에 매우 높은 확률로 다량 기생하며, 겨울에는 기생 확률이 줄어든다. 기생 확률은 소방어보다는 중방어가, 중방어보다는 대방어일수록 높아지며, 양식 < 축양 < 자연산 순으로 높아진다. 감염 부위는 철분이 많은 혈합육과 등살, 꼬릿살에 집중 분포한다. 방어사상충은 말그대로 방어가 종숙주인 선충류로 그 길이가 짧게는 10cm에서 길게는 30cm가 넘나들기도 한다.

충제는 빨간 지렁이 모양인데 워낙 크고 길어서 회를 뜨는 과정에서 쉽게 발견된다. 방어사상충은 여전히 구체적인 생활사에 대한 연구가 미흡해 많은 것이 밝혀지지 않았다. 주로 산란철인 봄~여름 사이 감염되는데 감염 즉시 근육 내로 침투해 그 자리에서 방어 피를 먹고 배설하기를 반복한다. 때문에 충제가 있는 둥지는 근육 내 구멍이 뻥 뚫린 모양이며, 고름과 배설물이 함께 나온다. 회를 뜨다 충체가 발견되면 뽑아서 제거하고, 해당 부위는 도려내 폐기처분한다. 충체가 발견되지 않는 부위는 횟감으로 사용할 수 있다. 방어사상충은 낮은 수온에 매우 취약하다. 겨울 방어에도 감염률이 없는 것은 아니지만, 그 수는 여름에 비할 수 없고, 발견되더라도 저활성 상태인 경우가 많다.

≪ 방어사상충

≪ 회를 뜨다 발견된 방어사상충과 둥지

≪ 말라 비틀어진 방어사상충 사체

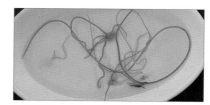

≪ 수돗물에 담그자 8분만에 터져버린 방어사상충

방어사상충의 끝은 겨울철 근육 내에서 매말라 죽는 것이다. 이 과정에서 미처 발견하지 못해 회를 먹던 도중 끈 형태로 발견되기도 한다. 이 과정이 지나면 근육 내에서 말라 비틀어진 상태로 사라져 버린다. 참고로 방어사상충은 인체에 기생할 수 없으며 우리에게 별다른 해를 주진 않지만, 보기에 혐오스럽고 손님상에서 발견되면 안 되는 엄연한 이물질이므로 주방 차원에서 걸러져야 한다. 그러기 위해선 포를 뜰 때 꼼꼼히 살피는 것이 중요하다.

참고로 방어사상충은 해수 기반의 선충류로 담수(민물)에선 10분도 못 버티고 삼투압에 의한 팽창으로 터져버린다.

+ 방어의 종류

방어란 이름을 가진 어종이 몇 가지 더 있지만, 이 중 국내에서 흔히 식용하는 것은 잿방어이며, 해외에선 참치방어를 식용한다.

≫ 어린 잿방어

잿방어

최대 전장 2m 가까이 성장하는 대형 어류이다. 국내에서
50~80cm 내외가 많이 잡히나 시장에 유통되는 것은 대부분 일본산 양식이다. 여름~가을이 제철이며 맛이 좋은 횟감이다.

참치방어

태평양과 인도양의 열대 및 아열대 해역에 사는 종으로 서양권에선 '레인보우 러너'(Rrainbow runner)로 통한다. 국내에선 동해 및 울릉도로 회유하며 크기는 60~80cm 정도이다. 횟감은 가격이 낮으나 구이나 타다끼, 스테이크용으로 인기가 있다.

≫ 참치방어

매지방어

어릴 땐 화려한 무늬를 뽐내다 성어가 되면서 무늬는 사라지고 체색은 주변 환경에 따라 수시로 변하는 비교적 소형 방어류이다. 국내에선 남해와 제주도 남단에 서식하며, 아열대 해역이라면 전 세계적으로 분포한다. 횟감으로는 가치가 높지 않으며, 구이나 조림, 튀김 등으로 이용된다.

≫ 매지방어

동갈방어

몸통을 가로지르는 5~6개의 검은색 줄무늬가 특징이다. 대형 상어나 가오리류에 붙어 따라다니는 기생 어류이며, 주로 구이로 먹는다.

≫ 동갈방어

이용

여름에는 작은 크기만 이용하며, 그 외에는 계절에 따른 맛의 편차가 커서 중방어 이상은 주로 11~3월 사이 회와 초밥으로 이용된다. 클수록 맛이 뛰어나며 적당히 숙성해서 먹으면 더욱 맛있다. 제주도 같은 일부 해안가에선 숙성보다 활방어를 얇게 떠 먹기도 한다.

해체 후 뼈와 부산물은 매운탕, 라면, 김치찌개로 이용되고, 대가리는 반으로 갈라 펼친 뒤 구이로 먹는다. 이 외에도 작거나 생물로 유통된 것은 방어까스, 방어무조림, 방어구이 등으로 이용되며, 스테이크나 산적, 탕수, 깐풍기 같은 요리로도 개발되고 있다.

⚝ 부위별로 두툼하게 썬 숙성 방어회

⚝ 얇게 떠서 쌈 싸먹는 활방어회

⚝ 방어머리 김치찜

⚝ 방어 라면

⚝ 방어 숯불구이

벌레문치

분류 농어목 등가시치과
학명 *Lycodes tanakai*
별칭 장치
영명 Tanaka's eelpout, Lycodes tanakae
일명 타나카겐게(タナカゲンゲ)
길이 60~90cm, 최대 약 1.1m
분포 동해, 일본 중부이북, 사할린, 오호츠크해
제철 11~3월
이용 회, 찜, 조림, 탕, 튀김, 어묵

벌레문치의 독특한 얼굴 모습

동해 200~300m 깊은 바닥에 서식하는 저서성 어류이다. 시장에서는 생김새가 기다랗다고 해서 '긴 장(長)'자를 쓴 '장치'로 통한다. 다 자라면 1m 정도 되는 비교적 크고 긴 어류이다. 대가리는 삼각형에 가깝고 여우 같은 모양과 독특한 표정을 하고 있다. 단단하고 날카로운 이빨이 발달해 주로 오징어나 문어 등을 잡아먹는다고 알려졌지만, 일각에선 해저 바닥에 서식하는 커다란 등각류를 먹어서 이름이 벌레문치라는 설이 있다.

+
**장치와
꽃장치**

동해 북부(강원)에서만 볼 수 있는 벌레문치는 현지에서 '장치'로 통하며, 비슷하게 생긴 장갱이는 '꽃장치'로 불린다. 자세히 살피면 체색과 무늬에서 차이가 나는데, 결정적으로 대가리 모양이 다르고 최대 크기도 벌레문치(장치)가 압도적으로 커서 구별이 어렵지는 않다. 이용은 둘 다 비슷하다.

≪ 일명 장치라 불리는 벌레문치
　(속초 동명항)

≪ 일명 꽃장치라 불리는 장갱이
　(포항 죽도시장)

이용

옛날에는 잡어 취급하며 버려졌는데, 최근 '동해안의 겨울 별미'로 벌레문치가 소개되면서 적잖은 여행객들이 찾기도 한다. 주요 산지는 속초와 강릉이고 포항의 수산시장에서도 볼 수 있다.

≪ 강릉의 명물 장치찜

≪ 살이 많아 먹을 것이 많은 장치찜

시장에선 주로 활어회를 권하는데 회는 지방과 비린내가 적어 깔끔한 맛이지만, 그만큼 싱겁고 수분이 많아 횟감으로는 썩 고급스럽지 않다. 이러한 이유로 일부 식당에선 벌레문치의 수분을 잡기 위해 소금 숙성을 하거나 맛을 보완하기 위해 다시마 숙성을 하기도 한다.

탕을 끓이면 뼈에서 국물이 우러나오지만, 감칠맛이나 생선 특유의 육수가 맛있게 우러난다고는 보기 어려워 다시마, 멸치 등으로 보충하는 것이 좋고, 살 자체도 대구와 비슷한 느낌이지만 다소 맹한 맛이기에 전반적으로 간을 잘 해야 맛이 나는 생선이다.

하지만 뭐니뭐니해도 가장 인기 있는 음식은 강릉, 주문진의 장치(벌레문치)찜이다. 찜이라곤 하나 무와 감자를 넣고 매콤한 양념으로 졸인 조림에 가깝다. 손질 시 나오는 점액질은 잘 걷어내고, 적당한 크기로 토막 내서 조리면 근사한 밥도둑이 된다. 벌레문치는 꽃장치라 불리는 장갱이와 달리 알에 독이 없어 먹을 수 있다는 장점이 있다. 일본에서는 어묵 재료로 쓰이기도 한다.

벵에돔 | 긴꼬리벵에돔

분류 농어목 황줄감펭이과
학명 *Girella punctata*
별칭 입큰벵에돔, 벵어돔, 흑돔, 구레, 구로, 똥구로
영명 Large scale blackfish, Opal eye fish
일명 메지나(メジナ)
길이 20~50cm, 최대 68cm
분포 남해, 동해, 제주도, 울릉도, 일본 중부이남,
　　　동중국해, 대만, 중국 남부

제철 11~2월
이용 회, 초밥, 구이, 튀김, 조림, 탕

벵에돔은 참돔, 감성돔과 같은 도미과가 아닌 황줄깜정이과에 속한 생선이다. 국내에선 제주도와 남해, 동해 남부권을 중심으로 계절 회유를 하지만 그 반경이 넓진 않으며, 일 년 내내 상주하는 붙박이 개체도 있다. 1990년대 이후 일본에서 넘어온 릴 찌낚시 기법과 관련 산업, 여기에 갯바위 낚시 인구까지 비약적으로 증가시킨 어종으로 현재까지도 바다낚시에서는 빼놓을 수 없는 인기 대상어이다. 체색은 서식지 환

△ 낚시로 잡은 35cm급 벵에돔

경과 크기에 따라 차이가 있지만, 대체로 밝은 청록색에서 짙은 군청색, 또는 검은색에 가까운 개체 등 다양하게 나타난다. 이를 두고 낚시인들은 '바다의 흑기사'라는 별명을 지어주기도 했다.

연안성 어종으로 암초와 해조류가 무성한 곳에 떼를 지어 서식하며, 18~25℃ 정도의 따뜻한 수온을 쫓아 분포한다. 성질이 까다롭고 겁이 많아 경계심이 큰 편이다. 소리와 불빛에 예민하게 반응하면서도 학습 능력이 뛰어나 벵에돔 한 마리를 꾀어내기 위한 다양한 낚시 기법과 두뇌 싸움이 전개된다. 이러한 물고기의 습성은 낚시 대회에서 실력을 판가름하기 좋은 변별력을 가진다고도 볼 수 있다.

산란철은 위도마다 다르지만 남해안을 기준으로 3~5월 사이다. 파래를 비롯한 해조류 식성을 가지지만, 여름에는 작은 곤쟁이와 갑각류를 섭취하고 겨울에는 갯바위에 낀 김을 쪼아먹기 위해 해안선 가까이 붙는다. 그러다가 산란이 임박하면 먹이 활동을 중단하거나 간헐적으로 먹는 등 먹성이 까탈스러워진다.

긴꼬리벵에돔

분류	농어목 황줄깜정이과
학명	*Girella melanichthys, Girella leonina*
별칭	긴꼬리
영명	Small scale blackfish
일명	쿠로메지나(クロメジナ)
길이	20~40cm, 최대 83cm
분포	남해, 동해, 제주도, 일본 중부이남, 동중국해, 중국 남부, 남중국해
제철	11~2월
이용	회, 초밥, 구이, 튀김, 조림, 탕

벵에돔과 유사한 형태로 인해 오랫동안 벵에돔으로 취급되어온 근연종이다. 국내에선 쿠로시오 해류 영향이 직접 맞닿는 제주도와 부속섬(마라도, 가파도, 지귀도, 우도 등), 추자군도, 여서도, 국도, 좌사리도, 울릉도에 이르기까지 주로 먼 섬을 위주로 회유한다. 개중에는 해류를 타고 수백 킬로미터를 횡단할 만큼 회유성이 강한 개체들도 있다. 벵에돔과 마찬가지로 바다낚시에선 빠지지 않은 인기 대상어이며, 지역에 따라 연중 낚이는 곳도 있지만, 대개 장마철이 시작되는 6월부터 1월까지 낚시가 활발하게 이뤄진다. 늦가을부터 겨울 사이 잡힌 긴꼬리벵에돔은 돌돔에 뒤처지지 않을 만큼 차지고 쫄깃하며, 웬만한 횟감과 비교해서도 빠지지 않을 만큼 빼어난 맛을 자랑한다. 특히 긴꼬리벵에돔은 벵에돔과 달리 세찬 조류를 타고 빠르게 이동하는 습성이 있어서 벵에돔보다 힘과 지구력이 앞서고 낚시인들에게 짜릿한 손맛을 주는 것으로 유명하다. 산란기는 봄부터 초여름 사이 행해진다.

사실 벵에돔과 긴꼬리벵에돔은 〈도시어부〉 같은 낚시 예능 프로그램을 통해 대중들에게 알려졌을 뿐, 이전에는 낚시인들만 아는 어종에 불과했다. 1970~1980년대에는 제주도 및 부산을 비롯한 경상남도를 중심으로 벵에돔 낚시가 행해졌지만 지금처럼 고도로 발달한 장비나 소품은 쓰이지 않았다. 여기에 해조류 위주의 식성도 식용 가치를 떨어트리는데 한몫했다. 특히 여름~가을 사이 잡히는 벵에돔은 크기와 지역에 따라 갯내가 나기도 한다. 지역민들이 검정도미, 흑돔 정도로 부르던 것이 벵에돔이었으나 지금은 표준명 그대로 불린다.

한편 일본에서 벵에돔과 긴꼬리벵에돔이 각각 '메지나'와 '쿠로메지나'지만, 정작 벵에돔 낚시가 활발히 이뤄지는 규슈를 비롯해 관서지역에선 '구레'와 '오나가메지나'로 불린다.

+
벵에돔과
긴꼬리
벵에돔의
외형 차이

두 종은 서식지 해역에 따라 체색이 상이해 단순히 빛깔만으로는 구별하기가 어렵다. 대신 여러 가지 형태에서 구별 포인트가 있으니 참고하자.

≫ 긴꼬리벵에돔(위), 벵에돔(아래)

체형
벵에돔은 체고가 높고 통통한 체형이지만, 긴꼬리벵에돔은 비교적 날렵한 유선형이다.

아가미뚜껑
긴꼬리벵에돔은 아가미뚜껑에 검은테가 있어 벵에돔과 확연히 구별된다.

비늘
긴꼬리벵에돔은 비늘이 작고 촘촘하지만, 벵에돔은 비늘이 크고 억센 편이다.

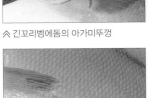
≫ 긴꼬리벵에돔의 아가미뚜껑

≫ 벵에돔의 아가미뚜껑

꼬리지느러미
긴꼬리벵에돔은 (형태로 아치형을 그리며 꼬리 자루가 조금 더 잘록하고 길다. 반면 벵에돔의 꼬리지느러미는 좌우로 펼쳤을 때 〈 형태로 각진 편이다.

≫ 긴꼬리벵에돔의 비늘

≫ 벵에돔의 비늘

≫ 긴꼬리벵에돔의 꼬리지느러미

≫ 벵에돔의 꼬리지느러미

두 어종은 일정 부분 서식지를 공유하지만, 습성에는 많은 차이가 있다.

+
벵에돔과
긴꼬리
벵에돔의
습성 차이

크기

최대 전장은 긴꼬리벵에돔이 83.8cm(일본 공인 기록)으로 70cm에 근접한 벵에돔보다 크다. 하지만 국내에선 온난한 지리적 여건상 난류성인 긴꼬리벵에돔보다 벵에돔이 평균 씨알에선 앞서는 편이다.

≪ 51cm급 벵에돔

회유성

벵에돔은 연안성이고 긴꼬리벵에돔은 회유성으로 활동 반경이 훨씬 넓다. 두 어종 모두 따뜻한 바다를 좋아하지만, 규슈를 비롯해 일본 남부 해역에 더 크고 많은 개체가 존재하는 난류성 어류이다. 그중 먼바다에서 회유하는 일부 개체들은 여름철 크게 발달한 쿠로시오 해류를 타고 올라와 제주도와 남해 동부권의 먼 섬에 당도하며 동해로도 진출한다.

≪ 38cm급 긴꼬리벵에돔

이빨 구조

두 어종 모두 김, 파래 등 해조류를 갉아먹기 좋은 구조이지만, 자세히 보면 완전히 다름을 알 수 있다. 벵에돔은 수직형 톱날 구조로 된 융모로, 손으로 만져보면 앞뒤로 살짝 흔들리며 거친 브러쉬 느낌이 들 뿐 무언가를 자르는 날카로움은 느껴지

≪ 벵에돔의 브러쉬 같은 융모

≪ 긴꼬리벵에돔의 단단하고 날카로운 융모

지 않는다. 반면 긴꼬리벵에돔의 융모는 벵에돔보다 작지만 매우 단단하다. 특히 40cm가 넘어가면서 융모는 마치 면도날처럼 날카로워지기 때문에 바늘을 삼키면 낚싯줄(목줄)이 가차 없이 끊어진다. 이 때문에 낚시인들은 안창걸이가 아닌 제물걸림(입술에 바늘이 걸림)을 하기 위한 바늘을 선택하는 등 긴꼬리벵에돔을 안전하게 낚아내기 위한 여러 연구를 해왔다.

+
벵에돔과
기생충

벵에돔은 그 흔한 고래회충도 잘 안 나오기로 유명한 생선이다. 이는 고래회충의 생활사와 관련이 없는 먹잇감(해조류 및 작은 갑각류)을 섭취해서인데, 그런 벵에돔도 기생충이 발견된 경우가 아예 없었던 것은 아니다. 위 사진은 수십여 마리의 벵에돔을 손질하던 중 내장에 발견된 선충류이다. 길이나 색깔(노란색), 모양새

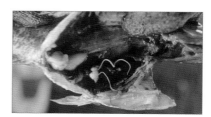
≪ 벵에돔에서 발견된 정체 불명 기생충

로 보아 고래회충은 아니지만, 어떤 종의 기생충인지는 그 어떤 자료나 논문도, 심지어 해당 사진 외에는 발견된 사례도 찾을 수 없어 미궁에 빠졌다.

+

벵에돔과
긴꼬리
벵에돔의
제철과
맛 차이

두 종은 같은 크기라도 어떤 것은 갯내나 잡내가 나고, 또 어떤 것은 깔끔하고 맛이 있는데 이를 특정할 만한 기준은 마땅치 않다. 그저 잡힌 시기와 지역, 연안산인지 먼바다산인지에 따라 달라질 것으로만 예측하고 있다. 다만 한 마리에서 냄새가 난다면 그날 잡힌 그 집단

≪ 벵에돔   ≪ 긴꼬리벵에돔

은 대부분 비슷한 풍미를 가지는 경향이 있다. 이는 해당 시기와 지역에 벵에돔이 먹는 먹잇감과 관련이 있다고 볼 수 있다. 따라서 한여름이라도 지역에 따라 맛이 좋은 집단이 있는가 하면, 특유의 거슬리는 냄새로 인해 맛이 떨어지는 집단이 존재하기도 한다.

한 가지 공통된 사실은 벵에돔이든 긴꼬리벵에돔이든 김발이 오르는 10월 중후순경부터는 이러한 잡내가 사라지는 경우가 많다는 점이다. 그래서 두 종의 제철은 늦가을부터 산란 직전인 겨울까지로 보는 시각이 지배적이다.

≪ 늦가을 긴꼬리벵에돔회

맛은 대체로 긴꼬리벵에돔이 특유의 탄력과 식감, 지방에서도 한 수 앞선다는 평가다. 하지만 이러한 차이도 35cm(약 800g) 이상은 되어야 실감할 수 있다. 껍질은 긴꼬리벵에돔이 질긴 편이다. 이런 이유로 40cm가 넘어가는 긴꼬리벵에돔은 껍질을 벗겨 썰어내고 벵에돔은 토치

≪ 왼쪽부터 벵에돔과 긴꼬리벵에돔 껍질회를 교차로 담은 모습

를 이용해 껍질을 살짝 구워 같이 썰어내면 맛있다. 뽀얗게 우러나는 맑은탕 국물은 벵에돔이, 매운탕은 긴꼬리벵에돔이 낫다는 평가다.

+

갈색
벵에돔은
무엇인가?

가끔 먼바다에서 갈색을 많이 띠는 개체가 잡히기도 한다. 주로 긴꼬리벵에돔에서 이러한 현상이 나타난다. 해안가로는 좀처럼 다가오지 않은 탓에 가까운 섬이나 연안에서는 좀처럼 보기

≪ 일명 차구레라 불리는 갈색 긴꼬리벵에돔

어렵다. 그만큼 세찬 해류를 타고 수백 킬로미터를 횡단하는 회유성이 강한 개체군인데 이를 일본에서는 '차구레'라고 한다. 갈색빛이 나는 이유는 갑각류와 동물성 플랑크톤 위주의 식성으로 인해 아스타잔틴이색으로 나타난 것이다. 좀 더 붉은색이 강한 참돔과 황새치뱃살(홍메카도로)도 같은 이유에서 나타난다. 일본에서는 먼바다 섬인 '남녀군도'에 해당 개체들이 많이 분포하며, 국내에선 쿠로시오 해류의 영향이 직접 닿는 경남 홍도 등 먼바다 해역에서 종종 낚인다. 맛은 갑각류 식성에 의한 풍미가 고소하게 남아서 벵에돔과 긴꼬리벵에돔 중 가장 으뜸이라 할 수 있다.

고르는 법

뻥에돔과 긴꼬리뻥에돔을 맛볼 수 있는 산지는 제주도 동문시장과 올레시장, 그리고 제주도내 횟집이다. 이 외에 거제도, 통영, 여수, 포항, 울릉도의 시장과 횟집에서도 볼 수 있다. 활어로 유통되는데, 수조에 너무 오래 둔 것은 체색이 밝고 하얗게 일어나기도 하니 이런 것은 피한다. 또한 수조에 뻥에돔을 많이 넣어두면 동족 간에 물어뜯기도 해 꼬리가 해지고 손상되기도 한다. 정치망(제주 방언 덤장) 잡이도 그물에 쓸려 훼손되기도 하니 양식 뻥에돔으로 착각하기 쉽다는 점도 염두에 둔다.

한편 뻥에돔과 긴꼬리뻥에돔은 일본산 양식이 제법 유통되고 있다. 이는 산지인 제주도뿐 아니라 서울, 수도권 내 수산시장에서도 시기를 가리지 않고 종종 볼 수 있다.

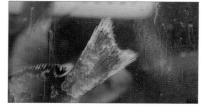
≫ 정치망으로 잡힌 뻥에돔(제주 동문시장)

이용

시장과 횟집에선 대부분 활어회로 즐기지만, 일식집에선 적당히 숙성하기도 하며 초밥으로도 이용된다. 40cm가 넘지 않으면 껍질을 구워 함께 썰어내면 더욱 맛있다. 토치뿐 아니라 팬에 참기름을 살짝 둘러 껍질만 구워내는 일명 히비키 스타일도 있다.

겨울철 일정 크기의 긴꼬리뻥에돔이 아닌 이상 지방이 많은 편은 아니다. 구운 김과 잘 어울리며, 산미가 강하고 묽은 스타일의 초고추장이나 쌈장에 찍어 밥과 함께 쌈으로 먹는 형태가 맛있고, 단순히 야채김밥에 회를 올려 '김초밥' 형태로 먹어도 맛있다.

이 외에도 뻥에돔은 다양한 조리법으로 즐길 수 있다. 뻥에돔은 푹 끓여 뽀얀 국물을 내는데 이를 이용해 맑은탕(지리), 백숙, 곰국 형태로 즐긴다. 2~5월 사이에서만 볼 수 있는 알집은 맛이 뛰어나 파스타, 알조림, 알탕으로 이용하고, 어린 뻥에돔은 뼈째 튀겨 먹는다. 이외에 뻥에돔을 이용한 김치찜, 탕수, 솥밥, 스테이크, 간장 구이와 양념 구이, 생선전으로 먹는다.

≫ 야들야들한 중치급 긴꼬리뻥에돔 껍질회

≫ 뻥에돔 초밥

≫ 구운 김과 곁들이면 더욱 맛있다

≫ 김밥에 활뻥에돔회를 올린 김초밥

≫ 뻥에돔 맑은탕(지리)

≫ 뻥에돔 백숙

≫ 뻥에돔 곰국

≫ 뻥에돔 튀김

△ 벵에돔 김치찜

△ 벵에돔 탕수

△ 벵에돔 솥밥

△ 벵에돔 스테이크

△ 벵에돔 간장구이

△ 벵에돔 양념구이

△ 벵에돔 전

북방참다랑어 | 남방참다랑어, 대서양참다랑어

분류	농어목 고등어과
학명	*Thunnus orientalis*
별칭	참치, 참다랑어, 혼마구로, 마구로
영명	Bluefin tuna
일명	쿠로마구로(クロマグロ)
길이	1~2.5m, 최대 약 2.9m
분포	동해, 제주도, 일본, 대만을 비롯한 태평양, 인도양, 대서양의 온대 및 아열대 해역

제철 11~3월
이용 회, 초밥, 구이, 조림, 덮밥, 마키, 산적, 젓갈

지금은 참다랑어뿐 아니라 눈다랑어와 황다랑어 등 여러 다랑어류를 통틀어 '참치'로 부르는 경향이 있지만, 강원도에서 '참치'라 불렸던 것이 시초로 원래는 참다랑어를 가리킨다. 왕성한 활동력을 바탕으로 수백에서 수천 킬로미터에 이르는 대양을 회유한다.

우리나라로 들어오는 참다랑어는 '북방참다랑어'란 종으로 대만에서부터 쿠로시오 해류를 타고 북상하다 일본 남부를 기점으로 두 갈래로 나뉜다. 하나는 우리나라 제주도를 비롯해 동해와 일본 서북부를 따라 홋카이도로 올라가고, 또 다른 군집은 일본 혼슈 동북부 해안을 따라 올라가다 홋카이도에 당도한다. 이 시기가 10~1월이며, 혼슈와 홋카이도 사이 '쓰가루 해협'에서 만난다. 참다랑어의 몸값은 이때 잡힌 것이 가장 비싸며, 지방도 최고조에 이른다.

여기서 일부 개체는 다시 일본 열도와 동해를 따라 남하하고, 일부는 북태평양을 따라 하와이 제도로 진출하며 북미 대륙 서부 해안에 이른다. 이렇게 해서 태평양을 횡단하는 데 걸리는 시간은 약 5~7년 정도로 소요되는데 아직은 시기별로 자세한 회유 경로가 밝혀지지 않았기에 대략적인 경로로 보면 되겠다. 산란기는 대만 근처에서 4~6월, 우리나라 동해는 8월로 알려졌다.

한편 북방참다랑어는 '세계자연보호연맹'(IUCN)의 '멸종위기종'(EN)으로 분류돼 현재는 나라별 쿼터제로만 어획되고 있다. 이후 자원량은 증가 상태로 돌아섰지만 꾸준한 관리가 필요한 상태이다. 여기

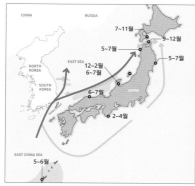

▲ 동북아시아의 참다랑어 회유도

▲ 참다랑어의 태평양 회유도

에 지구 온난화와 해류의 변화로 그 서식지가 점차 북상하고 있고 세력도 확대되고 있어서 우리나라에도 형성될 수 있는 참다랑어 어장에 대비해야 한다는 목소리가 커지고 있다.

남방참다랑어

분류	농어목 고등어과
학명	*Thunnus maccoyii*
별칭	미나미
영명	Southern bluefin tuna
일명	미나미마구로(ミナミマグロ)
길이	1~2m, 최대 약 2.5m

분포	호주, 인도네시아를 비롯한 태평양과 대서양, 인도양의 남반구
제철	4~8월
이용	회, 초밥, 구이, 튀김, 조림, 덮밥, 마키, 산적, 젓갈

남반구의 온대부터 열대해역에 이르기까지 폭넓게 서식하는 종이다. 주요 산지는 호주와 인도네시아, 남아프리카공화국, 아르헨티나 등이 있다. 현재는 지나친 남획으로 인해 절멸 가능성이 매우 높은 '심각한 위기종'(CR)으로 지정되었다. 지금은 호주에서 대량으로 양식해 한국, 일본을 비롯한 세계 각국으로 수출되고 있다.

북방참다랑어보다 크기가 작고 지방 함량이 떨어진다고 평가되지만 그만큼 가격 경쟁력에선 우위를 점하고 있으며, 다랑어류 중에선 북방참다랑어와 함께 맛이 뛰어나며 산업 가치가 매우 높은 종이다. 주 산란기는 남반구의 봄~여름에 해당되는 9~2월경이며, 지방이 오르는 시기는 늦가을부터 겨울 사이인 4~8월이라 할 수 있다. 이용은 참다랑어와 동일하다.

대서양참다랑어

분류	농어목 고등어과
학명	*Thunnus thynnus*
별칭	평가 없음
영명	Atlantic bluefin tuna
일명	타이세이요오쿠로마구로(タイセイヨウクロマグロ)
길이	1.5~3m, 최대 약 4.6m
분포	멕시코만을 비롯해 대서양 북반구의 온대 및 열대 해역
제철	10~2월
이용	회, 초밥, 구이, 튀김, 조림, 덮밥, 마키, 산적, 젓갈

대서양 동부와 서부를 오가며 회유하는 참다랑어 중 한 종류이다. 기존에는 북방참다랑어로만 분류했지만, 현재 태평양참다랑어(북방참다랑어)와 대서양참다랑어로 분류되었다. 참다랑어류 중 가장 크게 자라는 대형종으로 몸길이 458cm, 무게 680kg이 최대 기록으로 남아 있다. 여러 계군이 있지만 크게 서부 계군과 동부 계군으로 나뉜다. 서부 계군의 산란장은 멕시코만이고, 동부 계군은 지중해 서부 발레아레스 제도이다. 서부 계군의 산란은 4~6월 사이, 동부 계군의 산란은 6~8월 사이에 수온 24~28°C에서 이뤄진다. 이때는 대서양 멀리 진출한 참다랑어가 회귀 본능으로 자신이 태어난 산란장에 찾아오는 것으로 알려졌다.

대서양참다랑어는 초밥 소비가 많은 북미 대륙뿐 아니라 일본으로 가장 많은 물량이 수출되는 품목이다. 세계에서 수익성이 가장 좋은 어종 중 하나로 연간 초밥과 회에 사용되는 양은 어마어마하다. 일본 원양 선단을 비롯해 여러 국가의 무차별적인 남획으로 개체수는 급감했으며, 모나코는 국제 무역 금지를 권고하기도 했다. 이후 쿼터제 시행으로 인해 개체수가 증가세로 돌아섰다. 이후 2021년에 세계자연보전연맹(IUCN)은 멸종 위기종에서 '관심 필요종'(LC)로 분류하였다. 다만 멕시코만에서 산란하는 서부 계군을 비롯해 여전히 많은 대서양참다랑어는 무분별한 남획으로 몸살을 앓고 있어 관리가 시급하다.

+ **참다랑어의** **재분류와** **크기**	기존에는 북방참다랑어와 남방참다랑어로 나뉘었으나 최근에는 대서양참다랑어가 가세해 3종으로 재분류되었다.

북방참다랑어(*Thunnus orientalis*)
북태평양에 분포하며, 지금까지 알려진 최대 전장은 약 288cm, 무게 483kg이다.

남방참다랑어(*Thunnus maccoyii*)
태평양, 인도양, 대서양의 남반구에만 분포하며, 지금까지 알려진 최대 전장은 약 245cm, 무게 260kg이다.

대서양참다랑어(*Thunnus thynnus*)
대서양에 분포하며, 지금까지 알려진 최대 전장은 약 458cm, 무게 680kg이다.

+ **다랑어,** **새치류의** **계보와** **맛 서열**	시중에 '참치'로 불리는 횟감은 다양하나 진정한 참치는 '참다랑어'라는데 이견이 없을 것이다. 아래 그림을 통해 어떤 종류가 있는지 상업적 가치(맛 서열)가 높은 순서로 알아보자.

1. 농어목 고등어과 다랑어속

① 북방참다랑어(혼마구로, 블루핀튜나)
지금이야 태평양참다랑어와 대서양참다랑어로 구분되지만, 예전에는 다랑어과 중 최상급 품질은 북방참다랑어로 귀결됐다. 4m가 넘는 등 가장 크게 성장하고 힘과 체력이 월등하며, 경매가격에서도 전 세계에서 잡히는 어종 중 최고라 할 수 있다.

② 남방참다랑어(미나미마구로, 사우던 블루핀튜나)

남반구에서만 서식하는 종으로 북방참다랑어보다 덩치는 약간 작지만 여전히 기름지고 좋은 품질로 전 세계 미식가들로부터 사랑받고 있다. 자연산은 멸종위기종으로 관리되고 있으나 대량 양식이 가능해지면서 수급 조절이 용이해졌다.

③ 눈다랑어(메바치마구로, 빅아이)

품질은 앞서 말한 참다랑어 종류에 비할 수 없지만, 저렴하면서도 맛이 있어 미들급 스시야를 비롯해 회전초밥, 대형마트, 뷔페 등에서 널리 사용되는 식재료이다.

④ 황다랑어(키하다마구로, 옐로핀튜나)

주로 회와 초밥용으로 사용되지만, 앞서 소개한 종에 비해선 맛과 품질면에서 조금 뒤쳐진다. 무한리필 참치회, 뷔페, 가공품으로 인기가 있으며, 해외에선 참치 스테이크 재료로 선호된다.

⑤ 백다랑어(코시나가마구로, 롱테일튜나)

전장 1~1.4m로 다랑어과 어류 중에선 비교적 소형종이다. 제철은 여름~겨울 사이 수온이 올랐을 때이며, 국내에선 제주도 인근 해역에서 종종 포획된다. 회나 초밥보단 참치 타다키, 튀김, 조림, 구이 등이 어울리는데 저렴하면서 맛이 좋은 종이다.

⑥ 날개다랑어(빈나가마구로, 알바코)

전장 1m 전후로 다랑어과 어류 중에선 비교적 소형종이다. 제철은 겨울이며, 자원량이 많고 가격이 저렴하다. 주로 북미권에서 참치캔 통조림으로 가공되며, 싱싱한 생물은 참치 타다키를 비롯해 구이, 튀김, 조림, 샐러드 등에 사용되고 이 외에도 샌드위치나 주먹밥 속재료로 이용된다.

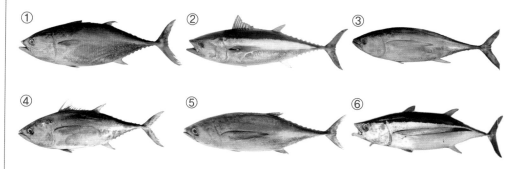

2. 농어목 고등어과 가츠오속

① 개이빨다랑어(이소마구로, 독투스튜나)

2m 전후로 비교적 대형 어류이다. 주로 인도양, 홍해, 동아프리카의 열대 바다를 비롯해 아열대 해역인 일본 남부와 호주 북부까지 분포한다. 이빨이 날카롭고 성질이 포악할 뿐 아니라 힘도 강해 스

포츠 피싱 대상어로 인기가 있다. 산지에선 제법 고급 어종으로 취급하며 회, 초밥, 타다키를 비롯해 구이, 조림, 튀김 등 전천후로 이용된다.

② 가다랑어(가쓰오, 스캡잭튜나, 보니토)

전장 70cm 전후의 소형종이며, 전 세계에서 자원량이 가장 많은 다랑어과 어류이다. 신선할 땐 회, 초밥, 타다키로 사용되며, 가쓰오부시(가다랭이포)와 참치 캔 통조림의 주원료이기도 하다. 해외에선 참치 스테이크를 비롯해 참치 샐러드, 수프, 훈연 참치 등 다양하게 이용된다.

③ 점다랑어(스마, 카와카와)

전장 60cm 전후의 소형종이며, 해마다 여름~가을이면 제주도 연안에서도 어렵지 않게 포획되는 아열대성 어류이다. 제주 방언으론 '홍까스'라 불리는데 잡히자마자 수초 만에 파르르 떨며 죽어버리고, 혈류량이 많은 만큼 사후 체온도 높아지면서 신선도가 급격히 떨어지는 등 관리가 쉽지 않은 종이다. 신선할 땐 타다키와 초밥으로 이용되며, 짚불로 훈연한 구이도 인기다. 이 외에는 가다랑어와 거의 비슷하게 이용된다. 제철은 가을~겨울.

④ 줄삼치(하가쓰오, 스트립트 보니토)

전장 70cm 전후의 소형종에 '삼치'란 말이 붙었지만, 분류상으론 가쓰오속에 속한다. 국내에선 식용어로 인기가 덜하지만 일본과 서양권에선 타다키를 비롯해 구이와 튀김으로 이용된다. 제철은 가을~겨울.

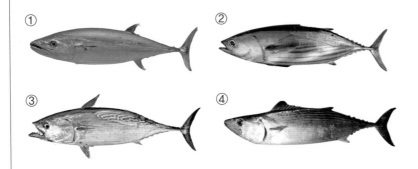

3. 농어목 새치과

① 황새치(메카지키, 스워드피시)

몸길이 4.5m, 무게 530kg까지 기록된 적이 있지만, 새치류 중에선 비교적 크기가 작은 편으로 회와 초밥용으로는 가장 인기가 있는 종이다. 국내에선 냉동으로 유통되며, 가격도 비싸 상업적 가치가 높다. 제철은 겨울~봄.

② 청새치(마카지키, 블루마린피시)

4m 전후의 대형 새치류로 일본 남부(오키나와)를 비롯해 전 세계 아열대 및 열대 해역에 분포한다.

산지에서 갓 잡힌 청새치는 매우 고급이고 맛도 뛰어나지만, 국내로 유통되는 것은 대부분 수입산 냉동으로 황새치보다는 맛에서 열세로 평가되는 경향이 있다. 주로 무한리필 참치, 뷔페 등 비교적 저렴한 식재료를 취급하는 식당에서 회와 초밥으로 이용된다. 제철은 겨울~봄.

③ 백새치와 녹새치(시로카지키와 구로가지키)
백새치는 국내 유통량이 적은 편이며, 주로 흑새치라 불리는 녹새치가 유통된다. 분류학상으로는 돛새치과에 속한다. 돛새치와 함께 전 세계에서 가장 빨리 헤엄치는 어류 중 하나이기도 하다. 몸길이 5m, 무게는 800kg로 새치류 중 가장 크게 자라는 초대형 어류이며, 전 세계 열대 바다에 분포한다. 국내에선 수입산 냉동으로 들어와 무한리필 참치, 뷔페, 대형마트, 회전초밥 등지에서 회와 초밥, 회덮밥 등으로 이용된다. 선도가 좋으면 맛이 있는 편이며 가격이 저렴하다.

④ 돛새치(바쇼카지키, 세일피시)
앞서 말한 새치류 중에선 비교적 소형종으로 몸길이 3m를 넘지 않지만, 스피드가 굉장히 빠르고 힘이 강해 스포츠 피싱 대상어로 인기가 높다. 국내에선 냉동육으로 유통되며 주로 무한리필이나 뷔페 등 저렴한 단가로 운영되는 식당에서 회와 초밥, 조림, 구이 등으로 이용된다.

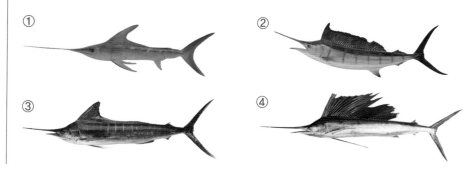

+
참치회를 많이 먹으면 중금속에 중독될까?

참치회를 먹을 때 가장 걱정되는 것이 중금속인데 그중에서도 참치는 수은에서 자유롭지 못한 생물이다. 수은의 농축은 해당 생물의 크기와 수명과 일정 부분 관계가 있다. 가장 인기가 있는 참다랑어를 예로 들면, 수명이 20년 이상으로 보고되며 가장 큰 해양 포식자로서 최상위에 군림하고 있다. 우리나라는 중금속이 염려되는 수입 수산물에 대해 수은과 카드뮴 검사를 하고 적합 판정을 받아야 유통시킨다. 그러나 항으로 들어오는 국산 또는 원양산 참치류나 상어, 고래, 개복치 등을 매번 검사하지는 않아서 중금속 검사에 구멍이 생길 수 있다.

참고로 수은의 식품 기준치는 0.5mg/kg로 정하고 있다. 따라서 축양 참다랑어라 해도 임산부 및 성장기 어린이는 참치회를 주 3회 이상 먹는 것을 권하지 않고 있다. 이 외에도 낙지 내장, 오징어 내장, 수명이 긴 대형 포식자(참다랑어, 상어, 고래 등) 같이 중금속이 우려되는 식품은 섭취를 줄이는 등 자발적으로 조절하기를 권하는데 한가지 다행스러운 점은 우리의 식습관이 이러한 품목을 매 끼니마다 먹지 않는다는 점이다.

+

**우리가
주로 먹는
참다랑어회는
자연산일까
양식일까**

시중에 유통되는 참다랑어 회는 90% 이상이 냉동이며 '축양'이다. 축양이란 채집한 치어를 해상 가두리에 가두어 키우는데 주로 고등어, 정어리 등의 냉동사료를 섞어 쓴다. 주요 축양 산지는 지중해(스페인, 이탈리아, 몰타 등)와 멕시코가 있고, 우리나라도 욕지도 인근 해역에 해상가두리로 길러내고 있다. 같은 크기라면 자연산보다 축양이 더 기름지고 지방이 많은 편이다.

남방참다랑어는 호주산이 유명하다. 나머지는 겨울~봄 사이 동해와 제주도 해상에서 잡힌 자연산 생참치이다. 자연산이든 축양이든 어획 직후 피와 내장을 제거해 영하 50도에서 급랭한 것이 수입되며, 각 지역 참치 공장의 냉동 창고에 보관했다가 부위별로 절단해 식당, 쇼핑몰, 대형마트로 유통된다.

≪ 90kg급 멕시코산 축양 생참치의 대뱃살 블럭

≪ 150kg급 스페인 축양 생참치의 목살 (가마) 블록

≪ 150kg급 스페인 축양 생참치의 몸통살

+

**참다랑어의
주요 부위**

참다랑어뿐 아니라 거의 모든 횟감은 대가리쪽에 가까울수록 가격이 높고 맛이 있다. 반면 꼬리에 가까울수록 가격은 저렴하고 횟감의 가치는 떨어진다. 예를 들어 참다랑어 뱃살을 크게 상중하로 나눈다고 가정해보자. 이 중에서 뱃살(상)과 뱃살(중)을 묶어서 1번부터 5번 뱃살로 나눈다(업계에선 '1번 도로', '2번 도로' 식으로 부른다). 이 중 가장 기름기가 많은 부위는 1번 뱃살이고, 2~3번 뱃살은 면적이 넓어지면서 배꼽살이 예쁘게 나온다. 4~5번은 상대적으로 품질이 떨어지지만, 같은 부위라도 참치는 크기에 따라 기름기와 품질이 달라진다. 다시 말해 같은 4~5번 뱃살이라도 작은 참치보다는 큰 참치 쪽이 상품성이 높다는 것이다. 참고로 뱃살(하)는 사실상 꼬리쪽 부위로 횟감보다는 조리용에 알맞다.

참치 단면을 보면 등에서 아래로 속살(아카미), 등지살(세도로), 중뱃살(쥬도로), 대뱃살(오토로)로 나뉜다. 그리고 척추를 감싼 혈합육은 피와 철분 비린내가 나기에 회로 먹지 않으며 보통은 버려지는 경우가 많다.

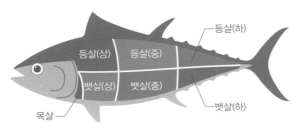

≪ 참다랑어의 단면도

속살(아카미, 적신)

기름기가 적어 가장 담백한 부위이지만, 축양이라면 속살
도 지방이 많은 편이다. 많이 먹어도 느끼하지 않다는 점
이 장점이며, 일본에선 오히려 뱃살보다 속살 품질을 중요
시하기도 한다.

⊼ 참다랑어 속살

등지살(세도로)

등살이라고도 부르며 속살보다 조금 더 밝고 지방기가 있
는 부위이다. 담백하면서 부드러운 식감이 특징이다.

⊼ 참다랑어 등지살

중뱃살(쥬도로)

등살에서 뱃살로 이어지는 중간 부위이다. 품질 좋은 축양
이라면 이 부위도 뱃살에 못지 않은 기름기를 가졌지만,
보통은 뱃살과 등살의 중간맛으로 적당한 기름기를 맛보
기에 좋은 부위이다.

⊼ 참다랑어 중뱃살

뱃살 및 대뱃살(토로, 오토로)

참다랑어에서 빠질 수 없는 중요 부위이자 품질을 나타내
는 고급 횟감이다. 사르르 녹는 식감과 넘치는 듯한 지방,
모세혈관 같은 마블링은 맛보기도 전에 기대감을 높이기
충분하다.

⊼ 참다랑어 대뱃살

배꼽살

참다랑어의 꽃이라 불리는 배꼽살은 2~3번 도로에서 가장
크게 뽑아낼 수 있는 두꺼운 지방막이라 할 수 있다. 내장
을 감싼 부위로 속은 대뱃살처럼 부드러우나 이를 감싼 지
방막은 꼬들꼬들 씹히는 식감이 있어 상반된 맛과 식감이
공존한다. 배꼽살은 어떤 방향으로 써는지에 따라 모양과
무늬가 다른데 참다랑어 부위 중 가장 화려한 모습을 자랑
한다.

⊼ 참다랑어 배꼽살

목살(가마살)

참다랑어 회에서 단가가 가장 높은 순으로는 대뱃살 > 배
꼽살 > 목살로 이어지지만, 경우에 따라선 그 반대가 되기
도 한다. 게다가 뽑아낼 수 있는 양으로는 목살이 가장 적어
VIP나 단골 손님에게만 내어주는 매우 귀한 부위이다. 이

⊼ 참다랑어 목살

부위는 옆지느러미에 붙은 근육으로 한평생 수천 킬로미터를 회유하던 참다랑어의 운동량과 비례해
단단하면서 사각사각거리는 식감과 마치 돼지 비계덩어리 같은 지방질의 환상적인 조화가 특징이다.

두육살과 볼살, 입천정살, 안구(눈밑)살, 울대(목젖)살

참치 대가리에서도 최소 7~8개 이상을 부위로 뽑아낼 수 있는데 그중 대표적인 것이 두육살(정수리살)과 볼살이다. 두육살은 지방질이 적고 담백하며 부드러운 식감이 특징이고, 볼살도 지방이 적은 부위지만, 식감은 쫄깃쫄깃해 마치 소고기 육회를 먹는 착각이 들 정도로 닮았다.

이 외에 한 마리에 몇 점 나오지 않는 입천정살과 안구살, 울대살은 지방이 적고 씹는 맛이 좋을 뿐 아니라 희소가치가 더해져 늘 좌중으로부터 주목받는 특수 부위라 할 수 있겠다.

︽ 참다랑어 두육살   ︽ 참다랑어 볼살

︽ 참다랑어 입천정살   ︽ 안구(눈밑)살   ︽ 참다랑어 울대살

＋
참치 유통에 쓰이는 단위

냉동 참치류를 취급하거나 혹은 참치 전문점에서 '60상', '70상'같은 말을 들어본 적이 있을 것이다. 가령 '지금 드시는 참치 뱃살회는 70상짜리로 30상짜리와는 비교도 안 되는 매우 큰 사이즈입니다'라며 치켜세운다. 참치를 가공할 때는 대가리와 꼬리, 지느러미, 내장 등을 제거한 상태에서 우리가 먹을 수 있는 몸통을 4등분 한다. 이때 한 덩어리가 70kg이 나오면 70상짜리 참치다. 따라서 30상짜리보다 70상짜리가 월등히 크고 지방이 많다. 다만 70상을 kg으로 환산하기는 어렵다. 1/4토막이 70kg라 해서 곱하기 4를 한들 해당 참치의 무게가 되는 것은 아니기 때문이다. 좀 전에 언급했듯 대가리를 비롯해 여러 부산물이 빠진 순수 살점에만 해당하므로 원물 무게는 최소 280kg 이상이며 대략 350kg 전후가 나올 것으로 추측할 뿐이다. 참치회는 순살 블록을 위주로 시장가가 형성돼 있다. 그러니 같은 블록이라도 상이 클수록 맛과 가격이 높아지는 것은 당연지사다.

고르는 법

최근에는 겨울~봄 사이 참다랑어 어획량이 느는 추세로 이 시기 생참치회는 입에서 살살 녹는 식감과 풍부한 어즙, 기름기가 냉동 참치회와는 다른 매력을 뽐낸다. 다만 그 크기가 들쑥날쑥할 뿐 아니라 전처리 및 유통 방식이

︽ 선도 관리 없이 마구잡이로 유통되는 국산 어린 참다랑어   ︽ 동해에서 잡힌 무게 250kg 참다랑어

체계화되지 못해 신선도가 떨어진다는 단점이 꾸준히 제기되고 있다.

+
백다랑어와
혼동에 주의

시장에 가면 가끔 백다랑어를 참다랑어로 착각하고 파는 경우도 있고, 어린 참다랑어를 백다랑어로 알고 파는 경우도 있다. 이유는 어렸을 때 두 종이 비슷하게 생겼기 때문인데 이 경우 무늬를 보면 충분히 구별할 수 있다.

가슴지느러미의 길이
참다랑어는 가슴지느러미가 짧고, 백다랑어는 가슴지느러미가 길어서 두 번째 등 지느러미가 시작되는 지점까지 닿는다.

몸통(배쪽) 무늬 차이
참다랑어는 흐릿하면서 복잡한 선과 흰점이 특징이라면, 백다랑어는 오로지 타원형 점으로만 되어 있다는 점이 다르다.

⌃ 참다랑어

⌃ 백다랑어

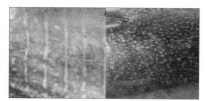
⌃ 참다랑어(왼쪽), 백다랑어(오른쪽)

이용

전 세계에서 참다랑어 소비량이 가장 많은 일본에서는 고급 횟감과 초밥 재료로 절대적 지위를 갖는다. 머리와 꼬리, 내장과 심장, 심지어 눈알까지 버릴 게 하나 없다는 말이 나올 만큼 이용 가치가 높은 생선이다. 우리나라 역시 횟감과 초밥 재료로 두루두루 쓰인다. 참다랑어는 생물이든 냉동이든 부위별 회로 즐기는 것이 기본이다. 냉동은 영하 50도 이하로 급속 동결해 국내로 들어오고, 가공 공장에서 부위별로 커팅 및 유통하면 참치 전문점이나 초밥집에서 쓰이는 식이다. 이때 냉동 참치회의 맛은 참치 원물의 크기와 품질(지방함량)도 중요하지만 업장의 해동 기술과 칼질에 의해서도 적잖은 영향을 받는다. 가정에선 인터넷 쇼핑몰에서 냉동 참치 블록을 부위별로 구매해 즐길 수 있다. 이때 여러 가지 해동법이 있지만 가정에서 하기에 가장 무난한 것은 냉장고에서 1~2일간 놓아 둔 '자연 해동'이고, 다소 급할 땐 '염수 해동'도 좋은 방법이라 할 수 있겠다. 참다랑어회는 기름기가 많아 초고추장보다는 약간 산미가 있으면서 맑은 질감을 가진 회간장과 생와사비, 무순, 초생강과 궁합이 좋다. 회를 뜨고 남은 갈빗대는 구워먹기도 하며, 이를 숟가락으로 긁어모아 네기도로마키에 이용한다. 그 외에 횟감으로 인기가 덜한 꼬

⌃ 참다랑어회

⌃ 참다랑어 대뱃살 초밥

⌃ 속살(아카미)로 만든 초밥과 타다키

⌃ 생참치 덮밥

릿살과 일부 등살은 구이나 간장 조림으로 이용되는데 기본적으로 대파와 궁합이 좋아 파와 함께 꼬치에 끼워 구운 산적 구이도 별미다.

이 외에 신선한 회를 이용한 생참치덮밥(마구로동), 후토마키 등이 있으며, 참치 내장은 젓갈을 담그고, 생물 참치는 싱싱할 때 심장을 썰어 회로 먹기도 한다.

⚠ 참치 산적 구이

⚠ 참다랑어 마끼

⚠ 급랭한 수입산 축양 참다랑어

⚠ 참다랑어 심장(왼쪽의 흰 부위를 회로 먹는다)

⚠ 인터넷 쇼핑몰에서 구매한 뱃살 블럭

붉벤자리

분류	농어목 바리과
학명	*Caprodon schlegelii*
별칭	평가 없음
영명	Schlegel's red bass, Sunrise perch
일명	아카이사키(アカイサキ)
길이	25~35cm, 최대 46cm
분포	남해, 제주도, 일본 중부이남, 대만, 하와이, 호주, 뉴질랜드, 칠레
제철	11~3월
이용	회, 초밥, 구이, 조림, 튀김, 탕

농어목 하스돔과에 속한 벤자리와 달리 본종은 농어목 바리과에 속하는 중형 어류이다. 체색은 붉고 화려한데 암컷과 수컷에 차이가 있다. 수컷은 화사한 주황색에 눈 주변으로 방사형의 노란 줄무늬가 나타나며, 등지느러미에 검은 점무늬가 특징이다. 암컷은 좀 더 진한 자홍색에 이렇다할 특징적인 무늬나 패턴은 나타나지 않고 수컷에 비해 무늬가 흐릿한 편이다. 이러한 암수 차이는 성장하면서 또렷해지는데 처

⚠ 수컷(앞쪽) 암컷(뒤쪽)

음에는 암컷으로 생활하다가 몸길이 약 35cm를 기점으로 수컷으로 성전환한다.

국내에선 제주도 서귀포 인근 해역에서 발견되며 겨울철 선상낚시로 잡아들인다. 서식지 환경은 수심 40~300m 정도의 비교적 깊은 심해의 암초 더미에서 생활한다.

이용

국내에선 서식지 환경이 제주도 이남으로 다소 희소하며, 시장 유통량도 매우 적은 편이다. 이러한 희소성과 별개로 맛은 여타 어종에 비해 그다지 좋다고 평가되진 않는다. 일본에선 벤자리와 함께 여름이 제철이란 의견도 있지만, 국내 서식지 환경상 겨울로 보는 것이 합당해 보인다. 본종은 지방이 많은 생선이 아니다. 그나마 겨울에 기름기가 있고, 수분감도 있어서 소금을 뿌려 살을 조금 단단하게 하는 조리 과정이 필요하다. 보통은 회와 초밥으로 이용되는데 벤자리와 마찬가지로 토치로 살짝 구운 껍질회가 좋다. 그 외에는 구이와 튀김, 간장 조림 등이 어울리는데 제철이라도 맛이 충분치는 않아서 버터를 비롯한 소스로 맛을 보충해주는 조리법이 어울린다.

⚠ 붉벤자리 회

⚠ 붉벤자리 구이

붉은메기

분류	첨치목 첨치과
학명	*Hoplobrotula armata*
별칭	나막스, 바다메기, 바닥대구, 대구알포
영명	Armored weaselfish, Armored brotula
일명	요로이이타치우오(ヨロイイタチウオ)
길이	40~60cm, 최대 약 75cm
분포	남해, 동해, 제주도, 일본 중부이남, 대만, 호주, 인도네시아, 베트남을 비롯한 서태평양의 아열대 및 열대 해역
제철	11~3월
이용	건어물, 볶음, 탕, 튀김, 어묵

반건조 나막스(붉은메기) ≫

첨치목 첨치과라는 다소 독특한 분류로, 아래턱에 난 두 가닥의 긴 수염이 메기를 닮았고 몸통에 난 무늬가 대구를 연상시키지만 서로 연관성은 없다. 서식지 환경은 수심 40~400m 사이 대륙붕 사면으로 비교적 깊다. 주요 산지는 포항, 부산을 중심으로 한 동남부 지역으로 겨울이면 경상도 일대 수산시장에서 어렵지 않게 볼 수 있다. 이 외에 손질 및 건어물, 냉동 제품 등은 인터넷 쇼핑몰에서 '나막스'란 이름으로 흔히 판매된다.

이용

회로는 잘 먹지 않으며 주로 매운탕이나 조림, 튀김 등으로 이용된다. 배를 갈라 활짝 펼친 다음 적당히 말려 마치 노가리처럼 먹기도 하는데 동네 호프집이나 선술집에서는 간단히 구워 술안주로 이용한다. 지역에 따라 '나막스', '바닥대구', '대구알포' 정도로 부르기도 하며, 포를 찢어 볶아서 밑반찬으로도 이용한다.

뿔돔

분류 농어목 뿔돔과
학명 *Cookeolus japonicus*
별칭 금눈이, 꺽다구
영명 Longfinned bullseye, Longfin bigeye
일명 지카메킨토키(チカメキントキ)
길이 25~35cm, 최대 약 65cm
분포 남해 및 제주도, 일본 중부이남, 동중국해,
대만, 호주 및 인도양, 서태평양 등
제철 10~2월
이용 회, 초밥, 구이, 튀김, 조림, 탕, 샤브샤브

전 세계 대양에 고루 분포하는 심해성 어류이다. 우리나라는 주로 제주도 남단 대륙붕 가장자리를 따라 100~400m 정도의 수심에 서식한다. 대부분 심해 전문 낚싯배에서 뿔돔 낚시가 행해지며 시장에도 가끔 혼획물이 들어온다. 어린 뿔돔은 얕은 내만의 방파제에서도 잡히는데 국내에서는 찾아보기가 어렵고, 일본 남부의 섬 지역에서나 가능하다. 심해성 어종이므로 올라온 즉시 감압이 안 돼 죽어버려 활어 유통은 어렵다. 금눈돔처럼 눈이 황금빛을 띠어 '금눈이'라고도 불리는데, 생물학적 분류상으로는 유연관계가 없다.

고르는 법

갓 잡았을 때는 눈알이 황금빛을 띤다. 산지는 제주도 인근 해상이지만 가끔 부산공동어시장과 삼척과 속초 일대 수산시장, 노량진 수산시장(새벽 도매시장)에서도 볼 수 있다. 이 밖에 대형마트나 백화점에선 흔히 볼 수 없고,

⌃ 횟감용 뿔돔으로 금속성의 붉은 빛깔이 특징이다

⌃ 횟감용보단 조리용에 알맞은 선도이다

온라인 쇼핑몰에서도 잘 판매되지 않는다. 횟감용 뿔돔은 특유의 강렬한 붉은색이 진하며, 특유의 금속성 빛깔을 내다가 선도가 떨어지면 군데군데 하얗게 변한다. 다른 생선도 그렇지만 가격은 선도에 따라 천차만별이다. 가령 횟감용 A급 선어는 마리당 15,000원에 팔기도 하지만, 횟감이 불가한 B~C급 선어는 다소 작은 크기로 10마리가 15,000원에 판매되기도 한다.

이용

제철에 뿔돔은 흰살생선치곤 제법 지방층이 많으면서 고소하다. 숙성 및 선어회로 이용되며, 초밥용으로도 좋다. 등지느러미는 매우 날카로운 가시를 숨기고 있어서 손질 시 주의해야 한다. 비늘은 잘고 쉽게 떨어지지 않아 손질이 까다롭다. 돌돔과 비슷한 구조로 어설프게 비늘치기를 하기보단 일명 '스끼비끼'(칼로 껍질을 도려내듯 비늘을 벗기는 작업)라는 방법을 통해 비늘을 제거하는 것이 좋다. 뿔돔은 껍질을 토치로 구운 회도 맛있는데, 이 경우는 비늘치기를 이용해 빡빡 문질러 비늘만 제거하고 껍질은 보호하는 것이 좋다.

이 밖에도 초밥과 카르파치오, 간장 조림, 소금구이, 튀김은 담백하면서 비린내가 적어 아이들이 좋아할 만한 맛이고, 매운탕 및 맑은탕, 샤브샤브까지 다양한 조리법으로 즐길 수 있다. 내장 중에는 간이 맛있기로 유명하다. 지방은 늦가을부터 올라 겨우내 이어지며, 눈볼대와 비슷한 맛이지만 그보다는 풍미가 담백하고 살은 적당히 차진 편이다.

≪ 뿔돔회

≪ 뿔돔 껍질구이회

≪ 뿔돔 초밥

≪ 뿔돔 카르파치오

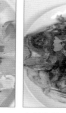

≪ 뿔돔 탕수

≪ 뿔돔은 비린내가 적고 담백하면서 고소한 맛이 일품이다

삼세기

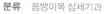

분류 쏨뱅이목 삼세기과
학명 *Hemitripterus villosus*
별칭 삼식이, 삼숙이, 탱수, 수베기
영명 Sea raven, Shaggy sea raven
일명 케무시카지카(ケムシカジカ)
길이 20~30cm, 최대 40cm
분포 우리나라 전 해역, 일본 중부이북, 오호츠크해, 베링해를 비롯한 북태평양
제철 11~5월
이용 탕, 회, 조림, 튀김

쏨뱅이목 삼세기과에 속한 어류로 동해에 서식하는 횟대류를 비롯해 둑중개과 어류와 가깝다. 서식지 환경에 맞춰

≪ 국방 무늬가 뚜렷한 서해산 삼세기

≪ 산호 군락에서 잡힌 동해산 삼세기

보호색을 가지는 능력이 탁월해 잡힌 해역에 따라 체색과 무늬가 제각각이다. 대체로 어지러운 국방 무늬를 갖췄고, 몸 전체에는 작은 돌기들로 덮여 있으며, 입은 크고 험상궂게 생겼다. 서식지 환경은 주로 모래나 갯벌 바닥이지만, 동해에선 암반과 산호가 있는 저질에서도 잡힌다.

지역별로 부르는 이름이 다양하다. 서해에서는 삼식이, 동해에서는 삼숙이, 경남에선 탱수라 불린다.

알과 함께 탕으로 즐기기 때문에 제철은 산란기인 겨울과 일치한다. 비교적 차가운 바닷물을 좋아하는 어류로 최근 지구 온난화에 의한 수온 상승으로 인해 서식지가 점차 줄고 있다. 이에 동해 수산연구소에서는 갈수록 개체수가 줄고 있는 삼세기 자원을 늘리기 위해 종묘를 생산 중에 있다.

동해 수산연구소에서 배양 중인 삼세기 치어들 ≫

+ 삼세기와 쓰기미의 구별

이 둘의 구분은 대가리에서 꼬리로 이어지는 형태적 특징을 외우는 수밖에 없다. 삼세기의 대가리는 둥글넓적하지만, 쓰기미는 주둥이가 튀어나왔고 뾰족한 형태를 보인다는 점에서 차이가 난다. 하지만 문제는 이게 끝이 아니다. 언뜻 보면 닮은 두 생선이지만, 손으로 만졌을 때 위험성은 하늘과 땅 차이다. 둘 다 괴팍하게 생겼을 뿐 아니라 꼿꼿이 세운 등지느러미로 인해 삼세기를 처음 본 이들

⌃ 삼세기의 둥글넓적한 얼굴

⌃ 대가리가 작고 주둥이가 나온 쓰기미

⌃ 험상궂은 인상과 달리 삼세기의 지느러미는 부드럽다

⌃ 쓰기미의 등지느러미는 그 자체가 흉기다

은 물론 몇 차례 마주한 사람이라도 선뜻 만지기를 꺼린다. 그러나 삼세기의 등지느러미는 보기와 달리 부드러우며 거친 솔과 비슷한 질감이다. 반면에 쓰기미는 등지느러미 첫 번째 기조부터 날카로운 가시를 숨기고 있는데 등지느러미 가시에는 독이 있어 취급에 주의해야 한다. 이 독은 찔리는 즉시 혈액으로 주입되면서 손가락이 불타오르거나 끊어지는 듯한 통증을 유발한다.

고르는 법

서해 경기권과 충청남도권 일대 수산시장에서 활어 및 생물(선어)로 어렵지 않게 볼 수 있다. 회보다는 확실히 탕감이 낫기 때문에 굳이 활어로 구매하지 않아도 되지만, 어차피 값이 비싼 생선이 아니므로(활어 기준 1kg당 1~2만 원선) 좀 더 싱싱하기를 원한다면 활어를 구매하는 것도 나쁘지 않다. 선어를 고를 때는 몸통에 난 교련 무늬가 선명한 것이 좋다. 구입 시기는 늦가을부터 초봄 사이가 적당하다.

⌃ 주로 활어로 유통되는 삼세기

이용

활어는 회로 먹는 데 살에 수분감이 있는 편이며 식감은 쥐노래미와 비슷하면서도 지방질이 적어 풍부한 맛이 나는 횟감은 아니다. 주로 매운탕으로 먹는데 한 시간 이상 푹 끓여 뽀얗게 국물

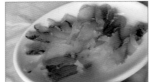

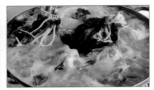

⌃ 삼세기회　　　　　　　　⌃ 삼세기 맑은탕

색이 나면 기호에 맞게 콩나물, 미나리, 쑥갓, 대파, 미역 등을 넣어 끓인 맑은탕이 인기가 있다. 이때 싱싱한 간은 같이 넣고 끓이며, 알집도 인기가 있다. 강원도에선 일명 '삼숙이탕'이라고 해서 해장용 속풀이국으로 유명했다. 그러나 갈수록 개체수가 줄고 있어 고무꺽정이가 삼세기를 대신하여 삼숙이탕 재료로 쓰이는 현실이다. 탕으로 끓이든 튀김으로 먹든 살 자체에 수분기가 있어 부드러운 편이며, 오래 끓여도 단단해지지 않아서 한국인의 입맛에 잘 맞는 포슬포슬한 식감이 최대 장점이다. 반면 지방이 적은 편이어서 탕을 제외한 음식에서는 양념 소스를 곁들인 형태의 조리법이 주효하다.

샛돔

분류 농어목 샛돔과
학명 *Psenopsis anomala*
별칭 돌병어
영명 Japanese butterfish, Pacific rudderfish
일명 이보다이(イボダイ)
길이 18~25cm, 최대 약 32cm
분포 서남해, 남해, 동해, 일본 중부이남,
　　　 동중국해, 남중국해를 비롯한
　　　 서부태평양의 아열대 및 열대 해역
제철 9~3월
이용 회, 구이, 탕, 찜, 튀김, 건어물

제주도와 전라남도 일대에서는 '돌병어'라 불리지만 병어와는 생물학적 연관성이 적다. 주산지는 서남해역(목포)과 제주도로, 이 일대 수산시장으로 유통되며 온라인 카페와 SNS를 통해 생물(선어)로 판매되지만 다른 생선에 비해 어획량은 많지 않다. 다 자라면 30cm를 웃도는데 시장에 유통되는 크기는 20~25cm가 많다. 봄부터 여름 사이 산란하며, 기름기가 오르는 시기는 가을부터 겨우내 이어진다.
'돌병어'란 사투리에서 알 수 있듯 얼굴은 둥그스름해 병어를 닮았다. 몸통은 타원형이면서 옆으로 납작하고 체고는 비교적 높은 편이다. 몸은 전체적으로 은백색을 띠는데 아가미구멍 위쪽에 검은 반점이 있다. 이 흑색 반점은 어획 이후 신선도가 떨어지면서 점차 흐릿해지므로 싱싱한 샛돔을 고를 땐 검은 반점이 또렷한 것이 좋다.
유어기에는 물릉돔과 마찬가지로 해파리 주변에 숨어 사는데 밤이면 표층으로 떠올라 먹이 활동을 한다. 육식성으로 해파리나 살파류를 먹기도 하고, 갯지렁이 같은 요각류와 작은 갑각류를 먹으며 성장한다.

이용 　　잔가시가 적고 수율이 좋은 샛돔은 회나 매운탕, 튀김 등으로 식용한다. 흰살생선으로 맛이 담백하면서도 가을 ~겨울엔 지방기가 제법 차는데 산란철이 아닌 이상 특별히 맛이 떨어지진 않

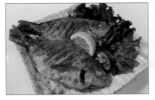
≪ 샛돔 구이

≪ 샛돔 조림

는다. 대부분 생물로 유통되는데 표피로부터 점액질이 나오므로 잘 씻고 닦아서 조리한다. 비늘은 얇아 칼로 쉽게 벗겨지며, 피부는 약하고 뼈는 부드러운 편이다. 조리 시 열에 익혀도 살이 단단해지지 않아 부드럽고 포슬포슬한 식감이 한국인의 취향에 잘 맞아떨어지며, 알도 맛이 있다.

생물도 좋지만 적당히 말려서 굽거나 쪄 먹으면 더욱 맛있다. 별다른 양념 없이 소금만 뿌려 구워도 남녀노소 부담 없이 즐길 수 있는데, 특히 간장양념에 재운 후 중간 세기의 불에 몇 차례 양념을 발라 노릇노릇하게 구우면 메로구이 못지 않은 맛이 난다. 또한 멸치육수에 고춧가루와 된장을 풀고 다진 마늘, 무, 콩나물, 쑥갓을 넣고 끓인 샛돔 매운탕은 술안주는 물론 식사용으로도 훌륭하다.

성대

바닥을 걷는데 사용되는 성대의 연조

분류 쏨뱅이목 성대과
학명 *Chelidonichthys spinosus*
별칭 달갱이
영명 Searobin gurnard, Bluefin searobin
일명 호우보우(ホウボウ)
길이 25~35cm, 최대 50cm
분포 우리나라 전 해역, 일본 남부, 동중국해, 남중국해, 대만
제철 12~4월
이용 회, 탕, 구이, 조림, 찜

성대의 화려한 지느러미

쏨뱅이목에 속한 바닷물고기로 색이 붉고 화려한 체색을 가진 가슴지느러미가 특징이다. 이 가슴지느러미 아래엔 3개의 변형된 연조가 있어서 바닥을 걷는데 사용한다. 민어처럼 부레를 이용해 '꾹꾹' 소리를 내어 '성대'라 불린다. 성대는 온대부터 아열대 해역까지 골고루 분포하는데 동중국해를 비롯한 일본 남부에 서식하는 개체는 겨울부터 봄 사이 산란하지만, 국내 연안에 서식하는 성대는 늦봄부터 여름 사이 산란한다. 때문에 성대가 맛이 오른 시기는 겨울~봄 사이인데 정작 어획량은 여름에 집중된다. 성대는 국내 전 연안에 걸쳐 서식한다고 나와 있지만, 경기도 및 충청남도 일대는 잘 어획되지 않으며, 꾸준한 개체수가 확인되지 않고 있다. 주로 동해안 일대와 경상남북도의 수산시장에서 흔히 볼 수 있다.

고르는 법

횟감은 활어를 이용하며, 탕거리를 비롯한 조리용은 신선한 선어가 좋다. 그 랬을 때 붉은색이 진하고, 특히 가슴지느러미 특유의 공작새 무늬가 화려한 것일수록 싱싱한 성대다.

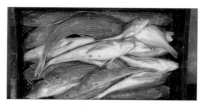

싱싱한 선어 》

이용

일본 남부로 갈수록 50cm에 이르는 대형 개체가 서식하나 국내 연안에선 25~30cm가 주종이다. 담백한 흰살생선회로 인기가 있지만, 성대를 주요 횟감으로 소비한다기보단 다른 횟감을 구매하면 서비스로 주거나 혹은 저렴하게 먹는 잡어회로 인식된다. 겨울에 살 맛이 깔끔하고 맛있으며, 여름철 산란기를 마친 성대는 지방이 빠져 살이 질긴 편이므로 얇게 썰어 먹는 것

≪ 성대회

이 좋다. 주로 활어회로 이용되며, 쏨뱅이목에 속한 생선이 그렇듯 뼈가 크고 단단한 구조로 되어 있어서 매운탕으로 활용하면 좋다. 맛있는 육수가 우러나오는 생선으로 정평이 나 있으며 맑은탕도 인기가 있다. 선어는 손질해서 구이나 조림으로 먹는다. 반건조로 만들어 찜으로 조리해도 맛이 괜찮은 생선이다. 반건조한 성대를 구우면 비린내가 없고 특유의 풍미가 있다.

세줄볼락

분류	쏨뱅이목 양볼락과
학명	*Sebastes trivittatus*
별칭	황우럭, 황열기, 황볼락
영명	Threestripe rockfish
일명	시마조이(シマゾイ)
길이	20~35cm, 최대 56cm

분포	동해, 일본 중부이북, 사할린, 오호츠크해를 비롯한 북태평양
제철	11~3월
이용	회, 초밥, 탕, 구이, 조림, 튀김

유어기 때는 밝은 노란색이었다가 성체로 자라면서 점차 짙어진다. 몸통에 난 3줄의 갈색의 세로 줄무늬가 특징이다. 다른 양볼락과 어류와 마찬가지로 봄에 산란하는데 몸 속에 알을 부화시켜 새끼를 방사하는 난태생이다.

≪ 좀처럼 보기 드문 대형 세줄볼락

국내에선 강원도 일대 수산시장으로 위판되며, 주요 서식지 또한 동해로 비교적 찬 수온대를 좋아하는 냉수성 어류이다. 평균 크기는 조피볼락과 비슷한 20~30cm이고 도감에는 최대 35cm까지 자란다고 기록되어 있지만, 국내 비공식 기록어로 56cm까지 확인된 적이 있다.

사진에서 들고 있는 세줄볼락은 5월 초에 잡힌 것으로 몸길이 55cm였으며, 알을 가득 밴 채 정치망에 걸린 것이다. 이러한 점으로 미루어 보았을 때 산란 성기는 5월경으로 유추할 수 있으며, 제철은 겨울이라 할 수 있다.

주요 산지는 강원도 일대 수산시장과 울릉도로 가끔 수조에서 활어로 발견될 때도 있지만 대부분 생물 또는 건어물로 유통되며 이곳 상인들은 이곳에서 나는 노랑볼락, 황볼락과 함께 구분 없이 '황열기', '황우럭'란 말로 취급

✧ 세줄볼락 회

✧ 세줄볼락 대가리 소금구이

한다. 국내에선 서식지가 한정적이고 위판량도 많지 않아 귀하다 여길 수도 있고, 동해안 일대 선상낚시를 즐기는 꾼들이나 맛볼 수 있는 독특한 볼락류로 여기기도 하지만, 맛 자체는 여타 양볼락과 어류와 차별점이 있거나 특별한 지점은 없다. 대부분 말려서 찜이나 조림, 구이로 이용되며, 생물은 매운탕이 맛이 있다. 부수 어획으로 잡혀 수조에 한두 마리씩 들어오기도 하는데 큰 개체가 보인다면 한번쯤 회로 맛볼 만하다. 뼈가 굵고 억세며 대가리가 커서 수율이 좋은 생선이 아니지만, 그만큼 국물 요리에 유리하다. 푹 끓인 맑은탕과 매운탕, 그리고 알까지 넣은 알탕은 제법 일미이며, 이때 신선한 간도 함께 넣고 끓여 먹으면 별미다. 어획량이 많은 홋카이도 지방에서는 세줄볼락을 조리한 조림이 대중적인 반찬으로 자리한다.

숭어 | 가숭어

분류	숭어목 숭어과
학명	*Mugil cephalus*
별칭	개숭어, 보리숭어, 참숭어, 모치
영명	Gray mullet, Flathead mullet
일명	보라(ボラ)
길이	40~60cm, 최대 약 80cm

분포	우리나라 전 해역, 일본, 중국, 대만, 지중해를 비롯해 전 세계 온대와 열대 해역
제철	11~5월
이용	회, 초밥, 무침, 구이, 탕, 튀김, 전, 밤젓

숭어목 숭어과에 속한 어종으로 전 세계 대양에 없는 곳이 없을 정도로 가장 널리 분포하는 종이다. 우리나라를 비롯한 동북아시아를 비롯해 오세아니아, 인도, 중동, 아프리카, 유럽과 지중해, 북아메리카와 남아메리카에 이르기까지 폭넓게 분포하며, 북극해와 남극해처럼 극단적으로 차가운 곳이 아닌 이상 지구상 전 해역에서 관찰되고 있다. 최대 몸길이는 약 80cm 정도이며, 수명은 5년 정도로 추정된다. 국내에선 11~1월 사이 산란하는 것으로 알려졌으나 정확한 산란장의 위치는 여전히 알려진 바가 없다.

✧ 기름막이 반쯤 덮인 숭어

찬바람이 부는 11월경에는 찬물에 적응하고자 눈에 기름막이 덮이면서 일시적으로 시력이 저하된다. 이 시기 숭어는 먼바다로 나가 산란하며, 봄이면 알에서 깨어난 치어들과 함께 연안의 기수역으로 들어오는데 심지어 엄청난 개체수로 도심지 하천으로 들어와 장관을 이루기도 한다.

**+
숭어에 관한
방언과 속담**

숭어는 물고기 방언과 속담이 가장 많은 어종 중 하나이다. 그중 대표적인 이름으로 '참숭어'가 있다. 국내에는 크게 가숭어와 숭어 두 종류가 분포하는데 많이 잡히는 지역이 나눠져 있다. 숭어는 주로 동해와 남해안 일대에서 많이 잡히고, 가숭어는 서해 및 서남해에서 많이 잡히며, 경남 하동에서는 양식을 하는데 저마다

︽ 숭어새끼를 모치(모찌)라 부른다

자신들이 흔히 취급하는 숭어 종류에 '참숭어'란 말을 붙이고 있어서 혼란스럽다. 따라서 참숭어란 말은 지역에 따라 숭어가 될 수도, 가숭어가 될 수도 있다. 이 외에도 4~5월경 보리싹이 틀 때 잡히는 것을 '보리숭어'라고 부르고, 여름에는 개숭어, 새끼는 모치라 부른다.

숭어는 옛 선조들이 많이 이용한 생선인 만큼 속담도 다양하다. '여름 숭어는 개도 안 먹는다'는데 그만큼 여름에 맛이 없다는 의미이며, '겨울 숭어 앉았다 나간 자리 펄만 훔쳐 먹어도 달다'는 그만큼 겨울 숭어가 맛있다는 뜻을 내포한다. 북한 속담에는 '숭어와 손님은 사흘만 지나면 냄새 난다'가 있는데 아무리 반가운 손님이라도 너무 오래 묵으면 부담이 되고 귀찮은 존재가 됨을 의미한다.

**+
숭어가
뛰는 이유**

'숭어가 뛰니까 망둥어도 뛴다'는 속담은 분별없이 덩달아 나섬을 비유적으로 이르는 말이지만, 사실 숭어가 수면 위로 펄쩍 뛰어 올랐다가 수면 아래로 곤두박질치는 이유에 대해선 여러 의견이 분분하다. 먹이를 배불리 먹고 나자 기분이 좋아서 뛴다거나, 포식자로부터 위협을 받아 수면 위로 점프한다거나, 심지어 아무 이유

︽ 숭어에서 자주 발견되는 오우노코반

없이 뛴다거나, 수중 산소 결핍이란 설도 있다. 이 중에서 그나마 신빙성이 있는 것은 수중 산소 결핍과 몸에 붙은 기생충을 떼어내기 위한 행동이라는 것이 설득력을 얻고 있다.

H. 딕슨 호지(H. Dickson Hoese)라는 생물학자의 연구에 의하면 숭어는 아가미 안쪽 목구멍에 공기를 보관할 수 있는 주머니가 있는데, 이 주머니는 숭어의 호흡을 돕는다. 산소가 부족할 땐 수면으로 얼굴을 내밀고 호흡하거나 물 밖으로 뛰어오른다면서 숭어가 뛰는 이유를 수중의 산소결핍과 연관 지었다. 물론 아직은 하나의 가설에 불과하다.

또 다른 가설은 기생충을 떨치기 위한다는 설이다. 숭어에 자주 달라붙는 흡착생물이 있으니 그것은 '오우노코반'(Nerocila acuminata)이라는 해양 등각류이다. 이 등각류는 물고기의 지느러미나 비늘에 붙어 피와 체액을 빨아먹기 때문에 매우 귀찮은 존재다. 숭어와 가숭어는 이를 떨치기 위해 수면 위로 힘차게 솟구쳤다가 첨벙 소리를 내며 강하게 수면에 부딪히는 동작을 반복하는데 바로 이런 벌레를 떨구기 위함이란 설이다. 하지만 수면에 점프하는 숭어라고 모두 이런 벌레가 붙어 있지는 않기 때문에 이것으로 숭어가 점프하는 이유를 모두 설명할 순 없다. 참고로 수면 위로 점프하는 숭어는 먹이활동의 의사가 없기에 낚시로는 잡기 어렵다.

시장과 횟집에서 파는 양식 숭어는 표준명 가숭어로 숭어와는 다른 종이다. 가숭어는 서울 및 수도권에선 '참숭어'라 부르고, 양식 산지인 경남 일대에는 '밀치'라 불린다. 이렇듯 가숭어는 일찌감치 대량 양식으로 겨울이면 비교적 저렴하면서도 맛있는 횟감을 선사하지만, 숭어의 경우 따로 양식하지 않고 자연산에 의존하고 있다.

⌃ 시장과 횟집에서 흔히 보이는 눈이 노란 숭어는
  양식 가숭어이다

숭어는 지역과 시기에 따라 맛의 차이가 크다. 숭어가 가장 맛있는 지역은 남해안 일대이다. 그중에서도 기름 눈꺼풀이 생기기 시작하는 11~1월경은 찬수

⌃ 12월 거제도에서 잡힌 숭어로 맛이
  으뜸이다

⌃ 진도대교와 울돌목

온에 적응한 숭어가 산란을 준비한 시기로, 특히 거제, 통영, 남해에서 잡힌 것을 으뜸으로 친다. 반면 산란을 마치고 먼바다에서 연안으로 접근하는 시기인 3~5월은 국내에서 두 번째로 빠른 물살을 자랑하는 진도 울돌목을 비롯해 서남해에서 잡힌 것이 맛있다. 이 시기는 보리싹이 틜 때 잡힌 숭어라 하여 '보리숭어'라 부르는데 진도대교 한 가운데 가장 빠른 물살을 피해 가장자리로 접근하는 숭어를 뜰채로 퍼 잡는 진풍경을 연출한다. 이때 잡히는 숭어는 기름기보단 세찬 조류를 거슬러 오르면서 생긴 쫄깃한 육질이 특징으로 다른 지역의 숭어보다 맛이 있기로 정평 났다. 하지만 산란을 준비하면서 살에 지방을 찌우는 제철의 개념으로 보았을 때는 늦가을인 10월 중후순 경부터 1월 사이가 숭어의 제철이라 볼 수 있다. 이외에 동해와 제주도, 서해권에서도 숭어가 잡히지만 잡힌 지역에 따라 흙냄새가 나기도 하며, 제주산은 육질이 무른 편이다.

이용

숭어는 대부분 활어로 유통되며, 주로 한겨울부터 봄 사이 많이 이용된다. 숙성회보단 활어회가 맛있는데 12월에 기름 눈꺼풀이 낀 숭어는 빨간 혈합육에 허연 기름층이 껴서 감성돔 못지 않은 쫄깃한 식감과 단맛을 낸다. 이외에 매운탕과 전, 튀김, 구이로도 이용하지만, 열에 많이 익히면 살이 푸석해질 뿐 아니라 잡힌 지역에 따라 특유의 흙냄새가 올라오기도 한다. 숭어는 개펄을 흡입해 유기물과 동물성 플랑크톤 등을 걸러 먹는다. 이러한 식성은 고래회충의 생활사와 거리가 멀기 때문에 숭어에 고래회충이 발견되는 경우는 극히 드물다. 개흙을 흡입하므로 식도 아래에는 모래주머니가 발달했다. 닭으로 치면 닭똥집에 해당하는 부위로 여기선 '숭어밤'이라 부른다. 숭어의 밤은 가숭어의 밤보다 크게 발달해 식용 가치가 높다. 싱싱할 땐 회로 먹거나 밤젓으로 이용된다. 대만과 일본에선 숭어 알로 어란을 만들며 고급 식재료로 취급한다. 그리스, 이탈리아에서도 같은 숭어 알로 어란(보타르가)을 만드는데 파스타를 비롯해 다양한 요리에 사용된다.

≪ 활 숭어회

≪ 숭어 초밥

≪ 숭어전

≪ 숭어튀김

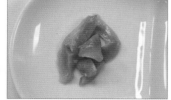
≪ 숭어밤

≪ 보타르가

가숭어

분류 숭어목 숭어과
학명 *Mugil haematocheilus*,
　　　 Chelon haematocheilus
별칭 밀치, 참숭어, 언구, 동아, 동어
영명 Redlip mullet
일명 메나다(メナダ)
길이 50~70cm, 최대 1m
분포 서해, 남해, 일본 남부,
제철 11~2월
이용 회, 초밥, 무침, 구이, 탕, 튀김, 전, 밤젓

국내에선 서해 및 서남해에서만 서식하는 특산종이다. 전 세계에 고루 분포된 숭어와 달리 가숭어는 일본 남부, 남중국해, 베트남 등 일부 해역에서만 발견되고 있고 서식 영역이 한정적이다. 몸길이는 최대 1m를 넘나든다. 가숭어는 먼바다에서 산란을 마치고 연안으로 들어오는 숭어와 달리 봄이면 산란을 위해 연안으로 들어와 알을 낳는다. 때문에 매해 3월경 전라남도 영암에선 영산강 하구로 들어오는 알배기 가숭어를 잡아 그 유명한 영암 어란을 만드는데 값어치가 상당히 높다. 경남 하동에서는 대량으로 양식하며, 해마다 11~3월 사이 전국의 수산시장과 횟집으로 유통한다.

+
가숭어에
얽힌 이름

가숭어가 주로 잡히는 산지는 경기권부터 시작해 서해안 일대, 서남해, 여수까지로 한반도에서 동쪽으로는 매우 드물게 발견될 만큼 서쪽에 치우쳐 있다. 따라서 가숭어를 주로 잡는 어민과 상인들은 이를 '참숭어'라 부르는 경향이 있다. 경상남도에서는 밀치라 부르며, 일부 지역에선 언구, 동아(새끼)라 부른다.

≪ 경기권에선 가숭어를 비롯한 숭어 새끼를 '동아'라고 부른다

+
가숭어와
숭어의
외형적 차이

숭어와 가숭어는 형태가 아주 흡사해 종종 혼동된다. 둘을 구별하는 가장 쉬운 방법은 눈색깔이다. 가숭어는 눈이 노랗고 겨울이 되어도 기름 눈꺼풀이 생기지 않는다. 반면 숭어는 눈이 검고 겨울이면 기름 눈꺼풀이 생겨 하얗게 된다.

⋀ 숭어의 눈(위), 가숭어의 눈(아래)   ⋀ 숭어의 꼬리(위), 가숭어의 꼬리(아래)

두 어종은 체형과 체색, 꼬리지느러미 모양에서도 뭐 하나 같은 것이 없다. 가숭어의 체색은 전반적으로 엷은 누런색을 띠며, 체형은 길고 꼬리지느러미는 일자로 퍼졌다. 대가리는 체구에 비해 다소 납작하다. 반면 숭어의 체색은 등쪽에 푸른 빛이 돌며, 방추형에 꼬리지느러미는 세찬 조류를 타고 다니기 좋도록 날렵한 제비 꼬리가 특징이다.

자연산을 기준으로 평균 크기는 가숭어가 숭어보다 크지만, 정작 수산시장과 횟집으로 유통되는 것은 숭어가 자연산이고 가숭어는 1~2kg 내외인 것을 양식해서 출하하므로 숭어가 큰 편이다. 한겨울에는 서남해산 자연산 가숭어가 한시적으로 유통되며 그 크기는 80cm에 이를 만큼 육중한 크기를 자랑한다

특징	숭어	가숭어
눈	눈이 크고 흰자 위에 검은색 동공	눈이 작고 노란색에 검은색 동공
지방막	겨울에 기름 눈꺼풀 발달	기름 눈꺼풀이 생기지 않는다
꼬리	날렵한 제비꼬리	밋밋한 일자형 꼬리
최대전장	약 80cm	1m
산란장	일본 남부 및 동중국해의 공해상으로 추정	가까운 앞바다, 연안의 강하구
양식여부	양식 안 함	양식 중
제철	겨울~봄	겨울
어란	일본, 대만, 이탈리아, 그리스에서 이용	한국(영암, 강화도 등)에서 사용
숭어밤	흔히 식용됨	식용됨

+
회를 떴을 때
가숭어와
숭어의 차이

가숭어의 껍질을 벗기면 숭어보다는 밝은 빨간색(자연산), 또는 선홍색(양식)을 띤다. 자연산의 경우 황록색 껍질막이 붙어 나오기도 하며, 이 경우 특유의 흙내나 잡내가 나기도 한다. 양식은 제철(겨울)에 출하된 경우 밝고 화사한 선홍색에 하얀 기름층이 끼는 것을 볼 수 있다.

반면 숭어는 잡힌 계절과 서식지 환경에 따라 회 표면의 색에 미묘한 차이가 있지

497

만, 대개 껍질을 벗기면 핏빛에 가까울 만큼 붉고 진하며 자잘한 빗살무늬가 나타난다. 경우에 따라선 검푸른 껍질막이 붙어 나오기도 한다. 회 자체는 흰색에 가깝지만 제철(겨울)에 맛이 오를 땐 누런 빛깔을 내기도 한다.

⚠ 자연산 가숭어회

⚠ 양식 가숭어회

⚠ 2월경 전남 진도산 숭어회

⚠ 12월경 전남 황제도산 숭어회

+ 숭어와 참돔(도미)의 차이

당연히 생물학적 분류나 외형적으로 차이가 많지만, 회를 뜨거나 초밥으로 쥐면 의외로 닮은 구석이 있다. 이 때문에 가끔은 숭어를 참돔 회로 둔갑시키거나 혹은 노골적으로 속일 수 없으니 참돔인 것처럼 보이게 내는 가게도 더러 있다.

⚠ 참돔(도미) 초밥

⚠ 숭어 초밥(오른쪽)

특히 참돔에서 흔히 하는 '마츠카와 타이'를 숭어에도 적용하는데, 사실 숭어는 껍질이 두껍고 질긴 편이어서 참돔만큼 맛있게 되기가 쉽지는 않다. 구별은 쉽다. 숭어의 경우 혈합육이 진하고 어두운 붉은색에 가깝고, 비늘 털린 자리를 보면 촘촘한 참돔보다 크다는 것을 알 수 있다. 물론 어종과 조리법에 정해진 왕도는 없으니 숭어 껍질회도 맛있게 만들

⚠ 숭어껍질회

수만 있다면 그것으로 좋은 일이다. 다만 어종과 원산지는 정확하게 표기하고 팔아야 한다.

이용

숭어와 마찬가지로 활어로 유통되며, 숙성회보단 활어회로 인기가 있다. 일식집보단 시장과 활어 횟집에서 주로 취급하고, 자연산보다는 양식이 압도적으로 많이 유통된다. 일부 지역에선 매운탕과 구이, 전, 튀김 등으로 이용하지만 특유의 냄새가 있다. 자연산 가숭어는 전북 부안을 비롯해 서남

⚠ 흔히 밀치라 불리는 가숭어회

⚠ 서해권 봄철 가숭어는 튀겨도 맛이 없다

해산을 최고로 치는데 11~1월에 잡힌 것이 가장 맛있다. 2월부턴 맛이 서서히 떨어지기 시작해 산란기로 접어드는 3월 이후부터는 특유의 냄새가 나서 회는 물론, 조리용도 인기가 없다.

한편 가숭어의 모래주머니(밤)는 덩치에 비해 작아 숭어보다는 인기가 덜하지만, 그래도 싱싱할 땐 식용할 수 있다. 주로 회로 먹거나 젓갈을 담근다. 겨울에 맛보는 가숭어(밀치)회는 참돔 못지 않은 쫄깃한 식감과 고소한

⚠ 가숭어밤

지방맛이 일품으로 가격대 성능비가 좋은 횟감으로 주목받고 있다.

실꼬리돔

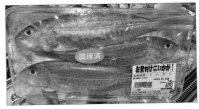

분류	농어목 실꼬리돔과		
학명	*Nemipterus virgatus*		
별칭	실돔	**분포**	남해, 제주도, 일본 남부, 동중국해, 호주 북부,
영명	Golden thread fish		대만, 필리핀, 베트남을 비롯한 서태평양
일명	이토요리다이(イトヨリダイ)	**제철**	11~4월
길이	25~40cm, 최대 약 50cm	**이용**	어묵, 튀김, 조림, 구이, 회, 탕

분홍색 몸통에 푸른색과 노란색 줄무늬가 화려하게 수를 놓은 아름다운 물고기이다. 이름처럼 꼬리지느러미 위쪽에는 길고 가느다란 실이 늘어져 있으나 가끔 없는 개체도 있다. 저서성 어류로 최소 18m에서 깊게는 250m에 이르기까지 모래나 진흙 바닥에 서식하며 4~8월 사이 산란한다. 산란철은 위도마다 차이가 나는데 일본 남부 지방의 경우 3~4월로 빨라 제철도 9~2월 사이로 알려졌지만, 국내에선 실꼬리돔 서식의 북방한계선인 제주도와 동남해역에서 4월 이후 산란하는 것으로 알려졌다.

일본 규슈 지방에선 시장과 마트에서 흔히 볼 수 있지만, 국내 시장에 유통되는 경우는 흔치 않다. 대부분 원양어선에서 다른 어종과 함께 혼획되어 어묵의 재료로 사용된다.

△ 규슈 사가현의 한 마트에서 판매되는 실꼬리돔

이용

싱싱할 땐 회로 먹고 조림을 비롯해 구이, 탕으로 이용된다. 살에 수분감이 있어 굽거나 튀기면 부드럽고 촉촉해 맛이 있는데 사실 국내 사정에서 비추어보면 싱싱한 실꼬리돔을 구하기란 매우 어렵기 때문에 대부분 냉동 원육을 이용한 어묵으로만 이용되는 현실이다. 어묵의 이름이나 함량 표시에 '도미 어묵' 또는 '실돔 몇 퍼센트'라고 되어 있는 것은 실꼬리돔을 이용한 어묵을 의미하며, 혼합 재료나 잡어 어묵보다 맛이 좋다.

△ 실꼬리돔을 사용한 어묵

아귀 | 황아귀

분류	아귀목 아귀과	**분포**	우리나라 전 해역, 일본,
학명	*Lophiomus setigerus*		동중국해를 비롯한 서태평양,
별칭	아구, 물텀벙이		인도양, 아프리카 등
영명	Blackmouth goosefish	**제철**	11~2월
일명	안코우(アンコウ)	**이용**	찜, 탕, 수육, 건어물, 어포,
길이	30~50cm, 최대 1m		회, 튀김

황아귀

분류 아귀목 아귀과
학명 *Lophius litulon*
별칭 아구, 물텀벙이
영명 Yellow goosefish
일명 키안코우(キアンコウ)
길이 40~80cm, 최대 수컷 65cm, 암컷 1.55m
분포 우리나라 전 해역, 발해만, 일본, 대만, 동중국해
제철 11~2월
이용 찜, 탕, 수육, 건어물, 어포, 회, 튀김

황아귀의
날카로운 이빨

우리나라로 유통되는 식용 아귀는 '아귀'와 '황아귀' 두 종이 있다. 둘 다 비슷하게 생겼기 때문에 시장에서는 따로 구분하지 않고 '아귀' 또는 '아구' 정도로 불린다. 아귀류가 주로 잡히는 어장은 우리나라 서해를 비롯해 서남해 먼바다와 동중국해 북부에 몰려 있고, 그 외에는 남해안 일대와 동해 남부에서도 잡히고 있다. 사실 우리는 '아구'나 '아귀'란 이름이 친숙하지만, 시중에 유통되는 아귀 중 80~90% 이상은 황아귀란 종이며, 이것을 아귀로 알고 먹어왔다.

아귀와 황아귀 모두 과거에는 흉측한 외모 때문에 잡자마자 버려질 정도로 천대받았지만, 지금은 없어서 못 먹을 정도로 인기가 있는 생선이다. 식용 가치가 없다고 판단해 바다로 연달아 던지면 '첨벙 첨벙' 소리가 나서 '물텀벙이'란 별명도 있다. 몸에는 비늘이 없는 대신 부드러운 피부에 수많은 피질 돌기와 날카로운 가시가 돋아났다. 등지느러미 첫 번째 가시는 길쭉하게 변형된 돌기로 이것을 흔들어 먹이를 유인해 낚아채는 특이한 사냥법을 구사한다.

서식지 수심은 의외로 얕은 방파제 외항의 8~10m권 저질부터 수백미터에 이르기까지 다양하며, 주로 모래나 진흙 바닥에서 작은 어류나 연체류, 갑각류 등을 사냥하며 성장한다. 이빨이 많을 뿐 아니라 매우 날카로워서 죽은 아귀를 만지더라도 주의해야 한다. 알집은 3월경부터 길쭉한 한천질에 쌓인 상태로 비대해지며 서식지 환경에 따라 4~8월 사이 산란하는 것으로 알려졌다.

사실 아귀류의 자원량은 갈수록 줄고 있는 추세이다. 이유는 정확하게 알려지지 않았지만, 무분별한 남획과 다 자라기도 전에 잡아다 유통하니 평균 크기도 예전만 못하다는 것이다. 그럼에도 불구하고 아귀류는 따로 금어기가 없어 연중 유통되고 있다.

+
**아귀와
황아귀의
구별**

사실 우리가 먹는 아귀는 대부분이 황아귀이므로 굳이 구별할 필요는 없다. 게다가 아귀보다 황아귀가 더 맛있다고 알려졌어도 전체 유통량의 90% 이상을 차

⌃ 아귀의 구강

⌃ 황아귀의 구강

지하는데다 가격도 다르지 않아서 서로 간에 둔갑할 이유도 없다. 체색의 차이라면 아귀가 좀 더 검고 어두운 빛깔을 내며, 황아귀는 황색이 많이 섞인 갈색이다. 입을 벌린 상태에서 구강 아래쪽을 보면 아귀는 크고 굵은 흰 반점들이 산재하며, 황아귀는 없거나 있어도 아주 자글자글한 반문이 보인다.

+
아귀류에
기생하는
기생충

아귀류의 내장에는 '고래회충'이 있을 수 있지만, 내장을 깨끗이 씻어 익혀 먹기 때문에 문제가 되지 않는다. 또한 살 속에서 '물개회충'이 발견기도 하지

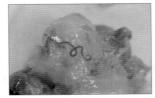
⌃ 아귀에서 가끔 발견되는 물개회충

⌃ 미포자충에 감염된 아귀로 뼈에 제노마가 형성돼 있다

만 감염률이 낮고, 손질 과정에서 제거된 후 익혀 먹기 때문에 문제가 되지 않는다.

아귀류에 흔히 보이는 증상으로 '아귀 미포자증'이 있는데 아귀 종류라면 대부분 감염되어 있다. 아귀 미포자충은 주로 척추 뼈와 그 안에 있는 신경절, 신경 세포를 감염시킨다. 이 기생충은 육안으로는 관찰할 수 없을 만큼 작은 크기이며, 뼈와 그 주변부에 동글동글한 유사 종양 조직을 만들어 내는데 이를 '제노마'(Xenoma)라고 한다.

이러한 기생충과 종양 조직이 아귀에 미칠 영향은 단기적으로 미미하나, 장기적으로는 조금씩 쇠약하게 만드는 정도이다. 사실 아귀를 즐겨 먹는 이들은 이러한 유사 종양 조직을 아귀의 알로 알고 먹는 경우가 대다수이다. 하지만 크게 걱정할 필요는 없다. 아귀 미포자충과 그것이 만들어낸 종양 조직은 적어도 익혀 먹었을 경우 우리 몸에 아무런 영향을 주지 않는다. 게다가 이러한 사실을 알고 있는 식약처도 이를 유해 물질로 규정하지 않기 때문에 아귀를 다루는 판매처나 식당에서도 이 종양 조직을 제거할 의무가 없다. 사실상 아귀의 한 부위인 것처럼 취급된다고 보아도 무방하다.

이용

국내에선 주로 수육이나, 찜, 아귀탕으로 이용된다. 아귀찜은 아삭한 콩나물과 각종 채소를 넣고 빨간 양념에 버무린 다음 전분물로 농도를 맞추어 매콤하게 볶아내는 음식이다. 지금이야 서울 낙원동이 유명하지만, 이전부터 유명했던 지역은 싱싱한 아귀를 흔히 접할 수 있는 마산과 포항이라 할 수 있다. 마산, 진해 같이 활 아귀를 접할 수 있는 지역에선 일부 사람들이 회로 먹기도 하며, 작은 아귀는 굽거나 살을 발라내 튀김으로 즐기면 별미다. 아귀는 대부분의 부위를 식용하는데, 좀 전에 언급한 제노마(미포자충이 만든 종양 조직)를 알로 착각하고 먹는 사례야 흔하며, 아귀의 알집으로 탕이나 찜을 만들면 최고의 별미다.

⌃ 아귀 수육

⌃ 아귀찜

⌃ 아귀탕

⌃ 간의 윤기와 빛깔은 곧 아귀의 신선도와 직결된다

⌃ 광어회와 안키모

⌃ 도미 초밥과 안키모

501

그래도 아귀 부산물 중 단연 으뜸은 간이다. 사실 아귀의 가치는 간의 크기와 싱싱함에서 비롯되었다고 해도 과언은 아니다. 이 때문에 수산시장에선 아귀 간을 배 밖으로 내놓고 파는 경우를 흔히 볼 수 있다. 아귀 간은 싱싱할수록 밝은 연노랑 빛이 나며, 선도가 떨어질수록 차츰차츰 어두워진다. 간은 간단히 탕에 넣어 먹기도 하지만, 일식에선 '안키모'라는 찜이 유명하다. 싱싱한 아귀 간을 청주와 미림으로 재워두고 핏줄을 비롯해 핏기를 모두 제거해야 한다. 그런 다음 원통형으로 모양을 잡아 찜기에 찌는데 원물의 신선함은 물론, 조리사의 노하우와 요리 실력에 따라 안키모의 품질과 맛이 좌우될 만큼 섬세함을 요구하는 음식이다. 이렇게 완성된 안키모는 적당한 두께로 썰어 폰즈 소스에 담가 먹거나, 주로 광어회 등 흰살생선회와 초밥에 올려 먹기도 한다.

아홉동가리

분류	농어목 다동가리과
학명	*Goniistius zonatus*
별칭	논쟁이, 꽃돔(X)
영명	Whitespot-tail morwong
일명	타카노하다이(タカノハダイ)
길이	25~35cm, 최대 50cm
분포	남해 및 제주도, 울릉도, 일본, 대만, 홍콩, 동중국해, 남중국해
제철	11~3월
이용	회, 구이, 조림

국내에선 제주도를 비롯해 남해 먼 바다와 울릉도에 분포한다. 수심이 얕고 산호가 발달한 갯바위 가장자리를 노린 낚시에 종종 걸려들며, 이 외에는 혼획물로 들어와 제주도 일부 횟집에서 횟감으로 취급된다. 다 자라면 전장 45~50cm에 이르며, 독가시치와 마찬가지로 갑각류와 해조류 위주의 식성을 갖는다. 이 때문에 위장은 소화 중인 해조류 냄새가 지독한데 주로 여름에 두드러진다. 제철은 갯내가 줄어드는 늦가을부터 이듬해 초봄까지이다. 갯내가 날 수 있으므로 살아있을 때 피를 빼고 내장을 제거하지 않으면 특유의 악취와 암모니아 냄새로 인해 식용이 어려워진다.

+ 유사 어종인 여덟동가리와의 차이

비슷한 종으로 여덟동가리가 있다. 서식지 분포도 아홉동가리와 비슷하나 시장에 유통되는 양은 아홉동가리보다 적고 좀 더 희귀한 편이다. 생김새는 거의 비슷하지만 전반적인 체색에서 차이가 있으며(A), 이름에서 알 수 있듯이 암갈색 가로 줄무늬 개수에서도 아홉동가리보다 적다. 꼬리지느러미 무늬 역시 차이가 있는데 (B), 아홉동가리 꼬리에는 갈색 바탕에 흰색 반점이 선명하지만 여덟동가리에는 없다. 이용과 취급은 아홉동가리와 같다.

△ 아홉동가리(왼쪽)와 여덟동가리(오른쪽)

+
'꽃돔'이란
명칭은
지양해야

도감에서 '꽃돔'이란 이름을 가진 어종이 별도로 존재한다. 게다가 꽃돔이란 이름은 여러 다양한 어종에 부차적으로 쓰이고 있는데(예: 황돔) 이러한 작명은 상거래 혼란은 물론, 생선회를 구매하려는 소비자의 판단에도 적잖은 영향을 줄 수 있으니 가급적이면 표준명으로 취급되는 것을 권한다. 제주 방언으로는 '논쟁이'라 부르는데 낚시인들 사이에서 오줌 냄새가 나는 물고기로 천대를 받아왔다. 하지만 지난 10여 년 동안 여행 산업이 급격히 발전하고 많은 관광객이 제주도로 몰림에 따라 그전에는 버려졌던 아홉동가리가 '꽃돔'이란 이름으로 탈바꿈해 횟집으로 유통되고 있다. 이는 '아홉동가리'라는 이름 자체가 상업적 매력도가 낮아서 붙은 별칭인데, 이를 메뉴판에 활용함으로써 회를 모르는 이들에게는 '꽃돔'이란 그럴싸한 이름으로 포장해 필요 이상 높은 가격에 판매되기도 한다는 점에서 유의할 필요가 있다.

이용

아홉동가리는 주로 제주도 동문시장과 서부두 회센타, 올레시장, 그 외 몇몇 횟집에서 볼 수 있다. 제주도에서 선어 위판업을 하는 종사자는 '다소 과소평가된 어종으로 잘만 회를 떠서 먹어보면 꽤 맛있다'라고 평했는데, 이는 아홉동가리를 회로 즐겨 먹는 극소수 미식가의 평가와도 크게 다르지 않다. 일본의 상황도 마찬가지다. 일본에서는 냄새 때문에 다루기 힘든 횟감

△ 아홉동가리회

이면서도 저렴한 물고기로 인식되어 왔다. 실제로 먹어보면 참돔보다 더 쫄깃쫄깃하면서도 맛도 생각보다 나쁘지 않다. 다만 여름에는 살에 갯내가 날 수 있고, 살아있을 때 피와 내장을 말끔히 제거해야 하는 등 횟감을 다루는 기술자에 따라서도 맛의 영향을 받을 수 있다. 이 때문에 본 종은 선어(생물)로는 잘 유통되지 않는다.

옥돔 | 옥두어

분류 농어목 옥돔과
학명 *Branchiostegus japonicus*
별칭 옥도미
영명 Red tilefish, Red horsehead, Japones tilefish
일명 아카아마다이(アカアマダイ)
길이 25~35cm, 최대 약 55cm
분포 제주도, 일본 중부이남, 대만 북부, 동중국해, 남중국해 등 서부 태평양 일대
제철 12~4월
이용 회, 초밥, 구이, 탕, 국, 튀김, 찜, 물회, 건어물

제주도의 명물로 예부터 관혼상제나 집안 대소사에 자주 올리며 귀히 여기는 고급 생선이다. 국내에선 다소 한정된 어장과 자원을 가졌기 때문에 일 년 내내 가격이 비싸다. 어장은 제주 서귀포 인근 해역을 비롯해 남방 해역에 형성되어 있으며, 수심 20~150m에 이르는 진흙 바닥에 서식한다. 산란기는 6~10월 사이로 알려졌기 때문에 제철은 산란을 준비하는 여름으로 추정하지만, 실제로 생물 옥돔이 가장 많이 잡혀 유통되는 시기는 겨울부터 봄 사이다. 산란을 준비하면서 찌운 지방의 맛에 포인트를 두지 않는 옥돔은 활어가 아닌 생물과 건어물로만 유통되며, 옥돔을 이용한 음식도 철저히 여기에 맞춰졌다. 국내 해역에는 옥돔뿐 아니라 옥두어와 등흑점옥두어, 황옥돔까지 4종이 분포하지만, 시중에 주로 유통되는 것은 옥돔과 옥두어이다.

고르는 법

옥돔 판매는 생물과 건어물로 나뉜다. 생물은 제주도 내 수산시장과 부산 공동어시장, 노량진 새벽도매시장에서 볼 수 있다. 생물을 고를 땐 옥돔 특유의 화려한 체색이 최대한 살아있어야 하며 비늘은 광택이 나야 하고, 무엇보다도 신선도의 증거라 할 수 있는 몇 가지 무늬가 또렷해야 한다.

˄ 옥돔의 세 가지 특징

눈 뒤의 마름모꼴 무늬 – ①
신선한 옥돔은 눈 뒤쪽에 마름모꼴로 자리 잡은 흰색 문양이 선명하다.

몸통에 노란 줄무늬 – ②
신선한 옥돔은 몸통 한가운데를 가로지르는 '내천(川)'자의 노란색 무늬가 선명하다.

˄ 진공 포장 판매되는 제주산 옥돔

˄ 포장 없이 판매되는 중국산 옥돔

꼬리지느러미의 화려한 체색 – ③
유사종인 옥두어는 색이 밋밋하지만, 옥돔은 파란색과 노란색, 분홍색까지 색이 곱고 화려하다.

한편 건어물을 고를 때는 국산(또는 제주산)인지 수입산(또는 중국산)인지 확인해야 한다. 최근 중국산 옥돔과 옥두어를 제주산으로 둔갑시켜 판매하다 적발된 일당이 있었고, 시장과 식당에서도 원산지 표기를 누락하거나 잘못 표기해서 판매한 사례가 지속해서 나타나고 있다. 제주산 옥돔은 대부분 진공포장으로 되어 있고 제주 옥돔으로 표기되며 원산지는 누구나 쉽게 알아볼 수 있게끔 표시된다. 하지만 중국산의 경우 바구니에 올려 판매되고, 설사 진공포장을 해도 원산지는 눈에 띄지 않게 표기되거나 자세히 살펴야 알 수 있는 등 표기에 소극적인 경향이 있다.

이용

옥돔은 현재 양식이 없고 모두 자연산이다. 신선할 땐 살이 매우 부드럽고 단맛이 난다. 근육은 희고 수분감도 많아서 말려서 판매되는 경우가 많다. 말린 옥돔은 주로 찜, 구이, 미역국으로 이용된다. 생물 옥돔은 신선할 땐 회와 초밥, 물회로 이용하는데 수분이 많고 기름기가 많지 않아서 일식에선 수분을 잡아주는 동시에 다시마 숙성으로 식감과 감칠맛을 더해 초밥을 쥐기도 한다. 생물 옥돔은 미역국이나 맑은탕으로 이용되며, 찜, 어죽으로도 인기가 있다.

≪ 옥돔 구이

≪ 옥돔 미역국

≪ 옥돔찜

≪ 옥돔 비늘 구이

생물 옥돔 구이는 고급 식당에서 한시적으로 맛볼 수 있다. 눈볼대(금태)와 같이 끓는 기름을 끼얹어 비늘을 바삭하게 익힌 형태가 인기가 있다. 다만 옥돔 비늘은 금태보다 조금 더 단단해 조리를 잘못하면 거친 식감이 나서 호불호가 있다. 옥돔은 잔가시가 적어 남녀노소 누구나 쉽게 즐길 수 있고 국이나 탕은 개운하고 깔끔해 맛에 대한 접근성이 매우 용이하지만, 비싼 가격은 유일한 단점이기도 하다.

옥두어

분류 농어목 옥돔과
학명 *Branchiostegus albus*
별칭 백옥돔, 흑옥돔
영명 White horsehead tilefish
일명 시로아마다이(シロアマダイ)
길이 30~50cm, 최대 60cm
분포 제주도, 일본 중부이남, 동중국해, 남중국해 등 북서태평양 해역
제철 9~1월
이용 회, 초밥, 물회, 구이, 탕, 국, 찜, 튀김, 건어물

옥돔과 유사하게 생겼지만 체색은 옥돔만큼 화려하지 않다. 대가리와 꼬리는 회색이 많고 옥돔보다 채도가 낮으며 어둡다. 몸통은 은은한 붉은빛이다. 국내에선 옥돔 어장과 일정 부분 겹치기 때문에 옥돔과 함께 혼획되며, 중국산도 많이 수입된다. 이 때문에 국산 옥돔으로 가장 많이 둔갑되는 대표적인 생선

이기도 하다. 워낙 '옥돔'이란 말의 인지도가 높다 보니 시장과 쇼핑몰에선 옥두어란 말보다는 '백옥돔', '흑옥돔' 같은 표현을 쓰지만 이는 모두 옥두어를 가리키는 상업 명칭이다.

산란은 12~5월 사이 이뤄지지만 이는 위도와 서식지 해역의 수온에 따라 다르다. 기름기가 오르는 제철은 산란전인 9~1월 경이며, 국내에선 겨울에 주로 잡혀 유통된다. 옥돔과 어류 중 살이 가장 단단하고 맛이 좋은 어종이지만, 국내에서는 가짜 옥돔이란 누명에 가려져 옥두어에 대한 인식이나 인지도가 형편없는 편이다. 옥두어 중 대형 개체는 일본에서 매우 값비싼 식재료로 통하며 특히 생물과 반건조를 이용한 구이가 맛있다.

<table>
<tr><td>

+

옥돔과
옥두어의
구별

</td><td>

옥돔과 옥두어는 제주도내 시장과 쇼핑몰에서 어렵지 않게 구매할 수 있는데 이들이 사용하는 명칭이 혼란을 가중시키고, 형태도 비슷해 구입시 유의해야 한다.

</td></tr>
</table>

옥돔

일반적으로 옥돔, 옥도미라 부른다. 전반적인 체색이 화려하며 대가리와 몸통, 꼬리지느러미에는 옥돔에서만 나타나는 특징이 있다. 첫 번째는 눈 아래 흰색의 마름모꼴 무늬, 두 번째는 몸통에 '개천'(川) 모양의 노란 줄무늬, 세 번째는 갖가지 체색을 가진 화려한 꼬리지느러미이다. 이 세 가지는 옥두어에는 나타나지 않는 특징이므로 어렵지 않게 구분할 수 있으며, 말린 옥돔이라 해도 그 자국이 희미하게나마 남아 있어 옥두어와 구분된다.

옥두어

시장과 쇼핑몰에선 백옥돔이나 흑옥돔으로 표기하고 파는 경향이 있다. 여기서 백옥돔과 흑옥돔은 당연히 옥두어를 가리키지만, 언어의 유사성을 교묘하게 이용해 옥돔으로 둔갑해켜 팔기도 하니 구매하고자 하는 대상이 옥돔인지 옥두어인지 확인해야 한다. 옥두어는 앞서 언급했듯 옥돔보다 화려하지 않으며, 옥돔에서만 나타나는 특징적인 무늬가 없다. 다 자라면 옥돔보다 약 5~10cm가량 크게 성장하므로 시중에 유통되는 평균 크기도 옥돔보다 조금 더 큰 편이다.

☆ 화려한 체색을 가진 옥돔

☆ 옥돔의 꼬리지느러미

☆ 말린 옥돔(중국산)

☆비교적 수수한 빛깔을 가진 옥두어

☆ 옥돔과 옥두어 꼬리 비교

외형으로는 원산지를 확신할 수 있는 단서가 없다. 그 이유는 중국에서 잡히는 옥돔, 옥두어나 국내에서 잡히는 옥돔, 옥두어나 같기 때문이다. 다만 중국산은 중국 국적의 조업배가 중국 선원들의 경험과 조업 장비로 잡아들인 후 중국으로 입항해 위판한다. 다시 말해 한국으로 수출되는 중국산 생선은 중국의 기후에서 건조될 뿐 아니라 수출을 위한 모든 과정이 중국의 기반 시설로 처리된다는 것이다. 따라서 맛의 차이는 옥돔이냐 옥두어냐 같은 어종의 차이라기보다는 원산지에서 오는 차이가 크다. 이러한 품질과 맛 차이는 그대로 소비자가에 반영된다. 2023년을 기준으로 중국산 옥돔 및 옥두어는 국산(제주산)에 비해 약 40~50% 정도 저렴하다. 때문에 중국산을 국산으로 둔갑해서 팔면 그만한 차익을 얻게 되므로 선물용으로 옥돔을 생각한다면 원산지 확인은 필수다.

≪ 중국산 옥두어

≪ 중국산 옥돔 구이

원산지가 국산인 경우 가장 내세울 수 있는 메리트가 되므로 어떤 경우이든 크게 표기해 쉽게 알아볼 수 있도록 한다. 국산 옥돔과 옥두어는 진공포장 돼 제주 옥돔이란 표현을 쓰는 경우가 많다. 또 제주산은 엄격한 품질 관리와 진공 포장으로 신선도를 유지한 반면, 중국산은 별도의 포장 없이 바깥에 꺼내어 놓고 판매되는 경우가 많고, 포장이 되더라도 제주 옥돔이란 표기가 없다. 중국산은 지속적인 공기 접촉으로 산패가 빨리 오기도 하며, 소금 간의 농도와 건조 과정이 제주산 옥돔과 다르므로 맛과 품질에도 지대한 영향을 끼친다. 같은 옥돔이라도 제주산과 중국산을 한 자리에서 구워 시식하면 제주산은 담백하지만, 중국산은 상품에 따라 기름 냄새가 나기도 한다.

이용

옥두어는 옥돔 이상의 크기와 지방을 갖췄지만, 어획량이 적어 크고 좋은 옥두어를 생물로 구입하기란 여간 쉬운 일이 아니다. 국내에서는 주로 가을~겨울철 제주 서부두 위판장에서 생물 옥돔과 옥두어를 볼 수 있으며, 대부분 말려서 판매된다. 이용은 옥돔과 같다.

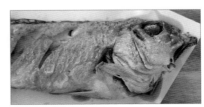
≪ 말린 옥두어 구이

용가자미

≪ 유안부

≪ 무안부

분류 가자미목 가자미과
학명 *Cleisthenes pinetorum*
별칭 어구가자미, 포항가자미, 속초가자미,
아구다리, 참가자미(X)
영명 Pointhead flounder
일명 소오하치가레이(ソウハチガレイ)
길이 25~40cm, 최대 약 53cm
분포 동해, 서해, 발해만, 일본 중부이북,
사할린, 오호츠크해
제철 12~4월
이용 회, 물회, 구이, 튀김, 조림, 찜, 건어물

용가자미는 국내에 서식하는 20~30여의 가자미과 어류 중 하나이다. 두 눈은 정면에서 바라봤을 때 오른쪽에 치우친 '비목어'(比目魚)로 다른 가자미와 궤를 같이 한다. 특징적인 부분은 다른 가자미과 어류에 비해 비교적 입이 크며 주둥이가 나왔으며 갑각류와 요각류를 사냥하기 좋은 잔이빨이 발달했다는 점이다. 무안부는 흰색이지만, 가장자리는 투명해 자색으로 보인다.

크게 서해 계군과 동해 계군으로 나뉘지만, 시장으로 유통되는 대부분의 용가자미는 동해산이다. 주로 동해 중부(삼척)를 기점으로 위아래 폭넓게 분포하며, 수온이 낮고 깊은 곳에 사는 저서성이자 비교적 냉수성 어류다.

+
이름의
유래와 방언

용가자미란 명칭의 유래는 몇 가지 설이 있다. 얼굴 '용'(容) 자를 썼다는 설이 있고, 용무늬를 닮았다고 해서 지어졌다는 설이 있지만 무엇 하나 확실하지 않다. 일본에서는 '소우하치'(ソウハチ)로 표기되지만, 여기서 'ウ'는 우가 아닌 장음으로 '오'라고 발음하니 '소오하치'라 부른다. 소오하치는 사무라이 시대에 유행한 헤어스타일 중 하나로 머리를 밀지 않고 길러서 뒤로 묶은 '소하츠'(総髪)에서 비롯되었다. 사실 국내 도감에 등재된 표준명 중 상당 부분은 일본명을 그대로 번역해 우리말로 정한 사례가 많다. '마가레이'(マガレイ)는 참가자미로, '마다이'(マダイ)는 참돔으로, '이시다이'(イシダイ)는 돌돔으로 정한 것이 그러하다. 이렇듯 어류의 명칭은 1970년대 이후부터 형성된 표준명으로 학술적 재정립을 해나갔지만, 해안가에선 과거 조상들로부터 불려진 이름으로 취급되어온 이름이 있다. 그것이 오늘날에는 도리어 방언으로만 치부되고 있다는 점이 안타깝다. 같은 예로 제주에선 오랫동안 다금바리로 불리던 어종이 표준명으론 자바리로 명명된 것도 그렇다. 어쨌든 이러한 명칭 문제는 지역마다 중구난방으로 불려 혼선을 초래하므로 표준명으로 명칭의 기준을 정하는 것은 의미 있는 일이다. 한 예로 용가자미는 표준명이지만 용가자미 산지인 동해안 일대 시장에서는 용가자미란 이름으로 판매되는 경우가 극히 드물다. 강원도에서는 어구 가자미, 속초에선 속초가자미, 포항에선 포항가자미란 말로 취급되며, 경상도(경주, 감포, 울산, 부산)에선 참가자미로 취급되고 있어 혼란을 주고 있다. 뿐만 아니라 타 지역에서 잡히는 전혀 다른 가자미들도 모두 '참가자미'로만 불리고 있어서 상거래 혼선을 방지하기 위한 표준명의 통합은 필요해보인다.

용가자미는 무안부가 희고 가장자리가 투명해 자색으로 보인다. 경상도에선 이를 참가자미라 부르지만, 표준명 참가자미는 따로 있다. 무안부는 역시 희나 가장자리는 노란색이라는 점에서 용가자미와 구분된다. 평균 크기는 용가자미가 좀 더 큰 편이며 두 어종 모두 횟감, 반찬감, 건어물로 이용되고 있다.

⌃용가자미의 무안부   ⌃참가자미의 무안부

이용

일각에선 독특한 냄새가 있어서 조림이나 생선회로는 적당하지 않는다고 하지만, 껍질에서 나는 냄새이므로 껍질을 벗겨 썰어낸 회와 물회는 냄새가 없고 맛이 있다. 다만 횟감으로 사용하려면 알을 배기 전인 12~2월의 것이 가장 좋고, 구이와 조림용으로 쓰겠다면 3월 이후 알배기를 말린 것이 선호도가 높다. 용가자미로 유명한 산지로는 경주와 감포, 울산 등이 있으며 부산을 포함해 뼈회(세꼬시)와 물회, 회무침이 유명하다. 앞서 언급했듯 이들 지역에선 모두 참가자미 회, 참가자미 물회란 이름으로 판매되고 있다는 점에서 표준명 참가자미와 혼동해선 안 된다.
이외에도 건어물로는 구이, 조림으로 이용되고 있는데 싱싱할 때 말린 껍질은 냄새가 없고 고소하며, 흰살은 담백하다. 포항 죽도시장 등 일부 시장에서 파는 생물로는 매운탕, 찌개가 맛이 있다.

⌃용가자미 뼈회

⌃용가자미 물회

⌃인기가 높은 반건조 알배기 용가자미

⌃말린 용가자미

⌃용가자미 구이

장갱이

분류 농어목 장갱이과
학명 *Stichaeus grigorjewi*
별칭 바다메기, 꽃장치
영명 Long shanny
일명 나가즈카(ナガヅカ)
길이 50~70cm, 최대 약 85cm
분포 동해, 일본, 사할린, 오호츠크해
제철 12~3월
이용 회, 찜, 조림

⌃ 장갱이의 날카로운 등지느러미 가시   ⌃ 반면 배지느러미는 뭉툭하다

벌레문치와 함께 동해에서만 볼 수 있는 생선이다. 동해안 일대 시장에서는 '바다메기'나 '꽃장치'라 부르지만, 일부 상인들은 '벌레문치'나 '장치'라 부르며 크게 구분하지 않는 경향도 있다. 벌레문치가 다자라면 1m를 상회하지만, 장갱이는 80cm 내외로 작다. 주요 산지는 포항을 비롯해 삼척, 양양, 주문진, 속초이며 수심 50~300m의 저질에 사는 냉수성 어류이다. 산란기는 4~6월로 연안 가까이 알을 낳고, 제철은 산란기 전인 초봄까지다. 장갱이과에 속한 어류가 그러하듯 괴도라치(전복치)와 장갱이는 등지느러미에 날카로운 가시를 숨기고 있어서 활어를 다룰 땐 조심해야 한다. 참고로 배지느러미에는 가시가 없다.

| **+**
산란철
독성에 주의 | 장갱이의 알은 '디노구넬린'이라는 독소를 가지고 있다. 먹으면 복통과 구토, 설사, 현기증 등을 유발한다. 다만 압력솥에서 120℃ 이상 30분간 가열하면 독소는 사라진다. 일본에선 이렇게 독소 |

를 제거한 알을 이용해 달걀찜을 하기도 한다.

⌃ 디노구넬린이란 독소가 든 장갱이 알

고르는 법

크게 활어와 생물(선어) 상태로 판매된다. 3월부터는 암컷에 알이 배기 시작하면서 살이 왜소해지는데 뱃살부터 빠진다. 이 때문에 횟감으로 쓰려면 가격이 다소 비싸더라도 수컷 활어를 고르는 것이 좋다. 찜용은 암수 상관없지만, 활어보다는 가격이 저렴한 생물이 가성비가 좋다. 신선한 것은 특유의 자글자글한 호피무늬가 선명하고, 눈알은 검고 투명하며 아가미는 빨갛다. 반

⌃ 신선한 상태의 장갱이

면, 죽은 지 오래된 장갱이는 색이 탁하고 진액이 많이 나오는데 이런 것은 피한다.

이용

시장에선 저렴한 잡어로 취급되며 산 것은 회, 죽은 것이나 살집이 덜한 암컷은 찜이나 매운탕으로 이용된다. 회는 살에 수분이 많아 푸석하며 질척인다. 봄으로 갈수록 기름기가 떨어지며 맛이 밋밋하다. 수산시장에선 단순히 활어회로만 이용하기 때문에 장갱이가 가진 잠재력을 맛보기가 어렵다. 장갱이는 생명력이 좋을 뿐 아니라 근육은 괴도라치와 비슷한 조직감을 가지고 있어서 죽고 난 뒤 한동안은 살이 쉽게 물러지지 않는다. 탄력이 매우 좋기 때문에 장갱

이의 최대 단점인 수분을 잡는 동시에 다시마 숙성 같은 감칠맛을 더한 숙성법이라면 활어회보다 좀 더 나은 맛을 끌어올릴 여지가 있어 보인다.

≪장갱이회

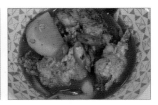
≪일명 꽃장치찜

그러나 사실 장갱이는 찜이 더 유명하다. 강릉에 장치찜이 벌레문치로 만든 것이라면, 꽃장치찜은 장갱이가 주재료다. 표현상 찜이라고 하지만 사실상 매콤한 양념에 졸인 생선 조림이나 다름 없다. 살에 수분이 많으니 이러한 조리법에 잘 맞아떨어지며, 숟가락으로 떠 먹을 만큼 포슬포슬한 식감과 잘 스며든 양념 국물은 공깃밥을 순식간에 해치울 만큼 매력적이다.

촉촉하고 포슬포슬한 살점이 매력적이다 ≫

조피볼락

분류	쏨뱅이목 양볼락과		
학명	*Sebastes schlegelii*		
별칭	우럭, 개우럭, 우레기		
영명	Korean rockfish, Black rockfish	**분포**	우리나라 전 해역, 일본, 중국, 발해만
일명	쿠로소이(クロソイ)	**제철**	11~4월
길이	25~50cm, 최대 약 75cm	**이용**	회, 초밥, 구이, 조림, 찜, 탕, 탕수, 건어물

흔히 '우럭'이라 불리는 생선으로 최근까지만 해도 광어에 이어 두 번째로 소비가 많을 만큼 양식이 활발하면서 대중적인 횟감이다. 난태생 어류로 해마다 4~5월 사이 뱃속에서 알을 부화해 새끼를 낳는다. 다 자라면 50cm를 넘나드는데 낚시인들은 이를 '개우럭'이라 부르는 경향이 있다. 최대 전장은 국내 기록상 70cm가 넘기도 해 쏨뱅이목 양볼락과 어류 중에선 띠볼락과 함께 가장 크게 자라는 중대형 어류이다. 서식지 환경에 따라 개

≪약 40cm급 자연산 조피볼락

체 변이가 나타나는데 몸통은 주로 검거나 진한 회색이고, 몸통을 가로지르는 측선이 도드라지지 않는 개체가 있는가 하면, 측선이 융기되고 흰 반문으로 주변부가 밝거나 띠처럼 도드라지는 개체가 있다. 이는 서식지 환경(암초와 주변의 빛깔)에 따라 민무늬에 가깝거나 대리석 무늬처럼 다양하게 나타나는 것이다. 겨울이면 월동을 위해 남북 회유를 하는데 어릴 때는 연안의 얕은 바다에서 지내다가 성어가 되면 점점 깊은 바다로 들어간다. 우리나라 전 해역에 고루 분포하지만 특히 서해를 비롯한 서남해에 집중적으로 분포한다. 산란기는 3~5월이며, 제철은 산란을 준비하는 겨울이다. 하지만 수온이 낮은 고위도 지역(경기 및 충청권)일수록 산란 시기가 늦어지기 때문에 5월에도 맛이 있다. 반대로 수온이 높은 남해안 일대(통영 및 완도)는 산란이 빨라 4~5월이면 배가 불룩하거나 혹은 이미 산란을 마쳐 배가 홀쭉해지는데 어느 쪽이든 맛이 떨어진다.

+

**조피볼락이
우럭이 된
까닭**

조피볼락은 양식 산업 대중화에 기여하면서 소위 저렴한 서민 횟감이자 국민생선으로 꼽히지만 왠지 우리에겐 익숙하지 않은 이름이다. 그도 그럴 것이 우리나라에서는 조피볼락을 '우럭'으로 부르기 때문이다. 본래 학술적으로 '우럭'이란 말은 '우럭조개'나 '왕우럭조개' 등 조개류에 붙으며 이처럼 어류에 붙는 경우는 없다. 그 어원을 살피면 다음과 같다. 《전어지》에 우럭과 비슷한 '울억어'(鬱抑漁)라는 생선이 등장하는데 입을 꾹 다문 모습이 고집스럽고 답답해 보여 '막힐 울'에 '누를 억'자를 쓴 것으로 추정된다. '고집쟁이 우럭 입 다물 듯한다'는 속담도 여기서 나왔다. 조피볼락은 또한 날씨에 민감한데 너울성 파도가 치거나 강한 바람이 불면 아무리 미끼를 입 앞에 갖다 놓아도 좀처럼 입을 열지 않는 습성이 있다.

+

**자연산과
양식의 차이**

자연산과 양식은 겉모습으로도 충분히 구별이 가능했다. 무늬가 균일하지 않고 거친 패턴을 보이면 자연산, 짙은 암회색이나 검은색에 균일한 패턴이면 양식이었다. 지금도 이런 차이는 여전히 존재한다. 하지만 흑산도 같은 외해권 해상 가두리에서 길러진 우럭은 먹이(사료)만 다를 뿐, 자연 조건에서 길러진 것과 다름 없기 때문에 자연산 우럭과 비슷한 형태를 띤다.

≪ 육상 양식 조피볼락

≪ 자연산(위), 해상 가두리 양식(아래)

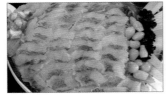

≪ 양식 조피볼락회

≪ 자연산 조피볼락회

≪ 양식(왼쪽), 자연산(오른쪽)

+

**조피볼락에서
발견된 몇몇
기생충**

육식을 하는 자연산 어류의 내장에는 많든 적든 고래회충을 보유한다. 서해 북부와 동해 북부 해역에서 잡힌 조피볼락에선 물개회충이 발견되기도 한다. 고래회충의 경우 살아있을 때 내장을 제거하면 우리가 회를 먹고 감염될 확률은 현저히 줄어든다. 물개회충은 숙주가 살아있어도 근육으로 파고들기 때문에 회를 뜰 때는 늘 예의주시해야 한다.

한편 낮은 확률이지만, 어초나 침선 등 특정 서식지 환경이나 지역에서 잡힌 대형급 조피볼락에서는 동해촌충류로 의심되는 조충들이 발견되기도 한다. 이들 기생충은 내장이나 항문 기관에 자리 잡고 있는데 긴 것은 30cm가 넘기도 하며, 대량 번식을 위해 충란을 품은 것으로 의심되는 부분도 목격됐다. 아직 인간에게 해를 준다는 보고는 없지만, 정확한 종이나 학명을 특정할만한 자료 또한 없어서 향후 해양 기생충류에 관한 심도 있는 연구가 필요할 것으로 보인다.

⌃ 조피볼락회에서 발견된 고래
회충

⌃ 항문으로 빠져나온 정체 불명
의 기생충

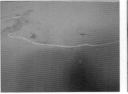
⌃ 조충류로 추정되는 기다란 충제

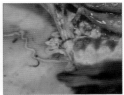
⌃ 여러 조충류가 발견되었으며 검
은 점들은 충란으로 추정

이용

본래 귀한 생선이었으나 국내에서 대량으로 양식에 성공하며 넙치(광어)에 이어 두 번째로 생산량이 많은 대표적인 횟감이 되었다. 하지만 최근 고수온의 여파로 인해 남해안 일대에서 양식되는 우럭이 폐사하는 등 적잖은 곤혹을 치르고 있다. 조피볼락은 차가운 물을 좋아하는 어종으로 낮은 수온대에서 생존력이 강할 뿐 아니라 맛도 더 좋기 때문에, 매해 여름이면 찾아오는 적조, 고수온에 폐사율이 높아지고 있다. 이에 향후 지속

⌃ 58cm에 이르는 대형 조피볼락

가능한 양식 산업으로 밀고 나가야 할지는 의문이다. 그럼에도 불구하고 조피볼락이 횟감으로 인기가 있었던 이유는 광어보다 식감이 차지고 탄탄하며 접근성이 좋기 때문이다. 회는 늦가을부터 겨우내 맛있는데 산란이 임박해 배가 불룩하면 몸속 영양분이 알과 치어로 쏠리므로 맛이 떨어진다. 마찬가지로 알을 방사하고 나면 배가 홀쭉해지므로 수율이 떨어지고 살맛도 함께 떨어지는데 조피볼락은 이러한 법칙에 가장 큰 영향을 받는 어류이다.

조피볼락 중에서도 가장 으뜸은 한겨울에 잡힌 몸길이 40cm 이상의 속칭 '개우럭'이라 불리는 대형 개체이다. 활어회도 좋지만, 반나절 가량 적당히 숙성하면 수분이 빠지면서 차지고 탄탄하면서 쫄깃한 식감이 매력적이다. 더욱이 제대로 맛이 든 우럭회는 끝에 오는 여운과 단맛이 일품이다. 단점은 대가리가 커서 수율이 높지 않다는 점이다. 수율 대비 가격적인 메리트가 떨어지고, 숙성에 알맞은 대형급 조피볼락의 수급도 일정치 않기에 일식집에선 외면받는 경우가 많다. 또한 양식 조피볼락은 400~800g이 가장 많아 오랜 시간 숙성하기보다는 활어회로 먹었을 때 더 맛있기 때문에 수산시장이나 횟집에서 소비된다. 이 외에도 초밥과 회무침으로 이용되며, 칼집 내고 통째로 튀겨서 소스를 끼얹은 우럭 탕수가 남녀노소 인기가 있다.

우럭 요리는 충청남도와 전라남도가 일가견이 있는데 서산에는 말린 우럭을 넣고 푹 끓인 뒤 새우젓으로 간한 우럭젓국이, 당진에서는 보양식으로 풀어낸 우럭 백숙과 육쪽마늘과 함께 구워낸 우럭 구이가 유명하다. 가장 흔한 이용법은 회를 뜨고 남은 서덜로 매운탕을 끓이거나 또는 등을 갈라(일명 등따기) 내장을 제거한 뒤 활짝 펼치고 적당히 물간해서 말린 건어물과 우럭찜, 우럭 조림 등이 인기가 있다.

⌃ 조피볼락(일명 우럭)회

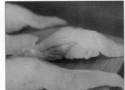
⌃ 우럭 초밥

⌃ 서산 우럭 젓국

⌃ 당진 우럭 백숙

☆ 육쪽마늘 우럭 구이

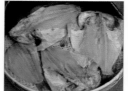
☆ 말린 우럭

☆ 말린 우럭찜

☆ 우럭 조림

졸복 | 복섬

분류	복어목 참복과			
학명	*Takifugu pardalis*			
별칭	쫄복, 말복, 황복(X)			
영명	Panther puffer	**분포**	우리나라 전 해역, 발해만, 일본, 동중국해 등 북서태평양
일명	히간후구(ヒガンフグ)	**제철**	11~3월
길이	15~25cm, 최대 약 35cm	**이용**	회, 수육, 찜, 껍질 무침, 샤브샤브, 탕, 찜, 튀김

우리나라 전 해역에서 볼 수 있는 흔한 복어류이다. 복섬을 비롯해 작은 복어류를 통칭해서 '졸복'이라 부르는 경향이 있지만 엄연히 다른 종이다. 산란은 봄부터 이뤄지지만, 지역에 따라 2~3월부터 시작하기도 한다. 다른 복어류와 마찬가지로 '테트로도톡신'이란 맹독을 가지고 있으며, 산란기에 더욱 강해진다. 제철은 겨울이고 봄에 산란을 마치면 맛이 떨어진다.

+ 졸복의 독성 분포

다른 복어류와 마찬가지로 난소(알집)와 간은 치명적인 맹독을 가지고 있다. 살은 무독이며, 껍질과 정소는 약독으로 식용이 가능하다. 정리하자면, 살과 껍질, 정소를 제외한 모든 부위는 식용이 불가하다. 국내에는 따로 양식하지 않아 전량 자연산에 의존하며, 반드시 자격증을 소지한 조리사만 손질해야 한다.

☆ 지느러미를 제한 부산물은 모두 독이 있다고 봐도 무방하다

이용

졸복을 전문적으로 다루는 식당은 흔치 않다. 대부분 자주복(참복)을 다루는 횟집에서 부가적으로 취급하거나 동해 및 남해안 일대 수산시장에서 판매된다. 작은 졸복은 탕으로 먹고, 큰 것

☆ 졸복회

☆ 씹는 맛이 좋은 졸복껍질

은 회로 먹는데 살이 단단하고 탄력이 좋기 때문에 최소 4~5시간에서 하루 정도는 숙성하는 것이 좋다. 참복, 자주복과 마찬가지로 접시 바닥이 비칠 정도로 얇게 뜨는 것이 좋으며, 껍질과 자투리 살은 살짝

데쳐 얼음물에 담갔다 빼내어 썰어내면 쫄깃쫄깃하다. 탕은 시원한 국물이 일품이며 식초를 살짝 뿌려 먹으면 별미다. 이 외에도 살짝 데친 수육과 샤브샤브, 튀김 등으로 이용되는데 시중에 흔히 알려지지 않았을 뿐 상당히 맛이 좋은 복어이다.

복섬

분류	복어목 참복과
학명	*Takifugu niphobles*
별칭	쫄복, 졸복(X)
영명	Grass puffer
일명	쿠사후구(クサフグ)
길이	10~20cm, 최대 약 25cm

분포	우리나라 전 해역, 일본, 발해만, 동중국해, 중국, 대만을 비롯한 북서태평양
제철	10~4월
이용	국, 탕, 회, 물회, 튀김, 껍질 무침

우리나라 연안에서 흔히 잡히는 복어 중 하나이다. 최대 25cm까지 성장하지만, 대체로 잡히는 크기는 10~15cm 정도로 복어류 중 가장 작다. 표층성으로 연안에 서식하며 5~7월 사이 산란한다. 이때가 되면 민물과 섞이는 기수역으로 들어와 바위 틈새에 알을 낳는다. 다른 복어류와 마찬가지로 '테트로도톡신'이란 맹독을 품고 있으며 산란기에 더 강해진다. 특히 이 시기에 낚시로 잡은 복섬을 회나 매운탕으로 먹다가 사망 사고가 나는데 뉴스에 보도된 사건 중 대부분이 복섬인 만큼 각별한 주의가 필요하다.

+ 복섬의 독성 분포

대가리(눈)를 비롯해 난소(알집), 간, 창자, 쓸개, 비장 등은 치명적인 맹독을 품고 있다. 껍질과 정소는 약독에서 강독, 근육은 무독에서 약독으로 식용이 가능하다. 다른 책이나 도감에서는 껍질을 강독으로 기재하고 있지만, 적어도 국내에서는 살과 함께 탕감으로 이용되고 있다.

+ 복섬과 졸복의 차이

시장에선 두 종을 모두 '졸복' 또는 '쫄복'이라 부르고 있는 만큼 두 종을 구별해서 취급할 필요가 있다. 두 종을 구별하기 위해선 무늬를 유심히 봐야 한다. 두 종 모두 몸통에는 원형의 반문이 있지만, 복섬은 흰 반점이, 졸복은 검은 반점이 있다는 점에서 큰 차이가 있다. 평균 크기는 졸복이 크다.

이용

복섬은 우리나라 전 해역에 서식하나 산지는 목포와 통영을 비롯해 남해안 일대로 압축된다. 주로 '졸복탕'이나 '졸복국'이란 이름으로 판매되는데 기본 스타일은 맑은국이다. 미나리와 콩나물을 넣고 푹 끓인 뒤 갖은 반찬과 함께 내며, 속풀이 해장용으로도 좋다. 처음엔 담백하고 시원한 국물 맛을 보다가 식초 몇 방울을 떨어트려 산미를 더하면 국물맛에 감칠맛과 생동감이 더해진다. 반그릇 정도 비우면 기호에 맞게 매콤한 양념장을 넣어 칼칼하게 마무리하기도 한다.
졸복탕으로 유명한 곳은 통영과 목포인데, 통영은 주로 통영 앞바다에서 양식된 복섬을 손질해 먹을 수 있는 살집만 통째로 넣어 끓이는 반면, 목포나 광양의 일부 식당은 자연산 졸복을 사용해 살집만 발라내어 압력솥에 푹 우린 다음 추어탕처럼 으깨어 국물을 만든다는 점에서 차이가 있다.
이 외에도 복섬은 회와 튀김이 으뜸이다. 빛깔은 회색빛 살점에 검은 실핏줄이 얽혀 있기 때문에 다소 독특하다. 워낙 작으니 마리당 두 점 나오며 이를 얇게 펴서 썰어내는 것이 특징이다.

좀볼락

분류	쏨뱅이목 양볼락과
학명	*Sebastes minor*
별칭	뽈락, 황열기, 열기(X)
영명	Minor rockfish
일명	아카가야(アカガヤ)
길이	15~20cm, 최대 약 23cm
분포	동해, 일본 북부, 사할린, 쿠릴열도 등 북서태평양의 온대 해역
제철	10~3월
이용	구이, 조림, 건어물, 매운탕

쏨뱅이목 양볼락과에 속한 소형어류이다. 평균 크기는 17~20cm 내외로 국내에서는 주로 동해 북부 차가운 바닷물에 서식, 강원도 일대 수산시장으로 유통되지만 그 양은 많지 않다. 근연종으로 '황볼락'이 있는데 시장에서는 둘 다 구분하지 않고 열기나 황열기 정도로 부른다. 다른 양볼락과 어류와 마찬가지로 봄에 치어를 낳는 난태생 어류이며, 산란기 전후를 제하면 맛의 편차가 크지 않다.

이용

가끔 생물로도 유통되지만, 건어물로 판매돼 굽거나 조려 먹는다. 여러 마리를 올린 한 바구니가 만 원 정도로 가격은 높지 않다.

줄가자미

분류	가자미목 가자미과
학명	*Clidoderma asperrimum*
별칭	옴가자미, 꺼칠가자미, 돌가자미(X), 이시가리(X)
영명	Roughscale sole
일명	사메가레이(サメガレイ)
길이	25~50cm, 최대 약 75cm
분포	동해와 남해, 일본 중부이북, 동중국해, 사할린, 캄차카 반도, 베링해, 알래스카, 캐나다 서부, 칠레를 비롯한 남아메리카
제철	8~4월
이용	회, 초밥, 구이, 조림, 미역국

⌃ 성장하면서 무안부는 흰색에서 회색으로 어두어진다   ⌃ 진한 자색을 띠는 줄가자미 무안부

줄가자미는 국내에 서식하는 가자미과 어류 중 가장 비싸며 고급 횟감으로 인식된다. 등은 단단한 피질로 둘러싸여 있으며, 다른 가자미와 마찬가지로 두 눈이 오른쪽에 몰려있다.
유안부는 서식지 환경에 따라 검회색부터 황갈색, 붉은색 등 다양하게 나타난다. 특히 붉은색 개체는 비교적 수온이 낮은 강원도 앞바다에서 종종 잡히며, 다른 개체보다 상대적으로 살이 단단하면서도 지방질은 적거나 늦게 오르는 경향이 있다. 우리나라에서 줄가자미 거래량이 가장 많은 지역 중 하나인 경남 삼천포와 강원도 일대를 비교해 보면 지방의 고소함은 삼천포산이 뛰어나고, 식감의 단단함은 강원도산이 좋은 경향이 있지만, 이 또한 계절별 상이하다.

⩘ 강원도산 줄가자미 중에는 붉은색을 띠는 개체도 있다

무안부는 어린 개체일수록 흰색에 가깝지만, 성장하면서 점차 어두워지는 경향이 있으며 스트레스를 받으면 진한 자색을 띤다. 우리나라에는 동해 북부부터 남해안에 이르기까지 폭넓게 서식하며, 주요 산지는 주문진을 비롯해 포항, 경주, 울산, 부산, 거제, 삼천포라 할 수 있다. 다른 가자미와 달리 모래와 자갈, 돌이 섞인 지형을 좋아하며, 수심 50~500m에 이르는 깊고 찬 바닷물에 서식하기 때문에 일 년 내내 지방이 많다. 다른 가자미에 비해 개체수가 적고 서식 환경도 유

⩘ 위장에서 나온 거미 불가사리의 잔해

별나기 때문에 낚시로 잡기는 매우 어려우며, 보통은 가자미나 도다리 그물에 혼획된다. 주요 먹잇감은 거미불가사리를 비롯해 갑각류나 요각류를 먹고 자라며, 수명은 8~15년으로 수컷보다 암컷이 훨씬 크게 자라고 수명도 길다.

+ 줄가자미의 어원

줄가자미의 '줄'은 철공줄이나 야스리 같은 공구 용품인 톱줄에서 비롯됐다. 실제로 단단하게 솟아오른 피질은 손으로 문댔을 때 마치 사포처럼 거칠어 거칠가자미라 부르는데 그만큼 단단하고 억세기 때문에 거친 껍질을 얼마나 잘 벗기느냐가 손질의 관건이다. 참고로 줄가자미의 일본명은 '사메가레이'지만, 국내 수산시장과 식당에선 줄가자미를 '이시가리'란 말로 취급하고 있다는 점에 주목할 필요가 있다. 원래 이시가리는 돌가자미의 일어명인 '이시가레이'에서 비롯되었을 것으로 추정되고 있으나, 이 말이 구전으로 전파되거나 우리식으로 줄여 말하는 과정에서 어떤 오해로 인해 현재는 줄가자미에 더 많이 쓰이게 됐다. 한편, '이시가리'란 말은 지역에 따라 돌가자미에도 쓰이고 있으므로 상거래 혼선을 피하기 위해서라도 '이시가리'란 말은 사용하지 말 것을 권한다.

⩘ 돌처럼 단단한 돌기가 발달한 돌가자미(이시가레이)

⩘ 쇠줄을 연상하는 거친 돌기가 특징인 줄가자미 (사메가레이)

+ 줄가자미가 비싼 이유

줄가자미는 자바리(제주 방언 다금바리)와 견줄 만큼 비싼 가격과 특출난 맛에 매년 미식가들이 찾는 매우 특별한 횟감이다. 이렇듯 수산업적 가치가 뛰어남에도 불구하고 유별난 서식지 환경과 습성으로 인해 아직은 양식이 어렵다. 따라서 줄가자

미는 전량 자연산에 의존할 수밖에 없다. 줄가자미를 맛보려는 이들은 많지만, 생산량은 한정되니 수요와 공급의 법칙에 의해 가격이 비쌀 수밖에 없다. 줄가자미는 크기에 따라 맛과 품질이 천차만별인데 성장 속도가 느리니 상품성을 갖춘 크기(한 마리 1kg 이상)는 부르는 게 값일 만큼 비싸다. 이것이 땅값 비싼 강남의 고급 일식집이나 호텔에서 판매된다면 코스 단가가 높아질 수밖에 없고, 한 마리를 통째로 잡아 다른 밑반찬과 함께 생선회로 내면 수십만 원을 호가하기도 한다.

+
줄가자미의 제철

줄가자미의 산란은 12~2월 사이로 알려졌다. 따라서 산란을 준비하기 위해 지방을 찌우는 8~11월이 기름기가 가장 많고 맛이 좋다. 하지만 이는 어디까지나 뼈째 썰지 않고 포떠서 일반적인 생선회로 즐기는 일본에서의 이야기다. 한국에서 줄가자미는 소위 '세꼬시'라 하여 뼈째 썰어 먹는 회 문화가 발달했는데 여기에는 줄가자미도 한몫했다. 12~2월 산란기인 줄가자미와 산란을 마친 3~4월에는 뼈가 연해 뼈째 썰어 먹어도 위화감이 없을 뿐 아니라 뼈의 고소함까지 더해 미각적 요소가 상승하기 때문이다. 대개 산란이 임박했거나 산란을 마친 물고기는 지방과 영양분이 알을 통해 대거 빠져나가면서 살은 푸석해지고 맛도 덜하다. 그런데 줄가자미는 시기와 상관없이 늘 지방이 많은 편이다. 다만 5월 이후에는 깊은 바다로 이동하면서 뼈가 억세진다. 따라서 뼈째 썰어 먹겠다면 12~4월 사이를 추천하고, 통째로 포떠서 길쭉하게 썰거나 혹은 다른 일반 생선회처럼 도톰하게 썰어 먹겠다면 8~11월을 추천한다.

+
써는 방향에 따라 독특한 식감을 내는 줄가자미

줄가자미는 어떻게 써느냐에 따라 맛이 달라진다. 특유의 육즙을 살릴 수도 있고 뼈의 연한 맛을 살릴 수도 있다.

칼을 직각으로 세워 얇고 길게 썬 '이도기리'

가자미 뼈째썰기에 자주 사용되는 방법으로 속살 단면적은 좁지만 얇으면서 길게 썰었을 때 식감과 함께 줄가자미 특유의 육즙과 풍미를 살린 칼질이다. 이렇게 칼을 직각으로 세워 썰면 줄가자미 단면에 특유의 엠보싱 무늬가 나타나며, 맛과 식감을 극대화한다.

⌃ 칼을 직각으로 세워서 썬 얇게치기(일명 이도기리)

칼을 옆으로 뉘어서 넓게 뼈째 썬 '홍기리'

회 단면적이 넓고 뼈 맛이 가미된 형태이다. 젓가락으로 윗부분을 잡고 흔들면 찰랑거리는 탄력이 느껴지는데 근육 사이사이에 자리한 근섬유질이 차진 식감을 제공한다. 뼈와 함께 붉은 기가 도는 끝부분은 주로 운동량이 많은 지느러미로 고소한 지방맛이 특징이다.

⌃ 칼을 뉘어서 넓게 썬 뼈째썰기(일명 홍기리)

이용

일반 횟집에서 줄가자미 회 코스는 4인 기준 30만 원을 훌쩍 넘길 만큼 값비싸다. 줄가자미를 가장 저렴하게 맛볼 수 있는 곳은 수산시장이 유일할 정도다. 맛과 가격은 크기에 비례한다. 예를 들어 4~5마리가 1kg인 소형급 줄가자미는 8~10만 원에 구매할 수 있으나 특유의 고소한 맛은 기대하기 어렵다. 진정한 줄가자미의 맛은 1마리 1kg 이상으로 이쯤이면 kg당 가격이 십만 원대 초반에서 중반을 넘긴다.

줄가자미는 크기도 중요하지만 손질 여하에 따라 맛이 다르다. 한겨울에는 뼈가 연해 뼈째 썰어 먹는데 톡톡 터지는 듯한 식감과 고소함이 다른 어종에선 맛볼 수 없는 미각을 선사한다. 일본의 소설가 무라카미 류에 따르면 '줄가자미회는 관능 그 자체이며 한 번 먹으면 더이상 다른 회는 먹지 못할 정도'라고 칭찬했다. 이처럼 줄가자미가 다른 가자미보다 맛이 뛰어난 이유는 심해에 서식한 탓에 늘 지방을 가두고 있으며, 근육도 탄성이 좋아 한국인이 좋아하는 식감을 두루두루 갖췄기 때문이다. 이따금 시장에 생물(선어)이라도 판매된다면 구이나 조림으로 이용되며 산후조리용 미역국으로도 일품이다.

≪ 부위별로 즐기는 줄가자미회

≪ 뼈째 얇게 썰어먹는 줄가자미회   ≪ 톡톡 씹히는 맛이 일품인 지느러미살   ≪ 뼈다짐 회   ≪ 깍뚝 썰기는 또 다른 맛과 식감을 선사한다

쥐돔

분류 농어목 양쥐돔과
학명 *Prionurus scalprus*
별칭 평가 없음
영명 Sawtail
일명 니자다이(ニザダイ)
길이 30~45cm, 최대 약 52cm
분포 남해 및 제주도, 일본 중부이남, 대만, 홍콩, 동중국해 등의 북서태평양 아열대 해역
제철 11~2월
이용 회, 튀김, 구이

우리나라에는 남해 및 제주도에서 종종 어획되는 난류성 어류이다. 미병부에는 방패 모양의 골질판이 여러 개 있는데 날카로우므로 활어 취급에 주의해야 한다. 복어목에 속한 쥐치과 어류와는 다른 양쥐돔과로 해조류를 섭취하며 생활한다. 독가시치와 마찬가지로 해조류를 먹는 어류는 특유의 냄새가 나는데 이는 계절적 요인과 개체별로 상이하다. 다만 내장에서 소화되지 않은 해조류 찌꺼기가 갯내를 유발하기도 하며, 죽고 나면 신선도가 급격히 떨어진다. 따라서 쥐돔을 손질할 때는 가급적 살아 있을 때 신속하게 내장을 제거해야 하며, 쓸개를 터트리지 않도록 주의해야 한다. 겨울이 제철이나 개체에 따라 초여름에도 맛이 좋다. 국내에는 일본산 양식 쥐돔이 유통되고 있다.

519

이용

구이와 튀김으로도 맛이 있지만, 싱싱한 쥐돔은 회로 이용하는 것이 일반적이다. 갯내만 나지 않는다면 살은 단단해 씹는 맛이 있고 지방도 적당히 들어서 미식가로부터 좋은 평가를 받기도 한다.

참복

분류	복어목 참복과
학명	*Takifugu chinensis*
별칭	자주복
영명	Eyespot puffer
일명	카라스(カラス)
길이	25~35cm, 최대 약 55cm
분포	우리나라 전 해역, 일본 중부이남, 중국, 동중국해
제철	10~3월
이용	회, 탕, 무침, 샤브샤브, 튀김, 구이, 냉채

주로 늦가을부터 겨울에 회로 맛볼 수 있는 고급 복어류이다. 최근 참복과 자주복이 같은 종인지 아닌지를 두고 학자들 사이에서 논란이 있다. 국내에선 자주복 다음으로 맛으로 인정받고 있는 것이 참복이지만, 자주복도 사실상 참복으로 불리고 있어서 이 둘의 구분이 유명무실해진 상태이다. 등에 많은 점이 흩뿌려진 자주복과 달리, 참복은 없거나 있어도 4~5개 정도이며 크기도 소형이 많다. 산란은 4~5월경이며 이 기간에는 테트로도톡신이라는 맹독성이 더욱 강해진다. 기본적으로 난소(알집)와 간, 내장은 맹독이고, 근육과 정소, 껍질은 약독이거나 없어 식용할 수 있다.

이용

작은 것은 자주복보다 싼 값에 취급된다. 서해를 비롯해 우리나라 전 해역에서 잡히지만, 동해안 일대와 제주도에서 잡힌 것이 주로 유통된다. 회는 접시가 비칠 정도로 얇게 썰어내는 것이 포인트로 음식의 활용도는 자주복과 같다. 콩나물과 미나리를 듬뿍 넣은 시원한 복어탕도 별미다. 정소는 굽거나 찌는 데 술안주로 제격이다. 그 외에 샤브샤브와 냉채, 튀김 등으로 이용된다. 이와 별개로 국내에서 '참복'과 관련된 포장 제품으로 유통되는 것은 대부분 자주복으로 제조한 것이다.

☖ 참복 샤브샤브

☖ 샤브샤브용으로 손질된 참복

☖ 참복 불고기

☖ 참복 무침

탁자볼락

분류 쏨뱅이목 양볼락과
학명 *Sebastes taczanowskii*
별칭 검정열기
영명 White-edged rockfish
일명 에조메바루(エゾメバル)
길이 15~23cm, 최대 약 27cm
분포 동해, 일본 중부이북, 사할린,
오호츠크해를 비롯한 북태평양
제철 11~4월
이용 회, 구이, 탕, 조림, 건어물

동해에서만 서식하는 볼락과 생선으로 차고 얕은 바다에서 몸을 은신할 수 있는 암초대에 서식한다. 체색은 주로 황갈색이지만, 개체에 따라 검거나 짙은 밤색을 띠기도 한다. 몸통에는 비늘마다 작은 흰색 반점이 조밀하게 퍼져 있으며, 꼬리지느러미 끝부분에는 검은색과 흰색 띠가 차례로 나타난다. 태생어로 늦봄에서 초여름경에 산란하며 제철은 겨울이다.

이용

볼락류 중 맛이 좋은 어종이지만, 국내에선 서식지가 동해 북부로 한정되고 혼획물로만 어획되므로 쉽사리 접할 수 없다. 강원도 고성을 비롯해 속초 일대 수산시장에서 드문드문 활어로 볼 수 있다. 탁자볼락만 kg단위로 파는 경우는 드물며, 다른 어종과 같이 섞어 파는 경우가 많다. 활어회는 씹는 맛이 좋으면서 단맛이 난다. 가끔 건어물로도 취급되며 구이와 조림이 맛있다.

털수배기

분류 쏨뱅이목 물수배기과
학명 *Eurymen gyrinus*
별칭 망챙이
영명 Spineless sculpin
일명 야기시리카지카(ヤギシリカジカ)
길이 30~35cm, 최대 약 40cm
분포 동해, 일본 중부이북, 오호츠크해,
베링해 등 북태평양
제철 10~2월
이용 탕, 전골, 찜

고무꺽정이(돌망챙이)와 유사하게 생겨서 혼동을 일으키는 생선이다. 납작한 대가리와 두꺼운 입술, 툭 튀어나온 아래턱, 돌기까지 생김새가 비슷하며, 두 어종 모두 '망챙이'라 불리는 등 유달리 구분해가며 팔진 않는다. 냉수성 어종이며 우리나라는 동해 북부(강원도) 깊은 바닥에 서식한다. 산란은 12월로 알려졌고 주로 탕으로 이용되므로 알배기인 12월을 전후로 제철이라 할 수 있다.

이용

주로 강원도 고성, 속초, 주문진 일대 수산시장에서 한시적으로 보인다. 단독으로 조업하기보단 부수 어획물로 잡으며 매운탕이나 맑은탕으로 소비된다. 쏨뱅이목 어류가 그러하듯 골격이 크고 두꺼워서 맛있는 뼈 국물이 우러나며, 껍질과 살 사이는 콜라겐으로 되어 있다는 점에서 아귀와 비슷하고 건강식으로도 좋다. 내장 중에는 간이 별미이며, 위장, 창자도 깨끗이 씻어 탕감으로 쓴다. 일부 지역에선 콩나물을 넣고 아귀처럼 찜을 해 먹기도 한다. 활어는 회로도 이용되나 수분감이 많고 부드러워 호불호가 갈린다. 동해안 일대에서 망챙이탕이나 삼숙이탕이라 하면 대게 털수배기나 삼세기가 아닌 고무꺽정이로 끓이는 경우가 많다. 그만큼 어획량에선 고무꺽정이가 느는 추세이고, 털수배기와 삼세기는 소량 유통되는 실정이다.

풀망둑

분류 농어목 망둑어과
학명 *Acanthogobius hasta*
별칭 망둥어, 망둥이, 꼬시래기, 꼬시락, 운저리, 문저리
영명 Javeline goby
일명 하제쿠치(ハゼクチ)
길이 25~45cm, 최대 약 55cm
분포 서해, 남해, 일본 남부, 대만, 중국, 남중국해, 인도네시아
제철 10~2월
이용 회, 회무침, 탕, 찌개, 조림, 구이, 건어물

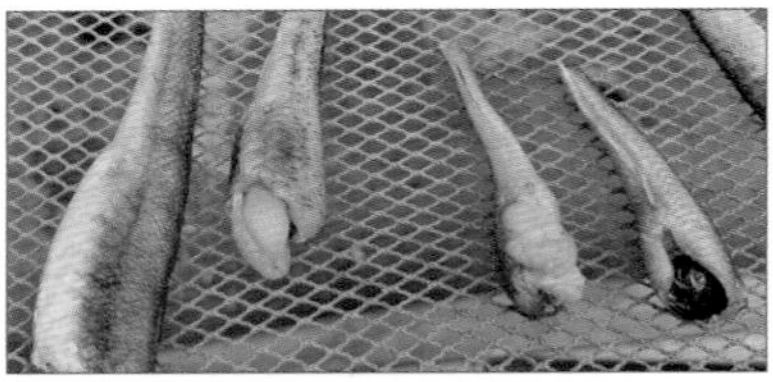

⋀ 봄철에 소량 판매되는 알배기 풀망둑

서해 및 서남해에서 주로 볼 수 있는 망둑어과 어류이다. 강화도를 비롯해 인천과 충청권에선 망둥어, 망둥이라 부르고, 남부 지방으로 내려가면 꼬시래기, 꼬시락, 운저리, 문저리 등의 사투리로 불리는데 경상남도에서 맛볼 수 있는 '문절망둑' 또한 같은 사투리로 불리고 있어 혼동되기도 한다. 수명은 약 2년으로 알려졌다. 산란철인 4~5월이면 수컷이 모래나 갯벌을 파서 자리를 마련하고 여기에 암컷이 알을 낳고 죽는다.

풀망둑은 민물과 바닷물이 만나는 기수역을 좋아하고, 특히 갯벌이 발달한 곳을 좋아해 국내에선 강화도와 인천 앞바다 일대가 주산지라 할 수 있으며, 전라도 일대에도 곧잘 난다. 찬바람이 부는 10월이면 훌쩍 자라 먹을만한 크기가 되는데 이때부터 12월까지는 망둥어를 낚으려는 낚시인들이 포구나 선착장으로 몰리곤 한다. 이후 풀망둑은 깊은 바다로 들어가 버리는 동시에 경기 북부권은 혹한의 날씨와 강한 북서풍으로 낚시가 매우 어려워지지만, 이 시기 조업선에 잡힌 풀망둑은 그 길이만 40~50cm에 이르면서 가장 맛이 좋은 상태에 이른다. 이후 4~5월에는 알배기가 잡히면서 건어물과 찌개로 인기를 끈다. 최근에는 간척사업과 갯벌 매립으로 서식지가 파괴돼 개체수가 예전만 못하다.

이용

전라남도 신안 일대와 강화도, 인천권 내 횟집에서 맛볼 수 있다. 활어는 김포 대명포구, 인천 종합어시장, 인천 북성포구 등에서 한시적으로 판매된다. 주로 씨알이 부쩍 커지는 11~2월 사이 회나 회무침, 조림, 찌개 등으로 먹고, 말린 것은 구이로 먹는데 가격 대비 맛이 좋다.

⋀ 풀망둑(망둥어) 매운탕

⋀ 풀망둑 조림

혹돔

분류 농어목 놀래기과
학명 *Semicossyphus reticulatus*
별칭 웽이, 엥이
영명 Bulgyhead wrasse, Cold porgy
일명 코부다이(コブダイ)
길이 40~70cm, 최대 약 1m
분포 남해와 제주도, 울릉도, 동해 남부,
일본 중부이남, 동중국해, 남중국해
제철 11~3월
이용 회, 구이, 조림, 탕, 튀김

이마에 커다란 혹이 있어서 '혹돔'이라
고 불리지만, 이름과 달리 돔에 속하는

︽어린 혹돔으로 아직 성별이 확실치
않은 상태다

︽수컷은 이마에 혹이 나왔다

어류가 아닌 놀래기과 어류이다. 놀래기과 어류 중 가장 크게 자라는 대형종으로 국내에는 102cm가 기록으로 남아 있다. 유어기에는 몸통 중앙을 가로지르는 얇고 노란 세로 줄무늬를 비롯해 지느러미에 진한 얼룩이 남아 있다가 크면서 사라진다. 성장하면서 대부분 암컷으로 성전환하다가 완전한 성어가 되면 수년에 걸쳐 수컷이 되는데 몸길이 60cm를 넘기면서 본격적으로 이마에 혹이 튀어나오며 우락부락한 인상으로 변한다. 다른 놀래기과 어류와 마찬가지로 수컷 한 마리가 암컷 여러 마리를 거느리는 할렘형의 사회구조를 형성한다. 국내에는 수온이 따뜻한 제주도 및 울릉도를 비롯해 남해안 일대 먼 섬을 중심으로 수심은 약 10~30m권 바닥의 암초가 무성히 발달한 곳에 서식한다.

시장 유통량은 매우 적고 간혹 부수 어획물로 들어오는 것이 전부이며, 대부분 돌돔 낚시 채비에 걸려든다. 힘이 아주 강해 잡아 당기는 손맛이 일품이지만, 돌돔을 기대했던 낚시인들에겐 허탈감을 주기도 한다. 주로 잡히는 시기는 수온이 부쩍 오르는 늦봄부터 가을 사이이며, 산란기 또한 5~7월로 알려져 이 시기를 전후해선 맛이 떨어진다는 평가다. 봄을 제철로 여기기 쉽지만, 특유의 갯내가 사라지는 겨울이 제철이라 볼 수 있다.

이용

살이 희고 부드러우나 다른 돔류보다는 맛이 떨어진다는 평가다. 놀래기류가 그렇듯 수분이 많고 부드러워 회보다는 미역국이나 맑은탕이 호평을 받는다. 특히 제주에서는 귀한 보양식 생

︽혹돔 미역국

︽혹돔 탕수육

선으로 취급되며 주로 미역국에 많이 들어간다. 대가리와 뼈를 넣고 고우듯 푹 끓이면 곰국 못지않게 뽀얀 국물이 우러난다. 단, 《자산어보》에서는 대가리에 달린 커다란 혹을 삶아서 기름을 낸다고 쓰여 있는데, 음식에는 그다지 도움이 되지 않는 지방질이므로 떼어내는 것이 좋다. 30~50cm 정도의 어린 혹돔은 포를 떠서 튀겨 먹거나 그것으로 혹돔 탕수육을 만들어 먹으면 별미다.

홍가자미

분류 가자미목 가자미과
학명 *Hippoglossoides dubius*
별칭 적가자미, 빨간가자미, 아까가리
영명 Flathead flounder, Red halibut
일명 아카가레이(アカガレイ)
길이 30~40cm, 최대 약 55cm
분포 동해, 일본 북부, 사할린, 오호츠크해,
　　　 캄차카 반도 등 북태평양
제철 11~4월
이용 회, 조림, 찌개, 구이, 튀김, 찜

☆ 유안부

☆ 무안부

주로 강원도 앞바다에서 잡히는 가자미과 어류로 생김새는 용가자미를 닮았지만, 체형이 길고 적갈색에 배 부분은 마치 피멍이 든 것처럼 붉은 반문이 퍼져 있다. 시장에서는 '적가자미'나 '아까가리' 등으로 불린다. 가자미과 어류 중에선 용가자미와 함께 입이 큰 편이며, 두 눈은 정면을 기준으로 오른쪽에 몰려서 다른 가자미과 어류와 같은 특징을 보인다. 잔이빨이 날카로운 편이며 주로 거미불가사리나 요각류, 복족류 등을 먹고 자란다. 산란은 1~5월 사이로 위도마다 편차가 있는데 활어회보단 선어(생물)로 유통되는 탓에 알배기일 때 조림이나 구이, 찌개용으로 인기가 있다. 강원도 일대 수산시장에선 활어회로도 맛볼 수 있는데 알집이 비대해지기 전인 11~2월 사이에는 횟감으로도 이용하기에 좋다.

고르는 법

배가 빨갛고 빨간 반문이 생기면 대개는 충격에 의해 피멍이 들었다고 생각하기 쉽지만, 홍가자미의 경우 어획 직후엔 흰색이다가도 조금만 지나면 금세 빨갛게 되므로 이는 자연스러운 현상이다. 겨울부터 봄 사이에 유통되는데 고를 땐 크기도 중요하지만 살 두께가 두꺼운 것이 좋고, 배 부분은 적당히 붉은기가 도는 것이 좋다. 반면에 뱃가죽이 투명해 속이 비치는 것은 피한다. 활어 횟감을 고를 때도 똑같이 적용하는데 여기에 더하여 알집이 비대한 개체는 회보단 찌개나 조림용이 알맞다.

☆ 주로 생물로 유통되는 홍가자미

이용

주로 생물을 이용한 조림이나 튀김, 찌개 등으로 먹고, 한겨울엔 활어회로도 맛이 있다. 반건조로 꾸덕하게 말려서 찌거나 구워 먹으면 더욱 맛있다. 횟감으로 최고라 하긴 어렵지만, 가자미류 중에선 제법 고급어종이다.

☆ 홍가자미 회

홍대치

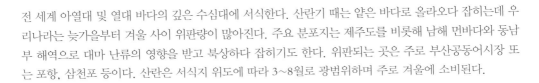

분류 큰가시고기목 대치과
학명 *Fistularia petimba*
별칭 트럼펫피시
영명 Red cornetfish, Flute mouthfish
일명 아카야가라(アカヤガラ)
길이 60cm~1.5m, 최대 약 2m
분포 남해, 제주도, 일본 중부이남, 동중국해, 대만을
　　　　 비롯한 전 세계 아열대 및 열대 해역
제철 10~3월
이용 회, 초밥, 구이, 튀김, 탕, 전골

전 세계 아열대 및 열대 바다의 깊은 수심대에 서식한다. 산란기 때는 얕은 바다로 올라오다 잡히는데 우리나라는 늦가을부터 겨울 사이 위판량이 많아진다. 주요 분포지는 제주도를 비롯해 남해 먼바다와 동남부 해역으로 대마 난류의 영향을 받고 북상하다 잡히기도 한다. 위판되는 곳은 주로 부산공동어시장 또는 포항, 삼천포 등이다. 산란은 서식지 위도에 따라 3~8월로 광범위하며 주로 겨울에 소비된다.

고르는 법

⌃ 당일 잡힌 횟감용 홍대치

대부분 생물(선어)로 유통되는데 몸 빛깔이 붉고 선명해야 하며, 눈동자는 맑아야 한다. 아가미는 빨갛고 진액이 많이 나지 않으며, 몸통을 눌렀을 때 단단한 것이 좋다. 당일 잡혀 사후 경직에 들어간 것은 구부러진 채 모양을 유지하기 때문에 손으로 필 때 힘이 들어가는 것이 좋고, 반대로 흐물흐물하거나 아가미가 갈색인 것은 피한다.

이용

지방이 많은 생선은 아니지만 살이 단단해 씹는 맛이 있다. 그러나 특이한 몸 구조로 인해 수율은 떨어지는 편이다. 국내에선 인지도가 낮아 4마리 한 상자가 2만원 내외로 저렴하게 판매되지만, 일본에선 제법 고급 어종으로 취급되며 회를 비롯해 구이, 튀김, 특히 맑은탕으로 이용하면 뼈와 살에서 맛있는 육수가 나는 것으로 정평 났다. 구운 살은 열에 잠기는 현상, 즉 닭가슴살처럼 치밀감이 좋고, 너무 오래 익히면 뻑뻑해지기도 한다. 회는 살점이 단단한 편이며 적당히 숙성해서 먹으면 감칠맛이 좋다. 껍질은 얇으나 상당히 질긴 편이어서 회로 즐기기 위해선 토치로 살짝 구워내는 것이 풍미와 식감을 살리는 비결이다.

⌃ 홍대치 회

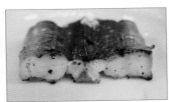
⌃ 홍대치 구이

⌃ 홍대치 맑은탕

홍살치

분류	쏨뱅이목 양볼락과
학명	*Sebastolobus macrochir*
별칭	긴키
영명	Kichiji rockfish, Broadbanded thornyhead, Bighand thornyhead
일명	키치지(キチジ)
길이	15~24cm, 최대 약 37cm
분포	일본 북부, 쿠릴 열도, 사할린, 오호츠크해, 베링해를 비롯한 북태평양
제철	10~3월
이용	회, 초밥, 구이, 튀김, 조림, 탕, 전골

한국을 비롯해 일본 남부 지방에선 인지도가 거의 없는 생선으로 주요 분포지는 일본 북해도를 비롯해 러시아와 알래스카를 끼고 있는 북태평양의 심해이다. 산란은 2~6월 사이로 해역에 따라 차이가 있다. 다 자라면 35cm에 이르나 주로 유통되는 크기는 20cm 내외이다. 성장 속도가 느린 만큼 클수록 풍미가 뛰어나며, 그만큼 귀하기 때문에 1cm씩 클수록 가격은 크게 비싸진다. 쏨뱅이목 양볼락과 어류 중에선 가장 고가에 거래되는 어종으로 kg당 10만 원을 상회한다. 그만큼 유명 레스토랑에서나 사용할 만한 고급 식재료이며, 최근에는 홍살치의 뛰어난 맛이 입소문을 타면서 홍콩, 싱가폴 등에서 이 생선을 사용하려는 레스토랑이 느는 추세이다.

이용

홍살치는 신선도에 따라 빛깔에 많은 차이가 난다. 갓 잡힌 것은 새빨갛고 등지느러미 뒤쪽의 극조부엔 크고 검은 반점이 선명하다. 하지만 시간이 지나면 지날수록 진한 빨간색은 오렌지색으로 바뀌면서 점차 연해지고, 극조부의 검은 반점도 흐릿해진다.

본종의 분포지는 일본 북해도를 따라 고위도로 형성되기 때문에 국내에선 접하기가 매우 힘들다. 보통은 홍살치(긴키)를 취급하는 고급 식당에서 맛을 볼 수 있으며, 북해도가 가장 유명하다. 주로 회나 구이로 먹고, 일부는 초밥으로도 즐긴다. 이 외에도 맑은탕과 전골, 간장 조림으로 이용된다.

≫ 홍살치 초밥

≫ 홍살치 조림

≫ 홍살치 구이

황다랑어 | 날개다랑어, 백다랑어

분류 농어목 고등어과
학명 *Thunnus albacares*
별칭 참치, 키하다, 옐로핀
영명 Yellowfin tuna
일명 키하다마구로(キハダマグロ)
길이 1~2m, 최대 약 3m
분포 태평양, 대서양, 인도양의 아열대 및 열대 해역

제철 11~4월
이용 회, 초밥, 통조림, 국, 수프, 말린 포, 구이, 조림, 튀김, 덮밥, 샐러드, 스테이크, 훈제 및 가공

전 세계 대양의 열대 및 아열대 등 상당히 광범위한 해역에 분포하는 대형 다랑어류이다. 몸길이는 평균 2m 전후, 몸무게는 180kg까지 자란다고 알려졌지만, 세계 기록으로는 193.7kg이다. 유어기 때는 눈다랑어와 구별할 수 없을 정도로 빼닮았지만, 성장하면서 등과 배지느러미가 길게 뻗어 나오는 등 독특한 모양새를 가진다. 산란은 서식지마다 차이가 있는데 주로 4~7월 사이로 겨울부터 봄 사이가 제철이 된다. 다만, 원양산 냉동으로 유통되는 황다랑어는 국내 시장 특성상 제철을 따지는 것은 큰 의미가 없을 것으로 본다.

⚌ 황다랑어 새끼

⚌ 황다랑어 성체

⚌ 황다랑어 뱃살 냉동 블록

이용

국내에선 고급 참치 전문점보다 저렴하면서 합리적인 가격을 내세우는 횟집이나 참치 무한리필, 뷔페, 대형마트에서 접할 수 있다. 살이 붉은 눈다랑어보다 좀더 연한 색을 띠며, 등살은 담백한 맛, 뱃살은 적당한 기름기와 꼬득꼬득거리는 식감으로 인기가 있다. 참다랑어와 눈다랑어, 황새치에 이어 네 번째로 선호되는 어종이다보니 고유한 맛 자체를 즐기기보단 살짝 덜 녹아 차가운 상태로 먹거나 조미김에 싸서 먹기도 한다. 소스는 간장, 와사비와 참기름장이 어울린다.

⚌ 황다랑어 목살

⚌ 황다랑어 뱃살

⚌ 황다랑어 스테이크

⚌ 황다랑어 숯불구이

이 외에도 황다랑어는 스테이크, 구이, 조림용으로 선호되는데 참치집에서 내는 부요리로 접할 기회가 많다. 예전에는 참치캔 통조림에 사용하면서 가다랑어로 만든 통조림과는 차별화된 고급화 전략을 내세웠으나 소비자로부터 별다른 호응을 받지 못했다.

몰디브와 인도네시아에선 쌀과 함께 주식이라 할 만큼 중요한 수산업적 가치를 가진다. 어획한 황다랑어 중 상품성이 좋은 것은 대부분 일본이나 인근 나라로 수출하며, 내수용은 훈제해서 말린 포로 이용되는 '히키마스'나 '가르디야'(참치 수프)로 먹는다.

∧ 황다랑어를 훈제한 히키마스   ∧ 몰디브의 주요 음식인 가르디야

날개다랑어

분류	농어목 고등어과
학명	*Thunnus alalunga*
별칭	알바코
영명	Albacore
일명	빈나가마구로(ビンナガマグロ)
길이	70~90cm, 최대 약 1.45m
분포	태평양, 대서양, 인도양의 열대 및 온대 해역

제철 12~5월
이용 회, 초밥, 통조림, 가공, 조림, 구이, 탕, 샐러드, 튀김, 스테이크

이름처럼 옆지느러미가 날개처럼 길게 뻗어 있는 것이 특징이다. 가다랑어보단 크게 자라지만, 눈다랑어나 황다랑어의 크기에는 미치지 못한다. 3개 대양에 모두 서식하나 다른 다랑어과 어류와 달리 낮은 수온대를 따라 회유하는 특징이 있다. 통상 10~25℃ 사이를 선호한다. 유어기 때는 다른 다랑어과 어류와 한데 섞여 무리를 이루기도 하며, 성어가 되면 열대 해역으로 나가 수심 300~600m 심층으로 회유한다. 산란기는 6~7월 사이이며 200~300만개의 알을 아열대 및 열대 해역에 낳는다. 가다랑어를 통조림 원료로 사용하는 아시아권과 달리 미국과 캐나다에선 날개다랑어를 쓴다. 연간 24만톤이 잡히는데 그중 1/3은 일본이 어획하고 있다.

이용

국내에선 흔히 유통되지 않는다. 북미권에선 참치캔 통조림으로 쓰거나 저렴한 초밥 재료에 사용되며, 데리야키 소스를 곁들인 스테이크로 활용하기도 한다. 클수록 지방이 많고 두께감이 뛰어나므로 구이부터 조림, 튀김 등 다양한 음식에 활용된다.

백다랑어

분류	농어목 고등어과
학명	*Thunnus tonggol*
별칭	미상
영명	Longtail tuna
일명	코시나가마구로(コシナガマグロ)
길이	60~80cm, 최대 약 1.4m
분포	남해 및 제주도, 일본 남부, 동중국해, 대만을 비롯한 전 세계 아열대 및 열대 해역

제철 10~2월
이용 구이, 튀김, 조림, 가공

다랑어과 어류 중에선 가다랑어를 제하고 가장 저렴하게 유통되는 생선이다. 국내에선 가을부터 겨울 사이 남해 먼바다와 제주도에서 종종 혼획되며, 시장에선 저렴한 가격에 거래되는데 언뜻보면 어린 참다랑어와 닮아 일부 상인이 참다랑어로 착각하고 판매하기도 한다.

우리나라에 참치 캔 통조림이 등장한 이후 한창 인기가 있었던 1990년도에는 가다랑어로 만든 참치 캔과 차별화를 두려고 백다랑어를 쓴 적이 있었다. 황다랑어에 이은 고급 어종으로 마케팅을 펼쳤지만, 이미 가다랑어 통조림 맛에 길들여진 소비자들 입맛에는 기존 참치 캔 특유의 풍미가 부족해 시장에서 외면당했고, 현재는 거의 사장됐다.

이용

백다랑어는 부수 어획물로 취급돼 시장에서 헐값에 팔리는 정도로 상업적 가치는 그리 높지 못한 편이다. 잡히자마자 죽고 크기도 작아서 회보단 구이나 조림, 튀김 용으로 이용된다.

황볼락

분류	쏨뱅이목 양볼락과
학명	*Sebastes owstoni*
별칭	황열기, 황열갱이, 황우럭
영명	Owston's rockfish, Oweston stingfish
일명	하쓰메(ハツメ)
길이	15~23cm, 최대 약 28cm
분포	동해, 일본 북부, 오호츠크해를 비롯한 북태평양
제철	10~3월
이용	구이, 조림, 찌개, 탕, 건어물

주로 동해 북부(강원도) 깊은 수심대에서 잡히는 볼락류이다. 노랑볼락, 좀볼락, 탁자볼락과 함께 동해를 대표하는 볼락류로 현지에선 황열기나 열기 정도로 불린다. 다 자라면 25cm 정도인데 이때 암수의 차이가 미묘하게 드러난다. 수컷은 황색이 짙어지면서 눈이 커지고, 암컷은 살짝 붉어진다. 잡히면 수압차로 바로 죽기 때문에 활어 유통이 어려우며, 대부분 생물이나 건어물로 저렴하게 판매된다.

+
황볼락과 좀볼락의 차이

두 종은 생김새가 매우 흡사해 헷갈리지만 자세히 보면 미묘한 차이가 남을 알 수 있다.

⩓ 황볼락

⩓ 좀볼락

체형은 황볼락이 좀볼락보다 날씬하며 전반적으로 눈이 대가리에 비해 크다. 이 때문에 일부 상인은 '눈볼대'나 '금태'로 잘못 부르기도 한다. 좀볼락의 경우 몸통에 자글자글한 황녹색 무늬가 나타나지만, 황볼락은 신선할 때 불볼락(열기)처럼 등에서 이어지는 굵은 태비 무늬가 나타난다. 이 무늬가 뚜렷할수록 신선한 것이다.

이용

주로 강원도내 수산시장에서 생물 또는 건어물을 바구니에 올려 판다. 가격은 저렴해도 맛은 비린내가 적고 담백해 현지인들에게 인기가 있다. 주로 소금구이나 조림, 탕으로 먹는데 기호에 따라 반건조한 것이 더 맛있다고 느껴지기도 한다.

황새치 | 청새치, 녹새치, 돛새치

분류	농어목 황새치과
학명	*Xiphias gladius*
별칭	메카
영명	Swordfish
일명	메카지키(メカジキ)
길이	2~4m, 최대 약 4.5m
분포	남해 및 제주도를 비롯한 동중국해, 태평양, 대서양, 인도양의 온대 및 열대 해역
제철	10~2월
이용	회, 초밥, 구이, 스테이크, 조림

농어목 황새치과에 속한 새치류로 황새치를 비롯해 청새치, 돛새치, 백새치, 녹새치 등이 있다. 새치류 중 가장 맛이 좋아 상업적 가치가 크다. 크기 면에선 돛새치 다음으로 작지만, 지금까지 알려진 최대 몸길이는 4.5m, 몸무게는 538kg로 알려졌다. 육식성으로 어릴 때는 새우나 작은 물고기를 주로 먹지만, 크면서 오징어류, 고등어류, 다랑어류 등을 가리지 않고 사냥한다. 헤엄치는 속력은 지구상에서 돛새치 다음으로 빠르면 시속 95km 정도이다. 형태적 특징이 매우 독특한데 주둥이가 칼처럼 매우 날카롭고 새치류 중 가장 길게 솟아 있어 영어권에선 'Swordfish'로 불린다. 주둥이 끝에는 치상돌기가 있으며 무기로 사용하는 것으로 알려졌다. 열대성 어류로 대양에서 생활하며 먹이나 번식을 위해 이동하는 회유성 습성이 있다. 우리나라의 경우 제주도와 남해에서 한시적으로 출현한다.

+ 붉은황새치

일식에선 흔히 '홍메카도로'라 부르며 일반 메카도로와 비교해 맛과 가격에서 월등하다는 것을 강조하기도 하는데 여기서 메카도로란 메카(황새치) + 도로(뱃살)로 황새치 뱃살을 의미한다. 시중에서는 등살이나 기타 부위보단 뱃살과 목살(가마)을 압도적으로 선호하는데 여기에 '홍메카도로'는 남극해 크릴을 위주로 먹고 자라 아스타잔틴에 의해 살이 붉어진 개체를 말한다. 다시 말해, 같은 황새치지만 서식지 환경과 먹잇감에 따라 육색은 주황색이 되며, 일반 황새치보다 좀 더 맛있다고 여기는 경향이 있는데 실제로도 풍미가 뛰어난 편이다.

⚞ 황새치 뱃살

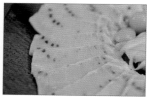
⚞ 붉은황새치 뱃살

⚞ 완전한 주황색을 띠는 붉은황새치 뱃살

이용

새치류 중에선 가장 고급으로 인식된다. 어느 정도 가격대가 있는 코스에 빠지지 않는 것이 참다랑어와 황새치 뱃살일 만큼 다랑어, 새치류 중에선 참다랑어 다음으로 선호하며, 뱃살은 눈다랑어보다 좀 더 선호되기도 한다. 개인의 취향 문제이긴 하지만 질 좋은 황새치 뱃살회는 완전히 해동해서 먹는 것이 좋지만, 때에 따라 살짝 얼린 상태에서 김에 싸 먹는 것도 좋다.

⋀ 황새치 목살(가마) 블럭과 뱃살 블럭

⋀ 황새치 뱃살 블록의 단면

⋀ 황새치 목살회

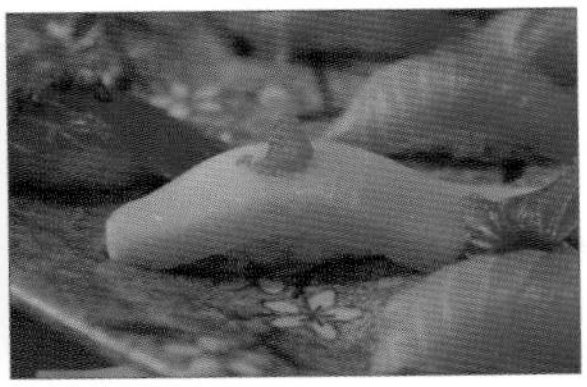

⋀ 황새치 뱃살 초밥

황새치는 크기와 상태, 선도에 따라 맛과 품질 차이가 매우 큰 횟감이다. 질 좋은 뱃살 블록은 회와 초밥으로 쓰고, 등살은 스테이크나 구이, 조림으로 이용되는데 맛이 매우 좋다. 해외에선 스포츠 피싱 대상어로 인기가 많다.

청새치

분류 농어목 청새치과
학명 *Kajikia audax*
별칭 마카
영명 Striped marlin, Barred marlin
일명 마카지키(マカジキ)
길이 2.5~3.5m, 최대 약 4.5m
분포 일본 남부, 동중국해를 비롯해 태평양, 인도양, 대서양의 아열대 및 열대 해역
제철 11~4월
이용 회, 초밥, 훈제, 구이, 조림, 튀김

어니스트 헤밍웨이의 소설『노인과 바다』에 등장한 생선이기도 하다. 등은 검푸르고 배는 은백색이 특징이며, 갓 잡혔을 땐 측선을 가로지르는 가로줄무늬가 10~15개가 있어 영어로는 '스트라잎 마린'(Striped marlin)으로 불린다. 참고로 청새치의 다른 말로는 '블루마린'(Blue marlin)으로 알려졌으나 실상은 녹새치에 더 많이 쓰인다. 황새치와 마찬가지로 창을 연상시키는 기다란 주둥이가 특징으로 이것을 이용해 사냥하며, 위협을 느낄 땐 휘젓거나 찌르는 창처럼 사용하기도 한다. 최대 몸길이는 약 4.5m, 무게 500kg까지 나간다. 계절에 따라 이동하는 회유성 어류로 꽁치, 정어리, 고등어를 비롯해 갑각류, 오징어 등을 먹고 산다. 산란은 늦봄부터 여름으로 북반구에선 5~7월, 남반구에선 10~1월 사이에 해당한다.

이용

새치류 중에서 맛이 가장 좋다고 알려졌으나 산지가 아닌 국내에선 늘 황새치의 인기에 가려 새치류 중에선 2인자 취급을 받는다. 크기와 품질에 따라 맛은 천차만별인데 대개 뱃살과 지느러미살이 맛있기로 유명하다. 주로 회와 초밥, 구이, 조림, 스테이크 등으로 쓰인다. 새치류는 전량 자연산으로 먹이 사슬 최상위에 군림한다. 새치류는 상위 포식자이자 초대형 어류로 수은 중독 문제가 대두되고 있다. 세계보건기구(WHO)에서는 가임기 여성이나 임신한 여성 또는 수유 대상자에 한해 주 1회 이하로 섭취할 것을 권고하고 있다.

≪ 청새치 뱃살과 등살 블럭

≪ 청새치 지느러미회

녹새치

분류 농어목 돛새치과
학명 *Makaira nigricans*
별칭 흑새치, 기름녹새치, 대서양녹새치
영명 Indo-Pacific blue marlin, Atrantic blue marlin
일명 쿠로카지키(クロカジキ)
길이 1.5~4m, 최대 5.2m
분포 일본 남부, 대만, 필리핀, 인도네시아를 비롯해 태평양, 인도양, 대서양의 아열대 및 열대 해역

제철 12~3월
이용 회, 초밥, 구이, 조림, 튀김, 샐러드, 스테이크

적도 해역에 가장 많이 서식하는 새치류이다. 일본에선 '검다'란 의미로 '쿠로카지키'(クロカジキ)라 표기하고, 영어권에선 등이 푸르다고 하여 '블루마린'(Blue marlin)이라 부르는데 국내 표준명은 '녹새치'로 명명되었기 때문에 혼동을 줄 우려가 있다. 국내 도감에 등장하는 '청새치'는 띠를 두르고 있다 하여 국제적으로 'Striped marlin'으로 불리지만, '녹새치'(Blue marlin)에서 '녹'(綠)은 '초록색'과 '파란색'의 뜻을 함

≪ 대형 녹새치를 잡고 환히 웃는 어부
(인도네시아 술라웨시섬)

께 담고 있기 때문에 발생한 현상이 아닌가 추측된다(한국에서 신호등의 초록불을 파란불이라고 말하는 것과 유사하게 느껴진다). 몸길이는 새치류 중 가장 거대해 최대 5m에 달하며, 비공식 세계 기록은 1971년 하와이에서 잡힌 몸길이 5.2m 이상(추정)에 무게 819kg이다.

이용

현지에선 여느 새치류처럼 맛있는 생선으로 취급되지만, 국내에서는 황새치와 청새치에 이어 선호도는 3순위이다. 전량 냉동으로 유통되며 해동 후 회와 초밥, 구이 등으로 이용된다.

≪ 냉동 녹새치 블록

≪ 돌잔치 뷔페에서 제공된 녹새치(일명 흑새치) 회

돗새치

분류 농어목 돗새치과
학명 *Istiophorus platypterus*
별칭 바쇼, 태평양돗새치, 대서양돗새치
영명 Indo-Pacific sailfish, Atlantic sailfish
일명 바쇼오카지키(バショウカジキ)
길이 1~2.5m, 최대 약 3.5m
분포 제주도, 일본 남부, 동중국해, 대만을 비롯한
전 세계 아열대 및 열대 해역

제철 9~12월
이용 회, 구이, 조림, 생선가스, 튀김

새치과 어류 중에선 몸집이 가장 작지만, 바다에서 가장 빠른 생선으로 꼽힌다. 그 속도가 시속 110km가 넘으며, 무척 공격적이어서 낚시꾼이 배 안으로 날아든 돗새치에 찔려 사망하는 사례가 적지 않게 보고되고 있다. 최대 몸길이 약 3.5m이며 다른 새치류와 마찬가지로 주둥이가 길게 돌출되었고 날카롭다. 돗새치란 이름처럼 등지느러미가 매우 독특하게 솟아나 있다. 대양의 아열대 및 열대 해역을 회유하는 외양성 어류지만, 새치류 중에선 가장 많이 연안 가까이 접근해 일본 남부(가고시마) 해역에서 그물에 곧잘 걸려든다. 인도 태평양을 회유하는 계군과 대서양 계군이 있으며 이 둘은 동일종으로 간주된다.

이용

황새치와 청새치에 비해 지방이 적고 수율도 낮은 편이어서 저렴하게 거래된다. 주로 무한리필 참치집이나 저렴한 뷔페에 사용된다. 살점은 여느 새치류와 달리 주황색에 가깝고 맛은 기름지지 않아 담백하다. 회로도 먹지만 구이나 조림으로도 쓴다.

돗새치회 ≫

황줄깜정이

분류 농어목 황줄깜정이과
학명 *Kyphosus vaigiensis*
별칭 미상
영명 Sea chub, Brassy chub
일명 이스즈미(イスズミ)
길이 25~50cm, 최대 75cm
분포 남해, 제주도, 일본 남부, 동중국해, 남중국해,
대만을 비롯한 서부태평양의 온대 및 열대 해역

제철 12~2월
이용 회, 튀김, 조림

⚠ 몸길이 45cm에 이르는 대형 황줄깜정이

쿠로시오 난류의 영향권에 서식하는 난류성 어류이다. 일본 남부 지방에 더 크고 많은 개체가 서식하며, 우리나라는 쿠로

시오 난류의 지류인 대마 난류의 세력이 강해지는 6~10월에 제주도를 비롯해 경상남도 일대 해안에 대량으로 번식한다. 어릴 땐 떼를 지어 다니는 습성이 있으나 40cm 이상 성어가 되면 암반에 은둔하며 단독 생활을 하는 것으로 알려졌다. 생김새는 벵에돔과 유사해 초보 낚시인들이 종종 착각하기도 하며, 같은 크기라면 벵에돔보다 당기는 힘이 강해 짜릿한 손맛을 준다. 하지만 황줄깜정이는 연안의 해조류를 먹는 식성으로 인해 기본적으로 갯내가 배어 있어 식용으로 선호되지 않는다.

︽ 검게 변색되어 가는 황줄깜정이

독가시치와 비슷하다고 여겨지지만, 맛은 독가시치보다 못하며, 죽고 나면 얼마 지나지 않아 내장에서 심한 악취가 나고, 포를 뜨고 나면 공기와 맞닿는 혈합육의 산화가 여타 어종보다 빨라 변색이 심한 편이다. 일본 남부 지방에선 한겨울에 제철 맞은 황줄깜정이를 식용하는 어촌 마을이 있지만, 국내에는 식용어로 유통되지 않는다.

이용

겨울철, 그나마 지방이 오를 시기에 황줄깜정이는 잡은 즉시 피를 빼고 내장을 제거해 횟감으로 이용할 수 있다. 변색과 선도 저하가 빠르며, 피를 제대로 빼지 않으면 회에서 비린내와 철분 맛이 난다. 한겨울 지방이 오르지 않은 개체는 조금만 취급을 소홀히 해도 비린내와 특유의 거슬리는 풍미가 올라오기 때문에 취급이 까다로운 생선이다. 낚싯바늘에 걸려 올라온 황줄깜정이는 그 자리에서 변을 뿌리는 습성이 있는데 냄새가 고약하며, 흰옷에 변이 묻으면 잘 지워지지 않는다. 여기에 식용 가치도 떨어지다보니 현장에선 대부분 방생한다.

︽ 황줄깜정이 회덮밥

흑밀복 | 은밀복, 밀복

분류 복어목 참복과
학명 *Lagocephalus gloveri*
별칭 밀복, 검은밀복
영명 Dark rough-backed puffer
일명 쿠로사바후구(クロサバフグ)
길이 20~30cm, 최대 약 35cm
분포 남해, 동해, 제주도, 일본, 동중국해, 남중국해, 대만을 비롯한 인도양과 서부태평양의 아열대 및 열대 해역
제철 10~2월
이용 복국, 탕, 튀김, 복불고기

︽ 흑밀복으로 만든 복국

︽ 주로 탕에 넣어 먹는 복어의 정소

포항을 비롯해 동남부 일대 해안가와 제주도에서 복국 재료로 쓰이는 종이다. 4~6월 사이가 산란철이며 이 시기에는 독성이 강해진다. 맹독인 테트로도톡신은 주로 간장, 난소를 비롯해 내장에 많이 있으며, 살과 껍질, 정소는 먹을 수 있다. 어획지는 크게 제주 먼바다를 비롯한 동중국해와 남중국해가 있는데 남중국해에서 잡힌 개체는 맹독이므로 식용에 신중을 기해야 한다. 흔히 중국산이 유통되며 국산은 위판량이 많지 않다.

이용

회로도 이용되나 주로 복국과 복매운탕, 복불고기, 복튀김으로 이용한다.

은밀복

분류	복어목 참복과
학명	*Lagocephalus wheeleri*
별칭	은복, 밀복, 흰밀복, 흰복
영명	Brown-backed toadfish
일명	시로사바후구(シロサバフグ)
길이	20~30cm, 최대 약 35cm
분포	우리나라 전 해역, 일본, 중국, 대만, 동중국해, 남중국해

제철 10~4월까지
이용 복국, 탕, 튀김, 복불고기

은밀복은 지역에 따라 '흰밀복', '은복', '밀복', '흰복' 등으로 불린다. 밀복류 중에선 비교적 작은 종으로 최대 35cm까지 자라는 것으로 보고 된다. 다른 복어류와 마찬가지로 살과 피부, 정소는 무독에 가깝고, 간장과 난소 외 내장은 강독이며 서식지 환경과 시기에 따라선 맹독이다. 다른 복어류에 비해선 전반적으로 독성이 약하지만, 남중국해에서 잡힌 것은 매우 강하므로 식용에 주의해야 한다. 산란기는 5~7월이며, 제철은 가을에서 봄까지 제법 폭 넓은 편이다. 한국과 일본에서 많이 소비되는 종이며 어획량이 많은 편이다.

이용

주로 복국이나 복매운탕으로 먹고, 튀김, 복불고기로도 이용된다.

밀복

분류	복어목 참복과
학명	*Lagocephalus lunaris*
별칭	미상
영명	Lunartail puffer
일명	도케사바후구(ドクサバフグ)
길이	25~35cm, 최대 약 53cm
분포	남해, 제주도, 일본, 동중국해, 남중국해, 대만, 호주를 비롯한 서부태평양과 인도양의 열대 해역

제철 평가 없음
이용 식용 불가

우리나라는 남해와 제주도를 비롯해 일본 남부에서 호주 북부에 이르기까지 주로 아열대 및 열대 해역에 서식하는 복어 종류이다. 산란은 5~6월로 이때는 독성이 매우 강해진다. 다른 복어류와 달리 내장은 물론 근육에도 독성이 있어 식용이 불가하다. 일본에선 남중국해에서 잡힌 냉동 밀복을 먹다 테트로도톡신에 중독된 사례가 있다.

+
밀복에
관한 오해

앞서 언급했듯 본종은 식용이 가능할 수도 있지만, 서식지 해역에 따라선 살과 껍질에도 독성이 있을 수 있으므로 식용이 어렵고 위험하다 할 수 있다. 한편 동해안 일대에서 밀복이라 취급되는 종은 표준명 '검복'으로 본종과는 관계가 없다. 따라서 표준명 밀복과 표준명 검복(방언으로 밀복)은 완전히 다른 복어이므로 혼동해선 안 된다.

+
밀복,
흑밀복,
은밀복의
형태적 차이

다음은 이름이 비슷한 세 종의 복어로 형태적 차이를 비교했다. 밀복이 가장 크게 자라며, 흑밀복과 은밀복은 비슷한 크기이다. 체색은 은밀복이 가장 밝다. 밀복은 등이 어두우며, 흑밀복은 검녹색 빛깔에 가깝다. 배는 3종 모두 은색이다. 또한 밀복의 경우 등 전체가 잔 가시로 덮여 있다는 특징이 있다.

주목해야 할 점은 각 어종의 꼬리지느러미이다. 흑밀복과 은밀복은 체색을 통해 구분할 수도 있으나 꼬리 형태를 가지고도 구별이 가능하다. 흑밀복은 꼬리지느러미 양 끝이 흰색이고, 은밀복은 꼬리지느러미 전체가 노란색을 띠지만 아래쪽은 회색에 가까운 띠가 드러나 있다.

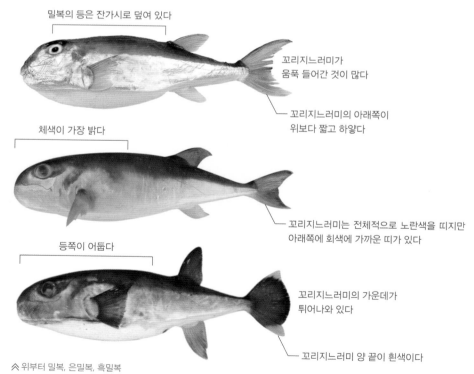

밀복의 등은 잔가시로 덮여 있다

꼬리지느러미가 움푹 들어간 것이 많다

꼬리지느러미의 아래쪽이 위보다 짧고 하얗다

체색이 가장 밝다

꼬리지느러미는 전체적으로 노란색을 띠지만 아래쪽에 회색에 가까운 띠가 있다

등쪽이 어둡다

꼬리지느러미의 가운데가 튀어나와 있다

꼬리지느러미 양 끝이 흰색이다

︽ 위부터 밀복, 은밀복, 흑밀복

가시발새우

분류 십각목 가시발새우과
학명 *Metanephrops thomsoni*
별칭 딱새우
영명 Red-banded lobster
일명 미나미아카자에비(ミナミアカザエビ)
길이 10~15cm, 최대 약 18cm
분포 남해, 제주도, 일본 중부이남, 동중국해,
　　　남중국해, 대만, 필리핀, 호주

제철 10~4월
이용 회, 초밥, 구이, 찜, 해물탕, 된장찌개, 라면,
　　　새우장, 파스타, 볶음

양 집게다리에 선명한 빨간색 띠가 둘러져 있는 새우다. 잡히면 '딱딱' 소리를 낸다고 해서 일명 '딱새우'로도 불린다. 제주도를 비롯해 서태평양 지역에 분포하며 모래나 진흙으로 덮여있는 수심 50~200m 내외의 저질에 산다. 산란기가 다가오면 파란색 알을 배 바깥으로 품고 다니다 여름경에 낳는 것으로 알려졌다.

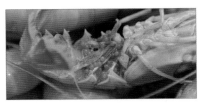

≪ 가시발새우의 알

고르는 법

주산지는 제주도이며, 경남 삼천포, 부산의 수산시장에서도 가끔 보인다. 인터넷으로도 구매할 수 있으며, 최근에는 대형마트에서 생새우회로 선보이기도 했다. 가시발새우는 다른 새우보다 선도에 취약해 어획 직후 급랭해서 판매하는 편이다. 따라서 수산시장에서 딱새우를 구매할 때는 매대에 진열된 해동보다는 깡깡 얼린 것을 달라고 해서 구매하는 것이 좋고, 해동된 것은 최대한 빨리 먹어야 한다. 상품성은 클수록 뛰어나다.

≪ 매대에 진열된 해동 가시발새우

이용

껍데기는 딱딱하고 날카로운 가시가 있어 손으로 발라먹기가 쉽지 않고, 살 수율도 다른 새우보다 떨어지는 편이다. 여기에 여름에 잡힌 일부 개체는 흙내가 나기도 해 호불호가 갈린다. 맛은 겨울에 잡힌 것이 낫지만 일 년 내내 냉동으로 판매되기 때문에 소비자가 언제 잡힌 것인지 확인할 방법이 없다.

가시발새우는 예부터 제주도의 중요한 수산자원이자 주로 탕감용으로 인기를 끌어왔다. 2010년 이후로 제주도 관광객이 급증하면서 입소문을 통해 알려졌고, 현재는 까먹기 어렵지만 저렴한 가격에 무난한 맛의 새우로 인식되고 있다. 주로 급랭을 해동해 회로 먹는데 살은 부드럽고 달다. 통째로 조리할 때는 가볍게 찌거나 구워 먹는데, 특히 새우장이 인기가 있다.

제주 동문시장에선 깐새우를 파는데 먹기 편할 뿐 아니라 올리브유에 가볍게 볶아내거나 파스타 재료로 쓰기 좋다. 푸른색의 알은 특별한 맛이 없지만, 회와 초밥에 토핑으로 얹으면 비주얼이 좋고 톡톡 씹히는 식감을 준다. 대가리와 내장은 각종 탕감이나 찌개용으로 쓴다.

지중해에도 가시발새우와 비슷한 종들이 여럿 있는데 대표적으로 스캄피새우와 랑구스틴은 고급 레스토랑의 식재료로 자주 사용된다.

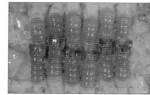

︽ 딱새우회

︽ 딱새우가 들어간 해물뚝배기

︽ 딱새우가 들어간 해물라면

︽ 딱새우 구이

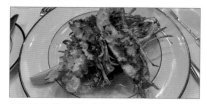
︽ 유럽의 고급 요리인 랑구스틴 버터 구이

︽ 딱새우장

︽ 딱새우 볶음구이

검은큰따개비

분류	완흉목 사각따개비과
학명	*Tetraclita japonica*
별칭	따개비, 굴등
영명	Acorn barnacle, Barnacle
일명	쿠로후지츠보(クロフジツボ)
길이	각장 2~4cm
분포	우리나라 전 해역을 비롯한 전 세계 바닷가 암초
제철	평가 없음
이용	찜, 따개비밥, 국, 탕

해안가 바위에 잔뜩 붙어있어 바닷가에서 흔히 볼 수 있는 따개비는 식용 가능한 것과 독이 있어 식용할 수 없는 것으로 나뉜다. 겉모습만 보고 연체동물인 조개류로 생각하기 쉽지만, 만각에 마디가 있어 새우나 게 같은 절지동물(갑각류)로 분류된다. 주로 조간대 및 조하대 암반에 부착된 채 평생을 살아가지만, 거북손과 마찬가지로 여섯 쌍의 만각을 내밀어 작은 유기물을 걸러 먹는 여과섭식을 하며, 물이 빠져 햇볕에 노출되면 수분의 증발을 막기 위해 입구를 꽁꽁 닫는다.

따개비는 고유종인 고랑따개비를 비롯해 외래종인 주걱따개비, 화산따개비 등 다양한 종류가 있지만, 이를 통틀어 '따개비류'라 부를 뿐 따개비란 말 자체가 특정 종을 지칭하는 것은 아니다. 이 중에서 우리나라 해안가 바위에 가장 흔히 발견되는 것은 '검은큰따개비'(*Tetraclita japonica*)와 '봉우리따개비'(*Balanus rostratus*), '조무래기따개비'(*Chthamalus challengeri*)등이 있는데 이 중 식용하는 것은 검은큰따개비와 봉우리따개비이고, 조무래기따개비는 패각의 직경이 약 5mm 정도인 소형으로 흔히 전복, 진주담치 등의 패류에 기생형으로 부착된 모습으로 발견된다. 한편 울릉도에서 주로 먹는 따개비는 '배말'이라고 하는 삿갓조개를 일컫는 것으로 엄밀히 말하면 따개비가 아니다.

이용

따개비는 지역에 따라 '굴등'이라 불리며 남해안 일부 섬에선 따개비밥과 따개비국으로 식용한다. 따개비와 함께 밥을 지어 김과 깨를 곁들여 먹으면 맛이 좋다. 칼국수 육수로 사용되기도 하며, 따개비국을 만들어 먹을 수도 있다. 따개비 속에 들어있는 타우린 성분이 콜레스테롤 수치를 낮춰 혈관계질환을 예방하는 데 도움이 된다. 잘 삶은 따개비를 새콤달콤하게 무쳐 따개비무침을 만들어도 밥반찬으로 좋다.

닭새우 | 아메리칸 랍스터

분류	십각목 닭새우과
학명	*Panulirus japonicus*
별칭	랍스터, 스파이니 랍스터, 클레이피시
영명	Japanese spiny lobster
일명	이세에비(イセエビ)
길이	20~35cm, 최대 약 45cm
분포	남해와 제주도, 일본, 동남아시아, 남태평양, 대서양, 지중해, 인도양 등 전 세계 온대 및 아열대 해역

제철	11~3월
이용	회, 구이, 찜, 볶음, 튀김

한국과 일본을 통틀어 가장 큰 새우종이다. 우리나라를 비롯해 전 세계 대양에 고루 분포하며 온대와 열대를 가리지 않고, 일부는 지중해나 북유럽 해안 일대에도 서식한다. 몸통 길이만 약 40cm까지 자라는 대형 새우로 잡아 올리면 '끽끽끽'하는 독특한 소리를 내며, 꼬리를 강하게 휘둘러 포식자로부터 벗어나려는 행동을 보인다. 산란기는 서식지에 따라 상이하다. 우리나라의 경우 제주도 연안에서 6~8월경 알을 품는다. 단새우나 독도새우류처럼 체외 포란을 하며 배지느러미를 이용해 알을 감싸야 하기 때문에 암컷의 배지느러미가 수컷보다 좀 더 크고 넓찍하게 발달했다. 서식지 환경은 주로 암반이 무너진 곳이거나 직벽의 수중 굴, 물골이 발달한 곳에 몸을 은신하며 사는데 만약 포식자로부터 잡아 먹히거나 스쿠버다이버들에게 사냥을 당하게 되면, 닭새우가 서식하던 자리는 얼마 지나지 않아 또 다른 개체로 채워진다. 이러한 특성을 이용해 야간에 닭새우를 포획하는 전문 잠수부가 있을 정도다. 한국과 일본에선 통발로 잡는데 어획량이 적어 고가에 판매된다.

※ 닭새우의 금어기는 7.1~8.31이며 포획금지체장은 두흉갑장 기준 5cm이다(2023년 수산자원관리법 기준).

+

닭새우와 바닷가재의 차이

흔히 바닷가재로 알고 먹는 '랍스터'는 크게 두 가지 유형이 있다. 하나는 커다란 집게발을 가진 '랍스터'(바닷가재) 종류가 있고, 또 다른 하나는 집게발이 없는 대신 몸통 길이의 2배가 넘는 긴 더듬이가 특징인 '닭새우'가 있다. 여기서 '닭새우'는 표준명이며, 독도새우 중 하나인 가시배새우를 닭새우라 부르는 것과 혼동하지 말아야 한다.

≪ 긴 더듬이가 특징인 닭새우

≪ 집게발이 특징인 랍스터

닭새우류는 본종인 '닭새우'를 비롯해, '펄닭새우'가 주로 남해 먼바다와 제주도 근해에 서식한다. 이 외에 동남아시아와 적도, 파푸아뉴기니, 오세아니아와 인도양, 지중해로 분포지를 넓혀보면 '붉은이마닭새우', '가지뿔닭새우', '호주참닭새우', '긴다리닭새우', '멋쟁이닭새우', '흰줄닭새우', '진흙닭새우' 등등 다양한 종류의 닭새우류가 서식한다. 이 중에는 베트남, 태국 등에서 양식으로 길러져 수산시장과 야시장에서 꾸준히 판매되는 종들도 있다.

생태와 수명도 다르다. 바닷가재는 1년에 가까운 시간 동안 배쪽에 알을 품고 다니다 산란하는데 그 주기는 대략 2년에 1회 정도이다. 수명은 종에 따라 다르며 종류와 서식지 환경에 따라 15~50년 정도로 알려졌다. 반면 닭새우는 7~8년은 성장해야 생식능력을 갖추며 기대 수명은 약 30년 내외다.

≪ 닭새우

≪ 동남아시아에서 흔히 보이는 양식 멋쟁이닭새우

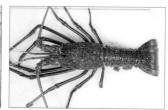
≪ 호주참닭새우

이용

국내에는 닭새우와 펄닭새우가 주로 잡히는데 어획량은 매우 적어 시장에 흔히 유통되지 않는다. 살아있으면 kg당 10만 원을 호가할 만큼 비쌀 뿐 아니라 호텔이나 고급 일식당에서 특별히 주문해서 사용하는 고급 식재료이다. 닭새우를 찌기 전에는 가슴 정중앙을 찔러 피와 체액 등을 제거해야 잡내가 없다.

싱싱할 땐 회와 찜으로 먹으며 내장 맛이 일품이다. 다만 개체와 서식지 환경에 따라 내장에서 좋지 못한 냄새가 나기도 한다. 살은 육질이 단단하고 탱글탱글하다. 열에 익히면 풍미가 살아나며, 다양한 소스와도 잘 어울려 중화식 볶음 요리나 베트남식 숯불구이 등이 잘 어울린다. 닭새우를 취급하는 곳에선 '크레이피시'나 '랍스터'로 불리는 경향이 있지만 정확한 말은 아니다. 크레이피시는 민물가재류를 뜻하며, 랍스터는 집게발이 달린 것을 포함해 통칭한 용어이므로 반은 맞다고 볼 수 있다. 영어로는 '스파이니 랍스터'(spiny lobster)지만 영어권 국가에서도 크레이피시나 랍스터란 이름으로 취급되는 것을 어렵지 않게 목격할 수 있다.

△ 가슴 중앙을 찔러 피를 빼고 쪄야 맛있다

△ 닭새우회

△ 닭새우찜

△ 닭새우 버터구이

△ 닭새우 갈릭버터 볶음

△ 닭새우 파스타

아메리칸 랍스터

분류 십각목 가시발새우과
학명 *Homarus americanus*
별칭 바닷가재, 로브스터
영명 Lobster
일명 아메리칸오마르(アメリカンオマール)
길이 20~60cm, 최대 1m 이상
분포 미국과 캐나다 동부 해안, 대서양 연근해
제철 1~5월
이용 회, 찜, 구이, 그라탕, 랍스터롤, 샌드위치, 볶음, 튀김

흔히 '랍스터'(로브스터)로 알려진 집게발이 달린 대형 바닷가재류이다. 크게 두 종류로 나뉘는데 '아메리칸 랍스터'(*Homarus americanus*)와 '유러피언 랍스터'(*Homarus gammarus*)이다. 한국에서 주로 식용하는 종은 미국과 캐나다 동부 해안에서 잡은 아메리칸 랍스터로 통상 '랍스터'나 '로브스터' 정도로 불린다. 유러피언 랍스터는 노르웨이 북부와 스코틀랜드를 비롯한 대서양 연안과 지중해에 서식하는 종으로 고급 레스토랑에선 '블루랍스터'라 부르며 매우 값비싼 식재료로 통한다. 가격 또한 유러피언 랍스터가 아메리칸 랍스터에 비해 3배 가량 높고 맛도 더 좋은 것으로 알려졌지만, 국내에는 수입되고 있지 않다.

평균 크기는 30cm 전후이지만, 오래 산 것은 1m가 넘는 것도 있다. 수명도 평균 20~30년이지만, 100년 가까이 산 것도 있는 것으로 알려졌다. 랍스터 종류는 양식이 어려워 현재로서는 자연산에 의존하고 있는데 엄격한 통제하에 어획되고 있다.

△ 유러피언 랍스터(일명 블루랍스터)

**+
랍스터는
언제 먹어야
맛있을까?**

랍스터는 보통 수컷을 고르라는 말이 있다. 왜냐하면 랍스터는 알보다 살이 꽉 찬 것이 수율에서 이득이기 때문이다. 게다가 암컷은 연중 알을 품고 있을 때가 많다. 특이하게도 랍스터의 임신 기간은 12~24개월로 매우 길다. 이때 알이 차지 하는 비중을 무시할 수 없다. 알배기가 아니라도 산란철이 지나면 살 수율이 떨어 질 수 있으므로 안전하게 수컷을 고르는 것이 좋다. 하지만 알배기 랍스터를 좋아 하는 문화권도 있다. 예를 들면, 미국 동부지역(보스턴)에선 알배기 랍스터를 선호하는 편인데 이를 이해하기 위해선 랍스터의 생활사를 짚어볼 필요가 있다.

랍스터의 산란철은 5~10월 사이다. 지역에 따라 차이는 있다. 일반적으로 미국 동북부 지역인 보스 턴을 비롯해 캐나다 동부 해안가에서 잡히는 랍스터는 4~7월이 산란철로 이때 잡히는 암컷에는 알 이 꽉 차서 암컷을 선호하는 경향이 있다. 9~10월 이후는 산란을 마쳤기 때문에 살 수율 면에서는 수 컷이 유리하다. 사실 랍스터의 제철 개념은 희박하지만, 국내로 수입되는 랍스터는 아무래도 1~5 월 사이에 산란 전 랍스터가 들어오므로 수율이 좋은 편이다.

**+
암수 구별법**

몸통을 뒤집었을 때 가슴과 배를 잇는 작은 다리로 구별한다. 다리 모양이 아래 사진처럼 공손하게 모여 있으면 수컷이다. 암컷은 다리가 수컷보다 가늘고 서로 교차되어 있다. 또 수컷의 배는 뾰족하고 단단한 돌기가 4개 정도 확인된다. 암컷 의 돌기는 수컷처럼 뾰족하지 않으며 젖꼭지 모양처럼 되어 있다.

☝ 작은 다리가 기도하는 손이면 수컷

☝ 작은 다리가 엑스자로 교차되면 암컷

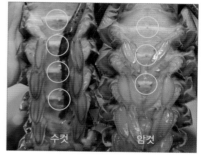
☝ 왼쪽이 수컷, 오른쪽이 암컷

고르는 법

국내에선 대형마트, 백화점, 수산시장, 그 외 랍스터를 취급하는 횟집에서 어렵지 않게 맛볼 수 있으며 인터넷 쇼핑몰에서도 구매할 수 있다. 먹기 적당한 크기는 700g~1kg 사이지만, 패밀리급 레스토랑에서는 이보다 작은 크기를 선호한다. 살아있는 랍스터를 고르 는 게 기본이지만, 가격이 부담스럽다면 선어나 냉동도 대안이 될 수 있다. 특히 노량진 새벽도매시장에 선 갑각류 경매를 마치고 나온 랍스터 중 죽어버린 것도 판매된다. 죽었지만 여전히 싱싱한 랍스터는 껍데기가 반질반질 윤기가 나며, 꼬리나 가슴팍에 균열이 없어 야 한다. 랍스터는 꼬릿살이 가장 중요하므로 꼬리가 통통하고 마디마디 사이마다 살이 꽉 들어차서 붉은빛이 도는 것이 좋다. 반대로 집게발과 가슴, 꼬리 쪽에 균열이 났거나 들었을 때 가벼운 것은 피한다. 이따금 냉동을 해동해 생물인 것처럼 판매되는 경우도 조심해야 한다.

☝ 균열이 난 것은 짠맛이 강할 수 있다

<table>
<tr><td>**이용**</td><td>가장 많이 먹는 형태는 구이이다. 숯불에 굽기도 하지만, 버터 소스와 모짜렐라
치즈를 가득 올려 오븐에 구워먹는 방식이 가장 흔하다. 대게처럼 쪄먹기도 하며,</td></tr>
</table>

발라낸 살로 속을 채운 랍스터 샌드위치나 랍스터롤이 인기가 있다.

랍스터의 고장인 미국에선 예부터 노예나 가난한 자들의 음식으로 알려졌다. 원래 유럽에서는 왕족들이 먹는 고급 식재료였지만, 이민자 사회였던 미국에선 곡물보다 랍스터가 더 흔할 만큼 많이 잡혔다. 게다가 지금과 같이 레시피가 발달하지 않았을 땐 대충 삶아먹는 방식이 전부였는데 이때 랍스터의 맛 성분은 모두 국물로 빠지고, 밍밍한 살점만 남았기 때문에 맛도 떨어질 수밖에 없었다. 그러다보니 자연스럽게 빈민가 음식으로 전락해버렸는데, 현재에 와선 보스턴의 명물인 '보일드 랍스터'가 보여주었듯 상당히 전통적이면도 트랜디한 음식으로 급부상 중이다.

⚞ 랍스터 버터구이

⚞ 랍스터 볶음밥

⚞ 랍스터 크루아상 샌드위치

대짜은행게

<table>
<tr><td>**분류**</td><td>게하목 은행게과</td></tr>
<tr><td>**학명**</td><td>*Metacarcinus magister*</td></tr>
<tr><td>**별칭**</td><td>던지네스크랩, 던지네스게</td></tr>
<tr><td>**영명**</td><td>Dungeness crab</td></tr>
<tr><td>**일명**</td><td>아메리카이초오가니(アメリカイチョウガニ)</td></tr>
<tr><td>**길이**</td><td>갑폭 18~24cm, 최대 약 28cm
갑장 10~12cm, 최대 약 15cm</td></tr>
<tr><td>**분포**</td><td>알래스카, 알류샨 열도, 캘리포니아를 비롯한
북미 대륙 서부 해역</td></tr>
<tr><td>**제철**</td><td>11~6월</td></tr>
<tr><td>**이용**</td><td>찜, 구이, 볶음, 내장볶음밥, 가공식품</td></tr>
</table>

미국 워싱턴의 작은 마을 던지니스에서 처음 잡힌 게라서 '던지네스크랩'이라는 명칭을 얻었다. 미국에서 '국민 크랩'으로 불릴 정도로 대중적인 사랑을 받고 있으며, 지역에서는 매년 던지네스크랩 축제를 연다. 북미 서부 연안 해안 도시들에서는 매우 쉽게 구입할 수 있는데, 가격도 왕게나 바다가재에 비해서 저렴하다. 우리나라에서 유통되는 것들은 전량 수입산이다. 등딱지 너비 15~20cm, 무게는 1kg 정도로 꽃게보다 크고 무겁다. 몸통 크기가 다른 게에 비해서 눈에 띄게 큰 편이고 껍질이 매우 두껍고 튼튼하다. 알래스카에서 캘리포니아 남부에 이르는 북아메리카 태평양 연안에 주로 분포한다. 5~8월이 산란기며 이 시기에는 어획이 금지되거나 제한된다. 미국과 캐나다에선 상업적으로 가장 중요한 식용 게로 취급된다.

+
**북미산
은행게와
유럽산
은행게의
차이**

흔히 '던지네스크랩'으로 불리는 '북미
산 은행게'(Metacarcinus magister)와 달리
'유럽산 은행게'(Cancer pagurus Linnaeus)
도 있다. 생김새는 비슷하나 종이 다르
며, 주요 분포지는 영국, 노르웨이, 지
중해, 모로코이다. 유럽에선 이 종을
'브라운크랩'(Brown Crab), 한국에선
'마몰라 크랩'으로 부르며 살보다 장 맛이 좋은 크랩류이

△ 유럽산 은행게(일명 브라운크랩)

다. 최대 3kg가 넘을 만큼 크게 자라지만, 통상 유통되는 크기는 북미산 은행게와 비슷하다. 두 어
종 모두 스팀으로 쪄먹으며 장 맛이 훌륭하다.

이용

대부분 찜으로 먹는다. 미국과 유럽권에선 킹크랩을 소금물에 삶아 먹고 장을 버
리는 경향이 있지만, 던지네스크랩은 스팀으로 찌고 장도 먹는다. 게살은 은은한
버터향이 나고 부드러우면서 단맛이 난다. 찜으로서 킹크랩과 꽃게의 장점을 다 가지고 있지만, 간혹
신선도와 상관 없이 장에서 잡내가 나는 것도 있다. 껍데기와 집게발이 단단해 손질이 어렵다는 단점이
있다. 개인 구매층보단 전문 식당에서 사용할 것으로 보인다. 찜 외에도 구이를 비롯해 볶음으로도 이

용된다. 살을 발라내어 생강, 마늘, 파 등
양념과 함께 센 불에 재빨리 볶거나 케이
준 소스에 버무려서 볶기도 한다. 이 외
에도 살만 발라서 크랩케이크를 만들기도
하고, 지중해식 해산물 스튜 치오피노의
주재료에 쓰이기도 한다.

△ 던지네스크랩 찜

△ 내장볶음밥

북쪽분홍새우

분류 십각목 도화새우과
학명 *Pandalus eous*
별칭 단새우, 아마에비
영명 Alaskan pink shrimp, Deepwater prawn
일명 홋코쿠아카에비(ホッコクアカエビ)
길이 8~12cm, 최대 약 14cm
분포 동해, 일본 중부이북, 사할린, 베링해, 캄차카 반도,
　　　 오호츠크해를 비롯한 북태평양, 스칸디나비아 반도, 알래스카

제철 연중
이용 회, 초밥, 탕, 튀김, 새우장, 카르파치오, 세비체

일식에서는 맛이 달다고 하여 '단새우'로 알려진 새우다. 동해안 수심 150~1380m에 이르는 매우 깊은
해저에 서식하며, 적서수온은 2~6℃인 냉수성 새우이다. 찬물에 서식하는 만큼 성장속도가 느린 대신
수명이 길다. 3년 차까지 미성숙 개체로 지내다 4~5년 차가 되면 수컷으로 성전환을 하여 산란에 참여
하고, 6년 차부턴 암컷으로 성전환한다. 최대 수명은 대략 11년 정도로 암컷으로 성전환 후 년 1회 산

란을 최대 3번까지 할 수 있다. 성장 속도가 느리고 산란하기까지 많은 시간이 걸려서 자원 관리를 엄격히 통제하지 않으면 어획량의 감소가 뚜렷해지는 종이다(현재 북쪽분홍새우를 위한 수산자원관리법은 제정되지 않은 상황).

+
**제철과
품질**

국내에 서식하는 북쪽분홍새우는 9~10월경 알을 복지에 품다가 2~3월경 산란한다. 알을 품는다고 특별히 맛이 빠지지는 않으며, 깊은 심해에서 연중 어획되므로 특별히 철을 타진 않는다. 단, 수컷으로 성전환한 5~6년생이 가장 달고 맛있다고 여겨지며, 큰 것은 대부분 암컷으로 수율에선 이득이

∧ 복지에 알을 밴 북쪽분홍새우 암컷

다. 하지만 더 중요한 것은 새우 자체의 품질이다. 우리나라는 주로 트롤과 기선저인망으로 잡지만 조업 과정에서 생채기가 나면 그만큼 선도 저하가 빠르므로, 상처 없이 온전한 모양을 유지할 수 있는 통발 조업으로 잡은 것이 약 3배가량 비싸다.

고르는 법

일반적으로 새우가 익으면 단백질 색소 성분인 아스타잔틴으로 붉게 변하지만, 북쪽분홍새우는 처음부터 붉은색을 띤다. 이는 햇빛이 차단된 깊은 심해에 서식하는 것과 연관이 있는데, 어획 직후엔 금방 죽어버려 100% 생물로만 유통이 된다. 선도가 좋지 못한 것은 껍질의 붉은색도 연해지며 내장 색이 검게 변하고, 꼬리지느러미 끝부분도 검게 되므로 이런 것은 피한다.

∧ 급랭 북쪽분홍새우

겨울철 산란기에 접어들면 복부에 청록색 알을 붙이고 다니는데 이때 내장색 또한 청록색으로 진할수록 신선한 것이다. 생물은 당일 잡은 것에 한해 다음날까지 횟감으로 쓸 수 있는데 보관 상태에 따라 선도는 천차만별이다. 그래서 어설픈 생물보다는 급랭 단새우가 횟감으로는 좀 더 적합하다고 볼 수 있다.

∧ 당일 조업된 북쪽분홍새우(삼척 번개시장)

이용

싱싱할 땐 회는 물론, 내장도 생식할 수 있다. 고급 일식당에선 김이나 감태에 초밥과 성게소, 연어알과 함께 내는데 맛의 조합이 매우 뛰어나다. 대가리 쪽 내장을 쪽쪽 빨아먹으면 단새우의 달큰한 맛과 진한 내장 맛을 동시에 볼 수 있다. 이 외에 초밥이 유명하며, 각종 탕과 라면에 넣어 먹기도 한다. 내장이 별미이기 때문에 대가리를 으깨는 것이 국물맛의 비결이다. 껍질은 얇기 때문에 통째로 튀겨 먹는다. 이 외에도 구이나, 볶음용으로도 쓸 수 있지만, 파쇄되

∧ 단새우회

∧ 성게소와 연어알과도 잘 어울리는 단새우

∧ 단새우가 빠지면 허전한 해산물 플래터

어 상품성이 떨어진 새우가 아닌 이상 조리용으로 쓰기에는 적절치 않다. 본 종은 살이 무르고 약할 뿐아니라 강한 열에 조리하면 크기가 줄고 살도 쪼그라들어 볼품이 없어지기 때문이다. 회를 먹고 남은 대가리는 굽거나 튀겨 먹는데 바삭하면서 고소한 맛이 일품이다.

⌃ 단새우 대가리 구이

⌃ 단새우 라면

왕게 | 청색왕게, 갈색왕게

분류	십각목 왕게과
학명	*Paralithodes camtschaticus*
별칭	킹크랩, 레드킹크랩
영명	Red king crab
일명	타라바가니(タラバガニ)
길이	갑폭은 23~25cm, 최대 약 30cm 갑장은 21~23cm, 최대 약 28cm
분포	동해, 일본 북부, 사할린, 오호츠크해, 베링해, 캄차카 반도, 노르웨이해, 알래스카를 비롯한 북태평양과 북극해, 바렌츠해
제철	10~3월
이용	회, 찜, 구이, 수프, 볶음밥, 탕, 샐러드, 냉동 가공품

표준명은 '왕게'이지만 국내에서는 '킹크랩'이란 이름으로 유통된다. 서식지 해역마다 차이는 있지만 보통 3~6월 사이는 산란기이자 탈피기를 맞이한다. 수명은 암컷이 약 25~28년, 수컷은 30년 이상이며, 2~6도 정도의 찬 바닷물에서 아주 천천히 성장하기 때문에 킹크랩을 조업하는 수요 수입국은 쿼터제를 통해 자원을 철저히 관리하고 있다. 한 예로 노르웨이의 경우 북부 지역은 탈피기인 4월 한 달을 금어기로 지정했으며, 암컷은 연간 어획량 중 5% 이내로 조절하거나 포획을 최소화하고, 어획 과정에서 작은 개체가 잡히면 곧바로 방생한다.

최대 갑폭은 약 30cm 혹은 그 이상으로 다리를 펼쳤을 때 길이는 1.5m가 넘어가며, 최대 11kg까지 자라는 대형종이다. 다만, 시장에 유통되는 크기는 2~5kg이 가장 많다. 국내에서 조업량은 일 년에 몇 마리 정도로 거의 없다고 볼 수 있으며, 시중 유통량의 약 90%는 러시아산이고, 10% 정도는 노르웨이산이다.

+

킹크랩과
대게의
생물학적
차이

생물학적 분류상 킹크랩은 십각목 왕게과에 속하지만, 대게는 십각목 물맞이대게과로 적잖은 차이가 있다. 이러한 차이는 진화 과정에서 발생되는 뼈와 골격의 차이도 있지만, 가장 큰 차이는 육안으로 보이는 다리가 4쌍으로 총 8개만 보인다는 점이다. 등뼈 뒤에 숨은 다리까지 합치면 결국에는 10개지만, 퇴화에 가까운 다리이므로 대게나 꽃게 다리와는 구분된다. 비슷한 생물로는 코코넛 크랩과 소라게,

게고동 등이 있다. 반면 대게 다리는 5쌍으로 총 10개이다. 이는 꽃게와 홍게를 비롯해 우리가 흔히 알고 있는 바닷게와 같은 구조이다.

△ 다리가 총 4쌍인 킹크랩

△ 다리가 총 5쌍인 대게

+ 러시아산과 노르웨이산 킹크랩의 차이

같은 종이지만 수입 경로는 사뭇 다르다. 러시아산 킹크랩은 활어 상태로 배에 실어 동해로 들어온다. 이후 활어차에 실어 보세창고로 옮겨지며, 이곳에서 크기와 상태별로 분류되고 난 후 순치 과정(적정 수온과 염도에서 스트레스를 풀어주는 과정)을 거쳐 전국의 수산시장으로 운송된다.

△ 노르웨이 앞바다에서 잡힌 킹크랩

반면 노르웨이산 킹크랩은 배가 아닌 항공으로 공수된다는 점에서 러시아산 킹크랩과 큰 차이가 있다. 현재 노르웨이산 킹크랩은 빠른 속도로 서식지를 확장해 지금은 북부 지역뿐 아니라 서남해역의 '올레순'(Ålesund)까지 그 영역을 넓히고 있다. 주요 생산지는 노르웨이 최북단 지역 중 한 곳인 '메함'(Mehamn)과 '호닝스버그'(Honningsvåg)로 이 지역에서 생산되는 킹크랩이 노르웨이산의 상당수를 차지한다.

어획된 킹크랩은 대부분 현지 가공 공장에서 자숙을 거친다. 이후 몸통의 일부와 함께 다리를 절단해 급랭으로 포장, 북미권과 일본 등 여러 국가로 수출한다. 한편, 활킹크랩 수요가 절대적으로 많은 한국과 중국은 항공으로 수송을 위해 5톤짜리 트럭에 실어 수도 오슬로와 핀란드 헬싱키로 운반되며, 킹크랩 호텔에서 4~5일간 순치를 거친 뒤 항공편으로 보내진다. 포장은 스티로폼 박스에 산채로 들어가는데 바닷물 없이 아이스팩으로만 포장돼 공수. 인천의 보세창고에서 다시 순치 과정을 거친 뒤 시장으로 유통된다. 맛과 품질은 노르웨이산이라고 크게 다르지 않으나 현지 수출사를 비롯해 그날그날 들어오는 킹크랩의 상태에 따라 수율에 차이가 날 수는 있다.

+ 킹크랩 암수 차이

시중에 유통되는 킹크랩은 99% 이상 수컷이다. 암컷은 생산국이 엄격하게 관리하며, 때에 따라 어획을 금지하기도 해 국내로 유통되는 양은 극히 드물다. 수컷의 배딱지는 익히 보아왔듯 삼각형에 가깝고, 암컷은

△ 수컷

△ 암컷

배 전체를 덮을 만큼 넓고 큰 원형으로 되어 있다.
알은 산란기가 다가올수록 검게 변하며 마치 스펀지 같은 식감이지만,
무르익어가기 전에는 제법 맛이 있어 산지에서 일부 소비되거나 어부
들이 식용으로 즐기는데 대게 토핑용으로 쓰인다.

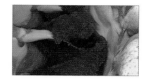
△ 킹크랩의 알

+
킹크랩에
기생하는
거머리류

현재까지는 킹크랩의 살이나 장에서 선충류가 발견되었다는 보고는 없다. 다만, 껍
데기에 붙은 난낭에서 부화된 바닷거머리류를 기생충으로 오인하는 사례가 적잖다.
난낭도 큰 것(대게 거머리류)과 참깨처럼 작은 것(엄지 손톱만 한 작은 거머리류)
으로 나뉜다. 여기서 부화된 바닷거머리류는 킹크랩을 떠나 떠돌다 성체가 되면
다시 껍데기에 알을 붙이는 식이다. 항간에 떠도는 소문인 '껍데기를 뚫고 들어가
기생한다'는 것은 사실이 아니다. 외관상 혐오감을 줄 순 있지만, 아이러니하게도 이러한 난낭이 많
이 붙은 킹크랩일수록 탈피한지 오래됐다는 증거이므로 살 수율이 좋을 확률이 높다.
단, 이러한 부착생물이나 기생 생물류는 해당 서식지의 환경에 따라 많을 수도, 적을 수도, 심지어
수율과 관계 없이 아예 발견되지 않는 경우도 있다. 노르웨이산의 경우 대체로 이러한 기생 생물류
의 발견 빈도가 낮고, 아예 없는 경우도 흔하다.

△ 킹크랩에 흔히 발견되는 난낭

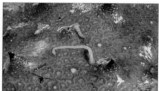
△ 난낭에서 부화된 바닷거머리류

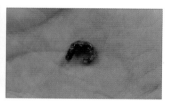
△ 킹크랩 껍데기에 흔히 발견되는 작은 바
닷거머리류

+
킹크랩도
배꼽살이
있다?

흔히 '배꼽살'로 불리지만, 실제론 배딱지에 붙
은 복강살이다. 이 복강살 한가운데는 항문으
로 연결된 창자가 있기 때문에 제거하고 먹는
다. 맛은 여느 킹크랩의 다리나 몸통살에 비해
쫄깃한 식감이 두드러져 반드시 챙겨 먹는 특
수 부위이기도 하다.

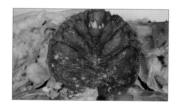
△ 배딱지에서만 나오는 특수 부위

고르는 법

수율은 대체로 크기와 비례하지만, 때론 반비례한다. 활킹크랩은 운반 과정에서 적
잖은 스트레스를 겪으며, 수조에서 순치 이상의 시간을 보내게 되면 살이 빠진다.
즉 크다고 살이 많은 것은 아니다. 수율은 50~90% 이상까지 매우 다양하며, 수율에 따라 품질과 가격
이 정해진다고 해도 과언이 아니다. 킹크랩은 수율이 높을수록 들었을 때 묵직하고 집게발을 비롯해 다
리들이 힘이 있다. 껍데기는 단단할수록 좋고 따개비 같은 부착생물이 많이 붙어 지저분해 보이는 것도

좋다. 넓적다리를 눌렀을 때 단단하고 탄력감이 느껴져야 한다. 결정적으로 다리 부분의 마디가 붉거나 선홍색을 띠는 것일수록 수율이 높다. 반대로 넓적다리를 눌렀는데 물렁물렁하거나 탄력이 둔화된 느낌. 물먹은 스펀지처럼 폭신거리고, 심지어 다릿살에 해수가 차서 물소리가 찍찍 나는 것은 피한다.

노량진 새벽도매시장에서 판매되는 선어 킹크랩의 경우 활킹크랩 대비 약 30~40% 정도 저렴한 가격에 구매할 수 있는데 가끔 수율이 현저히 떨어지는 B급 이하의 품질, 또는 전날에 팔다 남은 재고, 심지어 냉동을 해동해 선어로 판매되는 경우도 더러 있어 주의해야 한다. 선어를 고를 땐 넓적다리를 만져서 탄력도를 보는 방법도 있지만, 다리 마디의 색을 확인하는 것이 중요하다. 흰색에 가까우면 피하고, 반드시 붉거나 선홍색이라야 수율이 어느 정도 보장된다.

배딱지가 빵빵하게 부푼 것은 수조에서 죽은 지 오래돼 바닷물이 들어찬 것인데 이 경우는 짠맛이 강할 수 있다. 반대로 배딱지가 오목히 패여 있는 것 또한 오래된 것일 확률이 높다. 따라서 배딱지는 적당히 부풀어 있거나 혹은 완만히 들어간 것을 고른다. 가장 좋은 선어 킹크랩은 거의 죽어가는 것으로 더듬이나 다리 끝이 까딱까딱 움직이는 것이다. 이 경우에는 장을 먹을 수 있고, 조금 지난 선어는 저렴하게 구매하는 대신 장을 포기해야 하는 단점이 있다. 먹기 좋은 크기는 2.5~5kg 사이가 적당하다. 1kg당 1인분으로 계산했을 때 3kg짜리 킹크랩 한 마리면 어른 셋이서 충분히 먹을 수 있는 양이다.

≪ 넓적다리를 눌렀을 때 단단한 것이 좋다

≪ 관절 부분이 붉으면 수율이 높다

≪ 배가 심하게 오목히 들어간 것은 오래됐을 확률이 높으니 이 또한 피한다

≪ 상태가 좋은 a급 선어 킹크랩(이보다 더 배가 빵빵히 부푼 것은 피해야 한다)

이용

보통은 20~30분간 쪄서 먹는다. 러시아와 알래스카, 노르웨이에서는 간편하게 소금물에 넣고 삶아 먹는 방식이 보편화되어 있다. 어차피 장(간췌장)을 먹는 식문화가 발달하지 않았으므로 장을 가두기 위한 찜보다는 쉽고 간편하게 삶아 먹는 방식을 선호하게 된 것이다. 대게와 차이점은 살점이 매우 많아 풍만한 느낌과 부드러움에 있다. 장은 대개 노란색이며, 가끔 갈색이나 흑장이 나오기도 한다. 장은 묽은 편이라 대게나 홍게에 비해 선호도는 떨어지지만, 싱싱하게 잘 가둔 킹크랩 장은 내장 비빔밥이나 볶음밥으로 쓰기에 손색이 없을 만큼 구수한 맛을 자랑한다. 이 외에도 회로 먹거나 그릴에 굽는데 그냥 구워도 맛있지만, 허니버터나 갈릭소스를 발라가며 구우면 매우 고급스러운 일품 요리가 된다. 이 외에도 게뚜껑에 게장밥과 치즈를 얹은 그라탱, 게살 볶음밥, 게살 수프, 게살샐러드로 즐긴다. 최근에는 킹크랩 간장계장을 선보이기도 했다. 가장 중요한 것은 킹크랩을 찌기 전 입을 찔러 체액(바닷물, 피 등)을 충분히 빼주어야 한다는 점이다.

≪ 레드킹크랩 찜

≪ 킹크랩장 볶음밥

≪ 킹크랩 구이

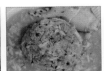
≪ 게살볶음밥

≪ 게살샐러드

청색왕게

분류 십각목 왕게과
학명 *Paralithodes platypus*
별칭 킹크랩, 블루킹크랩
영명 Blue king crab
일명 아브라가니(アブラガニ)
길이 갑폭은 20~23cm, 최대 약 28cm
갑장은 18~21cm, 최대 약 26cm
분포 일본 북부, 사할린, 쿠릴열도, 오호츠크해,
베링해를 비롯한 북태평양

제철 3~7월
이용 회, 찜, 구이, 수프, 볶음밥, 탕, 샐러드, 냉동 가공품

영어권에서는 '블루킹크랩'으로 불리며, 일본에서는 '왕게'와 '청색왕게'를 구분하지 않고 판매했다가 단속에 적발되는 등 철저히 구분해서 판매 중이다. 국내에서는 레드킹크랩과 구분하지 않고 취급했다가 최근 몇 년 사이 종을 나누어 구분하기 시작했다. 따라서 레드와 블루는 서식지 환경에 의한 차이가 아닌 전혀 다른 생물종이며, 이 둘은 맛과 품질, 가격에서도 미묘한 차이를 보이고 있다.

청색왕게(일명 블루킹크랩)는 왕게(레드킹크랩)보다 좀 더 한정적인 분포지를 보이며, 주로 러시아 근해와 베링해 쪽으로 치우쳐져 있다. 국내로 유통되는 청색왕게는 거의 러시아산이며, 레드킹크랩 시즌이 끝나갈 무렵인 2~3월부터 들어오기 시작해 여름까지 이어진다.

+ 레드와 블루의 차이

레드와 블루는 생김새가 비슷해 혼동하기 쉬울 뿐 아니라 맛과 가격에서도 차이가 나므로 킹크랩을 구매할 때는 사전에 기본적인 지식을 습득하는 것이 좋다. 레드킹크랩이 주로 유통되는 시기는 10~3월 사이이고, 블루킹크랩은 2~7월 사이이다. 물론 이 둘은 시기나 수입 상황에 따라 유동적이며, 동시에 유통되기도 하는데 맛과 가격은 대체로 레드가 우위에 있다.

가격은 kg당 10만 원 전후이나 이는 시기에 따라 수시로 변한다. 특히 러시아의 수입 물량 증가와 중국의 수입 정책, 국제 정세와 환율에 따라 가격이 요동친다. 여기에 킹크랩은 수율에 따라 A, B급으로 나뉘고, 지역에 따라서도 유통 단가가 다르므로 소비자가 구매할 최종 가격은 활킹크랩 기준으로 저렴할 땐 kg당 5~7만 원, 비쌀 땐 9~12만 원이 들기도 한다. 여기에 블루킹크랩이 레드킹크랩과 같은 가격에 판매되거나 혹은 kg당 5,000~10,000원가량 저렴하게 형성되는 편이다.

+ 레드와 블루 구별법

블루킹크랩은 다리가 파랗고 전반적인 몸통 색도 레드와 다르지만, 가장 정확하게 판별하는 방법은 등 껍데기 중앙에 돋아난 가시 개수를 세는 것이다. 레드는 육각형 안에 6개의 돌기가, 블루는 4개의 돌기가 있다.

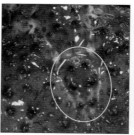

⬆ 레드킹크랩의 6점 돌기

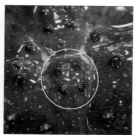

⬆ 블루킹크랩의 4점 돌기

고르는 법

될 수 있으면 미리 찐 것보다 현장에서 바로 쪄 먹는 것이 맛있다. 수율 체크는 역시 다리 사이사이 관절 마디의 색깔을 확인하는 것이 수월하다. 흰색에 가까우면 수율이 떨어지고, 선홍색이나 붉은색일수록 수율이 높다. 허벅다리를 만져 탄력도로 수율을 체크하는 것은 적어도 블루킹크랩에선 무용지물이다. 이유는 껍데기가 레드보다 더 단단해 눌렀을 때 감각으로 살 수율을 가늠하는 것이 매우 어렵기 때문이다. 싱싱한 선어를 저렴하게 구매할 수도 있지만, 장맛은 레드킹크랩보다 기름지고 고소하나 느끼하기도 해서 호불호가 있으니 가능한 활게를 구매하는 것을 추천하며, 들어 올렸을 때 다리를 활발히 움직이는 것이 좋다.

이용

레드킹크랩과 동일하게 사용되며 싱싱할 때는 레드킹크랩 못지 않게 맛이 좋다. 하지만 찌고 나서 시간이 지날수록 퍽퍽해지며, 맛에서 지방질이 느껴져 먹다 보면 호불호가 생기기도 한다.

갈색왕게

분류	십각목 왕게과
학명	*Lithodes aequispinus*
별칭	브라운킹크랩, 골든킹크랩
영명	Golden king crab
일명	이바라가니모도키(イバラガニモドキ)
길이	갑폭은 19~22cm, 최대 약 26cm
	갑장은 17~20cm, 최대 약 24cm
분포	일본 북부, 오호츠크해, 베링해, 알래스카를 비롯한 북태평양

제철 12~7월
이용 회, 찜, 구이, 수프, 볶음밥, 탕, 샐러드

영어권에선 '골든킹크랩'이라 부르고 국내에선 브라운킹크랩으로 통한다. 큰 것은 7kg에 이르지만 평균적으로 유통되는 것은 1.5~3kg 정도로 레드나 블루킹크랩보단 작은 편이다. 일 년 내내 수입되지만 주로 3~4월을 전후로 많이 유통되는 편이며, 블루와 레드킹크랩이 뜸한 여름~가을에도 한시적으로 들어온다. 살은 부드럽고 단맛이 강하며, 내장은 노란색으로 매우 고소하고 풍미가 좋다. 맛으로는 레드킹크랩에 버금갈 정도이다. 하지만 시중에서의 평가는 레드 > 블루 > 브라운 순으로 소비자 만족도는 가장 낮다. 그 이유는 크기 대비 수율이 좋지 못하고 특히 물장으로 인한 클레임이 많기 때문이다. 이는 갈색왕게라는 종 자체의 문제라기보단 비교적 저품질이 많이 유통돼서 생긴 현상으로 가격도 세 종류 중 가장 저렴편이다. 다만 최근에는 상품성이 좋은 갈색왕게도 유통되고 있으며, 킹크랩을 전문으로 취급하는 곳에선 수율에 따라 A급과 B급으로 나누어 팔기도 한다.

+ **갈색왕게에** **기생하는** **해양생물**	이따금 갈색왕게(브라운킹크랩)의 몸통 안쪽에서 정체를 알 수 없는 알과 기생어들이 대거 발견돼 환불 이슈가 생기기도 한다. 이 생명체의 알과 치어는 다름 아닌 분홍곰치류이다. 특히 베링해에서 잡힌 갈색왕게의 경우 약 5~10% 내외의 비율로 쏨뱅이목 곰치과에 속한 '원두곰치'(*Careproctus furcellus*)외 1종 정도가 갈색왕

게 몸안에 산란관을 주입해 알을 낳고 거기서 치어가 부화되는 것으로 알려졌는데 이것이 종종 소비자에게 발견돼 문제가 되기도 했다. 해당종들은 알과 새끼를 보호하고 생존률을 높이기 위해 왕게 몸속에 알을 낳는 것으로 알려졌지만, 자세한 메커니즘에 대해선 여전히 연구 중이다.

∧ 갈색왕게에서 나온 분홍곰치류의 알

∧ 갈색왕게에서 부화된 분홍곰치류의 치어들

고르는 법

시중에는 A급과 B급을 나누어 판매하며 가격도 품질에 맞도록 책정되어 있다. 하지만 일반 소비자로선 제값 주고 A급을 구매한 것인지 도통 알 수 없다. 게다가 B급을 A급인 것처럼 속여서 판매할 수도 있기 때문에 고가의 킹크랩은 평소 신뢰를 쌓거나 입소문으로 믿을 만한 가게에서 구매하는 것을 권한다. 갈색왕게의 경우 A급이나 B급이나 크기는 비슷비슷하지만, 등딱지에서 색깔 차이가 난다. B급은 흔히 유통되는 것으로 밝은 황토색에 가깝다면, A급은 그보다 어둡고 살짝 보랏빛이 돈다. 뒤집으면 그 차이는 확연히 난다.

A급에 가까울수록 배딱지는 보랏빛이 두드러지며 다리 관절은 붉은빛이 나는 것이 좋다. 수율이 떨어질수록 체색은 밝고, 관절은 투명감이 있으며, 희거나 누런색에 가깝다.

다리 관절은 붉을수록 수율이 높다 ≫

∧ 갈색왕게 앞면 왼쪽은 B급, 오른쪽은 A급

∧ 갈색왕게 뒷면 왼쪽은 B급, 오른쪽은 A급

이용

다른 킹크랩과 마찬가지로 찌거나 회로 먹는다. 수율이 좋은 브라운킹크랩은 레드에 버금갈 만큼 달콤하고 부드러운 속살이 특징이나, 개체별 품질의 격차가 많이 난다는 것은 흠이다.

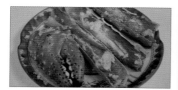

∧ 갈색왕게찜

∧ 6kg짜리 갈색왕게의 수율

∧ 구수한 맛이 일품인 황장

진홍새우

분류 십각목 진홍새우과
학명 *Aristaeopsis edwardsiana*, *Plesiopenaeus edwardsianus*
별칭 까라비네로
영명 Carabineros shrimp, Scarlet shrimp
일명 오오미츠토게히로에비(オオミツトゲチヒロエビ)
길이 10~30cm, 최대 약 35cm
분포 일본 남부, 페르시아만, 마다가스카르, 아프리카 서부,
모로코와 스페인을 비롯한 동부 대서양, 북아메리카 동부해안,
남서대서양, 태평향의 아열대 및 열대의 깊은 수심
제철 연중
이용 회, 구이, 튀김, 새우장, 카르파쵸, 세비체

일명 '까라비네로'라 불리는데 스페인어로 무장한 병사나 경찰을 의미하기도 한다. 이탈리아의 고급 새우인 '감베로로쏘'(*Aristaeomorpha foliacea*)와 흡사하나 다른 종이다. 게다가 까라비네로는 세상에서 가장 맛이 진하고 비싼 새우로 알려졌다. 주산지는 스페인과 모로코 서부 해안(동부 대서양)으로 수심 100~600m 사이 깊은 수심에서 잡는데 스페인 현지에서도 kg당 90~130유로로 판매될 만큼 값비싼 식재료이다.

⩓ 국내로 수입된 진홍새우(kg에 9미)

최대 크기는 약 35cm에 달하며, 같은 1kg이라도 크면 클수록 가격이 비싸다. 스페인과 프랑스는 물론 전 세계 고급 레스토랑과 호텔에서 선호하는 식재료이며, 국내에는 급랭으로 수입되고 있다.

이용

까라비네로는 회를 비롯해 날것으로 먹었을 때 특유의 탱글탱글한 식감과 맛을 고스란히 느낄 수 있는 새우이다. 국내로 수입되는 급랭 까라비네로 또한 횟감으로 이용이 가능하며, 특히 내장이 맛있어 날 상태 그대로 쪽쪽 빨

⩓ 까라비네로 세비체

⩓ 까라비네로 그릴 구이

아먹기도 한다. 최근에는 간장새우가 개발되기도 했고, 단순히 구워 먹어도 맛있다.

해외에선 세비체나 그릴 요리로 선보인다. 구웠을 때 살이 쪼그라들지 않으며, 특유의 쫀득한 식감이 있고, 열을 가하면 생살일 때보다 더욱 진해지는 풍미 특히, 내장 맛이 일품이다. 남은 껍질은 볶아서 비스크 소스를 만들 때 유용하다.

털게

분류	십각목 털게과
학명	*Erimacrus isenbeckii*
별칭	짚신게
영명	Horsehair crab
일명	케가니(ケガニ)
길이	갑폭은 14~17cm, 최대 약 19cm
	갑장은 12~15cm, 최대 17cm
분포	동해, 일본 북부, 캄차카 반도, 베링해,
	알래스카를 비롯한 북태평양
제철	11~3월
이용	찜, 탕, 솥밥, 구이, 간장게장

같은 털게과에 속한 왕밤송이게도 시장에서는 털게로 불리기 때문에 혼동하지 않도록 주의한다. 왕밤송이게는 주로 경남 앞바다에서 어획돼 산지 시장에서 판매되고, 털게는 강원도 앞바다에서 어획 후 산지 시장에서 판매되기 때문에 이 둘을 한 자리에서 접할 기회는 흔치 않다. 평균 크기는 털게가 훨씬 크며, 같은 털게 중에선 암컷보다 수컷이 더 크게 자란다. 고급 식재료로 겨울이면 미식가들이 털게를 먹기 위해 산지 시장 또는 고급 식당을 찾는데, 특히 내장이 맛있기로 유명하다.

※ 털게 금어기는 강원도에 한해 4.1~5.3이며, 포획금지체장은 7cm 이하이다.(2023년 수산자원관리법 기준)

이용

북해도의 명물로 알려졌지만, 국내에서도 겨울에는 동해 북부 앞바다에서 제법 많은 양이 잡힌다. 주로 강원도 고성에서부터 주문진에 이르는 수산시장까지 볼 수 있으며, 종종 노량진 새벽도매시장에서도 판매된다. 하지만 국산은 물량이 적어 현지에서 소진되거나 고급 일식집으로 유통되고, 적잖은 양을 러시아산에 의존하고 있다. 2023년을 기준으로 kg당 약 8~12만 원을 호가한다. 큰 것은 마리당 1kg을 넘나들며, 평균 무게는 700g 전후이다.
음식은 달콤하고 부드러운 살과 고소한 장맛을 살리기 위해 매우 단순히 쪄서 낸다. 장은 소스처럼 찍어 먹거나 밥에 비벼 먹는데 그 맛이 일품이다. 일본에서는 크로켓과 그라탕으로, 중국에선 게살볶음밥으로도 먹는다. 최근 국내에선 털게로 간장게장을 담가 먹는 인플루언서까지 등장했는데 그맛이 꽃게에 비할 수 없을 만큼 훌륭하다고 전해진다.

⌃ 털게 파는 현장(주문진 수산시장)

⌃ 털게찜

⌃ 털게찜

개불

분류 의충동물목 개불과
학명 *Urechis unicinctus*
별칭 참개불
영명 Spoon worm, Penis fish
일명 유무시(ユムシ)
길이 8~15cm, 최대 약 30cm
분포 한국의 전 해역, 일본, 중국, 연해주를 비롯한 서부태평양의 온대 해역
제철 11~3월
이용 회, 무침, 물회, 볶음, 구이

개불의 입   개불의 항문

생김새가 불알처럼 생겼다고 하여 '개불'이란 이름이 생긴 것으로 추정하고 있다. 생물학적 분류로는 환형동물문 다모강에 속하며 같은 다모류로는 갯지렁이가 있어 이 둘이 매우 가까운 관계임을 알 수 있다. 몸통의 양쪽 끝은 입과 항문으로 되어 있다. 입은 2~3가닥의 강모가 있고, 항문은 10개 이상의 강모가 왕관 모양으로 났는데 매우 거칠다. 개불은 항문을 통해 산소 호흡을 한다. 우리나라 전 지역에서 발견되며, 모래사장이나 바닷속 저질에 U자 모양의 구멍을 파고 들어가 산다. 수온이 높은 여름에는 약 1m 정도 깊이 파고들어 잠을 자다 수온이 내려가는 가을부터 올라와 활동한다. 자웅이체로 암수가 구별되며, 겨울부터 초봄 사이 체외 수정으로 산란한다.

한국과 중국에선 주요 식재료로 활용되나 일본에서는 북해도 이시카리시를 비롯해 일부 지역에서만 식용할 뿐 대부분 낚시 미끼로 사용한다. 국내에 유통되는 개불은 크게 국산과 중국산으로 판매된다. 국산 개불은 자연산이 대부분이며, 개중엔 인공부화로 씨(치충)를 배양해 바다에서 기른 것도 포함된다.

+
개불과 참개불의 차이

상인들은 중국산을 비롯해 서해 연안에서 잡히는 것을 '개불', 남해안 일대에서 채취한 것을 '참개불'로 취급하며 구분하는 경향이 있다. 개불의 특징은 몸통이 비교적 가느다랗고 색은 회색과 잿빛으로 어두우며 썰었을 때 살 두께가 얇다. 반면에 참개불은 몸통 길이가 상대적으로 짧고 통통하며, 밝은 주황색이다. 중국산 개불과 달리 살이 두꺼워 단맛과 씹는 맛이 좋다. 가격에서도 차이가 난다. 흔히 유통되는 중국산 개불은 마리당 2천 원 내외인데 비해, 국산 참개불은 마리당 3천 원 내외로 조금 더 비싼 편이다.

참고로 일본에선 개불을 '유무시'라 부르고, 참개불은 '코우지'라 부르며 이 둘을 명확히 구분하며 취급하지만, 한국과 일본 모두 학술적으로는 같은 종인지 다른 종인지에 대해서는 자세한 보고가 없다.

≪ 중국산 개불

≪ 국산 참개불

+
**국산과
중국산 개불
구별법**

국산 개불은 색이 밝고 통통한 모양이 특징으로, 가늘고 어두운 빛깔의 중국산 개불과는 구별된다. 하지만 중국산 개불도 어린 개체는 국산만큼 밝고 화사한 주황색을 가지기 때문에 단순히 색깔만으로 원산지를 구별하는 것은 무리가 있다. 추가로 국산 개불의 주요 산지인 진해산은 진한 주황색에 가깝고, 여수산은 그보다 밝은 노란빛이 나지만, 이 역시 서식지 해역의 환경과 먹잇감에 따라 미묘하게 달라질 수 있다.

⌃ 국산 개불

⌃ 중국산 개불

⌃ 왼쪽은 성체, 오른쪽은 어린 개체로 같은 중국산이다

고르는 법

개불은 kg보단 마리당 가격을 매겨 판매되는 경우가 많다. 또한 개불은 수조에 있을 때 바닷물을 많이 빨아들인다. 이 때문에 통통해 보이지만 실제로 살이 많은 것은 아니다. 다만 같은 상태라면 조금이라도 크고 긴 것이 좋다. 가장 중요한 것은 신선도이다. 똑같이 살아있어도 몸통 앞부분과 중간, 뒷부분의 색이 균일하지 못하거나 검게 변색된 것은 상태가 안 좋을 확률이 높다.

⌃ 비슷한 크기라면 검게 변색된 것은 피한다

이용

항문과 입을 자르면 검붉은 피가 나오는데 이는 연체류와 달리 헤모글로빈이 다량 포함돼서다. 내장과 물주머니를 말끔히 제거한 뒤 살과 피부만 썰어 먹는다. 다시 말해 개불 소비의 90% 이상은 날 것으로 먹고, 일부는 물회를, 일부는 참기름에 볶거나 소금구이로도 즐긴다.

추가로 개불을 손질하다 기생충이 의심되는 사례가 여럿 있었지만, 흙의 유기물을 먹고 사는 개불에 기생충이 나올 확률은 매우 낮다. 대부분 복부를 통과하는 구불구불한 신경관을 기생충으로 오인해서 생긴 헤프닝이다.

⌃ 개불과 모듬해산물

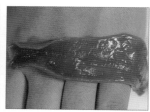

⌃ 개불의 속살과 신경관

개조개

분류 백합목 백합과
학명 *Saxidomus purpuratus*
별칭 대합, 대합조개
영명 Butter clam
일명 우치무라사키가이(ウチムラサキガイ)
길이 각장 약 8~10cm, 최대 12cm
분포 서해 및 남해, 발해만, 일본 중부 이북, 대만
제철 11~5월
이용 찜, 구이, 볶음, 탕, 조림

개조개는 개의 생식기를 닮아서 붙은 이름으로 시장에선 흔히 '대합'이라 부른다. 주로 충청남도와 전라남북도, 경상도에 이르기까지 남해안 일대에서 생산되며 조간대에서 수심 40m 이하 자갈과 진흙이 섞인 저질에 산다. 6~10월 사이 산란하며, 수명은 10년 정도로 보고된다. 껍데기는 굵고 단단하며 방사륵은 선명해 나이테를 가늠하기 좋다. 이러한 방사륵과 체색은 서식지 환경에 따라 달라지는데 주로 갯벌에 사는 개체는 회백색에 검은색 줄 무늬가 선명하고, 모래 사장에서 채취된 것은 전반적으로 누런색을 띤다. 껍데기 안쪽은 보라색이라 액세서리를 만드는 데 활용된다. 개조개는 바지락과 달리 양식이 안 돼 아직은 전량 자연산에 의존하고 있다. 제철은 겨울~봄 사이로 알려졌지만 사실상 연중 잡혀 소비된다.

고르는 법

동해안 일부 지역을 제외한 전국의 수산시장에서 활패류로 취급된다. 고를 때 반드시 살아있는 것을 고르고, 클수록 좋으며 입은 꾹 다문 것이 좋다. 여름에는 내장 사이사이 구멍이 숭숭 나면서 벌레나 기생충이 먹은 흔적처럼

⌃ 시장에서 판매되고 있는 싱싱한 개조개
(김포 대명항)

⌃ 여름철 개조개 내장과 생식소

보이는데 실제론 생식소가 발달하면서 생기는 현상이므로 식용하는데 문제없다.

이용

살이 푸짐하고 맛있어 구이는 물론 회나 볶음, 탕, 찜 등의 다양한 요리에 쓰인다. 특유의 향과 감칠맛이 뛰어나 수요가 계속 증가하고 있어 연안어업의 중요 소득원으로 경제적 가치가 높다.

⌃ 유곽 대합 구이

⌃ 남은 국물에 밥까지 비벼 먹는다

별다른 재료 없이 단순히 삶아서 초고추장에 찍어 먹어도 매우 훌륭한 요리로 변신한다. 다만 오래 익히면 질겨지니 주의한다. 잘 다져서 볶은 조갯살을 참기름과 고추장, 된장, 마늘에 버무려 빈껍데기에 채워 구워낸 유곽 대합 구이도 유명하다. 대합을 넣고 맑게 끓인 대합탕은 술안주로도 제격이다. 필수 아미노산과 타우린이 풍부하여 성인병 예방에 좋은 식재료다.

관절매물고둥

분류 신복족목 물레고둥과
학명 *Neptunea arthritica*
별칭 전복골뱅이, 전복소라, 보라골뱅이
영명 Neptune whelk
일명 히메에조보라(ヒメエゾボラ)
길이 각고 약 8~10cm
분포 동해, 일본, 사할린, 오호츠크해, 사할린을
비롯한 북서태평양
제철 12~7월
이용 회, 숙회, 찜, 탕, 무침, 구이, 조림

동해안 일대에서 흔히 볼 수 있는 고둥류이다. 조간대 수심부터 100m이하까지 비교적 얕은 바다에 분포하는 육식성 복족류로 주로 조개류를 비롯해 죽은 생선 사체를 뜯어먹는다. 강원도 북단인 고성에서부터 속초, 주문진, 삼척, 울진, 포항에 이르기까지 동해안 전역의 수산시장에서 흔히 볼 수 있다. 개체변이가 있어 서식지 환경에 따라 암녹색부터 붉은색, 황색, 보라색 등 다양한 체색으로 나타난다. 산란은 초봄부터 여름 사이로 이때를 제철로 보고 있지만, 사철 맛의 편차는 크지 않으며 겨울부터 초여름 사이 많이 잡혀 판매된다.

이용

맛과 식감이 전복과 비슷하다고 해서 '전복소라'로 불린다. 비교적 생명력이 강하며 산 상태로 취급된다. 싱싱할 땐 회로 먹지만 보통은 삶거나 찌고 난 뒤 초고추장에 찍어 먹는다. 전복처럼 죽을 쑤어 먹기도 하며, 골뱅이탕과 무침으로도 이용된다.

내장은 '똥'이라 불리는 갈색으로 돌돌 말린 생식소를 주로 먹는데 흡사 군밤 맛이 날 만큼 고소하다. 한편 내장 기관 중 초록색 부위(간정체와 중장선)는 식용하지 않는다.

본종은 동해안 일대에서 잡히는 다른 고둥류와 마찬가지로 타액선(침샘)에는 신경독인 테트라민이 들어 있기 때문에 반드시 제거해야 한다. 만약 제거하지 않고 여러 마리를 먹었을 경우 식은땀과 어지러움, 졸음, 두통, 두드러기, 복통 등의 증상이 나타날 수 있다. 타액선은 근육 한가운데에 새끼손톱만한 크기로 자리잡고 있으며 노란색의 끈적이는 기름덩어리 모양을 하고 있다.

≪ 판매 중인 전복소라(주문진 어민시장)

≪ 전복소라 회

≪ 전복소라 숙회

≪ 삶은 전복소라 내장

굵은띠매물고둥

분류	신복족목 물레고둥과	**길이**	각고 8~12cm
학명	*Neptunea frater*	**분포**	동해, 일본 북부를 비롯한 서북태평양
별칭	나팔소라, 심해고둥, 대왕소라	**제철**	불명(겨울~봄으로 추정)
영명	Brother neptune whelk	**이용**	회, 탕, 숙회, 무침, 구이
일명	코에조보라모도키(コエゾボラモドキ)		

국민 간식 '소라과자'를 쏙 빼닮은 패류. 패각은 장방추형으로 얇고 딱딱하지만, 두드리면 의외로 잘 깨진다. 전반적인 형태는 동해안 일대에서 '나팔골뱅이'라 불리는 '조각매물고둥'(*Neptunea intersculpta*)과 매우 흡사하지만, 패각은 매끈하지 않고 여러 개의 주름이 돌출된 형태이다. 체색은 밝은 갈색부터 짙은 고동색에 이르기까지 다양하게 나타난다. 다른 고둥류와 마찬가지로 타액선(침샘)에는 '테트라민'이라는 신경독이 있으니 제거하고 먹는다.

이용

살아있는 것은 소금에 문질러 진액을 씻어낸 뒤 회로 먹고, 이 외엔 한 차례 삶아다 숙회나 골뱅이 탕, 골뱅이 무침 등으로 즐긴다. 살이 달고 국물도 잘 우러나오는 고둥류 중 하나다.

꼬막 | 새꼬막, 피조개

꼬막

분류	돌조개목 돌조개과	**분포**	서해 및 서남해, 일본 남부, 중국, 베트남, 인도양, 호주 북부와 인도네시아를 비롯한 서태평양의 아열대 및 열대 해역
학명	*Tegillarca granosa*		
별칭	참꼬막, 제사꼬막, 고막		
영명	Blood cockle, Blood clam, Granosa	**제철**	12~3월
일명	하이가이(ハイガイ)	**이용**	회, 찜, 무침, 전, 된장국
길이	각장 약 2~5cm		

새꼬막

분류	돌조개목 돌조개과	**분포**	서해, 남해, 일본 중부이남, 중국, 발해만, 흑해, 지중해, 대서양과 인도양 연안 및 서부태평양의 아열대 및 열대 해역
학명	*Anadara kagoshimensis*		
별칭	꼬막		
영명	Subcrenata, Half-crenated ark	**제철**	11~4월
일명	사루보오가이(サルボウガイ)	**이용**	회, 찜, 무침, 전, 꼬막비빔밥, 된장국
길이	각장 3~6cm		

피조개

분류	돌조개목 돌조개과	**길이**	각장 약 6~11cm
학명	*Anadara broughtonii*	**분포**	서해, 남해, 일본 북부이남, 대만, 중국,
별칭	피꼬막		발해만, 동중국해
영명	Ark shell	**제철**	11~5월
일명	아카가이(アカガイ)	**이용**	회, 초밥, 찜, 볶음, 구이, 탕, 통조림, 가공품, 튀김

간장 양념을 얹은 꼬막찜, 무침 등으로 인기를 얻다가 몇 년 전 꼬막 산지와는 동떨어진 강릉에서 꼬막 비빔밥으로 히트를 치고 전국적인 가맹점이 생길 만큼 사랑받았던 조개류이다. 이 중 꼬막과 새꼬막은 주로 서남해(벌교, 여자만 등)에서 생산되며, 피조개는 경상남도 앞바다에서 대량 양식된다. 이들 종은 껍데기에 패인 주름이 마치 기왓골을 닮았다고 하여 '와농자'(瓦壟子)라 불렀고, 꼬막(참꼬막)의 경우 전라남도에선 제사상에 올린다고 해서 '제사꼬막'으로도 불렸다. 이들 꼬막류의 혈액은 다른 조개류와 달리 빨간색이다. 갯벌에 묻혀 사는 까닭에 헤모시아닌보다 산소 결합력이 우수한 헤모글로빈이 호흡하며 살기에 유리해서 진화된 결과가 아닌가 싶다. 꼬막류의 산란은 대체로 여름~가을에 이뤄지며 11~5월 사이 제철을 맞는다.

+
우리 식탁에 오르는 꼬막 종류

꼬막은 총 다섯 종류로 분류된다. 꼬막, 새꼬막, 피조개, 어긋물린새꼬막, 큰이랑피조개 등이 있다. 이 중 생산량이 가장 많으면서 가격이 저렴한 것은 새꼬막과 피조개이다. 흔히 '참꼬막'이라 불리는 꼬막은 꼬막류 중 생산량이 가장 적다. 한 예로 꼬막은 사람이 널배를 타고 갯벌을 가로질러 멀리 나간 뒤 손으로 직접 채취해야만 한다. 성장 속도도 2년이면 다 크는 새꼬막과 달리 4년이나 걸린다. 수확량도 매해 떨어지고 있어서 이제는 벌교나 순천 같은 산지 위주로 소진되기에 도심지에선 갈수록 맛보기 힘들어지고 있다.

⌃ 꼬막(왼쪽)과 새꼬막(오른쪽)

⌃ 피조개

+
꼬막의 종류를 구별하는 방법

꼬막류는 '방사륵'이라고 하는 부채살 모양의 골이 패어 있다. 꼬막(참꼬막)의 방사륵은 17~18개, 새꼬막은 약 30~34개이다. 방사륵이 가장

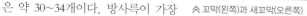

⌃ 꼬막(왼쪽)과 새꼬막(오른쪽)
⌃ 피조개

많은 종은 피조개로 약 42~43개에 이른다. 크기는 피조개가 가장 크며, 새꼬막과 꼬막순으로 꼬막이 가장 작다. kg당 소비자 가격은 피조개가 2천 원대로 가장 저렴하며, 새꼬막(4~5천 원)과 꼬막(8천 원 이상)순으로 꼬막이 가장 비싸다. 맛에 대한 평가는 사람마다 주관적이며, 요리 활용도에 따라

달라지는 부분이지만, 이와 별개로 맛에 대한 자부심, 재료 자체의 맛 평가는 어느 정도 일치되는 부분이 있다. 그랬을 때 평가는 꼬막 > 새꼬막 > 피조개순으로 가격과도 어느 정도 비례하고 있다.

＋
국산과
중국산 꼬막
구별법

지금은 많이 유통되지 않지만, 예전에는 국산 새꼬막과 중국산 새꼬막이 같이 판매되기도 했다. 여기서 중국산 새꼬막은 표준명 '큰이랑피조개'로 국산 새꼬막과 종류가 다르다.

특징은 국산 새꼬막보다 평균 크기가 큰 편이며, 패각에는 검붉은 잔털이 많이 붙어서 전반적으로 붉게 보인다. 뒷면도 차이가 있다. 국산 새꼬막은 잔털이 없는 매끈한 패각

⩓ 국산 새꼬막

⩓ 큰이랑피조개로 흔히 중국산 새꼬막으로 유통된다

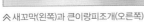
⩓ 새꼬막(왼쪽)과 큰이랑피조개(오른쪽)

⩓ 왼쪽부터 국산 참꼬막, 국산 새꼬막, 중국산 새꼬막

이지만, 중국산은 갈색털로 뒤덮여 있어 어렵지 않게 구별할 수 있다.
속살의 모양은 거의 비슷해 구별이 어려우며, 맛에선 중국산이 오히려 부드러운 식감을 가진다.

고르는 법

꼬막류는 입을 벌리고 있을 때 빨간피로 속살이 붉게 보이는데 붉으면 붉을수록 싱싱한 것이다. 또한 입 벌린 꼬막에 손을 갖다 댔을 때 즉시 입을 다물면 그 꼬막은 물론 포대에 함께 담긴 입 다문 꼬막들도 대부분 싱싱하게 살아있을 확률이 높다. 꼬막은 다른 조개와 달리 입을 닫고 있다고 해서 죽은 것이 아니며, 간혹 죽은 꼬막이 섞여 있더라도 다른 싱싱한 꼬막들과 함께 발견된 것이라면 그 수는 많지 않을 것이다.

⩓ 망태기에 담긴 싱싱한 새꼬막

이용

살짝 익혀서 초고추장과 함께 먹는 꼬막회는 전라도 벌교의 향토음식이다. 채취된 꼬막은 골 사이에 들어찬 개흙을 씻어내고 소금물에 담가 해감하는 과정을 거쳐야 하기에 꼼꼼한 잔손질이 필요하다. 살짝 삶거나 찐 꼬막은 따로 간을 하지 않아도 그 자체로 간이 배여 있고 감칠맛이 난다. 제대로 된 꼬막을 맛보기 위해선 크게 두 가지 방법이 있다. 하나는 물에 살짝 데치듯 삶는 전통적인 방법인데 삶고 나선 물에 헹구거나 식히지 않아야 즙이 빠져나가지 않는다. 또 다른 방법은 찜통에서 찌거나 냄비에 넣고 구워내듯 익힌 것이다. 이렇게 익힌 꼬막류는 양념 없이 그대로 먹기도 하는데, 특히 참꼬막이라 불리는 꼬막은 살짝 익혀 먹었을 때 가장 쫄깃하고 재료 본연의 맛을 오롯이 느낄 수 있다.
새꼬막은 간장이나 고춧가루 양념을 얹어낸 꼬막찜이 유명하며, 최근에는 꼬막비빔밥이 인기다. 이 외에도 꼬막달래초무침과 꼬막시금치된장국, 꼬막야채볶음 등 다채롭게 활용된다.

한편 피조개는 일식에서 회와 초밥 재료로 각광받고 있다. 최근에는 수확하자마자 살만 발라내 급랭한 제품이 초밥, 초무침용으로 나오고 있다. 싱싱한 피조개는 날것으로 먹어야 제맛이 나는데, 특히 한겨울에 살아있는 피조개는 빨간피와 함께 그대로 먹기도 한다. 이 외에도 단순히 쪄낸 피조개찜, 피조개초무침, 피조개부침개와 튀김으로도 이용된다.

⚞ 간장 양념을 얹은 꼬막찜

⚞ 고춧가루 양념을 얹은 꼬막찜

⚞ 꼬막초무침

⚞ 꼬막비빔밥

⚞ 초밥용 급랭 피조개

⚞ 피조개회

⚞ 소면과 피조개초무침

⚞ 피조개 부침개

+
제철 꼬막
맛있게 삶기

1. 커다란 볼에 찬물과 꼬막을 담고 소금 한 주먹을 넣은 다음 이리 돌리고 저리 돌리면서 껍질에 묻은 불순물을 씻어낸다.

⚞ 흐르는 물에 꼬막 씻기

⚞ 한 방향으로 계속 저으며 삶는다

2. 소금을 제하고 1의 과정을 여러 번 반복한 후 흐르는 물에 2~3차례 헹궈주면 꼬막이 반질반질해지면서 깨끗해진다.

3. 냄비의 가장자리부터 물이 끓기 시작하면 꼬막을 넣는다. 펄펄 끓는 물보다 끓기 직전의 물(약 90도 정도)에서 삶는 것이 좋다.

4. 2~3분 동안 삶으면서 한 방향으로 계속 저어준다. 그래야 꼬막 살이 한쪽으로만 붙어 쉽게 떨어진다.

5. 여러 꼬막 중 한두 개가 입을 벌리면 나머지가 입을 벌리지 않아도 곧바로 불을 끈다.

6. 채반에 건져내면 끝!

꼬막 살은 야들야들한 식감과 따뜻한 국물(즙)의 맛이 중요하므로 찬물에 헹구는 과정은 생략한다.

Recipe

(800g~1kg 분량)

꼬막찜 양념

재료

진간장 4T	참기름 1T
고춧가루 1T	매실액 1T
맛술 2T	꿀 1T
간마늘 1T	다진 매운고추 1T
다진 쪽파 1T	깨소금 1T

⚞ 꼬막찜을 위한 간장 양념

⚞ 살짝 삶은 꼬막에 양념만 얹으면 완성

돌기해삼 | 개해삼

분류 순수목 돌기해삼과
학명 *Apostichopus japonicus*
별칭 해삼, 홍해삼, 청해삼, 흑해삼, 백해삼
영명 Sea cucumber
일명 마나마코(マナマコ)
길이 10~20cm, 최대 약 45cm
분포 한국 전 해역, 일본, 중국, 홍콩,
러시아를 비롯한 사할린
제철 11~5월
이용 회, 물회, 무침, 건어물, 볶음, 수프, 탕

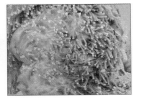
⌃ 해삼의 관족

인삼의 사포닌이 들었다 하여 '바다의 인삼' 즉 '해삼'이라 한다. 해삼은 성게나 불가사리와 마찬가지로 극피동물에 속한다. 표피에 가시처럼 생긴 극(棘)이 수없이 돋아나 있다. 이러한 모습이 오이를 닮았다 해서 영어로는 'Sea cucumber'라 불린다. 해삼은 오로지 입과 항문만이 존재한다. 눈, 코, 귀뿐만 아니라 뇌도 없다. 이러한 해삼이 어떻게 느끼고 움직이는지는 여전히 미스터리이다.

해삼의 몸통을 뒤집으면 관족(발)이 3,000여 개나 있는데 이 관족을 이용해 느린 속도로 바닥을 이동하면서 퇴적물의 종류를 가리지 않고 섭식한 다음 내장기관을 통과하면서 영양분은 흡수하고 나머지는 찌꺼기로 배출한다. 포식자로부터 위협을 느끼면 항문을 통해 내장을 뿜어낸다. 포식자가 내장을 먹는 사이에 안전한 곳으로 도망치기 위한 생존 전략이다. 더욱이 해삼의 내장은 며칠 이내로 재생되며, 심지어 몸통이 여러 개로 잘려나가도 머리까지 재생되기 때문에 생명을 이어나갈 수 있다.

주 산란기는 3~10월 사이이며 자웅이체이다. 수온이 높은 여름에는 거의 활동하지 않은 채 수심 깊은 바닥에서 하면(여름잠)하다 가을이면 다시 활동한다. 해삼은 이 무렵부터 살이 단단해지고 이듬해 봄까지 활발하게 채취되며 식용한다.

+
우리가 먹는
해삼의 종류

주로 식용하는 해삼은 '돌기해삼'이란 단일 종으로 전 세계적으로는 한반도를 비롯해 일본과 러시아, 중국까지 제한적으로 분포한다. 돌기해삼은 서식지 환경과 먹잇감에 따라 체색에 큰 차이를 보인다. 대표적으로 우리가 흔히 먹는 청해삼을 비롯해 홍해삼, 흑해삼, 백해삼 등으로 구분된다. 색은 물론 모양도 미묘하게 달라 다른 종으로 오해하기 쉽지만, DNA 분석을 통해 전부 같은 종으로 밝혀졌다.

⌃ 청해삼

청해삼
시장에 유통되는 가장 흔한 유형으로 우리가 가장 많이 먹는 해삼이다. 주로 갈색, 적갈색, 녹색의 빛깔이며 모양은 긴 타원형이다.

홍해삼

'홍삼'으로도 불리며 여러 해삼의 유형 중에선 가장 맛이 좋고 비싼 값에 팔린다. 몸통은 둥근 편이며, 개체에 따라 길쭉한 것도 있다. 체색은 주로 홍조류를 먹고 살기 때문에 진하고 선명한 붉은색으로 나타난다. 우리나라에선 울릉도, 제주도, 남해 먼바다에서 채집되며 일반 해삼보다 좀더 단단하면서 꼬득거리는 식감이 특징이다. 홍해삼은 다른 해삼 유형과는 달리 약간의 유전적 차이가 나

⚞ 홍해삼

⚞ 길쭉한 홍해삼

⚞ 홍해삼(위), 흑해삼(아래)

⚞ 주황색 돌기가 난 흑해삼

타나 일종의 변종으로 간주되며, 홍해삼을 제외한 유형들은 DNA상 유의미한 차이가 없는 것으로 나타났다.

흑해삼

검거나 살짝 보라색을 띤다. 개체에 따라 돌기까지 완벽하게 검기도 하며, 개체에 따라 흰색이나 흑색 반점이 나타나기도 하고, 주황색으로 나타나는 개체도 있다. 청해삼과 마찬가지로 개흙을 위주로 먹으며 유기물을 흡수한다. 맛은 다른 유형보다 떨어지는 것으로 평가된다.

⚞ 완벽한 백해삼은 아니지만 알비노에 속한 해삼

백해삼

백해삼은 돌연변이의 일종인 알비노에 의해 색소결핍증이 나타난 것이다. 이런 희소한 빛깔로 인해 예부터 귀하게 취급되었고 약재로 쓰이기도 했다. 그러다 보니 백해삼은 맛과 별개로 가격이 형성되기도 하며, 상인에 따라 별다른 의미를 두지 않은 채 다른 해삼과 섞어 팔기도 한다.

고르는 법

해삼은 여름을 제외한 모든 계절에 식용 가능하며, 육질이 가장 좋은 제철은 겨울이라 할 수 있다. 해삼을 고를 때는 활력 징후, 피부의 강도, 돌기 유무 3가지를 고려한다. 대부분 살려서 유통하지만, 똑같이 살아있어도 상태는

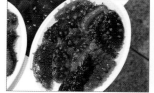
⚞ 돌기가 뾰족하고 선명할수록 좋은 해삼이다

⚞ 유리벽에 붙은 활력이 좋은 해삼

제각각일 수 있다. 특히 수온의 영향을 많이 받는데 겨울에 구매한 해삼이라도 보관 상태에 따라 품질은 개체마다 상이하다. 손으로 만졌을 때 기민한 수축감과 딱딱함이 느껴지는 것이 좋으며, 물컹물컹한 것은 피한다. 돌기는 날이 선 듯 뾰족할수록 상품이고, 잔 돌기보단 굵직한 돌기가 좋다. 같은 수조 내에서 고른다면 바닥에 있는 것보다는 유리벽에 붙어 있는 것이 활력이 좋은 해삼이다.

이용

해삼류는 전 세계 열대 해역에 다양한 종이 분포하지만 실제로 식용이 가능한 종은 많지 않다. 게다가 해삼을 날로 먹는 나라는 한국, 일본 정도로 제한되며 건해삼을 포함해 가장 많이 먹는 나라는 일본과 중국이다.

우리나라에선 주로 산채로 배를 갈라 내장을 제거한 다음 적당한 크기로 썰어 먹는다. 오독오독 씹히는 독특한 식감이 좋으며, 특유의 바다 향과 해초 맛이 나는데 약간의 비릿한 맛도 있어서 초고추장과 궁합이 좋다. 해삼 중 최고는 건해

△ 해삼을 손질하는 아낙(제주 사계리)

△ 맛깔스러운 해삼 한 접시

△ 고노와다와 함께 먹는 참돔회

△ 3월경 해삼에서 나온 내장과 생식소

삼이다. 뾰족한 돌기를 잘 살려낸 최상품의 건해삼은 고가에 거래되며, 중국 요리에 두루두루 활용된다. 일본에서는 몸통보다 내장을 선호하기도 한다. 해삼의 창자를 이용해서 만든 젓갈인 '고노와다'는 단순히 따끈한 흰쌀밥에 올려 먹기도 하며, 광어회와 같은 흰살생선에 함께 섞어 먹기도 한다. 여기서 '고노와다'는 해삼의 내장을 말하는데 손질할 때는 뻘을 제거한 후 창자(와다)만으로 만들기도 하지만, 4~5월경 산란을 앞둔 해삼의 경우 알을 만들기 위해 생식소가 발달하기 때문에 이 시기에는 생식소까지 넣기도 한다. 이 때문에 고노와다의 향이 가장 좋은 시기는 산란 전인 4~5월 사이라고 볼 수 있다.

개해삼

분류	순수목 해삼과
학명	*Holothuria pervicax*
별칭	목삼, 눈해삼, 나무삼
영명	Manacarian sea cucumber
일명	토라후나마코(トラフナマコ)
길이	20~35cm
분포	한국 전 해역, 일본, 중국, 홍콩, 러시아를 비롯한 사할린
제철	평가 없음
이용	식용 불가

수온이 따뜻한 제주도 및 남해안 일대에서 발견되는 흔한 해삼류이다. 몸통은 돌기해삼보다 가늘면서 길다. 체색은 서식지 환경에 따라 연한 황색부터 갈색, 적갈색에 배쪽은 흰색에 가까우며, 돌기해삼과 달리 뾰족한 돌기가 없고 작고 촘촘한 둥근 피판으로 덮여있다. 손으로 만져보면 매우 딱딱해 나무삼, 목삼으로 불리는데 주로 야간 해루질에서 자주 발견된다. 체내에는 '홀로툴린'(holothurin)'이란 독이 있어 생식은 할 수 없다. 다만 말리거나 오랫동안 삶으면 독성을 분해할 수 있어서 그제야 식용이 가능해지는데 식감은 질기고 딱딱해 사실상 상품성은 없는 것이나 다름이 없다.

말똥성게

분류	성게목 둥근성게과	**길이**	직경 3~5cm, 최대 약 6cm
학명	*Hemicentrotus pulcherrimus*	**분포**	우리나라 전 해역, 일본, 중국
별칭	앙장구, 섬게, 밤송이조개, 우니	**제철**	10~2월, 6~7월
영명	Korean common sea urchin	**이용**	회, 초밥, 비빔밥, 덮밥, 국, 파스타
일명	바훈우니(バフンウニ)		

생김새가 둥글고 말똥처럼 생겼다고 하여 말똥성게라 지어졌지만 부산에선 '앙장구'란 이름으로 더 많이 알려졌다. 국내에 서식하는 성게류 중에선 따뜻한 바닷물을 좋아하는 남방계 소형종으로 부산을 비롯해 동남부 해안(거제, 통영), 삼천포와 여수, 그 외 남해안 먼바다 섬과 제주도에서 해녀와 잠수부에 의해 채취된다. 산란은 빠르면 1월 말부터 시작해 2~4월 사이에 진행된다. 초여름에도 생식소가 꽉 차식용 가치가 있지만, 국내에선 주로 늦가을부터 늦으면 2월까지 가장 맛이 좋다.

+ 우리가 먹는 성게알의 정체는?

우리가 먹는 성게알은 사실 알을 만들기 직전의 생식소이다. 생식소는 수컷의 정소와 암컷의 난소를 모두 아우르는 말이며, '생식선'이라고도 부른다. 큰 틀에서 보면 결국 알이 될 것이므로 편의상 '성게알'이라고 부르는 것도 아예 틀린 말은 아니지만, 성게 생식소나 줄여서 성게소라 부르는 것이 정확하다.

≪ 말똥성게의 생식소

+ 수컷과 암컷의 차이

성게는 산란기가 다가올수록 생식소가 비대해지는데 미식의 잣대로 들여다보면 이때가 상품성이 가장 높을 때로, 말똥성게의 경우 이르면 10월 중순부터 채취돼 1월 초순까지

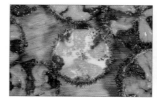

≪ 수컷 말똥성게의 정액

≪ 왼쪽은 암컷, 오른쪽은 수컷

가장 맛있고, 이는 채취된 지역과 절기에 따라 매우 유동적으로 변한다. 다시 말해 1월이든 2월이든 수컷 말똥성게가 하얀 정액을 내기 시작한다면 말똥성게를 맛볼 수 있는 마지막 기회가 되는 것이다. 산란성기가 다가오면 수컷은 흰 정액을 내는데 이때 수컷의 정소는 맛이 크게 떨어지지 않지만, 암컷은 난소에서 강한 쓴맛을 내므로 식용하기가 어려워진다.

평상시에는 암수 따로 구분 없이 섞인 채로 물봉해서 판매되거나 목곽에 채워 포장된다. 암수를 구별할 때는 생식소의 색으로 판별할 수밖에 없다. 암컷의 난소는 진한 주황색에 가깝고, 수컷의 정소는 이보다 밝고 노란색에 가까워 어렵지 않게 구별할 수 있다.

고르는 법

최대한 깨지지 않고 원형이 살아있는 것이 좋으며, 가시가 활발하게 움직이는 것이 좋다. 코를 댔을 때 바다향 외에는 냄새가 나지 않아야 하며, 작아도 들었을 때 묵직한 것이 좋다. 깐 성게는 바닷물에 보관되어야 한다. 수컷의 정소만 따로 모아 파는 것이 최상급이지만, 보통은 구분 없이 섞는다.

△ 1월말에 채취된 싱싱한 말똥성게들

이용

보라성게나 둥근 성게보다 맛과 향이 조금 더 진한 편이다. 성게의 진한 맛을 즐기는 미식가들에겐 말똥성게를 최고로 친다. 부산에서는 따뜻한 흰쌀밥에 김가루, 성게소를 덮고 참기름을 뿌려 먹는 '앙장구비빔밥'이 유명하다. 갓 손질된 말똥성게는 날것 그대로 먹기도 하지만 국을 끓여 먹기도 한다. 성게소를 얹은 '우니김밥'도 부산 앞바다의 별미 중 하나다.

이 밖에도 성게알덮밥인 우니동, 성게알미역국, 성게알초밥(우니스시), 해산

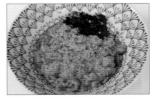
△ 부산의 명물 '앙장구비빔밥'

△ 구운 가리비와 말똥성게

△ 말똥성게초밥

△ 고가에 거래되는 북해도산 북쪽말똥성게

물 덮밥인 카이센동은 상당히 값비싼 음식 중 하나이며 성게알 파스타를 비롯해 레스토랑과 오마카세에서 맛보는 다양한 성게 요리가 인기를 끌고 있다.

한편 북해도의 명물인 최상급 말똥성게는 절반 이상이 '북쪽말똥성게'(*Strongylocentrotus intermedius*)로 생산된다. 북쪽말똥성게는 남방종인 말똥성게와 달리 다소 찬 바닷물에 분포하는 북방종으로 현재 국내에서도 호텔과 고급 일식당에서 가장 선호되며, 목곽에 채운 북해도산 말똥성게는 한 곽에 35만 원 이상, 러시아산도 20만 원이 넘을 만큼 값비싼 식재료이다.

명주매물고둥 | 조각매물고둥

분류	신복족목 물레고둥과	**일명**	치지미에조보라(チヂミエゾボラ)
학명	*Neptunea constricta*	**길이**	각고 13~16cm, 최대 약 20cm
별칭	심해소라, 심해고둥, 명주고둥, 대나팔소라,	**분포**	동해, 일본 중부이북, 오호츠크해
	나팔소라, 나발고둥, 나팔고둥(X)	**제철**	10~4월
영명	Left-handed neptune whelk	**이용**	회, 숙회, 찜, 무침, 구이, 탕, 조림

동해안 일대 깊은 수심에서만 나는 대형 고둥류이다. 지역에선 심해고둥이나 왕소라, 명주고둥, 대나팔소라 등 다양한 이름으로 불리며, 맛도 가격도 고둥류 중 으뜸으로 물레고둥(백고둥)에 견줄 만큼 비싼 값을 자랑한다.

산란은 겨울로 추정되며 가을부터 겨울 사이에는 패각에 알집을 붙이는데 그 모양이 매우 독특하다. 언뜻 보면 노란 꽃이 피어난 듯하지만, 손으로 만져보면 천이나 직물 같이 빳빳하며 단단한 바위나 조개껍데기에 부착시킨 뒤 산란한다. 동해안 일대에서 나는 다른 대형 고둥류와 마찬가지로 타액선(귀청)이 있으며, 여기에는 테트라민이라는 신경독이 있다.

≪ 알집이 붙은 명주매물고둥

+ 타액선을 제거해서 먹어야 한다. 주로 골, 귀청이라 불리는 타액선은 근육을 반으로 가르면 나오는 흰 지방덩어리인데 그 크기가 엄지손톱만하다. 이를 다량으로 섭취하면 어지러움, 매스꺼움, 졸음 유발, 심지어 두통과 복통, 식은땀이 흐를 수 있으니 반드시 제거해야 한다. 골뱅이탕 같이 육수를 내어 국물까지 먹어야 한다면, 삶기 전에 껍데기를 깨트려 타액선을 제거해야 하고, 살만 먹겠다면 삶고 나서 제거해도 된다. 다만 이 경우에도 1~2kg 소량 조리에만 한정된다. 만약 다량의 명주매물고둥을 한 솥 가득 넣고 끓이면 수용성인 테트라민 성분이 다량으로 물에 녹았다 다시 살에 밸 수 있으니 주의한다.

≪ 타액선을 제거하기 위해 육을 반으로 가른다

≪ 가운데 흰 덩어리가 타액선이다

고르는 법 다른 고둥류에 비해 어획량이 많지 않은 편이다. 속초와 주문진, 삼척, 묵호항, 포항의 수산시장에서 한시적으로 볼 수 있다. 어획량이 많은 늦가을부터 겨울 사이에는 인터넷 쇼핑몰에서도 구매할 수 있다. 패각은 균열이 없어야 하며, 살을 건드렸을 때 움찔하며 반응이 있는 것이 싱싱한 것이다.

≪ 살아있는 싱싱한 명주매물고둥(동해 묵호항)

이용 본종은 회와 숙회 모두 맛이 좋은 몇 안 되는 고둥류이다. 날것은 살을 분리해 굵은 소금에 박박 문질러 진액을 제거하고 썰어야 비린 맛이 없다. 회는 사각거리는 식감이 일품이며 씹을 수록 단맛이 난다. 한 차례 삶은 숙회는 감칠맛

≪ 명주매물고둥 회

≪ 명주매물고둥 무침

이 진하면서 흡사 홍게 맛살과 데친 오징어 맛이 동시에 느껴지기도 하는데, 특히 익으면 식감이 매우 부드럽고 야들야들해진다. 이 외에도 골뱅이무침과 탕, 간장조림, 불판에 구워 먹기도 한다. 기본적으로 살과 생식소(흔히 똥이라 부름)만 먹으며, 그 외의 내장은 식용하지 않는다.

≪ 내장은 생식소만 먹는다(표시한 부분)

조각매물고둥

분류	신복족목 물레고둥과	**분포**	동해, 일본 중부이북, 오호츠크해
학명	*Neptunea intersculpta*	**제철**	10~4월
별칭	심해소라, 심해고둥, 명주고둥, 대나팔소라,	**이용**	회, 숙회, 찜, 무침, 구이, 탕, 조림
	나팔소라, 나발고동, 나발고둥(X)		
영명	Neptune whelk		
일명	에조보라모도키(エゾボラモドキ)		
길이	각고 13~16cm, 최대 약 20cm		

조각매물고둥(입구) ≫

≪ 조각매물고둥(윗면)

동해 깊은 수심대 분포하는 대형 고둥류로 현지에선 명주매물고둥과 같이 취급한다. 두껍고 단단한 패각엔 얇은 황갈색부터 진한 고동색까지 서식지 환경에 따라 다양하게 나타나며, 표면에는 미약한 성장맥과 나선형의 굵은 주름이 특징이다. 테트라민 신경독을 이용해 물고기를 마비시켜 잡아먹는 육식성 고둥이며, 이를 식용할 때는 신경독이 있는 타액선을 제거해야 한다.

+ 조각매물고둥과 명주매물고둥은 같은 종

기존에는 '명주매물고둥'과 이종으로 분류해 학명도 제각각 기록되었다. 그 이유 중 하나로 체색과 외형적 차이를 꼽는다.

≪ 명주매물고둥

≪ 조각매물고둥

명주매물고둥의 패각은 밝은 황갈색에 매끈한 표면을 가졌으며, 가는 성장맥이 촘촘히 나타난다는 특징이 있다. 이에 비해 조각매물고둥은 색이 좀 더 어둡고 적갈색을 띠며, 패각에는 나선형 주름과 요철이 나타난다는 점에서 차이를 보였다. 그러나 이러한 차이는 결국 환경에 의한 개체 변이로 같은 종이라는 의견에 무게가 실리는 추세이다.

+ 나팔고둥과 헷갈려선 안 된다.

동해안 일대에선 '명주매물고둥'과 본종인 '조각매물고둥'을 나팔고둥으로 부르는 경향이 있는데 표준명 '나팔고둥'(*Charonia sauliae*)이란 종은 따로 있으므로 헷갈리지 말아야 한다. 표준명 나팔고둥은 멸종위기 1급으로 채취 및 판매가 금지되어 있으며, 이를 어길 시 법적 책임을 물게 되니 주의해야 한다. 참고로 나팔고둥은 국내에서 잡히는 고둥류 중 가장 크며 주로 거제, 통영 등 남해안 일대에서 서식한다.

나팔고둥 ≫

이용

형태만 미세하게 다를 뿐 명주매물고둥과 같이 취급하며 먹는 방법도 똑같다. 심지어 맛도 흡사해 날것과 익힌 것의 식감 차이가 많이날 뿐 아니라 맛도 훌륭해 현지에서 인기가 많은 고둥류이다.

문어

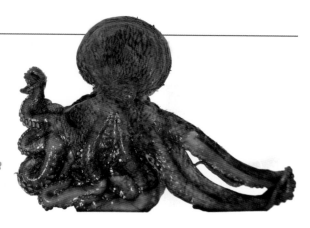

분류	문어목 문어과
학명	*Enteroctopus dofleini*
별칭	대문어, 대왕문어, 물문어, 피문어, 참문어
영명	Giant pacific octopus
일명	미즈다코(ミズダコ)
무게	600g~40kg, 최대 50kg
분포	동해, 일본, 사할린, 캄차카 반도, 알류산 열도, 알래스카, 캐나다 서부 해안을 비롯한 북태평양
제철	11~5월
이용	회, 숙회, 카르파치오, 초밥, 찜, 탕, 구이, 튀김, 조림, 건어물, 훈제 가공

표준명은 '문어'이지만 주로 대문어, 피문어, 물문어 등으로 불린다. 동해 사람들은 '참문어'라고도 부르는데 남해와 제주도에서 주로 잡히는 '왜문어'도 참문어라 부르고 있어서 혼동이 오기도 한다. 수명은 3~5년 사이이고, 다 자라면 최대 50kg까지 나가는 대형 문어다. 알에서 갓 태어난 문어 유생은 쌀알 크기이고, 이후로는 하루에 약 0.9%씩 체중을 불리며 성장하게 된다.

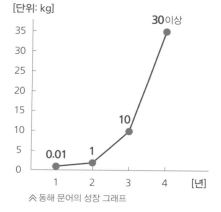

[단위: kg]

⚠️동해 문어의 성장 그래프

태어나서 1년차까지는 약 1kg 내외로 성장하다가 2~3년차에는 기하급수적으로 성장해 약 10kg에 이른다. 이 무렵부터 문어는 생식 능력을 갖추게 되며, 일생에 단 한 번 산란에 참여한다. 4년 차에 이르면서 서식지 환경과 수온에 따라 30kg에서 최대 50kg까지 성장하게 된다. 산란은 며칠에 걸쳐 다회 산란하고, 알을 품은 암컷 문어는 새끼가 부화될 무렵 기력이 쇠퇴하여 생을 마감한다. 알이 부화되기까지는 약 5~7개월이 걸리는데 그 사이 먹이 활동을 할 수 없으니 자가 소비로 버티다가 굶어죽게 되는 것이다.

2~10만 개의 알은 어미의 보살핌으로 불필요한 부유물질의 흡착을 피하는 동시에 지속적으로 산소를 공급받게 된다. 이렇게 해서 태어난 새끼들은 수면으로 떠올라 한동안 부유하게 되지만, 99% 정도는 포식자로부터 잡아먹히고 약 1% 내외만 살아남아 또 다시 번식을 이어간다.

문어는 '글월 문(文)'자가 붙은 해양 생물로 지능이 크게 발달했다. 포식자로부터 몸을 방어하기 위해 자신의 다리를 내어준다거나 시행착오를 학습해 빠져나가기 힘든 미로나 페트병에서 탈출한다거나, 심지어 도구를 이용할 줄 알며 먹물을 효과적으로 사용해 추진력을 얻거나 몸을 바위 틈에 숨기기 위한 연막처럼 이용하기도 한다. 문어 소비는 전 세계에선 일본이 가장 많으며, 그 다음으로 한국과 동남아시아 국가, 지중해 국가 등으로 이어진다.

※ 문어 금어기는 현재 폐지한 상태이며 최소금지체장은 600g이다. (2023년 수산자원관리법 기준)

+
**문어의 암수
구별법**

외형상 큰 차이는 없지만, 수컷은 8개의 다리 중 정면에서 보았을 때 왼쪽에서 두 번째 다리 끝부분이 빨판으로 되어 있으면 암컷, 빨판 없이 뭉툭한 모양이면 수컷의 교접완이다. 짝짓기 때는 수컷이 교접완을 암컷의 몸통을 밀어 넣어 정포를 주입하게 된다.

≪ 수컷 문어의 생식기

고르는 법

문어는 암컷이 수컷보다 살이 연해 인기가 있고, 큰 것보단 5kg 이하 작은 것을 선호한다. 문어는 몸통보다 다리가 인기가 많으니 썰었을 때 단면적도 적당한 크기가 좋고 여러 음식에 활용하기에도 수월하다. 이러한 이유로 동해안 일대에서 판매되는 문어는 큰 것보다 작은 것이 조금 더 비싼 편이다. 크기 분류는 시장마다 다르므로 참고만 하자.

≪ 생후 3~4년차에 든 대형 문어

1) 소문어: 600g~2kg
2) 중문어: 2.1~4.9kg
3) 대문어: 5~9.9kg
4) 특대문어: 10kg 이상

≪ 다리가 한 두개 없는 일명 짝다리

주산지는 동해 최북단인 고성을 비롯해 포항에 이르기까지 이 일대 수산시장과 포구에서 쉽게 볼 수 있고, 인터넷 쇼핑몰에서도 어렵지 않게 구매할 수 있다. 고르는 요령은 용도에 맞는 크기를 선택하는 것이 중요하며, 상처가 적고 다리 8개가 모두 있는지 확인해야 한다.

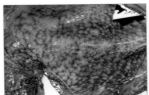
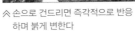

≪ 손으로 건드리면 즉각적으로 반응하며 붉게 변한다

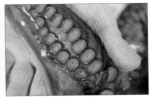

≪ 문어의 빨판

간혹 다리 한두 개가 없는 문어를 '짝다리'라 부르는데 그만큼 가격이 빠지므로 흥정을 잘 해서 구매한다. 활력이 좋은 문어는 건들었을 때 즉각적으로 반응한다.
평소에는 회갈색을 띠다가도 손을 대면 갑자기 붉은색(화남)으로 감정을 표현하며, 빨판의 흡착력이 강할수록 싱싱한 문어이다.

︽ 자숙해 물기를 빼는 중이다

+ 덜 익힌 문어 VS 푹 익힌 문어

문어를 익히는 데는 적잖은 노하우와 순간 판단력이 필요하다. 특히 동해 대문어는 체내에 수분이 많아 데치고 난 후에도 자체 열로 인해 더 많이 익게 된다. 문어가 많이 익으면 질겨지므로 재빨리 찬물에 담가 식히는 방법이 있고, 반대로 조금 덜 삶은 상태로 건져내 자체 열로 마저 익히는 방법이 있다. 겉보기에는 제대로 익을 것 같지 않지만, 대부분이 수분과 콜라겐으로 되어 있어서 어지간히 큰 문어라 해도 우리가 생각한 것보다 빨리 익는 편이다.

한편 이탈리아와 스페인 등 문어를 즐겨먹는 지중해권 나라에선 우리나라와 달리 문어를 푹 익혀 먹는 것을 선호한다. 한국에선 30~40분 이상 푹 익히는 것을 금기시하지만, 사실 그 조리 시간을 넘겨 1시간 30분에서 2시간 가량 삶게 되면 조직이 매우 부드러워질 뿐 아니라 콜라겐은 젤라틴화가 된다. 가뜩이나 삶은 문어를 다시 고온에 굽거나 튀기는 형태로 조리해 먹기 때문에 어설피 삶으면 최종 결과가 질겨진다는 것을 진작에 깨달은 것이다. 심지어 삶은 문어를 방망이로 두들기기도 한다.

정리하자면 한국은 적당히 익혀 꼬들꼬들하면서 야들야들한 식감을 살리는 것이고, 지중해권 나라에선 푹 익혀 부드러운 식감을 얻어내는 조리법이 발달했다. 문어는 크기와 두께가 제각각이므로 삶을 때 정해진 시간이 없으며, 국물 색이 빨갛게 변할 때 건져낸다든지 무게별 최적의 삶는 시간을 모두 암기한다든지 어떤 식으로든 적잖은 경험이 바탕이 돼야 질기지 않고 맛있는 문어 요리가 탄생하는 것이다.

︽ 숙성 문어

+ 문어는 숙성한 것이 더 맛있다.

문어는 삶고 나서 바로 먹기보다는 1~2일가량 냉장 숙성을 거쳐야 비로소 완성된 맛이 나온다. 숙성을 통해 문어 특유의 감칠맛을 이끌어내는 것이다. 따라서 활문어를 택배로 받아 어설피 삶는 것보다는 현지에서 자숙한 문어를 받는 것이 유리할 수 있다. 자숙 문어를 받았다면 산소 접촉을 최소화하는 포장(예를 들어 진공포장)을 거쳐 1~2일 정도 냉장 숙성하는 것을 추천한다. 자숙 문어의 냉장 보관은 최대 6일까지 가능하며, 냉동 보관은 6개월 정도 가능하다. 자숙 문어는 활문어 대비 약 30~40% 정도의 중량 감소가 있다. 냉장고에서 꺼내 먹을 때는 찬 상태 그대로 먹는 것이 좋고, 취향상 따뜻한 문어를 원한다면 찜기에 3분 정도 쪄도 된다.

이용

문어는 오히려 내륙지방인 경상북도 안동과 영주가 유명하다. 기차 외엔 마땅한 교통편이 없었던 시절, 삶은 문어를 운송하다가 자연스럽게 숙성된 문어 맛이 시초가 되었다. 지금은 제사나 차례상엔 없어선 안 될 중요한 수산 자원이다. 살은 달고 감칠맛이 뛰어나 숙회로 안성맞춤이다. 데치거나 쪄도 다른 문어보다 색이 진하며 육질은 야들야들하다는 점이 특징이

다. 삶을 때 무를 함께 넣으면 육질을
부드럽게 하는 데 도움이 된다. 삶기 전
에 간 무를 군데군데 발라주는 것도 효
과가 있다. 이외에도 소주나 청주, 레
몬, 식초, 설탕, 월계수잎 등을 넣는 등
다양한 비법이 동원된다.

︽ 숙성 문어 숙회

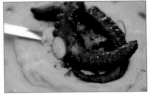
︽ 흔히 '뽈뽀'라 불리는 문어 요리

숙회는 초고추장도 좋지만, 참기름장에
찍어 먹어도 좋고, 와사비와도 궁합이 좋다. 동해의 한 지역에선 닭과 전복을 함께 넣어 끓인 해신탕이
인기이며, 피문어죽은 훌륭한 보양식이 된다.

문어는 일반적으로 생식하지 않지만, 껍질과 진액을 잘 제거해 다리의 부드러운 속살 부분만 회로 먹
는 것이 가능하다. 하지만 진액을 제대로 씻지 않으면 알레르기나 배탈을 일으킬 수 있으니 주의한다.
초밥과 카르파치오는 기본적으로 데친 문어를 사용하며, 최근에는 훈연한 문어도 선보이고 있다. 지중
해권 나라에선 그릴에 구운 문어 요리인 '뽈뽀'가 인기가 있다.

반원니꼴뚜기

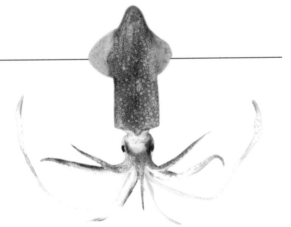

분류	오징어목 꼴뚜기과
학명	*Loliolus japonica*
별칭	호래기, 호랙, 꼴뚜기, 왜오징어, 화살촉오징어(X)
영명	Baby squid
일명	진도우이카(ジンドウイカ)
길이	외투막 5~10cm, 최대 15cm
분포	서해 및 남해, 동해 남부, 일본 중부이남, 동중국해
제철	11~2월
이용	회, 찜, 숙회, 구이, 탕, 라면, 조림

우리가 흔히 '꼴뚜기'라 부르는 것은 크게 참꼴뚜기와 반원니꼴뚜기로 나뉜다. 경상남도 일대에선 이들
꼴뚜기를 '호래기'라고 부르는데, 최근에는 어린 살오징어(=화살촉오징어)를 비롯해 작은 오징어류까
지 통칭해서 불리는 경향이 있다. 제철은 겨울이며 산란기인 봄~여름에도 반짝 잡힌다. 야행성이며 거
제권을 중심으로 낚시가 행해진다. 일반 오징어보다 크기는 작아도 맛이 좋고 잡는 재미가 있어서 경
남권을 중심으로 인기 있는 낚시 대상어이다.

고르는 법

횟감은 활어가 좋지만 죽은 지 얼마 안 된 생물을 저렴하게 구매할 수 있으면 가
장 좋다. 그랬을 때 몸통은 투명해 속이 비쳐야 하며 광택이 나야 한다. 어떤 것은
붉은색이 강렬한데 이는 오징어가 공격 당하거나 흥분했을 때 색소포를 발동시켜 체색을 붉게 한 것이
니 흰색과 붉은색 어느 쪽이든 상관없다.

죽고 나서 반나절까지는 몸에 남은 색소포가 움직이니 이러한 것을 위주로 고르고, 여전히 신선한 것은 빨판의 접착력이 좋아 잘 떨어지지 않는다는 점도 염두에 둔다.

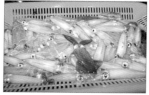
︿ 횟감용 반원니꼴뚜기

︿ 죽었지만 횟감이 되는 호래기는 빨판 흡착력이 여전히 남아 있다

이용

호래기는 살아있을 때 통째로 먹는 회가 유명하다. 큰 것은 다리를 잡아 당겨 내장을 빼고 먹기도 한다. 통으로 살짝 데쳐서 초장에 찍어 먹어도 좋다. 찜통에 삶으면 내장까지 버릴 게 없다. 고추장에 설탕(물엿), 청양고추 등을 넣고 센불에 볶아도 먹음직스럽다. 파와 마늘을 넣고 간장에 조리면 멋진 밥반찬이 된다. 라면에 넣으면 국물이 기가 막히다. 최근 어획량이 저조해 가격이 비싸졌다.

︿ 일명 호래기 회

︿ 별미인 호래기 통찜

︿ 호래기 라면

새조개

분류	백합목 새조개과
학명	*Fulvia mutica*
별칭	해방조개, 갈매기조개, 도리가이
영명	Egg cockle
일명	토리가이(トリガイ)
길이	각장 7~10cm, 최대 약 12cm
분포	서해 및 남해, 일본 북부이남, 중국, 대만 등
제철	12~4월
이용	회, 초밥, 샤브샤브, 구이, 찜

︿ 새 부리를 닮은 속살

새조개는 긴 다리를 이용해 헤엄치는데 이때 다리 생김새가 새 부리를 닮아 '새조개'라고 한다. 서해부터 남해안 일대에 이르기까지 고루 분포하지만 특히 유명한 산지로는 충남 홍성 남당항과 전라남도 여수, 경상남도 진해 등이 있다. 진흙에 몸을 대고 부유물을 여과해 섭식하는데 성체가 되면서 좀 더 깊은 바다로 들어간다. 아직은 대량 양식을 하지 않고 각 지역 어촌의 관리하에 생산되고 있다. 산란은

봄과 여름 두 차례인데 대개 새조개가 가장 알이 굵고 맛있을 때는 산란 직전으로 그 시기는 절기마다 차이는 있지만 대략 1~3월 사이다. 이후 산란을 준비하면서 살이 빠지는데 어떤 해는 산란이 늦어지면서 5월 초까지도 새조개가 판매되곤 했다.

홍성 남당항에서는 매년 새조개축제를 연다. 전량 자연산이다 보니 매해 생산량이 들쭉날쭉하며, 이에 가격도 오락가락하는 편이다.

고르는 법

새조개는 크게 손질한 새조개와 통 새조개가 있다.

손질 새조개

표면이 반질반질 윤이 나고 다리가 짙은 초콜릿색을 띠는 것이 싱싱하다. 갓 손질된 것은 여전히 꿈틀거리며 최상의 신선도라 할 수 있다. 반대로 초콜릿색이 많이 벗겨지면서 하얗게 된 것은 익혀 먹을 순 있으나, 생식은 피한다.

통 새조개

손질을 하지 않은 원물 그대로이므로 살 아있는 것을 전제로 한다. 신선도와 보존력에서는 통 새조개가 훨씬 유리하다. 가령 아침 일찍 장을 보고 그날 저녁에 먹어야 한다면, 손질을 해야 하는 번거로움이 있어도 통 새조개가 낫다. 새조개는 패각과 알의 크기가 꼭 비례하지는

≪ 싱싱한 새조개는 표면에 윤기가 나고 다리가 검다

≪ 상대적으로 덜 싱싱한 새조개의 모습

≪ 망에 담긴 새조개

≪ 이 정도 깨진 것은 괜찮다

≪ 산소 공급 여부를 확인한다

≪ 활력이 매우 좋은 새조개

않는다. 그때그때 출하 시기에 따라 알이 덜 찬 것도 있고, 꽉 찬 것도 있으니 구매할 때는 껍데기 대비 알이 얼마나 찼는지 확인해야 한다.

알맹이는 굵고 들었을 때 묵직해야 하며, 껍데기가 깨끗하고 윤기가 나는 것이 좋다. 산지에서 채취된 새조개는 망이나 포대에 담긴 채 운반되는데 이때 맨 아래에 깔린 것은 깨지기 쉽다. 따라서 포대가 됐든 대야가 됐든 맨 밑에 깔린 것은 피하고, 구멍이 크게 나거나 심하게 깨지지 않은 것, 입을 크게 벌리지 않은 것을 고른다.

특히 수조나 대야에서 새조개를 고를 땐 산소공급 여부가 매우 중요하다. 새조개도 호흡을 하면서 뻘을 뱉어내는 해감 작용이 있어야 하는데, 산소공급장치가 없는 고인 물이라면 활력이 저하됐거나 심지어 죽은 것도 있을 수 있으니 피하는 것이 좋다. 무엇보다도 손바닥 위로 올렸을 때 다리를 내밀며 활발하게 움직인다면 최상의 활력이라 할 수 있다.

+
속살이게

손질할 때 속살이게가 나오면 싱싱하고 좋은 새조개이다. 속살이게는 멍게에서 자주 발견되는 엽새우와 함께 대표적인 공생 생물로 건강하고 활력이 좋을 때 주로 발견된다.

︽ 새조개에서 나온 속살이게

+
보관법

통 새조개의 경우 당장 먹을 게 아니라면 바닷물에 한동안 살려두는 것이 좋다. 산소공급장치가 없어도 한 동안은 살아있다. 다만 집에 기포기가 있다면 틀어주고, 검은 천이나 비닐을 덮어주면 수 시간 동안 해감하면서 살 속에 뻘을 어느 정도는 제거할 수 있다. 다만 새조개 내장까지 먹을 수 있을 만큼 완벽하게 뻘을 제거하려면 횟집 수조에 2~3일은 둬야 한다. 이는 가정에서 어려운 부분이니 참고만 한다. 손질 새조개는 깨끗한 해수 또는 약 3% 정도로 용해된 소금물에 담가 물봉해서 냉장 보관한다. 대략 3~4일 정도는 무리 없이 먹을 수 있으며, 그 이상 보관해야 할 때는 냉동시킨다.

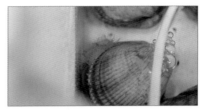

︽ 기포기를 틀면 관족을 드러내어 호흡하고 뻘을 뱉어낸다

+
새조개 가격

새조개의 시세는 전적으로 어획량에 따른다. 최근 몇 년 동안은 어획량이 들쑥날쑥해 가격도 매해 달라지고 있다. 2022년에는 kg당 18,000원대까지 내려갔지만, 2023년에는 30,000원까지 올랐다. 자연산이라 시세 변동이 크고, 크기마다 다르다는 점도 유념해야 한다. 또한 시즌 초반인 12~1월에는 저렴한 편이었다가 시즌 후반인 2~3월로 갈수록 비싸지는 경향이 있다. 아래의 시세는 2023년 기준이다.

︽ 통 새조개 2kg(24미)

• 통 새조개(약 10~13미): 22,000~30,000원(1kg)
• 손질 새조개: 28,000~40,000원(1근=400g)

이렇듯 같은 해라도 가격은 시장에 따라 천차만별이다. 새조개를 저렴하게 구매하려면 새조개에 특화된 시장을 찾는 것을 추천한다(인천종합어시장, 소래포구, 홍원항, 백사장항, 무창포항, 비응항 외 여수와 고흥, 진해, 마산 일대 수산시장 등).
온라인을 통해 구매한다면 손질 새조개 500g이 4~5만 원 내외이다. 이는 원물 2.5kg을 작업했을 때 나오는 순살이며 약 2인분에 해당한다.

+
새조개의 수율

통 새조개 1kg을 손질하면 껍데기를 제하고 약 300g 전후의 알맹이가 나온다. 여기서 내장까지 제거하면 약 180~250g으로 줄어든다. 다시 말해, 내장을 포함한 알맹이 수율은 약 30~33%, 내장까지 제거한 속살은 20% 내외다. 변수가 있다면 껍데기

대비 알의 크기이다. 살이 가득 찐 새조개는 껍데기 대비 알맹이가 굵다. 그랬을 때 수율은 위에 언급된 것보다 조금 더 많이 나올 수는 있다. 하지만 1kg 손질 시 400~500g 이라고 판매한다면 특별한 이유가 있지 않은 이상 중량 부풀리기를 의심해야 할지도 모른다.

새조개 1kg 작업한 순살(약 250g) ≫

이용 제철 새조개는 비린내도 적고, 맛이 달며, 적당히 씹히는 식감까지 조개의 왕이라 해도 과언이 아닐 만큼 최고의 식재료이다. 새조개의 맛을 오롯이 느끼는 방법은 역시 회와 초밥, 샤브샤브가 빠질 수 없다. 그러나 고급 일식집이 아닌 이상 일반 소비자가 먹기에는 샤브샤브가 접근성이 좋고, 적당히 달군 팬에 새조개와 차돌박이, 버섯 등을 살짝 구워 먹는 삼합 방식도 별미다.

≪ 새조개 샤브샤브

샤브샤브는 채소를 듬뿍 넣고 끓인 육수에 새조개를 살짝 담가 먹는 방식이다. 취향마다 다르지만, 팔팔 끓는 육수를 기준으로 5~7초만 담가도 충분하며, 그보다 낮은 온도라면 10~15초 정도가 적당하다. 너무 많이 데치면 새조개 특유의 맛있는 성분이 육수로 빠져나가는 동시에 식감도 뻣뻣해지니 유의한다. 기호에 따라 봄나물인 냉이나 쑥 등을 곁들이기도 한다.

접시조개

분류	백합목 접시조개과
학명	*Megangulus venulosus*
별칭	칼조개
영명	Sunset clam, Great northern tellin
일명	사라가이(サラガイ)
길이	각장 7~14cm, 최대 23cm
분포	동해, 일본 북부, 사할린, 오호츠크해를 비롯한 북태평양
제철	11~5월
이용	회, 찜, 구이, 탕

동해에서 나는 자연산 조개로 현지에서는 '칼조개'로 통한다. 호수나 연못에 서식하는 표준명 '칼조개'(*Lanceolaria grayana*)와는 관계가 없으며, 동해 북부(속초, 강릉) 해안가 조간대에서 수심 20m 모래바닥에 서식하는 비교적 대형 조개이다. 이론상으로 약 23cm까지 자란다고 알려졌으나 시장에 유통되는 크기는 10cm 내외가 가장 많다. 냉수성 조개로 강릉을 비롯해 동해 북부와 일본 북해도, 오호츠크해에 걸쳐 서식한다. 보통 북방대합과 서식장소가 겹친다. 겨울부터 봄에 주로 나며, 이때가 제철로 맛이 가장 좋다.

이용 속초, 강릉 일대 수산시장에서 구매할 수 있지만, 채취량에 한계가 있어서 늘 판매되는 것은 아니다. 전량 자연산이며 패각이 크고 두꺼운데 비해 수율은 낮은 편이어서 kg당 체감가는 비싼 편이다. 모래에 사는 조개인 만큼 하루 정도 해감이 필요하며, 소비자는 해감한 것을 구매하는 것이 좋다. 살아있는 것은 그 자리에서 바로 까서 회로 먹으며, 간단히 쪄서 먹어도 맛이 있다. 비린내가 적으면서 은은한 단맛과 감칠맛이 특징이다. 이 외에 조개탕과 구이로 이용된다.

지느러미오징어 | 훔볼트오징어

분류	살오징어목 날개오징어과
학명	*Thysanoteuthis rhombus*
별칭	대포한치, 대왕한치, 대포이까, 날개오징어
영명	Diamond squid, Rhomboid squid
일명	소데이카(ソデイカ)
길이	외투장 50cm~1m
분포	동해 및 남해, 제주도, 일본 중부이남을 비롯한 전 세계 대양의 온대 및 열대 해역
제철	11~3월
이용	회, 초밥, 물회, 볶음, 구이, 숙회, 튀김

︽ 8kg급 지느러미오징어

외투장 길이는 1m를 넘어서며, 최대 30kg에 육박하는 대형 오징어류이다. 전 세계 대양에 매우 광범위하게 분포하며 국내로 들어오는 개체는 일본 남부 지방으로부터 난류를 타고 북상하는 것으로 추정된다. 주로 부산과 포항 등 동해 남부 연안에서 자주 발견되며, 겨울에 산란기를 앞두고 연안의 얕은 수심으로 접근하다 잡힌다. 추광성이라 불빛을 쫓아 방파제 내항 안으로 들어오다가 오징어 낚시채비에 걸리기도 하는데, 이 경우 엄청난 힘으로 채비를 망가트리거나 낚싯줄을 끊어버리곤 한다.

초겨울부터 이듬해 초봄 사이 많이 유통되는데 최근에는 인터넷 쇼핑몰은 물론, 경매를 통해 노량진 새벽도매시장에서도 종종 볼 수 있다. 그만큼 지느러미오징어의 어획량은 과거에 비해 갈수록 증가하는 추세로 이것이 지구온난화 또는 난류의 영향인지는 좀 더 두고 봐야 할 것 같다.

고르는 법 횟감으로 이용하기 위해선 언제 잡힌 것인지 사전에 알고 구매할 필요가 있다. 눈동자는 검고 투명감이 있어야 하며, 몸통은 진한 붉은색에 윤기가 반질반질 나고, 상처가 적은 것이 좋다. 대게 오징어는 클수록 질기고 맛이 없다고 알려졌지만, 지느러미오징어는 워낙 큰 데다 외투장 기준 60~80cm라 하더라도 해당 종에 한해서는 중간 크기에 불과하므로 질기거나 맛이 떨어지는 것은 아니다.

︽ 경매 중인 싱싱한 지느러미오징어
(노량진 수산시장)

이용

선어로 유통되지만, 신선할 때는 오징어회나 물회로 이용된다. 잘게 칼집 내어 널찍하게 썰면 부드러운 식감을 느낄 수 있으며, 토치로 표면을 살짝 그슬려 불향을 입히고 그 위에 레몬즙

⌃ 일명 대포한치회

⌃ 살짝 구워 먹어도 좋다

과 와사비, 무순, 소금 등을 뿌려 먹으면 고급 일식집 부럽지 않은 맛을 즐길 수 있다. 내장과 눈알을 제외하면 전부 먹을 수 있는 살이기 때문에 수율이 높다는 장점이 있다. 시중 식당에서는 알게 모르게 일반 오징어인 것처럼 판매되기도 하며, 최근 마트나 온라인쇼핑에서는 손질된 지느러미오징어가 유통되고 있다.

⌃ 대포한치 돼지고기 두루치기

큰 오징어가 맛이 없을 거라는 편견은 금물. 지느러미오징어는 한치만큼 부드러우면서 적당히 씹는 맛을 준다. 특히 오징어귀라 불리는 지느러미살과 주둥이 부위는 독특한 맛과 식감을 선사한다. 이 외에도 반건조 오징어(피데기)를 만들어 맥반석에 굽거나 버터를 둘러 구워도 색다른 맛을 느낄 수 있으며, 그냥 오징어 볶음처럼 해 먹어도 되지만 돼지고기와 함께 두루치기로 먹는 것이 가장 맛이 좋다.

+ 대왕오징어와 가문어의 정체는?

수년 전부터 오징어 가격이 너무 올라 금징어 시대가 도래하면서 대부분의 식당에선 국산 오징어를 포기하는 대신 값싼 훔볼트오징어를 선호하고 있다. 훔볼트오징어의 원산지는 주로 페루나 칠레이며, 남서대서양에서 잡은 것이 중국을 거쳐 국내로 수입되기도 한다. 크기는 지느러미오징어와 비슷하거나 좀 더 크게 자라며 심지어 몸통만 2m가 넘어가기도 한

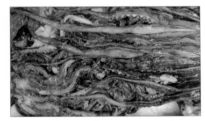
⌃ 가문어, 대왕문어발로 불리지만 실제론 훔볼트오징어 다리이다

다. 때문에 일각에선 훔볼트오징어를 '대왕오징어'라 부르지만, 사실 대왕오징어란 종은 따로 있다. 즉 '대왕오징어'는 전 세계에서 가장 큰 종인 '남극하트지느러미오징어'에 이어 두 번째로 큰 종이다. 하지만 우리 식탁에 오르는 오징어류 중에선 사실상 훔볼트오징어가 가장 크기 때문에 '대왕오징어'란 말로 굳혀졌다. 이 외에도 훔볼트오징어는 '가문어', '대왕발', '무라사키' 등 다양한 이름으로 불리고 있다.

다시 말해 시중에 가문어는 훔볼트오징어의 다리와 같으며, 이것이 마치 문어 다리인 것처럼 생각하기 쉽게끔 고안된 말로 소비자 기만에 가까운 용어인 것이다. 이 가문어는 '통족', '왕족', '대왕문어발' 같은 용어를 병행하기도 하는데 주로 편의점에서 파는 조미 오징어발, 문어발, 그리고 타코야키에 많이 쓰인다.

또한 대왕오징어란 말은 실제 학술적 의미로 대왕오징어란 종이 따로 있지만, 국내에선 실질적으로 훔볼트오징어란 말 대신 대왕오징어로 통용되기 때문에 이 또한 혼동해선 안 되며 지느러미오징어와는 더더욱 혼동해선 안 된다.

훔볼트오징어의 몸통은 분식집 대왕오징어 튀김을 비롯해 중국집 짬뽕, 냉동 해물믹스, 진미채에 사용되며, 몸통을 격자무늬로 칼집 내어 가공한 '냉동솔방울오징어'로 만들어 각종 음식에 쓰이고 있다. 지느러미오징어의 경우 아직은 전량 국산만이 유통되고 있으며 kg 당 15,000~20,000원으로 비싼 편이다. 이와 반대로 훔볼트오징어는 kg당 3,000~4,000원에 불과하다.

⌃ 훔볼트오징어덮밥 　　　　⌃ 훔볼트오징어 튀김

참굴

분류	익각목 굴과
학명	Crassostrea gigas
별칭	굴, 석굴, 석화
영명	Giant pacific oyster
일명	마가키(マガキ)
길이	각고 12~17cm, 최대 약 22cm
분포	우리나라 전 해역, 일본, 중국, 발해만, 동중국해, 홍콩을 비롯한 북태평양과 지중해, 호주

제철 11~3월
이용 회, 찜, 구이, 국, 솥밥, 전, 튀김, 무침, 젓갈, 김치

참굴은 우리나라에서 서식하는 여러 굴 종류 중 가장 흔히 볼 수 있다. '바다의 우유'라는 별명이 있듯 영양학적으로 가치가 높고 맛도 좋아 남녀노소 누구에게나 사랑받고 있다. 우리나라 전 해역에 고루 자생하며, 통영과 거제 일대에서 가장 많이 양식되고 있는 대표적인 해산물이다. 자연산 참굴은 밀물과 썰물이 드나드는 조하대 암반에 붙어살지만, 수심 5~40m에도 많이 서식한다.

여름에 수천만 개의 알을 낳으며, 알에서 태어난 유생은 바다를 부유하다 적당히 살만한 장소를 골라 정착한다. 평소엔 암수 한 몸인 자웅동체이지만, 산란기인 6~7월에는 암수가 뚜렷해진다. 규조류나 플랑크톤을 걸러 먹으며 성장하다 보니 서식지 해역에 따라 모양과 빛깔이 제각각으로 나타날 때가 많다.

참굴은 바닷가라면 여기저기 분포하는 만큼 적응력도 강해 일정 수준의 오염을 견디기도 한다. 만약 어느 한 해역이 오염됐다 하더라도 한동안은 그 오염물을 축적해두며, 그 오염이 심각해지거나 지속되면 그제야 굴 서식지가 파괴될 정도이다. 때문에 자연산 굴의 맛과 품질은 서식지 환경에 지대한 영향을 받으며, 특히 생굴로 소비되는 특성상 그 어느때보다도 수질이 중요하다.

**+ 한국에
자생하는
굴의 종류**

굴은 전 세계적으로 530여 종에 달하고, 한반도 주변에만 30여종이 분포하는 것으로 알려졌다. 이 중에서 널리 식용하는 참굴 외에도 강굴(벚굴), 토굴(갓굴), 바위굴, 가시굴, 태생굴 등이 있다. 이 중 대량 양식이 이뤄지는 종은 참굴이며, 이는 다시 지역에 따른 특색을 반영한 품종 개량으로도 이어지고 있다.

︽ 강굴(벚굴)

︽ 토굴(갓굴, 떡굴)

︽ 바위굴

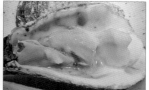
︽ 스텔라마리스와 셔벗의 조화

대표적으로 통영의 스텔라마리스, 거제의 빅록, 여수와 고흥에서 생산되는 블루포인트와 펄쉘, 강진의 클레오, 신안의 1004굴, 태안의 오솔레 등이 있다. 이들 굴은 개체굴로 여름에도 안심하고 먹을 수 있어 최근 오이스터바에서 인기를 끌고 있다.

**+ 개체굴이란
무엇인가?**

기존에 먹던 굴은 이배체 굴이다. 이배체는 염색체가 2쌍으로 되어 있어 산란과 종족 번식이 가능하다. 결과적으로 여름 굴은 산란에 많은 힘을 쏟으면서 알맹이가 작아지고,

︽ 삼배체 굴

︽ 크고 속살이 꽉 찬 삼배체 굴

향과 맛도 빠진다. 또한 산란기 때 비대해진 생식소는 끓여도 없어지지 않는 독성을 포함하고 있어 생식은 물론, 여름 굴 자체를 먹는 것이 위험하다고 인식한다. 이러한 단점을 없앤 것이 삼배체 굴이다.

삼배체 굴은 기존 굴인 이배체 굴과 사배체 굴을 이용해 개량한 것으로 염색체는 총 3쌍이 된다. 3쌍의 염색체는 감수분열이 정상적으로 이뤄지지 않으니 대부분 생식 능력을 잃게 된다. 이와 비슷한 원리로 만든 것이 씨 없는 수박이다. 유전자를 조작했거나 다른 종의 유전자를 결합시킨 것도 아니어서 'GMO'(유전자재조합식품)에 속하지도 않는다. 단지 생식 능력만 잃어버렸기 때문에 생식에 힘을 쏟지 않아도 된다.

그 결과 일반 참굴보다 성장 속도가 빨라 크게 키워낼 수 있다는 장점과 여기에 더하여 한여름에도 알맹이가 꽉 찬 맛을 선사한다는 점. 무엇보다도 독성이 없어 신선함만 담보된다면 여름에서 생식이 가능하다는 점이다. 기술은 프랑스로부터 도입됐지만 지금은 오히려 역수출하고 있다. 개체굴이 나온 초기에는 몇몇 오이스터바를 위주로 유행했지만, 지금은 수산시장은 물론 일반 식당과 인터넷 쇼핑몰에서도 어렵지 않게 구매할 수 있게 되었다.

+
굴과 석화,
양식과
자연산의
차이

우리가 주로 먹는 굴은 90% 이상이 '참굴'이란 종이지만, 앞서 언급했듯 산지에 따라 다양한 품종으로 개발되기도 하며, 상태나 특성에 따라서도 서로 다른 이름이 붙게 된다.

우선 굴과 석화의 차이를 알아보자. 결론부터 말하자면 굴과 석화는 근본적으로 같다. 양식, 자연산 할 것 없이 알맹이만 뺀 것을 '굴'이라 부르고, 껍데기째 있는 것을 '통굴' 또는 '석화'라 부른다. 여기서 석화란 돌 '석'(石)자에 꽃 '화'(花)로 바위에 다닥다닥 붙은 석화의 모습이 마치 흰 꽃이 핀 것 같다고 해서 붙은 이름이다. 그러니 석화는 자연산 굴이고, 양식은 그냥 굴로 부르기도 한다.

반각굴은 한쪽 껍데기를 탈각해 먹기 좋은 상태로 만든 것인데 시장에선 '하프쉘'이라 부르기도 한다. 반대로 알굴은 알맹이만 깐 굴이다. 주로 대형마트에서 판매되며 비닐 포장으로 바닷물에 알굴을 채워 파는 형태이다.

어리굴은 서해안 일대에서 자생하는 참굴로 남해안에서 기르는 참굴보다 크기가 작고 알맹이는 비교적 단단한 편이다. 자생이라곤 하나 처음에는 돌을 던져 굴을 붙이는 투석식으로 인위적인 손길이 들어가지만 사실상 자연산에 가깝다. 주산지는 서해안 일대이며 특히, 간월도(천수만) 굴이 유명하다. 서해안 일대는 5~7m에 이르는 조수간만의 차이가 하루 2번 이상 쉼 없이 반복된다. 늘 수중에 잠겨 있는 통영 수하식 굴과 달리 섭식의 기회가 줄어 크기가 작다. 여기에 햇빛에 장시간 노출되다가도 물에 잠기는 과정을 반복하다보니 특유의 굴 향이 진하다는 점이 특징이다. 어리굴은 말 그대로 '어리다', '모자라다'의 뜻이 있는 작은 굴로 살이 단단하고 진한 향을 품는데 이 지역에선 소금에 절여 숙성한 어리굴젓이 유명하다. 산지에선 이를 '토굴'이라 부르는데, 동명의 표준명을 가진 '토굴(벚굴)'과는 상관이 없다.

수하식 굴은 통영, 부산, 거제 일대 해안가에서 대량으로 이뤄지는 생산 방식으로 통상 '양식 굴'이라 부르지만, 사람이 만든 구조물(바다에 부표를 띄우고 그 아래에 조가비를 늘어뜨린다)에 붙어 성장한다는 점을 제하면 자연산과 다를 것이 없다. 왜냐하면 사료를 먹고 자란 양식과 달리 수중에 떠밀려 오는 각종 유기물과 플랑크톤을 섭취하며 자라기 때문이다. 수하식 굴의 장점은 조수간만의 차이와 상관없이 늘 수중에서 먹이활동을 할 수 있으므로 서해산보다 크게 자라고 먹을 것이 많다. 또한 대량 생산이 가능해 생산 단가를 떨어트릴 수 있으며, 합리적인 가격에 판매할 수 있다는 점도 꼽는다. 물론 단점도 있다. 조간대에 서식하는 자연산 굴에 비해 향이 약하며, 일부 양식장에선 노로바이러스 검출로 인해 위생 문제가 불거지기도 했다.

︽ 자연산 석화

︽ 반각굴(하프쉘)

︽ 알굴

︽ 서해 자연산 어리굴

노로바이러스는 전형적인 '인재'(人災)이다. 노로바이러스는 사람의 분뇨를 통해 바다와 그곳에서 길러지는 수산물까지 오염시키게 된다. 특히 여과섭식으로 플랑크톤 등을 걸러 먹는 홍합이나 굴 같은 패류에는 치명적이다. 사람의 분뇨가 원인이라지만 어째서 이 넓은 바다 양식장에 유입되었는지는 의견이 갈린다. 굴 양식장에서 노동자들이 직접 변을 누면서 시작됐다는 설이 있지만, 확인해본 결과 대다수의 굴 양식장에는 화장실이 없다. 어쩌면 아무도 보이지 않는 시간대에 몰래 변을 눌 수도 있지만, 그것만으로 그 넓은 바다가 노로바이러스에 취약해졌다고 설명하기에는 무리가 있다. 가장 유력한 설은 오폐수를 통해 지상에서 분료가 유입되고 있다는 점과 선상낚시에서의 무분별한 배변 행위를 꼽을 수 있다. 여기에 일부 굴 양식장의 부족한 위생관념도 노로바이러스를 부추겼단 지적이다. 이로 인해 몇몇 양식장은 수출이 금지되기도 했다. 최근에는 노로바이러스에 의한 여러 부작용을 의식했는지 많은 양식 어가에서 위생관념을 개선했고 그 결과 노로바이러스의 검출 사례는 점차 주는 추세이다.

고르는 법

통굴은 입구가 굳게 닫힌 것을 고른다. 방추형과 타원형이 있는데 타원형이 좀 더 깊고 물살이 센 곳에서 채취되었을 확률이 높을 뿐, 품질의 차이와는 관련이 없다. 껍데기에 검은 줄무늬는 선명하게 나타나는 것이 좋다. 알굴

∧ 싱싱한 수하식 참굴

∧ 윤기와 광택이 나는 싱싱한 알굴

을 고를 때는 우윳빛으로 광택이 나는 것이 좋지만, 먼바다에서 채취된 일부 굴들은 누런색을 띠기도 하며 이는 정상이다. 속살은 탄력감이 느껴지고 광택이 나는 것이 중요하며, 오래돼서 누런 것인지 원래 누런 것인지는 구분해야 한다.

싱싱한 굴을 저렴하게 먹겠다면 망태기나 박스에 든 석화를 10kg 혹은 그 이상 단위로 파는 것을 구매하는 것이 가장 좋다. 다만 굴 껍데기를 일일이 까야 한다는 번거로움을 피하고 싶다면 이보다 가격은 비싸지만 먹기 편하게 손질한 반각굴(하프셀)을 추천한다. 반각굴의 경우 하루 정도는 냉장 보관했다가 생식할 수 있지만, 기온이 높은 여름에는 포장 상태를 보고 주의를 기울여야 한다. 예를 들어 하루 걸려 택배로 받은 반각굴인 경우 얼음팩이 전부 녹고 알맹이도 미지근한 상태라면 생식하지 말아야 한다.

정답은 '틀리다'이다. 굴은 대표적인 여과섭식으로 유기물이나 플랑크톤을 걸러 먹으며 성장한다. 이때 사용하는 것이 아가미이다. '테두리가 검어야 싱싱한 굴이다'라는 말에서 테두리는 곧 아가미를 뜻한다. 이 아가미는 서식지 환경, 예를 들어 수심과 조류의 세기, 조수간만의 차이, 햇빛을 받는 정도에 따라 빛깔이 다르다. 통영의 대표적인 수하식 굴은 일부 개체가 연한 갈색을 보이기도 하지만, 80~90%는 대체로 아가미가 까맣다.

반대로 서해와 서남해산 굴은 테두리가 옅은 갈색이거나 노란색에 가깝다. 다시 말해 굴은 각각의 서식지 환경에 따라 서로 다른 아가미 색을 가지게 되며, 선도가 떨어질수록 그 색은 점차 흐릿하게 변

한다. 그러므로 '테두리가 검어야 싱싱하다'란 말은 오로지 수하식 굴에만 해당되는 내용이므로 이를 굴의 전체 특성으로 싸잡아 단정 짓기에는 무리다. 그럼에도 불구하고 수하식 굴을 생산하는 통영산 굴은 전국 굴 생산의 약 70%를 차지하기 때문에 '검은색 테두리가 싱싱한 굴이다'

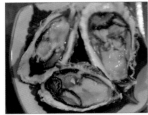 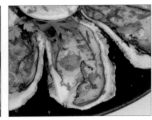

❱ 아가미가 검은 것이 특징인 수하식 굴   ❱ 아가미가 노랗거나 갈색인 서남해산 굴

란 논리는 당분간 이어질 전망이다. 반면에 연한 갈색 테두리를 가진 서해 및 서남해산 굴 판매자는 테두리 색깔 논쟁에 불필요한 클레임을 받게 될지도 모르겠다.

이용
일반적으로 생굴(생식)로 먹고, 채썬 배를 곁들여 초무침을 해 먹기도 한다. 생굴은 기본적으로 초고추장을 곁들여 먹기도 하지만, 지중해권 나라에서 많이 먹는 방식인 레몬즙, 쳐빌, 쉐리 식초, 와인 비네거, 다진 샬롯 등을 곁들여 먹으면 궁합이 매우 좋다. 또한 석쇠에 바로 구워 먹는 굴구이, 굴찜 등이 별다른 손질 없이 간편하면서도 특유의 굴 맛을 음미하기에 좋다. 이 외에도 굴국밥, 굴짬뽕, 굴전, 굴튀김, 굴밥, 굴젓 등 매우 다양하게 활용되고 있으며, 김장철에는 보쌈용 굴 김치를 담가 먹는다.

❱ 레몬과 쳐빌을 곁들인 생굴 플래터   ❱ 굴무침

❱ 굴구이   ❱ 굴찜

  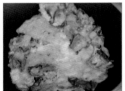 

❱ 매생이 굴국   ❱ 굴짬뽕 라면   ❱ 굴 파전   ❱ 굴밥

+
굴을
안전하고
맛있게
먹는 방법

굴을 먹을 때 가장 걱정되는 것이 노로바이러스이다. 노로바이러스 걱정 없이 먹으려면 생식을 금하고 익혀 먹는 것이 가장 확실하다. 노로바이러스는 영하 20에서도 생존할 만큼 강하지만, 높은 온도에는 매우 취약하다. 노로바이러스는 80℃에서 1분 이상 끓이면 사라진다. 하지만 생굴 특유의 향긋한 맛을 포기하기 어려운 미식가들에게는 이런 원론적인 내용이 별다른 도움이 안 될 수도 있다. 아래에

최대한 위생적으로 먹을 수 있는 방법을 제시하지만, 이 경우에도 노로바이러스를 완벽하게 박멸하기는 어렵다는 점을 분명히 밝힌다.

≫ 소금 뿌려 살살 주무른다

1. 반드시 생식용인지 확인한다(조리용X)
2. 수하식 통굴(석화)은 노로바이러스 검사에 합격점을 받았는지 확인하고, 자연산 석화를 이용한다면 감염확률을 조금 더 낮출 수 있다.
3. 알굴은 굵은 소금을 한주먹 뿌리고, 약한 압력으로 조물조물 한 뒤 흐르는 물에 씻는다.
4. 통굴이나 반각굴은 차가운 정수기 물(또는 소금물)에 담근 상태에서 테두리 쪽(아가미)에 묻어 있는 이물질

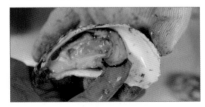

≫ 아가미에 붙은 불순물을 씻어낸다

을 부드러운 솔로 씻겨낸다. 수하식 굴인 경우 아가미와 이물질이 똑같은 검은색이므로 표면에 묻은 먼지만 털어낸다는 생각으로 살살 문지르면 된다.
5. 소금물에 한 번 더 헹군다.
6. 몸이 아프거나 면역력이 저하되었을 때는 생식을 피한다.
7. 굴은 알맹이만 분리해 염도 3~4%의 소금물에 담가 비닐에 보관한다. 이 상태로 냉장 보관은 약 2일, 냉동은 3개월까지 보관할 수 있으며, 조리해서 먹는다.

＋
울퉁불퉁한 굴은 먹어도 될까?

대부분의 굴은 늦봄부터 여름 사이 산란하는데 몇몇 개체는 미처 산란을 하지 못한 채 여름을 넘기기도 한다. 이 경우 가을이나 초겨울이 돼서야 생식소가 발달하는데 이를 '알굴'이라 부르기

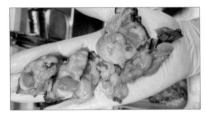

≫ 알굴

도 한다. 먹는 데 문제는 없지만, 정상품과 달리 외형에서 식욕을 떨어트릴 뿐 아니라 맛도 떨어질 확률이 높아서 알굴이 많이 섞이면 반품 사유가 될 수 있다.

콩깍지고둥 | 호리호리털골뱅이

분류	흡강목 수염고둥과	**길이**	각고 9~13cm
학명	*Fusitriton oregonensis*	**분포**	동해, 일본, 사할린, 알루샨 열도, 북아메리카
별칭	털골뱅이, 털골배이, 털고둥		서해를 비롯한 북태평양
영명	Oragon triton shell	**제철**	12~7월
일명	아야보라(アヤボラ)	**이용**	회, 숙회, 무침, 구이

몸통 전체를 덮고 있는 두터운 각피 털이 인상적이다. 독특한 생김새로 인해 '털골뱅이'로 불린다. 대부분 산채로 유통되며 오히려 살아있을 때도 고약한 냄새를 풍긴다. 이러한 특징을 잘 모르는 사람들은 역한 냄새로 상한 게 아닐까 착각하기도 한다. 원인은 패각 여기저기에 붙어 있는 하얀 알갱이에 있다. 이는 콩깍지고둥의 배설물로 깨끗이 씻어 살만 먹으면 문제될 것이 없다.

여타 고둥류와 마찬가지로 타액선(침샘)에 테트라민이라는 신경독을 함유하고 있어 제거하지 않고 먹으면 중독을 일으킨다. 강원도 고성부터 속초, 주문진 포항에 이르기까지 동해안 일대 수산시장에서 만나볼 수 있다. 동해안 일대에서만 생산되며, 연안에서 수심 500m의 모래나 진흙에 걸쳐 서식한다.

호리호리털골뱅이

분류	흡강목 수염고둥과
학명	*Fusitriton galea*
별칭	털골뱅이, 털골배이, 털고둥
영명	Helmet hairy triton
일명	카부토아야보라(カブトアヤボラ)
길이	각고 8~12cm
분포	동해, 일본을 비롯한 북태평양
제철	12~7월
이용	회, 숙회, 무침, 구이

⋀ 콩깍지고둥(왼쪽)과 호리호리털골뱅이(오른쪽)

환경 적응력이 뛰어나고 생존력이 강해 냉장고에 산 채로 며칠 넣어 둬도 끄떡없이 살아있다. 털이 숭숭 나 있는 독특한 생김새로 인해 콩깍지고둥과 헷갈릴 수 있다.

호리호리털골뱅이는 털이 짧고 체색이 짙으며, 각피가 벗겨지면서 서식지에 따라 녹색, 분홍색 등 다양한 빛깔로 나타난다. 털은 짧지만 억세기 때문에 맨손으로 만지면 가시가 박힐 위험이 있다. 반면 콩깍지고둥은 털이 비교적 길고 체색이 밝으며 일괄적으로 황토색을 띤다. 털은 3~5개씩 그룹을 형성해 촘촘히 박혀있는데, 보기와 달리 거칠지 않은 편이다.

우리나라 동해 연안에 분포하며 수심 100m 전후의 다소 깊은 대륙붕에서 흔하게 발견된다. 본종도 타액선에 테트라민 신경독을 갖고 있으니 식용할 때는 제거해야 한다.

+
털고둥류의
타액선
(귀청)

콩깍지고둥과 호리호리털골뱅이는 타액선이 몸집대비 크다는 특징이 있다. 테트라민 신경독도 제법 많이 들어 있어 몇 알만 먹어도 중독될 수 있으니 유의한다. 다른 고둥류와 마찬가지로 살한 가운데를 가르면 노란 지방 덩어리가 나오는데 삶기 전에 제거하는 것이 좋다.

⋀ 털골뱅이 한 마리에서 나온 타액선 덩어리

이용

 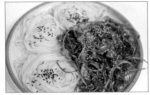

털골뱅이류는 반드시 회로 먹어야 특유의 쫄깃한 식감을 느낄 수 있다. 겉은 야들야들하다가도 속 심지는 꼬득꼬득해 마치 뿔소라나 전복 회를 씹는 느낌이다. 호리호리털골뱅이와 달리 콩

≪ 털골뱅이 회

≪ 털골뱅이를 이용한 을지로식 초무침

깍지고둥은 여느 골뱅이와 달리 사각사각한 식감을 자랑하는데, 굳이 비슷한 느낌을 찾자면 코코넛 과육을 씹는 것처럼 차이가 뚜렷하다. 횟감으로 쓰고 남은 골뱅이살은 소면과 함께 골뱅이무침을 만들어 먹어도 좋다. 숙회(데침)는 다른 고둥류와 차별되는 지점이 없을 뿐 아니라 털골뱅이만의 매력적인 식감도 사라져서 적극적으로 권하진 않는다.

큰가리비 | 고랑가리비

≪ 큰가리비 앞뒤면

분류	익각목 큰집가리비과
학명	*Patinopecten yessoensis*
별칭	참가리비, 왕가리비
영명	Yessoensis, Large weathervane scallop, Yesso scallop
일명	호타테가이(ホタテガイ)
길이	각장 12~18cm, 최대 약 22cm
분포	동해, 일본 북부, 쿠릴열도
제철	11~4월
이용	회, 구이, 찜, 스테이크, 볶음, 탕, 건어물

≪ 왼쪽부터 홍가리비, 해만가리비, 큰가리비

흔히 '참가리비'라 불리며, 다른 가리비 종보다 월등히 큰 크기를 자랑한다. 냉수성 가리비로 동해 북부를 비롯해 일본 북부, 러시아 인근 해역에서 자생한다. 다른 가리비와 마찬가지로 앞뒤 껍데기를 열고 닫으면서 추진력을 얻는데 그 반동으로 1~2m씩 이동한다. 산란기는 3~6월 사이이며 고위도일수록 늦다. 제철은 산란을 준비하며 생식소와 살을 찌우기 시기인 겨울~초봄 사이이고, 단맛에 관여하는 글리코겐이 최대한 많이 생성되는 6~7월에도 맛이 있다.

수명은 대략 10년 정도로 알려졌으며, 패각은 12~18cm에 이르는 대형 가리비인데 특이하게도 앞면과 뒷면의 색 차이가 크다. 다른 가리비에 비해 월등히 큰 크기와 두툼한 관자, 여기에 단맛과 감칠맛도 좋아 호텔 뷔페나 고급 음식점에서 선호하는 식재료다. 한해 3천 톤 이상이 수입되기도 하며, 수입산 큰가리비 중 70~80% 이상이 일본산이고 나머지는 러시아산이다. 국내에서는 강원도 북부에서 양식되고 있지만, 유통량은 많지 않다.

+
국산과 일본산 큰가리비의 차이

국산 큰가리비는 강원도내 수산시장을 비롯해 인터넷 쇼핑몰에서 한시적으로 판매되고 있다. 이에 비해 일본산 큰가리비는 막대한 수입량으로 일 년 내내 판매되고 있어 언제 어디든 쉽게 맛볼 수 있다. 주요 산지는 국산의 경우 강원도 고성에서 길러지며, 일본은 혼슈 북부인 미야기현과 아오모리현, 이와테현이 있고, 우리나라로 수입되는 일본산 큰가리비는 대부분 홋카이도에서 양식한 것이다. 때문에 같은 종이라도 양식지 환경에 따라 형태는 미묘하게 차이 나지만 맛은 큰 차이가 없다.

≪ 국산 큰가리비는 유령멍게를 비롯해 다양한 부착 생물이 붙어 있다

크기 일본산이 국산보다 평균적으로 약간 큰 편이다.

≪ 일본산 큰가리비는 매우 반질반질하고 깨끗하다

방사륵(주름) 국산은 골의 깊이가 얕고, 일본산은 깊지만 미약한 차이다.

부착생물 국산은 꼬불꼬불한 석회관지렁이를 비롯해 주황색과 회색으로 보이는 유령멍게가 붙어 있다는 점이 특징이다. 반면에 일본산은 석회관지렁이와 조무래기따개비가 붙기도 하나 전반적으로 부착생물이 많지 않아 깨끗한 편이다.

고르는 법

큰가리비는 기본적으로 살아있는 상태로 유통해 수조에서 판매되며, 관자는 따로 모아 냉동한 제품을 '가이바시라'란 이름으로 판매되기도 한다. 살아있는 가리비는 입구를 살짝 벌린 상태로 있다가 패각의 입구나 관족 등의 살을 건드리면 재빨리 닫는다. 먹고 뱉는 부유성 찌꺼기가 많으므로 가리비를 고를 땐 수조가 깨끗한지 확인하고, 부유물이 많이 떠다니는지도 확인한다. 클수록 상품이며, 조금씩 움직임을 보이는 것이 활력이 좋은 개체다.

이용

큰가리비는 칼로리와 콜레스테롤이 낮고 단백질과 미네랄이 풍부해 건강식품으로 꼽는다. 덩치만큼 살이 크고 두꺼워 인기가 많은데, 살과 관자가 아주 도톰해 한입 가득히 식감을 즐길 수 있다. 다른 가리비류보다 살의 단맛도 두드러지고, 익혔을 때 감칠맛도 뛰어나지만 가격이 비싸다는 점이 흠이다.

≪ 가리비 관자 스테이크

기본적으로 살아있는 가리비는 패각만 떼어내 회를 먹는다. 먹을 때 참기름, 통깨 등을 뿌려내기도 하며, 초고추장을 올려 먹기도 한다. 가장 간단하게 먹는 방법은 찜과 구이가 있는데 특제소스나 모짜렐라 치즈를 올려 오븐에 구워 먹으면 파티 요리로도 손색이 없다. 이 외에도 해물라면, 해물탕, 관자 스테이크 등 요리 활용도가 매우 높다.

고랑가리비

분류	익각목 가리비과	**길이**	각장 8~12cm, 최대 약 15cm
학명	*Swiftopecten swiftii*	**분포**	동해, 일본 북부,
별칭	주문진가리비		사할린을 비롯한 북서태평양
영명	Swiftii	**제철**	11~4월
일명	에조긴챠쿠(エゾギンチャク)	**이용**	회, 구이, 찜, 탕

주문진 앞바다에서 많이 잡혀 '주문진가리비'라 부르기도 한다. 주문진을 비롯해 강원 북부 앞바다에서 채취되며, 적어도 가까운 앞바다에는 해마다 개체 수가 줄고 있어 보호가 시급하다는 의견도 있다. 크진 않아도 독특한 모양의 외형과 개체별 다양한 체색이 특징이다. 주로 회나 쪄먹는데 탱글탱글한 식감과 감칠맛이 뛰어난다. 어획량은 많지 않아 가격은 국내에서 유통되는 가리비 중 가장 비싼 편이다.

⟰ 고랑가리비 찜

털탑고둥

분류	신복족목 털탑고둥과		
학명	*Hemifusus ternatanus*	**분포**	남해, 동해, 일본, 동중국해, 대만, 중국 및
별칭	털고둥, 털골뱅이		남중국해, 인도를 비롯한 동남아시아와
영명	Tuba false fusus		아열대 해역
일명	나가텐구니시(ナガテングニシ)	**제철**	10~3월
길이	각고 15~22cm	**이용**	회, 숙회, 무침

주요 산지는 거제, 통영, 삼천포, 포항 등 경상남북도 일대 해안으로 이 지역에서는 콩깍지고둥과 구분없이 '털고둥' 또는 '털골뱅이' 정도로 불린다. 동해안에서 나는 콩깍지고둥(털골뱅이)과는 다른 종류다. 털탑고둥은 오독오독한 식감과 감칠맛이 좋아 미식가들 사이에서 인기가 높다. 하지만 타액선에는 식중독을 일으키는 테트라민 성분이 농축되어 있을 뿐 아니라 복어 독으로 알려진 테트로도톡신도 검출된 사례가 있으므로 식용을 위해선 내장과 타액선을 제거하고 살만 먹는 것을 권한다. 참고로 복어의 치명적인 독성인 테트로도톡신은 선천적으로 가지는 것이 아닌 일부 해양 생물 (본종을 비롯해 불가사리 등)을 잡아 먹음으로서 체내에 쌓이게 된다.

이용

주로 회나 숙회, 또 그것을 갖은 채소와 버무린 골뱅이 무침처럼 이용된다. 날것은 딱딱하기 때문에 종잇장처럼 얇게 썰어 먹으면 특유의 단맛이 좋다. 하지만 본종은 회보다 적당히 데친 숙회가 좀 더 낫다는 평가다. 그랬을 때 감칠맛이 진한 고둥인데 문제는 여러 마리를 한꺼번에 삶을 때다. 앞서 언급했듯 살속에는 타액선(골, 귀청이라고도 부름)이라는 새끼손톱만한 지방덩어리가 있다. 여기에는 테트라민이라는 신경독이 들어 있으며, 수용성이므로 물에 잘 녹아든다. 따라서 한 냄비에 여러 마리를 넣고 끓일 때는 물에 녹은 테트라민이 도로 살에 밸 수 있으니 망치나 벽돌로 패각을 깨고 살을 갈라 타액선을 제거한 다음, 먹을 수 있는 살만 데치는 것이 좋다.

≫ 털탑고둥회

≫ 털탑고둥 숙회

≫ 털탑고둥 오일 파스타

≫ 내장 제거후 살만 빼서 삶아먹는다

해만가리비

≫ 해만가리비 앞면과 뒷면

분류 익각목 가리비과
학명 *Argopecten irradians*
별칭 홍가리비, 단풍가리비, 동전가리비, 해만가리비
영명 Atlantic bay scallop
일명 혼아메리카이타야(ホンアメリカイタヤ),
아메리카이타야가이(アメリカイタヤガイ)
길이 각장 7~13cm
분포 남해(양식), 미 동부, 멕시코만, 카리브해를 비롯한
대서양 연안과 걸프만
제철 11~4월
이용 회, 찜, 구이, 탕

홍가리비 ≫

국내에선 '홍가리비'와 '해만가리비'란 이름으로 양식되며, 엄청난 생산량을 바탕으로 우리 국민이 가장 많이 먹는 가리비 종류이다. 이들 가리비 종은 토착종이 아닌 미 동부 및 대서양에 분포하는 외래종으로 처음에는 중국에서 이식된 인공 종자를 이용했다. 하지만 유전적 다양성이 결여 된 어미로부터 여러 세대를 거쳐 생산되다 보니 기형과 대량 폐사 문제가 불거졌고, 최근에는 MOU를 체결한 미국 메릴랜드주 해양환경기술연구소와 협의를 거쳐 2019년부터는 다양한 지역의 어미 집단을 이식하는 데 성공했다. 주요 생산지는 경상남도 고성이다. 2023년 봄에는 안정적인 생산량을 넘어 과잉생산으로 인한 상품성 저하와 가격 하락이 문제 되고 있어 생산량을 조절하는 데 힘 쓰고 있다.

+ **해만가리비속** **세부종**	a. 대서양해만가리비(*Argopecten irradians irradians*)
	b. 뉴클리우스해만가리비(*Argopecten nucleus*)
	c. 캐롤라이나해만가리비(*Argopecten irradians concentricus*)

해만가리비는 대서양해만가리비, 뉴클리우스해만가리비, 캐롤라이나해만가리비 등 총 3가지 하위 종으로 나뉜다. 이 중에서 '홍가리비'로 인기를 끌고 있는 것은 '대서양해만가리비'를 여러 세대에 걸쳐 양식한 것이고 '해만가리비'란 이름으로 유통되는 것은 뉴클리우스 또는 캐롤라이나해만가리비의 치패를 이식한 것으로 추정된다. 미국은 자연산 해만가리비류의 자원 감소를 우려해 일찌감치 양식을 시도했고, 1990년도에는 중국으로 넘어가 양식되다가 한국은 2010년 초부터 중국으로부터 종자를 이식해 양식을 시도해온 것으로 알려졌다. 이후 꾸준한 연구와 양식으로 현재는 국내 가리비류 총 생산량의 대략 80%를 차지할 만큼 주요 품목이 되었다.

이 중에서도 빨간색이 특징인 '홍가리비'는 압도적인 생산량을 자랑하며 대중적 인지도의 반열에 올랐다. 화사한 색 때문에 '단풍가리비'라고도 불리지만, 크기는 해만가리비류 중에선 가장 작고 알맹이도 작아 '동전가리비'라고도 불린다.

≪ 색이 아름다운 홍가리비

≪ 앞뒤 색이 다르고 방사륵이 뚜렷한 해만가리비

고르는 법

경상남도권 수산시장이라면 어렵지 않게 구매할 수 있고, 인터넷 판매도 활발하다. 가리비류는 껍데기가 닫혀있든 살짝 벌리고 있든 모두 살아 있는 것이다. 해당 집단이 살아 있다면, 어렵지 않게 움직임이 관찰되며 종종 물을 뿜기도 한다. 색과 무늬는 짙고 선명할수록 좋으며, 석회관지렁이나 따개비류 같은 부착생물의 적고 많음은 크게 중요하지 않다. 단 양식장에서 출하가 되면 지근거림을 줄이기 위해 하루이틀가량 해감하는데, 이 해감 정도와 포장 상태는 판매처에 따라 들쑥날쑥한 경향이 있으니 인터넷으로 구매할 땐 상품평을 꼼꼼히 살피는 것이 좋다.

+ 손질 및 보관

해감이 제대로 되지 않은 가리비는 약 3~3.5%의 소금물(1L당 종이컵 한 컵 분량)에 담그고 빛이 들어오지 않도록 뚜껑이나 검은 천으로 가린다. 그 상태로 3~4시간을 두면 된다. 손질은 철수세미나 뻣뻣한 솔로 흐르는 물에 여러번 씻는데 이는 패각에 붙은 각종 부착생물과 그로 인한 불순물을 제거하기 위함이다. 이런 번거로움을 피하려면 이미 해감과 세척을 어느 정도 끝내고 상품을 판매하는 업체를 이용하는 것이 편리하다.

살아있는 가리비를 냉장 보관할 때 약 2일까지 가능하다. 온도가 매우 낮은 김치냉장고보단 일반 냉장고를 추천한다. 이후 껍데기를 크게 벌린 것은 죽은 것이므로 냄새를 맡아보고 이상 없으면 조리용으로 이용한다. 장기간 보관은 한번 찌고 나서 알맹이만 모아다 냉동실에 넣어두는 것이 좋다. 이 경우 3~6개월까지는 충분히 보관할 수 있다.

이용

별다른 조리법 없이 찌기만 해도 야들야들한 식감과 단맛이 일품이다. 홍가리비는 작지만 부드럽고 야들야들하며 단맛이 강한 편이다. 반면 해만가리비는 알맹이가 조금 더 크고 육질은 탱글탱글하며, 익혔을 때 감칠맛이 뛰어나다. 두 종은 크기에서 차이가 나기 때문에 용도에 맞게 선택하는 것이 중요한데 그랬을 때 홍가리비는 찜과 탕이, 해만가리비는 회와 구이가 알맞다. 구이는 석쇠에 올려 직화에 굽기도 하지

︽ 홍가리비 찜

︽ 홍가리비 치즈 구이

︽ 홍가리비탕

︽ 홍가리비 라면

만 기호에 따라 마늘버터 소스나 초고추장, 모짜렐라치즈, 땅콩가루나 다진 허브잎 채소를 얹어 먹기도 한다. 이 외에도 각종 탕류, 해물탕, 해물찜, 라면 등에 두루두루 이용된다.

홍합 | 지중해담치

분류 홍합목 홍합과
학명 *Mytilus coruscus*
별칭 홍합, 참담치, 참섭, 열합, 섭
영명 hard-shelled mussel, Korean mussel
일명 이가이(イガイ)
길이 각장 10~18cm, 최대 약 22cm
분포 우리나라 전 해역, 일본, 중국, 발해만, 캄차카 반도, 알래스카를 비롯한 북태평양

제철 11~3월
이용 구이, 탕, 죽, 홍합밥, 조림, 건어물, 파스타, 양념찜, 회

우리 식탁에 자주 오르는 것은 외래종인 '지중해담치'란 종이다. 오래전부터 우리나라 연근해에 자생하던 홍합을 밀어내고 서식지를 확장할 뿐 아니라 대량으로 양식하고 있어서 사실상 홍합의 자리를 꿰찼다고 해도 과언은 아니다. 하지만 원래 홍합은 본종을 의미하는 것으로 수심 5~10m 조하대 바위에 붙어 집단으로 서식하는데 해녀나 잠수부에 의해 손으로만 채취되고 있다.

︽ 바닷물이 빠지면서 많은 홍합들이 모습을 드러낸다

지중해담치와 달리 바닷물이 맑고 조류 흐름이 강한 외해권에 많이 분포하며, 크기도 지중해담치보다 크다. 여기서 '홍합'이란 말은 속살이 빨개서 붙은 이름으로 지역에 따라 '섭', '참담치' 등으로 불린다. 맛은 홍합류 중 으뜸이며, 쫄깃쫄깃한 식감이 일품이다. 산란은 6~8월 경에 이뤄지며, 주로 늦가을부터 초봄 사이 소비된다. 동해 먼바다인 울릉도의 경우 봄부터 여름 사이가 최대 어획기로 이 시기 살이 올라 제철을 맞는데 이토록 홍합은 위도나 지역에 따라 산란 시기가 다르다.

+
홍합의
패류독소

모든 홍합류는 여름에 삭시토신이라는 독소가 있어서 여기에 중독되면 전신마비, 언어장애, 입마름 등의 증상을 유발할 수 있으며 급기야 호흡곤란이 오기도 하니 주의해야

↖ 5월말 시즌 막바지에 접어든 전라남도 고흥 홍합

↖ 양식 지중해담치

한다. 발생 시기는 지역별로 조금씩 차이가 있는데, 동해의 경우 5~8월, 서남해안은 6~7월로 다소 광범위하다. 이는 세부 지역마다 차이가 있으니 패류독소 주의보가 내려졌거나 어촌계에서 채취를 금지하면 임의로 따서 섭취하는 일이 없도록 한다. 홍합의 패류독소는 전적으로 '와편모조류'라 불리는 유독성 플랑크톤을 섭취하면서 체내에 축적된다. 다시 말해 유독성 플랑크톤이 없는 해역에서 자란 홍합은 여름이라도 식용이 가능하다.

한편 시중에 흔히 유통되는 홍합류는 남해안 일대에서 양식한 지중해담치로 독소에선 비교적 안전하다. 독소가 발생하는 4~6월에 출하된 것이라도 양식은 패류독소 검사를 통과한 것만 유통하기 때문에 안심하고 먹어도 된다. 자세한 내용은 '국립수산과학원' 홈페이지에 있는 '패류독소 속보'를 확인한다.

+
홍합류에
붙은 수염의
정체

홍합의 수염 뭉치는 제법 뻣뻣해 손으로는 잘 떼어지지가 않는다. 이 수염은 '족사'라 불리는 접착성이 강한 물질로 폴리페놀릭이라는 단백질을 분비해 몸을 바위에 부착시키는 역할을 한다. 함께 끓여도 해를 주지는 않지만, 위생과 미관상 문제로 대부분 잘라내고 쓴다.

↖ 홍합의 뿌리인 족사

고르는 법

최근들어 '원조 홍합'이 알려지면서 수요가 늘자 채취량도 덩달아 늘어났다. 이에 인터넷 쇼핑몰에서는 자연산 홍합이나 자연산 담치, 섭으로 판매되는데 큰 것은 어른 주먹만 해 고작 3마리에 1kg을 넘기기도 한다. 홍합은 너무 큰

↖ 물속에서 갓 채취한 홍합

↖ 판매 중인 홍합(경북 울릉)

것보단 중간 크기가 좋고, 무엇보다도 알맹이가 꽉 차야 상품이다. 껍데기는 두껍고 튼튼해 손질하기가 여간 까다로운 게 아니어서 되도록 손질 홍합을 사는 것도 방법이다.

살아있는 홍합은 입을 다물고 있으며, 크게 벌어진 것은 죽었거나 상한 것이므로 피한다. 주산지는 울릉도를 비롯해 동해안 일대 수산시장과 거제, 삼천포, 고흥 등 남해안 일대 시장에도 판매된다. 사람이 직접 바다에 들어가 따야하므로 기상이 나쁘거나 독소를 품을 수 있는 봄~여름에는 구매가 어려운 편이다.

+ 보관법

홍합류는 산채로 1~2일은 냉장고에서 거뜬히 보관할 수 있다. 이때 족사(수염)는 끊어내지 말아야 한다. 족사를 잃은 홍합은 머지 않아 죽는다. 죽은 홍합은 수시간 내로 부패되며 고약한 냄새를 풍기므로 금방 알아챌 수 있다. 장기간 보관하려면 알맹이만 따로 빼서 소금물에 헹군 뒤 역시 소금물에 담가 물봉해서 보관하는 것이 좋다. 수돗물이나 정수물에 씻으면 신선도가 금방 떨어진다.

이용

주로 홍합탕이나 매운 해물찜으로 먹는다. 이 중에서도 홍합 고유한 맛을 느끼기엔 아무래도 홍합탕이나 가볍게 쪄 먹는 형태가 좋으며, 일부 해안가 지역에선 겨울에 한해 회로 먹기도 한다. 이 외에도 홍합 라면, 해물탕, 구이나 그라탕으로도 즐기는데 버터 소스에 빵가루와 치즈를 뿌려 오븐에 구워낸 부르고뉴식 홍합 구이는 와인 애호가들에게 인기다.

울릉도에선 홍합밥이 명물이다. 커다란 홍합살을 적당히 먹기 좋은 크기로 잘라 압력솥에서 밥과 함께 짓는데 통통하면서 쫄깃쫄깃한 식감과 감칠맛이 뛰어나며, 양념 간장을 곁들여 밥과 함께 비벼먹는 맛이 일품이다.

⌃ 백령도산 참담치국

⌃ 홍합회

⌃ 홍합 라면

⌃ 울릉도의 명물 홍합밥

⌃ 부르고뉴식 홍합 구이

지중해담치

분류	홍합목 홍합과
학명	*Mytilus galloprovincialis*
별칭	홍합, 담치, 진주담치
영명	Mediterranean mussel
일명	무라사키이가이(ムラサキイガイ)
길이	각장 6~10cm, 최대 약 15cm
분포	우리나라 전 해역, 일본, 사할린섬, 지중해, 흑해를 비롯한 유럽 서부 해안
제철	12~4월
이용	구이, 탕, 죽, 홍합밥, 조림, 건어물, 파스타, 양념찜

우리가 흔히 먹는 홍합은 대부분이 '지중해담치'이다. 지중해와 서유럽이 원산지며 2차 세계대전 이후 알려지지 않은 경로(무역선에 붙어 유입된 것으로 추정)를 통해 국내에 유입되었다. 번식력이 좋고 특별한 환경을 타지 않으며, 오염에도 비교적 강한 탓에 지금은 토종 홍합인 참담치를 밀어내고 우점종

으로 서식 영역을 한반도 전역으로 넓혀 나갔다. 지금은 식용 가치는 물론 수산업적 가치가 높아 남해안 일대에서 대량 양식되고 있으며 주요 산지로는 경상남도 창원, 거제, 통영 일대이다. 토종 홍합은 양식이 어렵고 유통량이 많지 않아 가격이 비싸지만, 지중해담치는 생명력과 적응력이 뛰어나 쉽게 양식된다는 장점이 있다. 자연산은 조간대 바위에 집단으로 분포하며, 조하대에는 좀 더 크고 굵은 씨알들이 분포한다. 산란은 7월을 전후로 이뤄지는데 이 시기 인근의 바닷물은 홍합의 정액으로 붉고 뿌옇게 된다.

+ 홍합의 표기 문제

우리가 평소 먹는 홍합의 95% 이상은 지중해에서 유입돼 한반도에 토착화된 '지중해담치'이다. 일부 학자들은 '진주담치'와 같은 종인지를 두고 논란이 있는데 현재까지도 두 종의 정의가 명확해진 것은 아니다.

또한 지중해담치는 홍합과 달리 소비량에서 압도적이다보니 우리 식생활과 밀접한 연관이 있다. 생김새도 비슷할 뿐 아니라 같은 홍합과에 속하기 때문에 사실상 홍합이란 말로 대체해 불리는 것이다. 대형마트와 쇼핑몰에서도 편의상 홍합이란 말로 판매되고 있다. 따라서 표기에 대한 부분은 생활 속에 녹아든 국민적 인식과 융통성이 필요해 보인다. 즉 쓰이는 글의 성격에 따라 홍합과 학술적으로 구분해야 할지, 또는 보편적 의미로서의 표기인지를 결정해야 할 것이다. 학술적 기록을 바탕으로 해야 하는 글이라면 지중해담치와 홍합을 명확히 구분해야 하는 것이고, 일상적인 생활 언어로 가볍게 표기한다면 '양식 홍합'이라 해도 전달력에 문제는 없을 것이다.

+ 홍합 (참담치)과 지중해담치의 구별

홍합(참담치)은 전량 자연산에 의존하고 있지만, 지중해담치는 자연산과 양식이 모두 있다. 홍합이 지중해담치보다 평균 크기에서 크며, 좀 더 깊은 수심대에 분포한다는 특징이 있다. 홍합의 패각은 오각형에 가까우며 전반부는 둥글게 부푼 형태이다. 반면 지중해담치는 둥그스런 타원형에 가깝고 표면이 매끄럽다. 또한 홍합의 패각은 끝이 구부러진 매부리코 모양에 일부 벗겨진 표면 뒤로 진주광택이 나지만, 지중해담치는 패각의 끝이 둥그스름하며 껍데기가 얇다.

⟰ 홍합

⟰ 지중해담치

+ 지중해담치의 암수 구분과 제철

속살이 흰색이면 수컷, 노란색이면 암컷이다. 홍합(참담치)의 경우 암컷의 생식소로 인해 주황빛이 나기도 한다. 두 종 모두 가을부터 살을 찌우기 시작해 겨울에 제철을 맞는다. 11월부터 산란 직전인 2월까지가 알이 굵고 맛도 좋다.

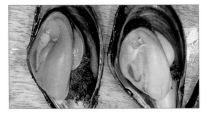

⟰ 암컷 홍합살(왼쪽), 수컷 홍합살(오른쪽)

그런데 담치류는 자라면서 암수 비율이 달라지는 특성이 있다. 초겨울인 시즌 초반에는 수컷이 많다가 후반인 2~3월에 접어들수록 암컷의 비율이 늘어나는 경향이 있다. 맛은 수컷보다 암컷이 조금 더 낫다. 산란을 준비하면서 찌우는 생식소에서 진한 맛이 나기 때문이다. 다만, 담백한 맛을 선호하는 이들에게는 오히려 수컷이 나을 수도 있다. 이는 어디까지나 취향 차이다. 탕이나 매운 소스를 곁들인 음식이라면 암수에 따른 맛 차이를 감별해내기 어렵다. 암수에 따른 맛의 차이는 '회'나 '찜'으로 먹었을 때나 먹었을 때 두드러진다.

+
이 외에
식용하는
담치류

호텔 뷔페나 몇몇 음식점에선 국산보다 뉴질랜드산 '초록입홍합'(그린 홍합)을 선호하기

≪ 초록입홍합(일명 그린 홍합)

≪ 털담치

도 한다. 이유는 맛도 적당하면서 크고 저렴하기 때문이다.

강원도를 비롯한 동해안 일대에선 많은 양은 아니지만 '털담치'를 채취해 판매하기도 한다. 홍합(참담치)보단 맛에서 감칠맛이 다소 부족하나 속살은 적당한 탄력감과 씹는 맛이 있다.

고르는 법

기본적으로 깨지지 않는 것이 좋다. 패각이 많이 벌어져 있으면 건드렸을 때 즉각적으로 입구를 닫는지, 행여나 코를 댈 때 냄새가 나지 않는지 확인한다. 패각은 양식장에서 깔끔하게 세척돼 윤기가 반질반질 나며, 알맹이가 커서 들었을 때 묵직한 것이 좋다.

이용

지중해담치는 육수가 진하게 우러나는 해산물 중에선 으뜸이다. 싱싱한 지중해담치로 육수를 내면 제첩국처럼 국물에 시퍼런 빛깔이 돈다. 가장 흔히 먹는 유형은 탕이다. 겨울철 포장마차에서 따끈하게 끓여낸 홍합탕 국물은 몸을 녹이고 전신에 활력을 준다. 고단하고 지친 일상을 달래고 삶의 애환을 정리하는 서민들의 음식인데, 특히 짬뽕이나 라면이 빠질 수 없다. 단맛이 나기 때문에 국에 넣거나 젓을 담그기도 하고, 쪄서 말린 것은 제사상의 탕감으로 쓰이거나 조림으로 조리된다.

그 밖에도 속살을 데친 백숙, 말린 홍합 조림, 홍합 미역국, 홍합탕, 홍합죽 등으로 조리한다. 섭죽은 강원도의 대표적인 향토 음식이다. 젊은 감성으로 버터 홍합 볶음, 지중해식 홍합찜, 홍합 간장조림, 홍합 파스타, 홍합 그라탕, 그리고 매콤한 홍합 나티보 등이 인기다.

≪ 홍합탕

≪ 샤브샤브와 홍합 칼국수

≪ 지중해식 홍합찜

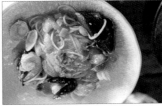
≪ 홍합 파스타

≪ 홍합 나티보

흑색배말 | 진주배말

분류	원시복족목 삿갓조개과	길이	각장 3~6cm, 최대 약 8cm
학명	*Cellana nigrolineata*	분포	남해, 제주도, 일본, 동중국해, 대만, 필리핀 등 서부태평양의 아열대 및 열대 해역
별칭	배말, 삿갓조개, 따개비(x)		
영명	Black limpet	제철	평가 없음
일명	마츠바가이(マツバガイ)	이용	숙회, 된장찌개, 밥, 칼국수, 죽, 무침, 조림

생김새가 삿갓처럼 생겼다고 해서 삿갓조개라는 명칭을 얻었다. 제주도에선 보통 '배말'로 불리며, 울릉도에서는 '따개비'로 부른다. 울릉도 명물인 따개비밥과 따개비칼국수는 사실 따개비가 아닌 삿갓조개 종류이다. 따개비처럼 조간대 바위에 붙어사는데, 손으로는 잘 떼어지지 않을 만큼 매우 강한 흡착력을 보여준다. 한평생 한 자리에서 일생을 보내는 따개비와 달리 배말 종류는 적당한 장소를 찾아 이동한다.

이용

생으로는 잘 먹지 않으며 데치거나 삶아서 먹는다. 껍데기로 완전히 닫을 수 있는 조개류가 아닌 배로 기어다니는 복족류로 어떻게 보면 전복과도 닮았다. 때문에 드러나는 살은 이물질이 많이 붙어 있으니 솔로 깨끗이 문질러

⚠ 갯바위에서 채취한 흑색배말

⚠ 울릉도 따개비칼국수(울릉도에선 배말을 따개비라 부르는 경향이 있다)

씻어 조리해야 한다. 삶은 것은 단순히 초고추장에 찍어 먹기도 하나, 갖은 채소와 함께 버무린 초무침, 칼국수, 죽으로 먹고, 일부 지역에선 장조림이나 간장조림으로 먹는다.

진주배말

분류	원시복족목 삿갓조개과	분포	남해, 동해, 일본, 중국을 비롯한 서부 태평양의 온대 및 아열대 해역
학명	*Cellana grata*		
별칭	옥배말, 삿갓조개, 따개비(X)		
영명	Japanese grata limpet	제철	평가 없음
일명	벳코가사(ベッコウガサ)	이용	숙회, 된장찌개, 밥, 칼국수, 죽, 무침, 조림
길이	각장 2~4cm		

흑색배말보단 작은 중형 초식성 삿갓조개류이다. 납작하지 않고 화산 봉우리 모양으로 솟아 있는데 약 1~2cm 정도이며, 뒤집었을 때 껍데기 가장자리는 알록달록한 무늬가 나타난다. 남해안 먼바다 섬을 비롯해 외해와 인접한 갯바위 중 조간대 중하부에 붙어 산다. 압착력이 매우 강해 칼을 이용해 채집하며, 이용은 다른 삿갓조개류와 동일하다.

⚠ 일명 옥배말 조림

흔한가리비

암컷 ≫

수컷 ≫

분류	익각목 큰집가리비과
학명	*Chlamys nobilis, Mimachlamys nobilis*
별칭	황금가리비, 동전가리비
영명	Noble scallop
일명	히오우기(ヒオウギ)
길이	각장 8~12cm, 각고 10~14cm
분포	남해(양식), 제주, 일본 남부, 대만, 중국

제철 11~3월
이용 회, 찜, 탕, 구이

≫ 형형색색의 흔한가리비

우리나라에 자생하는 가리비 중에선 비교적 남방종으로 따듯한 난류의 영향이 미치는 제주도와 일본 남부 지방에 주로 분포한다. 일본에선 대마도를 비롯해 규슈에서 주로 양식하는데 개체 변이가 심해 빨간색, 노란색, 보라색, 주황색 등 저마다 다양한 체색을 뽐낸다.

이러한 색은 가리비가 자체적으로 만들어내는 색이며 유전된다. 일본에선 정월용 선물과 장식으로 인기가 많은 데다 맛도 다른 가리비와 비교했을 때 단맛이 뛰어나고 식감도 좋은 편이다. 자연산은 갈색의 개체가 많다. 조간대 바위에 분포하며 자연산으로 국내 생산량은 거의 없다.

+ 황금가리비의 탄생

흔한가리비는 가리비 최대 양식지인 통영, 고성에서 2019년 처음 입식해 양식에 성공했다. 약 1년 정도 키워 2020년 하반기에 첫 출시해 '황금가리비'란 이름으로 판매되었다. 앞서 언급했듯 패각이 원색적이고 화려한 색깔을 띠는데 국내로 유통되는 황금가리비는 중국으로부터 종패를 수입한 것으로 확인된다.

≫ 황금가리비

다양한 색깔 중 유독 노란색으로만 생산되는 것도 중국과 연관이 있을 것이다.

노란색은 암컷, 갈색은 수컷으로 암수에 따른 맛의 차이는 크지 않다.

또 다른 특징이라면 일본에서 양식되는 흔한가리비에 비해 크기와 알맹이가 작다. 또한 패각 아랫부분이 깨진 것처럼 좌우대칭을 이루지 않는 것은 본종의 고유한 특징이다.

이용

일본에선 주로 굽거나 쪄먹는다. 색이 화려해 보는 재미도 있지만, 색에 따른 맛의 차이는 없다. 속살이 탱글탱글하며 단맛과 감칠맛이 좋다.

국내에선 주로 인터넷 쇼핑몰을 통해 홍가리비와 함께 판매된다. 홍가리비와 달리 모래를 머금고 있어 하루 이상 해감하지 않으면 씹을 때 지근거릴 수도 있다. 때문에 황금가리비를 구매할 때는 해감 여부를 확인하는 것이 좋다.

≫ 홍가리비 찜(왼쪽), 황금가리비 찜(오른쪽)

기본적인 이용은 홍가리비와 같다. 라면, 해물탕, 가리비탕 등으로 이용되며, 가볍게 쪄서 먹거나 연탄불에 은은히 구워 먹기도 한다. 일본에서 길러지는 흔한가리비는 구워먹기 좋은 크기로 맛과 식감이 뛰어났는데, 국산 황금가리비는 식감이 부드러운 편이며 감칠맛이 있지만, 단맛은 홍가리비보다 못하다는 평가다. 제철은 홍가리비와 함께 출하되므로 11~3월 사이라 할 수 있다.

부록 해양 기생충 및 클레임 이슈

인류 역사에는 늘 기생충과 질병의 위협이 있었다. 의료 기술이 발달한 지금도 마찬가지다. 인류를 괴롭혔던 대표적인 기생충을 꼽으라면 주로 돼지에 감염되는 유구조충, 소고기에 감염되는 무구조충, 민물 생선에서 발견되는 디스토마, 그리고 뱀과 개구리에서 발견되는 스파르가눔, 그리고 아프리카의 기니아충까지 종류도 다양하다. 다만 이들 기생충은 국내 발병률이 낮으며 주로 후진국이나 개발 도상국에서 빈번하다. 좀 더 일반적인 종류를 꼽으라면 회충, 요충, 십이지장충이 있는데 감염률은 예전보다 많이 줄었지만, 지금도 여전히 박멸을 위해 꾸준히 약을 복용하고 관리되고 있다.

지금까지 언급한 기생충의 공통점은 무엇일까? 모두 사람의 인체에 침투해 장기간 기생할 수 있다는 점이다. 종에 따라선 숙주(사람)에 해를 끼치지 않는 범위 내에서 조용히 기생하는가 하면, 어떤 종은 심각한 후유증을 유발하고 급기야 사망에 이르기까지 한다. 앞서 열거한 기생충들이 사람 몸속에 장기간 기생할 수 있었던 것은 어디까지나 담수 기반으로 구성된 생물이기 때문이며, 인체를 구성하는 물질 또한 담수 기반이라 가능했다.

한편 해수성을 가진 기생충도 담수성만큼 그 종류가 다양하다. 주로 바닷물고기와 해양 생물에서 관찰되는데, 해수 기반이라 사람 몸에 기생할 수는 없는 대신 갖가지 부작용을 일으킬 수도 있어 유의해야 한다. 한 가지 다행인 것은 고래회충과 물개회충을 제외하고 국민 보건에 위협이 될만한 기생충은 없다는 점이다. 감염률도 매우 낮지만, 감염이 되었다고 해도 약국에서 판매하는 기생충 약은 듣지 않기 때문에 병원에서 신속하게 치료받는 것이 중요하다 할 수 있다. 무엇보다도 해양 기생충의 감염 경로를 파악해 사전에 차단하고 위생적인 식생활로 이어질 수 있도록 판매자들이 노력해야 한다. 다음은 기생충을 비롯해 수산물을 판매하고 소비하는 과정에서 불거질 수 있는 다양한 유형의 클레임 이슈에 대해 알아본다.

1. 고래회충(아니사키스)

자연산이라면 흔히 발견되는 해양 기생충이다. 이름대로 고래가 종숙주이므로 먹이사슬을 통해 고래의 소화기관에 도달해야만 알을 낳고 번식할 수 있다. 고래의 분변을 통해 배출된 알은 한동안 바다를 부유하다 유생으로 태어난다. 이후 작은 물벼룩이나 갑각류 → 작은 생선 → 큰 생선 → 고래로 먹힘에 따라 우리 식탁에 오르는 거의 모든 생선의 내장과 직장에는 많든 적든 고래회충을 보유하게 된다. 주로 고등어와 갈치를 비롯해 조기류, 우럭, 광어, 농어, 볼락, 오징어, 쥐노래미, 붕장어 등 육식을 하는 자연산이 여기에 해당하며, 내장과 알집, 창자, 직장, 항문 근처에 적게는 2~3마리에서 많게는 50마리 이상 기생한다. 그럼에도 불구하고 고래회충이 우리 입에 들어갈 확률이 낮은 이유는 전처리 및 손질 과정에서 대부분 제거되기 때문이다. 내장을 생으로 먹지 않은 이상 살아 꿈틀거리는 고래회충이 우리 입으로 들어갈 확률은 극히 낮다. 하지만 죽은 생선을 실온에 일정 시간 방치한 경우는 이야기가 다르다. 고래회충은 생선 내장에만 주로 기생하다가도 숙주가 죽고 온도가 오르면 그중 일부가 살 속으로 파고드는 '근육 이행'을 보인다. 근육으로의 이행률은 고래회충의 타입과 어종에 따라 다르게 나타나는데 대략 3~5% 전후이다. 복막이 질기고 배쪽 살이 단단한 어종일수록 이행률은 낮고, 반대로 살이 무르거나 부드러운 어종은 쉽게 파고든다.

또한 고래회충의 이행률은 보관 온도에 적잖은 영향을 받는다. 가령 죽은 지 1~2일가량 된 싱싱한 생물 고등어라도 실온에 방치한 것과 빙장으로 유통한 것을 비교해 보면 실온 방치 고등어는 약 5% 전후의 근육 이행률을 보이는 반면, 빙장한 고등어는 근육 이행률이 거의 없었다. 온도가 낮으면 몸을 둥글게 말고 저활성인 상태로 근육 이행률이 현저히 낮아지는 것이다. 이러한 이유로 호텔과 고급 식당에서 고등어초절임(시메사바)를 만들 때는 차갑게 보관된 자연산 생물 고등어를 쓸 수 있는 이유이기도 하다.

또한 고래회충의 근육 이행률은 타입에 따라서도 영향을 미친다.

A타입	아니사키스 심플렉스(Anisakis simplex)	
	직경 0.4~0.6mm, 유충의 길이는 평균 15~38mm	
	1) 아니사키스 심플렉스C(Anisakis simplex C)	
	2) 아니사키스 페그레피(Anisakis pegreffii)	
	3) 아니사키스 센스 스트릭토(Anisakis simplex sensustricto)	
B타입	아니사키스 사이세터리스(Anisakis physeteris)	
	직경 0.5~0.7mm, 유충의 길이는 평균 20~33mm	
C타입	슈도테라노바(Psudoterranova decipiens)	
	직경 0.4~1.0mm, 유충의 길이는 평균 11~40mm	

⩘ 고래회충의 타입

고래회충은 총 A, B, C 3가지 타입이 있으며, A타입은 또 다시 3가지 유형으로 나뉜다. 연구에 의하면 가장 흔히 발견되는 것이 '아니사키스 심플렉스C'로 근육 이행률 또한 높은 편이고, '아니사키스 페그레피'는 상대적으로 낮은 이행률을 보인다.

고래회충은 고래에서 발견되는 성충을 제하면 모두 유충 단계이다. 중간 숙주를 몇 차례 거치면서 성장하며 그 크기는 대략 1~4cm 정도이다. 유충은 전처리 및 손질을 거치면서 대부분 제거되지만, 간혹 살 속에 파고들었다든지, 손질 과정에서 칼과 도마를 통해 2차로 옮겨붙어 우리 입으로 들어갈 확률이 매년 0.1% 이하로 발생하고 있다. 고래회충은 두 동강이 나는 즉시 죽는다. 즉 우리 입에 들어가더라도 회를 씹는 과정에서 죽지만, 대충 씹고 넘겼을 경우 산채로 위장에 도달할 확률도 있다. 이때 고래회충은 위산을 피하기 위해 위벽에 달라붙으며 심지어 천공을 내어 빠져나가려는 습성이 있다. 이때 위장과 명치 부근은 마치 칼로 찌르는 듯한 고통이 수반된다. 이로 인해 우리나라는 고래회충증으로 내원하는 환자가 한 해 동안 대략 100~300명 정도로 추산되고 있다. 우선 날생선을 먹고 약 3~5시간 후 명치를 찌르는 통증이 온다면 고래회충증을 의심해야 한다. 기생충 약을 복용하기보단 신속히 가까운 병원을 찾아 진단받고 내시경이나 적절한 치료를 받는 것이 중요하다.

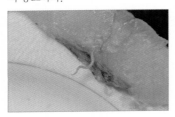

≪ 고래회충

2. 물개회충(슈도테라노바)

물개회충은 고래회충의 한 타입이지만 습성은 전혀 다르다. 최종 숙주는 물개를 비롯한 해양 포유류이므로 근방에 물개나 바다표범이 서식하고 있다면 분명 그 일대 해역에 서식하는 붙박이(회유성이 낮은) 어종에는 물개회충에 감염되었을 확률이 높아진다. 한 예로 백령도와 연평도 등 서해 5도 근방에는 점박이물범이 서식하며 5~7월경 이 일대에서 잡힌 쥐노래미에는 20~30%의 확률로 물개회충에 감염되어 있었다. 물개회충은 고래회충과 기본적으로 비슷하게 생겼지만, 유충의 평균 길이는 약 1cm 정도 더 크며 갈색과 붉은색을 띤다. 또한 내장에 기생하는 고래회충과 달리 처음부터 살아있는 생선 근육에 둥지를 틀고 살기 때문에 회를 뜨는 과정에서 발견되기도 쉽다. 우리 몸에 들어

가면 고래회충증과 같은 증상을 보이므로 신속히 병원을 찾아야 한다. 물개회충에 감염되는 어종은 주로 물범이나 바다표범류가 서식하는 냉수성 어종으로 아귀, 임연수어, 명태 등이 있다.

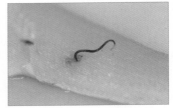

≪ 물개회충

3. 구두충

주황색 빛깔이며 길이 2~3cm의 매우 가느다란 형태의 충이다. 주로 꽁치, 고등어, 가다랑어 등에 기생하며 내장과 항문 부근에서 종종 발견된다. 전처리 및 손질 과정에서 제거되나 종종 통째로 구워낸 꽁치 내장에서 발견되기도 한다. 처음 보는 이들에겐 혐오스러울 수 있지만, 보건 위생적으로는 사람에게 위협이 되지 않으며, 인체에 기생할 수 없다.

≪ 구두충

4. 방어사상충

주로 방어에만 발견되는 기생충으로 길이가 무려 30cm가 넘는 대형 선충류이다. 기생 부위는 철분이 많은 혈합육과 꼬리쪽 근육에서 발견된다.

여름에는 마리당 10마리 이상 발견될 만큼 흔하지만, 수온이 낮아지는 겨울부터는 그 수가 점차 줄어들다가 사라진다. 찬 해수와 담수에 약한데 점차 쪼그라들다가 말라 비틀어지면서 사라지고, 방어사상충이 있었던 근육은 점차 아물어 정상조직이 된다.

고래회충과 마찬가지로 먹이사슬을 통해 감염되지만 고래회충과 다른 점은 내장이 아닌 근육으로 바로 이행돼 그곳에서 둥지를 틀며 피와 체액을 먹고 산다는 점이다. 그러다 보니 방어사상충이 발견된 살점은 마치 동굴처럼 뚫려 있으며 기생충이 먹고 배설한 배변물과 고름으로 찬다. 방어는 겨울철 대표 생선회이기에 방어사상충이 발견되는 시기 또한 겨울이다. 보기에는 엄청

나게 혐오스럽지만 인체에 기생하지 않으며, 산채로 우리 몸에 들어가도 별다른 해를 주지 않는다. 다만 방어사상충이 있었던 자리는 오염되었으므로 그 부위는 넉넉히 도려내 폐기해야 한다. 회를 뜰 땐 사상충의 흔적이 있는지 꼼꼼히 살펴야 하는데 가끔 이를 놓쳐 손님상에서 발견되었다가 클레임으로 이어지기도 한다.

≪ 방어사상충

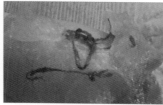

≪ 말라 비틀어져
흔적만 남긴
방어사상충

5. 니베린촌충(니베리니아)

주로 살오징어에 발견되며 대구와 명태 내장에도 간혹 발견된다. 오징어의 경우 가까운 근해 조업보다는 먼바다나 원양산 오징어에 자주 발견되는 경향이 있다. 생물로 구매하면 밥알처럼 생긴 충체가 편모 운동으로 움직이는 것을 목격할 수 있다. 주로 근육과 껍질 사이에서 발견되는데 너무 많이 나와 클레임의 대상이 되기도 한다. 손질 과정에서 제거되기도 하지만 살과 껍질 사이에 붙어있는 것은 여전히 남기도 한다. 사람에겐 해가 되지 않는다.

≪ 니베린촌충

6. 가다랑어사상충(텐타클라이아)

가다랑어의 내장과 뱃살에 발견되는 쌀알 모양의 기생충이다. 마치 구더기 같은 움직임으로 꾸물꾸물 기어다니는데 인체에 해는 없지만, 손질 중에 이것이 많이 나오면 불만의 원인이 된다.

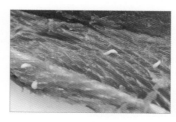

≪ 가다랑어 사상충

7. 우럭 조충

광절열두조충 및 동해긴촌충과 함께 조충류로 분류되는 길이 30cm가 넘는 대형 기생충이다. 우럭 조충은 우럭에서 종종 발견되어 붙여진 이름으로 아직은 학회에 정식으로 보고된 문건을 찾을 수 없고, 생물종으로도 명확하게 정의되지 않은 정체불명의 기생충이다. 앞서 광절열두조충과 동해긴촌충은 사람 몸에 기생하며 사람을 종숙주로 삼고 있지만, 우럭 조충의 경우 사람 몸에 기생 여부는 물론, 어떤 경로를 통해 조피볼락을 감염시키는지에 대한 정보가 부족하다.

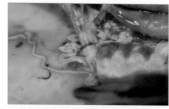

≪ 우럭 조충

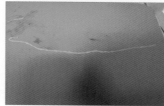

≪ 우럭 조충

8. 아귀 미포자충

미포자충은 곤충류까지 감염시키는 포괄적인 개념으로 이 안에는 다양한 속이 존재한다. 아귀를 감염시키는 것은 '스파레귀아속'(Spraguea)에 속하는 미포자충이며, 주로 아귀류의 뼈와 신경절, 신경 세포 등을 감염시킨다. 이후 미포자충은 '제노마'(Xwnoma)라고 하는 유사종양 조직을 만든다. 제노마는 단단한 막에 감싸여 있으며, 그 안에는 동글동글한 알갱이들이 가득 차 마치 지방종 같은 모양을 하고 있다. 이를 아귀의 알로 착각하고 먹기도 했지만, 실제로는 종양 조직이었던 것. 다만 수십 년 이상 아귀를 먹어온 민족인데 이렇다 할 부작용이 없었다는 것은 앞으로도 이상이 없음을 시사하는 것이라 볼 수 있다. 비교적 최근에 불거진 이슈이지만, 이제 와서 이것을 기생충으로 규정해 반드시 제거해야 할 이물질로 규정하거나 손질 시 의무적으로 제거해야 할 대상으로 규제할 확률은 낮다.

《아귀 미포자충의 제노마》

9. 쿠도아속 점액포자충류

이름 그대로 젤리나 점액 형태로 근육에 기생하는 충이다. 주로 회를 뜨다 발견되므로 혐오를 유발하며 환불이나 반품의 대상이 된다. 날로 먹으면 복통과 설사 같은 부작용을 겪다가 1~2일 후 자연 완화된다. 익혀 먹으면 해가 없는 것으로 알려졌지만, 발견 즉시 기피 대상이므로 보통은 폐기처분한다. 점액포자충류는 전 세계 1,300여종이 분포하는데 종에 따라 육안 관찰이 될 만큼 큰 것도 있지만, 쿠도아속에 속한 점액포자충류 중에는 현미경으로 관찰해야 할 만큼 작은 것도 있어서 반드시 육안 관찰로 예방하기에는 한계가 있다. 주로 참치와 새치류, 조피볼락, 풀망둑, 넙치, 돌돔에 이르기까지 어종을 크게 가리지 않고 감염시키며 양식 넙치(광어)에도 대거 발생해 문제가 된 적이 있었다.

《점액포자충에 감염된 생선》

10. 릴리아트레마속 피낭유충류

성체가 되기 위해 낭을 형성하는 기생충류를 통틀어 피낭유충이라 부르므로 특정 기생충을 의미하는 것이 아닌 포괄적 개념이다. 종류에 따라 검은 먼지나 물방울 모양처럼 보이기도 하는데 이는 멜라닌 색소 침착으로 검게 변한 것이다. 이 낭(주머니)에는 아메바처럼 생긴 길이 1mm 정도의 기생충이 발견되며 눈으로는 관찰이 어렵다. 종숙주는 가마우지를 비롯한 바다새 종류이다. 생활사는 새들의 분변을 통해 바다로 유입되고, 이

후 유생은 몇 단계의 먹이사슬을 거쳐 가마우지의 먹잇감이 될 생선 근육에 자리한다. 주로 조피볼락을 비롯한 양볼락과 어류와 자바리, 붉바리 등 암초에 서식하는 어류의 근육이나 껍질 사이에 기생한다. 인체에 해를 주진 않지만, 회를 뜨다 발견되면 혐오를 일으키므로 불만과 반품의 대상이 된다.

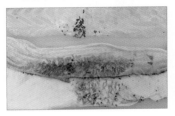

《자바리에서 발견된 피낭유충류》

11. 디디모조이드

주로 황새치, 고등어, 가다랑어, 참돔에 이르기까지 다양한 생선에 기생한다. 생김새는 노란색 막대나 구형, 끈과 기다란 모양에 이르기까지 다양하며, 감염 부위를 노랗게 물들게 한다. 아가미와 근육에 기생하기 때문에 회를 뜨다 발견되는데 이것이 쓸개를 터트렸을 때 쓸개즙에 물든 살 색과 비슷해 보여 대수롭지 않게 손님상에 내다가 클레임의 대상이 되기도 한다. 인체에 기생하지 않으며 해를 주지 않지만, 엄연한 이물질이므로 생식할 땐 도려내야 한다.

《참돔을 감염시킨 디디모조이드》

《고등어를 감염시킨 디디모조이드》

12. 바닷물이(씨라이스)

연어 양식장에서 골칫거리인 바닷물이는 일본선 연어에 붙어산다고 하여 '사케지라미'라 부른다. 바닷물이는 담수에 약해 3~4시간이면 저절로 떨어져 나가지만, 계속 방치하면 양식 연어가 폐사에 이르는 등 치명적인

영향을 끼친다. 우리나라에선 동해안 일대에 서식하는 연어와 송어, 황어 등의 껍질에 붙어살며, 인간에게 해를 주진 않는다.

≪ 바닷물이

13. 계속살이(옥토라스미스)

주로 꽃게 아가미에 기생하는 절지동물 중 하나로 기생 따개비와 같은 만각류에 속한다. 공생이라고 하기에는 꽃게의 호흡을 방해하는 정도라 일방적인 기생 생물에 가깝지만, 사람에게 해를 주진 않는다. 어렸을 땐 투명한 물방울 모양이지만, 성장하면서 점차 불투명한 살구색으로 변한다. 간장게장용 꽃게를 구매할 때 계속살이가 너무 많이 나오면 불만의 원인이 되곤 한다.

≪ 계속살이

14. 속살이게

조개류에 기생하는 소형 바닷게이다. 주로 홍합을 비롯해 새조개, 키조개 등에서 발견되는데 산채로 나온다는 것은 그만큼 조개가 싱싱하다는 증거이다. 멍게에서 물벼룩처럼 생긴 옆새우가 통통 튀는 것도 비슷한 이치이다.

≪ 속살이게

15. 학공치 아감벌레

학공치 아가미에 기생하는 등각류이다. 학명은 Irona Melanosticta로 이를 보유한 학공치를 이로나증에 걸렸다고 표현한다. 이로나증에 걸린 학공치는 90% 이상, 성체는 100% 가까울 만큼 대부분의 학공치 아가미에는 해당 벌레가 기생한다. 여기서 암수 한 쌍이 짝짓기와 번식까지 마치며 이후에도 계속 아가미에 기생한다. 우리의 식생활에는 전혀 영향을 끼치지 않지만, 이따금 선술집에서 학공치 대가리를 장식으로 쓸 때는 아가미에 기생 여부를 확인하여 제거하는 것이 좋다. 아감벌레는 숙주가 살아있을 때만 아가미에 붙어있으며, 숙주가 죽으면 바깥으로 기어 나온다.

≪ 학공치 아감벌레

16. 시모토아엑시구아

학공치 아감벌레처럼 물고기 혀에 붙어 기생하는 등각류이다. 주로 유어기에 느리게 유영하는 물고기가 표적이 되며, 아가미로 들어가 혀에 붙어 피를 빨아먹고 산다. 결국 혀는 피가 빨리고 빨리다가 괴사해 떨어져 나가며 이때 시모토아엑시구아는 잘린 혀와 자신을 연결해 물고기의 혀 구실을 하며 산다. 물고기와 동반 성장하며 여기서 짝짓기와 산란을 하고 떨어져 나간다. 인간에겐 해를 주지 않으나 모양이 혐오를 일으키기 충분하다.

≪ 시모토아엑시구아

17. 오징어 정포

수컷으로부터 정포를 받은 암컷은 생식 능력을 갖출 때까지 정포를 임시로 저장해두는데 그곳은 다름 아닌 '입' 주변이다. 정포는 여러 정자를 감싼 일종의 낭으로 여름~가을 사이에 암컷 오징어 입 주변에 번번이 발견된다. 익히거나 말려서 먹으면 상관없지만, 입 주변 살이 꼬독꼬독하다는 이유로 이 부위를 정포와 같이 회로 먹다가 문제가 생기기도 한다. 정포는 순간적으로 추진력을 내 뭔가를 뚫고 들어가려는 성질이 있다. 따라서 이것을 날로 먹다가 입천장이나 혓바닥, 목구멍에 박히는 경우가 가끔 있으니 주의해야 한다.

《 오징어 정포

18. 난낭과 게거머리

환형동물과에 속한 바닷거머리는 전 세계에 다양한 종류가 존재하는데 이 중 게거머리는 주로 대게나 킹크랩 껍데기에서 발견된다. 게거머리의 알을 '난낭'이라고 부르며 돌이나 암초, 절지동물의 딱딱한 껍데기에 부착시킨다. 여기서 태어난 거머리 유생은 일찍이 떨어져 나가 바닷속을 부유하며 또다시 알을 낳는데, 이때 대게와 킹크랩은 거머리의 번식을 널리 퍼트리는 역할을 한다. 일각에선 거머리가 껍데기를 뚫고 들어가 기생한다지만 이는 사실이 아니다. 게와 사람에게 피해를 주지 않으며, 오히려 탈피한 지 오래된 게 껍데기에 많이 붙어있으니 난낭이 많은 갑각류는 수율이 좋을 확률이 높다.

《 대게의 난낭과 알을 낳는 게거머리

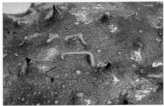

《 갓 태어난 거머리 유생

19. 두족류의 정소

사진은 수컷 주꾸미에서 발견되는 정소로 짝짓기 시즌에는 정자의 역할을 한다. 주꾸미는 4~7월경 산란하기 때문에 이를 준비하는 기간인 겨울~초봄에 이런 실타래 모양의 정소가 발견된다. 손질하다 보면 움직이기도 해 더욱 기생충으로 오인하기 쉽지만, 실제론 익혀서 먹어도 되는 부위이다.

《 주꾸미의 정소

20. 바닷게의 저정낭

사진은 민꽃게(돌게)의 저정낭이다. 짝짓기 시즌인 10월이면 수컷으로부터 정자를 받은 암게가 이듬해 산란기가 올 때까지 정자를 저장해두는데 이때 필요한 것이 저정낭이다. 겉보기에는 분홍색 주머니로 되어 있으며 먹어도 무해하다.

《 게의 저정낭

21. 새우류의 정소

사진에 보이는 U자형의 기관은 수컷 새우에서만 발달하는 정소이다. 새우를 비롯해 대형 새우류인 닭새우(스파이니랍스터)의 가슴 안쪽에 발견되며, 생식소가 발달할수록 껌처럼 늘어나는 성질이 생긴다. 때문에 '누가 씹던 껌을 넣은 것은 아닌지' 오해가 생기곤 한다. 먹어도 무해하나 껌처럼 질겅질겅 씹히기 때문에 불쾌감을 준다 .

《 새우류의 정소

22. 항생제 오남용에 의한 고름 자국

이따금 양식 활어에 항생제를 과다하게 투여할 경우 주삿바늘 자국이 남기도 하며, 사진과 같이 포를 떴을 때 살 한 쪽이 괴사하거나 굳어버리는 현상이 나타난다. 심한 경우 노란 고름이 나오기도 하는데 이 경우 폐기 처분은 물론 해당 거래처(또는 양식장)로 반품 사유가 될 수 있다.

≪ 항생제 오남용에 의한 고름 자국

23. 황지증

주로 양식 활어에서만 나타나는 질병이다. 포를 뜨면 갈색 반점이 침착되어 있고, 복강에는 딱딱하게 굳은 적갈색 덩어리가 발견되기도 하며, 주변 살들이 녹아있기도 하다. 원인은 사료에 있다. 신선하지 않거나 오래된 냉동 사료, 또는 지방이 분해돼 산패된 사료 등을 꾸준히 먹일 경우 양식 활어가 지방산에 중독되어 나타나는 만성적 질환이다. 이 경우 거래처 및 해당 양식장의 활어 품질에 문제가 있을 수 있으니 점검해야 한다.

≪ 황지증 말기로 추정되는 참돔

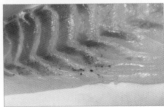

≪ 갈색 반점이 침착된 황지증 참돔

24. 안구백탁화

수조에는 눈이 백탁화 된 활어가 종종 보인다. 한마디로 시력을 상실한 것이다. 보통은 한쪽 눈이 먼저 멀고, 다른 한쪽은 충분한 시간이 지나야 멀게 된다. 이를 '안구백탁화 현상'이라 부르는데 원인은 다양하다.

1. 수질이 안 좋거나 수조 위생이 불결할 때 나타나는 아질산 중독
2. 과산소 농도에 의한 중독
3. 야생에서 원인 미상으로 눈이 멀게 된 경우

안구백탁화는 생선 맛에 영향을 주지 않는다. 그러나 외관상 보기 안 좋아 상품성이 떨어지며, 업자들은 B급 (비품) 활어로 취급되니 적당한 가격에 흥정해서 구매하는 것이 좋다. 다만, 한 수조에 비슷한 증상을 가진 활어가 여럿 있다면 수조의 수질 위생을 의심해 보아야 할 것이다.

≪ 안구백탁화 현상을 보이는 조피볼락

찾아보기

이미지 출처

셔터스톡

일본 시장어패류도감

기타